Widmung

Dieses Buch widmen wir dem Ichthyologen Professor Dr. Werner Ladiges.
Er hat entscheidend dazu beigetragen, unser Wissen über Aquarienfische und ihre Biologie zu fördern und zu vertiefen. Stets war der Professor mit gutem Rat und brauchbaren Anregungen für uns und viele andere Aquarianer da. Unser aller Dank wird ihm an dieser Stelle noch einmal ausgesprochen.

Hans A. Baensch
Dr. Rüdiger Riehl

Haftung
Sämtliche Angaben in diesem Buch erfolgen nach bestem Wissen und Gewissen. Für etwaige Fehler schließen die Autoren und der Verlag jegliche Haftung aus. Mit Kauf dieses Buches erkennt der Käufer diesen Haftungsausschluß ausdrücklich an.

Umschlagfotos:
Titel: A. v. d. Nieuwenhuizen
Rückseite: H. J. Richter o.l.
W. Schmettkamp u.l.
L. Seegers o.r.

5. Auflage 1992; 4. Taschenbuchausgabe

CIP-Kurztitelaufnahme der Deutschen Bibliothek

Baensch, Hans A.:
Aquarien Atlas, Band 2 / Hans A. Baensch / Rüdiger Riehl
- Melle: Mergus Verlag für Natur- und Heimtierkunde Baensch 1985

ISBN 3-88244-014-7

Satz:	Ernst Knoth GmbH, Melle (Fische) Der Satzpartner, Wiefelstede/Oldb. (Pflanzen)
Lithos:	büscher-repro, Bielefeld
Druck:	MERGUS PRESS, Hongkong
Redaktion:	Dr. Rüdiger Riehl
Herausgeber:	Hans A. Baensch

Printed in Hongkong

Hans A. Baensch
Dr. Rüdiger Riehl

AQUARIEN ATLAS

Band 2

Seltene Fische und Pflanzen

Taschenbuchausgabe

unter Mitarbeit von
Kurt Paffrath
Mike Sandford
Lothar Seegers

MERGUS

Verlag für Natur- und Heimtierkunde
Hans A. Baensch · Melle · W. Germany

Vorwort

Der aufmerksame Leser wird bemerkt haben, daß der Band 1 als „einbändiges, handliches und modernes Buch“ vorgestellt wurde. Ursprünglich war auch nur ein Band geplant. Sie, lieber Leser, haben anders entschieden. In der dritten Auflage von Band 1 war eine Fragekarte eingelegt, die Aufschluß geben sollte, ob ein Ergänzungsband von Ihnen begrüßt würde. Die Rücksendungen dieser Fragekarte waren so zahlreich und eindeutig für einen zweiten Band, daß die Autoren nicht umhin konnten, den Leserwunsch zu erfüllen. Dieser zweite Band liegt vor Ihnen.

Er ist noch umfangreicher geworden als der erste. Von den etwa 5000 Süßwasserfischen, die man im Aquarium halten kann, haben wir erst 1500 Arten in den beiden Bänden erfaßt. Das sind mehr als ein Aquarianer jemals in seinem Leben pflegen könnte. Die Interessen der Aquarianer sind jedoch sehr vielseitig. Jeder hat eine andere Vorliebe für bestimmte Fischarten.

Wir haben uns bemüht, für jeden etwas zu bringen, wobei wir wissen, daß selbst in zwei dicken Bänden über Aquarienfische und -pflanzen nicht all das vorgestellt werden kann, was sich der Individualist und Spezialist wünschen mag.

Immer wieder wird an uns die Frage herangetragen, wo die einzelne Fischart zu erhalten ist. Wir bemühen uns, Adressen und Hinweise zu geben. Nicht immer gelingt das. Manche Fischart gelangt einmal zu einem Importeur und dann jahrelang oder auch Jahrzehnte! nicht mehr. Es kommt sogar vor, daß Fischarten inzwischen nach der Entdeckung oder dem Erstimport ausgestorben sind. Die Exportländer der Zierfische haben auch ihre Umweltprobleme.

Der Aquarien Atlas Band 2 geht bewußt nicht in die Tiefe der Aquaristik, d. h. verfeinerte und hochspezialisierte Technik usw. sondern das Buch geht mehr in die Breite des Themas, also mehr Wissen über die einzelnen Fische und Pflanzen. Dabei sind die Texte für jede einzelne Art oft länger geworden als in Band 1. Das bringt das Konzept des Aquarien Atlas „Bild und Text nebeneinander“ manchmal etwas aus der Reihe. Wir hoffen, Sie haben Verständnis dafür. Die ausführlichere Information über die einzelnen Arten war Wunsch der Leser – hervorgegangen aus der Aktion „Fragekarten“.

Wir bitten Sie auch weiterhin, Kritik am Aquarien Atlas zu üben. Nur damit kann dieses nunmehr zweibändige, handliche und moderne Werk seinen aktuellen Stand und seinen angestrebten hohen Standard erhalten.

Noch etwas in eigener Sache:

Einige Perfektionisten wünschen sich, daß in einem zweibändigen Werk im ersten Band z. B. die Welse sind und im zweiten die Cichliden. Von der wissenschaftlichen Seite her ist das begründet. Von der Praxis her sehen wir das anders.

Der erste Band ist in sich abgeschlossen – niemand muß den zweiten Band erwerben, wenn ihm die Artenzahl in Band 1 genügt.
Bei einem, von vornherein als zwei- oder mehrbändig ausgelegten Werk, ist man sich bewußt, daß man zwei Bände kaufen muß. Das aber ist unter Umständen für den Anfänger wirtschaftlich nicht tragbar. Der Verlag wollte gerade diesen Aspekt berücksichtigen. Deshalb gibt es z. B. Welse und Cichliden in beiden Bänden des Aquarien Atlas.
Wir hoffen, daß Ihnen der zweite Band soviel Information gibt, wie Sie es sich wünschen.

Hans A. Baensch — Dr. Rüdiger Riehl

Melle/Düsseldorf im März 1987

Danksagung

Dieser Band hätte ohne Hilfe zahlreicher Wissenschaftler und engagierter Aquarianer nicht geschrieben werden können. Eine Fülle an Spezialwissen, welches in anderen Aquarienbüchern bisher nicht nachzulesen war, ist hier verarbeitet worden.
Unser Dank gilt insbesondere
Dr. Jacques Géry (Salmler),
Gerhard Ott und Axel Zarske (Karpfenfische),
Dr. Han Nijssen und Dr. Isaäk Isbrücker sowie Mike Sandford (Welse),
Lothar Seegers (Killifische),
Manfred K. Meyer und Lothar Wischnath (Lebendgebärende),
Dr. Jörg Vierke (Labyrinthfische),
Dr. Greenwood, Uwe Werner und Rainer Stawikowski (Cichliden),
Gunther E. Schmida (Australische Fische)
und Kurt Paffrath (Pflanzen).
Dabei haben auch die Fotografen, mit den über 1000 Farbfotos einen hohen Anteil am Gelingen dieses Bandes. Vielfach steuerten sie einen wichtigen Beitrag zur Pflege der einzelnen Fischart bei.
Nicht vergessen werden darf bei unserem Dankeschön Frau Ulrike Ahlers, die mit unermüdlichem Fleiß bei der Fertigstellung mitwirkte.

Inhaltsverzeichnis

Lotusblüte und Fruchtstand

Nach dem derzeitigen Stand sind bisher 300 unterschiedliche Gewächse für Aquarien bekannt geworden. Ihre Nomenklatur ist ziemlich abgesichert, und lediglich 12 Arten konnten noch nicht eindeutig nachbestimmt werden. Dieses Sortiment der Aquarienflora setzt sich zusammen aus 256 reinen Arten, 42 Varietäten und Formen sowie 2 Bastarden. Diese Pflanzen stammen aus 80 Gattungen und 46 Familien. Um das Auffinden von bestimmten Pflanzen zu erleichtern, sind Arten und Gattungen nach Wuchsmerkmalen in Gruppen und Untergruppen geordnet. Diese werden hier kurz erklärt.

Gruppe 1

Pflanzen mit aufrechtem Stengel

Gemeinsames Kennzeichen der hier erfaßten Pflanzen ist die aufrechte Sproßachse mit einzelnen, paarigen oder quirligen Blättern an den Knoten.
Insgesamt umfaßt diese Gruppe 41 Gattungen, 85 Arten mit 18 Varietäten und Formen sowie 1 Bastard. Wir gliedern diese nochmals nach ihren unterschiedlichen Blattstellungen.

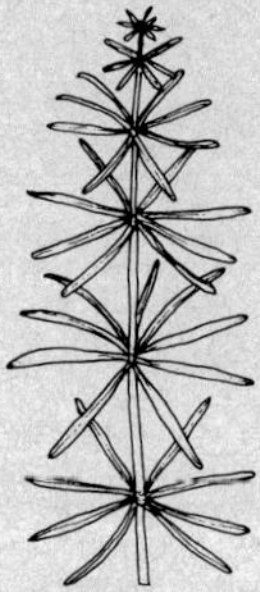

1.1.
Eusteralis

Untergruppe 1

Blätter quirlständig geordnet
Drei und mehr Blätter sitzen an den Knoten in gleicher Höhe rund um den Stengel. In dieser Untergruppe sind folgende Gattungen erfaßt:
Egeria, Elodea, Eusteralis, Hemianthus, Hydrilla, Hydrothrix, Limnophila, Myriophyllum, Nitella, Rotala.

1.2.
Hygrophila

Untergruppe 2

Blätter gegenständig geordnet
Zwei Blätter am Knoten bilden ein Paar. In dieser Untergruppe sind folgende Gattungen erfaßt:
Althernanthera, Ammannia, Bacopa, Cabomba, Crassula, Didiplis, Gymnocoronis, Hydrotriche, Hygrophila, Ilysanthes, Ludwigia, Lysimachia, Micranthemum, Najas, Nesaea, Rotala, Shinnersia.

1.3.
Lobelia

Untergruppe 3

Blätter wechselständig geordnet
Einzelne Blätter sitzen am Knoten und sind meist spiralig um den Stengel gruppiert. In dieser Untergruppe sind folgende Gattungen erfaßt:
Cardamine, Eichhornia, Fontinalis, Heteranthera, Houttuynia, Hydrocotyle, Lagarosiphon, Lobelia, Mayaca, Polygonum, Potamogeton, Proserpinaca (oder *Hottonia*), *Saururus, Zosterella.*

Gruppe 2

Pflanzen mit rosettig geordneten Blättern

Aus einem mehr oder minder dicken Wurzelstock (Rhizom) im Boden wachsen die Blätter hoch. Diese sind sehr unterschiedlich geformt, entweder gestielt oder ohne Blattstiel. Insgesamt umfaßt diese Gruppe 22 Gattungen mit 126 Arten und 24 Varietäten.

Untergruppe 1

Schmalblättrige Rosettenpflanzen

Überwiegend hochwachsende Formen mit nicht gestielten, dünnen, bandförmigen oder fadenförmigen Blättern. In dieser Untergruppe sind folgende Gattungen erfaßt:

Acorus, Blyxa, Crinum, Eleocharis, Isoetes, Ranalisma, Sagittaria, Spiranthes, Vallisneria.

2.1.
Sagittaria

Untergruppe 2

Breitblättrige Rosettenpflanzen

Besondere Kennzeichen sind die rundlichen, meist herzförmig eingeschnittenen Blätter und eine häufig gedrungene Wuchsform. In dieser Untergruppe sind folgende Gattungen erfaßt:

Anubias, Barclaya, Ceratopteris, Lagenandra, Nuphar, Nymphaea, Nymphoides, Ottelia, Samolus, Spathiphyllum.

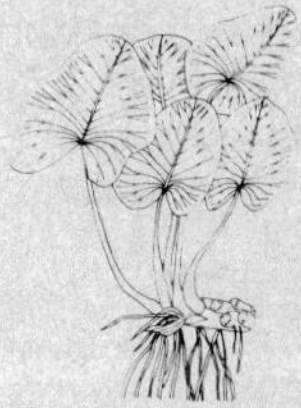

2.2.
Nuphar

Untergruppe 3

Amazonaspflanzen *(Echinodorus)*

Die sehr verschieden gestaltete Gattung ist mit 47 Arten und 12 Varietäten auf dem amerikanischen Kontinent verbreitet. Etwa 25–30 Arten können in Aquarien gepflegt werden. Ihre Ansprüche und Verwendung sind sehr unterschiedlich.

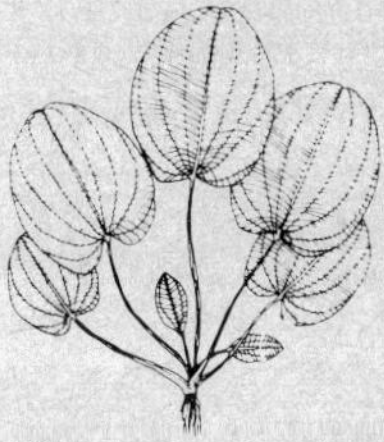

2.3.
Echinodorus longiscapus
(rundblättrig)

2.3.
Echinodorus
(schmalblättrig)

Untergruppe 4

Wasserähren *(Aponogeton)*
Die 42 beschriebenen Arten sind in Afrika (15), Madagaskar (11), Südostasien (13) und Australien (4) verbreitet. 13 Arten mit 3 Varietäten sind mehr oder minder gut für Aquarien geeignet. Es sind raschwüchsige Pflanzen, die im Aquarium leicht Blüten und Früchte bilden.

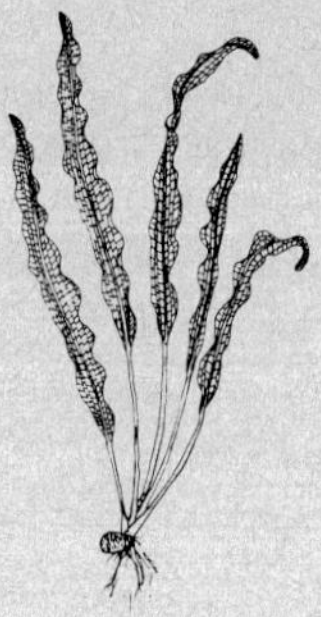

2.4.
Aponogeton

Untergruppe 5

Wasserkelche *(Cryptocoryne)*
Mit über 60 beschriebenen Arten ist die Gattung in Südostasien weit verbreitet. Für die Kultur in Aquarien sind etwa 30 Arten mehr oder minder gut geeignet. Ihre Ansprüche an die Lebensbedingungen im Aquarium sind meist höher als bei zahlreichen anderen Aquarienpflanzen.

2.5.
Wasserkelche
(Cryptocoryne)

Gruppe 3

Kriechsproßpflanzen
Die kleine Gruppe mit 16 Arten aus 10 Gattungen ist gekennzeichnet durch eine kriechende Sproßachse mit verschieden gestalteten Blättern. Einige Arten können auf Stein oder Holz befestigt werden und darauf weiterwachsen. In dieser Gruppe sind folgende Gattungen erfaßt:
Bolbitis, Elatine, Glossostigma, Hydrocotyle, Lilaeopsis, Marsilea, Microsorium, Pilularia, Selliera, Vesicularia.

3.
Hydrocotyle

Gruppe 4

Schwimmpflanzen
Die 15 Gattungen mit 30 Arten können in 3 biologische Typen aufgegliedert werden.
1. Völlig untergetaucht lebende Pflanzen ohne Wurzeln bilden die Gattungen: *Lemna, Utricularia* und *Riccia.*
2. Frei treibende Pflanzen mit trockener Blattoberseite über dem Wasser oder Luftblättern bilden die Gattungen: *Azolla, Ceratopteris, Eichhornia, Lemna. Limnobium, Pistia, Salvinia* und *Wolffia.*
3. Im Boden verwurzelte Pflanzen mit Schwimmblättern bringen die Gattungen: *Heteranthera, Hydrocleys, Nymphaea, Nymphoides* und *Trapa.*

4.
Pistia

Cryptocoryne cordata, rosagenervte Varietät. Diese von Spezialisten gesuchte Pflanze wurde auch *„Cryptocoryne siamensis rosanervus"* genannt.

Das „holländische Pflanzenaquarium“ erlaubt alles, was gefällt. Im Vordergrund kleinwüchsige Pflanzen und im Hintergrund die hohen schlanken. Solch ein Becken legt weniger Wert auf Fische und benötigt dennoch viel Pflege.

Zeichenerklärung zu den Pflanzenbeschreibungen

SG = Schwierigkeitsgrad
Dieses Zeichen weist darauf hin, ob die Art geringe oder höhere Ansprüche stellt. Dem Anfänger sind die Arten der Schwierigkeitsgrade 1 + 2 zu empfehlen. Die Pflanzen der Gruppe 3 erfordern etwas mehr Erfahrung. Die in Gruppe 4 eingestuften Arten sind auf sehr gutes (meist weiches) Wasser angewiesen und bleiben nur erfahrenen Pflegern vorbehalten.

SG:1 Robuste und anpassungsfähige Art, verträgt auch hartes Wasser und begnügt sich mit weniger guten Nährstoffbedingungen. Lichtbedarf schwach bis mäßig, etwa 1 Watt auf 4–3 Liter Beckenvolumen.
Vermehrung meist problemlos.
pH 6,0–8,0
Härte bis 20° KH
SG:2 Robuste und ausdauernde Art mit etwas höheren Ansprüchen an die Wasserqualität. Lichtbedarf mäßig bis mittel, etwa 1 Watt auf 3–2 Liter Beckenvolumen.
Vermehrung gut möglich.
pH 6,0–7,5
Härte bis 15° KH
SG:3 Die Art bevorzugt weiches bis mittelhartes Wasser mit ausgewogenem Nährstoffhaushalt. Kann jedoch durch Zusatz von Kohlensäure in höherer Karbonathärte gesund wachsen. Lichtbedarf mittel bis hoch, etwa 1 Watt auf 2,0–1,5 Liter Beckenvolumen.
Vermehrung nicht immer einfach.
pH 6,0–7,2
Härte bis 10° KH
SG:4 Die Art zeigt eine geringe Anpassung und benötigt überwiegend weiches Wasser. Lichtbedarf in der Regel hoch, etwa 1 Watt auf 1,5 Liter Beckenvolumen. Vermehrung meist schwierig.
ph 6,0–6,8
Härte bis 4° KH

KH = Karbonathärte
Der Anteil an Karbonathärte im Wasser entscheidet häufig das Wohlbefinden der Pflanzen. Sehr weiches Wasser unter 2° KH ist meist weniger günstig für den allgemeinen Pflanzenwuchs. Entscheidend ist jedoch die Anpassung der Arten an einen bestimmten Härtebereich. Sogenannte Kalkflieher verlangen unbedingt weiches Wasser. Zahlreiche Arten ertragen zwar eine höhere Karbonathärte, werden aber im gesunden Wachstum behindert, wenn der pH-Wert zu hoch

ansteigt oder der Kohlensäuregehalt im Wasser zu niedrig ist. Die aus der Erfahrung genannten Angaben zeigen den wachstumsgünstigen Bereich. Geringe Schwankungen sind möglich, da Verbindungen zu anderen Fakten vorliegen. Pflanzen mit stark unterschiedlichen Ansprüchen werden am besten nicht „vergesellschaftet".

pH = Wasserreaktion

Hier kann man erkennen, bei welchem Säuregrad oder basischer Reaktion die Kultur dieser Art am besten gelingt. Die meisten Pflanzen bevorzugen den günstigen Bereich von pH 6,5–7,2. Abweichungen nach oben oder unten sind möglich, dürfen sich aber bei bestimmten Arten oder Gattungen nicht zu weit von den angegebenen Werten entfernen. Bei Wachstumsproblemen kann durch Messungen erfahren werden, ob hier eventuell eine Fehlerquelle zu lokalisieren ist.
Pflanzen mit stark unterschiedlichen Ansprüchen am besten nicht „vergesellschaften".

T = Temperatur

Angegeben ist der mögliche Bereich, in dem die Art unter normalen Bedingungen gesund wächst. Das Optimum liegt meist etwas über der Mitte der angegebenen Werte. Bei bestimmten Arten ist eine um 2 Grad höhere Wärme möglich, sie erfordert aber wegen des stärker angeregten Stoffwechsels meist besseres Nährstoffangebot und mehr Licht als normal gegeben wird.

BH = Beckenhöhe

Das Zeichen weist auf die Beckenhöhe hin, wofür die Art geeignet ist. Hochwachsende und großwerdende Rhizompflanzen sowie raschwüchsige Stengelpflanzen wird man möglichst im entsprechend hohen und geräumigen Becken unterbringen. Im flachen Aquarium sind solche Arten deplaziert bzw. müssen zu häufig gestutzt werden. Niedrige bis halbhohe Arten sind zwar hinsichtlich der Wuchshöhe für alle Becken geeignet, doch gilt es zu bedenken, daß höherer Wasserstand die Lichtintensität in Bodennähe stark mindert. Kleinpflanzen oder kleinblättrige Stengelpflanzen erhalten dann zu wenig Licht und kümmern, außer man erhöht die Lampenleistung. Um die Schreibweise abzukürzen werden hier drei Gruppen der Beckenhöhe mit Zahlen angegeben.
BH = 1 Kleinere Aquarien bis etwa 35 cm Höhe
BH = 2 Mittelgroße Aquarien bis etwa 45 cm Höhe
BH = 3 Große Aquarien, über 45 cm Höhe

1. Pflanzen mit aufrechtem Stengel

1.1. Blätter quirlständig geordnet

Gruppe mit derzeit 23 Arten und 3 Varietäten aus 11 Gattungen. Gemeinsames Kennzeichen ist die meist dünne, später flutend wachsende Sproßachse. Drei und mehr Blätter sitzen an einem Knoten in gleicher Höhe und bilden einen Quirl. An den natürlichen Standorten leben die meisten Arten als Wasserpflanzen. Unter hellem Licht treibt das Hornblatt, *Ceratophyllum demersum* auch im Aquarium seine kleinen Blütenknäuel mit den unscheinbaren männlichen Blütchen. Die Dichtblättrige Wasserpest, *Egeria densa* wächst ebenfalls im Wasser, hebt jedoch seine weißen Blüten in die freie Luft, damit diese von Insekten bestäubt werden. Dieser Umstand führte unter anderem zur Abtrennung von der Gattung *Elodea*, mit wasserliebenden (hydrophilen) Blüten. *Myriophyllum matogrossense* hebt seine zierliche Ähre ebenfalls aus dem Wasser hinaus, hier überträgt der Wind den leichten Blütenstaub auf die Narben. *Rotala wallichii* kann zwar als Sumpfpflanze wachsen und blühen, entwickelt seine Ähren jedoch auch aus Wassersprossen. Die Gattung *Limnophila* zeigt verschiedene Möglichkeiten der Blütenbildung. So treibt *L. aquatica* aus der quirligen Wasserpflanze einen Luftsproß mit gegenständigen, ungeteilten Blättern und großen weißen oder violetten Blüten. *Limnophila sessiliflora* treibt entweder aus der Wasserpflanze einen Lufttrieb, oder wächst als Sumpfpflanze. In den Achseln der lappigen Luftlblätter sitzen einzelne Blumen. Nur in der Landform blüht *L. indica*, deren kurze Luftblätter fein zerteilt sind wie bei der Wasserpflanze.

Egeria densa

Ceratophyllum demersum

Myriophyllum matogrossense

Rotala wallichii

Limnophila sessiliflora

Limnophila aquatica

Limnophila indica

1. Pflanzen mit aufrechtem Stengel
1.1. Blätter quirlständig geordnet

Ceratophyllum submersum LINNAEUS, 1753 — Zierliches Hornblatt

Fam.: Ceratophyllaceae – Hornblattgewächse

Verbreitung: Fast ein Kosmopolit

Anspruchslose Wasserpflanze, die bei fast allen Bedingungen gesund wächst. Sproßachse grün, leicht brüchig, ohne Wurzeln, Blätter in 6–12 zähligen Quirlen, bis 4 cm lang, mehrfach gabelig geteilt, bilden 6–8 dünne, weiche Endzipfel mit spärlich bestachelter Unterseite. Kann mit Klammern am Boden gehalten werden und bildet so lockere Büschel. Wird jedoch meist frei flutend als Schwimmpflanze verwendet, bildet meterlange Triebe und zahlreiche Seitensprosse und verwuchert damit zu dichten Polstern. Nach den Erfahrungen eine wirksame Hilfe gegen Schwarze Pinselalgen, nimmt diesen wahrscheinlich die Lebensgrundlage im Wasser. Allgemein regelmäßig auslichten, vor allem in kleinen Becken. Vermehrung: Seitentriebe, Sproßabschnitte.

SG: 1, KH: 2–15, pH: 6,0–7,5, T: 18–30°C, BH: 1–3

Egeria najas PLANCHON, 1849 — Schmalblättrige Wasserpest

Fam.: Hydrocharitaceae – Froschbißgewächse — Syn.: *Elodea najas*

Verbreitung: Brasilien, Argentinien

Gruppenpflanze für höheren Wasserstand, im flachen Becken auch flutend. Gestreckter Sproß mit maximal vierzähligen Quirlen, Blätter sitzend, linear, vorne spitz, selten etwas zurückgekrümmt, 2–4 cm lang, 0,2 cm breit, ziemlich grobe Randzähnchen. Häufig mit dem ähnlichen *E. densa* verwechselt, dessen breite Blätter überwiegend in fünfzähligen Quirlen. Die raschtreibenden Sprosse regelmäßig einkürzen und neu stecken. Kann auch freitreibend wachsen und bildet dann dichte Knäuel. Erfordert stärkeres Licht, sonst treiben spärliche Sprosse mit verkümmerten Spitzen. Den Sommer über auch im Gartenteich. Vermehrung: Stecklinge aus Seitensprossen, Selbstverzweiger.

SG: 2, KH: 5–15, pH: 6,0–7,2, T: 20–24°C, BH: 2–3

Elodea canadensis MICHAUX, 1803 — Kanadische Wasserpest

Fam.: Hydrocharitaceae – Froschbißgewächse

Verbreitung: Nordamerika, in anderen Kontinenten eingebürgert.

Eingeschleppt, erschien um 1865 auf dem europäischen Festland, dehnte sich bald massenhaft aus (Wasserpest), nimmt aber heute einen normalen Platz in der gesamten Vegetation ein. Im Prinzip eine Kaltwasserpflanze, verträgt höhere Temperturen nur über einen begrenzten Zeitraum. Dünne, brüchige Sproßachse, Blattquirle meist dreizählig (selten 2–5), Blätter sitzend, länglich-oval, vorne abgerundet, bis 1 cm lang, 0,3 cm breit, einnervig, etwas bogig rückwärts gekrümmt, sehr feine Randzähnchen. Für kleinere Gruppen unter starkem Licht, in höherer Wärme bald spillerig. Im Freilandteich anspruchslos und winterfest, stark verzweigt, ganz untergetaucht, bildet schöne dichte Polster. In unseren Gewässern sind nur weibliche Pflanzen verbreitet. Vermehrung: Stecklinge aus Seitensprossen.

SG: 3, KH: 5–15, pH: 6,0–8,0, T: 10–20°C, BH: 1–2

Elodea nuttallii (PLANCHON) ST. JOHN, 1920 — Zierliche Wasserpest

Fam.: Hydrocharitaceae – Froschbißgewächse

Verbreitung: Nordamerika

Pflanze für das kühle Wasser, kann aber über einen begrenzten Zeitraum auch in leicht höheren Temperaturen gehalten werden. Dünne, gestreckte Sproßachse, im Boden verwurzelt oder freitreibend, Blattquirle meist dreizählig, gelegentlich auch mit 4 oder 5 Blättern. Spreite sitzend linear, vorne, spitz, 0,6–0,8 cm lang und 0,1 cm breit, schwach in sich verdreht und leicht kraus, feine Randzähnchen. Der Habitus ist dem von *E. canadensis* ähnlich, insgesamt zierlicher und nicht so leicht brüchig. Mehrere Stecklinge bilden einen lockeren Trupp; nicht büschelweise setzen, sondern einzeln stecken. Allseits freihalten, damit der Lichteinfall bis zum Bodengrund gewährleistet bleibt. Bevorzugt das härtere Wasser, in Aquarien allgemein wenig verwendet, gut geeignet für den Gartenteich. Vermehrung: Stecklinge, guter Selbstverzweiger.

SG: 2, KH: 5–15, pH: 6,0–8,0, T: 10–22°C, BH: 1–2

Ceratophyllum submersum

Elodea canadensis

Egeria najas

Elodea nuttallii

1. Pflanzen mit aufrechtem Stengel
1.1. Blätter quirlständig geordnet

Eusteralis stellata (LOUREIRO) PANIGRAHI, 1976 — Quirlblättrige Sternpflanze

Fam.: Lamiaceae – Lippenblütengewächse

Syn.: *Dysophylla verticillata, Ceficaulis, Eriocaulon*

Verbreitung: Trop. Asien, Australien

Dekorative Pflanze für kleinere Gruppen, jedoch recht schwierig zu pflegen. Aufrechter Sproß mit Quirlen von 5–14 Blättern. Wasserform dünnhäutig, fast sitzend, lanzettlich, 3,0–7,0 cm lang, 0,3–0,5 cm breit, Rand schwach gekerbt, Spitze kurz abgerundet. Oberseite grün bis leicht bräunlich, Unterseite rötlich oder grün. Luftblätter derber, kürzer, dunkelgrün, mit Randkerben. An der Sproßseite eine endständige Ähre mit kleinen weißlichen Blüten in mehreren Reihen. Einigermaßen ausdauerndes Wachstum erfordert weiches Wasser, gute Nährstoffe und starkes Licht. Nach einer Periode mit gutem Trieb verkümmern die Spitzen und bilden keine neuen Blätter. Verwurzelte Pflanzen treiben jedoch nach einigen Wochen aus oberen Blattachseln neue Seitensprosse. Dadurch entstehen buschige Exemplare, denen man die Anzahl der Seitentriebe durch Auskneifen auf wenige Spitzen beschränkt. Diese entwickeln sich dann besser, reagieren in der Folge jedoch wie der Haupttrieb. Die Gründe dafür sind unklar, zumal nicht immer alle Exemplare gleichzeitig kümmern. Vermehrung: Stecklinge aus Seitensprossen.

SG: 4, KH: 2–8, pH: 5,5–6,8, T: 22–28°C, BH: 1–2

Hydrilla verticillata (LINNAEUS fil.) ROYLE, 1839 — Grundnessel

Fam.: Hydrocharitaceae – Froschbißgewächse

Verbreitung: Fast ein Kosmopolit

Vielseitig verwendbare, anspruchslose Wasserpflanze, lebt in der freien Natur am Grunde der Gewässer in dichten Beständen. Sproßachse dünn und brüchig, Blätter in Quirlen von 3–9, sitzend, lanzettlich, 1,0–2,5 cm lang, 0,2–0,4 cm breit, glatt, vorne spitz, mit groben Randzähnchen, dunkelgrün, Mittelnerv oft rötlich. Eine abweichende Pflanze mit zurückgebogenen, krausen Blättern ist als *H. verticillata* var. *crispa* CASPARY beschrieben. Die Grundnessel wächst unter mäßigem Licht und verträgt einen weiten Bereich von Temperatur und Wasserhärte. Allerdings ist es häufig schwierig, die brüchigen Triebe im Bodengrund zu verankern; nicht selten brechen sie an der Basis wieder ab und treiben nach oben. Wird daher in Aquarien meist freitreibend kultiviert und bildet an der Oberfläche lockere Polster. Die Krause Grundnessel (var. *crispa*) kann an freier Stelle im Vordergrund wachsen. Kurze Stecklinge, schräg eingesetzt, treiben horizontal weiter und bilden bis 10 cm hohe, dichte, wuchernde Polster. Vermehrung: Stecklinge aus Seitensprossen, Selbstverzweigungen.

SG: 1, KH: 2–15, pH: 5,5–7,8, T: 15–30°C, BH: 1–3

Hydrothrix gardneri HOOKER fil., 1887 — Brasilianisches Wasserhaar

Fam.: Pontederiaceae – Pontederiengewächse

Verbreitung: Brasilien, im Staate Ceara

Die Wasserpflanze ist nur in einem eng begrenzten Raum verbreitet und wurde bei uns um 1976 für Aquarien bekannt. Graziles Gewächs für lockere Gruppen, gute Anpassung an die Wasserwerte, jedoch ziemlich lichtbedürftig. Die dünne, aufrechte, später flutende Sproßachse wird 3 mm dick, an den Sproßknoten bilden die Blätter scheinbare Quirle, sitzen jedoch an den übereinander stehenden Kurztrieben als Büschel von 10–25. Das hellgrüne, fadenförmige Blatt ist bis 0,1 cm dick und 2–5 cm lang, nach vorne lang spitz, zur Basis leicht verdickt und etwas nach unten gebogen. Auf diese Blätter bezieht sich der Gattungsname, der sich aus *hydor* = Wasser und *thrix* = Haar zusammensetzt. Blütensproß über dem Wasser, 2 gelbe bis 0,8 cm große Blüten mit 6 ungleichen Kronzipfeln. Die Triebe wachsen ungewöhnlich rasch, erreichen bald die oberen Zonen, biegen sich dort um und flottieren kurz unter dem Wasserspiegel. Durch reichliche Seitensprosse wird dabei bald eine größere Wasserfläche begrünt. Als Gruppe im Sichtraum regelmäßig einkürzen und neu stecken. Vermehrung: Stecklinge aus Seitensprossen, guter Selbstverzweiger.

SG: 2, KH: 2–12, pH: 5,5–7,5, T: 22–28°C, BH: 2–3

Eusteralis stellata

Hydrilla verticillata

Hydrothrix gardneri

Limnophila glabra (BENJAMINI) KERR, 1950 Zwergambulie

Fam.: Scrophulariaceae – Rachenblütengewächse

Verbreitung: Indien

Fein aufgegliederte Wasserpflanze zur Bildung von kleinen Gruppen im Vordergrund. Bis 2 cm große Quirle aus 3–6 Blättern, bis 1 cm lang, einfach gefiedert, untere Fiedern selten gabelig geteilt. Dünne flache Spitzen, etwa 0,5 cm lang, 0,1 cm breit, mit feinem Mittelnerv. 1975 erstmals eingeführt; Artbezeichnung ist noch nicht durch blühende Kulturpflanzen abgesichert. Verträgt härteres Wasser und wird auch in höherer Wärme nicht entarten, ziemlich lichtbedürftig und besser für flach gebaute Aquarien zu verwenden. Bildet zahlreiche Seitensprosse, diese lassen sich fördern, wenn die etwa 15 cm langen Stecklinge mit seitlichem Abstand einzeln gesetzt werden. Die ältere Gruppe wird bei Bedarf ausgelichtet und gelegentlich mit den frischen Spitzen erneuert. Kann auch flutend auf dem Wasserspiegel treiben. Vermehrung: Stecklinge, guter Selbstverzweiger.

SG: 2, KH: 2–15, pH: 6,0–7,2, T: 22–28°C, BH: 1–2

Limnophila heterophylla (ROXBURGH) BENTHAM, 1835
Verschiedenblättriger Sumpffreund

Fam.: Scrophulariaceae – Rachenblütengewächse

Verbreitung: Indien, Pakistan, Ceylon, Indonesien, Südchina, Japan

Ausgezeichnete Gruppenpflanze für den Hintergrund oder als freistehender Trupp im Mittelteil des Aquariums. Die bis 5 cm großen Quirle mit 5–13 Blättern. Wasserblatt gefiedert, Segmente gegenübersitzend, untere nochmals gefiedert, sonst gabelig geteilt. Spitzen unterseits schwach rötlich, bis 0,2 cm breit, nach vorne nicht verbreitert. Das letzte Segment überragt in seiner Länge die beiden darunter befindlichen Spitzen. *L.h. forma reflexa* hat in sich gedrehte Blattsegmente deren hellere Unterseite teilweise nach oben zeigt. Luftblätter lanzettlich bis 2 cm lang, schwach gezähnt, in den Achseln einzelne kurzgestielte Blüten, weiß, Schlund schwach purpurn gestreift. Auch unter schwächerem Licht entstehen kaum deformierte Pflanzen, dann jedoch nicht zu warm halten. Älteren Bestand rechtzeitig verjüngen, dabei die besten Spitzen abnehmen und die Gruppe erneuern. Alle alten Exemplare entfernen. Vermehrung: Stecklinge aus Seitentrieben, bei flutendem Wachstum ausgezeichneter Selbstverzweiger.

SG: 1, KH: 2–12, pH: 6,0–7,2, T: 22–28°C, BH: 2–3

Limnophila indica (LINNAEUS) DRUCE, 1923 Indischer Sumpffreund

Fam.: Scrophulariaceae – Rachenblütengewächse Syn.: *Limnophila gratioloides*

Verbreitung: Tropisches Afrika, Südostasien, Australien

Von der weit verbreiteten Art wurden mehrere Formen beschrieben. *L. indica* var. *indica* hat bis 5 cm große Quirle mit 6–12 Blättern, sie sind einfach gefiedert und an den unteren Segmenten gabelig geteilt. Spitzen etwa 0,2 cm breit, das Endsegment überragt die beiden unteren um fast die Hälfte ihrer Länge. *L. indica* var. *elongata* BENTHAM bildet bis 7 cm große Quirle mit 8–10 Blättern, sie sind haarfein aufgegliedert und nur bis 0,1 cm breit. Endsegment ebenfalls weit überstehend. Luftblätter variabel, entweder lanzettlich und gezähnt oder fiederschnittig. Blüten weiß, gelb, rosa oder blaßpurpurn; die dreilappige Unterlippe mit größerem Mittellappen. Kann sich unterschiedlichen Bedingungen gut anpassen, die zierliche Variante mit höherem Lichtbedarf. Abgeschnittene Sprosse sollen Stoffe ausscheiden, die bei Fischen Vergiftungserscheinungen hervorrufen. Vermutlich ein Herzgift, das bei den länger im Aquarium gewachsenen Pflanzen kaum noch wirksam wird. Vorsicht in kleinen Becken mit empfindlichen Fischen. Stecklinge besser außerhalb des Wassers schneiden, wässern, gründlich abspülen und dann einsetzen. Vermehrung: Stecklinge aus Seitentrieben.

SG: 2, KH: 2–12, pH: 6,0–7,5, T: 22–28°C, BH: 2–3

Limnophila glabra

Limnophila heterophylla

Limnophily indica

1. Pflanzen mit aufrechtem Stengel
1.1. Blätter quirlständig geordnet

Myriophyllum elatinoides GAUDICHAUD, 1825 — Tannenähnliches Tausendblatt

Fam.: Haloragaceae – Seebeerengewächse

Verbreitung: Südamerika, Mexiko, Falkland, Tasmanien, Neuseeland
Gruppenpflanze für kühle bis mäßig temperierte Aquarien mit weichem bis mittelhartem Wasser. Sproßachse unbehaart, 4 schmale Längsrillen und 3-5 zählige Blattquirle. Wasserblatt bis 3 cm lang, breit, rautenförmig, beidseits 5–10 sehr feine dunkelgrüne Segmente, 1,5 bis 0,5 cm lang. Luftblätter erst eingeschnitten, weiter unten länglich-oval, ganzrandig oder fein-gesägt. Mehrere Stecklinge als lockerer Trupp am besten im Hintergrund des hohen Beckens ansiedeln. Treiben rasch weiter und erreichen den Wasserspiegel bald. Flutende Triebe begrünen dabei die oberen freien Zonen des Aquariums. Schiebt dann auch zahlreiche Seitensprosse, wird ziemlich dicht und beschattet sich an den unteren Teilen selbst, daher regelmäßig auslichten, damit die Wasserblätter nicht abgestoßen werden. Vermehrung: Stecklinge, ein guter Selbstverzweiger.

SG: 2, KH: 2–12, pH: 6,0–7,5, T: 15–22°C, BH: 2–3

Myriophyllum hippuroides NUTTAL ex TORREY et GRAY, 1848 — Tannenwedelähnliches Tausendblatt

Fam.: Haloragaceae – Seebeerengewächse — Syn.: *Myriophyllum scabratum*

Verbreitung: Nordamerika, Mexiko
Kontrastpflanze für kleinere Gruppen in mäßig temperierten oder ungeheizten Aquarien. Sproßachse spärlich verzweigt, rötlich mit 4–6 zähligen Blattquirlen; gelegentlich steht ein Blatt etwas höher als die anderen. Wasserblatt bis 5 cm lang, sehr fein gefiedert, beidseits 6–10 dünne Segmente, 2,5 bis 0,5 cm lang, unter starkem Licht rötlich bis braunrot, vor allem an der Triebspitze. Allgemeine Ansprüche in den mittleren Bereichen, Pflanzen jedoch möglichst hell unterbringen und die größeren Gewächse im Aquarium mit Abstand einsetzen. Auf den dicht gestellten Blattquirlen sind Schmutzablagerungen zu vermeiden, auf denen sich dann leicht Algen ansiedeln. Auf ausreichende Bewegung des Wassers achten und gut filtern. Vermehrung: Stecklinge aus mäßigen Seitensprossen.

SG: 2, KH: 2–15, pH: 6,0–7,5, T: 15–23°C, BH: 2–3

Myriophyllum verticillatum LINNAEUS, 1753 — Quirliges Tausendblatt

Fam.: Haloragaceae – Seebeerengewächse

Verbreitung: Europa, Asien, Afrika, Amerika
Kräftige Wasserpflanze für kühle bis temperierte Aquarien. Sproßachse mit 4–6 zähligen Quirlen. Wasserblatt bis 5 cm lang, zahlreich aufgegliedert, beidseits 20 bis 35 Segmente, 0,8–3,0 cm lang, fadendünn, leicht einwärts gebogen, mit haarfeiner Spitze. Blütenähre am Sproßende über dem Wasser, bis 25 cm lang, Luftblätter klein und kammartig, Blüten rosa. Die ziemlich raschwüchsigen Girlanden sind für den höheren Wasserstand zu empfehlen; treiben gut in weichem bis mäßig hartem Wasser unter kräftigem Licht. Die lockere Gruppe begrünt den Hintergrund oder seitliche Partien im Becken, kann auch flutend wachsen. Für den Freilandteich: bleibt im Winter nicht in Vegetation, sondern bildet Winterknospen, die im Frühjahr wieder austreiben. Vermehrung: Stecklinge, guter Selbstverzweiger.

SG: 2, KH: 5–12, pH: 6,0–7,5, T: 15–22°C, BH: 2–3

Rotala wallichii (HOOKER fil.) KOEHNE, 1880 — Quirlblättrige Rotala

Fam.: Lythraceae – Weiderichgewächse

Verbreitung: Südostasien
Anspruchsvolle Art für kleinere Gruppe. Sproßachse dünn mit dichten 10–13 zähligen Blattquirlen. Wasserblatt sitzend, fast fadenförmig dünn, bis 2,5 cm lang, 0,1 cm breit, einnervig, vorne spitz, Oberseite gelegentlich bräunlich, Unterseite meist rötlich. In der freien Natur eine amphibische Wasserpflanze mit breiteren Luftblättern und Einzelblüten in den Achseln. Treibt in hartem Wasser eine zeitlang weiter, bildet dann aber eine Kümmerform und stirbt später ab. Dauerhaftes Wachstum erfolgt lediglich in weichem Wasser, wobei der pH-Wert ziemlich absinken kann. Bei günstigen Bedingungen bilden die zahlreichen Seitentriebe vielästige und lockere Büschel. Lichtbedarf ziemlich mäßig, nicht ohne Bedarf umsetzen. Vermehrung: Stecklinge, guter Selbstverzweiger.

SG: 4, KH: 2–5, pH: 5,0–6,5, T: 22–30°C, BH: 1–3

Myriophyllum elatinoides

Myriophyllum verticillatum

Myriophyllum hippuroides

Rotala wallichii

1. Pflanzen mit aufrechtem Stengel
1.2. Blätter gegenständig geordnet

Umfangreiche Gruppe aus 17 Gattungen mit 41 Arten und 15 abweichenden Typen oder Varietäten. Gemeinsames Kennzeichen ist die aufrechte Sproßachse mit jeweils 2 Blättern am Knoten, die ein Paar bilden. Die Spreiten sind meist lanzettlich, selten rundlich, fadenförmig oder fiederschnittig. Die Gattungen *Cabomba, Hydrotriche* und *Najas* wachsen als echte submerse Pflanzen. Die Wasserhaarnixe, *Cabomba aquatica* bringt einen flutenden Trieb mit rundlichen Schwimmblättern und auffälligen gelbe Blüten. Die übrigen Gattungen sind Sumpfpflanzen, deren Blüten nur an den Landformen ausgebildet werden. Dabei genügt es bei *Hygrophila stricta,* wenn die Sproßspitze aus dem offenen Becken oben herauswächst. So wird auch *Ludwigia repens* über den Aquarienrand hinweg seine hängenden Triebe zur Blüte bringen. Das Fettblatt, *Bacopa caroliniana* benötigt ein separates Sumpfbecken und helles Tageslicht um seine blauen Kelche zu entfalten. Das gleiche gilt für die neue Gattung *Shinnersia rivularis* mit den kleinen, weißen Korbblüten. Die zur selben Familie gehörende *Gymnocoronis spilanthoides* wächst und blüht ohne Probleme im Blumenfenster oder im Freilandteich. Im mit Wasser gefüllten, flachen Untersetzer wird *Ammannia gracilis* auf dem Fensterbrett regelmäßig blühen und fruchten. Eine Nachzucht über Samen wird dadurch leicht möglich. Eine schöne Blütenflanze ist auch das heimische Pfennigkraut, *Lysimachia nummularia,* die kriechenden Triebe entfalten im Garten zahlreiche goldgelbe Kronen.

Cabomba aquatica

Hygrophila stricta

Gymnocoronis spilanthoides

Lysimachia nummularia

Ludwigia repens

Shinnersia rivularis

Bacopa caroliniana

Ammannia gracilis

Alternanthera reineckii BRIQUET, 1899 Kleines Papageienblatt

Fam. Amaranthaceae – Fuchsschwanzgewächse

Verbreitung: Brasilien, Paraquay

Anspruchsvolle Pflanze mit mäßiger Anpassung an das Leben im Wasser, wird daher selten kultiviert. Wasserblätter lanzettlich, flach, glatt, bis 3 cm lang und 1 cm breit, beide Enden gleichmäßig spitz. Oberseite grün bis olivgrün mit rötlichem Rand, Unterseite rosa bis tief dunkelrot. Landform mit kleineren Blättern, in den Achseln kurze, dichte weiße Blütenknäuel. Wächst im Wasser ziemlich langsam weiter und benötigt einen nährstoffreichen, gut durchwärmten Bodengrund. Der hohe Lichtbedarf von mindestens 75 Watt/100 Liter ist zu erfüllen, weil sonst lang gestreckte und kleinblättrige Sprossen heranwachsen. Gut ausgefärbte Blätter, ebenfalls lichtabhängig. Gute, optische Wirkung in der kleinen Gruppe aus mehreren locker gesteckten Pflanzen, im hellen Mittelteil des nicht zu hohen Beckens. Vermehrung: Stecklinge, Seitensprosse nach Rückschnitt. Hinweis: Es handelt sich um eine variable Art mit mehreren abweichenden Wuchsformen; die hier vorgestellte Form gilt als Typ der Art. Eine andere Variante ist in Band 1, Seite 92 unter *Alternanthera lilacina* vorgestellt. Die nachfolgende schmalblättrige Form ist häufiger in den Aquarien.

SG: 3, KH: 2–8, pH: 5,5–7,0, T: 22–28°C, BH: 1–2

Alternanthera reineckii BRIQUET, 1899, „Typ schmalblättrig"
Schmalblättriges Papageienblatt

Fam. Amaranthaceae – Fuchsschwanzgewächse

Verbreitung: Tropische Gebiete Südamerikas

Bester Vertreter der Art für Aquarien mit guter Anpassung. Blätter schmallanzettlich 5–10 cm lang, 0,5–1,0 cm breit, Basis in den kurzen Stiel verlängert, Spitze zugespitzt, Rand gewellt, Oberseite olivgrün bis braunrot, Unterseite weinrot. Luftblätter lanzettlich, dicht kurzhaarig, Stengel gleichmäßig behaart. Der ähnliche *A. sessilis* (Band 1, Seite 92) am Stengel vierkantig behaart. Bleibt unter starkem Licht kompakter und ist besser durchgefärbt; Eisendünger gestaltet die Blattfärbung intensiver. Gute, optische Wirkung auch durch kräftiges Einzelexemplar. In größeren Becken ein wirkungsvoller Blickpunkt durch ausgedehnte Gruppe mit stufenförmigem Aufbau. Unter guten Bedingungen ziemlich raschwüchsig daher regelmäßig einkürzen und neu stecken. Vermehrung: Stecklinge, Seitensprosse nach Rückschnitt Selbstverzweigungen, Sproßabschnitte. Hinweis: Eine andere Variante der Art mit größeren Blättern, bis 15 cm lang und 2 cm breit ist ebenfalls für Aquarien bekannt.

SG: 2, KH: 2–12, pH: 5,5–7,2, T: 24–30°C, BH: 2–3

Ammannia gracilis GULLEMIN et PERROTTET, 1830 Zierliche Kognakpflanze

Fam.: Lythraceae – Weiderichgewächse

Verbreitung: Tropisches Afrika

Anpassungsfähige ziemlich raschwüchsige Gruppenpflanze. Wasserblätter linear, sitzend, von der Basis zur Spitze allmählich verschmälert, vorne lang spitz, gerade und flach ausgebreitet, fiedernervig. Blattmaße veränderlich; bei ungünstigen Bedingungen (Sandboden, nährstoffarmes Wasser, mäßiges Licht) meist nur bis 7 cm lang und 0,6 cm breit. Besser ernährt bis 10 cm lang und 1 cm breit, optimal über 12 cm lang und fast 2 cm breit werdend. Färbung olivgrün bis rötlich. Luftblätter ebenfalls variabel, 3–15 cm lang und 1–2 cm breit, vorne abgerundet, grün bis rötlich mit roter Nervatur. Im geräumigen Becken eine größere Gruppe stufenförmig aufbauen durch ungleich, lang geschnittene Stecklinge. Auf Kontraste mit anderen, heller grünen Pflanzen achten und vorne durch niedrige Begleitpfanzen ergänzen. Durch stärkeres Licht und Eisendünger wird die Färbung wesentlich intensiver. Leichte emerse Kultur am Blumenfenster und reichlicher Blüher, fruchtet gut. Vermehrung: Stecklinge, Seitensprosse nach Rückschnitt, Sämlingsaufzucht nicht schwierig.

SG: 2, KH: 2–15, pH: 5,5–7,5, T: 22–28°C, BH: 2–3

Alternanthera reineckii

Ammannia gracilis

Alternanthera reineckii Typ schmalblättrig

Bacopa floribunda (R. BROWN) WETTSTEIN, 1891 Spitzes Fettblatt

Fam.: Scrophulariaceae – Rachenblütengewächse

Verbreitung: Tropisches Amerika, Java
Rarität für erfahrene Pflanzenpfleger. Blätter lanzenförmig, 2–4 cm lang 0,2–0,4 cm breit, dunkelgrün, glattrandig, Basis sitzend, nicht stengelumfassend, nach vorne gleichmäßig verschmälert und spitz. Landform stärker verzweigt; Luftblätter kürzer und drüsig behaart, in den Achseln mehrere kleine, blassblaue Blüten. Wächst im Aquarium nur mäßig weiter und bleibt unter normaler Beleuchtung kaum über längere Zeit im Wuchs. Lichtwert zumindest 75 Watt/100 Liter. Stecklinge in der kleineren Gruppe mit Abstand setzen und vollkommen frei herausstellen. Unnötiges Umsetzen vermeiden. Das recht schwache Wurzelsystem entwickelt sich im groben, lockeren Sandboden besser; größere Kiesel sind ungeeignet. Vermehrung: Stecklinge, Seitensprosse nach Rückschnitt, mäßige Selbstverzweigungen.

SG: 4, KH: 2–10, pH: 6,0–7,0, T: 22–26°C, BH: 1–2

Bacopa lanigera (CHAMISSO et SCHLECHTENDAHL) WETTSTEIN, 1891
Wolliges Fettblatt

Fam.: Scrophulariaceae – Rachenblütengewächse

Verbreitung: Brasilien
Die stark lichtbedürftige Pflanze ist für den erfahrenen Pflanzenkenner zu empfehlen; allgemein selten in Kultur. Wasserblätter unterseits schwach behaart, rundlich-oval bis 3 cm lang und 2,5 cm breit, hellgrün, Spitze abgerundet, nicht eingekerbt; aus der breiten überlappenden Basis 7 verzweigte grüne Nerven. Emerse Stengel stark behaart, Luftblätter unterseits langhaarig, in den Achseln einzelne gestielte Blüten, weiß und violett geadert. Eine Form mit gelb geaderten Blättern existiert, ist jedoch im Wasser nicht lebensfähig. Die grüne Form bleibt nur bei sehr starker Beleuchtung einigermaßen im Trieb. Damit der notwendige Lichteinfall bis zu den unteren Sproßsteilen gewährleistet bleibt, erhalten die Stecklinge mindestens 3 cm Abstand. Das harte Wasser mit CO_2 aufbessern und regelmäßig Eisendünger zugeben. Bei höheren Temperaturen ziemlich spärlich und noch empfindlicher. Vermehrung: Stecklinge, Seitensprosse werden mäßig gebildet.

SG: 4, KH: 5–12, pH: 6,0–7,0, T: 20–24°C, BH: 1–2

Bacopa rotundifolia WETTSTEIN, 1891 Rundes Fettblatt

Fam.: Scrophulariaceae – Rachenblütengewächse

Verbreitung: Südliche USA
Wachstum und Anpassung zum Wasserleben zeimlich schwach ausgeprägt, daher selten in Aquarien. Blätter rundlich, bis 3 cm lang und 2,5 cm breit, Unterseite der Spreiten und Stengel behaart, Basis stengelumfassend, häufig überlappend. Luftblätter fast rund, in den oberen Achseln Einzelblüten, Krone blaßblau mit weißem Fleck auf der Oberlippe. Voraussetzung zum gesunden Trieb ist vor allem das ausreichende Licht (75 Watt/100 Liter); im Schatten bleiben die Stengel dünn und bilden ständig kleinere Blätter. Wichtig ist die gute Versorgung mit Nähreisen, wobei hier offensichtlich ein höherer Bedarf vorliegt als bei zahlreichen anderen Aquarienpflanzen. Stengel etwas schwammig, daher vorsichtig einstecken; durch stärkeren Druck entsteht Fäulnis und in der Folge mangelhafte Wurzelbildung. Grobsand mit Beimischung von Tonerde ist ratsam, fördert die Wurzelernährung und das mäßige Triebwachstum. Vermehrung: Stecklinge, Seitensprosse nach Rückschnitt, gelegentlich Selbstverzweigungen.

SG: 3, KH: 2–10, pH: 6,0–7,2, T: 22–26°C, BH: 1–2

Bacopa floribunda

Bacopa rotundifolia

Bacopa lanigera

Cabomba caroliniana GRAY, 1848
var. *paucipartita* VAN RAMSHORST et FLORSCHÜTZ, 1956 Karolina-Haarnixe
Fam.: Cabombaceae – Haarnixengewächse

Verbreitung: Nördl. Südamerika bis südl. Nordamerika
Die Art bringt verschiedene Varietäten, deren Unterschiede in der Aufgliederung ihrer Blätter liegen. Die Stammvarietät: *C.c.* var. *caroliniana* ist in Band 1, Seite 94 beschrieben. Die hier vorgestellte Variante ist gekennzeichnet durch wesentlich geringer aufgeteilte Blätter und bildet konstant etwa 20 bis 40 Blattzipfel, die nach vorne verbreitert sind und fast 0,3 cm breit werden, Ist nach Kulturpflanzen beschrieben worden, kommt aber auch in der freien Natur vor. Als lockere Gruppe in den mittleren Bereichen der Beckentiefe oder im Hintergrund ansiedeln. Relativ geringer Lichtbedarf und auch im härteren Wasser gesund im Wuchs. Übrige Bedingungen wie die Stammform. Vermehrung: Stecklinge, flutend mit Seitensprossen.

SG: 2, KH: 2–12, pH: 6,5–7,2, T: 22–28°C, BH: 2–3

Cabomba pulcherrima (HARPER), FASSETT, 1953 Schöne Haarnixe
Fam.: Cabombaceae – Haarnixengewächse
Syn.: *Cabomba caroliniana* var. *pulcherrima*

Verbreitung: Florida
Gleicht im Habitus der Stammform von *Cabomba caroliniana,* Sproßachse und Blattsegmente sind jedoch rötlich überlaufen. Schwimmblätter lanzettlich, Blüten schwach rosa. Die Stellung als eigene Art wird von einigen Autoren angezweifelt. Zwischen anders gestalteten Aquarienpflanzen ein schöner Kontrast, Blattfärbung jedoch stark lichtabhängig und bleibt nur unter intensiver Beleuchtung (75 Watt/100 Liter) erhalten. Wächst in hartem Wasser wenig zufriedenstellend, benötigt darin Zusatz von Kohlendioxid. Eisendünger regelmäßig angewendet, fördert Wachstum und Blattfärbung. Bevorzugt lockeren Bodensand und sollte nicht häufig umgesetzt werden. Vermehrung: Stecklinge, Seitensprosse nach Rückschnitt, bei flutendem Wachstum gute Verzweigung.

SG: 3, KH: 2–8, pH: 6,0–7,0, T: 24–28°C, BH: 2

Crassula helmsii (KIRK) COCKAYNE, 1930 Australisches Nadelkraut
Fam.: Crassulaceae – Dickblattgewächse Syn.: *Tillaea helmsii*

Verbreitung: Australien, Neuseeland
Zierliche Gruppenpflanze mit geringen Ansprüchen, aber sehr hohem Lichtbedarf. Dünne Sproßachse, Blätter gegenständig, etwas fleischig, ungestielt, nadelförmig, bis 1 cm lang und 0,1 cm dick. Ausdauernde Sumpfpflanze mit kriechenden Stengeln; in der freien Natur stellenweise auch ständig submers. In den Achseln bis 0,3 cm große Einzelblüten mit 4 rundlichen weißen Kronblättern, leichte emerse Kultur. Als Wasserpflanze gute Anpassung an Temperaturen und Wasserwerte, entartet jedoch unter schwachem Licht. Für hochgebaute Becken weniger zu empfehlen. Gute, optische Wirkung in der Gruppe; bildet durch zahlreiche Seitentriebe eine dichte Formation. Vermehrung: Stecklinge, guter Selbstverzweiger.

SG: 2, KH: 2–15, pH: 6,0–7,5, T: 18–25°C, BH: 1–2

Hydrotriche hottoniiflora ZUCCARINI, 1832 Wasserhaar
Fam.: Scrophulariaceae – Rachenblütengewächse

Verbreitung: Madagaskar
Anspruchsvolle Wasserpflanze mit mäßiger Anpassung zu den Bedingungen im Aquarium. Sproßachse grün, kahl, 0,3 cm dick, Knoten schwach angeschwollen, Blätter gegenständig bis 5 cm groß, bilden 10 bis 16 abstehende, pfriemliche, hellgrüne Segmente. Durch die beiden stiellosen, bis zum Ansatz aufgeteilten Blätter entsteht der Eindruck von Quirlen. Stengel und Blätter druckempfindlich und leicht brüchig, daher vorsichtig, ohne festen Druck in das vorbereitete Pflanzloch stecken. Lockerer Bodensand ist ratsam, um die Wurzelbildung zu fördern. Weiches Wasser ist ratsam; kaum positive Reaktion auf Zusatz von Kohlendioxid. Vorsicht mit großen und rasch schwimmenden, rauhen Fischarten. Vermehrung: Stecklinge, mäßige Seitensprosse.

SG: 4, KH: 2–8, pH: 6,0–7,0, T: 22–26°C, BH: 1–2

Cabomba caroliniana var. *paucipartita*

Crassula helmsii

Cabomba pulcherrima

Hydrotriche hottoniiflora

Hygrophila balsamica (LINNAEUS fil.) RAFINESQUE, 1838 **Zierlicher Wasserwedel**

Fam.: Acanthaceae – Bärenklaugewächse

Verbreitung: Sri Lanka, Indien

Wurde 1978 erstmals eingeführt und soll in der Landform giftig sein. Diese daher nicht in kleinen Becken und bei empfindlichen Fischen unterbringen. Die Wasserform der Art gibt nach den Erfahrungen keine oder nur sehr gering Giftstoffe an das Wasser ab und kann in wenigen Exemplaren im Behälter ab 150 Liter Größe problemlos verwendet werden. Luftblätter gegenständig, lanzettlich, bis 3 cm lang und 1 cm breit, mit Randzähnen, Pflanze kurz behaart und drüsig-klebrig. In den Achseln sitzen drei bis fünf kurzstielige Blüten mit zweilippiger Krone. Das Wasserblatt ist fiederschnittig aufgeteilt (wie bei *H. difformis*), wird bis 10 x 5 cm groß, hat jedoch die Blattsegmente nur bis 2 mm breit. Das Wachstum ist ziemlich lichtabhängig und erfordert zumindest 65 Watt (Leuchtstofflampe) je 100 Liter Beckengröße. Unter zu schwacher Beleuchtung bleiben die Blätter kleiner, sind weniger aufgeteilt und bilden kurze Spitzen. Wirkt dekorativ als freistehender Solitär in den mittleren Bereichen der Beckentiefe. Bei Verwendung in der Gruppe gute Abstände einplanen. Vermehrung: Stecklinge, Seitensprosse nach Rückschnitt.

SG: 3, KH: 2–12, pH: 6,5–7,2, T: 22–28°C, BH: 2–3

Hygrophila corymbosa Typ „gracilis" **Bräunlicher Riesenwasserfreund**

Wasserblätter lanzettlich, 15–25 cm lang, 3–6 cm breit, Färbung wechselhaft, dunkelbraun bis mittelgrün. Luftblätter behaart, lanzettlich, bis 3 cm lang, 1 cm breit, ähnlich, aber deutlich zierlicher als beim Typ der Art. Blütenstände unregelmäßig ausgebildet oder unvollständig. Bei Einzelhaltung und genügend freiem Standplatz wachsen ungewöhnlich umfangreiche Pflanzen heran, deren Blätter 25 x 6 cm groß werden. Am besten in hochgebautem Becken, ab 50 cm Wasserhöhe verwenden und starkes Licht geben. Typisch für diese Variante ist, daß die eingesetzten Luftsprosse im Wasser erst braunrote Blätter treiben; nach einiger Zeit wachsen dann grüne Spreiten heran, die sich mit den dunklen Blättern abwechseln können. Es ist unklar, welche Faktoren hier eine Rolle spielen. Länger im Wasser lebende Pflanzen bleiben gerne reingrün. Vermehrung: Stecklinge, Seitensprosse nach Rückschnitt.

SG: 1, KH: 2–15, pH: 6,0–7,5, T: 22–28°C, BH: 2–3

Hygrophila corymbosa Typ „crispa" **Schmalblättriger Riesenwasserfreund**

Wasserblätter linear-lanzettlich, 10–16 cm lang, 1,0–1,5 cm breit, beide Enden gleichmäßig spitz, hellgrün. Luftblätter dicht behaart, lanzettlich bis 10 cm lang, 2 cm breit, Rand gewellt bis kraus. Staubblätter in den Blüten fertil. Ausgewachsene Pflanzen erreichen mit ihren langen Blättern bis 30 cm Umfang. In weniger großen Becken sollte man daher besser lediglich ein Exemplar pflegen. Frei herausgestellt, entsteht so ein ausgezeichneter Blickpunkt. Im geräumigen Behälter den einzelnen Pflanzen in der Gruppe ausreichend seitlichen Abstand geben und den ungehinderten Lichteinfall beachten. Vermehrung: Stecklinge aus Seitensprossen.

SG: 3, KH: 2–12, pH: 6,0–7,5, T: 22–28°C, BH: 2–3

Hygrophila balsamica

Hygrophila corymbosa Typ „crispa“

Hygrophila corymbosa Typ „gracilis“

Hygrophila corymbosa Typ „glabra" **Dichtblättriger Riesenwasserfreund**

Wasserblätter linear-lanzettlich, 10–17 cm lang, 2–4 cm breit, mittelgrün, an der Triebspitze bei starkem Licht rosa bis schwach bräunlich. Luftblätter kahl, breitlanzettlich, bis 10 cm lang, 5 cm breit, dunkelgrün, fast wie der Typ der Art, jedoch unbehaart, und ähnlich *H. stricta* (Band 1, Seite 98). In den Blüten 4–6 Staubgefäße, steril. Von allen Varietäten der Art die beste Aquarienpflanze; zeigt kaum Probleme im Eingewöhnen, paßt sich den unterschiedlichen Lebensbedingungen gut an und fügt sich ausgezeichnet in die Dekoration ein. Die Sprossen sind ziemlich raschwüchsig, so daß flache Becken weniger geeignet sind. Für das große Aquarium eine dekorative Gruppenpflanze, die sich gut höhenmäßig staffeln läßt. Allgemeiner Lichtbedarf in mäßigen Bereichen, jedoch wird unter heller Beleuchtung der rötliche Farbton intensiver, ältere Blätter vergrünen. Vermehrung: Stecklinge, Seitensprosse nach Rückschnitt; im hohen Becken ein Selbstverzweiger.

SG: 1, KH: 2–15, pH: 6,0–7,5, T: 22–28°C, BH: 2–3

Hygrophila corymbosa Typ „strigosa" **Langblättriger Riesenwasserfreund**

Wasserblätter linear-lanzettlich, meist etwas schwertförmig gebogen, 20–27 cm lang, 1,0–1,7 cm breit, hellgrün, Quernerven bräunlich. Die Sproßachse der Landform hat steife, abstehende helle Borsten. Luftblätter, schmal, bis 7 cm lang und 1,5 cm breit, mit kurzen Haaren dicht bedeckt. Blütenstand in einer Blattachsel, die gegenüberliegende meist mit einem Laubsproß. Die kräftige Wasserpflanze erreicht mit den langen Blättern fast 50 cm Umfang, wird am besten als freistehender Solitär verwendet und erhält im hohen Wasserstand ausreichend freien Platz zum Ausdehnen. Der höhere Lichtbedarf wird beachtet; bei Lichtmangel oder zu kurzer Lichtdauer werden häufig untere Blätter abgestoßen. Solche Pflanzen wachsen dann kümmerlich und erreichen kaum ihre volle Größe. Die allgemeinen Ansprüche bewegen sich in den normalen Bereichen der Aquarienbedingungen. Gruppenpflanzung ist möglich, führt aber in der Regel zu rasch nach oben treibenden Exemplaren, die man häufig einkürzen und neu stecken muß. Vermehrung: Stecklinge, Seitensprosse nach Rückschnitt.

SG: 2, KH: 2–12, pH: 6,0–7,5, T: 22–28°C, BH: 3

Hygrophila difformis (LINNAEUS fil.) BLUME, 1826
Varietät *folius variegatus Hortorum* **Weißgrüner Wasserwedel**

Fam.: Acanthaceae – Bärenklaugewächse

Verbreitung: Südostasien
Wasserblätter ähnlich aufgeteilt wie die grünblättrige Stammform (Aquarienatlas Band 1, Seite 96). Die Segmente jedoch mit weißlichem oder gelbem Mittelstreifen. Luftbätter 5 x 3 cm groß, ungeteilt, gezackt, ebenfalls mit gelbem Adernetz. Wurde 1975 in einem Asienimport entdeckt, doch ist es unklar, ob hier eine Mutation vorliegt oder die Gelbfärbung durch Viren verursacht ist. Ausgesprochen hohe Lichtansprüche (100 Watt/100 Liter), daher in Aquarien nur sehr selten kultiviert. Auch dann kann es vorkommen, daß die Blätter mit der Zeit restlos vergrünen. Günstig ist eine Beleuchtung nur mit Gro-Lux Lampen oder eine der Type 77 L-Fluora. In der Regel werden aus den Basen der vergrünten Pflanzen wieder Seitensprosse mit gestreiften Blättern geschoben. Dazu sind jedoch gut verwurzelte Pflanzen erforderlich, die frei wachsen können. Vermehrung: Stecklinge, Seitensprosse nach Rückschnitt (grün), Nebentriebe aus der Stengelbasis.

SG: 4, KH: 2–10, pH: 6,0–7,2, T: 24–28°C, BH: 1–2

Hygrophila corymbosa Typ „glabra"

Hygrophila corymbosa Typ „strigosa"

Hygrophila difformis „weiß-grün"

Hygrophila guianensis NEES ex BENTHAM, 1845 Südamerikanischer Wasserfreund

Fam.: Acanthaceae – Bärenklaugewächse

Verbreitung: Nördliches Südamerika

Im Aquarium schwierig einzugewöhnen, und bei submerser Kultur nicht immer zufriedenstellend im Wachstum. Wasserblätter 5–10 cm lang, 1,0–1,5 cm breit, beide Seiten spitz, Sproßachse rund und grün. Luftblätter breit-lanzettlich, 10–18 cm lang, 1–3 cm breit, vorne stumpflich abgesetzt. Oberseite sattgrün mit dunkelgrüner Nervatur. In den Achseln Büschel aus 3–7 Blüten, Krone weiß, bis etwa 1 cm lang, zweilippig, fünflappig, seitlich kurz eingeschnitten. Im Vergleich zur kräftigen Landpflanze ist die Wasserform meist kümmerlich und kleinblättrig. Frische Luftsprosse treiben im Aquarium besser weiter, als die schon länger im Händlerbecken stehenden Exemplare. Im Aquarium frei herausstellen, auf den nicht beschatteten Standplatz achten, und in der Gruppe ausreichenden Seitenabstand geben. Eingewöhnte Sprosse nicht unnötig umsetzen, vor allem nicht in kurzer Folge, dadurch entstehen Kümmerformen, die kaum wieder normalwüchsige Pflanzen ergeben. Im weichen Wasser besser zu halten; der allgemein hohe Lichtbedarf liegt bei etwa 75 Watt Leuchtstofflampenlicht auf je 100 Liter Beckenvolumen. Vermehrung: Stecklinge, Seitensprosse nach Rückschnitt, Trieb mindestens 15 cm lang heranwachsen lassen. Die Landform im Blumenfenster fruchtet leicht, daher ist Sämlingsaufzucht möglich.

SG: 3, KH: 2–10, pH: 6,0–7,2, T: 22–28°C, BH: 1–2

Hygrophila lacustris (SCHLECHTENDAHL) NEES, 1845

Amerikanischer Wasserfreund

Fam.: Acanthaceae – Bärenklaugewächse

Verbreitung: Tropisches Amerika

Das Umgewöhnen der Landpflanzen zum Wasserleben ist etwas kritisch, sonst allgemein ohne besondere Probleme und mit guter Anpassung. Wasserblätter mittelgrün, fast linear, kurz gestielt, 10–20 cm lang, 0,5–1,0 cm breit (ungefähr 20 mal so lang wie breit). Luftblätter lanzettlich, bis 8 cm lang und 1 cm breit, in den Achseln Büschel aus 5–11 Blüten, Krone weiß, bis etwa 1,8 cm lang, zweilippig, fünflappig, seitlich kurz eingeschnitten. Durch kurze Blattabstände wächst die Aquarienform zur kompakten und vielblättrigen Stengelpflanze heran. Der gedrungene Wuchs erfordert jedoch eine recht kräftige Beleuchtung, wobei man Schwimmpflanzen über dem Standort fernhalten sollte. Mit den langen Blättern wächst eine umfangreiche Solitärpflanze heran, die man besser im vorderen freien Blickfeld des Aquariums unterbringt. Die Bildung einer mehrzähligen Gruppe bleibt auf geräumige Becken beschränkt; den einzelnen Pflanzen dabei mindestens 15 cm Abstand geben, damit sie sich nicht gegenseitig rascher hochtreiben. Spitzen rechtzeitig abnehmen und neu stecken, bevor sie in die freie Luft treiben und ihre Wasserblätter abstoßen. Vermehrung: Stecklinge, Seitensprosse nach Rückschnitt, dabei auf kurze Nebentriebe in den Blattachseln achten, und die Sproßspitze einige Knoten oberhalb derselben abtrennen. Ältere Pflanzen bringen aus der Basis in Bodennähe kräftige Seitentriebe, die rasch zu abnahmefähigen Stecklingen heranwachsen.

SG: 2, KH: 2–12, pH: 6,0–7,2, T: 24–26°C, BH: 2–3

Hygrophila guianensis

Hygrophila lacustris

Hygrophila salicifolia (VAHL) NEES, 1832 — Weidenblättriger Wasserfreund
Fam.: Acanthaceae – Bärenklaugewächse — Syn.: *Hygrophila angustifolia*

Verbreitung: Südchina, Südindien, Malaysia, Australien, Sri Lanka
Stecklinge der Landform, wie sie der Handel fast immer anbietet, können sich dem Leben im Wasser problemlos anpassen. Wasserblätter schmal-lanzettlich, fast sitzend, 8–12 cm lang, 0,7–1,0 cm breit (ungefähr 12 mal so lang wie breit), dunkelgrün, an der Triebspitze auch rötlich. Luftblätter lanzettlich, bis 20 cm lang und 2 cm breit, in den Achseln Büschel aus 7 Blüten, Krone bis 1,7 cm lang, weißlich und schwach purpurn geaderte Unterlippe. Wird auch *H. angustifolia* genannt; Erstbeschreibung jedoch als *Ruellia salicifolia*. Im Wasser bleiben die Luftblätter länger am Leben, und bei ungestörter Entwicklung wächst bald ein ausreichend langer Wassersproß heran. Beim Einsetzen der häufig gestreckten Stengel sollte zumindest ein Blattknotenpaar in den Bodengrund gelangen. Daran bilden sich kräftigere Wurzeln als an den Zwischengliedern der Sproßachse. Maximale Blattlängen werden offenbar im weichen Wasser erreicht. Bei hoher Karbonathärte ist Zusatz von CO^2 ratsam. Vermehrung: Seitensprosse nach Rückschnitt, Nebentriebe aus der Sproßbasis älterer Exemplare.

SG: 1, KH: 2–15, pH: 6,0–7,2, T: 22–28°C, BH: 2–3

Ilysanthes parviflora BENTHAM, 1846 — Kleinblütiges Rundblatt
Fam.: Scrophulariaceae – Rachenblütengewächse
Syn.: *Lindernia microcalyx* (falsch determiniert)

Verbreitung: Südostasien, Afrika
Zierliche Stengelpflanze zur Bildung von kleineren Trupps. Am dünnen Stengel sitzen gegenständig rundliche Blätter, die bis 0,7 cm Durchmesser erreichen. Aus der etwas stengelumfassenden Basis treiben 5 dünne Längsnerven, die Ränder sind seicht gebuchtet oder gezackt. In den Achseln Einzelblüten, bis 0,7 cm lang, Krone weiß, am Grunde schwach violett, vorne zweilippig und fünflappig, 2 fertile Staubblätter kurz gestielt, 2 sterile länger gestielt mit blauen Spitzen und zu Staminodien umgebildet. Durch Seitensprosse entsteht ein dichter Bestand, aus dem die hochstrebenden Spitzen regelmäßig ausgeschnitten werden; dienen als neue Stecklinge. Allgemein geringe Ansprüche zu Bodengrund und Wasser, jedoch mit hohem Lichtbedarf von etwa 60 Watt/100 Liter Beckenvolumen. Bei zu schwachem Licht werden die Sprosse leicht spillerig und bilden ständig kleinere Blätter. Daher besser für das flache Becken geeignet, in dem sich der Lichtbedarf besser erfüllen läßt. Vermehrung: Stecklinge, Seitensprosse aus Selbstverzweigungen.

SG: 3, KH: 2–15, pH: 6,0–7,5, T: 20–26°C, BH: 1–2

Ludwigia brevipes (LONG) EAMES, 1933 — Kurzstielige Ludwigie
Fam.: Onagraceae – Nachtkerzengewächse

Verbreitung: Südostküste Nordamerikas
Die Anpassung zum Leben im Wasser ist vergleichsweise geringer als bei den übrigen Arten der Gattung. Wasserblätter beiderseits reingrün bis schwach rötlich, bis 3 cm lang, 0,4 cm breit, vorne spitz, Basis stielartig verschmälert. Luftblätter bis 2,5 cm lang, 0,8 cm breit, Blüten einzeln in den Achseln, ganz kurz gestielt, die 4 gelben Kronblätter kürzer als die Kelchblätter. In hoher Wasserwärme werden die Triebe gerne spillerig und bringen ständig kleinere Blätter; das ausreichend starke Licht kann diesen Nachteil bedingt ausgleichen. Besser geeignet für das kühle, bis schwach temperierte und nicht zu hoch gebaute Becken. Gute Wirkung erzielt Gruppenpflanzung, wobei die hochtreibenden Sprosse regelmäßig eingekürzt und neu gesteckt werden. Die Landform im hellstehenden Paludarium mit den Kriechtrieben ist ein guter Bodendecker, der sich rasch ausbreitet. Den Sommer über auch am Freilandteich im Sumpfteil zu halten, treibt dort seine dekorativen Blüten. Vermehrung: Stecklinge, Seitentriebe nach Rückschnitt, auch aus Selbstverzweigungen zu gewinnen.

SG: 3, KH: 2–10, pH: 6,0–7,0, T: 18–22°C, BH: 1–2

Hygrophila salicifolia

Ilysanthes parviflora

Ludwigia brevipes

Ludwigia glandulosa PURSH, 1814 — Drüsige Ludwigie

Fam.: Onagraceae – Nachtkerzengewächse

Verbreitung: Südliche USA

Gute Wirkung als Gruppe in den mittleren Bereichen der Dekoration. Wasserblätter lanzettlich, kurzgestielt, bis 4,5 cm lang, 1,3 cm breit, oberhalb der Mitte die breiteste Stelle. Zur Basis hin verschmälert, vorne kurz, spitz oder stumpflich, Färbung olivgrün, bräunlich, mitunter auch rötlich. Luftblätter bis 2 cm lang und 0,5 cm breit, in den Achseln einzelne gestielte Blüten, die 4 hellgelben, schmalen, ovalen Kronblätter etwas kürzer als der Kelch. Die Pflanze gleicht submers dem Typ von *L. repens,* deren breiteste Stelle liegt etwa in der Mitte der Blattlänge. Die Drüsige Ludwigie ist recht häufig im Angebot, wird aber meistens nicht als solche erkannt. Stellt etwas höhere Ansprüche an die Lebensbedingungen im Aquarium, vor allem hinsichtlich der Beleuchtung. Daher einen freien Standplatz geben und Schwimmpflanzen fernhalten. Bei günstigen Voraussetzungen ziemlich raschwüchsig, bildet mit den Seitensprossen einen umfangreichen Bestand und kann auch flutend weiterwachsen. Die niederliegende Landform wächst gut im Paludarium und kann den Sommer über am Freilandteich gehalten werden. Vermehrung: Stecklinge, Seitensprosse nach Rückschnitt, bei flutenden Stengeln reichliche Selbstverzweigungen.

SG: 2, KH: 2–12, pH: 6,0–7,2, T: 22–28°C, BH: 1–3

Micranthemum umbrosum (WALTER) BLAKE, 1915 — Perlenkraut

Fam.: Scrophulariaceae – Rachenblütengewächse Syn.: *Micranthemum orbiculatum*

Verbreitung: Mittelamerika, südliche USA

Die Verwendung ist verschieden möglich, im Paludarium als kriechende Polsterstaude, im Aquarium freitreibend oder eingepflanzt im Vordergrund. Sproßachse dünn, Blätter gegenständig, kurz gestielt, fast sitzend, rundlich, bis 0,5 cm groß, ganzrandig, bis 5 schwache Nerven aus der Basis, in den Achseln unscheinbare weißliche Blüten. Bei der freitreibenden Kultur an der Wasseroberfläche bilden sich durch intensive Verzweigungen dichte Knäuel. Können für bestimmte Fischarten als ausgezeichnete Ablaichpflaze dienen. Im Bodengrund eingesetzte Sprosse mit recht hohem Lichtbedarf, entwickelt im Vordergrund umfangreiche Polster und wird durch regelmäßiges Einkürzen der Triebe niedrig gehalten. Die hellgrüne Pflanze bietet mit ihren rundlichen Blättern einen guten Kontrast vor großblättrigen Gewächsen. Kultur insgesamt nicht schwierig, jedoch Vorsicht mit Schnecken und Präparaten, die Trypaflavin enthalten. Vermehrung: Stecklinge, guter Selbstverzweiger, Teilen der Büschel.

SG: 2, KH: 2–12, pH: 5,5–7,2, T: 24–30°C, BH: 1–3

Najas guadelupensis (SPRENGEL) MAGNUS, 1893 — Feinzähniges Nixkraut

Fam.: Najadaceae – Nixkrautgewächse Syn.: *Najas microdon*

Verbreitung: Südliche USA, Mittelamerika, Südamerika

Wächst freitreibend kurz unter dem Wasserspiegel oder verwurzelt im Bodengrund. Sproßachse dünn, grün und sehr spröde. Blätter gegenständig, häufig jedoch als scheinbare Quirle an denen das dritte Blatt etwas höher steht als die beiden anderen. Spreite linear, bis 2 cm lang, 0,2 cm breit, meist etwas gebogen, aus der Basis 3 bräunliche Nerven, in der Spitze einnervig. Ränder locker mit sehr feinen Zähnchen besetzt, die halbrunde Blattbasis mit 5–10 dunkleren Zähnchen. Eingewurzelte Exemplare bilden mit ihren zahlreichen Nebentrieben dichte Büschel. Das Einsetzen ist jedoch ein Problem, und häufig werden sich auch mit aller Vorsicht gesetzte Stengel lösen und nach oben treiben. Nixkräuter wachsen eigentlich am besten freitreibend, kurz unter der Wasserfläche, dort verzweigen sie sich reichlich und bilden mit der Zeit umfangreiche Polster. Eine schöne lokkere Dekoration der oberen Beckenzonen. In Gesellschaft mit rauhen und rasch schwimmenden Fischen sind die brüchigen Nixkräuter kaum zu empfehlen. Vermehrung: Stecklinge, Seitensprosse, Sproßabschnitte, Teilen der Büschel.

SG: 2, KH: 2–12, pH: 6,0–7,5, T: 22–28°C, BH: 1–3

Ludwigia glandulosa

Micranthemum umbrosum

Najas quadelupensis

Najas indica (WILLDENOW) CHAMISSO, 1829 — Indisches Nixkraut

Fam.: Najadaceae – Nixkrautgewächse — Syn.: *Najas kingii*

Verbreitung: Tropisches Asien

Wurde 1952 erstmals als *N. kingii* eingeführt, dabei handelt es sich um eine spätere Doppelbeschreibung; zuerst beschrieben 1801 als *Caulinia indica* durch Willdenow. Blätter gegenständig oder als dreizählige Scheinquirle, sitzend, schmal lanzettförmig, 2,0–3,5 cm lang, bis 0,1 cm breit. Neben dem Mittelnerv eine Reihe von typischen größeren Zellen, am Rand 10–20 relativ grobe Zähnchen. Die breitere Basis leicht viereckig geformt, nach oben nicht ausgerandet, an den oberen Kanten 7–10 feine Zähnchen. Die Sprosse sind leicht brüchig, wodurch das Einsetzen im Bodengrund etwas schwierig ist. Kürzere Spitzen von etwa 10 cm Länge, mit Abstand einzeln gesetzt, lassen sich besser im Bodengrund verankern. Am freien Standplatz treiben reich verzweigte Exemplare mit guter optischer Wirkung. Robuste Fische werden die Triebe leicht abbrechen; auch beim Hantieren im Becken ist Vorsicht geboten. Meist werden daher Nixkräuter freitreibend gehalten und bilden dann unter dem Wasserspiegel umfangreiche aber lockere Polster. Vermehrung: Stecklinge, Seitensprosse, Triebteile.

SG: 2, KH: 2–15, pH: 6,0–7,5, T: 24–28°C, BH: 1–3

Nesaea spec. „rotblättrig" — Afrikanischer Weiderich

Fam.: Lythraceae – Weiderichgewächse Syn.: *N. crassicaulis* (falsch nachbestimmt)

Verbreitung: Westafrika

Äußerst schwierige Pflanze; wächst nur unter optimalen Bedingungen im Wasser gesund. Stengel und Blätter tiefrot, Blattspreite lanzettförmig, bis 5 cm lang und 0,5 cm breit, die breiteste Stelle in der oberen Blatthälfte, von dort gleichmäßig zur Basis verschmälert und in den kurzen Stiel auslaufend, vorne kurz spitz, Rand schwach gewellt. Die Sumpfpflanze in den Achseln der Luftblätter mit kurz gestielten Trugdolden, kleine Blüten mit 4 winzigen rosa Kronblättern, die rasch abfallen oder mitunter nicht entwickelt werden. Unter hellem Licht färben sich die Blätter tiefrot, bei schwachem Licht olivgrün. Die auffällige Pflanze wird am besten als lockerer Trupp im freien Vordergrund angesiedelt. Wächst meist nur langsam weiter, ist dabei sehr lichtabhängig und erfordert weiches Wasser. Häufig wird man feststellen, daß die Sprosse anfangs gut treiben, dann aber nachlassen und eingehen. Das hängt auch mit der mäßigen Bildung von Wurzeln zusammen, die bei Zusatz von Torf im Bodengrund besser ist. Vermehrung: Stecklinge, Seitensprosse durch Selbstverzweigungen.

SG: 4, KH: 2–5, pH: 5,5–6,5, T: 22–27°C, BH: 1–2

Shinnersia rivularis (A. GRAY) R.M. KING et ROBINSON, 1970 — Mexikanisches Eichenblatt

Fam.: Asteraceae – Korbblüter — Syn.: *Trichocoronis rivularis*

Verbreitung: Nord-Mexiko

Eine der neueren Aquarienpflanzen; wurde bei uns 1981 erstmals bekannt. Erstbeschreibung als *Trichocoronis rivularis* durch Gray 1849; durch die beiden britischen Botaniker King und Robinson von dieser Gattung abgetrennt und in die neue Gattung *Shinnersia* gestellt. Blätter gegenständig, nicht gestielt, fiedernervig, bis 5 cm lang und 3 cm breit, zur Basis schmaler und den Stengel umfassend, Rand mehrfach eingebuchtet, vorne abgerundet. Die Landpflanze an der Spitze mit mehreren Blüten, auf der flachen Scheibe bis 100 kleine, einfach gebaute Blütchen. Die ungewöhnlich raschwüchsige Wasserform bildet erst lange Internodien und später nahe dem Wasserspiegel gedrungene Triebe mit größeren Blättern. Wächst flutend weiter und nicht aus dem Wasser heraus. Die kräftigen Spitzen abnehmen und damit eine neue lockere Gruppe bilden. Ausreichendes Licht (75 Watt/100 Liter) und mäßig hohe Wasserwärme sind Voraussetzungen für kompakte Sprosse. Durch das rasche Längenwachstum und ständiges Einkürzen ziemlich arbeitsaufwendig. Vermehrung: Stecklinge, Seitensprosse nach Rückschnitt, Selbstverzweigungen.

SG: 2, KH: 2–15, pH: 5,5–7,5, T: 20–25°C, BH: 2–3

Najas indica

Nesaea spec. „rotblättrig"

Shinnersie rivularis

Das gemeinsame Kennzeichen der 22 Arten aus 14 Gattungen ist der aufrechte Stengel mit einzelnen Blättern an den Knoten. Die Blattform ist überwiegend schmal und selten rundlich. An den natürlichen Standorten sind *Fontinalis, Heteranthera, Lagarosiphon, Potamogeton* und *Zosterella* als Wasserpflanzen verbreitet. Die schmalblättrige *Zosterella dubia,* auch bekannt unter dem Synonym *Heteranthera graminea,* öffnet ihre sechszipfeligen, gelben Blüten kurz über dem Wasserspiegel. Als Aquarienpflanze ist die Art schon länger nicht mehr in Kultur. Aus unauffälligen Einzelblüten ist die Ähre von *Potamogeton crispus* zusammengesetzt, sie treiben den Sommer über im Gartenteich. Die Azurblaue Wasserhyazinthe, *Eichhornia azurea,* entfaltet ihre dekorativen gefransten Blüten im oben offenen Aquarium nach Bildung von großen Luftblättern. Ein rascher Wachser für das Paludarium ist die Landform von *Hydrocotyle leucocephala* mit Kriechsprossen und kleinen Dolden auf langen Stielen. *Lobelia cardinalis* kann im flachen Becken oben heraustreiben, wächst auf der Fensterbank oder im Garten und entfaltet große tiefrote Blüten. Die miteinander verwandten Gattungen *Saururus cernuus* und *Houttuynia cordata* blühen in der Regel nur im Freilandteich, zeigen aufrechte oder überhängende Blütenähren und sind winterfest.

Zosterella dubya

Eichhornia azurea

Hydrocotyle leucocephala

Potamogeton crispus

Saururus cernuus

Lobelia cardinalis

Houttuynia cordata

Eichhornia diversifolia URBAN, 1832 Verschiedenblättrige Wasserhyazinthe

Fam.: Pontederiacae – Pontederiengewächse

Verbreitung: Tropisches Südamerika

Dekorative Gruppenpflanze mit mäßiger Anpassung. Sproßachse aufrecht, später flutend, Wasserblätter wechselständig, zweizeilig, linear, sitzend und den Stengel umfassend, bis 6 cm lang, 0,6 cm breit, vorne stumpflich, aus der Basis 5 feine Längsnerven. Flutende Triebe mit gestielten ovalen Schwimmblättern, in den Achseln jeweils 2 kleine blaue Blüten. Lichtbedarf recht hoch, daher bei mittlerer Wasserhöhe pflegen. Relativ kompakten Wuchs erreicht man durch lockeren Stand der Stecklinge in der Gruppe. Bei geeigneten Bedingungen ziemlich raschwüchsig, kann beim Erreichen des Wasserspiegels flutend wachsen, wobei ein Teil der Triebe Schwimmblätter entwickelt. Vermehrung: Stecklinge aus Seitenprossen, guter Selbstverzweiger. Hinweis: *E. natans* (BEAUVIS) SOLMS-LAUBACH, 1882 (Afrika) ist sehr ähnlich. Wasserblätter breiter, Schwimmblätter größer, Blüten einzeln. Ansprüche und Verwendung ziemlich gleich.

SG: 3, KH: 2–10, pH: 5,5–7,5, T: 20–28°C, BH: 1–2

Houttuynia cordata THUNBERG, 1874 Herzblättriger Eidechsenschwanz

Fam.: Saururaceae – Molchschwanzgewächse

Verbreitung: Ostindien, China, Korea, Japan

Anspruchsvolle Pflanze für sehr hell beleuchtete Aquarien. Wasserblätter wechselständig, herzförmig, 2–3 cm groß, vorne spitz, 5 Längsnerven. Blattstielscheide am oberen Ende mit kurzem überstehendem Zipfel (fehlt beim ähnlichen *Saururus cernuus*). Luftblätter bis 10 cm groß, schwach behaart, häufig rötlich, Blütenähre endständig, bis 3 cm lang mit 4 weißen Hochblättern. Erfordert zumindest 65 Watt je 100 Liter Beckenvolumen. Stecklinge in der Gruppe mit ausreichendem Seitenabstand einsetzen und mindestens einen Blattknoten im Bodengrund unterbringen. Triebe bis zur Wasserfläche wachsen lassen und dann abstecken, Spitzen nicht zu kurz wählen. Kräftige Sumpfpflanze für das helle Paludarium, wächst am Gartenteich im Freien und ist dort winterfest.

SG: 4, KH: 2–10, pH: 6,0–7,2, T: 22–24°C, BH: 2

Lagarosiphon madagascariensis CASPARY; 1892 Madagassische Wasserpest

Fam.: Hydrocharitaceae – Froschbißgewächse

Verbreitung: Madagaskar

Zierliche Gruppenpflanze für mittlere Bereiche im flachen bis mäßig hohen Becken. Dünne Sproßachse, Blätter wechselständig, sitzend, dunkelgrün, bis 1,5 cm und 0,1 cm breit, gerade abstehend, seltener schwach umgebogen. Unter starkem Licht bilden die Blätter enge Spiralen, wodurch leicht der Eindruck von Quirlen entsteht. In den Achseln gestielte eingeschlechtliche Blüten, treiben auf dem Wasser, sind bis 0,3 cm groß und haben 3 farblose Kronblätter. Männliche Blüten mit büscheligen Staubblättern, weibliche mit 6 gefransten, weißen Narben. Die Triebe verzweigen sich selbständig und bilden mit der Zeit dichte Büschel. Gruppe gelegentlich ausdünnen und bei Bedarf mit frischen Spitzen erneuern. Gute Anpassung an Wasserwerte, aber recht lichtbedürftig. Auf dem Wasserspiegel frei flutende Pflanzen bilden dort dichte Knäuel. Vermehrung: Stecklinge aus Seitensprossen, guter Selbstverzweiger.

SG: 2, KH: 2–10, pH: 6,0–7,2, T: 20–26°C, BH: 1–2

Eichhornia diversifolia

Lagarosiphon madagascariensis

Houttuynia cordata

Potamogeton crispus LINNAEUS, 1753 — Krauses Laichkraut

Fam.: Potamogetonaceae – Laichkrautgewächse

Verbreitung: Gemäßigter Kosmopolit

Allgemein für den Freilandteich oder hellstehende Kaltwasserbecken, kann im temperierten Aquarium begrenzte Zeit wachsen. Gestreckte vierkantige Sproßachse, Blätter wechselständig sitzend, bis 10 cm lang und 1,5 cm breit, rötlich oder grün. Rand gewellt bis kraus und fein gezähnt. Über dem Wasser gestielte Ähren mit 5 bis 10 Zwitterblüten. In höherer Wärme werden die Sprossen ständig zierlicher und dünner, sterben mit der Zeit ab. Durch lange Stecklinge, die am Wasser fluten, ist das Wachstum länger anhaltend. Bevorzugt ist Tonerde zum Grobsand. Das mittelharte Wasser sollte stärker bewegt sein und ist regelmäßig zu wechseln. Für den Wassergarten im Freiland eine empfehlenswerte submerse Pflanze, die sich stark ausbreiten kann. Vermehrung: Stecklinge, Abnahme von Seitensprossen.

SG: 3, KH: 5–12, pH: 6,0–7,5, T: 12–20°C, BH: 1–2

Potamogeton gayi A. BENNET, 1892 — Tropisches Laichkraut

Fam.: Potamogetonaceae – Laichkrautgewächse

Verbreitung: Südamerika

Raschwüchsige Gruppenpflanze für den Hintergrund im höher gebauten Aquarium. Sproßachse dünn, hellgrün, ziemlich gestreckt, Blätter wechselständig, nicht gestielt, linear, bis 10 cm lang und 0,4 cm breit, vorne etwas gerundet und schwach nadelspitzig. Aus der Basis ein deutlicher Mittelnerv, beidseits ein feiner Nebennerv, häufig jedoch undeutlich. Färbung bräunlich, unter starkem Licht rötlich, vor allem an der Sproßspitze. Blütenstengel bis 6 cm lang, nach oben schwach verdickt, Ährchen 1,5 cm groß, wenige winzige Zwitterblüten ohne Kronblätter. Frisch gesetzte Stecklinge benötigen einige Zeit zum Anwurzeln und Eingewöhnen, treiben dann aber zügig weiter. Anspruchslose Pflanze mit guter Eignung für Tropenbecken. Ausläuferartige Seitentriebe am Boden durchziehen weite Bezirke des Aquariums und bilden in Abständen hochwachsende Stengel. Vermehrung: Stecklinge, Selbstverzweiger, Ausläufer.

SG: 1, KH: 2-12, pH: 6,0–7,5, T: 20–30°C, BH: 2–3

Potamogeton mascarensis CHAMISSO et SCHLECHTENDAHL, 1827 — Madagaskar-Laichkraut

Fam.: Potamogetonaceae – Laichkrautgewächse

Verbreitung: Maskarenen, Madagaskar

Seit 1977 für Aquarien bekannt; Artbezeichnung noch nicht durch blühende Kulturpflanzen abgesichert. Sproßachse dünn und wenig gestreckt, Blätter wechselständig, linear, nicht gestielt, bis 10 cm lang und 0,3 cm breit, vorne schwach gerundet und kurz nadelspitzig, je nach Licht grün bis rötlich. Aus der Basis neben dem Mittelnerv je zwei sehr feine Seitennerven. Ähnlich *P. gayii*, aber regelmäßig fünfnervig. Brauchbare Art für das Tropenbecken; verträgt höhere Temperaturen ausgezeichnet, benötigt jedoch längere Zeit zum Eingewöhnen. Unter hellem Licht sitzen die Blätter in zwei gleichmäßigen Reihen am Sproß. Durch die weniger rasche Zuwachsrate und ziemlich kurze Blattabstände bleibt die Pflanze relativ kompakt. Stecklinge in der Gruppe einzeln und mit seitlichem Abstand einsetzen. Am ausreichend freien Platz wächst durch Seitenprosse ein umfangreicher Pflanzenbusch heran. Vermehrung: Stecklinge, Seitensprosse aus Selbstverzweigungen.

SG: 2, KH: 2–15, pH: 6,0–7,5, T: 20–28°C, BH 1–3

Potamogeton crispus

Potamogeton gayii

Potamogeton mascarensis

2. Pflanzen mit rosettig geordneten Blättern
2.1. Schmalblättrige Rosettenpflanzen

Derzeit sind 31 Arten und 7 Varietäten aus 9 Gattungen bekannt. Gemeinsames Kennzeichen ist das meist kurze und dünne Rhizom (auch Zwiebel) mit schmalen, langgestreckten, stiellosen Blättern. An den natürlichen Standorten werden unterschiedliche Lebensräume besiedelt. Als echte Wasserpflanzen blühen *Blyxa* aus dem submersen Sproß und öffnen gestielte Zwitterblüten in der freien Luft. Die nahe verwandte Gattung *Vallisneria* hat ihre Geschlechter auf verschiedenen Pflanzen getrennt. Die unscheinbaren weiblichen Blüten liegen langgestielt auf dem Wasser und werden von den zahlreichen, auf dem Wasser treibenden Pollenblüten befruchtet. Diese bilden sich in den kurzgestielten männlichen Blütenständen an der Basis der männlichen Exemplare und treiben bei der Reife nach oben. Der von Natur aus sumpfige *Crinum purpurascens* kann im Aquarium auch bei halb untergetauchter Kultur am langen Schaft große Blüten entfalten. *Isoetes setacea* bildet keine Blüten, sondern in den breiten Blattbasen entstehen Sporen, aus denen neue Pflanzen heranwachsen. Zur Familie der Cyperngräser gehört *Eleocharis minima*. Seine den Wiesengräsern ähnlichen, kleinen Blütenähren entwickeln sich außerhalb des Wassers. Die verschiedenen Pfeilkräuter bilden Wasserformen oder Sumpfpflanzen, darunter blüht *Sagittaria lancifolia* noch bei 30 cm tiefem Wasserstand. Besonderheiten der Flora am Gartenteich sind die gezüchteten Kulturformen von *Sagittaria sagittifolia* mit großen gefüllten Blüten.

Blyxa novoguineensis

Vallisneria asiatica weibliche Blüten

Crinum purpurascens

Isoetes setacea

Vallisneria neotropicalis männliche Blüten

Sagittaria lancifolia

Eleocharis minima

Sagittaria sagittifolia

Blyxa aubertii L.C. RICHARD; 1812 Glattsamiges Fadenkraut

Fam.: Hydrocharitaceae – Froschbißgewächse

Verbreitung: Südostasien, Indien, Madagaskar

Bis 40 cm hohe Solitärpflanze für mittlere Bereiche der Beckentiefe. Blätter grundständig, linear, 20–40 (60) cm lang, 0,5–1,5 cm breit, häufig rötlich oder olivgrün, im unteren Drittel scharf dreikantig, nach oben gleichmäßig verschmälert, in eine haarfeine Spitze auslaufend. Neben dem dunkleren Mittelnerv mehrere Längsnerven, davon 2 deutlicher ausgebildet. Blüten lang gestielt, 2 weißlich-grüne, winzige Kronblätter, 3 weiße Staubblätter bis 1 cm lang, kurzer Griffel mit kleiner, dreispaltiger Narbe. Frucht im Wasser bis 2 cm lang, in ein durchsichtiges Scheidenblatt gehüllt. Samenkörner mit Runzeln in 8 Reihen. Der ähnliche *B. echinosperma* mit anders geformten Samen. Allgemein mit mäßiger Anpassung geeignet für weiches bis mittelhartes Wasser, höhere Karbonathärte ist möglich bei Zusatz von Kohlendioxyd, dann können Werte bis 15°KH vertragen werden. Als Bodengrund dient lockerer Grobsand. Vermehrung: Seitensprosse am Rhizom mit etwa 6 Blättern abtrennen. Fruchtet nach Selbstbestäubung leicht, Sämlingsaufzucht jedoch nicht einfach und langwierig.

SG: 3, KH: 2–10, pH: 5,5–7,2, T: 22–28°C, BH 2–3

Blyxa echinosperma (CLARKE) HOOKER fil., 1888 Igelsamiges Fadenkraut

Fam.: Hydrocharitaceae – Froschbißgewächse

Verbreitung: Indien, Indonesien

Dekorative Solitärpflanze, wächst durch mehrere Seitensprosse mit der Zeit zum buschigen Exemplar heran. Blätter grundständig, 30–60 cm lang, 0,5–1,5 cm breit, meist reingrün, selten olivgrün oder rötlich, Spreite mitunter schwach in sich gedreht, im unteren Drittel weniger kantig, sondern mehr halbrund, vorne in eine schmale dünne Spitze auslaufend. Neben dem dunkleren Mittelnerv mehrere feinere Seitenadern, dazwischen kurze Quernerven. Blüte und Frucht wie *B. aubertii*, Samenkörner auffällig bestachelt, an beiden Enden ein 0,5 cm langer stachelförmiger Fortsatz. Kann sich den Bedingungen im Aquarium verhältnismäßig gut anpassen, wächst jedoch besser im weniger harten Wasser. Die Aquarienform ist in der Regel schwächer als die Wildpflanzen und erreicht etwa 40 cm Wuchshöhe. Freien Standplatz mit ungehindertem Lichteinfall beachten und mäßig groben Bodengrund verwenden. Im Umsetzen meist etwas heikel und danach längere Zeit schwächer im Trieb. Vermehrung: Seitensprosse am Rhizom abtrennen, fruchtet häufig durch Selbstbestäubung, Sämlingsaufzucht schwierig.

SG: 3, KH: 2–10, pH: 5,5–7,2, T: 22–28°C, BH 2–3

Blyxa japonica ASCHERSON et GÜRKE, 1889 Japanisches Fadenkraut

Fam.: Hydrocharitaceae – Froschbißgewächse

Verbreitung: Bengalen, Korea, Japan, Indonesien

Die Art ist in dieser Untergruppe eigentlich falsch eingeordnet, da sie zu den Sproßpflanzen gehört. Der aufrechte Stengel wird in der freien Natur bis 50 cm lang, im Aquarium bleibt die Sproßachse jedoch immer extrem kurz, und mit den dichten Blattspiralen entsteht der Eindruck einer Rhizompflanze; die Blätter sitzen wechselständig und werden 3–5 cm lang und 0,3 cm breit. In den Achseln treiben gestielte Zwitterblüten mit weißen, schmalen, an den Rändern befransten Kronblättern. Der ähnliche *B. novoguineensis* (Band 1, Seite 102) mit längeren Blättern und Stengeln sowie eingeschlechtlichen Blüten. Kultur am besten im Vordergrund eines flachen Beckens unter sehr heller Beleuchtung. Die Pflanze ist äußerst schwierig zum Wachsen zu bringen und wird im Aquarium selten über längere Zeit gehalten. Nach den Erfahrungen ist die Pflege nur in sehr weichem Wasser erfolgreich. Im harten Wasser bei höherer Karbonathärte stirbt die Pflanze regelmäßig kurzfristig ab. Kräftige Exemplare oder frische Importe entwickeln zwar Blüten, doch erreichen sie mit ihren kurzen Stielen den Wasserspiegel nur im flachen Becken. Vermehrung: Seitensprosse abtrennen.

SG: 4, KH: 1-3, pH: 5,5–6,5 T: 22–26°C, BH: 1

Blyxa aubertii

Blyxa ochinosporma

Blyxa japonica

2. Pflanzen mit rosettig geordneten Blättern
2.1. Schmalblättrige Rosettenpflanzen

Crinum natans BAKER, 1898 — Flutende Hakenlilie

Fam.: Amaryllidaceae – Narzissengewächse

Verbreitung: Afrika, verschiedene Gebiete

Eine umfangreiche Pflanze, die man nur im großen und geräumigen Behälter optimal pflegen kann. Zwiebel bis 8 cm groß, Zwiebelhals bis 15 cm lang, 3–5 cm breit. Kurz oberhalb der Zwiebel biegen die Blätter bogenförmig ab und bilden eine breit ausladende Solitärpflanze. Blütendolde bis 80 cm lang gestielt mit 3–5 duftenden Blüten, Krone mit 6 schmalen weißen Zipfeln, Staubblätter weit herausragend. Im Aquarium jedoch kaum zur Blüte kommend. Läßt sich mit der breiten Wuchsform etwas schwierig in die geordnete Dekoration einfügen. Allgemein mit mäßiger Anpassung, nährstoffreicher Bodengrund und starkes Licht sind ratsam. Im harten Wasser meist mit kürzeren Blättern und schlecht im Wachstum. Mittel gegen Algen oder Fischkrankheiten mit dem Wirkstoff Trypaflavin werden nicht vertragen. Vermehrung: Tochterzwiebeln werden selten gebildet, bei entsprechender Stärke abtrennen. Hinweis: Die Art ändert stark ab und bringt die nachfolgende schmalblättrige Variante, bisher jedoch ohne nähere Bezeichnung als Varietät.

SG: 3, KH: 2–10, pH: 6,0–7,0, T: 25–30°C, BH: 3

Crinum natans BAKER, 1898 (Schmalblättriger Typ) — Krause Hakenlilie

Fam.: Amaryllidaceae – Narzissengewächse

Verbreitung: Kamerun

Wächst in der freien Natur als ständige Wasserpflanze; die ersten Exemplare wurden 1974 in Kamerun im Menge-Fluß gefunden und nach Europa gebracht. Bildet keine Zwiebel, sondern Rhizomknolle mit zwiebelförmigem Fortsatz. Blätter dunkelgrün, 50–100 cm lang, etwa 0,3 cm breit, vorne lang, dünn und spitz. Neben dem breiten Mittelnerv liegen schmale Streifen der Blattspreite, die stark und eng gekräuselt sind. Ausgezeichnete Aquarienpflanze mit guter Anpassung zu unterschiedlichen Bedingungen. Mittelstarkes Licht von 50 Watt/100 Liter Beckenvolumen ist offenbar günstiger als eine zu intensive Beleuchtung. Mit den langen Blättern wächst eine große Pflanze heran, deren Spreiten am Wasserspiegel fluten, aber nicht darüber hinauswachsen. Das kann auch im flachen Becken recht dekorativ aussehen. Vermehrung: Tochtersprosse mit etwa 6 Blättern vorsichtig vom Rhizom abtrennen und separat setzen.

SG: 2, KH: 2–12, pH: 5,5–7,2, T: 24–28°C, BH: 2–3

Crinum purpurascens HERBERT, 1837 — Purpurrote Hakenlilie

Fam.: Amaryllidaceae – Narzissengewächse

Verbreitung: Brasilien, Westindien

Seltene Aquarienpflanze; wächst in der freien Natur meist als kräftiges Sumpfgewächs und wird fast 1 m hoch. Zwiebeln bis 4 cm dick, Zwiebelhals etwa 15 cm lang, Blätter fest und steif, gerade aufsteigend, im Aquarium 30–50 cm lang, bis 3 cm breit, der untere Teil rinnig hochgebogen, nach vorne lang verschmälert, Rand gewellt, Spitze stumpf. Der Hauptnerv unten erhaben, aus der Basis bis 22 dünne Längsnerven, davon einige bis in die Spitze. Blütenbildung auch bei submerser Kultur, am kräftigen Stengel über dem Wasser 5–9 große weiße Blüten mit purpurroten Staubblättern. Flacher Wasserstand ist von Vorteil, sofern die höher hängende Beleuchtung (HQI-Lampen) genügend freien Raum zur Entfaltung der Blüten bieten. Die Kultur ist nicht sonderlich schwierig, wobei die Pflanze im weichen Wasser wesentlich besser treibt. Gut verwurzelte Exemplare bilden mehrere Tochterzwiebeln und bilden damit einen dichten Busch. Für das große Paludarium eine umfangreiche Sumpfpflanze, die auch im 30 cm hohen Wasserteil leben kann. Vermehrung: Tochterzwiebeln mit 4–5 Blättern abtrennen.

SG: 2, KH: 2–10, pH: 5,8–7,0, T: 22–28°C, BH: 2–3

Crinum natans (breitblättrig)

Crinum natans (schmalblättrig)

Crinum purpurascens

2. Pflanzen mit rosettig geordneten Blättern
2.1. Schmalblättrige Rosettenpflanzen

Eleocharis acicularis (LINNAEUS) ROEMER et SCHULTES, 1817 Kantige Nadelsimse

Fam.: Cyperaceae – Cyperusgewächse

Verbreitung: Weltweit, außer Tropen

Kleine Büschel werden mit Abstand über die zu begrünende Fläche verteilt; die zahlreichen Ausläufer bilden im Laufe der Zeit eine ausgedehnte dichte Wiese. Blätter fadenförmig, 10–25 cm lang, 0,05–0,1 cm dick, seitlich abgeflacht, etwas kantig. Spitze dünn, lang ohne Adventivpflanze. Landform 5–8 cm hoch, für das hellstehende Paludarium geeignet. Entsprechend den Bedingungen variiert die Höhe der Wasserform und damit auch ihre Verwendung. Unter starkem Licht im kühlen Wasser bleibt die Nadelsimse kleiner und bildet eine flache Gruppe. Meist ist die Wuchsform jedoch höher und wird als Dekoration in den Mittelzonen der Beckentiefe eingeplant. Den dichten Bestand gelegentlich verziehen oder verjüngen und so das Wachstum anregen. Vermehrung: Ausläufer mit zahlreichen Ablegerpflanzen.

SG: 2, KH: 2–15, pH: 5,8–7,5, T: 20–28°C, BH: 1–3

Eleocharis minima KUNTH, 1837 Kleine Nadelsimse

Fam.: Cyperaceae – Cyperusgewächse

Verbreitung: Südamerika, Mittelamerika, trop. Afrika

Gruppenpflanze mit hohem Lichtbedarf und Wachstum im weichen Wasser. Habitus ähnlich *E. vivipara*. Blätter fadenförmig, 20–30 cm lang, 0,1 cm dick, an der Spitze eine Adventivpflanze, deren Basis selten bogenförmig abgespreizt ist, mitunter mehrere Generationen übereinander. Landpflanze kürzer, die sterilen Stengel ebenfalls mit Adventivsprossen. Obwohl die Art aus wärmeren Gebieten stammt, ist sie leicht empfindlich gegen zu hohe Wasserwärme, eignet sich daher besser für das kühlere Aquarium. Die kaum 30 cm hohe Pflanze kann auch im flacher gebauten Becken verwendet werden. Allgemein selten in Kultur und nicht so gut geeignet wie *E. vivipara* . Vermehrung: Adventivpflanzen.

SG: 3, KH: 2–8, pH: 6,0–7,0, T: 18–22°C, BH: 1–3

Isoetes flaccida SCHUTTLEWORT ex A. BRAUN, 1846 Biegsames Brachsenkraut

Fam.: Isoetaceae – Brachsenkrautgewächse

Verbreitung: Florida, Georgia

Freiwachsende Solitärpflanze für höheren Wasserstand. Blätter pfriemförmig, dunkelgrün, von der Basis gerade hochsteigend, 30–50 cm lang, bis 0,3 cm dick, Querschnitt vierkantig (bleibend), nach oben wenig verjüngt, ohne hakenförmige Borste an der Spitze (siehe *I. setacea*). Neben dem Mittelnerv 2 sehr schwache Längsnerven und mäßige Queradern. Die Blätter sind weniger spröde als bei anderen Arten und brechen daher nicht so leicht ab. Allgemeine Ansprüche weniger hoch und auch im härteren Wasser mit gesundem Wachstum. Wichtig bleibt jedoch der neutrale bis schwach saure pH-Wert. Kann in höherer Wärme gehalten werden und ist leichter zu pflegen als der ähnliche *I. setacea* . Vermehrung: Die Aufzucht von Sporen gelingt selten.

SG: 2, KH: 2–12, pH: 5,5–7,0, T: 20–27°C, BH: 2–3

Isoetes malinverniana CESATI et DE NOTARIS, 1858 Gedrehtes Brachsenkraut

Fam.: Isoetaceae – Brachsenkrautgewächse

Verbreitung: Oberitalien (wahrscheinlich aus Asien eingeschleppt)

In der freien Natur fast ausgestorben. Blätter pfriemförmig, mittelgrün, etwas durchscheinend, 30–80 cm lang, bis 0,2 cm dick, Querschnitt rundlich bis halbrund, nicht kantig, vorne lang-spitz. Äußere Blätter unten seitlich abgebogen, dann schwach spiralig hochsteigend. Unter mäßigem Licht die Blattspiralen jedoch kaum ausgebildet. Helle wie auch leicht schattige Standorte sind möglich, verträgt mittelhartes Wasser, und bei Zusatz von CO_2 auch höhere Karbonathärte bis 15°KH. Im Umsetzen nicht so heikel und insgesamt weniger schwierig als manche anderen Arten der Gattung. Vermehrung: In den verbreiterten Blattbasen bilden sich männliche und weibliche Sporen getrennt. Diese mischen und auf nassen Torf auslegen, Keimlinge langsam an tieferes Wasser gewöhnen.

SG: 2, KH: 2–10, pH: 5,5–7,0, T: 22–28°C, BH: 2–3

Eleocharis acicularis

Isoetes flaccida

Eleocharis minima

Isoetes malinverniana

Isoetes setacea LAMARCK, 1789 — Borstiges Brachsenkraut

Fam.: Isoetaceae – Brachsenkrautgewächse

Verbreitung: Südfrankreich, Portugal, Korsika, Sardinien, Capri, Florida

Solitär für den freien Standplatz mit unbehinderter Lichteinfall. Blätter pfriemlich, hellgrün, von der Basis gerade hochsteigend, 30–40 cm lang bis 0,15 cm dick, junge Blätter im Querschnitt vierkantig, später zylindrisch bis halbrund, 3 Längsnerven, dazwischen deutliche Queradern. An der Spitze eine 0,5 cm lange, hakenförmig abgebogene, dünne Borste fehlt in der Regel an den später im Aquarium geschobenen Blättern. Den ausreichend hohen Wasserstand beachten, sonst trocknen die herausragenden Blätter von oben her ein und sterben ab. Ziemlich brüchig, daher im Becken vorsichtig hantieren. Ständig hohe Temperaturen im Tropenbecken sind nachteilig. Vermehrung: Wie bei *I. malinverniana* angegeben.

SG: 4, KH: 2–8, pH: 5,5–6,8, T:20–24°C, BH: 2–3

Ranalisma humile (KUNTH) HUTCHINSON, 1936 — Kettenpflanze

Fam.: Alismataceae – Froschlöffelgewächse — Syn.: *Echinodorus humile*

Verbreitung: Westafrika

Eine kleine Gattung mit 2 Arten von amphibischen Sumpfpflanzen. *Ranalisma* wurde zeitweilig in der Gattung *Echinodorus* geführt, doch dann wieder von dieser abgetrennt. *R. humile* wurde erstmals 1965 aus Belgisch Kongo eingeführt, blieb aber bisher recht selten. Wächst in der freien Natur häufig in der schmalblättrigen Wasserform in großen Beständen. Wasserblätter 5–10 cm lang, 0,5 cm breit, vom oberen Drittel nach unten gleichmäßig verschmälert, jedoch ohne einen deutlichen Stiel zu bilden, meist wird nur der Mittelnerv ausgebildet. Die Landform mit typischen, eiförmigen, gestielten Luftblättern. Aus den Achseln zwittrige Einzelblüten mit 3 blaßblauen Kronblättern. Gelegentlich niederliegend und verzweigt oder mit Adventivpflanzen. Kultur unter starkem Licht und bei guten Nährstoffbedingungen im weichen Wasser, insgesamt mit geringer Anpassung, Blätter ziemlich spröde. Im hellen Vordergrund ansiedeln und ausreichend Platz für die nachfolgenden Ablegerpflanzen geben. In keinem Fall mit Wasserschnecken oder Putzerfischen gemeinsam pflegen; die Blätter sind recht anfällig und werden gerne gefressen. Vermehrung: Gestreckte Ausläufer mit Ablegerpflanzen bilden bei zusagenden Bedingungen einen lockeren Bestand von etwa 10 cm Wuchshöhe.

SG: 4, KH: 2–5, pH: 6,0–7,0, T: 24–28°C, BH: 1–2

Sagittaria graminea var. *platyphylla* ENGELMANN, 1867 — Breitblättriges Pfeilkraut

Fam.: Alismataceae – Froschlöffelgewächse — Syn.: *Sagittaria platyphylla*

Verbreitung: Südl. USA, West-Java, Indonesien

Die Nomenklatur dieser Pflanze wird nicht einheitlich gehandhabt. Erstbeschreibung erfolgte 1867 durch Engelmann als *S. g.* var. *platyphylla.* 1894 durch Smith als eigene Art eingestuft und *S. platyphylla* genannt. Bogin (1955) und Rataj (1972) haben die Art wieder als Varietät zu *S. graminea* gestellt. Wächst an den natürlichen Standorten mit gestielten, lanzettförmigen Luftblättern, bildet im tieferen Wasser sogenannte Phyllodien, bei denen die Spreite fehlt, und der verbreiterte Stiel deren Funktionen übernimmt. Typisch für diese Varietät sind die abwärts gebogenen Fruchtstiele der weiblichen Blüten. Wasserblätter 20–30 cm lang, bis 2,5 cm breit, nach unten auf 2 cm verschmälert, Spitze kurz abgesetzt, stumpf oder abgerundet. Aus der Basis 7–9 gleichstarke Längsnerven, die mittleren enden in der Spitze. Etwas sperrig wachsende Aquarienpflanze, die man in der Gruppe locker plaziert. Treibt auch im harten Wasser zufriedenstellend, verträgt kühle Temperaturen und wird im nährstoffreichen Boden kräftiger. Große Exemplare treiben im flachen Wasser leichter Luftblätter, daher ausreichende Wasserhöhe beachten. Vermehrung: Mäßige Ausläufer mit Ablegerpflanzen.

SG: 1, KH: 2–15, pH: 6,0–7,5, T: 20–28°C, BH: 2–3

Isoetes setacea

Sagittaria graminea var. *platyphylla*

Ranalisma humile

Sagittaria graminea var. *weatherbiana* (FERNALD) BOGIN, 1955

Spitzblättriges Pfeilkraut

Fam.: Alismataceae – Froschlöffelgewächse   Syn.: *Sagittaria weatherbiana*

Verbreitung: USA, Australien

Wurde erstmalig beschrieben durch Fernald als *S. weatherbiana* (1935), Bogin hat die Art in seiner Revision (1955) jedoch in den Formenkreis von *S. graminea* gestellt. Sehr ähnlich *S. g.* var. *platyphylla*. Phyllodien bis 20 cm lang, 1,5–2,5 cm breit, nach unten leicht verschmälert, vorne spitz zulaufend. Aus der Basis 5–7 Längsnerven, davon die Mittelader etwas kräftiger ausgebildet. Innere Nerven enden in der Spitze, Queradern deutlicher vorhanden. Eine wenig empfindliche Aquarienpflanze mit guter Anpassung zu unterschiedlichen Bedingungen. Wuchshöhe verschieden; unter hellem Licht bei freiem Stand flacher wachsend und im Bereich des Vordergrundes anzusiedeln. Bei mäßiger Beleuchtung und dichter Stellung höher aufwachsend und eine Dekoration für die Mittelzonen. An erwachsenen Pflanzen ist Bildung von Luftblättern möglich, können durch entsprechend hohen Wasserstand unterdrückt werden. Neigt bei mehr als 12 Stunden täglicher Beleuchtung häufiger zu gestielten Blättern. Vermehrung: Mäßige Ausläufer mit Ablegerpflanzen.

SG: 1, KH: 5–15, pH: 6,5–7,5, T: 20–30°C, BH: 2–3

Sagittaria lancifolia LINNAEUS, 1759   Lanzettblättriges Pfeilkraut

Fam.: Alismataceae – Froschlöffelgewächse

Verbreitung: Mittelamerika, nördl. Südamerika

Seltene Art, die wahrscheinlich erst seit 1975 bei uns in Kultur ist. Wird meist mit *S. platyphylla* unrichtig bezeichnet, läßt sich von dieser und anderen ähnlichen Pfeilkräutern nur schwierig trennen. Wasserblätter riemenförmig, bis 20 cm lang, 1,0–1,5 cm breit, vorne abgerundet, aus der Basis 5–7 Längsnerven, Mittelader etwas dicker als die übrigen. Dunkelgrün, bei hellem Tageslicht rötlich-braun, Spitze meist stärker rot gefärbt. Aquarienform schwächer, vorne spitz, mittelgrün mit dunkler grünem Rand. Luftblätter lanzettförmig, lang gestielt, auch bei 30 cm Wasserhöhe möglich. Blütenstand bei Tageslicht auch an den submersen Pflanzen, 2–3 Quirle mit weiblichen Blüten, männliche Blüten in der Regel nicht entwickelt (Kulturpflanzen). Kann sich den allgemeinen Bedingungen im Aquarium recht gut anpassen, erfordert jedoch ausreichende Beleuchtung (50 Watt/100 Liter) und nährstoffhaltigen Bodengrund. Am freien Standpunkt bei lockerer Stellung flachwüchsig und bis 15 cm hoch. Erwachsene Pflanzen im niedrigen Wasser mit Luftblättern, können ausgeschnitten werden. Vermehrung: Ausläufer mit Ablegerpflanzen.

SG: 2, KH: 2–15, pH: 6,0–7,5, T: 22–28°C, BH: 2–3

Sagittaria sagittifolia LINNAEUS, 1753   Gewöhnliches Pfeilkraut

Fam.: Alismataceae – Froschlöffelgewächse

Verbreitung: Europa, Asien

Wächst allgemein als kräftige Sumpfpflanze mit typischen, sehr variablen Pfeilblättern. Eine ausgezeichnete winterfeste Sumpfstaude für den Gartenteich. Mehrere Varietäten wurden gezüchtet mit teilweise schönen großen und gefüllten Blüten. Bildet im tiefen Wasser 30–200 cm lang, bandförmige Blätter, die man früher *S. s.* var. *vallisneriifolia* nannte. Im Handel sind gelegentlich kurzblättrige Exemplare mit walnußgroßer Knolle. Wasserblätter hellgrün, 20–30 cm lang, 2 cm breit, vorne spitz, aus der Basis 7 Längsnerven, der mittlere deutlich kräftiger, zahlreiche kurze Quernerven. Die Pflanze zeigt meist starken Auftrieb und kann ohne Knolle schwierig im Boden verankert werden, dann mit einer Pflanzenklammer unten festhalten bis zur Wurzelbildung. Die recht lichtbedürftige Pflanze reagiert empfindlich auf zu hohe Wasserwärme, daher besser im ungeheizten bis schwach temperierten Becken. Für das Tropenbecken nur bedingt verwendbar, treibt häufig langgestielte Luftblätter, die man durch höheren Wasserstand nicht immer verhindert. Vermehrung: Gelegentliche Seitensprosse.

SG: 3, KH: 2–15, pH: 6,0–7,5, T: 15–22°C, BH: 3

Sagittaria graminea var. weatherbiana

Sagittaria sagittifolia

Sagittaria lancifolia

Sagittaria subulata var. *gracillima* (WATSON) J.G. SMITH, 1943 Zierliches Pfeilkraut
Fam.: Alismataceae – Froschlöffelgewächse Syn.: *Sagittaria filiformis, S. lorata*

Verbreitung: Nordamerika, Neuguinea
Die Art wurde mit mehreren Varietäten beschrieben, deren Abgrenzung nicht ganz einfach ist. Blätter dieser Variante 30–60 cm lang, 0,1–0,3 cm breit, meist deutlich dreinervig, vorne lang spitz ausgezogen. Neigt im Aquarium leicht zu flutenden Blütenständen mit kleinen, weißen, eingeschlechtlichen Blüten. Wird auch mit *Vallisneria* verwechselt, diese am Blattrand mit feinen Zähnchen, *Sagittaria* ohne Randzähne. Die aufragende Gruppenpflanze eignet sich für die dauerhafte Begrünung von Seitenpartien oder ausgedehnte Flächen im Hintergrund von hoch gebauten Becken. Im flachen Wasser flottieren die Blätter am Wasserspiegel, wobei auch dies dekorativ wirken kann. Die Ausgangspflanzen mit seitlichem Abstand einsetzen, nach ausreichender Wurzelbildung sind die eingewöhnten Exemplare recht vermehrungsfreudig und treiben zahlreiche Ausläufer. Diese dringen dabei auch in weniger gut belichtete Bezirke ein und verankern dort ihre Ableger. Im allgemeinen nicht sonderlich anspruchsvoll. Vermehrung: Ausläufer mit Ketten von Ablegerpflanzen.

SG: 1, KH: 2–15, pH: 6,0–7,5, T: 22–28°C, BH: 3

Sagittaria subulata var. *kurziana* (GLÜCK) BOGIN, 1955 Breites Pfeilkraut
Fam.: Alismataceae – Froschlöffelgewächse Syn.: *Sagittaria kurziana*

Verbreitung: Nordamerika
Die Pflanze war früher häufiger in Aquarien zu finden, wird aber nunmehr seltener kultiviert. In der Literatur mitunter auch als *S. subulata* var. *natans* bezeichnet. Durch Prof. Glück erstmals als *S. kurziana* beschrieben. Wasserblätter 30–50 cm lang, 0,7–1,4 cm breit, 3 Längsnerven, die Mittelader endet in der stumpfen Spitze, seitliche etwas vorher im glatten Blattrand. Gelegentlich ist eine kurzblättrige Sumpfform in kleinen Blumentöpfen im Fachhandel. Männliche Blüten mit 6–9 Staubblättern. Die Wuchshöhe der Pflanzen im Aquarium ist verschieden, bei dichtem Stand und guten Bedingungen meist hoch aufwachsend, dann für größere Aquarien mit entsprechendem Wasserstand. Mittlere Bereiche von Härte und Temperatur werden bevorzugt. Im sterilen Bodensand oder in groben Kieseln sowie unter starkem Licht wachsen die Pflanzen häufig mit kürzeren Blättern und können im mäßig hohen Becken verwendet werden. Diese Kurzform ist kaum von *S. s.* var. *subulata* zu unterscheiden. Vermehrung: Ausläufer mit Ablegerpflanzen in Ketten bilden einen umfangreichen Bestand.

SG: 1, KH: 5–12, pH: 6,0–7,2, T: 24–28°C, BH: 1–3

Vallisneria americana MICHAUX, 1803 Amerikanische Wasserschraube
Fam.: Hydrocharitaceae – Froschbißgewächse Syn.: *Vallisneria spiralis f. tortifolia*

Verbreitung: Südöstl. Nordamerika, Westindische Inseln
Halbhohe Dekoration für mittlere Bereiche der Beckentiefe, kann im hohen Becken den Vordergrund begrünen. Blätter bandförmig, mehrmals in sich gedreht, 15–25 cm lang, 0,5–0,8 cm breit, der gesamte Rand gezähnt, das obere Ende stumpflich. Schon seit 1906 für Aquarien bekannt, aber durch Albert Wendt (1952) irrtümlich nochmals beschrieben mit dem oben genannten Synonym. Die männliche Blüte mit einem Staubgefäß zeigt jedoch die Zugehörigkeit zum variablen *V. americana*, deren bis 100 cm große Stammform noch nicht in Kultur ist. Die lichtliebende Art ist sonst ziemlich anspruchslos. Wegen der konstanten Wuchshöhe kann die Art besser im flachen Aquarium verwendet werden als die langblättrigen *V. spiralis* oder *V. asiatica*. Außerdem ergibt sich durch die gedrehten Blätter eine gute optische Wirkung in der Dekoration des Wassergartens. Aufgrund der guten Vermehrung werden nur wenige Ausgangspflanzen benötigt, die man mit seitlichem Abstand einsetzt. Regelmäßig ausdünnen und gelegentlich den Standplatz wechseln. Vermehrung: Ausläufer mit zahlreichen Ablegerpflanzen in Ketten.

SG: 1, KH: 2–15, pH: 6,0–7,5, T: 22–30°C, BH: 1–3

Sagittaria subulata var. *gracillima*

Vallisneria americana

Sagittaria subulata var. *kurziana*

2. Pflanzen mit rosettig geordneten Blättern
2.1. Schmalblättrige Rosettenpflanzen

Vallisneria asiatica MIKI, 1934 — Asiatische Wasserschraube

Fam.: Hydrocharitaceae – Froschbißgewächse

Verbreitung: Gemäßigte Zonen Asiens

Anpassungsfähige Art zur Bildung von Gruppen im nicht zu flachen Aquarium. Blätter bandförmig, glatt, nicht gedreht, 40–60 cm lang, bis 1 cm breit (Wildpflanzen meist schmaler und kürzer), Spitze stumpf-abgerundet, Blattränder der Naturform bis zum Grunde mit Zähnchen, die Aquarienform nur im oberen Bereich gezähnt. Männliche Blüte mit einem Staubgefäß. Wird seit 1970 häufiger importiert, aber meist *V. spiralis* zugeordnet. Man kann davon ausgehen, daß die Asiatische Wasserschraube überwiegend in Aquarien gepflegt wird und *V. spiralis* fast völlig verdrängt hat. Unter starkem Licht, im kühlen Wasser und bei lockerem Stand bleibt die Wuchshöhe geringer. Allgemein werden die Blätter über 40 cm lang, und die großen Pflanzen dienen als großflächige Begrünung im Hintergrund oder an den seitlichen Partien. Verwuchert mit der Zeit ziemlich dicht und sollte zeitweise ausgedünnt werden. Auf ausreichendes Nähreisen im Wasser achten; sehr weiches Wasser ist offenbar weniger gut geeignet. Vermehrung: Ausläufer bilden zahlreiche Ablegerpflanzen in Ketten.

SG: 1, KH: 5–12, pH: 6,0–7,5, T: 22–28°C, BH: 2–3

Vallisneria gracilis F.M. BAILEY, 1889 — Zierliche Wasserschraube

Fam.: Hydrocharitaceae – Froschbißgewächse

Verbreitung: Australien (Mulgrave River)

Einer der wenigen australischen Endemiten, seit 1976 für Aquarien bekannt. Gruppenpflanze mit guter Anpassung, aber lichtbedürftiger als andere Arten. Blätter bandförmig, nicht gedreht, Wildpflanzen bis 10 cm lang und 0,2 cm breit, Kulturformen mit 40 cm langen und 0,4 cm breiten Blättern und nur im Bereich der Spitze gezähnt. 3 innere Längsnerven deutlich, 2 äußere Nerven in Randnähe sehr schwach, Quernerven mitunter fehlend. Typisch für die Art ist das deutlich spitz ausgezogene, vordere Blattende. Männliche Blütenstände bis 0,4 cm groß, häufig auch an den Aquarienpflanzen. Durch die reichlichen Ablegerpflanzen entsteht bald ein dichter Bewuchs, der sich ständig weiter ausbreitet. Beim regelmäßigen Ausdünnen etwa die Hälfte der Pflanzen entfernen, damit die übrigen stark genug bleiben. Von den Naturpflanzen her bekannte kurze Blätter werden nur im kühlen Wasser mit geringen Nährsalzen gebildet. Wächst in der Regel bis auf 40 cm Höhe heran. Vermehrung: Ausläufer mit zahlreichen Ablegerpflanzen.

SG: 1, KH: 2–15, pH: 6,0–7,5, T: 20–30°C, BH: 2–3

Vallisneria neotropicalis MARIE VICTORIN, 1943 — Rötliche Riesenwasserschraube

Fam.: Hydrocharitaceae – Froschbißgewächse

Verbreitung: Südl. USA, Kuba

Wird seit 1975 in Aquarien verwendet; wächst in der freien Natur auf Sandböden in bis zu 3 m tiefem Wasser. Wildpflanzen haben fast immer kurze schwarzrote Blätter von etwa 35 cm Länge. Im Aquarium werden die neuen Blätter dann bis zu 150 cm lang und bis 3 cm breit, mit abgerundeter Spitze und ganz gezähntem Rand. Die Färbung ist tiefgrün bis rötlich, mit dunkelroten Querstreifen. Der Mittelnerv ist dicker als die übrigen 4 Längsnerven. Männliche Blüten mit 3 Staubgefäßen. Mit den langen Blättern wächst eine sehr umfangreiche Pflanze heran, die nur für das hochgebaute und geräumige Aquarium zu verwenden ist. Grundsätzlich wird ein Teil der Blattspreiten am Wasserspiegel fluten, wodurch sich recht dekorative Effekte ergeben. Die allgemeine Anpassung ist gut; hartes Wasser wird problemlos vertragen, und ein ziemlich weiter Bereich der Temperatur ermöglicht die Pflege im ungeheizten Aquarium bis zum Tropenbecken. Die Blattfärbung ist jedoch ziemlich lichtabhängig. Vermehrung: Ausläufer mit rasch wachsenden Ablegerpflanzen.

SG: 2, KH: 2–15, pH: 6,0–7,5, T: 18–28°C, BH: 3

Vallisneria asiatica

Vallisneria neotropicalis

Vallisneria gracilis

Eine Gruppe mit 20 Arten und 5 Varietäten aus 10 Gattungen. Gemeinsames Kennzeichen ist das im Boden verwurzelte Rhizom, aus dem eine mehr oder minder große Blattrosette treibt. An den natürlichen Standorten wächst *Barclaya longifolia* als echte Wasserpflanze und bildet daher auch im Aquarium regelmäßig Blüten. Die Gattung *Nymphaea* bildet normalerweise Schwimmblätter, wird aber in einigen Arten im Aquarium mit kurz gestielten Blättern unter Wasser gehalten. Wasserrosen blühen allerdings nur dann, wenn man die Schwimmblätter zur Entwicklung kommen läßt. Dann erweist sich der Rote Tigerlotus, *Nymphaea lotus,* als recht blühwillige Aquarienpflanze. Die Sternwasserrose, *Nymphaea stellata,* benötigt ein ziemlich geräumiges Aquarium, um blühfähig zu werden. Unser Bild zeigt die rosa Variante *N. stellata* var. *rosea.* Sollen *Nuphar* Blüten entwickeln, müssen die Pflanzen im größeren Freilandteich kultiviert werden, wo sie stattliche Ausmaße annehmen. Von den als Sumpfpflanzen lebenden Afrikanischen Speerblättern zeigen *Anubias barteri* und *Anubias gracilis* ihre typischen Aronblüten außerhalb des Wassers im Paludarium oder Sumpfaquarium. Dagegen entfaltet die emerse Bunge, *Samolus parviflorus,* schon bei einfacher Topfkultur auf dem Fensterbrett zahlreiche, kleine weiße Primelblüten am langen Schaft.

Nymphaea lotus

Nymphaea stellata var. *rosea*

Anubias gracilis

Barclaya longifolia

Anubias barteri

Nuphar advena

Samolus parviflorus

Anubias barteri SCHOTT, 1860 var. *barteri* — Barters Speerblatt

Fam.: Araceae – Aronstabgewächse

Verbreitung: Nigeria, Kamerun, Fernando Po

Eines der besten Speerblätter für Aquarien bildet eine kompakte Rosette aus haltbaren Blättern. Rhizom kriechend, Blätter oval-lanzettlich, vorne spitz, an der Basis gerundet-herzförmig, 15–20 cm lang, Mittelnerv erhaben und an beiden Seiten bis zu 14 Seitennerven, die sich vor dem Rand vereinen. Blütenkolben etwa 1,5 mal so lang wie die weiße Spatha, der männliche Kolbenteil bis 1,7 mal so lang wie der weibliche Abschnitt. Den Wurzelstock zumindest im vorderen Teil so flach setzen, daß er über Bodenniveau zu liegen kommt. Zu tief gesetzte Pflanzen kümmern leicht. Die verschiedenen Wasserwerte werden recht gut vertragen, auch der allgemeine Lichtbedarf ist nicht besonders hoch. Der untere Wert liegt bei etwa 30 Watt/100 Liter Beckenvolumen. Unter hellem Licht wächst die Pflanze jedoch kompakter und bildet rascher neue Blätter. Die ziemlich robuste Art kann auch im Becken mit recht rauhen Fischen gemeinsam gehalten werden; die festen Blätter bieten den Angriffen solcher Tiere genügend Widerstand. Gute Eignung für das Paludarium, gelangt dort auch leicht zur Blüte. Vermehrung: Das Rhizom treibt mäßig Seitensprosse. Der entsprechend lange Wurzelstock einer älteren Pflanze kann 10 cm hinter der Spitze durchgetrennt werden. Beide Teile bleiben im Boden, wobei der rückwärtige Abschnitt einen Seitentrieb entwickelt. Mit 10 cm Länge abtrennen und separat setzen.

SG: 1, KH: 2–15, pH: 6,0–7,5, T: 22–28°C, BH: 2–3

Anubias barteri var. *caladiifolia* ENGLER, 1915 — Caladiumblättriges Speerblatt

Fam.: Araceae – Aronstabgewächse

Verbreitung: Nigeria, Kamerun, Fernando Po

Umfangreiche Solitärpflanze für das größere Aquarium. Rhizom gestreckt, Blätter oval-elliptisch, vorne spitz oder zugespitzt, 10–23 cm lang, 5–14 cm breit, Basis bis 2 cm lang herzförmig nach unten gezogen. Mittelader an der Basis mit einem Paar Seitenadern, die in den Basislappen nochmals verzweigt sind. Bei *A. b.* var. *barteri* nicht vorhanden. Blütenkolben etwa 1,5 mal so lang wie die weiße Spatha, der männliche Kolbenteil bis 2,5 mal so lang wie der weibliche Abschnitt. Dieses Speerblatt kann zwar für Aquarien verwendet werden, wächst jedoch mitunter nicht zufriedenstellend weiter. Das frisch gesetzte Exemplar benötigt längere Frist zum Eingewöhnen und sollte ohne Störungen gut verwurzeln können. Nur damit ist die Gewähr für gesunde neue Blätter gegeben. Man beachte vor allem das oberflächlich gesetzte Rhizom, welches in keinem Fall zu tief in den Bodengrund gelangen sollte. Der freie Standplatz mit ungehindertem Lichteinfall ist wichtig, wobei etwa 65 Watt Beleuchtung auf je 100 Liter Beckenvolumen ausreichen dürfte. Im weichen Wasser sind die Ergebnisse besser, wenn man das nährstoffarme Klima mit einem Nährstoffdünger für Aquarienpflanzen anreichert. Reagiert auf überhöhte Temperaturen mit gelben älteren Blättern und langgestielten neuen Spreiten. Bis 40 cm große Pflanze für das Paludarium. Vermehrung: Mäßige Bildung von Seitentrieben am Rhizom. Den entsprechend langen Wurzelstock durchtrennen und damit zur Bildung eines Nebentriebes anregen.

SG: 2, KH: 2–8, pH: 6,0–7,0, T: 22–26°C, BH: 2–3

Anubias barteri var. *barteri*

Anubias barteri var. *caladiifolia*

Anubias gracilis CHEVALIER ex HUTCHINSON, 1939 **Zierliches Speerblatt**

Fam.: Araceae – Aronstabgewächse

Verbreitung: Guinea, Sierra Leone
Blattspreite im Umriß dreieckig, 7–12 cm lang, 4–7 cm breit, an der Basis am breitesten. Mittelnerv in die Basislappen verzweigt und diese Nerven nochmals mit kurzen Seitenadern. Blütenspatha bis 3 cm lang, außen dunkelgrün, innen weißlich. Blütenkolben etwas kürzer, der männliche Kolbenteil bis 4 mal so lang wie der weibliche Abschnitt. Wie die übrigen Arten der Gattung wird dieses Speerblatt im Fachhandel als Sumpfpflanze angeboten. Die Spezies ist bei uns seit 1980 in Kultur und blieb bisher recht selten. Das mittelstarke Exemplar mit etwa 4 Blättern wird sich dem Wasserleben besser anpassen als die zu kräftige Pflanze. Mit den derben und lange haltbaren Blättern wird die Umstellung zum submersen Wachstum zwar erleichtert, doch dauert es länger, bis aus der Landform eine etwa 30 cm hohe Wasserpflanze heranwächst. Das zierliche Speerblatt treibt nicht überall gleichermaßen gut, wobei dies sicher mit den Lebensbedingungen zusammenhängt. Das Vermögen der Anpassung zum Leben im Wasser ist bei dieser Art nicht sonderlich gut ausgeprägt. Weiches Wasser, mäßige Temperatur, nährstoffhaltiger, lockerer Bodengrund und starke Beleuchtung können als günstige Bedingungen gelten. Im Paludarium emers gehaltene Pflanzen wachsen besser, blühen und fruchten leicht. Vermehrung: Das Rhizom treibt selten Seitensprosse. Reife Samen werden bei sumpfiger Kultur gut auflaufen, die Aufzucht erfordert jedoch Geduld.

SG: 3, KH: 2–8, pH: 5,8–6,8, T: 22–26°C, BH: 1–3

Anubias gilletii DE WILDEMANN et DURAND,1901 **Spießförmiges Speerblatt**

Fam.: Araceae – Aronstabgewächse

Verbreitung: Tropisches Westafrika
Rhizom bis 0,5 cm dick, kurz und kaum verzweigt. Blattspreite variabel in Form und Größe, 15–20 cm lang, 5–13 cm breit, die spießförmigen Basislappen sind relativ kurz und stehen im großen Winkel ab. Blütenspatha grün, bis 3 cm groß, Blütenkolben bis 3 cm lang, der männliche Kolbenteil etwa so lang wie der weibliche Abschnitt. Wurde früher mit *A. hastifolia* ENGLER, 1839, falsch bezeichnet. Diese Art hat wesentlich länger nach unten gezogene Basislappen. Das spießförmige Speerblatt ist als kräftige Solitärpflanze für das hochgebaute Aquarium zu verwenden. Im flachen Wasser treiben leicht Luftblätter. Wird als Landpflanze angeboten, deren Umstellung zum Leben im Wasser sich als recht schwierig erweist. Das Wachstum ist anfangs sehr zögernd, bessert sich aber nach ausreichender Wurzelbildung. Verwurzelte Pflanzen nicht ohne triftigen Grund umsetzen, die damit verbundene Störung im Wachstum wird selten gut vertragen und führt zu Kümmerwuchs. Zu empfehlen ist die Kultur der gut bewurzelten Pflanze mit dem Blumentopf, den man in den Bodengrund des Aquariums einsenkt. Im geräumigen Paludarium eine wüchsige Sumpfpflanze, benötigt hohe Luftfeuchte, reichlich Licht und nahrhaften Bodengrund. Vermehrung: Die Sumpfform blüht und fruchtet leicht, Sämlingsaufzucht möglich, aber langwierig.

SG: 3, KH: 2–10, pH: 6,0–7,0, T: 22–26°C, BH: 2–3

Anubias gracilis

Anubias gilletii

Lagenandra lancifolia (SCHOTT) THWAITES, 1864 **Lanzettblättrige Lagenandra**

Fam.: Araceae – Aronstabgewächse

Verbreitung: Sri Lanka

Der Habitus dieser Art erinnert an schmalblättrige Jungpflanzen der *L. ovata*. Blätter lanzettlich, 15–20 cm lang, 3–6 cm breit, vorne lang spitz, Basis kürzer spitz, Rand glatt. Blattstiel meist kürzer oder etwa gleichlang wie die Spreite. Blütenspatha ähnlich *L. ovata*, jedoch weniger stark warzig, gerillt oder samtartig. Läßt sich im Aquarium eine Zeitlang gut verwenden, wobei die langsame Zuwachsrate von Jungpflanzen auch die Pflege im flacheren Wasser ermöglicht. Gut verwurzelte Exemplare treiben jedoch später kräftiger weiter, und die länger gestielten Blätter schieben sich über den Wasserspiegel hinaus. Daher in der Regel für das höher gebaute Becken einplanen. Unter kräftigem Oberlicht, am freien Standplatz, bleibt die Wuchsform kompakter, und die Pflanze kann durch gelegentlichen Rückschnitt am Herauswachsen gehindert werden. Für das Paludarium eine empfehlenswerte Sumpfpflanze, wird etwa 30 cm hoch und treibt die interessanten Blütenstände. Vermehrung: Seitensprosse am Rhizom, jedoch nur an länger gewachsenen, gut verwurzelten Exemplaren.

SG: 2, KH: 2–15, pH: 6,0–7,8, T: 22–28°C, BH: 3

Lagenandra meeboldii (ENGLER) FISCHER,1931 **Meebolds Lagenandra**

Fam.: Araceae – Aronstabgewächse

Verbreitung: Algalhatti, Tuppanad, Sri Lanka

Dickliche Blätter, oval-eiförmig, 12–15 cm lang, 6–8 cm breit, Blattstiel kürzer bis gleichlang, Basis keilförmig-gerundet oder schwach herzförmig. Spitze kurz, bogig spitz. Aus der Mittelader treiben zahlreiche Nebenadern. Blattfärbung mittelgrün, eine Variante mit bräunlichen Blättern ist bekannt, blieb jedoch ohne Status als Varietät, eignet sich aber ausgezeichnet für Aquarien. Blütenspatha im unteren Teil eiförmig, bis 8 cm lang, wenig geöffnet, mit einer 8 cm langen Spitze, außen glatt oder samtartig. Die für das Aquarium gut geeignete Pflanze wächst im Wasser recht langsam weiter. Das muß jedoch nicht als Nachteil gewertet werden. Bei den in der Landform angebotenen Pflanzen achte man auf kräftige Exemplare, die sich dem Leben im Wasser besser anpassen. Die robusten Luftblätter werden zwar abgestoßen, doch hat die verwurzelte Pflanze bis dahin meist mehrere neue Wasserblätter geschoben. Während der Eingewöhnungsphase in keinem Fall umsetzen, da sonst Kümmerwuchs möglich. Ausgezeichnet als kräftige Sumpfpflanze im Paludarium oder Uferaquarium. Vermehrung: Seitensprosse am Rhizom.

SG: 2, KH: 2–15, pH: 6,0–7,5, T: 22–28°C, BH: 2–3

Lagenandra ovata (LINNAEUS) THWAITES, 1864 **Ovalblättrige Lagenandra**

Fam.: Araceae – Aronstabgewächse

Verbreitung: Sri Lanka

Im Prinzip wird die Pflanze im Aquarium zu groß und wächst mit den langen Blättern regelmäßig aus dem Wasser heraus. Spreite dicklich, lanzettförmig-schmal eirund, bis 40 cm lang und 15 cm breit, beide Enden spitz, die Basis auf dem runden Blattstiel zusammenlaufend. Stiel häufig so lang oder länger als die Spreite. Blütenspatha dickfleischig, dunkel purpurfarben, bis 10 cm lang, in eine längere Spitze auslaufend, außen warzig, wenig geöffnet, innen purpur. Nur für das hochgebaute Becken ab 60 cm Wasserstand. Auch darin wird man durch Rückschnitt von Blättern und Reduzieren der Wurzeln die Pflanze am Herauswachsen hindern müssen. Magerer Bodensand oder Kultur im engen Pflanzgefäß kann das Wachstum hemmen. Mit den robusten Blättern gut für Becken mit rauhen Buntbarschen. Die bis 100 cm hohe Sumpfpflanze kann im geräumigen Paludarium verwendet werden. Mitunter wird die Art als giftig bezeichnet (Rhizom), doch ist das ein Irrtum, der durch Verwechslung mit dem ähnlichen *L. toxicaria* entstanden ist. Vermehrung: Seitensprosse am Rhizom, Rhizomabschnitte.

SG: 3. KH: 2–15, pH: 6,0–7,8, T: 22–28°C, BH: 3

Lagenandra lancifolia

Lagenandra meeboldii

Lagenandra ovata

Nuphar japonica DE CANDOLLE, 1821 Japanische Teichrose
Fam.: Nymphaeaceae – Wasserrosengewächse

Verbreitung: Japan, Hokkaido
Die Art wird von einigen Autoren als Varietät von *N. lutea* eingestuft. Schwimmblätter und Blüten wie diese. Rhizom grün, walzenförmig, bis 4 cm dick, Wasserblätter relativ lang gestielt, mittel- bis gelbgrün, 10–15 cm lang, 8–15 cm breit, Basis tief gespalten mit weit seitlich gestellten Basislappen, dadurch leicht dreieckig geformt, vorne stumpflich, Rand schwach gewellt. Eine Pflanze mit bräunlichen Blättern ist beschrieben als *N. japonica* var. *rubrotinctum* . Die ziemlich umfangreiche Wasserpflanze behält im Aquarium gut ihre Blätter. Im erwachsenen Zustand für das geräumige Becken, so daß die stattliche Pflanze ihre Blätter ungehindert entfalten kann. Das weniger harte Wasser wird zwar bevorzugt, wächst aber begrenzte Zeit auch im harten Wasser. Durch ausreichend starkes Licht (über 14 Stunden täglich) können Schwimmblätter verhindert werden. Sonst auskneifen. Das Rhizom in den lockeren Bodensand flach eindrücken; bei Auftrieb der Pflanze bis zum Anwurzeln mit einem flachen Stein beschweren. Vermehrung: Seitensprosse am Rhizom, selten.

SG: 2, KH: 2–12, pH: 6,0–7,5, T: 18–25°C, BH: 3

Nuphar lutea (LINNAEUS) J.E. SMITH, 1808 Gelbe Teichrose
Fam.: Nymphaeaceae – Wasserrosengewächse

Verbreitung: Europa, Mittelmeerraum, Nordasien
Rhizom walzenförmig, bis 5 cm dick, Wasserblätter hellgrün-gelbgrün, dünnhäutig, glänzend, bis 20 cm lang und 15 cm breit, Rand gewellt, Spitze stumpf, Basis bis zum Stielansatz gespalten. Schwimmblätter langgestielt, etwas dicklich, herzförmig, bis 30 cm Durchmesser, Blüte gelb, etwa 5 cm groß. Einheimische winterfeste Schwimmblattpflanze für den größeren Gartenteich und tieferen Wasserstand. Für Aquarien eignet sich die Form mit den kurz gestielten Wasserblättern, mit denen die Art meist überwintert. Die Wuchshöhe ist verschieden, manche Exemplare bleiben gedrungen, andere bilden lange Blattstiele und wachsen höher auf. Das kann mit der Lichtintensität, aber auch mit den Wasserwerten zusammenhängen. In der Gruppe ausreichend Abstand geben, meist jedoch als Solitär verwendet. Magerer Bodensand und reichlich Licht wirken der Bildung von Schwimmblättern entgegen. Vor dem Einsetzen auf Schäden am Rhizom achten, glatt ausschneiden und an der Luft kurz antrocknen lassen, Blätter dabei naß halten. Vermehrung: Seitensprosse am Rhizom werden selten gebildet.

SG: 2, KH: 2–15, pH: 6,0–7,5, T: 18–25°C, BH: 3

Nymphaea x daubenyana Hortorum Lebendgebärende Wasserrose
Fam.: Nymphaeaceae – Wasserrosengewächse

Verbreitung: Kulturbastard
Entstand durch eine Kreuzung, die 1863 durch Professor Caspary in Königsberg vorgenommen wurde. Als Eltern des Bastardes werden *N. micrantha* und *N. coerulea* angenommen. Benannt nach Prof. Daubeny (Oxford), der 1865 die Kreuzung mit Erfolg wiederholte. Wächst nur mit langgestielten Schwimmblättern, die etwa bis 25 cm Durchmesser erreichen; in der Spitzenhälfte sind sie meist ganzrandig, zur Basis mitunter gezähnt, an der Oberseite reingrün, unten blassgrün mit vereinzelten dunklen Flecken. Das besondere Kennzeichen sind die in der Blattbasis heranwachsenden Adventivpflanzen. Die weißlich-gelbe Blüte wird bis 15 cm groß und bleibt mehrere Tage offen. Wird nur noch selten kultiviert und ist für das geräumige, hell beleuchtete Aquarium zu empfehlen. Kann im Wasserteil des Uferaquariums mit Erfolg gepflegt werden. Um die lichthemmende Wirkung der großen Schwimmblätter zu verringern, kann ihre Anzahl beschränkt werden. Eine mäßige Reduzierung hat kaum Einfluß auf die Blühwilligkeit. Vermehrung: Abnahme der Adventivpflanzen von den Blättern, diese tragen mitunter schon kleine Blüten.

SG: 2, KH: 5–12, pH: 6,0–7,5, T: 22–28°C, BH: 2–3

Nuphar japonica

Nuphar lutea

Nymphaea x daubenyana

Nymphaea lotus var. *rubra* LINNAEUS, 1753 Ägyptische Lotosblume, Roter Tigerlotos

Fam.: Nymphaeaceae – Wasserrosengewächse

Verbreitung: Ostafrika, Madagaskar, Südostasien

Diese Wasserrose kann im Aquarium längere Zeit ohne Schwimmblätter existieren. Ausgezeichnete Solitärpflanze mit guter Anpassung, geeignet für den besonderen Blickpunkt der Dekoration. Die variable Art bringt mehrere submerse Farbvarianten. *Nymphaea lotus* var. *viridis*, Grüner Tigerlotus. Blätter mit grüner Grundfärbung und dunkelroten Flecken, siehe Aquarienatlas 1, Seite 116. *Nymphaea lotus* var. *rubra*, Roter Tigerlotus. Blätter mit roter Grundfärbung und dunkelroten Flecken. In der freien Natur kommen beide Varianten sowohl getrennt als auch gemeinsam vor. Dadurch entstehen Bastarde mit unterschiedlich gefärbten Wasserblättern, so daß auch die Aquarienpflanzen nicht immer einheitliche Farbtöne bringen. Allerdings ist die Intensität der Färbung mitunter lichtabhängig. Erwachsene Exemplare treiben langgestielte Schwimmblätter. Sie werden bis 20 cm groß, sind grün und rot gefleckt und am Rand grob gesägt. Man kann sie beim Auftreten ohne Bedenken sofort auskneifen, dann werden wieder kurzgestielte Wasserblätter geschoben. Soll die Pflanze Blüten treiben, läßt man die Schwimmblätter zur Entwicklung kommen. In der Folge treiben dann gestielte, wohlduftende, weißgelbe Blüten, die etwa 10 cm groß werden. Es handelt sich um einen Nachtblüher, der sich an mehreren Tagen nacheinander gegen Abend öffnet und am nächsten Morgen wieder schließt. Vermehrung: Ablegerpflanzen an kurzen Ausläufern, Fruchtbildung durch Selbstbestäubung, Sämlingsaufzucht.

SG: 2, KH: 2–12, pH: 5,5–7,5, T: 22–28°C, BH: 2–3

Nymphaea stellata WILLDENOW, 1799 Sternwasserrose

Fam.: Nymphaeaceae – Wasserrosengewächse

Verbreitung: Indien

Brauchbare Wasserrose für Aquarien; bildet unter starkem Licht eine kompakte Solitärpflanze mit zahlreichen, dekorativen, kurz. gestielten Wasserblättern. Rhizomknolle walzenförmig (Tannenzapfenform), bis 2 cm dick, Wasserblätter bis 12 cm lang und 8 cm breit, Basis tief gespalten, die Basislappen spitz aber vorne abgestumpft, Spitze stumpf-abgerundet. Die Oberseite ist bräunlich bis schwach rosa gefärbt mit wenigen dunkelroten Flecken. Schwimmblätter langgestielt, rundlich, bis 20 cm groß, grün, seltener rot gefleckt. Blüte über dem Wasser bis 7 cm Durchmesser, Kronblätter weißlich, hellrosa oder blassblau. Unter schwachem Licht neigt die Pflanze häufiger zu Schwimmblättern, die man eine Zeitlang auskneifen kann. Wahrscheinlich bleibt diese Art mit nur submersen Blättern nicht auf Dauer lebensfähig. Nach einiger Zeit mit zügiger Blattbildung werden häufig die Blätter abgestoßen und eine Vegetationspause eingelegt. Am besten wird das Rhizom aus dem Boden genommen und man entfernt Blätter und Wurzeln. Dann legt man es auf den Bodengrund des Aquariums und läßt es dort etwa 8 Wochen frei liegen. Nach dem Einsetzen treiben wieder neue Wasserblätter, die jedoch meist schwächer bleiben. Zur Entwicklung der Blüten als Schwimmblattpflanze kultivieren. Vermehrung: Ablegerpflanzen an Kurztrieben, mit mehreren Blättern vorsichtig vom Rhizom abtrennen und separat setzen.

SG: 2, KH: 2–12, pH: 6,0–7,2, T: 22–28°C, BH: 2–3

Nymphaea lotus var. rubra

Nymphaea stellata

Umfangreiche Gattung mit 47 Arten und 12 Varietäten. Das Verbreitungsgebiet reicht vom südlichen Nordamerika über Mittelamerika bis in weite Teile von Südamerika. *Echinodorus* sind überwiegend amphibische Sumpfpflanzen, sie ertragen teilweise länger anhaltende Überflutung und bilden dann Wasserformen. Einige echte Wasserpflanzen bringen gelegentlich kümmerliche Sumpfformen. Das walzenförmige Rhizom ist kräftig, bei kleineren Arten gestaucht und schwächer. Die Blätter sind in Stiel und Spreite gegliedert, ihre Form ist meist lanzettlich oder linear, auch eiförmig oder herzförmig. Die Ansprüche im Aquarium sind verschieden, bevorzugt werden mittlere Bereiche von Licht, Temperatur und Wasserwerten. Herzblättrige Arten neigen zu länger gestielten Schwimmblättern oder bilden über dem Wasser Luftblätter, das wird verhindert durch mageren Sandboden, Kultur im Gefäß und regelmäßigen Rückschnitt. Durch relativ konstante Wuchshöhen können Amazonaspflanzen verschieden verwendet werden. Kleine rasenbildende Arten mit Ausläufern bilden im Vordergrund einen dichten flachen Bewuchs. Halbhohe Arten wachsen gut im mäßig hohen Bekken, und höher auftreibende umfangreiche Pflanzen werden im entsprechend geräumige Aquarium als Solitär gehalten. Allgemein blühen *Echinodorus* als Sumpfpflanzen. Verschiedene Arten treiben auch im Aquarium lange Blütenstiele, die mitunter über dem Wasser Blüten öffnen. Sie werden mit einem kleinen Pinsel bestäubt. Die Früchte werden abgenommen, wenn sie braun und ausgereift sind und dann etwa 3 Monate trocken aufbewahrt. Ihre Aufzucht erfolgt sumpfig im kleinen separaten Becken, und mit etwa 10 cm Größe können die Jungpflanzen im Aquarium untergebracht werden. Die vegetative Vermehrung ist verschieden möglich. Bestimmte Arten treiben Ausläufer mit Ablegerpflanzen in Ketten, die sich selbständig im Bodengrund verankern. Größere Pflanzen bilden gelegentlich Seitensprossen am Rhizom oder an Rhizomabschnitten. Adventivsprosse am submersen Blütenstengel werden abgetrennt und eingesetzt oder mit dem Stengel auf den Bodengrund abgesenkt. Freier Standplatz und ungestörtes Wachstum sind Voraussetzungen für eine gesunde Entwicklung.

Echinodorus andrieuxii, Fruchtstand

Echinodorus cordifolius, Blüten

Echinodorus bleheri, Adventivsprosse am submersen Blütenstiel

Echinodorus latifolius Ausläufer mit Ablegerpflanzen

Echinodorus angustifolius RATAJ, 1975 Schmalblättrige Amazonaspflanze
Fam.: Alismataceae – Froschlöffelgewächse
Verbreitung: Brasilien
Kleine amphibische Sumpfpflanze. Luftblätter lanzettlich, 10–15 cm lang, bis 1 cm breit, fast ohne Stiel. Blütenstand aufgerichtet, bis 20 cm lang, 2 oder 3 Quirle, Blüte bis 1,5 cm groß, Staubblätter 6, seltener 12, Fruchtblätter grün, Früchtchen 1,4 mm mit 3 seitlichen Rippen. In der emersen Form wird die Art leicht mit *E. latifolius* verwechselt, bringt gelbe Fruchtblätter und deutlich gestielte Luftblätter. Die Aquarienpflanze mit schmalen bandförmigen Blättern 20–40 cm lang, 0,5–0,8 cm breit, vorne lang-spitz, zur Basis verschmälert und fast stiellos, bei unter 12 Stunden täglicher Beleuchtung jedoch in Stiel und Spreite gegliedert. Färbung mittelgrün mit dunklen Strichen oder reingrün. Mittelnerv gut zu erkennen, die beiden Seitenadern sehr schwach ausgebildet. Eignet sich im Aquarium mit den meist langen Blättern; ähnlich wie manche schmalblättrigen Sagittarien oder Vallisnerien, für eine Begrünung im Hintergrund oder an den Seitenpartien. Im angesäuerten Wasser wachsen keine gut entwickelten Pflanzen heran. Intensive Bildung von Ausläufern kann die Mutterpflanze schwächen, wobei diese im Wachstum merklich nachläßt. Nach genügender Vermehrung die Ausläufer abkneifen, dann entsteht eine vielzählige Blattrosette, die unter starkem Licht kürzere Blätter entwickelt. Vermehrung: Gestreckte Ausläufer treiben oft gerne im freien Wasser, die Ablegerpflanzen mit dem Stengel am Bodengrund verankern.
SG: 2, KH: 5–12, pH: 6,5–7,5, T: 20–25°C, BH: 2–3

Echinodorus argentinensis RATAJ, 1970 Südamerikanischer Wasserwegerich
Fam.: Alismataceae – Froschlöffelgewächse Syn.: *E. grandiflorus* var. *ovatus*
Verbreitung: Brasilien, Uruquay, Argentinien
Als Aquarienpflanze zwar schon länger bekannt, jedoch selten importiert und mit *E. longistylis* meist unkorrekt bezeichnet. Mittelgroße Sumpfpflanze, Luftblätter oval, Basis gerundet, vorne spitz, 15–25 cm lang, 10–15 cm breit. Blütenstand bis 150 cm hoch, basal verzweigt, 12–16 Quirle, Blüte bis 4 cm groß, Staubblätter 24, Früchtchen 3 mm lang mit 3 in einer Reihe angeordneten Drüsen. Wasserblätter dunkelgrün, schmal-eiförmig oder lanzettlich, 15–20 cm lang, 3–6 cm breit, ziemlich derb, nach vorne länger, spitz, Basis kürzer, Rand meist glatt. Aus der Basis 5 oder 7 an der Unterseite deutlich hervortretende Längsnerven, 3 innere enden in der Spitze. Blattstiel scharf dreikantig, meist länger als die Spreite. Blätter mitunter auch sehr klein (8 x 2 cm) und besonders lang gestielt, wahrscheinlich eine Form des harten Wassers. Breit auslandende Solitärpflanze, wobei erwachsene Exemplare fast 40 cm Umfang erreichen. Erfordert daher freien Standplatz und ausreichend hohen Wasserspiegel. Im zu flachen Becken oder bei gedrängtem Stand werden mitunter lange gestielte Luftblätter über dem Wasser entwickelt, diese ausschneiden, bis wieder kurz gestielte Blätter heranwachsen. Mitunter ist auch ein Teil der älteren Spreiten zu entfernen. Die robuste Art stellt keine besonderen Ansprüche, kann auch im sauer reagierenden Wasser gehalten werden, jedoch etwas lichtbedürftiger als vergleichbare andere Arten der Gattung. Vermehrung: Submers unbekannt, emers über Samen.
SG: 2, KH: 3–12, pH: 6,0–7,5, T: 22–28°C, BH: 2–3

Echinodorus angustifolius

Echinodorus argentinensis

Echinodorus aschersonianus GRAEBNER, 1911 — Aschersons Amazonaspflanze

Fam.: Alismataceae – Froschlöffelgewächse

Verbreitung: Brasilien, Paraquay, Uruquay, Argentinien

Mittelgroße Sumpfpflanze mit veränderlichen, ovalen bis lanzettlichen Luftblättern, bis 13 cm lang und 8 cm breit, Basis meist herzförmig. Blütenstand unverzweigt, niederliegend und an den Quirlen verwurzelt, Blüte bis 3,5 cm groß, Staubblätter 24–28, Früchtchen 2 mm lang, meist 2–3 seitlich Drüsen. *(E.a.* var. *nulliglandulosus,* RATAJ, 1970 ohne Drüsen). Wasserblätter dunkelgrün, 10–15 cm lang, 3–5 cm breit, Form ziemlich veränderlich, entweder herzförmig mit stumpfer oder zugespitzter Spitze, auch oval bis fast lanzettlich. Je nach Blattgröße aus der Basis 3 oder 5 Längsnerven. Blattform offensichtlich lichtabhängig, bei unter 12 Stunden Beleuchtung mehr lanzettlich mit keilförmiger Basis, bei längerer Lichtdauer breiter, oval, herzförmig, bis fast rundlich. Etwa 25–35 cm hohe Solitärpflanze, auch für flacher gebaute Becken zu verwenden. Unter starkem Licht oder eingeengt wachsend, neigt die Pflanze gelegentlich zu Luftblättern. Daher auf gute Dosierung des Lichtes (um 50 Watt/100 L.) und freien Standplatz achten. Vermehrung: Der anfangs aufrechte Blütenstengel senkt sich später auf den Bodengrund ab, bildet Wurzeln, und an 1–2 Quirlen wenige Adventivpflanzen. Offensichtlich nur bei einer täglichen Beleuchtung über 12 Stunden.

SG: 2, KH: 2–12, pH: 6,5–7,2, T: 22–28°C, BH: 2–3

Echinodorus bolivianus (RUSBY) HOLM NIELSEN, 1976

Bolivianische Zwergschwertpflanze

Fam.: Alismataceae – Froschlöffelgewächse — Syn.: *E. austromoamericanus*

Verbreitung: Südbrasilien, Uruquay, Argentinien

Kleine amphibische Sumpfpflanze. Luftblätter lanzettlich-eiförmig, 3–5 cm lang, 0,5 bis 1,0 cm breit, vorne abgerundet spitz, die 2–3 cm langen Blattstiele an der Basis meist mit rötlicher Zone. Blütenstand bis 20 cm lang mit 1–2 Quirlen, Blüte 1,5 cm groß, 9 Staubblätter, 8–12 Fruchtblätter, Früchtchen 1,3 mm lang, 3 seitliche Rippen. Wird meist als *E. quadricostatus* (oder *E. xingu*) gehandelt, der jedoch keine rötliche Stiele an den Luftblättern zeigt und deutlicher gestielte Wasserblätter treibt. Ähnlich wachsen auch *E. isthmicus* und *E. latifolius.* Wasserblätter schmal-linear, hellgrün, kurz gestielt, 7–12 cm lang, 0,5–0,8 cm breit, beide Enden gleich spitz. Ausgezeichnete Dekoration im Vordergrund von kleinen bis großen Aquarien. Bildet ausgedehnte Polster, die etwa 10 cm hoch werden. Verwuchert mit der Zeit ziemlich dicht, wobei das gelegentliche Ausdünnen die Wuchsfreude erhält und Kümmerformen vorbeugt. Recht anspruchslose Kleinpflanze, die sich den verschiedenartigen Lebensbedingung in den Aquarien recht gut anpaßt. Für den allgemein mäßigen Lichtbedarf werden schon 50 Watt auf je 100 Liter Beckenvolumen ausreichen. Bei gelblichen und krankhaften Blättern rechtzeitig Eisendünger zusetzen. Im sehr harten Wasser ist Zusatz von Kohlendioxid ratsam. Vermehrung: Kriechende Ausläufer bilden zahlreiche Ablegerpflanzen in Ketten, verwurzeln selbständig am Bodengrund.

SG: 1, KH: 2–15, pH: 5,8–7,5, T: 18–28°C, BH: 1–3

Echinodorus aschersonianus

Echinodorus bolivianus

Echinodorus grandiflorus (CHAMISSO et SCHLECHTENDAL) MICHELI, 1881

Großblütiger Wasserwegerich

Fam.: Alismataceae – Froschlöffelgewächse

Verbreitung: Mittelamerika bis südl. Brasilien

Größte Art der Gattung und stattliche Sumpfpflanze. Luftblätter bis 40 cm lang und 35 cm breit, auf ebenso langen Stielen. Spreite herzförmig, vorne spitz; Hauptnerv, Basisränder und Stiel bestachelt. Blütenstand bis 200 cm lang, basal verzweigt, Stengel warzig, Blüte bis 3,5 cm groß, Staubblätter meist 24 seltener 18, Früchtchen 3,5 mm lang, zahlreiche klebrige Drüsen. Allgemein unbrauchbar für Aquarien, weil die Art regelmäßig Luftblätter treibt. Jungpflanzen können eine Zeitlang im Wasser bleiben, wenn hochragende Blätter regelmäßig ausgeschnitten werden. Verschiedene Varietäten sind beschrieben und Bastarde mit *E. longiscapus* und *E. macrophyllus* bekannt, die wahrscheinlich für Aquarien besser geeignet sind. Wasserblätter oval, bis 15 cm lang und 8 cm breit, Basis gerundet bis schwach herzförmig, vorne kurz spitz, aus der Basis 7 Längsnerven, Stiel, Mittelnerv und Basisränder bestachelt. Gut im geräumigen, oben offenen Becken, wo sich die Blätter über dem Wasser ausbreiten können. Emers auch im größeren Paludarium, Vermehrung: Submers unbekannt, sonst Sämlingsaufzucht.

SG: 3, KH: 2–10, pH:6,0–7,5, T: 22–24°C, BH: 3

Echinodorus horemanii RATAJ, 1970 — Horemans Schwertpflanze

Fam.: Alismataceae – Froschlöffelgewächse — Syn.: *E. undulatus (nomen nudum)*

Verbreitung: Südbrasilien

Wächst vorwiegend untergetaucht in langsam fließenden und relativ kühlen Gewässern. Luftblätter selten, eiförmig-oval, bis 15 cm lang, 9 cm breit. Blütenstand bis 30 cm lang, erst aufrecht, später niederliegend, unverzweigt, 2–4 Quirle, Blüte 2 cm groß, Staubblätter 18, Früchtchen 1,5 mm lang, mit seitlichen Drüsen, Wasserblätter dunkelgrün, pergamentartig fest, kurz gestielt, lanzettlich, 25–35 cm lang, 2–3 cm breit, Rand schwach gewellt, Basis verlängert, Spitze stumpflich zugespitzt. Mittelader basal, auffallend verdickt, 1 Paar Längsnerven aus der Basis, 1 weiteres Paar ziemlich hoch aus dem Hauptnerv. Eine Variante mit tiefroten Blättern wird selten importiert und ist sehr teuer. Beim nah verwandten *E. osiris* alle Seitenadern aus der Basis. Kräftige Solitärpflanze mit ausladender Wuchsform; geeignet für den Hintergrund, im geräumigen Becken ein imposanter starker Punkt. Treibt mit den Blättern nicht aus dem Wasser und stellt allgemein mäßige Ansprüche. Bevorzugt offensichtlich neutrales bis schwach alkalisches Wasser und nährstoffhaltigen Bodengrund. Sehr hohe Wärme ist nachteilig, kann jedoch zeitweise recht kühl gehalten werden. Vermehrung: Seitensprosse am Rhizomabschnitt.

SG: 2, KH: 2–15, pH: 6,5–7,5, T: 20–25°C, BH: 2–3

Echinodorus isthmicus FASSETT,1955 — Schmalblättrige Zwergschwertpflanze

Fam.: Alismataceae – Froschlöffelgewächse

Verbreitung: Mittelamerika, Westindien

Kleine Sumpfpflanze. Luftblätter lanzettlich, gestielt, 10–12 cm lang, 0,4–0,7 cm breit, ziemlich fest. Blütenstand mit 2 Quirlen, Blüte 1 cm groß, 9 Staubblätter, Früchtchen schwarz, 2,3 mm lang, 3–4 seitliche Rippen. Wasserblätter kurz gestielt, schmal-linear, hellgrün, 10–20 cm lang, 0,5–0,7 cm breit, einnervig mit deutlichen Quernervchen, Spitze vorne 2 mm lang abgesetzt, der untere Teil des Stieles halbrund und seitlich hochgebogen. Daran von den ähnlichen Arten gut zu trennen. Die anpassungsfähige Aquarienpflanze wächst unter fast allen Bedingungen gesund, zeigt aber im harten Wasser mitunter Probleme und bildet eine Kümmerform. Zusatz von CO_2 ist ratsam, auch sollte der hohe Eisenbedarf dieser raschwüchsigen Pflanze erfüllt werden. Mit den Ablegerpflanzen wächst ein umfangreicher Bestand heran; durch Abkneifen der Ausläufer kann eine Solitärpflanze zahlreiche Blätter bilden. Wuchshöhe 10–20 cm. Verwendung im Bereich des Vordergrundes. Vermehrung: Kriechende Ausläufer verankern ihre Ablegerpflanzen selbständig am Bodengrund.

SG: 2, KH: 2–15, pH: 6,0–7,2, T: 22–28°C, BH: 1–3

Echinodorus grandiflorus

Echinodorus horemanii

Echinodorus isthmicus

Echinodorus macrophyllus (KUNTH) MICHELI,1881 Großblättriger Wasserwegerich
Fam.: Alismataceae – Froschlöffelgewächse Syn.: *Alisma macrophyllum*

Verbreitung: Guayana, östl. Brasilien bis Argentinien
Stattliche Sumpfpflanze, Luftblätter pfeil-herzförmig oder eiförmig, 20–30 cm lang, ebenso breit, mit langen stumpfen Basallappen, Blattstiel im oberen Teil bestachelt. Blütenstand aufrecht, bis 200 cm lang, basal verzweigt, Blüte bis 3 cm groß, Staubblätter 20 bis 24, Früchtchen keilförmig, flach 3 mm lang, 3–5 seitliche Rippen, 2–3 längliche, größere und 3–5 rundliche, kleinere Drüsen. Wasserblätter dunkelgrün bis schwach olivgrün, junge Spreiten stärker bräunlich, mitunter rotbraun gefleckt, 20–30 cm lang, 15–20 cm breit, Basis herzförmig-gerundet, Spitze stumpf, vorne aber zumindest angedeutet spitz (der ähnliche *E. scaber,* vorne stumpf oder seicht ausgerandet, nie spitz). Der obere Teil des Blattstieles an den Kanten mit feinen Stacheln; setzen sich an den Basisrändern fort. Aus der Basis 5–7 erhabene Längsnerven, 3 innere enden in der Spitze. Zahlreiche eng stehende Queradern sind durch bräunliche Nerven verbunden. Solitärpflanze für hohe und geräumige Becken. Unter guten Bedingungen mit viel Licht, nährstoffreichem Bodengrund und Wasser werden erwachsene Pflanzen regelmäßig ihre Blätter über das Wasser hinaustreiben. Weniger Licht und magerer Bodensand sind ratsam. Im leicht sauren Wasser ist das untergetauchte Wachstum besser als bei alkalischer Reaktion. Auftretende Schwimmblätter regelmäßig entfernen und Wasserblätter reduzieren, dann treiben wieder kürzer gestielte Spreiten. Anzahl der Blätter auf 6–8 beschränken, zu kräftige Pflanzen umsetzen. Vermehrung: Blütenstengel mit Adventivpflanzen, selten.

SG: 2, KH: 5–15, pH: 6,0–7,0, T: 22–27°C, BH: 2–3

Echinodorus opacus RATAJ, 1970 Dunkle Amazonaspflanze
Fam.: Alismataceae – Froschlöffelgewächse

Verbreitung: Südbrasilien
Die Art stammt aus dem Rio Grande do Sul, wächst als kleine Sumpfpflanze oder zeitweise im relativ kühlen Wasser bei etwa 18°C. Luftblätter bis 15 cm lang und 8 cm breit, Basis gerundet, vorne in eine kleine Stachelspitze abgesetzt. Blüte und Frucht bisher unbekannt. Weitere Hinweise bei *E. portoalegrensis*, eine ähnliche Pflanze mit in sich gekrümmten Wasserblättern, stumpfer Spitze und schmaler Basis. Wasserblatt von *E. opacus* dunkelgrün, ziemlich derb und steif, länglich-lanzettförmig, 8–12 cm lang, 4–6 cm breit, kurz gestielt, Spitze deutlich spitz, Basis schwach gerundet, daraus 5 Längsnerven, dazwischen eine ausgeprägte Quernervatur. Die Spreite ist flach ausgebreitet, glattrandig und steht aufrecht. Bildet eine 10–20 cm hohe Solitärpflanze; eignet sich auch für das sehr flach gebaute Becken und wächst nicht aus dem Wasser heraus. Ziemlich lichtbedürftige Art mit mäßiger Bildung von neuen Blättern und langsamer Zuwachsrate. Nährstoffhaltiger Bodengrund und Aufdüngung des Wassers fördern das Wachstum. Ansprüche zu den Wasserwerten nicht sonderlich hoch. Nach dem Einsetzen dauert es längere Zeit, bis der Umpflanzschock, und die damit verbundene Wuchsstörung, überwunden sind. Daher nicht unnötig umsetzen. Das gestreckte und kriechende Rhizom nicht nahe und in Richtung Frontscheibe plazieren, sonst drängeln sich die Blätter später unschön an der Sichtscheibe. Vermehrung: Seitensprosse vom abgetrennten Rhizomstück.

SG: 3, KH: 2–12, pH: 6,5–7,5, T: 20–28°C, BH: 1–2

Echinodorus macrophyllus

Echinodorus opacus

Echinodorus latifolius (SEUBERT) RATAJ, 1975 Mittlere Zwergamazonaspflanze

Fam.: Alismataceae – Froschlöffelgewächse Syn.: *E. magdalenensis*

Verbreitung: Westindien, Mittelamerika, nördl. Südamerika

Niedrige Sumpfpflanze, die stellenweise ständig submers vorkommt. Luftblätter lanzettlich, deutlich gestielt, einnervig, bis 4 cm lang und 0,6 cm breit. Blütenstand dünn, bis 20 cm lang, später niederliegend, meist 2 Quirle, Blüte bis 1,5 cm groß, Kronblätter typisch schräg nach unten geneigt, Staubblätter 8, Fruchtblätter gelb, Früchtchen bis 1,8 mm lang mit 3 seitlichen Rippen. Erstbeschreibung mit *Alisma tenellum f. latifolium* SEUBERT, 1848. Rataj erhob die Form in den Artrang. Nahverwandt ist *E. isthmicus,* spezielle Kennzeichen dort angegeben. Wasserblätter hellgrün, linear-lanzettlich, 5–15 cm lang, 0,5–1,5 cm breit, vorne gleichmäßig lang-spitz, Basis allmählich verschmälert ohne einen deutlichen Stiel zu bilden. Unter geringer Beleuchtungsdauer mitunter in Stiel und Spreite gegliedert. Mittelnerv deutlich, 2 feine Seitennerven, gelegentlich abwesend. Die Aquarienform hat meist kürzere und schmalere Blätter und erreicht bis 10 cm Wuchshöhe. Eine ausgezeichnete Dekoration im Vordergrund von kleinen und großen Aquarien. Die allgemeinen Ansprüche sind mäßig, und auch im harten Wasser ist gesunder Wuchs möglich. Die gestreckten Ausläufer bilden ständig neue Ablegerpflanzen, dadurch entsteht ein ausgedehnter rasenartiger Bestand, der später dicht verwuchert. Damit sich die Exemplare nicht gegenseitig behindern und schwächen, wird der Rasen zeitweilig ausgelichtet und jährlich verjüngt. Vermehrung: Ausläufer mit Ketten von Ablegerpflanzen.

SG: 1, KH: 2–15, pH: 6,5–7,5, T: 22–30°C, BH: 1–3

Echinodorus longiscapus ARECHAVALET, 1903 Kleinblättriger Wasserwegerich

Fam.: Alismataceae – Froschlöffelgewächse Syn.: *E. grandiflorus* var. *longiscapus*

Verbreitung: Südbrasilien, Uruquay, Argentinien

Kleine Sumpfpflanze, Luftblätter eiförmig oder herzförmig, 9–11 cm lang, 7–8 cm breit, Spitze mitunter ausgerandet. Blütenstand aufrecht, bis 80 cm lang, unverzweigt, 3–9 Quirle, Blüte bis 4 cm groß, Staubblätter 20–24, Früchtchen mit 4 seitlichen Rippen und 1–3 Drüsen. Die Art hat eine gewisse Ähnlichkeit mit *E. cordifolius* und wird auch als „Kleiner Cordifolius" bezeichnet. Als Aquarienpflanze noch nicht lange bekannt und selten. Wasserblätter rundlich-eiförmig, kurzgestielt, 7–9 cm breit, aus der Basis 9–11 Längsnerven. Färbung meist reingrün; mitunter sind auf der Oberseite rotbraune Flecken vorhanden. Paßt sich der submersen Lebensweise recht gut an, sollte jedoch nicht zu hell stehen und im mageren Bodensand gehalten werden. Die Solitärpflanze erreicht 15 bis 25 cm Wuchshöhe, ist jedoch im Blattnachschub mäßiger als vergleichbare Arten der Gattung. Die Blätter sollten sich ungehindert und kurz gestielt entfalten können; die Pflanze daher allseits freistehend kultivieren. Eingeengt oder unter sehr schwachem Licht treiben langgestielte Schwimmblätter, die im flachen Wasser als Luftblätter ausgebildet werden. Ausschneiden, bis wieder kurzgestielte submerse Spreiten heranwachsen. Wenn das nicht hilft, Pflanze umsetzen und Blätter reduzieren. Vermehrung: Submerse Blütentriebe selten und mit wenigen Adventivpflanzen.

SG: 3, KH: 5–12, pH: 6,5–7,5, T: 22–28°C, BH: 2–3

Echinodorus latifolius

Echinodorus longiscapus

Echinodorus palaefolius var. *latifolius* (MICHELI) RATAJ, 1971

Breitblättrige Schwertpflanze

Fam.: Alismataceae – Froschlöffelgewächse

Verbreitung: Tropisches Südamerika

Die Varietät basiert auf *E. ellipticus* var. *latifolius* Micheli, 1881. Erstbeschreibung als *Alisma ellipticum* Martius, 1830, Bezeichnung durch Rataj neu kombiniert. Bis 100 cm hohe Sumpfpflanze, Luftblätter eiförmig, bis 25 cm lang und 15 cm breit, vorne stumpf, Basis abgerundet, 9–11 Längsnerven. Blütenstand aufrecht, einfach oder verzweigt, bis 50 cm hoch, Blüte 1,5 cm groß, 12 Staubblätter, Früchtchen mit langem Schnabel und 1 große seitliche Drüse. Die Stammform *E. p.* var. *palaefolius* erstmals als *Sagittaria palaefolius* NEES et MARTIUS, 1823 beschrieben, 1931 in die Gattung *Echinodorus* überführt. Zu ihr gehören auch ein Teil der als *E. ellipticus* beschriebenen Pflanzen. Der Typ, sowie *E. palaefolius* var. *minus* (SEUBERT) RATAJ, 1971, sind bisher noch nicht in Kultur. Wasserblätter lanzettlich, 20–30 cm lang, 3–4 cm breit, in der Mitte am breitesten, nach beiden Enden zugespitzt, der Blattstiel bleibt wesentlich kürzer. In der Entwicklung befindliche junge Blätter sind rötlich, unter starkem Licht mit roten Flecken. Aus der Basis steigen drei Längsnerven hoch, die an der Unterseite stark hervortreten. Mittelgroße Solitärpflanze, treibt im flachen Wasser unter sehr hellem Licht gerne über den Wasserspiegel hinaus. Durch weniger starkes Licht, mageren Bodensand und freien Stand kann das verhindert werden. Ziemlich anspruchsvolle Aquarienpflanze, die selten kultivert wird. Vermehrung: Submers unbekannt, die Landform über Sämlingsaufzucht.

SG: 3, KH: 2–10, pH: 6,5–7,2, T: 24–28°C, BH: 2–3

Echinodorus portoalegrensis RATAJ, 1970 — Festblättrige Amazonaspflanze

Fam.: Alismataceae – Froschlöffelgewächse — Syn.: *E. porto alegre (nomen nudum)*

Verbreitung: Brasilien

Kleine amphibische Sumpfpflanze; wächst in der freien Natur auch im relativ kühlen Wasser bei etwa 18°C. Luftblätter und Wasserform ähnlich gestaltet. Blüte und Frucht unbekannt, daher ist die Einordnung in die Sektion *Portoalegrensii* (mit *E. opacus)* als provisorisch zu betrachten. Nach Blüten und Fruchtbildung könnte eine andere Eingliederung erfolgen. Es wird vermutet, daß die beiden Arten gleichen Ursprungs sind und möglicherweise als artgleich einzustufen sind. Blätter dunkelgrün, länglich bis lanzettlich, sehr derb und steif, 8–12 cm lang, 4–5 cm breit, kurzgestielt, vorne stumpflich-spitz, zur Basis verschmälert, 3–5 basisbürtige, heller grüne Längsnerven. Spreite von der Seite etwas nach oben gebogen, in der Länge nach hinten gekrümmt, neigt sich im Auswachsen nach unten, wobei die älteren Blätter mit ihren Spitzen fast den Boden berühren. Flachwüchsige Dekoration für vordere und mittlere Bereiche. Damit die abweichende Wuchsform richtig zur Geltung kommt, den Standplatz völlig frei halten und die übrigen Gewächse nicht zu nahe plazieren. Rhizomspitze nicht in Richtung Frontscheibe einsetzen (sondern gleichgerichtet), weil die Pflanze mit ihrem kriechenden Wurzelstock ihren Platz verändert und sich später hinter der Frontscheibe einklemmt. Sehr starker Lichtbedarf von mindestens 70 Watt/100 L. Im reinen Sandboden bleiben die Pflanzen meist kümmerlich, wobei grobe Kiesel ebenfalls nachteilig sind. Vermehrung: Seitensprosse vom abgetrennten Rhizomstück.

SG: 3, KH: 5–15, pH: 6,5–7,5, T: 22–28°C, BH: 1–2

Echinodorus palaefolius var. *latifolius*

Echinodorus portoalegrensis

Echinodorus scaber RATAJ, 1969 Bestachelter Wasserwegerich

Fam.: Alismataceae – Froschlöffelgewächse Syn.: *E. muricatus*

Verbreitung: Venezuela bis Brasilien

Kräftige Sumpfpflanze. Luftblätter lang gestielt, eiförmig-breit, herzförmig, Basis lappig, Spitze seicht ausgerandet, Stiel und Basisränder bestachelt. Blütenstand warzig, aufrecht bis 200 cm lang, basal verzweigt, 6–12 Quirle, Blüte bis 3 cm groß, Staubblätter meist 24, Früchtchen spindelförmig bis 5 mm lang, 1 mm breit, mit 1–3 seitlichen Drüsen. Nach Rataj ist die ältere Bezeichnung *E. muricatus* FASSETT, 1955, falsch und gehört in die Synonymie von *E. grandiflorus* . Verwechslungen mit *E. macrophyllus* sind möglich. Wasserblätter olivgrun, in der Jugend rot gefleckt, 15–30 cm lang, 10–20 cm breit, Basis herzförmig, Spitze abgerundet oder schwach eingedrückt. Stiel und Kanten der Basis mit kurzen Stacheln, mitunter auch am Hauptnerv. Aus der Basis 7–11 Längsnerven, 3 oder 5 innere bis zur Spitze. Durch verschiedene geographische Rassen können manche Pflanzen ständig submers wachsen, während andere häufiger Schwimmblätter oder Luftblätter entwickeln. Die ziemlich groß werdende Pflanze unter nährstoffarmen Bedingungen bei nicht zu starkem Licht kultivieren, Schwimmblätter ausschneiden. Vermehrung: Seitensprosse am Rhizom, selten.

SG: 2, KH: 2–12, pH: 6,5–7,2, T: 24–28°C, BH: 2–3

Echinodorus subalatus (MARTIUS) GRISEBACH, 1866 Langblättrige Schwertpflanze

Fam.: Alismataceae – Froschlöffelgewächse

Verbreitung: Mittelamerika, Südbrasilien

Kräftige Sumpfpflanze. Luftblätter lanzettlich oder elliptisch, variabel, 15–25 cm lang, 3–10 cm breit, beide Enden spitz, aus der Basis bis 7 Längsnerven, meist rotbraun, Blattstiel am unteren Abschnitt geflügelt. Blütenstand aufrecht, bis 70 cm lang, einfach oder verzweigt, Blüte 1,5 cm groß, Staubblätter 12, Früchtchen 2 mm lang, selten 2 Drüsen und 1 Rippe. Größere Sumpfpflanzen mit breiten Luftblättern lassen sich im Wasser nicht eingewöhnen, besser sind Jungsprosse mit schmalen Blättern. Die Wasserform mit linearen Blättern, 20–30 cm lang, 1–2 cm breit, beide Enden verschmälert, meist nur der Mittelnerv. Stiele in der Regel länger als die Spreiten. Der Pflanze im hochgebauten Becken einen freien Standplatz geben. Im flachen Aquarium fluten die langen Blätter regelmäßig an der Wasserfläche, während im Blickpunkt lediglich Stiele zu erkennen sind. Geringe Karbonathärte ist wichtig, und als Bodengrund gewaschenen Grobsand verwenden. Als Aquarienpflanze allgemein selten, gut für das größere Paludarium. Vermehrung: Submers unbekannt, Sämlingsaufzucht.

SG: 4, KH: 2–8, pH: 6,0–7,0, T: 20–26°C, BH: 3

Echinodorus uruguayensis ARECHAVALET, 1903 Südamerikanische Schwertpflanze

Fam.: Alismataceae – Froschlöffelgewächse

Verbreitung: Südbrasilien, Uruguay, Argentinien, Chile

In der Natur meist submers, in kühlen Gewässern mit teilweise nur 14°C. Kleine Sumpfpflanze, Luftblätter kurzgestielt, länglich-eiförmig, 10–15 cm lang, 1–3 cm breit, Blütenstand aufrecht oder liegend, bis 40 cm lang, selten verzweigt, 4–6 Quirle, Blüte bis 1,5 cm groß, Staubblätter 18, Früchtchen 1,5 mm lang, auf jeder Seite 3 längliche Drüsen. Wasserblätter dunkelgrün, linear, 25–30 cm lang, 1–2 cm breit, kurzgestielt, Rand in der oberen Hälfte stärker gewellt. Basis herablaufend, Spitze stumpflich, vorne etwa 2 cm lang in sich verdreht. Aus dem Mittelnerv 1 Paar dünnere Seitennerven. Jüngere Blätter häufig rötlich. Am freien Standplatz wächst eine vielblättrige Solitärpflanze heran, deren Wuchshöhe bis 40 cm beträgt. Ziemlich raschwüchsige Art ohne besondere Ansprüche. Verträgt das mäßig starke Licht, ohne im Wachstum zu entarten. Auch für das ungeheizte Aquarium, dann entsprechend langsamer wachsend und kleiner. Vermehrung: Seitensprosse am Rhizom, selten.

SG: 2, KH: 2–15, pH: 6,0–7,2, T: 18–28°C, BH: 2–3

Echinodorus scaber

Echinodorus subalatus

Echinodorus uruguayensis

Einkeimblättrige Wasserpflanzen, teilweise mit Schwimmblättern oder Sumpfpflanzen, in 42 Arten auf verschiedenen Kontinenten endemisch verbreitet. Für Aquarien sind etwa 15 Spezies geeignet; bei den übrigen Arten können die stark an die Lebensumstände der heimischen Standorte gebundenen Ansprüche im Aquarium nicht erfüllt werden. Auch die Wasserformen der Gattung haben eine oder zwei Ruheperioden, wenn die seichten Gewässer austrocknen. Die Trockenperiode überdauern sie mit der Rhizomknolle im Schlamm und treiben mit der Regenzeit neu aus. Weil Wasserähren auch im Aquarium leicht blühen, können deren Merkmale mit den typischen Blattformen zur Artbestimmung verwendet werden. Bestimmte *Aponogeton* wachsen nur im weichen Wasser gesund *(A. loriae, A. madagascariensis, A. rigidifolius)*, andere vertragen gut das mittelharte Wasser oder treiben über längere Zeit im harten Wasser gesund *(A. crispus, A. echinatus, A. ulvaceus, A. undulatus)*. Der schwach saure pH-Bereich ist günstig, einige Arten vertragen Werte unter pH 6. Als Bodengrund reicht sauberer Grobsand oder mäßig große Kiesel, darin wird die Knolle flach eingedrückt. Frische Importe sind recht wuchsfreudig und treiben kurzfristig zahlreiche Blätter, später schwächt das Wachstum ab. Nach einer Periode der Vegetation erfolgt meist eine Pause im Trieb, die Blätter sterben ab, die gesunde Knolle bleibt erhalten und kann nach 2–3 Monate Ruhepause wieder austreiben. (Im Boden lassen und abwarten, herausnehmen, säubern und auf den Bodengrund legen, oder im Plastikbeutel in nassem Sand verwahren.) Wasserähren sind blühwillige Aquarienpflanzen; der lange Stengel hebt die ein- oder mehrschenkelige Ähre über das Wasser hinaus. Am Schaft sitzen zahlreiche, kleine zwittrige Blüten, deren Pollen mit einem Tuschepinselchen oder Wattebausch übertragen wird. Bei selbststerilen Arten erfordert das eine zweite Ähre. Selbstbestäubung und Kleistogamie sind möglich. Nach der Befruchtung reifen die Früchte in 6–8 Wochen, die Samen lösen sich dann vom Schaft, treiben 1–2 Tage auf dem Wasser, sinken auf den Boden und keimen. Die Aufzucht der Sämlinge erfolgt bei flachem Wasserstand an freier Stelle. Als Besonderheit ist die Bildung von Adventivpflanzen am Blütenstengel zu erwähnen, die an *A. stachyosporus* und *A. undulatus* getrieben werden.

Aponogeton, Keimvorgang der Samen

Aponogeton stachyosporus

Aponogeton madagascariensis var. *guillotii*

Aponogeton, Fruchtstand

Aponogeton undulatus, Adventivpflanze

Aponogeton bernieranus (DECAISNE) HOOKER fil., 1883 **Bucklige Wasserähre**

Fam.: Aponogetonaceae – Wasserährengewächse

Verbreitung: Ost-Madagaskar

Blattspreite dunkelgrün und stark genoppt, 20–30 cm lang, 6–8 cm breit, Basis spitz oder gerundet, Spitze stumpflich. Aus der Mittelader treiben 3 oder 4 Paar schwächere Seitennerven, Quernerven sind undeutlich vorhanden. Knolle rundlich-länglich, glatt, bis 3 cm dick. Blütenstand mit 3–10 Ähren, bis 10 cm lang, weiß oder schwach rosa, dichtblütig. In der freien Natur werden die Blätter bis 120 cm lang und fast 10 cm breit. Die Kulturpflanzen bleiben jedoch immer kleiner in den Abmessungen und wachsen als kompakte Solitärpflanzen. Diese äußerst schwierige Art bleibt im härteren Wasser nur kurze Zeit lebensfähig und erfordert unbedingt weiches Wasser mit geringer Karbonathärte. Der Bodengrund sollte möglichst kalkfrei sein, grobe Kiesel erweisen sich als nachteilig für die Wurzelbildung. Nach der Ruheperiode treibt das Rhizom meist nur noch wenige und wesentlich kleinere Blätter, häufig bleibt der Trieb völlig aus. Vermehrung: Blütenstand selbstfertil, Fruchtansätze reichlich, Sämlingsaufzucht besonders schwierig.

SG: 4, KH: 1–3, pH: 6,0–6,8, T: 20–24°C, BH: 1–2

Aponogeton echinatus ROXBURGH, 1832 **Igelsamige Wasserähre**

Fam.: Aponogetonaceae – Wasserährengewächse

Verbreitung: Süd- und Zentralindien

Blattspreite hellgrün mit durchsichtigen Flecken. Abmessungen variabel, mitunter nur 10 cm lang und 3 cm breit, überwiegend jedoch 20–35 cm lang und 3–5 cm breit. Basis kurz spitz, selten schwach gerundet, Spitze stumpflich bis abgerundet. Aus dem Mittelnerv entspringt 1 Paar Seitennerven, die übrigen treiben aus der Basis hoch. Schwimmblätter bräunlich, 10–20 cm lang, 2–5 cm breit, beide Enden spitz oder schwach gerundet. Blütenähre einfach, etwa 15 cm lang, weiß, lockerblütig. Gleicht mitunter *A. ulvaceus* (ohne Schwimmblätter, zweischenkelige Blüte) oder *A. natans* mit deutlich herzförmiger Basis der Schwimmblätter. Eine dekorative Wasserähre, die meist ziemlich ausladend heranwächst, daher als Solitär am freien Standplatz pflegen und so optimal zur Geltung bringen. Bis zum mittelharten Wasser ist das Wachstum ausdauernd, bei höherer Karbonathärte hilft Zusatz von CO_2 ausgezeichnet. Gelegentliche Schwimmblätter können entfernt werden, ohne der Pflanze zu schaden. Die Ruheperiode einhalten, der neue Trieb meist aber schwächer. Vermehrung: Blütenähre selbstfertil, Fruchtansätze mäßig, Sämlingsaufzucht ohne Probleme.

SG: 2, KH: 2–12, pH: 6,0–7,5, T: 22–28°C, BH: 2–3

Aponogeton elongatus F. von MUELLER ex BENTHAM, 1878 **Gestreckte Wasserähre**

Fam.: Aponogetonaceae – Wasserährengewächse

Verbreitung: Nord- und Ostaustralien

Variable Art mit mehreren Wuchsformen, die sich deutlich unterscheiden. Die in Band 1, Seite 128, vorgestellte Pflanze heißt *A. e. forma latifolius,* hier haben wir den Typ der Art. Blattspreite dunkelgrün bis schwach bräunlich, 20–30 cm lang, 1–2 cm breit, Basis etwas verlängert, Spitze schwach zugespitzt, Rand eng gewellt, mitunter etwas kraus, Blattstiel ziemlich kurz. Aus der Basis 5 Längsnerven bis in die Spitze, das innere Paar ist mitunter dem breiten Mittelnerv angelehnt und erst in der oberen Hälfte von diesem gelöst. Blütenähre einfach, 10–20 cm lang, gelb. Am freien Standplatz, unter ausreichend starkem Licht, wächst eine kompakte Solitärpflanze heran. Durch die relativ konstante Wuchshöhe um 30 cm auch für kleinere Becken zu verwenden. Die allgemeine Anpassung kann als gut bezeichnet werden, im harten Wasser ist das Wachstum mäßiger und die Lebensdauer geringer. Die Ruheperiode einhalten, das Rhizom besser im feuchten Sand aufbewahren. Vermehrung: Blütenähre selbststeril, auch mit anderen Arten einkreuzen, Fruchtansätze gering, Sämlingsaufzucht nicht einfach.

SG: 2, KH: 2–10, pH: 6,0–7,2, T: 22–26°C, BH: 1–3

Aponogeton bernicranus

Aponogeton ochinatus

Aponogeton elongatus forma elongatus

Aponogeton elongatus F. von MUELLER ex BENTHAM, forma longifolius VAN BRUGGEN, 1969 — Langblättrige Wasserähre

Fam.: Aponogetonaceae – Wasserährengewächse

Verbreitung: Nord- und Ostaustralien
Blattspreite hellgrün bis gelbgrün, 40–60 cm lang, bis 2 cm breit, Basis verlängert-herablaufend, vorne kurz-spitz, Ende abgerundet, Rand leicht gewellt. Aus dem breiten Mittelnerv treiben 2 Paar schwächere Seitenadern bis in die Spitze. Blattstiel ziemlich gestreckt und häufig so lang wie die Spreite. Blütenähre einfach, bis 10 cm lang, gelb. Mit den sehr langen Blättern eignet sich diese Form für den Hintergrund im hochgebauten Aquarium. Für das normal hohe Becken nicht zu empfehlen, denn im flachen Wasser liegen die Blätter wenig dekorativ und verkrümmt unter dem Wasserspiegel. Mehrmaliges Umsetzen in Folge bremst das Wachstum und führt eine Zeitlang zu kürzeren Blättern, nach ausreichender Wurzelbildung jedoch wieder zur alten Länge aufwachsend. Durch Entfernen von Außenblättern kann der ungestüme Trieb gehemmt werden. Die allgemeinen Ansprüche sind zwar gering, doch bringt diese langblättrige Form nicht unbedingt eine gute Aquarienpflanze. Vermehrung: Blütenähre selbststeril, Fruchtansätze gering, Sämlingsaufzucht schwierig.

SG: 2, KH: 2–15, pH: 6,0–7,5, T: 22–26°C, BH: 3

Aponogeton loriae MARTELLI, 1897 — Kleine Wasserähre

Fam.: Aponogetonaceae – Wasserährengewächse

Verbreitung: Neuguinea, Nordaustralien
Einige Autoren nehmen an, daß *A. loriae* keine gute eigene Art bildet, sondern eine Wuchsform von *A. elongatus* darstellt. Das Hüllblatt des Blütenstandes fällt jedoch nicht ab (wie bei *A. elongatus*), sondern trocknet allmählich ein und bleibt an der Ährenbasis hängen. Blattspreite hellgrün, mitunter schwach rötlich, 10–25 cm lang, 2–3 cm breit, beide Enden gleichmäßig spitz, Rand schwach gewellt. Aus dem Mittelnerv in etwa halber Höhe 2 Paar Seitenadern. Knolle rund, glatt, hellbraun, bis 1 cm dick. Blütenähre einfach, etwa 10 cm lang, gelbgrün, lockerblütig. Eine äußerst seltene Spezies, die auch in der freien Natur kaum gefunden wird. Die kleinwüchsige Pflanze eignet sich gut für das flach gebaute Aquarium. Nach den Erfahrungen ist die Kultur nicht ganz einfach und bleibt auf weiches Wasser beschränkt. Obwohl die Art an den natürlichen Standorten in kalkhaltigen Gewässern vorkommt, ist das Wachstum im härteren Wasser nur mäßig möglich. Die Ruheperiode läßt sich etwas schwierig einhalten, weil die kleine Knolle leicht wegfault. Vermehrung: Blütenstand selbststeril, Fruchtbildung mäßig, Sämlingsaufzucht gelingt nicht immer.

SG: 4, KH: 2–8, pH: 6,0–7,0, T: 22–26°C, BH: 1–2

Aponogeton madagascariensis (Mirbel) VAN BRUGGEN var. *guillotii* (HOCHREUTINER) JUMELLE, 1936 — Schmalblättrige Gitterpflanze

Fam.: Aponogetonaceae – Wasserährengewächse — Syn.: *Aponogeton guillotii*

Verbreitung: Madagaskar
In älteren Schriften wird die Pflanze irrtümlich *A. bernierianus* genannt; das ist eine andere Art ohne Gitterstruktur. Die Nomenklatur dieser Varietät ist recht umfangreich. Erstbeschreibung 1908 durch Hochreutiner als *A. guillotii*, dann 1936 durch Jumelle als Varietät zu *A. fenestralis* gestellt. Van Bruggen erkennt die Varietät nicht an, doch möchte der Verfasser diese Meinung nicht teilen. Blätter schmallanzettlich, dunkelgrün, bis 25 cm lang und 3 cm breit, Basis verlängert, Spitze stumpf, Rand gewellt. 5–7 Längsnerven und eng stehende Queradern. Dazwischen fehlt das Blattgewebe, wodurch enge Schlitze entstehen. Blütenstand mit 3–5 Ähren, bis 12 cm lang, rosa, dichtblütig. Diese Gitterpflanze mit den schmalen Blättern wächst im Aquarium wesentlich besser als die breitblättrige Stammform (siehe Aquarienatlas Band 1, Seite 130). Zu erwähnen ist vor allem die Anpassung an das härtere Wasser und die mittlere Beleuchtungsstärke. Die interessante Pflanze erweist sich somit als guter Pflegling für das normal eingerichtete Gesellschaftsbecken. Vermehrung: Blütenstand selbstbefruchtend, zahlreiche Fruchtansätze, Sämlingsaufzucht schwierig.

SG: 2, KH: 2–12, pH: 5,5–7,2, T: 22–26°C, BH: 2–3

Aponogeton elongatus forma longifolius

Aponogoton madagascariensis var. guillotii

Aponogeton loriae

Aponogeton natans (LINNAEUS) ENGLER et KRAUSE, 1906
Schwimmende Wasserähre

Fam.: Aponogetonaceae – Wasserährengewächse

Verbreitung: Sri Lanka, Indien, Ost-Australien
Wasserblätter mittel-dunkelgrün, kurz gestielt, 15–20 cm lang, 2–3 cm breit, mitunter auch kleiner (8 x 2 cm), Basis spitz-gerundet, vorne kurz-spitz, Rand schwach gewellt. Aus der Basis neben dem Mittelnerv 3 Paar feinere Seitenadern. Schwimmblätter lanzettlich, 8–12 cm lang, 2–3 cm breit, Basis herzförmig. Knolle glatt, hellbraun, rundlich, 1–2 cm dick. Blütenähre einfach, bis 15 cm lang, rötlich-violett, seltener weiß, dichtblütig. Offenbar existieren Hybriden (etwa mit *A. crispus*), deren Wasserblätter länger erhalten bleiben, und die weniger häufig Schwimmblätter schieben. Blüten dann steril und Scheinfrüchte ohne keimfähige Samen. Allgemein eine schwierige Pflanze, die für das Zimmeraquarium nur bedingt zu empfehlen ist. Häufig treiben wenige verkümmerte und kurzlebige Wasserblätter und bald darauf langgestielte Schwimmblätter. In der Regel werden beide Blattformen wechselweise geschoben, wobei später die Schwimmblätter überwiegen. Zusatz von Kohlendioxid ins Wasser fördert die Bildung kurz gestielter Blätter. Vermehrung: Blütenstand selbstfertil, zahlreiche Samen, Aufzucht nicht einfach.

SG: 4, KH: 2–8, pH: 6,0–6,8, T: 22–26°C, BH: 1–3

Aponogeton rigidifolius VAN BRUGGEN, 1962 Steifblättrige Wasserähre

Fam.: Aponogetonaceae – Wasserährengewächse

Verbreitung: Sri Lanka
Breitspreite dunkelgrün bis bräunlich, etwas hart und spröde. 30–50 cm lang, 2–3 cm breit, beide Enden spitz, Rand meist glatt, selten schwach gewellt. Diese Art bildet keine Knolle, sondern ein gestrecktes, kriechendes Rhizom. Blütenähre einfach, etwa 15 cm lang, weißlich-grün, dichtblütig. Eine selten kultivierte Aquarienpflanze mit besonderen Ansprüchen. Keine Anpassung an höhere Wasserhärte, Wachstum ist nur im weichen Regenwasser oder anderem weichen Wasser mit geringen Gesamtsalzgehalt möglich. Der Bodengrund besteht aus sauberem Grobsand ohne Zusätze oder mäßig großen Kieseln. Das Rhizom flach einsetzen und der Pflanze einen freien Standplatz geben. Das Licht sollte jedoch nicht zu intensiv einstrahlen, wobei Werte um 50 Watt/100 Liter ausreichend sind. Die Bildung neuer Blätter ist recht mäßig, auch erweist sich die Art als heikel im Umsetzen und wächst dann längere Zeit nur langsam weiter. Bei nicht zusagenden Bedingungen werden die Blätter bald fleckig und rollen sich nach unten ein. Vermehrung: Seitensprosse am Rhizom. Blütenstand selbststeril, wenige Früchte, Aufzucht kaum möglich.

SG: 4, KH: 1–3, pH: 5,5–6,5, T: 22–26°C, BH: 2–3

Aponogeton stachyosporus DE WIT, 1958 Gedrehtblättrige Wasserähre

Fam.: Aponogetonaceae – Wasserährengewächse

Verbreitung: Malaiische Halbinsel
Es ist unsicher, ob dies eine gute eigene Art ist. Van Bruggen, ein ausgezeichneter Kenner der Gattung, möchte die Pflanze als Varietät zu *A. undulatus* stellen. Blattspreite hellgrün, fast durchsichtig, leicht spröde und brüchig, 20–30 cm lang bis 1 cm breit. Basis zugespitzt, vorne stumpflich. Das Blatt ist stark gewellt und mehrmals in sich gedreht. Aus dem breiten Mittelnerv treiben 2 Paar schwächere Seitenadern. Knolle kugelig, braun, glatt, bis 0,7 cm dick. Blütenähre einfach, etwa 8 cm lang, weiß oder grünlich, lockerblütig, Blütenhülle nicht abfallend. Der Blütenstengel trägt im Aquarium meist eine Adventivpflanze. Hier haben wir eine schwierige Pflanze, die kaum in Aquarien gehalten wird. Importe sind ebenfalls äußerst selten, weil die Art in der freien Natur nicht häufig vorkommt. Nach den Erfahrungen nur im weichen Wasser über längere Zeit gesund im Wuchs. Der hohe Lichtbedarf ist ebenfalls zu beachten. Unter weniger starkem Licht werden die Blätter nicht mehr gedreht gebildet, sondern sind fast flach. Vermehrung: Adventivpflanze am Blütenstengel, mit einigen Blättern abtrennen und einsetzen.

SG: 4, KH: 1–5, pH: 5,5–6,5 T: 22–26°C, BH: 1–2

Aponogeton natans

Aponogeton rigidifolius

Aponogeton stachyosporus

Über 60 Arten sind als mehrjährige amphibische Sumpfpflanzen und Wasserpflanzen im indomalaiischen Raum weit verbreitet. In einigen Formen besiedeln Cryptocorynen die Uferzonen sonniger Fließgewässer mit schlammigem Bodengrund. Viele Arten wachsen in kleinen Gewässern mit sandig-kiesigem Boden; die Standorte sind häufig durch eine hohe Ufervegetation stark beschattet. Andere leben im sumpfigen Gelände mit schwach fließendem Wasser. Etwa 30 Arten sind für Aquarien geeignet, wobei diese Zahl eine Reihe von Problempflanzen enthält. Allgemein rechnet man mit etwa 20 relativ robusten Spezies. Weiches Wasser wird meist bevorzugt, bestimmte Arten vertragen höhere Karbonathärte. Die Temperatur von 26–28°C sollte nach Möglichkeit auch im Bodengrund vorliegen (Bodengrundheizung). Wasserkelche erfordern im Aquarium etwas mehr Aufmerksamkeit, benötigen meist längere Zeit zum Eingewöhnen und werden nicht kurzfristig umgesetzt. Stärkere Veränderungen von Wasserwerten, Temperatur und Beleuchtung sind zu vermeiden, sie führen häufiger zu Blattschäden und zur gefürchteten Cryptocorynenfäule. Gruppenpflanzung wird bevorzugt und im Horst gesetzte Exemplare wachsen meist besser, als im Boden verteilte einzelne Pflanzen. Die Vermehrung erfolgt durch Ausläufer mit jeweils einer Ablegerpflanze an entsprechend eingewöhnten und gut verwurzelten Exemplaren. Die Vermehrungsrate ist je nach Art unterschiedlich. Submerse Wasserkelche sind ziemlich variabel und die Beschreibung nach den Merkmalen der Wasserblätter bietet nur eine relativ sichere Methode der Artbestimmung. Wissenschaftlich werden Cryptocorynen nach den Merkmalen des Blütenbaues bestimmt, doch bleibt die Bildung von Blüten überwiegend auf Landpflanzen beschränkt. Die Sumpfkultur im separaten Aquarium mit flachem Wasserstand ist bei bestimmten Arten ohne größere Probleme möglich. Wenige Arten blühen auch als Wasserpflanzen. Die Blütenstände zeigen einen einheitlichen Grundaufbau mit Stiel, Kessel, Tubus und Spathaspreite. Der eigentliche Blütenkolben ist in einer kesselartigen Erweiterung am unteren Teil versteckt untergebracht. An der Kolbenbasis sitzt ein Kranz weiblicher Blüten, darüber sind die männlichen Staubblüten in mehreren Kreisen angeordnet. Über dem Kessel verengt sich die Blütenspathe zur engen Röhre (Tubus), deren Länge nach Art und Wasserstand variiert. Sie trägt oben die offene Spathaspreite in verschiedener Form, Größe, Färbung und Beschaffenheit der Oberfläche. Dadurch ergeben sich jeweils charakteristische Artmerkmale, mit denen die Spezies bestimmt werden.

Cryptocoryne affinis, geöffneter Blütenkessel

Cryptocoryne affinis

Cryptocoryne albida

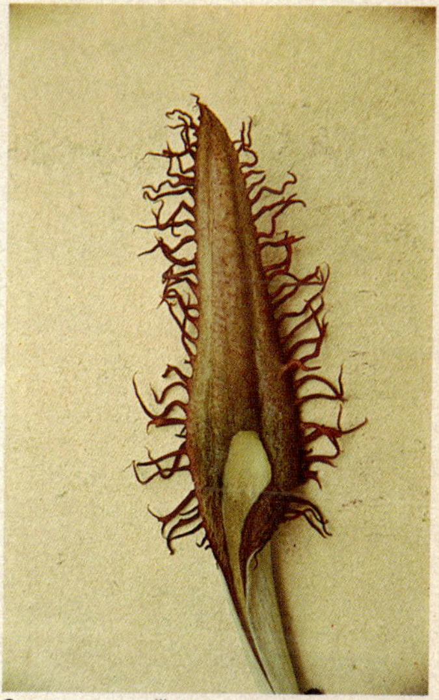

Cryptocoryne ciliata

Cryptocoryne beckettii

Cryptocoryne costata

Cryptocoryne legroi

Cryptocoryne pontederiifolia

Cryptocoryne lutea

Cryptocoryne purpurea

Cryptocoryne crispatula

Cryptocoryne undulata

Cryptocoryne spiralis

Cryptocoryne wendtii

Cryptocoryne albida PARKER, 1931 — Weißblütiger Wasserkelch

Fam.: Araceae – Aronstabgewächse — Syn.: *C. costata, C. korthausae*

Verbreitung: Burma, Thailand

De Wit stellt die Art irrtümlich als Varietät zu *C. retrospiralis;* die Beschreibung als *C. korthausae* durch Rataj wird nicht anerkannt. Jabobsen stellt fest, daß die Art *C. costata* GAGNEPAIN (braune Blätter) identisch ist mit *C. albida.* Kleine Sumpfpflanze, Luftblätter hellgrün bis bräunlich, schmallanzettlich, 5–13 cm lang, 1,0–1,5 cm breit, Rand gewellt, beide Enden spitz. Blütenspatha 7–10 cm lang, Spathaspreite 3–4 cm, flach nach rückwärts quer eingerollt, weiß mit purpurnen Flecken, Schlund gleichfarben, ohne Kragen. Wasserblätter schmal, fast linear, 15–20 cm lang, 0,5–1,0 cm breit, beide Enden gleichmäßig spitz, auf beiden Seiten reingrün, ohne Strichzeichnung. Wegen der unscheinbaren Belaubung, die wie bei einem schmalblättrigen Pfeilkraut aussieht, ist die Pflanze selten in Kultur. Die Anpassung zum Leben im Wasser ist mäßig ausgeprägt und nur in einem engen Bereich der Lebensbedingungen möglich. Wichtig scheint der mäßige Lichteinfall zu sein, der etwa 30 Watt auf 100 Liter Beckenvolumen beträgt. Bei stärkerer Beleuchtung sind Probleme im Wachstum zu erwarten. Sie zeigen sich durch gekräuselte Blattränder und ständig kleiner Blätter. Außerdem ist die Pflege auf Dauer lediglich im weichen Wasser mit geringer Karbonathärte möglich. Für den Liebhaber von Spezialitäten ein interessanter Pflegling. Wächst gut im Paludarium und gelangt als Sumpfpflanze leicht zur Blüte. Vermehrung: Ausläufer treiben mäßig und nach guter Eingewöhnung.

SG: 4, KH: 2–6, pH: 6,0–6,8, T: 22–28°C, BH: 1–3

Cryptocoryne beckettii THWAITES ex TRIMEN, 1885 — Becketts Wasserkelch

Fam.: Araceae – Aronstabgewächse

Verbreitung: Sri Lanka

Gehört zu den ältesten Arten der Gattung für Aquarien, wurde schon 1906 erstmals importiert, ist aber verhältnismäßig selten in Kultur. An den natürlichen Standorten eine kleine, amphibisch wachsende Sumpfpflanze. Luftblätter länglich-oval, 6–8 cm lang, 2–3 cm breit, Basis gerundet, häufig ungleich (schief), vorne spitz, Farbe olivgrün. Blütenpatha 8–10 cm lang, Spathaspreite 3–4 cm, am unteren Teil des Randes gezackt, gelb, Schlund purpurn, Kragen gleichfarben. Als Sumpfpflanze gute Eignung für das Paludarium und recht blühwillig. Wasserblätter lanzettlich, 8–12 cm lang, 2–3 cm breit, relativ kurz gestielt, Basis gerundet bis herzförmig, vorne kurz-spitz, Rand glatt, häufig etwas nach rückwärts gebogen. Farbe oberseits olivgrün-bräunlich, unterseits rot oder grün mit rötlichem Anflug. Je nach Standdichte und Lichteinfall beträgt die Wuchshöhe im Aquarium 10–15 cm, damit ist dieser Wasserkelch ideal für den Vordergrund geeignet. Allerdings ist das Wachstum relativ mäßig, wobei die Bildung von Ablegerpflanzen erst an den entsprechend gut eingewöhnten Exemplaren erfolgt. Durch die kurzen Ausläufer treiben die Jungsprosse nahe der Mutterpflanze und bilden somit einen kompakten Blätterbusch. Ausreichende Wärme im nährstoffreichen Bodengrund wird das Wachstum erheblich fördern. Die Ansprüche zur Beleuchtung sind nicht sehr hoch und liegen in den mittleren Bereichen um 50 Watt/100 Liter. Vermehrung: Ausläuferpflanzen, etwas mäßig.

SG: 2, KH: 2–15, pH: 6,5–7,5, T: 25–28°C, BH: 1–3

Cryptocoryne albida

Cryptocoryne beckettii

Cryptocoryne blassii DE WIT, 1960 — Blass'scher Wasserkelch

Fam.: Araceae – Aronstabgewächse — Syn.: *C. kerrii*

Verbreitung: Thailand

Es wird vermutet, daß diese Art lediglich eine Varietät von *C. siamensis* darstellt. Rataj nennt sie *C. siamensis* var. *kerrii,* Jacobsen stellt sie aber als Rasse in den Formenkreis von *C. cordata.* Das gleiche gilt auch für *C. siamensis.* An den natürlichen Standorten eine typische Wasserpflanze, die in einer niederliegenden Kümmerform auch Trockenperioden übersteht. Blütenspatha bis 8 cm lang, Spathaspreite 3 cm, schräg gerichtet, flach, glänzend, gelb, Schlund gelb ohne Kragen. Wasserblätter breit-eiförmig, mitunter etwas beulige Struktur, 10–15 cm lang, 4–6 cm breit, an der Oberseite rötlich-bräunlich, gelegentlich vergrünend, häufig dunkel gemasert. Unterseite tiefrot mit schwärzlicher Strichzeichnung. Beliebter und gefragter Wasserkelch, entwickelt als Solitärpflanze zahlreiche große Blätter. In guten Bedingungen wird mit den Ablegerpflanzen eine vielblättrige Gruppe heranwachsen. Bei dichtem Stand mit den längeren Stielen, dann höher auftreibend. Nicht selten zeigen sich jedoch erhebliche Probleme im Eingewöhnen von Importpflanzen, die in der freien Natur im sehr weichen Wasser mit geringer Leitfähigkeit vorkommen. Erst nach ausreichender Eingewöhnung werden sich solche Wildpflanzen einer mittleren Wasserhärte anpassen und zügiger treiben. Hier ist somit einige Geduld notwendig. Der nährstoffreiche Bodengrund sollte gut aufgewärmt sein; grobkörniges Material ist möglich.
Vermehrung: Ablegerpflanzen, an gut verwurzelten Exemplaren recht zahlreich.

SG: 2, KH: 2–10, pH: 5,5–7,2 T: 25–28°C, BH: 1–3

Cryptocoryne bullosa BECCARI, 1877 — Blasiger Wasserkelch

Fam.: Araceae – Aronstabgewächse

Verbreitung: Borneo

Häufig werden unter diesem Namen stärker gebuckelte Exemplare von *C. affinis* angeboten, die jedoch später im Aquarium deren typische Blattform annehmen (Mittelnerv weißlich). Die Wasserpflanze entwickelt am natürlichen Standort eine emerse Kümmerform. Blütenspatha 4 cm lang, Spathaspreite 2 cm, gerade, purpurfarben, Schlund heller, ohne deutlichen Kragen. *C. scurrilis* DE WIT, 1962 gehört wahrscheinlich in den Formenkreis dieser Art und müßte dann *C. bullosa* var. *scurrilis* RATAJ, 1975, genannt werden. Spathaspreite gelb mit rotem Schlund. Wasserblätter breitlanzettlich und stark bullos, 8–10 cm lang, 3–4 cm breit, Basis schwach herzförmig, Spitze lang verschmälert, vorne stumpf. Oberseite tief dunkelgrün bis blutrot, Unterseite rötlich, aber vergrünend. Die Blattnerven sind blasser, wobei der Hauptnerv meist rötlich bleibt. Eine seltene und nur sporadisch eingeführte Aquarienpflanze. Stellt besonders differenzierte Ansprüche und kann nur im eng begrenzten Bereich der Lebensbedingungen gedeihen. Nach den Erfahrungen erfordert die Pflege sehr weiches Wasser und einen niedrigen pH-Wert. Die typische blasige Blattstruktur bleibt dabei nur unter ausreichend starker Beleuchtung erhalten. Auch bei guten Voraussetzungen mit nährstoffreichem, lockeren Bodensand ist das Wachstum nicht ausdauernd. Die Blätter werden regelmäßig kleiner ausgebildet, bis die Pflanze letztlich nach einer mehr oder minder langen Vegetation das Wachstum einstellt.
Vermehrung: Ausläuferpflanzen, selten.

SG: 4, KH: 1–3, pH: 5,5–6,5, T: 24–28°C, BH: 1–3

Cryptocoryne blassii

Cryptocoryne bullosa

Cryptocoryne costata GAGNEPAIN, 1941 — Gerippter Wasserkelch

Fam.: Araceae – Aronstabgewächse — Syn.: *C. hansenii*

Verbreitung: Thailand

Die Art wurde auch beschrieben als *C. retrospiralis* var. *costata* (GAGNEPAIN) DE WIT, 1966. Später nochmals benannt mit *C. hansenii* S.Y. HU, 1968. Die kleine Sumpfpflanze hat lanzettfömige Luftblätter, sie werden 9–11 cm lang und 1,0–1,5 cm breit, sind an beiden Enden spitz mit schwach gewelltem Rand. Ihre tiefbraune Oberseite ist dunkel gemustert. Blütenspatha 9 cm lang, Spathaspreite 4 cm, breiter als der Tubus, gerade, glatt, oben kurz geschwänzt und gedreht, weißlich mit roten Punkten, Schlund gleichfarben, ohne Kragen. Wasserblätter schmallanzettlich, 10–12 cm lang, bis 1 cm breit, zur Basis verschmälert, vorne kurz spitz, fast glattrandig. Oberseite braunrot und dunkel gezeichnet, Unterseite hellbraun. Dekorative Pflanze mit niedriger Wuchshöhe; geeignet für den Vordergrund im flach gebauten Becken mit intensiver Beleuchtung. Die Kultur als Wasserpflanze erweist sich als recht schwierig und kann lediglich im weichen Wasser, das schwach sauer reagiert, erfolgreich durchgeführt werden. Der geringe Blattnachschub kann durch kräftiges Bodensubstrat und Bodenwärme verbessert werden. Die Pflege als Sumpfpflanze im Paludarium oder Spezialaquarium erweist sich als wesentlich problemloser. Sie wächst und vermehrt sich gut, doch erfordert die Entwicklung von Blüten helles Licht bei mäßig hoher Temperatur. Vermehrung: Ausläuferpflanzen, im Aquarium mäßig und langsam heranwachsend.

SG: 3, KH: 2–5, pH: 5,5–6,5, T: 25–28°C, BH: 1–2

Cryptocoryne ferruginea ENGLER, 1879 — Sarawak-Wasserkelch

Fam.: Araceae – Aronstabgewächse

Syn.: *C. sarawacensis, C. pontederiifolia* var. *sarawacensis*

Verbreitung: Malaysia, Sarawak

Wurde unter den genannten Synonymen durch Jakobsen (1) und Rataj (2) irrtümlich nochmals beschrieben. Jakobsen fand blühende Pflanzen an den natürlichen Standorten und erkannte sie als die schon längst beschriebene *C. ferruginea.* Blattspreite breit eiförmig-rundlich, 6–8 cm lang, 3–5 cm breit, leicht bullos, Rand gewellt, vorne spitz, Basis herzförmig. Aus dem breiten Mittelnerv treiben 3 Paar Seitennerven, aus der Basis 2 Paar. Dazwischen liegen bogige Queradern, die an jüngeren Blättern ein dunkelgrünes Quermuster bilden. Luftblätter kaum verändert, unterseits behaart. Blütenspatha ähnlich *C. pontederiifolia.* Anpruchsvolle Aquarienpflanze für das weiche Wasser mit niedrigem pH-Wert. In höherer Karbonathärte wachsen die neuen Blätter ständig kleiner heran und bilden eine wenig dekorative Kümmerform. Der Lichtbedarf liegt in mittleren Bereichen, nährstoffhaltiger Bodensand ist ratsam. Im Vordergrund frei herausstellen und ungestört wachsen lassen, dann bildet die Solitärpflanze eine kompakte Blattrosette. In der Haltung mit mehreren Exemplaren als lockere Gruppe einplanen, damit sich die Pflanzen ungehindert entfalten können. Vermehrung: Ausläuferpflanzen, werden mäßig entwickelt.

SG: 3, KH: 2–8, pH: 5,8–6,8, T: 24–26°C, BH: 1–3

Cryptocoryne costata

Cryptocoryne ferruginea

Cryptocoryne fusca DE WIT, 1970 — Rotbrauner Wasserkelch

Fam.: Araceae – Aronstabgewächse — Syn.: *C. longicauda, C. tortilis*

Verbreitung: Borneo

Die Nomenklatur der Pflanze ist verwirrend. Wurde früher mit *C. longicauda* bezeichnet, aber durch De Wit als *C. tortilis* neu beschrieben. Der ehemalige *C. johorensis* ist nun *C. longicauda*. Jacobsen stellt jedoch fest, daß *C. tortilis* und *C. fusca* die gleichen Arten sind. Die niederliegende Sumpfpflanze wächst selten untergetaucht. Luftblätter eirund, 10–20 cm lang, 6–15 cm breit, etwas dickfleischig, grasgrün, Oberfläche unregelmäßig gebuckelt. Blütenspatha 18–25 cm lang, Spathaspreite 10–15 cm, sehr schmal, korkenzieherartig gedreht, im schmalen Spalt offen, innen warzig, purpurrot, Schlund gleichfarben, ohne Kragen. Wasserblätter breit-eiförmig, etwas bullos, reingrün, 10–15 cm lang, 6–10 cm breit, Basis schwach herzförmig, vorne stumpflich zugespitzt. Die Blätter werden zum Bodengrund abgebogen, liegen diesem mitunter fest an und bilden eine gleichmäßige flache Rosette. Damit die abweichende Wuchsform zur Geltung kommt, wird die Solitärpflanze am freien Standplatz kultiviert. Starke Beleuchtung ist nachteilig, und nach den Erfahrungen ist ein Lichtwert um 30 Watt/100 Liter im kleinen Aquarium völlig ausreichend. Das helle Becken durch Schwimmpflanzen etwas abschatten. Die Pflanze erweist sich im Umsetzen und Eingewöhnen als heikel, sonst aber ohne besondere Probleme. Die Oberschicht des Bodengrundes besser aus mittlerem Perlkies 3–5 mm ø herstellen, Bodenwärme geben. Vermehrung: Ausläuferpflanzen an älteren Exemplaren.

SG: 3, KH: 2–12, pH: 6,0–7,2, T: 24–28°C, BH: 1–3

Cryptocoryne legroi DE WIT, 1970 — Legrois Wasserkelch

Fam.: Araceae – Aronstabgewächse

Verbreitung: Sri Lanka

Die Arten *C. legroi, C. lutea* und *C. walkeri* bilden ziemlich ähnliche Pflanzen, sind nach De Wit nahe verwandt und könnten Formen einer Art sein. Rataj beschreibt sie als Varietäten von *C.walkeri* und nennt diese Pflanze *C. walkeri* var. *legroi*. Jacobsen stellt die Art ebenfalls in den Formenkreis von *C. walkeri,* jedoch ohne Status als Varietät. Die kleine Sumpfpflanze wächst in der Nähe von Wasserläufen. Luftblätter 10–15 cm lang, 4–6 cm breit, mitunter gebuckelt, Oberseite olivgrün bis dunkelgrün, Unterseite häufig rot. Blütenspatha 8–10 cm lang, Spathaspreite 3–4 cm, aufrecht, im oberen Teil etwas rückwärts gekrümmt, Rand nach unten umgebogen, hellgelb bis grünlichgelb, Schlund heller mit dünnem Kragen. Wasserblätter breitlanzettlich, 10–12 cm lang, 2–3 cm breit, Basis gerundet-herzförmig, vorne kurz spitz und häufig ungleich. Oberseite olivgrün-bräunlich, Unterseite rötlich, Blattstiel ziemlich kurz. Mit ihrer geringen Wuchshöhe ist die Art als kleine Gruppe im Vordergrund zu verwenden. Entwickelt als Solitär zahlreiche haltbare Blätter, treibt aber nur mäßig weiter. Gelegentlich an den submersen Pflanzen Blütenstände, deren Spatha jedoch geschlossen bleibt. Die allgemeine Anpassung ist recht gut, doch zeigt die Aquarienform nur geringe Neigung, Ausläufer zu bilden. Im Umsetzen nicht sonderlich heikel, neigt auch weniger zur Blattfäule als andere Arten. Vermehrung: Ausläuferpflanzen mäßig, und erst an den ausreichend bewurzelten Mutterpflanzen.

SG: 2, KH: 2–12, pH: 6,0–7,2, T: 22–28°C, BH: 1–3

Cryptocoryne fusca

Cryptocoryne legroi

Cryptocoryne lingua BECCARI ex ENGLER, 1879 Zungenförmiger Wasserkelch
Fam.: Araceae – Aronstabgewächse Syn.: *C. spathulata*
Verbreitung: Borneo
Ein gleichzeitig publizierter und ungültiger Name für *C. lingua* ist *C. spathulata* BECCARI ex ENGLER, 1879. Die Beschreibung erfolgte lediglich aufgrund anders geformter Blätter, während die Blütenmerkmale der beiden „Arten" gleich sind. Kleine amphibische Sumpfpflanze, welche die Form ihrer Luftblätter im Wasser nicht wesentlich verändert. Blütenspatha 7 cm lang, Spathaspreite 4 cm, dunkelpurpurn, Schlund hellgelb, ohne Kragen, der obere Teil schwanzartig verlängert und seitlich gestellt. Blätter länglich-zungenförmig, dickfleischig, 3–5 cm lang, 1,5–2,5 cm breit, Basis keilförmig, vorne kurz spitz, Rand glatt, reingrün. Aus der Basis 7 oder 9 dünne Längsnerven, ohne deutliche Mittelader. Kleine Pflanze für den Vordergrund, wächst allerdings im Aquarium nicht zufriedenstellend. Bleibt im Wasser über längere Zeit grün, bildet aber regelmäßig die neuen Blätter kleiner aus und wird nach einer mehr oder minder langen Vegetation im Aquarium absterben. Unter starkem Licht (100 Watt/100 Liter) und im weichen Wasser verläuft diese negative Reaktion verzögert. Wächst als Sumpfpflanze im Paludarium, gehört aber auch dort zu den Problempflanzen. Benötigt fetten, morastigen Bodengrund und helles Licht.
Vermehrung: Kräftige Exemplare treiben mitunter Ablegerpflanzen.
SG: 4, KH: 2–10, pH: 5,5–6,5, T: 22–26°C, BH: 1–2

Cryptocoryne longicauda BECCARI ex ENGLER, 1879
Langgeschwänzter Wasserkelch
Fam.: Araceae – Aronstabgewächse Syn.: *C. johorensis*
Verbreitung: Malaiische Halbinsel, Borneo, Johore
Flachwüchsige Sumpfpflanze, Luftblätter wie submers beschrieben, jedoch mit kleinen Randzähnchen. Blütenspatha bis 25 cm lang, Spathaspreite 15 cm, gerade, weinrot, lang geschwänzt, Schlund heller mit Kragen. Blätter eiförmig, 10–12 cm lang, 5–7 cm breit, beide Seiten dunkelgrün, selten schwach beulig vertieft, Basis herzförmig, Spitze etwas länger spitz. Der Blattstiel meist gleichlang wie die Spreite, und Blatthaltung in der Regel aufrecht. Wurde früher *C. johorensis* genannt, doch ist diese Art nun eingezogen. Um sie vom ähnlichen *C. fusca* zu trennen, achte man auf deren horizontal gestellte und breitere, grubig vertiefte, kürzer gestielte Blätter. Entsprechend den Lebensbedingungen wird die Aquarienpflanze 15–20 cm hoch und eignet sich für mittlere Bereiche der Dekoration. Es handelt sich um eine seltene Art, die sich höherer Wasserhärte nur gering anpaßt. Das eingewöhnte und gut verwurzelte Exemplar bildet mehrere Ausläufer, die ihre Ableger in der Nähe der Mutterpflanze entwickeln. Dadurch wächst dann eine dichte Blattgruppe heran mit recht dekorativer Wirkung. Hinsichtlich der Beleuchtung kann die Art als bescheiden gelten; zu starkes Licht wirkt nachteilig und kann Wuchsstörungen hervorrufen.
Vermehrung: Ablegerpflanzen zufriedenstellend und wüchsig.
SG: 3, KH: 2–6, pH: 6,0–7,0, T: 24–28°C, BH: 1–3

Cryptocoryne lingua

Cryptocoryne longicauda

Cryptocoryne lutea ALSTON, 1931 Gelbblühender Wasserkelch

Fam.: Araceae – Aronstabgewächse

Verbreitung: Sri Lanka

Nach Auffassung von Rataj keine gute eigene Art, sondern *C. walkeri* var. *lutea*. Jacobsen stellt die Art in den Formenkreis von *C. walkeri*, jedoch ohne Status als Varietät. Amphibisch wachsende, kleine Sumpfpflanze, Luftblätter länglich-lanzettlich, bis 10 cm lang und 2 cm breit, Basis gerundet, vorne kurz-spitz, Rand meist gewellt, im unteren Teil etwas kraus. Oberseite dunkelgrün, Unterseite rötlich. Blütenspatha 8–12 cm lang, Spathaspreite 3,5 cm, glatt, gerade, gelb, Schlund gleichfarben mit sehr dünnem Kragen. Wasserblätter lanzettlich 8–12 cm lang, 1–2 cm breit, Basis schwach gerundet, vorne schmal und länger spitz, Rand im unteren Teil stärker gewellt. Oberseite dunkelgrün, Unterseite heller, im Bereich der hervortretenden Blattnerven häufig schwach rötlich. Mit der geringen Wuchshöhe eine gute Dekoration für den Vordergrund. Der freiwachsende Solitär treibt viele haltbare Blätter und bildet einen dekorativen Busch. In der dichten Gruppe verläuft das Wachstum schwächer, und es werden häufiger Außenblätter abgestoßen. Nährstoffreiches Bodensubstrat wird den allgemein mäßigen Trieb wesentlich fördern. Der Lichtbedarf bewegt sich in den mittleren Bereichen um 30–50 Watt/100 Liter. Paßt sich härterem Wasser an und neigt im Aquarium kaum zur gefürchteten Blattfäule. Vermehrung: Ausläuferpflanzen sparsam, an gut eingewöhnten und verwurzelten Exemplaren häufiger.

SG: 2, KH: 2–15, pH: 6,0–7,5, T: 22–28°C, BH: 1–2

Cryptocoryne moehlmannii DE WIT, 1979 Möhlmanns Wasserkelch

Fam.: Araceae – Aronstabgewächse

Verbreitung: West-Sumatra

Die neue Art wurde erst 1977 entdeckt und ist in den Aquarien noch recht selten. Aufgrund der recht guten Anpassung und Vermehrung kann sich das jedoch ändern, zumal die Sumpfpflanze leicht nachzüchtbar ist. Benannt nach F. Möhlmann, der als ausgezeichneter Kultivateur von *Cryptocorynen* bekannt ist. Blütenspatha bis 4 cm lang, Spathaspreite 2 cm, spitz, abgewinkelt, purpurn, warzig, Schlund gleichfarben, glatt, Kragen vorhanden. Submers wie emers fast gleich gestaltet, Blätter bis 10 cm lang gestielt, Spreite breit lanzettförmig, 8–12 cm lang, 4–5 cm breit, Basis herzförmig, Rand schwach gewellt. Aus der Basis 3 Paar Seitennerven, aus der Mittelader 2 Paar. Beide Seiten gleichmäßig grün und Blattextur nur gelegentlich leicht bullos. Der ähnliche *C. pontederiifolia* mit rötlicher Blattunterseite mit etwas bulloser Spreite und länger gezogener Spitze. Die kompakte Solitärpflanze bildet zahlreiche Blätter, und die später umfangreiche Rosette wächst in den Mittelzonen des Aquariums als dekorativer hellgrüner Kontrast. Bei Erfüllung der Ansprüche eine wüchsige Pflanze; gedeiht im weichen bis mittelharten Wasser unter starker Beleuchtung. Bei höherer Karbonathärte reagiert die Pflanze gut auf Zusatz von CO_2. In sehr hartem Wasser jedoch mit Problemen. Vermehrung: Ablegerpflanzen werden zügig entwickelt.

SG: 2, KH: 2–10, pH: 6,0–6,8, T: 25–28°C, BH: 1–3

Cryptocoryne lutea

Cryptocoryne moehlmannii

Cryptocoryne parva DE WIT, 1970 — Winziger Wasserkelch

Fam.: Araceae – Aronstabgewächse

Verbreitung: Sri Lanka

Die Art beschreibt Professor De Wit nach Kulturpflanzen, die in einem größeren Bestand von *C. willisii* entdeckt wurden. Später auch in der freien Natur gefunden, wo die Pflanze aber nicht häufig vorkommt. Die winzige Sumpfpflanze wächst an den Rändern von kleinen Fließgewässern, lebt stellenweise in kleinen Horsten auch völlig untergetaucht. Luftblätter dunkelgrün, 2–3 cm lang, bis 0,3 cm breit, beide Enden stumpflich zugespitzt. Blütenspatha bis 2,5 cm lang, Spathaspreite 1 cm, etwas gedreht, warzig, dunkelpurpurn, Schlund heller mit dünnem Kragen. Wasserblätter schmallanzettlich, 2–3 cm lang, meist nur bis 0,2 cm breit, Spreite nur unwesentlich breiter als der häufig längere Blattstiel, Basis und Spitze spitz, beide Seiten reingrün. Die rasenbildende Pflanze wird im Aquarium selten höher als 2 cm und bleibt somit wesentlich kleiner als alle ähnlichen Arten der Gattung. Damit ist sie zwar ideal für den Vordergrund, doch ist wegen des hohen Lichtbedarfs eine weite Verbreitung in den Aquarien infrage gestellt. Der Bodengrund besteht am besten aus sauberem Grobsand mit nährstoffhaltiger Unterschicht. Bei der untergetauchten Lebensweise wird man kaum Unterschiede zu *C. willisii* feststellen, die man wegen ihrer Robustheit sicher bevorzugen wird. Für den an Spezialitäten interessierten Pflanzenliebhaber jedoch ein lohnendes Pflegeobjekt. Vermehrung: Ableger an kurzen Ausläufern, bei gut eingewöhnten Mutterpflanzen recht zufriedenstellend.

SG: 3, KH: 2–10, pH: 6,0–7,0, T: 25–28°C, BH: 1–2

Cryptocoryne pontederiifolia SCHOTT, 1863 — Pontederiablättriger Wasserkelch

Fam.: Araceae – Aronstabgewächse — Syn.: *C. sulphurea*

Verbreitung: Sumatra, Borneo

Die Art wurde irrtümlich nochmals beschrieben als *C. sulphurea* DE WIT, 1976. Kräftige Sumpfpflanze, deren Luftblätter nur unwesentlich von der Wasserform abweichen. Zeigt eine leichte Ähnlichkeit mit *C. ciliata* und *C. moehlmannii*. Blütenspatha bis 12 cm lang, Spathaspreite etwa 9 cm, hellgelb, glatt. Schlund etwas heller, ohne Kragen, der schwanzartige Fortsatz bis 5 cm lang. Blätter breit eiförmig, 8–12 cm lang, 3–5 cm breit, Basis herzförmig, Rand glatt und bogenförmig in die lange Spitze auslaufend. Oberseite grün, leicht bullos, Unterseite meist schwach rosa zwischen den Hauptadern. Aus der Basis 7 Längsnerven, davon die beiden inneren dem Mittelnerv 2–3 cm lang angelehnt. Mit den längeren Blattstielen wächst unter schwächerem Licht eine relativ große Pflanze heran, die in den Mittelzonen oder an den Seitenpartien plaziert wird. Bei ausreichend starkem Licht und freiem Stand kompakter im Wuchs. Wie bei allen Wasserkelchen erweist sich wiederholtes Umsetzen als nachteilig, und die mehrmals im Wachstum gestörten Pflanzen neigen zur Ausbildung einer Kümmerform. Die allgemeine Anpassung ist recht gut, und mittlere Bereiche der Wasserhärte werden toleriert. Bei hoher Karbonathärte empfiehlt sich Zusatz von CO_2, auf den die Pflanze ausgezeichnet reagiert. Vermehrung: Ausläuferpflanzen, nach ausreichender Eingewöhnung recht zahlreich.

SG: 2, KH: 2–10, pH: 6,0–7,2, T: 22–26°C, BH: 2–3

Cryptocoryne parva

Cryptocoryne pontederiifolia

Cryptocoryne schulzei DE WIT, 1972 — Schulzes Wasserkelch

Fam.: Araceae – Aronstabgewächse

Verbreitung: Malaysia, Peninsula, Johore

Die Pflanze wurde 1970 von Professor Dr. Schulze entdeckt und nach ihm benannt. Blieb bisher noch ziemlich selten, wird aber wahrscheinlich in manchen Aquarien unerkannt gepflegt. Kleine amphibische Sumpfpflanze nahe von Wasserläufen. Luftblätter länger gestielt, Spreite 8–10 cm lang, 2 cm breit, überwiegend mittelgrün mit dunkelgrüner Querzeichnung. Blütenspatha 7–9 cm lang, Spathaspreite etwa 2,5 cm, gerade, warzig, mit schwanzartigem Fortsatz, innen gelb, Schlund purpurn, Kragen dunkler. Wasserblätter lanzettlich, 5–7 cm lang, 1,5–2,0 cm breit, Basis gerundet, Spitze bogig und kurz-spitz, Rand schwach gewellt. Oberseite bräunlich bis tiefrot mit dunklem Quermuster, Unterseite hellbraun. Unter sehr schwachem Licht tendiert die Färbung zum Grün mit dunklem Mittelnerv und ist kaum gezeichnet. Die Vordergrundpflanze erreicht etwa 10 cm Wuchshöhe, kann aber in der dichten Gruppe höher aufwachsen. Mit den farbigen Blättern bildet die kleine Solitärpflanze einen wirkungsvollen Kontrast zwischen anderen grünen Kleingewächsen. Nach den Erfahrungen sollte das Licht nicht zu stark einstrahlen und Werte um 50 Watt/100 Liter kaum übersteigen, bei Bedarf mit einer dünnen Schwimmpflanzendekke abschattieren. Die übrigen Ansprüche der Art lassen sich gut erfüllen, wobei auch härteres Wasser (bei Zusatz von CO_2) möglich ist. Vermehrung: Ausläuferpflanzen mäßig und nur an länger eingewöhnten Mutterpflanzen.

SG: 2, KH: 2–12, pH: 6,0–7,2, T: 24–28°C, BH: 1–3

Cryptocoryne spiralis (RETZIUS) FISCHER ex WYDLER, 1830 — Spiraliger Wasserkelch

Fam.: Araceae – Aronstabgewächse

Verbreitung: Indien

Bis 40 cm hohe Sumpfpflanze, wächst an den natürlichen Standorten auch längere Zeit im Wasser. Luftblätter linear, bis 25 cm lang und 1,5 cm breit, hellgrün, wenige dunkle Querstreifen, breiter Mittelnerv und schmale Seitennerven. Blütenspatha etwa 15 cm lang, fast ohne Tubus, Spathaspreite bis 13 cm, gedreht, spitz auslaufend, innen mit warzigen Querrillen, purpurfarben, ohne Schlund, ohne Kragen. Wasserblätter fast linear, 10–20 cm lang, 0,5–0,8 cm breit, beide Enden gleichmäßig verschmälert, spitz, Rand schwach gewellt oder glatt. Oberseite braunrot mit dunklen Strichen, gelegentlich auch grün, Unterseite heller mit rötlichen Randzonen. Die ausgewachsene Solitärpflanze erreicht allgemein etwa 20 cm Größe, bleibt aber am freien Standplatz meist flacher im Wuchs. Innerhalb einer Gruppe werden die Pflanzen höher auftreiben. Das kräftige und ausgedehnte Wurzelwerk zeigt an, daß ein nährstoffreicher Bodengrund bevorzugt wird, dieser sollte jedoch locker strukturiert sein und nicht aus groben Kieseln bestehen. Wächst am besten im weichen bis mittelharten Wasser, treibt bei Zusatz von Kohlendioxid auch im sehr harten Wasser zufriedenstellend. Kann gut als Sumpfpflanze kultiviert werden, blüht dann regelmäßig und treibt zahlreiche Ausläuferpflanzen, deren Eingewöhnung im Aquarium problemlos gelingt. Vermehrung: Die Aquarienform treibt nur ausnahmsweise Ablegerpflanzen.

SG: 3, KH: 2–12, pH: 5,8–7,2, T: 24–28°C, BH: 1–3

Cryptocoryne schulzei

Cryptocoryne spiralis

Cryptocoryne tonkinensis GAGNEPAIN, 1941 Tonkin- Wasserkelch
Fam.: Araceae – Aronstabgewächse Syn.: *C. retrospiralis* var. *tonkinensis*
Verbreitung: Vietnam
Auch hier gehen die Auffassungen über die Artzugehörigkeit auseinander. De Wit nennt die Pflanze *C. retrospiralis* var. *tonkinensis,* Jacobsen stellt die Art als Rasse zu *C. crispatula.* Wurde in Tonkin am Fuß des Mont Bavin von Balansa gefunden – im fließenden Wasser des Baatai-Flusses. Die amphibische Wasserpflanze entwickelt bei Trockenstand eine kleine Landform mit festen Luftblättern. Je nach Wasserstand wird die Blütenspatha 10–25 cm lang, Spathaspreite 5 cm, vorne korkenzieherartig gedreht, innen hell-olivgrün bis zart rosa, dunkel gepunktet, Schlund gleichfarben, ohne Kragen. Wasserblätter linear, 15–20 (40) cm lang, 0,3–0,6 (1,0) cm breit. Abgebildet ist eine extrem schmalblättrige Variante mit grasartigen Spreiten, dunkelgrün bis rötlichbraun gefleckt. Im Angebot des Fachhandels ist die Art nur selten zu finden und gehört zu den besonderen Raritäten der Aquarienflora. Mit den sehr schmalen, unscheinbaren Blättern ist dieser Wasserkelch nicht sonderlich auffällig und wird daher lediglich das Interesse von Spezialisten der Pflanzenzucht erwecken. Nach den Erfahrungen empfiehlt sich die Art für das weiche Wasser, die Beleuchtung kann in den Bereichen um 50–70 Watt/100 Liter Beckenvolumen gewählt werden. Dekorativ wirkt eine lockere Gruppe in den mittleren Bereichen der Beckentiefe. Durch Kontrastpflanzen kann die Wirkung optisch gesteigert werden. Nicht unnötig umsetzen. Vermehrung: Ausläuferpflanzen werden mäßig gebildet.
SG: 3, KH: 2–8, pH: 5,5–6,8, T: 24–28°C, BH: 1–3

Cryptocoryne undulata WENDT, 1955 Gewelltblättriger Wasserkelch
Fam.: Araceae – Aronstabgewächse Syn.: *C. willisii, C. axelrodii*
Verbreitung: Sri Lanka
Die Erstbeschreibung mit *C. willisii* ENGLER ex BAUM, 1909, ist ein späteres Homonym, das schon 1908 für die frühere *C. nevillii* veröffentlicht wurde. Obwohl Albert Wendt die Farbe der Spathaspreite unkorrekt angibt, bleibt die Bezeichnung gültig, da nach Jacobsen eindeutig eine bestimmte Art gemeint ist. Die Beschreibung durch Rataj mit *C. axelrodii* (1975) ist daher ungültig. Kleine amphibische Sumpfpflanze, Luftblätter mittelgrün, lanzettlich, 8–12 cm lang, 1–2 cm breit, Basis meist gerundet, vorne spitz. Blütenspatha 8–12 cm lang, Spathaspreite 3 cm, gedreht, blaßbraun, Schlund weißlich, Kragen dunkler mit hellem oberen Abschluß. Wasserblätter schmallanzettlich, 8–12 cm lang, 0,5–0,8 cm breit, beide Enden verschmälert, spitz. Rand gewellt bis kraus, beide Seiten tiefrot, Oberseite mit dunkler schräger Winkelzeichnung. Unter schwachem Licht vergrünen die Blätter, und das Rhizom treibt häufig senkrecht, stelzenförmig im freien Wasser. Gruppenpflanze mit 10–20 cm Wuchshöhe je nach Standdichte. Allgemein mit guter Anpassung, bildet unter starkem Licht tiefrote Pflanzen mit ausgezeichneter Kontrastwirkung. Durch intensive Vermehrung entsteht ein ausgedehnter Bestand, den man gelegentlich ausdünnt. Auf kurzfristige stärkere Veränderungen von Wasser, Licht und Wärme reagiert die Art leicht mit Blattfäule. Bleiben die gesunden Rhizome ungestört im Bodengrund, treiben sie jedoch bald neue Blätter. Vermehrung: Ausläuferpflanzen, zahlreich und raschwüchsig.
SG: 1, KH: 2–15, pH: 5,5–7,5, T: 22–28°C, BH: 1–3

Cryptocoryne tonkinensis

Cryptocoryne undulata

Cryptocoryne wendtii DE WIT var. *jahnelii* RATAJ, 1975 Jahnels Wasserkelch

Fam.: Araceae – Aronstabgewächse

Verbreitung: Sri Lanka

Wurde etwa 1970 bei uns erstmals importiert. Kleine amphibische Sumpfpflanze, Luftblätter 6–8 cm lang, 1–2 cm breit, Basis gerundet, vorne spitz, olivgrün bis rotbraun, feine rötliche Nerven. Blattextur gelegentlich etwas bullos. Blütenspatha 5–7 cm lang, Spathaspreite 2–3 cm, aufrecht, etwas verdreht, purpurn, Schlund dunkelviolett, Kragen dunkler. Wasserblätter 8–12 cm lang, 0,8–1,2 cm breit, Basis gerundet, nach oben gleichmäßig verschmälert, vorne lang-spitz. Die breiteste Stelle liegt deutlich nahe der Basis. Rand fein und eng gewellt, unter schwachem Licht fast glatt. Färbung oberseits tiefrot bis braunrot mit dunklem, schwarzgrünem Quermuster, unterseits rot bis braun. Unter schwächerem Licht sind die Blätter zwar weniger durchgefärbt, ergrünen aber nicht vollständig. Je nach Standdichte und Lichteinfall beträgt die Wuchshöhe 10–20 cm. Dadurch läßt sich die Gruppe im Vordergrund oder in den mittleren Bereichen der Beckentiefe ansiedeln. Die Pflanzen sind im Umsetzen wenig heikel, wachsen meist zügig weiter und passen sich unterschiedlichen Bedingungen gut an. Der günstigste Lichtwert liegt bei etwa 50 Watt/ 100 Liter Beckenvolumen. Durch zahlreiche Ausläuferpflanzen wächst bald ein ausgedehnter dichter Bestand heran, den man gelegentlich ausdünnt. Ein schöner Kontrast zwischen anderen hellgrünen Gewächsen. Um diese Varietät von der nachfolgenden trennen zu können, achte man auf die breiteste Stelle im Blatt und auf das andere Verhältnis von Länge zu Breite der Spreite. Vermehrung: Ausläuferpflanzen ziemlich wüchsig.

SG: 1, KH: 2–15, pH: 6,0–7,2, T: 25–28°C, BH: 1–3

Cryptocoryne wendtii DE WIT, var. *krauteri* RATAJ, 1975 Krauters Wasserkelch

Fam.: Araceae – Aronstabgewächse

Verbreitung: Sri Lanka

Diese Varietät ist 1955 gleichzeitig mit der Stammform importiert worden. (*C.w.* var. *wendtii*, siehe Aquarienaltas Band I, Seite 136/137). Niedrige amphibische Sumpfpflanze, Luftblätter länglich, 10–12 cm lang, 2,0–3,5 cm breit, kurze spitze Basis, Rand gewellt, Blattextur leicht bullos. Oberseite olivgrün, rotbraun oder rosafarben. Blütenspatha 7–9 cm lang, Spathaspreite 2–3 cm, aufrecht, etwas verdreht, purpurn, Schlund dunkelviolett, Kragen dunkler. Wasserblätter 10–15 cm lang, 2–3 cm breit, Basis gerundet, Spitze kurz-spitz, Rand fein gewellt bis kraus. Die breiteste Stelle liegt im Bereich der Blattmitte. Färbung oberseits olivgrün bis tiefrot, mit deutlicher dunkler Querzeichnung, unterseits braun. Auf die Ähnlichkeit mit var. *jahnelii* wird hingewiesen. Die submerse Blattform zeigt nur geringe Differenzen zum Grundtyp. Sie unterscheidet sich überwiegend durch die dunkle Färbung, die auch bei mäßigem Licht erhalten bleibt. Die Anpassung an verschiedene Wasserwerte ist gut, das Bilden von Ausläuferpflanzen erfolgt zügig und zahlreich. Bei lockerem Stand wachsen die Pflanzen etwa 15 cm hoch auf. Dichter verwuchert, werden sie langstieliger und erreichen bis zu 30 cm Wuchshöhe. Wegen der leichten Blattfäule sollten kurzfristige starke Veränderungen von Lichtstärke und Wasserwerten vermieden werden. Im Umsetzen nicht sonderlich heikel, wächst bald zügig weiter. Vermehrung: Ausläuferpflanzen, zahlreich und wüchsig.

SG: 2, KH: 2–15, pH: 6,0–7,5, T: 22–30°C, BH: 1–3

Cryptocoryne wendtii var. jahnelii

Cryptocoryne wendtii var. krauteri

Cryptocoryne wendtii DE WIT, var. *nana* RATAJ, 1975

Kleiner Wendt'scher Wasserkelch

Fam.: Araceae – Aronstabgewächse Syn.: *C. wendtii* var. *minima*

Verbreitung: Sri Lanka

Wurde um 1963 erstmals bei uns eingeführt unter dem oben genannten Synonym. Kleine Sumpfpflanze, Luftblätter 3–5 cm lang, 1,0–1,5 cm breit, mit stumpfer bis schwach gerundeter Basis, die Oberseite ist grün und schwach gezeichnet, Unterseite olivgrün. Blütenspatha 4–5 cm lang, Spathaspreite 1,5 cm aufrecht, etwas verdreht, purpurn, Schlund dunkelviolett, Kragen dunkler. Wasserblätter lanzettlich, 4–6 cm lang, 0,8–1,2 cm breit, Basis gerundet oder schwach herzförmig, vorne lang-spitz, Rand gewellt. Färbung der Oberseite dunkelgrün bis braunrot, je nach Lichtintensität, das Quermuster ist schwach oder nicht vorhanden, die Blattnerven sind meist rötlich oder rosa, der Blattstiel ist gleichlang oder kürzer als die Spreite. Mit einer Wuchshöhe von 6–10 cm läßt sich die Varietät ausgezeichnet im Vordergrund verwenden. Im Umsetzen sind die Pflanzen nicht sonderlich heikel und gewöhnen sich gut ein. Durch zahlreiche kurze Ausläufer wächst mit der Zeit ein dicht verwucherter Bestand heran. Diesen kann man durch Entnahme von Pflanzen locker halten, wobei sich mit den so gewonnenen Pflanzen die Gruppe erweitern läßt. Die Pflege erfolgt am besten unter mittelstarkem Licht von 50 Watt/100 Liter. Unter schwachem Licht bleiben die Pflanzen lockerwüchsig, werden langstieliger, sind häufig reingrün und dann nicht mehr arttypisch. Läßt sich von der nachfolgenden var. *rubella* nicht immer klar trennen. Man achte hier vor allem auf das bei der Varietät *nana* meist fehlende oder nur sehr undeutliche Quermuster im Blatt. Vermehrung: Ausläuferpflanzen, zahlreich und raschwüchsig.

SG: 2, KH: 2–12, pH: 6,0–7,2, T: 22–28°C, BH: 1–3

Cryptocoryne wendtii DE WIT, var. *rubella* RATAJ, 1975 Schöner Wasserkelch

Fam.: Araceae – Aronstabgewächse Syn.: *C. rubella*

Verbreitung: Sri Lanka

Ebenfalls um 1963 bei uns bekannt gewordene Varietät, die als *C. rubella* eingeführt wurde. Kleine Sumpfpflanze, Luftblätter 5–7 cm lang, 1,5–2,0 cm breit, Oberseite braungrün bis rotbraun und dunkel gemustert. Blütenspatha bis 5 cm lang, Spathaspreite bis 1,8 cm, aufrecht, etwas verdreht, purpurn, Schlund dunkelviolett, Kragen dunkler. Wasserblätter lanzettlich 4–6 cm lang, 0,8–1,0 cm breit, Basis und Spitze kurz-spitz, Rand gewellt. Auf der olivgrünen bis schwach rötlichbraunen Oberseite liegt eine deutlich dunklere Querzeichnung, unterseits ist das Blatt hellbraun. Alle Hauptnerven sind grün, seltener schwach rosa. Diese Varietät eignet sich ausgezeichnet als Vordergrundpflanze, besonders auch für flach gebaute Aquarien. Mit den zahlreichen Ablegern an kurzen Ausläufern wächst ein kompakter Pflanzenbusch heran, den man möglichst separat hält und frei herausstellt. Dadurch entsteht zwischen anderen hellgrünen Vordergrundpflanzen ein ausgezeichneter Kontrast. Um die typische „*rubella*"-Zeichnung zu erhalten, sollte ausreichend starkes Licht vorliegen. Ist es zu schwach, sind die Blätter weniger intensiv durchgefärbt und zeigen ein schmutziges Grünbraun. Die Anpassung an hartes Wasser ist gut, allerdings werden mittlere Werte der Karbonathärte bevorzugt. Auch hier der Hinweis auf die ähnliche Varietät *nana*, beide Formen lassen sich nicht immer gut unterscheiden. Vermehrung: Zahlreiche Ausläuferpflanzen.

SG: 2, KH: 2–15, pH: 6,0–7,2, T: 22–28°C, BH: 1–3

Cryptocoryne wendtii var. *nana*

Cryptocoryne wendtii var. *rubella*

Bolbitis heteroclita (PRESL) CHING, 1934 **Geschwänzter Wasserfarn**

Fam.: Lomariopsidaceae

Verbreitung: Nordost-Himalaya bis Südchina, Malaysia bis Neuguinea

Die Eignung dieses Farnes zum submersen Leben wurde 1975 erstmals bekannt. Brauchbarer Sumpffarn für das größere Paludarium, kann mit der Sproßachse im Wasser treiben und seine Blätter in der freien Luft entwickeln. Kriechendes Rhizom, grünlichbraun, bis 1 cm dick, mit schwarzbraunen Wurzeln. Blätter wechselständig, gestielt, 20–80 cm lang mit 1–4 Paar seitlichen Fiedern. Die Endfieder bis 20 cm lang und 7 cm breit, an der Landpflanze häufig mit einem über 20 cm langen, schmalen schwanzartigen Fortsatz. Seitenfiedern kürzer und schmaler, 10–17 cm lang, 2–4 cm breit. Der Rand ist gewellt und an der Spitze mitunter kurz gezähnt. Vom Mittelnerv zweigen 16–18 Paar Seitennerven fast waagerecht ab, dazwischen ist das Blatt etwas beulig aufgetrieben. Die Wasserform bleibt kleiner und entwickelt lediglich ein Paar seitliche Fiedern. Das Rhizom wird auf Stein oder Holz befestigt und haftet später mit seinen neuen Wurzeln von alleine fest. Insgesamt ist das Wachstum mäßig, und die neuen Blätter entwickeln sich mit relativ weiten Zeitabständen. Die Pflege erfolgt im geräumigen Becken mit nicht zu hartem Wasser. Jungsprosse lassen sich eine Zeitlang im kleineren Behälter kultivieren. Nicht unbedingt eine ideale Aquarienpflanze. Vermehrung: Teilen der Sproßachse, Seitentriebe, Adventivpflanzen auf den Blättern.

SG: 3, KH: 2–10, pH: 5,5–6,8, T: 22–26°C, BH: 2–3

Glossostigma elatinoides WIGTH et ARNESS, 1836 **Australisches Zungenblatt**

Fam.: Scrophulariaceae – Rachenblütengewächse

Verbreitung: Südost-Australien, Neuseeland, Tasmanien

Eine außergewöhnlich flachwüchsige Dekoration für den Vordergrund, wird in der Regel kaum 1 cm hoch und kann sehr dicht verwuchern. Der dünne Kriechsproß hat kurze Wurzeln und treibt gegenständige, spatelförmige, bis 0,8 cm lange und 0,3 cm breite Blätter. Ihre Basis ist in den etwa gleichlangen Stiel verschmälert, die Spitze stumpflich-abgerundet und sehr schwach eingekerbt. Ein dünner Mittelnerv ist vorhanden, Seitennerven fehlen. In den Achseln der Luftblätter kurzgestielte Einzelblüten, Krone 0,3 cm Durchmesser, weiß, fünflappig, 4 Staubblätter. Die Art wird gerne mit *Elatine macropoda* verwechselt. Exakte Trennung nur mit Hilfe der grünlichen Blüten. Das gilt auch für *G. diandra* mit jeweils 2 Staubblättern in der Blüte. Im Wasser wahrscheinlich nicht kriechend, sondern aufrecht. Beim Australischen Zungenblatt genügen für den Anfang wenige Triebe, die man auf der für das Polster vorgesehenen Stelle gleichmäßig verteilt. Dabei die Pflänzchen nicht senkrecht (wie andere Stengelpflanzen), sondern flach waagerecht in der oberen Bodenschicht einsetzen. Grobkörniger Sand ist als Bodenmaterial zu bevorzugen; in größeren Kieselsteinen finden die zarten Wurzeln kaum genügend Halt, und die Pflanzen kümmern. Die Sprosse wachsen an ihrer Spitze flach über dem Boden weiter und bilden dabei ständig neue Seitentriebe. Ausreichend Licht geben (60–70 Watt/100 Liter) und den Standplatz nicht beschatten. Bei Zusatz von CO_2 auch im harten Wasser. Vermehrung: Abnahme von Seitentrieben.

SG: 2, KH: 2–12, pH: 6,0–7,2, T: 22–28°C, BH: 1–2

Bolbitis heteroclita

Glossostigma elatinoides

Hydrocotyle verticillata THUNBERG, 1798 Quirliger Wassernabel

Fam.: Apiaceae – Doldenblütler

Verbreitung: Südöstl. Nordamerika, Mittelamerika

Am Boden kriechende dünne Sproßachse, Blätter wechselständig, Stiel bis 15 cm lang und unterseits in der Blattmitte angesetzt. Spreite schildförmig, kreisrund, bis 3 cm Durchmesser, häufig mit weißlichem Punkt in der Mitte, von dort verteilen sich die Nerven netzartig nach außen in den gebuchteten Rand. Aus den Achseln der Blattstiele mehrere Blütenstände mit kleinen weißen Blüten in dreizähligen Quirlen, 5–7 Quirle übereinander. Im Vergleich hierzu hat der ähnliche *H. vulgaris* (Gewöhnlicher Wassernabel) nur jeweils einen Quirl am Blütenstengel. Mit seiner abweichenden Blattform gehört der Wassernabel zu den beliebten Gewächsen für das Aquarium und wird im Vordergrund oder bis in die mittleren Bereiche angesiedelt. Die allgemeinen Anforderungen an die Wasserwerte sind nicht sonderlich hoch. Ausschlaggebend für das gute submerse Wachstum ist die intensive Beleuchtung von etwa 70 Watt je 100 Liter Beckenvolumen. Daher nach Möglichkeit keine Schwimmpflanzen verwenden, die das Licht zurückhalten. Dies führt zu langstieligen und wenig dekorativen Exemplaren. Obwohl die Art das warme Wasser besser verträgt als der heimische *H. vulgaris,* sollten zu hohe Temperaturen vermieden werden. Bei ungestörter Entwicklung wachsen mit der Zeit dichte Blattgruppen heran, welche später etagenartig übereinander stehen. Geeignet für das Paludarium und im Sommer am Rand des Gartenteiches im Freien. Vermehrung: Abnahme von Seitentrieben.

SG: 2, KH: 5–12, pH: 6,0–7,5, T: 20–25°C, BH: 1–2

Lilaeopsis novea – zelandiae (GANDOVER) A.W. HILL, 1927

Neuseeländische Graspflanze

Fam.: Apiaceae – Doldenblütler

Verbreitung: Australien, Neuseeland

Dekorative flachwüchsige Pflanze für den Vordergrund mit guter Anpassung an Wasserwerte, Temperatur und Bodengrund. Der dünne Kriechsproß treibt wechselständige gestielte Blätter. Die lanzettliche Blattspreite wird 3–10 cm lang und 0,3–0,5 cm breit, die Spitze ist stumpf und die Basis geht allmählich in den Stiel über. Neben dem Mittelnerv liegen mehrere feine Quernerven, einige waagerechte Queradern verlaufen vom Hauptnerv in den schwach gekerbten Rand. In den Achseln kleine Blütendolden mit meist 3 rosa Blüten. Die wesentlich schlankeren Wasserblätter werden bis 0,3 cm breit, sind vorne spitz und bilden nur den Mittelnerv deutlich aus. *Lilaeopsis* wird häufig mit *Echinodorus tenellus* verwechselt und wurde zeitweise mit dem Namen „Falsche Tenellus" verbreitet. Die grasartige Zwergamazonas treibt jedoch eine grundständige Blattrosette und Ausläufer mit Ablegern. Die Graspflanze wird in der Landform herangezogen und in kleinen Töpfen oder Schälchen verkauft. Dem Wasserleben paßt sich die kleine Sumpfpflanze gut an, wenn man die Büschel flach einsetzt. Die neuen Triebe verzweigen sich reichlich und bilden bald einen ausgedehnten rasenartigen Bestand. Der höhere Lichtbedarf wird beachtet (etwa 70 Watt/100 Liter), denn im Schatten werden die Pflanzen degeneriert. Lichthemmende Vegetation an der Oberfläche vermeiden. Vermehrung: Abnahme von Seitentrieben.

SG: 2, KH: 2–15, pH: 6,0–7,2, T: 20–28°C, BH: 1–3

Hydrocotyle verticillata

Lilaeopsis novae-zelandiae

Marsilea exarata A. BRAUN, 1870 Winziger Kleefarn

Fam.: Marsileaceae – Kleefarngewächse

Verbreitung: Australien

Niedrige Pflanze für den Vordergrund des flach gebauten Aquariums mit intensiver Beleuchtung. Die Art wird seit 1977 gehandelt und meist als *M. crenata* angeboten. An den fruchtenden Landpflanzen konnte der Kleinfarn jedoch eindeutig als andere Art erkannt werden. Die Sporenbehälter in den Achseln der Blattstiele werden 0,3 cm groß, vorne spitzig, seitlich abgeflacht und stark behaart. Auf beiden Seiten liegen 8 flache Rippen, an der Oberkante sitzen 2 kurze Zähnchen, der obere Zahn ist spitz, der untere zurückgebogen. Die schwachbehaarten viellappigen Luftblätter werden bis 1,2 cm groß, sind im Zentrum etwas heller grün und stehen auf 5–10 cm langen Stielen. Wird als Sumpfpflanze in kleinen Töpfen angeboten. Die Büschel flach einsetzen, aus den Spitzen treiben sofort kurzgestielte Blätter. In der Übergangsphase sind diese noch schwach vierteilig. Das endgültige Wasserblatt ist einlappig, oval-eirund, bis 0,5 cm groß und 2 cm lang gestielt. Unter geeigneten Bedingungen eine gute Aquarienpflanze mit etwas höheren Ansprüchen. In hoher Karbonathärte bleiben die Blättchen sehr klein, und bei nicht ausreichendem Lichtwert wird das Wachstum nach einiger Zeit eingestellt. Neigt an den älteren Sproßteilen zum Vergilben der Blätter, wobei dies im weichen Wasser und bei niederem pH-Wert verzögerter auftritt. Die Wasserform ist etwas heikel im Umsetzen und überwindet den Umpflanzschock nur zögernd. Vermehrung: Abnahme von Seitentrieben mit mehreren Blättern.

SG: 3, KH: 2–10, pH: 6,0–7,0, T: 22–26°C, BH: 1–2

Pilularia americana A. BRAUN, 1863 Amerikanischer Pillenfarn

Fam.: Pilulariaceae – Pillenfruchtfarne

Verbreitung: Amerika, von Arkansas bis Chile

In den Tropen, Subtropen und gemäßigten Zonen sind 6 Arten als amphibische Kleinfarne an nassen oder feuchten Stellen verbreitet, die zeitweise austrocknen. Werden in der freien Natur nur selten angetroffen, wachsen häufig lokal und fehlen in größeren Teilen des Landes, in dem sie vorkommen. Der dünne Kriechsproß treibt wechselständig pfriemliche Blätter – an der Landform 4–8 cm lang und bis 0,1 cm dick. Der Amerikanische Pillenfarn paßt sich dem Wasserleben besser an als andere Spezies und verträgt auch höhere Wärme, wird aber bei überhöhter Temperatur leicht spillerig. Wurde bei uns erstmals um 1920 für Aquarien bekannt, war aber bald wieder aus den Kulturen verschwunden und wird heute nur noch als Rarität gepflegt. Die Gründe dafür sind wohl in den hohen Ansprüchen und der unscheinbaren grasartigen Gestalt der Pflanze zu sehen. Die Landform paßt sich dem Wasserleben sofort an, die submersen Blätter werden fadendünn und je nach Temperatur und Lichtstärke 12–25 cm lang. Der kriechende Sproß wächst über dem Boden weiter, treibt ständig neue Blätter und Seitentriebe und bildet so ein lockeres Polster. Die Kultur erfolgt am besten im Bereich des hellen Vordergrundes bei Lichtwerten um 75 Watt/100 Liter. Im härteren Wasser begünstigt Zusatz von CO^2 das Wachstum erheblich. Für den Bodengrund empfiehlt sich lockerer Grobsand.

SG: 3, KH: 2–8, pH: 5,5–6,8, T: 22–25°C, BH: 1–2

Marsilea exarata

Pilularia americana

Die 30 Arten aus 15 Gattungen bilden recht unterschiedliche Typen von Pflanzen. So treiben die völlig untergetaucht lebenden Wasserschläuche einen gestreckten Sproß mit zierlich aufgeteilten Blättern. *Utricularia aurea* bringt wie die übrigen Arten seinen Blütenstand aus dem Wassersproß in die freie Luft. Dichte Polster von *Utricularia gibba* treiben so im Aquarium als schwimmende und blühende Inseln. Allerdings ist hier lediglich die langblättrige tropische Variante blühfähig. Die Muschelblume, *Pistia stratiotes*, gehört zu den frei auf dem Wasser treibenden Pflanzen; um die kleinen Aronblüten in den Blattachseln zu entwickeln, ist eine ziemlich intensive Beleuchtung notwendig. Das gilt auch für die Wasserhyazinthe, *Eichhornia crassipes*, welche nur im offenstehenden Becken ihre hochragenden Blütenähren entfalten kann. Im Bodengrund verwurzelte Pflanzen mit lang gestielten Schwimmblättern benötigen starkes Licht, zeigen aber Blattschäden, wenn der flache Luftraum unter der Deckscheibe im Aquarium zu sehr erhitzt wird. Auch die Entfaltung der Blüten kann dadurch beeinträchtigt werden. Ein ziemlich sicherer Blüher ist die lebendgebärende Wasserrose *Nymphaea x daubenyana* mit großen, weißen, im Zentrum gelben Blüten. Regelmäßig entwickeln die Seekannen *(Nymphoides)* aus den Blattstielen ihre gefransten Blüten, wobei die orangefarbene *Nymphoides kirkii* sehr selten vorkommt.

Pistia stratiotes

Nymphoides kirkii

Utricularia gibba

Utricularia aurea

Nymphaea x daubenyana

Azolla caroliniana WILLDENOW, 1810 — Karolina-Algenfarn

Fam.: Azollaceae – Moosfarngewächse

Verbreitung: Gemäßigtes Nordamerika bis nördl. Südamerika
Bekannteste Art der Gattung für Aquarien. Pflanze bis 2 cm lang und breit mit 3–5 dicht gestellten Seitenästen, die nicht alle eine Wurzel tragen. Oberer Blattlappen länglich-rautenförmig oder rundlich, bis 1 mm groß mit durchsichtigem Rand. Farbe mittelgrün, unter starkem Licht etwas rötlich überlaufen. Der kleine Schwimmfarn ist empfindlich gegen hohe Wärme und Kondenswasser auf den Blättern. Bei geeigneten Bedingungen unter intensivem Licht ist die Vermehrung ziemlich intensiv, und dicht verwucherte Bestände behindern den Lichteinfall für die Bodenpflanzen, daher regelmäßig auslichten. Zum Abschatten von kleinen Zuchtbecken ohne Abdeckung. In Südeuropa und Asien stellenweise eingebürgert. Wächst gut im Freilandteich, hält dort länger aus und überdauert gelegentlich milde Winter. Vermehrung: Isolierung der Seitenäste.

SG: 2, KH: 2–12, pH: 6,0–7,2, T: 18–24°C, BH: 1–3

Azolla pinnata R. BROWN, 1810 — Gefiederter Algenfarn

Fam.: Azollaceae – Moosfarngewächse

Verbreitung: Australien, Java, Afrika
Freitreibender kleiner Schwimmfarn mit mäßiger Anpassung. Pflanze bis 3 cm lang, meist dreieckig geformt, rispenartig verzweigt, untere Seitenäste locker mit Nebentrieben, vordere Zweige dichter und unverzweigt. Obere Blattlappen schuppenförmig bis 1 mm Durchmesser, liegen mitunter wie Dachziegel übereinander. Im tropischen Afrika wächst *A. pinnata* var. *africana* DESVAUX, Pflanze kleiner bis 1,5 cm lang mit weniger Seitenästen. Hartes Wasser ist ungeeignet, auch sollte der Luftraum über dem Wasser durch das starke Licht nicht zu sehr erhitzt sein. Tropfenfall und Kondenswasser sind nachteilig, daher Abdeckscheibe etwas schräg auflegen und so für leicht bewegte und weniger hohe Luftfeuchte sorgen. Besser im nicht abgedeckten Becken mit frei darüber hängender Beleuchtung. In sonniger Lage auch Freilandkultur möglich. Vermehrung: Isolierung der Seitenäste.

SG: 3, KH: 2–10, pH: 6,0–7,0, T: 20–24°C, BH: 1–3

Heteranthera reniformis RUIZ et PAVON, 1789 — Nierenförmiges Trugkölbchen

Fam.: Pontederiaceae – Pontederiengewächse

Verbreitung: Tropisches Amerika, Subtropen
Allgemein selten kultivierte Aquarienpflanze. Sproßachse im Sumpf horizontal wachsend oder an der Wasseroberfläche flutend. Blätter wechselständig mit dicklichen Stielen, im Sumpf aufrecht, im Wasser als Schwimmblätter ausgebildet. Spreite nierenförmig-herzförmig, 5–10 cm breit, 3–5 cm lang, bogennervig, mittelgrün. Blütenähre in den Achseln, 4–8 kleine hellblaue Blüten mit 6 schmalen spitzen Zipfeln. Wird im Aquarium als treibende Schwimmpflanze verwendet. Ohne besondere Ansprüche an Wasserwerte und Temperatur, jedoch recht hoher Lichtbedarf. Im Paludarium eine schöne und anspruchslose Sumpfpflanze, die sich intensiv verzweigt; in der wärmeren Jahreszeit auch am flachen Ufer des Wassergartens im Freiland. Vermehrung: Seitentriebe abnehmen.

SG: 3, KH: 2–15, pH: 6,0–7,5, T: 18–28°C, BH: 1–3

Azolla caroliniana

Azolla pinnata

Heteranthera reniformis

Hydrocleys nymphoides (WILLDENOW) BUCHENAU, 1868

Nymphenähnlicher Wasserschlüssel

Fam.: Limnocharitaceae – Sumpfliebgewächse

Verbreitung: Trop. Südamerika

Im Boden verwurzelte Rhizompflanze mit gestielten Schwimmblättern. Spreite rundlich bis 10 cm groß, glatt, glänzend, etwas dicklich, 7 Längsnerven und haarfeine Quernerven. Unterseite im Bereich der Mittelrippe schwammig verdickt. Bis 6 cm große Blüten über dem Wasser, 3 rundliche, gelbe und sehr hinfällige Kronblätter. Der Wasserschlüssel war früher häufiger in den Aquarien zu finden, wird mittlerweile sehr selten kultiviert und ist eine echte Rarität. Ein Grund dafür sind sicher die modernen Schrankaquarien, bei denen der Einblick zur Wasseroberfläche fehlt. Für flache Becken bei 30 cm Wasserhöhe unter intensivem Licht. Im tieferen Wasser nur mit Schwimmblättern und ohne Blüten. Besser im freistehenden, nicht abgedeckten Aquarium. Im Paludarium verwurzelt der Sproß im flachen Uferteil und wächst mit den gestielten Blättern in den Wasserteil hinein. Vermehrung: Ausläuferartige Seitensprosse mit Ablegerpflanzen.

SG: 3, KH: 2–12, pH: 5,5–7,2, T: 22–28°C, BH: 1–2

Lemna gibba LINNAEUS, 1753 — Bucklige Wasserlinse

Fam.: Lemnaceae – Wasserlinsengewächse

Verbreitung: Europa, Nordamerika, Afrika, Australien

Blättchen eirund, symmetrisch, 0,2–0,5 cm lang, Oberseite glänzend grün, etwas grob strukturiert, ohne deutlichen Mittelkiel, Unterseite bauchig verdickt, schwammig, farblos. Die seltene Art wird auch in der freien Natur nur vereinzelt gefunden. Kommt in der Regel mit *L. minor* zusammen vor und treibt meist zwischen deren größeren Beständen als kleinere Gruppen. Typische Pflanzen entstehen nur bei Bodenkontakt und im nährstoffreichen Bodensubstrat. Im Aquarium freitreibende Pflanzen werden kaum noch typische Artmerkmale aufweisen, und die bucklige Unterseite wird ganz abflachen. Die anspruchslose Schwimmpflanze bildet bald einen dichten Bestand, den man wegen der lichthemmenden Wirkung regelmäßig ausdünnt. Vermehrung: In den beiden seitlich gerichteten Spalten treiben Tochterpflanzen, die noch eine Zeitlang verbunden bleiben und sich später ablösen.

SG: 1, KH: 2–15, pH: 5,5–7,5, T: 10–30°C, BH: 1–3

Lemna trisulca LINNAEUS, 1753 — Dreifurchige Wasserlinse

Fam.: Lemnaceae – Wasserlinsengewächse

Verbreitung: Europa, Asien, Nordamerika, Australien

Dicht unter dem Wasserspiegel treiben lockere Polster aus zusammenhängenden Pflanzenkörpern. Blättchen hellgrün, länglich, spitz, bis 1 cm lang und 0,5 cm breit, mit 3 Nerven und Furchen. Die kreuzweise stehenden Blattkörper sind durch kurze Stielchen miteinander verbunden und bilden gabelig verzweigte; größere Kolonien. Bildet in der freien Natur mitunter auch Polster am Boden. Kann gut im Freilandteich wachsen. Wird als Aquarienpflanze wenig verwendet. Ist aber durchaus brauchbar und hat eine ähnlich gute Anpassung wie die übrigen Arten. Verträgt unter starkem Licht auch höhere Temperaturen über längere Zeit. Allgemein jedoch für Kaltwasser. Die flach flutenden Polster bilden eine dekorative und lockere Begrünung der oberen Beckenzonen. Weniger lästig und problemlos zu reduzieren. Vermehrung: Sproßverzweigungen, Teilen der Polster.

SG: 2, KH: 5–15, pH: 5,5–7,5, T: 10–25°C, BH: 1–3

Hydrocleys nymphoides

Lemna gibba

Lemna trisulca

Nymphoides humboldtiana (KUNTH) O. KUNTZE, 1891 — Amerikanische Seekanne

Fam.: Menyanthaceae – Fieberkleegewächse

Verbreitung: Trop. Amerika

Im Handel sind meist abgetrennte einzelne Blätter, die man auf das Wasser legt und zur Blüte bringt. Blattspreite rundlich-herzförmig, 10–20 cm groß, häufig etwas breiter als lang. Oberseite glänzend dunkelgrün, Unterseite etwas drüsig uneben, mitunter rötlich. Unterhalb der Ansatzstelle der Spreite treiben aus dem Stiel eine Anzahl von bis 2 cm großen gestielten Blüten. Ihre 5 schmalen, dicht gefransten, weißen Kronblätter an der Basis mit gelbem Fleck. In der Regel muß man aus dem Blatt eine Jungpflanze heranziehen, die nach den Blüten treibt. Diese wird langsam an höheren Wasserstand gewöhnt und im nährstoffreichen Bodengrund eingesetzt. Dann ziemlich raschwüchsig und bildet ein umfangreiches Blätterdach, das ständig neue Blüten treibt. Damit die Bodenpflanzen ausreichend Licht erhalten, regelmäßig einen Teil der älteren Blätter und Jungsprosse entfernen. Vermehrung: Nach den Blüten treiben an dieser Stelle aus dem Blattstiel mehrere Blätter. Diese bilden als Seitentrieb eine neue Pflanze.

SG: 2, KH: 1–15, pH: 5,5–7,2, T: 22–30°C, BH: 2

Salvinia cucculata ROXBURGH ex BORY, 1828/33 — Kaputzenartiger Büschelfarn

Fam.: Salviniaceae – Büschelfarngewächse

Verbreitung: Tropisches Südostasien

Freitreibende Schwimmpflanze mit hohem Lichtbedarf. Horizontale Sproßachse, Schwimmblätter kurz gestielt, fast sitzend mit stark aufgebogenen Rändern, rundlich-herzförmig, bis 1,1 cm lang und 1,3 cm breit, vorne abgerundet, nicht eingekerbt. Oberseite warzig, sehr dicht filzig behaart, Borsten einzeln, nach vorne gerichtet in gleichmäßigen Reihen. Auch bei hellem Tageslicht bleibt die typisch aufgebogene Blattform nicht erhalten. Neue Blätter wachsen flacher ausgebreitet und haben lediglich ihre Basis etwas hochgestülpt. Die Aquarienform bildet meist wesentlich kleinere Blätter, erfordert starkes Licht, reagiert empfindlich auf zu hohe Luftfeuchte und hohe Luftwärme. Seit 1979 für Aquarien bekannt, wenig importiert und selten in Kultur. Sehr ähnlich ist *S. sprucei* . Vermehrung: Isolierung von Seitensprossen.

SG: 4, KH: 2–10, pH: 6,0–7,0, T: 18–24°C, BH: 1–3

Salvinia minima BAKER, 1886 — Kleiner Büschelfarn

Fam.: Salviniaceae – Büschelfarngewächse

Verbreitung: Südliches Brasilien

Die relativ neue Art wurde bei uns 1979 erstmals eingeführt, meist aber übersehen oder verwechselt. Dünne flutende Sproßachse mit gegenständigen Schwimmblättern. Spreite rundlich, hellgrün, kurz gestielt, 5–9 mm lang und 4–7 mm breit, Basis schwach herzförmig. Oberseite nicht warzig, locker behaart, Borsten zu zweit in gleichmäßigen Reihen. Kultur im Aquarium nicht ohne Probleme; benötigt weiches Wasser, verträgt keine allzu starke Erhitzung des Luftraumes und reagiert empfindlich auf Kondenswasser. Besser im freistehenden offenen Becken mit etwas höher gehaltenen Beleuchtungskörpern. Bildet in der freien Natur bei Niedrigwasser eine Sumpfform. Wächst im hellen Paludarium emers im nassen Torf. Vermehrung: Unter geeigneten Bedingungen mit zahlreichen Seitentrieben, lösen sich ab und wachsen selbständig.

SG: 4, KH: 2–10, pH: 6,0–6,8, T: 22–25°C, BH: 1–3

Nymphoides humboldtiana

Salvinia minima

Salvinia cucculata

Salvinia rotundifolia WILLDENOW, 1810 — Rundblättriger Büschelfarn

Fam.: Salviniaceae – Büschelfarngewächse

Verbreitung: Trop. Südamerika

Für Aquarien gut geeignete kleine Schwimmpflanze ohne besondere Probleme. An der dünnen flutenden Sproßachse gegenständige Schwimmblätter, rundlich-oval bis 0,7 cm groß, meist so lang wie breit, vorn abgerundet, nicht deutlich eingekerbt. Oberseite warzig, locker oder dichter behaart, auf jeder Warze 2 kurze helle Borsten. Kümmerformen von *S. auriculata* sehen sehr ähnlich aus. Diese Art bildet jedoch jeweils 4 Borsten auf einer Warze. Dieser Büschelfarn verträgt hartes Wasser besser als andere Arten, ist weniger empfindlich und paßt sich den unterschiedlichen Lebensbedingungen recht gut an. Durch zahlreiche Seitentriebe wächst bald eine dichte Vegetation heran; das rechtzeitige Ausdünnen wird dem stärkeren Lichtentzug für die Bodenpflanzen vorbeugen. Vermehrung: Seitensprosse lösen sich ab und bilden selbständige Individuen.

SG: 2, KH: 2–15, pH: 6,0–7,5, T: 18–25°C, BH: 1–3

Salvinia sprucei KUHN, 1884 — Aufgebogener Büschelfarn

Fam.: Salviniaceae – Büschelfarngewächse

Verbreitung: Amazonasbecken

Die für Aquarien ziemlich neue Art wurde 1980 erstmals eingeführt und wird gerne mit *S. cucculata* verwechselt. An der flutenden Sproßachse kurzgestielte, rundlich-herzförmige Schwimmblätter mit extrem stark aufgebogenen Rändern, bis 1,5 cm lang und 2,5 cm breit, vorne flach eingekerbt. Oberseite nicht warzig, dicht behaart, Borsten einzeln, gerade aufgerichtet, unregelmäßig verteilt. Gute Anpassung zu den unterschiedlichen Lebensbedingungen, verträgt höhere Wärme, wächst problemlos im abgedeckten Becken und zeigt kaum Schäden durch Kondenswasser. Lichtbedarf allerdings sehr hoch. Aus den kräftigen Wildpflanzen treiben im Aquarium kleinere Blätter mit mäßig stark hochgebogenen Rändern. Wächst rasch weiter und bildet sehr dichte lichthemmende Polster, daher regelmäßig ausdünnen. Die dichten, herabhängenden und fein zerteilten Wasserblätter bieten Jungfischen guten Schutz. Vermehrung: Seitensprosse lösen sich ab und wachsen selbstständig.

SG: 1, KH: 2–15, pH: 5,5–7,5, T: 22–30°C, BH: 1–3

Trapa natans LINNAEUS, 1753 — Wassernuß

Fam.: Trapaceae – Wassernußgewächse

Verbreitung: Gemäßigte und kalte Zonen

Wird im allgemeinen kaum in Aquarien kultiviert, kann aber unter günstigen Bedingungen darin wachsen. Auf dem Wasser eine dichte Rosette aus gestielten, rautenförmigen, am Rande gezähnten Blättern. Entspringen wechselständig einer gestreckten Sproßachse, die in der freien Natur bis zu 5 m lang wird. Blattspreite bis 5 cm groß, Blattstiel lufthaltig verdickt, an den Knoten im Wasser haarfeine, federförmig aufgeteilte Wasserblätter. Aus den kleinen Blüten in den Achseln entwickeln sich später gehörnte eßbare Früchte. Von der sehr schwierigen Art ist die Varietät *bispinosa* offensichtlich besser geeignet. Notwendig sind: sehr weiches, schwach saures Wasser mit geringer Karbonathärte sowie intensive Beleuchtung von zumindest 75 Watt/100 Liter, bei täglich 14–16 Stunden. Nicht freitreibend kultivieren, sondern die Sproßachse im Bodengrund verankern. Nicht verwurzelte Pflanzen bilden eine bald absterbende Kümmerform. Wahrscheinlich wächst *T. maximowiczii* (vielleicht eine Form von *T. natans)* besser im Aquarium. Blätter mit dunkelbrauner Basis.Vermehrung: Ausläuferartige Seitensprosse.

SG: 4, KH: 2–4, pH: 6,0–6,8, T: 22–26°C, BH: 1–3

Salvinia rotundifolia

Salvinia sprucei

Trapa natans

Utricularia minor LINNAEUS, 1753 — Kleiner Wasserschlauch

Fam.: Utriculariaceae – Wasserschlauchgewächse

Verbreitung: Europa, Nordafrika

Dekorative Oberflächenpflanze für ungeheizte bis temperierte Aquarien. Dünne gestreckte Sproßachse bis 50 cm lang, mäßig verzweigt. Blätter flach ausgebreitet, bis 2 cm groß, Umriß rundlich, mehrfach gabelig geteilt, 10–20 sehr feine, dünne Spitzen. Kleine Fangblasen, meist an den unteren Teilen der Blätter, fangen und verdauen kleine Wasserinsekten. Entsprechend den natürlichen Bedingungen in Moorseen oder Flachmoorsümpfen sollte das Wasser nährstoffarm sein und sauer reagieren. Kann dann ziemlich stark wuchern und bald eine größere Wasserfläche begrünen. Vermehrung: Seitensprosse und Sproßabschnitte.

SG: 3, KH: 2–8, pH: 5,5–6,5, T: 18–22°C, BH: 1–3

Utricularia neglecta LEHMANN, 1828 — Übersehener Wasserschlauch

Fam.: Utriculariaceae – Wasserschlauchgewächse

Verbreitung: Nord- und Westeuropa, Nordafrika

Wird in Aquarien selten gehalten, eignet sich aber ausgezeichnet und paßt sich gut an. Sproßachse bis 100 cm lang, intensiv verzweigt, Blätter vierteilig, bis 5 cm groß, flach ausgebreitet, meist doppelt gefiedert mit zahlreichen, etwas abgeflachten, dünnen Spitzen. Bis 80 Fangblasen sitzen in mehreren Reihen am Blatt und werden 2 mm groß, dienen dem Fangen und Verdauen kleiner Wasserinsekten. Die Art ändert stark ab und bildet mehrere Wuchsformen. Höhere Temperaturen sind nicht nachteilig; sehr raschwüchsig und begrünt in wenigen Monaten eine größere Wasserfläche. Vermehrung: Seitensprosse, Sproßabschnitte, Blattstecklinge.

SG: 1, KH: 2–15, pH: 6,0–7,5, T: 18–28°C, BH: 1–3

Utricularia vulgaris LINNAEUS, 1753 — Gemeiner Wasserschlauch

Fam.: Utriculariaceae – Wasserschlauchgewächse

Verbreitung: Europa, Nordafrika

Die nicht ganz einfache Art wird am besten bei mäßigen Temperaturen gepflegt. Sproßachse gestreckt bis 200 cm lang, Blätter vierlappig bis 8 cm lang, 6 cm breit, mehrfach gabelig geteilt, mit zahlreichen fadendünnen Spitzen. Das ausgewachsene Blatt trägt mehr als 100 Fangorgane von fast 5 mm Größe. Für Zuchtbecken völlig ungeeignet, da auch Jungfische gefangen werden. Wächst über einen begrenzten Zeitraum im harten Wasser und bei höheren Temperaturen. Im Kaltwasser oder Freiland stirbt die Pflanze zum Herbst hin ab und bildet Winterknospen, die man kühl und frostfrei aufbewahrt. Treiben später wieder aus. Vermehrung: Seitentriebe, Sproßabschnitte.

SG: 3, KH: 2–10, pH: 5,5–7,0, T: 15–22°C, BH: 1–3

Wolffia arrhiza (LINNAEUS) HORKEL ex WIMMER, 1857 — Wurzellose Zwerglinse

Fam.: Lemnaceae – Wasserlinsengewächse

Verbreitung: Fast ein Kosmopolit

Die mit 7 Arten verbreitete Gattung bildet die kleinsten bekannten Blütenpflanzen. Körperchen rundlich-oval oder eiförmig, etwa 1 mm groß, hell- und grasgrün, unter starkem Licht leicht rötlich. Die einzelnen Arten lassen sich nur sehr schwer unterscheiden. Vermehren sich in der freien Natur massenhaft, werden in Thailand von den Gewässern abgefischt und als Gemüse gegessen. In Aquarien selten, weil die winzigen Pflänzchen von vielen Fischarten verspeist werden. Nährstoffreiches Wasser wird bevorzugt, höhere Wasserhärte ist nicht nachteilig, Wachstum jedoch stark lichtabhängig. Vermehrung: Zahlreiche Tochtersprosse.

SG: 3, KH: 2–15, pH: 6,0–7,5, T: 15–25°C, BH: 1–3

Utricularia minor

Utricularia neglecta

Utricularia vulgaris

Wolffia arrhiza

Vielfältige Faktoren beeinflussen das gesunde Wachstum der Pflanzen im Aquarium. Sofern die Wasserpflanzen nicht zufriedenstellend wachsen, müssen die Ursachen dafür gesucht und die Fehler abgestellt werden. Mögliche Fehlerquellen sind dabei Störungen in der Grundeinrichtung des Beckens wie Bodengrund, Beleuchtung und Temperatur. Zeigen nur bestimmte Arten Mangelwuchs, so werden diesen die geschaffenen Bedingungen wahrscheinlich nicht zusagen. Hierbei ergeben sich als Ursache ungünstige Wasserwerte, etwa zu hartes Wasser, zu hoher pH-Wert oder ungenügende Lichtverhältnisse. Die Auswahl der Arten kann den vorhandenen Lebensbedingungen angepaßt werden, doch ist dieses Auswahlprinzip recht umständlich und häufig kostspielig. Günstiger sind die bekannten Wachstumshilfen zur Aufbesserung des Wassers, die sich aus dem Düngen mit Eisen, Nährstoffen und Kohlendioxid ergeben. Manche Firmen bieten diese als Komplex in einer Kombination an.

Eisen und Pflanzenwuchs

Häufige Ursache für Mangelwuchs der Aquarienpflanzen ist die Störung des Eisenstoffwechsels. Zur Ausbildung des grünen Farbstoffes der Pflanzen (Chlorophyll), welcher die Photosynthese ermöglicht, ist das Nähreisen unbedingt erforderlich. Dabei genügen schon geringe Spuren, denn als Bestandteil des Chlorophylls ist Eisen nicht nachweisbar. Eisen nimmt nicht am Aufbau des grünen Farbstoffes teil, sondern dient lediglich als vermittelnde Substanz (Katalysator) zur Bildung des Chlorophylls. Auch beim Aufbau des Zellplasma spielt Eisen eine katalytische Rolle, etwa als Überträger von Sauerstoff. Eisenmangel bewirkt fahle und gelbliche Blätter mit häufig glasigen Stellen. Diese Eisenchlorose behindert den Aufbau von Kohlehydraten, und auch bei ausreichend vorhandenen, übrigen Nährsalzen können die Pflanzen regelrecht verhungern. Die Ansprüche der Arten an den Eisengehalt im Wasser sind unterschiedlich. Langsam wüchsige Pflanzen können schon mit relativ wenig Nähreisen auskommen, während rasch wachsende Arten meist höhere Anteile erfordern.

Eisen im Wasser

Der Vergleich von Wasseranalysen tropischer Gewässer mit dem Leitungswasser zeigt bezüglich des quantitativen Eisengehaltes große Unterschiede. Tropenbäche mit Pflanzenbestand enthalten oft mehr als 1 mg Eisen pro Liter Wasser. Leitungswasser dagegen enthält meist weniger als 0,1 mg/L Eisen, oder es fehlt völlig. Aquarienpflanzen begnügen sich mitunter schon mit geringen Mengen von Nähreisen, etwa bei mäßigem Licht, niedriger Temperatur oder bei langsam wachsenden Arten. Bei Pflanzen mit geringen Ansprüchen kann der schwache Eisenbedarf durch den regelmäßigen Wasserwechsel in etwa erfüllt werden. Diese Methode beschränkt jedoch das Sortiment auf anspruchslose Gewächse. Wasserpflanzen können das Nähreisen in der Regel nur in der zweiwertigen Form aufnehmen. In Verbindung mit Wasser wechselt das Eisen jedoch in eine dreiwertige Form über und fällt so für die Ernährung der Aquarienpflanzen aus. Mengenmäßig kann zwar im Wasser ausreichend Eisen vorhanden sein, ist aber für die Pflanzenernährung im Defizit. Bestimmte Arten wiederum können arteigene Chelate bilden, mit denen sie das Nähreisen für sich verfügbar halten. Diese verschiedenen Faktoren erklären auch die Tatsache, daß im selben Aquarium mitunter gelbsüchtige und gesunde Gewächse gleichzeitig vorhanden sind.

Düngen mit Eisen

Im Wasser vorhandenes Nähreisen kann mit einem künstlichen Chelator (etwa EDTA) in lösliche Form gebracht werden und bleibt somit für die Pflanzen verfügbar. Diese indirekte Düngung nutzt jedoch nur dann, wenn tatsächlich Eisen im Wasser vorliegt. Besser sind spezielle Eisendünger für Aquarienpflanzen wie Ferrogan (Brustmann) oder Ferrofloran (Herzog), die im Fachhandel angeboten werden. Das im Gartenbau übliche Fetrilon (für Landpflanzen) eignet sich ebenfalls für Aquarienpflanzen. Die Dosierung erfolgt im harten Wasser (über 10°KH) mit 1 g/100 Liter Wasser, im weichen Wasser mit 0,5 g/100 Liter Wasser. Nachdüngung erfolgt wöchentlich mit der halben Grunddosis und bei Teilwasserwechsel entsprechend der entnommenen Wassermenge. Überdüngung ist zu vermeiden, denn zuviel an Eisen konkurriert mit anderen Nährstoffen, wodurch beispielsweise die Aufnahme von Mangan erschwert wird. Dies führt dann wieder zu anderen Schäden an den Pflanzen. Etwa 0,5 mg reines Eisen pro Liter Wasser gilt als ausreichend und nicht schädlich. Messungen sind möglich mit Aqua-Control, Test FE Eisen der Firma Brustmann.

Vorteile der Eisendüngung

- Eisendüngung bewirkt arbeitsfähiges Blattgrün. Die Pflanzen können sich dem gesamten Milieu im Aquarium besser anpassen.
- Durch die gezielte Aufbesserung werden vorhandene übrige Nährsalze optimaler genutzt.
- Schon wenige Tage nach dem Zusatz von Eisen zeigen chlorotische Pflanzen deutlich intensiver grün gefärbte Blätter.
- Im Vergleich zum Mangel bilden die Pflanzen wesentlich größere Blätter und wirken somit dekorativer.
- Im gleichen Zeitraum wird die Kultur von mehr Pflanzen mit unterschiedlichen Ansprüchen möglich.
- Der Gesamtsalzgehalt im Wasser erhöht sich weniger stark als bei Zugabe von Nährstoffdüngern. Sehr weiches und salzarmes Spezialwasser für empfindliche Fische behält somit seine gewünschte geringe Leitfähigkeit.

Nährstoffe und Pflanzenwachstum

Nährstoffe sind unbedingte Voraussetzungen für das Wachstum der Pflanzen. Als Hauptnährstoffe bezeichnet man die Elemente Stickstoff, Phosphor, Kali, Kalk, Magnesium, Eisen, Schwefel, Kohlenstoff, Wasserstoff und Sauerstoff. Sie werden in jeder Pflanze in größerer Menge gefunden und sind Bausteine für die Substanz des Pflanzenkörpers. Spurenelemente wie Jod, Mangan, Zink oder Kupfer sind zwar notwendig, werden aber nur in geringen Spuren benötigt. Nährstoffe erfüllen im Pflanzenleben bestimmte Funktionen:

- Stickstoff ist an der Eiweißbildung beteiligt,
- Phosphor fördert unter anderem die Blütenbildung,
- Kalium ist beim Aufbau des Protoplasma beteiligt,
- Kalzium wirkt entgiftend auf den Pflanzenkörper,
- Eisen ermöglicht die Bildung des grünen Farbstoffes,
- Schwefel ist Baustein der Eiweißbildung,
- Kohlenstoff ist das Ausgangsprodukt der wichtigen Kohlenhydrate,
- Wasserstoff (Wasser) dient unter anderem als Transportmittel der Nährsalze,
- Sauerstoff ist der Motor für alle Lebensfunktionen.

Nährstoffe und Mangelsymptome

Fehlt einer dieser Nährstoffe im Wasser, so treten bei den Pflanzen Mangelerscheinungen auf. Meist sind jedoch mehrere Faktoren beteiligt, und die Mangelsymptome lassen sich nicht immer eindeutig zuordnen.

- Stickstoffmangel bewirkt gelbe Blätter, wobei ältere zuerst vergilben. Sie werden mitunter auch rötlich durch Bildung von Anthocyan.
- Phosphormangel bewirkt frühen Blattverlust und Bildung von Anthocyan. In den Blättern sterben kleinere Flächen ab.
- Kaliummangel zeigt sich als gelbe Flecken auf den Blättern, gefolgt von welken Stellen an den Spitzen und Blatträndern. Beginnt an älteren Pflanzenteilen.
- Kalziummangel verursacht Schäden an den Scheitelzellen der Triebe und Blätter, die später absterben. Jüngere Blätter haben oft gelbe Ränder.
- Eisenmangel führt zu gelben Blättern, zuerst an den Triebspitzen. Die gelben Zonen sind oft von einem Netzwerk etwas grüner Nerven umgeben.
- Magnesiummangel äußert sich in gelben Flecken, erst an älteren Blättern, später auch auf jüngeren.
- Schwefelmangel bringt gelbe Blätter, wobei hier jüngere zuerst vergilben. Rotfärbung durch Anthocyan ist möglich.
- Manganmangel zeigt sich als gelbe Flecken zwischen den Blattnerven; die Stellen sterben später ab und hinterlassen kleine längliche Löcher. Auch bei übermäßiger Eisendüngung, welche die Aufnahme des Mangans verhindert.

Nährstoffe im Wasser

Alle Nährstoffe müssen im abgewogenen Verhältnis zueinander vorhanden sein. Sind bestimmte Elemente in der Überzahl, können diese die Aufnahme anderer Stoffe behindern. Gegenseitige Antagonisten sind beispielsweise Eisen mit Mangan oder Kalzium mit Kalium. In der freien Natur steht den Wasserpflanzen zwar relativ nährstoffarmes Wasser zur Verfügung, ist aber im Prinzip ohne Nährstofflücken. Der stete Wasserwechsel in den Fließbächen und das große Wasservolumen gewährleisten zudem einen gleichbleibenden Gehalt an Nährsalzen. Im Aquarium leben jedoch zahlreiche Pflanzen in einem geringen Wasservolumen, wodurch rascher Defizite an Nährstoffen auftreten. Der regelmäßige Wasserwechsel kann den Nährstoffverbrauch zwar ausgleichen, doch werden bestimmte Salze im Wasser unlösliche Verbindungen eingehen und sind dann für die Pflanzen nicht mehr aufnehmbar. Nährsalze werden nur in der Ionenform aufgenommen, und bestimmte Chelatkomplexe halten die Stoffe für die Pflanzen verfügbar. Solche Chelatoren bilden sich im Aquarium (mäßig) durch die natürliche organische Belastung des Wassers nach Zersetzung der Stoffwechselprodukte der Tierfütterung. Das allzu saubere Waser fördert daher nicht unbedingt den Pflanzenwuchs. Daraus resultieren zudem gewisse „Startschwierigkeiten“ nach der Neueinrichtung des Beckens.

Düngen mit Nährstoffen

Eine ziemlich sichere Lösung des Problems sind Nährstoffdünger für Wasserpflanzen, die der Fachhandel anbietet. Manche Präparate haben jedoch zu geringen Eisengehalt. Zusätzliche Eisendüngung ist dann ratsam.

- Nährstoffdünger wirken nur bedingt und entsprechend den übrigen Lebensfaktoren im Becken.
- Nur spezielle Präparate für Wasserpflanzen verwenden, Dünger für Landpflanzen sind im Aquarium unwirksam.
- Dünger mit der halben Dosis testen und die Reaktionen der Pflanzen beobachten. Positiv sind größere neue Blätter und rascheres Wachstum der Pflanzen.
- Zugaben in kürzeren Abständen und mit geringerer Dosis sind wirksamer als zuviel Dünger auf einmal.
- Nährstoffdünger mäßig einsetzen, mehr hilft nicht mehr, sondern schadet fast immer.
- Dosiervorschriften unbedingt einhalten, EDTA-haltige Präparate bewirken bei Überdosis an empfindlichen Fischen Skelettschäden.
- Nicht jeder Dünger wirkt unbedingt positiv, das hängt auch mit den jeweiligen Verhältnissen im Becken zusammen. Bei ungenügender Wirkung daher ein anderes Präparat verwenden. Vorher jedoch durch einen größeren Wasserwechsel den unverbrauchten Nährstoffdünger entfernen.

Vorteile der Nährstoffdüngung

Die Verwendung von Düngepräparaten ist von den Wasserverhältnissen abhängig. Durch den Zusatz läßt sich manch magerer Bewuchs zum Positiven beeinflussen. Nährstoffdünger bieten wesentliche Vorteile zur Kultur von Wasserpflanzen und sind ein guter Baustein zum optimalen Pflanzenwuchs.

- Im salzarmen Wasser wird das Nährstoffklima verbessert und die Nachteile zu geringer Nährsalze ausgeglichen.
- Im Wasser mit ungünstigem Nährstoffklima kann die Versorgung der Pflanzen alleine durch das Düngepräparat erfolgen. Etwa bei vollentsalztem Wasser.
- Die Nährstoffe sind an Nährstoffträger gebunden und bleiben aufnehmbar. Dadurch verläuft die Ernährung der Pflanzen insgesamt gesicherter.
- Im selben Aquarium sind unter gleichen Bedingungen mehr Pflanzenarten mit unterschiedlichen Ansprüchen möglich. Durch diese größere Auswahl kann der Aquariengarten schöner gestaltet werden.

Die Kohlensäuredüngung

Kohlenstoff ist das Grundelement im organischen Aufbau. Bei der Photosynthese der Pflanzen wird gasförmiger Kohlenstoff mit Hilfe von Blattgrün, Wärme und Wasser zu organischer Substanz verarbeitet. Das Ausgangsprodukt (Stärke) gelangt in gelöster Form (Traubenzucker) an die Orte der Verwendung und Speicherung. An den Wachstumspunkten entstehen durch Verbindungen mit Nährsalzen die organischen Substanzen zur Zellbildung. In Rhizomen, Knollen oder Früchten wird die Stärke meist in Form von Eiweiß als Vorratsstoff eingelagert. Ausreichende Versorgung mit Kohlendioxyd ist daher eine wichtige Voraussetzung für das Wachstum der Pflanzen. Im Wasser befindet sich ein ziemlich kompliziertes Kohlenstoffsystem, aus dem die Wasserpflanzen ihren

Bedarf auf verschiedene Weise decken können. Die Aufnahme der freien (ungebundenen) Kohlensäure wird dabei bevorzugt, dafür ist der Energieaufwand für die Pflanze geringer. Mit absinkendem Gehalt des CO_2, wobei der pH-Wert ansteigt, wird das Wachstum ständig erschwert. Bestimmte Bereiche der Karbonathärte werden somit die Auswahl von Aquarienpflanzen wesentlich einschränken.

Kohlendioxid im Wasser

Das Kohlendioxid der freien Luft (CO_2) liegt im Wasser nur zu einem sehr geringen Teil als Kohlensäure (H_2CO_3) vor. Der Hauptanteil ist Kohlendioxid wie in der atmosphärischen Luft. In Berührung mit der Luft obsorbiert das Wasser etwa 0,03% Kohlendioxid. Die Werte erhöhen sich durch Berührung mit dem Erdboden, denn Bakterien und Wurzeln scheiden bei ihren Tätigkeiten CO_2 aus. Weitere natürliche CO_2-Quellen im Aquarium sind die Atmungskohlensäure der Fische und Pflanzen. Im weichen Wasser oder bei anspruchslosen Gewässern kann dieser mäßige Gehalt für bestimmte Arten ausreichen. Es ist jedoch nicht grundsätzlich so, daß im Aquariumwasser immer ausreichend Kohlendioxid vorhanden ist. Um den Kalkgehalt in Lösung zu halten, wird eine bestimmte Menge freies Kohlendioxid benötigt. Bei über 10°KH steigen die Werte beträchtlich an, und die folgende Tabelle (nach K. Horst, Das perfekte Aquarium) gibt einen Überblick der zugehörigen Werte mit denen Bikarbonate in Lösung gehalten werden. Diese schwanken je nach Temperatur des Wassers und sind hier auf 25°C festgelegt.

Karbonathärte	freies CO_2 mg/l
1	0,01
2	0,11
3	0,41
4	0,96
5	1,88
6	3,24
7	5,18
8	7,25
9	10,96
10	15,10
11	19,10
12	25,60
13	33,40
14	41,60
15	51,20
16	61,80
17	73,90
18	88,10
19	104,30
20	120,50

Das Kohlendioxid im Wasser gleicht sich ständig mit dem geringeren Gehalt der freien Luft aus. Das CO_2 im Wasser wird daher weniger und kann bis auf den Nullwert absinken. Ständiges starkes Durchlüften des Wassers mit Sprudelstein verkürzt den Gasaustausch auf wenige Tage. In solchen Becken wachsen die Pflanzen selten gut, und ihre Auswahl beschränkt sich meist auf robuste Arten, welche Bikarbonate assimilieren können. Submerse Pflanzen decken ihren Kohlenstoffbedarf zunächst aus dem freien Kohlendioxid, dafür brauchen sie weniger Energie. Ist das freie CO_2 verbraucht, entnehmen sie den gebundenen Kohlenstoff aus den Bikarbonaten, wobei dieser Prozeß energieabhängiger verläuft. Bei der Bikarbonat-Assimilation wird im Pflanzenblatt dem Kalk das CO_2 entrissen, und der Kalk an der Blattoberseite ausgeschieden. Dadurch bilden sich die typischen weißen Pusteln, und mitunter ist das ganze Blatt mit Kalkablagerungen bedeckt.

Düngen mit Kohlendioxid

Das CO_2 im Wasser läßt sich schwierig genau messen, und für Aquarienzwecke gibt es keine einfachen und preiswerten Meßgeräte. Hier ist man auf komplizierte und teure Methoden und Schätzwerte angewiesen. Der absolute Gehalt von CO_2 gibt jedoch keine Anhaltspunkte für Defizite oder ausreichende Werte, denn seine Wirksamkeit ist grundsätzlich an die Karbonathärte gebunden. Im weichen Wasser sind etwa 10 mg/l freies CO_2 in der Regel ausreichend für guten Pflanzenwuchs. Im harten Wasser ist derselbe Gehalt ein mehr oder minder tiefes Defizit, daher wird man bei hoher Karbonathärte häufiger Kohlendioxid zusetzen. Mitunter verbessern schon geringe Zugaben das Wachstum der Pflanzen. Optimal wären zwar die Werte des Bikarbonat-Kohlensäure-Gleichgewichts, doch ist das bei sehr hohen Härtegraden schwierig zu erreichen. Für die Zufuhr von CO_2 hat der Zoofachhandel spezielle Geräte mit unterschiedlichen Techniken und Wirkungsbereichen. Nachfolgend werden davon einige Gerät genannt und kurz beschrieben.

CO_2-Geräte

CO_2 Optimat (Firma Tetra)

Eine Kombination aus Vorratsflaschen mit Druckventil und Diffusionsrohr. Über Luftschlauch gelangt das Gas in das im Aquarium befestigte Vorratsrohr mit gasdurchlässiger Membrane. Die Behälter werden regelmäßig aufgefüllt, und mehrere Diffusoren können nebeneinander geschaltet werden. Für kleinere bis mittelgroße Aquarien und mäßig hartes Wasser. Für größere Aquarien gibt es das CO_2-System von Tetra.

Kohlensäure Düngeautomat ZEO (Firma Reiß)

Im Spezialbehälter wird CO_2 über Marmorstein und Zusatz von Salzsäure erzeugt. Das Gas gelangt über eine Schlauchleitung in kleine Behälter mit gasdurchlässiger Membrane in das Wasser. Für kleinere Aquarien mit weichem Wasser. Wegen der Anwendung von Salzsäure ziemlich kritisch.

Floramat (Firma Sander)
System aus Vorratsflasche mit Druckventil und Reaktionsbehälter. Durch Anschluß an die Membranpumpe strömt Wasser durch das Gefäß und reichert sich darin mit CO_2 an. Der Reaktionsbehälter wird regelmäßig nachgefüllt. Für kleinere bis mittelgroße Aquarien und mäßig hartes Wasser.

CO_2-System (Firma Dupla)
System aus CO_2-Depotflasche (nachfüllbar), Druckminderventil und Reaktorgefäß mit Anschluß an die Wasserpumpe des Aquarienfilters. Das Wasser fließt über eine Kaskade durch den automatisch mit CO_2 nachgefüllten Reaktorbehälter. Relativ wartungsfreies System und vom Hersteller auch für größere Anlagen und hartes Wasser empfohlen. Kann nach Bedarf eingestellt werden.

CO_2 Vario (Firma Dennerle)
Eine Sprühkammer wird im Aquarium befestigt und kontinuierlich mit CO_2 beschickt. Anschluß an Kapseln oder wiederverfüllbare Großflaschen mit Druckminderer. Das Gerät wird über Motorfilter angeschlossen, wobei das Wasser im mit Gas gefüllten Reaktor versprüht wird und angereichert ins Becken zurückfließt. Wird auch für größere Aquarien mit hartem Wasser empfohlen.

Vorteile der CO_2-Düngung

Zahlreiche Aquarien werden mittlerweile zusätzlich mit CO_2 versorgt, wobei die Aquarianer immer häufiger dieses wirksame Mittel anwenden, um den Pflanzenwuchs zu fördern. Das Düngen mit Kohlendioxyd bietet dabei erhebliche Vorteile.

- Der pH-Wert im Wasser wird auf den günstigen neutralen bis schwach sauren Bereich gehalten und stärkere Schwankungen der Wasserreaktionen vermieden.
- Allen Pflanzen wird die Aufnahme dieses Hauptnährstoffes erleichtert und das allgemeine Wachstum begünstigt.
- Durch das zügige Triebwachstum werden gleichzeitig rascher neue Wurzeln gebildet und umgesetzte Pflanzen treiben besser weiter.
- Stärkere Beleuchtung wird möglich, so daß auch leichtbedürftige Pflanzen wachsen. Problempflanzen, die normalerweise weiches Wasser benötigen, gedeihen nun auch im harten Wasser.
- Die insgesamt umfangreichere Artenwahl ermöglicht eine abwechslungsreiche Dekoration im Aquarium.

Typische Eisenchlorose am *Echinodorus maior*, Blatt und Blattnerven sind gelb oder weißlich, das Blattgewebe ist glasig und brüchig.

Chloroseerkrankung bei *Echinodorus amazonicus*. Die Blattnerven sind jedoch grün, so daß hier wahrscheinlich Manganmangel vorliegt. Zu hoher Stickstoffgehalt im Wasser bringt häufig ähnliche Mangelerscheinungen.

Durch übermäßige Eisendüngung entstandene Erkrankung an *Echinodorus argentinensis*. Das Blattgewebe ist weißlich, die Nerven bleiben grün, das Gewebe fällt später aus und das Blatt ist durchlöchert. Der hohe Eisengehalt führte hier wahrscheinlich zur Störung in der Manganernährung. Bei ausreichender und ausgewogener Ernährung wachsen die Pflanzen gesund.

Kleine weiße Flecken auf diesem Blatt von *Cryptocoryne wendtii* zeigen den Beginn von Hydrogen-Karbonat-Ablagerungen, entstanden durch Bikarbonat-Assimilation bei zu wenig Kohlendioxid im Wasser.

Dieses Blatt von *Bolbitis heudelotii* zeigt einen dichten weißen Kalkbelag als Zeichen für die fortgeschrittene Assimilation der Bikarbonate.

Eisenmangel an *Echinodorus maior*

Manganmangel an *E. amazonicus*

Überdüngung mit Eisen an *E. argentinensis*

Kalkablagerung Beginn an *C. wendtii*

Kalkablagerung stark auf *B. heudelotii*

Fehlerquellen für Mangelwuchs der Aquarienpflanzen

Meine Pflanzen wachsen nicht, woran liegt das? Solche Fragen lassen sich meist nur durch intensives Durchforsten der Bedingungen im Aquarium beantworten. Bestimmte Störungen treten langsam auf, und erst mit der Zeit stagniert der gesamte Pflanzenwuchs im Becken. Häufig zeigen aber nur bestimmte Arten den Mangelwuchs. Solche Störungen im Wachstum der Aquarienflora sind nicht immer durch eindeutige Schadbilder gekennzeichnet, dadurch werden Rückschlüsse auf mögliche Ursachen mitunter ziemlich schwierig.

Bodengrundfehler

Äußere Kennzeichen von Störungen der Bodenfunktionen sind kümmerliche, schwarze und faulende Wurzeln sowie stark degeneriertes Triebwachstum. Überprüft werden hier folgende Fakten.

- Körnung: das sehr feine (unter 1 mm) oder unterschiedlich gekörnte Material verfestigt sich mit der Zeit. Bei der Probe auf Festigkeit sollte der Finger relativ leicht in den Bodengrund eindringen können.
- Zusätze: Kompost, Blumenerde, Torf und andere organische Bestandteile gehören nicht in den Bodengrund des Aquariums.
- Verschlammung: In das sehr grob gekörnte Material (über 5 mm) werden übermäßig organische Abfallprodukte (Kot, Futter) einsinken. Dieser Faulschlamm stört den Sauerstoffgehalt, bildet giftigen Schwefelwasserstoff und behindert das Wurzelwachstum. Die Sinkstoffe daher regelmäßig absaugen.
- Temperatur: Kalter Bodengrund behindert den gesunden Pflanzenwuchs. Die Temperatur zwischen Wasser und Bodengrund sollte daher nicht mehr als 2°C Differenz aufweisen.
- Alter: Zu lange verwendetes Bodenmaterial ermüdet, es bleibt daher nicht länger als 3 Jahre im Becken.

Temperaturfehler

Übermäßig lange Abstände und zu kleine Blätter bei den Stengelpflanzen sind meist ein Kennzeichen für eine zu hohe Wärme. Auch ein falsches Verhältnis von Wärme und Lichtintensität kann vorliegen. Höhere Wärme erfordert überwiegend stärkeres Licht, sonst strecken sich die Pflanzen zu sehr in die Länge. Hohe Temperaturen werden auch nachteilig beim nährstoffarmen Wasser, weil dadurch der Stoffwechsel zu stark angeregt wird. Hier kann ein Nährstoffdünger ausgleichen. Zu niedrige Temperaturen behindern Tropenpflanzen im Wachstum. Nachteilig sind auch Wärmeschichtungen im Wasser, durch fehlende oder zu schwache Umwälzung, oder Temperaturgefälle zwischen Wasser und Bodengrund. Pflanzen mit stark unterschiedlichen Wärmeansprüchen werden möglichst nicht gemeinsam kultiviert.

Lichtfehler

Kennzeichen für zu schwaches Licht sind: weite Blattabstände, Abwurf von Blättern in unteren Bereichen, kleine Spreiten, rasch aufschießende dünne Stengel und meist blaßgrün gefärbte Blätter. Arten mit stark unterschiedlichem Lichtbedürfnis werden nicht gemeinsam gepflegt, sondern Pflanzen mit annähernd ähnlichem Bedarf gewählt. Zu starkes Licht wird nachteilig, wenn die Nährstoffverhältnisse im Wasser unzureichend sind. Hier sorgt ein Nährstoffdünger für Ausgleich. Die häufigsten Fehler der Beleuchtung sind:

- Ungünstige Lichtfarben der Leuchtröhren
- Mangelnde Reflektion des Lichtes
- Unzureichende Beleuchtungsstärke
- Zu geringe tägliche Lichtdauer
- Zu lange benutzte Leuchtröhren

Falsche Pflanzenwahl

Weil die Ansprüche der Pflanzen unterschiedlich sind, können unter gleichen Bedingungen im Aquarium gute Wachser, mittelmäßig treibende Pflanzen oder völlige Versager auftreten. Neben den Fehlern bei Temperatur und Beleuchtung achte man hier auf die Forderungen der Arten hinsichtlich der Wasserwerte. Pflanzen, die weiches Wasser bevorzugen, treiben in hoher Karbonathärte selten gesund. Auf Arten mit geringer Anpassung wird man daher bei bestimmten Bedingungen besser verzichten. Das gleiche gilt für den pH-Wert, weil auch hier Pflanzen mit sehr unterschiedlichen Ansprüchen nicht gut gemeinsam zu pflegen sind. Man trifft daher eine gezielte Artenwahl für die geschaffenen Bedingungen. Das ist nicht immer einfach. Entsprechende Angaben finden wir bei den Pflanzenporträts.

Pflegefehler

Unrichtige Maßnahmen bei der laufenden Pflege sowie beim Einsetzen und Umsetzen der Pflanzen führen häufig zum Blattverlust. Die Folgen sind stark verlangsamtes Wachstum, anhaltender Kümmerwuchs oder späteres Absterben der betroffenen Exemplare. Dies wird vermieden durch die Beachtung der Grundlagen einer fachgerechten Pflanzenpflege:

- Auf gesunde und wüchsige Exemplare achten
- Weder zu große noch zu schwache Pflanzen verwenden
- Den Wurzelschnitt richtig durchführen
- Beim Einsetzen starken Druck vermeiden
- Richtige Höhen beim Einpflanzen beachten
- Stecklinge nicht büschelweise einsetzen
- Ausreichende Abstände in der Gruppe einhalten
- Stutzen und verjüngen rechtzeitig durchführen
- Dichte Bestände regelmäßig auslichten
- Angewurzelte Pflanzen nicht kurzfristig umsetzen

Ernährungsstörungen

Probleme im Wachstum der Pflanzen durch falsche oder ungenügende Ernährung lassen sich schwierig erfassen. Die Mangelerscheinungen sind nicht immer spezifisch, zumal häufig mehrere Fehlerquellen als Ursache vorliegen. Auf die wesentlichen Störungen soll hier nochmals kurz hingewiesen werden. Eisenmangel zeigt sich an durch gelbliche Blätter und harte, brüchige Herzblätter. Nährstoffmangel führt zu allgemeinem Kümmerwuchs, stark verlangsamtem Wachstum und kleinen Blättern mit fahler Färbung. Die Ursachen sind unterschiedlich. Überdüngung kann das Wachstum der Pflanzen ebenfalls negativ beeinflussen. Kohlensäuremangel bringt Kümmerwuchs, geringe Wuchshöhen oder führt zum Absterben bestimmter Arten. Im Kapitel Zusätze für besseren Pflanzenwuchs sind die Störungen näher erläutert.

Giftstoffe

Die Definition des Begriffes Gift ist nicht ganz einfach. Manche an sich harmlosen Stoffe wirken unter bestimmten Umständen giftig. So sind beispielsweise Kupfer, Zink oder Bor in der größten Verdünnung Nährstoffe, bei zunehmender Konzentration aber gefährliche Gifte.

Bodengifte treten infolge von Tätigkeiten der anaeroben Bakterien bei Sauerstoffmangel im Boden auf. Schwefelwasserstoff ist ein äußerst starkes Gift und schon in geringer Menge tötlich. Kennzeichen sind schwarze Wurzeln und schwarze Zonen im Bodengrund.

Bekämpfungsgifte sind allgemein solche Stoffe, die in Mitteln gegen Fischkrankheiten, Algen, Wasserschnecken oder Hydra enthalten sind. Meist sind es Stoffe, die in der Pflanzenzelle das Protoplasma abtöten. Der Plasmatod tritt in der Regel durch Ausflokken der gelösten Eiweißstoffe ein oder aber durch Unterbinden der Atmung, welche eine Funktion des Plasmas ist. Der rechtzeitige Wasserwechsel verdünnt die Giftstoffe, verkürzt ihre Wirkungsdauer und hält so die Pflanzenschäden in Grenzen.

Braune Flecken, die später durchlöchern, entstanden hier an *Echinodorus macrophyllus* nach einer chemischen Algenbekämpfung. Solche Schäden treten meist einige Zeit nach der Zugabe von Algiziden auf.

Durch fehlenden oder zu geringen Wasserwechsel entstehen an *Hygrophila* kleine braune Flecken, die später durchlöchern. Sie sind häufiger an älteren Blättern, die gleichzeitig zu wenig Licht erhalten. Wahrscheinlich eine Folge von Übersättigung mit Stickstoff.

Typische Fraßstellen durch Fische an *Hygrophila polysperma* . Die Blätter sind von den Rändern her angenagt.

Schneckenfraß am Blatt von *Hygrophila corymbosa* . Typisch sind unregelmäßige Löcher mit scharfen Fraßkanten.

Algenmittelschaden

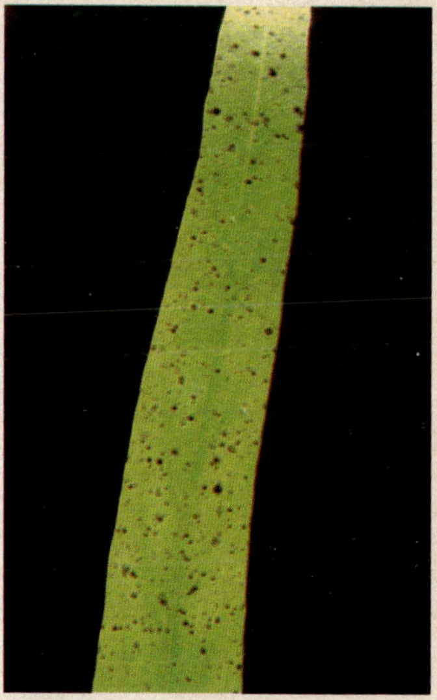

Altwasserschaden

Fischfraß

Schneckenfraß

Probleme mit Algen

Im System der Pflanzen sind die Algen bei den niederen Gewächsen eingeordnet. Durch Blattgrün können sie selbständig assimilieren. Meist leben die Algen untertaucht, sind entweder einzellig, bilden Zellenkolonien, lange Fäden oder blattartige Gewächse. Die Fortpflanzung erfolgt durch Teilung, Schwärmsporen, Konjugation oder Befruchtung. Die in den Aquarien vorkommenden Algen, stammen aus den folgenden Gruppen.

Blaualgen *Cyanobacteria* sind benannt nach dem ihnen eigenen Farbstoff, dem Phycochrom, der die schwärzliche, blaugrüne oder bräunliche Färbung verleiht. Viele Blaualgen haben an der äußeren Schicht der Zellhaut eine Schleimbildung, und die meist fädigen Gebilde können sich pendelnd fortbewegen. Etwa 2000 Arten leben im Wasser oder auf dem Lande.

Kieselalgen *Bacillariophyceae* sind einzellige Pflänzchen von bräunlicher Farbe, mit einem Kieselpanzer, der aus zwei schachtelartig übereinander greifenden Hälften besteht. Dadurch fühlen sie sich leicht rauh an. Sie leben auf dem Boden der seichteren Gewässer; im Meer beteiligen sie sich in hohem Maße an der Bildung des Plankton.

Grünalgen *Chlorophyta* sind entweder einzellig oder bilden einfache, mitunter verzweigte Zellreihen. Über 13 000 Arten sind bekannt, sie treiben frei im Wasser, sind auch festgewachsen oder leben außerhalb des Wassers.

Rotalgen *Rhodophyta* sind überwiegend Meeresbewohner, einige Gattungen leben im Süßwasser. Sie bilden zumeist krallenartige oder napfähnliche Gebilde, mit denen sie festhaften. Rotalgen können von den Grünalgen als solche getrennt werden, indem man sie in Aceton oder Spiritus legt. Dadurch wird der grüne Farbstoffanteil extrahiert, der rote Farbstoff bleibt erhalten. Grünalgen werden danach farblos.

Algen sind im Aquarium nicht nur unschön, sie schädigen die höheren Pflanzen auch direkt durch den Entzug von Nährstoffen aus dem Wasser und reduzieren den Gehalt an Kohlendioxid. Allgemein sind Algen im Vorteil, wenn für höhere Pflanzen die Lebensbedingungen nicht mehr ausgewogen sind. Dadurch werden in der Regel für bestimmte Algen die Voraussetzungen zum Wachstum besser. Massenauftreten von Algen kann daher auch als eine Folge von schlechtem Pflanzenwuchs im Aquarium angesehen werden. Durch die unterschiedlichen Ansprüche der Algengruppen ist das allerdings nicht grundsätzlich so zu beurteilen. Manche Algenformen werden von den Aquarianern häufig nicht richtig erkannt, wodurch naturgemäß Probleme hinsichtlich ihrer Bekämpfung entstehen. In der folgenden Übersicht sind daher die Algen sowohl beschrieben wie auch abgebildet, dadurch lassen sie sich relativ leicht erkennen.

Kieselalgen

Büschelalgen

Bartalgen

Knäuelalgen

Blaualgen

Blaualgen

Beschreibung: *Oscillatoria* und andere Gattungen. Wuchsform schmierig als häutige Überzüge, Farbe meist blaugrün. Im Wasser entsteht ein typischer Modergeruch.

Auftreten: Blaualgen beginnen meist am Bodengrund und überziehen alles mit einer schmierigen Schicht, die Pflanzen werden regelrecht erstickt. Die Ursachen für ihr Auftreten sind zahlreich. Viele Arten verwerten organische Stoffe, und das Auftreten wird mit einer Verschlechterung des Aquarienwassers in Verbindung gebracht. Weitere Gründe sind auch: Starker Tageslichteinfall, faulender Bodengrund, zuviele Futterreste, zu wenig Wasserwechsel oder zu starke Düngergaben.

Bekämpfung: pH-Werte unter 6,0 werden meist nicht vertragen. Putzerfische, wie etwa Hochflosser oder Black Molly, sind möglich, aber nicht immer wirksam, weil wegen Bitterstoffen die Algen verschmäht werden. Mitunter bewähren sich Apfelschnecken. Häufig wachsen Blaualgen jedoch rascher nach, als die Tiere diese vertilgen. Chemikalien sind möglich; die chemische Bekämpfung wird unterstützt und verkürzt, wenn das Becken anfangs für 48 Stunden völlig abgedunkelt wird. Restloser Lichtentzug über 4–6 Tage hilft gelegentlich. Mehrfacher totaler Wasserwechsel kann den Blaualgen die Lebensbedingungen nehmen.

Kieselalgen

Beschreibung: Werden fälschlich auch Braunalgen genannt. Die Wuchsform ist schmierig, seltener fädig. Auf Pflanzen und Steinen ziemlich festhaftende oder auch lose, braune Überzüge. Fühlen sich meist etwas rauh an.

Auftreten: Die meisten Kieselalgen bevorzugen im Aquarium höhere pH-Werte über 7,5. Wegen der geringen Lichtansprüche ist unter ausreichender Beleuchtung selten mit stärkerem Befall zu rechnen.

Bekämpfung: Putzerfische und Schnecken nehmen Kieselalgen meist an, chemische Bekämpfung ist möglich. Lichtintensität und tägliche Beleuchtungsdauer erhöhen.

Knäuelalgen:
Beschreibung: Meist aus der Gattung Ulothrix stammende Grünalge. Am Boden liegen hellgrüne, mitunter schleimige, dünne Fäden, bilden verfilzende Knäuel und später zusammenhängende Polster. Sind nicht festgewachsen.
Auftreten: Werden meist mit neuen Pflanzen eingeschleppt. Bedingungen ähnlich wie bei den Fadenalgen.
Bekämpfung: Regelmäßig absammeln oder absaugen; mitunter verschwinden sie nach einer Phase starken Wachstums wieder aus dem Bekken oder lassen doch zumindest erheblich nach. Teilweise helfen Putzerfische (Ancistrus, Plecostormus). Präparate gegen Fadenalgen.

Bartalgen
Beschreibung: Rotalgen aus der Gattung Compsopogon. Bis 15 cm lange, wenig verzweigte, relativ dicke Fäden, dunkelgrün bis schwarzgrün. Sitzen sehr fest auf den Blättern und lassen sich kaum ablösen, ohne diese zu beschädigen.
Auftreten: Werden meist durch neue Pflanzen eingeschleppt. Besiedeln wachstumsaktive Pflanzenteile mehr in Lichtnähe, wachsen jedoch nicht unbedingt lichtabhängig. Hartes Wasser mit CO_2-Mangel und erhöhtem pH-Wert bietet offenbar eine gute Basis, jedoch auch im weichen Wasser. Hohe Nitratmengen fördern das Wachstum. Bei stärkerem Befall entstehen dichte nach oben wallende Bärte und in der Folge erhebliche Pflanzenschäden.
Bekämpfung: Wegen der fest haftenden Fäden ist das mechanische Entfernen mit Blattschäden verbunden. Befallene Pflanzen oder Teile am besten entfernen und so den Aufwuchs hemmen. Jüngeren Bewuchs können bestimmte Putzerfische abweiden. Präparate gegen Fadenalgen sind möglich, doch muß die Bekämpfung meist wiederholt werden. Bewährt ist die Zufuhr von CO_2 ins Wasser, wobei über 6–8 Wochen das Kalk-Kohlensäure-Gleichgewicht zu halten ist. Dabei schrumpfen die Fäden ein und sterben ab. In der Regel erfolgt im Becken mit Zusatz von CO_2 kaum Befall von Bartalgen.

Grüne Büschelalgen
Beschreibung: Grünalgen aus der Gattung Pithophora. Mäßig festsitzende Form, treibt aus einem Ansatzpunkt zahlreiche hellgrüne Fäden, die unregelmäßig verzweigt sind. Bildet 2–3 cm hohe Büschel.
Auftreten: Besiedelt überwiegend totes Material wie Holz oder Steine, aber auch auf festblättrigen Pflanzen. Intensives Licht, Nährstoffdünger für Wasserpflanzen und Zugabe von CO_2 fördern das Wachstum.
Bekämpfung: Nur bei sehr starkem Bewuchs schädlich. Rüsselbarben halten die Ausbreitung in Grenzen. Büschel lassen sich leicht ablösen. Präparate gegen Fadenalgen helfen.

Grüne Punktalgen

Beschreibung: Eine zierliche Grünalge; bildet hellgrüne, bis 3 mm große, runde und sehr fest sitzende Flecken. Besiedelt Scheiben und hartblättrige Pflanzen.
Auftreten: Meist in der Phase kurz nach der Beckeneinrichtung durch das noch nicht stabile Wasser oder bei Verschlechterung der Wasserverhältnisse. Nicht sehr schädlich, aber unschön und hartnäckig.
Bekämpfung: Verschwinden häufig wieder, wenn die Verhältnisse im Wasser stabilisiert sind. Putzerfische und Wasserschnecken einsetzen. Algizide Mittel bleiben unwirksam.

Schwarze Punktalgen

Beschreibung: Aus sehr kurzen Fäden bestehende Rotalge; wächst kolonienweise und bildet dunkle, fast schwarze rundliche Flecken. Werden etwa 5 mm groß und sind mit der Blattoberhaut fest verbunden. Beginnt meist an den Blatträndern und besiedelt später als unregelmäßige, zusammenfließende Flecken die gesamte Blattfläche.
Auftreten: Nicht an bestimmte Wasserwerte gebunden, auch die Lichtstärke scheint untergeordnet. Vermehrt sich rasch und besiedelt benachbarte Gewächse. Bei starkem Bewuchs sterben die Blätter ab, außerdem baldiger Verfall der jungen Sproßteile.
Bekämpfung: Äußerst schwierig, daher befallene Blätter oder Pflanzen rigoros entfernen. Putzerfische und Chemikalien bleiben ohne Wirkung. Eine Hilfe bieten ausreichend Posthornschnecken und Tellerschnecken, sie können die festen Polster abweiden.

Pelzalgen

Beschreibung: Grünalgen aus der Gattung *Oedogonium*. Dicht nebeneinander wachsende, hellgrüne, sehr dünne, nicht verzweigte Einzelfäden, sind mit der Oberhaut der Blätter und Stengel fest verbunden. Auf der Blattoberseite wächst ein pelziger Rasen heran, wobei die Wuchshöhe je nach Art von 2 bis 20 mm schwankt.
Auftreten: Aktive Pflanzenteile werden bevorzugt, und fast alle vorkommenden Pflanzen befallen. Dichter Bewuchs führt zum Absterben der Blätter. Offensichtlich bietet organisch belastetes Wasser bessere Bedingungen durch hohe Nitratwerte. Übrige Wasserwerte und Lichteinfall scheinen wenig von Bedeutung. Vermehrt sich ungewöhnlich rasch und besiedelt benachbarte Pflanzen.
Bekämpfung: Mechanisches Entfernen beschädigt die Blätter. Hemmend wirkt absolute Sauberkeit im Becken durch regelmäßigen Wasserwechsel. Kurzfädige Formen werden durch Posthornschnecken, Tellerschnecken und Rüsselbarben gut abgeweidet. Die langfädigen und schleimigen Formen werden jedoch verschmäht. Befallene Blätter oder Pflanzen rechtzeitig entfernen. Nach einer längeren Periode flotten Wachstums scheint die Alge nachzulassen. Präparate gegen Fadenalgen sind möglich, müssen aber meist zweimal nacheinander angewendet werden, damit die robuste Pelzalge abstirbt.

Schwarze Pinselalge

Beschreibung: Rotalge aus der Gattung *Audouinella*. Aus einem Ansatzpunkt treiben zahlreiche, wenig verzweigte, schwarzgrüne und sehr dünne Fäden hoch. Bilden 5 bis 20 mm hohe, pinselartige, sehr fest sitzende Büschel. Kurz- und langfädige Formen sind möglich.
Auftreten: Praktisch auf allen Gegenständen im Aquarium einschließlich der Pflanzen. Vermehrt sich rasch durch Sporen und besiedelt andere Pflanzen. Beginnt häufig an den Blatträndern. Viele Pinsel dicht nebeneinander bilden mitunter einen pelzigen Rasen. Bewachsene Blätter sterben ab. Wasser mit angereicherten organischen Säuren und abgesunkenem pH-Wert bietet günstige Bedingungen. Bei hoher Karbonathärte bilden die Kalkablagerungen auf den Blättern eine gute Unterlage.
Bekämpfung: Putzerfische und Schnecken weiden nur die Kurzformen ab. Mechnisches Entfernen ist mit Blattschäden verbunden. Die langfädigen Formen reagieren auf Zusatz von CO_2 im Wasser. Pinsel lösen sich nach 2–3 Monaten ab, driften frei im Wasser in Bodennähe und lassen sich absaugen. Bei ständiger CO_2-Düngung ist kaum mit Befall von Pinselalgen zu rechnen. Kurze Pinselalgen sind dagegen restistent. Präparate gegen Fadenalgen müssen meist wiederholt angewendet werden.

Grüne Punktalgen

Pelzalgen

Schwarze Punktalgen

Schwarze Pinselalgen

Fadenalgen

Fadenalgen

Beschreibung: Meist aus der Gattung Spirogyra stammende Grünalge. Bildet verzweigte Büschel aus langen, hellgrünen und dünnen Fäden.

Auftreten: Von allen Algen sind die Ansprüche denen der höheren Pflanzen am nächsten stehend. Das Auftreten weist daher meist auf gute Bedingungen hin. Bei starker Beleuchtung in der Regel häufiger. Ziemlich raschwüchsig, ausgesprochen lästig, aber weniger schädlich, außer dem Verbrauch an Nährstoffen, die den Aquarienpflanzen dann fehlen. Stören jedoch den optischen Eindruck des Aquariums. Zierliche Gewächse können unter dem dichten Gespinst ersticken.

Bekämpfung: Präparate gegen Fadenalgen sind möglich, aber kritisch wegen der Aquarienpflanzen. Putzerfische nehmen junge Formen gelegentlich an, bleiben aber meist unwirksam. Fäden am besten auf ein rauhes Hölzchen wickeln und so entfernen. Mitunter verschwinden sie nach einiger Zeit von selber.

Schwebalgen

Beschreibung: Grünalgen der Gattung Volvox und andere. Wasser grün gefärbt, später fast undurchsichtig. Mikroskopisch kleine schwebende Algen, die massenhaft auftreten und dichte zusammenhängende Kolonien (Kugeln) bilden.

Auftreten: Werden überwiegend mit Tümpelfutter eingeschleppt. Meist bei sehr hoher Lichtintensität und übermäßigem Stickstoff im Wasser oder zuviel Nährstoffdünger.

Bekämpfung: Großer Wasserwechsel, Becken für 3 Tage völlig abdunkeln, Algizide zusetzen. Kann durch UV-Licht abgetötet werden.

Schwebealgen

Vorbeugen gegen Algen

Bestimmte Gruppen von Algen lassen sich bedingt mit vorbeugenden Maßnahmen fernhalten. Diese bieten allerdings keine unbedingte Gewähr für das Nichtauftreten von Algen. Vorbeugend wirken: Gute Lebensbedingungen für die Aquarienpflanzen, Beschränkung im Fischbesatz, mäßige Fütterung, regelmäßiger Wasserwechsel und Absaugen der Abfallstoffe vom Bodengrund. Beim Verändern des pH-Wertes in für gewisse Algen ungünstige Bereiche besteht jedoch die Gefahr, daß man für die eine Algengruppe das Leben erschwert, für eine andere aber günstige Bedingungen schafft.

Putzerfische und Schnecken

Bestimmte Aquarienfische sind als Algenputzer bekannt. Hierzu dienen Tiere, die vegetarische Beikost zu sich nehmen, die Aquarienpflanzen aber unbehelligt lassen. Putzerfische weiden entweder nur flächige Algen oder auch fädige Formen. Nur Blaualgen und Kieselalgen putzen zum Beispiel Lebendgebärende Zahnkarpfen (Black Molly, Platy, Hochflosser, Schwertträger, Saugschmerlen, Küssende Gurami, Breitflossenkärpflinge und Schönflossenbarbe). Gegen fädige Algen empfehlen sich Fische mit unterständigem Raspelmaul wie *Ancistrus dolichopterus, Otocinclus vittatus* oder *Hypostomus.* Besonders gut putzt die Grünflossige Rüsselbarbe *(Epalzeorhynchus siamensis).* Apfelschnecken vertilgen mitunter Blaualgen, Posthornschnecken und Tellerschnecken können feste Punktalgen und kurze Pelzalgen abraspeln.

Chemikalien

Die verschiedenen Präparate (Algizide) des Handels wirken gegen Schmieralgen oder/und Fadenalgen. Einige Mittel sollen hier genannt werden. Tetra Algizid ist ein rasch wirksames Präparat gegen Schmieralgen. Tetra-Algetten wirken langsam und geben ihren Wirkstoff über mehrere Wochen an das Wasser ab. Zu Beginn erhöht sich die Konzentration langsam, und durch den fehlenden Schock bleiben die Pflanzenschäden geringer. Hartnäckige Blaualgen werden beseitigt, und das Wachstum von Fadenalgen wird gehemmt.
Protalon 707 wird über 7 Tage dem Wasser zugesetzt, hilft gegen verschiedene Fadenalgen, ist aber bei Blaualgen etwas kritisch.
Bei den raschwirkenden Präparaten besteht die Gefahr, daß bei vielen Pflanzen im Becken ihre Wirkung abschwächt, bevor die Algen restlos absterben. Hier empfielt sich daher nach 3 Tagen eine Nachgabe des Mittels mit halber Dosis. In der Regel muß man nach Zugabe von Algiziden mit Pflanzenschäden rechnen, wobei diese je nach Mittel unterschiedlich stark sein können. Auch reagieren die Pflanzenarten verschieden empfindlich. Bei sachgemäßer Anwendung werden geringere Schäden meist wieder auswachsen, doch werden zum Beispiel Vallisnerien immer stärker geschädigt. Nach der chemischen Algenbekämpfung ist ein umfangreicher Wasserwechsel ratsam. Dadurch werden die Giftstoffe dem Wasser entzogen.

Die Fische

Seit der 10. Auflage von Linnés Werk „Systema naturae“[1] (1758) wird jedes Tier und jede Pflanze mit einem doppelten Namen belegt. Der erste Name kennzeichnet die Gattung, der zweite die Art. Durch die „binäre Nomenklatur“ hat jedes Lebewesen einen festen Platz im System und kann irgendwo dort eingeordnet werden. Diese Arbeit übernehmen die Systematiker.
Doch bevor man ein Tier – so auch unsere Fische – einordnen kann, muß man es bestimmen, man muß versuchen, seinen wissenschaftlichen Namen aufzufinden.
Der vorliegende Bericht soll dem Aquarianer Grundrichtlinien geben, wie er systematisch vorzugehen hat, wenn er selbst Fische bestimmen will.

So bestimmen wir unsere Fische

Das Bestimmen der Fische geschieht meist an in Alkohol konservierten Exemplaren, also an toten Tieren. Am Anfang jeder Determination[2] erhebt sich für den Bestimmenden die Frage: Zu welcher Familie gehört der Fisch? Hierbei kann das Gebiet, woher das Tier stammt (Fundort), sehr aufschlußreich sein: So kann zum Beispiel ein Fisch, der aus Australien stammt, nie ein Cichlide, oder ein Fisch aus Südamerika nie eine *Botia*- oder *Rasbora*-Art sein. Hat man die Familienzugehörigkeit eindeutig geklärt, so ist der nächste Schritt, die Gattung zu bestimmen – das ist wesentlich schwieriger als die Familienbestimmung. Bei gattungsreichen Familien kann die Bestimmung zu einer zeitraubenden Arbeit werden und ist ohne umfangreiche Literatur kaum zu bewältigen. Da die spezielle Fachliteratur über die ganze Erde verstreut und oft in den verschiedensten Sprachen erschienen ist, macht die Beschaffung und zum Teil auch die Übersetzung sehr viel Mühe, in jedem Falle ist sie zeitraubend. Hat man den richtigen Gattungsnamen herausgefunden, dann ist man beim steinigsten Weg angelangt, der Determination der Art. Hierfür benötigt man noch speziellere Literatur, häufig muß man auf die Erstbeschreibung der betreffenden Art zurückgreifen. Hat man die notwendige Literatur – häufig durch Fernleihe der betreffenden Bibliotheken – das kann einige Monate dauern – zusammen, dann wird bei dem zu bestimmenden Fisch der Körper verschieden vermessen und es werden die Indices[3] aufgestellt. Jetzt sind wir beim technischen Teil der Determination angelangt. Ich möchte nun diese Maße und Indices in numerierter Reihenfolge einmal aufführen. Vollständigkeit kann nicht garantiert werden, da Merkmale, die nur bei einer einzigen Familie vorkommen, in der Aufstellung nicht berücksichtigt wurden.

[1] Carl von Linné (Linnaeus), schwedischer Naturforscher, geboren am 13. 5. 1707 in Rashult, gestorben am 10. 1. 1778 in Uppsala. Nach dem Studium der Medizin und der Naturwissenschaften führten ihn Forschungs- und Studienreisen nach Lappland, in die Niederlande, nach Großbritannien und nach Frankreich. Danach war er zunächst Arzt in Stockholm, wurde 1737 Präsident der Stockholmer Akademie der Wissenschaften, deren Gründung er angeregt hatte, 1741 Professor der Anatomie und Medizin in Uppsala, 1742 der Botanik, 1747 Leibarzt des Königs; Linné gestaltete den Botanischen Garten um und errichtete ein Naturhistorisches Museum.
Linné hat die noch heute gültigen Grundlagen der botanischen Fachsprache geschaffen, indem er die Pflanzenteile anschaulich benannte. Er schuf die Form der Diagnose, das heißt einer Beschreibung, die in bestimmter und immer gleicher Reihenfolge die einzelnen Pflanzenteile aufsucht und kennzeichnet, und führte streng die binäre Nomenklatur durch, die jeder Pflanze eine lateinische Doppelbezeichnung aus Gattungsname und Artname gibt. Die Akürzung L. hinter solchen Pflanzen- und Tiernamen besagt, daß er diese Art als erster beschrieben und so genannt hat. Die Gattungen vereinigte Linné in Klassen und Ordnungen. Das 1735 veröffentlichte Linnésche System war auf Unterschiede in den Geschlechtsorganen der Pflanzen aufgebaut (Sexualsystem). Daneben bemühte sich Linné Zeit seines Lebens, ein natürliches System der Pflanzenfamilien nach der Habitus-Ähnlichkeit aufzustellen. Auch zoologische und mineralogische Systeme gab er heraus.
Hauptwerke: Systema Naturae (1735; in der letzten von Linné selbst 1766 bis 1768 besorgten Ausgabe im Band 1 die Tiere, Band 2 die Pflanzen, Band 3 die Mineralien, Nachdruck 1963); Genera Plantarum (1738); Materia Medica (1749–1763); Philosophia Botanica (1751, Nachdruck 1966); Species Plantarum, 2 Bände (1753, Nachdruck 1966).
[2] Determination: In der Systematik Bestimmung von Pflanzen und Tieren durch Vergleich mit nahestehenden Formen oder mit Hilfe von Bestimmungstabellen.
[3] Indices: Die Indices stellen Verhältniszahlen verschiedener Maße dar.

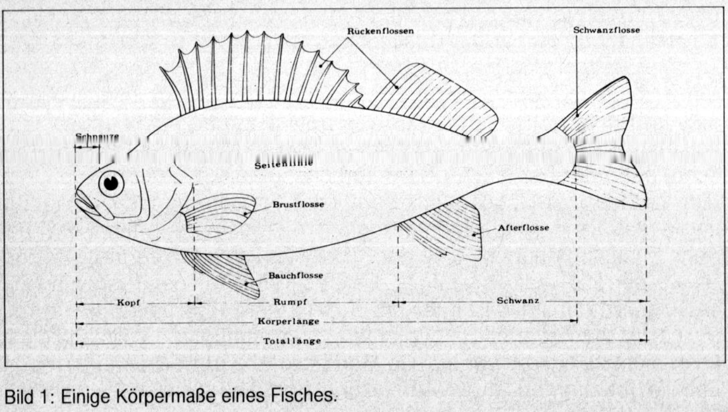

Bild 1: Einige Körpermaße eines Fisches.

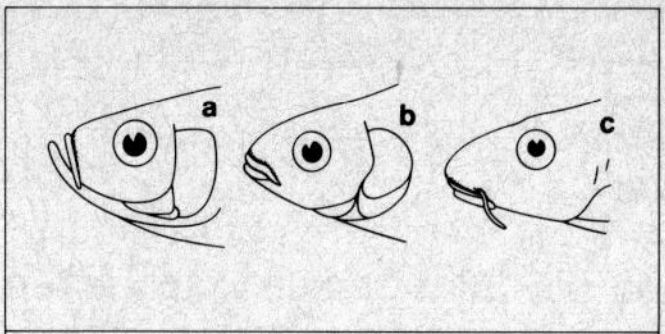

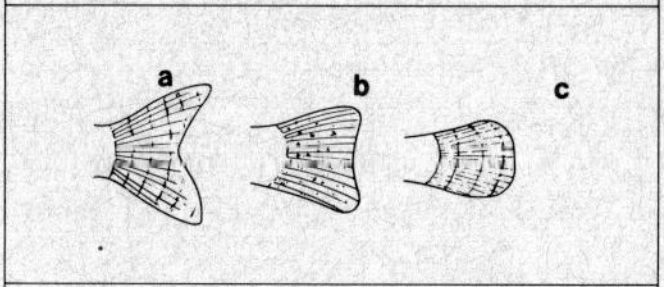

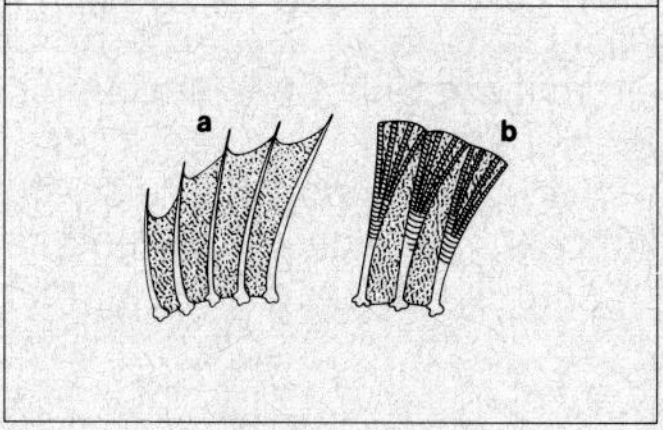

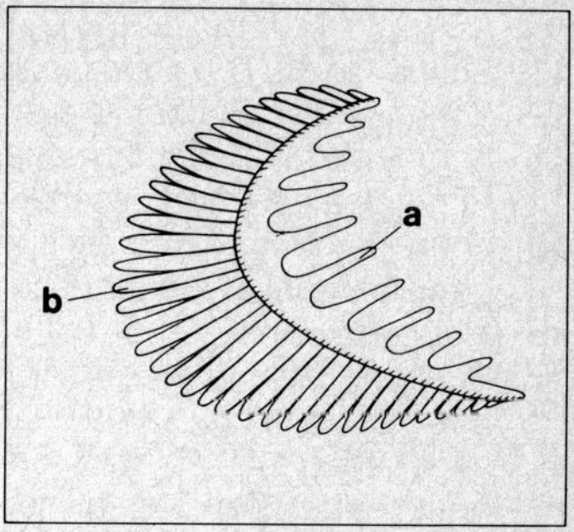

Bild 2 (links, oben): Maulform: a oberständig; b endständig; c unterständig.
Bild 3 (links, Mitte): Schwanzflossenformen: a eingeschnitten; b eingebuchtet; c gebogen.
Bild 4 (links, unten): Flossenstrahlen: a Hartstrahlen (Stachelstrahlen); b Weichstrahlen.
Bild 5 (rechts): Kiemenbogen: a Kiemenrechen; b Kiemenplättchen.
Zeichnungen: A. Bleichner

Maße und Zahlen (bei äußerlichen Merkmalen)

Alle Maße werden in Millimeter angegeben.

1. Gesamtlänge (Totallänge): Die Entfernung von der Schnauzenspitze bis zum Ende der Schwanzflosse (Bild 1).
2. Körperlänge (Standardlänge): Die Entfernung von der Schnauzenspitze bis zum Ende des Schwanzstiels (Bild 1).
3. Körperhöhe: Strecke von dem Ansatz der Rückenflosse bis zum Ansatz der Bauchflosse.
4. Kopflänge: Strecke von der Schnauzenspitze bis zum Hinterrand des Kiemendeckels (Bild 1).
5. Kopfbreite: Die breiteste Stelle des Kopfes. Sie wird mit einem Stechzirkel gemessen.
6. Schnauzenlänge: Die Strecke vom Vorderrand des Auges bis zur Schnauzenspitze (Bild 1).
7. Augendurchmesser.
8. Interorbitalbreite (Zwischenaugenbreite). Sie wird ebenfalls mit dem Stechzirkel gemessen.
9. Schwanzstiellänge: Entfernung vom Ende des Schwanzstieles bis zum hinteren Ansatz der Afterflosse.
10. Schwanzstielhöhe: Sie ist meist die niedrigste Stelle des Fisches.

11. Schnauze bis Brustflossenansatz.
12. Schnauze bis Rückenflossenansatz.
13. Schnauze bis Bauchflossenansatz.
14. Schnauze bis Afterflossenansatz.
15. Form der Stirn: Zum Beispiel, ob die Stirn gerade, nach innen gewölbt (konkav), oder nach außen gewölbt (konvex) ist.
16. Maulform: Ober-, end-(mittel-) oder unterständig (Bild 2).
17. Schuppenzahl quer: Die Schuppenzahl von der höchsten Stelle des Fisches bis zur tiefsten. Diese wird oft folgendermaßen angegeben: 4/1/8 zum Beispiel bedeutet: 4 = 4 Schuppenreihen über der Seitenlinie, 1 = die Seitenlinie selbst, 8 = 8 Schuppenreihen unter der Seitenlinie.
18. Schuppenzahl längs. Möglichst die mittlere Schuppenlängsreihe, es kann die Seitenlinie sein, muß es aber nicht.
19. Seitenlinie (Linea lateralis): Die Schuppenlängsreihe, die von Poren durchbrochen ist. Die Seitenlinie muß nicht immer gerade verlaufen. Sie kann gebogen sein oder sie ist unvollständig oder fehlt vollkommen.
20. Schuppenzahl rund um den Schwanzstiel.
21. Lage der Kopfporen (wichtig bei der Gattung *Apistogramma*).
22. Flossenstrahlen: Hart- und Weichstrahlen. Die Formel 3/14 bedeutet, daß 3 Hartstrahlen und 14 Weichstrahlen vorhanden sind. Hartstrahlen sind immer ungeteilt, während die Weichstrahlen geteilt sind (Bild 3).
23. Länge der Hartstrahlen. Welcher ist am längsten?
24. Länge der Weichstrahlen. Welcher ist der längste?
25. Form der Schwanzflosse: Eingebuchtet, eingeschnitten oder nach außen gebogen (Bild 4).
26. Längster Strahl der Schwanzflosse: Findet man zum Beispiel folgende Formel bei der Schwanzflosse (4/8/8/4), so bedeutet dies: 4 = 4 Stützstrahlen oben, 8 = 8 Strahlen (oben bis zur Mitte, 8 = 8 Strahlen (unten) bis zur Mitte, 4 = 4 Stützstrahlen unten.
27. Brustflossenformel: Meist ein Stützstrahl oder nur Weichstrahlen.
28. Bauchflossenformel: Meist zwei bis drei Stützstrahlen, sonst nur Weichstrahlen.
Die Nummern 22 bis 24 gelten für die Rückenstrahlflosse (Dorsale) und die Afterflosse (Anale).

Maße und Zahlen (bei inneren Merkmalen)

29. Kiemenrechen: Anzahl, Form, Stellung usw. (Bild 5).
30. Bezahnung: Weiche Knochen sind bezahnt, wie viele Zähne sind vorhanden, wie sehen die Zähne aus, sind sie ein-, zwei-, dreioder vielspitzig? Sind Fangzähne (Hundszähne) vorhanden?

Indices

31. Körperhöhe in Totallänge: zum Beispiel 3,8 bis 4,3 bedeutet, daß die Körperhöhe 3,8- bis 4,3mal in der Totallänge enthalten ist. Die kleinere Zahl gilt für die erwachsenen Tiere, da diese meist hochrückiger als Jungtiere sind. Dementsprechend ist die Verhältniszahl kleiner. Die juvenilen (jungen) Tiere haben die größere Zahl.
32. Körperhöhe in Standardlänge.
33. Kopflänge in Totallänge.
34. Kopflänge in Standardlänge.
35. Augenbreite (-Durchmesser) in Kopflänge.
36. Augendurchmesser in Schnauzenlänge.
37. Kopfbreite in Kopflänge.
38. Schnauzenlänge in Kopflänge.

Die beiden inneren Merkmale (Kiemenrechen und Zähne) – das müssen wir uns gut einprägen – sind zur Zeit die sichersten Anhaltspunkte für eine richtige Bestimmung. Das Zusammenspiel aller Maße und Zahlen ergibt dann die sichere Determination.
Erst wenn man alle Maße und Zahlen schriftlich festgehalten hat, sollte man sie mit denen in der Literatur vergleichen. Hält man sich nicht an diese Grundregel, so wird man leicht subjektiv beeinflußt, dies führt häufig zu Fehlbestimmungen. Abschließend möchte ich noch sagen, daß die Untersuchung und das genaue Festhalten der Punkte 1 bis 38 bzw. das Aufrechnen der Normalverhältnisse mindestens sechs bis acht Stunden in Anspruch nimmt. Als Hilfsmittel brauchen wir eine Binokularlupe und ein Mikroskop.
Da man beim Determinieren durchweg Spiritusexemplare vorliegen hat, die mehr oder weniger graubraun aussehen, spielt die Lebendfärbung des Fisches nur eine untergeordnete Rolle. Ob eine Flosse zum Beispiel drei statt vier Punkte aufweist, ist für den Fischbestimmer meist ohne Bedeutung.

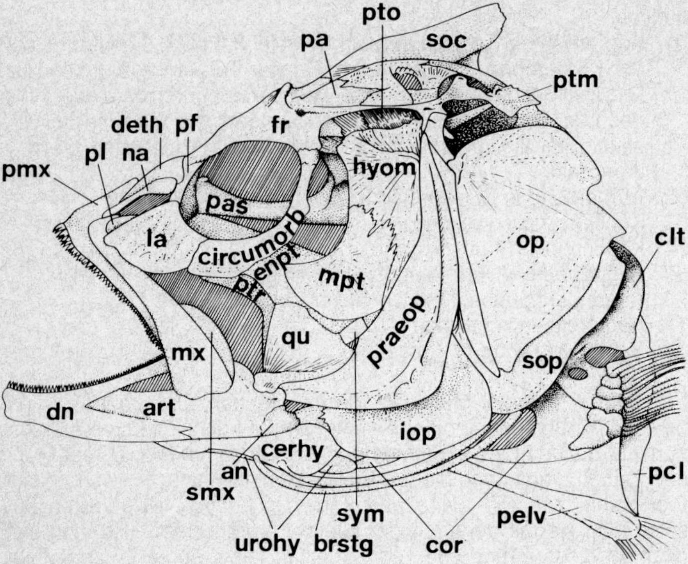
pto
pa
soc
ptm
deth
pf
fr
pl
na
pmx
hyom
pas
la
circumorb
enpt
op
clt
mpt
ptr
praeop
qu
mx
sop
dn
art
iop
cerhy
an
smx
pcl
sym
pelv
urohy
brstg
cor

Tafel „Schädel“

Die Abbildung zeigt einen idealisierten Schädel eines barschartigen Fisches. Die deutschen Namen der Knochen sind angegeben, soweit es eine Benennung gibt. Bei den Fischen tritt eine Anzahl von Knochen auf, die nur bei bestimmten systematischen Gruppen vorkommen. Aus diesem Grund können in der vorliegenden Abbildung nicht alle bei Fischen vorkommenden Schädelknochen aufgeführt werden. Der Vomer (Pflugscharbein) ist auf der Abbildung nicht zu sehen.
an = Angulare, art = Articulare, brstg = Radii branchiostegi (Kiemenhautstrahlen), cerhy = Ceratohyale, circumorb = Circumorbitalia, clt = Cleithrum, cor = Coracoid (Rabenbein), deth = Dermethmoid, dn = Dentale (der die Zähne tragende Knochen des Unterkiefers), enpt = Entopterygoid (Innenflügelbein), fr = Frontale (Stirnbein), Hyom = Hyomandibulare (Kieferstiel), iop = Interoperculum (Zwischenkiemendeckel), la = Lacrimale (Tränenbein), mpt = Metapterygoid (Mittelflügelbein), mx = Maxillare (Oberkieferbein), na = Nasale (Nasenbein), op = Operculum (Kiemendeckel), pa = Parietale (Scheitelbein), pas = Parasphenoid, pelv = pelvic (Brustflosse), pcl = Postcleithrum, pf = Praefrontale (Vorderstirnbein), pl = Palatinuen (Gaumenbein), pmx = Praemaxillare (Zwischenkieferbein), praeop = Praeoperculum (Vorderkiemendeckel), ptm = Pteroticum (Gehörkapselknochen), pto = Processus postorbitalis (Postorbilalfortsatz), ptr = Pterygoid (Flügelbein), qu = Quadratum (Quadratbein), smx = Supramaxillare, soc = Supraoccipitale (Hinterhauptsbein), sop = Suboperculum (Unterkiemendekkel), sym = Symplecticum, urohy = Urohyale.

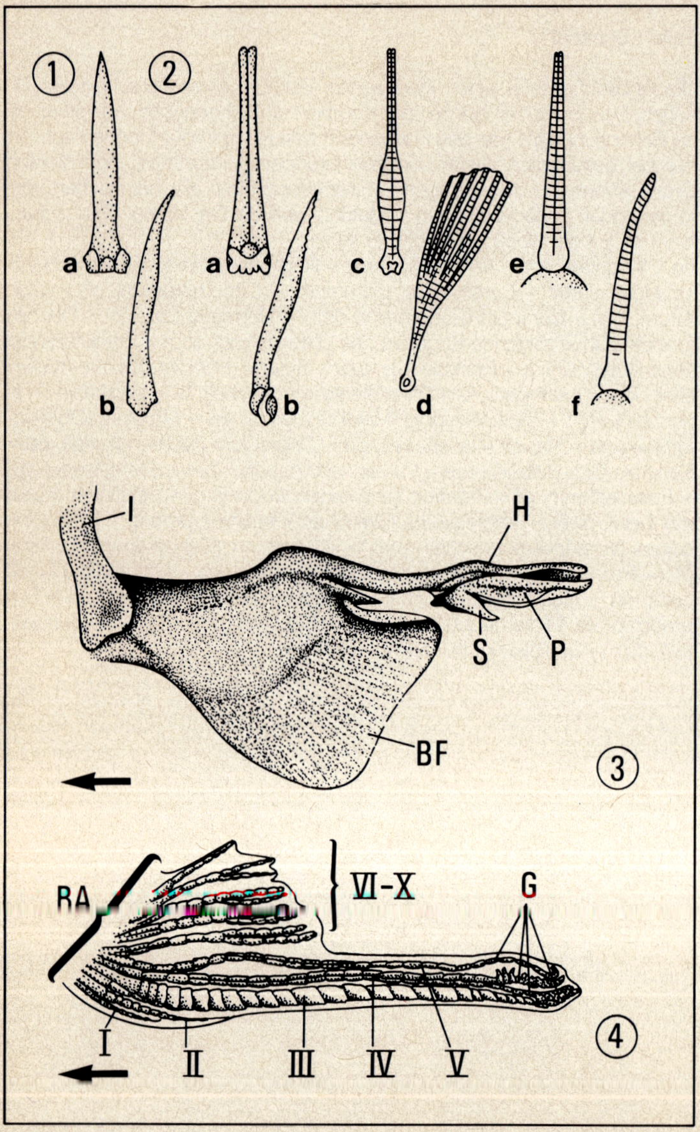
①
②
a
b
a
b
c
d
e
f
I
H
S
P
BF
③
RA
VI–X
G
I
II
III
IV
V
④

Tafel „Flossenstrahlen und Modifikationen"

Abb. 1:
Hartstrahl von vorn (a) und von der Seite (b). Hartstrahlen sind immer einheitlich, ungeteilt und ungegliedert, meist glatt und zugespitzt.

Abb. 2:
Formen von Weichstrahlen. Alle Weichstrahlen, auch ungeteilte und ungegliederte, sind leicht von den Hartstrahlen zu unterscheiden, wenn man sie von vorn betrachtet. Weichstrahlen bestehen immer aus einer linken und einer rechten Hälfte, die miteinander verwachsen sind, während Hartstrahlen immer einheitlich sind. a, c, e = Frontansichten, b, d, f = Seitenansichten.
a + b. Ungeteilter und völlig ungegliederter Weichstrahl. Man beachte die Aufteilung in eine linke und eine rechte Hälfte (a).
c + d. Fächerartig geteilter, mehr oder weniger vollständig gegliederter Weichstrahl.
e + f. Ungeteilter, mehr oder weniger gegliederter Weichstrahl.

Abb. 3:
Eine Hälfte des männlichen Begattungsorgans von dem Hai *Heterodontus francisci* in einer Bauchansicht. Abgebildet ist die linke modifizierte Bauchflosse, die, ebenso wie die rechte, ein Pterygopodium bildet. BF = Bauchflosse, H = Haken, I = Ischiopubischer Knorpel, P = Pterygopodium, S = Sporn. Der Pfeil weist zum Kopf hin.

Abb. 4:
Die zu einem Begattungsorgan modifizierte Afterflosse von einem Lebendgebärenden Zahnkarpfen *(Heterandria formosa*, Fam. Poeciliidae). Diese Anale ist in drei Abschnitte unterteilt: a) in einen vorderen, stark reduzierten Flossenteil (Strahlen I + II), b) in einen mittleren, begattungsfunktionellen Teil (= Gonopodium, Strahlen III–V) und c) in einen hinteren, normalen Flossenteil (Strahlen VI–X). Der Strahl III ist das Hauptstützelement des Gonopodiums. BA = Basis der Afterflosse, G = Gonopodium. Der Pfeil weist kopfwärts.

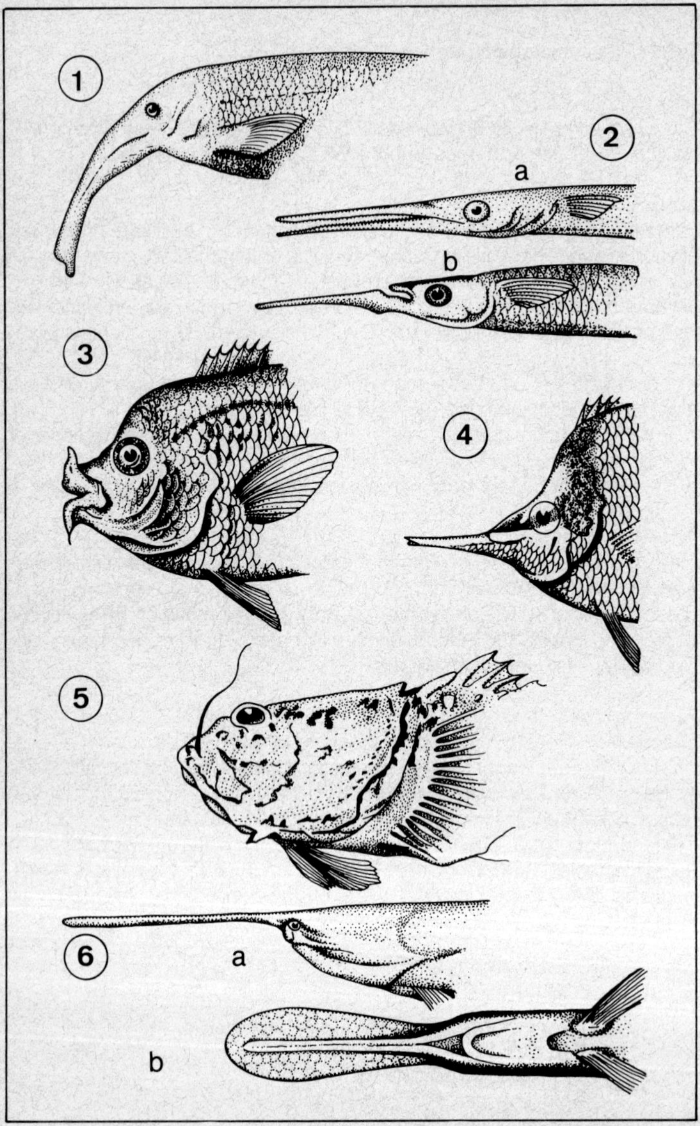
1
2
a
b
3
4
5
6
a
b

Tafel „Mundfortsätze“

Abb. 1:
Verlängerung der Schnauze bei einem Nilhecht (Fam. Mormyridae, *Gnathonemus elephas)*. Die Tiere durchwühlen mit ihrem rüsselartigen Maul den weichen Bodengrund nach Nahrung.

Abb. 2:
Verlängerung der Schnauze bei Hornhechten (Fam. Belonidae, a) und Halbschnäblern (Fam. Hemirhamphidae, b). a) Ober- und Unterkiefer sind gleichlang ausgezogen. Beispiel: *Strongylura longirostris.* b) Nur der Unterkiefer ist lang ausgezogen. Beispiel: *Hyporhamphus unifasciatus.* Bei Vertretern der Halbschnäbler mit ausgezogenem Unterkiefer ist dieser starr, während der Oberkiefer beweglich ist (große Ausnahme bei Fischen!).

Abb. 3:
Extreme Verdickung der Lippen, die eine Anpassung an die Nahrungsaufnahme ist (Aufwuchsfresser). Beispiel: *Cichlasoma labiatum.*

Abb. 4:
Verlängerung der Schnauze bei einem Pinzettfisch *(Forcipiger longirostris,* Fam. Chaetodontidae). Auch hier liegt eine Anpassung an die Nahrungsaufnahme vor. Die Fische benutzen dieses Maul wie eine Pinzette, mit der sie Korallenpolypen und andere Wirbellose regelrecht aufpicken.

Abb. 5:
Bartelartiger Fortsatz am Oberkiefer von *Zalescopus tosae.*

Abb. 6:
Rostrum eines Schaufelstörs *(Polyodon spathula)* in a) Seiten- und b) Bauchansicht. Die Funktion dieses Schnauzenfortsatzes ist bisher unbekannt.

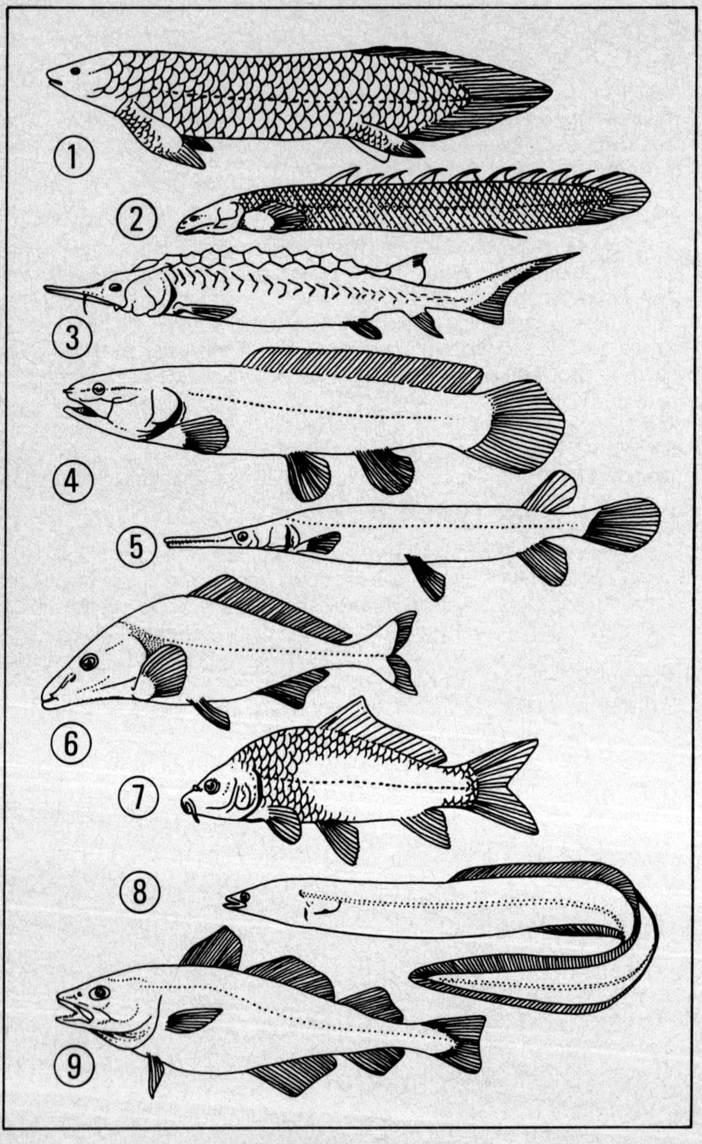
1
2
3
4
5
6
7
8
9

Tafel „Körperformen I"

Abb. 1:
Australischer Lungenfisch *(Neoceratotus forsteri)*, U. Klasse Dipnoi. Man beachte die paarigen Flossen, die aus einem kräftigen, außen beschuppten Schaft und vorn und hinten ansitzenden Flossensäumen bestehen.

Abb. 2:
Afrikanischer Flösselhecht *(Polypterus senegalus*, Fam. Polypteridae). Die Rückenflosse ist aus zahlreichen, einzeln stehenden Flösseln zusammengesetzt.

Abb. 3:
Stör *(Acipenser oxyrhynchus*, Fam. Acipenseridae).Störe tragen auf den Körperseiten Knochenschilder und weisen eine asymmetrische (heterozerke) Schwanzflosse auf.

Abb. 4:
Schlammfisch *(Amia calva*, Fam. Amiidae). Das tiefgespaltene Maul verrät den Räuber.

Abb. 5:
Knochenhecht *(Lepisosteus osseus*, Fam. Lepisosteidae). Knochenhechte gehören zum Typus des Stoßräubers, der leicht an der weit nach hinten gerückten Rücken- und Afterflosse zu erkennen ist. Zusammen mit der Schwanzflosse bilden sie die Antriebseinheit der Fische.

Abb. 6:
Nilhecht *(Mormyrus caballus*, Fam. Mormyridae). Bei diesem Vertreter der Nilhechte ist das Maul nur wenig rüsselartig verlängert.

Abb. 7:
Karpfen (*Cyprinus carpio,* Fam. Cyprinidae). Der Karpfen und andere karpfenartige Fischen weisen die typische Fischform auf.

Abb. 8:
Europäischer Aal *(Anguilla anguilla*, Fam. Anguillidae). Aale haben eine schlangenförmige Gestalt, fehlende Bauchflossen und Rücken-, Schwanz- und Afterflosse bilden einen durchgehenden Flossensaum.

Abb. 9:
Kabeljau *(Gadus morhua*, Fam. Gadidae). Typisch für die Dorschfische ist eine einzelne Unterkieferbartel. Außerdem weisen viele Dorschfische eine dreiteilige Rückenflosse und eine zweiteilige Afterflosse auf.

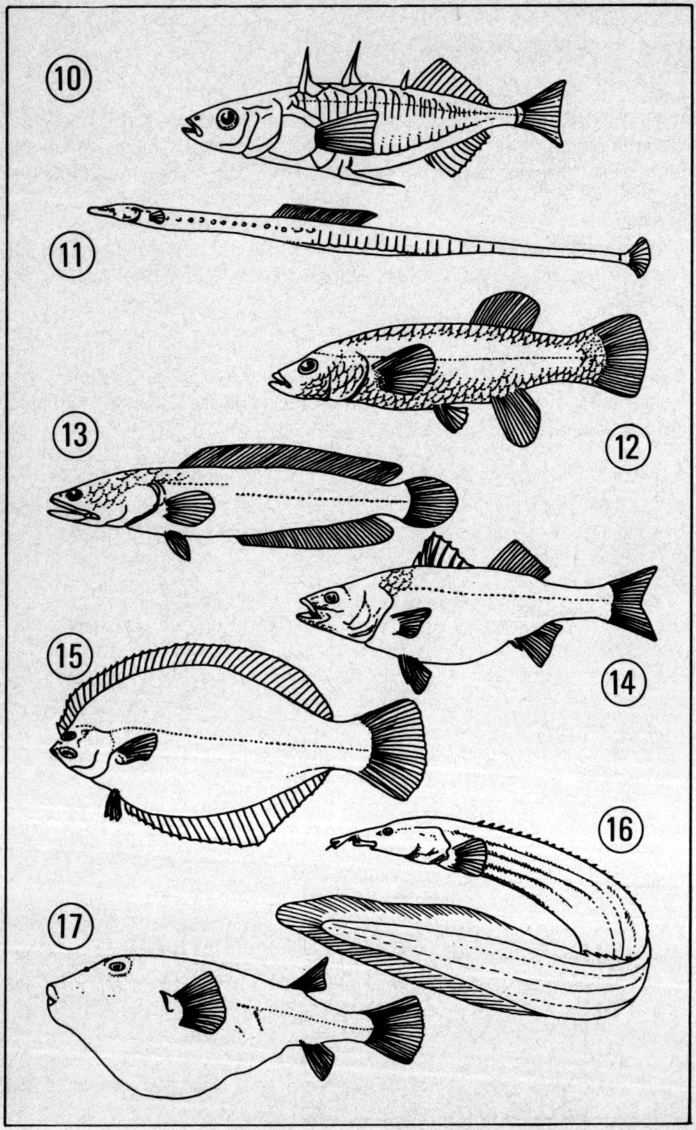
10
11
13
12
15
14
16
17

Tafel „Körperformen II"

Abb. 10:
Dreistachliger Stichling *(Gasterosteus aculeatus*, Fam. Gasterosteidae). Die Tiere tragen auf den Körperseiten Knochenplatten. Die ersten drei Strahlen der Rückenflosse stehen einzeln.

Abb. 11:
Seenadel *(Pseudophallus starksi*, Fam. Syngnathidae). Die Tiere weisen eine gute Anpassung des Körpers an das Leben in Seegraswiesen auf. Noch extremer sind Seepferdchen an ihren Biotop angepaßt.

Abb. 12:
Eierlegender Zahnkarpfen *(Fundulus majalis*, Fam. Cyprinodontidae). Viele Killifische haben einen im Querschnitt drehrunden Körper.

Abb. 13:
Schlangenkopffisch *(Channa striata*, Fam. Channidae). Die Tiere sind Stoßräuber mit einem tiefgespaltenem Maul. Die unpaaren Flossen bilden die Antriebseinheit der Fische.

Abb. 14:
Zackenbarsch *(Roccus saxatilis*, Fam. Serranidae). Typischer Vertreter der barschartigen Fische. Bei diesen besteht die Rückenflosse meist aus einem hartstrahligen vorderen und einem weichstrahligen hinteren Teil.

Abb. 15:
Plattfisch *(Pseudopleuronectes americanus*, Fam. Pleuronectidae). Die Tiere sind sehr gut an das Bodenleben angepaßt. Die Tiere sind dorsoventral abgeflacht. Eine Körperhälfte wird zur Unter-, die andere zur Oberseite. Die Augen wandern zur Oberseite.

Abb. 16:
Stachelaal *(Mastacembelus maculatus*, Fam. Mastacembelidae). Aalartige Fische mit eigentümlich ausgezogenem Rostrum und unterständigem Maul.

Abb. 17:
Kugelfisch *(Sphaeroides maculatus*, Fam. Tetraodontidae). Kugelfische weichen stark von der typischen Fischgestalt ab. Ihre Fortbewegung erfolgt überwiegend mit den Brustflossen.

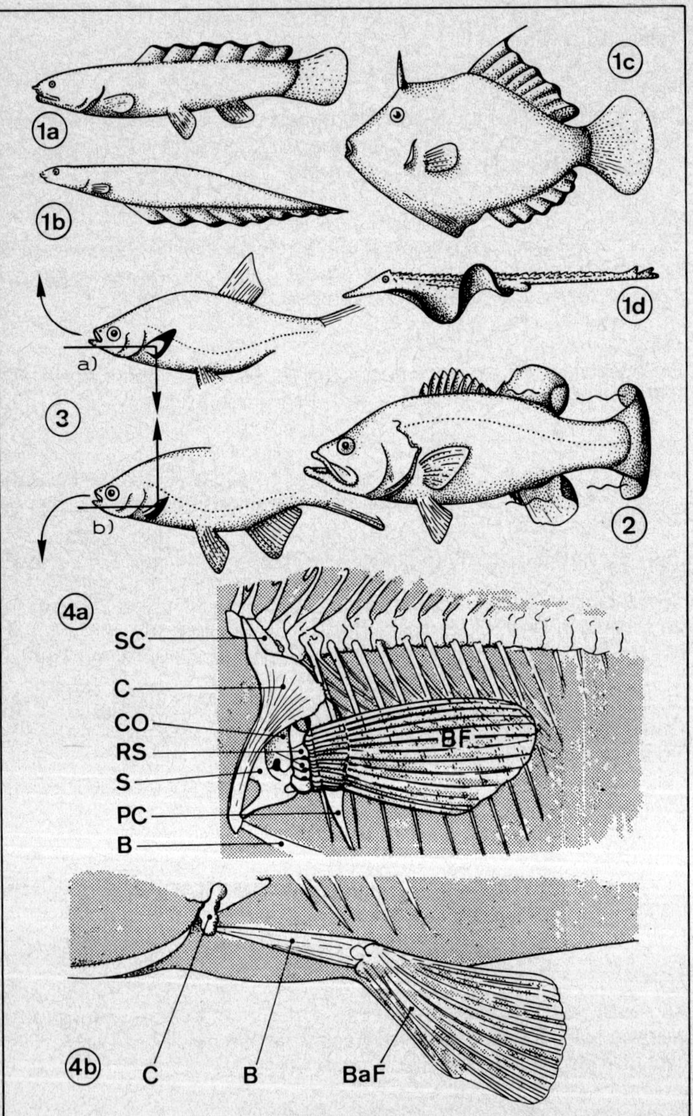
1a
1b
1c
1d
2
3
a)
b)
4a
SC
C
CO
RS
S
PC
B
BF
4b
C
B
BaF

Tafel „Fortbewegung bei Fischen"

Abb. 1:
Ungewöhnliche Fortbewegungsarten durch Flossen bei Fischen.
a) Mit der Rückenflosse. Diese ist verlängert und bildet einen wellenartig verlaufenden (undulierenden) Saum. Beispiel: Kahlhecht *(Amia calva)*.
b) Mit der Afterflosse. Bei den meisten Fischen, die sich so fortbewegen, ist die Rückenflosse reduziert oder fehlt ganz. Beispiele: Messerfische (Fam. Notopteridae), Zitteraale (Fam. Electrophoridae).
c) Mit Rücken- und Afterflosse. Beide Flossen sind verlängert und können einzeln oder gemeinsam bewegt werden. Beispiel: Drückerfische (Fam. Balistidae).
d) Mit den Brustflossen. Diese sind bei Rochen oft stark verlängert und sorgen für Vortrieb durch undulierende Bewegungen. Beispiel: Süßwasserrochen (Fam. Paratrygonidae).

Abb. 2:
Die Abbildung zeigt den Einsatz der unpaaren Flossen (Rücken-, Schwanz- und Afterflosse) bei der Fortbewegung des Forellenbarsches *Micropterus salmoides*. Diese drei Flossen dienen sowohl der Richtungsänderung als auch der Stabilisierung des Fisches.

Abb. 3:
Die Stellung der Brustflossen beim Schwimmen von Weißfischen (Fam. Cyprinidae). a) Beim Steigschwimmen, b) beim Abtauchen. Die gebogenen Pfeile geben die Richtungsänderung an. Die gewinkelten Pfeile sind die Vektoren der einwirkenden Kräfte.

Abb. 4:
Skelett der paarigen Flossen (Brust- und Bauchflossen) von einem Flußbarsch *(Perca fluviatilis)*. a) Schultergürtel mit Brustflosse, b) Beckengürtel mit Bauchflosse.
B = Basipterygium, BaF = Bauchflosse, BF = Brustflosse, C = Cleithrum, CO = Coracoid, PC = Postcleithrum, RS = Radiale, S = Scapula, SC = Supracleithrum.
Da es von vielen Knochen keine deutsche Bezeichnung gibt, wurde auf eine solche verzichtet.

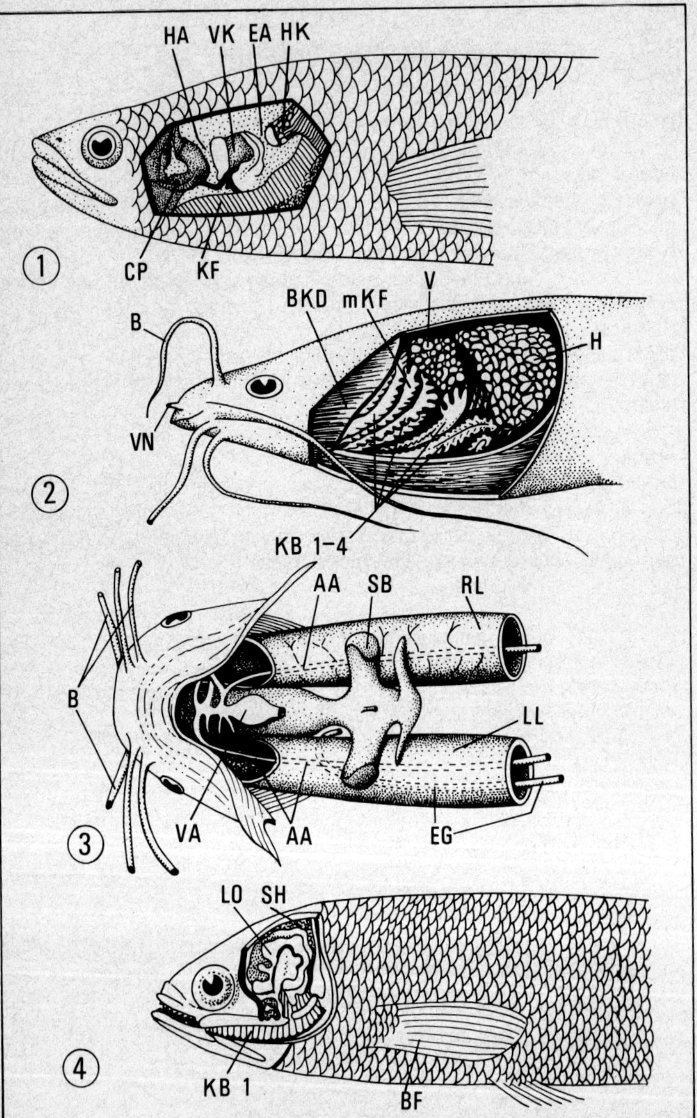
HA VK EA HK
CP
KF
1
B
BKD mKF
V
H
VN
2
KB 1–4
AA SB RL
B
LL
VA
AA
EG
3
LO SH
KB 1
BF
4

Tafel „Zusätzliche Atmungsorgane"

Bei den nachfolgend vorgestellten Fischen sind die zusätzlichen (= akzessorischen) Atmungsorgane Anpassungen des Organismus an die Luftatmung. Den Hauptanteil der Atmung übernehmen zwar die Kiemen, doch hindert man diese Fische daran, atmosphärische Luft zu atmen, so gehen sie selbst in frischem Wasser nach einigen Stunden ein.

Abb. 1:
Kopf eines Schlangenkopffisches *(Channa spec.)* mit abgeschnittenem Kiemendeckel. Schlangenkopffische benutzen den Hohlraum über den Kiemen als zusätzliches Atmungsorgan, das wie bei den Kletterfischen als Labyrinthorgan bezeichnet wird. Beide Labyrinthorgane haben sich jedoch völlig unabhängig voneinander entwickelt. CP = Verbindung mit dem Pharynx (Schlund), EA = Apophyse des 1. Kiemenbogens, HA = Apophyse (knöcherner Auswuchs) des Hyomandibulare, HK = hintere Kammer, KF = Kiemenblättchen des 1. Bogens, VK = vordere Kammer.

Abb. 2:
Kopf eines Kiemensackwelses der Gattung *Clarias*. Der Kiemendeckel wurde entfernt. Diese Welse haben ein akzessorisches Atmungsorgan in Form eines kurzen, nur bis zum Schultergürtel reichenden Atemsackes. In den Atemsack ragen verzweigte büschelförmige Fortsätze des 2. und 4. Kiemenbogens hinein. Sowohl die Wandung des Atemsackes als auch die Fortsätze sind Abkömmlinge flächenhaft ausgebreiteter Kiemenblättchen und weisen ein stark verästeltes Kapillarnetz auf. B = Barteln, BKD = Basis des Kiemendeckels, H = hintere verzweigte Fortsätze, KB 1–4 = Kiemenbögen 1–4, mKF = modifizierte Kiemenblättchen, V = vordere verzweigte Fortsätze, VN = vorderes Nasenloch.

Abb. 3:
Bauchansicht des Kiemensackwelses *Heteropneustes fossilis* mit geöffnetem Kiemen- und Bauchraum. Wie *Clarias spec.* hat auch *H. fossilis* ein zusätzliches Atmungsorgan. Bei diesem Fisch jedoch umschließt der Atemsack die Kiemen und reicht als Blindsack beiderseits der Wirbelsäule weit schwanzwärts. Die Blindsäcke sind ebenfalls stark durchblutet. AA = afferente (hinführende) Arterie, B = Barteln, EG = efferente (wegführende) Gefäße, LL = linker Luftsack, RL = rechter Luftsack, SB = Schwimmblase in Knochenkapsel, VA = ventrale Aorta.

Abb. 4:
Kopf des Kletterfisches *Anabas spec.* mit geöffneter Labyrinthtasche. Das Labyrinthorgan besteht aus einer dorsalen Erweiterung der Kiemenhöhle über dem 4. Kiemenbogen. In dem Hohlraum liegen drei oder mehr ausgebuchtete Knochenlamellen, die mit Schleimhaut überzogen sind. Diese ist sehr stark durchblutet. Bei geöffnetem Maul steht das Labyrinth mit der Mundhöhle in Verbindung. BF = Brustflosse, KB 1 = 1. Kiemenbogen, LO = Labyrinthorgan, SH = Suprabranchialhöhle (Labyrinthhöhle), SL = Seitenlinie.

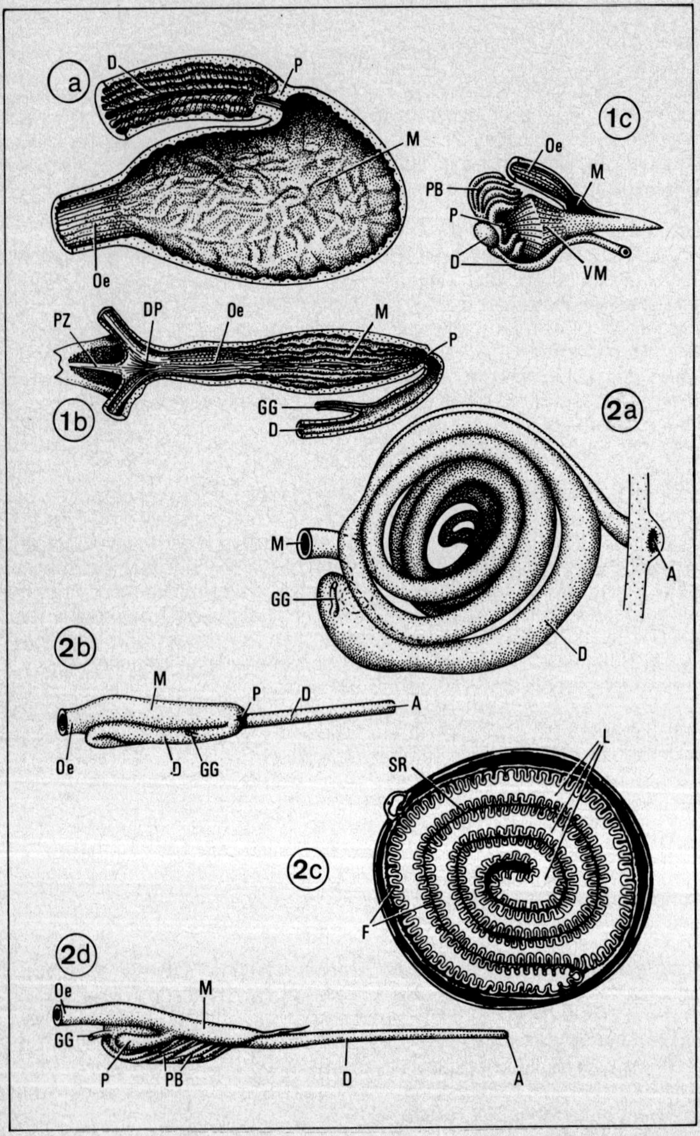
a
D
P
M
Oe
1c
Oe
M
PB
P
D
D
VM
PZ
DP
Oe
M
P
GG
D
1b
2a
M
GG
A
D
2b
M
P
D
A
Oe
D
GG
SR
L
2c
F
2d
Oe
M
GG
P
PB
D
A

Tafel „Darm“

Abb. 1:
Veränderungen in Form, Anhängen und Auskleidung des vorderen Teils des Verdauungstraktes. a) Beim allesfressenden (omnivoren) Europäischen Wels *(Silurus glanis)*. b) Beim fleisch-(fisch-) fressenden (carni-/piscivoren) Hecht *(Esox lucius)*. c) Bei der im Boden grabenden Meeräsche *(Mugil cephalus)*. D = Darm, DP = Öffnung in den Ductus pneumaticus (= Verbindung zwischen Schwimmblase und Darm), GG = Gallengang, M = Magen, Oe = Oesophagus (= Speiseröhre), P = Pylorus, PB = Pylorusblindsack, PZ = pharyngeales Zahnpolster, VM = Muskelmagen.

Abb. 2:
Veränderungen des Darmes in Länge und anderen Merkmalen bei fleisch-(fisch-) und pflanzenfressenden Fischen. a) Aufgewundener Darm bei dem pflanzenfressenden (herbivoren) Wels *Loricaria spec.* b) Die Spiralfalte des fleisch/fischfressenden Haies *(Scyllium spec.)* im Querschnitt. c) Gerader Darm bei dem fleisch/fischfressenden Hecht *(Esox lucius)*. d) Gerader Darm mit Blindsäcken bei dem fleisch/fischfressenden Barsch *Perca flavescens.*
A = After, D = Darm, F = Falte der Mucosa (Schleimhaut), GG = Gallengang, L = Lumen, M = Magen, Oe = Oesophagus (= Speiseröhre), P = Pylorus, PB = Pylorusblindsäcke, SR = Spiralfalte.

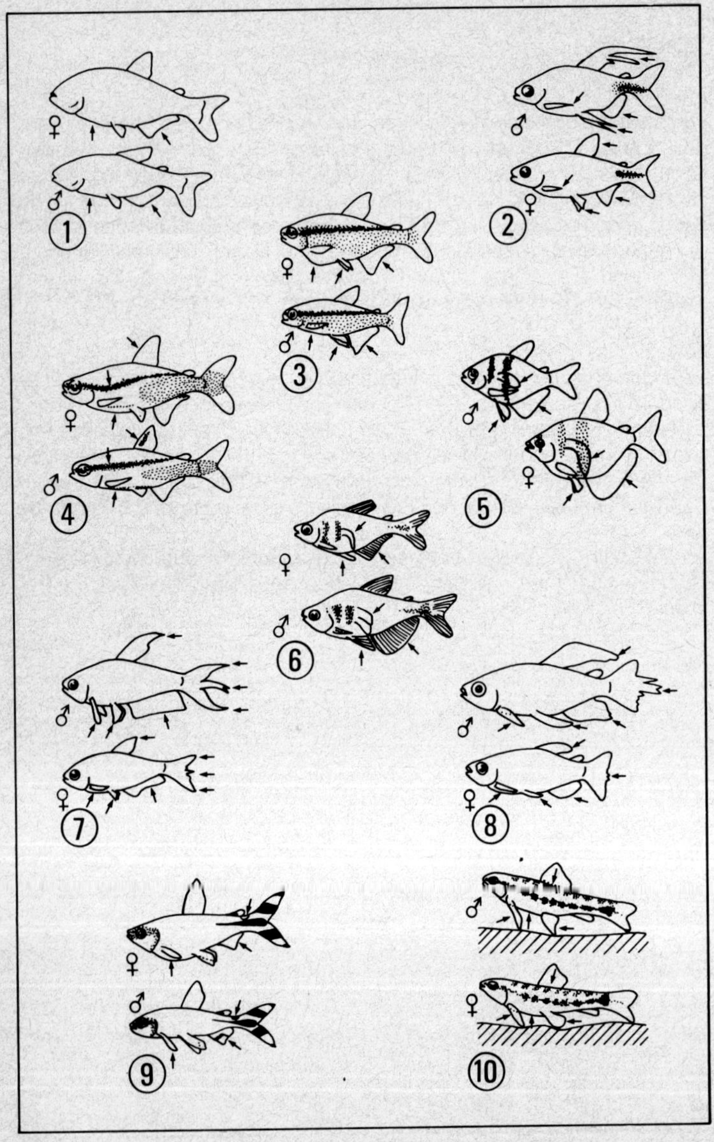

♀
♂
1
♂
♀
2
♀
♂
3
♀
♂
4
♂
♀
5
♀
♂
6
♂
♀
7
♂
♀
8
♀
♂
9
♂
♀
10

Tafel „Geschlechtsunterschiede bei Salmlern“

Abb 1:
Blinder Höhlensalmler *(Astyanax fasciatus mexicanus).* ♂ ist schlanker, Afterflosse ist nach außen gewölbt; ♀ mit dickerem Bauch, Anale nach innen gewölbt.

Abb. 2:
Langflossensalmler *(Brycinus longipinnis).* ♂ größer, schlanker, mit fadenförmig ausgezogener Rückenflosse, langen Bauchflossen und ausgebuchteter Afterflosse; ♀ dicker, ohne verlängerte Flossenstrahlen und gerader oder eingebuchteter Analis.

Abb. 3:
Roter Neon *(Cheirodon axelrodi).* ♂ schlanker, Bauchlinie fast gerade, Afterflosse gerade bzw. kaum eingebuchtet; ♀ voller, Bauch nie ausgebuchtet, Analis stärker eingebuchtet.

Abb. 4:
Neonsalmler *(Paracheirodon innesi).* ♂ schlanker, Bauch gerade oder wenig eingefallen; ♀ dicker, Bauch ausgebuchtet.

Abb. 5:
Trauermantelsalmler *(Gymnocorymbus ternetzi).* ♂ kleiner, Ende der Schwimmblase ist abgerundet, endet hoch in der Leibeshöhle; ♀ größer, voller, Schwimmblase endet spitz und führt bis zur Afteröffnung hinunter.

Abb. 6:
Gelber Salmler *(Hyphessobrycon bifasciatus).* ♂ schlanker, Anale stark ausgebogen, Schwimmblase ist abgerundet; ♀ voller, Analis eingebuchtet, Schwimmblase spitz.

Abb. 7:
Kaisertetra *(Nematobrycon palmeri).* ♂ größer, mit längerer Rücken- und Afterflosse, Strahlen der Schwanzflosse sind verlängert; ♀ kleiner und voller, keine verlängerten Flossen.

Abb. 8:
Blauer Kongosalmler *(Phenacogrammus interruptus).* ♂ größer, Rückenflosse länger, Afterflosse und Mitte der Schwanzflosse sind lappenartig verlängert; ♀ kleiner, Flossen normal.

Abb. 9:
Rotkopfsalmler *(Petitella georgiae).* ♂ schlanker, kleiner, mit weißer und dunkler Zeichnung in der Afterflosse; ♀ größer, voller, ohne Zeichnung in der Anale.

Abb. 10:
Gebänderter Bodensalmler *(Characidium fasciatum).* ♂ kleiner, schlanker, besser entwickelte Flossen, Basis der Rückenflosse ist punktiert; ♀ größer und dicker, Rückenflossenbasis ohne Punkte.

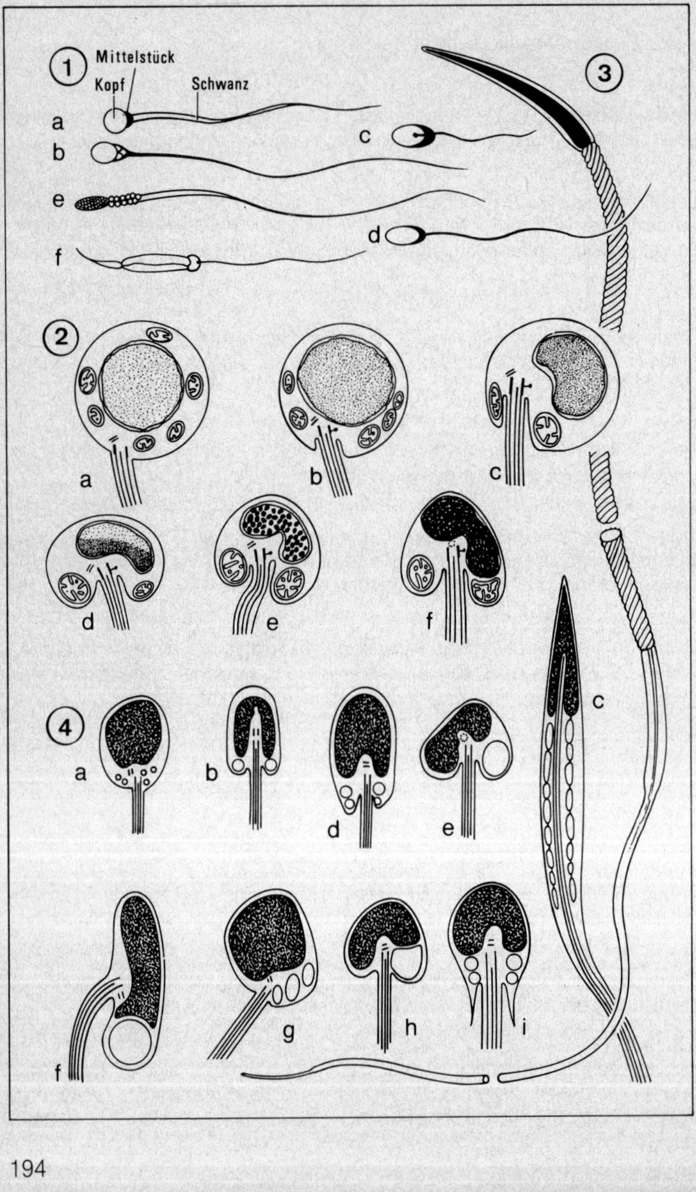
1
Mittelstück
Kopf
Schwanz
a
b
c
d
e
f
2
a
b
c
d
e
f
3
c
4
a
b
d
e
f
g
h
i

Tafel „Spermien“

Abb. 1:
Unterschiede in der Spermienform einiger Knochenfische.
a) Hecht *(Esox lucius)*. Hier sind die drei Abschnitte der Spermien (Kopf, Mittelstück, Schwanz) genau bezeichnet. b) Atlantischer Hering *(Clupea harengus)*, c) Regenbogenforelle *(Salmo gairdneri)*, d) Meerforelle *(Salmo trutta trutta)*, e) Guppy *(Poecilia reticulata)* , f) Aal *(Anguilla anguilla)*.

Abb. 2:
Die Spermiogenese (Spermienbildung) des Teleosteers *Parapristipoma octolineatum* (Fam. Pomadasyidae).
a) Eine junge Spermatide (Spermienvorstufe) mit einem großen, zentral gelegenen Kern und Mitochondrien im Cytoplasma. b) Wanderung der Centriolen (Zentralkörperchen) und Drehung des Kernes. Die Cilienachse steht nun tangential zum Kern. c) Der Kern bekommt eine Einbuchtung, und die Mitochondrien wandern um die Centriolen herum. d–f) Transformation des Kernes: Die Spermatide wird zum befruchtungsfähigen Spermatozoon (f).

Abb. 3:
Ein Spermium des Schmetterlingsfisches *Pantodon buchholzi* (Fam. Pantodontidae). Der Kern (schwarz) ist verlängert; stark verlängert ist auch das schraubig angeordnete Mittelstück. Es schließen sich eine kurze gefensterte Region (Ausnahme!) und die lange Geißel (= Schwanz) an.

Abb. 4:
Die Abbildung zeigt das unterschiedliche Aussehen der Köpfe einiger Teleosteer-Spermatozoen.
a) *Epiplatys spilargyreius* (Fam. Cyprinodontidae), b) *Balistes forcipatus* (Fam. Balistidae), c) *Poecilia reticulata* (Fam. Poeciliidae), d) *Hemichromis fasciatus* (Fam. Cichlidae), e) *Boops boops* (Fam. Sparidae), f) *Ophioblennius atlanticus*, g) *Scartella cristata* (beide Fam. Blenniidae), h) *Periophthalmus papilio* (Fam. Gobiidae), i) *Sarotherodon niloticus* (Fam. Cichlidae).

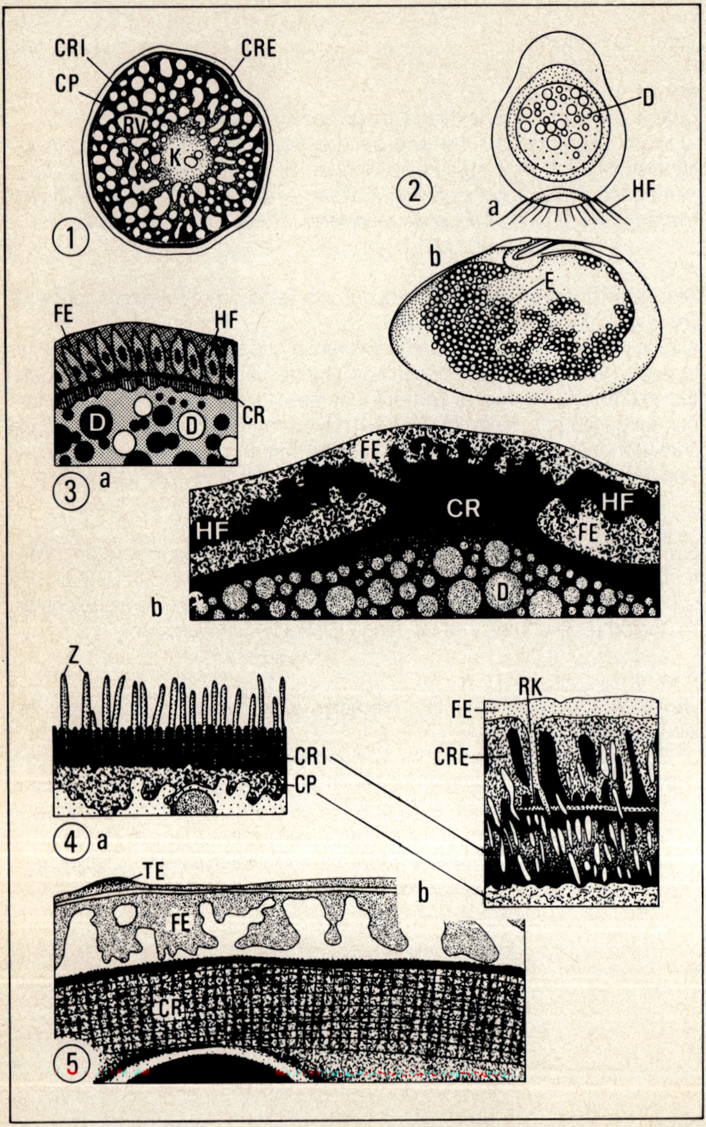
CRI
CRE
CP
RV
K
1
D
2
HF
a
b
E
FE
HF
CR
D
D
3
a
FE
CR
HF
HF
FE
D
b
Z
RK
FE
CRI
CP
CRE
4
a
TE
b
FE
CR
5

Tafel „Eizellen und Eier“

Abb. 1:
Aufbau einer Fisch-Eizelle (Oocyte) des späten Stadiums II bei lichtmikroskopischer Betrachtung. Ihr Zellkern (K) liegt zentral. Die Oocyte ist größtenteils von Rindenvakuolen (RV) ausgefüllt. Zwischen den Rindenvakuolen befindet sich das Cytoplasma (CP). Die Eihülle (= Cortex radiatus) hat sich schon in einen äußeren (CRE =Cortex radiatus externus) und einen inneren Anteil (CRI = Cortex radiatus internus) differenziert.

Abb. 2:
a) Birnenförmiges Ei der Sandgrundel *Pomatoschistus minutus.*
b) Die Abbildung zeigt eine Gelege dieses Fisches an der Schalenhälfte einer Sandklaffmuschel *(Mya arenaria).* Die Eier kleben mit Hilfe von Haftfäden fest. Die Haftfäden befinden sich bei den Grundeln immer am animalen Pol des Eies. D = Dotter, E = Eier, HF = Haftfäden.

Abb. 3:
Eihülle der Grundel *Pomatoschistus minutus* im lichtmikroskopischen Bild. a) Haftfäden, quergeschnitten. Die Haftfäden stehen nur am animalen Pol mit der Eihülle in Verbindung; ansonsten gibt es keine anderen Berührungsstellen. Gebildet werden die Haftfäden von den im Querschnitt dreieckigen bis trapezförmigen Follikelepithelzellen. b) Ansatzstelle der Haftfäden am animalen Pol des Eies an der Eihülle. Die Haftfäden sind nach elektronenmikroskopischen Untersuchungen ein Teil der Eihülle (= des Cortex radiatus externus). CR = Cortex radiatus, D = Dotterelemente, FE = Follikelepithel, HF = Haftfäden.

Abb. 4:
Elektronenmikroskopische Ausschnitte von den Eihüllen bodenlaichender Süßwasserfische. Die Eihüllen dieser Fische sind immer relativ dicht (10–70μm). a) Gründling *(Gobio gobio).* Die Eihülle ist nach außen hin in Zapfen differenziert. Die Zapfen sind ein Teil des Cortex radiatus externus und heften das Ei am Substrat fest. b) Schmerle *(Noemacheilus barbatulus).* Hier sind die Zapfen noch in eine Matrix eingebettet. Zapfen und Matrix bestehen größtenteils aus Polysacchariden, die beim Zusammentreffen mit Wasser (beim Ablaichen) klebrig werden. CP = Cytoplasma, CRE = Cortex radiatus externus, CRI = Cortex radiatus internus, FE = Follikelepithel, MA = Matrix, RK Radiärkanal, Z = Zapfen

Abb. 5:
Ausschnitt aus der Eihülle eines Knurrhahns *(Trigla spec.).* Die Eier schwimmen im Plankton, deshalb sind weder Haftfäden noch Haftzotten ausgebildet. BM = Basalmembran, CP = Cytoplasma, CR = Cortex radiatus, FE = Follikelepithel, TF = Theca folliculi.

Amazonas bei Manaus, Fangplatz für Scalare und Diskus.

Zeichenerklärung zum Fischbildteil:

Fam.:	= Familie
Unterfam.:	= Unterfamilie
Syn.:	= Synonym = gleichlautend In der Systematik der Tiernamen ist immer nur der Name der Art gültig, den der Erstbeschreiber festgelegt hat. Nachfolgende Neubeschreibungen der gleichen Art unter einem anderen Namen sind sog. Synonyme.
Vork.:	= Vorkommen. Hier ist das ursprüngliche Herkunftsgebiet gemeint.
Ersteinf.:	= Ersteinführung. Bei vielen Arten ist recht interessant zu wissen, wie lange die Art schon in der Aquaristik bekannt ist.
GU:	= Geschlechtsunterschiede
Soz.V.:	= Sozialverhalten
Hält.B:	= Hälterungsbedingungen Hinter den Angaben bei pH-Wert und Härte (dGH) stehen häufig Werte in Klammern. Diese Werte sind für den Fisch am zuträglichsten.
ZU:	= Zucht. Die Angabe in dieser Rubrik soll lediglich einen Anhaltspunkt geben. Komplette Zuchtanleitungen entnehme man den Fachzeitschriften oder einschlägigen Fachbüchern.
FU:	= Futterplan
Bes.:	= Besonderheiten
T:	= Temperatur
L:	= Länge des Fisches ausgewachsen. Die Angabe in Klammern bezieht sich auf die mögliche Länge im Aquarium.
BL:	= Beckenlänge
WR:	= Wasserregion: o = obere; m = mittlere; u = untere
SG:	= Schwierigkeitsgrad. Siehe hierzu Erläuterungen auf S. 203 (Band 1)

FU: (Futterplan)

Bei den einzelnen Fischbeschreibungen stehen in dieser Rubrik am Anfang die Abkürzungen: K, H, L, O.
Diese Abkürzungen bedeuten:

K = Karnivore = Fleischfresser
H = Herbivore = Pflanzenfresser
L = Limnivore = Aufwuchsfresser
O = Omnivore = Allesfresser
SG: 1 (Arten für Anfänger)
SG: 2 (Arten für Anfänger mit Vorkenntnissen)
SG: 3 (Arten für Fortgeschrittene)
SG: 4 (Arten für Könner und Spezialisten)
H = Herbivore; C = Chemie; K = Karnivore; G = Größe

* Die ausführlichen Erläuterungen finden Sie in Bd. 1, Seite 200pp.

Fam. Petromyzontidae (Neunaugen)
Der Körper dieser Fischähnlichen ist nackt und aalförmig. Die Nasengrube ist nicht mit dem Mund verbunden. Auf jeder Seite befinden sich sieben Kiemenöffnungen. Die Zunge ist mit Zähnen besetzt und dient als Raspel. Viele Neunaugen sind Räuber oder Parasiten an Fischen. Die Larve unterscheidet sich in vielen Punkten von den erwachsenen Tieren. Sie wurde als *Ammocoetus* beschrieben und wird vielerorts Querder genannt. Die Tiere leben teilweise marin und teilweise limnisch, einige Arten wandern zwischen Meer und Süßwasser hin und her. Nach STERBA besteht der Lebenslauf der Neunaugen aus folgenden deutlich getrennten Abschnitten: Embryonalzeit – Larvalzeit – Verwandlung (Metamorphose) – Freßperiode – Fortpflanzungszeit. Neunaugen kommen in Nord- und Südamerika, in Europa und Nordasien sowie in Nordafrika und Südaustralien bzw. Neuseeland vor.

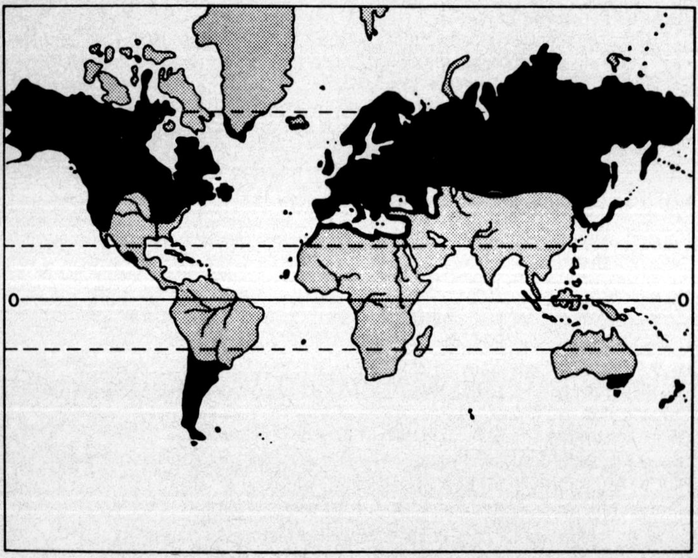

Verbreitungsgebiet der Petromyzonidae

Lampetra planeri (BLOCH, 1784)
Bachneunauge, Bachpricke

Syn.: *Petromyzon planeri, P. branchialis.*

Vork.: Europa; von Irland und Frankreich bis zum Oberlauf der Wolga, hauptsächlich im Nord- und Ostseegebiet.

Ersteinf.: Einheimische Art.

GU.: Beim ♀ ist während der Laichzeit die Afterregion stark geschwollen und rostrot.

Soz. V.: Eingegraben lebender Bodenfisch, der dämmerungs- und nachtaktiv ist. Die Tiere sind Räuber.

Hält. B.: Feinsandiger Bodengrund, in den sich die Tiere einwühlen können; einige Steine als Verstecke, es ist keine Bepflanzung erforderlich. Klares, mittelhartes (um 10° dGH) und neutrales (pH 7,0) Wasser. Die Art ist empfindlich gegen höhere Temperaturen. *Lampetra planeri* ist ein Tier für den ausgesprochenen Spezialisten. Haltung am besten im Artbecken.

ZU: Im Aquarium noch nicht gelungen. Die Laichzeit erstreckt sich im Freiland von März bis Juni. Nach dem Ablaichen sterben die Tiere schnell ab. Die Larven heißen Querder und wandeln sich nach ungefähr vier Jahren in die geschlechtsreifen Tiere um.

FU: Die Art lebt räuberisch bzw. parasitisch von Fischfleisch und Fischbrut.

Bes.: Die erwachsenen Tiere haben keinen funktionsfähigen Darm mehr. Die Larve (Querder, *Ammocoetus*) hat noch kein Saugmaul und keine Augen. Diese beiden Merkmale unterscheiden sie vom erwachsenen Tier.

T: 4–16° C (Kaltwasserfisch), **L**: 19 cm, **BL**: 80 cm, **WR**: u, **SG**: 4

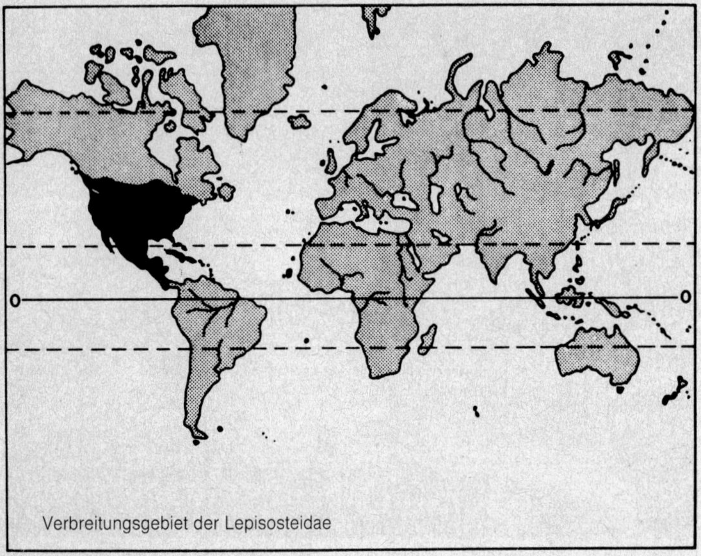

Verbreitungsgebiet der Lepisosteidae

Fam. Amiidae (Kahlhechte)
Diese Familie hatte ihre Blütezeit im Erdmittelalter (Jura, Kreide). Heute ist sie nur noch mit einer einzigen Art vertreten, die eine Reihe primitiver Baueigentümlichkeiten aufweist. Die Tiere haben Rundschuppen, und ihre Kiefer sind nicht nach vorn schiebbar.

Fam. Ceratotidae (Australische Lungenfische)
Die Familie umfaßt nur eine einzige Art (*Neoceratodus forsteri*). Der Körper ist mit dünnen, großen Schuppen bedeckt. Der Lungensack ist unpaarig und trägt Innenleisten. Die paarigen Flossen sind gesäumt. Das Pflugscharbein dieser Fische ist bezahnt. Sie kommen nur in Australien vor.

Lepisosteidae (Knochenhechte)
Die Knochenhechte sind ausschließlich in Nord- und Mittelamerika beheimatet. Die Tiere haben einen langgestreckten Körper mit einer langen Schnauze. Der Körper ist mit dichtgefügten Schmelzschuppen gepanzert. Die Kiefer sind stark bezahnt. Knochenhechte sind räuberische Süßwasserfische, die es seit der Kreidezeit gibt. Die Schwimmblase dient als akzessorisches Atmungsorgan. Rücken- und Schwanzflosse sind nach hinten verlagert (Stoßräuber). Es gibt sieben rezente Arten.

Fam. Polyodontidae (Löffelstöre)
Eine kleine Familie von störartigen Fischen, die eine sehr lange Schnauze besitzen. Sie unterscheiden sich von den anderen störartigen Fischen durch das Fehlen der Knochenschilder auf den Körperseiten. Ihre Haut ist glatt; Ganoidschuppen befinden sich lediglich auf dem Schwanzstiel. Die heutigen Vertreter haben zwei Barteln. Es gibt zwei rezente Arten: *Polyodon spathula,* der in Nordamerika vorkommt, und *Psephurus gladius,* der den Jang-tse-kiang in China bewohnt.

Fam.: Pristidae (Sägerochen, Sägefische)
Die Familie ist durch eine haiähnliche Körperform und ein stark entwickeltes Rostrum in Form einer Säge charakterisiert. Die Sägefische sind viel näher mit den Rochen als mit den Haien verwandt. Von den Sägehaien (Fam. Pristiophoridae) unterscheiden sie sich durch das Fehlen von Bartfäden, die Lage der Kiemenöffnungen und die Bezahnung der Säge. Bei den Sägefischen haben die Zähne in etwa alle die gleiche Größe, während bei den Sägehaien kleine und größere Zähne abwechseln. Sägerochen sind große Fische, deren größte Vertreter knapp acht Meter lang werden können. Sie sind Bewohner tropischer und subtropischer Meere. Einige Arten gehen auch ins Süßwasser oder leben dauernd dort, beispielsweise eine Art im Nikaragua-See in Mittelamerika und die auf Seite 220 vorgestellte Art aus Nordaustralien.

Die anderen Familienbeschreibungen aus dieser Gruppe sind in Band 1 Seite 206 zu finden.

Scaphirhynchus platorhynchus (RAFINESQUE, 1820)
Schaufelstör

Syn.: *Acipenser platorhynchus, A. cataphractus. Scaphirhynchus cataphractus, S. rafinesquei.*

Vork.: Nordamerika; im Einzugsgebiet des Mississippi. Die Art lebt nur im Süßwasser; sie wandert nicht ins Meer.

Ersteinf.: Unbekannt.

GU.: Keine bekannt.

Soz. V.: Die Tiere sind friedlich. Sie behelligen andere Fische nicht.

Hält. B.: Wie bei *Acipenser sturio* angegeben.

ZU: Die Zucht dieser Art ist im Aquarium noch nicht gelungen. Im Freiland erstreckt sich die Laichzeit von April bis Juni. Zum Laichen steigt der Schaufelstör in Nebenflüsse mit steinigem Grund auf.

FU: K; überwiegend Insektenlarven und andere wirbellose Bodentiere.

Bes.: Die Gattung *Scaphirhynchus* unterscheidet sich von der Gattung *Acipenser* durch die abgeplattete Schnauze, einen langen, mit Knochenschildern bedeckten Schwanzstiel und das Fehlen eines Spritzloches. Es gibt außer *S. platorhynchus* noch die viel seltenere Art *S. albus*, die ebenfalls im Mississippi-Gebiet vorkommt.

T: 10–20° C (Kaltwasserfisch), L: 150 cm, BL: 300 cm, WR: u, SG: 4

Amia calva LINNAEUS, 1766
Kahlhecht, Amerikanischer Schlammfisch

Syn.: *Amia canina, A. centiginosa, A. cinera, A. marmorata, A. occidentalis, A. ocillicauda, A. ornata, A. piquotii, A. reticulata, A. subcoerulea, A. thompsonii, A. viridis, Amiatus calvus.*

Vork.: Nordamerika; im Einzugsgebiet des Mississippi; Huron- und Eriesee.

Ersteinf.: 1891 von Max von dem Borne, Berneuchen.

GU.: ♂ mit schwarzem, gelb eingefaßtem Fleck auf dem Schwanzstiel; ♀ ohne diesen Fleck, in der Regel etwas größer.

Soz. V.: Einzelgängerisch lebende Raubfische; betreibt Brutpflege (Vaterfamilie).

Hält. B.: Nur in großen Becken halten. Versteckmöglichkeiten aus Steinen und Wurzeln (Steinaufbauten); kiesiger Bodengrund, dichte Randbepflanzung mit Kaltwasserarten. Wasser kalt, neutral (ph 7) und mittelhart (um 10° dGH). Vergesellschaftung nur mit gleichgroßen Fischen; am besten Einzelhaltung.

ZU: Im Aquarium noch nicht gelungen. Die Laichzeit liegt im Freiland im Mai und Juni. Die ♂♂ bauen im Pflanzendickicht ein Nest auf dem Boden. Das Nest besteht aus Pflanzenresten. Die Tiere laichen nachts. Die Art ist sehr fruchtbar (bis 70000 Eier). Die Jungfische schlüpfen nach etwa einer Woche und werden vom ♂ bis zu einer Größe von 10 cm betreut.

FU: Kräftiges Lebendfutter: Fische, Krebse, Schnecken, Regenwürmer; Rindfleischstücke werden nach einer gewissen Gewöhnungszeit auch genommen. Die Tiere sind sehr gefräßig.

Bes.: Die Schwimmblase von *Amia calva* weist einen lungenartigen Bau auf, sodaß die Fische atmosphärische Luft veratmen können. In Freiheit laichen viele Kahlhechte nebeneinander ab. Es entstehen auf diese Weise regelrechte Brutkolonien.

T: 15–20° C (Kaltwasserfisch), **L**: ♂ 55 cm, ♀ 75 cm, **BL**: ab 120 cm **WR**: u, **SG**: 4 (G, K)

Neoceratodus forsteri (KREFFT, 1870)
Australischer Lungenfisch

Syn.: *Ceratodus forsteri, C. miolepis*

Vork.: Australien; Queensland, im Bennet- und Mary-River. Durch gezieltes Aussetzen ist die Art inzwischen in vielen Teilen von Queensland heimisch geworden. Die Tiere leben ausschließlich im Süßwasser.

Ersteinf.: Unbekannt.

GU.: Keine bekannt.

Soz. V.: Träger, räuberisch lebender Bodenfisch.

Hält. B.: Die Tiere sind wegen ihrer Größe nur für öffentliche Schauaquarien geeignet. Für normale Aquarienhaltung eignen sich nur Jungfische. Die Art stellt an die Wasserbeschaffenheit keine Ansprüche. Ein Fisch für Spezialisten, sofern man ihn überhaupt bekommt.

ZU: In Gefangenschaft noch nicht gelungen. Im Freiland betreibt *Neoceratodus forsteri* keine Brutpflege. Die Eier haben einen Durchmesser von ca. 7 mm und sind von einer Gallertschicht umgeben. Sie ähneln Froschlaich. Die Eier werden an Wasserpflanzen abgelegt. Die ausschlüpfenden Jungfische haben keine äußeren Kiemen.*

FU: Fische, Schnecken, wirbellose Wassertiere. Die Art läßt sich auch an zerschnittenes Fleisch gewöhnen.

Bes.: Bei *Neoceratodus forsteri* ist die Lungenatmung bzw. die Doppelatmung (Kieme, Lunge) von allen Lungenfischen am schwächsten entwickelt. In sauerstoffreichen Gewässern atmen die Fische nur über die Kiemen. Im Gegensatz zu den afrikanischen und amerikanischen Lungenfischen gräbt sich *N. forsteri* nie in Schlamm ein. Der Fisch stirbt, wenn sein Wohngewässer austrocknet.

* Ei und Larven sind auf der übernächsten Seite abgebildet.

T: 22–28° C, **L**: 180 cm, **BL**: ab 150 cm, **WR**: u, **SG**: 4 (G)

Lepidosiren paradoxa FITZINGER, 1836
Südamerikanischer Lungenfisch, Lurchfisch

Syn.: *Lepidorsiren articulata, L. dissimilis.*

Vork.: Zentrales Südamerika: Brasilien, Paraguay; in Sumpfgewässern. Die Tiere sind Süßwasserfische.

Ersteinf.: 1928

GU.: Keine bekannt.

Soz. V.: Relativ ruhiger und räuberisch lebender Fisch. Die Tiere betreiben Brutpflege (Vaterfamilie).

Hält. B.: *L. paradoxa* ist für normale Bekken wegen seiner Größe nicht geeignet, dagegen lassen sich Jungfische gut halten. Dichte Bepflanzung und viele Versteckmöglichkeiten aus Wurzeln und Steinen. Die Tiere sind empfindlich gegen gechlortes Wasser, ansonsten stellen sie keine Ansprüche an die Wasserbeschaffenheit. Die Art ist wärmebedürftig. Vergesellschaftung nur mit gleichgroßen oder größeren Fischen.

ZU: Im Aquarium bisher noch nicht gelungen. Im Freiland werden Gänge in den Bodengrund gegraben und dort die Eier abgelegt. Laich und Larven werden vom ♂ bewacht. Die Larven atmen mit federförmigen Außenkiemen.

FU: Lebendfutter (Fische, Schnecken, Regenwürmer). Die Art frißt auch geschnittenes Fleisch.

Bes.: Die Art ist im Freiland fähig, Trokkenzeiten im Schlamm verborgen zu überstehen. Es werden Gänge in den Bodengrund gegraben, in die sich die Fische zurückziehen. Die Gänge werden mit Schlammkugeln verschlossen. Die Tiere haben schon eine Lunge, die aus der Schwimmblase hervorgegangen ist. Während der Laichzeit wird die Lunge nicht zur Atmung verwendet. So schwimmt dann *L. paradoxa* nicht mehr zur Wasseroberfläche zum Luftholen. Die Fische atmen nun ausschließlich durch die Kiemen und durch reichlich verzweigte, fadenförmige Anhängsel, die sich zur Laichzeit an den Extremitäten bilden.

* Ein Jungtier ist auf der nächsten Seite abgebildet.

T: 24–28° C, **L**: 125 cm, **BL**: 100 cm, **WR**: u, **SG**: 4 (G)

Ei und Larven von *Neoceratodus forsteri*

Lepidosiren paradoxa, juv.

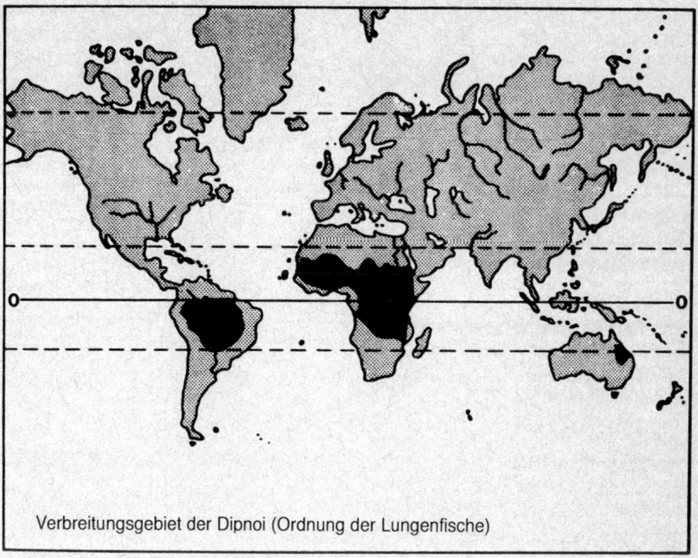

Verbreitungsgebiet der Dipnoi (Ordnung der Lungenfische)

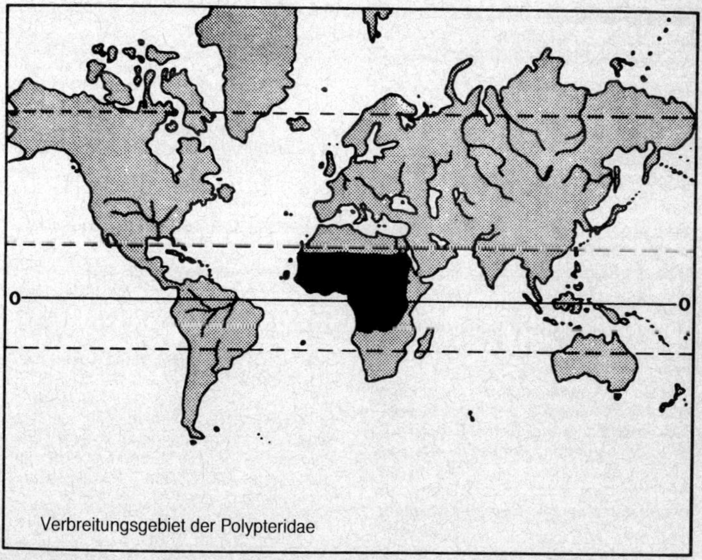

Verbreitungsgebiet der Polypteridae

Lepisosteus oculatus (WINCHELL, 1864)
Gefleckter Knochenhecht

Syn.: *Lepidosteus oculatus, Lepisosteus productus.*

Vork.: Nordamerika; USA, Große Seen, entlang des Mississippi und im Golf von Mexiko vom westlichen Florida bis Corpus Christi.

Ersteinf.: Unbekannt.

GU.: Keine bekannt.

Soz. V.: Einzelgängerisch lebender Raubfisch.

Hält. B.: Wie bei *Lepisosteus osseus* angegeben. Die Haltung dieses Fisches ist nur als Jungfisch empfehlenswert.

ZU: Im Aquarium wegen der Größe der Tiere noch nicht erfolgt.

FU: K; kräftiges Lebenfutter aller Art; ab einer bestimmten Größe werden fast ausschließlich Fische gefressen.

Bes.: Alle *Lepisosteus*-Arten sind Raubfische, die den Typus des Stoßräubers verkörpern. Die Tiere lauern, ähnlich wie unser Hecht (*Esox lucius*), ihrer Beute auf. Diese wird durch einen blitzschnellen Angriff überrumpelt. Rücken- und Afterflosse sind sehr weit nach hinten verlagert und bilden zusammen mit der Schwanzflosse die „Antriebseinheit".

T: 12–20° C (Kaltwasserfisch), **L**: 125 cm, **BL**: 120 cm, **WR**: m, o, **SG**: 4 (G, K)

Lepisosteus osseus (LINNAEUS, 1758)
Gemeiner Knochenhecht

Syn.: *Esox osseus, E. viridis, Lepisosteus bison, L. clintonii, L. gavialis, L. gracilis, L. huronensis, L. leptorhynchus, L. lineatus, L. longirostris, L. loricatus, L. oxyurus, L. otarius, L. semiradiatus. L. treculii, Macrognathus loricatus, Sarchirus argenteus, S. vittatus.*

Vork.: Nordamerika; große Seen und Flüsse von Vermont bis zum Rio Grande del Norte als südliche Grenze.

Ersteinf.: 1909 vom Berliner Aquarium.

GU.: Keine bekannt.

Soz. V.: Einzelgängerisch lebende, räuberische Fische. Sie lauern nach Art unserer Hechte auf ihre Beute.

Hält. B.: Es sind nur Jungtiere vorübergehend für die Haltung geeignet (Größe!). Kiesiger Bodengrund, dichte Bepflanzung mit Kaltwasserarten; Verstecke aus Steinen und Wurzeln, freier Schwimmraum. Die Tiere sind empfindlich gegen hohe Temperaturen (nicht über 20° C). Klares, sauerstoffreiches Wasser, das mittelhart (10–15° dGH) und neutral (pH 7,0) sein sollte. Die Art hält man am besten einzeln.

ZU: Die Art wurde in Gefangenschaft noch nicht nachgezüchtet, da die Tiere zu groß werden. Im Freiland laicht *Lepisosteus osseus* von März bis Mai ab. Die Eier sind klebrig und haften an irgendwelchen Substraten. Die Jungfische sind schnellwüchsig.

FU: Kräftiges Lebendfutter (Fische, Regenwürmer), Rindfleisch. Kleinere Tiere fressen auch Insekten (Schaben, Mehlwürmer usw.).

Bes.: Von *Lepisosteus osseus* gibt es zwei Unterarten: *L. osseus osseus* (LINNAEUS, 1758) und *L. osseus treculii* (DUMERIL, 1865). Letztere Unterart hat kleinere Augen und kommt im Delaware- und Ohio-River vor. Die Schwimmblase der *Lepisosteus*-Arten kann als akzessorisches Atmungsorgan fungieren.

T: 12–20° C (Kaltwasserfisch), **L**: 150 cm, **BL**: ab 100 cm, **WR**: m, o, **SG**: 4 (G)

Lepisosteus oculatus

Lepisosteus osseus

Lepisosteus platostomus RAFINESQUE, 1920

Syn.: *Cylindrosteus agassizi, C. bartoni, C. castelnaui, C. productus, C. rafinesquei, C. zadocki, Lepisosteus albus, L. grayi, L. latirostris, L. platystomus.*

Vork.: Nordamerika: USA, im Gebiet der Großen Seen und in den westlich und südlich davon gelegenen Flüssen.

Ersteinf.: 1910.

GU.: Es sind keine äußeren bekannt.

Soz. V.: Einzelgänger mit räuberischer Lebensweise, die dem Typus des Stoßräubers angehören (vergl. *Esox lucius*).

Hält. B.: Wie bei *Lepisosteus osseus* angegeben.

ZU: In Gefangenschaft noch nicht gelungen.

FU: K; kräftiges Lebendfutter aller Art (Regenwürmer, Fische), auch Krebs-, Muschel- und Fischfleisch; Rindfleisch in Stücken.

Bes.: *Lepisosteus platostomus* unterscheidet sich durch folgende morphometrische Daten von *L. osseus* (Werte vom *L. osseus* in Klammern): Die Kopflänge ist 3,5 mal in der Körperlänge (3 mal), Körperhöhe 8 mal in der Körperlänge (12 mal), die Anale mit 8 Strahlen (9), die Seitenlinie mit 56 Schuppen (62). Außerdem hat *L. platostomus* eine wesentlich kürzere Schnauze.

T: 10–18° C (Kaltwasserfisch), L: 60 cm BL: 100 cm, WR: m, o, SG: 2

Lepisosteus tristoechus (BLOCH & SCHNEIDER, 1801)

Alligatorhecht, Kaimanfisch

Syn.: *Esox tristoechus, Atractosteus lucius, Lepidosteus berlandieri, L. manjuari, L. viridis, Lepisosteus manjuari, L. spatula, Litholepis tristoechus.*

Vork.: Amerika: Südliche USA, Kuba und nördliches Mexiko. Die Art kommt in Süßwasser und Brackwasser vor. Die Tiere gehen häufig auch in reines Meerwasser.

Ersteinf.: 1915.

GU.: Keine bekannt.

Soz. V.: Räuberischer Einzelgänger.

Hält. B.: Wie bei *Lepisosteus osseus* angegeben. Es sind nur die Jungfische für eine Haltung im Aquarium geeignet (Größe!).

ZU: Wegen seiner Größe im Aquarium noch nicht erfolgt und wahrscheinlich auch nicht möglich.

FU: K; kräftiges Lebendfutter aller Art, besonders Fische.

Bes.: Die Seitenlinie von *Lepisosteus tristoechus* umfaßt 60 Schuppen. *L. tristoechus* ist die wärmebedürftigste Knochenhechtart.

T: 18–23° C, L: über 300 cm, BL: ab 150 cm, WR: m, o, SG: 3 (K, G)

Lepisosteus platostomus

Lepisosteus tristoechus

Klasse: Osteichthyes
Unterklasse: Actinopterygii
Oberordnung: Holostei
Ordnung: Lepisosteoidea

Familie: Lepisosteidae

Lepisosteus cuneatus aus dem Eozän von Wyoming/USA.

Hier handelt es sich um einen hechtartigen, schlanken Fisch mit einer auffallend langen Schnauze. Die kräftige, fast panzerartige Beschuppung gehört dem Placoid-Typ an, d. h. auf dem knochenartigen Basalteil liegt eine Dentinähnliche glänzende Schicht. Die Rückenflosse ist weit nach hinten verlagert und befindet sich der Afterflosse fast gegenüber. Die Schwanzflosse zeigt sich ungleichmäßig. Erstmalig kann man *Lepisosteus* in der oberen Kreide, also vor etwa 100 Millionen Jahren finden. Nahe Verwandte von ihm gibt es heute noch. Diese sind als Knochenhechte (siehe vorherige Seiten) bekannt und leben in flachen, oft stark verkrauteten Gewässern vom südlichen Kanada bis nach Mittelamerika. Sie können eine Größe bis zu 3 Metern erreichen. Wegen ihres krokodilartigen Aussehens werden sie auch Kaimanfische genannt. Fossil sind solche Fische auch in Europa und Afrika nachgewiesen.

Polyodon spathula (WALBAUM, 1792)
Löffelstör

Syn.: *Squalus spathula, Acipenser lagenarius, Planirostra spathula, Platirostra edentula, Polyodon folium, Procerus maculatus, Spatularia reticulata.*

Vork.: Nordamerika: USA, im Stromgebiet des Mississippi und seiner Nebenflüsse; ebenfalls im Eriesee.

Ersteinf.: Unbekannt.

GU.: Keine bekannt.

Soz. V.: Friedlicher, schwimmfreudiger Planktonfresser, der sich während der Laichzeit zu Schwärmen zusammenschließt.

Hält. B.: Die Haltung dieses urtümlichen Fisches bleibt wegen seiner Größe und seiner Nahrung nur großen Schauaquarien und Spezialisten vorbehalten. Die Einrichtung des Beckens wie bei *Acipenser sturio*.

ZU: Im Aquarium noch nicht nachgezüchtet. Im Freiland laichen die Tiere, je nach geographischer Breite, von Februar bis Mai. Die Art bildet während der Laichzeit ansehnliche Schwärme. Es wird im Flußbett und in Seen auch in Untiefen auf sandigem oder steinigem Grund abgelaicht. Die Larve von *P. spathula* hat eine kurze Schnauze und zwei gut entwickelte Barteln.

FU: K; extremer Planktonfresser (planktonische Krebse, zum geringen Teil auch Insektenlarven).

Bes.: *Polyodon spathula* ist mit einer Länge von etwa zwei Metern und einem Gewicht bis zu 75 kg der größte Planktonfresser des Süßwassers. Die Tiere schwimmen mit weit geöffnetem Maul durch das Wasser und filtern Planktonorganismen mit Hilfe der dichten, langen Kiemendornen heraus. Die Funktion des Schnauzenfortsatzes ist unbekannt.

T: 10–18° C (Kaltwasserfisch), L: 200 cm, BL: 300 cm, Rundschwimmbecken, WR: m, SG: 4 (Nahrungsspezialist)

Polypterus delhezi BOULENGER, 1899
Zaire-Flösselhecht

Syn.: Keine (?).

Vork.: Afrika: Zaire, im oberen und mittleren Zaire-River.

Ersteinf.: 1953.

GU.: Keine sicheren bekannt.

Soz. V.: Die Tiere sind gegenüber Artgenossen unverträglich und bissig, gegenüber gleichgroßen artfremden Fischen meist friedlich. Die Art lebt räuberisch.

Hält. B.: Wie bei *Polypterus palmas* angeführt.

ZU: Im Aquarium noch nicht nachgezüchtet.

FU: Wie bei *P. palmas* angegeben.

Bes.: Keine.

T: 26–28° C, **L**: 35 cm, **BL**: 100 cm, **WR**: m, u, **SG**: 3–4

Polypterus palmas AYERS, 1850

Syn.: Keine.

Vork.: Afrika: Guinea, Sierra Leone, Liberia, Zaire.

Ersteinf.: 1953.

GU.: Die Afterflosse ist beim ♂ an der Basis doppelt so lang wie beim ♀ und erfüllt bei der Fortpflanzung die Funktion eines Geschlechtsorgans.

Soz. V.: Die Tiere sind gegenüber artfremden Fischen meist friedlich. Untereinander kann es zu Aggressionen kommen. Räuberische Art.

Hält. B.: Möglichst großflächige Aquarien mit relativ niedrigem Wasserstand (30 cm). Einige Verstecke aus Steinen und Wurzeln; lockere Bepflanzung, freien Schwimmraum lassen. Bodengrund aus Sand oder feinkörnigem Kies. Wasser mittelhart (um 10° dGH) und pH um 7,0. Am besten Haltung im Artbecken.

ZU: Die Art ist in Gefangenschaft nur vereinzelt zur Fortpflanzung gebracht worden. Über eine gelungene Zucht berichtet HARTL (1981): DATZ **34**, 334–337. Auslösender Faktor für die Einleitung der Balz war offensichtlich der regelmäßige, vierzehntägige Wasserwechsel. Das ♂ beginnt mit der Balz, nach einiger Zeit vollführen beide Partner einen vollendeten Hochzeitstanz. Am Ende der Balz umfaßt das ♂ mit seiner taschenförmig ausgebreiteten Afterflosse die Analöffnung und die Analflosse des ♀. Begleitet von starkem Zittern beider Tiere werden nun bis zu fünf Eier und das Sperma in die Flossentasche des ♂ ausgestoßen. Nach einer Verweildauer von ca. 20 Sekunden löst sich das Paar voneinander, die Eier werden aufgewirbelt und sinken zu Boden. Dieser Ablaichvorgang wiederholt sich mehrmals an verschiedenen Stellen im Aquarium. Die Eltern kümmern sich nicht um die Eier. Diese haben einen Durchmesser von zwei Millimetern. Die Larven schlüpfen nach vier Tagen und schwimmen nach weiteren sechs Tagen frei. Sie sind dann etwa einen Zentimeter lang und werden mit *Artemia*-Nauplien gefüttert.

FU: K; fast ausschließlich Lebendfutter; die Tiere fressen auch Fisch- und Krebsfleisch.

Bes.: Ab einer Länge von 15 Millimetern sind die sich entwickelnden, äußeren Kiemen erkennbar.

T: 26–28° C, **L**: 30 cm, **BL**: 100 cm, **WR**: m, u, **SG**: 3

Polypterus delhezi

Polypterus palmas

Polypteris senegalus CUVIER, 1829
Senegal-Flösselhecht

Syn.: *Polypterus arnaudii, P. senegalensis.*

Vork.: Afrika: Weißer Nil bis zum Albert-, Rudolf- und Tschadsee, Senegal, Gambia, Niger.

Ersteinf.: 1953.

GU.: Keine sicheren bekannt.

Soz. V.: Untereinander recht unverträgliche und aggressive Fische. Es kommt oft zu Beißereien. Die Tiere sind ausgesprochene Raubfische.

Hält. B.: Wie bei *Polypterus palmas* beschrieben.

ZU: Über eine gelungene Zucht im Aquarium liegen bisher keine Berichte vor.

FU: Wie bei *P. palmas* angegeben.

Bes.: Keine.

T: 25–28° C, L: 30 cm, BL: 100 cm, WR: m, u, SG: 3–4

Potamotrygon motoro (MÜLLER & HENLE, 1841)

Syn.: *Taeniura motoro, Ellipesurus motoro, Paratrygon dumerilii, P. motoro, Potamotrygon dumerilii, Raja motoro, Taeniura dumerilii, T. henlei, T. mülleri, Trygon dumerilii, T. henlel, T. mülleri.*

Vork.: Südamerika: Brasilion, Paraguay, Uruguay.

Ersteinf.: Nicht genau zu ermitteln, wahrscheinlich um 1970.

GU.: ♂ mit Verdickungen an don Bauchflossen.

Soz. V.: Friedlicher, relativ beweglicher Grundfisch. Die Art ist ovovivipar.

Hält. B.: Becken mit möglichst großer Grundfläche und niedrigem Wasserstand (30 cm). Bodengrund aus feinem Sand; Schichtdicke etwa 10 cm, damit sich die Tiere einwühlen können; an der Wasseroberfläche eventuell Schwimmpflanzen. Viel freien Schwimmraum lassen. Wasser nicht zu hart (bis 10° dGH) und im leicht sauren Bereich (pH um 6,5). Am besten Haltung nur im Artbecken.

ZU: Berichte über eine geglückte Zucht im Aquarium sind keine bekannt.

FU: K; Lebendfutter und andere tierische Kost (*Tubifex*, Regenwürmer, Mückenlarven, Shrimps, Muschel- und Fischfleisch, geschnittenes Rinderherz).

Bes.: Interessant ist die Nahrungsaufnahme der Rochen. Um die Nahrung zu sich zu nehmen, legt sich der Rochen so auf den Boden, daß er die Beute völlig mit seinem Körper bedeckt. Dann bläst er einen Wasserstrahl in den Boden, wirbelt dadurch den Bodengrund auf und saugt die aufgewirbelte Nahrung ein; der Sand wird wieder ausgespuckt.

T: 24–26° C, **L**: 30 cm breit, **BL**: 100 cm, **WR**: u, **SG**: 3

Pristis microdon LATHAM, 1794

Leichthardt's Sägefisch

Syn.: Keine.

Vork.: Südostasien und Australien; die Art kommt von Indien und Sri Lanka (Ceylon) bis Queensland und Neusüdwales/Australien im Meer vor. Die Tiere gehen aber auch in Süßwasser und werden bis zu 400 km landeinwärts angetroffen.

Ersteinf.: Heiko Bleher versuchte 1983 den ersten Import nach Deutschland. Von zehn Tieren kamen sieben lebend im Berliner Aquarium an.

GU.: ♂ mit zu einem Begattungsorgan umgebildeten Bauchflossen.

Soz. V.: Über das Sozialverhalten von *P. microdon* ist so gut wie nichts bekannt. Man weiß, daß die ♂♂ während ihrer Kämpfe um ein ♀ die bis zu 180 cm lange Säge einsetzen.

Hält. B.: Die Haltung von *P. microdon* bleibt nur großen Schauaquarien vorbehalten.

ZU: Im Aquarium noch nicht gelungen; wegen der Größe der Tiere ist sie wahrscheinlich in Gefangenschaft auch nicht möglich. Die Art ist lebendgebärend. Die Zahl der Jungfische ist gering (kaum über 20 Stück). Die Sägezähne der Jungfische sind weich und beweglich und werden von einer Körpermembran bedeckt, die die Mutter vor und während der Geburt vor Verletzungen schützt.

FU: K; Lebendfutter: Fische und bodenlebende Wirbellose.

Bes.: Die Säge wird primär eingesetzt, um im Schlamm zu graben. Es wurde aber auch beobachtet, daß Sägefische ihre Säge wie ein Schwert in Fischschwärmen einsetzen. Sie verletzen und töten durch Hin- und Herschwingen Fische, die sie anschließend fressen. Kein Aquariumfisch. Nur wegen des großen Interesses der Aquarianer für Rochen wurde die Art hier erstmalig in einem Aquarienbuch vorgestellt.

T: 24–26° C, **L:** 5 m, **BL:** ab 150 cm, **WR:** u, **SG:** 4 (G)

Protopterus annectens (OWEN, 1839)
Afrikanischer Lungenfisch

Syn.: *Lepidosiren annectens, Protopterus anguilliformis, P. amphibius, P. rhinocryptis, Rhynocryptis amphibia.*

Vork.: Afrika; vom Senegal bis Nigeria, im Tschad-See, von Zaire bis Sambia und Mosambik; in sumpfigen Süßgewässern.

Ersteinf.: 1910.

GU.: Keine bekannt.

Soz. V.: Räuberische Fische, die gegenüber Artgenossen und artfremden Fischen unverträglich und bissig sind. Brutpflegend; Vaterfamilie.

Hält. B.: Schlammiger Bodengrund, dichte Bepflanzung; der Wasserstand muß nicht sehr hoch sein (25 cm). An die Wasserbeschaffenheit werden keine Ansprüche gestellt. Für die Haltung im Zimmeraquarium eignen sich nur junge Exemplare; Einzelhaltung.

ZU: Die Art wurde im Aquarium noch nicht nachgezüchtet.

FU: Lebendfutter: Fische, Kaulquappen, Schnecken, Regenwürmer, Insektenlarven.

Bes.: Während der Trockenzeit erhalten die Lungen dieser Fische eine besondere Bedeutung. Trocknen die Gewässer aus, so vergraben sich die Tiere im Schlamm, rollen sich zusammen und scheiden einen Schleim ab. Dieser erstarrt und tapeziert den in den Schlamm gegrabenen Gang aus. In der Nähe des Maules ist ein Loch in der so gebildeten Kapsel, durch das die Lungenatmung ermöglicht wird. In diesen Schleimkapseln wird die vier bis sechs Monate dauernde Trockenzeit überstanden. Setzt die Regenzeit ein, so wird der Sommerschlaf der eingegrabenen Fische beendet, und die Tiere verlassen die Schleimkapsel (= Nester) unbeschadet.

T: 25–30° C, **L**: 65 cm, **BL**: 100 cm, **WR**: u, **SG**: 2

Rio Manicoré, Brasilien. Bambusurwald, torfbraunes Wasser pH 5,4, Härte unter 1. Viele kleine Salmler, Corydoras, Cichliden und *Exodon paradoxus* kommen hier vor.

Catoprion mento (Wimpelpiranha)

Brycinus nurse (RÜPPELL, 1832)

Syn.: *Alestes nurse, Brachyalestes ruppellii, Mylestes guile, Alestes senegalensis.*

Vork.: Afrika, vom Nil bis zum Niger.

Ersteinf.: 1911.

GU.: ♂ an der nach innen gebogenen Afterflosse deutlich unterschiedbar. Beim ♀ ist diese gerade.

Soz. V.: Friedlicher Schwarmfisch, der jedoch nur als Jungfisch für das Gesellschaftsbecken geeignet ist. Alttiere sind nur im großen Schaubecken haltbar.

Hält. B.: Anpassungsfähige Art, die in der Natur in den verschiedensten Biotopen vorkommt. Großbecken mit reichlich Schwimmraum und starker Randbepflanzung. Wasser : pH-Wert 6,0–7,8; Härte bis 30° dGH.

ZU: Im Aquarium bisher nicht gelungen. In der Natur laichen die Tiere in Überschwemmungsgebieten auf flußnahen Wiesen.

FU: O; Allesfresser: Flockenfutter (Großflocken), jedes grobe Lebendfutter, Frostfutter.

Bes.: Ältere Tiere haben rosarote Schwanz- und Rückenflossen.

T: 23–27° C, **L**: 25 cm, **BL**: 150 cm, **WR**: m, **SG**: 4 (G), sonst 1

Bryconaethiops microstoma GÜNTHER, 1873
Fadensalmler

Syn.: *Bryconaethiops yseuxi.*

Vork.: Unterer Zaire, Stanley Pool, in schnellfließenden Quellbächen und Stromschnellen (Afrika).

Ersteinf.: 1973 durch Heiko Bleher, Frankfurt.

GU.: Nicht genau bekannt. Die ♀♀ sollen unscheinbarer mit kürzerer Rückenflosse sein; s. Bes.

Soz. V.: Friedlicher Einzelgänger oder in kleinsten Trupps.

Hält. B.: Die Tiere kommen nur in schnell fließendem Wasser vor. Sie springen meterweit, deshalb Becken sorgfältig abdekken. Wasser: pH-Wert 6,0–7,5; Härte bis 18° C, (8° dGH), Stein- und Wurzelholzaufbauten. Viel Licht für Algenwachstum. Die Fische sind scheu; man sollte daher nur vorsichtig am Becken hantieren. Besonders beim Reinigen ist die eine Hälfte des Aquariums, in der man gerade nicht hantiert, abgedeckt zu halten. Die Art bevorzugt sauerstoffreiches, klares schnellfließendes Wasser und benötigt deshalb einen kräftigen Filter.

FU: H, L; Im Aquarium Allesfresser: Flokkenfutter, feines Lebendfutter und Frostfutter. Besonders Algen! Pflanzen werden nicht angenommen.

Bes.: Es werden nur sehr kleine Stückzahlen importiert. Die attraktiven ♂♂ mit den langen Rückenflossen gelangen ab und zu in den Handel. Die unscheinbareren ♀♀ kamen bisher nicht zu uns (weil die eingeborenen Fänger sie als andere Fische ansehen?).
Die ausgewachsenen Tiere sehen gänzlich anders aus als die Jungtiere. Die Rückenflossenstrahlen der ♂♂ sind fadenartig langgezogen und reichen bis zur Schwanzflosse. Jungtiere sind silbrig, adulte fast schwarz.

T: 24–28° C, **L**: 15 cm, **BL**: 120 cm, **WR**: m, o, **SG**: 2

Brycinus nurse

Bryconaethiops microstoma

Hydrocynus goliath BOULENGER, 1898
Wolfsalmler Unterfam.: Hydrocyninae

Syn.: Keine, kann jedoch leicht mit *H. vittatus* verwechselt werden.

Vork.: Zairefluß, Afrika.

Ersteinf.: Unbekannt.

GU.: An lebenden Jungtieren nicht festzustellen.

Soz. V.: Jungtiere kann man bei guter Fütterung zu mehreren halten. Sonst nur mit größeren, wehrhaften Fischen zusammenbringen. Ab 18 cm Länge Einzelhaltung.

Hält. B.: Großbecken mit Steinen und Wurzeln. Sehr kräftig ausgelegte Filterung. Pflanzen gut verankern. Wasser: pH-Wert 6,5–7,5; Härte bis 25° dGH. Becken gut abdecken.

ZU: Im Aquarium nicht möglich.

FU: K; Fleisch, Fisch. Diese Bestien sind kaum jemals satt zu kriegen.

Bes.: Das Gebiß der Fische ähnelt dem Scherengebiß beim Hund. Die Zähne greifen übereinander, und es können so große Brocken aus anderen Fischen herausgerissen werden. Ein beliebter Angelfisch. Der Rekord steht auf 132 cm Länge und 38 kg Gewicht. Finger weg! Die Art wurde hier nur aufgenommen, um Unwissende zu warnen. Es sind 6 Arten in der Gattung bekannt.

T: 23–26° C, **L**: 40 cm im Aquarium, bis 150 cm i. d. N., **BL**: 250 cm, **WR**: alle, **SG**: 4 (G, K)

Micralestes humilis BOULENGER, 1899
Afrikanischer Rotflossensalmler Unterfam: Alestinae

Syn.: *Brycinus humilis, Rhabdalestes septentrionalis.*

Vork.: Togo, Ghana zwischen Alera und Komasi, Zairefluß, Samtesifluß, Tschad (Afrika).

Ersteinf.: 1977 durch Heiko Bleher aus Frankfurt.

GU.: ♂ schlanker, Afterflosse stärker gebogen und länger ausgezogen.

Soz. V.: Friedlicher, geselliger Schwarmfisch. Für jedes größere Gesellschaftsbekken geeignet.

Hält. B.: Die Fische sind recht anspruchslos und begnügen sich mit fast jedem Aquarium, sofern das Wasser gut gefiltert ist. Wasser: pH-Wert 6,5–7,5; Härte bis 25° dGH (10° dGH).

ZU: Bisher liegen keine Berichte vor.

FU: O; Flockenfutter aller Sorten, Frostfutter, jedes Lebendfutter.

Bes.: Die Art ist sehr schwer von *Micralestes stormsi* zu unterscheiden. Da der Fisch des vorliegenden Fotos in Ghana gefangen wurde, ist die gegebene Artbezeichnung relativ sicher.

T: 23–27° C, **L**: 12 cm, **BL**: 120 cm, **WR**: m, **SG**: 1

Hydrocynus goliath

Micralestes humilis

Belonophago tinanti POLL, 1939
Nadel-Flossenfresser Unterfam.: Ichthyborinae

Syn.: Keine.

Vork.: Unterer Kongo (Stanley Pool), Afrika.

Ersteinf.: Nicht bekannt.

GU.: Bisher nicht beschrieben.

Soz. V.: Die Tiere fressen selbst Artgenossen die Flossen ab (s. Foto). Bewegungsarme Fische, die nur im Unterstand auflauern und pfeilschnell hervorschießen, wenn etwas geeignetes Freßbares vor ihrem Versteck sich bewegt. Nicht für Gesellschaftsbecken.

Hält. B.: Pflanzenreiches Aquarium mit dunklem Bodengrund, Abdeckung der Wasseroberfläche mit Schwimmpflanzen. Geäst aus Wurzelholz oder Bambusrohr. Wasser: pH-Wert 5,8–7,0; Härte bis 15° dGH. Nitratarmes Wasser, daher regelmäßiger Wasserwechsel unter Zugabe von einem guten Wasseraufbereitungsmittel.

ZU: Bisher ist darüber nichts bekannt geworden.

FU: K; in der Jugend Insektenlarven und kleine Fische, später hauptsächlich Flossenteile von anderen Fischen.

Bes.: Eine selten importierte Art, die jedoch kaum Liebhaber finden dürfte. Die Unterfamilie hat sich eine Ernährungsweise in der „Nahrungsnische" angeeignet, die ihresgleichen noch sucht. Sehr interesssant, aber kein rechter Aquariumfisch.

T: 24–26° C, **L**: 20 cm, **BL**: 120 cm, **WR**: alle, **SG**: 4

Distichodus notospilus GÜNTHER, 1867
Äschengeradsalmler* Unterfam.: Distichodinae

Syn.: Keine.

Vork.: Südliches Kamerun bis Angola, Afrika.

Ersteinf.: Ungewiß.

GU.: Unbekannt.

Soz. V.: Meist friedliche Fische, die jedoch gegenüber Artgenossen (ähnlich wie „Feuerschwänze") auch einmal zänkisch sein können.

Hält. B.: Pflegt man mehrere Exemplare dieser Art, so sollten durch Wurzeln und Steinaufbauten Territorien abzugrenzen sein. An Pflanzen eignen sich am besten Javafarn, *Anubias* und Moos. Wasser: pH-Wert 6,5–7,2; Härte bis 18° dGH. Kräftige Filterung mit Strömung wird angeraten.

ZU: Bisher nicht gelungen.

FU: H, O; kleine Tiere sind Allesfresser. Sie bevorzugen Daphnien und pflanzliche Kost (TetraPhyll, TabiMin etc.). Tiere ab 10 cm Länge nehmen gern Großflocken und vegetarische Kost, wie Salat, Vogelmiere, Erbsen, abgekochten Bohnen (aus der Dose) und vieles andere mehr.

Bes.: Die Art ähnelt sehr *D. noboli*, hat jedoch spitze Schwanzflossenenden. Siehe auch Band 1, Seite 226. (Ab 4. Auflage.)

* Wird als deutscher Name vorgeschlagen wegen einer hohen Ähnlichkeit mit unserer Äsche.

T: 23–27° C, **L**: 15 cm, **BL**: 150 cm, **WR**: u, **SG**: 3

Belonophago tinanti

Distichodus notospilus

Nannocharax parvus
Breitband-Bodensalmler
PELLEGRIN, 1906

Syn.: *Nannocharax ansorgei, N. micros.*

Vork.: Niger bis Ogove.

Ersteinf.: Nicht bekannt.

GU: ♂ schlanker als ♀. Wenn man von oben auf den Fisch schaut, erscheinen die beiden Körperbinden beim ♂ gerade zu verlaufen, beim ♀ sehen sie gebogen aus.

Soz.Verh.: Friedlicher Fisch, der gut im kleinen Schwarm gehalten werden kann. Die possierlichen Tiere jagen sich von Zeit zu Zeit, dann verschwinden sie für einige Zeit in kleinen Verstecken, die man ihnen bieten sollte. Für Gesellschaftsbecken mit nicht zu robusten Arten gut geeignet.

Hält.B.: Stein- und Wurzelaufbauten sollten vorrangig vor der (harten) Bepflanzung sein. Viel Licht für Algenwachstum ist erforderlich. Wasser: pH-Wert 6,5-7,5; Härte bis 25° dGH.

ZU: Otto GARTNER berichtet im "Aquarium heute", Heft 4/1986 ausführlich über eine geglückte Zucht von *N. parvus*. Bei täglicher Fütterung mit "mundgerechtem" Lebendfutter sind die Jungfische im Alter von 70 Tagen 25 mm lang.

FU: H, O; Flockenfutter vom Boden, Futtertabletten, Algen.

Bes.: Nach GERY (1977) ist die Art möglicherweise synonym mit *N. ansorgei*. MAYLAND (1979) zweifelt das an. Die Vorkommensgebiete liegen seiner Ansicht nach zu weit auseinander. Außerdem bestehen Unterschiede in der Beflossung. Interessant für die Gattung dürfte auch die verblüffende Ähnlichkeit zur Gattung *Characidium* sein. Die meisten (afrikanischen) *Nannocharax* sind mit bloßem Auge nicht von einem (südamerikanischen) *Characidium* zu unterscheiden - sofern man den Fundort nicht kennt. Die Afrikaner dieser Gattung haben jedoch Ctenoidschuppen, s. Band 1, Seite 164, während die Vettern aus Südamerika Cycloidschuppen tragen.

T: 22-26°C, L: 5 cm, BL: 60 cm, WR: u, SG: 1-2

Neolebias trilineatus
Afrikanischer Dreistreifensalmler
BOULENGER, 1899

Syn.: *Nannaethiops tritaeniatus, Rhabdacetiops trilineatus.*

Vork.: Zaire-Becken, Afrika.

Ersteinf.: 1949.

GU: ♂ mit rötlichen Flecken; beim ♀ sind diese blasser.

Soz.V.: Friedlicher Schwarmfisch, der sich gut zur Vergesellschaftung mit anderen ruhigen afrikanischen Salmlern eignet. Die Haltung im Artbecken bringt die Farben der Fische jedoch erst richtig zur Geltung.

Hält.B.: Bodengrund aus feinem Sand oder dunklem, feinen Kies. Wasser: pH-Wert 6,2-7,2; Härte bis 15° dGH. Sparsame Bepflanzung mit viel freiem Schwimmraum. Gute Beleuchtung (HQL-Strahler) sind empfehlenswert.

ZU: Zuchttiere paarweise ansetzen. Zuchtbecken von ca. 50 Litern Inhalt mit feinfiedrigen Pflanzen oder Perlonfasern (Eheim, grüne, grobe Filterfasern). 150-250 Eier, die nach 24-36 Stunden schlüpfen; feinstes Tümpelstaubfutter oder Infusorien aus Bananenschalenaufguß.

FU: K, O; feines Flockenfutter, FD-menü und abwechslungsreiches Lebendfutter.

T: 23-26°C, L: 5 cm, BL: 60 cm, WR: alle, SG: 2

Nannocharax parvus

Neolebias trilineatus

Paraphago rostratus BOULENGER, 1899

Gestreifter Flossenfresser, Gestreifter Schnabelsalmler.

Syn.: Keine.

Vork.: Kongobecken (Zaire), Afrika.

Ersteinf.: Unbekannt.

GU.: Nicht bekannt.

Soz. V.: Räuberische Einzelgänger, die nur mit größeren, am Boden lebenden Welsen (*Hypostomus* etc.) gehalten werden könnten.

Hält. B.: Dicht bepflanzte Becken mit etwas Schwimmraum zum Jagen. Wasser: pH-Wert 6,0–7,0; Härte bis 12° dGH.

ZU: Im Aquarium bisher nicht vorgekommen.

FU: K; grobes Lebendfutter, kleine Fische, Flossenteile von Fischen.

Bes.: Das obere „Schnabel"-teil kann bewegt werden! Dadurch kann der Fisch das Maul wie eine Schere benutzen, um anderen Fischen die Flossen abzuschneiden.

T: 23–26° C, **L**: 18 cm, **BL**: 80 cm, **WR**: alle, **SG**: 4

Hepsetus odoe (BLOCH, 1794)
Afrikanischer Hechtsalmler, Guineischer Lachssalmler.

Syn.: *Xiphorhynchus odöe, Sarcodaces odoe, Salmo odoe.*

Vork.: Tropisches Afrika außer Nilbecken.

Ersteinf.: 1913.

GU.: Bisher nicht bekannt.

Soz. V.: Räuber, der nur mit viel größeren Fischen oder seinesgleichen gehalten werden kann.

Hält. B.: Nur für Schauaquarien geeignet. Die Tiere verletzen sich in der Enge eines Heimaquariums allzu leicht und gehen dann ein. Wasserwerte sind nicht kritisch: pH-Wert 6,0–7,5; Härte bis 18° dGH. Starke Filterung.

ZU: Im Aquarium nicht möglich. In der Natur wird ein freischwimmendes Schaumnest gebaut (ähnlich den Kletterfischen). Die Eier werden von beiden oder auch nur einem der Elterntiere bewacht.

FU: K; Fleischbrocken, Fische. Kleine Tiere nehmen aber auch *Tubifex* und anderes Lebendfutter.

Bes.: Bei STERBA findet man die Art noch unter der südafrikanischen Familie *Ctenoluciidae*, mit der sie tatsächlich auch eng verwandt ist. Guter, schmackhafter Speisefisch, der an der Angel kämpft wie der europäische Hecht.

T: 26–28° C, **L:** 35 cm, **BL:** 1000 Liter, **WR:** m, **SG:** 4 (K)

Anostomus gracilis (KNER, 1859)
Vierfleck-Kopfsteher Unterfam.: Anostominae

Syn.: *Schizodon gracilis.*

Vork.: Orinoco, Rio Negro, Rio Guaporé; Brasilien, Südamerika.

Ersteinf.: Unbekannt.

GU.: Äußerlich nicht erkennbar.

Soz. V.: Meist friedlicher Schwarmfisch, lebhaft, jedoch sehr scheu. Bei nicht gleich großen Artgenossen kann es zu Revierkämpfen kommen. Vergesellschaftung nur mit kleinen, friedlichen Arten.

Hält. B.: Die recht anspruchsvolle Art braucht weiches Wasser mit 2–8° dGH und einem pH-wert, der nicht höher als 7 liegen sollte. Torffilterung und starke Strömung sind für das Wohlbefinden unerläßlich. Die Tiere leben meist zwischen den Gesteinsspalten innerhalb von Stromschnellen größerer Bäche.

ZU: Bisher nicht gelungen.

FU: K, O; Futtertabletten mit gefriergetrockneten Anteilen, feines Lebendfutter. Algenrasen mit Kleinkrebsen.

Bes.: Die Art wurde bisher sehr selten eingeführt und bisher häufig mit *A. trimaculatus* verwechselt (s. Bd. 1, Seite 237).

T: 24–26° C, L: 14 cm, BL: 100 cm, WR: u, m, SG: 3

Leporellus vittatus (VALENCIENNES, 1849)
Leporellosalmler Unterfam.: Leporellinae

Syn.: *Leporinus vittatus, L. maculifrons, L. pictus, Leporellus timbore, Leporinodus vittatus, Salmo cagoara.*
Es gibt wenigstens 6 Arten, die möglicherweise identisch (GÉRY, 1977) und nur Lokalrassen sind.

Vork.: Stromgebiete des Amazonas, Orinoco und Parana, Südamerika.

Ersteinf.: Ungewiß.

GU.: ♀ mit vollerer Bauchlinie.

Soz. V.: Friedliche, lebendige Fische, die am liebsten in kleinem Schwarm gehalten werden. Vergesellschaftung mit zarten Arten problemlos.

Hält. B.: Ein Fisch, der ähnlich den Grundsalmlern gehalten werden soll: klares, nicht zu warmes, aber sauerstoffreiches Wasser, dessen Werte sich stark nach dem Herkunftsgebiet der Tiere richten muß. Ein guter Mittelwert ist pH 6,0–6,5; Härte bis 12° dGH.

ZU: Bisher ist darüber nichts berichtet worden. Eine lohnenswerte Aufgabe für engagierte Züchter.

FU: L, H; Futterpartikel werden gern vom Boden und von Pflanzenblättern „abgepickt". Das können Algen und sich darin befindliche Kleinlebewesen, aber auch Flockenfutterrreste, Futtertabletten, FD-Stoffe, Frostfutter sein. Planktonische Nahrung wird bevorzugt.

Bes.: Die zwar weitverbreitete, aber überall seltene Art ist möglicherweise ein Synonym von *Leporellus pictus* KNER, 1859. Die einzelnen Lokalrassen differieren, wie man auf den beiden Fotos erkennen kann. Während die verwandten Anostominae ein oberständiges Maul haben, ist dieses bei den Leporellinae end- bis leicht unterständig. Daher haben beide auch eine andere Schwimmweise. *Leporellus* schwimmt fast waagerecht, während *Anostomus* fast immer mit dem Kopf nach unten steht. *Anostomus* lebt hauptsächlich in fast senkrechten Felsspalten der Stromschnellen. Dort kann er mit dem oberständigen Maul an der senkrechten Wand seine Nahrung abweiden. *Leporellus* lebt mehr im Flachland und frißt an Steinen und senkrechten Wänden. *Leporellus* füllt die Nischen aus, die *Anostomus* nicht besiedeln konnte.

T: 22–25° C, L: 12 cm, BL: 100 cm, WR: u, SG: 2–3

Anostomus gracilis

Leporellus vittatus; ein weiteres Foto auf Seite 237.

Feuerrodung in Brasilien. Der Bach hielt das Feuer auf.

Leporinus desmotes FOWLER, 1914
Rüssel-Leporinus

Syn.: Keine.

Vork.: Rupuruni-Fluß, Guyana, Amazonasbecken, Südamerika.

Ersteinf.: Oft mit *Leporinus fasciatus* und seinen Unterarten verwechselt, daher nicht feststellbar.

GU.: Nicht äußerlich erkennbar.

Soz. V.: Die Art ist nicht für bepflanzte Becken geeignet. Ausnahme: Javamoos und Javafarn. Schwarmfisch, der aber auch gut einzeln haltbar ist. Andere Fische werden nicht belästigt.

Hält. B.: Die Fische brauchen viel Platz, einen sonnigen oder gut beleuchteten Standort. Ohne Algen und darin befindliche Kleinlebewesen kümmern sie. Strömung eines kräftigen Filters ist erwünscht, aber nicht Bedingung, sofern das Wasser häufig genug gewechselt wird (1/3 alle 2–3 Wochen). Wasser: pH-Wert 6,5–7,2; Härte 5–18° dGH.

ZU: Nicht bekannt.

FU: L, H; Algen, Futterflocken auf pflanzlicher Basis, TabiMin. Überbrühter Salat, Vogelmiere, Früchte. Junge Pflanzentriebe! *Tubifex*. Frostfutter, Daphnien.

Bes.: Die Art gehört als einzige der Untergattung *Myocharax* an. Das unterständige Maul mit z. T. waagerecht vorstehenden Zähnen kennzeichnet und unterscheidet die Art von *L. fasciatus*. Sehr selten!

T: 22–26° C, **L**: 18 cm, **BL**: 120 cm, **WR**: m, u, **SG**: 2–3

Leporellus vittatus

Leporinus desmotes

Leporinus friderici (BLOCH, 1794)
Friderici-Salmler

Syn.: *Salmo friderici, Curimatus acutidens, C. frederici, Leporinus acutidens, L. megalepis.*

Vork.: Strömungsreiche Zuflüsse des Amazonas, Guyana, Südamerika.

Ersteinf.: 1913.

GU.: ♂ mit zur Laichzeit kräftig ziegelrot gefärbten Brust- und Bauchflossen.

Soz. V.: Recht friedlicher Schwarmfisch, der gut mit Großcichliden, Piranhas und anderen relativ friedlichen Großfischen gehalten werden kann. Tagaktiv. Pflanzenfresser. Scheu.

Hält. B.: Großbecken mit starker Strömung. Wurzelholz oder *Philodendron*-Wurzeln als Unterstand. Wasser: pH-Wert 5,6–7,2; Härte bis 18° dGH. Torffilterung erwünscht, aber nicht Bedingung. Interessant ist, daß die Fische im Vorkommensgebiet zumindest außerhalb der Regenzeit kaum Pflanzen in ihren Heimatgewässern finden und sich nur von herabfallenden Früchten und den Blättern umstürzender Bäume ernähren müssen.

ZU: Im Aquarium wohl kaum möglich.

FU: H, O; Pflanzen, Allesfresser. Früchte, Blätter. Kleine Tiere nehmen gern Flokkenfutter und Futtertabletten.

Bes.: Einer der häufigsten und größten Salmler Südamerikas, der jedoch wegen seiner Größe und Pflanzen-Gefräßigkeit kein Aquariumfisch ist. Die artgerechte Pflege ist nur großen Schauaquarien möglich.

T: 23–26° C, **L**: 50 cm, **BL**: 200 cm, **WR**: m, u, **SG**: 2–4 (G, H)

Leporinus „maculatus" nicht MÜLLER & TROSCHEL, 1846
Gefleckter Leporinus

Syn.: Keine, da Art nicht genau definiert.

Vork.: Guyana-Länder, Amazonas-Gebiet in klaren und tiefen Bächen.

Ersteinf.: 1934.

GU.: ♂ schlanker und etwas kleiner.

Soz. V.: Friedlicher Schwarmfisch, für Gesellschaftsbecken geeignet. Pflanzenfresser.

Hält. B.: Wasser: pH-Wert 6,0–7,2; Härte bis 10° dGH. Torffilterung. Großvolumiger Filter mit hoher Leistung. Oberflächenströmung. Pflanzenwurzeln (*Philodendron*) oder dünnes Rohr als Unterstand. Viel freier Schwimmraum. Räumen Sie diesen Fischen möglichst ein Artbecken ein, damit die Vermehrung gelingt.
Bodengrund dunkel, evtl. Buchenlaub.

ZU: In Japan ist eine Zufallszucht und Aufzucht gelungen. Die Eier wurden wahllos zwischen Plfanzen im Aquarium verstreut. Der Laichakt soll wie bei den Barben ablaufen. Die Elterntiere sind nach dem Ablaichen herauszunehmen.

FU: H, O; Flockenfutter auf pflanzlicher Basis, Futtertabletten. Erbsen, Salat, jedoch auch Lebendfutter (Daphnien).

Bes.: Eine der schönsten *Leporinus*-Arten, leider sehr selten im Handel angeboten. Es gibt wenigstens vier *Leporinus*-Arten mit Flecken-Zeichnung, die dem hier abgebildeten Tier ähnlich sehen. Sie werden bis zur Klärung durch eine notwendige Revision alle der *„maculatus"*-Gruppe zugeordnet, wobei jetzt schon abzusehen ist, daß der Name *maculatus* dann wahrscheinlich eingezogen werden muß.

T: 22–26° C, **L**: ♂ 18 cm, ♀ 20 cm, **BL**: 150 cm, **WR**: m, u, **SG**: 2

Leporinus friderici

Leporinus „maculatus

Leporinus octofasciatus STEINDACHNER, 1915
Rotflossen-Leporinus

Syn.: Keine.

Vork.: Santa Catarina, Brasilien, Südamerika.

Ersteinf.: Ungewiß.

GU.: Nicht bekannt.

Soz. V.: Gegenüber Artgenossen manchmal zänkisch, sonst im Gesellschaftsbekken haltbar. Kleine Fische ab 3 cm Länge werden nicht belästigt.

Hält. B.: Ein langgestrecktes Becken mit passender Bepflanzung nur „harter" Arten. Stein und Wurzelholzaufbauten zur Abgrenzung von Territorien. Starker Filter mit guter Wasserströmung, pH-Wert 5,6–7,0; Härte bis 15° dGH.

ZU: Im Aquarium bisher nicht erfolgt.

FU: H; Pflanzenfresser, Früchte, Salat, Futtertabletten, grobes Lebendfutter.

Bes.: Keine.

T: 23–26° C, **L**: 22 cm **BL**: 180 cm, **WR**: m, u, **SG**: 3

Leporinus pellegrini STEINDACHNER, 1910
Pellegrins Leporinus

Syn.: Keine.

Vork.: Guyana-Länder, oberer Amazonas, Südamerika.

Ersteinf.: Ungewiß.

GU.: Nicht bekannt.

Soz. V.: Friedlicher Schwarmfisch; junge Pflanzen werden angeknabbert. Vergesellschaftung mit allen friedlichen Arten.

Hält. B.: Gut mit „harten" Arten bepflanztes Becken (Javafarn, Javamoos). Viel Licht, damit sich Algenrasen bilden kann. Großer Filter für starke Wasserströmung. Wasser: pH-Wert 5,8–7,5; Härte bis 15° dGH.

ZU: Bisher nicht nachgezogen.
s. *L. „maculatus"*, Seite 238.

FU: H, O; Flockenfutter mit pflanzlichen Stoffen. Tablettenfutter. FD-Stoffe, Frostfutter. Tiefgefrorene, gequetschte Erbsen.

Bes.: Pellegrins Leporinus stiftet durch die falschen Angaben in der Aquarienliteratur immer neue Verwirrung. Nach dem Erscheinen von Gérys Buch „Characoids of the World" (Salmler der Welt) ist die Sache auch nicht besser geworden, denn namhafte Autoren übersetzen falsch daraus und drehen wieder alles herum. Die hier abgebildete Art ist *L. pellegrini*; von GÉRY selbst bestimmt.

T: 25–26° C, **L**: 12 cm, **BL**: 150 cm, **WR**: m, **SG**: 2

Leporinus octofasciatus

Leporinus pellegrini

Schizodon fasciatus SPIX & AGASSIZ, 1829
Gebänderter Schizodon

Syn.: Keine.

Vork.: Amazonasbecken, Südamerika.

Ersteinf.: 1907.

GU.: Nicht bekannt.

Soz. V.: Für unbepflanzte große Gesellschaftsbecken geeignet. Artgenossen werden meist verfolgt.

Hält. B.: Großbecken mit Stein- und Wurzelaufbauten. Großvolumiger Filter. An das Wasser werden keine hohen Ansprüche gestellt: pH-Wert 5,5–7,5; Härte bis 25° dGH.

ZU: Im Aquarium wegen der Größe kaum möglich.

FU: H: Allesfresser, besonders Pflanzenkost, Früchte, Salat, Vogelmiere, gequetschte Erbsen. Großflocken.

Bes.: Fische dieser Gattung werden in ihrer Heimat als Speisefische geschätzt. Für das Zimmeraquarium kaum geeignet. Die Gattung ist äußerlich *Leporinus* ähnlich, hat jedoch eine ganz andere Bezahnung.

T: 22–28° C, **L**: 40 cm, **BL**: 200 cm, **WR**: u, m, **SG**: 4 (G)

Aphyocharax dentatus (EIGENMANN & KENNEDY, 1903)
Falscher Rotflossensalmler

Syn.: *Bryconamericus dentatus, Hemibrycon dentatus.*

Vork.: Paraguay – Becken; Nördliches Südamerika von Rio de Janeiro bis Bogota (Kolumbien).

Ersteinf.: Ungewiß.

GU.: ♂ schlanker (Foto), ♀ zur Laichzeit sehr füllig. Beim ♂ ist die Anale hakenförmig gebogen

Soz. V.: Flinker, munterer Schwarmfisch der oberen Wasserregion. Manche Tiere fressen anderen Beckeninsassen möglicherweise die Flossen an.

Hält. B.: Ausdauernde Art, die für größere Gesellschaftsbecken geeignet ist. In kleineren Becken bis 80 cm sollten nur Jungtiere gehalten werden. Wasser: pH 6,0–7,6; Härte bis 25° dGH. Randbepflanzung mit viel freiem Schwimmraum. Viel Licht und starke Filterung sind wünschenswert.

ZU: Freilaicher im Schwarm an der Wasseroberfläche. Elterntiere nach dem Ablaichen entfernen, sonst werden die Eier gefressen.

FU: K, O; Flockenfutter, kräftiges Lebendfutter, Frostfutter. FD-Nahrung. Bei richtig ernährten Tieren tritt das „Flossenpicken" nicht auf.

Bes.: Becken gut abdecken, die Fische springen gern. Bei guter Pflege können die Tiere ein Alter von über 10 Jahren erreichen.

T: 15–22° C, **L**: 12 cm, **BL**: 80 cm, **WR**: o, m, **SG**: 2

Aphyocharax paraguayensis

EIGENMANN, 1915

Augenflecksalmler, Schwanzfleckensalmler

Syn.: *Aphyocharax nattereri, A. agassizi(?).*

Vork.: Rio Paraguay-Becken, Südamerika.

Ersteinf.: In größeren Stückzahlen 1983 durch Heiko Bleher, Kelsterbach; vorher als Beifang schon häufiger meist unter der Gattungsbezeichnung *Hyphessobrycon*.

Soz. V.: Friedlicher Schwarmfisch. Nicht mit zu großen Cichliden etc. vergesellschaften. Sonst verschwinden diese Fische nach und nach.

Hält. B.: Problemlos in der Haltung. Ein toleranter Fisch (wie viele aus dem Paraguay-Becken). Wasser: pH-Wert: 6,0–7,8; Härte bis 25° dGH (besser 15°). Dunkler Bodengrund von Vorteil aber nicht Bedingung.

ZU: Über die erste Nachzucht im Aquarium berichtet Otto BÖHM (1986) in der Zeitschrift Aquarium heute **4** (2): 13–15. Das Zuchtbecken faßte 70 Liter, und das Wasser war sehr weich (2° dGH) und ziemlich sauer (pH 5,5). Die Salmler laichten an einem großen Javamoosbusch ab. Die Aufzucht der Jungtiere war unproblematisch, da sie sofort nach dem Freischwimmen mit frischgeschlüpften *Artemia*-Nauplien gefüttert werden konnten.

FU: O; feines Flockenfutter, *Artemia,* jedes feinere Lebendfutter und tiefgefrorenes und gefriergetrocknetes Naturfutter.

Bes.: Die Art hat sich innerhalb kürzester Zeit einen Platz im Handel erobert. Sie stellt einen hübschen und leicht zu pflegenden Kontrastfisch zu anderen Fischen im Gesellschaftsbecken dar. Die Art soll gelegentlich die Schuppen anderer Fische fressen.

T: 22–27° C, **L:** 4 cm, **BL:** 60 cm, **WR:** alle, **SG:** 1–2

Aphyocharax rathbuni

EIGENMANN, 1907

Rubinsalmler

Syn.: *Aphyocharax stramineus.*

Vork.: Rio Paraguay, Südamerika.

Ersteinf.: Unbekannt.

GU.: ♂ mit weißen Flossenspitzen (Rükken-, Bauch- und Brustflossen).

Soz. V.: Friedlicher Schwarmfisch, für fast jedes Gesellschaftsbecken mit nicht zu groben, zänkischen oder räuberischen Insassen geeignet.

Hält. B.: Wie die meisten Fische aus dem Paraguay-Flußsystem ist auch diese Art nicht wählerisch. Sie muß sich in der Natur auch häufig an andere Wasserbedingungen anpassen. Jahreszeitlich bedingt sind sowohl Temperatur als auch Wasserwerte erheblichen Schwankungen unterworfen. pH-Wert 6,0–7,5; Härte bis 20° dGH. Gedämpftes Licht, eventuell Schwimmpflanzendecke sind von Vorteil für das Wohlbefinden.

ZU: Weiches Wasser, Torfextrakt, kräftige Fütterung der Elterntiere mit (schwarzen) Mückenlarven und/oder FD-Nahrung. Laicht in Becken ab 50 cm Länge paarweise zwischen feinfiedrigen Pflanzen, Moos usw.

FU: K, O; Allesfresser. Insektenlarven. FD-Futter. Flockenfutter, Frostfutter (Mükkenlarven).

Bes.: Es gibt unterschiedliche Farbrassen, die z. T. noch nicht bestimmt sind.

T: 20–26° C, **L:** 5 cm, **BL:** 60 cm, **WR:** m, o, **SG:** 2

Aphyocharax paraguayensis

Aphyocharax rathbuni, oben ♂ unten ♀

Brycon melanopterus (COPE, 1871)
Kielstrichsalmler

Syn.: *Megalobrycon melanopterum, Brycon siebenthalae.*

Vork.: Weit verbreitet im Amazonasgebiet, Südamerika.

Ersteinf.: Bisher nicht in Europa eingeführt. USA 1980.

GU.: Unbekannt.

Soz. V.: Jungtiere sind im Gesellschaftsbecken im kleinen Schwarm gut zu halten. Die Tiere sind recht friedliche, schnelle Schwimmer. Größere Fische ab 15 cm Länge vergreifen sich manchmal an kleinen Fischen.

Hält. B.: Eine Filteranlage mit sehr großer Kapazität ist Bedingung für die Haltung. Die Fische werden so groß wie Forellen, fressen dementsprechend viel und benötigen auch den Platz eines Fisches im Bach. Wasser: pH-Wert 6,0–7,5; Härte bis 20° dGH.

ZU: Bisher nicht beschrieben.

FU: K, O; Flockenfutter, kräftiges Lebendfutter, Frostfutter.

Bes.: Prächtiger Schwarmfisch für Großbecken oder Schauaquarien. Für das Heimaquarium jedoch ist die Art fehl am Platze.

T: 22–26° C, **L**: 18 cm und mehr, **BL**: 200 cm, **WR**: m, **SG**: 2–3

Bryconops affinis (GÜNTHER, 1864)
Gestreckter Silbersalmler

Syn.: *Creatochanes affinis, C. melanurus, Bryconops melanurus, Tetragonopterus affinis.*

Vork.: Rio Sao Francisco, Ostbrasilien (Südamerika).

Ersteinf.: 1913 von Wilhelm Eimeke, Hamburg.

GU.: Bisher nicht bekannt.

Soz. V.: Friedlicher, munterer Schwarmfisch in der Jugend. Erwachsene Exemplare sind untereinander ruaflustig und müssen einzeln gehalten werden.

Hält. B.: Große, langgestreckte, klare Bekken. Sauerstoffbedürftig. Ein Oberflächenfisch, der gut mit Leporinus, großen Welsen, großen Cichliden vergesellschaftet werden kann und durch seine Munterkeit etwas Leben in solche Becken bringt. Wasser: pH 5,5–7,5; H bis 20° dGH.

ZU: Freilaicher im Schwarm; zwischen feinfiedrigen Pflanzen. Zucht ergiebig. Junge wachsen schnell. Aufzucht mit *Artemia* und Flockenfutter.

FU: K, O; in der Jugend: Flockenfutter, FD-Nahrung, Lebendfutter wie Schwarze Mückenlarven, Obstfliegen. Ausgewachsene Tiere brauchen kräftiges Lebendfutter wie Würmer, kleine Fische.

Bes.: Ein Fisch, der aufgrund seines hübschen Aussehens und seiner Munterkeit häufiger eingeführt werden sollte.

T: 22–28° C, **L**: 12 cm, **BL**: 80 cm, **WR**: o, m, **SG**: 3 (K)

Brycon melanopterus

Bryconops affinis

Triportheus albus COPE, 1872
Gelbflossen-Kropfsalmler

Syn.: *Chalcinus albus, Ch. knerii.*

Vork.: Rio Ambyiacu, Rio Tocantins, Brasilien; in Sumpf- und Überschwemmungsgebieten, Südamerika.

Ersteinf.: Etwa 1968.

GU.: ♀ mit vollerer Bauchpartie während der Laichzeit. Im Aquarium ist das kaum zu erkennen.

Soz. V.: Prächtige, schnelle Schwimmer, friedlich gegenüber anderen Fischen. Jungbrut wird allerdings verspeist. Die Tiere jagen im Schwarm oder allein nach Insekten und fressen diese auch, wenn jene nach dem „Hochzeitstanz" auf die Wasseroberfläche niedergehen (nach LÜLING), aus „Südamerikanische Fische und ihr Lebensraum", E. Pfriem Verlag.

Hält. B.: Die Tiere sind sehr sauerstoffbedürftig. Sie sind mit den Heringen nah verwandt und wie diese fast ständig in Bewegung. Meist sind die Tiere sehr scheu. Das Becken ist gut abzudecken, da die Fische sehr gut springen. Wasser: pH-Wert 5,2–7,0 (6,5); Härte bis 15° dGH. Häufiger Wasserwechsel. Torffilterung.

ZU: Freilaicher im Schwarm zwischen Pflanzen (meist Landpflanzen) während der Regenzeit. Genaues ist nicht bekannt.

FU: K, O; Flockenfutter, gefriergetrocknete Futtermittel aller Art. In der Natur Insektenfresser.

Bes.: Die Art ist Genustype. Sie kann einige Meter weit springen und schwebt dabei mit Hilfe der großen Brustflossen. Die Fische sind die Hauptbeute der an der Oberfläche jagenden Raubfische wie *Osteoglossum, Boulengerella, Exodon* u. a.

T: 22–28° C, **L**: 11 cm, **BL**: 120 cm, **WR**: o, **SG**: 3–4 (C)

Triportheus pictus (GARMAN, 1890)
Silberner Kropfsalmler

Syn.: *Chalcinus pictus.*

Vork.: Amazonasbecken, Südamerika.

Ersteinf.: Ungewiß.

GU.: ♂ langgestreckter, ♀ fülliger.

Soz. V.: Lebendiger, friedlicher Fisch, der am besten im Schwarm von 3–8 Tieren gehalten wird.

Hält. B.: Recht sauerstoffbedürftige Art. Deshalb ist ein großflächiges Becken mit guter Wasserumwälzung wichtig. Die Wasserwerte sind nicht so ausschlaggebend wie die Sauberkeit. pH-Wert 5,8–7,2; Härte bis 15° dGH. Einmal eingewöhnte Tiere halten sich gut. Becken gut abdekken, da die Fische regelrecht „herausfliegen".

ZU: Bisher nicht nachgezogen.

FU: O; Allesfresser, Flockenfutter jeder Art, Frostfutter.

Bes.: Die Art wird häufig sowohl mit der vorstehenden als auch der folgenden verwechselt. Die schwarze Zeichnung der Jungtiere an Kopf und Brustflossen (*T. albus*), Schwanzstielunterseite und am oberen Schwanzflossenlappen (*T. rotundatus*) ist dafür wohl verantwortlich. Wie die Jungtiere von *T. pictus* aussehen, konnte nicht in Erfahrung gebracht werden.

T: 22–28° C, **L**: 16 cm, **BL**: 150 cm, **WR**: m, o, **SG**: 2–3

Triportheus albus

Triportheus pictus

Triportheus rotundatus (SCHOMBURGK, 1841)
Gerundeter Kropfsalmler

Syn.: *Chalceus rotundatus, Chalcinus brachypomus, Ch. guentheri, Ch. muelleri, Ch. trifurcatus, Triportheus guentheri.*

Vork.: Guyana-Länder; Guanoco, Venezuela, Südamerika.

Ersteinf.: Unbekannt.

GU.: ♀ voller in der Bauchpartie.

Soz. V.: Friedlicher, lebendiger Schwarmfisch, jedoch scheu.

Hält. B.: Große, flache, sonnige Becken. Etwas Oberflächen-Schutz. Geringe Randbepflanzung und viel freier Schwimmraum. Wasser: pH-Wert 6,0–7,5; Härte bis 18° dGH.

ZU: Bisher nicht beschrieben.

FU: O; Früchte, Insektennahrung, insbesondere Mücken und deren Larven. Im Aquarium Allesfresser. Flockenfutter, Frostfutter.

Bes.: Die Fische springen gern. Becken gut abdecken.

T: 24–27° C, L: 15 cm, BL: 150 cm, WR: o, m, SG: 2

Acestrorhynchus falcirostris (CUVIER, 1819)
Hundsalmler

Syn.: *Hydrogon falcirostris, Xiphoramphus falcirostris,* Xiphorhynchus falcirostris.

Vork.: Amazonasbecken, Orinoco, Guyana; Rio Ucayali (Ecuador), Südamerika.

Ersteinf.: 1913.

GU.: Nicht bekannt.

Soz. V.: Arger Räuber, der nur mit gleichgroßen Artgenossen oder größeren, robusten Cichliden, *Leporinus*, Piranhas o. ä. gehalten werden kann.

Hält. B.: Großbecken mit etwas Unterstand. Torfbraunes Wasser oder Schwimmpflanzendecke auf 1/4 der Wasseroberfläche. Sonst sind die Tiere sehr scheu und schießen im Becken hin und her. Dabei verletzten sie sich nicht selten die Maulspitze. Wasser je nach Herkunft weich bis mittelhart 5–18° dGH; pH-Wert 5,2–7,2. Starke Filterung.

ZU: Im Aquarium nicht möglich.

FU: K; Fisch, Fleisch, große Insektenlarven.

Bes.: Ein recht guter Speisefisch, der schnell auf Blinker beißt. Das Fleisch ist etwas weich, aber dennoch schmackhaft. Vorsicht im Aquarium. Die Fische greifen manchmal die Hand an. Kein Aquariumfisch – Hände weg!

T: 24–28° C, **L**: 40 cm, **BL**: 150 cm, **WR**: alle, **SG**: 4 (K)

Charax gibbosus (LINNAEUS, 1758)
Wachssalmler

Syn.: *Salmo gibbosus, Epicyrtus gibbosus, Cynopotamus gibbosus, Epicyrtus macrolepis, Anacyrtus gibbosus, A. macrolepis, Characynus gibbosus.*

Vork.: Guyana, Amazonasbecken, Rio Paraguay, Südamerika.

Ersteinf.: Ca. 1910.

GU.: ♂ zur Laichzeit gelblich gefärbt, sonst wachsfarbig. ♀ runder im Bauch und etwas größer.

Soz. V.: Friedliche, ruhige Art, die sich gern zwischen Pflanzen versteckt und nicht von zu lebhaften Fischen gestört werden will. Kleine Fische unter 4 cm Länge könnten als Nahrung angesehen werden, ebenso nimmt die Art frische Pflanzentriebe; jedoch nur bei Nahrungsmangel.

Hält. B.: Anspruchslos an die Wasserbedingungen: pH-Wert 6,0–7,5; Härte bis 25° dGH. Die Fische bevorzugen höhere Temperaturen um 25° C und darüber, sonst werden sie noch ruhiger, als sie ohnehin schon sind. Ein Pflanzendickicht aus nicht zu zarten Pflanzen (Riesenvallisnerien) wird zum Wohlbefinden benötigt.

ZU: In größeren Becken ab 1 m Länge möglich. Nach heftigem Treiben werden die Eier lose zwischen Pflanzen abgesetzt (Freilaicher). Die Larven schlüpfen nach etwa 30 Stunden und benötigen viel feinstes Tümpelstaubfutter zur Aufzucht.

FU: O; Allesfresser, jedoch hauptsächlich Lebendfutter, Frostfutter, gelegentlich Flockenfutter auf pflanzlicher Basis.

Bes.: Trotz des gefährlichen Aussehens eine auch im ruhigen Gesellschaftsbecken haltbare Art. Wegen der Unscheinbarkeit findet sie jedoch wenige Anhänger.

T: 24–27° C, **L**: 15 cm, **BL**: 120 cm, **WR**: m, **SG**: 2

Cynopotamus argenteus (VALENCIENNES, 1837)
Flußhund

Syn.: *Hydrocyon argenteus, Anacyrtus argenteus, Charax argentea, Cyrtocharax argenteus.*

Vork.: Rio Paraguay, Paraguay (Südamerika).

Ersteinf.: 1982 durch Heiko Bleher, Frankfurt.

GU.: Äußere Merkmale sind nicht beschrieben.

Soz. V.: Räuber, der nur mit Tieren ab etwa 8 cm Länge zu halten ist. Für normale Gesellschaftsbecken ungeeignet.

Hält. B.: Die Dekoration spielt für diese Fischart keine Rolle. Ob gut bepflanzt oder Steinaufbauten, der „Flußhund" nimmt nichts übel – außer man läßt ihn hungern. Wer keine lebenden Fische füttern kann oder mag, sollte es mit Futtertabletten versuchen. Gut bepflanztes Becken mit Unterstand sowie etwas freien Schwimmraum zum Jagen sind erforderlich. Wasser: pH-Wert 6,0–7,2; Härte bis 15° dGH.

ZU: Bisher nicht nachgezogen.

FU: K; Raubfisch; grobes Lebendfutter, später Fische und Fleischbrocken. Nach Gewöhnung werden Futtertabletten oder Pellets akzeptiert.

Bes.: Die deutsche Bezeichnung „Flußhund" ist eine Übersetzung des Gattungsnamens aus dem Lateinischen.

T: 20–24° C, **L**: 12 cm, **BL**: 80 cm, **WR**: alle, **SG**: 4 (K), sonst 2

Charax gibbosus

Cynopotamus argenteus

Coelurichthys tenuis NICHOLS, 1913
Barberos Tetra

Syn.: „*Mimagoniates barberi*"; nicht REGAN.

Vork.: Südostbrasilien, Paraguay, nördl. Argentinien, Südamerika.

Ersteinf.: 1907 von Oskar Kittler, Hamburg.

GU.: Rückenflosse beim ♀ gerundet, beim ♂ spitzer ausgezogen und höher, Afterflosse beim ♂ reicht bis über den Schwanzflossenansatz (spitz ausgezogen); beim ♀ ist das Ende der Afterflosse gerundet und endet bereits in der Mitte des Schwanzstiels.

Soz. V.: Friedlicher Schwarmfisch für das kühle Gesellschaftsbecken.

Hält. B.: Ein schwierig zu pflegender Fisch, da er aus kleinen, schnellfließenden Bächen des Hügellandes kommt. Die Ufer sind an diesen Gewässern von Bäumen beschattet. Das Wasser ist klar, leicht torfbraun und sauerstoffreich.
Diese Bedingungen kann man nur im schwach beheizten (im Sommer eher gekühlten) Zimmeraquarium erreichen, wenn bewußt darauf geachtet wird. pH-Wert 5,5–6,5; Härte bis 4° dGH. Wenig Licht, aber viel Strömung und peinliche Sauberkeit.

ZU: T: 24° C. Es findet eine innere Befruchtung statt. Das Samenfadenpaket wird nach heftiger Balz und unermüdlichen Versuchen durch Umschlingen des ♂ in das ♀ übertragen. Sofern das gelingt, kann das ♀ zu einem **späteren** Zeitpunkt, auch Wochen danach, noch fruchtbare Eier ablegen. Diese werden bevorzugt an der Unterseite von Wasserpflanzen oder Grassoden abgelegt. Die Larven schlüpfen bereits nach einem Tag, sind jedoch wegen der geringen Größe schwer aufzuziehen. Feinstes Tümpelstaubfutter ist Bedingung für eine einigermaßen erfolgreiche Aufzucht.

Bes.: Über die Art wurde viel unter dem Namen „*Mimagoniates barberi*" berichtet. Das ist jedoch eine ganz andere Art, die bisher nicht importiert wurde.

T: 19–22° C, **L**: 5 cm, **BL**: 80 cm, **WR**: o, **SG**: 3–4 (C)

In den vorhergehenden Auflagen wurde das ♂ als *C. tenuis* bezeichnet, s. Bd. 3, S. 120, Text zu *C. microlepis*.

Coelurichthys microlepis „Joinville"

Coelurichthys tenuis

Gephyrocharax valencia EIGENMANN, 1920
Brückensalmler, Valenciasalmler

Syn.: Keine.

Vork.: Valencia-See in Venezuela, Südamerika.

Ersteinf.: 1932 von Otto Winkelmann, Hamburg-Altona.

GU.: Beim ♂ ist die Afterflosse im mittleren Bereich lappenartig vergrößert; beim ♀ ist diese Flosse glatt und leicht nach innen gezogen (konkav). ♀ fülliger.

Soz. V.: Friedliche, behende Art, die am besten im Schwarm gehalten wird. ♂♂ manchmal gegenüber Beckeninsassen etwas „unhöflich". Solche Rempeleien sind jedoch stets harmlos.

Hält. B.: Eine anspruchslose Art, die an die Wasserbedingungen kaum Anforderungen stellt, pH-Wert 6,0–7,5; Härte bis 25° dGH.

ZU: Es findet eine Vorratsbefruchtung wie beim Zwergdrachenflosser statt. 28° C. ♀♀ laichen auch ohne ♂♂ an feinfiedrigen Pflanzenblättern ab. Nach 36 Std. schlüpfen die ersten Jungen, nach 3 Tagen schwimmen sie frei und sind nach 3 Monaten etwa 4 cm lang. Dann kann man die Geschlechter bereits erkennen. Aufzucht mit allerlei Staubfutter, *Artemia*, MikroMin, Liquifry.

FU: O; Allesfresser, Flockenfutter.

Bes.: S. Zucht. Die ♂♂ befruchten fast unbemerkt während imposanter Balzspiele. Später, beim Ablaichvorgang, sind sie unbeteiligt.

T: 23–28° C, **L**: 5 cm, **BL**: 60 cm, **WR**: alle, **SG**: 1

Pterobrycon myrnae BUSSING, 1974
Flügelschuppensalmler

Syn.: Keine.

Vork.: Costa Rica, pazifische Flachland-Zuflüsse, Mittelamerika.

Ersteinf.: 1973 durch Dr. Stanley Weitzman nach USA. 1983 nach Deutschland.

GU.: Weiche, verlängerte Bauchflossenstrahlen, die bei der Balz dem ♀ zugewendet werden. ♂ mit schwarzen, abspreizbaren „Paddelschuppen" am Kopfende. Die Schwärzung verschwindet nach der Balz.

Soz. V.: Wegen des interessanten Balzverhaltens sollte man der Art ein Becken ohne störende Einflüsse einräumen. Recht friedliche Art, die jedoch außerhalb der Paarung Artgenossen manchmal heftig verjagt.

Hält. B.: Die Tiere wurden von Dr. Weitzman zwei Jahre (nach der Geschlechtsreife) unter normalen Aquarienbedingungen gehalten. Wasser: pH-Wert 6,0–7,0, Härte bis 15° dGH. Nicht zu dichte Bepflanzung. Dunkler Bodengrund. Schwache Beleuchtung. Evtl. Torffilterung. Die krankheitsanfällige Art ist nach Eingewöhnung recht ausdauernd.

ZU: Bisher nicht gelungen. Allein die Balz der Paare ist jedoch ein Schauspiel.

FU: K, O; Flockenfutter, Insekten und -larven, FD-Stoffe, Frostfutter.

Bes.: Hinter dem Kopf des ♂ befinden sich zwei hochklappbare Doppelschuppen, die bei der Balz eine Rolle als Lockmittel oder Stimulans spielen. Zusätzlich sondert das ♂ über eine Drüse an der Schwanzwurzel einen Duftstoff ab.

T: 23–26° C, **L**: 7 cm, **BL**: 80 cm, **WR**: m, **SG**: 2

Gephyrocharax valencia

Pterobrycon myrnae ♂

Phenagoniates macrolepis (MEEK & HILDEBRAND, 1913)
Panama Glutsalmler

Syn.: *Roeboides macrolepis, Phenagoniates wilsoni.*

Vork.: Südliches Panama, kleine schnell fließende Bäche des Rio Tuyra, Mittelamerika.

Ersteinf.: 1983 durch Heiko Bleher, Frankfurt.

GU.: Nicht bekannt.

Soz. V.: Agressiver Einzelgänger oder in kleinen Trupps. Tiere untereinander können sich gegenseitig stark verletzen. Andere Arten werden nicht belästigt.

Hält. B.: Wasserwert in der Natur: pH 6,4–6,6; Härte ca. 4° dGH, μS^{20} 175. Die Tiere leben in schattigen Quellbächen. Ein Becken mit starker Filterpumpe ist Bedingung. Häufiger Wasserwechsel, alle 14 Tage 2/3, und Zugabe eines guten Wasseraufbereitungsmittels wird angeraten. Bekken gut abdecken, die Fische springen.

ZU: Bisher nicht gelungen.

FU: K; Lebendfutter aller Art, besonders kleine Fliegen, Frostfutter.

Bes.: Eine prächtige Art, die manchmal gut im Schwarm gehalten werden kann, dann aber plötzlich, z. B. wenn ein Tier aus der Gruppe entfernt wurde, sich gegenseitig so stark verletzt, so daß innerhalb kurzer Zeit die ganze Gruppe sich selbst vernichtet (mündl. Angaben von Heiko Bleher, Frankfurt).

T: 22–24° C, L: 6 cm, BL: 80 cm, WR: m, SG: 3–4

Hochplateau Ostbrasilien Rio Candindé: Salmler, Lebendgebärende Zahnkarpfen und einige Cichliden leben in dieser kargen Landschaft.

Überschwemmungstümpel bei St. Joâo de Patos Ostbrasilien (Para). Millionen kleiner Fische leben nach der Regenzeit in diesem Restwasser.

Astyanax zonatus EIGENMANN, 1908
Diamantsalmler

Syn.: *Poecilurichthys zonatus.*

Vork.: Rio Paraguay, Paraguay (dort wurden die photographierten Tiere gefangen!) Nach der Literatur kommt die Art am oberen Amazonas vor (Südamerika).

Ersteinf.: 1981 durch Heiko Bleher, Frankfurt.

GU.: ♂ schlanker und etwas größer als das ♀.

Soz. V.: Friedlicher Schwarmfisch mit guten Eigenschaften für ein Gesellschaftsbecken.

Hält. B.: Die recht anspruchslose Art benötigt wenig Aufmerksamkeit und ist ein echter Anfängerfisch. Die leuchtend roten Augen der ausgewachsenen Tiere stehen in starkem Kontrast zum silbrigen Körper, der je nach Lichteinfall auch bläulich oder golden schimmert. Weiches Wasser ist von Vorteil, aber nicht Bedingung. pH-Wert 6,5–7,8; die Fische wollen viel freien Schwimmraum.

ZU: Laicht im Schwarm zwischen Pflanzenbüscheln ab. Elterntiere nach dem Laichvorgang entfernen oder Laichrost verwenden. Die sehr kleinen Jungfische benötigen feinstes Tümpelstaubfutter.

FU: K, O; Allesfresser: Flockenfutter, Frostfutter, FD-Futtermittel, feines Lebendfutter.

Bes.: Wird teilweise als *Moenkhausia comma* gehandelt, was jedoch eine andere Gattung und Art ist. Siehe Seite 284.

T: 20–25° C, L: 8 cm, BL: 80 cm, WR: m, SG: 1

Axelrodia stigmatias (FOWLER, 1913)
Pfeffersalmler*

Syn.: *Hyphessobrycon stigmatias, Axelrodia fowleri.*

Vork.: Amazonasbecken, Südamerika.

Ersteinf.: 1984 durch Heiko Bleher, Frankfurt. Vorher sicher unerkannt als Beifänge.

GU.: ♀ zur Laichzeit voller. Die weißen „Federstriche" auf der Rücken- und Afterflosse sind beim ♂ intensiver.

Soz. V.: Sehr friedlicher Schwarmfisch, für das Gesellschaftsbecken jedoch nur bedingt geeignet, da recht empfindlich.

Hält. B.: Torffilterung! Weiches, braunes Wasser bis 8° dGH; pH-Wert 5,5–6,5. Dunkler Bodengrund z. B. Lava. Vergesellschaftung z. B. mit Schachbrettcichliden, Neons und *Corydoras.* Teilweise Abdeckung der Wasseroberfläche mit Schwimmpflanzen wird angeraten. Die Fische entfalten ihre Pracht erst in gedämpftem Licht.

ZU: Bisher nicht beschrieben. Diese dürfte jedoch mit extrem weichem Wasser möglich sein. Die Zuchttiere müßten mit schwarzen Mückenlarven in Laichverfassung gebracht werden.

FU: K, O; feines Flockenfutter, FD-menü, lebendes *Artemia, Cyclops.*

Bes.: * Der deutsche Name Pfeffersalmler wird hier vorgeschlagen. Der Fisch ist mit winzigen dunklen Punkten übersät und erscheint damit als ob er mit Pfeffer bestreut wäre.

T: 22–26° C, L: 3 cm, BL: 60 cm, WR: m, SG: 2–3

Bryconops caudomaculatus (GÜNTHER, 1864)
Leuchtflecksalmler

Syn.: *Creatochanes caudomaculatus.*

Vork.: Guyana, Mittlerer Amazonas, Kolumbien, Südamerika.

Ersteinf.: 1933.

GU.: ♂ mit spitzem, ausgezogenem Schwanzflossenlappen. Beim ♀ sind diese mehr gerundet.

Soz. V.: Kleine Tiere sind harmlose Schwarmfische, die gut mit gleichgroßen oder anderen friedlichen Arten vergesellschaftet werden können. Tiere ab 8 cm Länge werden bissig und stellen kleinen Fischen nach. Mit Großfischen wie *Hypostomus,* größeren Cichliden usw. lassen sie sich gleichwohl gut halten.

Hält. B.: Großbecken ab 120 cm Länge mit guter Filterung. Wasser: pH-Wert 6,5–7,5; Härte bis 25° dGH. Teilweise gut bepflanztes Becken. Viel Sauerstoff und gute Strömung.

ZU: Bisher im Aquarium nicht erfolgt. Freilaicher im Schwarm; vorzugsweise während der Regenzeit und damit während der jedes Jahr eintretenden Überschwemmungen.

FU: K, O; Flockenfutter, FD-Nahrung, Frostfutter.

Bes.: Eine der am häufigsten importierten Arten der Gattung. Trotzdem kein Renner unter den Salmlern.

T: 23–26° C, **L**: 13 cm, **BL**: 120 cm, **WR**: m, o, **SG**: 2–3

Bryconops caudomaculatus, juv.

Bryconops caudomaculatus ♂

Bryconops caudomaculatus ♀

Bryconops melanurus (BLOCH, 1795)
Rotschwänzchensalmler

Syn.: *Creatochanes melanurus, Tetragonopterus melanurus.*

Vork.: Östliches Brasilien, Rio Sao San Francisco-System, Südamerika.

Ersteinf.: ?

GU.: ♂ schlanker, ♀ runder in der Bauchlinie.

Soz. V.: Als Jungfische sehr schwimmfreudiger, friedlicher Schwarmfisch – gut für größere Gesellschaftsbecken mit weichem Wasser geeignet. Ausgewachsene Exemplare nicht ganz so friedlich.

Hält. B.: Torfgefilterte, größere Becken mit Strömung und hohem Sauerstoffangebot, nitratfreies Wasser mit pH-Werten zwischen 5,6 und 6,8; Härte bis 10° dGH. Sandboden, viel Licht. Freier Schwimmraum und etwas Unterstand durch Wurzeln oder bis zur Wasseroberfläche reichende Pflanzen.

ZU: Bisher im Aquarium nicht erfolgt. Freilaicher bei extrem weichem Wasser (-4° dGH). T. 28° C.

FU: K, O; Insekten und -larven, Flockenfutter. Gefrostete und gefriergetrocknete Mückenlarven, Brine Shrimps usw., *Artemia.*

Bes.: Eine der hübschesten Arten aus der Gattung *Bryconops.* Sie wird leider selten importiert.

T: 23–26° C, **L**: 10 cm, **BL**: 120 cm, **WR**: o, **SG**: 2–3

Cheirodon affinis (MEEK & HILDEBRAND, 1916)
Weißer Tetra

Syn.: Keine (?).

Vork.: Costa Rica, Panama, Mittelamerika.

Ersteinf.: 1983 durch Heiko Bleher, Frankfurt.

GU.: Bei der Gattung besteht ein ausgeprägter Sexualdimorphismus. Meist sind die ♂♂ kleiner als die ♀♀. Beim ♂ ist die Anale stark ausgeprägt mit dickeren Strahlen im vorderen Schwanzflossenlappen. Dieser ist mit feinen Häkchen zum Anklammern beim Geschlechtsakt versehen. Auf der Schwanzflossenbasis des ♂ sitzt ein kielförmiger Ansatz, der ebenfalls mit feinen Stacheln versehen ist.

Soz. V.: Flinker, friedlicher Schwarmfisch. Für jedes Gesellschaftsbecken geeignet.

Hält. B.: Der Fisch benötigt zum Wohlbefinden ein relativ kühles Aquarium mit starker Filterung (Strömung) und guter Bewegung der Wasseroberfläche.
Wasser pH-Wert ca. 6,5 (in der Natur); im Aquarium können die Werte höher liegen bis 7,5; Härte bis 12° dGH. Bei zu starkem Licht sind die Tiere scheu.

ZU: Bisher nicht nachgezogen.

FU: K, O; Flockenfutter, FD-menü, Frostfutter, feines Lebendfutter.

Bes.: *Cheirodon affinis* kommt in Panama, *Cheirodon terrabae* (BUSSING, 1967) in Costa Rica vor. Beide Arten sind vom Foto her nicht zu unterscheiden. Der abgebildete Fisch wurde in Panama gefangen.

T: 22–24° C, **L**: 4,5 cm, **BL**: 60 cm, **WR**: m, **SG**: 2

Bryconops melanurus

Cheirodon affinis

Cheirodon galusdae EIGENMANN, 1927

Chilesalmler

Syn.: Keine.

Vork.: Mittleres Chile, Südamerika.

Ersteinf.: 1981 durch Dr. Busse, Bonn.

GU.: ♀ deutlich voller, sofern Laichansatz vorhanden.

Soz. V.: Friedlicher Schwarmfisch, zart und scheu. Am besten im Artbecken halten.

Hält. B.: Kleines Artbecken mit guter Filterung und Strömung. Im Sommer kann die Art im Freien gehalten werden. Feiner, dunkler Bodengrund, etwas Schwimmraum in der Filterströmung. Wasser: pH-Wert 6,5–7,2; Härte ca. 15° dGH.

ZU: Bisher nicht gelungen.

FU: K; Insektenlarven, kleine Fliegen, Futtertabletten, FD-Nahrung.

Bes.: In Chile kommen drei *Cheirodon*-Arten vor: *Cheirodon pišciculus* (Nordchile), *Cheirodon australe* (Südchile) und die hier vorgestellte Art.

T: 18–22° C, **L**: 6 cm, **BL**: 70 cm, **WR**: u, m, **SG**: 3

Cheirodon kriegi SCHINDLER, 1937

Dreipunkttetra

Syn.: Keine.

Vork.: Rio Paraguay-Becken, oberer Guaporé-Fluß, Brasilien (Südamerika).

Ersteinf.: Unbekannt, da meist unerkannt.

GU.: ♀ voller in der Bauchpartie.

Soz. V.: Sehr friedlicher, lebendiger Schwarmfisch, der gut ins Gesellschaftsbecken paßt.

Hält. B.: Klares, gut gefiltertes Wasser mit leichter Strömung, pH-Wert 6,0–7,2; Härte bis 15° dGH. Nicht zu helles Licht, damit die sonst recht unscheinbaren Tiere besser zur Geltung kommen.

ZU: Wie andere Salmler ein Freilaicher zwischen Pflanzen. Siehe *C. piaba*, Seite 269.

FU: K, O; Flockenfutter aller Art, FD-Nahrung, Frostfutter.

Bes.: Der schwarze Fleck am After ähnelt dem Trächtigkeitsfleck der Lebendgebärenden Zahnkarpfen. Einige Autoren schreiben ihn auch nur den ♀♀ zu. Die ♂♂ haben den Fleck jedoch auch, und er hat nichts mit Laichreife zu tun.

T: 24–27° C, **L**: 5 cm, **BL**: 80 cm, **WR**: m, **SG**: 2

Cheirodon galusdae

Cheirodon kriegi

Cheirodon kriegi

Cheirodon kriegi (?)

Cheirodon piaba LÜTKEN, 1874
Piabatetra

Syn.: *Cheirodon calliurus, C. jaguaribensis, C. macropterus, C. micropterus.*

Vork.: Quer durch Brasilien vom Rio Paraguay bis zum Rio Sao Francisco, Südamerika.

Ersteinf.: 1911 von Albert Mayer, Hamburg.

GU.: ♂♂ sind schlanker und haben eine längere Schwimmblase, die man im Gegenlicht erkennen kann. ♂ mit stark konkaver Afterflosse, beim ♀ ist diese fast gerade.

Soz. V.: Sehr friedliche Art; für Gesellschaftsbecken mit nicht zu robusten Arten geeignet.

Hält. B.: Ein recht robuster Schwarmfisch, der jedoch wegen des weiten Verbreitungsgebietes etwas unterschiedliche Ansprüche haben kann. Wasser: pH-Wert 6,0–7,5; Härte bis 25° dGH. Zur Eingewöhnung ist Torfextrakt und/oder ein Wasseraufbereitungsmittel (z. B. AquaSafe) von Vorteil.

ZU: Die Zucht dieser Art ist meist recht einfach, sofern man über kräftig herausgefütterte Paare verfügt. Vorteilhaft ist ein Zuchtansatz mit zwei ♂♂ und einem ♀. Zwischen feinfiedrigen Pflanzen werden nach stürmischem Treiben ca. 200 Eier abgelegt und befruchtet. Die Larven schlüpfen nach etwa 5 Tagen, hängen dann (wenn ungestört) noch weitere 4 Tage zwischen den Pflanzen und gehen dann auf Futtersuche. Die Aufzucht mit frischgeschlüpften *Artemia*-Nauplien, Tümpelstaubfutter, feinstgemahlenem Flockenfutter (Empfehlung: TetraRubin oder Tetra FD-menü), Liquifry rot o. ä. bereitet wenig Schwierigkeiten. Die Elterntiere sollten entfernt werden.

FU: O; Flockenfutter, feines Lebendfutter, fast jegliches Frostfutter und FD-Nahrung.

Bes.: Die Art wird leicht mit *Cheirodon kriegi* verwechselt. Bei den ♂♂ dieser Gattung ist die Schwanzwurzel mit kleinen Häkchen versehen, die beim Umklammern des ♀ während des Laichaktes von Bedeutung sind.

T: 20–27° C, **L:** 5 cm, **BL:** 70 cm, **WR:** m, **SG:** 2

Creagrutus beni EIGENMANN, 1911
Goldbandsalmler

Syn.: Keine.

Vork.: Valencia-See in Venezuela, Bolivien, oberer Amazonas (Peru), Rio Tocantius, Brasilien, Südamerika.

Ersteinf.: 1932 von Otto Winkelmann, Hamburg.

GU.: Ausnahmsweise sind bei dieser Art die ♀♀ prächtiger gefärbt und (wie üblich) fülliger. ♂ unscheinbar.

Soz. V.: Friedlicher, fast zarter, jedoch munterer Schwarmfisch, der gut für das normale Gesellschaftsaquarium geeignet ist.

Hält. B.: Ein typischer Vertreter in der Unterfamilie der „Tetras". Haltung ähnlich *Hemigrammus* oder *Hyphessobrycon*, mit denen die Art auch gut gehalten werden kann. Schwimmraum, lockere Bepflanzung. Viel Licht. Evtl. Torffilterung, aber nicht Bedingung. Wasser: pH-Wert 6,0–7,2; Härte bis 20° dGH (10°).

ZU: Es findet eine, wenn auch nur kurzzeitige Vorratsbefruchtung statt. Ein ♀ kann, wenn zuvor eine Befruchtung stattgefunden hat, ohne Beisein des ♂ befruchtete Eier ablegen. Es sind 50–70, die schon nach 24–28 Stunden (bei 26° C) schlüpfen. Sie schwimmen nach 3 Tagen frei und nehmen sofort jedes Futter passender Größe, meist vom Boden.

FU: O; Flockenfutter, FD-Nahrung, Tablettenfutter, Frostfutter.

Bes.: Nach GÉRY ist der Artname nicht gesichert. Offenbar handelt es sich bei den Importen um zwei Arten oder Unterarten, die unter gleichem Namen laufen.

T: 22–26° C, **L**: 8 cm; in Venezuela nur 4,5 cm, **BL**: ab 40 cm, **WR**: m, **SG**: 1–2

Gymnocorymbus socolofi GÉRY, 1964
Socolofs Rotmantelsalmler

Syn.: Keine.

Vork.: Oberer Rio Meta, Kolumbien (Südamerika).

Ersteinf.: 1963 nach den U.S.A.

GU.: Bisher nicht beschrieben.

Soz. V.: Lebhafter Schwarmfisch als Jungtier, ältere Tiere werden ruhiger und farbloser.

Hält. B.: Wie *G. thayeri*.

ZU: Bisher nicht beschrieben, aber in den U.S.A. auf „Socolof's" Fischfarm in Florida mehrfach nachgezogen.

FU: O; Allesfresser, außer Pflanzen. Flokkenfutter mit viel Pflanzenkost.

Bes.: Wurde nach dem US-Fischzüchter Ross Socolof benannt. Die Jungtiere bis ca. 3 cm Länge tragen orangerote (senkrechte) Flossen und sind sehr ansprechende Anfängerfische.

T: 23–27° C, **L**: 5,5 cm, **BL**: 70 cm, **WR**: m, **SG**: 2

Creagrutus beni ♀

Gymnocorymbus socolofi

Hemigrammus boesemani (GÉRY, 1959)
Glanzstrichsalmler

Syn.: Keine. (?)

Vork.: Guyana-Länder und oberer Amazonas, Südamerika.

Ersteinf.: Als „Beifang" sicher schon häufiger. 1983 durch Heiko Bleher, Frankfurt.

GU.: ♂ mit unten spitzer Schwimmblase; beim ♀ ist diese viel abgerundeter.

Soz. V.: Friedlicher, flinker Schwarmfisch, der gut für Gesellschaftsbecken mit starker Bepflanzung geeignet ist.

Hält. B.: 1/2 gute Bepflanzung, 1/2 freier Schwimmraum. Die Tiere stellen sich gern im Pflanzendickicht unter. Abgedunkeltes Licht (Schwimmpflanzendecke) oder Torffilterung/Torfextrakt tragen zum Wohlbefinden bei und lassen den Leuchtstreifen entlang des Körpers erst zur Geltung kommen. Wasser: pH-Wert 5,8–7,4; Härte bis 16° dGH.

ZU: Wie andere *Hemigrammus*-Arten.

FU: K, O; Flockenfutter, FD-Menü, Frostfutter und feineres Lebendfutter.

Bes.: Früher wurde die Art als Unterart von *Hemigrammus micropterus* angesehen.

T: 23–26° C, **L**: 4,5 cm, **BL**: 60 cm, **WR**: m, o, **SG**: 2

Hemigrammus guyanensis GÉRY, 1959
Rotpunktsalmler

Syn.: Keine.

Vork.: Franz. Guyana (Südamerika) in den Oberläufen der Gewässer. In den Unterläufen wird die Art durch *H.ocellifer* ersetzt.

Ersteinf.: Ungewiß.

GU.: Beim ♂ kann man im Gegenlicht die unten spitze Schwimmblase erkennen. Beim ♀ ist diese teilweise verdeckt und erscheint daher gerundet.

Soz. V.: Friedlicher Schwarmfisch; für das kühlere Gesellschaftsbecken gut geeignet. Bei Nahrungsmangel werden zarteste Pflanzentriebe angeknabbert.

Hält. B.: Die Tiere sollten im kleinen Schwarm gehalten werden. Einzeltiere kümmern. Wasser: pH-Wert 6,0–7,2; Härte bis 18° dGH. Dunkler Bodengrund, nicht zu hell beleuchten. Kräftige Filterströmung. Torffilterung ist von Vorteil, jedoch nicht Bedingung.

ZU: Freilaicher zwischen Pflanzen.

FU: K, O; feines Lebendfutter (*Artemia, Cyclops*), Bosminen (evtl. tiefgefroren). Flockenfutter jeder Art.

Bes.: Keine.

T: 20–24° C, **L**: 4 cm, **BL**: 60 cm, **WR**: m, o, **SG**: 1–2

Hemigrammus boesemani

Hemigrammus guyanensis

Hemigrammus stictus (DURBIN, 1903)
Blutschwanzsalmler

Syn.: Keine.

Vork.: Guyana-Länder; Amazonasgebiet; Rio Meta, Kolumbien (Südamerika).

Ersteinf.: Ungewiß, da als Beifang wenig beachtet.

GU.: ♂ schlanker als ♀. Unser oberes Foto zeigt ein ♀, das Foto unten ein junges ♂ mit vorn deutlich weiter ausgezogener Afterflosse.

Soz. V.: Friedlicher, flinker Schwarmfisch, der gut für das Gesellschaftsbecken geeignet ist.

Hält. B.: Ein Cichlidenbecken mit afrikanischen Arten wäre für die Pflege nicht gerade ideal, obwohl die Fische recht hart im Nehmen sein können. Besser ist ein Amazonasbecken mit *Echinodorus, Heteranthera* und Schwimmfarnen. Bevorzugt wird weiches, torfgefiltertes Wasser mit bis zu 10° Härte und einem pH-Wert zwischen 6 und 7. Dunkler, kiesiger Bodengrund.

ZU: T: 26° C, torfgefiltertes Wasser, welches weich und leicht sauer sein sollte. Es wird zwischen Pflanzenbüscheln oder Quellmoos abgelaicht. Die Eier kleben eine Zeitlang fest. Da die Elterntiere häufig die Eier fressen, sind sie herauszufangen. Die Larven schlüfen bereits nach einem Tag und brauchen bald feinstes Tümpelfutter zur Aufzucht. Ab dem 5. Tag nehmen sie *Artemia* und MikroMin oder Liquifry rot.

FU: Die Tiere färben sich nur in weichem, nitratarmen Wasser prächtig aus.

T: 23–27° C, L: 6 cm, BL: 80 cm, WR: m, SG: 2

Hochwasser! Da läßt sich nicht fischen. Rio Xingu, Brasilien. Jetzt kommen die pflanzenfressenden Fische voll auf ihre Kosten. Für viele Arten beginnt die Laichzeit, da es Nahrung im Überfluß gibt.

Hemigrammus stictus ♀, adult

Hemigrammus stictus ♂, juv.

Hyphessobrycon metae EIGENMANN & HENN, 1914
Purpurtetra, Rio Meta-Salmler

Syn.: Keine.

Vork.: Rio Meta, Kolumbien, Südamerika.

Ersteinf.: Wahrscheinlich erst nach 1970.

GU.: ♀ deutlich voller und höher gebaut als das ♂.

Soz. V.: Scheuer, friedlicher Schwarmfisch. Für zarte Fische im Gesellschaftsbecken geeignet. Eine Arthaltung im kleinen Zuchtbecken wird jedoch angeraten.

Hält. B.: Die kostbaren Fische erfordern eine Portion Aufmerksamkeit in der Pflege. Torffilterung oder Zugabe von Torfextrakten, weiches Wasser von ca. 4–8° dGH, gedämpftes Licht und ruhige friedliche Beckeninsassen sind Voraussetzung für die erfolgreiche Pflege. Ebenso muß das Wasser nitratarm sein, was man nur durch Filterung über Austauscherharze oder regelmäßigem Wasserwechsel (2/3 alle 4 Wochen) und geringe Beckenbesetzung erreichen kann.

ZU: Wenig ergiebig. Eventuell mit dem Roten Neon vergleichbar. Zuchtbecken mit torfgefiltertem weichem Wasser (unter 4° dGH), pH-Wert 5,8–6,2. Büschel feinfiedriger Pflanzen. In diese „tauchen" die Paare nach heftiger Balz regelrecht ein. Nach dem Ablaichen sollten die Elterntiere sofort entfernt werden. Aufzucht nur mit feinstem Tümpelstaubfutter.

FU: K, O; Lebendfutter aller Art in entsprechender Größe, FD-Futtermittel, Flockenfutter.

Bes.: Es ist möglich, daß es sich bei den bisher als drei Arten *Hyphessobrycon loretoensis, H. metae, H. peruvianus* beschriebenen Fischen um eine einzige Art [Lokalrassen oder Unterarten handelt (briefliche Mitteilung von Dr. GÉRY, 1984)]. Zumindest *H. peruvianus* und *H. metae* sehen sich farblich sehr ähnlich, dabei stehen *H. metae* und *H. loretoensis* verwandtschaftlich sehr nahe.

Foto rechte Seite: Seitenarm eines Flusses bei Leticia (Peru). Hier werden in aufgeschnittenen Ölfässern Zehntausende von Zierfischen an einem einzigen Tag gefangen und gehältert.

T: 22–26° C, **L**: 5 cm, **BL**: 60 cm, **WR**: m, **SG**: 2–3

Hyphessobrycon reticulatus **ELLIS, 1911**
Netzsalmler

Syn.: Keine.

Vork.: Südostbrasilien, La Plata-Becken (Südamerika).

Ersteinf.: 1932; ungewiß, da diese Salmlerart bisher wenig Beachtung fand.

GU.: Unbekannt.

Soz. V.: Behender, aktiver Schwarmfisch, für Gesellschaftsbecken mit passender Dekoration (harte Pflanzen) geeignet. Zur Vergesellschaftung mit kleineren Arten nicht geeignet, da die Tiere „raufluстig und bissig" sein sollen (nach STERBA).

Hält. B.: Die sehr robuste Art verträgt schon einiges. Für den Kenner durchaus ein interessanter Pflegling. Er weiß sich im Cichlidenbecken mit Raufbolden zu behaupten.
Wasser: pH-Wert 6,0–8,0; Härte bis 30° dGH (12°).

ZU: Bisher nicht beschrieben. Dürfte den anderen *Hyphessobrycon* ähnlich sein.

FU: O; Allesfresser: Flockenfutter, Daphnien, Frostfutter, zarte Pflanzen!

Bes.: Der größte *Hyphessobrycon*. Die Art sieht eher einem *Astyanax* ähnlich (z. B. *A. ribeirae*, worunter sie auch in USA gehandelt wird). Bis auf zwei Arten gehören nach GÉRY (1977) **alle** *Hyphessobrycon* in andere Gattungen.
Es bleibt abzuwarten, ob diese bei Aquarianern so beliebte und bekannte Gattung einmal umbenannt wird. In unserem Jahrhundert wird sich wohl kaum ein Ichthyologe daran wagen.

T: 15–25° C, **L:** 8 cm, **BL:** 100 cm, **WR:** m, o, **SG:** 2–3

Hyphessobrycon socolofi **WEITZMAN, 1977**
Socolofs Kirschflecksalmler

Syn.: Keine.

Vork.: Rio Negro, Brasilien (Südamerika).

Ersteinf.: Nicht bekannt, da die Art lange unter falschem Namen lief.

GU.: Bei ausgewachsenen Tieren sind die ♂♂ etwas größer, ebenso deren Rückenflosse. Diese ist beim ♂ mehr blau, beim ♀ in der Spitze rot. Die Afterflosse beim ♀ ist im hinteren Teil rot, beim ♂ durchgehend blau.

Soz. V.: Friedlicher Schwarmfisch. Es sollten wenigstens 6 Exemplare zusammen gepflegt werden. Vergesellschaftung am besten mit ruhigen Bodenbewohnern, kleinen Cichliden und anderen Salmlern.

Hält. B.: Dunkles Becken mit Schwimmpflanzendecke oder stark torfgefiltertes Wasser oder Torfextrakt. Schwache Beleuchtung und dunkler Bodengrund. Wasser: pH-Wert 5,8–7,0; Härte: bis 10° dGH. Gute biologische Filterung und regelmäßiger, teilweiser Wasserwechsel von 1/3 alle 3–4 Wochen.

ZU: Zuchttiere gut mit Lebendfutter/Frostfutter anfüttern. Das ♀ soll einen gut gerundeten Bauch haben. Zuchtbecken ab 50 cm Länge. Ein Paar ansetzen. T: 27° C, weiches Wasser bis 4° dGH; pH-Wert um 6,0. Freilaicher zwischen Pflanzen; Laichrost verwenden.

FU: K, O; Flockenfutter, FD-Nahrung, Frostfutter.

Bes.: Diese Art wird häufiger importiert als der nahe Verwandte *H. erythrostigma*. Die Art kann manchmal empfindlich gegen Bakterienbefall sein. Deshalb nur gut eingewöhnte Tiere kaufen.
Siehe Foto auch Band 1, Seite 213.

T: 23–27° C, **L:** 4,5 cm, **BL:** 80 cm, **WR:** m, **SG:** 2–3

Hyphessobrycon reticulatus

Hyphessobrycon socolofi, unten ♂ oben ♀

Megalamphodus roseus GÉRY, 1960
Gelber Phantomsalmler

Syn.: Keine.

Vork.: Maroni-Flußsystem in den Guyana-Ländern, Südamerika.

Ersteinf.: 1978 durch einen holländischen Pater; 1984 durch Westaquarium, Bad Lauterberg.

GU.: ♂ mit kleinerem Schulterfleck, mehr Weiß in der Rückenflosse, siehe Foto: oben ♀, unten ♂.

Soz. V.: Friedlicher Schwarmfisch, der in jedem Gesellschaftsbecken eine besondere Zierde ist.

Hält. B.: pH-Wert 6,0–7,8 (6,8); Härte bis 30° dGH, besser darunter. Viel Licht und Pflanzenbewuchs, vorn freier Schwimmraum. Die Vergesellschaftung mit großen und kleinen Räubern verbietet sich. Dunkler Bodengrund. Gute Filterpflege (nitratarmes Wasser) unter 20 mg/l. Torfextraktzusatz fördert das Wohlbefinden.

ZU: Wurde bereits nachgezogen; dürfte wie bei den anderen Arten der Gattung sein. Siehe Atlas Bd. 1, Seite 298.

FU: K, O; feines Flockenfutter, FD-Futtermittel, *Artemia*, schwarze Mückenlarven.

Bes.: Eine der schönsten Neueinführungen der letzten Jahre. Ein wunderbarer Kontrastfisch zum Neon und Roten Neon.

T: 23–27° C, **L**: 3 cm, **BL**: 60 cm, **WR**: m, **SG**: 2

Megalamphodus (sp. ?) oder Züchtung
Prachtphantomsalmler

Syn.: Läuft teilweise unter *M. sweglesi* oder unter *M. rogoaguae*

Vork.: ?

Ersteinf.: Nach 1970.

GU.: ♂ größere Rückenflosse, meist ohne Schwarz, ♀ rot-schwarze Rückenflosse.

Soz. V.: Friedlicher Schwarmfisch.

Hält. B.: Etwas einfacher als *M. sweglesi*, aber etwas schwieriger als *M. megalopterus*. pH ca. 6,5; H bis 10° dGH.

ZU: Ist die Art gezüchtet?

FU: K, O: Flockenfutter, FD-Stoffe, feines Lebendfutter.

Bes.: Die schönste *Megalamphodus-Art*, zumindest die am prächtigsten rot gefärbte. Sie sollte endlich einen Namen erhalten.

T: 23–27° C, **L**: 4 cm, **BL**: 60 cm, **WR**: m, **SG**: 2–3

Megalamphodus roseus, unten ♂ oben ♀

Megalamphodus (sp. ?) oder Züchtung

Moenkhausia ceros EIGENMANN, 1908
Cerossalmler

Syn.: Keine.

Vork.: Rio Ucayali, Peru (Südamerika).

Ersteinf.: 1983 durch Heiko Bleher, Frankfurt. Vorher schon als Beifang?

GU.: ♀ fülliger und mit abgerundeter Schwimmblase; beim ♂ ist diese spitzer ausgezogen.

Soz. V.: Gesellschaftsfische in der Natur sind Scalare, *Cichlasoma festivum, Ctenobrycon hauxwellianus, Hemigrammus ocellifer.* Im Aquarium werden die Fische viel Freude als friedliebende, lebendige Schwarmfische bereiten.

Hält. B.: Wie bei der nachfolgenden Art.

ZU: Bisher ist eine Nachzucht im Aquarium nicht beschrieben. Sie dürfte ähnlich sein wie bei den anderen *Moenkhausia* oder *Hemigrammus.*

FU: K, O; im Aquarium Flockenfutter, Frostfutter, FD-Futterstoffe. In der Natur fressen die Fische in den flachen Uferzonen auch das Blut geschlachteter *Arapaimas.*

Bes.: Keine.

T: 24–28° C, **L**: 6 cm, **BL**: 70 cm, **WR**: m, o, **SG**: 1–2

Moenkhausia comma EIGENMANN, 1908
Kommasalmler

Syn.: *Moenkhausia coma* (Schreibfehler von STEINDACHNER)

Vork.: Unterer Amazonas von Belem bis Para, Südamerika.

Ersteinf.: 1963.

GU.: ♂ im Bauch schlanker, laichreife ♀♀ prall in der Bauchpartie.

Soz. V.: Schwarmfisch als Jungfisch, zuchtreife Tiere grenzen in Großbecken Reviere ab. Zur Vergesellschaftung mit allen robusten Arten geeignet; friedlich.

Hält. B.: Großbecken mit dunklem Bodengrund. Gruppen höher wachsender Pflanzen (Schwertpflanzen) zur Abgrenzung von Revieren bei mehreren Paaren. Wasser: pH-Wert 6,0–7,5; Härte bis 18° dGH.

ZU: Wie bei den *Hemigrammus*-Arten. Zuchtbecken 60 cm mit Einzelpaaren, Pflanzenbüschel, weiches Wasser. Kräftige Ernährung der Zuchttiere mit (lebenden) Mückenlarven. Die Larven schlüpfen nach etwa 60 Stunden. Elterntiere verbleiben bei der Brut.

FU: K, O; Flockenfutter (Großflocken), Frostfutter.

Bes.: Besonders zur Brutzeit eine prächtige Art, die *Moenkhausia pittieri* an Schönheit nicht nachsteht.

T: 23–28° C, **L**: bis 8 cm, **BL**: 120 cm, **WR**: m, **SG**: 2

Moenkhausia ceros

Moenkhausia comma

Moenkhausia copei (STEINDACHNER, 1882)
Copesalmler

Syn.: *Tetragonopterus copei.*

Vork.: Amazonasbecken und Guyana-Länder (Südamerika).

Ersteinf.: Ungewiß, da über relativ unscheinbare Beifänge selten geschrieben wird.

GU.: Die Afterflosse beim ♂ ist stärker gebogen als beim ♀.

Soz. V.: Friedlicher Schwarmfisch, der für das „anspruchsvolle" Gesellschaftsbekken geeignet ist. Stets als kleinen Schwarm halten!

Hält. B.: Die Art mag abgedunkelte Bekken mit Schwimmpflanzendecke und Torffilterung. Wasser: pH-Wert 5,8–7,2; Härte bis 15° dGH. Bei passenden Wasserbedingungen entfalten die Tiere eine violett und golden schimmernde Pracht, die jeden Kenner begeistert.

ZU: Freilaicher im Schwarm oder Einzelpaar. Die Eier werden nach typischer Salmlerart zwischen feinfiedrigen Pflanzen ausgestoßen. Elterntiere nach dem Ablaichen entfernen. Aufzucht mit feinstem Tümpelstaubfutter.

FU: K, O; Flockenfutter, gefrorene und gefriergetrocknete Naturfutter. Wöchentlich einmal lebende *Artemia*-Nauplien.

Bes.: Keine.

T: 22–26° C, **L:** 6,5 cm, **BL:** 60 cm, **WR:** m, **SG:** 2–3

Rio Sumidoro, Mato Grosso, Brasilien (Quellgebiet des Rio Xingu). In diesem Eldorado von Wasserpflanzen fühlen sich viele Fische wohl. Auf den Pflanzenblättern kann man Tausende von *Otocinclus* finden; in den tiefen Kolks des Baches *Corydoras. Moenkhausia phaenota* und *Hyphessobrycon vilmae* kommen hier sympatrisch vor.

Moenkhausia lepidura (KNER, 1859)

Syn.: *Tetragonopterus lepidurus.*

Vork.: Guyana-Länder, gesamtes Amazonasgebiet (Südamerika).

Ersteinf.: Ungewiß.

GU.: ♂ mit vorn breiter ausgezogener Afterflosse (Foto), beim ♀ ist sie konkav.

Soz. V.: Friedlicher, sehr lebendiger Schwarmfisch. Für Gesellschaftsbecken gut geeignet.

Hält. B.: Die behenden Schwimmer wollen viel Platz. Sonst sind sie anspruchslos und nehmen mit fast jedem Wasser vorlieb: pH-Wert 5,5–7,8; Härte bis 30° dGH. Bekken gut abdecken!

ZU: Bisher nicht beschrieben, dürfte aber wie bei anderen *Moenkhausia* vor sich gehen: Freilaicher zwischen Pflanzen und Perlongespinst. Morgensonne oder Bekken morgens stark beleuchten, sobald laichreife ♀♀ zu erkennen sind. Laichräuber.

FU: K, O; Flockenfutter, Frostfutter. Gelegentlich werden Pflanzentriebe angeknabbert. Dann gibt man pflanzliche Kost, z. B. TetraPhyll.

Bes.: Einer der häufigsten Salmler Südamerikas. Er wird vielfach als Köderfisch verwendet. Von *Moenkhausia lepidura* sind einige Unterarten beschrieben worden.

T: 22–28° C, **L**: 8 cm, **BL**: 120 cm, **WR**: m, o, **SG**: 1

Moenkhausia melogramma EIGENMANN, 1903

Goldglassalmler

Syn.: Keine.

Vork.: Oberer Amazonas (Kolumbien), Südamerika.

Ersteinf.: Als Beifang unerkannt sicher schon vor Jahren.

GU.: ♂ mit spitzer, heruntergezogener Schwimmblase, ♀ mit stumpfer, runderer Schwimmblase und Bauchpartie.

Soz. V.: Friedlicher Schwarmfisch, der für das Weichwasser-Gesellschaftsbecken gut geeignet ist.

Hält. B.: Gut bepflanztes Becken mit Torffilterung und extrem weichem Wasser: pH-Wert 5,8–6,8; Härte bis 6° dGH. Nach Gewöhnung werden auch höhere Werte vertragen. Dunkler Bodengrund, sehr klares, sauerstoffreiches Wasser.

ZU: Freilaicher im Pflanzendickicht. Weiches Wasser, Torffilterung. T 23° C. Ansatz wie *Hemigrammus*-Arten.

FU: K, O; Flockenfutter, FD-Nahrung, Frostfutter.

Bes.: Selten importierte Art, die bei zu hartem Wasser und zu viel Licht kümmert und unscheinbar erscheint.

T: 23–27° C, **L**: 4,5 cm, **BL**: 60 cm, **WR**: m, **SG**: 2–3

Moenkhausia lepidura ♂

Moenkhausia melogramma, unten ♂ oben ♀

Moenkhausia phaenota FINK, 1979
Goldbraune Moenkhausia

Syn.: Keine.

Vork.: Bachläufe im Mato Grosso, Brasilien z. B. Rio Sumidoro (Südamerika).

Ersteinf.: 1975 durch Hans Baensch, Melle.

GU.: ♀ runder und voller und etwa 1/2 cm größer als ♂.

Soz. V.: Friedlicher Schwarmfisch, für sauerstoffreiche, gut gepflegte Gesellschaftsbecken geeignet. Die Tiere leben sympatrisch mit *Otocinclus* sp., *Hyphessobrycon vilmae*.

Hält. B.: Dicht bepflanztes Becken mit viel freiem Schwimmraum im vorderen Beckendrittel. pH-Wert in der Natur (Rio Verde, Mato Grosso) 5,8. Härte: unter 1° dGH. Temperatur 23° C. Wasserstand 30 cm bis 1,5 m. In den flachen Bachpartien dichter Pflanzenwuchs mit einer noch unbekannten (?) Wasserpflanze, die in der Biotopaufnahme auf Seite 287 abgebildet ist.

ZU: Bisher nicht beschrieben. Wahrscheinlich Schwarmlaicher zwischen Pflanzen. Pflege und Aufzucht wohl wie bei den *Hemigrammus*-Arten.

FU: K, O; Flockenfutter, feines Lebendfutter. Frostfutter aller Art. In der Natur nahmen die Tiere willig Flockenfutter.

Bes.: Die Art sollte von GÉRY zunächst *M. baenschi*, nach Dr. Ulrich Baensch benannt werden. Dann stellte sich heraus, daß die Art in USA bereits bekannt war und sich die Erstbeschreibung bereits in Arbeit befand. Eigenlich schade, Dr. Baensch hätte die Ehrung sicher verdient. Einer der kleinsten *Moenkhausia*, der im Schwarm dem Roten Neon im Verhalten sehr ähnlich ist. Der Schwarm ist jedoch lockerer. Bei Gefahr flüchten die Tiere schnell zwischen den engen Pflanzenbestand ihrer Heimatgewässer. Beim Roten Neon kommen jedoch in dessen Heimatgewässern fast nie Pflanzen vor.

T: 23–26° C, **L**: 4,5 cm, **BL**: 60 cm, **WR**: m, **SG**: 2–3

Moenkhausia simulata EIGENMANN & PEARSON, 1929
Mimik-Moenkhausia

Syn.: *Astyanax simulata*.

Vork.: Rio Pachitea, oberer Amazonas, Südamerika.

Ersteinf.: Wahrscheinlich noch nicht in Europa eingeführt worden.

GU.: ♀ voller und kräftiger, ♂ mit stärker konkaver Anale.

Soz. V.: Friedlicher, lebendiger Schwarmfisch; gut für Gesellschaftsbecken geeignet.

Hält. B.: Becken mit Sonnenlicht und viel freiem Schwimmraum. Reichlich Randbepflanzung und dunkler Bodengrund. Regelmäßiger Wasserwechsel alle 3 Wochen 1/3–2/3 unter Zugabe eines guten Wasseraufbereitungsmittels.

ZU: Bisher nicht beschrieben. Wahrscheinlich wie andere *Moenkhausia* oder *Hemigrammus*.

FU: K, O; Flockenfutter, kräftiges Lebendfutter wie *Gammarus*, FD-Nahrung. Selten zarte Pflanzentriebe (nur bei Hunger).

Bes.: Die Gattung ähnelt sehr *Astyanax*. *Moenkhausia* ist mehr im zentralen Amazonasgebiet und den Guyana-Ländern verbreitet, *Astyanax* in Randgebieten davon. Ob die beschuppte Schwanzflosse bei *Moenkhausia* (bei *Astyanax* ist diese ohne Schuppen) bei der Besiedelung gewisser Gewässergebiete eine Rolle spielte, kann vermutet werden, denn ähnliche Hinweise finden sich auch für die Gattungen *Hemigrammus* und *Hyphessobrycon* sowie *Knodus* und *Bryconamericus*, (nach GÉRY 1977).
Knodus: Schwanzflosse beschuppt; Zentralamazonas.
Bryconamericus: Schwanzflosse unbeschuppt; Randgebiete des Amazonas von Nordwest-Südamerika bis nördliches Panama.

Die Art ähnelt stark *Pseudochalceus (Hollandichthys) multifasciatus*, der früher ein bekannter Aquarienfisch – auch für das unbeheizte Becken – war; s. Seite 293.

T: 24–27° C, **L**: 6 cm, **BL**: 80 cm, **WR**: m, **SG**: 2

Moenkhausia phaenota

Moenkhausia simulata

Piabucus dentatus (KOELREUTER, 1761)
Piabucosalmler

Syn.: *Trutta dentata, Characinus argentinus, C. piabuca, Piabuca argentina, Salmo argentinus.*

Vork.: Guyana-Länder, Mittlerer und Unterer Amazonas (Südamerika).

Ersteinf.: 1912 von W. Eimeke, Hamburg.

GU.: Bisher nicht beschrieben.

Soz. V.: Recht friedlicher Schwarmfisch. Er sollte jedoch stets mit genügend großen Fischen gehalten werden, die sich bei der Nahrungssuche behaupten. Manchmal untereinander bissig.

Hält. B.: Großbecken mit viel Licht und einigen Pflanzenecken. Ein Teil der Oberfläche mit Schwimmpflanzen abdecken. Wenig anspruchsvoll an die Wasserbedingungen: pH-Wert 6,0–7,5; Härte bis 18° dGH. Gute Filterung, etwas Strömung.

ZU: Noch nicht nachgezogen.

FU: K; alle Arten Lebendfutter wie Enchyträen, *Tubifex,* Mückenlarven, die hauptsächlich vom Boden gefressen werden. Frostfutter, FD-Tabletten.

Bes.: Ein unscheinbarer, aber interessanter und dauerhafter Pflegling. Früher war er der U. Fam. Iguanodectinae zugeordnet. Die Neuentdeckung von *Iguanodectes geisleri* vom Rio Negro machte eine neue Zuordnung erforderlich, da diese Art eine genau passende Verbindung zu den Echten Tetras (Tetragonopterinae) darstellt.

T: 20–25° C, **L**: 18 cm, **BL**: 150 cm, **WR**: m, u, **SG**: 2

Pseudochalceus multifasciatus (EIGENMANN & NORRIS, 1901)
Großschuppensalmler, Dickmaulsalmler

Syn.: *Tetragonopterus multifasciatus, Pseudochalceus affinis, P. perstriatus, Hollandichthys multifasciatus.*

Vork.: Südöstliches Brasilien um Sao Paulo, Porto Alegre, Santa Catharina (Südamerika).

Ersteinf.: 1906 von O. Kittler, Hamburg.

GU.: ♂ schlanker, ♀ mit vollerer Bauchpartie. Beim ♂ ist die Afterflosse vorn konkav, beim ♀ fast gerade. Das Foto zeigt ein ♀.

Soz. V.: Schwarmfisch; in der Jugend gut verträglich, im Alter meist zänkisch, bissig und für kleinere Fische ein Räuber. Die Vergesellschaftung mit größeren Welsen und Cichliden, *Leporinus* usw. ist gut möglich.

Hält. B.: Großbecken mit viel Schwimmraum, eine Ecke mit dichtem Pflanzenbewuchs. Viel Licht. Starke Filterung. Wasser: pH-Wert 6,0–7,5; Härte bis 20° dGH.

ZU: In Großbecken ab 150 cm Länge möglich. Freilaicher zwischen Pflanzen. 26° C. Elterntiere nach dem Ablaichen entfernen. Aufzucht mit Infusorien, ab 5. Tag *Artemia* und MikroMin.

FU: K, O; Allesfresser, jedoch vorwiegend großes Lebendfutter; Großflocken, FD-Nahrung, Frostfutter.

Bes.: Hübscher, interessanter Fisch, der sich gut im Sommer im Gartenteich halten läßt. Kleinere Teiche sind nachts wegen starker Auskühlung mit Folie abzudecken.

T: 16–23° C, **L**: 12 cm, **BL**: 120 cm, **WR**: m, **SG**: 2–3

Piabucus dentatus

Pseudochalceus multifasciatus ♀

Thayeria ifati GERY, 1959
Halbstreifen-Schrägschwimmer

Syn.: Keine.

Vork.: Maroni-Flußsystem in franz. Guyana und Surinam (Südamerika).

Ersteinf.: Unbekannt.

GU.: ♀ dicker in der Bauchpartie. Beim ♂ sind die ersten Analstrahlen weiß, beim ♀ durchsichtig.

Soz. V.: Friedliche Art, die stets in kleinen Gruppen von 3–8 Exemplaren gehalten werden sollte. Einzelexemplare kümmern.

Hält. B.: Die Tiere sollten nur mit kleineren, ruhigen Fischen vergesellschaftet werden. Sie benötigen ein gut bepflanztes Aquarium und nitratarmes Wasser unter 30 mg/l. pH-Wert 6,0–7,2; Härte bis 12° dGH.

ZU: Bisher nicht beschrieben, aber sicher wie *Hemigrammus*-Arten zwischen Pflanzen ablaichend.

FU: K, O; Flockenfutter, FD-Nahrung, feines Lebendfutter.

Bes.: Die Gattung wird nur wegen der Schwimmweise von *Hemigrammus* unterschieden. Sonst sind die Gattungen anatomisch gleich. Die schräge Schwimmlage mit dem schwarzen Körperstrich gibt dem Fisch eine ungewöhnliche Tarnung. Von Feinden werden die Tiere nicht mehr als Fisch und damit auch nicht als Beute angesehen.

T: 23–28° C, **L**: 5 cm, **BL**: 60 cm, **WR**: m, **SG**: 2–3

Characidium sp. aff. fasciatum
a) Rio Negro-Bodensalmler, b) Peru-Bodensalmler

Syn.: Keine.

Vork.: a) Rio Negro, b) Peru.

Ersteinf.: 1983 durch Heiko Bleher; Frankfurt.

GU.: Nicht beschrieben.

Soz. V.: Meist können mehrere Tiere zusammen gehalten werden. Die Vergesellschaftung mit anderen Fischen bereitet keine Schwierigkeit.

Hält. B.: Klares, strömendes Wasser, trübefrei. pH-Wert je nach Herkunft 5,6–7,5 (6,0); Härte bis 10° dGH. Bodengrund aus grobem Kies mit Steinbrocken. 2/3 der Bodenfläche sollte frei von Pflanzen sein, 1/3 dicht bepflanzt. Die Fische sitzen gern auf erhöhtem Standort und stützen sich dabei gern auf die Brust-, Bauch- und Schwanzflossen.

ZU: Bei manchen Arten schon gelungen. Es ist nur schwierig, ein passendes Paar derselben Art zu bekommen. S. Bd. 1, S. 314.

FU: K, O; Allesfresser, jedoch hauptsächlich am Boden lebende Insektenlarven. Im Aquarium picken die Fische feinste Futterbrocken vom Boden. FD-Menü, Frostfutter, TetraTips.

Bes.: Die Fotos sollen nur die Schönheit und Vielfalt innerhalb der Gattung darstellen. Eine genaue Artbeschreibung kann erst nach erfolgter Revision gegeben werden. Siehe auch Bd. 1, S. 314. Die Art aus Peru ist neu und hat keine Fettflosse.

T: 22–24° C, **L**: 8–10 cm, **BL**: 100 cm, **WR**: u, **SG**: 2

Characidium sp. aff. fasciatum a)

Characidium sp. nov. aus Peru, Peru-Bodensalmler b)

Biotop von *Characidium*, Rio Verde, Mato Grosso Brasilien.

Elachocharax georgiae GERY, 1965
Widderchensalmler, Zwerggrundsalmler

Syn.: Keine.

Vork.: Brasilien Rio Negro, Rio Madeira-System in kleinen Zuflüssen und Überschwemmungstümpeln, die jedoch einen Zufluß haben müssen, Südamerika.

Ersteinf.: Bisher nur wenige Exemplare. 1975 nach Deutschland durch Hans Baensch, Melle.

GU.: Nicht bekannt.

Soz. V.: Sehr gesellige Art, von der einige hundert Jung- und Alttiere in einer Pfütze von 1 m^2 Fläche und 10 cm Wasserstand leben können.

Hält. B.: Man sollte die Fische im Artbekken oder mit ruhigen, friedlichen Kleincichliden, Killis, evtl. Kletterfischen halten. Dicht bepflanztes Becken mit Kieseln und flachen Steinen als Ruheplatz. Wasser: pH-Wert 5,4–6,8; Härte bis 8° dGH. Häufiger Wasserwechsel mit Torfextrakt-Zusatz.

ZU: In der Natur kann es zu explosionsartigen Massenvermehrungen kommen, sofern die Fische in Randteichen von ihren Feinden „abgeschnitten" wurden.

FU: K; feinstes Lebendfutter (*Artemia*), *Cyclops*, junge Bachflohkrebse. Jedoch auch TetraTips und FD-Menü.

Bes.: Eine possierliche Art, die noch auf den Aquarianer wartet.

T: 24–30° C, **L**: 3 cm, **BL**: 40 cm, **WR**: f, **SG**: 2–3

Klausewitzia aphanes WEITZMANN & KANAZAWA, 1977
Grüner Zwergpfeilsalmler

Syn.: Keine.

Vork.: Rio Moiocu (Tapajos-System), Brasilien (Südamerika).

Ersteinf.: Bisher nur ein konserviertes Exemplar durch Hans Baensch, Melle.

GU.: Nicht bekannt.

Soz. V.: Friedliche Art mit kleinem Territorium, aus dem arteigene Eindringlinge verjagt werden. In der Natur zusammen mit Diskus, *Anostomus, Osteoglossum* (die nur im freien Wasser jagen), Cichliden, *Nanostomus*.

Hält. B.: Die Fische kommen unter schwimmenden Wasserpflanzen (*Eichhornia*) vor. Bei Hochwasser treiben die Waserpflanzeninseln häufig flußabwärts und sind damit wechselnden Wasserbedingungen unterworfen. Der hier abgebildete Fisch stammt aus einem ca. 30–50 m breiten Fluß, der 1 m tief ist. Das Wasser ist torfbraun und hatte einen pH-Wert von 5,8; Härte gleich Null, T. 26° C (12. September 1975).

ZU: Nicht bekannt.

FU: K; kleine Krebschen und Wasserinsekten, die zwischen den Pflanzenwurzeln und den Blattunterseiten herausgepickt werden.

Bes.: Eine muntere, hübsche Art, die, sofern erst einmal importiert, ihre Freunde finden wird.

T: 24–28° C, **L**: 4 cm, **BL**: 40 cm, **WR**: o, **SG**: 3

Boulengerella lateristriga (BOULENGER, 1895)
Streifenhechtsalmler

Syn.: *Xiphostoma lateristriga.*

Vork.: Rio Negro, Rio Urubu, Brasilien (Südamerika).

Ersteinf.: Ungewiß.

GU.: Nicht bekannt.

Soz. V.: Die Tiere jagen einzeln oder in Rudeln an der Wasseroberfläche. Sie dürfen nur mit wesentlich massigeren (hochrückigen), ruhigen Fischen wie einigen Großcichliden und Welsen zusammengehalten werden.

Hält. B.: Die Tiere sind scheu und benötigen ein geräumiges Becken mit dichtem Pflanzenwuchs als Unterstand. Ein Teil der Oberfläche sollte mit Schwimmpflanzen abgedeckt sein. Torffilterung mit guter Oberflächenbewegung. Sauerstoffbedürftig. Wasser: pH-Wert 5,2–6,8; Härte bis 10° dGH. Regelmäßiger Wasserwechsel mit einem Waseraufbereitungsmittel (z. B. AquaSafe) 1/3–1/2 alle 14 Tage. Auf nitrit- und nitratfreies Wasser ist zu achten.

ZU: Im Aquarium noch nicht erfolgt.

FU: K; Insekten und -larven, Raupen, kleine Fische. Die importierten Tiere sind meist transportgeschädigt und nehmen keine Nahrung mehr an. Nur solche Tiere erwerben, die gut fressen.

Bes.: *B. lateristriga* (Untergattung Boulengerella unterscheidet sich von *B. lucia* (Untergattung Spixostoma) hauptsächlich durch die unterschiedliche Seitenlinie. Bei der erstgenannten Art ist sie unvollständig und bei *B. lucia* vollständig.

T: 23–27° C, **L**: 40 cm, **BL**: 150 cm, **WR**: m, o, **SG**: 3–4 (G)

Boulengerella lucia (CUVIER, 1817)
Cuviers Hechtsalmler

Syn.: *Hydrocynus lucius, Hydrocyon lucius, Xiphostoma lucius, Xiphostoma cuvieri, Hydrocynus cuvieri, Boulengerella cuvieri, Xiphostoma longipinne, Hydrocynus longipinnis, Xiphostoma ocellatum, Hydrocynus ocellatum, Xiphostoma oseryi, Spixostoma lucia, Boulengerella ocellatus.*

Vork.: Guyana-Länder, Amazonasgebiet (Südamerika).

Ersteinf.: 1935.

GU.: Sind bisher nicht beschrieben worden.

Soz. V.: Geselliger Oberflächenräuber. Wie *B. lateristriga.*

Hält. B.: Die Art braucht viel Platz. Die Breite des Aquariums sollte wenigstens 60 cm betragen. Die Tiere verletzen sich leicht an der oberen Schnauzenspitze, die aus einem weichen, fleischigen Lappen gebildet wird.
Verletzungen dieser Art sind unheilbar und die Tiere gehen wegen Infektionen meist bald ein. Wasser: pH-Wert 6,0–7,2; Härte bis 15° dGH; sonst wie vorstehende Art.

ZU: Im Aquarium nicht möglich.

FU: K; große Wasserinsekten, Grillen, Fische. Die Tiere können an Fischfleisch und manchmal an Futtertabletten gewöhnt werden.

Bes.: Nur für größere Schauaquarien geeignet. Dort sehr interessante und ausdauernde Pfleglinge.

T: 23–27° C, L: 60 cm, BL: 200 cm, WR: m, o, SG: 3–4 (G)

Ctenolucius hujeta beani (FOWLER, 1907)
Gavial-Hechtsalmler

Syn.: *Belonocharax beani, Luciocharax beani.*

Vork.: Mittel- und Südamerika: Panama und Kolumbien.

Ersteinf.: Ungewiß. Die Nominatform *C. h. hujeta* wurde bereits 1905 eingeführt.

GU.: Nicht bekannt.

Soz. V.: Einzel- oder paarweise Haltung. Jungtiere gleicher Größe können zusammen gehalten werden. Nur mit größeren Fischen ab halber eigener Körperlänge halten.

Hält. B.: Großbecken mit guter Bepflanzung, die im Hintergrund guten Unterstand bieten soll. Die Fische sind scheu und empfindlich. Die Maulspitzen verletzen und entzünden sich leicht. Erkrankte Tiere gehen meist unrettbar ein. Man sollte nur ganz gesunde, sehr kleine Tiere von max. 15 cm Länge erwerben. Wasser: pH-Wert 5,5–7,0; Härte bis 15° dGH. Torffilterung oder Zugabe von Torfextrakten. Becken gut abdecken und dort vorsichtig hantieren.

ZU: Im Aquarium wohl nicht möglich.

FU: K; die Fische jagen an der Wasseroberfläche. Kleine Exemplare nehmen Insekten und -larven, größere hauptsächlich Fische.

Bes.: Es gibt drei Unterarten:
C. hujeta hujeta (VALENCIENNES, 1849) aus Venezuela,
C. h. insculptus (STEINDACHNER, 1878) aus Kolumbien und die hier vorgestellte. Die Gattung ähnelt sehr der afrikanischen Gattung *Hepsetus.*

T: 23–26° C, L: 30 cm, BL: 200 cm, WR: m, o, SG: 3

Ctenolucius hujeta hujeta (VALENCIENNES, 1849)
Hujeta-Hechtsalmler

Syn.: *Luciocharax insculptus, Xiphostoma hujeta, Ctenolucius hujeta.*

Vork.: Mittel- und Südamerika; Panama, Kolumbien und Venezuela.

Ersteinf.: 1905, dann erst wieder 1979(?).

GU: Bei Aquarientieren ♂ überwiegend kleiner als die ♀♀. Die ♂♂ sind zur Laichzeit deutlich schmaler, ihre Afterflosse ist großflächiger, die äußeren Flossenstrahlen sind deutlich kürzer, die mittleren Strahlen sind am längsten. Die äußere

Boulengerella lucia

Ctenolucius hujeta beani

Kante der Afterflosse ist nicht geradlinig, sondern ausgefranst. Die Afterflosse des ♀ ist dreieckig, die äußeren Afterflossenstrahlen sind länger, und die Außenkante der Afterflosse ist geradlinig.

Soz. V.: Je nach Haltung sehr scheuer, bei leichter Wasserbewegung auch schwimmfreudiger Raubfisch; die Tiere jagen zumeist in kleinen Gruppen in den oberen Wasserschichten.

Hält. B.: Pflege und Zucht in Wasser von 5 bis etwa 22° dGH und bei neutralem pH-Wert problemlos möglich. Dichte Rand- und Hintergrundbepflanzung; Schwimmraum freilassen. Zur Dämpfung des Lichtes lockere Oberflächenbepflanzung mit schwimmenden Arten. Eine gute Wasserumwälzung ist wichtig, da sie zum Wohlbefinden der Tiere beiträgt. Strömung macht die Tiere auffallend schwimmfreudig. Pro Woche ein- bis zweimal die Hälfte des Beckenwassers wechseln. Vergesellschaftung nur mit gleichgroßen Fischen (Räuber!) oder am besten im Artbecken. Beim Hantieren im Becken keine schnellen Bewegungen ausführen, da sich die Tiere erschrecken und verletzen können.

ZU: 25–28° C. Über eine geglückte Zucht berichtet ausführlich SOMMER (1982) im Aquarienmagazin **16** (6): 370–377. Zuchtansatz paarweise oder auch mit ♂♂ Überhang möglich. Die Balz beginnt, indem sich die ♂♂ gegenseitig durch das Becken treiben, es folgen Parallelschwimmen, Imponieren mit Flossenspreizen, Drehen im Kreis und Beißen. Auch das ♀ wird einleitend heftig gejagt. Zwischen ♂ und ♀ folgen Dorsalbalzschwimmen und rasches Parallelschwimmen dicht unter der Wasseroberfläche. Aus dieser Phase heraus strecken ♂ und ♀, nach einem vorangegangenen kräftigen Schwanzschlag, ihr hinteres Körperdrittel schräg aufwärts gerichtet aus dem Wasser. Unter heftigem Zittern erfolgt der Ausstoß von Eiern und Spermien. Während dieser Phase umschlang das ♂ mit seiner größeren Afterflosse den Bauch des ♀ im Bereich der Genitalpapille. Durch weitere Schwanzschläge und das Wiedereintauchen der Körperenden in das Wasser wurden ein Teil des Laiches und Luftblasen durch die Wasseroberfläche gewirbelt. Der Zeitraum zwischen den einzelnen Paarungen lag anfangs bei zwei bis drei Minuten. Er stieg in der letzten Stunde des Gesamtverlaufes um sechs bis acht Minuten an. Das Ablaichen dauerte insgesamt knapp drei Stunden. Der Laich ist unempfindlich und entwickelt sich in weichem oder hartem Wasser gleich gut. Bei einer Wassertemperatur von etwa 27° C schlüpfen die Larven schon nach 20 Stunden. Die Zahl der abgesetzten Eier beträgt über 1000 Stück, kräftige ♀♀ dürften etwa 2000–3000 Eier produzieren. Die Jungfische können nach 60 Stunden mit Rädertierchen, *Cyclops*- oder *Artemia*-Nauplien gefüttert werden. Aufzucht bei reichlicher Futtergabe – dreimal täglich, sonst erfolgt Kanibalismus – und häufigem Wasserwechsel ist leicht.

FU: Lebendfutter aller Art, hauptsächlich Fische, große Insektenlarven, Insektenimagines, Krebstiere. *Tubifex* und Enchyträen werden hauptsächlich von Alttieren ungern gefressen. Die Art des Futters ist entscheidend für das Größenwachstum der Tiere. Der Futterbedarf der Hechtsalmler ist sehr groß.

Bes.: *C. hujeta hujeta* dürfte eine Körperlänge von 20 cm kaum überschreiten. Die Familie Ctenoluciidae umfaßt neben der monotypischen Gattung *Ctenolucius* noch die Gattung *Boulengerella* mit drei Arten.

T: 22–25° C, **L**: bis 70 cm, meist viel kleiner, **BL**: ab 100 cm, **WR**: o, m, **SG**: 4 (K)

Ctenolucius hujeta hujeta

Curimata elegans STEINDACHNER, 1874
Längsband – Barbensalmler

Syn.: Die genaue Artbezeichnung ist nicht sicher. Die Zugehörigkeit zur *Curimata elegans* – Gruppe ist dagegen wahrscheinlich.

Vork.: Rio Araguia bei Aruana, Zentralbrasilien (Südamerika).

Ersteinf.: 1983 durch Heiko Bleher, Ffm.

GU.: Bisher nicht beschrieben.

Soz. V.: Friedlicher, lebhafter Schwarmfisch, der jedoch zarte Pflanzentriebe nicht verschont. Vergesellschaftung mit ruhigen Cichliden.

Hält. B.: Weiches Wasser bis 8° dGH, pH-Wert 5,5–6,8. Abgedunkeltes Becken mit dunklem Bodengrund. Torfextrakt. Bei zu hellem Licht sind die Fische scheu und blaß.
Plastikpflanzen werden angeraten. Javamoos und -farn sind jedoch ebenfalls gut geeignet.

ZU: Noch nicht nachgezogen.

FU: H, O; Allesfresser: Flockenfutter auf pflanzlicher Basis, Wasserflöhe, Salat, Futtertabletten.

Bes.: Bisher nur in wenigen Exemplaren importiert. Das Vorkommensgebiet liegt zu weit ab von den Exportstationen Brasiliens.

T: 24–27° C, **L**: 10 cm, **BL**: 100 cm, **WR**: m, u, **SG**: 2–3

Curimata spilura GÜNTHER, 1864

Syn.: Keine.

Vork.: Weit verbreitet in Südamerika.

Ersteinf.: Ungewiß.

GU.: ♀ mit stark gerundeter Bauchlinie (Foto rechts), ♂ mit zusammengedrückterem Bauchkiel.

Soz. V.: Friedlicher Schwarmfisch für große Gesellschaftsbecken mit zähen Pflanzen. Gute Gesellschafter für Welse und größere Cichliden.

Hält. B.: Dekoration mit Wurzeln und Steinen, Plastikpflanzen oder Javafarn. Bei reichlicher Ernährung mit pflanzlicher Kost werden kräftige Wasserpflanzen nicht angeknabbert. Wasser: pH-Wert 6,0–7,8; Härte bis 25° dGH. Nicht zu heller Bodengrund und sonniger Standort (Algenwuchs). Kräftige Filterung.

ZU: Im Aquarium wahrscheinlich noch nicht nachgezogen. Das Absetzen des Laichs erfolgt nach Einsetzen der Regenzeit in Überschwemmungsgebieten.

FU: H, O; Allesfresser, jedoch hauptsächlich Pflanzenkost. Flockenfutter, Tablettenfutter, Daphnien.

Bes.: Kein Fisch, der sich als Aquarienbewohner einbürgern wird.

T: 20–28° C, **L**: 9 cm, **BL**: 100 cm, **WR**: m, **SG**: 2

Curimatopsis macrolepis STEINDACHNER, 1870

Syn.: *Curimatopsis macrocephalus.*

Vork.: Kolumbien im oberen Rio Meta, Südamerika.

Ersteinf.: Ungewiß.

GU.: ♂ seitlich flacher, ♀ runde Bauchpartie. ♂ mit zunehmendem Alter kompakter und mit höherem Schwanzstiel. ♂ meist farbiger.

Soz. V.: Friedliche Art, die gut für das Gesellschaftsbecken geeignet ist. Man sollte einen kleinen Schwarm pflegen.

Hält. B.: Die Fische brauchen groben Sand zum Wohlbefinden. Dieser wird gern nach allerlei Freßbarem durchsucht, wobei sich ein Gründeln, welches sonst leicht Wassertrübung erzeugt, in erträglichem Rahmen hält. Weiches Wasser mit einem pH-Wert um 6,5 wird bevorzugt; höhere Werte bis pH 7,5 und eine Härte bis 25° dGH werden jedoch toleriert.

ZU: Es wird paarweise oder im Schwarm zwischen Pflanzenbüscheln abgelaicht. Leichte Temperaturerhöhung im Zuchtbekken, Zugabe von Torfextrakt, Frischwasserzugabe, Senkung der Härte auf 4–8° dGH fördern die Laichbereitschaft. Die Aufzucht der Jungen mit feinstem Tümpelstaubfutter bereitet zunächst Mühe, nach 10 Tagen werden MikroMin, Liquifry, Eigelb und *Artemia* genommen.

Bes.: Die ähnlich aussehende Art *Curimatopsis crypticus* VARI, 1982 stammt vom Rio Negro. Bei der Artfeststellung ist daher das Herkunftsgebiet von Bedeutung.

T: 22–26° C, **L**: 6 cm, **BL**: 80 cm, **WR**: u, **SG**: 2

Curimata spilura

Curimatopsis macrolepis

Semaprochilodus theraponura (FOWLER, 1906)

Syn.: *Prochilodus amazonensis, Prochilodus theraponura.*

Vork.: Mittlerer und oberer Amazonas; Ambyiacu (Peru). In größeren Flußläufen (Südamerika).

Ersteinf.: 1910.

GU.: Unbekannt.

Soz. V.: Friedlicher Schwarmfisch.

Hält. B.: Wie vorgenannte Art. Kein guter Aquariumfisch, aber als Speisefisch geschätzt.

ZU: Nicht bekannt.

FU: H, L: Pflanzenkost und Kleinplankton aller Art.

Bes.: Nur die Jungfische bis ca. 12 cm Länge sind sehr ansprechend gefärbt. Das Tier auf dem Foto ist über 20 cm lang.

T: 23–26° C, **L**: 35 cm, **BL**: 150 cm, **WR**: m, u, **SG**: 3

Semitapicis altamazonica (COPE, 1878)

Syn.: *Curimata altamazonica.*

Vork.: Amazonasgebiet, Rio Paraguay (Südamerika).

Ersteinf.: 1984 durch Heiko Bleher, Frankfurt/M.

GU: Unbekannt.

Soz. V.: Friedlich gegenüber anderen Fischen. Pflanzenfresser. Flinker Schwarmfisch.

Hält. B.: Bepflanzung mit Javafarn und -moos möglich sonst evtl. Plastikpflanzen. Die Art liebt Strömung und klares Wasser. pH-Wert 6,0–7,5; Härte bis 18° dGH. Viel Licht für Algenwachstum bieten!

ZU: Bisher nicht nachgezogen.

FU: H; kleine Tiere nehmen gern Flockenfutter. Größere Tiere ab 10 cm Länge füttert man mit rohen Erbsen (tiefgefroren), Spinat, Vogelmiere und ungespritzten Salatblättern. Planktonisches Lebendfutter, Daphnien und *Cyclops* wird ebenfalls gern genommen.

Bes.: Die Tiere werden in ihrer Heimat als Speisefische gegessen. Möglicherweise frißt die Art auch planktonische Schwebealgen (Filtrierer). Während Jungtiere Zähne haben, fehlen diese bei den ausgewachsenen Tieren. Eine unterschiedliche Ernährung innerhalb verschiedener Lebensstadien dürfte wahrscheinlich sein.

T: 22–26° C, **L**: 18 cm, **BL**: 150 cm, **WR**: m, **SG**: 4 (H)

Semaprochilodus theraponura

Semitapicis altamazonica

Hoplias malabaricus (BLOCH, 1794)
Tigersalmler, Kleiner Trahira

Syn.: *Esox malabaricus; Synodus malabaricus, S. tareira, S. palustris; Erythrinus trahira, E. macrodon, E. microcephalus, E. brasiliensis; Macrodon guavina; Macrodon trahira; Macrodon tareira, M. auritus, M. teres, M. patana; Macrodon ferox; Macrodon intermedius; Macrodon malabaricus; Hoplias microlepis* (nicht *Macrodon microlepis* GÜNTHER, 1864).

Vork.: Mittleres und nördliches Südamerika in Flüssen, Seen und Gräben.

Ersteinf.: 1895 durch den Aquarienverein Triton, Berlin.

GU.: ♂ schlanker und fast gerade Bauchlinie. Diese ist beim ♀ konvex. S. auch Fotos.

Soz. V.: Starker Räuber. Es empfiehlt sich nur Einzelhaltung.

Hält. B.: Großbecken mit starker Filterung. Steine und Wurzeln als Dekoration. Harte Pflanzen, die gut verankert werden sollten. Wasser je nach Herkunftsgebiet weich bis hart (4–25° dGH). pH-Wert 6,0–8,0 (7,0).

ZU: Im Aquarium nicht möglich, außer in großen Schauaquarien.

FU: K; lebende Fische, Fischfleisch, Rinderherz. Jungfische nehmen nach Gewöhnung herabfallende Futtertabletten. Vorsicht, größere Tiere beißen.

Bes.: Durch ein besonderes, zusätzliches Atmungsorgan sind die Fische in der Lage, selbst in Gewässern mit schlechtesten Wasserbedingungen zu überleben. Einige Exemplare sollen über Land wandern, wenn die Bedingungen zu schlecht werden. Sie können Luft und Feuchtigkeit speichern.

T: 20–26° C, L: 50 cm, BL: 200 cm, WR: u, m, SG: 4 (K)

Hoplias malabaricus ♂

Hoplias malabaricus ♀

Bivibranchia protractila EIGENMANN, 1912
Gründelsalmler

Syn.: Keine.

Vork.: Südamerika; Rio Tocantins, Rio Negro, Rio Branco (Brasilien) und Venezuela in sandigen Flußuferzonen.

Ersteinf.: Unbekannt.

GU.: Nicht bekannt.

Soz. V.: Recht friedliche Art, die jedoch wegen ihrer Ernährungsweise besser im Artbecken gehalten werden sollte.

Hält. B.: Feiner Sand von 1–2 mm Körnung als Bodengrund. Die Tiere gründeln gern und viel. Sie sieben dabei den Sandboden nach Freßbarem durch. Feinfiedrige Wasserpflanzen sind wegen der Schwebestoffe nicht angebracht. Gute Filterung und Wasserströmung sind erforderlich. Wasserwerte: pH-Wert 5,5–7,5; Härte bis 25° dGH.

ZU: Unbekannt.

FU: L; feinstes lebendes Futter, jedoch auch pflanzliche, zerfallene Stoffe (Detritus). Futterflockenreste, FD-Menü, FD-Tabletten.

Bes.: Die Gattung *Bivibranchia* ist monotypisch, d. h. sie besteht nur aus der vorliegenden Art, *B. protractila*.

T: 22–28° C, **L**: 25 cm, **BL**: 180 cm, **WR**: u, **SG**: 4

Hemiodopsis gracilis (GÜNTHER, 1864)
Federsalmler

Syn.: *Hemiodon gracilis.*

Vork.: Amazonas, Rio Sao Francisco, Brasilien, Guyana, Südamerika.

Ersteinf.: 1935.

GU: Bisher nicht bekannt.

Soz. V.: Scheuer, rasanter und friedlicher Schwarmfisch. Für das größere Gesellschaftsbecken durchaus geeignet.

Hält. B.: Die Art ist recht sauerstoffbedürftig und bedarf bei der Eingewöhnung einiger Sorgfalt. Nach Ablauf von 4–6 Wochen halten die Tiere dann recht dauerhaft aus. Torffilterung. Großvolumiger Filter. Wasser: pH-Wert 5,8–7,2 (6,8); Härte 4–15° dGH. Viel freien Schwimmraum bieten.

ZU: Bisher nicht gelungen.

FU: L, O; Plankton- und Aufwuchsnahrung. Flockenfutter, Pellets, Wasserflöhe und anderes feinere Lebendfutter.

Bes.: Dies ist die am häufigsten importierte Art der Keulensalmler, dennoch ein seltener Gast in unseren Aquarien.

T: 23–27° C, **L**: 16 cm, **BL**: 150 cm, **WR**: m, u, **SG**: 2–3

Bivibranchia protractila

Hemiodopsis gracilis

Hemiodopsis sterni GÉRY, 1964
Sterns Keulensalmler

Syn.: Keine.

Vork.: Oberer Rio Juruena im Mato Grosso, Brasilien (Südamerika).

Ersteinf.: ca. 1970.

GU.: Nicht genau bekannt.

Soz. V.: Friedlicher Schwarmfisch, der jedoch im Pflanzenbecken Schaden anrichten kann. Munterer, flinker Schwimmer, der gern auch andere schnelle Schwimmer als Beckenpartner hat. Andere, ruheliebende Fische würden durch das ständige Umherschwimmen irritiert.

Hält. B.: Javamoos, Javafarn und eventuell Plastikpflanzen, Wurzelholz und Steinaufbauten zur Dekoration. Torfgefiltertes Wasser mit pH-Wert 5,8–7,0; Härte bis 12° dGH.
Die Fische sind sauerstoffbedürftig und lieben schwache Strömung. Algen sollten im Becken nur an der Frontscheibe entfernt werden. Nitratgehalt unter 10 mg/l. Häufiger Wasserwechsel und gute Filterpflege sind Bedingung für erfolgreiche Haltung.

ZU: Bisher nicht gelungen.

FU: H, O; vorzugsweise Algen und zarte Pflanzen, Wasserflöhe, Frostfutter, Flokkenfutter (pflanzlich), Tablettenfutter.

Bes.: Die Art sollte häufiger importiert werden.

T: 22–26° C, **L**: 12 cm, **BL**: 100 cm, **WR**: u, **SG**: 3

Hemiodus orthonops EIGENMANN & KENNEDY, 1903
Paraguay-Keulensalmler

Syn.: Keine.

Vork.: Südamerika; Rio Paraguay, im südlichsten Verbreitungsgebiet dieser Familie.

Ersteinf.: Ungewiß, da stets Verwechslungen mit ähnlichen Arten. Siehe Bes.

Soz. V.: Friedlicher Schwarmfisch für Gesellschaftsbecken mit robusten Pflanzen und Fischen geeignet.

Hält. B.: Wie vorgenannte Arten der Familie. Wasser: pH-Wert 6,5–7,5 (7,0); Härte bis 15° dGH.

ZU: Nicht bekannt.

FU: L, O; Planktonfresser: Wasserflöhe, *Artemia*, Frostfutter, FD-Menü.

Bes.: Die Übersicht der Zeichnungsmuster dieser Familie zeigt die Art mit einem Punkt und ohne Mittelband, so wie es im Foto dargestellt wird. Tatsächlich weichen sowohl *H. orthonops* als auch *H. unimaculatus* je nach Vorkommen im Zeichnungsmuster voneinander ab. Auf einem Foto kann man die Art nur schwer erkennen. *H. orthonops* hat 90 Schuppen entlang der Seitenlinie und *H. unimaculatus* nur 60–72. Die rechts unten abgebildeten Tiere könnten auch *H. orthonops* (adult) sein.

T: 22–26° C, **L**: 16 cm, **BL**: 150 cm, **WR**: u, m, **SG**: 2

Hemiodus orthonops

Hemiodopsis sterni

Hemiodopsis microlepis? (kein Text)

Hemiodus unimaculatus (BLOCH, 1794)
Kaplansalmler, Einflecksalmler

Syn.: *Salmo unimaculatus, Anisitsia notatus, Anodos notatus, Hemiodus crenidens, Hemiodus microcephalus.*

Vork.: Rio Negro, Brasilien; Guyana-Länder, Orinoco-System (Südamerika).

Ersteinf.: Eventuell durch Kropac, 1912, Hamburg als *H. semitaeniatus.*

GU.: Äußerlich nicht sichtbar.

Soz. V.: Flinker, kräftiger Schwarmfisch für Gesellschaftsbecken mit robusten Cichliden oder anderen Salmlern. Die Fische sind in zu hellem Licht scheu und springen gern.

Hält. B.: Strömungsliebende Tiere, die sich vorwiegend über felsigem Untergrund aufhalten. Steinaufbauten bestimmen daher die Dekoration. Wasser: pH-Wert je nach Herkunft 5,5–7,5; Härte bis 20° dGH.

ZU: Bisher nicht gelungen.

FU: L, O; im Aquarium wird jegliches feineres Futter bereitwillig genommen. Besonders gefriergetrocknete Futtermittel, Frostfutter, lebende Daphnien. Flockenfutter auf pflanzlicher Basis.

Bes.: Die am weitesten verbreitete Art der Familie. Sie ist sehr variabel in der Zeichnung. Gewöhnlich ist nur ein Punkt auf der Seite zu sehen (ähnlich *H. orthonops*). Die Gattung *Hemiodus* besteht gegenwärtig aus nur zwei Arten. Früher hieß sie *Anisitsia.* Der Unterschied zur Gattung *Hemiodopsis* besteht im wesentlichen in der Beschuppung. Bei *Hemiodus* sind die Schuppen der Körperunterseite (Ventralzone) größer als die Schuppen auf den Seiten und auf dem Rücken. Bei *Hemiodopsis* sind alle Schuppen (einer Fischart) in etwa gleich groß. Dies trifft nicht in jedem Fall für Jungtiere von *Hemiodus* zu. Die Bestimmung des auf dem Foto dargestellten Fisches muß mit einem Fragezeichen versehen werden. Der deutsche Name Kaplansalmler wurde von BLOCH (1794) übernommen. Dort wurde der Fisch im französischen „Le capelan“ genannt. Im Deutschen hieß die Art „Der Einfleck“. Diese Bezeichnung ist jedoch wegen der

Fortsetzung Seite 317

Rio Moioçu (Tapajos-System, Brasilien). Hier tummeln sich in torfbraunem Wasser die Jäger *Osteoglossum*, Braune *Diskus* kommen 500 km südlich des Amazonas vor!, *Klausewitzia* sp. haust in den Wurzeln der schwimmenden *Eichhornia*-Inseln. *Hemiodopsis sp*, zwei *Anostomus*-Arten, *Nannostomus* und größere Cichliden sind ebenfalls Bewohner solch fisch-paradiesischer Gewässer.

Hemiodopsis argenteus

Hemiodopsis fowleri

Hemiodopsis goeldii

Hemiodopsis gracilis

Hemiodopsis huraulti

Hemiodopsis immaculatus

Hemiodopsis microlepis

Hemiodopsis parnaguae

Hemiodopsis q. quadrimaculatus

Hemiodopsis quadrimaculatus vorderwinkleri

Hemiodopsis rodolphoi

Hemiodopsis semitaeniatus

Hemiodopsis sterni

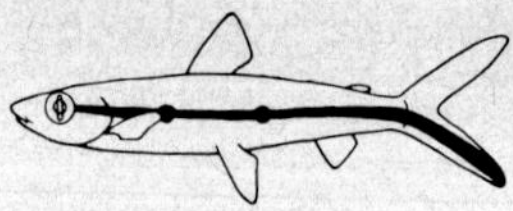

Hemiodopsis ternetzi

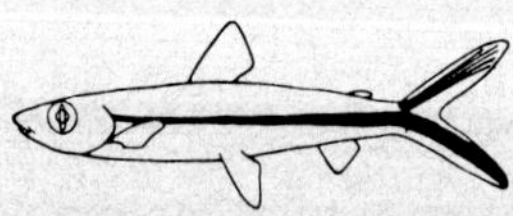

Hemiodopsis thayeria

Hemiodus orthonops

Ähnlichkeit zu anderen Arten nicht unterscheidungskräftig.
Deutlich kann man die für *Hemiodus* auf der Bauchseite charakteristische größere Beschuppung erkennen.

T: 23–26° C, **L**: 18 cm, **BL**: 150 cm, **WR**: m, **SG**: 3

Hemiodus unimaculatus

Argonectes longiceps

Pterohemiodus atranalis

Zeichnungsmuster von *Hemiodopsis* und verwandten Gattungen.
Skizzen aus BÖHLKE (1955), verändert nach GÉRY (1977).

Hochwassermarken eines Flußarmes des Rio Madeira, Brasilien.

Parodon affinis STEINDACHNER, 1879
La Plata Algensalmler

Syn.: *Parodon paraguayensis.*

Vork.: La Plata, Parana, Paraguay-Becken (Südamerika).

Ersteinf.: 1984 durch Heiko Bleher, Frankfurt. Vorher als unerkannter Beifang.

GU.: Bisher nicht beschrieben.

Soz. V.: Friedlicher Schwarmfisch kleinerer Bachläufe auf felsigem Untergrund. Im Aquarium können mehrere Tiere stundenlang unruhig in kleinen Kreisen umherschwimmen. Andere Fische stört das kaum.

Hält. B.: Die Art liebt Strömung und sauerstoffreiches Wasser. Gute Filterung und nitrit/nitratarmes Wasser sind Bedingung für das Wachstum. Auch die als Nahrung bevorzugten Grünalgen wachsen nur in sehr sauberem, von Schadstoffen unbelasteten Wasser. pH-Wert 6,0–7,2; Härte bis 15° dGH; nach Gewöhnung werden auch 25° dGH vertragen. Regelmäßiger Wasserwechsel alle 14 Tage 1/3 ist angeraten. Steine und grober Kies als Bodengrund. Reichlich Beleuchtung zwecks Algenwachstum.

ZU: Nicht bekannt.

FU: L, H; Algen, Aufwuchsnahrung, Tabi-Min, feines Lebendfutter und jedes feine Flockenfutter, insbesondere Pflanzenkost.

Bes.: Während die hier aufgeführte Art zu der Untergattung *Apareiodon* gehört, zählt die in Band I, Seite 330 vorgestellte Art *Parodon pongoense* zur Untergattung *Parodon.* Einige Ichthyologen spalten die Unterfamilie Parodontinae von der Familie Hemiodidae ab und bilden daraus eine eigene Familie. Dafür spricht einiges, denn tatsächlich sind die Algensalmler ein eigenes Völkchen mit gänzlich anderer Lebensweise als die Keulensalmler. Die Algensalmler sind Bodenbewohner mit ganz unterständigem Maul, die Brust ist flach und breit, die paarigen Flossen sind kräftig ausgebildet; damit können die Fische auf dem Boden „laufen". Auch die Bezahnung ist gänzlich anders. Da eine Umgruppierung der Algensalmler als eigenständige Familie jedoch noch nicht „offiziell" wissenschaftlich bestätigt wurde, zählen wir sie hier noch zu den Keulensalmlern.

T: 22–26° C, **L**: 6 cm, **BL**: 80 cm, **WR**: u, **SG**: 2

Parodon suborbitale VALENCIENNES, 1849
Tabaksalmler, Grüngebänderter Grundsalmler

Syn.: *Parodon hilarii, P. nasus.*

Vork.: Bolivien, Venezuela, Kolumbien (Südamerika).

Ersteinf.: 1982 durch Fa. Christ, Hamburg.

GU.: Nur laichreife ♀♀ erkennt man an der volleren Bauchpartie.

Soz. V.: Friedlicher Schwarmfisch als Jungtier. Ältere Tiere zeigen ein geringes Territorialverhalten und vertreiben schwächere Tiere hin und wieder von der Nahrung. Außerhalb der Fressenszeit schwimmen sie gern zusammen oder jagen sich, ohne daß es jemals zu Beißereien kommt. Eine muntere Fischart, die für jedes größere Gesellschaftsbecken geeignet ist.

Hält. B.: Die Fische lieben Strömung, klares Wasser und großblättrige Pflanzen, auf denen sie gern ruhen. Die hüpfende Schwimmweise, wobei die Tiere stets ca. 70° mit dem Kopf nach oben stehen, läßt auf eine am Boden, in strömungsreichen Gewässern stattfindende Lebensweise schließen. Becken gut abdecken!

ZU: Bisher nicht erfolgt.

FU: H, O; Algen, Flockenfutter auf pflanzlicher Basis, FD-Stoffe, Frostfutter.

Bes.: Eine dankbare Art, die sicher noch weite Verbreitung finden wird. Sie ist nützlich wie *Crossocheilus* (früher *Epalzyhorhynchus*) *siamensis,* jedoch weniger empfindlich. Der deutsche Name wurde vom Englischen abgeleitet. Im Fanggebiet wird er Tobaccofisch genannt. Die Art ist Gattungstype. Die Fische wachsen schnell. Ich hatte zwei Tiere von 10 cm Länge und zwei von nur 5 cm Länge. Die kleineren Tiere hatten die großen bereits nach zwei Monaten im Wachstum eingeholt.

T: 23–26° C, **L**: 12 cm, **BL**: 100 cm, **WR**: m, u, **SG**: 1

Parodon affinis

Parodon suborbitale

Copella vilmae GÉRY, 1963
Regenbogen-Schlanksalmler

Syn.: Keine; „*Copella vilmai*" = falsche Schreibweise.

Vork.: Südamerika; Igarapé Preto (Oberer Amazonas), bei Tabatinga, Brasilien.

Ersteinf.: 1963.

GU.: Die Rückenflosse beim ♂ ist länger ausgezogen als beim ♀. ♂ farbiger. Das Foto zeigt zwei ♂♂.

Soz. V.: Friedliche Art. Es leben in der Natur Alt- und Jungtiere dicht beisammen.

Hält. B.: Die Art ist ein extremer Weichwasserfisch: pH-Wert 4,5–5,2; Härte 0,2°! dGH. Nach langsamer Gewöhnung werden auch leicht höhere Werte vertragen. Torffilterung. Dunkler Bodengrund. Viel Unterstand durch Wurzelholz oder Philodendronwurzeln.

ZU: Schwarze Mückenlarven zur Förderung des Laichansatzes geben. Über die Zucht ist bislang nichts bekannt.

FU: K, O; Flockenfutter; abwechslungsreich mit Lebend- und Frostfutter füttern.

Bes.: Die Art ist *Copella compta* vom oberen Rio Negro sehr ähnlich. Diese hat weniger Schuppen entlang der Seitenlinie und weniger Prädorsalschuppen.

T: 23–25° C, **L**: 6,5 cm, **BL**: 80 cm, **WR**: m, o, **SG**: 3–4 (C)

Lebiasina multimaculata BOULENGER, 1911
Vielpunkt-Zwergraubsalmler

Syn.: Keine.

Vork.: Nordwest-Kolumbien, Südamerika.

Ersteinf.: Da sich die Arten teilweise recht ähnlich sind, ist das Datum ungewiß.

GU.: ♂ farbiger und schlanker.

Soz. V.: Die Art ist ein kleiner Räuber ähnlich den großen Trahiras. Nur mit Fischen vergesellschaften, die die halbe eigene Körperlänge dieser Art haben.

Hält. B.: Eine anspruchslose Art aus teilweise sauerstoffarmen Randgewässern. Die Tiere können auch in fast ausgetrockneten, flachen, sauerstoffarmen Gewässern überdauern. Die Schwimmblase dient als zweites Atmungsorgan. Wasser: pH-Wert von 6,0–7,8; Härte bis 25° dGH. Versteckmöglichkeiten mit Holz und Pflanzen bieten.

ZU: Bisher nicht im Aquarium nachgezogen.

FU: K; grobes Lebendfutter, tiefgefrorenes Naturfutter wie Mückenlarven, Mysis, ausgewachsenes *Artemia*.

Bes.: Bei den meisten Arten (14) der Gattung fehlt die Adipose. Aber auch innerhalb einer Art kann es Tiere mit oder ohne Fettflosse geben. Das Tier auf dem hier vorgestellten Foto hat keine; das Tier auf dem Foto Bd. 1, Seite 336 hat eine solche. Etwa 10% der hier vorgestellten Art hat eine Adipose.

T: 23–27° C, **L**: 7 cm, **BL**: 80 cm, **WR**: m, **SG**: 3

Copella vilmae ♂♂

Lebiasina multimaculata

unten ♂, oben ♀

Nannostomus digrammus FOWLER, 1913.
Zweistreifen-Ziersalmler

Syn.: Keine.

Vork.: Unterer und mittlerer Amazonas. Rio Madeira, Brasilien; Guyana (Südamerika).

Ersteinf.: Bisher nur unerkannt als Beifang.

GU.: ♀ mit vollerer Bauchlinie (im Foto oben). Analflosse beim ♂ breiter (s. Bes.).

Soz. V.: Friedlicher, ruhiger Schwarmfisch, der nur im Artbecken oder mit wenigen, zarten Arten gehalten werden soll.

Hält. B.: Problemfisch, der meist fast verhungert ist, da in den Fangstationen nicht das geeignete Futter zur Verfügung steht. Zuerst gilt es also, die Fische wieder gut herauszufüttern. Sie benötigen ein ruhig und dunkel stehendes Becken, teilweise dicht bepflanzt; auch an der Wasseroberfläche. Wasser torfgefiltert, klar, etwas Strömung. pH-Wert 5,8–6,8; Härte bis 6° dGH. Dunkler Bodengrund. Becken gut abdecken, da die Fische springen.

ZU: Sehr schwierig. Wegen der Beschaffungsschwierigkeiten feinsten Aufzuchtfutters sterben oft die Jungfische innerhalb von Stunden ab.

FU: K; feinstes Lebendfutter, *Artemia,* FD-Menü. Am besten abends 1–2 Std. vor dem Lichtausschalten füttern. Die Tiere fressen nur in der Dämmerung gern.

Bes.: Wird leicht mit *N. bifasciatus* (Atlas Bd. 1, Seite 342) verwechselt. Unterschiede: *N. digrammus* hat eine Fettflosse; keine Seitenlinie; Analstrahlen. III, 8. *N. bifasciatus* keine Fettflosse, einige Schuppen mit Seitenlinienporen, Anale III, 9. Die Anale ist beim ♂ von *N. digrammus* lappenartig verbreitert; beim ♂ von *N. bifasciatus* nicht.

T: 24–26° C, **L:** 4 cm, **BL:** 50 cm, **WR:** m, o, **SG:** 3

Rio Tapajos, Brasilien.

Pyrrhulina brevis brevis STEINDACHNER, 1875
Schuppenflecksalmler

Syn.: Keine.

Vork.: Südamerika; Rio Negro bei Manaus, Brasilien.

Ersteinf.: 1910 von Firma Blumenthal, Hamburg.

GU.: Beim ♂ ist der obere Schwanzflossenlappen länger, beim ♀ sind beide gleich lang. ♂ hat feuerrote Bauch- und Afterflossen, teilweise auch im Schwanzstiel und der Schwanzflosse. Beim ♀ sind diese Flossen gelblich und nicht schwarz gesäumt.

Soz. V.: Meist recht friedliche Art, die nur zur Laichzeit zänkisch wird. Die Vergesellschaftung mit kleinen Welsen (*Corydoras*) und vielen Harnischwelsen sowie Zwergcichliden ist möglich.

Hält. B.: Becken gut abdecken, da die Tiere manchmal schreckhaft sind und dann herausspringen. 1/3 der Wasseroberfläche mit Schwimmpflanzen abdecken, 2/3 bleiben frei. Wenigstens die Hälfte des Beckenvolumens soll ganz von größeren Pflanzen frei bleiben. Torffilterung, wenig Strömung. Wasser: pH-Wert 5,2–6,8; Härte bis 8° dGH.

ZU: Über die Zucht ist wenig bekannt. Es soll über flachen Steinen oder auf breitblättrigen Pflanzen abgelaicht werden. Nur ein Paar zur Zucht ansetzen, da die ♂♂ untereinander in dieser Zeit bissig sind.

FU: K, O; Flockenfutter, FD-Nahrung, Frostfutter, feines Lebendfutter.

Bes.: Es gibt eine Reihe von Unterarten, die weitverbreitet in Südamerika vorkommen:
P. brevis australe, La Plata-Gebiet-Paraguay,
P. brevis lugubris vom oberen Amazonas und Rio Meta, Kolumbien.

T: 24–28° C, **L**: 9 cm, **BL**: 80 cm, **WR**: o, **SG**: 2–3

Pyrrhulina brevis brevis

Pyrrhulina brevis, melanistische Form

Pyrrhulina laeta (COPE, 1871)
Halbstrichsalmler

Syn.: *Holotaxis laetus, Pyrrhulina semifasciata, P. melanostoma, P. maxima.*

Vork.: Guyana-Länder (?), mittlerer Amazonas (Südamerika).

Ersteinf.: 1910 durch Fritz Mayer, Hamburg.

GU.: Der obere Schwanzflossenlappen beim ♂ ist länger ausgezogen als beim ♀.

Soz. V.: Die Tiere sollten im kleinen Schwarm gehalten werden oder paarweise im Artbecken. Zur Laichzeit sind ♂♂ untereinander ziemlich zänkisch.

Hält. B.: Die Fische benötigen Versteckmöglichkeiten in Form von dichten Pflanzenbeständen, jedoch eine freie Wasseroberfläche als Schwimm- und Jagdraum. Torffilterung oder Torfextraktzugabe. Wasser: pH-Wert 5,8–7,0; Härte 2–8° dGH. Schwache Filterung mit Oberflächenbewegung. Dunkler Bodengrund. Ein Dimmer für Dämmerungsfütterung ist angeraten.

ZU: Über eine gelungene Nachzucht ist bisher noch nicht berichtet worden. *P. laeta* ist eng verwandt mit *P. brevis*. Nach etwaigem Ablaichen sollten die Elterntiere herausgefangen werden.

FU: K, O; in der Natur wird hauptsächlich Insekten-Anflugnahrung genommen. Frostfutter, Flockenfutter.

Bes.: Der Artname ist nicht völlig gesichert, da dem präparierten Holotypus die vordere Körperhälfte incl. Kopf fehlt!

T: 23–27° C, **L**: ♂ 8 cm, ♀ 7 cm, **BL**: 60 cm, **WR**: m, o, **SG**: 2–3

Pyrrhulina rachowiana MYERS, 1926
Augenstrichsalmler

Syn.: *P. filamentosa* (nicht C. & V.), *P. brevis* (nicht STEINDACHNER), *P. australis* (nicht EIGENMANN & KENNEDY).

Vork.: Argentinien im unteren Paraná und La Plata bei Rosario de Santa Fé (Südamerika).

Ersteinf.: 1906 durch Köppe und Siggelkow, Hamburg.

GU.: ♂ mit oben länger ausgezogener Schwanzflosse, alle Flossen größer als beim ♀.

Soz. V.: Mit geeigneten, etwas robusteren, jedoch nicht räuberischen Fischen, kann man die Art durchaus zusammen pflegen. Zur Laichzeit sind die Paare einzeln in ein vorbereitetes Zuchtbecken zu setzen, da sie sonst andere Beckeninsassen attackieren.

Hält. B.: Von den Schlanksalmlern ist dies die am wenigsten empfindliche Art. Bekken gut abdecken. Es genügen für ein Paar schon Behälter mit 15 l Inhalt.
Recht dichte Bepflanzung, um dem oftmals bedrängten ♀ Unterschlupf zu bieten. Wasser: pH-Wert 6,0–7,8; Härte bis 20° dGH!

ZU: T. 24° C. Auf breitblättrigen Pflanzen werden innerhalb mehrerer Laichakte, die insgesamt ca. 30 Minuten dauern, 50–200 Eier abgelegt und befruchtet. Diese werden vom ♂ befächelt und bewacht. Nach 20 Std. fallen die Eier von ihrer Unterlage, und die Larven schlüpfen 10 Std. später. Sie sind anfangs nur 2 mm lang und fressen ab dem 4. Tag feinste Rädertierchen und andere Infusorien. Ab dem 10. Tag kann man MikroMin, Liquifry und *Artemia* geben. Von da an ist die Aufffütterung problemlos. Die Elterntiere sollten nach dem Ablaichen entfernt oder besser das „Laichblatt" unter Wasser in ein Becherglas ins Aufzuchtbecken mit 10–15 cm Wasserstand überführt werden.

FU: O; Allesfresser. Flockenfutter und alle Arten feines Lebendfutter.

Bes.: Nach GÉRY (briefliche Mitteilung) könnte es sich bei den abgebildeten Tieren auch um *P. eleanorae* FOWLER, 1940 handeln. Eine eindeutige Bestimmung läßt sich wohl nur an konservierten Exemplaren durchführen.

T: 15–22° C, **L**: 5 cm, **BL**: 60 cm, **WR**: m, o, **SG**: 1–2

Pyrrhulina laeta

Pyrrhulina rachowiana

Catoprion mento (CUVIER, 1819)
Wimpelpiranha, Schuppenfressender Piranha

Syn.: *Serrasalmus mento, Mylesinus macropterus.*

Vork.: Südamerika; Guyana, Südliches Amazonasgebiet (Mato Grosso).

Ersteinf.: 1958 durch Heiko Bleher, Frankfurt.

GU.: Nicht bekannt.

Soz. V.: Nur als Einzelgänger oder mit gleichgroßen Exemplaren haltbar. Junge Exemplare sind noch ganz gut verträglich. Ältere Tiere fressen Schuppen anderer Fische und zwar von unten nach oben.

Hält. B.: Der Autor hat die Art im Heimatgewässer im Mato Grosso beobachtet: Wasser: pH-Wert 5,4!; Härte nicht meßbar (0°). Der große Bach entwässert südlich ins Madeira-System, hat eine Tiefe zwischen 50 cm und 3 m. Strömung schnell. Nur in den tieferen Wasserregionen kann man sich als Taucher gegen die Strömung behaupten. Hier stehen in 1,80 m Tiefe die Wimpelpiranhas im Schwarm. Sie messen ca. 15 cm Länge. Dicht in der Nähe sind 30 cm lange *Leporinus*. Umgestürzte Bäume und Sträucher bieten Unterschlupf.

ZU: Diese ist im Aquarium wohl kaum möglich. Evtl. Riesenbecken.

FU: K; Schuppenfresser, jedoch auch Lebendfutter und Fischfleisch.

Bes.: Die Art ist Genustype und steht allein in der Unterfamilie. Ein teurer Fisch (250,– DM und darüber), der sich jedoch auf Dauer nur in gut gepflegten Großbekken halten läßt.

T: 23–26° C, **L**: 15 cm, **BL**: 200 cm, **WR**: m, **SG**: 4 (K)

Piaractus brachypomus (SPIX, 1829)
Gamitana-Scheibensalmler, Riesenpacu

Syn.: *Myletes bidens, Colossoma mitrei, Myletes edulis, Reganina bidens, Myletes brachypomus, Colossoma bidens, Colossoma brachypomum.*

Vork.: Oberer Amazonas (Südamerika).

Ersteinf.: 1964 durch Dr. Lüling, Bonn.

GU.: Nicht bekannt.

Soz. V.: Geselliger, friedlicher Fisch, der wegen der Größe kaum für das Zimmeraquarium in Frage kommt.

Hält. B.: Großbecken ohne Pflanzen. Ob Javafarn gefressen wird, müßte ausprobiert werden; wahrscheinlich nicht. Ich hatte bisher noch keinen Fisch, der diese Pflanzen fraß. Wasser: pH-Wert 4,8–6,8 (6,0); Härte bis 15° dGH. Viel Strömung durch einen großdimensionierten Filter.

ZU: Im Aquarium kaum möglich.

FU: H, O; Pflanzenfresser, Früchte, Haferflocken etc. Jungfische nehmen auch gern Flockenfutter, Frostfutter, Lebendfutter.

Bes.: Die Art ist wie *Colossoma macropomum* (Band 1, S. 350) (früher *C. oculus*) ein geschätzter Speisefisch bei den Indianern. Sie fangen die bis zu 25 kg schweren Fische meist mit der Harpune. Die Fettflosse ist im Gegensatz zu den verwandten Arten ohne Strahlen. Die Fische sind auch in der Natur scheu und fliehen vor dem Taucher. Sie ließen den Autor nicht näher als 3 m heran. In der Gesellschaft befanden sich (Mato Grosso) *Corydoras, Leporinus* von 40 cm Länge, und andere Großfische. Als Jungtiere imitieren die Fische in der Färbung *S. nattereri* und sind damit wohl ganz gut geschützt.

T: 23–28° C, **L**: 45 cm, **BL**: 200 cm, **WR**: alle, **SG**: 4 (G)

Catoprion mento

Piaractus brachypomus

Metynnis hypsauchen fasciatus (AHL, 1931)
Gestreifter Scheibensalmler

Syn.: *Metynnis fasciatus.*

Vork.: Südamerika; Amazonasbecken.

Ersteinf.: Nicht ermittelbar.

GU.: ♂ mit länger ausgezogener, hakenförmiger Afterflosse.

Soz. V.: Friedlicher Schwarmfisch, zur Vergesellschaftung mit anderen, ähnlichen Arten geeignet. Bei richtiger Haltung sind es quirlige, quicklebendige Schwimmer, die schnell ihre Bahnen durchs Becken ziehen.

Hält. B.: Die Art gedeiht am besten in weichem Wasser, kräftige Filterung über Torf. Das Wasser kann ruhig tiefbraun sein. In jedem Fall wird gedämpftes Licht bevorzugt. Bei zu heller Beleuchtung sind die Fische scheu und entwickeln sich nur langsam. Ein flaches, langgestrecktes Becken mit viel Platz zum Ausschwimmen ist angeraten. pH-Wert 4,8–6,5 nach Eingewöhnung auch bis 7,5. Becken gut abdecken.

ZU: 28° C. Zuchtbecken abdunkeln, evtl. Torffilterung, sehr weiches Wasser. Hat man ein laichbereites Paar oder Schwarm, Becken wieder gut beleuchten. Einige Schwimmpflanzen oder Quellmoos auf Wasseroberfläche legen. Einige Tiere fressen den Laich, deshalb die Eier entfernen. Nach drei Tagen schlüpfen die Jungfische und brauchen etwa 5 Tage später feinstes Futter (Infusorien usw.). Die Aufzucht gelingt in dicht mit Grünalgen bewachsenen und gut bepflanzten Becken am ehesten.

FU: H; Futterflocken auf pflanzlicher Basis, Salat, Vogelmiere, jedoch auch jedes Lebendfutter.

Bes.: Der Status der Unterart ist nicht gesichert. Die senkrecht gebänderten Tiere sind zwar hochrückiger als *M. hypsauchen,* auch ist die Schwanzflosse schmaler und höher; dennoch zählt man die Unterart zumeist zu *M. hypsauchen* und *M. fasciatus* wird als Synonym betrachtet. Da sich jedoch allein vom äußeren Erscheinungsbild Unterschiede klar erkennen lassen, wird hier der Meinung gefolgt, daß es sich doch um wenigstens eine Unterart zu *M. hypsauchen* handelt. Vergl. Bd. 1, Seite 352/3.

T: 23–26° C, **L**: 14 cm, **BL**: 150 cm, **WR**: alle, **SG**: 3 (H)

Myleus rubripinnis luna (VALENCIENNES, 1849)
Mond-Scheibensalmler

Syn.: *Myleus luna, Tetragonopterus luna, Myloplus luna.*

Vork.: Südamerika; mittlerer Amazonas.

Ersteinf.: Nicht ermittelbar.

GU.: ♂♂ zeigen erst im Alter ihre prächtige Färbung. Während der Brutzeit sind sie deutlich intensiver gefärbt als die ♀♀. ♂ mit zweilappiger Afterflosse (Foto).

Soz. V.: Recht friedlicher Schwarmfisch. Die Art kann gut mit anderen Fischen gehalten werden. Diese sollten jedoch nicht zu klein sein (über 5 cm Länge).

Hält. B.: Diese anspruchsvolle Art verlangt sowohl in der Fütterung als auch bei der Wasserqualität viel Aufmerksamkeit. Torffilterung oder Torfextrakt und weiches Wasser (bis 6° dGH) sind erwünscht. pH-Wert 5,8–6,8. Gute Wasserumwälzung, da die Art sehr sauerstoffbedürftig ist. Bepflanzung nur mit älteren und großen Pflanzen. Am besten Javamoos und -farn, Plastikpflanzen. Sandboden. Dieser wird gern nach allerlei Freßbarem untersucht. Auf nitratfreies Wasser ist zu achten, sonst kümmern die Tiere.

ZU: Großbecken ab 150 cm Länge. Viel Licht, dunkler Bodengrund. 27–29° C. Weichwasser bis 4° dGH. Pflanzenbüschel an der Wasseroberfläche, einige hochwachsende Pflanzen im hinteren Teil des Beckens.

FU: O; Flockenfutter auf pflanzlicher Basis, jedes Lebendfutter. Frostfutter. Pflanzliche Nahrung wie Spinat, Salat usw., Früchte. Bachflohkrebse.

Bes.: Diese wohl prächtigste Art der Scheibensalmler wird leider nur sehr selten angeboten und dann meist in sehr schlechter Verfassung. Die Tiere müssen oft wochenlang hungern, wenn sie in den Fangstationen in Netzen gehältert werden.

T: 23–25° C, **L**: 12 cm, **BL**: 120 cm, **WR**: m, **SG**: 3–4

Metynnis hypsauchen fasciatus

Myleus rubripinnis luna ♂

Myleus schomburgkii (JARDINE, 1841)
Schomburgks Scheibensalmler
Unterfam.: Myleinae

Syn.: *Tetragonopterus schomburgkii, Myletes palomet, Myloplus schomburgkii, Mylesinus schomburgkii.*

Vork.: Südamerika; Rio Negro, Rio Xingu, Rio Araguaia (Brasilien); Orinoco, Rio Apure (Venezuela).

Ersteinf.: Bisher nicht nach Europa eingeführt.

GU.: Analflosse beim ♂ zweilappig und länger spitz auslaufend; beim ♀ ist die Anale breiter, aber kürzer in der Spitze. Dorsale beim ♂ spitzer und länger ausgezogen.

Soz. V.: Lebendiger Schwarmfisch; für das unbepflanzte Gesellschaftsbecken geeignet.

Hält. B.: Großbecken mit Sandboden, Wurzel- und Steinaufbauten. Auf zarte Pflanzen muß verzichtet werden. Javamoos, Javafarn und große *Echinodorus* sind dagegen geeignet. Für Fische dieser Art sind Plastikpflanzen zu empfehlen. Torffilterung mit einem starken Filter, der eine kräftige Wasserströmung erzeugen kann, ist wichtig. Wasser: pH-Wert 5,0–7,0; Härte bis 10° dGH.

ZU: Mangels Importtieren bisher nicht erfolgt.

FU: H, O; Früchte wie Pfirsiche, Kürbis, Mango, Melonen, Avocados usw., Pflanzen, Salat, Vogelmiere, gefrorene Erbsen. Detritus. Die Fische kauen den Sandboden durch und sieben feinste Nahrungspartikel daraus aus. Lebendfutter, Flockenfutter.

Bes.: Ein der Wissenschaft schon lange bekannter Salmler, der jedoch bisher nicht – oder nur in Ausnahmefällen – in Aquarien gepflegt wurde.

T: 23–27° C, **L**: 12 cm, **BL**: 150 cm, **WR**: m, **SG**: 2–3

Serrasalmus calmoni STEINDACHNER, 1908
Schlußlichtpiranha
Unterfam.: Serrasalminae

Syn.: *Serrasalmus bilineatus, S. coccogenis.*

Vork.: Unterer Amazonas, Guyana und Venezuela (Südamerika).

Ersteinf.: Unbekannt.

GU.: Erst im Alter ab etwa zwei Jahren erkennbar. ♂ dunkler am Körper; mit schwarzem senkrechten Schwanzflossenband und höher gebaut. Anale beim ♂ stärker gekrümmt als beim ♀.

Soz. V.: Friedlicher Schwarmfisch für Gesellschaftsbecken mit größeren Arten ab 4 cm Länge geeignet. Bei Hunger (Urlaubszeit) werden Pflanzen gefressen!

Hält. B.: Recht problemloser Fisch in Großbecken, der sich allen Wasserbedingungen anpaßt und schnell wächst, sofern reichlich gefüttert wird. Großbecken und starke Filterung sind wünschenswert, sonst kümmern die Tiere. Filterreinigung alle 2–3 Monate oder früher ist angeraten, da sonst die Flossen, besonders die Schwanzflosse, schnell abfault. Nach Filtermassenwechsel heilt das aber schnell wieder aus. Die Art scheint sehr regenerierfähig zu sein. Sie bevorzugt klares Wasser, viel Licht und ist selbst mit Afrika-Cichliden bei hartem Wasser gut haltbar. Wasser: pH-Wert 6,5–7,8; Härte 4–25° dGH.

ZU: Schwarmlaicher zwischen Pflanzen. Nähere Angaben liegen nicht vor.

FU: O; Allesfresser: Jede Art Flockenfutter, Lebendfutter, Frostfutter; jedoch besonders Pflanzenkost (Tetra-Phyll usw.).

Bes.: Die Art gehört zwar zu den „echten" *Serrasalmus*-Arten, also in die Untergattung *Serrasalmus*, sie zählt jedoch nicht zu den echten Piranhas. Die Art wird leicht von Flossenfäule befallen. Abhilfe schafft Tetra Fungi Stop und/oder Chloramphenicol (3–6 g auf 500 l Wasser) oder Dessamor.

T: 23–28° C, **L**: 15 cm, **BL**: 120 cm, **WR**: m, **SG**: 1–2

Myleus schomburgkii

Serrasalmus calmoni

Serrasalmus sp. aff. nattereri (KNER, 1860)
Schulterfleck-Piranha

Syn.: *Pygocentrus nattereri, P. altus, P. stigmaterythraeus, Rooseveltiella nattereri, Serrasalmo piranha.*

Vork.: Venezuela, Guyanaländer, Orinocogebiet (Südamerika).

Ersteinf.: Unbekannt.

GU.: ♂♂ bulliger Kopf, sonst schlanker als die fülligeren ♀♀.

Soz. V.: Räuber. Schwarmfisch. Mitunter kommt es vor, daß nur das stärkste Tier überlebt. Vorsicht beim Hantieren im Wasser.

Hält. B.: Großbecken mit großvolumigem Filter. Wasser weich (bis 10° dGH) und leicht sauer (pH-Wert 5,8–7,2). Pflanzen werden nur zur Laichzeit geschädigt. Dann setzt man diese besser in Töpfe. Es wird eine große Laichgrube ausgewühlt.

ZU: s. Bd. I, Seite 356. Die Jungtiere der hier vorgestellten Variante (?) besitzen schon den schwarzen Schulterfleck (s. auch Bd. I., Umschlagrückseite).

FU: K; Fischfleisch und alles grobe Lebendfutter; auch lebende Fische. Manche Tiere beachten die Beckeninsassen überhaupt nicht, sofern ausreichend gefüttert wird.

Bes.: *(sp. nov.?) Von der Art gibt es zwei Farbvarianten. Die eine besitzt hinter den Kiemendeckeln einen schwarzen Fleck (Orinoco- und Guyana-Länder), die Afterflosse ist rot. Die andere Variante hat die schwarzen Flecken nicht und besitzt eine dunkle Afterflosse (s. Bd. I, Seite 357). Die Autoren sind der Meinung, daß es sich um getrennte Arten oder Unterarten handelt. Die Tiere ohne Seitenfleck kommen im gesamten Amazonasgebiet vor, verlieren im Alter zunehmend die Rotfärbung auf den Flossen und der Brust. Die Jungtiere von *S. nattereri* haben in den ersten Monaten zahlreiche kleine Tupfen auf dem Körper. Die Jungtiere von der hier vorgestellten Variante besitzen gleich den schwarzen Schulterfleck, eine rote Brust und rote Afterflosse, deren Färbung sich auch im Alter nicht verliert.

T: 22–27° C, **L**: 28 cm, **BL**: 180 cm, **WR**: alle (m), **SG**: 3–4

Serrasalmus ternetzi STEINDACHNER, 1908
Diamant-Piranha

Syn.: Wird im Handel als „*S. brandti*" verkauft, der jedoch eine andere Art vom Rio Sao Francisco ist.

Vork.: Rio Paraguay, Paraguay, Südamerika.

Ersteinf.: Ungewiß.

GU.: Nicht bekannt.

Soz. V.: Schwarmfisch, für unbepflanzte Becken auch zur Vergesellschaftung mit anderen Fischen ab 8 cm Länge geeignet. Pflanzenfresser.

Hält. B.: Großbecken mit Plastikpflanzen, Wurzelholz und Steinaufbauten. Feiner Kiesboden. Wegen der reichlichen Nahrungsaufnahme fallen große Mengen an Exkrementen an. Die Filterung muß dementsprechend großzügig dimensioniert sein. Wasser: pH-Wert 6,0–7,2; Härte bis 15° dGH.

ZU: Bisher nicht erfolgt, dürfte aber ähnlich *S. nattereri* sein. Bd. 1, Seite 356. Für die erfolgreiche Zucht sind mehrere Tiere erforderlich.

FU: H; Pflanzenfresser, Früchte, tiefgefrorene Erbsen, Vogelmiere, Salat, überbrühter oder tiefgefrorener Spinat. Jungtiere nehmen auch gern Wasserflöhe, Frostfutter, Flockenfutter usw.

Bes.: Eine selten importierte, aber imposante Art.

T: 20–25° C, **L**: 25 cm, **BL**: 150 cm, **WR**: alle, **SG**: 4 (H)

Serrasalmus sp. aff. nattereri

Serrasalmus ternetzi

Barbus barbus; die Genustype von *Barbus*, siehe Seite 364.

Erimyzon sucetta (LACÉPÈDE, 1803)
Saugdöbel

Syn.: *Cyprinus sucetta, Erimyzon goodei, Myxostomus campbelli, M. kennerlyi, M. tenue.* Für ***E. sucetta oblongus:*** *Cyprinus oblongus, Catostomus fasciolaris, C. gibbosus, Labeo elegans, Myxostoma claviformis, M. oblongum.*

Vork.: Nordamerika; östliches Nordamerika bis zum Mittelwesten, vom südlichen New York bis Florida, im Westen bis Texas, im Norden bis Minnesota, Michigan und Wisconsin.

Ersteinf.: Bisher nur vereinzelt in Europa gehalten. Das genaue Einfuhrdatum ist unbekannt.

GU: Keine sicheren äußeren bekannt; ♀ während der Laichzeit mit dickerem Bauch.

Soz. V.: Friedlicher Schwarmfisch, der im Verhalten unserem Gründling (*Gobio gobio*) ähnelt.

Hält. B.: Sandiger Bodengrund, einige Steine. Bepflanzung mit amerikanischen Kaltwasserarten. Klares, sauberes Wasser, das mittelhart (bis 15° dGH) und neutral bis schwach alkalisch (pH 7–7,5) sein sollte; für eine schwache Strömung sorgen. Vergesellschaftung mit anderen amerikanischen Kaltwasserfischen (*Notropis*- und *Catostomus*-Arten).

ZU: Im Aquarium nocht nicht nachgezüchtet. In der Natur liegt die Laichzeit meist im März oder April, obwohl die Tiere auch noch Anfang Juli ablaichen. Während der zwei Wochen dauernden Laichperiode legt ein ♀ bis zu 20000 Eier. Bei 20° C dauert die Eientwicklung etwa sechs bis sieben Tage.

FU: Lebendfutter aller Art (Kleinkrebse, Mückenlarven, *Tubifex*, Enchyträen, Regenwürmer). Nach einer Eingewöhnungszeit gehen die Tiere auch an Flockenfutter und Futtertabletten.

Bes.: Von *Erimyzon sucetta* sind zwei Unterarten bekannt. *E. sucetta sucetta* (LACÉPÈDE, 1803) und *E. sucetta oblongus* (MITCHILL, 1815). Die Becken müssen gut abgedeckt werden, da die Fische gute Springer sind. Die Jungfische unterscheiden sich deutlich anhand ihres Farbkleides von den adulten Exemplaren durch ein breites schwarzes Band, das sich von der Schwanzflossenbasis bis zur Schnauzenspitze zieht. Bei adulten Tieren verschwindet dieses Band oder ist in Flecken aufgelöst, die manchmal senkrechte Streifen bilden.

T: 4–20° C (Kaltwasserfisch), **L**: 25 cm, **BL**: 100 cm, **WR**: u, (m), **SG**: 2–3

Pangio anguillaris (VAILLANT, 1902)
Aal-Dornauge

Syn.: *Acanthophthalmus vermicularis, Cobitophis anguillaris, C. perakensis, Acant(h)ophthalmus anguillaris.*

Vork.: Südostasien; Thailand, See Borapet, Meping-Fluß bei Chiengmai; Nord-Borneo, Tawau Distrikt, Kalabakan, Sungei Marikut (sicherlich weiter verbreitet, da schwer fangbar, sicherlich oft übersehen).

Ersteinf.: Unsicher (wurden bisher – wie auch andere Fischarten – z.T. als „Silberaal" angeboten); Erstbericht mit Foto bei U. Essmann (1987) in TI 79 (Tiere wurden 1980 erworben).

GU.: Unbekannt.

Soz. V.: Nicht ausgesprochen scheu, bei Hantierung am Becken rasch in Verstekken verschwindend. Zur Fütterung aber – vorsichtig – erscheinend, dann kontinuierlich „auf der Bildfläche". Auch am Tage gut zu beobachten! Kein Einzelgänger! Tag- und nachtaktiv!

Hält. B.: Trotz zarten Aussehens sehr anpassungsfähig und robust. Bodengrund aus feinem Sand. Viele Versteckmöglichkeiten aus Steinen, Tonscherben, Bambusrohren usw. anbieten. Gute Bepflanzung empfehlenswert.

ZU: Über eine gelungene Zucht ist nichts bekannt. Unregelmäßig ist stunden- oder tagelang ein extremes Zugverhalten (unabhängig von Tag oder Nacht) feststellbar. Bisher konnte aber keine stärkere Leibesfülle in diesem Zusammenhang festgestellt werden. Dies Verhalten scheint aber durch Wasserverbesserung steuerbar zu sein (bei schlechter Wasserqualität sieht man die Fische seltener).

FU: O.; *Tubifex*; Mikroälchen werden gerne genommen; Flockenfutter nehmen sie gerne (vom Bodengrund).

Bes.: Nicht verwechselbar mit anderen einfarbigen Dornaugen, da extrem schlank und langgestreckt. Die Färbung ist (aufgrund der weiten Verbreitung?) variabel.

T: 24–26° C, **L**: 6,5 cm, **BL**: 40 cm, **WR**: u, **SG**: 1

Pangio pangia (HAMILTON, 1822)
Zimtfarbenes Dornauge

Syn.: *Cobitis pangia, Cobitis cinnamomea, Pangio cinnamomea, Acant(h)ophthalmus pangia.*

Vork.: Südasien; Indien (Nordost-Bengalen), Burma.

Ersteinf.: Unsicher; um 1978 mit Sicherheit erkannt.

GU.: Unbekannt.

Soz. V.: Wenig bekannt, da die Art versteckt lebt.

Hält. B.: Weicher, torfiger Bodengrund ist empfehlenswert, da diese zurückgezogen lebenden Fische in ihrer Heimat gerne in Bächen und Seen mit feinschlammigem Boden leben. Becken nicht zu hell beleuchten, sonst bekommt man die Tiere nicht zu sehen. Obwohl die Art scheu und gegen Erschütterung empfindlich ist, erscheint sie spätestens dann an der Frontscheibe, wenn sie Futter wittert.

ZU: Über eine erfolgreiche Zucht im Aquarium ist bisher nichts bekannt.

FU: O; Wurmfutter (*Tubifex*), kleine Insektenlarven, Nudeln, Detritus, Flockenfutter.

Bes.: *Pangio pangia* ist ein einfarbiges Dornauge, das selten eingeführt und gehalten wird.

T: 23–25° C, **L**: 6 cm, **BL**: 50 cm, **WR**: u, **SG**: 1

Pangio anguillaris

Pangio pangia

Pangio semicinctus FRASER-BRUNNER, 1940
Halbgebändertes Dornauge Unterfam.: Cobitinae

Syn.: *Acanthophthalmus semicinctus.*

Vork.: Südostasien; Malayische Halbinsel.

Ersteinf.: Unsicher, vermutlich schon vor 1914.

GU.: Bei den ♂♂ ist der 2. Strahl der Brustflossen verdickt, die Flossen sind etwas größer und die Färbung ist rötlicher; die ♀♀ sind meist dicker und haben eine gelblichweiße Grundfärbung.

Soz. V.: Einzelgängerisch lebende, dämmerungs- bzw. nachtaktive Fische, die tagsüber ein verstecktes Leben führen.

Hält. B.: Weicher Bodengrund, dieser kann auch mit einer dünnen Mulm- oder Torfschicht bedeckt sein. Dichte Bepflanzung mit feinfiedrigen Arten. Diese aber nur, wenn keine Mulmschicht vorhanden ist. Verstecke aus Moorkienholzwurzeln und Steinen. Schwimmpflanzen zur Dämpfung des Lichtes. Wasser weich (um 5° dGH) und torfsauer (pH um 6). Die Art ist wärmebedürftig.

ZU: Im Aquarium anscheinend noch nicht geglückt.

FU: Überwiegend Lebendfutter aller Art (Mückenlarven, *Tubifex*, Enchyträen, Kleinkrebse). Flockenfutter wird nach einer Eingewöhnungszeit manchmal genommen.

Bes.: Der Importeur dieser Art ist unbekannt. Wahrscheinlich ist *P. semicinctus* von Nordamerika über Holland nach Deutschland gelangt.
Der schweizer Ichthyologe Maurice Kottelat (1987): Jap. J. Ichthyology **33**, 368–375, fand heraus, daß der Gattungsname *Acantophthalmus* VAN HASSELT, 1823 ein jüngeres Synonym von *Cobitis* LINNAEUS, 1758 und deshalb nicht gültig ist. *Acanthophthalmus* BLEEKER, 1859 ist eine falsche Schreibweise dieses Namens. Die Fische, die bisher gewöhnlich *Acantophthalmus* genannt wurden, sind in die Gattung *Pangio* BLYTH, 1860 gestellt worden.

T: 26–30° C, L: 8 cm, BL: 50 cm, WR: u, SG: 2

Botia eos TAKI, 1972
Sonnenschmerle Unterfam.: Botiinae

Syn.: Keine.

Vork.: Südostasien; Laos und Thailand: Mekong-Fluß und Nebenflüsse, Bung Borapet, Menam Chao Phraya-System; über Schlamm- und Sanduntergrund. Im Freiland treten große saisonale Schwankungen des Wasserstandes auf.

Ersteinf.: Wahrscheinlich schon um 1960.

GU.: Keine äußeren bekannt.

Soz. V.: Im Freiland halten sich die Tiere in Schulen auf und schwimmen in mittleren und unteren Wasserschichten. *Botia eos* ist eine friedliche Schmerle.

Hält. B.: Wie bei *Botia lecontei* angegeben.

ZU: Über eine geglückte Zucht im Aquarium gibt es bisher keine Angaben. Im Freiland führt *Botia eos* offenbar Laichwanderungen durch. In der Regenzeit von Mai bis August ziehen die Fische in kleine Nebenflüsse; man findet sie sogar auf überschwemmten Flächen. Zu Beginn der Trockenzeit ziehen sich die Tiere dann wieder in die Hauptwasserläufe zurück.

FU: K; Lebendfutter jeglicher Art: Kleinkrebse, Mückenlarven, Wurmfutter (*Tubifex*, Enchyträen).

Bes.: Nach ZARSKE (1982): Aquarien Terrarien **29**, 58–61, ist *Botia eos* schon mehrfach eingeführt, aber oft mit *Botia modesta* BLEEKER, 1864 und *B. lecontei* FOWLER, 1937 verwechselt worden. Artcharakteristisch für *B. eos* ist neben anderen Merkmalen die mit 10–11 geteilten Strahlen relativ lange Rückenflosse (s. Foto).

T: 24–28° C, L: 6 cm, BL: 70 cm, WR: u, m, SG: 2–3

Pangio semicinctus

Botia eos

Botia beauforti SMITH, 1931

Beauforts Schmerle

Syn.: Keine.

Vork.: Südostasien; Thailand, Laos; in fließenden Gewässern.

Ersteinf.: Datum unsicher, Einführung durch die Fa. Tropicarium, Frankfurt/M.

GU.: Äußere Geschlechtsmerkmale sind unbekannt.

Soz. V.: Recht unverträglicher, aber trotzdem scheuer, nachtaktiver Fisch. Andere Fische (arteigene und artfremde) werden aus dem Versteck heraus attackiert.

Hält. B.: Bodengrund aus weichem, feinem Sand, da die Art wühlt. Bepflanzung des Beckens mit kräftigeren Arten; die Pflanzen in Schalen setzen und mit größeren Steinen gegen Herauswühlen sichern. Wasser weich (5° dGH) und leicht sauer (pH 6–6,5). Die Art ist wärmebedürftig.

ZU: Im Aquarium noch nicht gelungen.

FU: Allesfresser: Lebendfutter jeglicher Art, Algen und Flockenfutter. Besonders gerne werden Futtertabletten gefressen.

Bes.: *Botia beauforti* wird in zwei Unterarten aufgespalten: *B. beauforti beauforti* SMITH, 1931 und *B. beauforti formosa* PELLEGRIN & FANG, 1940. Letzere Unterart stammt aus Laos und ist noch nicht im Rahmen der Aquaristik eingeführt worden.

T: 26–30° C, **L**: 25 cm, **BL**: 100 cm, **WR**: u, m, **SG**: 2

Botia lecontei FOWLER, 1937

Le Conte-Schmerle, Rotflossenprachtschmerle

Syn.: Keine.

Vork.: Südostasien; Ostthailand, Laos.

Ersteinf.: 1955 von der Fa. Tropicarium, Frankfurt/M.

GU.: Keine äußeren bekannt.

Soz. V.: *Botia lecontei* ist eine friedliche Schmerle. Die Tiere sind dämmerungs- und nachtaktiv. Sie sind keine guten Schwimmer.

Hält. B.: Bodengrund aus weichem, feinem Sand. Dichte Bepflanzung mit recht widerstandsfähigen Arten. Einige Verstecke aus Steinen und Wurzeln. Wasser nicht zu hart (bis 8° dGH) und leicht sauer (pH 6,0–6,5). Teilwasserwechsel vornehmen, wöchentlich etwa 10%. Ohne regelmäßigen Wasserwechsel kümmert die Art leicht. Für gedämpftes Licht sorgen (Schwimmpflanzendecke). Die Tiere können im Gesellschaftsaquarium gepflegt werden.

ZU: Über eine gelungene Zucht im Aquarium liegen bisher keine Berichte vor.

FU: K; Lebendfutter aller Art (Kleinkrebse, *Tubifex*, Enchyträen, Mückenlarven).

Bes.: *Botia lecontei* und *Botia modesta* wurden und werden leicht verwechselt. *B. lecontei* ist schlanker, außerdem scheint die in der Jugend vorhandene Querbinde auf dem Schwanzstiel auch im geschlechtsreifen Alter als dunkler Fleck erhalten zu bleiben.

T: 24–28° C, **L**: 15 cm, **BL**: 100 cm, **WR**: u, **SG**: 2–3

Botia beauforti

Botia lecontei

Botia striata RAO, 1920
Zebraschmerle, Streifenschmerle

Syn.: *„Botia weinbergi"* (Phantasiename!)

Vork.: Asien; Südindien. Die Tiere bewohnen oft verschlammte und sauerstoffarme Gewässer.

Ersteinf.: 1953 von der Fa. Tropicarium, Frankfurt/M.

GU.: Keine bekannt.

Soz. V.: Die Tiere sind friedlich, harmlos und recht munter. Sie leben in kleinen Trupps zusammen.

Hält. B.: Gut bepflanzte Aquarien. In Bodennähe sollten Röhren und Spalten als Unterschlupf und Verstecke vorhanden sein. Weicher Bodengrund, in den sich die Fische einwühlen können. An die Wasserbeschaffenheit werden keine besonderen Ansprüche gestellt. Keine Einzelhaltung, sondern immer einige Exemplare zusammen pflegen. Vergesellschaftung mit *Acanthophthalmus*-Arten oder *Botia morleti* (Syn.: *Botia horae*). *B. striata* kann auch im Gesellschaftsaquarium gepflegt werden.

ZU: Über eine gelungene Zucht im Aquarium liegen bisher noch keine Berichte vor.

FU: O; es wird ziemlich alles genommen, was freßbar ist (Lebendfutter, Gefrierfutter, Flockenfutter, pflanzliche Kost, Detritus).

Bes.: Keine.

T: 23–26° C, **L**: 10 cm,. im Aquarium höchstens 6 cm, **BL**: 60 cm, **WR**: u, **SG**: 1–2

Fam.: Homalopteridae Plattschmerlen
Unterfam.: Nemacheilinae

Lefua costata (KESSLER, 1876)

Syn.: *Diplophysa costata, Elxis coreanus, Lefua andrewsi, L. pleskei, Noemacheilus dixoni, Octonema pleskei.*

Vork.: Asien; Sowjetunion und Nordchina (Amur-Becken, Sedanka-, Sunfun- und Tumen-ula-Fluß), Korea und Mongolei.

Ersteinf.: In Deutschland noch nicht erfolgt.

GU.: Bisher unbekannt (?).

Soz. V.: Über das Sozialverhalten von *Lefua costata* gibt es bisher keine Angaben.

Hält. B.: Wie bei *Noemacheilus dorsalis* aufgeführt.

ZU: Im Aquarium wahrscheinlich noch nicht erfolgt.

FU: O; Lebendfutter aller Art.

Bes.: Die Gattung *Lefua* ist durch den Besitz von **acht** Barteln gekennzeichnet. Neben *Lefua costata* gibt es noch zwei Arten in Japan: *Lefua nikkonis* auf Hokkaido und *L. echigonia* auf Hondo (Honshu). Die Art ist Genustype.

T: 18–22° C, **L**: 10 cm, **BL**: 80 cm, **WR**: u, **SG**: 3

Botia striata

Lefua costata

Lepidocephalus thermalis (VALENCIENNES, 1846)
Indischer Steinbeißer

Syn.: *Cobitis thermalis, Lepidocephalichthys thermalis.*

Vork.: Vorderindien; Malabarküste, südliches Indien und Sri Lanka (Ceylon). In fließenden und in klaren, kühlen, stehenden Gewässern.

Ersteinf.: 1954.

GU.: Keine äußeren bekannt.

Soz. V.: Nachtaktive Bodenfische, die sich eingraben und lange Zeit im Bodengrund verborgen bleiben.

Hält. B.: Bodengrund aus dunklem, feinkörnigen Kies oder aus Sand; einige größere, flache Steine, die direkt auf den Boden gelegt werden. Lockere Seiten- und Hintergrundbepflanzung mit mittelharten bis harten Arten (z. B. Cryptocorynen). Im Becken eine kräftige Strömung erzeugen. Wasser weich (um 5° dGH) und schwach sauer bis neutral (pH 6,5–7,0); teilweiser Wasserwechsel, wöchentlich etwa ein Fünftel. Die Tiere am besten im Artbecken pflegen.

ZU: Über das Fortpflanzungsverhalten und die Zucht von *L. thermalis* im Aquarium ist bisher nichts bekannt.

FU: O. Die Tiere sind Allesfresser und nehmen fast jegliches Futter: Mückenlarven, *Tubifex*, Enchyträen; Frostfutter, Haferflocken, Karotten; Flockenfutter und Futtertabletten. Die Nahrung wird nur vom Boden aufgenommen.

Bes.: Die Gattung *Lepidocephalus* hat vier Bartelpaare, während die Gattung *Noemacheilus* nur deren drei aufweist.

T: 22–24° C, **L**: 8 cm, **BL**: 80 cm, **WR**: u, **SG**: 2–3

Leptobotia mantschurica BERG, 1907
Mandschurenschmerle

Syn.: *Leptobotia hopeiensis.*

Vork.: Asien; Sowjetunion und China: Amur-Becken, Becken von Ussuri und Sungari, Lioa-Fluß.

Ersteinf.: Die Art ist in Deutschland noch nicht eingeführt worden.

GU.: Bisher unbekannt.

Soz. V.: Bisher sind von dieser Art keine Angaben über das Sozialverhalten verfügbar.

Hält. B.: Wie bei *Noemacheilus dorsalis* angegeben.

ZU: Im Aquarium wurde die Art wahrscheinlich noch nicht nachgezüchtet.

FU: O; Lebendfutter aller Art.

Bes.: Die Gattung *Leptobotia* umfaßt mehrere Arten, die meist in China beheimatet sind.

T: 16–20° C, **L**: 22 cm, **BL**: 100 cm, **WR**: u, **SG**: 3

Lepidocephalus thermalis

Leptobotia mantschurica

Misgurnus anguillicaudatus (CANTOR, 1842)
Ostasiatischer Schlammpeitzger

Syn.: *Cobitis anguillicaudata, Cobithichthys enalios, Cobitis bifurcata, C. maculata, C. pectoralis, C. rubrispinis.*

Vork.: Asien; Teile von Sibirien (Amurgebiet), China, Korea, Hainan und Japan. Die Art bewohnt Gewässer mit schlammigem Grund.

Ersteinf.: 1913.

GU: Nicht eindeutig erkennbar; meist ist der 2. Strahl der Brustflossen beim ♂ verdickt.

Soz.V.: Stationärer, friedlicher Bodenfisch mit nachtaktiver Lebensweise.

Hält.B.: Weicher Bodengrund; einheimische Kaltwasserpflanzen, die sich in Töpfen befinden (Art wühlt!). Verstecke aus Steinen und Wurzeln. Keine zu helle Beleuchtung, da die Tiere gedämpftes Licht lieben. Gute Filterung, da beim Wühlen Schmutzpartikel aufgewirbelt werden. An die Beschaffenheit des Wassers werden keine besonderen Ansprüche gestellt. Über diese Art berichtete RIEHL (1972): DATZ 25, 1-2.

ZU: Möglich, aber bisher waren Nachzuchten große Zufallserfolge.

FU: Allesfresser; Lebendfutter aller Art, Flockenfutter, teilweise auch pflanzliche Kost.

Bes.: Die Art wühlt sich gern in den Untergrund ein (Schlamm). Dann schaut nur noch der Kopf heraus. Von einigen Ichthyologen wird *Misgurnus anguillicaudatus* nur als Unterart von *Misgurnus fossilis* angesehen. Nach diesen Autoren gibt es die typische europäische Form (*M. fossilis fossilis*) und die gefleckte asiatische Form (*M. fossilis anguillicaudatus*).

T: 10-25°C, **L:** 50 cm, ab 10 cm fortpflanzungsfähig, **BL:** 100 cm, **WR:** u, **SG:** 1-2

Fam.: Homalopteridae
Unterfam.: Nemacheilinae

Acanthocobitis botia
Augenfleck-Ceylonschmerle (HAMILTON, 1822)

Syn.: *Cobitis bilturio, C. turio, C. ocellata, C. bimucronata, C. gibbosa, C. (Acoura) argentata, Canthophrys (Somileptes) unispina, C. arenata, C. mooreh, Botia nebulosa, Nemacheilus urophthalmus, N. sinuatus, N. aureus, N. mackenziei, N. rubidipinnis mandalayensis.*

Vork.: Indus, Mae Khlong, Ganges, Chidwin, Irrawady, Sitang, Salween, Sri Lanka (Indien, Thailand und China).

Ersteinf.: 1903.

GU: ♂ mit deutlicher Rinne unter dem Auge.

Soz.V.: Revierbildend; Vier Tiere (♂♂) haben in einem Becken mit einer Grundfläche von 100 x 30 cm gerade Platz. Die Tiere sind schnelle Schwimmer.

Hält.B.: Die Pflege dieser Art ist einfach; es werden keine besonderen Ansprüche gestellt. Verstecke (Höhlen, Wurzelwerk, Pflanzendickichte) erhöhen das Wohlbefinden der Tiere. Andere Fische werden in Ruhe gelassen. Deshalb die Art nicht mit Segelflossern und Fadenfischen vergesellschaften.

ZU: In England bereits gelungen. Bekkengröße 50 x 16 x 16 cm zum Ablaichen; pH 7,2, Härte um 8° dGH, 25°C. Die Art laicht in Pflanzendickichten ab und verteilt dort einfach die klebrigen Eier; Eizahl 100 bis 150 Stück. Schlupf der Larven nach 36 Stunden; das Freischwimmen erfolgt ab dem 3. Tag. Das Futter in der ersten Woche sind *Artemia*-Nauplien, ab der zweiten Woche können Mikroälchen, gesiebte Daphnien und feines Flockenfutter verfüttert werden. Es konnten erfolgreich 100 Jungfische aufgezogen werden.

FU: O; Lebendfutter aller Art, Frostfutter, pflanzliche Beikost, gefriergetrocknetes Futter, Flockenfutter. Wildfänge enthielten im Magen viele Käfer (*Coleoptera*).

Bes.: *A. botia* ist eine sehr schöne Schmerlenart, die bei guter Pflege orangerote Flossen hat.

T: 24-26°C, **L:** 8 cm, **BL:** 100 cm, **WR:** m, u, **SG:** 1

Misgurnus anguillicaudatus

Acanthocobitis botia

Nemacheilus dorsalis (KESSLER, 1872)
Graue Schmerle

Syn.: *Cobitis dorsalis, Diplophysa dorsalis, D. kungessana, Noemacheilus kungessanus, N. dorsalis.*

Vork.: Asien; Sowjetunion (Amu-Darya-Becken, oberer und mittlerer Syr-Darya, Issyk-kul'-See, Ili-Becken, Talas- und Chu-Becken).

Ersteinf.: In Deutschland noch nicht eingeführt worden.

GU: Keine sicheren, äußeren bekannt bzw. beschrieben worden.

Soz.V.: Über das Sozialverhalten von *Nemacheilus dorsalis* ist nichts bekannt.

Hält.B.: Geräumige Becken mit feinem Sand oder Kies als Bodengrund; einige Verstecke und Unterschlüpfe bieten. Für gute Durchlüftung des Beckens sorgen, eventuell eine schwache Strömung erzeugen. Über Wasserwert (pH, dGH) gibt es noch keine Angaben, doch dürfte mittelhartes Wasser (15° dGH) mit einem pH-Wert um den Neutralpunkt (7,0) den Tieren nicht schaden.

ZU: Im Aquarium wahrscheinlich noch nicht erfolgt. Im Freiland laicht die Art von Mitte April bis Mitte Juni.

FU: O; Lebendfutter aller Art, besonders gern wird Wurmfutter gefressen, aber auch Flohkrebse und Wasserasseln.

Bes.: Aus dem Kafirnigan-Fluß ist die Unterart *Nemacheilus dorsalis kafirnigani* TURDAKOV, 1946 beschrieben worden, die sich von der Nominatform durch einen kürzeren Schwanzstiel unterscheidet.

T: 18-22°C, L: 13 cm, BL: 80 cm, WR: u, SG: 3

Nemacheilus fasciatus KUHL & VON HASSELT, 1823
Bänderschmerle

Syn.: *Cobitis fasciata, Nemachilus fasciatus, Noemacheilus fasciatus.*

Vork.: Indonesien; Sumatra, Borneo, Java; auch auf benachbarten kleinen Inseln.

Ersteinf.: 1914.

GU: Es sind keine sicheren bekannt. ♀ fülliger; s. Foto.

Soz.V.: Revierbildender, dämmerungs- und nachtaktiver Bodenfisch. Verteidigt sein Revier oft sehr energisch gegen arteigene und artfremde Eindringlinge.

Hält.B.: Weicher Bodengrund und einige größere, flache Steine. Die Steine direkt auf den Aquarienboden legen. Lockere Rand- und Hintergrundbepflanzung mit mittelharten und harten Algen. Wasser nicht zu hart (bis 12° dGH) und leicht sauer bis neutral (pH 6,5-7). Teilweiser Wasserwechsel (wöchentlich etwa ein Fünftel der Gesamtmenge). Nicht zu helle Beleuchtung; eventuell Lichtdämpfung mit Schwimmpflanzen. *N. fasciatus* ist nicht übermäßig wärmebedürftig.

ZU: Die Art hat sich im Aquarium noch nicht fortgepflanzt.

FU: Lebendfutter aller Art (Kleinkrebse, wasserlebende Insektenlarven, *Tubifex*, Enchyträen). Flockenfutter wird nicht gern gefressen.

Bes.: Die Fische sind gegen Umsetzen etwas empfindlich.

T: 22-24°C, L: 9 cm, BL: 80 cm, WR: u, SG: 2

Nemacheilus dorsalis

Nemacheilus fasciatus

Nemacheilus selangoricus, oben ♂ unten ♀

Nemacheilus selangoricus DUNCKER, 1904
Kuipers Schmerle

Syn.: *Nemachilus kuiperi, N. trans-lineatus, Botia selangorica, Noemacheilus selangoricus.*

Vork.: Indonesien; Insel Belitung (= Billiton), Malaysia.

Ersteinf.: 1957.

GU.: ♂ mit schmalen und zugespitzten Brustflossen, der obere Zipfel der Schwanzflosse ist verlängert; Brustflossen beim ♀ gerundet, ♀ voller und Bauch dicker.

Soz. V.: Lebendige, tagaktive Schmerlenart, die Reviere bildet und oft unverträglich ist.

Hält. B.: Weicher Bodengrund und einige größere, flache Steine, die direkt auf den Aquarienboden gelegt werden. Lockere Rand- und Hintergrundbepflanzung mit mittelharten bis harten Arten (Cryptocorynen). Wasser nicht zu hart (bis 10° dGH) und leicht sauer bis neutral (pH 6,5–7,0); teilweiser Wasserwechsel, wöchentlich etwa 20% der Gesamtmenge. Nicht zu helle Beleuchtung. Keine Vergesellschaftung mit ruheliebenden Fischen.

ZU: Im Aquarium noch nicht gelungen.

FU: K, O. Lebendfutter aller Art: Insektenlarven, bodenbewohnende Kleinkrebse, *Tubifex* usw. Die Tiere fressen auch Flokkenfutter und Futtertabletten.

Bes.: WICKLER (1959): Z. Tierpsychol. **16**, 410–423, beobachtete bei *Nemacheilus selangoricus* folgende Einzelheiten: Auf dem Schwanzstiel befinden sich bei beiden Geschlechtern drei bis sechs besonders große Schuppen ober- und unterhalb der Seitenlinie. Unter den Schuppen befindet sich ein Organ, das bei Kämpfen stark anschwillt. Kämpfen zwei Fische, so liegen sie nebeneinander und schlagen kräftig die Schwänze gegeneinander.

T: 23–25° C, **L**: 7,5 cm, **BL**: 70 cm, **WR**: u, **SG**: 2

Nemacheilus notostigma BLEEKER, 1864
Orangefleck-Bachschmerle

Syn.: *Nemachilus notostigma, Noemacheilus notostigma.*

Vork.: Südasien; Sri Lanka (Ceylon).

Ersteinf.: Wahrscheinlich erst nach 1980.

GU.: Bei den ♂♂ ist der obere Lappen der Schwanzflosse beträchtlich länger.

Soz. V.: Die Art ist relativ aggressiv und unverträglich. Sie ist revierbildend. Die Tiere sollten in größeren Artbecken mit vielen Versteckmöglichkeiten gehalten werden.

Hält. B.: Wie bei *Nemacheilus botia* angegeben. Viele Versteckmöglichkeiten bieten. An die Wasserbeschaffenheit stellt die Art keine besonderen Ansprüche, doch sollte das Wasser klar und sauber sein.

ZU: In einem dicht bewachsenen 120-l-Becken laichte *N. notostigma* bei folgenden Wasserwerten ab: 22° C; pH 6,8–7,2; 4° KH, 9° KH; < 0,05 mg N/l (gemessen als NO_2^-). Innerhalb von einem Monat haben die Schmerlen mindestens zweimal gelaicht, weil Jungfische von 5–10 mm Länge und 20–25 mm Länge gleichzeitig beobachtet wurden. Futter: In dem dichten *Ceratopteris*-Gestrüpp entwickeln sich Infusorien-Kulturen (angeregt mit Protogen-Granulat), die den Jungfischen als erste Nahrung dienen. Später nehmen sie *Artemia*-Nauplien und *Cyclops*. Da sie auch Aufwuchs fressen, brauchen sie nicht dauernd im Futter zu stehen. Auf diese Art und Weise konnten über 20 Jungfische bis auf 25 mm Gesamtlänge (von Februar bis Mitte Mai) herangezogen werden. (Stand: 16. 5. 1984). Angaben: Gerhard Ott.

FU: O; trotzdem überwiegend mit Lebensfutter aller Art ernähren.

Bes.: Beim Kämpfen versuchen die Tiere die Brustflossen des Gegners zu erfassen. Obwohl die Art unbezahnte Kiefer hat, kann es bei diesen Manövern doch zu Flossenverletzungen kommen.

T: 22–24° C, **L**: 8 cm, **BL**: 80 cm, **WR**: u, **SG**: 2–3

Nemacheilus selangoricus

Nemacheilus notostigma

Nemacheilus stoliczkai (STEINDACHNER, 1866)
Stoliczka's Schmerle

Syn.: *Cobitis stoliczkae, C. elegans, C. uranoscopus, Noemacheilus cueljuensis, N. dorsonotatus, N. fedtschenkoae, N. lhasae, N. stenurus, N. stoli, N. stoliczkai.*

Vork.: Asien; Sowjetunion und China; in den Bergstrecken der Flüsse, die zu den Becken des Aral- und Balchasch-Sees und den Flüssen Indus, Tarim, Hwang, Yangtze und Brahmaputra gehören. Weiterhin im oberen Amu-Darya, Zeravshan, Kashka-Darya, oberen Syr-Darya, Chu-Becken und in den Zuflüssen des Issyk-kul'-Sees, sowie im tibetanischen Uukunor See.

Ersteinf.: Die Art ist noch nicht in Deutschland eingeführt worden.

GU.: Bei laichreifen ♂♂ sind die ersten drei bis sechs verzweigten Strahlen der Brustflossen verdickt.

Soz. V.: Über das Sozialverhalten dieser Art gibt es bislang keine Angaben.

Hält. B.: Wie bei *Nemacheilus dorsalis* angegeben.

ZU: Im Aquarium wahrscheinlich noch nicht erfolgt.

FU: O; Lebendfutter jeglicher Art.

Bes.: Von *Nemacheilus stoliczkai* sind außer der Nominatform noch die Unterarten *N. stoliczkai elegans* KESSLER, 1874 und *N. stoliczkai uranoscopus* KESSLER, 1874 beschrieben worden.

T: 16–20° C, **L**: 15 cm, **BL**: 80 cm, **WR**: u, **SG**: 3

Nemacheilus strauchi (KESSLER, 1874)
Gefleckte Dicklippen-Schmerle

Syn.: *Diplophysa strauchi, D. papilloso labiata, Noemacheilus strauchi.*

Vork.: Asien; Sowjetunion (Balchasch-See, Sassyk-kul', Alakul', Ili-Fluß und Zaisan-See) und China (Tarim-Becken).

Ersteinf.: Nach Deutschland noch nicht eingeführt worden.

GU.: Körper und Kopf sind bei den ♂♂ flacher, der Schwanzstiel ist schlanker und die Rückenflosse ist niedriger. Die ♂♂ werden außerdem größer.

Soz. V.: Über das Sozialverhalten dieser Art ist bisher nichts bekannt.

Hält. B.: Wie bei *Nemacheilus dorsalis* angegeben.

ZU: Im Aquarium wahrscheinlich noch nicht nachgezüchtet worden. Im Freiland laichen die Tiere von April bis Juni. Die Art hat in dieser Zeit bis zu drei Laichperioden, die durch Intervalle von vier und mehr Tagen voneinander getrennt sind. Die Eizahl kann bis zu 47000 Stück betragen. Die Eier werden an Pflanzen und Kies abgelegt.

FU: O; Lebendfutter aller Art, besonders gerne werden Mollusken (Schnecken und kleine Muscheln) gefressen, die aus ihren Gehäusen und Schalen gesaugt werden.

Bes.: Von dieser Art ist neben der Nominatform *Nemacheilus strauchi strauchi* (KESSLER, 1874) noch die Unterart *N. strauchi ulacholicus* (BERG, 1905) beschrieben worden, die in dem See Issyk-kul' (Sowjetunion) vorkommt.

T: 18–22° C, **L**: 25 cm, **BL**: 100 cm, **WR**: u, **SG**: 3

Nemacheilus stoliczkai

Nemacheilus strauchi

Oreonectes spec.

Syn.: Gattungssynonym ist *Elxis* JORDAN & FOWLER, 1903.

Vork.: Asien; Vertreter der Gattung *Oreonectes* kommen sowohl in Indien, als auch in Japan, Korea, Nord- und Südchina (ausgenommen der Yang-tse-Kiang) und im Amur-Gebiet vor.

Ersteinf.: Ungewiß, da bisher meist nicht als eigene Gattung erkannt. Es werden Tiere zum Bestimmen gesucht!

GU.: Es sind keine bekannt.

Soz. V.: Revierbildender, dämmerungs- und nachtaktiver Bodenfisch.

Hält. B.: Wie bei *Noemacheilus botia* angegeben.

ZU: In Gefangenschaft noch nicht gelungen.

FU: K, O; überwiegend Lebendfutter aller Art (Kleinkrebse, wasserlebende Insektenlarven, *Tubifex*, Enchyträen), Flockenfutter und Futtertabletten.

Bes.: Die Gattung *Oreonectes* unterscheidet sich von der Gattung *Noemacheilus* durch einen gut ausgebildeten dorsalen Fettkamm und zu Röhren verlängerten vorderen Nasenlöchern.

T: 22–24° C, **L**: unterschiedlich, **BL**: 80 cm, **WR**: u, **SG**: 2

Barbus jae ♀, Zaire, WF, Text s. Seite 368.

Oreonectes spec.

Oreonectes spec.

Acanthorhodeus asmussi (DYBOWSKI, 1872)
Asmuss' Stachelbitterling

Syn.: *Devario asmussi.*

Vork.: Asien; Sowjetunion (Amur-Becken: mittlerer und unterer Amur, Ussuri-Fluß, Khanka-See), West- und Südkorea.

Ersteinf.: Die Art ist in Deutschland noch nicht eingeführt worden.

GU.: ♂ während der Laichzeit farbenprächtiger (Hochzeitskleid); ♀ mit langer Legeröhre.

Soz. V.: Gesellig lebender, friedlicher Fisch. Die Art betreibt Brutfürsorge.

Hält. B.: Wie bei *Acheilognathus chankaensis* angegeben.

ZU: Es liegen in der westlichen Literatur keine Angaben über eine erfolgreiche Zucht im Aquarium vor. Sie ähnelt wahrscheinlich der unseres Bitterlings *Rhodeus. sericeus amarus* (vgl. Band 1). *Acanthorhodeus asmussi* legt seine Eier im Freiland in die Mantelhöhle der Muschel *Cristaria plicata* ab. Die ♀♀ geben bis zu 1000 Eier in Häufchen ab. Die Larven haben einen kleinen Kopf, der Körper ist langgestreckt und mit kleinen Schuppen bedeckt. Sobald die Larven geschlüpft sind, kriechen sie in der Mantelhöhle auseinander und verteilen sich. Diese Eigentümlichkeit ist offenbar dadurch bedingt daß sich die Larven in den Häufchen, in denen sie als Eier abgelegt wurden, unter äußerst ungünstigen Sauerstoffbedingungen entwickeln mußten.

FU: H, O; hauptsächlich pflanzliche Kost (niedere Wasserpflanzen), auch Lebendfutter und pflanzliches Flockenfutter.

Bes.: Dem ♀ von *Acanthorhodeus asmussi* wächst zur Laichzeit eine 12–16 cm lange Legeröhre.

T: 18–22° C, **L**: 16 cm **BL**: 90 cm, **WR**: m, u, **SG**: 2–3

Acheilognathus chankaensis (DYBOWSKI, 1872)

Syn.: *Devario chankaensis, Acanthorhodeus asmussi sungariensis, A. chankaensis.*

Vork.: Asien; Sowjetunion (Khanka-See, mittlerer Amur und Sungari-Fluß).

Ersteinf.: In Deutschland noch nicht erfolgt.

GU.: ♂ während der Laichzeit mit Hochzeitskleid; ♀ mit langer Legeröhre.

Soz. V.: Munterer, friedlicher, gesellig lebender Fisch, der Brutfürsorge betreibt.

Hält. B.: Bodengrund aus feinem Sand; dichte Rand- und Hintergrundbepflanzung; genügend Raum zum Ausschwimmen lassen. Wasser bis mittelhart (15° dGH) und pH-Wert um 7. Immer mehrere Exemplare pflegen. Vergesellschaftung mit anderen friedlichen Fischen ist möglich.

ZU: Aquarienberichte liegen im Westen nicht vor. Die Brutbiologie ist ähnlich der unseres einheimischen Bitterlings (vergl. Band 1). Die Eier werden in die Mantelhöhle von Muscheln abgegeben, wo sie sich entwickeln.

FU: H, O; überwiegend pflanzliche Kost, auch pflanzliches Flockenfutter.

Bes.: BERG (1949): The Freshwater Fishes of the USSR, Band 2, äußert den Verdacht, daß *Acheilognathus chankaensis* keine gute Art ist, sondern eventuell eine Kreuzung zwischen *Acanthorhodeus asmussi* und *Rhodeus sericeus.*

T: 18–22° C, **L**: 11 cm, **BL**: 80 cm, **WR**: m, u, **SG**: 2–3

Acanthorhodeus asmussi

Acheilognathus chankaensis

Acrossocheilus sumatranus (WEBER & DE BEAUFORT, 1916)
„Ceylonbarbe"*, Großschuppenbarbe Unterfam.: Cyprininae

Syn.: *Lissochilus sumatranus, L. hutchinsoni.*

Vork.: Südostasien; Indonesien (Sumatra), Thailand.

Ersteinf.: Unsicher.

GU.: Keine äußeren bekannt.

Soz. V.: Die Art ist kein ausgesprochener Schwarmfisch. Die Tiere stehen gern einzeln in Sichtweite voneinander in separaten Unterständen (Äste, große Blätter).

Hält. B.: Große, dicht bepflanzte Becken mit Unterständen sind für diese scheue Art empfehlenswert. Es kommen nur ruhige Mitbewohner für eine Vergesellschaftung in Frage, da die Fische sehr schreckhaft sind. Eine Schwimmpflanzendecke mildert die Schreckhaftigkeit etwas.

ZU: Über eine erfolgreiche Nachzucht dieses Fisches liegen bisher noch keine Berichte vor.

FU: O, H; Allesfresser, der gerne pflanzliche Zukost nimmt.

Bes.: *Acrossocheilus sumatranus* ist als „Ceylon-Barbe" im Handel aufgetaucht. Es ist nicht ganz sicher, ob der abgebildete Fisch wirklich *A. sumatranus* ist. Aus diesem Grund ist es besser, die abgebildete Art als *Acrossocheilus* sp. cf. *sumatranus* zu bezeichnen.

* Da eine Barbe aus Sumatra wohl kaum den deutschen Namen „Ceylonbarbe" zu Recht trägt, wird hier der Name Großschuppenbarbe vorgeschlagen.

T: 22–26° C, **L**: 15 cm (im Aquarium), **BL**: 120 cm, **WR**: u, m, **SG**: 3

Alburnoides taeniatus (KESSLER, 1874)
Gestreifter Schneider, Syrdarya-Schneider Unterfam.: Abraminae

Syn.: *Alburnus taeniatus, Squalalburnus taeniatus.*

Vork.: Asien; Sowjetunion, in Gewässern des Aralgebietes, im Amu-Darya vom Delta bis zur Mündung des Kafirnigans; im Syr-Darya vom Naryn und Kara-Darya bis Kzyl-orda und im Chu-Fluß. Die Art bevorzugt langsam fließende und stehende Gewässer.

Ersteinf.: Noch nicht erfolgt.

GU.: Bauchlinie beim ♀ während der Laichzeit stärker gewölbt.

Soz. V.: Oberflächenorientierter Schwarmfisch, der Gewässer mit rascher Strömung meidet und in der Regel in stark verkrauteten Seen und Buchten lebt.

Hält. B.: Bodengrund aus Sand, dichte Rand- und Hintergrundbepflanzung mit Kaltwasserarten, dabei Schwimmraum freilassen. Becken gut durchlüften und filtern. Wasser bis 20° dGH und pH-Wert neutral bis leicht alkalisch (7 bis 7,7).

ZU: Uns sind keine Zuchtberichte bekannt. Im Freiland laicht die Art in den Monaten Juni und Juli. Die Fische werden im zweiten Lebensjahr geschlechtsreif.

FU: K, O; Lebendfutter aller Art, vornehmlich Zooplankton und Mückenlarven; auch Flockenfutter.

Bes.: *Alburnoides taeniatus* unterscheidet sich von den anderen Vertretern der Gattung durch dichtere und längere Kiemendornen.

T: 10–20°C (Kaltwasserfisch), **L**: 9 cm, **BL**: 70 cm, **WR**: o, m, **SG**: 2

Acrossocheilus sumatranus

Alburnoides taeniatus

Barbichthys laevis **(VALENCIENNES, 1842)**
Hochflossenbarbe, „Siam Highfin Shark" (Händlername)

Syn.: *Barbus laevis, Barbichthys laevis* var. *sumatranus, Barbus brachynemus, B. gobioides, B. taeniopterus, Dangila lipocheilus.*

Vork.: Südostasien; Java, Kalimantan (Borneo), Sumatra, Malaiische Halbinsel, Indochina und Thailand.

Ersteinf.: ?

GU.: Bisher unbekannt.

Soz. V.: Bisher nichts bekannt. Es ähnelt wahrscheinlich dem von *Leptobarbus*-Arten.

Hält. B.: Wie bei *Leptobarbus hoevenii* angegeben. Es eignen sich nur junge Exemplare für die Haltung im Aquarium.

ZU: Die Zucht ist in Gefangenschaft noch nicht gelungen.

FU: O; Lebendfutter aller Art, Frostfutter und Flockenfutter.

Bes.: In Indonesien werden die Tiere bis zu 35 cm lang, während Exemplare aus Thailand selten 25 cm Länge erreichen.

T: 23–26° C, **L**: 35 cm, **BL**: 120 cm, **WR**: m, **SG**: 2–3

Barbus ablabes **(BLEEKER, 1863)**

Syn.: *Puntius ablabes, Barbodes ablabes, Barbus spurelli, Enteromius ablabes, E. potamogalis.*

Vork.: Westafrika: Elfenbeinküste, Gambia, Senegal, Niger, Obervolta, Tschad.

Ersteinf.: Nicht ermittelbar.

GU.: ♂ schlanker; ♀ während der Laichzeit wesentlich dicker und mit stärker ausgebogener Bauchlinie.

Soz. V.: Lebhafter, friedlicher Schwarmfisch.

Hält. B.: Wie bei *Barbus barilioides* oder *B. jae* angegeben.

ZU: Den ersten Zuchtbericht gibt J. PALICKA (1986) in der Zeitschrift „Das Aquarium" **20** (203): 240–243. Für die Zucht benötigt man ein Aquarium von zehn bis zwölf Litern Inhalt. Die Wassertemperatur beträgt 25–27° C, das Wasser selbst sollte nicht härter als 8° dGH sein und einen pH-Wert um 6,7 aufweisen. Gut abgestandenes Wasser ist wichtig für die Zucht. Rationelles Züchten erfordert einen Laichrost, da die Elterntiere nach dem Laichvorgang die Eier gerne fressen. Abgelaicht wird nach einer ausgiebigen Balz im freien Wasser. Bei jedem Laichakt werden vier bis zehn Eier abgegeben, die zu Boden sinken. Pflanzen als Laichsubstrat sind nicht nötig. Es werden bis zu 500 klebrige, durchsichtige, 1 mm große Eier abgegeben. Bei 27° C dauert ihre Entwicklung 28 Stunden. nach etwa vier Tagen schwimmen die Jungfische frei. Ihre Aufzucht ist leicht; sie werden zuerst mit pulverisiertem Futter ernährt, später nehmen sie sich auch schon größere Partikel.

FU: K, O; überwiegend Lebendfutter aller Art (Mückenlarven, Kleinkrebse, *Tubifex*, Enchyträen), auch Flockenfutter.

Bes.: Von *Barbus ablabes* sind einige unterschiedliche Varietäten und Populationen bekannt.

T: 23–25° C, **L**: 11 cm, **BL**: 100 cm, **WR**: alle, **SG**: 2–3

Barbichthys laevis

Barbus ablabes

Barbus barbus (LINNAEUS, 1758)

Barbe, Flußbarbe

Syn.: *Cyprinus barbus, Barbus fluviatilis.*

Vork.: Europa: Von Frankreich bis zur Memel; in England in der Themse und einigen anderen Flüssen; in der Donau und Nebenflüssen. Die Art fehlt in Island, Irland, Schottland, Dänemark und Skandinavien.

Ersteinf.: Einheimische Art.

GU.: ♂♂ haben während der Laichzeit einen starken Laichausschlag (weiße Knötchen); die ♀♀ sind dann wesentlich dikker.

Soz. V.: Stationärer, dämmerungsaktiver Schwarmfisch. Während der Laichzeit machen die Fische Wanderungen stromaufwärts. Die Tiere überwintern in großen Scharen an ruhigen, nicht zu flachen Flußabschnitten.

Hält. B.: Bodengrund aus Sand oder Kies. Einige Unterstände aus Steinen und/oder Wurzeln; eventuell Seitenbepflanzung mit einheimischen Kaltwasserarten; Schwimmraum freilassen. Wasser mittelhart (12–15° dGH) und neutral bis leicht alkalisch (pH 7,0–7,5). Die Tiere immer in Gruppen von mindestens sechs Exemplaren halten.

ZU: Im Aquarium noch nicht erfolgt. Im Freiland bilden die Tiere zur Laichzeit (Mai bis Juli) große Schwärme und wandern flußaufwärts. Sie laichen an steinigen oder grobkiesigen Stellen in Bächen. Die Eier haften zunächst an Steinen, werden dann heruntergespült und entwickeln sich zwischen den Steinen versteckt weiter. Die Eientwicklung dauert 10 bis 15 Tage.

FU: O; Lebendfutter aller Art, Frostfutter, gefriergetrocknetes Futter, pflanzliche Kost, Flocken- und Tablettenfutter.

Bes.: *Barbus barbus* ist in unseren Gewässern der Leitfisch des Epipotamons (= Oberlauf der Cyprinidenregion = Barbenregion). Von *Barbus barbus* sind mehrere Unterarten in Europa beschrieben worden, so aus Frankreich, Jugoslawien und Griechenland. Die Eier der Barbe sind schwach giftig.

T: 10–24° C (Kaltwasserfisch), **L**: 90 cm, **BL**: 100 cm, **WR**: u, **SG**: 2

Barbus barilioides BOULENGER, 1914

Blaustrichbarbe

Syn.: *Barbodes barilioides, Capoeta bariliodes, Puntius barilioides.*

Vork.: Afrika; Angola, nördliches Rhodesien (Simbabwe), Sambia und südliches Zaire (Provinz Shaba = ehemaliges Katanga).

Ersteinf.: 1963.

GU.: ♂ schlanker; ♀ in der Regel fülliger, junge ♀♀ sollen nach STERBA tintenrot gefärbt sein.

Soz. V.: Sehr lebendige, schwimmfreudige Art. In zu hellen Becken bleiben die Fische scheu und schreckhaft. Die Tiere sind sehr friedlich und leben im Schwarm. Einzelhaltung fördert die Schreckhaftigkeit der Tiere.

Hält. B.: Dunkler Bodengrund aus Lavatit oder Basaltsplit. Dichte Rand- und Hintergrundbepflanzung mit nicht zu feinfiedrigen Arten; Dekoration mit Kienholzwurzeln; freien Schwimmraum lassen. Man sollte die Tiere immer im Schwarm halten (ab sieben Exemplare). Wasser weich (um 6° dGH) und leicht sauer (pH 6,0–6,5). Die Art ist für das Gesellschaftsbecken geeignet.

ZU: Die Zucht dieser Art ist manchmal tückisch. Wasserwerte wie oben angegeben. Man sollte die Tiere am besten in einem vorher vorbereiteten Zuchtbecken ablaichen lassen. Eine gute Bepflanzung der Becken ist sehr wichtig. Wenn die Tiere in Stimmung gekommen sind, erfolgt das Laichen im dichten Pflanzendickicht. Die ♀♀ legen einige hundert Eier ab. Man sollte die Alttiere sofort nach dem Ablaichen entfernen, da sie gern die eigenen Eier fressen. Bei 26° C schlüpfen die Larven nach etwa 40 Stunden und hängen an den Scheiben und den Wasserpflanzen. Nach weiteren drei bis vier Tagen schwimmen die Jungfische frei. Erste Fütterung mit Infusorien, später mit *Artemia*-Nauplien.

Fortsetzung übernächste Seite.

Barbus barbus

Barbus barilioides

Fortsetzung von *B. barilioides:*

FU: O; Lebendfutter aller Art, besonders Kleinkrebse, Mückenlarven und *Tubifex;* Frostfutter, pflanzliche Nahrung (Spinat, Spitzen von Wasserpflanzen), Flockenfutter.

Bes.: *Barbus barilioides* ist durch ihre Färbung und Zeichnung unschwer von anderen Vertretern der Gattung unterscheidbar.

T: 20–26° C, **L:** 5 cm, **BL:** 80 cm, **WR:** u, m, **SG:** 1–2

Barbus bimaculatus (BLEEKER, 1864)
Zweifleckbarbe

Syn.: *Gnathopogon bimaculatus, „Barbus bicaudatus"* (Handelsname), *Puntius bimaculatus.*

Vork.: Südasien; Sri Lanka (Ceylon). Die Art bewohnt stehende Gewässer und Fließgewässer von Meereshöhe bis in den Oberlauf im Gebirge.

Ersteinf.: 1957.

GU.: ♂ schlanker und mit dunkelroter Längsbinde vom Kiemendeckel bis in die Schwanzwurzel; ♀ ohne oder mit nur schwach zu sehender Längsbinde.

Soz. V.: Friedlicher, recht scheuer Schwarmfisch. Ihre Scheu verlieren die Tiere noch nicht einmal in großen Becken.

Hält. B.: Dunkler Bodengrund aus Lavatit oder Sand; dichte Rand- und Hintergrundbepflanzung der Becken. Der Wasserstand braucht nicht sehr hoch zu sein (20 cm). Wurzeln als Dekoration verwenden. Viel Raum zum Ausschwimmen freilassen. Wasser bis mittelhart (15° dGH) und leicht sauer (pH um 6,5). Die Tiere immer in einem kleinen Schwarm (ab sechs Exemplare) halten.

ZU: 24–26° C; in kleinen Becken (25 Liter) möglich. Einen genauen Zuchtbericht geben GABRIEL & ELIAS (1981): DATZ 34, 422–425. Einrichtung des Zuchtbeckens mit Javamoos und einem Büschel *Myriophyllum.* Zuchtansatz mit je zwei ♂♂ und ♀♀. Wasser etwas weicher (bis 10° dGH) und leicht sauer. Dem Laichen geht ein unermüdliches Balzen der ♂♂ voraus. Abgelaicht wird in den Pflanzen schubweise (drei bis vier Eier pro Paarung). Gesamteizahl bis 400 Stück. Nach Beendigung der Eiablage Elterntiere sofort herausfangen, da sie Laichräuber sind. Bei einer Temperatur von 25° C schlüpfen die Larven nach etwa 24 Stunden. Fütterung der Jungfische mit Kleinkrebs-Nauplien, MikroMin und Protogen-Granulat. Die Jungfische sind empfindlich gegen Wasserverunreinigungen.

FU: O; Lebendfutter (*Cyclops,* Wasserflöhe, Mückenlarven, *Tubifex*), Frostfutter, Flockenfutter.

Bes.: *Barbus bimaculatus* ist für ihre Größe sehr produktiv.

T: 22–24° C, **L:** 7cm, **BL:** 80 cm, **WR:** u, m, **SG:** 2

Barbus binotatus VALENCIENNES, 1842
Fleckenbarbe

Syn.: *Barbodes binotatus, B. maculatus, Barbus bilitonensis, B. goniosoma, B. kusanensis, B. maculatus, B. oresigenes, B. palavanensis, B. polyspilos, Puntius binotatus, P. goniosoma, P. maculatus, Systomus goniosoma, S. maculatus.*

Vork.: Südostasien: Malaysia, Indonesien, Philippinen. Die Art kommt in Bächen, Flüssen und Seen vor. Sie ist nirgends selten.

Ersteinf.: 1907 von den Vereinigten Zierfischzüchtereien in Conradshöhe bei Berlin.

GU.: ♂ schlanker; ♀ besonders während der Laichzeit unförmig dick.

Soz. V.: Lebhafter, friedlicher Schwarmfisch.

Hält. B.: Wie bei *Barbus ticto stoliczkanus* angegeben. Die Tiere immer zumindest in Gruppen von sechs bis acht Exemplaren pflegen. Die Art ist wärmebedürftig. Mit anderen gleichgroßen *Barbus*-Arten vergesellschaften.

Fortsetzung übernächste Seite.

Barbus bimaculatus, unten ♂ oben ♀

Barbus binotatus

Fortsetzung von *B. binotatus*:

ZU: 25–28° C; Zuchtbecken nicht zu klein wählen. Zuchtansatz ein ♂ und zwei ♀♀. Das Wasser sollte nicht zu hart (bis 12° dGH) und schwach sauer sein (pH 6,0–6,5). Dichte Bepflanzung der Laichbecken. Das Ablaichen erfolgt meistens in den Morgenstunden. Die Elterntiere sind Laichräuber, deshalb den Boden mit groben Kieseln oder einem Kunststoffrost bedekken, zwischen den die Eier fallen und so nicht gefressen werden können. Die Eltern nach beendetem Laichen herausfangen. *B. binotatus* ist sehr produktiv. Fütterung der Jungfische mit *Artemia*-Nauplien.

FU: O; problemloser Allesfresser: Lebendfutter aller Art, Frostfutter, geschabtes Fleisch, pflanzliche Kost, Flockenfutter, Futtertabletten.

Bes.: *Barbus binotatus* ist keine sehr attraktive Barbenart. Aus diesem Grund ist sie immer ein seltener Aquariengast geblieben.

T: 24–26° C, **L**: 18 cm, im Aquarium höchstens 12 cm, **BL**: 80 cm, **WR**: m, u, **SG**: 1–2

Barbus daruphani (SMITH, 1934)

Syn.: *Puntius daruphani, Barbodes daruphani.*

Vork.: Südostasien: Thailand.

Ersteinf.: Unbekannt.

GU.: ♀ während der Laichzeit wesentlich dicker; mit gebogener Bauchlinie.

Soz. V.: Friedlicher, lebhafter Schwarmfisch.

Hält. B.: Der Bodengrund sollte dunkel sein (z. B. Lavatit). Dichte Rand- und Hintergrundbepflanzung; Dekoration mit einigen Wurzeln; zum Ausschwimmen Freiräume lassen. An die Wasserbeschaffenheit werden keine besonderen Ansprüche gestellt (Härte bis 15° dGH, pH-Wert um 7,0); regelmäßiger Teilwasserwechsel. Die Art ist für die Haltung im Gesellschaftsbekken geeignet.

ZU: Wahrscheinlich nicht sehr schwer, doch es liegen bisher keine Berichte über eine gelungene Zucht im Aquarium vor.

FU: O; Lebendfutter aller Art, pflanzliche Kost, auch Flockenfutter.

Bes.: *Barbus daruphani* hat vier Barteln, ungefähr 27 Schuppen in der Seitenlinie und 14 Schuppen an der engsten Stelle um den Schwanzstiel.

T: 22–25° C, **L**: 18 cm, **BL**: 100 cm, **WR**: m, **SG**: 2

Barbus jae BOULENGER, 1903
Jae-Barbe

Syn.: Keine.

Vork.: Afrika; westlicher Teil Zentralafrikas, im Gebiet des Inlandplateaus Südkameruns und Nordgabuns.

Ersteinf.: Um 1970.

GU.: Die ♂♂ sind wesentlich schöner und intensiver gefärbt.

Soz. V.: Friedlicher, munterer Schwarmfisch.

Hält. B.: Dunkler Bodengrund (Lavatit); die Becken brauchen nicht sehr groß zu sein, der Wasserstand sollte möglichst niedrig sein. Die Art immer im Schwarm halten (ab sechs Exemplare). Bepflanzung der Bekken mit *Anubias*- und *Crinum*-Arten. Die Tiere mögen keine zu hellen Becken; im Dämmerlicht kommen die Farben besser zur Geltung. Lichtdämpfung durch Schwimmpflanzen. Wasser sehr weich (1–5° dGH) und mäßig sauer (pH 5,5–6,0).

ZU: 24–26° C; Zucht nicht sehr schwierig, allerdings sind die Tiere nicht sonderlich produktiv. Über Torf gefiltertes Wasser mit leicht saurem pH-Wert (6,0) verwenden. Paarweiser Ansatz führt zu geringen Erfol-

Fortsetzung Seite 370.

Barbus daruphani hinten, *B. pierrei* vorn

Barbus jae ♂, Zaire, WF, Foto ♀ Seite 356

Fortsetzung von *B. jae*:

gen; besser ist ein Ansatz von zwei ♂♂ mit zwei bis drei laichbereiten ♀♀. Ein Glasrost, Laichwolle oder Fasertorf sichern die Eier vor den laichräuberischen Eltern. Zuchten bis zu 70 Jungtieren sind möglich. Die Eier sind klein (0,7–1,2 mm). Die Larven schlüpfen nach 36 Stunden, und nach insgesamt sechs Tagen schwimmen die Jungfische frei. Fütterung der Jungen mit *Artemia*-Nauplien und Liquifry.

FU: O; Lebendfutter aller Art (Hüpferlinge, Grindalwürmchen, Mückenlarven, *Artemia*-Nauplien); Flockenfutter wird ebenfalls gefressen.

Bes.: Keine.

T: 21–25° C, **L**: 4 cm, **BL**: 50 cm, **WR**: u, (m), **SG**: 2

Barbus janssensi — POLL, 1976
Janssens Barbe

Syn.: Keine.

Vork.: Afrika; Einzugsgebiet des Zaire-(Kongo-)Flußes, Provinz Shaba, Zaire.

Ersteinf.: Unbekannt.

GU.: ♂ kleiner, mit zwei deutlichen dunklen Flecken auf der dunklen Längsbinde der Körperseiten; ♀ größer, auf der dunklen Längsbinde befinden sich nur schwach angedeutete Flecken (das Foto zeigt zwei ♂♂).

Soz. V.: Friedlicher, schwimmfreudiger Schwarmfisch.

Hält. B.: Große, dichtbepflanzte Becken, die jedoch noch genügend Schwimmraum bieten, sagen der Art am meisten zu. Wasserwerte wie bei anderen afrikanischen *Barbus*-Arten.

ZU: Die Art wurde bislang noch nicht nachgezüchtet.

FU: O; Allesfresser: Lebendfutter aller Art, Flockenfutter.

Bes.: *Barbus janssensi* ist ein selten importierter Fisch, der offenbar auch in seiner Heimat nicht häufig ist.

T: 24–26° C, **L**: 10 cm, **BL**: 100 cm, **WR**: u, m, **SG**: 2

Barbus leonensis — BOULENGER, 1915

Syn.: *Barbus salessei.*

Vork.: Westafrika; Sierra Leone, Gambia, Niger, Tschad.

Ersteinf.: ?

GU.: Keine äußeren bekannt; wahrscheinlich sind die ♀♀ während der Laichzeit wesentlich dicker.

Soz. V.: Bewegungsfreudiger, sehr friedlicher Schwarmfisch.

Hält. B.: Wie bei *Barbus jae* angegeben.

ZU: Über eine gelungene Zucht im Aquarium liegen bisher keine Berichte vor.

FU: O; Lebendfutter jeglicher Art, Frostfutter, auch Flockenfutter.

Bes.: *Barbus leonensis* ist bisher nur ausnahmsweise nach Deutschland eingeführt worden. Mit einer Länge von etwa drei Zentimetern ist dieser Fisch eine der kleinsten *Barbus*-Arten.

T: 22–24° C, **L**: 3 cm, **BL**: 50 cm, **WR**: u, m, **SG**: 2

Barbus janssensi

Barbus leonensis

Barbus lineatus DUNCKER, 1904
Bartellose Linienbarbe

Syn.: Keine

Vork.: Malaiische Halbinsel, südliches Westmalaysia (Johore), Teile von Indonesien.

Ersteinf.: 1934 von der Fa. Härtel, Dresden.

GU.: ♂ deutlich schlanker, mit kräftigerer Linienzeichnung; ♀ viel voller, hochrückiger und Linienzeichnung blasser.

Soz. V.: Friedlicher, schwimmgewandter, etwas scheuer Schwarmfisch.

Hält. B.: Dunkler Bodengrund (Lavatit); Becken mit dichter Bepflanzung und vielen Verstecken; Schwimmpflanzen zur Dämpfung des Lichtes; Dekoration mit Moorkienholzwurzeln. Die Art immer in einem kleinen Schwarm halten (ab acht Stück). Wasser bis 12° dGH und pH 6–6,5; Torffilterung. Vergesellschaftung mit *Danio*- und *Brachydanio*-Arten.

ZU: 25–26° C; weiches (2–5° dGH) und saures (pH 5,5–6,5) Wasser, nicht zu hoher Wasserstand (ca. 20 cm); dichte Bepflanzung, dunkler Boden mit Mulmschicht. Es wird nach heftigem Treiben in den Pflanzen abgelaicht; Tiere während des Laichvorganges mit Enchyträen füttern. Die Art ist sehr produktiv; Elterntiere nach dem Ablaichen herausfangen. Die Jungfische schlüpfen nach 24–30 Stunden. Die Aufzucht der Jungen ist leicht.

FU: Allesfresser: Lebendfutter, pflanzliche Kost, gefriergetrocknetes Futter, Flockenfutter.

Bes.: *Barbus lineatus* ist möglicherweise eine bartellose Rasse von *Barbus fasciatus* (JERDON, 1849). Siehe auch Bd. 1, Seite 384.

T: 21–24° C, **L**: 12 cm, **BL**: 80 cm, **WR**: m, u, **SG**: 2

Barbus lineomaculatus BOULENGER, 1903

Syn.: *Barbus lineomaculatus* var. *quadrilineatus*.

Vork.: Afrika; Kenia, Tansania, Zaire (Provinz Shaba = ehemaliges Katanga).

Ersteinf.: 1925.

GU.: Keine äußeren bekannt; die ♀♀ sind wahrscheinlich während der Laichzeit fülliger.

Soz. V.: Über das Sozialverhalten von *B. lineomaculatus* ist bisher nichts bekannt. Mit ziemlicher Sicherheit ist auch diese Art ein friedlicher Schwarmfisch.

Hält. B.: Wie bei *Barbus barilioides* angegeben.

ZU: *B. lineomaculatus* ist in Gefangenschaft wahrscheinlich noch nicht gezüchtet worden.

FU: K; im Freiland werden hauptsächlich Insekten und deren Larven gefressen.

Bes.: *Barbus lineomaculatus* ist nahe mit *Barbus greenwoodi* POLL, 1967, einer Art aus Angola, verwandt.

T: 22–25° C, **L**: 8 cm, **BL**: 80 cm, **WR**: u, m, **SG**: 2

Barbus lineatus, unten ♂ oben ♀

Barbus lineomaculatus

Barbus narayani HORA, 1937

Syn.: Keine.

Vork.: Südasien; Sri Lanka (Ceylon).

Ersteinf.: Unbekannt.

GU.: Sichere Geschlechtsunterschiede in der Färbung sind bislang nicht beschrieben worden. Jedoch lassen sich die ♀♀ sicher an der größeren Körperfülle erkennen.

Soz. V.: Friedlicher Schwarmfisch, der sich gut für die Gesellschaftshälterung mit verwandten Arten eignet.

Hält. B.: Ansprüche ähnlich wie bei verwandten Arten gleicher geographischer Herkunft (*Barbus nigrofasciatus*). Große, gut bepflanzte Aquarien mit viel freiem Schwimmraum und zahlreichen Versteckmöglichkeiten eignen sich am besten für *B. narayani.* Bei zu starkem Lichteinfall bleiben die Tiere scheu, ebenso bei der Hälterung von Einzeltieren. Aus diesen Gründen einige Schwimmpflanzen zur Lichtdämpfung, Haltung im Schwarm.

ZU: Bisher noch nicht gelungen.

FU: O; Lebendfutter aller Art, aber auch Flockenfutter und pflanzliche Zusatznahrung (Algen, Salat).

Bes.: Wenig bekannte, selten importierte Art.

T: 22–26° C, **L**: 6 cm(?), **BL**: 70 cm, **WR**: u, m, **SG**: 2

Barbus phutunio (HAMILTON, 1822)
Zwergbarbe

Syn.: *Cyprinus phutunio, Systomus leptosoma, S. phutunio.*

Vork.: Südostasien: Ostindien von Bengalen bis zur Südspitze und Sri Lanka (Ceylon). Die Tiere bewohnen kleinere stehende und langsam fließende Gewässer.

Ersteinf.: 1906 von Paul Matte, Lankwitz.

GU.: ♂ schlanker, mit kräftigerer Fleckenzeichnung an den Körperseiten, Bauchflossen rötlich; ♀ dicker, Fleckenzeichnung viel schwächer, Bauchflossen gelb.

Soz. V.: Sehr friedlicher, schwimmfreudiger Schwarmfisch. Die Tiere sind anspruchslos, werden aber bei Einzelhaltung scheu, schreckhaft und träge. Die ♂♂ sind unter sich streitsüchtig, ohne daß es zu ernsthaften Verletzungen kommt.

Hält. B.: Wie bei *Barbus bimaculatus* angegeben. Die Tiere sollten immer im gleichartigen Schwarm oder in Gesellschaft mit anderen lebhaften, kleinen Karpfenfischen gepflegt werden. Die Art ist für die Haltung in Gesellschaftsbecken geeignet.

ZU: 24–26° C; dicht bepflanzte Zuchtbekken verwenden. Der Laichakt verläuft wie bei anderen *Barbus*-Arten. Es wird meistens morgens in den oberen Wasserschichten zwischen den Pflanzen abgelaicht. Die Eier hängen in den Pflanzen. Nach dem Ablaichen sollte man die Eltern herausfangen, da sie schlimme Laichräuber sind. Die Larven schlüpfen, je nach Temperatur, nach 30–40 Stunden, und nach weiteren zwei bis drei Tagen schwimmen die Jungfische frei. Fütterung mit *Artemia*-Nauplien und ausgesiebten Kleinkrebsen.

FU: O; Allesfresser: Lebendfutter jeglicher Art, pflanzliche Kost, tierisches Ersatzfutter (Shrimps, geschabtes Fleisch usw.), Flokkenfutter.

Bes.: *Barbus phutunio* neigt bei der Haltung im Aquarium zur Verkümmerung.

T: 22–24° C, **L**: 5 cm, **BL**: 60 cm, **WR**: alle, **SG**: 1–2

Barbus narayani, ein ♂

Barbus phutunio

Barbus ticto stoliczkanus DAY, 1871
Sonnenfleckbarbe

Syn.: *Barbus stoliczkanus, Puntius stoliczkanus.*

Vork.: Südostasien: Östliches Burma und im Flußgebiet des Irawadi.

Ersteinf.: 1925 von der „Platy-Tischrunde" Hamburg.

GU.: ♂ schlanker, Rückenflosse blutrot mit schwarzem Fleck oder schwarzen Tupfen, oben schwarz gesäumt; ♀ mit stärker ausgebogener Bauchlinie, Rückenflosse rötlich, ohne schwarze Zeichnung.

Soz. V.: Sehr lebhafter, schwimmfreudiger und friedlicher Schwarmfisch. Die ♂♂ führen kleine Eifersuchtskämpfe aus, bei denen es aber nie zu Verletzungen kommt.

Hält. B.: Weicher Bodengrund mit Mulmschicht; dichte Rand- und Hintergrundbepflanzung; zur Dekoration einige Wurzeln; viel freien Schwimmraum lassen. Wasser nicht zu hart (bis 12° dGH) und schwach sauer (pH-Wert um 6,5). Vergesellschaftung mit anderen *Barbus-*, *Brachydanio-*, *Danio-* und/oder *Rasbora-*Arten. Die Tiere aber immer im Schwarm von mindestens sechs Exemplaren halten.

ZU: 24–26° C; die Zucht ist nicht schwierig. Die Zuchtbecken sollten dicht mit feinfiedrigen Arten bepflanzt sein. Teilweiser Wasserwechsel regt die Laichbereitschaft an. Die ♂♂ können ein bis zwei Tage vor dem geplanten Laichakt ins Zuchtbecken gesetzt werden, die ♀♀ einige Stunden davor. Abgelaicht wird in der Regel in den Morgenstunden. Die Eier werden nach kurzem Aneinanderpressen der Körper in den dunkelsten Stellen des Aquariums im Pflanzendickicht abgelegt. Nach dem Ablaichen die Eltern herausfangen, da sie arge Laichräuber sind. Eizahl einige hundert Stück; die Larven schlüpfen nach 30–36 Stunden und schwimmen nach einigen Tagen frei. Fütterung der Jungfische mit feinstem Staubfutter (Infusorien, Rädertierchen, Mini-Nauplien).

FU: O; anspruchsloser Allesfresser: Lebendfutter, gefriergetrocknetes Futter, Frostfutter, pflanzliche Nahrung, Flockenfutter und Futtertabletten.

Bes.: Die Nominatform *Barbus ticto ticto* (HAMILTON, 1822) hat ein westlicheres Verbreitungsgebiet. Sie kommt in Sri Lanka (Ceylon) und ganz Indien vor (vergl. Band 1).

T: 22–26° C, **L**: 6 cm, **BL**: 60 cm, **WR**: alle, **SG**: 1–2

Barbus toppini BOULENGER, 1916
Toppins Barbe

Syn.: *Barbus umbeluziensis*(?).

Vork.: Afrika; vom Umsunduzi River in Natal (Südafrika) nordwärts bis zum Lake Chilwa, Malawi.

Ersteinf.: 1981(?).

GU.: Die ♂♂ sind kleiner und schlanker und haben Knötchen auf der Schnauze; die ♀♀ sind größer und fülliger.

Soz. V.: Friedlicher, lebhafter Schwarmfisch.

Hält. B.: Wie bei *Barbus barilioides* angegeben.

ZU: Über eine gelungene Zucht im Aquarium liegen bislang keine Angaben vor.

FU: O; Lebendfutter aller Art, alles gängige Ersatzfutter, Flockenfutter.

Bes.: *Barbus toppini* ist mit *Barbus barnardi* und *B. macrotaenia* verwandt. Sie hat eine unvollständige Seitenlinie und ein Paar kurzer Barteln.

T: 22–26° C, **L**: 4 cm, **BL**: 60 cm, **WR**: m, u, **SG**: 2

Barbus ticto stoliczkanus

Barbus toppini

Barbus vittatus (DAY, 1865)
Streifenbarbe Unterfam.: Cyprininae

Syn.: *Puntius vittatus, Puntius sophore.*

Vork.: Indien und Sri Lanka (Ceylon); in Bächen, Tümpeln und in Reissümpfen meist in Schwärmen anzutreffen.

Ersteinf.: 1904 von Herrn Köppe und K. Siggelkow, Hamburg.

GU.: ♂♂ sind schlanker und bleiben auch meist kleiner als die ♀♀.

Soz. V.: Anspruchsloser, friedlicher und geselliger Fisch. *B. vittatus* ist ruhiger als die meisten anderen *Barbus*-Arten. Die Jungfische leben in dichten Schwärmen, ältere Tiere überwiegend einzelgängerisch.

Hält. B.: Weicher Bodengrund mit viel Mulm; Randbepflanzung mit einigen harten Arten; viel freier Schwimmraum. An das Wasser werden keine besonderen Ansprüche gestellt. Bevorzugt wird jedoch weiches (bis 10° dGH) und schwach saures Wasser (pH um 6,5).

ZU: 23–25° C; man setzt am besten ein ♂ und zwei ♀♀ zusammen, Beckengröße 20–30 l; Wasser weich bis mittelhart (8–15° dGH) und leicht sauer (pH 6–6,5). Bodengrund mit groben Kieseln oder Kunststoffrosten, durch die die Eier fallen und so nicht gefressen werden können; vor dem eigentlichen Laichakt erfolgen ein ausgeprägtes Liebesspiel und einige Scheinpaarungen; die Eizahl beträgt um die 300, die Eier haften an den Wasserpflanzen. Elterntiere nach dem Ablaichen herausfangen. Die Jungfische schlüpfen nach etwas mehr als einem Tag und werden mit Staubfutter ernährt.

FU: Allesfresser: Lebendfutter aller Art, Flockenfutter, Salat, Algen usw.

Bes.: Ein relativ charakteristisches Merkmal dieser Art ist es, daß ältere Tiere für eine kurze Zeit flossenwippend zwischen den Pflanzen stehen.

T: 20–24° C, **L**: 6 cm, **BL**: 50 cm, **WR**: m, **SG**: 1–2

Chela caeruleostigmata (SMITH, 1931)
Blauer Kielbauchbärbling Unterfam.: Cultrinae

Syn.: *Laubuca caeruleostigmata, Chela mouhoti.*

Vork.: Südostasien; Zentralthailand, im Menam Chao-Flußsystem.

Ersteinf.: Unsicher, da die Art erst 1981 eindeutig identifiziert wurde.

GU.: Die ♀♀ sind dicker als die ♂♂.

Soz. V.: Schwimmfreudiger, friedlicher Schwarmfisch.

Hält. B.: Reichliche und dichte Rand- und Hintergrundbepflanzung der Becken; viel Platz zum Ausschwimmen lassen. Klares Wasser, alle zwei Wochen 20% des Bekkeninhaltes gegen Frischwasser austauschen; Wasserwerte: Härte 5–12° dGH, pH 6,5–7,0. *Chela caeruleostigmata* kann mit *Brachydanio*-Arten vergesellschaftet werden und ist auch für das Gesellschaftsaquarium geeignet.

ZU: 26–28° C; Wasserwerte wie oben angegeben. Die Tiere laichen in der Dämmerung. Wasserstand 10–15 cm; Pflanzendickichte aus feinblättrigen Arten. Zuchtansatz 2 ♂♂ und 1 ♀; man setzt das ♀ ein bis zwei Tage vor den ♂♂ in das Zuchtbecken. Bei der Paarung umschlingt das ♂ das ♀, wobei je 30–40 Eier abgegeben werden. Es kommt zu vielen Paarungen. Die Elterntiere sind keine Laichräuber. Bei 24° C schlüpfen die Larven nach ungefähr 24 Stunden, ihr Freischwimmen erfolgt nach weiteren drei bis vier Tagen. Ernährung der Jungfische mit *Artemia*-Nauplien.

FU: O; anspruchsloser Allesfresser; Lebendfutter aller Art (schwarze Mückenlarven und Anflugfutter), pflanzliche Nahrung, Flockenfutter. Schwarze Mückenlarven und Anflugnahrung sind zum Laichansatz unbedingt erforderlich.

Bes.: *Chela caeruleostigmata* wird seit Jahren fälschlich als *Chela laubuca* oder *Laubuca laubuca* bezeichnet. Die Gattung *Chela* gehört in die Unterfamilie Cultrinae, die 1947 von den Abraminae abgetrennt wurde.

T: 24–26° C, **L**: 6 cm, **BL**: ab 70 cm, **WR**: o, m, **SG**: 2

Barbus vittatus

Chela caeruleostigmata

Chela dadyburjori MENON, 1952

Dadyburjors Kielbauchbärbling

Syn.: Keine.

Vork.: Südostasien; Burma, Cochin, Kerala.

Ersteinf.: Ungewiß, da mehrfach Verwechslungen mit *Oxygaster-* und *Laubuca*-Arten vorkamen.

GU.: ♂♂ schlanker als die ♀♀.

Soz. V.: Zarter Schwarmfisch, der sich erst in Schwärmen mit einem Dutzend oder mehr Individuen richtig wohlfühlt. Ausgesprochener Oberflächenfisch.

Hält. B.: Die Art wird oft als hinfällig bezeichnet. In einem biologisch gut eingefahrenen Aquarium hält die Art jedoch jahrelang aus. Die Fische brauchen aber unbedingt Anflugnahrung. Beckeneinrichtung wie bei *Chela caeruleostigmata* angegeben.

ZU: Schon mehrfach gelungen. Es wird zwischen lockeren Pflanzen nahe der Wasseroberfläche abgelaicht. *Ceratopteris*, Wasserschlauch, Nixkraut, *Nitella*, *Salvinia*, *Riccia*-Bündel und Algen sind als Laichsubstrate geeignet.

FU: K; zur Zucht unbedingt Anflugfutter: *Drosophila*, Springschwänze, Eintagsfliegen, Mücken, schwarze Mückenlarven; kein Wurmfutter!

Bes.: Der Artname wird oft falsch geschrieben (*dadiburji, daduborjori*). Die Art wurde nach Sam Dadyburjor, einem Mitarbeiter des Erstbeschreibers, benannt. Deshalb ist die Schreibweise *Ch. dadyburjori* richtig.

T: 22–24° C, **L**: 4 cm, **BL**: 60 cm, **WR**: o, **SG**: 3

Chela fasciata SILAS, 1958

Syn.: Keine.

Vork.: Südasien; Südindien, Annamalai Fluß am Fuß des Annamalai-Gebirges nahe Vannathurai.

Ersteinf.: Mit Sicherheit 1980 von der Fa. Avifauna in Krusau/Dänemark. Aber es gibt auch Fotos der Art von früher. Sie wurde nur falsch bestimmt.

GU.: Vermutlich sind die ♀♀ kräftiger als die ♂♂ gebaut.

Soz. V.: Schwarmfisch, der in Trupps von mindestens sechs Tieren gehalten werden sollte. Die Art ist etwas scheu. Gemeinsame Pflege mit weniger scheuen Fischen (*Danio-* und *Rasbora*-Arten) mindert dies etwas.

Hält. B.: *Ch. fasciata* kann problemlos im Gesellschaftsaquarium mit etwa gleichgroßen oder kleineren Fischen gehalten werden. Wasser bis etwa 12° dGH, pH-Wert um 7,0. Seiten- und Hintergrundbepflanzung gibt den Tieren Sicherheit. Dann führen sie in der freien Arena ihre Schwimmkünste dicht unter der Wasseroberfläche vor.

ZU: Unbekannt; vermutlich wie bei *Chela caeruleostigmata*.

FU: O; die Art nimmt auch Flockenfutter. Um die Tiere über einen längeren Zeitraum gesund zu erhalten, sollten unbedingt schwarze Mückenlarven (auch gefroren) gefüttert werden. Die Art nimmt das Futter von der Oberfläche.

Bes.: Die Tiere gehören in die Untergattung *Allochela*. Eine sehr ähnliche Art, *Chela maassi* WEBER & DE BEAUFORT 1916 ist aus Sumatra bekannt.

T: 22–26° C, **L**: 6 cm, **BL**: 70 cm, **WR**: o, m, **SG**: 2

Chela dadyburjori

Chela fasciata

Danio regina FOWLER, 1934
Königsdanio Unterfam.: Rasborinae

Syn.: Keine(?).

Vork.: Südostasien; südliches Thailand.

Ersteinf.: Unbekannt.

GU.: ♂ schlanker und etwas intensiver gefärbt; ♀ fülliger und blasser gefärbt.

Soz. V.: Lebhafter, schwimmfreudiger und friedlicher Schwarmfisch.

Hält. B.: Wie bei *Chela caeruleostigmata* angegeben.

ZU: Über eine gelungene Zucht im Aquarium liegen keine Berichte vor. Die Zucht ähnelt wahrscheinlich der von *D. aequipinnatus* (vgl. Bd. 1, S. 417).

FU: O; Lebendfutter aller Art (Mückenlarven, *Tubifex*, Wasserflöhe, Hüpferlinge), pflanzliche Kost (Algen), Flockenfutter.

Bes.: Charakteristisch für *Danio regina* ist ein schwarzer Fleck am oberen Ende der Kiemenspalte (s. Foto). Die Art ähnelt stark *Danio aequipinnatus*, ist aber insgesamt etwas hochrückiger als dieser.

T: 23–25° C, **L**: 13 cm, **BL**: 80 cm, **WR**: alle, **SG**: 2

Eirmotus octozona SCHULTZ, 1959
Achtbinden-Trugbarbe Unterfam.: Cyprininae

Syn.: Keine.

Vork.: Südostasien; Indonesien, Borneo.

Ersteinf.: 1958.

GU.: ♂ schlanker, unpaare Flossen und Bauchflossen rötlich; ♀ zur Laichzeit wesentlich fülliger, unpaare Flossen und Bauchflossen gelblich.

Soz. V.: Relativ ruhiger, anspruchsloser und friedlicher Schwarmfisch.

Hält. B.: Dunklen Bodengrund (Lavatit, Basaltsplit) verwenden; dichte Seiten- und Hintergrundbepflanzung mit nicht zu derben Arten; zur Dämpfung des Lichtes Schwimmpflanzen für die Wasseroberfläche; freien Schwimmraum lassen. Wasser bis 12° dGH und um den Neutralpunkt (pH 7,0); regelmäßig Teilwasserwechsel vornehmen. *E. octozona* immer im Schwarm von mindestens sechs Exemplaren halten. Vergesellschaftung mit anderen kleinen und friedlichen Cypriniden.

ZU: Über eine gelungene Zucht im Aquarium liegen bisher keine Berichte vor.

FU: O; kleines Lebendfutter aller Art, pflanzliche Kost (Algen), auch Flockenfutter.

Bes.: *Eirmotus octozona* ist durch eine auffallende Ansammlung von Sinnesporen am Kopf und eine unvollständige Seitenlinie gekennzeichnet. Die Gattung *Eirmotus* ist monotypisch.

T: 24–26° C, **L**: 5 cm, **BL**: 60 cm, **WR**: u, **SG**: 2

Danio regina

Eirmotus octozona

Crossocheilus cobitis (FOWLER, 1937)
Unterfam.: Garrinae

Syn.: *?*

Vork.: Südostasien; Thailand.

Ersteinf.: ?

GU.: Keine bekannt.

Soz. V.: Bisher gibt es über das Sozialverhalten dieser Art keine Angaben; wahrscheinlich wie bei anderen *Crossocheilus*-Arten (s. Band 1, S. 418–420).

Hält. B.: Bodengrund aus feinem Sand; Versteckmöglichkeiten aus Wurzeln und Steinen; stellenweise dichte Bepflanzung, Wasser weich (um 5° dGH) und leicht sauer (pH 6,5). Teilweiser Wasserwechsel (wöchentlich etwa ein Viertel des Beckeninhalts) hebt das Wohlbefinden der Fische. Für gute Durchlüftung der Becken sorgen.

ZU: Im Aquarium noch nicht erfolgt.

FU: H, O; Aufwuchs, aber auch tierisches Beifutter, Flockenfutter.

T: 23–25° C, **L**: 14 cm, **BL**: 100 cm, **WR**: m, u, **SG**: 1

Esomus malayensis (kein Foto) AHL, 1923
Malayische Flugbarbe
Unterfam.: Rasborinae

Syn.: *Nuria danrica* var. *malayensis, Nuria malayensis.*

Vork.: Südostasien; Thailand, Malayische Halbinsel, in fließenden und stehenden Gewässern (Seen, Tümpel, Reisfelder).

GU.: ♂ schlanker, mit fast gerader Bauchlinie; ♀ voll und rund, mit konvex gewölbter Bauchlinie, die ♀♀ werden größer als die ♂♂.

Soz. V.: Schwimmfreudige Fische, die sich höchstens zu einem lockeren Schwarm zusammenschließen. Die Tiere beanspruchen meist ein kleines Revier, in dem sie sich aufhalten und andere Fische daraus zu verdrängen suchen.

Hält. B.: Langgestreckte Becken mit genügend Platz zum Ausschwimmen; dichte Randbepflanzung; den freien Schwimmraum mit einigen großen Pflanzen unterteilen. Wasser weich bis mittelhart (5–12° dGH) und leicht sauer bis neutral (pH 6,5–7,0). Die Art ist für das Gesellschaftsaquarium geeignet.

ZU: 24–28° C; Einrichtung des Zuchtbekkens wie bei *Brachydanio*-Arten (reichliche Bepflanzung mit feinfiedrigen Arten, Wasserstand höchstens 20 cm, Frischwasser). Es wird meist an sonnigen Morgen in den Pflanzen abgelaicht. Jede Paarung erbringt bis zu 50 Eier. Der gesamte Laichakt dauerte 60 bis 90 Minuten. Es werden bis zu 700 Eier abgegeben. Zuchttiere während des Laichens füttern, anschließend die Elterntiere nach dem Ablaichen aus dem Zuchtbecken entfernen. Die Jungfische schlüpfen nach knapp 24 Stunden und werden mit feinem Lebend- und Flokkenfutter ernährt.

FU: O; die Tiere sind anspruchslose Allesfresser, die sowohl Lebendfutter jeglicher Art, als auch pflanzliche Kost und Flockenfutter nehmen.

Bes.: Die Jungfische sind sehr empfindlich gegen Schwankungen der Temperatur, des pH-Wertes und des Härtegrades. Sie werden dadurch geschädigt. Die Art ist sehr schnellwüchsig. Die Tiere sind nach 10–12 Wochen geschlechtsreif.

T: 21–25° C, **L**: 8 cm, **BL**: 70 cm, **WR**: o, **SG**: 1–2

Crossocheilus cobitis

Esomus malayensis? Wahrscheinlich *Esomus thormoicos*

Garra lamta (HAMILTON, 1822)

Syn.: *Cyprinus lamta, Discognathus lamta.*

Vork.: Südasien: Indien, Pakistan, Nepal.

Ersteinf.: Nicht ermittelbar.

GU.: Keine äußeren bekannt.

Soz. V.: Es gibt bisher keine Angaben über das Sozialverhalten dieser Art. Wahrscheinlich ähnelt es dem von *Epalzeorhynchus*-Arten.

Hält. B.: Wie bei *Epalzeorhynchus coatesi* angegeben.

ZU: Im Aquarium noch nicht gezüchtet.

FU: O; Lebendfutter jeglicher Art, aber auch Frostfutter, pflanzliche Kost und Flokkenfutter.

Bes.: Keine.

T: 24–26° C, **L**: 20 cm, **BL**: 90 cm, **WR**: u, (m), **SG**: 2–3

Garra taeniata SMITH, 1931

Syn.: *Garra spinosa, G. taeniatops.*

Vork.: Südostasien; Thailand.

Ersteinf.: 1967(?).

GU.: Keine bekannt.

Soz. V.: Über das Sozialverhalten ist bisher nichts bekannt. Es ähnelt wahrscheinlich dem von *Epalzeorhynchus*-Arten.

Hält. B.: Wie bei *Epalzeorhynchus coatesi* angegeben.

ZU: Die Zucht von *Garra taeniata* ist im Aquarium noch nicht gelungen.

FU: O; Lebendfutter aller Art, Frostfutter, gefriergetrocknetes Futter, pflanzliche Nahrung (Algen, Salat), Flockenfutter.

Bes.: FOWLER beschrieb 1935 *Garra taeniatops* als neue Art; es stellte sich aber heraus, daß dies die Jungfische von *Garra taeniata* waren.

T: 24–26° C, **L**: 15 cm, ab 7 cm geschlechtsreif, **BL**: 100 cm, **WR**: u, (m), **SG**: 2

Garra lamta

Garra taeniata, juv.

Garra taeniata, adult

Labeo erythrurus ist ein Synonym von *Epalzeorhynchus frenatus* (Bd. 1), früher *Labeo frenatus*

FOWLER, 1937

Vork.: Südostasien; Thailand.

Ersteinf.: 1953.

GU.: S. Bd. 1 S. 422.

Soz. V.: Einzelgängerisch lebender und revierbildender Fisch. Untereinander sind die Tiere oft unverträglich; gegenüber anderen Beckeninsassen sind sie meist friedlich.

Hält. B.: Hälterung in nicht zu kleinen Becken mit feinsandigem Bodengrund; einige Verstecke aus Wurzeln und Steinen. Man sollte die Bepflanzung so arrangieren, daß die Tiere Reviere bilden können, ohne direkten Sichtkontakt mit ihren Nachbarn zu haben; viel freien Schwimmraum lassen. Wasser weich bis mittelhart (bis 15° dGH) und um den Neutralpunkt (pH 7,0).

ZU: In Einzelfällen schon gelungen, doch sind Nachzuchten dieses Fisches bislang nur Zufälle gewesen.

FU: K, O; Lebendfutter aller Art, gefriergetrocknetes Futter, pflanzliche Nahrung (Algen, Salat, Spinat), Pflanzenflocken.

Bes.: Die hier abgebildete Farbvariante wurde bisher oft als *Epalzeorhynchus (Labeo) erythrurus* bezeichnet.

T: 22–26° C, **L**: 15 cm, **BL**: 80 cm, **WR**: u, m, **SG**: 2

Labeo forskalii
Nil-Fransenlipper

RÜPPELL, 1853

Syn.: Keine(?).

Vork.: Afrika; im Zuflußgebiet des Nils und des Blauen Nils.

Ersteinf.: 1935.

GU.: Beim ♂ sind der erste und letzte Strahl der Rückenflosse verlängert.

Soz. V.: Die Tiere sind untereinander aggressiv und streitsüchtig, gegenüber artfremden Fischen aber friedlich. Größere Exemplare werden zu Einzelgängern, die Reviere beanspruchen.

Hält. B.: Große Becken mit feinem Sand als Bodengrund; einige Verstecke aus Wurzeln und Steinplatten; dichte Bepflanzung der Becken, diese so gestalten, daß die Fische Reviere bilden können, ohne direkten Sichtkontakt zu ihrem Nachbarn zu haben; freien Schwimmraum lassen. Wasser bis mittelhart (12–15° dGH) und um den Neutralpunkt (pH 7,0). Große Tiere sind nur bedingt für das Gesellschaftsaquarium geeignet.

ZU: Über eine gelungene Zucht in Gefangenschaft liegen bisher keine Angaben vor. Die Zucht ist wahrscheinlich nur in großen Becken möglich.

FU: O; Lebendfutter aller Art, gefriergetrocknetes Futter, Frostfutter, pflanzliche Kost (Algen, Salat, Spinat), Flockenfutter.

Bes.: ELIAS (1972) berichtet im Aquarienmagazin **6**, 14, daß *L. forskalii* nachts andere Beckeninsassen „anknabbert“ und ihnen dadurch leichte Wunden beibringen kann.

T: 18–25° C, **L**: 35 cm, im Aquarium bis 20 cm, **BL**: 120 cm, **WR**: u, m, **SG**: 2

Epalzeorhynchus frenatus

Labeo forskalii

Labeo parvus BOULENGER, 1902

Syn.: Keine.

Vork.: Westafrika: Senegal, Mali, Niger, Obervolta.

Ersteinf.: Nicht ermittelbar.

GU.: Keine sicheren bekannt.

Soz. V.: Die Art ist gegenüber Artgenossen und auch anderen Fischen sehr unverträglich. Kein Fisch für das Gesellschaftsbecken.

Hält. B.: Wie bei *Labeo variegatus* angegeben.

ZU: Die Zucht von *L. parvus* ist im Aquarium noch nicht geglückt.

FU: O, Allesfresser; Lebendfutter (Insekten und deren Larven, Kleinkrebse, Würmer aller Art), pflanzliche Kost (Algen, Salat), Frostfutter, Flockenfutter und Futtertabletten.

Bes.: Rowdy.

T: 23–25° C, **L:** 17 cm, **BL:** 100 cm, **WR:** u, (m), **SG:** 3

Labeo variegatus PELLEGRIN, 1926

Syn.: Keine(?).

Vork.: Afrika; Zaire, oberer Zaire-Fluß, Stanley Pool.

Ersteinf.: Unsicher.

GU.: Keine sicheren bekannt.

Soz. V.: Die Art ist sehr aggressiv. Sie sollte deshalb nur mit Fischen vergesellschaftet werden, die sich gegenüber den Aggressionen behaupten können.

Hält. B.: Große Becken mit dichter Bepflanzung; einige Wurzeln zur Revierabgrenzung und als Unterstände. Gute Durchlüftung der Becken; an die Wasserbeschaffenheit stellt die Art keine großen Ansprüche, doch sollten Extreme vermieden werden.

ZU: Die Art ist im Aquarium bisher noch nicht nachgezüchtet worden.

FU: O; problemloser Allesfresser. Die Tiere sind starke Fresser.

Bes.: Keine.

T: 21–27° C, **L:** 30 cm, **BL:** 100 cm, **WR:** u, m, **SG:** 2

Labeo parvus

Labeo variegatus

Labiobarbus burmanicus (DAY, 1878)

Syn.: *Dangila burmanica.*

Vork.: Südostasien: Burma und Thailand.

Ersteinf.: Unsicher.

GU.: Sichere äußere sind unbekannt. Die ♀♀ sind während der Laichzeit wahrscheinlich fülliger.

Soz. V.: Schwimmfreudiger, friedlicher Schwarmfisch.

Hält. B.: Wie bei *Labiobarbus festivus* angegeben.

ZU: Im Aquarium noch nicht erfolgt.

FU: O; Lebendfutter jeglicher Art, pflanzliche Kost (Salat, Spinat, Algen). Flockenfutter.

Bes.: Die Vertreter der Gattung *Labiobarbus* haben eine lange Rückenflosse, die aus 26 bis 28 Weichstrahlen besteht. Es kommen in der Dorsale keine Stachelstrahlen vor. *Labiobarbus burmanicus* hat 39 oder 40 Seitenlinienschuppen.

T: 24–26° C, **L**: 25 cm, **BL**: 120 cm, **WR**: m, u, **SG**: 2–3

Labiobarbus festivus (HECKEL, 1843)
Signalbarbe

Syn.: *Cyrene festiva, Dangila burmanica* (nicht DAY), *D. festiva.*

Vork.: Südostasien: Kalimantan (Borneo).

Ersteinf.: Unsicher.

GU.: Unbekannt; ♂♂ eventuell schlanker und kräftiger gefärbt als die ♀♀.

Soz. V.: Scheuer, schwimmfreudiger Schwarmfisch.

Hält. B.: Die Art braucht große Becken. Mäßige Beleuchtung und dichte Bepflanzung werden empfohlen. Anfangs sind die Fische sehr scheu; man sollte deshalb einige Verstecke (Wurzeln, Steine) bieten. Gute Filterung und regelmäßiger Wasserwechsel.

ZU: Über eine gelungene Zucht im Aquarium liegen bisher keine Berichte vor.

FU: O; Lebendfutter (rote Mückenlarven, *Tubifex*, Wasserflöhe, Wasserinsekten); pflanzliche Kost (Kopfsalat). Die Tiere gehen auch an zarte Wasserpflanzen. Wenn sie hungrig sind, fressen sie auch Flockenfutter.

Bes.: Der Gattungsname *Dangila* VALENCIENNES, 1842 wurde etwa hundert Jahre lang verwendet. SMITH (1945) fand heraus, daß man den älteren Gattungsnamen *Labiobarbus* VAN HASSELT, 1823 entweder übersehen oder bisher ignoriert hatte. Nach den Nomenklaturregeln hat aber der ältere Name den Vorrang (Priorität).

T: 24–26° C,, **L**: 20 cm, **BL**: 120 cm, **WR**: m, u, **SG**: 2–3

Labiobarbus burmanicus

Labiobarbus festivus

Leptobarbus hoevenii (BLEEKER, 1851)
Siambarbe

Syn.: *Barbus hoevenii.*

Vork.: Südostasien; Thailand, Indonesien (Sumatra, Kalimantan/Borneo). Die Art ist Süßwasserbewohner.

Ersteinf.: ?

GU.: Bisher keine äußeren bekannt.

Soz. V.: Lebhafter, recht friedlicher Schwarmfisch.

Hält. B.: Wegen seiner Größe sind nur Jungfische für die normale Aquarienhaltung geeignet. Haltung nur in großen Bekken möglich. Bodengrund aus Sand oder feinkörnigem Kies. Dichte Rand- und Hintergrundbepflanzung; eventuell einige Wurzeln zur Dekoration; Schwimmraum freilasssen. An die Wasserbeschaffenheit werden keine besonderen Ansprüche gestellt; Wasser bis 12° dGH und um den Neutralpunkt (pH 7,0). *L. hoevenii* ist ein Fisch für große Schaubecken.

ZU: Über eine gelungene Zucht im Aquarium ist nichts bekannt.

FU: O; problemloser Allesfresser: Lebendfutter aller Art, Frostfutter, Krebs- und Rindfleisch, pflanzliche Kost, Flockenfutter, Futtertabletten.

Bes.: Die Gattung *Leptobarbus* unterscheidet sich von anderen Cyprinidengattungen unter anderem durch ihren breiten Kopf, vier gut entwickelte Barteln, löffelförmige, in drei Reihen (5, 3, 2) stehende Schlundknochen und eine kontinuierliche Seitenlinie, die bis in den unteren Teil des Schwanzstiels zieht.

T: 23–26° C, **L:** 50 cm, **BL:** 120 cm, **WR:** m, **SG:** 3 (G)

Leptobarbus melanotaenia BOULENGER, 1894

Syn.: Keine.

Vork.: Südostasien; Kalimantan (Borneo). Die Tiere kommen nur im Süßwasser vor.

Ersteinf.: ?

GU.: Bisher keine äußeren bekannt.

Soz. V.: Ähnlich dem von *Leptobarbus hoevenii.*

Hält. B.: Wie bei *L. hoevenii* angegeben.

ZU: Die Art konnte bisher noch nicht nachgezüchtet werden.

FU: O; Lebendfutter aller Art, pflanzliche Kost, Krebsfleisch, Flockenfutter und Futtertabletten.

Bes.: *Leptobarbus melanotaenia* unterscheidet sich von *L. hoevenii* durch mehr Schuppen in senkrechter Reihe von der Mitte des Rückens zur Mitte des Bauches (5,5–1–4,5 zu 4,5–1–3,5). Außerdem ist bei *L. melanotaenia* in allen Altersgruppen ein schwarzes Körperlängsband vorhanden. Ein solches kommt nur bei jungen *L. hoevenii* vor und verschwindet im Alter.

T: 23–26° C, **L:** 25 cm, **BL:** 100 cm, **WR:** m, **SG:** 2–3

Leptobarbus hoevenii, adult

Leptobarbus hoevenii, juv.

Leptobarbus melanotaenia, juv.

Microrasbora erythromicron ANNANDALE, 1918
Quergestreifte Zwergrasbora

Syn.: Keine.

Vork.: Südasien; Burma, im Lake Inlé und umliegenden Kleingewässern.

Ersteinf.: 1978.

GU.: ♂ intensiver gefärbt, schlanker; ♀ blasser gefärbt, Leib stärker vorgewölbt.

Soz.V.: Sehr friedlicher, lebhafter Schwarmfisch.

Hält. B.: Dichte Rand- und Hintergrundbepflanzung der Becken, die den Tieren etwas ihre Scheu nimmt. Bodengrund aus Sand, einige Wurzeln zur Dekoration, viel Platz zum Ausschwimmen lassen. Wasser mittelhart bis hart (10–25° dGH) und um den Neutralpunkt (pH 7,0). In zu weichem Wasser verblassen die Farben, und die Tiere werden anfällig. Haltung am besten in einem kleinen Schwarm. Vergesellschaftung mit anderen kleinen, friedlicheren Arten ist möglich.

ZU: Die Zucht ist nicht schwierig. Die Tiere drücken sich beim Laichen gerne an Pflanzen, besonders Javamoos wird geschätzt. Aufzucht der Jungen mit feinstem Futter (Infusorien, Rädertierchen usw.). Die Zucht ist ergiebiger, wenn die Elterntiere nach dem Ablaichen herausgefangen werden.

FU: O; kleines Lebendfutter aller Art, Flokkenfutter.

Bes.: *Microrasbora erythromicron* unterscheidet sich von *M. rubescens* durch die geringere Anzahl der Seitenlinienschuppen (21–25 zu 29–32). Außerdem reichen die Brustflossen von *M. rubescens* bis unter die Bauchflossenbasis, bei *M. erythromicron* erreichen die Brustflossen die Bauchflossenbasis kaum.

T: 21–25° C, **L**: 3 cm, **BL**: 50 cm, **WR**: m, u, **SG**: 3

Microrasbora rubescens ANNANDALE, 1918
Rötliche Zwergrasbora

Syn.: Keine.

Vork.: Südasien; Burma, im Lake Inlé und umliegenden Kleingewässern.

Ersteinf.: 1962

GU.: Das ♂ ist schlanker und intensiver gefärbt; das ♀ ist fülliger und blasser.

Soz.V.: Sehr friedlicher, lebhafter Schwarmfisch.

Hält. B.: Wie bei *Microrasbora erythromicron* angegeben.

ZU: Ähnelt der von *M. erythromicron*. Bei Fütterung der Jungfische mit entsprechend feinem Futter ist die Zucht nicht übermäßig schwer.

FU: O; feinstes Lebendfutter, Flockenfutter.

Bes.: *Microrasbora rubescens* ist die Genotype der Gattung *Microrasbora*. Die Vertreter der Gattung haben keine Barteln.

T: 21–25° C, **L**: 3 cm, **BL**: 50 cm, **WR**: m, u, **SG**: 3

Microrasbora erythromicron

Microrasbora rubescens

Notropis bifrenatus (COPE, 1866)

Syn.: *Hybopsis bifrenatus, Hemitremia bifrenata.*

Vork.: Nordamerika; USA, von Massachusetts bis Maryland, Ost-Kanada. Die Art ist nicht häufig.

Ersteinf.: ?

GU.: Die ♂♂ haben größere Flossen.

Soz. V.: Sehr friedlicher Schwarmfisch.

Hält. B.: Wie bei *Erimyzon sucetta* angegeben. Die Tiere immer in einem Schwarm von mindestens acht Exemplaren pflegen.

ZU: Die Art wurde in Europa unseres Wissens im Aquarium noch nicht nachgezüchtet.

FU: K, O; Lebendfutter aller Art (Kleinkrebse, Mückenlarven, *Tubifex*, Enchyträen), aber auch Flockenfutter.

Bes.: Keine.

T: 6–20° C (Kaltwasserfisch), **L**: 5 cm, **BL**: 60 cm, **WR**: m, **SG**: 2

Notropis hypselopterus (GÜNTHER, 1868)
Längsbandorfe

Syn.: *Leuciscus hypselopterus, Alburnus formosus, Cliola hypseloptera, Notropis metallicus, Photogenis grandipinnis.*

Vork.: Nordamerika; USA, südliches Georgia, Alabama und Florida.

Ersteinf.: 1900 von H. Stüve, Hamburg.

GU: Die ♂♂ sind schöner gefärbt und schlanker, ihre Rückenflosse hat eine schwarze Spitze; die ♀♀ sind matter gefärbt, etwas plumper gebaut und haben keine schwarze Spitze in der Rückenflosse.

Soz.V.: Sehr friedlicher, lebhafter Schwarmfisch.

Hält. B.: *Notropis hypselopterus* immer in einem kleinem Schwarm ab sechs Tieren pflegen. Der pH-Wert sollte nicht über 7,0 (Neutralwert) ansteigen. Den Tieren viel Raum zum Ausschwimmen lassen.

ZU: *Notropis hypselopterus* wurde unseres Wissens in Europa noch nicht im Aquarium nachgezüchtet.

FU: O; überwiegend feines Lebendfutter aller Art (Kleinkrebse, Mückenlarven, *Tubifex*, Enchyträen, Grindal). Die Tiere fressen auch Flockenfutter.

Bes.: Die Tiere sind während der Laichzeit sehr prächtig gefärbt.

T: 6–20° C (Kaltwasserfisch), **L**: 6 cm, **BL**: 60 cm, **WR**: m, **SG**: 2

Notropis bifrenatus

Notropis hypselopterus

Osteochilus melanopleura (BLEEKER, 1852)

Syn.: *Rohita melanopleura.*

Vork.: Südostasien; Indonesien (Kalimantan/Borneo, Sumatra), Malaysia, Thailand.

Ersteinf.: ?

GU.: Unbekannt; während der Laichzeit sind die ♀♀ wahrscheinlich dicker.

Soz. V.: Schwimmfreudiger, agiler und friedlicher Schwarmfisch.

Hält. B.: Dunkler Bodengrund aus feinkörnigem Material (gemahlenes Lavatit). Der Bodengrund sollte gut gewaschen sein, da die Tiere bei der Nahrungsaufnahme gern gründeln. Dichte Rand- und Hintergrundbepflanzung; einige Versteckmöglichkeiten aus Kienholzwurzeln und/oder Steinen schaffen. Es sollte genügend freier Schwimmraum zur Verfügung stehen. Wasser weich (5–8° dGH) und leicht sauer (pH um 6,5). Wöchentlich ein Viertel des Beckeninhaltes gegen Frischwasser ersetzen. Vergesellschaftung mit Arten, die ähnliche Ansprüche stellen.

ZU: Die Zucht scheint im Aquarium noch nicht geglückt zu sein, da entsprechende Berichte fehlen.

FU: O; Lebendfutter aller Art, pflanzliche Beikost, Frostfutter, auch Flockenfutter.

Bes.: *Osteochilus melanopleura* ist eine der größten Arten innerhalb der Gattung, wahrscheinlich sogar die größte.

T: 22–26° C, **L**: 40 cm, **BL**: 120 cm, **WR**: m, u, **SG**: 3 (G)

Osteochilus spilopleura FOWLER, 1935

Syn.: Keine.

Vork.: Südostasien; Zentralthailand.

Ersteinf.: ?

GU.: Es sind keine äußeren bekannt.

Soz. V.: Muntere und friedliche Art, die sich zu Gruppen oder Schwärmen zusammenschließt.

Hält. B.: Wie bei *Osteochilus melanopleura* angegeben.

ZU: Über eine gelungene Zucht im Aquarium gibt es bisher keine Angaben.

FU: O; Lebendfutter aller Art, Pflanzenkost, Flockenfutter.

Bes.: *Osteochilus spilopleura* ist durch seine rostralen Barteln, zwei Reihen großer Poren auf der Schnauzenvorderseite und ungefähr 44 kurze Kiemenrechen an dem vorderen Arm des ersten Kiemenbogens charakterisiert.

T: 22–26° C,**L**: 22 cm, **BL**: 100 cm, **WR**: m, u, **SG**: 2–3

Osteochilus melanopleura

Osteochilus spilopleura

Parachela oxygastroides (BLEEKER, 1852)
Glasbarbe

Syn.: *Leuciscus oxygastroides, Chela oxygastroides, Oxygaster oxygastroides.*

Vork.: Südostasien; Thailand, Indonesien (Sumatra, Borneo, Java).

Ersteinf.: 1929.

GU.: Die ♀♀ sind zumindest während der Laichzeit wesentlich kräftiger. In der Färbung bestehen keine Unterschiede.

Soz.V.: Friedlicher und lebhafter Schwarmfisch.

Hält. B.: Wie bei *Chela*-Arten angegeben.

ZU: Über eine geglückte Zucht im Aquarium liegen bisher keine Berichte vor.

FU: K, O; Lebendfutter aller Art, aber auch gefriergetrocknetes Futter, Frostfutter und Flockenfutter.

Bes.: Die indonesischen Vertreter von *Parachela oxygastroides* werden mit 20 cm Länge wesentlich größer als die thailändischen Exemplare mit etwa 14 cm.

T: 24–26° C, **L:** 20 cm, **BL:** 100 cm, **WR:** m, **SG:** 2–3

Fluß in Sarawak im nördl. Borneo. Hier ist die Heimat der Glasbarbe und vieler anderer Zierfische.

Parachela oxygastroides, juv.

Parachela oxygastroides, adult

Parluciosoma argyrotaenia (BLEEKER, 1850)
Silberbärbling Unterfam.: Rasborinae

Syn.: *Leuciscus argyrotaenia, L. cyanotaenia, L. schwenkii, Opsarius argyrotaenia, Rasbora argyrotaenia, R. buchanani* (nicht BLEEKER), *R. everetti, R. vaillanti.*

Vork.: Südostasien; Thailand, Malaysia, Indonesien (Java, Sumatra, Kalimantan = Borneo) und Philippinen (Busuanga Inseln und Palawan Inseln). Die Art soll auch in China und Japan vorkommen.

Ersteinf.: 1913, dann wieder 1970.

GU.: ♂ kleiner und schlanker, mit fast gerader Bauchlinie nach unten gewölbt.

Soz. V.: Friedlicher, lebhafter Schwarmfisch.

Hält. B.: Die Tiere in langgestreckten, geräumigen Becken pflegen; dichte Rand- und Hintergrundbepflanzung, viel Schwimmraum freilassen; eventuell Schwimmpflanzen zur Dämpfung des Lichtes. Bodengrund aus Sand; einige Moorkienholzwurzeln zur Dekoration. Wasser mittelhart (um 10° dGH) und leicht sauer bis neutral (pH 6,5–7,0). Haltung der Tiere immer im Schwarm; Vergesellschaftung mit anderen lebhaften Fischen ist möglich.

ZU: Die Zucht ist einfach. Sie ähnelt in vielen Dingen der von *Rasbora daniconius*. Einen genauen Zuchtbericht gibt LÜBECK (1972): Aquarien Terrarien **19**, 262–263. Die Art ist sehr produktiv. Nachzuchten von 2000 Stück aus einem Ansatz sind keine Seltenheit.

FU: O; Lebendfutter jeglicher Art, pflanzliche Kost, auch Flockenfutter und Futtertabletten.

Bes.: Von *Parluciosoma argyrotaenia* gibt es eine Reihe von Unterarten und Lokalrassen. Bekannteste Unterart ist *Parluciosoma argyrotaenia everetti* BOULENGER, die auf den Philippinen vorkommt. Sie unterscheidet sich von *P. a. argyrotaenia* (BLEEKER, 1850) durch das relativ kleinere Auge, den schlankeren Körper und die größere Anzahl von Seitenlinienschuppen und Brustflossenstrahlen.

T: 20–26° C, **L:** 12 cm, **BL:** 100 cm, **WR:** m, o, **SG:** 1

Phoxinus czekanowskii DYBOWSKI, 1869
Tschekanowski-Elritze Unterfam.: Leuciscinae

Syn.: *Phoxinus strauchi, P. sublaevis.*

Vork.: Asien; Sowjetunion, in den Flüssen, die ins Eismeer entwässern; vom Kara-Fluß bis zur Kolyma, Amur-Becken.

Ersteinf.: In Deutschland noch nicht eingeführt worden.

GU: Schwer feststellbar; die ♀♀ werden größer und dicker.

Soz. V.: Lebhafter, friedlicher Schwarmfisch, der mit anderen Kaltwasserfischen vergesellschaftet werden kann.

Hält. B.: Bodengrund aus grobkörnigem Sand oder Kies; zur Dekoration einige Steine. Langgestreckte Becken mit viel Platz zum Ausschwimmen; Rand- und Hintergrundbepflanzung mit entsprechenden Kaltwasserarten. Frischwasser (klar und sauber), gute Durchlüftung; Wasser mittelhart bis hart (10–20° dGH) und pH-Wert zwischen 7,0–7,5.

ZU: In westlichen Aquarienzeitschriften gibt es keine Berichte über eine erfolgreiche Zucht im Aquarium. Zucht wahrscheinlich nicht sehr schwer, ähnlich der von *Phoxinus phoxinus* (verg. Band 1).

FU: K; Lebendfutter: Insektenlarven, Kleinkrebse, Bachflohkrebse und Wasserasseln, *Tubifex* und Enchyträen.

Bes.: Von *Phoxinus czekanowskii* sind eine Reihe von Unterarten beschrieben worden. Die Art ist sehr nahe mit der Sumpfelritze *Phoxinus pecnurus* verwandt. Sie unterscheidet sich von *P. pecnurus* durch den gestreckteren Körper.

T: 16–20° C, **L:** ♂ 6 cm, ♀ 9,5 cm, **BL:** 80 cm, **WR:** m, o, **SG:** 2

Parluciosoma argyrotaenia

Phoxinus czekanowskii

Rhodeus ocellatus (KNER, 1867)
Hongkong-Bitterling
Unterfam.: Rhodeinae

Syn.: *Pseudoperilampus ocellatus, P. lighti, Rhodeus wangkinfui.*

Vork.: Ostasien; China, Taiwan (Formosa).

Ersteinf.: Nicht ermittelbar.

GU: ♂ zur Laichzeit wesentlich farbenprächtiger; ♀ während der Laichzeit mit Legeröhre.

Soz.V.: Gesellig lebender, munterer und friedlicher Fisch, der Brutfürsorge betreibt.

Hält.B.: Bodengrund aus feinem Sand, dichte Bepflanzung der Becken; freien Schwimmraum lassen. Wasser nicht zu hart (10-15° dGH) und um den Neutralpunkt (pH 7,0).

ZU: Über die geglückte Zucht des Hongkong-Bitterlings berichtet Andreas Schneider, Rüsselsheim (briefl. Mitteilung): Als Zuchtansatz verwendete er ein ♂, fünf ♀♀ und eine Anzahl Süßwassermuscheln. Bei großen Becken kann man auch mehr ♂♂ nehmen, muß aber berücksichtigen, daß diese Reviere bilden. Viele Versteckmöglichkeiten (dichte Pflanzen, Steine) gehören dann zur notwendigen Einrichtung des Beckens. Ein ♂ sucht sich eine Muschel aus. Nun macht es auf sich aufmerksam, indem es sich in der Nähe der Muschel plaziert, die Flossen spreizt und eine besonders schöne Laichfärbung zeigt. Hat sich ein ♀ eingefunden, so umschwimmt es das ♂ und stößt es vorsichtig an. Nicht willige ♀ werden gebissen. Abgelaicht wird in die Muschel, indem das ♀ mit Hilfe einer Legeröhre die Eier in die Muschel abgibt, die dann vom ♂ besamt werden. Es entwickeln sich drei bis vier Eier in der Muschel. Anschließend werden die Jungfische von der Muschel ausgestoßen. Wird die Muschel zu früh gestört, werden auch schon Embryonen ausgestoßen, die aber noch nicht lebensfähig sind. Folgende Werte wurden im Zuchtaquarium gemessen: 22° dGH, pH 7,8, Temperatur 19-24°C.

FU: O; Lebendfutter aller Art, Frostfutter, Pflanzenfutter und Futterflocken.

Bes.: Im Ablaichverhalten ähnelt *Rhodeus ocellatus* unserem einheimischen Bitterling (*Rhodeus sericeus amarus*, s. Band 1, Seite 442).

T: 18-24°C, **L**: 12 cm, **BL**: 70 cm, **WR**: m, u, **SG**: 2-3

Pseudorasbora parva (SCHLEGEL, 1842)
Unterfam.: Gobioninae

Syn.: *Leuciscus parvus, Fundulichthys virescens, Fundulus virescens, Leuciscus pusillus, Micraspius mianowskii, Pseudorasbora altipinna, P. depressirostris, P. fowleri, P. monstrosa, P. pusilla.*

Vork.: 1961 nach Rumänien (Ialomita-Fluß) eingeschleppt, breitet sich in der Donau flußaufwärts bis nach Österreich aus, 1970 in Ungarn (Balaton) gefunden. In der CSFR in der Theiß, Chlaba und Ipel nachgewiesen. In Thüringen in der Weißen Elster bei Gera gefunden. Sogar im Teutoburger Wald und im Rhein nachgewiesen.

Ersteinf.: Unbekannt.

GU: In der Färbung sind keine sicheren Unterschiede bekannt. Bei geschlechtsreifen ♂♂ erscheinen deutliche Knötchen (Laichausschlag) unter den Augen und um das Maul herum, außerdem sind sie größer als die ♀♀.

Soz.V.: Friedlicher Schwarmfisch, der sich trotz der anderen Heimat mit ähnlichen einheimischen Arten vergesellschaften läßt. Die ♂♂ bewachen den Laich.

Hält.B.: Große geräumige Aquarien mit viel freiem Schwimmraum. Dichte Seiten- und Hintergrundbepflanzung sagt den Tieren zu. An das Wasser werden keine besonderen Ansprüche gestellt (Härte bis 15° dGH, pH-Wert um 7,0).

ZU: Über eine gelungene Zucht im Aquarium liegen bisher keine Angaben vor. Im Freiland erstreckt sich die Laichzeit, je nach Vorkommen, von Mai bis August. Ein ♀ laicht mehrere Male während einer Saison. Die Eier werden an Steinen abgelegt und haften dort fest. Sie werden vom ♂ bewacht. Ein ♀ kann bis zu 3000 Eier abgeben. Die Eier haben eine zylindrische Form und messen etwa 1,4 x 1,8 mm. Bei Temperaturen um 15-18°C schlüpfen die Larven nach zwölf, bei 21-23°C nach fünf bis sieben Tagen. Nach weiteren fünf Tagen ist der Dottersack aufgezehrt, und die Jungen fressen Plankton.

FU: O; Lebendfutter jeglicher Art, Frostfutter, Flockenfutter.

Bes.: Unscheinbarer, selten eingeführter Fisch.

T: 14-22°C, **L**: 11 cm, **BL**: 80 cm, **WR**: m,u, **SG**: 2

Rhodeus ocellatus

Pseudorasbora parva

Pseudorasbora pumila MIYADI, 1930
Unterfam.: Gobioninae

Syn.: Keine.

Vork.: Asien; Japan: Nördliches und zentrales Hondo.

Ersteinf.: In Deutschland wahrscheinlich noch nicht eingeführt worden.

GU: Kaum ausgebildet; die ♂♂ werden etwas größer.

Soz. V.: Ähnlich dem von *Pseudorasbora parva.*

Hält. B.: Wie bei *P. parva* angegeben.

ZU: Es gibt in Europa bisher keine Angaben über eine gelungene Zucht im Aquarium. Die Brutbiologie im Freiland ähnelt sehr wahrscheinlich der von *P. parva.*

FU: O; Lebendfutter aller Art, Frostfutter, gefriergetrocknetes Futter und Flockenfutter.

Bes.: Neben der Nominatform *Pseudorasbora pumila pumila* MIYADI, 1930 ist noch die Unterart *P. pumila uchidai* OKADA & KUBOTA, 1957 beschrieben worden, die im zentralen Hondo (Japan) vorkommt. *P. pumila* ähnelt *P. parva* sehr, ist aber kleiner und hat eine unvollständige Seitenlinie.

T: 15–20° C, **L**: ♂ 8 cm, ♀ 7 cm, **BL**: 70 cm, **WR**: m, u, **SG**: 2

Opsaridium zambezense (PETERS, 1852)
Unterfam.: Cyprininae

Syn.: *Leuciscus zambezensis, Barilius boweni, B. neavii, B. peringueyi, B. stephensoni, B. stevensoni, B. zambezensis.*

Vork.: Afrika; oberer Kasai Zambesi, Okovango, Pungwe, Limpopo, Buzi Flußsysteme und südlich bis zum Pongolo River.

Ersteinf.: Unbekannt.

GU: Keine sicheren bekannt. Die ♀♀ sind während der Laichzeit fülliger.

Soz. V.: Schwimmfreudiger, friedlicher Schwarmfisch.

Hält. B.: Bodengrund aus Sand oder feinem Kies; Rand- und Hintergrundbepflanzung der Becken; langgestreckte Becken mit viel freiem Schwimmraum benutzen. Wasserhärte 8–12° dGH, pH-Wert leicht sauer bis neutral (pH 6,5–7,0). Man sollte die Tiere immer im Schwarm halten (ab sechs Exemplare). Die Becken gut abdekken, da die Fische gute Springer sind.

ZU: Über eine gelungene Zucht im Aquarium gibt es bislang keine Berichte.

FU: K; Lebendfutter aller Art, besonders gern wird Anflugfutter genommen; Flokkenfutter.

Bes.: Diese Art kann leicht anhand ihres großen Maules identifiziert werden.

T: 24–26° C, **L**: 16 cm, **BL**: ab 120 cm, **WR**: m, o, **SG**: 2

Pseudorasbora pumila

Opsaridium zambezense

Rasbora axelrodi BRITTAN, 1976
Axelrods Rasbora

Syn.: Keine.

Vork.: Indonesien; Sumatra.

Ersteinf.: 1976 (1977).

GU.: ♂♂ sind intensiver und prächtiger gefärbt.

Soz. V.: Friedlicher, lebendiger Schwarmfisch.

Hält. B.: Wie bei *Rasbora vaterifloris* angegeben. *Rasbora axelrodi* ist nur bedingt für das Gesellschaftsaquarium geeignet! Vergesellschaftung nur mit gleichgroßen und ebenso verträglichen Arten.

ZU: Bestimmt möglich, doch ist bisher über eine gelungene Zucht nichts berichtet worden.

FU: O; kleines Lebendfutter aller Art, Flokkenfutter.

Bes.: *Rasbora axelrodi* gehört zu den wenigen *Rasbora*-Arten, denen die komplette Seitenlinie fehlt. Von den anderen *Rasbora*-Arten ohne Seitenlinie unterscheidet sich *R. axelrodi* durch ihre brillante, einzigartige Färbung.

T: 23–26° C, **L**: 3 cm, **BL**: 50 cm, **WR**: m, **SG**: 2

Rasbora brittani AXELROD, 1976
Brittans Rasbora

Syn.: Keine.

Vork.: Südostasien; Malaysia, im Johore River.

Ersteinf.: Unsicher; wahrscheinlich erst nach 1980.

GU.: ♂ schlanker; ♀ fülliger, mit stärker ausgebogener Bauchlinie.

Soz. V.: Lebhafter, friedlicher Schwarmfisch.

Hält. B.: Langgestreckte Becken verwenden („Rennbecken"); feinsandiger, dunkler Bodengrund; dichte Rand- und Hintergrundbepflanzung, dabei viel freien Schwimmraum lassen. Wasser leicht sauer (pH 6,0–6,5) und bis mittelhart (12° dGH); eventuell Torffilterung. Vergesellschaftung mit Fischen, die ähnliche Ansprüche stellen.

ZU: Über eine geglückte Zucht im Aquarium liegen bisher noch keine Berichte vor. Wahrscheinlich ähnelt die Zucht der von *Rasbora trilineata* (vgl. Bd. 1).

FU: O; Lebendfutter aller Art, gefriergetrocknetes Futter, Frostfutter, Flockenfutter.

Bes.: *Rasbora brittani* kann von allen anderen *Rasbora*-Arten durch den deutlichen Präcaudal-Fleck, der oben und unten hellorange umrahmt ist, unterschieden werden.

T: 23–26° C, **L**: 6 cm, **BL**: 70 cm, **WR**: m, o, **SG**: 2

Rasbora axelrodi

Rasbora brittani ♀

Rasbora caudimaculata VOLZ, 1903
Schwanzfleckbärbling, Schwanzbindenrasbora

Syn.: *Rasbora dorsimaculata, R. layangi.*

Vork.: Südostasien; Indonesien (Sumatra), Malaysia, Thailand; wahrscheinlich auch auf Kalimantan (Borneo).

Ersteinf.: 1961(?).

GU.: ♂ schlanker, mit gelblicher Afterflosse, Spitzen der Schwanzflossenlappen kräftig weiß, ♀ fülliger, unscheinbarer.

Soz. V.: Sehr schwimmfreudiger, friedlicher Schwarmfisch.

Hält. B.: Wie bei *Rasbora rasbora* angegeben. Es werden wegen der Lebhaftigkeit dieser Art größere und weiträumigere Bekken benötigt. An die Wasserbeschaffenheit stellt *R. caudimaculata* keine besonderen Ansprüche. Die Art eignet sich für das Gesellschaftsbecken. Die Becken gut abdecken, da die Tiere gute Springer sind.

ZU: Detaillierte Berichte über die Zucht von *R. caudimaculata* liegen nicht vor. Fortpflanzung wahrscheinlich wie bei anderen *Rasbora*-Arten des selben Verbreitungsgebiets.

FU: O; Lebendfutter jeglicher Art, pflanzliche Kost, Flockenfutter.

Bes.: *Rasbora caudimaculata* gehört nach BRITTAN (1954) zusammen mit *Rasbora trilineata* STEINDACHNER, 1870 und *R. dorsiocellata* DUNCKER, 1904 zum *caudimaculata*-Komplex. Die hervorstechendsten Merkmale der Arten dieses Komplexes sind die Verminderung der Intensität des dunklen Seitenstreifens, der Beginn der Rückenflosse genau über dem Zentrum des Bauchflossenansatzes und das Vorkommen von hervorstechenden dunklen Zeichnungen auf Rücken- und Schwanzflosse.

T: 20–26° C, **L**: 12 cm, **BL**: 100 cm, **WR**: m, o, **SG**: 2

Parluciosoma cephalotaenia (BLEEKER, 1852)
Zweibindenbärbling

Syn.: *Leuciscus cephalotaenia, Rasbora tornieri, R. cephalotaenia.*

Vork.: Südostasien; westliches Kalimantan (Borneo), östliches Sumatera (Sumatra), Bangka, Belitung, Malayische Halbinsel. Die Tiere bewohnen stehende und fließende Gewässer.

Ersteinf.: 1959 von Toni Dunker, Hilden, aus Sumatra.

GU.: ♂♂ sind wesentlich schlanker; ♀♀ mit stark ausgebuchteter Bauchlinie.

Soz. V.: Friedlicher, temperamentvoller Schwarmfisch.

Hält. B.: Am besten in langgestreckten Becken mit niedrigem Wasserstand (ab 20 cm) halten. Sandiger Bodengrund; dichte Rand- und Hintergrundbepflanzung als Rastplätze, viel freien Schwimmraum bieten, da die Tiere lebhafte Schwimmer sind. Wasser mittelhart (10–15° dGH) und leicht sauer (pH 6,0–6,5), Ansäuerung des Wassers durch Torffilterung. Tiere immer im Schwarm halten (ab sechs Stück).

ZU: 25–26° C; Wasser weich (um 5° dGH) und leicht sauer (pH 6,5). Zucht am besten in separaten Becken mit 30 bis 40 Litern Inhalt. Bepflanzung der Becken mit feinfiedrigen Arten (*Vesicularia, Cabomba, Myriophyllum* usw.). Nach heftigem Treiben wird in den Pflanzen abgelaicht. Eizahl meist um 100 Stück. Nach dem Ablaichen sollte man die Elterntiere herausfangen, da sie arge Laichräuber sind. Die Entwicklung der Eier dauert, je nach Temperatur 24 bis 48 Stunden. Als Erstfutter erhalten die Jungen Infusorien und Staubfutter, nach einer Woche können *Artemia*-Nauplien gefüttert werden. Häufiger Teilwasserwechsel, alle ein bis zwei Tage ein Fünftel bis ein Viertel des Inhaltes ist von Vorteil.

FU: Allesfresser: Lebendfutter (Kleinkrebse, Mückenlarven, *Tubifex*, Grindal-Würmer), zerkleinertes Krebsfleisch, etwas pflanzliche Kost; auch Flockenfutter wird gern gefressen.

Fortsetzung Seite 414.

Rasbora caudimaculata

Parluciosoma cephalotaenia

Fortsetzung von *Rasbora cephalotaenia*:

Bes.: *Rasbora cephalotaenia* gehört nach BRITTAN (1954): A revision of the Indo-Malayan fresh-water fish genus *Rasbora*, S. 153–157, zu der „*einthovenii*"-Gruppe, zu der außerdem noch folgende Arten gerechnet werden: *Rasbora einthovenii* (BLEEKER, 1851), *R. tubbi* BRITTAN, 1954 und *R. jacobsoni* WEBER & DE BEAUFORT, 1916. Alle Arten dieser Gruppe haben eine vollständige Seitenlinie.

T: 22–24° C, **L**: 14 cm, im Aquarium meist kleiner, **BL**: 100 cm, **WR**: o, m, **SG**: 2

Rasbora daniconius daniconius (HAMILTON, 1822)
Schlankbärbling

Syn.: *Cyprinus daniconius, Opsarius daniconius, Rasbora neilgherriensis, Rasbora zanzibariensis.*

Vork.: Asien: Thailand, Burma, westlicher Teil von Indien, Sri Lanka (Ceylon).

Ersteinf.: 1910.

GU.: ♂♂ sind schlanker, kleiner Bauch gelblich oder rötlich; ♀♀ kräftiger, größer, Bauch weißlich, Flossen farblos bis gelblich.

Soz. V.: Friedlich, lebhafter Schwarmfisch, Vergesellschaftung mit anderen *Rasbora*-Arten aber auch mit *Brachydanio*-Arten oder kleinen *Barbus*-Arten, nie weniger als 6 bis 10 Tiere pflegen, da Einzeltiere kümmern.

Hält. B.: Mittelgroße Aquarien mit dichter Bepflanzung, die den Fischen zahlreiche Versteckmöglichkeiten bietet, aber dennoch genügend Schwimmraum läßt. Die Tiere lieben direkte Sonneneinstrahlung. Leicht zu pflegen.

ZU: Relativ einfach, gelingt sowohl bei Paar-, als auch bei Schwarmsatz. Vergleichsweise produktiv, deshalb nicht zu kleine Zuchtbecken benutzen, mindestens 50 x 25 x 25 cm. Bei zu kleinen Behältern verderben die sich nicht entwickelnden Eier sowie „restliche" Spermien das Wasser. Wasser bis 12° dGH, pH um 7. Die Tiere laichen in den Morgenstunden nahe der Wasseroberfläche an feinfiedrigen Wasserpflanzen. Die Jungfische schlüpfen nach 3 bis 4 Tagen und sind bereits relativ groß. Anfütterung nach weiteren 3 Tagen mit *Cyclops*-Nauplien. Das Wachstum erfolgt verhältnismäßig schnell. Häufiger Wasserwechsel erhöht das Wohlbefinden und trägt somit zu einer raschen Entwicklung bei.

FU: K, O; Lebendfutter: *Cyclops*, Daphnien, Mückenlarven sowie Flockenfutterpräparate.

Bes.: Relativ unscheinbare Art, die selten gepflegt wird. In den letzten Jahren wurde

Rasbora daniconius daniconius

wahrscheinlich nur die kleinere Unterart *R. daniconius labiosa* MUKERJI, 1935 gepflegt. Diese hat dicke, fleischige Lippen, einen schlankeren, meist zylindrischen Körper, kleinere runde Flossen und eine reduzierte Seitenlinie (L. lat. 23 bis 31 anstatt 30 bis 33) im Vergleich zur Nominatform.

T: 24–26° C, **L:** 10 cm, 6 cm für *R. daniconius labiosa*, **BL:** 80 cm, **WR:** o, m, **SG:** 1

Rasbora einthovenii (BLEEKER, 1851)
Längsbandbärbling

Syn.: *Leuciscus einthovenii, Rasbora cephalotaenia* (nicht BLEEKER).

Vork.: Südostasien; Westmalaysia, Singapur, Sumatra, Borneo, Bangka, Belitung; in fließenden und stehenden Gewässern.

Ersteinf.: 1909 von den Vereinigten Zierfischzüchtereien in Conradshöhe bei Berlin.

GU.: ♂ schlanker und etwas kleiner; ♀ mit mehr Leibesfülle und stark ausgebuchteter Bauchlinie. Außerhalb der Laichzeit sind die Geschlechter kaum unterscheidbar.

Soz. V.: Schwimmfreudige und friedliche Schwarmfische.

Hält. B.: Becken mit feinsandigem Bodengrund; dichte Rand- und Hintergrundbepflanzung, viel freier Schwimmraum. Versteckplätze aus Pflanzen und Moorkienholzwurzeln. Becken gut abdecken, da die Tiere gut springen können. Wasserwerte siehe ZU. Hälterung auch im Gesellschaftsbecken. Die Tiere sind ziemlich anspruchslos. Sie können mit anderen Friedfischen vergesellschaftet werden.

ZU: 25–28° C; Wasser leicht sauer (pH 6–6,5) und weich (um 5° dGH). Zuchtbekken mit dichtem Pflanzenwuchs. Das ♀ fängt mit dem Treiben an. Es wird in den Wasserpflanzen abgelaicht. Der Laichakt ähnelt dem von *Brachydanio*-Arten. Die Jungfische schlüpfen nach etwa 36 Stunden und werden mit *Artemia*-Nauplien gefüttert.

FU: O; Lebendfutter aller Art (Mückenlarven, Kleinkrebse, *Tubifex*). Die Fische fressen auch Flockenfutter.

Bes.: Die nächsten Verwandten von *Rasbora einthovenii* sind *Rasbora jacobsoni* WEBER & DE BEAUFORT, 1916 und *Rasbora cephalotaenia* (BLEEKER, 1852).

T: 22–25° C, **L**: 8,5 cm, meist aber kleiner, **BL**: 60 cm, **WR**: o, m, **SG**: 1–2

Rasbora paucisquamis (kein Foto) AHL, 1935
Großschuppenbärbling

Syn.: *Rasbora paucisqualis* (durch einen Druckfehler entstanden).

Vork.: Südostasien; Malayischer Archipel.

Ersteinf.: 1934 von der Fa. Hermann Härtel, Dresden.

GU.: ♂ schlanker und etwas kleiner, mit intensiverer Färbung; ♀ mit stärker ausgebogener Bauchlinie, während der Laichzeit viel fülliger.

Soz. V.: Schwimmfreudiger, friedlicher Schwarmfisch.

Hält. B.: Wie bei *Rasbora rasbora* angegeben. Den Tieren sollten weiträumige, gutbepflanzte Becken geboten werden, die genügend freien Schwimmraum aufweisen. Die Art ist für eine Haltung im Gesellschaftsbecken geeignet.

ZU: 26–28° C; im Aquarium wahrscheinlich schon gelungen, doch liegen bisher keine Zuchtberichte vor.

FU: O; Lebendfutter aller Art, pflanzliche Kost und Flockenfutter.

Bes.: *Rasbora paucisquamis* stellt die großschuppigste *Rasbora*-Art dar. Sie weist mit 22 Schuppen die geringste Schuppenzahl in einer Längsreihe auf. *R. paucisquamis* ist bisher nur selten eingeführt worden.

T: 22–25° C, **L**: 6 cm, **BL**: 80 cm, **WR**: m, o, **SG**: 2

Rasbora einthovenii

Rasbora sumatrana

Rasbora rasbora (HAMILTON, 1822)
Gangesbärbling

Syn.: *Cyprinus rasbora, Leuciscus rasbora, R. buchanani.*

Vork.: Süd- und Südostasien; Indien, Burma und Thailand. Das Verbreitungszentrum liegt im Gangesgebiet und in Burma.

Ersteinf.: 1913.

GU.: ♂ schlanker, ♀ mit stärkerer konvexer Bauchlinie.

Soz. V.: Friedlicher, lebhafter Schwarmfisch.

Hält. B.: Becken mit dichter Bepflanzung; viel Schwimmraum freilassen; eventuell Schwimmpflanzen zur Dämpfung des Lichtes. Zu starke Sonneneinstrahlung sollte vermieden werden. Einige Wurzeln zur Dekoration, weicher Bodengrund (Sand mit einer Mulmschicht). Wasser nicht zu hart (bis 10° dGH) und schwach sauer (pH 6,0–6,5). Regelmäßig Wasserwechsel vornehmen (jede Woche etwa ein Viertel). Die Art ist für das Gesellschaftsbecken geeignet.

ZU: Über eine gelungene Zucht im Aquarium liegen bisher keine Berichte vor, doch wahrscheinlich wird sie wie bei anderen *Rasbora*-Arten aus dem gleichen Verbreitungsgebiet ablaufen.

FU: O; Lebendfutter aller Art, gefriergetrocknetes Futter, Frostfutter, Flockenfutter.

Bes.: Die einzige Art, deren morphometrische Werte größtenteils im Spielraum von *R. rasbora* liegen, ist *Rasbora daniconius. R. rasbora* hat nur 1 oder 1½ Schuppen zwischen der Seitenlinie und dem Ansatz der Bauchflossen und 12 Schuppenreihen um den Schwanzstiel, während *R. daniconius* 2 oder 2½ Schuppen zwischen der Seitenlinie und dem Ansatz der Bauchflossen sowie 14 Schuppenreihen um den Schwanzstiel aufweist.

T: 20–25° C, **L**: 10 cm, **BL**: 80 cm, **WR**: alle, **SG**: 2

Rasbora reticulata WEBER & DE BEAUFORT, 1915
Netzbärbling

Syn.: Keine.

Vork.: Südostasien; westliches Sumatra und auf der Insel Nias, die vor der Westküste Sumatras liegt. Fundorte aus Indochina sind sehr zweifelhaft.

Ersteinf.: 1974 durch Edith Korthaus, Hagen (Dahl).

GU.: ♂ schlanker; ♀ während der Laichzeit mit stärker ausgebogener Bauchlinie.

Soz. V.: Friedlicher, lebhafter Schwarmfisch.

Hält. B.: Wie bei *Rasbora rasbora* oder *Rasbora cephalotaenia* angegeben.

ZU: Nach lebhaftem Treiben wird zwischen Pflanzen abgelaicht.

FU: O; Lebendfutter in entsprechender Größe, pflanzliche Nahrung, Flockenfutter.

Bes.: Durch das isolierte Verbreitungsgebiet ist es nicht ganz einfach, *Rasbora reticulata* verwandtschaftlich einzuordnen. BRITTAN (1954) hält es für wahrscheinlich, daß die Art ein Abkömmling des *trifasciata*-Komplexes ist.
Siehe auch „Das Aquarium" 7/74.

T: 22–26° C, **L**: 6 cm, **BL**: 70 cm, **WR**: m, o, **SG**: 2

Rasbora rasbora

Rasbora reticulata

Rasbora sumatrana (BLEEKER, 1852)
Sumatrabärbling

Syn.: *Leuciscus sumatranus, Rasbora aurotaenia, R. cheroni, R. cromei, R. calliura, R. hosii, R. lateristriata* var. *trifasciata* (nicht POPTA), *R. paviana, R. paviei, R. sumatrensis, R. trilineata* (nicht STEINDACHNER).

Vork.: Südostasien; Malaiische Halbinsel, Kalimantan (Borneo), Thailand.

Ersteinf.: ?

GU.: Die ♂♂ sind schlanker.

Soz. V.: Lebhafter, friedlicher Schwarmfisch.

Hält. B.: Die Art bereitet im Aquarium keine Schwierigkeiten. Sie ist wie andere größere *Rasbora*-Arten zu pflegen.

ZU: Bisher unbekannt.

FU: O; Lebendfutter aller Art, pflanzliche Beikost, Frostfutter, Flockenfutter.

Bes.: Die systematischen Verhältnisse des *sumatrana-elegans*-Komplexes innerhalb der Gattung *Rasbora* sind noch nicht endgültig geklärt.

T: 23–25° C, L: 13 cm, BL: 100 cm, WR: o, m, SG: 1

Rasbora taeniata AHL, 1922
Goldstreifenbärbling

Syn.: *Rasbora agilis.*

Vork.: Südostasien; Westmalaysia, Sumatra und Belitung.

Ersteinf.: 1913 von Fa. Scholze & Pötzschke, Berlin.

GU.: ♂ mit fast gerader Bauchlinie, Schwanzflosse gelblichrot; ♀ mit mehr gerundeter Bauchlinie, Schwanzflosse mattorange gefärbt.

Soz. V.: Friedlicher, lebhafter Schwarmfisch.

Hält. B.: Wie bei *Rasbora cephalotaenia* angegeben. Gelegentlicher Frischwasserzusatz hebt das Wohlbefinden von *R. taeniata.* Die Tiere immer im Schwarm halten, da sie sonst leicht scheu werden. Einige Schwimmpflanzen zur Dämpfung des Lichtes. Die Art wird am besten mit anderen *Rasbora*- und *Barbus*-Arten vergesellschaftet.

ZU: 25–28° C; Laichbecken mit niedrigem Wasserstand (15 cm) und Schwimmpflanzen zur Dämpfung des Lichtes. Wasser nicht zu hart (bis 10° dGH) und schwach sauer bis neutral (pH 6,5–7,0); Frischwasserzusatz. Abgelaicht wird meist erst einige Tage nach dem Ansatz. *Rasbora taeniata* treibt nicht übermäßig stark. Nach dem Ablaichen Elterntiere herausfangen. Die Jungfische schlüpfen nach ca. 36 Stunden. Sie werden mit feinstem Staubfutter oder zerriebenem Flockenfutter ernährt.

FU: Allesfresser: Lebendfutter, Flockenfutter, gefriergetrocknetes Futter und pflanzliche Beikost (Algen).

Bes.: Nach BRITTAN (1954) sind die nahesten Verwandten von *Rasbora taeniata Rasbora chrysotaenia* und *R. pauciperforata.*

T: 22–24° C, L: 7 cm, BL: 60 cm, WR: m, o, SG: 1–2

Rasbora sp., 3,5 cm

Rasbora sumatrana, adult

Rasbora taeniata

Rasborа vaterifloris DERANIYAGALA, 1930
Perlmutterbärbling

Syn.: Keine.

Vork.: Vorderindien; Sri Lanka, im Kalugan-ga-Fluß.

Ersteinf.: 1936 durch Werner Ladiges, Hamburg.

GU: ♂ schlanker, schöner gefärbt und mit orangen bzw. rötlichen Flossen; ♀ plumper, mit gelblichen Flossen.

Soz.V.: Schwimmfreudige, friedliche Art, die lockere Schwärme bildet.

Hält.B.: Dunkler Bodengrund; dichte Bepflanzung mit Crytocorynen und einigen feinfiedrigen Arten; freier Schwimmraum sollte vorhanden sein. Wasser weich (bis 5° dGH) und schwach sauer (pH um 6,5). Die Art ist wärmebedürftig. Vergesellschaftung mit *Rasbora*-Arten, die ähnliche Ansprüche stellen.

ZU: 23-25°C; Zucht nicht ganz einfach; dichte Bepflanzung der Zuchtbecken. Das ♂ treibt stark. Es wird in Pflanzendickichten abgelaicht. Den Wasserstand nach dem Ablaichen auf 15 cm absenken. Die Jungfische schlüpfen nach 36 Stunden und werden dann mit Staubfutter oder zerriebenem Flockenfutter ernährt.

FU: Allesfresser: Lebendfutter jeglicher Art, pflanzliche Beikost, Flockenfutter.

Bes.: *Rasbora vaterifloris* hat von den bislang bekannten *Rasbora*-Arten die kürzeste Seitenlinie. Es sind bei ihr nur drei oder vier Seitenlinienschuppen je Körperseite vorhanden. *R. vaterifloris* gehört zur *heteromorpha*-Gruppe.

T: 25-29°C, **L:** 4 cm, **BL:** 50 cm, **WR:** m, **SG:** 3

Rasbora vegae RENDAHL, 1926
Vegabärbling

Syn.: Keine.

Vork.: Südostasien; bisher ist die Art nur von der Insel Labuan bekannt. Diese liegt wenige Meilen vor Nord-Borneo (Kalimantan).

Ersteinf.: Wahrscheinlich erst nach 1970.

GU: ♂ schlanker, ♀ besonders während der Laichzeit dicker, mit stärker ausgebogener Bauchlinie.

Soz.V.: Friedlicher, schwimmfreudiger Schwarmfisch.

Hält.B.: Wie bei *Rasbora cephalotaenia* angegeben.

ZU: Im Aquarium wurde diese Art noch nicht nachgezüchtet.

FU: O; Lebendfutter aller Art, pflanzliche Beikost (Algen), Frostfutter, Flockenfutter.

Bes.: *Rasbora vegae* ist eine sehr seltene Art. Sie gehört verwandtschaftlich zur *Rasbora pauciperforata*-Gruppe.

T: 22-26°C, **L:** 6 cm, **BL:** 60 cm, **WR:** m, o, **SG:** 2

Rasbora vaterifloris

Rasbora vegae

Rhinichthys cataractae (VALENCIENNES, 1842)
Langnasen-Weißfisch*

Syn.: *Gobio cataractae, Argyreus nasutus, Ceratichthys cataractae, Leuciscus nasutus, Rhinichthys marmoratus, R. nasutus.*

Vork.: Nordamerika; im Nordosten der USA von Neuengland bis Virginia und Wisconsin, Ost-Kanada. Die Fische bewohnen klare und schnellströmende Gewässer.

Ersteinf.: Unbekannt, die Art ist wahrscheinlich überhaupt noch nicht in Deutschland gehalten worden.

GU.: Keine äußeren bekannt.

Soz. V.: Die Tiere sind keine ausgesprochenen Schwarmfische. Sie sind aber trotzdem immer in Bewegung.

Hält. B.: Bodengrund aus grobem Kies, Steine unterschiedlicher Größe als Unterstände und Verstecke; Becken mit großer Grundfläche (ab 120 × 50 cm). Der Wasserstand muß nicht sehr hoch sein (20 cm). Spärliche Bepflanzung mit strömungsliebenden Kaltwasserarten. Mit einer Pumpe eine kräftige Strömung erzeugen. Wenn es möglich ist, im Aquarium einen kleinen Wasserfall nachbauen. Wasser kalt und klar, pH-Wert um 7 und mittelhart (10–15° dGH). Tiere immer zu mehreren halten (ab sechs Stück).

ZU: Im Aquarium unseres Wissens noch nicht gelungen.

FU: Lebendfutter (Mückenlarven, Kleinkrebse, *Tubifex,* Enchyträen, kleine Regenwürmer), Krebsfleisch (Shrimps), manchmal auch Flockenfutter.

Bes.: Von *Rhinichthys cataractae* sind zwei Unterarten beschrieben worden: *R. cataractae cataractae* (VALENCIENNES, 1842) und *R. cataractae dulcis* (GIRARD, 1856). Diese Unterart weist ein westlicheres Verbreitungsgebiet auf.

* Aus dem Englischen übernommen: Longnose Dace.

T: 4–16° C (Kaltwasserfisch), **L**: 10 cm, **BL**: 120 cm, **WR**: u, **SG**: 3

Sawbwa resplendens ANNANDALE, 1918
Nacktlaube

Syn.: Keine.

Vork.: Südasien; Burma, im Lake Inlé und den umliegenden Sümpfen.

Ersteinf.: 1962.

GU: ♂ mit roter Färbung im Bereich des Kopfes und der Schwanzflosse. Diese Färbung fehlt beim ♀.

Soz. V.: Friedlicher, lebhafter Schwarmfisch.

Hält. B.: Dichte Rand- und Hintergrundbepflanzung der Becken, Bodengrund aus Kies oder Sand, freien Schwimmraum lassen. Wasser um den Neutralpunkt (pH 7,0) und mittelhart bis hart (10–25° dGH). In weichem Wasser verblassen die Farben, und die Tiere werden anfällig. Haltung am besten in einem kleinen Schwarm. Vergesellschaftung mit anderen kleinen friedlichen Arten.

ZU: Ähnelt der von *Microrasbora*-Arten. Die Jungfische sind sehr klein und benötigen anfangs feinstes Futter (Infusorien, Rädertierchen usw.), ansonsten ist die Zucht nicht sehr schwierig.

FU: O; kleines Lebendfutter aller Art, Flokkenfutter.

Bes.: Der Körper der Tiere ist völlig schuppenlos.

T: 21–25° C, **L**: 4 cm, **BL**: 50 cm, **WR**: m, u, **SG**: 3

Rhinichthys cataractae

Sawbwa resplendens ♂

Formosiana tinkhami (HERRE, 1934)
Fukien-Flossensauger

Syn.: *Crossostoma tinkhami*.

Vork.: Ostasien; China, Provinz Fukien (Fuching-ksien, Chung-an-ksien).

Ersteinf.: ?

Soz.V.: Nicht bekannt, wahrscheinlich ähnlich dem von *Pseudogastromyzon cheni*.

Hält.B.: Wie bei *Pseudogastromyzon cheni* angegeben.

ZU: Über eine erfolgreiche Zucht im Aquarium liegen bisher keine Berichte vor.

FU: Siehe bei *Pseudogastromyzon cheni*.

Bes.: *Formosiana tinkhami* ähnelt sehr der Art *Formosiana fascicauda* FANG, 1935, die sich unter anderem durch fünf Querbänder in der Schwanzflosse von dieser unterscheidet. Eventuell gehören beide Arten in die Gattung *Crossostoma*.

T: 22-24°C, **L:** 10 cm, **BL:** 100 cm, **WR:** u, **SG:** 3-4

Gastromyzon punctulatus INGER & CHIN, 1961
Punktierter Flossensauger

Syn.: Keine.

Vork.: Südostasien; Indonesien, Kalimantan (Borneo), Baleh River, Rajang Bassin, Provinz Sarawak.

Ersteinf.: Unsicher.

GU: Unbekannt.

Soz.V.: Es ist wenig über das Verhalten der Flossensauger bekannt. WICKLER hat einige Verhaltensweisen analysiert. Er glaubte, *Gastromyzon borneensis* beobachtet zu haben; mit großer Wahrscheinlichkeit gehören die Tiere, die er beobachtet hat, zu *Gastromyzon punctulatus*.

Hält.B.: Wie bei anderen Homalopteriden.

ZU: Unbekannt.

FU: O; Aufwuchs, die Art nimmt aber auch Zusatzfutter.

Bes.: Wer sich näher mit diesen Fischen beschäftigen möchte, dem sein ein Aufsatz empfohlen, den Tyson R. ROBERTS 1982 in den Proceeding of the Californian Academy of Science **42** (2): 497-524 veröffentlicht hat.

T: 23-25°C, **L:** 5 cm, **BL:** 60 cm, **WR:** alle, **SG:** 2

Formosiana tinkhami

Gastromyzon punctulatus

Glaniopsis multiradiata ROBERTS, 1982

Syn.: Keine.

Vork.: Südostasien; Kalimantan (Borneo). Die Holotypen wurden am 11. 10. 1971 bei Arur Dalan, Sungai Padapur, Baram Bassin, nahe Bario/Provinz Sarawak gesammelt.

Ersteinf.: Unbekannt.

GU.: Unbekannt.

Soz. V.: Es ist wenig bekannt, aber man darf annehmen, daß sich die Art ähnlich wie die kleinen Arten der Gastromyzoninae verhält.

Hält. B.: Auch bei der Pflege dieser Art muß man experimentieren. Es ist sicherlich nicht falsch, sich an den bisherigen Erfahrungen mit *Gastromyzon punctulatus* zu orientieren.

ZU: Unbekannt; bisher in Gefangenschaft noch nicht gelungen.

FU: 0; Aufwuchsfresser, der sicherlich wie andere Gastromyzoninae auch tierische Zusatznahrung in geeigneter Größe braucht.

Bes.: Keine

T: 22–24° C, **L**: 6 cm, **BL**: 60 cm, **WR**: alle, **SG**: 2–3

* s. Seite 426

Homaloptera orthogoniata VAILLANT, 1902

Pracht-Flossensauger, Sattelfleck-Borneoschmerle

Syn.: Keine.

Vork.: Südostasien; Indonesien (Kalimantan = Borneo, Sumatra), Thailand.

Ersteinf.: Unsicher; 1969(?).

GU.: Unbekannt.

Soz. V.: Die Tiere führen untereinander harmlose Kommentkämpfe aus. Sie beachten andere Fische überhaupt nicht.

Hält. B.: Die Haltung dieser Art ist einfacher als oft angegeben. Sie ist im Aquarium nicht ausgesprochen rheophil (= strömungsliebend). Die Tiere vertragen über Jahre folgendes Wasser: pH 7,0, 9° dGH, 6,5–7,0 mg O_2/l bei 24° C. Alle zwei Wochen ein Viertel bis ein Drittel des Wassers wechseln. *H. orthogoniata* liebt große, flache Steinflächen. Da sich die Tiere plump und ungeschickt bewegen, wird eine Bepflanzung mit robusten Arten empfohlen.

ZU: Bisher nichts bekannt.

FU: O; Aufwuchs, rote Mückenlarven (auch tiefgefroren) werden besonders gern gefressen.

Bes.: Keine.

T: 20–24° C, **L**: 12 cm, **BL**: 100 cm, **WR**: m, u, **SG**: 3

Glaniopsis multiradiata

Homaloptera orthogoniata

Linipaxhomaloptera disparis (LIN, 1934)

Syn.: *Praeformosiana sp. cf. intermedia* (alte Bezeichnung).

Vork.: China; Region Tu-yuen-hsien, Süd-Kweichon. Hongkong, südl. Kanton.

Ersteinf.: Unbekannt.

GU.: Unbekannt.

Soz. V.: Wie die anderen Homalopteriden gegenüber artfremden Fischen und im allgemeinen auch gegenüber Artgenossen friedlich.

Hält. B.: Vermutlich ähnlich wie bei *Gastromyzon*-Arten.

ZU: Unbekannt.

FU: O; pflanzlicher und tierischer Aufwuchsfresser.

Bes.: Keine.

T: 22–24° C, **L:** um 5 cm, **BL:** 60 cm, **WR:** m, u, **SG:** 2–3

* Siehe Seite 426.

Pseudogastromyzon cheni LIANG, 1942
Chinesischer Flossensauger

Syn.: Keine.

Vork.: Ostasien; Süd-China, Provinz Fukien.

Ersteinf.: Unsicher, da die Fische ursprünglich und fälschlich als *Gastromyzon borneensis* bezeichnet wurden.

GU.: Unbekannt, es gibt Tiere mit einer karminrot gesäumten Rückenflosse. Vielleicht sind das die ♂♂.

Soz. V.: Die Tiere sind untereinander friedlich. Die Art führt harmlose, aber interessante Kommentkämpfe im Weiderevier aus. Andere Fische werden überhaupt nicht beachtet.

Hält. B.: Obwohl die Tiere aus Fließgewässern stammen, sind sie nicht ausgesprochen rheophil (=strömungsliebend). Man sollte stets mehrere Tiere erwerben, obwohl es sich um keine ausgesprochenen Schwarmfische handelt. Es werden keine besonderen Ansprüche an das Wasser gestellt. Gerhard OTT gibt folgende Werte an: 5° KH, 7–9° dGH, pH 6,5–7,5. Durch einen Unfall sank bei OTT die Temperatur über vier Tage auf 15° C. Den Tieren hat es nicht geschadet.

ZU: Über eine erfolgreiche Nachzucht ist nichts bekannt.

FU: O; Aufwuchsfresser, der aber auch gerne rote Mückenlarven und *Tubifex* nimmt.

Bes.: *Pseudogastromyzon cheni* ist eine interessante Art, die stammesgeschichtlich eng verwandt ist mit den *Gastromyzon*-Arten von Borneo. Von diesen wurde bisher anscheinend nur *Gastromyzon punctulatus* eingeführt und fälschlich als *Gastromyzon borneensis* gehandelt.

T: 20–25° C, **L:** 5 cm, **BL:** 70 cm, **WR:** alle, **SG:** 2

Linipaxhomaloptera disparis

Pseudogastromyzon cheni

Acanthicus adonis, s. Seite 502

Ageneiosus brevifilis
Guyana-Delphinwels
(VALENCIENNES, 1840)

Syn.: *Ageneiosus inermis, Ageneiosus dawalla, Ageneiosus sebae, Pseudageneiosus brevifilis, Hypophthalmus dawalla.*

Vork.: Surinam, Guyana, Amazonasbekken (Südamerika).

Ersteinf.: Wahrscheinlich 1986 zum ersten Mal.

GU.: Während der Laichzeit entwickeln die ♂ einen längeren, s-förmig gekrümmten Rückenflossenstachel, ein Paar Oberkieferbarteln verlängert sich beträchtlich und die ersten Strahlen der Afterflosse verdikken sich deutlich sichtbar. Außerhalb der Laichzeit sind ♂ und ♀ kaum zu unterscheiden.

Soz. V.: Keineswegs ungesellige Art, die aber nur mit größeren, sehr robusten Bekkeninsassen zusammen gehalten werden darf. Es gibt nacht- und tagaktive Individuen. Die meisten Tiere sind jedoch nachts auf Futtersuche. Mit gleichgroßen Artgenossen kann die Art gepflegt werden.

Hält. B.: Versteckmöglichkeit sollte geboten werden. Die Tiere sind artgerecht eigentlich überhaupt nicht im Aquarium zu halten. Das verbietet sich von der Größe der ausgewachsenen Tiere und ihrer bewegungsaktiven Lebensweise. Wasser: pH-Wert 6,5–7,8; Härte bis 20° dGH.

ZU: Die Eier werden im Körper der ♀ durch innere Befruchtung, die die ♂ mit Hilfe der umgebildeten Afterflosse vornehmen können, befruchtet. Einige Tage später legen die ♀ die Eier dann auch ohne Beisein der ♂ an Pflanzen ab. Im Aquarium ist die Nachzucht bisher wahrscheinlich noch nicht geglückt.

FU: K; ein reiner Fleisch- und Fischfresser, der im Aquarium nur schwer satt zu bekommen ist. Es werden fast alle größeren Lebendfutterarten genommen (Sandgarnelen, Regenwürmer etc). Rinderherz, Fischfleisch usw. werden nach Gewöhnung genommen.

Bes.: In seiner Heimat wird der Fisch als ausgezeichneter Speisefisch geschätzt. Wegen seiner attraktiven Form wird die Art immer mal wieder einen Liebhaber finden. Besser, man läßt die Finger davon.

T: 22–24° C, **L**: 45 cm, **BL**: 200 cm, besser länger. **WR**: u, m, **SG**: 4 (G)

Arius seemani GÜNTHER, 1864
Westamerikanischer Kreuzwels, „Minihai"

Syn.: *Tachisurus seemani, Arius „jordani", Hexanematichthys seemani.*

Vork.: Pazifische Zuflüsse Kaliforniens und Mexikos bis Kolumbien.

Ersteinf.: ab 1980.

GU.: Äußerlich nicht sichtbar (nur bei laichreifen Tieren ab 30 cm Länge). ♀ dann mit vollerem Bauch; Flossen heller.

Soz. V.: Relativ friedliche Art, die gut mit größeren Cichliden auskommt.

Hält. B.: Ein Süßwasserfisch, der aber oft ins Brackwasser des Pazifiks geht. Gute Filterung mit optimaler Wasserströmung. Kleine Tiere sind wenig anspruchsvoll und nehmen mit jedem Becken vorlieb. Größere Tiere ab etwa 12 cm Länge sind unruhig und brauchen viel Schwimmraum (Wandertrieb). Höhlenverstecke bieten. Dunkler Bodengrund, wenig Licht. Wasserwerte je nach Herkunft: pH-Wert 6,8–8,0; Härte: 8–30° dGH.
Salzzusatz: 2‰ = 200 g/100 l Aquarienwasser.

ZU: Maulbrüter; die wenigen, sehr großen Eier werden vom ♂ ausgetragen. Nachzucht im Aquarium noch nicht geglückt.

FU: O; Allesfresser, jedoch bevorzugt Insektenlarven. Frostfutter: Mückenlarven, *Tubifex*. Nach Gewöhnung Tablettenfutter wie TabiMin und TetraTips, jedoch bevorzugt Flockenfutter von der Wasseroberfläche.

Bes.: In der Jugend ein hübscher, recht lebendiger Wels. Mit zunehmendem Alter verblassen die Farben jedoch. Dann werden auch immer größere Becken mit höherem Salzzusatz notwendig.

T: 22–26° C, **L**: 35 cm, **BL**: 100 cm, später größer, **WR**: m, u, **SG**: 3

Hexanematichthys graeffei (KNER & STEINDACHNER, 1866)
Berneys Kreuzwels

Syn.: *Arius berneyi, A. graeffei, Hexanematichthys berneyi.*

Vork.: Brackwasser und Süßgewässer, die in den Golf von Carpentaria (Nordaustralien) entwässern. Seen + Flüsse Neu-Guineas.

Ersteinf.: 1982 durch Heiko Bleher, Frankfurt.

GU.: Nicht beschrieben.

Soz. V.: Tagaktiver Schwarmfisch, der mit großen Cichliden o. ä. ohne weiteres vergesellschaftet werden kann.

Hält. B.: Großbecken mit viel Schwimmraum. Ausreichend starke Filterung: Die Pumpe sollte den Beckeninhalt wenigstens zweimal pro Stunde umwälzen. pH-Wert 7,5–8,2; Härte 18–30° dGH.

ZU: Bisher nicht bekannt. Das ♂ bei anderen Arten der Gattung trägt die Eier eine Weile im Maul. Die Paarung erfolgt im australischen Sommer (Nov./Dez.).

FU: K; reiner Fleischfresser. Lebendfutter jeder Art, Rinderherz. Gefrorenes Lebendfutter. Nach Gewöhnung auch FD-Futtertabletten (evtl. zerteilt).

Bes.: Das Foto zeigt ein 15 cm langes Jungtier.

T: 24–26° C, **L**: 25 cm, **BL**: 150 cm, **WR**: m, u, **SG**: 2

Arius seemani

Hexanematichthys graeffei

Bunocephalichthys verrucosus verrucosus EIGENMANN, 1912
Hoher Bratpfannenwels

Syn.: *Agmus lyriformis*.

Vork.: Amazonasbecken, in Waldbächen und Gräben (Südamerika).

Ersteinf.: 1967 durch Heiko Bleher, Frankfurt.

GU.: ♀ zeitweise deutlich dicker.

Soz. V.: Ein erfreulich friedlicher, „sanfter" Fisch, der selbst mit kleinsten Fischen vergesellschaftet werden kann. Evtl. davon ausgenommen könnte Jungbrut sein. Die Fische liegen am liebsten den ganzen Tag zwischen großblättrigen Pflanzen (Amazonas-Schwertpflanzen, *Echinodorus*).

Hält. B.: Die Art wühlt nicht im Boden, wie das manche Bratpfannenwelse (*Bunocephalichthys*) tun. Sie kann also im Becken auch mit feinfiedrigen (zusammen mit einigen großblättrigen) Pflanzen gehalten werden. Boden: dunkler Kies; Wasser: pH-Wert 6,8–7,5; Härte 9–18° dGH.

T: 20–24° C, **L**: 8 cm, **BL**: 60 cm, **WR**: u, **SG**: 1

ZU: Nicht bekannt. Könnte so wie bei den Gattungen *Platystacus, Bunocephalichthys* usw. sein.

FU: K, O; Futtertabletten, Lebendfutter wie *Tubifex*, Wasserflöhe und Mückenlarven (speziell rote!).

Bes.: Ein Wels, der trotz seiner Unscheinbarkeit mehr Verbreitung und Anhänger finden sollte. Von der Gattung *Dysichthys* unterscheidet sich *Bunocephalichthys* hauptsächlich durch die größere Breite und Höhe des Vorderkörpers. Die verwandte Art *Bunocephalichthys verrucosus scabriceps* ist sehr schwer von der vorgestellten Art zu unterscheiden. Die beiden Gattungen sind aber daran zu unterscheiden, daß *Bunocephalichthys verrucosus scabriceps* eine körnige und *Dysichthys* eine glatte Hautoberfläche haben.

Dysichthys knerii (STEINDACHNER, 1883)
Laubwels

Syn.: *Bunocephalus knerii*.

Vork.: Amazonas und Zuflüsse, besonders in strömungsarmen Randgewässern mit Baumbestand.

Ersteinf.: Nicht feststellbar (s. Bes.).

GU.: Nicht bekannt.

Soz. V.: Sehr friedliche Art, die selbst mit kleinsten Fischen gehalten werden kann. Bewegungsarm. Die meiste Zeit liegt der Fisch im Sand vergraben oder still auf Pflanzenblättern. Vergesellschaftung mit allen ruhigen Arten.

Hält. B.: Die Fische lieben dunkle, schattige Plätze – oder sie vergraben sich tagsüber im Sand. Kiesboden ist zu vermeiden, ebenso alkalisches Wasser. Wer vermag ein Artbecken mit (Buchen/Eichen) Laub einzurichten? Wasser: pH-Wert 5,8–7,0; Härte bis 15° dGH (8°). Bepflanzung mit breitblättrigen, kräftigen Arten (*Echinodorus* etc.).

T: 20–25° C, **L**: 8 cm, **BL**: 80 cm, **WR**: u, **SG**: 1

ZU: Berichte, nach denen die Eier auf dem Hinterleib des ♀ getragen werden, beruhen auf einer Verwechselung mit *Platystacus cotylephorus*. Bei den Bratpfannenwelsen der Gattungen *Bunocephalichthys* und *Dysichthys* werden die Eier in eine flache Grube gelegt, die in den Sand gewedelt wurde. Dort werden sie von einem der Elterntiere bewacht. Nachzuchten beruhen bisher noch meist auf Zufall.

FU: K, O; Tablettenfutter auf FD-Basis, Insektenlarven, *Tubifex*.

Bes.: Die Art lebt vornehmlich im Laub am Bodengrund seiner Heimatgewässer und vermag sich darin fast unsichtbar zu verbergen. Im Handel wird die Art häufig mit *D. coracoideus* verwechselt. Siehe Bd. 1 Seite 454.

Bunocephalichthys verrucosus verrucosus

Dysichthys knerii

Platystacus cotylephorus BLOCH, 1794
Peitschenwels

Syn.: *Aspredo cotylephorus.*

Vork.: Mündungsgebiete größerer Flüsse in Surinam und Amazonien, Südamerika.

Ersteinf.: Etwa 1978 nach England.

GU.: ♂♂ sind manchmal intensiver gefärbt (nicht auf unseren Fotos), und sie haben einen längeren Rückenflossenstachel. Dagegen sind bei den ♀♀ die Bauchflossen breiter als bei den ♂♂.

Soz. V.: Friedliche Art, die evtl. Jungbrut als Nahrung ansieht, jedoch sonst mit fast allen, auch kleineren Fischen vergesellschaftet werden kann.

Hält. B.: Den meisten Teil des Tages verschläft der Fisch eingewühlt im Bodengrund. Deshalb sollte dieser nicht zu grob und scharfkantig sein. Eine Ecke Sandboden (1/4 des Beckens) muß man dem Fisch einräumen. Die Fische können sowohl in reinem Süßwasser als auch in Brackwasser (Dichte 1.010) gehalten werden. Das ergibt einen pH-Wert-Bereich von 6,8–8,2 und eine Härte von etwa 12–35° dGH! Die Art wird in der Natur mit den Vieraugen (*Anableps*) gefunden.

ZU: Im Aquarium bisher nicht geglückt. In der Natur ist beobachtet worden, daß das Weibchen sich die Eier nach dem Ablaichen in die erweichte Bachhaut drückt, wo sie klebenbleiben. In kürzester Zeit entwikkeln sich zwischen der sich wieder erhärtenden Bauchhaut und den Eiern kleine Stiele, die erst nach dem Schlüpfen der Jungen wieder verschwinden.

FU: K, O; meist Insektenfresser, die jedoch auch gern Futtertabletten (TabiMin, TetraTips, FD usw.) nehmen. *Gammarus* (Bachflohkrebse), Mückenlarven (auch tiefgefrorene) sollten zur Hauptnahrung im Aquarium gehören.

Bes.: Die Art wird auch als *Aspredo aspredo* (LINNAEUS) im Handel angeboten. Unsere Fotos zeigen sowohl ♂ wie auch ♀. Normalerweise müßte der Kontrast in der Färbung bei den Geschlechtern umgekehrt sein.

T: 22–25° C, **L:** 25 cm, **BL:** 100 cm, **WR:** u, **SG:** 2

Platystacus cotylephorus ♂

Platystacus cotylephorus ♀

Auchenipterichthys longimanus (GÜNTHER, 1864)
Punktierter Dornwels

Syn.: *Auchenipterus longimanus.*

Vork.: Mittlerer und unterer Amazonas sowie südliche Zuflüsse (Peru, Brasilien), Südamerika.

Ersteinf.: Nicht bekannt.

GU.: Das ♂ entwickelt in der Laichzeit aus den ersten Strahlen der Afterflosse eine verdickte Urogenitalpapille. Zusätzlich verlängern sich die harten Flossenstrahlen deutlich.

Soz. V.: Verhältnismäßig friedliche Art, die jedoch gelegentlich auch kleinere Fische bis Neongröße als Nahrung ansieht. Vergesellschaftung am besten mit seinesgleichen und/oder größeren Welsen und Cichliden.

Hält. B.: Die Tiere sind hauptsächlich dämmerungsaktiv. Sie benötigen je nach Fischanzahl eine bis mehrere Höhlen, wobei diese manchmal von mehreren Tieren bewohnt werden. Wasser: pH-Wert: 6,0–7,2; Härte bis 18° dGH.

ZU: Im Aquarium bisher nicht gelungen. Das ♂ befruchtet die Eier im ♀ vor der Eiablage.

FU: K, O; Alle Arten Flockenfutter, Tablettenfutter. Zur Zucht lebende Insektenlarven.

Bes.: Keine.

T: 20–23° C, **L**: 15 cm, **BL**: 120 cm, **WR**: u, m, **SG**: 2

Überschwemmungstümpel bei Belem, Brasilien.

Auchenipterichthys longimanus ♂

Auchenipterichthys longimanus ♀

Auchenipterichthys thoracatus (KNER, 1858)
Zamorawels, Mitternachtswels

Syn.: *Auchenipterus thoracatus, Auchenipterus thoracicus, Trachycorystes coracoideus.*

Vork.: Oberer Amazonaslauf und südliche Zuflüsse (Peru bei Iquitos), Südamerika.

Ersteinf.: 1969 durch H. Bleher, Frankfurt.

GU.: Wie bei *T. taeniatus* (Seite 446). Hartstrahl der Pectorale und Dorsale beim ♂ ausgeprägter und länger als beim ♀. Anale beim ♂ gerade, beim ♀ leicht konvex.

Soz. V.: Normalerweise nachtaktive Art, die man in einer kleinen Gruppe hält. Kann mit Fischen etwa halber Größe der jeweiligen Länge dieser Art zusammengehalten werden.

Hält. B.: Gut bepflanztes Becken mit größeren Wurzeln. In diese bohrt man Löcher für die jeweilige Fischgröße. Die Fische klemmen sich mit Hilfe der Dorsal- und Pectoralstacheln darin fest. Man kann sie dann ohne weiteres aus dem Becken herausheben. Fang nur mit einem Glas. Im Netz verfangen sich die Tiere meist hoffnungslos. Wasser: pH-Wert 6,5–7,2; Härte 7–16° dGH.

ZU: Innere Befruchtung. Im Aquarium noch nicht nachgezogen.

FU: K, O; Insektenfresser. Tabletten- und Flockenfutter werden gern genommen. Besonders Flockenfutter von der Oberfläche ist Ernährungsbasis im Aquarium.

Bes.: Die Art ist leicht erkennbar an dem „Rabenschnabelfortsatz" gleich unterhalb der Brustflossen.
Das Foto zeigt nicht die Schönheit dieser Tiere. Der Rücken ist samtblau mit hellen, gelblichen Punkten entlang der Seitenlinie. Der helle Halbmond in der Schwanzflosse ist leuchtend hellgelb.

T: 20–24° C, **L**: 11 cm, **BL**: 100 cm, **WR**: o, m, **SG**: 2

Auchenipterus nuchalis (SPIX, 1829)
Schnauzbartwels

Syn.: *Hypophthalmus nuchalis, Auchenipterus dentatus, Euanemus colymbetes, Auchenipterus demerarae, Auchenipterus ambyiacus, Ceratocheilus osteomystax, Euanemus nuchalis, Euanemus dentatus, Auchenipterus osteomystax.*

Vork.: Weit verbreitet in den Mündungsgebieten größerer Flüsse Südamerikas. Vom Essequibo-Fluß bis Rio Paraguay und La Plata-Becken.

Ersteinf.: 1976 nach England.

GU.: Das ♂ hat die familientypische Genitalpapille vorn an der Anale. Die Maxillare beim ♂ ist wesentlich stärker ausgeprägt als beim ♀ (Foto). Das ♀ trägt zwischen Dorsale und Adipose einige scharfkantige Schuppen, die beim ♂ fehlen. Das ♀ ist gedrungener und hat einen längeren Kopf als das ♂. Wegen dieser Unterschiede wurden ♂ und ♀ lange Zeit als zwei verschiedene Arten betrachtet.

Soz. V.: Dämmerungs- und nachtaktive Art, die meist ruhig und relativ friedlich ist. Die Vergesellschaftung mit zu kleinen Fischen (Neongröße) ist jedoch nicht ratsam. Von den Kleinen verschwindet einer nach dem anderen. Haltung in Paaren, am besten zwei Paare im Artbecken.

Hält. B.: Fels- und Wurzelverstecke als Tagunterstand. Auch Pflanzendickichte sind dafür geeignet. Eine gute Wasserumwälzung wird von den Tieren geschätzt. Wasser: pH-Wert 6,7–7,2; Härte 7–16° dGH; abweichende Werte werden ebenfalls toleriert.

ZU: Über die Zucht ist nichts bekannt. Die Befruchtung erfolgt innerlich.

FU: K, O; Fütterung kurz bevor die Beleuchtung ausgeschaltet wird. Fast alle Flockenfuttermittel und Tablettenfutter (Tetra-Tips etc.) werden akzeptiert. Bevorzugt werden jedoch Mückenlarven, *Gammarus*, *Mysis* und andere Frostfutter.

Bes.: Während des Fressens streckt das ♂ seine Barteln 90° zur Körperachse ab. Das gibt ihm das Aussehen, als ob es einen Schnäuzer trägt. Das trug ihm den Namen *A. osteomystax* ein (s. Syn.); *mystax* = Schnäuzer. Die knochige Bartel des ♂ ist unzweifelhaft ein sekundäres Geschlechtsmerkmal.

T: 20–22° C, **L**: 15 cm, **BL**: 120 cm, **WR**: u–o, **SG**: 2–3

Auchenipterichthys thoracatus

Auchenipterus nuchalis

Parauchenipterus galeatus (LINNAEUS, 1766)
Wurzelwels
Fälschlich „Gescheckter Dornwels".

Syn.: *Siluris galeatus, Auchenipterus maculosus, Auchenipterus immaculatus, Auchenipterus punctatus, Auchenipterus robustus, Auchenipterus glaber, Auchenipterus galeatus, Parauchenipterus paseae, Pimelodus galeatus, Euanemus maculosus, Trachycorystes glaber, Trachycorystes galeatus, Trachycorystes robustus, Trachycorystes jokcannae.*

Vork.: Weit verbreitet im ganzen nördl. Südamerika bis Peru.

Ersteinf.: 1970 durch Heiko Bleher, Frankfurt.

GU.: Anale beim ♂ leicht konkav; beim ♀ leicht konvex. Die ersten Flossenstrahlen der Anale formen beim ♂ das Urogenitalorgan.

Soz. V.: Kein Fisch für das bepflanzte Aquarium, da die Tiere manchmal recht stürmisch sind. Zur Vergesellschaftung nur mit Großfischen geeignet.

Hält. B.: Das Wachstum erfolgt sehr schnell. Deshalb den Fisch nur erstehen, wenn man ein genügend großes Becken mit der entsprechenden Einrichtung hat. Wurzelholz mit Javamoos bewachsen, evtl. noch Javafarn, ist die passende Dekoration. Dieses sollte Höhlenverstecke aufweisen. Wasser: pH-Wert 6,0–7,5; Härte bis 18° dGH.

ZU: Innere Befruchtung. Über Aquariennachzucht ist nichts bekannt.

FU: K, O; Tablettenfutter, Pellets. Lebendfutter aller Art; auch Fische.

Bes.: Der deutsche Name „Gescheckter Dornwels" ist leicht irreführend, da die Familie „Falsche Dornwelse" heißt. Es wurde deshalb hier ein anderer deutscher Name vorgeschlagen. Die Farben der Tiere schwanken wegen des enormen Verbreitungsgebietes erheblich. Die Körperoberfläche der Fische ist sehr schleimig. Die Tiere „glitschen" einem förmlich aus der Hand.

T: 20–24° C, **L:** 20 cm, **BL:** 120 cm, **WR:** u, **SG:** 2–3

Sumpf im Urwald Amazoniens.

Parauchenipterus galeatus ♂, juvenil

Parauchenipterus galeatus, adult

Pseudauchenipterus nodosus (BLOCH, 1794)
Fadendornwels, Yellow Catfish

Syn.: *Silurus nodosus, Arius nodosus, Auchenipterus nodosus, A. furcatus, Felichthys nodosus, Pseudauchenipterus nigrolineatus, P. guppyi, Euanemus nodosus.*

Vork.: Guyana-Länder, Venezuela, Trinidad, Amazonien (Südamerika).

Ersteinf.: Nach 1970. Vorher schon als Beifang.

GU: ♂ mit Urogenitial-Papille am Vorderende der Analflosse, dadurch im Profil etwas gekrümmt (konvex). Anale beim ♀ etwas kürzer und gerade. Brustflossen beim ♂ spitz, beim ♀ gerundet. Zur Laichzeit verlängern sich die harten Flossenstrahlen der ♂ stark, zusätzlich ist der Rückenflossenstrahl auch noch s-förmig gekrümmt.

Soz.V.: Kleine Fische können bei der nächtlichen Nahrungssuche als Nahrung angesehen werden. Vergesellschaftung daher nur mit großen Welsen und evtl. Salmlern.

Hält.B.: Die Art lebt in den Flußmündungen und kann daher gut einen Salzgehalt (Dichte 1.006 bis 1.008) vertragen. Sie ist jedoch ausdauernd in reinem Süßwasser. pH-Wert 6,5-8,0; Härte bis 30° dGH.

ZU: Im Aquarium noch nicht geglückt.

FU: K, O; vorzugsweise Fleischnahrung (Herz) und Lebendfutter. Futtertabletten, Pellets für Forellen werden nach Gewöhnung ebenfalls genommen. Der Körper von *P. nodosus* ist mit einer dünnen Schleimhaut überzogen. Deshalb soll die Art nicht mit Fischen vergesellschaftet werden, die andere Fische (nicht immer in böser Absicht) anstupsen, wie dies manche Schmerlen, Algenfresser oder auch Cichliden tun.

Bes.: Die Gattung ist gekennzeichnet durch die langen Bartfäden, ein charakteristisches Merkmal, welches bei anderen Falschen Dornwelsen fehlt. Die weite Verbreitung der Art führt zu Unterschieden in Färbung und Zeichnung. Das Foto zeigt ein Jungtier. Später verschwindet die dunkle Färbung der Schwanzflosse.

T: 20-25°C, L: 20 cm, BL: 150 cm, WR: u,m, SG: 2-3

Trachelopterichthys taeniatus (KNER, 1857)
Falscher Streifendornwels

Syn.: *Trachelyopterus taeniatus.*

Vork.: Oberer Amazonas (Solimoes) und Zuflüsse, Brasilien; Südamerika.

Ersteinf.: Nicht ermittelbar.

GU: Die ersten Strahlen der Analflosse sind beim ♂ zu einem Begattungsorgan umgewandelt.

Soz.V.: Versteckt lebende Art. Relativ friedlich. Große Tiere nicht mit zu kleinen Fischen (Neons) vergesellschaften. Nachtaktiv.

Hält.B.: Ein Teil des Beckens sollte eine Schwimmpflanzendecke haben. Darunter wird eine Höhle passender Größe eingerichtet. Wasser: pH-Wert 5,8-7,2; Härte bis 15° dGH.

ZU: Es findet eine innere Befruchtung statt. Bei dieser umschließt das ♂ das ♀ in der Weise, daß der erste Analstrahl unmittelbar in die Nähe des Afters beim ♀ gelangt. Danach werden die Eier auf einen vorher gesäuberten Platz ausgestoßen.

FU: K; Insekten und deren Larven. Frostfutter, Flockenfutter mit gefriergetrockneten Bestandteilen.

Bes.: Diese Art hat keine Adipose, während sonst die meisten Vertreter der Familie eine solche haben. Die Gattung enthält nur diese eine Art (monotypisch).

T: 20-25°C, L: 15 cm, BL: 100 cm, WR: u,m, SG: 2-3

Pseudauchenipterus nodosus, juvenil

Trachelyopterichthys taeniatus

Auchenoglanis occidentalis VALENCIENNES, 1840
Augenfleckwels, Giraffenwels

Syn.: *Pimelodus occidentalis, Oxyglanis sacchii.*

Vork.: Weitverbreitet im tropischen Afrika. Unterer Nil bis zum Blauen Nil; Niger, Kongo, in den Seen Tschad und Tanganjika, Mweru und Bangwelu.

Ersteinf.: 1909 durch Paul Matte, Lankwitz; 1974 wieder durch Heiko Bleher, Frankfurt.

GU.: Bisher nicht beschrieben.

Soz. V.: Meist tagaktiver Wels, besonders bei den Fütterungen. Er ist recht friedlich, sollte dennoch nicht mit zu kleinen Fischen gehalten werden. *Distichodus* und *Ctenopoma*-Arten sind die rechten Gesellschafter.

Hält. B.: Der Bodengrund darf nicht zu grob und scharfkantig sein. Sonst werden die Barteln leicht beschädigt. Der Sandboden wird bei der Nahrungsaufnahme „durchgesiebt". Feinfiedrige Pflanzen sind bei der Bepflanzung deshalb unangebracht. Wasser: pH-Wert 6,5–7,8; Härte: bis 28° dGH.

ZU: Nicht bekannt.

FU: O; Futtertabletten (TabiMin o. ä.), Flockenfutterreste. Jedes Lebendfutter, Tiefkühlkost, FD-Nahrung.

Bes.: Die Art nimmt selbst mit kleinsten Becken vorlieb; sie sollte jedoch trotzdem nicht eingezwängt werden.

T: 21–25° C, **L**: 45 cm, **BL**: 150 cm, **WR**: u, **SG**: 2

Bagrus docmac (FORSSKÅL, 1775)
Nilwels, Schweinewels

Syn.: *Silurus docmak,* S. bajad (nicht FORSSKÅL), *Porcus docmac.*

Vork.: Nil, Victoria-See, Stefanisee, Kainji-See, Sagan-Fluß (Afrika).

Ersteinf.: 1936.

GU.: Bisher nicht beschrieben.

Soz. V.: Kein Fisch für das Gesellschaftsbecken, weil kleine Fische stets gefressen werden. Meist nacht- oder dämmerungsaktiv. Tagsüber kommt das Tier nur wegen seines unmäßigen Appetits zum Vorschein.

Hält. B.: Sehr anspruchslose Art. pH-Wert 6,5–8,2; Härte bis 30° dGH. Viel freien Schwimmraum bieten. Pflanzen werden nicht gefressen, aber leicht ausgewühlt. Sandiger Bodengrund mit einem großen Höhlenversteck. Harte, gut verwurzelte Pflanzen evtl. in Töpfen.

ZU: Nicht bekannt.

FU: K, O; Jungtiere nehmen gern Tablettenfutter und *Tubifex*. Später benötigen die Tiere handfestes Lebendfutter: Fische und Regenwürmer. In der Natur sind die Jungtiere Insektenfresser.

Bes.: Kein rechter Aquarienfisch, obwohl in der Jugend leicht haltbar. Der deutsche Name Nilwels ist wohl recht „weit gegriffen". Es gibt im Nil an die hundert Welsarten, weshalb hier ein neuer deutscher Name vorgeschlagen wird. (Syn. *Porcus* = Schwein). Guter Speisefisch.

T: 21–25° C, **L**: 60 cm, **BL**: 150 cm, **WR**: u, **SG**: 3–4 (G)

Auchenoglanis occidentalis

Bagrus docmac

Heterobagrus bocourti BLEEKER, 1864
Königsstachelwels Unterfam.: Bagrinae

Syn.: *Prajadhipokia rex.*

Vork.: Südostasien; Thailand.

Ersteinf.: 1977.

GU.: Nicht bekannt.

Soz. V.: Tagsüber verstecken sich die Fische. Die Art kann nur mit solchen Fischen vergesellschaftet werden, die zu groß zum Fressen sind (über 10 cm Länge). Nicht für Gesellschaftsbecken geeignet.

Hält. B.: Die Fische sollten zu 3–5 Exemplaren gepflegt werden. Diese brauchen viel Platz zum Schwimmen und für die Nahrungssuche. Sandboden. Versteckmöglichkeiten bieten. Bepflanzung nur im Hintergrund. Diese wird nicht beschädigt. Großer Filter mit guter Wasserumwälzung. Wasser: pH-Wert 6,5–7,2; Härte 10–20° dGH.

ZU: Nicht bekannt.

FU: K; manche Tiere nehmen Tablettenfutter im Jugendstadium. Später füttert man Rinderherz, Regenwürmer und kleine Fische.

Bes.: Kein eigentlicher Raubfisch. Kleine Fische werden nur gelegentlich genommen (wenn die Gelegenheit günstig ist).

T: 22–25° C, **L**: 18 cm, **BL**: 200 cm, **WR**: u, **SG**: 3

Leiocassis siamensis REGAN, 1913
Siamesischer Ringelwels Unterfam.: Mystinae

Syn.: *Leiocassis albicolaris, L. albicollis, L. bicolor.*

Vork.: Thailand, Kambodscha.

Ersteinf.: 1937.

GU.: Unbekannt.

Soz. V.: Einzelgänger, revierverteidigend, für kleine Fische gefährlich.

Hält. B.: Lebt wie viele Welse lichtscheu. Nachtaktive Art. Große Becken mit wenig Pflanzen, aber Höhlen unter Steinen, mit einem Blumentopf, einer Kokosschale oder Moorkienholzwurzeln sind erforderlich, um die Art naturgerecht pflegen zu können. pH-Wert 6,0–8,0; Härte 4–25°.dGH.

ZU: Nicht bekannt. Die verwandte Art *L. brashnikowi* laicht am Boden zwischen Wurzeln. Das ♂ bewacht den Laich. Jungtiere schlüpfen nach etwa drei Tagen und schwimmen nach sieben Tagen frei.

FU: Lebendfutter, Futtertabletten, auch Flockenfutter (Großflocken).

Bes.: Stößt krächzende Laute aus. Kann mit dem Brustflossenstachel arge Verletzungen hervorrufen. Nicht mit dem Netz fangen, sondern mit einem Glasbehälter.

T: 20–26° C, **L**: 20 cm, **BL**: 100 cm, **WR**: u, **SG**: 2–3

Heterobagrus bocourti

Leiocassis siamensis

Lophiobagrus cyclurus (WORTHINGTON & RICARDO, 1937)

Tanganjika-Stachelwels

Syn.: Eine Revision für die Gattung ist in Arbeit.

Vork.: Endemisch im Tanganjika-See, Afrika.

Ersteinf.: Ca. 1978 nach England.

GU.: Nicht bekannt.

Soz. V.: Hauptsächlich nachtaktiver Wels, der gern in Gruppen zu 4–6 gehalten wird. Anscheinend ist die Art nicht territorial. Kann mit nicht zu kleinen Fischen gehalten werden. Siehe aber Bes.

Hält. B.: Viel Unterschlupf; Bodengrund teilweise aus Sand zum Gründeln. Hartes Wasser von 15–25° dGH; pH-Wert 7,5–8,0. Vergesellschaftung mit Tanganjika-Cichliden.

ZU: Die Eier werden in geräumigen Höhlen oder Unterständen abgelegt. Sie sind 2 mm im Ø, milchig und sehr klebrig. Einzelhaltung eines ablaichenden Paares wird angeraten, da die Eier bei Störungen von den Eltern gefressen werden könnten. Die Larven schlüpfen nach 4–5 Tagen und die Jungen entwickeln eine Pigmentierung nach weiteren 5 Tagen. Die Jungtiere sollten in einem separaten Aufzuchtbecken ohne die Eltern aufgezogen werden. Anfangs werden Liquifry und *Artemia*, später fein geschabte Regenwürmer und gesiebtes Flockenfutter verabreicht.

FU: K; hauptsächlich Insektenlarven und gelegentlich kleine Fische. Gern Tablettenfutter und Pellets.

Bes.: Stark verängstigte Tiere können ein Sekret absondern, welches andere Fische (im Aquarium) tötet (nach Pierre Brichard in „Fishes of Lake Tanganjika, TFH-Verlag). In England gezüchtete Tiere und auch die Zuchttiere zeigten dieses Verhalten auch gegenüber anderen Fischarten nicht, obwohl sie provoziert wurden.

T: 23–26° C, **L**: 10 cm, **BL**: 100 cm, **WR**: u, **SG**: 3

Mystus sp. cf. *armatus* (DAY, 1865)

Antennen-Stachelwels

Syn.: *Hypselobagrus armatus, Macrones armatus.*

Vork.: Weitverbreitet in Asien. Fundberichte liegen jedoch nur von Indien und Burma vor.

Ersteinf.: Unbekannt.

GU.: Nicht bekannt.

Soz. V.: Recht verträgliche Art, die jedoch kleine Fische als Nahrung ansieht. Gesellschafter sollten 3/4 der Länge von *M. armatus* nicht unterschreiten. Nachtaktiv.

Hält. B.: Viel Schwimmraum und Platz für langen Tastfühler. Versteckmöglichkeiten. Geringe Bepflanzung, evtl. Schwimmpflanzendecke oder Lichtdimmer für abends. Wasser jeder Qualität.

ZU: Nicht bekannt.

FU: K, O; Futtertabletten, Pellets, Würmer, Insekten und -larven, Frostfutter. Flockenfutterreste.

Bes.: Die Brustflossenstacheln sind lang und spitz. Vorsicht mit Hand und Netz. Die Stacheln können, obwohl nicht eigentlich giftig, dennoch wegen des körperfremden Eiweiß zu Blutvergiftungen führen.

T: 22–25° C, **L**: 15 cm, **BL**: 120 cm, **WR**: u, **SG**: 2–3

Lophiobagrus cyclurus

Mystus sp. cf. *armatus*

Mystus nemurus (VALENCIENNES, 1839)
Asiatischer Rotflossenwels

Syn.: *Bagrus nemurus, Hemibagrus nemurus, Hemibagrus hoevenii, Macrones nemurus.*

Vork.: Malaysia, Thailand, Sumatra, Singapur, Java im Süß- und Brackwasser.

Ersteinf.: Ca. 1975.

GU.: Nicht bekannt.

Soz. V.: Ein rabiater Räuber, der alles im Aquarium angreift, sogar die Hand des Aquarianers. Nur mit sehr großen Tieren oder gleichgroßen Artgenossen vergesellschaften.

Hält. B.: Die importierten Tiere scheinen alle gut an Süßwasser gewöhnt zu sein, weshalb sie auch bei einer Härte von 10–25° dGH gehalten werden können. pH-Wert 7,0–8,2. Die Art springt gern und gut, sofern sie gestört oder gereizt wird. Deshalb ist das Becken gut abzudecken. Harte Pflanzen.

ZU: Nicht bekannt.

FU: K; Fische und nach Gewöhnung große Regenwürmer oder Rinderherz. Kleine Tiere nehmen in der Natur sogar Ameisen als Futter auf.

Bes.: Die größten Tiere stammen aus Sumatra. In anderen Verbreitungsgebieten bleiben sie kleiner.

T: 22–25° C, L: 60 cm, BL: 200 cm, WR: u, SG: 4

Brochis multiradiatus

Corydoras ambiacus

Corydoras atropersonatus WEITZMAN & NIJSSEN, 1970

Syn.: Keine.

Vork.: Ecuador, Südamerika.

Ersteinf.: Ca. 1978.

GU.: Nur zur Laichzeit sichtbar. Das ♀ ist dann plumper.

Soz. V.: Sehr friedliche, tagaktive Art, die am besten in kleinem Schwarm im Artbekken oder mit anderen zarten Fischen oder größeren, friedlichen, nachtaktiven Welsen (*Hypostomus, Peckoltia*) gehalten werden sollte.

Hält. B.: Die Fische gründeln gern, weshalb der Bodengrund aus feinem Sand, teilweise einer Mulmschicht, jedoch niemals aus scharfkantigem Kies bestehen soll. Weichwasser mit 4–8° dGH, pH-Wert 6,0–7,0. Strömungsreiches Wasser mit guter Filterpflege. Nitrathaltiges Wasser wird selten vertragen. Torffilterung ist von Vorteil.

ZU: Bisher selbst nicht von erfahrenen *Corydoras*-Züchtern vermehrt.

FU: K, O; Futtertabletten, Flockenfutterreste, Frostfutter.

Bes.: Die Art ähnelt sehr *C. sychri*, WEITZMAN, 1960. Aquarien Atlas Bd. 1, Seite 474.

T: 21–24° C, **L**: 4,5 cm, **BL**: 60 cm, **WR**: u, **SG**: 3

Corydoras caudimaculatus RÖSSEL, 1961
Schwanzfleck-Panzerwels

Syn.: Keine.

Vork.: Oberer Rio Guaporé, Brasilien (an der Grenze zu Bolivien); Südamerika.

Ersteinf.: 1959 nach USA, 1982 durch Heiko Bleher nach Deutschland.

GU.: Nicht bekannt.

Soz. V.: Eine ähnlich attraktive Art wie *C. guapore*, jedoch etwas robuster und ruhiger. Für Gesellschaftsbecken gut geeignet.

Hält. B.: Wie *C. guapore*. Sie ist noch toleranter an die Wasserbedingungen. Trotzdem keine Art für Anfänger! Klares, nitratfreies, gut gefiltertes Wasser mit regelmäßigem Wasserwechsel alle 3–4 Wochen und Filterreinigung sind angeraten. pH-Wert 6,5–7,5; Härte bis 22° dGH. Wenn kein nitratfreies Leitungswasser zur Verfügung steht, ist Anfängern von der Haltung abzuraten.

ZU: Mangels hoher Importzahlen bisher wenig gezüchtet. Wo bleiben die Spezialisten, die diese Art für den Handel vermehren? STERBA bildet Fotos der Art von KNAAK ab. Danach tragen die ♀♀ die Eier nach der Ablage in der als Tasche fungierenden Bauchflosse.

FU: O; leicht mit Tablettenfutter (TetraTips FD oder TabiMin – oder ähnliche) zu ernähren. Natürlich wird jegliche Art feineren Lebendfutters nicht verschmäht.

Bes.: Die Art ist im Körperbau gedrungener als die von *C. guapore*. Sonst sind beide Arten in der Zeichnung recht ähnlich.

T: 22–26° C, **L**: 6 cm, **BL**: 60 cm, **WR**: u, **SG**: 2

Corydoras atropersonatus

Corydoras caudimaculatus

Corydoras delphax NIJSSEN & ISBRÜCKER, 1983
Inirida-Panzerwels

Syn.: Keine.

Vork.: Rio Inirida System, Kolumbien (Südamerika).

Ersteinf.: Unbekannt, da häufig mit *C. leucomelas* und *C. ambiacus* verwechselt.

GU: ♀♀ sind gedrungener und ausgewachsen runder in der Bauchpartie.

Soz. V.: Friedliche, robuste Art, für jedes Gesellschaftsbecken geeignet.

Hält. B.: Die Art nimmt mit jedem Becken vorlieb, sofern das Wasser nicht zu sehr verschmutzt ist. Solange andere Fische leben, ist auch *C. delphax* dabei. Das Wasser sollte jedoch nicht allzu hart sein (bis 25° dGH).

ZU: Nach typischer *Corydoras*-Art.

FU: O; Allesfresser.

Bes.: Der lateinische Name bedeutet „junges Schwein" und weist auf die Freßgewohnheiten hin.

T: 21–24° C, **L**: 6 cm, **BL**: 50 cm, **WR**: u, **SG**: 1

Corydoras ehrhardti STEINDACHNER, 1910

Syn.: *Corydoras meridionalis.*

Vork.: Südbrasilien, Staat Parana, Jaragna, Gebirgsgewässer bei Joinville, Brasilien (Südamerika).

Ersteinf.: ca. 1970 durch K. H. Lüling.

GU: ♂ schlanker und gestreckter als das ♀.

Soz. V.: Gattungstypisch.

Hält. B.: Wie andere Arten der Gattung, jedoch sollte das eher kühle Becken mit starker Filterströmung für die Pflege Verwendung finden.

ZU: Zuchtberichte liegen nicht vor.

FU: K, O; in der Natur vorwiegend Insektenlarven. Im Aquarium Allesfresser.

Bes.: Die Art ist *Corydoras paleatus* sehr ähnlich. Der Körper ist jedoch schlanker, die dunkle Pigmentierung ausgeprägter und *C. ehrhardti* wird etwas größer.

T: 19–22° C, **L**: 7 cm, **BL**: 50 cm, **WR**: u, **SG**: 2–3

Corydoras delphax

Corydoras ehrhardti

Corydoras guapore KNAACK, 1961
Guapore Panzerwels

Syn.: Keine.

Vork.: Rio Guaporé, Brasilien (Südamerika).

Ersteinf.: 1959 nach USA, 1982 durch Heiko Bleher nach Deutschland.

GU.: Nicht bekannt.

Soz. V.: Eine aktive, flinke Art, die ständig auf der Suche nach Freßbarem ist. Für Gesellschaftsbecken bedingt geeignet (Temperatur).

Hält. B.: Wegen der Schwimmfreudigkeit (etwa wie die Zwergpanzerwelse *C. hastatus* und *C. pygmaeus*) ist Wasserströmung durch einen kräftigen Filter und viel freier Schwimmraum anzubieten. pH-Wert 6,5–7,2; Härte 5–18° dGH.

ZU: Bisher liegen keine Zuchtberichte vor.

FU: K, O; Tabletten- und Flockenfutter, gefrorene und gefriergetrocknete Lebendfuttersorten. Mückenlarven, Daphnien und Enchyträen.

Bes.: Eine attraktive Art.

T: 21–24° C, **L**: 5 cm, **BL**: 60 cm, **WR**: u, **SG**: 2–3

Corydoras haraldschultzi KNAACK, 1962
Prachtcorydoras

Syn.: Keine; Handelsname zeitweilig „*Corydoras araguaia*“.

Vork.: Rio Tocantius, Rio Araguaia, oberer Rio Guaporé. Zentralbrasilien (Südamerika). Letzte Fundortangabe nach STERBA (diese trifft jedoch eher auf *C. sterbai* zu).

Ersteinf.: 1959.

GU: ♀ gedrungener und zur Laichzeit mit vollerem Bauch.

Soz. V.: Friedliche Art, die gern in Trupps lebt.

Hält. B.: Wie die anderen *Corydoras*. Viel freien Schwimmraum und Strömung bieten. Torfgefiltertes Wasser ist von Vorteil. Ein größeres Becken ab 100 Liter Inhalt mit kräftiger Filterung und nitratfreiem Wasser ist erforderlich.

ZU: Wie bei vielen Arten zur dunklen Jahreszeit im Winter. Weiches, torfgefiltertes Wasser mit einem pH-Wert um 6,0; Härte unter 10° dGH. Man setzt 1–2 ♀♀ zu 3–5 ♂♂. Fütterung mit kräftigem Lebendfutter (Mückenlarven) auch tiefgefroren.

FU: K, O; Allesfresser, vor allem bodenlebende Insektenlarven. Flockenfutter und Tablettenfutter wird gern angenommen.

Bes.: Um diese Art hat es viel Zweifel gegeben, ob es sich um eine echte Art handelt. Ständig kamen Verwechslungen mit *C. sterbai* vor. Die Fotos beider Arten in diesem Buch zeigen jedoch klar die Unterschiede: *C. haraldschultzi* hat einen hellen Körper und Kopf mit dunklen Flekken, Punkten und Linien. Bei *C. sterbai* ist es genau umgekehrt: Hier ist der Körper und Kopf dunkel mit hellen Punkten und Linien. In der Färbung der Flossen bestehen auch Unterschiede: Die Fotos sprechen für sich. Siehe Seite 481.
Die Brust- und Bauchflossen sind bei ausgewachsenen Tieren kräftig orangefarben.

T: 24–28° C, **L**: 7 cm, **BL**: 60 cm, **WR**: u, **SG**: 2

Corydoras guapore

Corydoras haraldschultzi

Corydoras julii STEINDACHNER, 1906
Julipanzerwels

Syn.: Keine.

Vork.: Unterer Amazonas um Belem, Brasilien (Südamerika).

Ersteinf.: Unbekannt, da ständig mit *C. trilineatus* verwechselt.

GU: Äußerlich nicht erkennbar.

Soz. V.: Friedlicher Fisch, der gern mit anderen Panzerwelsen in Schulen schwimmt.

Hält. B.: Viel freier Schwimmraum am Boden, der sandig sein sollte. An das Wasser werden wenig Ansprüche gestellt: pH-Wert 6,5–7,8; Härte bis 20° dGH. Spärliche Bepflanzung mit *Echinodorus* und *Vallisnerien.* Auch feinfiedrige Pflanzen wie *Cabomba* sind geeignet. Regelmäßiger Wasserwechsel alle 2–3 Wochen ist ratsam.

ZU: Bisher liegen keine Zuchtberichte vor.

FU: O; Futterreste aller Art, besonders Futtertabletten und Flockenfuttermittel. Daphnien und Mückenlarven.

Bes.: Die Art wird meist mit *C. trilineatus* verwechselt. *C. trilineatus* hat eine mehr gebänderte Kopfzeichnung. Bei *C. julii* ist diese gepunktet. Außerdem ist *C. julii* kleiner und gedrungener. Der endgültige Artstatus müßte von Fachleuten noch festgelegt werden. Es wird behauptet, daß die Art (fast) überhaupt nicht im Handel angeboten wird. Ein Importeur aus Frankfurt führt jedoch Tausende dieser Fische im Jahr ein. Vergl. Foto Bd. 1, Seite 467!

T: 23–26° C, **L:** 5 cm, **BL:** 50 cm, **WR:** u, **SG:** 1

Corydoras leopardus MYERS, 1933
Leopard-Panzerwels*

Syn.: *Corydoras funelli.*

Vork.: Küstengewässer um Maracaña (nördlich v. Belem), Brasilien (Südamerika).
C. julii kommt ca. 500 km westlich davon im Amazonas-Mündungsgebiet vor.
Es muß hier klar gesagt werden, daß die Abbildung von einem Tier aus **Peru** stammt. Die Abbildung wurde von Fachleuten als *C.* cf. (ähnlich) *leopardus* identifiziert. Der echte *leopardus* aus Ostbrasilien hat mehr und kleinere Punkte, die teilweise zu Linien angeordnet sind. Die hier abgebildete Art ist also möglicherweise eine neue Art oder Unterart!

Ersteinf.: Verschiedentlich unter anderen Namen. Genaues Datum ist nicht mehr festzustellen.

GU: ♀♀ fülliger und gedrungener.

Soz. V.: Friedliche, robuste und lebendige Art für das Gesellschaftsbecken mit sonst ruhigen Bewohnern.

Hält. B.: Recht anspruchslose Art. Wasser: pH-Wert 6,5–7,5; Härte bis 20° dGH. Bei Wasserwechsel ist auf chlorfreies Leitungswasser zu achten. Evtl. gutes Wasseraufbereitungsmittel verwenden. Sonst wie andere *Corydoras.*

ZU: Bisher liegen keine Zuchtberichte vor. Jedoch dürfte die Zucht kaum von der anderer *Corydoras* abweichen. Da die Art selten importiert wird, mangelt es naturgemäß an passenden Zuchttieren.

FU: K, O; Flockenfutter, Tablettennahrung; feines Lebendfutter.

Bes.: Nach STERBA ist diese Art „höchstens eine Spielart" von *C. julii.* Die längere Schnauze unterscheidet *C. leopardus* jedoch eindeutig auch von *C. trilineatus* und *C. acrensis.*

* Wie der lateinische Name, so sollte auch der Trivialname „Leopard-Panzerwels" sein. Dieser Name wurde jedoch bisher *Corydoras julii* verliehen, was auf der Annahme beruhte, beide Arten seien identisch nach STERBA (1970). Da es sich jedoch um Fische mit verschiedenem Artstatus handelt, sollten auch verschiedene deutsche Namen verwendet werden.

T: 20–25° C, **L:** 7 cm, **BL:** 50 cm, **WR:** u, **SG:** 1–2

Corydoras julii

Corydoras leopardus

Corydoras leucomelas EIGENMANN & ALLEN, 1942

Syn.: *Corydoras caquetae.*

Vork.: Kolumbien, Peru (Südamerika).

Ersteinf.: Unbekannt.

GU.: Bei den ♂♂ sind die Brustflossen spitzer ausgezogen als bei den ♀♀. ♀♀ sind gedrungener im Körperbau als die ♂♂.

Soz. V.: Ein idealer Gesellschafter für kleinere Salmler, Zwergcichliden und andere friedliche Arten.

Hält. B.: pH-Wert 6,2–7,2; Härte bis 12° dGH.

ZU: Bisher nicht nachgezogen.

FU: L, O.

Bes.: Keine.

T: 22–26° C, **L:** 4,5 cm, **BL:** 50 cm, **WR:** u, **SG:** 1–2

Corydoras macropterus REGAN, 1913
Segelpanzerwels

Syn.: *Corydoras bertoni.*

Vork.: Brasilien um Sao Paulo, Südamerika.

Ersteinf.: 1912 von Albert Mayer, Hamburg.

GU.: ♂♂ haben stärker ausgebildete Borsten als „Backenbart". Rücken- und Brustflossen der ♂♂ sind wesentlich größer als bei den ♀♀.

Soz. V.: Friedliche Art, die für das kühl gehaltene Gesellschaftsbecken geeignet ist. Die Art sollte in kleinem Schwarm gepflegt werden. Nicht mit Flossen „knabbernden" Fischen (z. B. Sumatrabarben) halten.

Hält. B.: Wenig anspruchsvolle Art, die aber in der Eingewöhnung manchmal empfindlich ist. Die etwas sauerstoffbedürftigen Tiere leiden leicht bei zu hohen Temperaturen. Wasser: pH-Wert 6,5–7,5; Härte bis 18° dGH.

ZU: Bisher nicht gelungen.

FU: O; Tabletten- und Flockenfuttermittel. Lebendfutter aller Art.

Bes.: Die Art ähnelt etwas *C. barbatus* und kleinere ♀♀ *C. paleatus.* Das Foto zeigt ein ♂. Die Art paßt von dem Habitus und der Lebensweise her nicht in die Gattung.

T: 18–21° C, **L:** 10 cm, **BL:** 80 cm, **WR:** u, m, **SG:** 1–2

Corydoras leucomelas

Corydoras macropterus ♂

Corydoras melanistius brevirostris FRASER-BRUNNER, 1947

Syn.: *Corydoras wotroi.*

Vork.: Orinocofluß in Venezuela (Südamerika).

Ersteinf.: Unbekannt.

GU: ♀ zur Laichzeit rundlicher.

Soz. V.: Ein braver *Corydoras*, der sich im Gesellschaftsbecken mit nicht zu frechen Fressern gut einfügt.

Hält. B.: Feinkörniger, dunkler Bodengrund. Evtl. eine Mulmecke zum Gründeln. Dazu eignet sich eine hintere Beckenecke, die durch dichten Pflanzenwuchs oder Kieselsteine abgeteilt wird. Man sollte es so einrichten, daß die Filtereinlauföffnung (Ansaugkorb) ebenfalls in dieser Ecke angebracht ist. Dann sammelt sich automatisch der grobe Mulm in dieser Ecke. Der feine Mulm wird abgesaugt. Wasser: pH-Wert von 6,0–7,8; Härte bis 25° dGH (10°).

ZU: Die Art ist im Aquarium mehrfach nachgezogen worden.

FU: K, O; Futterreste, Tablettenfuttermittel, Forellenpellets etc. Ab und zu Frostfutter und/oder feineres Lebendfutter.

Bes.: Die Erstbeschreibung dieser Art erfolgte anhand eines Aquariumexemplares. Der genaue Fundort war nicht bekannt. Deshalb beschrieben NIJSSEN & ISBRÜCKER (1967) die Art als *C. wotroi* neu. Später stellte sich die Identität heraus und *C. wotroi* wurde zum Synonym.

T: 20–24° C, **L**: 6 cm, **BL**: 60 cm, **WR**: u, **SG**: 1

Corydoras melanotaenia REGAN, 1912
Gelbflossen-Panzerwels

Syn.: Keine.

Vork.: Rio Meta-Becken, Kolumbien (Südamerika).

Ersteinf.: Nicht bekannt.

GU: Das ♂ ist schlanker gebaut als das ♀.

Soz. V.: Friedliche Art, die wegen der Seltenheit am besten im Artbecken gehalten wird.

Hält. B.: Wie die anderen *Corydoras*.

ZU: Typisch für *Corydoras*: Die Eier sind klebrig und werden gern auf breiten Pflanzenblättern angeheftet. T: 23–25° C, pH 6,5–7,2; Härte bis 17° dGH. Die Larven schlüpfen nach 5 Tagen und werden mit frischen *Artemia*-Nauplien aufgezogen. Es werden 150–180 Eier in mehreren Balz- und Laichspielen abgelegt.

FU: K, O; Allesfresser; Flockenfutter, Tabletten und allerlei Futterreste.

Bes.: Die gelbe Färbung der Caudale hat der Art den Namen gegeben. Sonst ist sie bis auf geringe Abweichungen in den Körpermaßen sehr ähnlich wie *C. aeneus*. Das Verbreitungsgebiet ist jedoch wesentlich beschränkter als bei letzterer Art.

T: 20–23° C, **L**: 6,5 cm, **BL**: 60 cm, **WR**: u, **SG**: 2

Corydoras melanistius brevirostris

Corydoras melanotaenia

Corydoras ornatus NIJSSEN & ISBRÜCKER, 1976
Schmuckpanzerwels

Syn.: Keine.

Vork.: Rio Tapajos-Zuflüsse, Amazonien (Südamerika).

Ersteinf.: ca. 1980 nach England.

GU: Keine äußeren sichtbar.

Soz. V.: Friedliche Art, die in kleinen bis größeren Trupps lebt. Sie kommt zusammen mit dem Schwarzen Cichliden *Cichlasoma arnoldi* vor.

Hält. B.: Klares, gut gefiltertes Wasser mit extrem niedriger Härte (unter 2° dGH) und einem pH-Wert von 5,8 sind die Daten aus der Natur. Im Aquarium sind die Tiere toleranter. Bei Wasserwechsel sollte ein gutes Aufbereitungsmittel verwendet werden. Die Art ist sehr Nitrit/Nitrat-empfindlich.

ZU: Die Zucht ist bereits in England erfolgreich gewesen. Daten sind uns leider nicht bekannt.

FU: O; jegliche Futterreste am Boden.

Bes.: Die Art wurde bereits in Bd. 1, S. 471 vorgestellt. Hier zeigt sich jedoch eine andere Farbvariante.

T: 23–26° C, **L**: 6 cm, **BL**: 60 cm, **WR**: u, **SG**: 2

Corydoras orphnopterus WEITZMAN & NIJSSEN, 1970
Rüsselpanzerwels

Syn.: *Corydoras orphonopterus*.

Vork.: Unterer Rio Bobonaza, Pastaza-Flußsystem, Ecuador, (Südamerika).

Ersteinf.: 1984 durch Heiko Bleher, Frankfurt/M.-Kelsterbach.

GU: Bisher sind keine äußeren bekannt.

Soz. V.: Friedliche Art, die nicht mit Sumatrabarben, Skalaren und anderen Fischen vergesellschaftet werden darf, da diese gern an den langen Barteln knabbern.

Hält. B.: Besondere Beachtung sollte dem Bodengrund beigemessen werden. Er soll fein bis grobsandig sein. Scharfkantiger Quarzkies ist ungeeignet. Sonst ist die Art nicht anspruchsvoll. Wasser: pH-Wert 6,5–7,5; Härte bis 20° dGH. Gute Filterung.

ZU: Bisher nicht bekannt.

FU: K, O; Mückenlarven dürften am ehesten der natürlichen Nahrung entsprechen. Tablettenfutter (TetraTips) wird nach Gewöhnung akzeptiert, lieber jedoch Flockenfutter (FD-menü etc.).

Bes.: Wegen des besonders ausgeprägten, langen Maulfortsatzes wird der deutsche Name Rüsselpanzerwels vorgeschlagen.

T: 20–24° C, **L**: 5,5 cm, **BL**: 50 cm, **WR**: u, **SG**: 1–2

Corydoras ornatus

Corydoras orphnopterus

Corydoras panda NIJSSEN & ISBRÜCKER, 1971
Pandapanzerwels

Syn.: Keine.

Vork.: Peru; im System des Ucayali-Flusses, Südamerika.

Ersteinf.: 1976 durch Alfred Hanrieder, Scheinfeld.

GU.: Die Geschlechter unterscheiden sich durch die Gestalt. Die ♀♀ sind etwas größer und fülliger.

Soz. V.: Sehr friedliche Art; für kleinste Becken mit der Haltung kleiner Salmler oder Zwergcichliden geeignet.

Hält. B.: Diese kleine Art könnte man fast zu den Zwergpanzerwelsen zählen. Sie brauchen gut gefiltertes, sauerstoffreiches Wasser mit Wasserwechsel alle 3–4 Wochen.

ZU: Über erste Zuchterfahrungen mit *Corydoras panda* berichtet FOERSCH (1984) in der DATZ **37**, 41–44. Die Nachzucht erfolgte in einem 30-l-Becken, das keinen Bodengrund enthielt. Im Becken war ein Büschel Javamoos und zwei Tonschalen als Versteckmöglichkeiten. Gefüttert wurden die Zuchttiere mit Daphnien und Tubifex. Alle paar Tage wurde ein Drittel Frischwasser zugesetzt. Das Wasser war mittelhart (16° dGH), seine Temperatur betrug 22–24° C. Die Gelege sind klein und enthalten klebende, 1,5 mm große, hellgelbe Eier. Die Eientwicklung dauert bei 25° C etwa 4,5 Tage, dann schlüpfen die 7,5 mm langen Larven mit einem noch deutlich sichtbaren Dottersack. Dieser ist nach anderthalb Tagen aufgezehrt. Die Jungfische sind ziemlich schwimmaktiv und sehr scheu. Gefüttert werden sie mit *Artemia*-Nauplien, Mikro und zerhacktem Grindal.

FU: L, O; Aufwuchsnahrung im Algenrasen und Boden, kleine Würmer, FD-Tabletten und Flockenfutterreste.

Bes.: Der Name stammt von der dem Pandabären ähnlichen Fleckenzeichnung.

T: 20–25° C, **L**: 4,5 cm, **BL**: 60 cm, **WR**: u, **SG**: 2–3

Corydoras polystictus REGAN, 1912
Savannenpanzerwels

Syn.: *Corydoras virescens, „C. vermelinhos“* (Handelsname).

Vork.: Östl. Rio Guaporé-Zuflüsse (Mato Grosso, Brasilien); Südamerika.

Ersteinf.: 1955.

GU.: ♂ schlanker und flach in der Bauchlinie, ♀ am Bauch gerundet.

Soz. V.: Friedliche Art, die am besten im Schwarm von 5–8 Tieren gehalten werden soll. Zur Vergesellschaftung mit zarten Salmlern und Buntbarschen ist die Art gut geeignet.

Hält. B.: Strömendes Wasser mit einer Turbelle oder kräftigem Filter erzeugen. Feiner Sandboden. Wasser: pH-Wert 6,2–7,5; Härte bis 18° dGH. Möglichst niedriger Nitratgehalt bis 30 mg/l. Häufiger Wasserwechsel, alle 3–4 Wochen 1/3 des Beckeninhaltes. Torfextraktzugabe oder ein gutes Wasseraufbereitungsmittel verwenden. Pflanzen werden nicht beschädigt.

ZU: Zur Laichzeit zeigt die Art nach STERBA „hüpfende“ Bewegungen. Das Zuchtbecken sollte flach (ca. 20 cm Wasserstand) und recht groß sein (100 x 40 cm). Klares, gut gefiltertes Wasser. Mehrere ♂♂ mit wenigen ♀♀.

FU: O; Tabletten- und Flockenfutter. Jegliche Art kleinerer Lebendfuttersorten. Gefrierfutter und gefriergetrocknete Futtersorten.

Bes.: Eine hübsche Art, die *C. punctatus* etwas ähnelt (Bd. 1, Seite 471), aber wegen der regelmäßigen Punktierung und sonst markierungsloser Zeichnung gut zu unterscheiden ist. Trotz der weiten Verbreitung findet man die hübsche Art selten im Handel.

T: 22–28° C, **L**: 4 cm, **BL**: 60 cm, **WR**: u, **SG**: 1–2

Corydoras panda ♂

Corydoras polystictus

Fischfangstation Iquitos, Peru. Die Fische werden in halbierten Ölfässern gehältert.

Corydoras robineae BURGESS, 1983
Flaggenschwanz-Panzerwels

Syn.: Keine.

Vork.: Oberes Rio Negro Einzugsgebiet (Rio Aiuana), Südamerika.

Ersteinf.: 1983 nach USA; Ersteinfuhr nach Europa 1977.

GU.: Bisher nicht bekannt.

Soz. V.: Wie alle kleineren Panzerwelse wohl eine friedliche Art. Verhält sich im allgemeinen ruhiger als andere Panzerwelsarten.

Hält. B.: Torfgefiltertes weiches Wasser dürfte dem Vorkommensgebiet nach für diesen neuen Wels am zuträglichsten sein. pH-Wert 5,6–7; Härte bis 15° dGH.

ZU: Über eine geglückte Zucht gibt es bisher keine genauen Angaben.

FU: K, L; Futtertabletten, Flockenfutterreste, kleine Würmer und Mückenlarven.

Bes.: Der deutsche Name wurde aus dem Englischen übersetzt. Die Art sieht *Dianema urostriata* (Aquarien Atlas Bd. 1, S. 476) recht ähnlich, hat aber 6 Barteln, während die zuletzt erwähnte Art nur 4 aufzuweisen hat.

T: 23–26° C, L: ca. 4 cm, BL: 60 cm, WR: u, SG: 2–3

Corydoras septentrionalis GOSLINE, 1940
Siebenfleck-Panzerwels

Syn.: Keine.

Vork.: Kolumbien: Seitenfluß vom Rio Meta (Südamerika).

Ersteinf.: 1975 durch Heiko Bleher, Frankfurt.

GU.: Keine auffälligen.

Soz. V.: Artbecken; mit Gebirgsbachfischen der kühleren Tropenzonen gut zu vergesellschaften.

Hält. B.: Eine Strömung liebende Art aus Quellgewässern. Dunkler Sand oder gebrochene Lavagesteine als Bodengrund. Die Art gründelt gern. pH-Wert 6,0–7,5; Härte bis 18° dGH.

ZU: Bisher liegen keine Zuchtberichte vor.

FU: O, L; Allesfresser. Die Art wühlt gern Sandboden und Mulmschichten nach Freßbarem durch. Futtertabletten und wurmähnliche Nahrung.

Bes.: Ähnelt *Corydoras acutus* (Bd. 1, Seite 460), es fehlt dieser Art jedoch der dunkle Fleck im vorderen Teil der Rückenflosse.

T: 20–23° C, **L**: 5,5 cm, **BL**: 60 cm, **WR**: u, **SG**: 2

Corydoras simulatus WEITZMAN & NIJSSEN, 1970
Schlichter Schwarzrücken-Panzerwels

Syn.: Keine.

Vork.: Kolumbien (Amazonas-Einzugsgebiet).

Ersteinf.: Unbekannt, da manchmal mit *C. metae* eingeführt.

GU.: Nicht bekannt; ♀ wahrscheinlich gedrungener und robuster, ♂ schlanker.

Soz. V.: Friedlicher Bodenbewohner, auch für das Gesellschaftsaquarium mit guten Wasserbedingungen geeignet.

Hält. B.: Im Gegensatz zu gegenüberstehendem Foto sollten diese Panzerwelse auf grobem Sand gehalten werden. Die Art bevorzugt fließendes, klares Wasser. Deshalb ist eine gute Filterung mit häufigem Auswaschen der Filtermasse (alle 4–6 Wochen) anzuraten. Die Bepflanzung kann je nach Belieben vorgenommen werden. Wasser: pH-Wert 6,2–7,5; Härte bis 20° dGH.

ZU: Bisher nicht nachweislich nachgezogen.

FU: O; Futtertabletten, Flockenfutterreste. Ein Restevertilger, der gern gründelt. Würmer und Mückenlarven sind Leckerbissen.

Bes.: Die Art lebt sympatrisch (zusammen) mit *C. metae*.

T: 20–25° C, **L**: 5,5 cm, **BL**: 60 cm, **WR**: u, **SG**: 1–2

Corydoras septentrionalis

Corydoras simulatus

Corydoras steindachneri ISBRÜCKER & NIJSSEN, 1983
Steindachners Panzerwels

Syn.: Keine.

Vork.: Paranagua, Südbrasilien (Südamerika).

Ersteinf.: Ungewiß.

GU: Die ♂♂ mit länger ausgezogener Rückenflosse und schlanker als die ♀♀.

Soz. V.: Flinke, friedliche Fische, am besten für das Artbecken oder ein Becken mit Bachlandschaft. Sollte man Wildfänge bekommen können, ist eine Eingewöhnungszeit und Zugabe von einem guten Wasseraufbereitungsmittel bei zweiwöchigem Wasserwechsel angeraten. Aquarienbezogene Tiere sind meist recht robust. Wasser: pH-Wert 6,0–7,2; Härte bis 15° dGH.

ZU: Die heute im Handel erhältlichen Exemplare dürften alles Aquariennachzuchten sein. Zucht gattungstypisch.

FU: K, O; Flockenfutter mit gefriergetrockneten Anteilen, Frostfutter (Rote Mückenlarven). *Artemia.*

Bes.: Die Art sieht aus wie eine Mischung von *Corydoras macropterus* (die hohe Dorsale) und *Corydoras paleatus.*

T: 22–26° C, **L**: 6 cm, **BL**: 60 cm, **WR**: u, **SG**: 1–2

Corydoras sterbai KNAACK, 1962
Sterbas Panzerwels, Orangeflossen Panzerwels

Syn.: S. Bes.

Vork.: Oberer Rio Guaporé, Brasilien.

Ersteinf.: 1960.

GU.: ♂ etwas schlanker, ♀ gedrungener.

Soz. V.: Friedliche Art, die am besten in kleinem Schwarm gehalten werden sollte. Als Gesellschafter sind Bewohner der mittleren und oberen Wasserschichten zu wählen.

Hält. B.: Bodengrund weich und möglichst dunkel. Weiches, klares Wasser mit etwas Strömung. Das Becken sollte nicht zu dicht bepflanzt sein und viel Schwimmraum bieten. pH-Wert 6,6–7,0; Härte bis 15° dGH.

ZU: Wie andere *Corydoras*-Arten? Bisher liegen keine Zuchtberichte vor.

FU: O; alle Arten von Tabletten- und Flockenfutter. Gelegentlich Lebendfutter wie Daphnien, *Tubifex* und Enchyträen.

Bes.: Die Art wird meist als *C. haraldschultzi* angesehen, welcher jedoch eine andere Art ist.

T: 21–25° C, **L**: 8 cm, **BL**: 80 cm, **WR**: u, **SG**: 1–2

Hoplosternum littorale (HANCOCK, 1828)
Lehmpanzerwels
Unterfam.: Callichthyinae

Syn.: *Callichthys laevigatus, Hoplosternum laevigatum, Callichthys littoralis, C. subulatus, Hoplosternum stevardii.*

Vork.: Weitverbreitet in Südamerika von Argentinien im Süden bis Trinidad (Mittelamerika) im Norden.

Ersteinf.: Nicht zu ermitteln (1959?).

GU: Während der Laichzeit zeigt das ♂ einen stark aufgebogenen Brustflossenstachel, was schon häufig als anatomische Abnormität angesehen wurde.

Soz. V.: Recht friedliche Bodenbewohner, die jedoch als ausgewachsene Tiere auch

Fortsetzung Seite 482.

Corydoras steindachneri

Corydoras sterbai

Fortsetzung von *H. littorale*

schon einmal kleinere Fische als Nahrung ansehen. Die Tiere gründeln gern, um nicht zu sagen, sie wühlen auch mal.

Hält. B.: In Becken mit feinfiedrigen Pflanzen hat die Art keinen guten Platz, da die Pflanzen vermulmen. Dagegen sind größere *Echinodorus* in Töpfen eine gute Dekoration. Eine mulmige Sandecke zum Gründeln ist wichtig. Kräftige Filterung. Höhlenverstecke. Oberfläche mit Schwimmpflanzen abdunkeln.

ZU: Das ♂ baut ein Schaumnest zwischen Pflanzenteilen und bewacht die Larven für einige Tage. Das ♀ wird vertrieben. Die Larven schlüpfen bereits nach drei Tagen aus den Eiern und sollten mit feinem Lebendfutter (z. B. *Artemia*) gefüttert werden. Die Jungfische nehmen jedoch auch Flockenfutterpartikel, Tablettenfuttermittel (TabiMin – zerfallene Tabletten) und gefriergetrocknete Naturfutter – kurz, sie „grasen" den ganzen Bodengrund nach Freßbarem ab. Es ist nicht belegt, ob die Elterntiere den Jungen nachstellen. Je nach Beobachtung sollten zuerst das ♀, evtl. später das ♂ aus dem Zuchtbecken entfernt werden. Zum Zuchtansatz sind die Elterntiere reichlich mit Lebendfutter zu versorgen (*Tubifex*, Daphnien, gefrorene rote Mückenlarven).

FU: O; Allesfresser: Würmer, Tablettenfuttermittel, Futterreste. Pflanzen werden nicht gefressen aber häufig ausgegraben (s. Soz. Verh.).

Bes.: Von HOEDEMAN (1952) wurde die Unterart *H. littorale dailliy* aus Surinam beschrieben. Ob das noch als Unterart gilt, konnte leider bisher nicht geklärt werden. Sofern diese Unterart gültig ist, würde *Hoplosternum littorale littorale* ebenfalls zur Unterart.
Jungtiere sind recht ansprechend gefärbt, Alttiere sind recht eintönig gelb/grau (lehmfarbig). Deshalb wird hier der deutsche Name vorgeschlagen.

T: 18–26° C, **L**: 23 cm, **BL**: 100 cm, **WR**: u, **SG**: 1–3, je nach Größe.

Hoplosternum pectorale (BOULENGER, 1895)
Pfeffer und Salz-Panzerwels

Syn.: *„Hoplosternum magdalenae", Callichthys pectoralis, Hoplosternum pectoralis.*

Vork.: Rio Magdalena in Brasilien, Südamerika.

Ersteinf.: Ungewiß, da fast stets als *Hopl. thoracatum* angesehen.

GU.: ♂ hat kräftiger entwickelte Brustflossen.

Soz. V.: Meist friedliche Art. Die ♂♂ sind zur Laichzeit sehr aggressiv. In Großbekken können mehrere Tiere gehalten werden. Die Fische entwickeln ausgeprägtes Territorialverhalten.

Hält. B.: Dicht bepflanzte Becken und etwas freien Schwimmraum über den Pflanzen. Tagaktive Art, einzeln gut für das Gesellschaftsbecken geeignet. Wasser: pH-Wert 5,8–7,8; Härte bis 25° dGH (10°). Bodengrund aus feinem Sand. Die Art wühlt.

ZU: Es wird zwischen Pflanzenteilen unter größeren Schwimmblättern oder in Höhlen ein Schaumnest gebaut. Der Wasserstand sollte nur ca. 20 cm betragen. Das ♂ treibt stark. Nach dem Ablaichen sollte das ♀ entfernt werden. Das ♀ legt die Eier in eine Tasche, die zwischen Körper und Brustflosse entsteht, wenn das ♂ das ♀ während des Laichvorganges mit seinen Flossen zusammengekrümmt einklemmt. Aus dieser Brusttasche werden die Eier unter dem Schaumnest festgeklebt. Die Schlupfzeit beträgt 4–5 Tage. T.: 26–28° C, weiches Wasser bis 5° KH. Aufzucht im Algenbecken mit *Artemia* und feinem Staubfutter, MikroMin und/oder Liquifry. Futterreste stets absaugen.

FU: O; Futterreste aller Art.

Bes.: Tiere der hier gezeigten Färbung werden oft als *H. magdalenae* bezeichnet. Das ist jedoch heute als Synonym von *H. thoracatum* anzusehen.

T: 20–22° C, **L**: 12 cm, **BL**: 80 cm, **WR**: u, **SG**: 1–2

Hoplosternum littorale

Hoplosternum pectorale

Channallabes apus (GÜNTHER, 1873)
Aalwels (nicht zu verwechseln mit den Aalwelsen *Plotosidae*).

Syn.: *Gymnallabes apus.*

Vork.: Zaire (Kongo) und Angola, Afrika.

Ersteinf.: 1956, dann wieder 1974 durch Heiko Bleher, Frankfurt.

GU.: Nicht bekannt.

Soz. V.: Ein versteckt lebender Fisch, der manchmal monatelang nicht zu sehen ist. Nachtaktiv. Nur mit größeren Fischen vergesellschaften, die nicht gefressen werden können.

Hält. B.: Eine Art, die mit jedem Aquariumwasser vorlieb nimmt. pH-Wert von 6,5–7,8; Härte bis 25° dGH. Versteckmöglichkeiten müssen geboten werden. Gern wühlt sich die Art tagsüber im Sandboden ein.

ZU: Bisher wohl nicht versucht.

FU: K; Futtertabletten (jede Menge), Rinderherzstückchen. Jede Art größeren Lebendfutters.

Bes.: *Bei Channallabes apus* sind die Brustflossen stark rückgebildet, die Bauchflossen fehlen ganz.

T: 22–25° C, **L**: 30 cm, **BL**: 120 cm, **WR**: u, **SG**: 3

Clarias angolensis STEINDACHNER, 1866
Angolawels

Syn.: *Clarias gabonensis.*

Vork.: West- und Zentralafrika: Flußsystem des Niger bis Angola, auch im Brackwasser.

Ersteinf.: 1910 durch die Vereinigten Zierfischzüchtereien Berlin-Conradshöhe.

GU.: ♀ mit deutlich vollerer Bauchpartie.

Soz. V.: Einzelgänger, nur zur Vergesellschaftung mit Fischen, die größer sind als seine 1/3–1/2 Körperlänge. Nachtaktiv.

Hält. B.: Tagsüber lebt die Art versteckt und braucht ein Höhlenversteck zwischen Steinen oder Wurzelholz. Bepflanzung am besten mit robusten, festwurzelnden Arten oder auch Schwimmpflanzen. Gedämpftes Licht. pH-Wert 7,0–9,0; Härte 15–40° dGH.

ZU: Bisher nicht.

FU: K; Fleischfresser: Kleine Fische, Fischfleisch (aufgetaute Fischstäbchen, die von der Panierung gesäubert worden sind), Regenwürmer, gefriergetrocknete Bachflohkrebse usw. Jungtiere bis 15 cm Länge nehmen gern Futtertabletten, Flokkenfutterreste und Frostfutter.

Bes.: Die Art ist durch das akzessorische Atmungsorgan befähigt, längere Zeit an Land auszuhalten und wandert daher des Nachts bei Nahrungs- und Wohnraummangel auch „über Land". Albino-Formen sind im Handel.

T: 23–28° C, **L**: 35 cm, **BL**: 120 cm, **WR**: u, **SG**: 3–4 (K)

Channallabes apus

Clarias angolensis

Clarias cavernicola TREWAVAS, 1936
Blinder Höhlenwels

Syn.: Keine.

Vork.: Aigumas Höhle in Nordotavi (Namibia), Afrika.

Ersteinf.: Bisher nur für öffentl. Schauaquarien (z. B. Berlin) importiert.

GU.: Nicht bekannt.

Soz. V.: Untereinander recht friedliche Tiere, die aber nur für ein Artbecken geeignet sind.

Hält. B.: Ähnlich wie untenstehende Art, jedoch kann das Becken fast völlig abgedunkelt sein.

ZU: Über eine geglückte Zucht liegen bisher keine Berichte vor.

FU: K, O; eine Art, die in der Natur hauptsächlich Insekten (Motten usw.) frißt. Im Aquarium werden Futtertabletten und fleischliche Nahrung angenommen.

Bes.: Kein Fisch für den Aquarianer. Ein zwar sehr seltener Fisch, der aber keinerlei Reize (außer des absonderlichen) für den Aquarianer bietet.

T: 15–25° C, **L**: 25 cm, **BL**: 150 cm, **WR**: u, **SG**: 3

Clarias gariepinus (BURCHELL, 1822)
Afrikanischer Raubwels

Syn.: *Silurus gariepinus.*

Vork.: Südafrika, überall im tropischen Afrika weitverbreitet.

Ersteinf.: 1984 durch L. Seegers.

GU.: Die ♂♂ haben teilweise rote Flossenspitzen während der Laichzeit. Die Genitialpapille bei den ♂♂ ist spitzer ausgezogen als bei den ♀♀.

Soz. V.: Nur im Artbecken pflegen. Die Art ist gefräßig wie ein Hai.

Hält. B.: Die Art ist ein Rowdy. Sie kann 4 mm starke Glasscheiben zerbrechen! Becken gut abdecken, da die Fische gern „auswandern" und dann natürlich vertrocknen. An die Wasserbedingungen werden keinerlei Ansprüche gestellt.

ZU: Im Aquarium nicht möglich. Evtl. durch Abstreifen des Laiches und des Samens. Tiere über 50 cm Länge bringen 50000–150000 Eier. Die Paarung findet nachts, meist nach heftigem Regen, statt. Keine Brutpflege.

FU: K; Fisch- und Insektenfresser. In der Natur werden hauptsächlich junge Cichliden gefressen. Die Art jagt in Gruppen in anderen Fischschwärmen.

Bes.: Diese Fischart sollte von der Liste der Importeure gestrichen werden. Die Tiere fressen übermäßig viel, vor allem Fische, um ihr schnelles Wachstum zu erreichen. In letzter Zeit wurden einige teilalbinotische Exemplare eingeführt und angeboten. Finger weg!

T: 20–26° C, **L**: 80 cm, **BL**: 250 cm, **WR**: u, **SG**: 4 (G)

Clarias cavernicola

Clarias gariepinus

Clarias lazera (RUSSEL, 1794)
Aalbüschelwels

Syn.: *Silurus anguillaris (nicht L.), Macropteronotus charmuth, Heterobranchus anguillaris (nicht L.), Clarias syriacus, Clarias capensis (nicht C. & V.), Clarias orontis, Clarias macracanthus, Clarias xenodon, Clarias longiceps.*

Vork.: Nil und weitverbreitet im tropischen Westafrika.

Ersteinf.: Nicht bekannt.

GU.: Beide Geschlechter haben eine Genetialpapille, ähnlich den Cichliden. Beim ♂ spitz und lang, beim ♀ rund. Jedoch nur zur Laichzeit sichtbar.

Soz. V.: Ein sehr räuberischer Fisch. Nachtaktiv. Vergesellschaftung nur mit arteigenen oder anderen sehr großen, wehrhaften Fischen. Sogar Jungtiere können schon aggressiv sein.

Hält. B.: Das Becken ist gut abzudecken, da die Tiere gern auf Wanderschaft gehen und dann im Zimmer vertrocknen. Die Art verträgt jedes, auch schlechtes Wasser und überlebt selbst in sauerstofflosen Gewässern, die jedoch nicht zu hart (– 20° dGH) sein sollten. (Salzwasserempfindliche Art). pH-Wert 6,5–8,0; Härte 5–28° dGH.

ZU: Fischzüchtereien können durch Abstreifen der Geschlechtsprodukte am ehesten zu Zuchterfolgen kommen. Naturzucht (auch im Aquarium) sollte eine Frischwasser-Flutwelle (Regenzeit) mit kaltem Wasser imitieren.

FU: K, O; Allesfresser, jedoch bevorzugt tierische Nahrung. Fleisch, Fische; Jungtiere nehmen Tablettenfutter, Alttiere nach Gewöhnung auch Karpfen- oder Forellenpellets.

Bes.: Die Art kann bei Austrocknen der Heimatgewässer über Land wandern. Ein akzessorisches Atmungsorgan (sackartige Beutel in der Kiemenhöhle, in die büschelartige Ausstülpungen hineinragen) ermöglicht es den Tieren, einige Stunden ohne

Fortsetzung nächste Seite.

T: 19–27° C, **L**: 90 cm, **BL**: 200 cm, **WR**: u, m, **SG**: 4 (K)

Anadoras grypus (COPE, 1871)
Gefleckter Dornwels

Syn.: *Doras grypus.*

Vork.: Amazonas Becken, Südamerika.

Ersteinf.: 1970. Als „*A. hancockii*", sicher schon früher.

GU.: Bisher nicht beschrieben.

Soz. V.: Einzelgänger. In größeren Becken können bei genügend Versteckmöglichkeiten auch mehrere Tiere, die sich ein eigenes Territorium suchen, gehalten werden. Die Vergesellschaftung sollte nur mit größeren Cichliden und Salmlern, z. B. *Prochilodus* und *Leporinus*, erfolgen. Kleinere Fische könnten verspeist werden.

Hält. B.: Wasser: pH-Wert 6,2–7,2; Härte bis 15° dGH.

ZU: Nicht bekannt. Evtl. wie *Amblydoras hancockii* (Bd. 1, S. 482). Schaumnest unter Pflanzenblättern.

FU: K, O; Futtertabletten. Gefrierfutter. *Tubifex. Gammarus.* Kleine Schnecken. Die Art läßt sich auch ausdauernd bei ausschließlicher Gabe von Futtertabletten ernähren.

Bes.: Die Art wird oft mit *Amblydoras hancockii* verwechselt. Diese hat jedoch einen gesägten Rückenflossenstachel, während dieser bei *A. grypus* glatt ist. Die Fontanelle ist in Form eines „D" ausgebildet. Die seitlichen Knochenplatten sind kleiner als bei *Amblydoras.*

T: 22–26° C, **L**: 15 cm, **BL**: 120 cm, **WR**: u, **SG**: 2

Fortsetzung von *Clarias lazera*:

Wasser auszukommen. Speisefisch. Keine Anreize für die Aquaristik. Die Flossenstrahlen der Rücken- und Brustflossen können, obwohl nicht eigentlich giftig, wegen ihres artfremden Eiweißes schmerzhafte Verletzungen hervorrufen. Nur mit Plastikbehältern herausfangen.

Astrodoras asterifrons (HECKEL, 1855)
Helmwels

Syn.: *Doras asterifrons.*

Vork.: Mittlerer Amazonas (Solimoes) und Bolivien; Südamerika.

Ersteinf.: 1914.

GU.: Das ♂ hat einen längeren Rückenflossenstachel.

Soz. V.: Eine sehr versteckt lebende Art, die man oft wochenlang nicht bemerkt. Sie kann unbedenklich auch mit kleineren Arten vergesellschaftet werden.

Hält. B.: Die spitz ausgezogene Rückenflosse und die Brustflossen sowie die Stacheln entlang der Seitenlinie verfangen sich leicht in einem grobmaschigen Fangnetz oder können die Hand des Fängers verletzen. Deshalb fängt man diese Fische am besten mit einem Becherglas (hineintreiben) oder in einem Kunststoffbehälter. Sonst ist die Art problemlos in der Pflege und sehr langlebig. pH-Wert 6,5–7,8; Härte bis 20° dGH.

ZU: Bisher nicht bekannt.

FU: O; Flockenfutterreste, Tablettenfutter, jegliche Art von Lebendfutter, sofern es nicht zu groß ist; besonders *Tubifex* und *Gammarus.*

Bes.: Der deutsche Name stammt von dem starken Knochenschild auf dem Kopf ab.

T: 20–25° C, **L**: 10–12 cm, **BL**: 100 cm, **WR**: u, **SG**: 1

Hassar notospilus (EIGENMANN, 1910)
Zwergdornwels

Syn.: *Hemidoras notospilus, Hemidoras onestes, Hassar orestis.*

Vork.: Guyana-Länder, Südamerika.

Ersteinf.: Nach 1975.

GU.: ♂ mit verlängertem Dorsalstrahl, ♀ in der Bauchpartie gerundeter. Die Bauchflossen beim ♀ sind kräftiger ausgebildet.

Soz. V.: Sehr friedlicher kleiner Wels, der am besten mit kleinen Salmlern, Zwergcichliden oder auch kleinen Labyrinthfischen vergesellschaftet werden kann. Größere Fische verursachen bei dieser Art ein Gefühl des Unbehagens auch dann, wenn die größeren Fische nicht aggressiv sind. Offenbar kennt *Hassar* in der Natur größere Fische nur als Feinde. Bei Vergesellschaftung mit solchen verkriecht er sich und wird sehr scheu.

Hält. B.: Der Bodengrund muß weich sein. Auf keinen Fall darf scharfkantiger Kies verwendet werden. Die feinverästelten Barteln tasten den Bodengrund ständig nach Freßbarem ab. Tagsüber wird nur bei stark abgedunkeltem Becken gefressen. Es müssen genügend Versteckmöglichkeiten geboten werden, dazu eine dichte Bepflanzung im Hintergrund. Die Fische sind sehr empfindlich gegen Ichthyo. Präparate, die Kupfer enthalten, sind in halber Dosis anzuwenden.
Wasser: pH-Wert 6,5–7,0; Härte bis 20° dGH, klares, biologisch reines Wasser ist Bedingung für die erfolgreiche Pflege dieser Art. Es wird Torffilterung oder regelmäßige Zugabe von Torfextrakten empfohlen und bei Wasserwechsel ein gutes Wasseraufbereitungsmittel.

ZU: Bisher nicht nachgezogen.

FU: K, O; Futterreste, Tablettenfutter (Tetratips o. ä. FD-menü). Feines Lebendfutter, besonders Würmchen und Daphnien.

Bes.: Die Art ist anfänglich sehr scheu. Plötzliche ungewohnte Bewegungen vor dem Aquarium sind zu vermeiden.

T: 21–25° C, **L**: 7,5 cm, **BL**: 100 cm, **WR**: u, **SG**: 2–3

Astrodoras asterifrons

Hassar notospilus

Leptodoras linnelli EIGENMANN, 1912

Syn.: *Leptodoras acipenserinus, Hemidoras linnelli.*

Vork.: Nördliches Südamerika: Kolumbien, brasilianischer Amazonas, Südamerika. Selten.

Ersteinf.: 1978 durch Heiko Bleher, Frankfurt. USA 1980.

GU.: Nicht bekannt. Wahrscheinlich wie bei *Hassar notospilus* (Seite 490).

Soz. V.: Gesellig lebende Art, die jedoch nur mit Fischen von wenigstens 7 cm Länge gehalten werden sollte.

Hält. B.: Großflächiges, flaches Becken mit kiesigem Grund, abwechselnd mit Mulmecken oder Sandboden. Spärliche Bepflanzung im Hintergrund. Mittlere bis starke Strömung. Sauerstoffreiches Wasser, das völlig frei von Nitrit/Nitrat sein muß. pH-Wert 5,8–7,0; Härte bis 18° dGH. Versteckmöglichkeit unter Baumwurzeln oder Spalten zwischen Steinen.

ZU: Bisher wegen der Seltenheit der Importe noch nicht nachgezüchtet.

FU: L, K; hauptsächlich am Boden lebende Insektenlarven. Frostfutter-Mückenlarven und Bachflohkrebse, Flocken- und Tablettenfutter wahrscheinlich möglich. Bisher ist darüber nichts bekannt.

Bes.: Das Foto zeigt ein Jungtier. Die ausgewachsenen Fische sind etwas höher gebaut und haben gefiederte Bartfäden, ähnlich *Synodontis.*

T: 18–22° C, **L**: 21 cm, **BL**: 150 cm, **WR**: u, **SG**: 2–3

Liosomadoras oncinus s. nächste Seite

Opsodoras leporhinus (EIGENMANN, 1912)

Syn.: *Hemidoras leporhinus.*

Vork.: Mittlerer Amazonas, Bolivien und Peru (Iquitos); Südamerika.

Ersteinf.: 1972 durch Heiko Bleher, Ffm.

GU.: Nicht bekannt.

Soz. V.: Diese auffällige Art sollte am besten im Artbecken und in kleinem Schwarm gepflegt werden. Nicht mit zu kleinen anderen Arten vergesellschaften. Nicht mit flossenpickenden Arten (Sumatrabarben usw.) zusammenhalten. Die Fische für eine Vergesellschaftung sollten etwa gleich groß, aber friedlich sein.

Hält. B.: Die Art ist nitratempfindlich. Deshalb ist ein guter, „eingefahrener" biologischer Filter Voraussetzung für die erfolgreiche Pflege. Die Fische stehen gern in einer schwachen Wasserströmung. Krankheitsempfindlich. Besonders Ichthyo fällt die Art „im Fluge" an. Alle Heilmittel sollten mit halber Dosierung angewendet werden. In einem abgedunkelten Becken (Schwimmpflanzendecke) sind die Tiere auch tagsüber auf Nahrungssuche, sofern Lebendfutter angeboten wird. Wasser: pH-Wert 6,5–7,0; Härte bis 20° dGH.

ZU: Nicht bekannt.

FU: K; Lebendfutter: *Tubifex*, Daphnien, *Cyclops,* gelegentlich Enchyträen. Nach Eingewöhnung werden auch Flockenfutter und Futtertabletten angenommen.

Bes.: Ein heikler Fisch, dem man viel Aufmerksamkeit zuwenden muß.

T: 22–25° C, **L**: 8 cm, **BL**: 100 cm, **WR**: u, **SG**: 3

Leptodoras linnelli

Opsodoras leporhinus

Liosomadoras oncinus (SCHOMBURGK, 1841)
Jaguarwels, Onca

Syn.: *Arius oncina, A. oncinus, Liosomadoras morrowi.*

Vork.: Rio Ucayali, Peru; Rio Xeruiuni, Rio Negro, Brasilien; Südamerika.

Ersteinf.: 1968 von Heiko Bleher, Frankfurt.

GU.: ♂ mit Urogenitalpapille am vorderen Ende der Afterflosse. ♂ kräftiger gefärbt.

Soz. V.: Dämmerungsaktiver, geselliger Fisch, der für das Gesellschaftsbecken geeignet ist. Kann mit Fischen ab 5 cm Länge gehalten werden.

Hält. B.: Die Art braucht weiches, stark saures Wasser. pH-Wert 4,8–6,8; Härte 0° bis 12° dGH. Torffilterung. Kräftige Bepflanzung mit *Echinodorus*-Arten, Wurzelholz und große Steinaufbauten als Versteckmöglichkeiten.

ZU: Die Eier werden wie bei der Gattung *Auchenipterus* innerlich befruchtet und gleich danach ausgestoßen. Bisher wurde die Art im Aquarium nocht nicht vermehrt.

FU: K; Lebendfutter aller Art, Fische. Jungfische nehmen am liebsten *Tubifex* und *Gammarus* (Bachflohkrebse).

***Bes.**: Die Art steht der Gattung *Auchenipterus* sehr nahe und müßte eigentlich dort eingeordnet werden. Dann wären jedoch die Bestimmungsmerkmale dieser Familie zu ändern (Panzerung des Körpers vom Schädel bis zur Rückenflosse bei den Doradiden, bei den Auchenipteriden dagegen nicht). Der Jaguarwels dagegen hat diese Knochenplatten.

T: 20–24° C, **L**: 17 cm, **BL**: 120 cm, **WR**: u, **SG**: 2–3

Liosomadoras oncinus, juvenil

Liosomadoras oncinus

Opsodoras stubeli (STEINDACHNER, 1882)

Syn.: *Oxydoras stubeli, Hemidoras stubeli.*

Vork.: Rio Maranon, Brasilien.

Ersteinf.: 1971 durch Heiko Bleher, Ffm. als „*Acanthodoras spinosissimus* var".

GU.: Bisher nicht beschrieben.

Soz. V.: Sehr friedlicher Wels, der selbst mit Neons u. a. vergesellschaftet werden kann. Man sollte 3–4 Tiere zusammen halten.

Hält. B.: Die Art bevorzugt Becken mit Dämmerlicht, vielen Versteckmöglichkeiten und dunklem Bodengrund. In zu hellen Aquarien sieht man sie manchmal monatelang nicht. Sie wird dann vergessen. Deshalb ist die Art kein Anfängerfisch, obwohl sonst leicht haltbar und ausdauernd. Torffilterung oder ToruMin o. ä. Zugabe dunkeln das Wasser, wie es die Art liebt, ab. Sandboden und eine Ecke mit Mulm sind für das Wohlbefinden förderlich.

ZU: Nicht bekannt.

FU: O; Flockenfutterreste, Futtertabletten. Alle Arten feines Lebendfutter.

Bes.: Eine unaufdringliche, versteckt lebende Art. Etwas für den „dämmerungsaktiven" Aquarianer.

T: 22–25° C, **L**: 12 cm, **BL**: 100 cm, **WR**: u, **SG**: 1–2

Pseudodoras niger (VALENCIENNES, 1811)
Schwarzer Dornwels

Syn.: *Doras niger, Doras humboldti, Oxydoras niger, Corydoras edentatus, Rhinodoras niger, Rhinodoras prionomus, Rhinodoras teffeanus.*

Vork.: Amazonasgebiet, Rio Purus, Rio Sao Francisco, Brasilien; Peru (Südamerika).

Ersteinf.: 1970 durch Heiko Bleher, Ffm.

GU.: Bisher nicht beschrieben.

Soz. V.: Ein bemerkenswert friedliebender Großwels. Er wird am besten mit 2 oder 3 Artgenossen gehalten. Daneben kann man ohne weiteres sogar Platies, friedliche Cichliden oder einen Schwarm größerer Salmler einsetzen. Wenn sich diese Art jedoch bedrängt fühlt, schlägt sie mit dem Schwanzstiel wild um sich. Dabei können selbst größere Steine gegen die Aquarienscheiben geschleudert werden und diese zerstören. Deshalb ist beim Fang und bei der Vergesellschaftung mit sehr großen Fischen, z. B. Cichliden, Vorsicht geboten.

Hält. B.: In einem Großbecken ist die Art leicht zu pflegen. In Becken unter 2 m Länge kümmert sie. Es sollte kein Bodenfilter verwendet werden, da die Fische den Bodengrund ständig nach Freßbarem durchwühlen. Ein großer mechanischer und guter biologischer Filter (wenigstens 15% des Beckenvolumens) sind Bedingung. An das Wasser werden kaum Ansprüche gestellt, sofern es nicht verschmutzt ist. pH-Wert 6,0–7,8; Härte bis 25° dGH.

ZU: Nicht bekannt.

FU: O; Exemplare von 25 cm Länge verbrauchen leicht 500 TabiMin-Tabletten pro Woche! In der Natur wurden Detritus, Würmer und Pflanzenfrüchte und -samen im Magen gefunden.

Bes.: In einem Schauaquarium mögen die Tiere einen sinnvollen Platz haben. Im Heimaquarium nur etwas für Spezialisten, die der Art ein Riesenbecken gönnen. Die Fische haben ein außerordentlich gut entwickeltes Geschmacks- und Geruchsempfinden.

T: 21–24° C, **L**: 80 cm, **BL**: 150–250 cm, **WR**: u, **SG**: 2–4 (G)

Opsodoras stubeli

Pseudodoras niger

Pterodoras granulosus (VALENCIENNES, 1811)
Gemeiner Bacu

Syn.: *Doras granulosus, Doras maculatus, Doras murica, Doras muricus.*

Vork.: Weit verbreitet in fast allen größeren Flüssen Südamerikas.

Ersteinf.: Unbekannt.

GU.: Nicht bekannt.

Soz. V.: Nachtaktiver Wels, der kein eigentlicher Räuber ist, aber „aus Versehen" und Hunger auch Fische passender Größe nimmt. Große Cichliden, Welse und größere Salmler sind unbedenkliche Gesellschafter. In der Natur wandern die Tiere saisonal in größeren Schulen.

Hält. B.: Anpassungsfähige Art. Alkalisches Wasser über pH 7,5 verursacht jedoch Haut- und Augentrübungen. Geringe Bepflanzung mit Javafarn oder -moos. Andere Pflanzen werden bei Nahrungsmangel gefressen. Großes Höhlenversteck aus Steinen. Abgedunkeltes Becken oder ein Aquarium in einem Raum ohne viel Tageslicht.

ZU: Nicht bekannt.

FU: O; in der Natur werden Schnecken, Wasserpflanzen und Früchte genommen. Im Aquarium am liebsten Tablettenfutter.

Bes.: Aufnahme aus dem Aquarium Berlin. Geschätzter Speisefisch.

T: 20–24° C, **L**: 90 cm, **BL**: 200 cm, **WR**: u, **SG**: 4 (G)

Rhinodoras dorbignyi (KROYER, 1855)

Syn.: *Doras dorbignyi, D. nebulosus, Oxydoras dorbignyi.*

Vork.: Südbrasilien und Paraguay, Südamerika.

Ersteinf.: 1980.

GU.: Nicht bekannt.

Soz. V.: Kleinere Tiere bis 12 cm Länge sind gut für das Gesellschaftsbecken geeignet. Größere Tiere können sich nachts auch an am Boden suchenden kleineren Fischen vergreifen. Nachtaktiv.

Hält. B.: Die Art benötigt weiches Wasser bis etwa 10° dGH, pH-Wert 6,5–7,0. Eine größere Anzahl von Versteckmöglichkeiten sollte angeboten werden, besonders wenn mehrere Exemplare gepflegt werden. Torffilterung. Häufiger Wasserwechsel unter Zugabe eines guten Wasseraufbereitungsmittels. Pflanzen werden nicht gefressen, jedoch sollten keine feinfiedrigen zur Bepflanzung Verwendung finden, da die Art gern wühlt. Keinen scharfkantigen Kies nehmen, die Bartfäden kümmern sonst, und damit der ganze Fisch.

ZU: Nicht beschrieben.

FU: K, O; eingewöhnte Tiere nehmen gern Tablettenfutter und Futterreste. Sonst *Tubifex* und Fliegenmaden, die man sich im Sommer gut draußen in faulendem Fleisch oder Fisch „anziehen" kann (bei eigenem Garten!).

Bes.: Die Art wächst bei guter Pflege sehr schnell heran. Das sollte beim Kauf und zu kleinem Becken beachtet werden.

T: 20–25° C, **L**: 17 cm, **BL**: 150 cm, **WR**: u, **SG**: 2

Pterodoras granulosus

Rhinodoras dorbignyi

Heteropneustes fossilis (BLOCH, 1797)
Kiemensackwels, Speichenwels

Syn.: *Silurus fossilis, Clarisilurus kemratensis, Heteropneustes kemratensis, Silurus singio, Saccobranchus fossilis, S. singio.*

Vork.: Weit verbreitet in Indien, Sri Lanka? Thailand, Burma.

Ersteinf.: 1891 von Dr. Schad aus Treptow bei Berlin.

GU.: ♂ mit schlankerer Bauchlinie, ♀ gedrungener.

Soz. V.: Ein recht aggressiver Fisch, der kleinere Beckeninsassen gern verspeist. Nachtaktiv; selten tagsüber in Bewegung. Mit großen Barben ab 12 cm Länge etc. kann er gehalten werden. Die Art lebt gern mit ihresgleichen. Ein Artbecken ist deshalb empfehlenswert.

Hält. B.: Einige Versteck- und Ruheplätze, die tagsüber aufgesucht werden, dürfen im Becken nicht fehlen. Bepflanzung nur mit unempfindlichen größeren Arten (Riesenvallisnerien, Javafarn). Wasser: pH-Wert 6,0–8,0; Härte bis 30° dGH. Gute Filterung.

ZU: Im Aquarium bereits erfolgt. Die ca. 2 mm großen Eier werden zu Ballen in eine vorher ausgefächelte Kiesgrube abgelaicht und auch von den Eltern bewacht. Die Jungtiere später ebenfalls. Aufzucht mit *Artemia*, Daphnien.

FU: K, O; Kleine Exemplare nehmen gern Futtertabletten, später muß man den kräftigen Appetit mit Herz, Fischfleisch, Mehlwürmern etc. befriedigen.

Bes.: Die Brustflossenstacheln der Art sind giftig – also Vorsicht beim Fang. Eventuell handelt es sich bei den in letzter Zeit eingeführten und auch mehrfach nachgezüchteten Exemplaren dieser Gattung um *Heteropneustes microps*, eine deutlich kleiner bleibende (bis 25 cm) und daher leichter zu pflegende Art. *H. microps* ist *H. fossilis* äußerlich sehr ähnlich. Zu unterscheiden sind die beiden Arten nur daran, daß After- und Schwanzflosse bei *H. fossilis* mit einem tiefen Einschnitt getrennt sind, während sie bei *H. microps* ineinander übergehen. *H. microps* ist bisher nur aus einem kleinen Gebiet aus Sri Lanka bekannt.

T: 21–25° C, **L**: 50 cm, **BL**: 150 cm, **WR**: u, **SG**: 4 (K)

Heteropneustes microps (GÜNTHER, 1864)
Kleiner Speichenwels

Syn.: *Saccobranchus microps.*

Vork.: Südasien; Sri Lanka (Ceylon). Die Art kommt in Süß- und Brackwasser vor.

Ersteinf.: Unsicher, da die Art meist für *Heteropneustes fossilis* gehalten wurde.

GU.: ♂ schlanker, ♀ gedrungener und fülliger in der Bauchlinie.

Soz. V.: Wie bei *H. fossilis* angegeben.

Hält. B.: Wie bei *H. fossilis* angegeben. Beide Arten sind sehr anpassungsfähig, was die Wasserbeschaffenheit angeht. Wegen der Länge und damit verbundenen hohen Nahrungsaufnahme, besonders bei *H. fossilis*, ist eine gute Filterung und regelmäßiger Wasserwechsel angeraten.

FU: K, O; Futtertabletten, Großflocken, größere Tiere ab 10 cm Länge nehmen kleine Regenwürmer, gern Rote Mückenlarven, *Tubifex* etc.; Fische!

Bes.: Bei *Heteropneustes microps* ist die Afterflosse mit der Schwanzflosse verwachsen, und die Rückenflosse hat 8 Strahlen. Dagegen sind bei *H. fossilis* After- und Schwanzflosse nicht verwachsen, und die Rückenflosse weist 6 bis 7 Strahlen auf.

T: 22–26° C, **L**: 16 cm, **BL**: 100 cm, **WR**: u, **SG**: 3

Heteropneustes fossilis

Heteropneustes microps

Acanthicus adonis ISBRÜCKER & NIJSSEN, 1988
Elfenwels Unterfam.: Loricariinae

Syn.: Keine.

Vork.: Nebenfluß des Amazonas an der brasilianischen Grenze zu Peru, Südamerika. Nach Literaturberichten jedoch viel weiter verbreitet. So soll diese Art bei Xeberos in Peru, aber auch im Rio Branco, im brasilianischen Bundesstaat Pará und sogar in den Guyana-Staaten vorkommen. In diesen drei Lokalitäten ist er nach Berichten führender Ichthyologen mindestens zweimal nachgewiesen worden. Wahrscheinlich ist er aber im gesamten Vorkommensgebiet sehr selten. Vielleicht hängen diese unterschiedlichen Nachweise über das Vorkommen mit jahreszeitlichen Wanderungen zusammen?

Ersteinf.: 1983 durch Heiko Bleher, Frankfurt-Kelsterbach.

GU: Nicht bekannt.

Soz. V.: Friedliche Art, die nicht mit zu lebhaften und unruhigen Fischen gehalten werden sollte. Ein Artbecken wird empfohlen, eventuell Vergesellschaftung mit kleinen Salmlern. Auf keinen Fall irgendwelche Laichräuber einsetzen, denn eine Zufallszucht wäre eine aquaristische Sensation.

Hält. B.: Möglichst großes Becken mit Strömung. Steinaufbauten mit Höhlen und Spalten. Viel Licht wegen Algenwuchs. Hintergrundbepflanzung möglich, da kein Pflanzenfresser. Dunkler Bodengrund. Wasser: pH-Wert 6,0–7,0; Härte 5–12° dGH. Torfextraktzugabe und bei Wasserwechsel wird ein gutes Wasseraufbereitungsmittel angeraten.

ZU: Nicht bekannt. Offenbar wandern die Tiere zur Laichzeit. Am ursprünglichen Fangplatz konnten die Fische nicht ein zweites Mal gefunden werden.

FU: H, L; Algen, Futtertabletten, feines Lebendfutter.

Bes.: S. auch S. 361 (Bd. 3), evtl. andere Art.

T: 23–27° C, **L:** 100 cm, **BL:** 120 cm, **WR:** u, **SG:** 3

Ancistrus temminckii (VALENCIENNES, 1840)
Bürstennasenwels* Unterfam.: Ancistrinae

Syn.: *Loricaria plecostomoides, Hypostomus temminckii, Plecostomus aculeatus, Hypostomus schneideri, Xenocara temminckii, Ancistrus cirrhosus* (nicht VALENCIENNES), *A. dolichopterus* (nicht KNER), Hypostomus schneideri.

Vork.: Französisch Guyana, Surinam, Nordbrasilien, evtl. sogar bis Peru, Südamerika.

Ersteinf.: ?

GU: Erwachsene ♂♂ tragen tentakelähnliche Borsten entlang der Maul- und auf der vorderen Kopfregion. Beim ♀ sind diese wesentlich kürzer und kaum verzweigt.

Soz. V.: Außerhalb der Laichzeit recht friedliche Art. Zur Laichzeit entwickeln die ♂♂ ein ausgeprägtes Territorialverhalten. Alle Flossen und die Maulstacheln werden dann zum Imponieren abgespreizt. Es kann vorkommen, daß sich streitende ♂♂ mit den Maulstacheln ineinander verhaken und dann sehr schwierig wieder voneinander zu lösen sind.

Hält. B.: Moorkienholzwurzeln und Steine sollten so aufgebaut werden, daß sich Höhlen ergeben. Wasserströmung wird bevorzugt. Viel Licht zur Algenbildung. Wasser leicht sauer und mittlere Härtegrade bis 25° dGH.

ZU: Die orangenfarbenen, manchmal auch bernsteinfarbenen Eier werden meist unter Holzüberhängen abgelegt und vom ♂ für etwa 10 Tage bewacht. Während dieser Zeit legt es eine unauffällige Schutzfärbung zur Tarnung an. Im Gesellschaftsbecken werden selten Jungtiere groß. Deshalb sollte man einige frischgeschlüpfte Jungtiere in einem separaten Aufzuchtbecken aufziehen. Die Fütterung erfolgt mit zerquetschten Erbsen ohne Schale. Die Erbsen reibt man zweckmäßiger Weise durch ein *Artemia*-Sieb. Die Art ist leicht züchtbar. Das Ablaichen erfolgt alle paar Wochen hauptsächlich im Winter (die kürzeren Tage mit weniger Licht signalisieren den Tieren den Beginn der Regenzeit). Hat man ein ausgewachsenes Paar, so wird mit einem Wasserwechsel ($^3/_4$) im November oft das Ablaichen eingeleitet.

FU: H; Erbsen (tiefgefroren → aufgetaut → zerquetscht). Die Erbsenhüllen werden meist erst einen Tag später gefressen, wenn sie etwas aufgeweicht sind. Pflanzenflockenfuttermittel, Futtertabletten. Ab und zu Mückenlarven – tiefgefroren –.

Fortsetzung Seite 504.

Acanthicus adonis, darunter *Pseudacanthus spec.*

Ancistrus temminckii

Fortsetzung *Ancistrus temminckii*:

Bes.: *Der deutsche Name wurde aus dem Englischen übernommen (Bristle-nosed-catfish). Dieser Name ist an sich nicht kennzeichnend für die Art, denn andere Welse der Familie haben ganz ähnliche ausgeprägte „Bürsten" auf der Mauloberseite. Das Foto zeigt ein Jungtier, das auf dem hellen Untergrund nicht so dunkel gefärbt ist, wie das sonst der Fall ist. Die hellen Schwanzflossenspitzen dunkeln mit zunehmendem Alter und verschwinden damit als Kennzeichnung.

T: 21–24° C, **L**: 12 cm, **BL**: 70 cm, **WR**: u, **SG**: 1

Chaetostoma thomasi REGAN, 1904

Syn.: Keine.

Vork.: Gebirgsbäche in Kolumbien.

Ersteinf.: Ca. 1977.

GU.: Einige Arten entwickeln bei den ♂♂ während der Laichperiode „Tentakeln" auf den Brustflossen.

Soz. V.: Die Gattung *Chaetostoma* ist den größeren *Hypostomus* (früher *Plecostomus*) sehr ähnlich im Verhalten. *Chaetostoma* stammt jedoch aus Hochlandbächen, während *Hypostomus* aus tiefergelegenen und größeren Gewässern stammt. *Chaetostoma* ist eine friedliche Gattung, die sich jedoch an Jungbrut und kleinsten Fischen vergreifen kann. Einige Tiere entwickeln gegenüber Artgenossen territoriales Verteidigungsverhalten.

Hält. B.: Gut gefiltertes und belüftetes Becken mit grobem Kies als Bodengrund. Höhlenversteck aus Steinen oder Wurzeln. Sonst wie *Hypostomus*.

ZU: Nicht bekannt.

FU: H, O; normalerweise ist diese Art ein Algen- und Aufwuchsfresser. Sie nimmt jedoch Futtertabletten, Flockenfutterreste, Salatblätter, Spinat (am besten tiefgefroren) und zerquetschte Erbsen als Ersatznahrung an. Weiße Mückenlarven und *Tubifex* werden ebenfalls gelegentlich genommen.

Bes.: Die Gattung umfaßt ca. 40 Arten. Die Zugehörigkeit der Art zum Foto ist nicht vollständig gesichert.

T: 20–22° C, **L**: 10 cm, **BL**: 100 cm, **WR**: u, **SG**: 2–3

Cochliodon cochliodon (KNER, 1854)
Cochliodonwels

Syn.: *Hypostomus cochliodon, Cochliodon hypostomus, Loricaria melanoptera, Plecostomus cochliodon, Panaque cochliodon.*

Vork.: Rio Cuiaba, Rio Jangada, Rio Paraguay, Paraguay, Südamerika.

Ersteinf.: 1969 durch Heiko Bleher, Ffm., für das Berliner Aquarium.

GU.: Nicht bekannt.

Soz. V.: Einer der friedlichsten, ja liebenswürdigsten Vertreter aus der Familie der Welse. Die Art ist selbst gegenüber Jungfischen oder kleinsten Salmlern nicht aggressiv.

Hält. B.: Im Gegensatz zu anderen Loricariiden ist diese Art auch tagsüber aktiv, sofern genügend Pflanzennahrung zur Verfügung steht. (Manche nachtaktiven Welse fressen am Tag überhaupt nicht, auch wenn sie am Verhungern sind (z. B. *Sturisoma*)). Die Eingewöhnung ist nicht immer leicht; die Art ist an die Wasserqualität anspruchsvoller als ähnliche Arten der Familie. Zur Eingewöhnung benötigt die Art etwas Aufmerksamkeit. Sie sollte nur mit sehr ruhigen Arten gehalten werden, z. B. mit Arten, die keine Futterkonkurrenz bieten (Salmler, kleine Cichliden). *Cochliodon* braucht sauerstoffreiches Wasser mit einem leicht sauren pH-Bereich (6,3–7,2); Härte bis 10° dGH zur Eingewöhnung, später bis 18°. Ein gut veralgtes Becken ist von Vorteil.

ZU: Bisher nicht im Aquarium nachgezüchtet.

FU: H; Fischfuttertabletten als tägliche Nahrung, aber zur Sättigung 1–2 mal wöchentlich tiefgefrorerene (zerquetschte) Erbsen, Salat, Spinat und Vogelmiere.

Bes.: Eine Art, die im Handel leider sehr selten auftaucht. Sollten sich hier nicht einmal Pfleger dieser Art zwecks Zucht zusammentun? Der Verlag vermittelt die Anschriften von interessierten Besitzern.

T: 21–24° C, **L**: 15 cm, **BL**: 80 cm, **WR**: u, **SG**: 2–3

Chaetostoma thomasi

Cochliodon cochliodon

Hypostomus plecostomus (LINNAEUS, 1758)

Saugmaulwels, *„Plecostomus"*

Syn.: *Acipenser plecostomus, Loricaria plecostomus, Loricaria flava, Hypostomus guacari, Plecostomus plecostomus, P. guacari, Plecostomus bicirrhosus, P. flavus, Plecostomus brasiliensis, P. boulengeri, P. seminudus.*

Vork.: Nördl. Südamerika.

Ersteinf.: Nicht bekannt, da stets Verwechslungen mit anderen Arten der Gattung vorkamen.

GU.: Nicht bekannt.

Soz. V.: Junge Exemplare können in kleinen Becken mit allen Arten zusammen gehalten werden. Ab 15 cm Länge entwikkeln die Tiere zunehmend Territorialverhalten. 2–3 Tiere können aber gut in einem 250-Liter-Aquarium gehalten werden. Pflanzen werden nie gefressen, gelegentlich durch Wühlen jedoch ausgegraben.

Hält. B.: Die Art ist sehr dauerhaft, selbst in wenig aufmerksam gepflegten Becken. Sie wächst schnell. In 8 Monaten wuchsen zwei Tiere von 15 auf 22 cm Länge heran. Für Kleinbecken wird diese Art zu groß! Da sollte man besser *Peckoltia* oder *Chaetostomus* auswählen. pH-Wert 6,2–8,2; Härte bis 28° dGH. Gute Filterung, da viel Kotanfall. Harte Pflanzen. Große Höhlen als Verstecke.

ZU: Wird in Singapur und Hongkong in Teichen in großen Mengen nachgezogen. Es wird eine Laichgrube am Steilufer „ausgewedelt".

FU: H, O; im Aquarium ein Allesfresser, der sowohl mit Futtertabletten (am liebsten TetraTips), Flockenfutterrresten als auch Pflanzenkost wie Erbsen, Salat und Spinat ernährt werden kann. Die Fische lassen kaum einer Alge im Becken eine Chance. Blaualgen werden nicht genommen.

Bes.: Der *„Plecostomus"* ist einer der härtesten und ausdauerndsten Welse. Er sollte in keinem größeren Gesellschaftsbecken fehlen. Von den über 100 *Hypostomus*-Arten sind weit über 50 mehr oder minder gepunktet. Ob es sich bei der abgebildeten Art tatsächlich um *H. plecostomus* handelt, ist nicht bekannt.

T: 20–28° C, **L:** 28 cm, **BL:** 120 cm, **WR:** u, **SG:** 1–2

Chaetostoma spec. (GÜNTHER, 1864)

Gebirgs-Harnischwels

Syn.: Keine.

Vork.: Oberer Amazonasbereich.

Ersteinf.: Ca. 1980.

GU.: Nicht bekannt.

Soz. V.: Friedlicher Bodenbewohner, der auch tagsüber häufig zu sehen ist. Auch mit kleinen anderen Fischen zusammenzuhalten.

Hält. B.: Auch in kleineren Becken gut zu halten. Wasser: pH-Wert 6–7,5; Härte: bis 15° dH. Kräftig filtern, eventuell zusätzlich belüften. In im Winter beheizten Raum kann eine Aquarienheizung fehlen. Gut beleuchten, damit ausreichend Algen vorhanden sind.

ZU: Bisher liegen keine Berichte vor.

FU: O; Allesfresser im Aquarium: Futtertabletten, Flockenreste, Algen, tiefgefrorene gequetschte Erbsen. Tiefkühl-Lebendfutter wie Mückenlarven.

Bes.: Ein selten eingeführter, jedoch sehr ansprechender kleiner Wels. *Chaetostoma*-Welse sind von den nahe verwandten *Hypostomus*-Welsen gut an dem längeren Kopf und deutlich breiteren Saugmaul zu unterscheiden. Derzeit sind 39 Beschreibungen in dieser Gattung bekannt. Eine Zuordnung der abgebildeten Art ist ohne eine Revision der Gattung wahrscheinlich nicht möglich. Die Art wurde als *Hypostomus wucheri* gehandelt.

T: 20–24° C, **L:** 25 cm, **BL:** 120 cm, **WR:** u, **SG:** 2–3

Hypostomus plecostomus

Chaetostoma spec.

Otocinclus flexilis COPE, 1894

Syn.: *Otocinclus fimbriatus, O. arnoldi.*

Vork.: Rio Grande do Sul, Brasilien, Südamerika.

Ersteinf.: 1905.

GU.: ♂ schlanker als ♀.

Soz. V.: Sehr ansprechende, zarte und friedliche Art. Kann in Gesellschaftsbecken durchaus mit fast allen kleineren Arten zusammen gehalten werden. Einzelgänger.

Hält. B.: Die Art liebt gutbepflanzte Becken mit einem Teil Oberflächenabdunklung. Pflanzen aller Art sind möglich, es werden jedoch breitblättrige Arten z. B. *Echinodorus* bevorzugt. Auf den Blättern wird gern der feine Algenrasen abgeweidet. Wasser: pH-Wert 6,5–7,8; Härte 2–25° dGH.

ZU: Bei passendem Paar ist diese recht einfach. Das ♂ umtänzelt das ♀ und berührt häufig die Kopfregion. Dann wird das ♀ völlig umschlungen und etwa 50 gelb/grünliche Eier in der oberen Ecke des Aquariums abgelegt. Die Larven schlüpfen nach 3–4 Tagen und werden mit Artemia und Spinat aufgezogen.

FU: H, L; Grünalgen, die auf jeglichem Substrat mit dem stets emsigen, bezahnten Saugmäulchen abgeweidet werden. Futtertabletten (abends!), überbrühter Salat, jedoch auch Flockenfutter (TetraPhyll) und feines Lebendfutter werden gern genommen.

Bes.: Keine.

T: 20–25° C, **L**: 6 cm, **BL**: 50 cm, **WR**: alle, sofern Pflanzenblätter vorhanden, **SG**: 1

Otocinclus notatus (EIGENMANN & EIGENMANN, 1889)
Punktierter Ohrgitter-Harnischwels

Syn.: *Hisonotus notatus, Otocinclus maculicauda.*

Vork.: Um Santa Cruz, Südost-Brasilien, Südamerika.

Ersteinf.: Ca. 1974 nach Europa.

GU.: Nicht bekannt.

Soz. V.: Sehr zurückgezogener Einzelgänger. Ein idealer Gesellschaftsfisch für alle zarten Salmler im Kleinbecken.

Hält. B.: Wegen der großblättrigen Pflanzen, auf und unter denen die Art gern lebt, ist die Mindestbeckenlänge von 50 cm eher größer zu wählen (ca. 1 m). Strömung und sauberes Wasser sind Bedingung für guten Pflanzenwuchs. Dort fühlt sich dieser *Otocinclus* auch am wohlsten. Wasser: pH-Wert 6,5–7,5; Härte bis 20° dGH.

ZU: Nicht bekannt. Einige Tiere nehmen periodisch stark an Umfang zu. Der Pfleger könnte meinen, er habe ein laichreifes ♀ vor sich. Über Nacht sind solche Tiere dann wieder schlank, es werden jedoch keine Zeichen von Befruchtung oder gar Eier bemerkt.

FU: H. L; im Aquarium Allesfresser. Flokkenfutter auf pflanzlicher Basis, Tablettenfutter und Pellets. Salat, Erbsen, Lebenfutter wie Daphnien und *Tubifex*.

Bes.: Bei der Eingewöhnung kann die Art mitunter Schwierigkeiten bereiten. Deshalb nur in gut „eingefahrene" Becken einsetzen.
Es ist möglich, daß es sich bei dem Fisch auf der Abbildung um eine neue, evtl. noch zu beschreibende Gattung handelt.

T: 22–24° C, **L**: 4 cm, **BL**: 50 cm, **WR**: alle, **SG**: 2

Otocinclus flexilis

Otocinclus notatus

Otothyris canaliferus MYERS, 1927
Brauner Otocinclus Unterfam.: Hypoptopomatinae

Syn.: Keine.

Vork.: Südostbrasilien; Import von Rio de Janeiro, Südamerika.

Ersteinf.: Sporadisch mit anderen *Otocinclus*-Arten z. B. *O. affinis* oder *P. maculicauda.*

GU: Außerhalb der Laichzeit nicht erkennbar. Kurz vor dem Ablaichen kann man die Geschlechtspapille sehen. Diese ist beim ♀ stärker ausgeprägt.

Soz. V.: Friedliche Art, gut für das dicht bepflanzte Gesellschaftsbecken geeignet. Nur mit zarten Arten vergesellschaften.

Hält. B.: Gut bepflanztes und möglichst gut gefiltertes Becken mit viel Licht für Grünalgenwuchs. Nur die Frontscheibe sollte gesäubert werden. Wenig Fischbesatz wegen des möglichst niedrigen Nitratgehaltes. Gute biologische Filterung. Leichte Strömung. Wasser: pH-Wert 6,0–7,0; Härte bis 15° dGH (10°).

ZU: Die Eier werden an Pflanzenblätter oder auch an die Glasscheibe geheftet. Aufzucht nur im gut veralgten Zuchtbekken. Die jungen Welse schlüpfen nach ca. 3 Tagen bei 24° C und suchen nach weiteren 3 Tagen die Umgebung nach Futter ab. Aufzucht mit Teichstaubfutter, evtl. Liquifry grün, Schwebealgen. Nach 10 Tagen *Artemia* und MikroMin, *Cyclops*.

FU: H, O; Algen, Pflanzenkost (TetraPhyll o. ä.), Futtertabletten (TabiMin o. ä.). Gequetschte Erbsen ohne Schalen. *Cyclops*, *Artemia*. Die Algen sollten möglichst nicht durch stärkere Nahrungskonkurrenten abgeweidet werden (andere, größere Loricariiden).

Bes.: Die Gattung wird derzeit von Dr. Britski neu bearbeitet.

T: 20–24° C, **L**: 4 cm, **BL**: 50 cm, **WR**: alle, sofern Pflanzenblätter vorhanden, **SG**: 2

Panaque suttoni SCHULTZ, 1944
Blauaugen-Harnischwels Unterfam.: Ancistrinae

Syn.: Keine.

Vork.: Guyana-Länder in klaren Bergbächen?, Kolumbien, Südamerika. Selten!

Ersteinf.: 1975 durch Heiko Bleher, Frankfurt. Ab 1979 in mehreren Exemplaren.

GU.: Nicht bekannt.

Soz. V.: Friedliche Art, die die Ruhe liebt. Deshalb nur mit ebenfalls ruhigen Fischen zusammenhalten oder Artenbecken evtl. mit *Peckoltia.*

Hält. B.: Das große Saugmaul verrät den Strömungsfisch. Die Art kommt wirklich nur in sauerstoffreichen, höher gelegenen Quellflüssen vor. Deshalb bietet man der Art am besten ein großflächiges, flaches Becken mit starker Strömung, groben Kieseln als Bodengrund und einigen großen Höhlen unter Baumwurzeln. Wasser: pH-Wert 6,2–7,5 (6,8); Härte: 4–15° dGH.

ZU: Im Aquarium wohl kaum möglich, jedoch sind großangelegte Versuche eingeleitet.

FU: H, O; in der Natur hauptsächlich Algen- und Aufwuchsfresser. Im Aquarium werden Flockenfutterreste, Futtertabletten, gefrorene Erbsen (aufgetaut!), Algen, Gurken und TetraTips genommen.

Bes.: Ein interessanter Pflegling, der trotz seiner Unscheinbarkeit mit seinen blauen Augen immer wieder besticht.
Inzwischen werden einige hundert Tiere (1983) pro Monat importiert. Ein namhafter Importeur bezieht die Fische aus Kolumbien. Die Angaben von amerikanischen Importeuren, die die Fische aus Guyana beziehen wollen, sind anzuzweifeln.

T: 20–24° C, **L**: 18 cm, **BL**: 100 cm, **WR**: u, **SG**: 3

Otothyris canaliferus

Panaque suttoni

Parotocinclus amazonensis GARAVELLO, 1977
Rotflossen-Otocinclus Unterfam.: Hypoptopomatinae

Syn.: ?

Vork.: Südamerika, Südostbrasilien südlich von Rio de Janeiro in Flüssen mit nicht mehr als 1,5 m Wassertiefe.

Ersteinf.: Nicht bekannt.

GU: Bisher nicht genau bekannt. Es scheint, daß einige Tiere die hübschen roten Markierungen auf den Flossen nicht haben. Es ist jedoch nicht sicher, ob das Geschlechtsunterschiede sind. Es fehlen weitere Tiere!

Soz. V.: Sehr friedliche Art. Sie kann gut mit kleinsten Salmlern etc. gehalten werden. Von der Haltung zusammen mit größeren, zu robusten Fischen, ist abzuraten. Wenn möglich, sollte eine kleinere Gruppe gepflegt werden.

Hält. B.: Die Tiere verbringen die meiste Zeit auf Pflanzenblättern. Bevorzugt werden breitblättrige *Echinodorus*-Arten. Die Tiere sind sehr sauerstoffbedürftig. Zu hohe Temperaturen sind deshalb zu vermeiden. Eine Oberflächenbewegung durch den Filter ist erwünscht. Wasser: pH-Wert 6,0–7,0; Härte 5–15° dGH. Viel Licht für Algenwachstum.

ZU: Nicht bekannt.

FU: H; am liebsten werden Algen auf Pflanzenblättern abgeweidet. Flockenfutter und Tablettenfutter werden selten angenommen.

Bes.: Die Gattung *Parotocinclus* umfaßt etwa 12 Arten und unterscheidet sich von *Otocinclus* durch die vorhandene Adipose. *Otocinclus* hat diese nicht. Die ganz ähnlich gefärbte Art *Otocinclus maculipinnis* unterscheidet sich durch die fehlende Adipose.

T: 22–24° C, **L**: 4,5 cm, **BL**: 60 cm, **WR**: m, zwischen Pflanzen, **SG**: 2

Peckoltia brevis (LA MONTE, 1935)
Purus Zwergschilderwels Unterfam.: Ancistrinae

Syn.: *Hemiancistrus brevis.*

Vork.: Rio Purus und Rio Jurua, Westbrasilien, Südamerika.

Ersteinf.: Ca. 1970.

GU.: ♂♂ haben auf Brustflossen- und Rückenflossenstachel kräftig entwickelte Zähnchen (nicht so weich wie bei *Sturisoma*).

Soz. V.: Nachtaktive, sehr friedliche Art. Gut für fast jedes Gesellschaftsbecken geeignet. Kein Territorialverhalten. Vergesellschaftung mit zu aggressiven Cichliden oder anderen Welsen läßt die Art kümmern.

Hält. B.: Etwas nitratempfindlich (max. 30 mg/l). Gut bepflanztes Aquarium mit vielen Verstecken aus Wurzelholz. Die Höhlen werden mit anderen Fischen ohne Schwierigkeit zusammen bewohnt. pH-Wert 5,8–7,8 (6,8); Härte bis 28° dGH (nach Eingewöhnung), besser bis 15° dGH. Torfextrakt oder Torffilterung von Vorteil, aber nicht Bedingung. Bei neu eingerichteten Becken und Wasserwechsel unbedingt Zugabe von AquaSafe o. ä. Gute Filterung mit leichter Strömung.

ZU: T: 24° C, Frischwasserzugabe mit sehr weichem Wasser. Eier werden in Höhlen, unter Baumwurzeln oder Steinen abgelegt. Die Elterntiere bewachen das Gelege und die Jungen für ca. 10 Tage. Aufzucht der Jungen im Algenbecken mit feinstem Pflanzen-Flokkenfutter, zermahlenen Erbsen (junge!).

FU: H, L; im Aquarium leicht mit fast jeder Art von Flockenfutter, Futtertabletten (besonders TetraTips o. ä.) zu ernähren. Algen werden abgeweidet, sind aber nicht Bedingung. Zerquetschte Erbsen ohne Schale 2–3 mal monatlich.

Bes.: Ausdauernde Art, die über Jahre ein recht unscheinbares Dasein führt. In gut mit Schwimmpflanzen abgedunkelten Bekken kommen die Tiere bei Ruhe auch tagsüber bei Nahrungsangebot zum Fressen. Die Art wird meist als *Chaetostoma* angesehen, hat aber ein wesentlich breiteres Saugmaul. Die Tiere sind an den Augen sehr empfindlich. Durch schlechte Wasserbedingungen und/oder Verletzungen durch ruppige Beckeninsassen verpilzen die Augen viel leichter als bei anderen Welsen. Blinde Tiere sind unheilbar aber dennoch für Jahre lebensfähig.

T: 22–26° C, **L**: 9 cm, **BL**: 80 cm, **WR**: u, **SG**: 2–3

Parotocinclus amazonensis

Peckoltia brevis

Pterygoplichthys anisitsi EIGENMANN & KENNEDY, 1903
Schwarzweißer Segelschilderwels, Schneewels

Syn.: *Ancistrus multiradiatus* var. *alternans, Pterygoplichthys alternans, P. juvens.*

Vork.: Rio Paraguay, Brasilien und Paraguay, Südamerika.

Ersteinf.: Etwa 1970.

GU.: Nicht bekannt.

Soz. V.: Friedliche, nachtaktive Art für Großbecken mit robustem Pflanzenwuchs. Vergesellschaftung mit ruhigen, friedlichen Großfischen. Kleinfische werden kaum belästigt.

Hält. B.: Großzügig mit Wurzelholz und Steinen angelegtes Becken mit großräumiger Höhle, den Maßen des Fisches angepaßt. Einzelne Pflanzen sollten mit ca. faustgroßen Kieselsteinen gegen Auswühlen geschützt werden. Bezüglich der Wasserbedingungen ist die Art recht anspruchslos: pH-Wert 6,5–8,2; Härte bis 25° dGH. Gute Filterung und Wasserumwälzung. Bei Sauerstoffmangel können diese Welse an der Wasseroberfläche Luft für eine zeitweilige Darmatmung aufnehmen.

ZU: In den USA (Florida) wird diese Art in Teichen mit einer lehmigen Steilwand in größerer Menge nachgezogen. Dabei bohren die Schneewelse bis zu einem Meter lange Röhren (Durchmesser bis ca. 7 cm) knapp unter der Wasserlinie in die Lehmwand. Am Ende der Höhle laichen die Partner ab. Das ♂ bewacht den Laichklumpen bis zum Schlüpfen der Jungtiere. Im Aquarium ist die Zucht noch nicht geglückt. Vgl. auch Bd. 3, Seite 382f.

FU: H; Futtertabletten (TabiMin, TetraTips FD) werden gern genommen. Zur Sättigung sind gequetschte (tiefgefrorene) Erbsen, Salatblätter, Vogelmiere etc. unerläßlich. In der Natur ist die Art Algen- und Aufwuchsfresser.

Bes.: Aus der Gattung *Pterygoplichthys* sind 12 Arten bekannt. Die vorgenannte wird nur sehr selten importiert, da die Art sehr groß wird und aus dem Fanggebiet ohnehin selten Importe zu uns gelangen. Die Art kann von anderen Segelschilderwelsen durch das Zeichnungsmuster leicht unterschieden werden.

T: 21–24° C, L: 42 cm, BL: 150 cm, WR: u, SG: 2

Pterygoplichthys species, Peru

Pterygoplichthys anisitsi

P. anisitsi in seiner Höhle während der Trockenzeit (über Wasser!).

Pterygoplichthys duodecimalis VALENCIENNES, 1840
Lehm-Segelschilderwels

Syn.: *Hypostomus duodecimalis, Ancistrus duodecimalis.*

Vork.: Rio São Francisco und Zuflüsse, Ostbrasilien, Südamerika.

Ersteinf.: Bisher nur als Beifang.

GU.: Nicht ausreichend bekannt.

Soz. V.: Friedliche Art, die sich am Boden aufhaltenden Jungfische in der Nacht jedoch als Nahrung ansehen könnten.

Hält. B.: Bei ausreichend Pflanzenkost (Algen) eine sehr ausdauernde Art, die bei schlechten Wasserbedingungen mit Hilfe der Darmatmung noch überleben kann. Wasser: pH-Wert 6,2–7,8; Härte bis 25° dGH. Wenig oder robuste Pflanzen, da die Fische gern auch einmal den Bodengrund nach Freßbarem durchwühlen.

ZU: Dürfte wegen der Größe im Aquarium nicht gelingen. Vermehrt sich in Brasilien in Niederungssümpfen, die während der Regenzeit als Überschwemmungsgewässer zurückbleiben.

FU: O; jegliche Pflanzenkost, Algen und darin lebendes Lebendfutter. Futtertabletten und tiefgefrorene Erbsen. Diese Art von Welsen kann sich an Futtertabletten überfressen.

Bes.: Wird als wertvolle Eiweißquelle in Brasilien gern gegessen (Schwanzpartie).

T: 22–30° C, **L**: 50 cm, **BL**: 200 cm, **WR**: u, **SG**: 1

Pterygoplichthys punctatus GÜNTHER, 1864
Punktierter Segelschilderwels

Syn.: *Ancistrus punctatus, Loricaria punctata, Chaetostomus punctatus.*

Vork.: Venezuela, oberer und mittl. Amazonas, Südamerika.

Ersteinf.: Als *Plecostomus (Hypostomus)* wohl schon seit Jahren; aber nie richtig erkannt.

GU.: Nicht bekannt.

Soz. V.: Einzelgänger oder als Paar. Zwei Tiere gleichen Geschlechts haben ein nur schwach entwickeltes Revierverhalten. Kleine Verfolgungsabwehrreaktionen enden immer friedvoll und sind nur kurz, sofern für das schwächere Tier Platz zum Ausweichen besteht. Sonst wird das schwächere Tier bei der Nahrungsaufnahme ständig gestört.

Hält. B.: Jeweils pro Tier mindestens eine Höhle schaffen. Eine Tonröhre (Drainagerohr) ist gut geeignet. Dekorativer sind natürlich Höhlenverstecke aus Moorkienholz. Dieses kann leicht mit Javamoos begrünt werden. Pflanzen werden nicht geschädigt. Diese sollten jedoch nicht zu dicht gesetzt werden, damit der Segelschilderwels leicht hindurch kommt.

ZU: Über eine gelungene Zucht liegen bisher keine Berichte vor.

FU: H, L; Futtertabletten (TetraTips o. ä.), Flockenfutterrreste und viel Pflanzenkost in Form von Algen, zerquetschten feinen (ungekochten) Erbsen.

Bes.: Die Art ist *P. multiradiatus* recht ähnlich, hat jedoch eine flachere Rückenflosse.

T: 22–26° C, **L**: 18 cm, **BL**: 120 cm, **WR**: u, **SG**: 1–2

Pterygoplichthys duodecimalis

Pterygoplichthys punctatus

Rineloricaria lanceolata (GÜNTHER, 1868)
Lanzenharnischwels

Syn.: *Loricaria lanceolata, Loricariichthys lanceolatus.*

Vork.: Rio Paraguay, Südamerika.

Ersteinf.: 1925 von der Fa. Scholze und Pötzschke, Berlin.

GU.: Die ausgewachsenen ♂♂ sind leicht an borstenartig bewachsenen Kopf- und Brustflossenkanten zu erkennen. Diesen „Bart" haben die ♀♀ nicht.

Soz. V.: Friedliche Art, die am besten als Paar gehalten werden sollte. Auch zwei gleichgeschlechtliche Tiere können in einem Becken ab 1 m Länge gehalten werden. Die Art sollte nicht mit zu robusten Fischen vergesellschaftet werden.

Hält. B.: Wie bei *Sturisoma barbatum* angegeben.

ZU: Die Art laicht in Höhlen (hohle Baumstrünke). Im Aquarium sind Drainage-Tonröhren mit einem ∅ von 5–7 cm gut geeignet.

FU: K, O; kleines Lebendfutter aller Art, FD-Futter, Flockenfutter.

Bes.: Die Art lebt dämmerungs- und nachtaktiv.

T: 20–24° C, **L**: 13 cm, **BL**: 80 cm, **WR**: u, **SG**: 2–3

Sturisoma aureum (STEINDACHNER, 1900)
Goldbartwels

Syn.: *Loricaria aureum.*

Vork.: Kolumbien, Südamerika.

Ersteinf.: 1975.

GU.: Die ♂♂ tragen an den Maulseiten Stacheln oder Tentakeln. Bei den ♀♀ fehlen diese. (Vgl. Fotos S. 519 und 521.)

Soz. V.: Äußerst friedliche, sehr bewegungsarme Art, die am besten nur in Artbecken oder mit inaktiven Fischen gehalten werden muß.

Hält. B.: Die Fische halten sich ausschließlich in der stärksten Filterströmung auf. Sie bevorzugen klares Wasser mit niedrigem Verschmutzungsgrad: Nitrit O; Nitrat bis 25 mg/l. pH-Wert 6,5–7,8; Härte bis 18° dGH. Nur nachtaktiv! Höhlen werden jedoch nicht aufgesucht, oder es wird stärkeren Fischen Platz gegeben.

ZU: s. Seite 520.

FU: H, O; Pflanzenfresser. Ausschließlich nachtaktiv. Algen, Algen, Algen! mit Aufwuchsnahrung. Als Ersatz können zerquetschte (tiefgefrorene) Erbsen und weiße Mückenlarven gegeben werden.

Bes.: Als Abwechslung ein sehr interessanter Fisch, der jedoch viel Aufmerksamkeit in der Ernährung bedarf.

T: 22–26° C, **L**: 22 cm, **BL**: 100 cm, **WR**: m, **SG**: 2–3

Rineloricaria lanceolata

Sturisoma aureum ♀

Dorftümpel mit tausenden *Pterygoplichthys*, die gegessen werden (Ostbrasilien).

Sturisoma aureum

ZU: Die Art wurde bereits mehrfach nachgezüchtet. Der Autor BAENSCH machte bei eigenen Nachzuchten folgende Beobachtungen: Die Laichzeit liegt in der dunklen Jahreszeit, zwischen Oktober und Februar. Mitte Oktober 84 wurde das erste Gelege mit ca. 100 Eiern von 2,5 mm Ø beobachtet. Nach 6 Tagen (bei 28° C) schlüpften die ersten Larven; sie schwimmen gleich frei und heften sich mit dem winzigen Saugmaul sofort an Pflanzenblätter oder auch bevorzugt an die Aquarienscheibe. Die Länge der Larven beträgt 7–8 mm. Auf dem Rücken tragen sie eine rautenförmige, helle Zeichnung und zwei Querbinden auf dem Schwanzstiel. Die Körpergrundfarbe ist schwarz. Die Tiere können bereits nach dem Schlüpfen eine unheimliche Geschwindigkeit zur Flucht entwickeln, sofern man sie stört. Sonst sitzen sie oft stundenlang an einem Fleck. Drei Tage nach dem Schlüpfen ist der Dottersack aufgezehrt und es muß gefüttert werden. Da beginnt das Problem.
Die Jungtiere fressen tagsüber und auch teilweise nachts. Die Alttiere nur nachts. An Futter habe ich gereicht: Zerriebene, tiefgefrorene Erbsen, hartes Eigelb, Bosminen, *Tubifex*; alles durch ein *Artemia*-sieb mit 0,14 mm Maschenweite gerieben. *Artemia*-Nauplien werden nicht genommen. Es war sogar zu beobachten, daß 3 Tage alte Nauplien, die in die Nähe der Kopfregion der kleinen Welse gelangten, diese zur wilden Flucht veranlaßten. Die Jungwelse weiden am liebsten die Scheiben nach Freßbarem ab. Hier sollte sich durch hohen Lichteinfall Algen- und Bakterienrasen gebildet haben. Ich habe häufig mit Infusorien (Bananenschalenaufguß) gefüttert. Ob diese angenommen wurden, vermag ich nicht zu beurteilen.
Gefiltert wurde mit Mammutpumpe und Schaumstoffpatrone (Billifilter). Die Filterpatronen habe ich alle 3 Tage trotz Schmutz wieder im Aufzuchtbecken ausgedrückt. Mikroskopische Untersuchungen hatten ergeben, daß in den Filterpatronen Unmengen der Infusorien leben. Nach 4 Wochen haben die kräftigsten Jungwelse eine Länge von 20–22 mm erreicht und sind jetzt aus den anfänglichen Fütterungsschwierigkeiten heraus. Täglich sollten sie zweimal sowohl mit pflanzlicher (Erbsen) als auch mit tierischer Nahrung gefüttert werden. Die Alttiere laichen alle 2–3 Wochen erneut, wobei die Anzahl der Eier pro Gelege zunehmend abnimmt. Zuerst sind es Gelege von 100 – max. 200 Eiern, spätere Gelege zählten nur 30–50 Eier.
Ein ausführlicher Zuchtbericht, der allerdings teilweise von meinen Beobachtungen abweicht, findet sich in DATZ 7/84, S. 242/3.

Sturisoma aureum ♂; bewacht das Gelege

Sturisoma barbatum (KNER, 1854)
Gemeiner Bartwels

Syn.: *Loricaria barbata, Oxyloricaria barbata.*

Vork.: Rio Cajuba, Paraguay (Südamerika).

Ersteinf.: Ca. 1974.

GU.: ♂ mit Borsten an der Seite von Maul und Kopf. Beim ♀ fehlen diese. Das ♀ ist robuster gebaut.

Soz. V.: Sehr friedliebende Art, die trotz der Größe selbst mit kleinsten Fischen gehalten werden kann.

Hält. B.: Die Art sollte nur in mäßig besetzten Becken gehalten werden, da sie sehr sauerstoffbedürftig ist. Starke Wasserumwälzung und ein großvolumiger Filter (gut gepflegt!) sind Bedingung für die erfolgreiche Haltung. Wasser: pH-Wert 6,4–7,2; Härte bis 15° dGH. Großräumige Gestaltung mit Wurzeln und kräftigen Pflanzen (die den Fisch tragen können).

ZU: Bisher nicht beschrieben, dürfte aber ähnlich *S. panamense* sein.

FU: H, L; Algen, Erbsen (am besten ohne Schale), gelegentlich weiße Mückenlarven. Flocken- und Tablettenfutter wird fast nie genommen.

Bes.: Tagaktive Art, was bei dieser Gattung selten ist.

T: 20–22° C, **L**: 25 cm, **BL**: 140 cm, **WR**: u, **SG**: 2–3

Foto linke Seite:
Rio Purus, westl. Brasilien, die Heimat vieler Harnischwelse.

Sturisoma nigrirostrum FOWLER, 1940
Nadelstreifen Bartwels, Störwels

Syn.: *Sturisoma brevirostre.*

Vork.: Nördlicher Zufluß des Solimoes (mittl. Amazonas), Brasilien, Südamerika.

Ersteinf.: Durch Heiko Bleher, Frankfurt, 1973.

GU: Wie bei den anderen *Sturisoma:* ♂ mit „Bart".

Soz. V.: Friedliche Art; wie die anderen *Sturisoma.*

Hält. B.: Gute Filterung mit starker Wasserströmung. Viel Licht für Algenwachstum. Schwache Beckenbesetzung, um niedrigen Nitratgehalt zu gewährleisten. Wasser: pH-Wert 6,0–7,0; Härte bis 15° dGH.

ZU: Im „Handbuch der Welskunde" gibt FRANKE (1985) einen ausführlichen Zuchtbericht. Siehe übernächste Seite.

FU: H; gut gewaschener Salat, eventuell abgebrüht und zerkleinert; zerquetschte Erbsen, Algen!

Bes.: *Sturisoma* fastet von Zeit zu Zeit für 1–2 Wochen. Die Fische sind dann sehr unruhig (Wandertrieb?). Wenn sie ungestört bleiben, setzt die Nahrungsaufnahme von selbst wieder ein.

T: 25–30° C, **L**: 24 cm, **BL**: 120 cm, **WR**: u, m, **SG**: 2

Sturisoma panamense (EIGENMANN & EIGENMANN, 1889)
Panama-Bartwels, Segelflossen-Störwels

Syn.: *Loricaria panamensis, Oxyloricaria panamensis.*

Vork.: Panama, Mittelamerika.

Ersteinf.: Ca. 1973 nach Europa.

GU.: ♂ trägt Borsten an den Kopfseiten. Die Zahl und Länge dieser Borsten nimmt vor der Laichperiode zu. ♀ im Körper tiefer und robuster gebaut.

Soz. V.: Sehr sanfte Art, die ihren Pfleger durch Munterkeit und Friedlichkeit begeistert. Kann in gutbepflanzten Becken mit allen nicht rauflustigen Beckeninsassen gehalten werden. Tagaktiv.

Hält. B.: Wie die beiden vorgenannten Arten, jedoch etwas robuster. pH-Wert 6,5–7,2. Härte bis 25° dGH.

ZU: Das ♂ stößt das ♀ zur Stimulierung häufiger sanft an. Es werden ca. 100 durchsichtige, haftende Eier an Pflanzenblättern oder meist an einer Glasscheibe abgelegt. Das ♂ bewacht das Gelege nach der Befruchtung und säubert es gelegentlich. Die Eier schlüpfen je nach Temperatur nach 7–9 Tagen. Die Jungtiere fressen frischgeschlüpftes Artemia, gut zerriebenen Salat und junge, zerquetschte Erbsen. Weder die Temperatur noch die Härte spielen anscheinend eine Rolle bei der Zucht, wohl aber reichtlich Pflanzenkost und sauerstoffreiches Wasser. In DATZ 2/82 wird von David Allison (England) ein ausführlicher Zuchtbericht gegeben.

FU: H; Algen, Erbsen, Salat, gelegentlich wird *Tubifex* gern genommen.

Bes.: Ein besonders attraktiver Wels, der überhaupt kein verstecktes Dasein führt.

T: 20–22° C, **L**: 17 cm, **BL**: 120 cm, **WR**: u, **SG**: 2

Sturisoma nigrirostrum, juv.

Sturisoma panamense ♂

Fortsetzung von Seite 524

Dieser von Fachleuten als *Sturisoma rostratum* (SPIX, 1829) bezeichnete Wels ist in Wirklichkeit *Sturisoma nigrirostrum*. Es handelt sich nach Angaben von FRANKE (briefl. Mitteilung) um ein ♂ mit einem Rostrum, welches durch Transportverletzung (beim Fang?) oder durch eine Mißbildung entstand. FRANKE gelang mit diesem Tier die erfolgreiche Nachzucht von *St. nigrirostrum*, deren halberwachsene normale Nachkommen auf der Vorseite oben abgebildet sind. Das aufgebogene Rostrum vererbt sich also nicht. Es konnte leider nicht geklärt werden, ob die von SPIX, 1829 beschriebene Art *Sturisoma rostratum* auch auf einem Tier mit derart abnormem Rostrum basiert.

Die Zucht verlief bei FRANKE etwas anders als vorher für *Sturisoma aureum* beschrieben: Die Eier wurden am Boden (Glasboden – kein Sand) zu jeweils 5–7 alle 20 Minuten abgelegt, solange bis 100–120 zusammen sind. Das ♂ legt sich über das Gelege und befächelt es. Die Larven schlüpfen bei 26–28° C nach fünf Tagen und nehmen ab dem dritten Tag Nahrung auf. Es wurden Cyclopsnauplien (gefrostet) und lebende rote Rotatorien gefüttert. Nach einem Monat wurden schon Salat und Futtertabletten, *Tubifex* und Flockenfutter angenommen. Zur Verbesserung der Schlupfrate sollten die Eier in einer Zuchtschale unter Verwendung von Methylenblau bei täglich zweimaligem Wasserwechsel erbrütet werden. Nicht schlüfenden Eiern gibt man Hilfestellung durch Ansaugen mit einer Pipette und Fallenlassen der Eier auf den Wasserspiegel. Der Autor BAENSCH hat das Schlüpfen der Larven bzw. die Befreiung dieser aus den Eihüllen beschleunigt, indem er die Eier mit einem 5-mm-Schlauch (Innendurchmesser) absaugte. Am anderen Schlauchende kamen die bereits von den Eihüllen befreiten Larven an. Sie waren durch die hohe Fließgeschwindigkeit innerhalb des Schlauches aus ihren Hüllen befreit worden.

*Chiloglanis paratus** CRASS, 1960
Stromschnellenwels

Syn.: Keine.

Vork.: Tropisches Afrika, vom Nil bis Kamerun.

Ersteinf.: Unbekannt.

GU: Ausgewachsene ♀♀ kann man an der runden Bauchpartie erkennen.

Soz. V.: Friedliche Art, die für das kältere Gesellschaftsbecken geeignet ist.

Hält. B.: Während die *Synodontis*-Arten meist im unteren Teil der afrikanischen Ströme beheimatet sind, besiedelten die verwandten *Chiloglanis* die Oberläufe. Sie sind häufig in schnellfließenden Gewässern (Stromschnellen) zu finden. Eine Art (*Chiloglanis neumanni*) kommt im Malawi-See vor und wird gelegentlich mit Cichliden von dort importiert. Sie bevorzugen gut gefiltertes, sauerstoffreiches Wasser. Kieselsteine als Bodengrund. Viel Licht für Algenwachstum. Wasser: pH-Wert 6,0–7,2; Härte bis 15° dGH. In DATZ 11/84 befindet sich ein Bericht.

ZU: Nicht bekannt.

FU: H, O; Algenfresser, Aufwuchsnahrung, Insektenlarven, Flockenfutter.

Bes.: * Die Artbezeichnung ist nicht ganz sichergestellt. Die Gattung besteht aus einem guten Dutzend Arten, die sich einander sehr ähneln. Die Pectoral- und Dorsalstacheln sind spitz und verursachen schmerzhafte Wunden. Deshalb die Fische nur mit einem Becherglas fangen.

T: 20–24° C, **L:** 8 cm, **BL:** 100 cm, **WR:** u, m, **SG:** 2–3

Hemisynodontis membranaceus (HILAIRE, 1809)
Membran-Fiederbartwels

Syn.: *Pimelodus membranaceus, Synodontis guentheri, Synodontis membranaceus.*

Vork.: Nil-Becken, Tschad, Niger, Senegal Gambia, Volta-Fluß (Afrika).

Ersteinf.: Nicht bekannt.

GU.: Keine äußeren bekannt.

Soz. V.: Für die Größe der Art ein relativ ruhiger und friedlicher Vertreter. Die Vergesellschaftung mit zu kleinen Arten ist jedoch nicht angeraten.

Hält. B.: Die Bepflanzung im Becken sollte sparsam sein. Harte Pflanzen, die am besten in Töpfe gesetzt werden. Wasser: pH-Wert 6,8–7,2; Härte bis 25° dGH. Großzügig bemessene Filterung, da die Tiere ständig hungrig sind und viel Nahrung benötigen.

ZU: Bisher nicht bekannt.

FU: K, O; eher ein Planktonfresser als ein Räuber. Deshalb Daphnien, Mückenlarven und Flockenfutter reichen. Frostfutter ist ein guter Ersatz.

Bes.: Im Gegensatz zu der weitverbreiteten Meinung schwimmen die meisten Fiederbartwelse nicht in Rückenlage. Diese Art tut es jedoch meistens, weshalb die Rückenseite heller gefärbt ist als die Bauchseite.

T: 22–25° C, **L**: 30 cm, **BL**: 200 cm, **WR**: u–o, **SG**: 2–3

Mochokiella paynei HOWES, 1980
Payne's Fiederbartwels

Syn.: Keine.

Vork.: Kassawe, Naturreservat in Sierra Leone, Afrika.

Ersteinf.: 1978 nach England.

GU.: Äußerlich nur an laichreifen ♀♀ sichtbar. Diese sind dann runder, voller in der Bauchpartie.

Soz. V.: Hauptsächlich tagaktive Art (besonders wenn es etwas zu Fressen gibt).

Hält. B.: Eine ausdauernde Art, die jedoch auf den regelmäßigen Wasserwechsel alle 3–4 Wochen nicht verzichten kann. Der Nitratgehalt im Wasser muß unter 40mg/l bleiben. Das ist nicht bei jedem Leitungswasser garantiert (z. B. Köln). Also Nitratmessung vornehmen oder beim Wasserwerk anfragen. Freier Schwimmraum. Sonst anspruchslos.

ZU: Bisher nicht nachgezogen.

FU: K; Insektenfresser, jedoch auch Flokkenfutter, Frostfutter und FD-Nahrung.

Bes.: Einer der wenigen Fiederbartwelse, die auch für den Anfänger zu empfehlen sind.

T 22–24° C, **L**: 7 cm, **BL**: 50 cm, **WR**: u, **SG**: 1

Hemisynodontis membranaceus

Mochokiella paynei

Synodontis acanthomias BOULENGER, 1899
Gefleckter Riesenfiederbartwels

Syn.: *Synodontis pfefferi, S. depauwi, S. omias* (nicht GÜNTHER).

Vork.: Kongo-(Zaire-)Becken, Afrika.

Ersteinf.: Nicht bekannt.

GU.: Bisher nicht beschrieben.

Soz. V.: Die Art sollte nicht in zu stark besetzten Becken gehalten werden. Sie entwickelt zunehmend im Alter territoriales Verhalten. Kleine Fische werden gern als Nahrung angesehen, obwohl die Art kein eigentlicher Raubfisch ist.

Hält. B.: Großbecken mit starker Filterung. Die Pflanzen sollten in Töpfen verankert sein. Ein dunkler Unterstand ist erwünscht. An die Wasserbeschaffenheit wird kaum Anspruch gestellt: pH-Wert 6,5–8,0; Härte bis 25° dGH.

ZU: Nicht bekannt.

FU: O; Allesfresser. Von pelletiertem Forellenfutter, Flockenfutter jeder Art bis zu Rinderherz und Mückenlarven.

Bes.: Das besondere Bestimmungsmerkmal dieser Art sind die stacheligen, rückwärtsgebogenen Häkchen auf dem Schulterbeinfortsatz.

T: 22–24° C, **L**: 40 cm, **BL**: 200 cm, **WR**: u, **SG**: 2–3

Synodontis afrofisheri HILGENDORF, 1888

Syn.: *Synodontis „atrofisheri"*.

Vork.: Nilbecken, in den Seen Viktoria, Nabugabs, Kioga und Ihema; auch im Kongobecken; Afrika.

Ersteinf.: Ca. 1976.

GU.: Nicht bekannt.

Soz. V.: Recht friedliche Art, die gut mit schnellen Schwimmern wie *Brycinus longipinnis* oder *Phenacogrammus interruptus* (Blauer Kongosalmler) zusammen gehalten werden kann. Keine Rückenschwimmerart.

Hält. B.: Nicht sehr anspruchsvoll. Die Art toleriert weite Bereiche im pH- und Härtebereich. Große Schwankungen sollten jedoch vermieden werden. pH-Wert 6–8; Härte: 5–25° dGH.

ZU: Wie bei fast allen (außer *Synodontis nigriventris*) Fiederbartwelsen nicht bekannt. Woran liegt das? Zuerst benötigt man natürlich ein großes Becken, ein Paar, welches man sich aus mehreren Tieren aussuchen muß, die allerdings unter Umständen einige Jahre selbst gepflegt werden müssen. Die Nahrung spielt eine wesentliche Rolle bei den *Synodontis*-Arten. Schnecken und Insektenlarven sind meist die Naturnahrung. Diese Futtertiere enthalten Stoffe (das ist nachgewiesen – aber wenig bekannt), die andere Futter, insbesondere Flockenfutter und Tablettenfutter, nicht enthalten können. Der Trocknungsprozeß zerstört diese in nur sehr geringen Spuren enthaltene Vitamine (z. T. sind es noch gar nicht erforschte Spurenstoffe). Ich weiß dieses nur von Äußerungen meines Vaters (Dr. U. Baensch), der aber seine Arbeiten darüber nie veröffentlicht hat.
Die Zucht von *Synodontis*-Arten wird solange ein Geheimnis bleiben, bis man diese Stoffe gezielt dem Aquarienfutter zusetzen kann, oder der Aquarianer in der Lage ist, naturnah zu füttern. Da viele *Synodontis*-Arten in den nächsten 10 Jahren kaum wegen Exportverboten mehr auf den Preislisten der Importeure stehen werden, ist die gezielte Forschung für die Zucht dieser Gattung Bedingung für den Weiterbestand in unseren Aquarien.

FU: K; Die Naturnahrung besteht hauptsächlich aus Insektenlarven und Schnecken.

Bes.: Keine.

T: 22–26° C, **L**: 12 cm, **BL**: 120 cm, **WR**: u, **SG**: 1–2

Synodontis acanthomias

Synodontis afrofisheri

Synodontis brichardi POLL, 1959
Brichards Fiederbartwels

Syn.: Keine.

Vork.: Unterer Zairefluß (Kongo) in Stromschnellen und unter Wasserfällen, Afrika.

Ersteinf.: Ab ca. 1970.

GU.: Nicht bekannt.

Soz. V.: Meist friedlicher Fisch, dämmerungsaktiv. Jungfischen wird nachgestellt, sofern sie am Boden schlafen. Leichtes Territorialverhalten.

Hält. B.: Das Wasser soll gut mit Sauerstoff versorgt sein. Eine starke Strömung ist anzustreben. Große Kieselsteine, möglichst flach und ca. 10–15 cm im Durchmesser, dienen als Ruheplätze. Unterstände aus Wurzelholz. Im Vordergrund Schwimmraum. Pflanzen werden nicht geschädigt, sie sollten dennoch fest angewurzelt sein, bevor man die Tiere einsetzt. pH-Wert 6,2–7,5; Härte bis 20° dGH (10°).

ZU: Im Aquarium bisher nicht gelungen.

FU: K, O; Tablettenfutter, Frostfutter, gefriergetrocknete Futtersorten. Lebende Mücken- und andere Insektenlarven könnten die Tiere in Laichverfassung setzen.

Bes.: Eine wie *S. ornatipinnis* flach gebaute Art, die der starken Strömung gut angepaßt ist. Trotz des Vorkommens in Bereichen mit starker Strömung eine sehr ausdauernde Art, die auch über längere Zeit in weniger durchlüfteten Becken gehalten werden kann. *S. brichardi* scheint in der Lage zu sein, sich an Gegenstände im Aquarium oder Glasscheiben leicht anzusaugen und saugend vorwärtszubewegen.

T: 22–25° C, **L**: 15 cm, **BL**: 120 cm, **WR**: u, **SG**: 2

Synodontis brichardi, juvenil

Synodontis brichardi, adult

Synodontis camelopardalis POLL, 1971
Leopard-Fiederbartwels

Syn.: Keine.

Vork.: Kongo-Becken, Zairefluß, Victoriasee (Afrika).

Ersteinf.: Etwa 1976.

GU.: Nicht bekannt.

Soz. V.: Recht friedliche Art, die ihre Ruhe liebt. Sie kann mit kleineren Fischen wie *Nannaethiops unitaeniatus* durchaus vergesellschaftet werden.

Hält. B.: Die Art ist sauerstoffbedürftig, dagegen an die Wasserwerte nicht allzu anspruchsvoll. Starke Oberflächenbewegung, regelmäßige Bodengrund- und Filterreinigung sind notwendig. pH-Wert 6,0–7,5; Härte 5–25° dGH. Die Fische sind oft träge und können sich am zu starken Heizer „verbrennen". Nur senkrecht stehende Stabheizer verwenden. Scharfe Gegenstände sind im Becken zu vermeiden. Die Fische rammen diese sonst manchmal ohne ersichtlichen Grund. Abdeckung der Wasseroberfläche mit Schwimmpflanzen und genügend dunkler Versteckplatz.

ZU: Wie bei anderen *Synodontis* nicht bekannt.

FU: K, O; Tablettenfutter, manchmal Schnecken, allerlei Futterrreste. Hauptsächlich Frostfutter.

Bes.: Plötzliche Bewegungen vor dem Becken sind zu vermeiden. Ebenso abendliches Lichteinschalten. Die Art ist sehr scheu.

T: 22–26° C, **L**: 12–15 cm, **BL**: 100–150 cm, **WR**: u, **SG**: 1–2

Synodontis clarias (LINNAEUS, 1758)
Rotflossen-Fiederbartwels*

Syn.: *Silurus clarias, S. callarias, Pimelodus synodontis, Synodontis macrodon.*

Vork.: Nil, Tschad-Becken, Senegal, Gambia und Nigerfluß (Afrika).

Ersteinf.: Nicht bekannt.

GU.: Äußerlich nicht erkennbar.

Soz. V.: Einzel- oder paarweise Haltung bei älteren Tieren, die territoriales Verhalten entwickeln können.

Hält. B.: Es liegen keine Berichte vor. Das weite Verbreitungsgebiet läßt jedoch auf große Anpassungsfähigkeiten schließen. Großzügig bemessene Filterung und regelmäßiger Wasserwechsel wird vorgeschlagen. Wasser je nach Fangort: pH-Wert 6,5–7,5; Härte bis 18° dGH.

ZU: Nicht bekannt.

FU: O; Allesfresser: von Algen im Aquarium bis zu Insektenlarven (in der Natur). Möglicherweise durchsuchen die Tiere die Algen auch nur, um Insektenlarven aufzuspüren. Gefrorene Mückenlarven dürften die beste Nahrung im Aquarium sein. Dazu Großflocken von TetraRubin, Brine Shrimps und andere Krebstiere (*Mysis* etc.). Nur so kann man die gesunde, rote Farbe der Schwanzflosse erhalten. Wird diese blaß, so werden die Tiere nicht richtig ernährt.

Bes.: * Der Name wird hier wegen der auffallend roten Schwanzflosse vorgeschlagen. Diese Farbe findet man sonst nicht bei *Synodontis.*

T: 21–24° C, **L**: 20 cm, **BL**: 150 cm, **WR**: u, m, **SG**: 2

Synodontis camelopardalis

Synodontis clarias

Synodontis congicus POLL, 1971
Domino-Fiederbartwels

Syn.: Keine.

Vork.: Zairefluß und Nebenflüsse, Stanleypool, Afrika.

Ersteinf.: Nicht bekannt.

GU.: Nicht zu ersehen.

Soz. V.: Junge Tiere kann man zu mehreren Exemplaren halten. Ältere sind etwas unduldsam gegenüber Artgenossen, wenn sie nicht genügend Platz haben. 60–80 cm Beckenlänge pro Tier von 12 cm Länge sind erforderlich. Sonst kommt es zu ständigen Raufereien.

Hält. B.: Eine Bepflanzung kommt für diese Fische kaum in Frage, da die Art ständig wühlt. Man kann guteingewurzelte Riesenvallisnerien oder harte Pflanzen in Töpfen, die mit groben Kieselsteinen abgedeckt sind, versuchen. Wasser: pH-Wert 6,2–7,2; Härte 5–15° dGH. Abgedunkeltes Becken mit Höhlenverstecken.

ZU: Im Aquarium kaum möglich, da die natürlichen Bedingungen nicht bekannt sind.

FU: K, O; Naturfutter sind Insektenlarven, die im Bodengrund leben. Im Aquarium wird jede feste Ersatznahrung wie Fischfuttertabletten (TetraTips) angenommen.

Bes.: Die Zahl der Punkte schwankt von Individuum zu Individuum, weshalb auch die deutsche Bezeichnung „Domino-Fiederbartwels" gewählt wurde.

T: 22–25° C, **L**: 18–22 cm, **BL**: 180 cm, **WR**: u, m, **SG**: 2–3

Synodontis contractus VINCIGUERRA, 1928
David's Rückenschwimmender Kongowels

Syn.: *Synodontis davidi.*

Vork.: Kongogebiet (Stanley Pool) bei Kinshasa, Afrika.

Ersteinf.: 1980 nach Deutschland.

GU.: Unbekannt.

Soz. V.: Sehr friedlich. Es können zwei oder mehr Exemplare gehalten werden.

Hält. B.: Die Art ähnelt *S. nigriventris* im Verhalten sehr, schwimmt auch fast immer auf dem Rücken, ist jedoch dunkler gefärbt, höher gebaut und bleibt kleiner. Ein dunkel stehendes Becken mit viel Überhängen aus Wurzeln, Steinen und breitblättrigen Pflanzen (*Anubias, Echinodorus*) ist angeraten. Gern werden die Blattunterseiten auf Nahrung abgesucht. Nach Eingewöhnung ist die Art leicht haltbar. pH-Wert 6,2–7,2; Härte: 4–15° dGH.

ZU: Nicht bekannt. Evtl. ähnlich wie *S. nigriventris*, s. Band I, Seite 506.

FU: K, O; Insektenlarven, FD-Tabletten, Frostfutter.

Bes.: Wird nur ca. 7 cm lang und ist damit wohl der kleinste Fiederbartwels.

T: 22–25° C, **L**: 7 cm, **BL**: 100 cm, **WR**: m, o, **SG**: 1–2

Synodontis congicus

Synodontis contractus

Synodontis courteti PELLEGRIN, 1906
Tüpfelfiederbartwels

Syn.: Keine.

Vork.: Tschadsee und Nigerbecken, Afrika.

Ersteinf.: 1980.

GU.: Nicht bekannt.

Soz. V.: Ausgewachsene Tiere sind Einzelgänger, die nur mit großen, robusten Fischen (Cichliden, Großwelsen) gehalten werden sollen. Jungtiere sind fast durchweg tagaktiv und stets auf der Suche nach Futter. Die Unruhe steckt andere Beckeninsassen an.

Hält. B.: Nicht anfassen, da die Brustflossenstrahlen schmerzhafte Verletzungen hervorrufen können. Fang mit Becherglas, nicht mit dem Netz. Wasser: pH-Wert 6,5–8,0: Härte bis 25° dGH (12°). Großbecken mit ausreichend großem Höhlenversteck. Robuste Pflanzen. Sand und Mulmboden zum Gründeln. Die Beleuchtung sollte am Abend gedrosselt werden können. Viel freien Schwimmraum, freie Wasseroberfläche und gute Filterung.

ZU: Im Aquarium nicht zu erwarten.

FU: K, O; als Jungtier Allesfresser; besonders Insektenlarven, Futtertabletten, Pellets. Frostfutter: Mückenlarven, Brine Shrimps, Garnelen. *Tubifex* (gut wässern!). Kleine Fische.

Bes.: Trotz der hübschen Zeichnung der Jungtiere ist die Art wegen der späteren Größe kein rechter Aquarienfisch.

T: 22–26° C, **L:** 25 cm, im Aqu., sonst größer, **BL:** 180 cm, **WR:** u, **SG:** 3

Synodontis eburneensis DAGET, 1964
Elfenbein-Fiederbartwels*

Syn.: *Synodontis dageti.*

Vork.: Voltafluß, Sassandra und Bandama-Becken, Elfenbeinküste (Afrika).

Ersteinf.: Nicht bekannt.

GU.: Äußerlich nicht erkennbar.

Soz. V.: Einigermaßen friedlich. Sollte jedoch nicht mit anderen *Synodontis*-Arten zusammengehalten werden. Zu kleine Fische werden möglicherweise als Nahrung angesehen. Also ist etwas Vorsicht geboten.

Hält. B.: Die Art ist nicht anspruchsvoll, wenn ihr ein ausreichend geräumiges Bekken mit mäßiger Filterung und leicht saurem bis neutralem Wasser geboten wird. Überbesetzte Becken sind zu vermeiden, da die Fische sonst unruhig werden und wiederum die anderen Beckeninsassen anstecken mit ihrer Unrast.

ZU: Nicht bekannt.

FU: O; Insektenlarven wie Mückenlarven werden bevorzugt. Flockenfutter und andere Trockenfutter sind jedoch nach Gewöhnung im Aquarium nicht wegzudenken. Sie werden gern akzeptiert.

Bes.: * Der Name wurde vom Vorkommensgebiet abgeleitet.

T: 22–25° C, **L:** 16 cm, **BL:** 150 cm, **WR:** u, **SG:** 2

Synodontis courteti

Synodontis eburneensis

Synodontis filamentosus BOULENGER, 1901
Langflossen-Fiederbartwels

Syn.: *Synodontis augierasi.*

Vork.: Nil-Becken, Tschad, Niger, Volta (Afrika).

Ersteinf.: Unbekannt.

GU.: Keine bekannt. Möglicherweise sind die lang ausgezogenen Filamente der Rükkenflosse ein Merkmal für die ♂♂.

Soz. V.: Einzelhaltung wird empfohlen. Die Tiere sind sowohl Artgenossen als auch anderen Beckeninsassen gegenüber aggressiv und verteidigen ihr Territorium energisch.

Hält. B.: Keine wählerische Art. Sie nimmt mit fast allen Wasserbedingungen vorlieb. pH-Wert 6,0–7,5; Härte bis 25° dGH. Kräftige Filterung. Wasserpflanzen fest verankern. Eventuell in Töpfe pflanzen.

ZU: Bisher nicht gelungen.

FU: O; Allesfresser. Von Flockenfutter und Futtertabletten bis zu Regenwürmern.

Bes.: Keine.

T: 21–24° C, **L**: 17 cm, **BL**: 150 cm, **WR**: u, **SG**: 2–3

Synodontis longirostris BOULENGER, 1902
Eierfleck-Fiederbartwels

Syn.: *Synodontis ovidus.*

Vork.: Zairefluß (Kongobecken), Afrika.

Ersteinf.: 1974 durch Heiko Bleher, Frankfurt.

GU.: Nicht bekannt.

Soz. V.: Nicht so ruppig und angriffslustig wie andere große Fiederbartwelse. Die Art kann und sollte im kleinen Schwarm gehalten werden. Trotzdem nicht mit zu kleinen Fischen halten, da diese leicht als Nahrung angesehen werden. Nicht territorial.

Hält. B.: Im Jugendstadium sind die Fische geeignet für ein Gesellschaftsbekken. Sie benötigen viel freien Schwimmraum. Feiner Sand- und Mulmboden zum Gründeln ist Bedingung zum Wohlbefinden. Wasser: pH-Wert 6,5–7,2; Härte 8–18° dGH. Nur harte, großblättrige, festverwurzelte Pflanzen, da die Art den ganzen Bodengrund nach Nahrung umgräbt.

ZU: Im Aquarium wohl kaum möglich.

FU: K, O; Allesfresser, jedoch bevorzugt am Boden lebende Insektenlarven und Würmer. *Tubifex*, kleine Regenwürmer. Im Aquarium Tablettenfutter, Pellets, Frostfutter.

Bes.: Die Art ist spezialisiert auf im Boden lebende Nahrung, was man leicht am langen, vorgestreckten Maul erkennen kann.

T: 21–24° C, **L**: 45 cm! **BL**: 200 cm, **WR**: u, **SG**: 2–4 (G)

Synodontis filamentosus

Synodontis longirostris

Synodontis multipunctatus BOULENGER, 1898
Vielpunkt-Fiederbartwels

Syn.: Keine.

Vork.: Tanganjikasee, Zuflüsse des Malagarasiflusses, Tanzania (Afrika).

Ersteinf.: Unbekannt.

GU.: Nicht bekannt.

Soz. V.: In der Jugend recht ansprechende und friedliche Art. Es können 3–5 Jungtiere zusammen gehalten werden. Alttiere sind Einzelgänger, zeigen jedoch kein sehr ausgeprägtes Territorialverhalten. Tag- und dämmerungsaktiv. Nicht mit zu kleinen Fischen halten. Idealer Gesellschafter für Cichliden der ostafrikanischen Seen.

Hält. B.: Wie vom Vorkommensgebiet her zu erwarten, liebt die Art hartes Wasser zwischen 15 und 35° dGH, bei hohem Karbonathärte-Anteil. Evtl. etwas Salz (1/2–1 Teelöffel auf 10 l Wasser) zugeben. Steinaufbauten mit Höhlen. Klares Wasser mit gleichbleibenden Wasserwerten. Nitrat ist zu vermeiden.

ZU: Bisher nicht viel bekannt, wahrscheinlich aber ebenfalls Kuckucksverhalten und Spezialisierung auf eine bestimmte Cichliden-Art wie bei *S. petricola*.

FU: K, O; Tablettenfutter, Pellets, Schnekken, jede Art Lebendfutter. In der Natur Insektenfresser.

Bes.: Es wurde berichtet (aus Naturbeobachtungen), daß die Eier der Tanganjika-Fiederbartwelse (3 Arten = *S. multipunctatus, S. petricola, S. eurystomus*) von Cichliden der Gattung *Cyrtocara* im Maul aufgenommen und erbrütet wurden. *S. multipunctatus* ähnelt *S. petricola* sehr, unterscheidet sich jedoch durch einen größeren Augendurchmesser, weniger und größere Flecken auf dem Körper und ein kürzeres, runderes Maul.

T: 21–25° C, **L**: 12 cm, **BL**: 120 cm, **WR**: u, m, **SG**: 2–3

Synodontis nigrita VALENCIENNES, 1840
Schwarzer Fiederbartwels

Syn.: *Hemisynodontis nigrita, Synodontis ornatus* (nicht BOULENGER, 1920), *S. fascipinna*.

Vork.: Nilbecken, Niger, Senegalfluß, Gambiafluß, Ghana und Nigeria (Afrika).

Ersteinf.: 1951.

GU.: Sind nicht bekannt.

Soz. V.: Friedlicher Einzelgänger, der jedoch einige Beckeninsassen durch sein manchmal ruheloses Umherschwimmen mit seinen Barteln stört. Sofern mehrere Tiere einer Art oder der Gattung in einem Becken gepflegt werden, so verjagt das größere Tier mitunter heftig die kleineren. Nur junge Exemplare sind für das Gesellschaftsbecken geeignet.

Hält. B.: Die Haut der Art ist sehr dünn und verletztlich. Beckenaufbauten sollten daher stets gerundet sein. Die Art liebt es, auf einem erhöhten Stück Wurzelholz oder Stein auszuruhen. Solch ein Platz gibt ihr das Gefühl der Sicherheit. Bodengrund sandig bis mulmig. Zarte Pflanzen können bei Mangel an Nahrung als Futter angesehen werden. An die Wasserbeschaffenheit wird kein hoher Anspruch gestellt. Die Art reagiert jedoch empfindlich auf frisches Leitungswasser. pH-Wert 6,0–7,5; Härte 4–15° dGH. Das Becken benötigt einen starken Filter, um der durch die Welse hervorgerufenen Wassertrübung abzuhelfen.

ZU: Wahrscheinlich schon mehrfach gelungen, oft aber als Nachtzucht von *S. nigriventris* bezeichnet, da junge Exemplare von *S. nigrita* auch oft auf dem Rücken schwimmen.

FU: O; Allesfresser, feines bis grobes Lebendfutter und Pflanzennahrung. Flokken- und Tablettenfutter.

Bes.: Die Art wurde in Band 1, Seite 504 bereits irrtümlich vorgestellt. Dort handelt es sich aber bei dem Bild um *S. schoutedeni*. Ab der 4. Auflage wurde dieser Fehler korrigiert. Hier also nun der echte *S. nigrita*. *S. schoutedeni* wird hier nochmals auf Seite 550 vorgestellt.

T: 21–26° C, **L**: 16 cm, **BL**: 120 cm, **WR**: u, m, **SG**: 2

Synodontis multipunctatus

Synodontis nigrita

Synodontis njassae (KEILHACK, 1908)
Njassa-Fiederbartwels

Syn.: *Synodontis zambesensis* (BOULENGER, 1898); *S. zambesensis* PETERS, 1852 ist eine gültige Art.

Vork.: Malawi-See (früher Nyassa-See), Afrika.

Ersteinf.: Unbekannt.

GU.: Nicht bekannt.

Soz. V.: Zur Vergesellschaftung mit Malawicichliden gut geeignet. In überbesetzten Becken neigt die Art zur Aggressivität. Sie jagt gern kleinere Fische, ohne sie jedoch zu fressen.

Hält. B.: Wie bei den Malawi-Cichliden. Wasser: pH-Wert 7,5–8,2; Härte 20–30° dGH und darüber.

ZU: Bisher nicht gelungen. Laicht *S. njassae* eventuell auch zusammen mit Cichliden ab?

FU: O; Allesfresser. Von Flockenfutter bis zu fast allen Lebendfutterarten.

Bes.: Ähnelt von der Körperzeichnung her stark *S. longirostris*, die Kopfform ist jedoch stark unterschiedlich.

T: 20–23° C, **L**: 12 cm, **BL**: 100 cm, **WR**: u, **SG**: 2

Synodontis nummifer BOULENGER, 1899
Pfennig-Fiederbartwels

Syn.: Keine.

Vork.: Unterer Zairefluß, Stanley Pool, Afrika.

Ersteinf.: Wahrscheinlich erst um 1960.

GU.: Nicht bekannt.

Soz. V.: Ältere Exemplare dieser Art verteidigen ihr Territorium. Nicht mit kleineren Fischen vergesellschaften. Auch nicht mit anderen *Synodontis*-Arten zusammen halten. Ausnahme bei sehr großen Becken, in denen die Tiere einander ausweichen können. Nachtaktive, unruhige Art. Jungtiere sind auch tagaktiv.

Hält. B.: Wasser: pH-Wert 6,4–7,2; Härte bis 18° dGH. Evtl. leichte Torffilterung. Große Steinhöhlen usw. als Abgrenzung für die Territorien. Spärliche, harte Bepflanzung. Runde Kiesel und Sandboden (auf dem Foto ist der Kies falsch, da zu scharfkantig gewählt).

ZU: Im Aquarium bisher nicht gelungen.

FU: K, O; Würmer, Insekten und Larven. Jungtiere nehmen gern Tablettenfutter, Pellets und Flockenfutterreste.

Bes.: Die Art ist ganz ähnlich *S. notatus* (Aquarien Atlas Bd. 1, S. 506). Sie läßt sich besonders an der Größe der Fettflosse unterscheiden. Bei *S. nummifer* ist diese etwa doppelt so lang wie bei *S. notatus*.

T: 22–25° C, **L**: 20 cm, **BL**: 150 cm, **WR**: u, **SG**: 2–3

Synodontis njassae

Synodontis nummifer

Synodontis ornatipinnis BOULENGER, 1899
Prachtfiederbartwels

Syn.: Keine; Handelsname: *S. „zebra".*

Vork.: Afrika, Zairefluß, Zaire (Kongo), meist in Stromschnellen.

Ersteinf.: Ab 1970.

GU.: Nicht bekannt.

Soz. V.: Keine Art für das Gesellschaftsbecken, da kleine Fische gejagt und auch gefressen werden. Stark territorial, auch unter Artgenossen. Je 1 m Beckenlänge möglichst nur ein Tier halten. Nachtaktiv.

Hält. B.: Gemäß dem Vorkommen benötigen die Tiere turbulentes, gut gefiltertes Wasser. Kiesiger, dunkler Bodengrund. Keine Bodengrundfilterung, da die Fische ab und zu den Boden durchwühlen. Kräftige, am besten in Töpfen verankerte Pflanzen. Lichtdimmer zur abendlichen Beobachtung. Wasser: pH-Wert 6,5–7,5; Härte bis 18° dGH. Evtl. Torffilterung.

ZU: Bisher nicht beschrieben.

FU: K, O; hauptsächlich ist die Art Insektenfresser; Schnecken werden ab und zu gefressen. Im Aquarium Tablettenfutter, Frostfutter, kleine Würmer.

Bes.: Die Aufnahme zeigt ein besonders hübsch gezeichnetes Jungtier. Im Alter verändert sich die Fleckenzeichnung auf dem Körper und macht mehreren Querbändern Platz.

T: 22–25° C, **L**: 22 cm; im Aquarium ca. 15 cm, **BL**: 150 cm, **WR**: u, m, **SG**: 2–3

Synodontis petricola MATTHES, 1959
Kuckucks-Fiederbartwels

Syn.: Keine.

Vork.: Nördlicher Teil des Tanganjika-Sees, Afrika.

Ersteinf.: ca. 1980.

GU: Es sind keine äußeren Merkmale bekannt.

Soz. V.: Recht friedliche Art, die jedoch zu kleine Fische unter 4 cm Länge auch einmal als Beute ansehen könnte. Vergesellschaftung vorzugweise mit größeren Tanganjika-Cichliden oder in Gruppen zu 4–6 der gleichen Art.

Hält. B.: Die Tiere bevorzugen hartes, leicht alkalisches Wasser also pH-Wert über 7,5–8,2; Härte 15–35° dGH. Zu weiches Wasser ist leicht mit Gips aufzuhärten. Eine Ecke des Beckens sollte aus feinem Sand zum Gründeln bestehen.

ZU: Wie bei *Synodontis multipunctatus.* („Kuckuckslaichverhalten" zusammen mit Cichliden der Gattung *„Haplochromis".*), s. Seite 542.

FU: K, O; Insektenlarven, jedoch auch Flockenfuttermittel und gefriergetrocknete Futtertabletten.

Bes.: Die Art ähnelt *S. multipunctatus,* jedoch noch mehr *S. polli,* früher *S. eurystomus.* Siehe Band 3, Seite 406..

T: 22–25° C, **L**: 10 cm, **BL**: 100 cm, **WR**: u, m, **SG**: 2

Synodontis ornatipinnis

Synodontis petricola

Synodontis pleurops BOULENGER, 1897
Gabelschwanz-Fiederbartwels

Syn.: Keine.

Vork.: Afrika; Oberer Zairefluß, Zaire (Kongo)-Becken.

Ersteinf.: Unbekannt. Unerkannt wurde die Art sicher schon vor 1970 eingeführt.

GU.: Nicht bekannt.

Soz. V.: Friedliche Art, die auch mit kleineren Fischen zusammengehalten werden kann. Jungtiere sind häufig tagaktiv.

Hält. B.: Die Fische mögen viel freien Schwimmraum, leichte Wasserströmung und weiches, leicht saures Wasser (pH-Wert 6,0–7,0; Härte bis 10° dGH). Sie tolerieren nach Gewöhnung jedoch auch andere Bedingungen. Wasserwechsel alle 3–4 Wochen $^1/_3$ des Beckeninhaltes. Torffilterung möglich, jedoch nicht Bedingung. Unterstände mit Wurzelholz und großblättrigen Pflanzen bieten.

ZU: Bisher nicht beschrieben.

FU: K, O; Insektenlarven und kleine Schnecken. Tablettenfutter (TetraTips), zur Abwechslung Pflanzenkost-Futterflocken und/oder feine tiefgefrorene, zerquetschte Erbsen.

Bes.: Die marmorierte Zeichnung verschwindet meistens mit dem Alter.

T: 22–26° C, **L**: 20 cm, **BL**: 150 cm, **WR**: u, m, **SG**: 1–2

Synodontis robbianus SMITH, 1873
Rostbrauner Fiederbartwels

Syn.: Keine.

Vork.: Goldküste, Niger-Flußdelta, Afrika.

Ersteinf.: Nicht bekannt.

GU: Keine äußeren bekannt.

Soz. V.: Recht friedlicher Vertreter der Gattung. Kann auch mit kleineren Fischen ab 4 cm Länge gehalten werden. Die Art entwickelt kein Territorialverhalten.

Hält. B.: Ein idealer Fisch für das Gesellschaftsbecken. Wasser leicht abgedunkelt mit Torfextrakt oder Schwimmpflanzendecke. pH-Wert: 6,0–7,8; Härte 10–25° dGH. Eine Ecke des Beckens mit Sandboden versehen.

ZU: Bisher nicht beschrieben.

FU: K, O; Insektenlarven und Flockenfutter.

Bes.: Keine.

T: 21–24° C, **L**: 13 cm, **BL**: 100 cm, **WR**: u, **SG**: 1

Synodontis pleurops

Synodontis robbianus

Synodontis schall (BLOCH & SCHNEIDER, 1801)
Schalls Fiederbartwels

Syn.: *Silurus schall, Synodontis arabi, Hemisynodontis schall, Leiosynodontis maculosus, Pimelodus schall, Synodontis clarias, S. maculosus, S. smithii.*

Vork.: Die Art hat ein großes Verbreitungsgebiet in Süßgewässern Afrikas. Vom Nilbecken bis Senegal. Rudolf-, Stephanie-, Victoria- und Tschadsee.

Ersteinf.: 1935.

GU.: Nicht bekannt.

Soz. V.: Jungtiere sind oft bissig, auch untereinander. Deshalb nur ein Tier mit anderen, größeren und robusten Fischen halten. Dämmerungs- und nachtaktiv. Ältere Tiere sind häufig auch am Tage unruhig auf der Futtersuche.

Hält. B.: Großbecken mit starker Filterung. Höhlenversteck. An das Wasser werden keine Ansprüche gestellt: pH-Wert 6,0–8,0; Härte bis 30° dGH. Scharfkantiger Kies ist zu vermeiden, da die Barteln beschädigt werden könnten – und dann die Tiere kümmern. Harte Pflanzen!

ZU: Bisher im Aquarium nicht erfolgt.

FU: K; kleine Tiere sind Allesfresser: Futtertabletten, Pellets, Flockenfutterreste. Größere Tiere ab 15 cm Länge nehmen Regenwürmer, Fischfleisch, Rinderherz, lebende Fische und Schnecken.

Bes.: Die Art ist am besten größeren Schauaquarien vorzubehalten. Jungtiere sind hübscher gezeichnet als die einfarbig grauen Alttiere.

T: 22–26° C, **L**: 41 cm, im Aquarium 25 cm, **BL**: 150 cm, **WR**: u, m, **SG**: 3

Synodontis schoutedeni DAVID, 1936
Marmorierter Fiederbartwels

Syn.: *Synodontis depauwi.*

Vork.: Mittleres Zairegebiet, Fluß Zaire (Kongo), Afrika.

Ersteinf.: 1951.

GU: Sind nicht bekannt.

Soz. V.: Friedlicher Einzelgänger, der jedoch einige Beckeninsassen durch sein manchmal ruheloses Umherschwimmen mit seinen Barteln stört. Sofern mehrere Tiere einer Art oder der Gattung in einem Becken gepflegt werden, so verjagt das größere Tier mitunter heftig die kleineren. Nicht für das Gesellschaftsbecken geeignet.

Hält. B.: Große Becken mit sandigem bis mulmigen Untergrund. Zarte Pflanzen können bei Mangel an Futter als Nahrung angesehen werden. Die Tiere ruhen tagsüber gern an senkrechten Wänden aus Wurzelholz oder Stein. An die Wasserbeschaffenheit wird kein hoher Anspruch gestellt. Die Art reagiert jedoch empfindlich auf frisches Leitungswasser. pH-Wert 6,0–7,5; Härte 4–15° dGH. Das Becken benötigt einen starken Filter, um der durch die Welse hervorgerufenen Wassertrübung abzuhelfen.

ZU: Nicht bekannt.

FU: O; Allesfresser, feines bis grobes Lebendfutter und Pflanzennahrung. Flokken- und Tablettenfutter.

Bes.: Die Art wurde bereits in Band I, 4. Auflage vorgestellt. Irrtümlich ist sie jedoch in den Auflagen 1–3 als *S. nigrita* benannt. Eine englische Arbeit von David Sands bezeichnet die Art als *S. greshoffi*, SCHILTHUIS, 1891. Diese Art ist ähnlich gezeichnet, jedoch wesentlich schwächer gefärbt. Durch die gelb unterlegte Bauchseite und die rötliche Grundfarbe einer der attraktivsten Fiederbartwelse.

T: 22–26° C, **L**: 14 cm, **BL**: 100 cm, **WR**: u, m, **SG**: 2–3

Synodontis schall

Synodontis schoutedeni

Brachyrhamdia imitator MYERS, 1927
Imitatorwels Unterfam.: Pimelodinae

Syn.: Keine.

Vork.: Venezuela (Cano de Quiribana), wahrscheinlich auch Kolumbien, Südamerika.

Ersteinf.: Ca. 1975.

GU.: Nicht bekannt.

Soz. V.: Nicht mit zu kleinen Salmlern oder Jungbrut halten. Diese werden erbeutet. Tagaktiv. Schwimmt in der Natur gern mit *Corydoras.* Siehe Bes. Schwarmfisch.

Hält. B.: Flaches, großflächiges Becken mit Strömung. Kies und Sandboden abwechselnd. Gute Randbepflanzung bei viel freiem Schwimmraum. Möglichst Artbekken und/oder mit *Corydoras*-Arten. Die mittlere und obere Wasserschicht kann von friedlichen Salmlern, Kletterfischen usw. bevölkert werden, jedoch sollte die Bodenzone diesen Welsen gehören. Evtl. können noch nachtaktive, friedliche Welse hinzugenommen werden. Wasser: pH-Wert 6,0–7,5; Härte bis 18° dGH.

ZU: Bisher nicht beschrieben.

FU: K, O; Tablettenfutter ergänzt mit Lebendfutter wie Rote Mückenlarven (gefroren und gefriergetrocknet), *Tubifex.* Insektenlarven jeder Art.

Bes.: Der lateinische Name *„imitator"* ist abgeleitet von dem Verhalten der Art, mit *Corydoras* (z. B. *C. blochi blochi, C. m. melanistius* u. ä.) im Scharm mitzuschwimmen. Es ist nicht genau bekannt, warum der Imitatorwels das tut; welchen Nutzen er davon hat. Es wäre interessant, welche Beobachtungen der Aquarianer in dieser Hinsicht macht. Halten Sie mal einen kleinen Schwarm vorerwähnter Arten!

T: 21–25° C, **L:** 7,5 cm, **BL:** 60 cm, besser 100 cm für Schwarm, **WR:** u, **SG:** 1–2

Hemisorubim platyrhynchos (VALENCIENNES, 1840)
Unterständiges Schaufelmaul Unterfam.: Sorubiminae

Syn.: *Platystoma platyrhynchos, Silurus gerupoca.*

Vork.: Südamerika: Surinam, Venezuela, Amazonas- und Zuflüsse bis ins Paraguay-Becken. In den tieferen Teilen der Flüsse.

Ersteinf.: Ca. 1972.

GU.: Nicht bekannt.

Soz. V.: Dämmerungsaktiver Räuber, der tagsüber gern zwischen Wurzeln und Steinen auf erhöhtem Standplatz ruht. Alle Fische unter 8 cm Länge sind gefährdet. Ausgenommen sind eine Reihe größerer Panzerwelse und Dornwelse sowie Artgenossen. Für das „Gesellschaftsbecken" des Spezialisten also eine annehmbare Art. Große *Pimelodus, Hoplosternum thoracatum, Osteoglossum* usw. sind ideale Gesellschafter.

Hält. B.: Großbecken mit großvolumigem Filter. Unterstand für Tagesruhe. Schwimmpflanzendecke (nicht für den Gesellschafter *Osteoglossum*, der gern an der Wasseroberfläche jagt). Torffilterung (nicht Bedingung). Wasser: anspruchslos; pH-Wert 6,0–7,8; Härte bis 25° dGH. Gute Sauerstoffversorgung ist lebenswichtig. Deshalb die niedrige Temperatur.

ZU: Im Aquarium nicht nachvollziehbar. Es ist nichts bekannt.

FU: K; Fische, gelegentlich Regenwürmer und größeres Lebendfutter.

Bes.: Die Jungtiere oder halb-ausgewachsenen haben den unteren Schwanzflossenlappen größer als den oberen. Bei ausgewachsenen Tieren sind beide Hälften der Caudale gleich groß. *H. platyrhynchos* ist von allen anderen Antennenwelsen leicht unterscheidbar. Zum einen durch die Zeichnung (große Punkte auf den Körperseiten), aber auch besonders durch den vorstehenden Unterkiefer. Bei allen anderen „Schaufelmaulwelsen" steht der Oberkiefer vor!

T: 20–22° C, **L:** 35 cm, **BL:** 150 cm, **WR:** u, m, **SG:** 3–4 (K)

Brachyrhamdia imitator

Hemisorubim platyrhynchos

Sciades pictus (MÜLLER & TROSCHEL, 1849)
Segelantennenwels Unterfam.: Sorubiminae

Syn.: *Bagrus pictus, Leiarius longibarbis, L. pictus, Sciades longibarbis, Sciadeichthys pictus.*

Vork.: Amazonas mit seinen Zuflüssen, Südamerika.

Ersteinf.: Um 1960.

GU.: Nicht bekannt.

Soz. V.: Räuber, meist tagaktiv und stets unruhig suchend. Dabei können die langen Tastbarteln andere Fische beunruhigen. Am besten Einzelhaltung oder mit „Riesenfischen" wie *Osteoglossum* etc. Einzelgänger, Artgenossen werden verjagt.

Hält. B.: Becken gut abdecken (s. Bes.), Becken dunkel halten (Schwimmpflanzendecke). Kräftige Filterung. Wasser: pH-Wert 6,2–7,5; Härte bis 18° dGH. Große Höhlenverstecke. Kräftige Bepflanzung.

ZU: Bisher nicht versucht.

FU: K; lebende Fische, große Regenwürmer.

Bes.: Das Aquarium muß stets groß genug sein, so daß die langen Bartfäden nicht gleichzeitig eine Längsscheibe berühren. Es entsteht sonst beim Fisch ein Gefühl der Beengtheit („Klaustrophobie"), das ihn zum gewaltsamen Entweichen aus dem Becken veranlaßt.
Die typische Jugendzeichnung (Foto) verschwindet mit zunehmendem Alter. Die Tiere werden schmutzig-braun mit dunkleren Punkten und Flecken, und die hellen Abzeichen der Jungtiere verschwinden fast. Kein Aquarienfisch für die Wohnung. Die Spitzen der tief gegabelten Schwarzflosse sind in der Jugend gerundet, im Alter spitz ausgezogen.

T: 22–26° C, **L**: 60 cm, **BL**: 200 cm, Breite 60 cm, **WR**: u, **SG**: 4 (G)

Microglanis iheringi GOMES, 1946
Kleiner Marmor-Antennenwels, Kleiner Harlekinwels Unterfam.: Pimelodinae

Syn.: Keine.

Vork.: Venezuela und Kolumbien, Südamerika.

Ersteinf.: ? Da oft verwechselt, s. Bes.

GU.: Nicht beschrieben.

Soz. V.: Ruhiger, nachtaktiver, friedlicher Geselle, der nur gelegentlich auf dem Boden ruhende Jungbrut (frisch geborene Lebendgebärende) als Nahrung ansieht. Für das gut eingerichtete Gesellschaftsbecken eine ideale Ergänzung. Vergesellschaftung mit *Corydoras*, Tetras. Nicht mit räuberischen nachtaktiven Welsen halten.

Hält. B.: Gut gefiltertes und biologisch einwandfreies Wasser von 10–18° dGH; pH-Wert 6,5–7,5. Reichlich Bepflanzung und ein Schwimm- und Freßplatz mit Sandboden.

ZU: Bisher nicht nachgezüchtet.

FU: K, O; Tablettenfutter, Flockenfutter, FD-Nahrung, Frostfutter. Jedes kleinere Lebendfutter wie Daphnien und Mückenlarven. In der Natur frißt die Art Insekten und -larven.

Bes.: Die Art wird oft verwechselt mit *M. poecilus*. Am einfachsten sind die Arten am Schwanzwurzelfleck zu unterscheiden: Bei *M. iheringi* ist er nahezu quadratisch; bei *M. poecilus* dreieckig, wobei eine Spitze des Dreiecks zum Kopf weist.

T: 21–25° C, **L**: 6 cm, **BL**: 60 cm, **WR**: u, **SG**: 1–2

Sciades pictus

Microglanis iheringi

Perrunichthys perruno SCHULTZ, 1944
Leopard-Antennenwels

Syn.: Keine.

Vork.: Südamerika: Venezuela; Rio Negro, Brasilien.

Ersteinf.: Unbekannt.

GU: Nicht bekannt.

Soz.V.: Arger Räuber, der nur mit Großcichliden wie *Astronotus ocellatus* oder großen Salmlern wie *Leporinus* über 10-15 cm Länge oder seinesgleichen gehalten werden kann.

Hält.B.: Großbecken, wenig im Hintergrund bepflanzt. Stein- und Wurzelholzverstecke. Evtl. Schwimmpflanzendecke. Starker Filter, der gegen die Exkremente bei dem großen Appetit ankommt. Wasser: pH-Wert 5,8-7,2; Härte bis 15° dGH.

ZU: Bisher nicht beschrieben.

FU: K; Fleisch und Fisch, kleinere Exemplare akzeptieren Frostfutter, jedes Lebendfutter.

Bes.: Keine.

T: 21-25°C, **L:** 60 cm, **BL:** 200 cm, **WR:** u, **SG:** 3-4 (G)

Phractocephalus hemioliopterus (SCHNEIDER, 1801)
Rotflossen-Antennenwels

Syn.: *Silurus hemiliopterus, Phractocephalus bicolor, Pirarara bicolor.*

Vork..: Südamerika; Amazonas, Rio Negro; Venezuela und Guyana in den tieferen Flußkolken.

Ersteinf.: Ca. 1970.

GU: Nicht bekannt.

Soz.V.: Ausgeprägter Räuber, der nur mit großen anderen Fischen zusammen gehalten werden kann (z.B. großen Cichliden oder anderen Welsen). Einzelgänger? Über Haltung mit mehreren Tieren gleichzeitig ist nichts bekannt. Ältere Exemplare sind wenig bewegungsfreudig und lauern meist fast unbeweglich auf Beute.

Hält.B.: Riesenbecken mit viel Platz zum Schwimmen und Jagen. Große Höhle als Versteck. Torffilterung, weiches und leicht saures Wasser. pH-Wert 5,5-6,8; Härte bis 10° dGH. Nur große, harte Pflanzen einsetzen, da kleinere hoffnungslos untergebuddelt werden.

ZU: Im Aquarium nicht möglich.

FU: K; Fische. Nicht überfüttern. Importtiere sind häufig abgemagert.

Bes.: Die rotgefärbte Schwanzflosse sondert ein Sekret ab, das beim Anfassen die Hände intensiv rot färbt. Ein Fisch nur für öffentliche Schauaquarien. Beim Erwerb sollte man schon wissen, wohin später damit.

Phractocephalus ist eine monotypische Gattung; sie umfaßt nur eine einzige Art.

T: 20-26°C, **L:** bis 60 cm, **BL:** 200 cm, **WR:** u, **SG:** 4 (K)

Perrunichthys perruno

Phractocephalus hemioliopterus

Pimelodella gracilis (VALENCIENNES, 1840)
Schlanker Fadenwels

Syn.: *Pimelodus gracilis, Pimelodella taeniophora, Pimelodus taeniophorus, Rhamdia gracilis, Silurus dundu.*

Vork.: Nördliche Amazonaszuflüsse, Brasilien, Orinoco bis Venezuela, Südamerika.

Ersteinf.: 1895 von P. Nitsche, Berlin.

GU.: Nicht bekannt.

Soz. V.: Für größere, dunkle Gesellschaftsbecken geeignet. Die anderen Fische sollten jedoch nicht unter 8 cm Länge haben. Ansonsten recht friedliche, nachtaktive Art.

Hält. B.: Höhlenverstecke aus Steinen und Wurzelholz. Schwimmpflanzendecke. Lichtdimmer, um die Tiere abends beobachten zu können. Nicht sehr anspruchsvoll an das Wasser: pH-Wert 6,5–7,8; Härte: 5–20° dGH.

ZU: Bisher nicht im Aquarium gelungen.

FU: K, O; Allesfresser: Futterreste, Futtertabletten, Frostfutter. Kleine Fische, denen der Wels jedoch nicht sehr intensiv nachstellt.

Bes.: Die Art unterscheidet sich von der sonst sehr ähnlichen Art *P. vittata* durch den wesentlich größeren oberen Schwanzflossenlappen.

T: 20–24° C, **L**: 17 cm im Aqu., 30 cm, i. d. Natur. **BL**: 120 cm, **WR**: u, **SG**: 2–3

Pimelodella lateristriga (MÜLLER & TROSCHEL, 1849)
Gestreifter „Fadenwels", Gestreifter Antennenwels

Syn.: *Pimelodus lateristrigus, Pimelodus lateristriga, Pseudorhamdia lateristriga, Rhamdia lateristriga.*

Vork.: Östliches Amazonasbecken; besonders vom Rio Sao Franzisko bis Rio de Janeiro (Atlantik-Zuflüsse), Südamerika.

Ersteinf.: 1908.

GU.: Bisher nicht beschrieben.

Soz. V.: Nicht für das Gesellschaftsbecken geeignet, da kleinere Fische einer nach dem anderen verschwinden.

Hält. B.: Leicht zu halten in einem typischen Welsbecken für diese Gattung: Wurzelholzverstecke. Wenig Bepflanzung. Viel freier Schwimmraum. Sandboden.

ZU: Noch nicht im Aquarium nachgezogen.

FU: K, O; kleinere Exemplare nehmen Tablettenfutter und Forellenpellets. Später nur Fisch- und Fleischnahrung. Rinderherz, große Insektenlarven (woher?), kleine Fische.

Bes.: Die Art wird leicht mit *P. gracilis* verwechselt, bei der jedoch der obere Teil der Schwanzflosse wesentlich vergrößert ist. Die Art wächst schnell, deshalb gleich die Endgröße beachten. Dorsale und Pectoralen sind giftig! Nur mit Glas fangen!

T: 20–24° C, **L**: 20 cm, **BL**: 120 cm, **WR**: u, **SG**: 2–3

Pimelodella gracilis

Pimelodella lateristriga

Pimelodus albofasciatus MEES, 1974
Weißstreifen-Antennenwels

Syn.: Keine.

Vork.: Guyana und Surinam, Südamerika.

Ersteinf.: 1973 durch Dr. Lüling, Bonn.

GU.: Nicht bekannt.

Soz. V.: Die Fische verteidigen ihr Revier auf recht friedliche Weise. Einzelhaltung für Becken unter 1,50 m Länge. Nur mit größeren Fischen zusammen halten.

Hält. B.: Leicht in der Haltung, da an das Wasser kaum Ansprüche gestellt werden. Das Wasser sollte möglichst weich und leicht sauer sein. Aber auch andere Wasserwerte werden toleriert. Nitrat ruft jedoch ein Abfaulen der Bartfäden hervor. Nach Wasserwechsel (mit Aquasafe o. ä.) regenerieren diese innerhalb einer Woche.

ZU: Nicht bekannt.

FU: K; Lebendfutter: Regenwürmer, kleine Fische, Gefrierfisch. Kleine Tiere nehmen gelegentlich Tablettenfutter.

Bes.: Die harten Flossenstrahlen sind giftig. Der Schmerz kann bis zu 24 Std. anhalten und wird zuweilen von Taubheitsgefühl begleitet. Die Tiere werden über 10 Jahre alt. Im Aquarium gedieh ein Exemplar in dieser Zeit von 5 cm Länge bis 22 cm Länge. Die Hälfte dieses Zuwachses erfolgte im ersten Jahr.

T: 22–25° C, **L**: 25 cm, **BL**: 150 cm, **WR**: u, **SG**: 3 (s. Bes.)

Pimelodus maculatus LACÉPÈDE, 1803
Fleckenantennenwels

Syn.: *Pimelodus clarias, P. rigidus, Piramutana blochii, P. macrospila, Pseudorhamdia piscatrix, Silurus clarias, S. callarias, S. lima.*

Vork.: Velhassfluß in Brasilien. Das abgebildete Tier stammt jedoch aus dem Rio Paraguay, Asuncion, Paraguay (Südamerika).

Ersteinf.: 1895 von Paul Nitsche, Berlin als *P. clarias.*

GU.: Nicht bekannt.

Soz. V.: Dämmerungs- und nachtaktive Art. Relativ friedlich, jedoch nicht mit zu kleinen Fischen unter 6 cm Länge halten. Bei gutem Nahrungsangebot kommen die Tiere auch tagsüber aus ihren Verstecken.

Hält. B.: Die Brustflossenstrahlen sind mit feinen Zähnchen bewehrt. Verletzungsgefahr. Die Tiere nicht mit dem Netz, sondern durchsichtigem Gefäß fangen. Geringe Bodenbepflanzung. Weicher Bodengrund. Ausreichend große Höhlen und Verstecke bieten. Ein Drainagerohr, auf der einen Seite verschlossen, auf der anderen Seite für den Betrachter evtl. einsehbar, hat sich bewährt. Wasser: pH-Wert 6,8–7,8; Härte: 5–20° dGH.

ZU: Bisher nicht gelungen.

FU: K; Futtertabletten, Flockenfutterreste für kleinere Exemplare. Größere Tiere ab 12 cm Länge versorgt man mit Regenwürmern, Insektenlarven, ganzen TetraTips, Forellenpellets und kleinen Fischen.

Bes.: Einer der hübschesten Antennenwelse, der jedoch leider nur selten im Handel anzutreffen ist. Frühere Autoren stellen *P. maculatus* als Synonym zu *P. clarias* (BLOCH, 1795). Beides sind jedoch unterschiedliche Arten. *P. maculatus* ist gefleckt. *P. clarias* ist längsgestreift.

T: 20–24° C, **L**: 26 cm, **BL**: 120 cm, **WR**: u, **SG**: 2–3

Pimelodus albofasciatus

Pimelodus maculatus

Pimelodus ornatus KNER 1857
Schmuckantennenwels

Syn.: *Megalonema rhabdostigma, Pseudorhamdia ornatus, Silurus megacephalus.*

Vork.: Surinam, Guyana und Paraguay, Südamerika.

Ersteinf.: 1976.

GU.: Nicht bekannt.

Soz. V.: Tagaktiver, unruhiger Wels ständig auf Nahrungssuche. Kann mit Fischen der mittleren und oberen Wasserschichten, wenn sie nicht zu klein sind (über 6 cm Länge), vergesellschaftet werden. Andere Bodenfische sollten nachtaktiv sein, um gegenseitige Belästigung zu vermeiden.

Hält. B.: Die Art braucht viel Platz zum Schwimmen. Am Futterplatz Sand und Mulmboden. Ein größerer Motorfilter sollte für Strömung sorgen. Pflanzen werden nicht geschädigt. Trotzdem sollten diese ausreichend angewurzelt sein, ehe man diesen Wels einsetzt. Wasser: pH-Wert 6,5–7,2; Härte bis 18° dGH. Die Barteln kümmern unter schlechten Wasserbedingungen (Nitrat). Durch Wasserwechsel Abhilfe schaffen! Nach 5–10 Tagen können sich die Barteln regenerieren.

ZU: Nicht beschrieben.

FU: K, O; Tablettenfutter für kleine Exemplare. Später Regenwürmer, *Gammarus* und jegliches größere Lebendfutter

Bes.: Nicht mit Scalaren zusammen halten, da diese die Tastfäden als irritierend empfinden und scheu werden.

T: 24–25° C, **L**: 28 cm, **BL**: 150 cm, **WR**: u, **SG**: 3

Pimelodus pictus STEINDACHNER, 1876
Engelantennenwels

Syn.: Keine.

Vork.: Mitu, Kolumbien, Südamerika.

Ersteinf.: 1968 in die USA.

GU.: Nicht bekannt.

Soz. V.: Friedlicher Wels, der als Einzelgänger oder in kleinen Trupps gehalten wird. Nachtaktiv. Belästigt selbst kleine Fische nicht.

Hält. B.: In schwach belichteten Aquarien kommt die hübsche Art auch tagsüber zum Fressen zum Vorschein. Torffilterung. Weiches Wasser mit pH-Wert 5,8–6,8. Wurzelholz und Steinaufbauten mit Höhlenverstecken, Schwimmpflanzendecke. Gute Filterung mit leichter Wasserströmung.

ZU: Bisher nicht beschrieben.

FU: O; Futtertabletten, Flockenfutterreste, gefrorene und gefriergetrocknete Futtersorten. Jegliches Lebendfutter passender Größe.

Bes.: Der Name wurde aus dem Englischen übersetzt: „*Angelicus pimelodus*". Die Bezeichnung ist etwas irreführend, da die afrikanische Art *Synodontis angelicus* genau umgekehrt gefärbt ist: Schwarz mit weißen Punkten. Die Art wurde 1968 als „*Pimelodella angelicus*" (Phantasiename), eingeführt.
Die Brustflossen-Hartstrahlen sind stark gesägt und können wegen ihrer Widerhaken zu Verletzungen führen. Mit einem Netz gefangene Tiere verhedern sich hoffnungslos. Deshalb immer ein Glas oder geeignetes durchsichtiges Plastikgefäß für den Fang verwenden.

T: 22–25° C, **L**: 11 cm, im Aquarium, in der Natur länger. **BL**: 80 cm, **WR**: u, **SG**: 2

Pimelodus ornatus

Pimelodus pictus

Platystomatichthys sturio (KNER, 1857)
Störspatelwels Unterfam.: Sorubiminae

Syn.: *Platystoma sturio, Sorubim mena.*

Vork.: Im gesamten Amazonasbecken, Südamerika.

Ersteinf.: Nicht bekannt.

GU.: Bisher nicht beschrieben.

Soz. V.: Untereinander stören sich die Tiere nicht. Auch die Vergesellschaftung mit größeren Fischen (10 cm Länge) bereitet keine Probleme. Kleinere Fische werden dagegen leicht als Beute betrachtet. Es können mehrere Tiere oder auch ein einzelnes gepflegt werden.

Hält. B.: Die Art verlangt weichen Bodengrund. Sie gründelt und wühlt. Deshalb ist ein starker Filter Bedingung. Feinfiedrige Pflanzen sterben infolge des Mulms schnell ab. Der pH-Wert sollte zwischen 6,0–7,5 liegen. Die Härte bis 18° dGH. Das Becken muß **mindestens** so breit sein, wie die doppelte Tastfühlerlänge. Sonst fühlen sich die Fische beengt und kümmern.

ZU: Im Aquarium nicht möglich. Ausgewachsene Tiere benötigen ein Becken von 1,20 m Breite und 3 m Länge. Ob die Tiere darin züchten, ist ungewiß.

FU: K; Würmer! *Tubifex*, kleine Regenwürmer und *Enchyträen* für Jungtiere. Tiere ab 20 cm Länge nehmen fast jede fleischliche Nahrung an. Fische.

Bes.: Interessant ist das störartig aufgebogene Maul, das den Fisch befähigt, im weichen Bodengrund feinste lebende Nahrung aufzunehmen. Die meisten Importe sind halbverhungert, wenn sie in den Handel gelangen. Solche Tiere sind besonders vorsichtig aufzupäppeln. Die mehr als körperlangen Maxillar-Tastfäden haben ungefähr in der Mitte eine blutrote Stelle, deren Sinn bisher unbekannt ist.

T: 21–25° C, **L**: 40 cm, **BL**: 120 cm, **WR**: u, **SG**: 3–4 (G)

Pseudopimelodus raninus raninus (VALENCIENNES, 1840)
Frosch-Fettwels Unterfam.: Pimelodinae

Syn.: *Pimelodus raninus, Batrachoglanis raninus, Pseudopimelodus acanthochira.*

Vork.: Weitverbreitet in Surinam, Franz. Guyana, Brasilien, Peru und Paraguay, Südamerika.

Ersteinf.: 1894.

GU.: Nicht beschrieben.

Soz. V.: Geselliger Fisch, der am besten in 2 bis 3 Exemplaren gepflegt wird. Nicht mit zu kleinen Fischen (Neons) und nicht mit zu großen Fischen (Räubern) vergesellschaften. Die Art hat eine sehr ruhige Lebensweise und will, besonders tagsüber, nicht viel gestört werden. Sie kann jedoch ab und zu mit Futter aus den Verstecken gelockt werden.

Hält. B.: Weiches Wasser bis 10° dGH und leicht sauer 6,0–7,0 sind für die Tiere am zuträglichsten. Für Verstecke und nicht zu helle Beleuchtung muß man sorgen.

ZU: Bisher nicht im Aquarium nachgezogen.

FU: K; in der Natur hauptsächlich insektenfressend. Im Aquarium werden Tablettenfutter (TetraTips o. ä.) und Flockenfutter gern angenommen. Ab und zu sollte mit Lebendfutter (*Gammarus*) gefüttert werden. Es werden allerdings auch Fische genommen, die bis über halb körperlang sein können.

Bes.: Sehr versteckt lebende Art, die man oft wochenlang nicht sieht.

T: 21–25° C, **L**: 10 cm, **BL**: 100 cm, **WR**: u, **SG**: 1–2

Platystomatichthys sturio

Pseudopimelodus raninus raninus

Pseudopimelodus zungaro bufonius (VALENCIENNES, 1840)
Zungarowels

Syn.: *Pimelodus bufonius, Pimelodus charus, Pseudopimelodus bufonius, Pseudopimelodus charus, Pseudopimelodus zungaro, Cephalosilurus bufonius, Zungaro zungaro, Zungaro bufonius, Zungaro charus.*

Vork.: Venezuela, Kolumbien, Guyana, Surinam und Ostbrasilien, Südamerika.

Ersteinf.: Ca. 1970.

GU.: Nicht bekannt.

Soz. V.: Nachtaktiver, ruhiger Einzelgänger, der im Vorüberschwimmen gern auch mal kleinere, ruhende Fische als Nahrung ansieht. Sonst friedlich.

Hält. B.: Keine Art für gutbepflanzte Becken, da sie nachts einiges „umgraben" kann. Am besten eignen sich Schwimmpflanzen und solche, die sich an Wurzelholz und Steinen festheften (Javamoos). Wasser: pH-Wert 6,5–7,2; Härte bis 18° dGH.

ZU: Bisher nicht beschrieben.

FU: K; Fleischnahrung wie Mehlwürmer, Herz, Schnecken, Fische.

Bes.: Die völlig „unplaziert" erscheinende, große, tiefgegabelte Schwanzflosse gibt dem Fisch sein charakteristisches Aussehen. Die Art wächst schnell.

T: 20–24° C, **L:** 18 cm, **BL:** 120 cm, **WR:** u, **SG:** 2–3

Rhamdia guatemalensis (GÜNTHER, 1864)
Guatemala-Antennenwels

Syn.: *Pimelodus boucardi, P. cinerascans* (nicht GÜNTHER), *P. godmani, P. guatemalensis, P. patenensis, P. wagneri, Rhamdia bransfordi, R. depressa, R. oaxacae, R. scrificii, R. wagneri.*

Vork.: Mittelamerika, in pazifischen Zuflüssen v. südlichen Mexiko bis nach Kolumbien, evtl. sogar noch weiter bis Amazonien.

Ersteinf.: 1981 und 1983.

GU.: Unbekannt.

Soz. V.: Wendige, schwimmfreudige Art, die Attacken aggressiver Fische geschickt auszuweichen versteht und selbst den resolutesten Cichliden das Futter oder die Brut stiehlt. Jungwelse sind im Aquarium untereinander streitsüchtig. Artfremde Gesellschafter müssen in der Größe passen.

Hält. B.: Anspruchslos, stellt keine Ansprüche an das Wasser, das allerdings nicht zu hart sein sollte (pH-Wert um 7). Liebt Verstecke aus Steinen und Wurzeln, nicht zu hell. Der heimische Lebensraum dieser Tiere ist Fels, durch kiesigen, teils durch schlammigen Grund charakterisiert. Immer finden sich Holz- und Laubeinlagerungen.

ZU: Im Aquarium noch nicht gelungen.

FU: Gierige Allesfresser, die jede Futtergabe sofort bemerken und aufgeregt mit ihren langen Barteln nach Freßbarem tasten, während sie geradezu hektisch durch das Becken schnellen.

Bes.: Junge Exemplare sind leicht mit *Pimelodella chagresi* (STEINDACHNER) zu verwechseln. Diese Welse bleiben aber deutlich kleiner.

T: 22–28° C, **L:** 28 cm, **BL:** 120 cm, **WR:** u, **SG:** 2

Pseudopimelodus zungaro bufonius

Rhamdia guatemalensis

Neosilurus argenteus (ZIETZ, 1896)
Silberaalwels

Syn.: *Plotosus argenteus.* Die Art ist wahrscheinlich identisch mit *Porocheilus obbesi* (WEBER, 1913), die jedoch nur 10 cm lang wird und in Nordaustralien vorkommt.

Vork.: Inneres Australien.

Ersteinf.: Nicht bekannt.

GU.: Nicht bekannt.

Soz. V.: Kleinere Exemplare sind ausdauernde Aquarienbewohner.

Hält. B.: Die Art liebt hartes Wasser (20–40° dGH) und einen hohen pH-Wert (7,5–8,2)! Sonst ist die Art problemlos in der Haltung. Möglichst dunkles Becken mit Höhlenverstecken aus Steinen oder Wurzeln.

ZU: Nicht bekannt.

FU: K, O; Flockenfutter, Lebendfutter aller Art.

Bes.: Der Rückenflossenstachel ist wie auch bei anderen Arten der Familie giftig.

T: 5–30° C, **L**: 20 cm, **BL**: 100 cm, **WR**: m, u, **SG**: 2–3

Neosilurus ater (PERUGIA, 1894)
Schwarzer Aalwels

Syn.: *Lambertia ater, Lopidoglanis ater, Lambertichthys ater sepikensis.*

Vork.: Neu-Guinea und Nordaustralien im reinen Flußwasser.

Ersteinf.: Unbekannt.

GU.: Nicht bekannt.

Soz. V.: Friedlicher Schwarmfisch, im Jugendalter bis etwa 18 cm Länge. Mit zunehmender Größe besteht die Gefahr, daß Beckeninsassen unter 6 cm Länge verspeist werden.

Hält. B.: Großbecken mit Steinaufbauten. Grober Kies als Bodengrund. Gelegentlich wühlt die Art, Pflanzen werden im allgemeinen verschont. Trotzdem sind die Wurzelhälse mit Kieseln zu sichern.

ZU: Im Aquarium noch nicht nachgezogen.

FU: K, O; Allesfresser. Futtertabletten, Fischfutterpellets (Forellen- oder Karpfenfutter). Lebendfutter aller Art.

Bes.: Das Foto zeigt ein Tier von 10 cm Länge in der noch silbrigen Jugendkleidung.

T: 22–30° C, **L**: 50 cm, **BL**: 150 cm, **WR**: m, u, **SG**: 2

Neosilurus argenteus

Neosilurus ater

Neosilurus glencoensis (RENDAHL, 1922)
Gelbflossensaumwels

Syn.: *Tandanus glencoensis.*

Vork.: Küstengewässer des nordwestlichen bis nordöstlichen Australiens. Nur im Süßwasser. Stellenweise massenhaft.

Ersteinf.: 1985 durch J. Clasen.

GU.: Nicht bekannt.

Soz. V.: Lebhafter, friedlicher Schwarmfisch, der in Einzelhaltung sehr scheu sein kann. Für Gesellschaftsbecken mit größeren Arten gut geeignet.

Hält. B.: Anspruchslose Art, die einen dichten Pflanzenwuchs im Hintergrund und vorn viel freien Schwimmraum liebt. pH-Wert 6,8–8,0; Härte bis 30° dGH. Bodengrund aus grobem Kies. Steinaufbauten zur Dekoration.

ZU: Bisher unbekannt.

FU: K, O; Allesfresser. Flockenfutter, Futtertabletten. Jegliches Lebendfutter.

Bes.: Der gelbe Flossensaum der Jungtiere verschwindet mit zunehmendem Alter.

T: 22–28° C, **L:** 20 cm, **BL:** 100 cm, **WR:** m, **SG:** 1–2

Tandanus tandanus MITCHELL, 1838
Tauwels, Kenaru

Syn.: *Plotosus tandanus.*

Vork.: Tweedfluß südl. Brisbane bis Sydney; südl. Region des Murray-Darling-Flußgebietes, Australien.

Ersteinf.: Nicht ermittelbar.

GU.: Erst ab etwa einem Jahr kann man die Geschlechter unterscheiden. Das ♂ hat eine dreieckige Urogenital-Papille; das ♀ eine zylindrische.

Soz. V.: Geselliger Räuber

Hält. B.: Wie vorige Art.

ZU: Im australischen Frühling/Sommer (November, Dezember) wird im Kiesbett eines Bachbettes eine schüsselähnliche Vertiefung von ca. 2 m Durchmesser ausgewedelt. Die Eier sind nicht haftend und haben einen Ø von ca. 3,2 mm. Nach ca. 7 Tagen schlüpfen die Larven.

FU: K; Allesfresser. Hauptsächlich Garnelen und Muscheln in den Küstenbereichen.

Bes.: Die Hartstrahlen der Brustflossen und der Rückenflosse können schmerzhafte Verletzungen hervorrufen.

T: 5–25° C, **L:** 90 cm, **BL:** 200 cm, **WR:** m, u, **SG:** 4

Neosilurus glencoensis, juvenil

Neosilurus glencoensis

Tandanus tandanus

Eutropiellus buffei GRAS, 1960
Schwalbenschwanz – Glaswels*

Syn.: *Eutropius buffei, Eutropiellus vandeweyeri.*

Vork.: Süßwasserflüsse in Nigeria, Kamerun, wahrscheinlich Gabun und Zaire, Afrika.

Ersteinf.: Unbekannt.

GU: ♀♀ sind voller im Bauchumfang und sehen daher gewichtiger aus. Das trifft jedoch nur auf gut eingewöhnte Exemplare zu.

Soz. V.: Tagaktiver Schwarmfisch, sehr friedlich auch gegenüber kleinsten Arten. Wenigstens 6 Tiere der gleichen Art zusammen halten.

Hält. B.: Viel freien Schwimmraum bieten. Eine kräftige Filterströmung aktiviert die Schwimmfreudigkeit der Fische. Bei schlechten Wasserbedingungen stehen die Tiere scheu hinter Verstecken oder drücken sich am Boden herum. Wasser: pH-Wert 6,5–7,2; Härte bis 18° dGH. Größere Schwankungen sind zu vermeiden, daher regelmäßiger Wasserwechsel $^1/_3$–$^2/_3$ mit aufbereitetem Leitungswasser.

ZU: Die Zucht ist bereits gelungen bei 22–26° C. Bei einem Zuchtansatz sollten zwei ♂♂ und ein ♀ zusammengesetzt werden. Meist in den frühen Morgenstunden werden ca. 100 weiße Eier zwischen Pflanzen verstreut abgelaicht. Die Elterntiere sollten herausgefangen werden. Die Larven schlüpfen nach 3 Tagen und können recht gut mit frisch geschlüpften *Artemien* aufgezogen werden. Das Wachstum der Jungfische geht rasch vonstatten.

FU: K; O; hauptsächlich werden Insektenlarven genommen. Im Aquarium besonders gern rote Mückenlarven (auch tiefgefroren), Daphnien und *Cyclops*, jedoch auch Flockenfutter und gefriergetrocknete Stoffe werden akzeptiert. Diese Art benötigt ein abwechslungsreiches Futter.

Bes.: Die Art wird häufig als *E. debauwi* bezeichnet, obwohl diese Art fast nie im Handel zu haben ist. Die äußeren Unterschiede sind wie folgt:
E. buffei
1. Unterhalb des schwarzen Streifens entlang der Seitenlinie bis durch die Schwanzflosse zieht sich ein zweiter schwarzer Streifen, der etwa in Höhe des Afters unterbrochen ist.
2. Die Schwanzflossenlappen tragen schwarze Spitzen; diese sind **gerundet**.
3. Die Adipose ist durchsichtig.
E. debauwi
1. Hier fehlt dieser zweite schwarze Streifen. Dagegen ist der Mittelstreifen ganz genauso.
2. Keine schwarzen Punkte oder Zeichnungen auf den Enden der Caudale, diese sind **zugespitzt**.
3. Die Adipose hat eine dunkle Vorderkante.

* Vorschlag der Autoren wegen der kennzeichnenden Schwanzflosse gegenüber *E. debauwi*.

T: 22–27° C, **L**: 8 cm, **BL**: 120 cm, **WR**: m, **SG**: 1–2

Parailia longifilis BOULENGER, 1902
Afrikanischer Glaswels*

Syn.: Keine.

Vork.: Zaire, Afrika (Stanley Pool).

Ersteinf.: 1955.

GU.: Nicht bekannt.

Soz. V.: Friedlicher, oft scheuer Schwarmfisch, der sich jedoch an Jungbrut und sehr kleinen Beckeninsassen „vergreifen" könnte. Tagaktiv. Sollte in kleinem Schwarm von 4–6 Tieren gehalten werden.

Hält. B.: Eine Art, die sich manchmal nicht leicht den Bedingungen im Aquarium anpaßt. Das Wasser sollte sehr klar gehalten werden und gut belüftet sein. Selbst niedriger Nitratgehalt (über 30 mg/l) wird übelgenommen. pH-Wert 6,5–7,4; Härte bis 18° dGH.

ZU: Bisher nicht gelungen.

FU: K, O; nach Eingewöhnung wird gern Flockenfutter (TetraMin o. ä.) genommen. Daphnien und (gefrorene) Mückenlarven sollten jedoch wenigstens 1–2 mal wöchentlich dazu gereicht werden.

Eutropiellus buffei

Parailia longifilis

Bes.: Es gibt einen weiteren Afrikanischen Glaswels (*Physalia pellucida*), der jedoch eine Adipose (Fettflosse) hat. Die beiden sollten nicht verwechselt werden mit *Kryptopterus bicirrhis*, dem Indischen Glaswels. Dieser hat 1 Paar Bartfäden, während *Parailia* 4 Paare aufweist.

* Beide Arten Afrikanischer Glaswelse tragen sowohl im Deutschen als auch im Englischen den gleichen Namen, obwohl sie sogar verschiedenen Gattungen angehören. Es wurde deshalb hier für die letztere Art ein neuer deutscher Name zur Unterscheidung vorgeschlagen (Nilglaswels).

T: 23–26° C, **L**: 9 cm, **BL**: 80 cm, **WR**: m, u, **SG**: 2

Physailia pellucida BOULENGER, 1901
Nilglaswels, Afrikanischer Glaswels

Syn.: Keine.

Vork.: Quellgebiet des Nil.

Ersteinf.: 1927 von den Vereinigten Zierfischzüchtereien Conradshöhe bei Berlin.

GU.: Nicht bekannt.

Soz. V.: Friedlicher Schwarmfisch, der unbedingt Artgenossen zum Wohlbefinden braucht. Tagaktiv. Kann mit kleineren ruhigen Bodenfischen und Labyrinthern vergesellschaftet werden.

Hält. B.: Die Art verlangt viel freien Schwimmraum, eine möglichst etwas abgedeckte Wasseroberfläche, klares trübstofffreies Wasser mit etwas Strömung sind erwünscht. Wasser: pH-Wert 6,5–7,2; Härte: 5–15° dGH.

ZU: Bisher nicht bekannt.

FU: K; feines Lebendfutter wie *Artemia*, Mückenlarven, Enchyträen, gelegentlich auch Flockenfutter. FD-Tabletten werden nach Gewöhnung gern genommen.

Bes.: Der Indische Glaswels *Kryptopterus* hat eine Dorsale. Bei den beiden Afrikanischen Glaswelsen fehlt diese.

T: 25–28° C, **L**: 10 cm, **BL**: 80 cm, **WR**: m, **SG**: 3

Platytropius siamensis (SAUVAGE, 1883)

Syn.: *Pseudeutropius siamensis, Nemasiluroides furcatus.*

Vork.: Thailand.

Ersteinf.: Nicht bekannt.

GU.: Das ♂ hat eine fleischige Auswölbung kurz vor dem After. (SMITH, 1945).

Soz. V.: Ein tagaktiver Wels, der kleinste Fische (z. B. *Rasbora maculata*) als Futter ansieht. Sonst ist er recht friedlich. Die Haltung in mehreren Exemplaren entspricht den Naturgewohnheiten.

Hält. B.: Dieser Schwarmfisch sollte mit wenigstens 4–6 Exemplaren gehalten werden. Die großen Augen der Tiere sind leicht verletzlich, besonders weil die Fische scheu sind. Plötzliche Bewegungen vor dem Aquarium sollten vermieden werden. Das Becken sollte deshalb auch nicht mit scharfkantigen Gegenständen eingerichtet sein.

ZU: Bisher nicht bekannt.

FU: K, O; Flockenfutter guter Qualität, Daphnien, Mückenlarven (auch tiefgefroren), *Tubifex*. In der Natur ist die Art Insektenfresser.

Bes.: Die Art ist mehr freischwimmend als bodengebunden, im Gegensatz zu den meisten anderen Welsen. Die Gattung wurde von HORA aufgestellt.

T: 21–25° C, **L**: 20 cm, **BL**: 120 cm, **WR**: m, u, **SG**: 2

Physailia pellucida

Platytropius siamensis

Kryptopterus cryptopterus (BLEEKER, 1851)

Syn.: *Silurus cryptopterus, Kryptopterus micropus, Cryptopterus cryptopterus, Cryptopterus micropus.*

Vork.: Thailand, Sumatra und Borneo (Südostasien).

Ersteinf.: ?

GU.: Sind nicht bekannt.

Soz. V.: Tagaktiver, meist friedlicher Fisch, der jedoch kleinere Fische bis 4 cm Länge als Beute ansehen könnte. Sonst ein sich langsam bewegender Fisch, der nur mit ruhigen Beckeninsassen zusammen gehalten werden sollte.

Hält. B.: Die Art braucht viel Platz und Licht. Eine Schwimmpflanzendecke über 1/3–1/2 der Wasseroberfläche bietet Unterstand für den Raub im Freiwasser.

ZU: Bisher im Aquarium noch nicht geglückt. In der Natur züchten die Tiere im Juni/Juli. Wasser: pH 6,8–7,8; Härte bis 18° dGH.

FU: K; Insektenlarven, Frostfutter, aber auch Großflocken und Futtertabletten-Teile. Kleine Regenwürmer.

Bes.: Die Art wird in Thailand gern geräuchert gegessen.

T: 22–25° C, **L**: bis 20 vm, **BL**: 100 cm, **WR**: u, m, **SG**: 3

Kryptopterus macrocephalus (BLEEKER, 1858)
Gestreifter Glaswels

Syn.: *Kryptopterichthys macrocephalus, Cryptopterus macrocephalus.*

Vork.: Borneo und Sumatra, Südostasien.

Ersteinf.: 1950.

GU.: Nicht bekannt.

Soz. V.: Die Art ist nicht so friedlich wie *K. bicirrhis* (Bd. 1 – Seite 514). Sie bevorzugt mehr die offenen Wasserregionen. Kleinfische, wie *Rasbora urophthalma* oder *R. maculata*, könnten leicht verspeist werden. Größere Fische ab 5 cm Länge sind jedoch für die sonst duldsame Art gute Beckenmitbewohner.

Hält. B.: Wasserwerte: pH 6,5–7,4; Härte 10–20° dGH. Das Wasser soll sehr gut gefiltert sein, sich jedoch nicht so schnell bewegen. Pflanzen- und Steinverstecke sind angebracht.

ZU: Nicht bekannt.

FU: K, O; hauptsächlicher Insektenfresser (Oberflächennahrung), aber auch Flockenfutter und Futtertabletten.

Bes.: In Ruhestellung schwimmt der Fisch mit der Schwanzflosse nach unten. In der Fortbewegung stellt sich der Körper waagerecht.

T: 22–26° C, **L**: 11 cm, **BL**: 80 cm, **WR**: m, o, **SG**: 1, 2

Kryptopterus cryptopterus

Kryptopterus macrocephalus

Ompok eugeneiatus (VAILLANT, 1893)
Borneo-Glaswels

Syn.: *Callichrous eugeneiatus, Silurodes eugeneiatus.*

Vork.: In Süßwasserfließgewässern von Sumatra und Borneo.

Ersteinf.: ca. 1970 als Beifänge häufigerer Arten.

GU: Nicht äußerlich erkennbar. Evtl. ist die Länge der Dorsale ein Erkennungszeichen des Geschlechts, möglicherweise auch des Alters.

Soz. V.: Ein unruhiger Schwarmfisch, der sich nur mit seinesgleichen wohlfühlt. Evtl. mit anderen Glaswelsen vergesellschaften. Die Haltung mit aggressiven Fischen ist nicht zu empfehlen. Die Tiere werden dann scheu und kümmern. Nach Eingewöhnung sind die Fische nicht mehr scheu, sondern gewöhnen sich recht gut an den Pfleger.

Hält. B.: Die Fische sind sehr empfindlich. Die extrem langen Bartfäden und auch die sehr dünne Haut verletzen sich leicht. Ein Fang mit dem Netz ist daher gefährlich für die Tiere. Becherglas verwenden und Fische einzeln hineintreiben. Klares, gut gefiltertes und sauerstoffreiches Wasser ist Bedingung für die erfolgreiche Pflege. pH-Wert 6,5–7,0; Härte 7–16° dGH.

ZU: Bisher nicht nachgezogen.

FU: K; Lebendfutter aller Art, Frostfutter; gelegentlich werden von ausgewachsenen Tieren auch kleinere Fische genommen. Nach Gewöhnung auch Flockenfutter.

Bes.: Die Tiere sehen aus als ob sie „auf dem Kopf“ schwimmen, weil die Leibeshöhle so hoch liegt. Der lange Dorsalstrahl und die fehlende Adipose läßt die Art erkennen. Beim Afrikanischen Glaswels *Physalia pellucida* ist dagegen eine Adipose vorhanden, jedoch fehlt die Dorsale.

T: 20–24° C, **L**: 18 cm, **BL**: 150 cm, **WR**: m, **SG**: 3

Wallago attu (BLOCH, 1801)
„Hubschrauber“-Wels, aus dem Englischen übersetzt (Helicopter Catfish). Warum dieser Name, ist unbekannt.

Syn.: *Silurus attu, Silurus boalis, Silurus asotus, Silurus mulleri, Silurus ruallagoo, Callichrus macrostomus, Wallago russellii, Wallagonia attu.*

Vork.: Java, Sumatra, Tahiland, Indien, Burma, Sri Lanka (Ceylon).

Ersteinf.: Ca. 1970 nach Europa.

GU.: Nicht bekannt.

Soz. V.: Räuber, der alles Kleinere als er selbst frißt. Nur im Jugendalter kann die Art mit viel größeren Fischen vergesellschaftet werden.

Hält. B.: Die großen Fische schwimmen nicht nur schnell, sie springen auch gut. Deshalb ist das „Riesenbecken“ gut abzudecken. Sonst werden wenig Ansprüche gestellt. Wegen der großen Futteraufnahme ist jedoch ein guter Großraumfilter Bedingung.

ZU: Zur Laichabgabe gehen die Tiere in der Natur von tieferen Flußregionen in flaches Wasser. Im Aquarium ist die Art wohl schwerlich nachzüchtbar.

FU: K; nur Jungtiere geben sich mit Futtertabletten, Rinderherz u. a. zufrieden. Größer werdende Tiere verlangen lebende Fische!

Bes.: Kein Aquariumfisch. Warum solch ein Riese gelegentlich im Handel angeboten wird, ist unverständlich. Als „Kuriosität“ ist die Art hier aufgenommen worden (um mögliche Käufer zu warnen).

T: 22–25° C, **L**: 90 cm, **BL**: 4 m, **WR**: u, m, **SG**: 4 (K)

Ompok eugeneiatus

Wallago attu

Bagarius bagarius (HAMILTON, 1822)
Teufelswels

Syn.: *Pimelodus bagarius, Bagarius yarrelli, Bagarius lica, Bagarius buchanani.*

Vork.: Indien, Burma, Thailand, Vietnam, Sumatra, Borneo vom Gebirgsbach bis in die Flußmündungen.

Ersteinf.: 1974 nach England.

GU.: Keine sicheren bekannt.

Soz. V.: Nur im Artbecken mit gleichgroßen Artgenossen halten. Die Fische sind meist nachtaktiv und schätzen Ruhe tagsüber.

Hält. B.: Je nach Herkunft (Gebirgsbachstämme oder Fluß) schwanken die Endgröße und die Temperaturansprüche. Tiere aus Gebirgsregionen sind vorzuziehen, benötigen jedoch, da sie in Stromschnellen leben, viel Sauerstoff. Gute Filterung mit Strömung wird bei Jungtieren notwendig sein. Größere Tiere vertragen hartes Wasser, ja sogar Salzzusatz (Dichte 1.006). Wasser: pH 6,5–7,8 (7,0); Härte für Jungtiere bis 12° dGH, nach Eingewöhnung bis 30° dGH.

ZU: Nicht bekannt. Wer will diesen Teufel schon nachziehen?

FU: K; übler Räuber, der sogar Schuppen von Beckeninsassen frißt. Kleine Tiere bis 20 cm Länge nehmen Insekten und deren Larven, später nur noch Fische.

Bes.: Kein Aquariumfisch. Um die Jahrhundertwende gab es Berichte, daß sogar 2 m lange Tiere gefangen wurden.

T: 18–25° C, **L**: 100 cm, große Exemplare bis 200 cm!!, **BL**: 200 cm, **WR**: u, m, **SG**: 3–4 (K)

Gagata schmidti VOLZ, 1904
Clownwels

Syn.: Keine; s. Bes.

Vork.: Sumatra, in Gebirgsbächen bis zu einer Höhe von 1400 m, Südindien.

Ersteinf.: Ca. 1970.

GU.: Nicht beschrieben.

Soz. V.: Eine friedliche Art, die auch mit kleineren Tieren gehalten werden kann. Am besten, man pflegt einen kleineren Schwarm. Ideal zur Vergesellschaftung sind andere Bachfische wie *T. albonubes* (Kardinalfisch), Flossensauger o. a. Fische, die Strömung und relativ geringe Temperaturen bevorzugen.

Hält. B.: Wie vorstehend. pH-Wert 6,8–7,2; Härte bis 15° dGH.
Mit einem starken Filter ist für gute Strömung zu sorgen. Möglichst langen Freiraum zum Ausschwimmen lassen.

ZU: Bisher nicht gelungen.

FU: K; Insektenfresser, der aber auch anderes Lebendfutter nimmt und recht gut mit Futtertabletten (Tetra FD-Tips) und Flockenfutter ernährt werden kann.

Bes.: Wird in der Aquarien-Literatur auch fälschlich *Microglanis parahybae* bezeichnet. Manchmal „läuft“ der Fisch also unter diesem Namen im Handel.

T: 20–22° C, **L**: 7 cm, **BL**: 100 cm, **WR**: u, **SG**: 1–2

Bagarius bagarius

Gagata schmidti

Nothobranchius patrizii, oben ♂ unten ♀

Die Killifischgattungen* und ihre Zugehörigkeit in die Unterfamilien:

Unterfamilie Aphaniinae
- Aphanius
- Valencia

Unterfamilie Cyprinodontinae
- Cyprinodon
- Jordanella und Garmanella

Unterfamilie Fundulinae
- Fundulus
- Profundulus
- Adinia
- Chriopeoides
- Cubanichthys
- Lucania

Unterfamilie Orestiatinae
- Orestias

Unterfamilie Procatopodinae
- Aplocheilichthys
- Procatopus
- Lamprichthys

Unterfamilie Rivulinae
- Adamas
- Aphyosemion
- Diapteron
- Roloffia
- Fundulosoma
- Nothobranchius
- Epiplatys und Pseudepiplatys
- Pachypanchax
- Aplocheilus
- Cynolebias
- Austrofundulus
- Rachovia
- Pterolebias
- Rivulus

* Es werden nur die im Aquarien Atlas behandelten Gattungen erfaßt.

Adamas formosus HUBER, 1979

Syn.: Keine.

Vork.: Westafrika, Volksrepublik Kongo, westliches Kongobecken.

Ersteinf.: Vermutlich erstmals bereits in den 60er Jahren durch Brichard in die USA, mit Sicherheit jedoch 1978 durch Huber nach Frankreich.

GU.: Die ♀♀ sind weniger intensiv gefärbt und unscheinbar, ihr Leibesumfang ist bei guter Fütterung vergleichsweise stärker, der Schwanzstiel schlanker.

Soz. V.: Ein friedlicher und eher scheuer Fisch, der bevorzugt an der Wasseroberfläche einzeln oder in kleinen Schulen lebt.

Hält. B.: *A. formosus* ist nicht einfach zu pflegen. Das Wasser soll weich und leicht sauer sein, es muß ständig genügend Kleinfutter (Lebendfutter) geboten werden. Bei der geringen Größe des Fisches sind kleinere Hälterungsbecken zu empfehlen. Die Tiere sind entweder im Artenbecken zu hältern oder zusammen mit anderen sehr kleinen Fischarten, beispielsweise mit *Aphyoplatys duboisi* oder *Pseudepiplatys annulatus*, gegebenenfalls auch mit sehr kleinen Bärblingen oder Salmlern.

ZU: Die Zucht ist nicht einfach, vor allem, da die Tiere so klein sind. Die Fische werden im Paar oder im Trio (1 ♂, 2 ♀♀) in einem kleineren Aquarium (5–10 l) mit Ablaichsubstrat (Torffasern, Perlonwolle) angesetzt, das Wasser ist weich und leicht sauer zu wählen. Die Tiere sind Dauerlaicher, über einen längeren Zeitraum hinweg werden jeweils immer nur wenige Eier abgegeben. Diese kann man absammeln, das ganze Laichsubstrat in ein anderes Aquarium geben, oder die Elterntiere nach etwa 2 Wochen umsetzen. Nach dem Schlüpfen sind die winzigen Jungfische mit Pantoffeltierchen anzufüttern. Das Wachstum geht nur recht langsam vor sich und diese Art ist nicht sehr produktiv.

FU: K; kleines Lebendfutter, vorzugsweise Nauplien von *Artemia salina* und ausgesiebtes Tümpelfutter.

Bes.: Die Fische haben auf dem Kopf einen silbrigen Fleck aus 2–3 Schuppen, dessen Zweck noch unklar ist.

T: 22–24° C, **L**: 2,5–3 cm, **BL**: 30–50 cm, **WR**: o, **SG**: 4

Aphanius (Kosswigichthys) asquamatus (SÖZER, 1942)
Nacktschuppenkärpfling

Syn.: *Kosswigichthys asquamatus.*

Vork.: Türkei, Hazer-Gölü, ein Bittersee in Ostanatolien. Die Tiere befinden sich dort vorzugsweise in Ufernähe.

Ersteinf.: ?

GU.: Die ♂♂ sind farbiger. Die ♀♀ sind etwas kürzer und kräftiger.

Soz. V.: In der Natur finden sich die Fische nach Beobachtungen von KOSSWIG in Schwärmen im offenen Wasser des Hazer-Gölü (Gölü = See) in Ufernähe. Auch im Aquarium leben die Fische gesellig und friedlich, dabei sind sie außerordentlich neugierig und erkunden alle Veränderungen im Aquarium genauestens.

Hält. B.: Vorzugsweise sollten die Fische in hartem und alkalischem Wasser gepflegt werden. Zu empfehlen ist ein Artenbekken, doch kann man die Tiere sicher auch mit anderen kleineren Cyprinodontinae nichttropischer Gebiete gemeinsam halten.

ZU: Die Zucht ist einfach, die Fische laichen bei 22–25° C an einem Mop aus Perlonwolle ab. Dazu wird am besten ein Trio in ein Zuchtbecken von etwa 10 l Inhalt gesetzt und die Eier regelmäßig abgelesen. In einer Zuchtschale gelangen sie – gegebenenfalls Trypaflavin zusetzen – nach etwa 8–12 Tagen zum Schlupf. Anfütterung mit Pantoffeltierchen, denen nach einigen Tagen Nauplien von *Artemia salina* folgen können. Das Wachstum ist langsam.

FU: K, O: Lebendfutter, auch Gefrierfutter und Flockenfutter.

Bes.: Die Fische haben keine richtigen Schuppen, nur Einzeltiere weisen Schuppenreste auf. Früher wurde die selbständige Gattung *Kosswigichthys* wegen der Bezahnung zu den Fundulinae gestellt. Da dieses Merkmal ebenso wie die Schuppenreduktion kein ausreichendes Abgrenzungsmerkmal ist, wird *Kosswigichthys* heute allenfalls als Untergattung zu *Aphanius* angesehen.

T: 10–25° C, **L**: 4 cm, **BL**: 50 cm, **WR**: o, m, u, **SG**: 2–3

Aphanius dispar (RÜPPELL, 1828)
Perlmutterkärpfling

Syn.: *Lebias dispar, Cyprinodon dispar, Cyprinodon airebejensis, Cyprinodon desioi, Cyprinodon eilensis, Cyprinodon cilensis, Cyprinodon hammonis, Cyprinodon lunatus, Cyprinodon stoliczkanus.*

Vork.: Küstenbereiche des Indischen Ozeans, des Roten Meeres und des Persischen Golfes von Somalia im Süden um die Arabische Halbinsel herum bis zum Kutch in Westindien, außerdem im Toten Meer und einigen Oasen der östlichen Sahara.

Ersteinf.: 1904 durch Hans Stüve, Hamburg.

GU.: Die ♀♀ sind kleiner und rundlicher als die mehr gestreckten ♂♂, ihre Färbung, besonders die der Flossen, ist einfacher und die Schwanzflosse zeigt nicht die schöne gelbe Streifung. Die Flossen sind auch kleiner.

Soz. V.: *A. dispar* sind friedlich und neigen zur Bildung von Trupps und Schwärmen, besonders als Jungtiere. Ausgewachsene ♂♂ sind eher revierbesitzend, doch ist dies nicht sehr streng ausgeprägt, wenn man andere Arten der Gattung damit vergleicht. Der Perlmutterkärpfling zeichnet sich durch eine besondere Lebhaftigkeit aus und die Tiere schwimmen rastlos umher.

Hält. B.: Die Fische sind entsprechend ihrem Vorkommen von reinem Süßwasser bis hin zu hypersalinem, stark salzhaltigem Wasser mit hoher Verdunstungsrate sehr salztolerant und eher salzliebend, sie sollten daher unbedingt einen Salzzusatz erhalten. Die Dosierung richtet sich dabei nach der Herkunft der Fische, aber auch wenn man diese nicht genau kennt, ist reines Meerwasser keineswegs von Nachteil. Bei Haltung in Süßwasser empfiehlt sich die Verwendung von hartem Wasser.

ZU: Zur Zucht sollte die Temperatur etwa 24–28° C betragen und ein Ablaichmop oder Perlonwatte als Ablaichgelegenheit geboten werden. Die schlüpfenden Jungfische sind gleich mit Nauplien von *Artemia salina* anzufüttern.

FU: O; Lebendfutter, Flockenfutter, möglichst auch Fadenalgen reichen.

T: 16–26° C, **L**: 7 cm, **BL**: 80–100 cm, **WR**: m, **SG**: 3–4

Aphanius mento (HECKEL, 1843)
Orientkärpfling

Syn.: *Lebias mento, Lebias cypris, Aphanius sophiae mentoides, Aphanius sophiae similis, Aphanius cypris alexandri, Aphanius cypris boulengeri, Aphanius cypris orontis.*

Vork.: Vom Süden der Türkei an nach Osten, das Gebiet von Euphrat und Tigris umfassend, bis zum Persischen Golf und nach Süden bis Israel zum Toten Meer.

Ersteinf.: Herbst 1910 von den Vereinigten Zierfischzüchtereien in Conradshöhe, Berlin.

GU.: Die Färbung der Geschlechter ist so unterschiedlich, daß bei der Entdeckung der Art das ♀ als eine andere Art, nämlich als *Lebias cypris*, beschrieben wurde. Die ♂♂ sind, je nach Herkunft des Stammes, mehr oder weniger blauschwarz mit hellblauen Punkten und Strichen. Die ♀♀ besitzen demgegenüber dunkelbraune bis scharze Flecken auf hellem braungrauem Grund. Ihre Flossen sind schwach braun gefärbt bis durchscheinend.

Soz. V.: Die ♂♂ sind, wiederum je nach Population, mäßig bis stark aggressiv gegeneinander und gegen die ♀♀. Sie bilden Reviere und das ranghöchste ♂ ist am intensivsten gefärbt. In zu kleinen Becken können sich die Tiere aggressiver Stämme gegenseitig töten.

Hält. B.: Die Fische sind in eher zu großen Aquarien zu pflegen, bezüglich Futter und Temperatur sind sie nicht wählerisch, das Wasser sollte eher hart sein. Nach VILLWOCK empfiehlt sich der Zusatz von einer Prise Magnesiumsulfat ($MgSO_4$), sowie ein geringer Jodzusatz (Lugol'sche Lösung). Die Hälterung während des Sommers im Freiland ist durchaus schon erfolgreich durchgeführt worden.

ZU: Die Zucht sollte am besten im Hälterungsbecken erfolgen, in dem die stärksten ♂♂ Reviere besitzen und dort an einem Wollmop oder an Perlonwatte, in der Natur an einem Algenbüschel, ständig mit den ♀♀ ablaichen. Das Laichsubstrat ist dann mit den Eiern darin jede Woche auszuwechseln oder die Eier regelmäßig abzulesen. Sie kommen dann in Brutschalen. Die nach etwa 8–10 Tagen schlüpfenden Jungfische fressen sogleich Nauplien von *Artemia salina*.

FU: O; Lebendfutter und auch Gefrier- und Trockenfutter, wichtig sind auch Grünalgen.

T: 10–25° C, **L**: 5 cm, **BL**: 80 cm, **WR**: m, **SG**: 2–3

Aphanius dispar

Aphanius mento „Kirk Göz"

Aphyosemion arnoldi (BOULENGER, 1908)
Arnolds Prachtkärpfling

Syn.: *Fundulus arnoldi.*

Vork.: Westafrika, Nigeria, westliches Nigerdelta bei Sapele und Warri.

Ersteinf.: 1905 von W. Schroot, Hamburg.

GU.: Die ♂♂ sind sehr farbig, auf blauem bis blauviolettem Grund zeigen sie eine Vielzahl roter Punkte und Flecken. Die Rücken- und Afterflosse sind orange und besitzen randlich und körpernah rote Längsstreifen oder Fleckenreihen. Die Schwanzflosse ist dreilappig, die obere und untere Auszipfelung wird jeweils durch rote Streifen vom rotgefleckten Flosseninnenteil abgegrenzt. Die ♀♀ sind einfarbig bräunlich mit dunkelbraunen Flecken auf dem Körper und den Flossen, die ♀♀ sind gedrungener als die ♂♂ und ihre Flossen sind abgerundet.

Soz. V.: Friedliche Art, nur die ♂♂ sind gegeneinander oder gegenüber den ♂♂ verwandter Arten etwas aggressiv.

Hält. B.: Ein Artenbecken ist zu empfehlen, das mit einem dunklen Bodengrund ausgestattet ist, am besten Torf. Auf Wurzeln kann man Javafarn oder -moos aufbinden und diese im Becken zur Dekoration verteilen. Die Beleuchtung sollte eher gedämpft sein, die gute Fütterung mit Lebendfutter ist wichtig.

ZU: Die Zucht von *A. arnoldi* ist nicht einfach, wichtig sind kräftige und gesunde Zuchttiere. Die Art ist ein Dauer- und Bodenlaicher und Saisonfisch. In ein Bekken von ca. 10–15 l Inhalt, das mit einer Torfschicht ausgestattet ist, werden zuvor gut und abwechslungsreich gefütterte Zuchttiere gesetzt, 1 ♂ und 2–3 ♀♀. Diese bleiben 1 Woche darin, wobei sie sparsam gefüttert werden. Anschließend werden die Tiere entfernt, das Wasser abgegossen und der Torf ausgedrückt und man läßt ihn auf Zeitungspapier etwas antrocknen, bevor man ihn im verschlossenen Plastikbeutel fortlegt (beschriften!). Nach etwa 2–3 Monaten wird der Torf in ein entsprechendes Becken gegeben und mit Frischwasser aufgegossen. Die innerhalb von spätestens 24 Stunden schlüpfenden Jungfische fressen sofort Nauplien von *Artemia salina.*

FU: K; Lebendfutter, Wurmfutter wird gerne gefressen, sollte jedoch nur sehr dosiert verabreicht werden.

Bes.: *A. arnoldi* nimmt innerhalb der Gattung *Aphyosemion* eine gewisse Sonderstellung bezüglich Körperwerten und Eistruktur ein.

T: 22–25° C, **L**: 5 cm, **BL**: 50 cm, **WR**: u, m **SG**: 3–4

Aphyosemion aureum RADDA, 1980
Gold-Prachtkärpfling

Syn.: Keine.

Vork.: Westafrika, Südgabun, in kleinen und schnellfließenden Bächen des Berglandes des Du-Chaillu-Massivs.

Ersteinf.: 1980 durch Hofmann und Pürzl nach Österreich.

GU.: Die ♂♂ sind recht bunt, der Körper ist etwa rosafarben bis hellbraun, die Flossen sind goldgelb (Name!) und die Rükken- und Afterflosse zeigen einen schmalen bzw. breiten Streifen zum Körper hin, die Schwanzflosse ist oben und unten rot gesäumt. Die ♀♀ sind eintönig bräunlich mit durchsichtigen Flossen, die abgerundet und nicht wie bei den ♂♂ ausgezogen sind.

Soz. V.: Ein friedlicher und etwas scheuer Prachtkärpfling.

Hält. B.: Für ein gutes Pflanzenbecken zu empfehlen. Wenn die Pflanzen gut gedeihen, ist die Wasserqualität auch für die Fische gut geeignet. Das Becken sollte nicht zu groß sein, sonst sind die Tiere kaum zu sehen, weil sie zu versteckt leben. Es eignet sich ein weiches bis mittelhartes und vorzugsweise leicht saures Wasser von nicht zu hoher Temperatur (18–22° C). Häufigen Wasserwechsel durchführen.

ZU: Die Zucht ist in separaten Becken zu empfehlen, von 10–12 l Inhalt. Der Ansatz kann als Bodenlaicher oder als Haftlaicher durchgeführt werden, empfehlenswert ist jedoch der Daueransatz mit einem Wollmop oder ähnlichem Ablaichsubstrat, von dem die Eier regelmäßig abgelesen werden. Sie werden dann in Brutschalen mit leichtem Trypaflavinzusatz zur Entwicklung gebracht, die Jungtiere schlüpfen nach etwa 18 bis 20 Tagen und fressen sofort *Artemia salina*-Nauplien.

FU: K; Lebendfutter aller Art entsprechender Größe.

Bes.: Kreuzungen mit *Aphyosemion punctatum* weisen darauf hin, daß *A. aureum* wahrscheinlich nur eine Farbvariante dieser Art ist.

T: 18–22° C, **L**: 5 cm, **BL**: 50 cm, **WR**: u, m **SG**: 2–3

Aphyosemion arnoldi

Aphyosemion aureum

Aphyosemion bamilekorum RADDA, 1971
Bamileke-Prachtkärpfling

Syn.: Keine.

Vork.: Westafrika, Westkamerun, Hochlandbäche nordwestlich von Bafoussam.

Ersteinf.: 1971 durch Radda nach Wien.

GU.: Nicht immer einfach festzustellen, da bei dieser Art die ♂♂ nicht so bunt wie die anderer Arten sind. Ausgewachsene ♂♂ haben ausgezogene Rücken- und Afterflossen. Die Grundfärbung ist bräunlich-grün, gelegentlich bläulich getönt. Darüber findet sich eine rotbraune Netzzeichnung, in den Flossen sind es Flecken und Punkte. Bei den ♀♀ ist die rötlichbraune Netzzeichnung über braunem Grund nur ganz schwach angedeutet, die Punkte in den dort abgerundeten Flossen fehlen.

Soz. V.: Eine friedliche und eher scheue kleine Art.

Hält. B.: Dieser kleine Fisch sollte im Artenbecken gepflegt werden, das nicht sehr groß zu sein braucht. Die Einrichtung sollte wie bei *A. arnoldi* beschrieben gestaltet sein, zusätzlich kann man Torffaserbüschel bieten, in denen sich die ♀♀ verstecken können.

ZU: Die Fische sollten wie *A. arnoldi* als Bodenlaicher zur Zucht angesetzt werden, auch wenn sie durchaus auch am Wollmop ablaichen. Die Zucht ist nicht einfach und teils daher, teils aber auch, weil der Fisch nicht so bunt ist und damit aquaristisch nicht so interessant, befindet er sich in ständiger Gefahr, in Gefangenschaft auszusterben. Die nach dem Aufguß (Lagerzeit des Torfes ca. 3–4 Wochen) schlüpfenden Jungfische sollten in den ersten Tagen Pantoffeltierchen erhalten.

FU: K; Lebendfutter, das der geringen Größe der Fische entsprechen muß.

Bes.: *A. bamilekorum* wurde gemeinsam mit *A. bualanum* und *A. exiguum* in die Untergattung *Kathetys* eingeordnet.

T: 18–22° C, **L**: 4 cm, **BL**: 40 cm, **WR**: u, m **SG**: 3

Aphyosemion calliurum (BOULENGER, 1911)
Rotsaumprachtkärpfling

Syn.: *Haplochilus calliurus, Panchax vexillifer.*

Vork.: Westafrika, Küstenbereich von Süd-Benin über Süd-Nigeria bis ins südwestliche Kamerun.

Ersteinf.: Januar 1908 von Siggelkow, Hamburg.

GU.: Die ♂♂ sind erheblich bunter gefärbt als die kleineren und einfarbigeren ♀♀, die nur eine Anzahl roter Puntke mit den ♂♂ gemeinsam haben. Ihre Flossen sind überdies abgerundet, die der ♂♂ dagegen ausgezogen.

Soz. V.: Friedlicher Fisch, der nur gegen ♂♂ der eigenen Art oder anderer *Aphyosemion*-Arten gelegentlich etwas aggressiv ist, meist aber nur solange, bis eine Rangordnung hergestellt ist.

Hält. B.: Gute Bepflanzung und ein dunkler Bodengrund sind zu empfehlen, die Einrichtung kann ein schönes Pflanzenbecken nach „holländischem" Muster sein. Das Wasser ist weich bis mittelhart und leicht sauer zu wählen, Filterung gegebenenfalls über Torf. Die Vergesellschaftung sollte entweder mit anderen kleineren *Aphyosemion* erfolgen, z. B. aus der *bivittatum*-Gruppe, oder auch mit anderen kleineren und nicht zu lebhaften Fischen.

ZU: Die Tiere sind Pflanzen- und Bodenlaicher. Man kann sie entweder mit Torfsubstrat oder einem Wollmop zur Zucht ansetzen, dazu nimmt man am besten 1 ♂ und 2 ♀♀. Bei der Verwendung von Torfsubstrat werden die Eier wie bei Bodenlaichern behandelt (siehe *Aphyosemion robertsoni*), d. h. 3–4 Wochen trockengelegt, sonst liest man den Laich regelmäßig aus dem Wollmop und gibt die Eier in Schalen zur weiteren Entwicklung, wobei dem Wasser gegebenenfalls schwach Trypaflavin zugesetzt wird. Nach etwa 2–3 Wochen schlüpfen die Jungfische, die sofort Nauplien von *Artemia salina* nehmen.

FU: K; Lebendfutter, nach Gewöhnung auch tiefgefrorenes Futter und Rinderherz, gelegentlich auch Trockenfutter.

Bes.: *Aphyosemion ahli* ist vermutlich nur eine Populationsgruppe von *A. calliurum*, von dem es nachweislich weitere Populationen gibt, die sich untereinander nicht erfolgreich kreuzen lassen.

T: 24–26° C, **L**: 5 cm, **BL**: 50 cm, **WR**: u, m, **SG**: 2

Aphyosemion bamilekorum

Aphyosemion calliurum, WF „Funge, Kamerun"

Aphyosemion cameronense (BOULENGER, 1903)
Kamerun-Prachtkärpfling

Syn.: *Haplochilus cameronensis, Panchax microstomus, Panchax escherichi.*

Ersteinf.: 1968 (?) durch Scheel aus Äquatorial Guinea (= Rio Muni).

Vork.: Westafrika, Inlandplateau von Südkamerun, Äquatorial-Guinea (= Rio Muni) und Nordkamerun in zahlreichen unterschiedlichen Formen.

GU.: Die ♂♂ sind sehr bunt, dabei jedoch entsprechend dem jeweiligen Fundort sehr unterschiedlich gefärbt. Kennzeichnend ist für alle *A. cameronense*-Formen jedoch ein rotes Band, das etwa von den Brustflossen an entlang der Bauchunterseite bis in die Schwanzflosse zieht. Alle Formen haben auch auf den Flanken mehr oder weniger rote Punktreihen.

Soz. V.: Diese Art ist ein recht scheuer und friedlicher Fisch.

Hält. B.: *A. cameronense* ist sicher eine der empfindlichsten *Aphyosemion*-Arten. Das Wasser sollte weich und leicht sauer (pH 6,5) sein. Das Becken ist gut zu bepflanzen, am besten dürfte es sein, dies so zu gestalten wie es für *A. arnoldi* beschrieben wurde.

ZU: Bei dem beschriebenen Stamm vom Rio Ecucu war die Nachzucht nicht sehr schwierig, die Tiere laichten am Wollmop ab und die Jungfische fraßen nach dem Schlüpfen sofort Nauplien von *Artemia salina*.

FU: K; Lebendfutter. Der Empfindlichkeit der Tiere entsprechend sollten sie nur mit bestem Lebendfutter, darunter möglichst wenig Wurmfutter, ernährt werden.

Bes.: Von *A. cameronense,* das zur Untergattung *Mesoaphyosemion* gehört, wurden bisher mehrere Unterarten beschrieben: *A. c. halleri, A. c. haasi* und *A. c. obscurum.*

T: 18–22° C, **L**: 5 cm, **BL**: 50 cm, **WR**: m, u, **SG**: 4

Aphyosemion caudofasciatum HUBER & RADDA, 1979
Schwanzstreifen-Prachtkärpfling

Syn.: Keine.

Vork.: Westafrika, Süden der Volksrepublik Kongo (= Kongo Brazzaville), Gewässer des Regenwaldes des Batéké-Berglandes in der näheren und weiteren Umgebung von Zanaga, Provinz Lékomou.

Ersteinf.: August 1978 durch J. Buytaert und W. Wachters nach Belgien.

GU.: Die ♂♂ sind intensiv gefärbt. Die ♀♀ sind nur einfarbig olivbraun, auf dem Körper befinden sich kleine rotbraune Punkte, die auch auf den sonst farblosen Flossen zu finden sind.

Soz. V.: Lebhafter und durchweg friedlicher Killifisch, der nur gegenüber den ♂♂ anderer *Aphyosemion*-Arten, besonders solchen der eigenen Art, gelegentlich aggressiv sein kann, solange keine Rangordnung feststeht.

Hält. B.: Wasser weich bis mittelhart, leicht sauer und nicht zu warm. Zur Schaffung weiterer Versteckplätze und – im Artenbecken – auch Ablaichgelegenheiten bringt man Büschel von Torffasern ein.

ZU: Die Zucht kann als Daueransatz im Artenbecken erfolgen, wo man die Jungfische abliest, denen die Eltern bei guter Fütterung nicht nachstellen. Erfahrungen haben gezeigt, daß bei Temperaturen von über 22° C die Laichabgabe zurückgeht.

FU: K; Lebendfutter, nach Gewöhnung auch eventuell Trockenfutter und Gefrierfutter.

Bes.: *A. caudofasciatum* steht *A. ogoense* sehr nahe, es gibt Populationen von *A. ogoense*, die ebenfalls den Ansatz eines senkrechten Schwanzstreifens zeigen, und solche von *A. caudofasciatum*, denen ein solcher Streifen weitgehend fehlt. Dennoch kann man zur Zeit davon ausgehen, daß *A. caudofasciatum* eine gute Art ist.

T: 18–22° C, **L**: 5 cm, **BL**: 50 cm, **WR**: m, u, **SG**: 2–3

Aphyosemion cameronense

Aphyosemion caudofasciatum

Aphyosemion christyi (BOULENGER, 1915)
Christys Prachtkärpfling

Syn.: *Haplochilus christyi, A. castaneum, A. decorsei, A. margaretae* (?), *A. schouteдeni.*

Vork.: Im gesamten Kongobecken einschließlich des Ubangui, Afrika.

Ersteinf.: 1949 von Leopoldville (= Kinshasa) nach Belgien.

GU.: Die ♂♂ sind bunt gefärbt, dabei je nach Herkunft des Stammes sehr variabel. Allgemein herrscht eine gelbliche bis gelbgrüne oder ins Blau spielende Grundfarbe vor, auf der zahlreiche bis vereinzelte rote Punkte zu finden sind. Die Flossen sind lang ausgezogen und haben meist rote obere und untere Ränder. Die ♀♀ sind demgegenüber braun mit kleinen rotbraunen Punkten in den Kreuzungspunkten der Schuppen. Die Flossen sind abgerundet und weitgehend transparent.

Soz. V.: Friedliche und zurückhaltende Fische geringer Größe.

Hält. B.: Etwas empfindliche Art wie alle Vertreter der *A. elegans*-Gruppe. Das Wasser sollte weich sein (bis ca. 10° dGH) und leicht sauer (pH 6–6,5), doch sind die Wasserwerte bei ansonsten günstigen Bedingungen (z. B. Futter) nicht unbedingt ausschlaggebend. Ein Artbecken ist vorzuziehen, doch kann die Art auch mit anderen kleineren Fischen gemeinsam gepflegt werden.

ZU: Die Tiere sind wohl eher Haft- als Bodenlaicher, die Grenze ist fließend. Die Zucht sollte in einem kleinen (10 l) gesonderten Becken erfolgen. Als Ablaichsubstrat bietet man entweder einen Mop aus Perlonwolle oder aber Fasertorf. Der Schlupf erfolgt nach 12–16 Tagen. Bei Verwendung von Torffasern kann das Substrat mit den Eiern für ca. 3 Wochen in einer Plastiktüte feucht aufbewahrt werden, dann wird in einem kleinen Becken mit Frischwasser aufgegossen. Die Jungfische fressen sofort kleine *Artemia*-Nauplien, in den ersten Tagen kann eine zusätzliche Fütterung von Pantoffeltierchen nur von Vorteil sein.

FU: K; alle Sorten Lebendfutter entsprechender Größe.

Bes.: *A. christyi* weist innerhalb seines großen Verbreitungsgebietes zahlreiche Fundortformen auf, die unbedingt rein erhalten bleiben sollten. *A. castaneum,* ein Synonym zu *A. christyi,* ist der Typus der Gattung *Aphyosemion.*

T: 20–24° C, **L**: 5 cm, **BL**: 50 cm, **WR**: u, m, **SG**: 3

Aphyosemion cinnamomeum CLAUSEN, 1963
Zimtprachtkärpfling

Syn.: Keine.

Vork.: Westafrika, Westkamerun, Einzugsgebiet des oberen Mungo von Badouma bis Manyemen.

Ersteinf.: 1960 durch Clausen nach Dänemark.

GU.: Die ♂♂ sind dunkelblau bis fast schwarz auf dem Körper, die Flossen sind gelb gerandet. Demgegenüber zeigen die ♀♀ nur die typische braune bis braungraue Färbung aller *Aphyosemion*-♀♀. Ihre Flossen sind außerdem kaum gefärbt und durchscheinend.

Soz. V.: *A. cinnamomeum* ist recht robust und unterdrückt kleinere *Aphyosemion*-Arten gerne, wenn es mit diesen gemeinsam gehalten wird. Einzeln gepflegte ältere ♂♂ können sich im Aquarium gegenüber anderen *Aphyosemion*-Arten geradezu als Tyrannen entwickeln. Mit ganz anderen Fischen, zum Beispiel kleineren afrikanischen Barben, gemeinsam gepflegt, ergeben sich hingegen kaum Probleme. Als weitere Killis sollte man nur ähnlich robuste Arten vergesellschaften.

Hält. B.: Einfach zu pflegen, Wasser weich bis mittelhart und leicht sauer, häufigerer Wasserwechsel jede oder jede zweite Woche.

ZU: Wie die anderen *Aphyosemion*-Arten.

FU: K; Lebendfutter, möglicherweise ab und zu auch Gefrierfutter und Flockenfutter, auch Rinderherz.

Bes.: *Aphyosemion cinnamomeum* gehört in die *A. gardneri*-Gruppe der Untergattung *Paraphyosemion* und ist sehr ähnlich gefärbt wie die Zwillingsart *A. celiae*, die zur *A. calliurum*-Gruppe (Untergattung *Mesoaphyosemion*) gehört.

T: 22–24° C, **L**: 5 cm, **BL**: 80 cm, **WR**: o, m, u, **SG**: 2–3

Aphyosemion christyi, „Bangui, Zentralafrika"

Aphyosemion cinnamomeum, WF, Westkamerun

Aphyosemion coeleste HUBER & RADDA, 1977
Himmelblauer Prachtkärpfling

Syn.: Keine.

Vork.: Westafrika, Südost-Gabun und Volksrepublik Kongo (Kongo Brazzaville), in Bächen des Batéké-Hochlandes.

Ersteinf.: 1977 durch Huber und Radda.

GU.: ♂♂ sehr farbig mit blauem Körper (Name!) und rot-gelben Flossen. Die ♀♀ haben eine bräunliche Grundfarbe mit weitgehend durchsichtigen Flossen, die auch stärker abgerundet sind als bei den ♂♂.

Soz. V.: Friedliche und eher etwas scheue Art, die gerne versteckt lebt.

Hält. B.: Nicht ganz so einfach zu pflegende und etwas empfindliche Art, die ein weiches bis mittelhartes Wasser benötigt, das leicht sauer ist. Für ein Gesellschaftsbecken ist der Fisch nicht so geeignet, wenn er doch in Gesellschaft gepflegt wird, dann mit nicht zu robusten und friedlichen Arten, auch mit anderen als Killifischen.

ZU: Die Art kann als Pflanzenlaicher oder als Bodenlaicher zur Zucht angesetzt werden, also mit einem Ablaichmop aus Perlonwolle, aus dem die Eier abgelesen werden, oder über einer Torfschicht, die nach etwa einer Woche trockengelegt wird (siehe *A. arnoldi*). *A. coeleste* ist nicht sonderlich produktiv.

FU: K; Lebendfutter, kein oder nur wenig Wurmfutter.

Bes.: Von *A. coeleste* kennen wir mehrere Fundortvarianten aus Gabun und Kongo, die sich im Zeichnungs- und Färbungsmuster unterscheiden. Es sollte darauf geachtet werden, daß die Stämme rein erhalten und nur mit der entsprechenden Fundortbezeichnung (z. B.: „G 15" = Gabun, Fundort 15) weitergegeben werden. Es ist auch nicht auszuschließen, daß – wie es bei anderen *Aphyosemion*-Arten nachgewiesen wurde – sich die Fische unterschiedlicher Fundorte nicht unbeschränkt miteinander kreuzen lassen und solche Zuchtstämme dann aussterben, wenn fremde Tiere eingekreuzt wurden.

T: 18–22° C, **L**: 5 cm, **BL**: 50 cm, **WR**: m, u, **SG**: 3

Aphyosemion cognatum MEINKEN, 1951
Roter Prachtkärpfling

Syn.: Keine.

Vork.: Westafrika, Südwesten von Zaire, weitere Umgebung von Kinshasa.

Ersteinf.: 1950 (durch Brichard?) über das Aquarium Hamburg aus dem Kongo (Zaire).

GU.: Die Grundfärbung der ♂♂ ist rotbraun, auf dem Vorderkörper etwas heller. Auf dieser Grundfärbung befinden sich zahlreiche rote Flecken, die bei manchen Populationen gleichmäßig, bei anderen nach hinten dichter werdend, den Körper überziehen und sich auch auf die Flossen erstrecken, die meist etwas gelblicher in der Grundfarbe sind. Die ausgezogenen Flossen sind oben und unten rot gerandet, oft in der Rücken- und Schwanzflosse oben noch von einem blauen oder blauweißen Rand gesäumt. Die ♀♀ sind braun mit rotbraunen Punkten über den Körper, ihre Flossen sind abgerundet, auch hier sind die roten Pünktchen zu finden.

Soz. V.: Wie *A. christyi* ein eher scheuer und friedlicher Fisch, bei dem sich höchstens die ♂♂ Rangordnungskämpfe liefern.

Hält. B.: Wie bei *A. christyi*.

ZU: Wie bei *A. christyi*.

FU: K; Lebendfutter entsprechender Größe.

Bes.: *A. cognatum* gehört wie *A. christyi* in die *elegans*-Gruppe, also die Untergattung *Aphosemion* der gleichnamigen Gattung. Je mehr Fundortformen zu uns gelangen, umso schwieriger wird es, die beschriebenen Arten optisch voneinander abzugrenzen. Neuere Bearbeitungen versuchten, den Phänotypus von *A. cognatum* dadurch zu definieren, daß er sich von verwandten Arten (*A. schioetzi, A. christyi*) durch das Vorhandensein eines blauweißen Randes in der oberen Rücken- und Schwanzflosse unterscheiden solle. Dies ist jedoch kein Abgrenzungskriterium, weil beispielsweise die Typen keinen solchen hellen Rand besaßen.

T: 20–24° C, **L**: 5 cm, **BL**: 50 cm, **WR**: u, m, **SG**: 3

Aphyosemion coeleste

Aphyosemion cognatum „Madimba, Zaire"

Aphyosemion congicum (AHL, 1924)
Schwarzflossiger Prachtkärpfling

Syn.: *Panchax congicus, Aphyosemion melanopteron.*

Vork.: Westafrika, südwestliches Zaire, südlich des Kongo-Flusses. Sowohl die bei der Beschreibung von *A. congicum* als auch bei der von *A. melanopteron* vorliegenden Exemplare sind ohne exakte Fundortangabe und nur mit der Bezeichnung „Congo" versehen, 1982 konnten Pürzl und Radda die Art jedoch im Südwesten von Zaire wieder aufsammeln.

Ersteinf.: 1968 (durch Brichard?) in die USA.

GU.: Die ♂♂ haben eine gelbbraune bis ins Grünlich gehende Körperfärbung, die Afterflosse und die Schwanzflosse sind gelb. Über diese Grundfärbung auf Körper und Flossen sind rote Punkte verteilt. Die Rückenflosse kann ganz oder nur am oberen Rand, die Schwanzflosse am oberen und unteren Rand schwarz gefärbt sein. Die ♀♀ sind braun bis graubraun, die Flossen weitgehend farblos und abgerundet.

Soz. V.: Ausgesprochen friedliche und eher scheue kleinere Prachtkärpflingsart.

Hält. B.: Weiches bis mittelhartes und leicht saures Wasser verwenden. Die Fische entweder im Artenbecken pflegen oder zusammen mit kleineren anderen Fischen, auch anderen Prachtkärpflingen. Die Tiere sind gegenüber Wasserverunreinigungen empfindlich und ein regelmäßiger Wasserwechsel ist zu empfehlen.

ZU: *A. congicum* kann als Haft- oder als Bodenlaicher zur Zucht angesetzt werden, zu bevorzugen ist jedoch die erstere Methode. Dabei werden die Fische in einem Becken von etwa 10 l Inhalt bei guter Fütterung und regelmäßigem Wasserwechsel gehalten, am besten als Trio (1 ♂, 2 ♀♀).

FU: K; Lebendfutter, nur wenig Wurmfutter.

Bes.: *A. congicum* gehört in die *A. elegans*-Gruppe bzw. in die Untergattung *Aphyosemion* der gleichnamigen Gattung.

T: 20–24° C, **L**: 4,5 cm, **BL**: 50 cm, **WR**: u, m, **SG**: 2–3

Aphyosemion elegans (BOULENGER, 1899)
Eleganter Prachtkärpfling

Syn.: *Haplochilus elegans.*

Vork.: Äquatoriales Westafrika, Zaire und Volksrepublik Kongo (= Kongo Brazzaville).

Ersteinf.: In den 60er Jahren durch Lambert von Boende, Zaire.

GU.: Die langgestreckten ♂♂ zeichnen sich durch ihre Farbigkeit und die ausgezogenen Flossen aus. Die Grundfarbe ist gelb, es gibt jedoch auch Populationen der blauen Farbphase. Darüber ziehen sich zahlreiche dichte rote Punkte, die besonders auf dem Hinterkörper zu senkrechten Streifen zusammenlaufen können. Die Rückenflosse ist außen gelb, innen rot, ebenso ist der obere Rand der Schwanzflosse gefärbt, der untere Rand ist genau umgekehrt gestreift. Die Afterflosse und innere Schwanzflosse zeigt große rote Flecken auf gelbem Grund. Die ♀♀ sind graubraun mit kleinen roten Punkten und nahezu durchsichtigen abgerundeten Flossen, sie sind kleiner als die ♂♂.

Soz. V.: Scheue, friedliche und empfindliche kleine Art, die höchstens mit kleineren Leuchtaugenfischen vergesellschaftet werden sollte.

Hält. B.: Bei diffuser Beleuchtung in einem kleineren Becken bei weichem und leicht saurem Wasser und guter Bepflanzung (*Anubias barteri* forma *nana*, Javamoos, Javafarn) pflegen, das Wasser muß einwandfrei und klar sein.

ZU: Schwierig zu züchtender und nicht sehr produktiver Fisch, dessen Zucht im Prinzip wie bei *A. congicum* zu erfolgen hat. Die günstigste Methode besteht darin, die Tiere in einem dichten Ablaichmop aus Kunstwolle ablaichen zu lassen und die Eier abzusammeln, wie es bei *A. congicum* geschildert wurde. Den frischgeschlüpften Jungfischen zunächst auch Pantoffeltierchen zusätzlich reichen.

FU: Kleineres Lebendfutter aller Art, möglichst abwechslungsreich, kein Kunstfutter.

Bes.: *A. elegans* gehört in die Untergattung *Aphyosemion* der gleichnamigen Gattung. Die Art läßt sich trotz ihrer Variabilität immer an der schlanken und langgestreckten Körperform von den verwandten Arten unterscheiden.

T: 20–24° C, **L**: 4,5 cm, **BL**: 40 cm, **WR**: m, u, **SG**: 4

Aphyosemion congicum

Aphyosemion elegans

Aphyosemion gabunense gabunense RADDA, 1975
Gabun-Prachtkärpfling

Syn.: Keine.

Vork.: Westafrika, Nordwest-Gabun, östlich von Lambarene.

Ersteinf.: 1972 durch Bochtler und Herzog.

GU.: Die ♂♂ sind sehr farbig mit roten Punktreihen auf blaugrünem Grund auf dem Körper und den mehr grünlichen Flossen, die wiederum rot gerandet sind. Die ♀♀ sind demgegenüber bräunlich, die roten Punkte nur angedeutet. Die Flossen sind bei ihnen abgerundet und grünlichbraun mit ebenfalls kleinen roten Punkten. Siehe auch das Foto.

Soz. V.: Sehr friedliche und auch für Gesellschaftsbecken geeignete und nicht sehr scheue Art.

Hält. B.: Das Wasser sollte weich bis mittelhart sein und leicht sauer bis leicht alkalisch. Empfehlenswert ist die Haltung im gut bepflanzten Becken nach „holländischem" Muster, wo die Fische gut zur Geltung kommen können.

ZU: Die Aufzucht ist nicht sehr schwierig, die Jungfische fressen auch staubfeines Trockenfutter (nicht ausschließlich füttern!).

FU: K; Lebendfutter, nach Gewöhnung auch zusätzlich Trockenfutter.

Bes.: Von den drei als Unterarten beschriebenen Formen weicht die Nominatform *A. g. gabunense* am stärksten ab und sie ist auch gegenüber den anderen am schwierigsten zu pflegen und zu züchten. Möglicherweise verdienen die beiden anderen Formen als eigenständige Art *A. marginatum marginatum* bzw. *A. marginatum boehmi* abgetrennt zu werden, weitere Aufsammlungen wären hierzu jedoch notwendig.

T: 22–25° C, **L**: 5 cm, **BL**: 50 cm, **WR**: m, u, o, **SG**: 2–3

Aphyosemion gabunense boehmi RADDA & HUBER, 1977
Böhms Prachtkärpfling

Syn.: Keine.

Vork.: Westafrika, Nordwest-Gabun, südlich von Lambarene.

Ersteinf.: Januar 1976 durch Bochtler und Gaspers.

GU.: Wie bei den beiden anderen Unterarten sind die ♂♂ bunter als die ♀♀, die hier so aussehen wie dort. Im Vergleich zu *A. g. marginatum* haben die ♂♂ von *A. g. boehmi* ebenfalls Gelb in den Flossen, doch ist die Körpergrundfarbe etwas braun-bläulicher und nicht so grün und in der Afterflosse bzw. unteren Schwanzflosse fehlt der äußere breite rote Rand. Der obere und untere Schwanzflossenrand laufen auch nicht so parallel zueinander wie es bei *A. g. marginatum* der Fall ist, sondern mehr V-förmig.

Soz. V.: Wie die Unterart *A. g. marginatum* eine friedliche und nicht so scheue Art wie es die Nominatform ist.

Hält. B.: Wie *A. g. gabunense.*

ZU: Wie *A. g. gabunense,* dies ist die produktivste und in der Zucht einfachste Unterart.

FU: Wie *A. g. gabunense.*

Bes.: Siehe die Nominatform.

T: 22–25° C, **L**: 4,5 cm, **BL**: 50 cm, **WR**: m, u, o,**SG**: 2

Aphyosemion gabunense marginatum RADDA & HUBER, 1977

Syn.: Keine.

Vork.: Westafrika, Nordwest-Gabun, nördlich von Lambarene.

Ersteinf.: August 1976 durch Huber und Radda.

GU.: Bei dieser Unterart ist die Körperfärbung ähnlich wie bei der Nominatform. Die Grundfärbung ist mehr grün, die Flossen sind randlich oben bzw. unten rot gefärbt, körperwärts von einem gelben Streifen gefolgt. Die ♀♀ sind wiederum einfarbig bräunlich mit kleinen roten Punkten und abgerundeten und weitgehend farblosen Flossen.

Soz. V.: Wie die Nominatform eine friedliche Art, jedoch vielleicht nicht ganz so zurückhaltend.

Hält. B.: Wie *A. g. gabunense.*

ZU: Wie *A. gabunense gabunense,* jedoch ist diese Form produktiver und die Zucht gelingt leichter.

FU: Wie *A. gabunense gabunense.*

Bes.: Siehe die Nominatform.

T: 22–25° C, **L**: 4,5 cm, **BL**: 50 cm, **WR**: m, u, o, **SG**: 2

Aphyosemion gabunense gabunense

Aphyosemion gabunense boehmi

Aphyosemion gabunense marginatum

Aphyosemion herzogi RADDA, 1975
Herzogs Prachtkärpfling

Syn.: *Aphyosemion bochtleri.*

Vork.: Westafrika, Nordgabun, Ivindo-/ Ogowe-Becken.

Ersteinf.: 1972 durch Bochtler und Herzog.

GU.: Die ♂♂ sind ausgesprochen bunt, auf blauer oder gelblicher Grundfarbe befinden sich auf dem Körper rote Punktreihen, die auf dem Vorderkörper zusammenlaufen können, sich nach hinten zu jedoch vereinzeln. Die Flossen zeigen Punkte und Striche in Richtung der Flossenstrahlen. Der zunächst als *A. bochtleri* beschriebene Typ (siehe Bild) ist vom Gesamteindruck her eher blau, der als *A. herzogi* beschriebene eher gelb. Zwischen beiden gibt es Übergänge. Die ♀♀ beider Formen sind einfarbig braun mit abgerundeten und weitgehend transparenten Flossen und nur wenig rotem Zeichnungsmuster auf dem Körper.

Soz. V.: Friedliche und eher zurückhaltende und scheue Art, die bei vermeintlicher Gefahr aus dem Aquarium herauszuspringen sucht oder bei weichem Bodengrund (Torf) in diesen abtaucht.

Hält. B.: Wie bei *Aphyosemion cameronense* beschrieben, doch ist die Pflege nicht ganz so schwierig wie dort.

ZU: Auch bezüglich der Zucht siehe *A. cameronense.*

FU: K; alle Sorten Lebendfutter.

Bes.: *Aphyosemion herzogi* ist die gültige Bezeichnung für die ursprünglich von RADDA in der gleichen Publikation beschriebenen eigenständigen Arten *A. herzogi* und *A. bochtleri.* Aufsammlungen intermediärer Formen durch J. Pap und A. Brosset, Frankreich,und Kreuzungsversuche von Brosset bewiesen, daß beide Formen einer Art angehören. Da *A. herzogi* vor *A. bochtleri* beschrieben wurde (Seitenpriorität), ist dieser Name gültig.

T: 18–22° C, **L**: 5 cm, **BL**: 50 cm, **WR**: u, m, **SG**: 4

Aphyosemion fallax AHL, 1935
Kribi-Prachtkärpfling

Syn.: *Aphyosemion kribianum, A. schwoiseri.*

Vork.: Westafrika, Südwest-Kamerun, Wasserlöcher eines Sumpfgebietes südöstlich von Kribi.

Ersteinf.: Dezember 1974 durch A. Radda.

GU.: Die ♂♂ sind bräunlich-blauviolett auf den Flanken mit großen roten Punkten und Flecken. Die Rückenflosse und das obere Drittel der Schwanzflosse sind rotbraun bis grünlich mit zahlreichen Flecken. Die Afterflosse und der untere Bereich der Schwanzflosse gelb-orange bis grünlich mit wenigen dunkelroten Flecken. Die vorderen Afterflossenstrahlen und die oberen und unteren Schwanzflossenstrahlen sind verlängert. Die ♀♀ sind kleiner und rötlichbraun, auch sie tragen rotbraune Punkte. Die Flossen sind bei ihnen nicht ausgezogen.

Soz. V.: Gegen andere Fische ist die Art friedlich, insgesamt ist sie eher scheu. Nicht laichbereite ♀♀ und unterlegene ♂♂ können in zu kleinen Becken totgebissen werden, deshalb die Fische nur einzeln im Plastikbeutel transportieren. Auch gegenüber anderen *Aphyosemion*-Arten können die ♂♂ aggressiv werden.

Hält. B.: Bezüglich Hälterung und auch Zucht ist die Art mit dem bekannteren und auch nahe verwandten *A. sjoestedti* zu vergleichen, doch ist *A. fallax* zurückhaltender und lebt vesteckter. Man wird diesen Fisch in einem artgerechten Becken, das eine diffusere Beleuchtung erhalten sollte, möglicherweise nicht immer zu Gesicht bekommen.

ZU: *A. fallax* ist ein typischer Bodenlaicher. Die Zucht erfolgt im gesonderten Ablaichbecken (ca. 15–20 l) mit einem Torfgrund wie bei *A. arnoldi.* Weil die Fische größer und robuster sind, sollten sie stärker beaufsichtigt werden und getrennt werden, falls das ♂ den ♀♀ gegenüber zu aggressiv wird, wenn diese ausgelaicht haben. Gegebenenfalls kann man bei starken Paaren auch Kurzansätze unter Aufsicht machen, indem ein Paar nur für jeweils 1 oder 2 Stunden pro Tag zusammengesetzt wird.

Bes.: *A. fallax* ist am nächsten mit *A. sjoestedti* verwandt, es sollen auch Übergangstiere zwischen beiden Formen gefunden worden sein.

T: 22–26° C, **L**: 9 cm, **BL**: 100cm, **WR**: u, m, **SG**: 3–4

Aphyosemion herzogi

Aphyosemion fallax

Aphyosemion labarrei POLL, 1952

Syn.: Keine.

Vork.: Westafrika, Südwesten der Volksrepublik Kongo (= Kongo Brazzaville) und anschließendes Zaire. Der Verbreitungsschwerpunkt liegt wohl nördlich des Kongo-Flusses.

Ersteinf.: 1956 (durch Brichard?) in die USA und von dort durch Scheel nach Europa.

GU.: Die ♂♂ sind bunt mit weißlichblauem Grund, der oft einen grünlichen Farbeinschlag hat, darüber befindet sich ein dunkelrotes Fleckenmuster. Die Flossenränder können außen bis fast schwarz werden. Demgegenüber sind die ♀♀ nur einfach bräunlich mit einigen kleinen roten Punkten gefärbt, ihre Flossen sind außerdem abgerundet und die Gesamtlänge ist geringer als die der ♂♂.

Soz. V.: Friedliche Fische, die nur gegenüber ♂♂ der eigenen Art oder solchen anderer *Aphyosemion*-Arten etwas aggressiv werden können, vor allem solange noch keine Rangordnung feststeht oder das Becken zu klein ist und keine Rückzugsmöglichkeiten aufweist.

Hält. B.: Diese Art ist wie alle Arten der Untergattung *Mesoaphyosemion* in mittleren Becken mit weichem bis mittelhartem Wasser zu pflegen, das leicht sauer sein sollte. *A. labarrei* im Artenbecken halten, mit gleichgroßen Killifischen des tropischen Regenwaldes vergesellschaften, oder mit anderen, gleichgroßen, nicht zu lebhaften und friedlichen Fischen. Dabei teilweise eine dichte Bepflanzung wählen um den Tieren Rückzugsmöglichkeiten zu geben.

ZU: Als Pflanzenlaicher mittels eines Wollmops oder als Bodenlaicher über Torf möglich. Als günstiger hat sich bei *A. labarrei* die erstere Methode erwiesen, bei der die Eier aus dem Ablaichsubstrat abgelesen und in einer Zuchtschale zur Entwicklung gebracht werden. Die Jungfische schlüpfen, je nach Temperatur, nach etwa 12–14 Tagen und können sofort mit *Artemia salina*-Nauplien angefüttert werden.

FU: K; Lebendfutter, nach Gewöhnung auch Gefrierfutter.

Bes.: *A. labarrei* ist der vermutlich südlichste Vertreter der *Aphyosemion ogoense*-Artengruppe.

T: 22–24° C, **L**: 5 cm, **BL**: 60 cm, **WR**: m, u, **SG**: 2–3

Aphyosemion lamberti RADDA & HUBER, 1977
Lamberts Prachtkärpfling

Syn.: *Aphyosemion christyi* (nicht BOULENGER)

Vork.: Äquatoriales Westafrika, Zentralgabun, südlich Ayem bis Booué, Ogowe-Einzug.

Ersteinf.: Januar 1976 durch Bochtler und Gaspers.

GU.: Die ♂♂ sind blau bis blaugrün gefärbt, auf Körper und Flossen befinden sich auf dieser Grundfarbe zahlreiche rote Flecken. Die Flossen, deren Spitzen ausgezogen sind, sind oben und unten rot gesäumt. Die ♀♀ haben eine braungraue Grundfarbe mit feinen rotbraunen Pünktchen an den Kreuzungspunkten der Schuppen. Die Flossen sind abgerundet, transparent, und tragen ebenfalls feine rotbraune Pünktchen.

Soz. V.: Friedliche und zurückhaltende Art.

Hält. B.: Wie *A. congicum, A. lamberti* ist jedoch etwas robuster.

ZU: Wie *A. congicum,* doch ist die Zucht etwas einfacher und die Art produktiver. Diese Art ist innerhalb der *A. elegans*-Gruppe am einfachsten zu züchten.

FU: K; Lebendfutter aller Art entsprechender Größe, gelegentlich auch einmal Trokkenfutter.

Bes.: Ist der nordwestlichste bekannte Vertreter der *A. elegans*-Gruppe bzw. der Untergattung *Aphyosemion* innerhalb der gleichnamigen Gattung.

T: 18–22° C, **L**: 5 cm, **BL**: 50 cm, **WR**: m, u, **SG**: 2–3

Aphyosemion labarrei

Aphyosemion lamberti

Aphyosemion louessense (PELLEGRIN, 1931)
Louesse-Prachtkärpfling

Syn.: *Haplochilus lujae louessensis.*

Vork.: Westafrika, südliche Volksrepublik Kongo (= Kongo Brazzaville).

Ersteinf.: 1964 durch Brichard und Roberts.

GU.: ♂♂ farbig mit ausgezogenen Flossen. Je nach Population ist die Grundfarbe blau bis blauviolett, gelegentlich grünlich, in den Flossen gelb. Darüber befinden sich auf dem Körper Längsreihen roter Punkte, die mitunter zusammenfließen können. In den unpaaren Flossen, insbesondere der Schwanzflosse, verlaufen rote Striche entsprechend den Flossenstrahlen. Die ♀♀ sind bräunlich mit Reihen kleiner roter Punkte, die Flossen sind mehr oder weniger durchscheinend und abgerundet.

Soz. V.: Wie bei allen *Aphyosemion*-Arten sind die ♂♂ gegeneinander und gegenüber solchen anderer Arten etwas aggressiv, ansonsten ist die Art aber friedlich, läßt sich auch mit anderen kleineren Rivulinen und sonstigen kleineren und nicht zu lebhaften Fischen vergesellschaften.

Hält. B.: Hälterung wie bei den meisten *Aphyosemion*-Arten. Weiches bis mittelhartes und leicht saures Wasser. Fische im Artbecken halten oder vergesellschaften wie unter Soz. V. beschrieben. Die Einrichtung sollte eine dichte Bepflanzung aufweisen oder andere Rückzugsmöglichkeiten enthalten. Nicht zu warm pflegen.

ZU: Als Pflanzenlaicher oder Bodenlaicher möglich, empfehlenswerter ist jedoch die Zucht als Pflanzenlaicher. Dazu wird ein Wollmop in das Zuchtbecken gegeben. sowie 1 ♂ und 2 ♀♀ eingesetzt, die gut gefüttert werden. Die abgelaichten Eier werden regelmäßig aus dem Wollmop abgelesen und in Brutschalen zur Entwicklung gebracht, die Jungfische schlüpfen nach ca. 12–14 Tagen. Die Anfütterung kann unmittelbar mit *Artemia salina*-Nauplien erfolgen.

FU: K; Lebendfutter, nach Gewöhnung auch Gefrierfutter.

Bes.: Es muß unbedingt darauf geachtet werden, daß die bisherigen Fundortstämme, etwa „RPC 24", (RPC = République Populaire du Congo), „RPC 31", „RPC 33" rein erhalten bleiben, nicht vermischt und stets mit der richtigen Fundortbezeichnung weitergegeben werden Siehe auch hierzu *A. coeleste.*

T: 18–22° C, **L**: 5 cm, **BL**: 50 cm, **WR**: mu, u, 2–3

Fortsetzung *A. microphtalmum*:

genheit dient ein Mop aus Perlonwolle, Javamoos, grüne Perlonwatte oder Torffasern. Von dort können die Eier abgelesen und in Brutschalen zur Entwicklung gebracht werden, bei Verwendung von Torffasern kann das Substrat auch feucht in der Plastiktüte aufbewahrt und nach 3 Wochen aufgegossen werden.Im Wasser belassen, schlüpfen die Jungfische nach 10–14 Tagen. Sie fressen sofort Nauplien von *Artemia salina.* Zufütterung von Pantoffeltierchen ist in den ersten Tagen zu empfehlen.

Bes.: Ist mit *A. striatum* nahe verwandt und gehört in die Untergattung *Mesoaphyosemion.*

T: 22–24° C, **L**: 5 cm, **BL**: 50 cm, **WR**: u, m, **SG**: 2–3

Aphyosemion louessense „RPC 24“

Aphyosemion louessense „RPC 31“

Aphyosemion maculatum RADDA & PÜRZL, 1977
Gefleckter Prachtkärpfling

Syn.: Keine.

Vork.: Westafrika, Nordgabun.

Ersteinf.: Dezember 1975 durch PÜRZL und RADDA.

GU: Die ♂♂ sind bunter gefärbt, auf blauweißer Grundfarbe tragen sie dunkelrote große Punkte und Flecke, sie sind größer als die ♀♀ und besitzen stärker ausgezogene Flossen. Die ♀♀ zeigen auf braungrauem Grund kleine rote Punkte auf den Körperflanken. Ihre Flossen sind mehr oder weniger durchscheinend und abgerundet.

Soz.V.: Friedliche und eher etwas scheue Art, die Rückzugsmöglichkeiten braucht und nicht mit größeren *Aphyosemion*-Arten vergesellschaftet werden sollte.

Hält.B.: *A. maculatum* ist ein anspruchsvoller und etwas empfindlicher Fisch, der eigentlich nur im Artenbecken gehalten werden sollte, auch wenn die Pflege in Gemeinschaft mit gleichgroßen *Aphyosemion*-Arten und auch mit anderen friedlichen und nicht zu großen oder lebhaften Fischen möglich ist. Die Hälterungstemperatur sollte nicht zu hoch und das Wasser leicht sauer und weich bis höchstens mittelhart sein.

ZU: Die Art ist schwierig zu züchten, wie es bei den meisten Vertretern aus der *A. cameronense*-Gruppe der Fall ist. Oft sind die abgelegten Eier - meist sind auch dies nicht sehr viele - nicht befruchtet. Die Gründe für die Schwierigkeiten in der Zucht sind noch nicht bekannt. Die Fische sollten als Haftlaicher behandelt werden, die Eier werden dabei regelmäßig aus einem zum Ablaichen in das Becken eingehängten Wollmop abgelesen und in Zuchtschalen zur Entwicklung gebracht, die etwa 12-14 Tage dauert. Die Zucht als Bodenlaicher ist möglich. Die Jungfische nehmen sogleich Nauplien von *Artemia salina*.

FU: K; Lebendfutter, kein Wurmfutter.

Bes.: *A. maculatum* gehört zur *A. cameronense*-Gruppe innerhalb der Untergattung *Mesoaphyosemion*.

T: 18-22°C, **L:** 5 cm, **BL:** 50 cm, **WR:** m, u, **SG:** 4

Aphyosemion escherichi AHL, 1924

Syn.: *Panchax escherichi, Aphyosemion simulans, A. microphthalmum.*

Vork.: Äquatoriales Westafrika, Küstentiefland von Nordgabun bis zur Volksrepublik Kongo (= Kongo Brazzaville).

Ersteinf.: Juli 1913 als *Haplochilus cameronensis* von den Vereinigten Zierfischzüchtereien in Conradshöhe durch WOLMER, Hamburg.

GU: Die ♂♂ sind farbiger als die ♀♀, doch ist diese Art insgesamt nicht so bunt wie verwandte Arten. Innerhalb der Art ist die nördliche und als *A. simulans* beschriebene Population etwas farbiger als die südliche. Alle ♂♂ haben rote Punkte oder Punktreihen auf blaugrauem, oben braunem Grund, die in Längsrichtung über den Körper ziehen. Die Flossen sind etwas kräftiger rot gefärbt und es können in ihnen kräftig rote Streifen entlang der Flossenränder verlaufen. Die ♀♀ sind unscheinbarer, oft aber den ♂♂ recht ähnlich, auch sie können ein rotes Punktemuster tragen, ihre Flossen sind jedoch durchscheinend und die Körpergrundfarbe ist mehr braun.

Soz.V.: Friedlicher Fisch.

Hält.B.: Nicht zu großes Becken, Wasser eher weich (bis 10° dGH) und leicht sauer (um pH 6-6,5), Aquarium dicht bepflanzt und dunkel (Torfboden) einrichten, mit Wurzeln und Torffasern Versteck- und Ablaichplätze bieten. Fisch im Artenbecken halten oder mit anderen Cyprinodontiden, z.B. *Aplocheilichthys*-, *Epiplatys*-Arten vergesellschaften. Auch die Vergesellschaftung mit anderen kleineren und nicht zu großen Fischen ist möglich, z.B. *Barbus jae* etc.

ZU: Die Zucht ist als Pflanzen- oder Bodenlaicher möglich, erstere Methode ist bei dieser Art vorzuziehen. In einem Ablaichbecken (ca. 5-10 l) wird 1 Trio abgesetzt und gut gefüttert. Als Ablaichgele-

Fortsetzung Seite 606.

Aphyosemion maculatum

Aphyosemion escherichi

Aphyosemion mimbon HUBER, 1977

Syn.: Keine.

Vork.: Westafrika, Nordgabun.

Ersteinf.: 1976 durch Huber.

GU.: Wie bei allen Prachtkärpflingen sind auch hier die ♂♂ bunter gefärbt als die ♀♀. Sie besitzen auf blauem bis blaugrünem Untergrund dunkelrote Makel und Flecken. Demgegenüber sind die ♀♀ braun mit vereinzelten roten Punkten, ihre Flossen sind abgerundet.

Soz. V.: Friedliche und eher scheue Art, die nicht mit größeren Arten vergesellschaftet werden sollte.

Hält. B.: Ein schwierig zu haltender Fisch, dem besonders bezüglich des Futters größere Aufmerksamkeit geschenkt werden muß. Wasserwerte weich bis höchstens mittelhart, der pH-Wert sollte im leicht sauren Bereich liegen. Die Haltung sollte nur im Artenbecken erfolgen.

ZU: Die Zucht ist als ausgesprochen schwierig zu bezeichnen und die Population befindet sich seit ihrer Einführung in die Aquaristik immer am Rande des Aussterbens. Im Prinzip entspricht sie der von *A. maculatum* (siehe dort). Die Gründe für den bisherigen mangelnden Zuchterfolg sind noch ungeklärt. Siehe auch *A. cameronense*.

FU: K; Lebendfutter, kein Wurmfutter.

Bes.: *A. mimbon* gehört zur *A. cameronense*-Gruppe innerhalb der Untergattung *Mesoaphyosemion*. Vermutlich ist es nur eine Farbvariante und damit ein Synonym zu *A. maculatum*.

T: 18–22° C, **L**: 5 cm, **BL**: 50 cm, **WR**: m, u. **SG**: 4

Aphyosemion bitaeniatum AHL, 1924
Vielfarbiger Prachtkärpfling

Syn.: *Fundulopanchax multicolor, Fundulus bivittatus* (nicht LÖNNBERG), *Aphyosemion bivittatum multicolor, A. multicolor*.

Vork.: Westafrika, von Togo über Benin bis einschließlich der Nigermündung in Nigeria, hauptsächlich im Küstentiefland.

Ersteinf.: September 1908 von Warri, Nigeria, durch die Firma Siggelkow, Hamburg.

GU.: Die ♂♂ sind sehr farbig, kennzeichnend für die Art ist die sehr große ausgezogene Rückenflosse, die das Ende der Schwanzflosse erreichen kann und rotbraun mit dunkelroten Punkten und Strichen gefärbt ist. Über den Körper verlaufen 2 waagerechte, je nach Population und Stimmung unterschiedlich intensive, dunkle Streifen. Die Grundfarbe des Körpers ist rotbraun, auf dem Rücken ins Regenbogenfarbene spielend. Die ♀ sind braun und zeigen ebenfalls die waagerechten dunklen Streifen über den Körper, ihre Flossen sind nicht ausgezogen und die Tiere sind kleiner als die ♂♂.

Soz. V.: Gegeneinander und gegen verwandte Arten können die ♂♂ aggressiv werden, sonst sind sie aber friedlich.

Hält. B.: Wie bei *A. calliurum* angegeben.

ZU: Wie bei *A. calliurum* angegeben, die Fische sind jedoch eher noch als jene, Pflanzen- oder Haftlaicher.

FU: K; Lebendfutter, selten wird auch Trockenfutter angenommen.

Bes.: Mit den anderen Arten der Gruppe gehört *A. bitaeniatum* zur Untergattung *Chromaphyosemion*. Populationen dieser Art sind von *A. splendopleure* und *A. volcanum* nicht immer gut abzugrenzen.

T: 22–24° C, **L**: 5 cm, **BL**: 50 cm, **WR**: u, m, **SG**: 2–3

Aphyosemion mimbon

Aphyosemion bitaeniatum

Aphyosemion bitaeniatum

Aphyosemion ocellatum HUBER & RADDA, 1977
Schulterfleck-Prachtkärpfling

Syn.: Keine.

Vork.: Äquatoriales Westafrika, Bäche des Inlandplateaus von Südgabun, Migoto-Ogoulou-System, Südwestabhang des Du-Chaillu-Massivs.

Ersteinf.: August 1976 durch Huber und Radda.

GU.: Die ♂♂ haben eine blauviolette Körperfarbe, zum Rücken hin braun. Die Flossen sind gelborange mit dunkelviolettem bis schwarzem Rand. Kennzeichnend ist ein dunkelvioletter Fleck hinter dem Brustflossenansatz. Die ♀♀ sind bräunlich, die Flossen durchsichtig und abgerundet.

Soz. V.: Wie bei *A. coeleste,* doch ist diese Form scheuer. Bei Beunruhigung springen die Tiere leicht aus dem Wasser oder tauchen bei weichem Bodengrund sofort in diesen ab.

Hält. B.: Siehe *A. coeleste.*

ZU: Siehe *A. coeleste,* die Art ist noch weniger produktiv als jene.

FU: K; Lebendfutter.

Bes.: Auch von *A. ocellatum* gibt es verschiedene Fundortformen, siehe hierzu näheres bei *A. coeleste.*

T: 18–22° C, **L**: 5 cm, **BL**: 50 cm, **WR**: m, u, **SG**: 3–4

Aphyosemion ogoense ogoense (PELLEGRIN, 1930)
Ogowe-Prachtkärpfling

Syn.: *Haplochilus lujae* var. *ogoensis.*

Vork.: Äquatoriales Westafrika, Batéké-Hochland des südlichen Gabun und der südlichen Volksrepublik Kongo (= Kongo Brazzaville).

Ersteinf.: Verschiedene Stämme zu Ende der 70er Jahre durch unterschiedliche Reisende.

GU.: Die ♂♂ sind sehr farbenprächtig, dabei jedoch je nach Population recht unterschiedlich gefärbt. Grundfarbe ist ein kräftiges Blau bis Blaugelb, darüber befinden sich (meist 4) Längsreihen roter Punkte, die zusammenlaufen und auf dem Hinterkörper auch kräftige rote Partien bilden können. Die Flossen sind meist oben und unten ausgezogen und in Richtung der Flossenstrahlen rot gestreift. Die ♀ sind demgegenüber einfarbig braun mit schwächeren rotem Punktemuster als die ♂♂, ihre Flossen sind abgerundet.

Soz. V.: Wie bei *A. louessense.*

Hält. B.: Wie bei *A. louessense* und *A. ogoense pyrophore.*

ZU: Wie bei *A. louessense,* die Tiere sollten als Haftlaicher zur Zucht angesetzt werden.

FU: K; Lebendfutter, nehmen zusätzlich oft auch Trockenfutter.

Bes.: Siehe auch *A. ogoense pyrophore.* Von *A. ogoense* gibt es zahlreiche unterschiedliche Farb- und Fundortformen. Die gelbe Phase, später als *A. ogoense ottogartneri* beschrieben, ist in der Aquaristik bereits seit 1961 unter dem falschen Namen *„A. lujae"* bekannt. Von dieser gelben Farbphase bis zur blauen (siehe Foto) gibt es Übergänge, und der bei „Malinga" gefangene Fisch (siehe Foto) leitet von der gelben zur blauen Form über, zugleich aber auch zu *A. louessense.* Aus den genannten Gründen sind die einzelnen Formen unbedingt rein zu erhalten und nur mit der korrekten Fundortangabe bzw. Populationsbezeichnung weiterzugeben!

T: 18–22° C, **L**: 5 cm, **BL**: 50 cm, **WR**: u, m, **SG**: 2–3

Aphyosemion ocellatum, Gabun

Aphyosemion ogoense ogoense „Malinga"

Aphyosemion ogoense pyrophore HUBER & RADDA, 1979

Rotpunkt-Prachtkärpfling

Syn.: Keine.

Vork.: Westafrika, Südgabun und südliche Volksrepublik Kongo (= Kongo Brazzaville).

Ersteinf.: 1978 durch J. Buytaert und W. Wachters.

GU.: Die ♂♂ sind bunter, sie haben – je nach Population – auf blauem oder gelbem Grund in der vorderen Körperhälfte drei rote Längsstriche, die sich nach hinten in Punkte auflösen, auf dem hinteren Körperabschnitt senkrechte Streifen, und auch diese können sich stärker in Punktreihen auflösen. Die Schwanzflosse zeigt in Richtung der Flossenstrahlen rote Striche. Die ♀ haben eine braune Grundfarbe, darüber zieht sich ein ähnliches rotes Muster wie bei den ♂, doch sind die Reihen stärker in Punkte aufgelöst. Die Flossen zeigen etwas mehr Farbe als die der ♀♀ anderer *Aphyosemion*-Arten, doch auch bei ihnen sind sie abgerundet.

Soz. V.: Durchweg friedliche und empfehlenswerte Unterart, die nur gegenüber ♂♂ der gleichen Art oder von anderen *Aphyosemion*-Arten etwas aggressiv ist.

Hält. B.: Die Art kann im Artenbecken gepflegt werden, aber auch mit anderen Prachtkärpflingen gemeinsam, doch sollte man dann keine weiteren Arten aus der *Aphyosemion ogoense/louessense*-Gruppe wählen, sondern ganz andere und nicht zu große Arten. Auch die Vergesellschaftung mit ganz anderen und nicht zu großen und lebhaften Fischen ist möglich. Das Wasser sollte weich bis mittelhart und leicht sauer, das Becken gut bepflanzt sein und einen dunklen Bodengrund aufweisen. Nicht zu hohe Wassertemperaturen.

ZU: Diese Unterart ist wie *A. louessense* vorzugsweise als Pflanzenlaicher zu züchten, die Eier werden abgelesen und in einer Zuchtschale zur Entwicklung gebracht.

FU: K; Lebendfutter, möglichst wenig Wurmfutter.

Bes.: Wie es bereits bei anderen Arten festgestellt wurde, dürfen auch bei *A. o. pyrophore* die einzelnen Fundortformen nicht verwechselt und nur immer mit der korrekten Bezeichnung weitergegeben werden. *A. o. pyrophore*, ursprünglich als eigenständige Art beschrieben, ist höchstens eine Unterart, vermutlich aber nur eine Populationsgruppe von *A. ogoense*, da die Abgrenzung gegenüber anderen Populationen nicht eindeutig möglich ist.

T: 18–22° C, **L**: 5 cm, **BL**: 50 cm, **WR**: m, u, **SG**: 2–3

Aphyosemion ogoense pyrophore, „RPC 18"

Aphyosemion ogoense ogoense

Aphyosemion ogoense pyrophore (GHP 23/80)

Aphyosemion pascheni (AHL, 1928)
Grauer Prachtkärpfling

Syn.: *Panchax (Aphyosemion) pascheni.*

Vork.: Äquatoriales Westafrika, Südkamerun, Küstentiefland östlich Kribi.

Ersteinf.: März 1972 durch Dr. A. Radda und Mitreisende.

GU.: ♂♂ graublau, zur Oberseite graubraun, zur Unterseite heller, mit rotbraunen Punkten, die sich auf dem Vorderkörper zu Längsreihen zusammenfinden und auch auf die Rücken- und obere Schwanzflosse übergreifen. In der unteren Schwanzflosse und der Afterflosse findet sich ein weißblauer Randstreifen, der durch einen roten Streifen zur Flossenmitte abgegrenzt ist. Die ♀♀ sind gelbbraun, sie tragen dunkelrote kleine Punkte auf den Körperseiten, die bei ihnen auch in der Rücken- und oberen Schwanzflosse auftreten. Die Flossen sind abgerundet.

Soz. V.: Friedlicher und recht scheuer und versteckt lebender Fisch.

Hält. B.: Wie *A. calliurum.*

ZU: Wie *A. calliurum.*

FU: K; Lebendfutter.

Bes.: Gehört in die *A. calliurum*-Gruppe der Untergattung *Mesoaphyosemion* und ist mit diesem am nächsten verwandt.

T: 22–25° C, **L**: 5 cm, **BL**: 50 cm, **WR**: u, m, **SG**: 3

Aphyosemion primigenium RADDA & HUBER, 1977

Syn.: Keine.

Vork.: Westafrika, südwestliches Gabun.

Ersteinf.: 1976 durch Huber und Radda

GU.: Die ♂♂ sind farbig, sie weisen vier Längsreihen roter Punkte auf blauem oder blaugrünem Untergrund auf, die je nach Population mehr oder weniger zusammenfließen können. Die Rücken- und Afterflosse weisen auf gelbem Grund ein körpernahes und ein körperfernes rotes Längsband auf. Die Schwanzflosse trägt ein bogenförmiges rotes Band, die Innenfläche ist auf gelblichgrünem Grund rot gepunktet. Die ♀♀ sind meist kleiner und bräunlich. Sie tragen Reihen kleiner dunkelroter Punkte, die Flossen sind kleiner als die der ♂♂, farblos und abgerundet.

Soz. V.: Durchweg ein friedlicher Fisch, der höchstens gegenüber den ♂♂ der eigenen oder solchen verwandter Arten etwas aggressiv werden kann.

Hält. B.: Weiches bis mittelhartes und leicht saures Wasser, Becken gut bepflanzen mit dunklem Bodengrund. Eventuell mit Wurzeln dekorieren und etwas unübersichtlich gestalten. Haltung im Artenbecken, aber auch gut mit anderen Rivulinae oder ganz anderen nicht zu großen und aggressiven Fischen möglich. Wassertemperatur nicht zu hoch.

ZU: Zucht als Pflanzenlaicher, aber auch als Bodenlaicher möglich. Zu bevorzugen ist die erstere Möglichkeit. Siehe hierzu die Angaben bei *Aphyosemion calliurum.*

FU: K; Lebendfutter, nach Gewöhnung auch tiefgefrorenes Futter.

Bes.: *A. exigoideum* ist vermutlich nur eine Population, höchstens eine Unterart von *A. primigenium.* Beide Populationen schließen aneinander an, die meristischen Werte entsprechen sich, und neuere Aufsammlungen brachten Formen, die zwischen beiden Phänotypen stehen. *A. primigenium* gehört in die *A. striatum*-Gruppe der Untergattung *Mesoaphyosemion.*

T: 18–22° C, **L**: 5 cm, **BL**: 50cm, **WR**: m, u, **SG**: 2–3

Aphyosemion pascheni

Aphyosemion primigenium

Aphyosemion rectogoense RADDA & HUBER, 1977

Syn.: Keine.

Ersteinf.: 1976 durch Huber und Dr. A. Radda.

Vork.: Südost-Gabun, Westafrika.

GU.: ♂♂ bunter als ♀♀. Die ♂♂ zeigen dichte rote Punktreihen auf dem Körper auf blaugrünem Grund, die Flossen sind stark ausgezogen. In den unpaaren Flossen findet sich ein rotes Muster auf gelbem Grund. Die meist kleineren ♀♀ sind bräunlich gefärbt mit schwach angedeuteten roten Punkten, die auch auf den sonst farblosen Flossen auftreten. Diese sind hier nicht ausgezogen sondern abgerundet.

Soz. V.: Friedlicher und lebhafter Fisch, nur die ♂♂ können gegeneinander etwas aggressiv sein.

Hält. B.: Haltung im Artenbecken, gemeinsam mit anderen kleineren Rivulinae, oder ganz anderen kleineren Fischen möglich. Das Wasser sollte weich bis höchstens mittelhart und leicht sauer sein. Es kann eine gute Bepflanzung erfolgen, die den Tieren auch Versteckmöglichkeiten bietet. Der Gesamteindruck des Beckens sollte eher gedämpft wirken (Schwimmpflanzen), dazu trägt ein dunkler Bodengrund bei. Wasserwechsel nicht vergessen.

ZU: Die Tiere als Pflanzenlaicher zur Zucht ansetzen, auch der Ansatz als Bodenlaicher über Torf ist möglich (siehe hierzu bei *Aphyosemion calliurum*). Günstiger ist jedoch bei dieser Art der Daueransatz unter Verwendung eines Ablaichmops, aus dem die Eier regelmäßig abgelesen und in eine Zuchtschale überführt werden. Die nach etwa 2 Wochen schlüpfenden Jungfische nehmen sofort Nauplien von *Artemia salina*.

FU: K; Lebendfutter aller Art.

Bes.: *A. rectogoense* ist der nordwestlichste Vertreter der *A. elegans*-Gruppe bzw. der Untergattung *Aphyosemion*.

T: 20–24° C, **L**: 5 cm, **BL**: 50 cm, **WR**: m, u. **SG**: 2–3

Aphyosemion robertsoni RADDA & SCHEEL, 1974
Robertsons Prachtkärpfling

Syn.: Keine.

Ersteinf.: 1973 durch Dr. A. Radda, Dr. J. Scheel und Mitreisende.

Vork.: Westafrika, annueller Sumpf in der Gummiplantage in Ekona, Westkamerun.

GU.: Die farbigeren ♂♂ tragen auf blauem bis blaugrünem Grund ein Zeichnungsmuster roter Flecken und Punkte, die auf dem Hinterkörper zu Schrägbinden zusammenlaufen können. In der Rückenflosse befinden sich zahlreiche, in der Afterflosse weniger Striche und Flecken, die Schwanzflosse zeigt im oberen und unteren Teil eine rote Längsbinde, der innere Flossenbereich ist rot punktiert. Die Flosse ist dreilappig. Die viel kleineren ♀ sind braun und zeigen ein rotbraunes Punktemuster, das auch bei ihnen auf dem Hinterkörper Schrägstreifen bilden kann. Die Flossen sind leicht bräunlich-transparent mit dunklen Punkten und abgerundet.

Soz. V.: Im großen und ganzen friedliche Killifische mit annuellem Ablaichverhalten. Vergesellschaftung mit weiteren robusteren *Aphyosemion*-Arten oder anderen kleineren Fischen möglich.

Hält. B.: Die Fische sollten in einem nicht zu hell gestalteten und plazierten Becken gepflegt werden, mit dunklem Bodengrund und weichem bis mittelhartem Wasser. Eine ansprechende Bepflanzung bietet den Tieren gleichzeitig Versteckplätze, vor allem wenn mehrere ♂♂ gepflegt werden.

ZU: 24–26° C; die Tiere sind Bodenlaicher, es werden daher 1 ♂ und 2 ♀♀ in einem Becken von etwa 10 Litern zur Zucht angesetzt, das als Bodengrund eine Torfschicht enthält. Der Ansatz erfolgt über eine Woche und die Tiere werden gut beobachtet, weil die ♂♂ gegenüber nicht laichbereiten ♀♀ aggressiv werden und sie zu Tode hetzen können. Die Tiere werden nicht übermäßig aber gut mit Lebendfutter versorgt, vorzugsweise schwarzen oder weißen Mückenlarven. Nach einer Woche werden die Tiere aus dem Becken genommen, das Wasser abgegossen und der Torf ausgedrückt, kurz angetrocknet und anschließend (beschriften!) etwa 8–10 Wochen aufbewahrt. Danach den Torf mit den enthaltenen Eiern in ein Aquarium geben und mit Frischwasser aufgießen. Die Jungfische schlüpfen meist rasch und können sogleich mit Nauplien

Fortsetzung Seite 620.

Aphyosemion rectogoense

Aphyosemion robertsoni

Fortsetzung *Aphyosemion robertsoni*:

von *Artemia salina* angefüttert werden. Die weitere Aufzucht mit entsprechendem Lebendfutter ist unproblematisch.

FU: K; Lebendfutter aller Art, nach Gewöhnung auch tiefgefrorenes Futter einschließlich Rinderherz.

Bes.: *Aphyosemion filamentosum* ist so variationsreich, daß die Frage auftaucht, ob *A. robertsoni* nicht eigentlich nur eine dieser Lokalvarianten ist. Hierauf weisen verschiedene Übereinstimmungen beider Formen hin.

T: 21–24° C, **L**: 6 cm, **BL**: 50 cm, **WR**: m, u, **SG**: 2–3

Aphyosemion rubrolabiale RADDA, 1973
Rotmaul-Prachtkärpfling

Syn.: Keine.

Vork.: Westafrika, südwestliches Kamerun, Sumpfregenwald.

Ersteinf.: Februar/März 1972 durch Dr. A. Radda.

GU.: Ähnlich wie bei *A. robertsoni*. Die ♂♂ tragen auf gelblichbraunem Grunde ein rotes Punktemuster, das stärker auch auf die Rücken- und schwächer auf die Afterflosse übergreift. In der dreilappigen Schwanzflosse teilt unten und manchmal auch oben ein roter Längsstreifen einen gelben Rand vom Mittelteil ab, das ebenfalls rot gepunktet ist. Die ♀♀ sind kleiner und wie die von *A. robertsoni* gefärbt; auf hellbrauner Grundfärbung befindet sich ein rotbraunes Punktemuster, das sich auch in den Flossen wiederfindet.

Soz. V.: Wie *A. robertsoni* ein gegenüber anderen Arten friedlicher Fisch, der nur gegenüber den eigenen ♂♂ und solchen verwandter Arten aggressiv werden kann.

Hält. B.: Wie *A. robertsoni*.

ZU: Wie *A. robertsoni*.

FU: K; Lebendfutter, auch tiefgefrorenes Futter und Rinderherz.

Bes.: Gehört in die enge Verwandtschaft von *A. filamentosum* und stellt die gelbe Morphe zum blauen *A. robertsoni* dar. Es sind mehrere Fundortformen aufgesammelt worden, die sich auch bezüglich des Chromosomensatzes unterscheiden: Der Stamm „Mungo Delta" besitzt n = 20, der Stamm von „Mbonge" n = 22 Chromosomen. *A. robertsoni* hat demgegenüber n = 21 Chromosomen.

T: 21–24° C, **L**: 6 cm, **BL**: 50 cm, **WR**: m, u, **SG**: 2–3

Aphyosemion schluppi RADDA & HUBER, 1978
Schlupps Prachtkärpfling

Syn.: Keine.

Vork.: Äquatoriales Westafrika, Volksrepublik Kongo (= Kongo Brazzaville), Bäche und Flüsse des Regenwaldes im Bergland der Provinz Lékoumou.

Ersteinf.: August 1978 durch J. Buytaert und W. Wachters.

GU.: Nicht immer einfach auseinanderzuhalten. Die ♂♂ sind etwas farbiger als die ♀♀ und die Flossen stärker ausgezogen. Sie besitzen eine ockerfarbene bis orange Körperfärbung, die Schuppen sind auf den Flanken rotbraun gerandet. Die Flossen sind orange. Die ♀ haben eine graubraune Grundfärbung, ihre Flossen sind farbloser.

Soz. V.: Sehr friedliche Fische.

Hält. B.: Zu empfehlen ist ein dunkler gehaltenes Becken, mit dunklem Bodengrund und Javamoos, Javafarn und *Anubias barteri* forma *nana*. Wasserhärte weich bis mittelhart (bis etwa 15° dGH), leicht sauer, Temperatur nicht so hoch (18–22° C). Hälterung entsprechend wie *A. thysi*.

ZU: Wie *A. thysi*. Mehrere Tiere sind gegeneinander nicht aggressiv, auch den Jungfischen wird kaum nachgestellt, so daß *A. schluppi* gut im Daueransatz gehalten werden kann. Die frischgeschlüpften Jungfische werden abgeschöpft und in ein Aufzuchtbecken überführt. Temperaturen eher im niedrigeren Bereich halten.

FU: K; Lebendfutter aller Art, wenig Wurmfutter.

Bes.: Auch von dieser Art gibt es mehrere Fundortstämme (RPC 18, 27, 28, 29), die stets rein erhalten bleiben sollten und mit der richtigen Fundortbezeichnung weitergegeben werden müssen.

T: 18–22° C, **L**: 4 cm, **BL**: 50 cm, **WR**: m, **SG**: 2

Aphyosemion rubrolabiale

Aphyosemion schluppi

Aphyosemion spoorenbergi BERKENKAMP, 1976
Spoorenbergs Prachtkärpfling

Syn.: Keine.

Vork.: Westafrika, genaues Vorkommen nicht bekannt, liegt wahrscheinlich im Grenzgebiet Südost-Nigeria/West-Kamerun.

Ersteinf.: März 1974 durch die Firma Roelofs/Amsterdam als kommerzieller Zierfischimport aus Kamerun.

GU.: Die ♂♂ sind recht bunt und besitzen auf blaugrünem Grund eine Anzahl roter Flecken, die zum Schwanz hin in ein zickzackförmiges Muster übergehen. Der obere und untere ausgezogene Schwanzflossenrand ist gelb, es folgt nach innen je ein rotes Band, der Innenteil der Flosse ist gelbgrün mit rotem Fleckenmuster. Die Rücken- und Afterflosse sind ebenfalls gelbgrün mit starker bzw. schwächerer Rotfleckung.

Soz. V.: Eine robuste Art aus der *A. gardneri*-Gruppe, die jedoch scheuer ist und versteckter lebt als *A. gardneri.*

Hält. B.: *Aphyosemion spoorenbergi* ist ein empfehlenswerter Prachtkärpfling, weil die Art robust ist und nicht sehr empfindlich. Die Wasserwerte spielen keine große Rolle, wenn sie nicht gerade extrem sind. Eine dichte Bepflanzung und ein gedämpft beleuchtet eingerichtetes Becken sind von Vorteil. Weil die Fische etwas scheuer sind als andere *A. gardneri*-Formen und auch verträglicher, kann man eine höhere Bestandsdichte wählen und sieht sie dann auch häufiger außerhalb der Pflanzen.

ZU: Als Haft- oder Bodenlaicher, wie es für *A. calliurum* geschildert wurde. Die Art gehört allerdings zu den größeren Formen und es muß deshalb auch ein entsprechend großes Hälterungs- bzw. Zuchtbekken gewählt werden. Die Entwicklung der Eier dauert etwa 2 bis 3 Wochen, die Jungfische fressen sofort Nauplien von *Artemia salina.* Die Zucht gestaltet sich ähnlich wie für *A. gardneri*, ist allerdings etwas schwieriger.

FU: K; alle Sorten Lebendfutter, nach Gewöhnung auch Tiefkühl- und Trockenfutter, auch Rinderherz.

Bes.: *A. spoorenbergi* steht verwandtschaftlich innerhalb der Untergattung *Paraphyosemion* wohl zwischen *A. gardneri* und den *A. traudeae*-Formen.

T: 20–24° C, **L**: 8 cm, **BL**: 80 cm, **WR**: u, m, **SG**: 2–3

Aphyosemion thysi RADDA & HUBER, 1978
Thys' Prachtkärpfling

Syn.: Keine.

Vork.: Äquatoriales Westafrika, Volksrepublik Kongo, Bäche und Flüsse des Louesse-Systems im Hügelland der Provinzen Niari und Lékoumou im tropischen Regenwald.

Ersteinf.: Im Juli/August 1978 durch J. Buytaert und W. Wachters.

GU.: ♂♂ etwas größer, unpaare Flossen ausgezogen, der Körper ist auf blauer bis gelblich-grüner Grundfarbe senkrecht rot gestreift. Die Flossen sind in Richtung der Flossenstrahlen mehr oder weniger stark gefleckt und gestrichelt. Die ♀♀ sind einfarbig braunoliv mit einigen rotbraunen Punkten, die auch auf die sonst farblosen unpaaren Flossen übergreifen.

Soz. V.: Friedlicher, etwas scheuer Prachtkärpfling, der entweder im Artenbecken oder aber in einem gut bepflanzten und nicht unbedingt großen Becken mit anderen kleineren Fischen (Leuchtaugenfische, kleine Salmler usw.) vergesellschaftet gepflegt werden kann.

Hält. B.: Wie bei den anderen Arten des Inlandplateaus der Volksrepublik Kongo und Gabuns dürfen die Tiere nicht bei zu hohen Temperaturen gepflegt werden, 18–22° C genügen. Das Aquarium sollte mit Torfgrund und Moorkienwurzeln eher dunkler eingerichtet sein und mit Javafarn, Javamoos oder anderen Pflanzen dekoriert werden. Das Wasser kann, sofern es sich nicht um Wildfänge handelt, weich bis mittelhart sein und sollte leicht saure Werte (pH 6–6,5) aufweisen. Häufigere Wasserwechsel sind sehr zu empfehlen. Deckscheibe!

Fortsetzung Seite 624.

Aphyosemion spoorenbergi

Aphyosemion thysi, WF, „RPC 20"

Fortsetzung *Aphyosemion thysi*:

ZU: *A. thysi* ist ein Dauerlaicher. Im gut bepflanzten Artenbecken, das zudem nicht zu dicht besetzt ist, können die dort schlüpfenden Jungfische abgeschöpft werden, einzelne Tiere kommen auch neben den Elterntieren auf. Produktiver ist ein gezielter Zuchtansatz. In diesen Fällen werden die Eier regelmäßig entfernt, entweder einzeln abgelesen oder zusammen mit dem Zuchtsubstrat, etwa Torffasern oder ein Ablaichmop. Will man die Eier einzeln ablesen, so empfiehlt sich ein Wollmop (Kunstfasern!), sonst eher Torffasern. Die Eier kann man mit dem Torf für 3 Wochen ohne Wasser in einer Plastiktüte feucht aufbewahren und dann mit kühlem (16° C) Frischwasser aufgießen, oder, wenn sie einzeln abgelesen wurden, in Wasser mit einem Trypaflavin- oder Cilexzusatz zum Schlüpfen bringen, die Entwicklungszeit beträgt ca. 2–3 Wochen. Die Jungfische nehmen sofort *Artemia salina*-Nauplien an. *A. thysi* wächst relativ langsam, nach 6–7 Monaten beginnen sich die Jungfische auszufärben.

FU: K; Lebendfutter aller Art in entsprechender Größe, nach Gewöhnung auch Gefrierfutter. Flockenfutter wird selten gefressen.

Bes.: Auch von *A. thysi* gibt es mehrere Fundortstämme (RPC 6, 9, 20, 22), die nur rein weitergezüchtet und mit der richtigen Fundortbezeichnung weitergegeben werden dürfen.

T: 18–22° C, **L**: 4 cm, **BL**: 50 cm, **WR**: u, m, **SG**: 3

Aphyosemion wachtersi RADDA & HUBER, 1978
Wachters' Prachtkärpfling

Syn.: *Aphyosemion wachtersi mikeae*.

Vork.: Äquatoriales Westafrika, südliche Volksrepublik Kongo (= Kongo Brazzaville), bisher sind nur 2 Fundorte RPC 30 und RPC 19 bekannt, die letztere Form (siehe Bild) wurde als Unterart *A. w. mikeae* beschrieben. Die beiden Fundorte liegen bei Komono (19) bzw. Zanaga (30).

Ersteinf.: August 1978 durch J. Buytaert und W. Wachters.

GU.: Die ♂♂ sind farbig, ihre Körperseiten sind von oben nach unten braun, grünlich, bläulich und orange reflektierend. Darüber zieht sich in der Körpermitte eine Reihe roter Flecken, die nach hinten zum Band zusammenfließen. Bei der typischen Form von Fundort 30 befindet sich in den unpaaren Flossen unten ein breites, oben ein schmales oder gar kein oranges Band, das körperwärts durch einen roten Streifen abgegrenzt wird. Die Dorsale und innere Schwanzflosse sind auf rotem Grund blau oder grün gepunktet. Die ♀♀ sind einfarbig braun und zeigen auf dem Körper rote Punkte, oft lassen sie auch ganz schwach die Farben der ♂♂ in Andeutung erkennen. Ihre Flossen sind kleiner als die der ♂♂ und abgerundet.

Soz. V.: Friedliche Art, höchstens die ♂♂ werden gegeneinander aggressiv.

Hält. B.: Wie bei *A. thysi*.

ZU: Wie bei *A. thysi*, doch ist hier eher anzuraten, die Eier aus dem Zuchtbecken zu entfernen.

FU: K; alle Sorten Lebendfutter.

Bes.: *A. wachtersi* ist mit *A. buytaerti* ausgesprochen eng verwandt, die beschriebene Unterart *A. w. mikeae* vermittelt in gewisser Hinsicht zwischen beiden. Beide Formen gehören in die Untergattung *Mesoaphyosemion*.

T: 18–22° C, **L**: 4 cm, **BL**: 50 cm, **WR**: u, m, **SG**: 3

Fortsetzung *Aplocheilichthys johnstoni*:

FU: K; kleines Lebendfutter, gerne auch Nauplien von *Artemia salina*, zusätzlich auch Flockenfutter.

Bes.: Gehört innerhalb der Gattung in die Untergattung oder Artengruppe *Micropanchax*. Vieles, was in der Literatur als *A. johnstoni* beschrieben wurde, ist wohl nicht diese Art, sondern teilweise wurden bisher noch unbeschriebene Arten mit diesem Namen versehen.

T: 18–26° C, **L**: 5,5 cm, **BL**: 80 cm, **WR**: m, o, **SG**: 2–3

Aphyosemion thysi „RPC 9"

Aphyosemion wachtersi mikeae

Aplocheilichthys antinorii (VINCIGUERRA, 1883)
Schwarzer Leuchtaugenfisch

Syn.: *Haplochilus antinorii, Haplochilichthys antinorii, Micropanchax antinorii.*

Vork.: Nordost-Afrika, Äthiopien, Lake Abiyata, Lake Langano.

Ersteinf.: Juni 1982 durch T. Schulz.

GU.: Schwierig festzustellen, die ♂♂ sind vergleichsweise schlanker, langgestreckt und kleiner. Ihre Farbe ist bei Wohlbefinden erheblich dunkler, bis schwarz, die Körperseiten dabei etwas irisierend. Die ♀♀ sind im Vorderkörper voller und bräunlicher.

Soz. V.: Ein Fisch, der in Schulen oder Schwärmen lebt, doch benötigen die Einzeltiere genügend Raum, sonst scheinen sie zu leiden und beißen sich wohl auch gegenseitig fort. Man kann diese Art als semipelagisch bezeichnen. Anderen Fischen gegenüber sind sie ausgesprochen friedlich und schwimmen recht nervös im Aquarium umher.

Hält. B.: Schwierig zu haltender Fisch, der vergleichsweise große Becken benötigt, kein Fisch für ein Gesellschaftsbecken im herkömmlichen Sinne. Besonders empfindlich gegenüber nicht zusagenden Wasserverhältnissen. Dauerhafte Hälterungserfolge sind bisher nicht aufzuweisen.

ZU: Die Fische laichten in einem Zuchtbecken an Javamoos ab. Die Eier sind sehr groß, die Jungfische recht dünn und lang und nicht in der Lage, frischgeschlüpfte Nauplien von *Artemia salina* aufzunehmen, sie benötigen kleineres Futter. Die Jungfische leben ausgesprochen pelagisch und bewegen sich schlängelnd im Wasser fort. Sie sind sehr empfindlich, so daß eine Aufzucht bisher nicht gelang.

FU: K; kleines Lebendfutter aller Art, besonders Nauplien von *Artemia salina.*

Bes.: Die Art nimmt innerhalb der großen Anzahl sehr unterschiedlicher *Aplocheilichthys*-Arten eine Sonderstellung ein und gehört eigentlich wohl nicht in diese Gattung.

T: 18–22° C, L: 4 cm, **BL**: 50 cm, **WR**: m, o, **SG**: 4

Aplocheilichthys johnstoni (GÜNTHER, 1893)
Johnstons Leuchtaugenfisch

Syn.: *Haplochilus johnstonii, Haplochilichthys johnstoni, Micropanchax johnstoni, Aplocheilus johnstoni.*

Vork.: Südliches Afrika von Malawi und Tanzania bis Südafrika, Becken des Malawi-Sees, Shire-River, Sambesi- und Kafue-Einzug, Chobe-Einzug, Limpopo- und Olifants-River-Einzug.

Ersteinf.: ?

GU.: Die ♀♀ sind körperlich voller als die etwas größeren und schlankeren ♂♂. Letztere besitzen etwas größere Flossen, ihre Färbung ist lebhafter und mehr ins Blaugrüne spielend, während die Farbgebung der ♀♀ grauer und stumpfer ist. Innerhalb des großen Verbreitungsgebietes gibt es mehrere Fundortvarianten, die sich farblich unterscheiden.

Soz. V.: In Schulen oder Schwärmen lebender friedlicher Fisch, der vorzugsweise an der Oberfläche lebt.

Hält. B.: Größeres Becken, die Wasserwerte sind, sofern sie nicht extrem sind, nebensächlich. Temperatur je nach Herkunft des Stammes 18–26° C. Nicht mit zu großen Fischen vergesellschaften. Die Vergesellschaftung in einem größeren Malawi-Becken mit kleineren Cichliden ist möglich. Bepflanzung kann nach Geschmack erfolgen, doch sollte die Wasseroberfläche mindestens teilweise offen bleiben. Etwas empfindlich gegen nicht ganz einwandfreie Wasserwerte, beginnt dann zu schaukeln.

ZU: Die Zucht ist nicht schwer. Ein Mop aus Kunstwolle kann in das Hälterungsbecken gehängt werden, an dem abgelaicht wird. Auch ein gesondertes Zuchtbecken ist natürlich empfehlenswert, ebenfalls mit einem Ablaichmop, mit Javamoos oder Perlongespinst zum Ablaichen versehen. Die Eier werden am besten abgelesen und in einer Zuchtschale zur Aufzucht gebracht. Die Jungfische schlüpfen nach ca. 10–14 Tagen, sie sollten zunächst mit Pantoffeltierchen, dann mit Nauplien von *Artemia salina* angefüttert werden.

Fortsetzung Seite 624.

Aplocheilichthys antinorii

Aplocheilichthys johnstoni

Aplocheilichthys katangae (BOULENGER, 1912)
Katanga-Leuchtaugenfisch

Syn.: *Haplochilus katangae, Haplochilichthys katangae, Micropanchax katangae, Haplochilus carlislei, Aplocheilichthys carlislei.*

Vork.: Südliches Zentral- bis Südafrika; Süd-Zaire bis Republik Südafrika; obere Lualaba-, Kasai- und Lulua-Einzüge, Sambesi, Cunene-, Cubango- und Cuando-Einzüge in Angola, Chobe-River, Okavango, Luapula-River, Einzug des Lake Bangweulu, Flüsse Südafrikas bis Natal.

Ersteinf.: Herbst 1937 durch Roloff aus Ostafrika.

GU.: Die ♂♂ haben eine gelbliche Körperfärbung, über die sich vom Brustflossenansatz bis in den Schanzstiel ein dunkler bis schwarzbrauner Streifen zieht. Der Bauch ist weiß. Die Flossen sind kräftig gelb gefärbt. Die ♀♀ haben einen schmaleren Schwanzstiel, der Vorderleib ist voller. Die Färbung ist nicht so intensiv wie die der ♂♂, das schwarze Band ist nur schmal, die Flossen sind transparent.

Soz. V.: Ein friedlicher Fisch, der gerne in Schulen oder kleinen Schwärmen lebt.

Hält. B.: Die Fische benötigen weiches Wasser, pH 6,5 bis 7,5. Das Becken kann gut bepflanzt sein, sollte aber offene Stellen aufweisen. Die Vergesellschaftung mit kleineren Fischen ist möglich, zu empfehlen ist jedoch ein Artenbecken. Bei dunklerem Bodengrund kommen die Farben kräftiger zur Geltung.

ZU: Die Tiere sind Pflanzen- oder Haftlaicher, man kann ihnen einen Ablaichmop ins Hälterungsbecken hängen (siehe *A. johnstoni*), aber auch hier ist der Ansatz im gesonderten Zuchtbecken günstiger. Siehe *A. johnstoni*.

FU: K; kleines Lebendfutter, als Zusatz sind Nauplien von *Artemia salina* sehr zu empfehlen. Nimmt vereinzelt auch Flokkenfutter zusätzlich.

Bes.: Gehört in die Untergattung oder Gattungsgruppe *Lacustricola*.

T: 20–28° C, **L**: 4 cm, **BL**: 50 cm, **WR**: o, m, **SG**: 3–4

Aplocheilichthys meyburgi MEINKEN, 1971
Meyburgs Leuchtaugenfisch

Syn.: *Micropanchax ericae* (?).

Vork.: Zentralafrika, Uferbereich des Viktoriasees.

Ersteinf.: September 1968 durch Dr. G. Meyburg.

GU.: Die ♂♂ sind etwas lebhafter gefärbt. Es gibt eine schwarze und eine rote Form. Möglicherweise ist die schwarze Form eigenständig und mit *Micropanchax ericae* identisch. Die ♂♂ der roten Form haben tomatenrote Flossen mit schwarzen Rändern und einen bronzefarbenen Körper mit einem angedeuteten dunklen Längsband, die der schwarzen Form rauchschwarze Flossen und einen grünlichen Körper. Die ♀♀ beider Formen haben kleinere und abgerundete Flossen, die Färbung ist insgesamt blasser und der Vorderkörper ist voller, der Schwanzstiel schlanker als der der ♂♂.

Soz. V.: Die an und für sich friedlichen Tiere leben in lockeren Schulen und Verbänden, dabei schafft sich jedes Tier aber einen bestimmten Freiraum. Wird dieser unterschritten, oder ist er in zu kleinen Becken nicht vorhanden, beißen sich die Tiere gegenseitig und bringen sich Verletzungen bei, das gilt besonders während eines längeren Transportes, dann die Tiere einzeln halten!

Hält. B.: Für ihre geringe Größe benötigen die Fische aus o. a. Gründen recht große Becken. In einem entsprechenden Aquarium bilden sie im lockeren Schwarm einen hübschen Eindruck. Der Hintergrund sollte dicht bepflanzt, der Vordergrund offen sein. Wasser nicht zu hart (bis 8° dGH), pH 6,5–7,5. Die Vergesellschaftung mit kleinen Fischen ist möglich, vor allem solchen, die die unteren Wasserregionen bevorzugen.

ZU: Wie bei *A. johnstoni*, die Tiere sind Pflanzen- oder Haftlaicher, sie drücken die Eier zwischen die Spalten der Fäden eines Ablaichmops.

FU: K; kleines Lebendfutter, besonders Nauplien von *Artemia salina* oder ähnliches kleines Futter.

Bes.: *A. meyburgi* gehört in die Gattungsgruppe oder Untergattung *Lacustricola*.

T: 22–26° C, **L**: 3 cm, **BL**: 60 cm, **WR**: m, o, **SG**: 3–4

Aplocheilichthys katangae

Aplocheilichthys meyburgi

Austrofundulus limnaeus SCHULTZ, 1949
Venezolanischer Kärpfling

Syn.: *Austrofundulus transilis limnaeus, Austrofundulus stagnalis, Austrofundulus myersi.*

Vork.: Nördliches Südamerika von British Guyana über Venezuela bis Kolumbien.

Ersteinf.: ?

GU.: Die ♂♂ sind größer und farbiger als die ♀♀. Die Flossen sind bei ihnen stärker ausgezogen, die Schwanzflosse oben und unten ausgezipfelt, bei der *„myersi"*-Form ist die Schwanzflosse jedoch nicht oben und unten verlängert.

Soz. V.: Trotz ihres etwas bulligen Aussehens eine friedliche Art, die Fische leben eher einzelgängerisch.

Hält. B.: Am besten im Artenbecken, obgleich die gemeinschaftliche Haltung mit anderen Fischen gut möglich ist. Becken dunkel gestalten, mit dunklem Bodengrund (Torf) und diffuser Beleuchtung, dann kommen die Farben besser zur Geltung. Die Wasserwerte sind von untergeordneter Bedeutung, solange sie nicht Extremwerte aufweisen. Die Einrichtung kann z. B. mit Moorkienholz und Javamoos oder -farn erfolgen, auch *Anubias barteri* forma *nana* erträgt dunklere Lichtverhältnisse gut.

ZU: Die Tiere sind Saisonfische und Bodenlaicher. Deshalb sollten sie mit einem dickeren Torfgrund zur Zucht angesetzt werden. Es genügt, wenn man eine Hälfte 5 cm hoch mit einem eingeklemmmten Plastikstreifen abtrennt und diese mit Torf anfüllt, der vorher ausgekocht wurde. Eine Pflanze im Torf bietet eventuell zu stark getriebenen ♀♀ Versteckmöglichkeiten. Es werden 1 Woche lang ein ♂ und 2 ♀♀ eingesetzt und gut gefüttert. Die Fische tauchen gerne in den Bodengrund ab, müssen dies jedoch nicht unbedingt, auch wenn die Torfschicht nicht so stark ist, kommt es zum Ablaichen. Nach 1 Woche Zuchttiere herausnehmen, Wasser abgießen und den Torf in eine Plastiktüte geben, nachdem er zuvor ausgedrückt und einige Zeit auf einer Zeitungsunterlage angetrocknet wurde. Die Aufbewahrung erfolgt je nach Temperatur für 3–6 Monate, dann kann der erste Aufguß mit Frischwasser erfolgen. Die Jungfische werden abpipettiert und der Torf nach 2 Tagen erneut angetrocknet und später wieder aufgegossen. Die Jungfische fressen sofort Nauplien von *Artemia salina* und wachsen rasch heran.

FU: K; Lebendfutter, gerne auch Wurmfutter. Rinderherz wird ebenfalls genommen, Flockenfutter hingegen nicht.

Bes.: THAPHORN und THOMERSON (1978) faßten trotz des recht unterschiedlichen Aussehens *A. myersi* mit dem bis dahin als Unterart zu *A. transilis* aufgefaßten *limnaeus* zu der einen Art *A. limnaeus* zusammen, da es Zwischenformen gebe. Sie unterscheiden insgesamt 4 unterschiedliche Populationen, bisher gelangten jedoch nur die beiden abgebildeten Formen zu uns.

T: 22–26° C, **L**: 8 cm, **BL**: 60 cm, **WR**: m, u, **SG**: 3

Austrofundulus limnaeus

Austrofundulus limnaeus „myersi-Typ"

Fortsetzung von *Nothobranchius furzeri*

6,5–7). Häufiger Wasserwechsel oder Teilwechsel ist förderlich.

ZU: Die Fische sind Bodenlaicher, Dauerlaicher und Saisonfische. Der Zuchtansatz sollte im getrennten Zuchtbecken erfolgen. Bodengrund aus ausgekochtem Torf einfüllen. Die ♂♂ treiben sehr heftig, daher ist ein Kurzansatz mit kräftigen Tieren zu empfehlen, bei dem die Fische nur jeweils für einige Stunden unter Aufsicht zum Ablaichen zusammengesetzt werden, sonst besteht die Gefahr, daß die ausgelaichten ♀♀ totgebissen werden. Anschließend den Torf herausnehmen und auf Zeitungspapier kurz antrocknen lassen, dann in Plastikbeutel geben (Beschriftung nicht vergessen!) und bei 25° C etwa 12 Wochen aufbewahren, besser sind höhere Temperaturen, dann verkürzt sich die Entwicklungszeit. Bei niedrigeren Temperaturen verlängert sie sich beträchtlich, oft bis zu 7 Monaten und mehr. Anschließend Torfansatz in ein Aquarium geben und mit Frischwasser aufgießen. Die geschlüpften Jungtiere fressen sofort Nauplien von *Artemia salina*. Bei der Aufzucht (warm!) häufig Wasser wechseln und kräftig füttern. Der Torf kann nach dem ersten Aufguß erneut für einige Zeit trockengelegt werden.

FU: K; kräftiges Lebendfutter aller Art, gerne auch Wurmfutter.

Bes.: Die Art ist mit *N. orthonotus* am nächsten verwandt, der auch mit *N. furzeri* gemeinsam gefunden wurde. Auffallend sind die stark ausgebildeten gelben Kiemenmembranen der ♂♂.

T: 23–30° C, **L:** 6 cm, **BL:** 60 cm, **WR:** m, u, **SG:** 2–3

Fortsetzung von *Procatopus aberrans*

Ideal ist ein Aquarium mit starkem und gut wachsendem Pflanzenwuchs, mit CO_2-Düngung und schwacher sonstiger Besetzung. Die Dekoration kann mit Wurzeln, Zierkork usw. erfolgen. Eine gute Durchlüftung ist erforderlich, auch wenn dadurch der CO_2-Verbrauch steigt. Der Zusatz von etwas Kochsalz ist empfehlenswert (1 Teelöffel/10 Liter).

ZU: Die *Procatopus*-Arten sind Spaltenlaicher und Dauerlaicher. Auch im Schaubecken werden sie ablaichen, beispielsweise in die Schlitze von Filtern und dergleichen, von wo man die Eier gegebenenfalls absammeln kann. Im Zuchtbecken, das erst eine bessere Ausbeute an Jungfischen ermöglicht, verwendete FOERSCH mit gutem Erfolg Bimsstein, in den er Rillen feilte, aber auch Plastik-Topfkratzer, mit Rillen versehene Korken und ähnliche Materialien mit Löchern, Spalten und Schlitzen haben sich bewährt. Die Jungfische schlüpfen nach etwa 2 Wochen aus den recht großen Eiern. Das Wachstum ist nicht sehr schnell.

FU: K; Lebendfutter aller Art, auch Flokkenfutter. *Tubifex* möglichst meiden. Selbst von ausgewachsenen Tieren werden gerne Nauplien von *Artemia salina* gefressen.

Bes.: Die drei heute als gesicherte Arten aufgefaßten *Procatopus*-Arten *P. aberrans, P. similis* und *P. nototaenia* sind sehr vielgestaltig und variabel, dies hat zur Beschreibung zahlreicher Arten und Unterarten geführt, die heute aber alle nicht mehr anerkannt werden. Außerdem ist die Gattung *Procatopus* mit der Gattung *Plataplochilus* aus Gabun und der Volksrepublik Kongo nahe verwandt.

T: 24–26° C, **L:** 6 cm, **BL:** 60 cm, **WR:** o, m, **SG:** 2–3

Fortsetzung von *Rachovia maculipinnis*

wicklungszeit beträgt bei 22–23° C Lagertemperatur rund 6–7 Monate. Auch bei dieser Art fressen die Jungfische sofort Nauplien von *Artemia salina* und wachsen rasch heran.

FU: K; Lebendfutter.

Bes.: Die Art wurde zunächst von WEIBEZAHN beschrieben. Nachdem RADDA (DATZ, **17** (2): 39–41, 1964) den Namen des Fisches erwähnt hatte, wohl in dem Glauben, die Beschreibung durch WEIBEZAHN sei erfolgt, zog dieser seine Arbeit verärgert zurück. Da RADDA 1964 jedoch WEIBEZAHN die Autorenschaft der Erstbeschreibung ausdrücklich zubilligte, sollte letzterer auch als Erstbeschreiber angesehen werden, wie auch schon TAPHORN und THOMERSON (1978) vorschlugen.

T: 22–27° C, **L:** bis 8 cm, **BL:** 60 cm, **WR:** m, u, **SG:** 3–4

Chriopeoides pengelleyi FOWLER, 1939
Jamaika-Großschuppenkärpfling Unterfam.: Fundulinae

Syn.: *Cubanichthys pengelleyi**

Vork.: Jamaika, in kristallklaren Quellbächen.

Ersteinf.: Unbekannt.

GU: Das ♀ ist kleiner und unscheinbarer gefärbt. Der Körperstreifen ist schmaler, jedoch intensiver als beim ♂.

Soz. V.: Friedliche Art, die jedoch am besten im Artbecken gehalten wird. Das Verhalten zeigt sich dann besser als in einem Gesellschaftsbecken.

Hält. B.: Die seltene Einfuhr empfiehlt sorgfältige Pflege im Artbecken. Die Tiere sind recht anspruchslos. Wasser: pH-Wert 7,2–8,0; Härte 6–15° dGH. Bepflanzung mit *Elodea* und *Myriophyllum*. Starke Filterung und regelmäßiger Wasserwechsel.

ZU: Das ♂ schwimmt während der Balz tänzelnd um das ♀. Die Eier werden auf feinfiedrigen Pflanzen aber auch auf Steinen abgelegt (Haftlaicher). Der Eidurchmesser beträgt 1,3 mm. Die Larven schlüpfen nach 14 Tagen und können mit frischgeschlüpften *Artemia*-Nauplien aufgezogen werden.

FU: K, O; Flockenfutter wird selten sofort akzeptiert. Eingewöhnung mit jeglichem Lebendfutter, später Frostfutter.

Bes.: Ein Killifisch, der mehr Beachtung finden sollte. Leider ist die Art nicht sehr langlebig (2–3 Jahre).

* PARENTI stellte die Gattung *Chriopeoides* (1981) zu *Cubanichthys*. Dieser Meinung wurde hier jedoch nicht gefolgt.

T: 23–25° C, **L**: 6 cm, **BL**: 70 cm, **WR**: alle, **SG**: 2

Cubanichthys cubensis (EIGENMANN, 1902)
Kubakärpfling

Syn.: *Fundulus cubensis.*

Vork.: Westliches Kuba, Pinar del Rio, Habana, Batabano.

Ersteinf.: 1932 zunächst in die USA, dann kurz darauf nach Deutschland.

GU.: Die ♂♂ sind bunter und besitzen zu Längsstreifen zusammengefaßte rote Punkte auf dem Körper, die ♀♀ zeigen diese Zeichnung nicht, bei ihnen kommt daher ein dunkler Längsstreifen zur Geltung, der vom Maul bis zur Schwanzwurzel reicht und bei den ♂♂ durch die erwähnte Zeichnung überlagert wird. Die Flossen sind bei den ♀♀ runder und farbloser.

Soz. V.: Friedlicher Fisch, der gerne in Trupps lebt.

Hält. B.: Gut bepflanztes helles Becken, die Wasserwerte sind nebensächlich, bevorzugt sollte bis mittelhartes Wasser verwendet werden, pH-Wert um den Neutralpunkt. Ein Artenbecken ist zu bevorzugen, die Vergesellschaftung etwa mit kleineren Lebendgebärenden ist möglich.

ZU: Im größeren und dichtbepflanzten Artenbecken kommen neben den Elterntieren genügend Jungfische auf. Die Zucht im gesonderten Becken ist jedoch anzuraten. Als Ablaichmedium dient Javamoos, Temperatur 25–30° C. Die Eier können abgelesen oder im Zuchtbecken belassen und die Elterntiere nach 1 Woche entfernt werden. Die Entwicklungsdauer beträgt je nach Temperatur 8–12 Tage. Die Anfütterung sollte mit Pantoffeltierchen geschehen, das Wachstum ist zunächst langsam.

FU: K, O; alle Sorten größenmäßig geeigneten Lebendfutters, möglicherweise zusätzlich auch Flockenfutter.

Bes.: Einzige Art der Gattung. Größenangaben von 8 cm scheinen falsch zu sein, bisher konnten nur Größen von bis 4 cm bestätigt werden.

T: 23–28° C, **L**: 4 cm, **BL**: 50 cm, **WR**: u, m, o, **SG**: 2–3

Cynolebias adloffi AHL, 1922
Adloffs Fächerfisch, Gebänderter Fächerfisch

Syn.: Keine.

Vork.: Südöstliches Südamerika, Küstenebene des nördlichen Uruguay und des südöstlichen Brasilien. Schwerpunkt um Porto Alegre.

Ersteinf.: 1921 durch Adloff von Porto Alegre.

GU.: Die ♂♂ besitzen auf blaugrüner bis bräunlicher Grundfarbe 9–12 senkrechte dunkle Querstreifen, in den Flossen können sich hellere Flecken und Punkte befinden. Die ♀♀ sind hell- und dunkelbraun gefleckt und zeigen am Schwanzansatz oben und unten je einen schwarzen Fleck. Ihre Flossen sind kürzer als die der ♂♂, durchsichtiger, und besitzen weniger Flossenstrahlen.

Soz. V.: Friedlicher und eher einzelgängerischer Fisch, möglicherweise besitzen die ♂♂ Reviere, doch wird dies im Aquarium kaum deutlich. Die ♂♂ werden in zu kleinen Ablaichbecken gegenüber nicht laichbereiten ♀♀ gelegentlich aggressiv.

Hält. B.: Wie bei *Cynolebias viarius*, am besten im Artenbecken.

ZU: Wie bei *Cynolebias viarius*. Auch *C. adloffi* ist ein Saisonfisch und Bodentaucher. Bei höheren Lagertemperaturen des Eitorfes ist der Aufguß schon nach 6–8 Wochen möglich. Etwas empfindlichere Art als *C. viarius*.

Bes.: Recht hoch gebaute Art, die in den Artenkreis um *C. bellottii* und *C. viarius* einzuordnen ist.

T: 20–24° C, **L**: 5 cm, **BL**: 50 cm, **WR**: m, u, **SG**: 2–3

Cubanichthys cubensis

Cynolebias adloffi

Cynolebias boitonei (DE CARVALHOI, 1959)
Brasilianischer Leierflosser

Syn.: *Simpsonichthys boitonei.*

Vork.: Südamerika, Brasilien, weitere Umgebung der Hauptstadt Brasilia, D. F.

Ersteinf.: 1964 nach Dänemark.

GU.: Die ♂♂ sind bunt gefärbt, auf rotbraunem Grund, der nach hinten dunkler wird, befinden sich vorne helle senkrechte Querbinden, die nach hinten zu in Bänder von hellblauen leuchtenden Pünktchen übergehen, die sich dann wiederum am Schwanzstiel in unregelmäßige einzelne Pünktchen auflösen. Die Rücken- und Afterflosse sind lyraförmig ausgezogen. Die ♀♀ sind unscheinbarer rötlichbraun mit helleren senkrechten Querbinden, auf den Körperflanken befinden sich 1–3 schwarze Punkte. Die Flossen sind kleiner und farblos.

Soz. V.: Friedlicher und eher einzelgängerischer Fisch. Vor allem die ♂♂ sind sehr lebhaft.

Hält. B.: Wie bei *Cynolebias viarius*, doch genügen kleinere Becken. Ein Artenbekken ist vorzuziehen. In der Natur ist *C. boitonei* häufig mit *Rivulus punctatus* und gelegentlich mit verschiedenen Salmlern vergesellschaftet.

ZU: Annuelle Art, die zum Ablaichen nicht unbedingt in den Bodengrund abtauchen muß, geringere Torfschichten genügen, ansonsten Zucht wie bei *Cynolebias viarius*. Die ♂♂ umwerben die ♀♀ mit schmetterlingsartigem Tanz. Verletzungen der ♀♀ durch die treibenden ♂♂ sind noch nicht beobachtet worden. Die Zeitigungsdauer der Eier beträgt ca. 8 Wochen.

FU: K; Lebendfutter entsprechender Größe.

Bes.: Die von CARVALHOI zur Bestimmung benutzten Fische besaßen keine Bauchflossen (siehe auch Abb.), so daß er die Art aus diesem Grund in eine neue Gattung stellte. Heute hat sich erwiesen, daß dieses Merkmal auch bei anderen Fischen verschiedener Gattungen zu finden ist und nicht zur Gattungsabgrenzung herangezogen werden kann. Bei *Cynolebias boitonei* haben sich überdies Populationen mit Bauchflossen finden lassen.

T: 20–24° C, **L**: 4 cm, **BL**: 50 cm, **WR**: m, u, **SG**: 3

Cynolebias cheradophilus
VAZ-FERREIRA, SIERRA-DE-SORIANO & SCAGLIA-DE-PAULETE, 1964
Grundfächerfisch

Syn.: Keine.

Vork.: Südliches Südamerika, Küstenbereich des östlichen Uruguay, Deptm. Rocha, zwischen La Paloma und Aguas Dulces.

Ersteinf.: Sommer 1980 durch K. Fraga, Montevideo, und A. Rehm, Salzburg.

GU.: Die ♂♂ sind etwas farbkräftiger und größer.

Soz. V.: Friedliche Fische.

Hält. B.: Wie bei *C. viarius* beschrieben, mit dem die Art auch in einem Tümpel gemeinsam gefunden wird. Weiterhin fanden sich dort syntop *C. luteoflammulatus* und *Cynopoecilus melanotaenia,* zudem zeitweilig *Charax gibbosus, Cheirodon interruptus, Curimata* spec., *Acestrorhamphus jenynsii, Fitzroya lineata* und *Phalloceros caudomaculatus.* Der Tümpelboden besteht aus faulenden Blättern, Exkrementen von Weidetieren und Rückständen verrottender Ästchen. Im Aquarium dürfte sich also ein Torfboden empfehlen. Wasser weich (0,5–8° dGH), pH-Wert bis 8,9. Die Temperatur schwankt von ca. 4° C im Südwinter bis 40° C im Sommer, wenn der Teich austrocknet. Empfehlen dürften sich ca. 18–25° C.

ZU: Wie *C. viarius.* Torfschicht etwa 6 cm hoch, Lagerzeit des Torfes bei 24–26° C etwa 3 Monate (Angaben nach REHM: DKG-Journal, **13** (11): 165–170, 1981).

FU: K; der Größe der Tiere entsprechendes Lebendfutter aller Art, einschließlich Regenwürmern und Rinderherz.

Bes.: Die Art wurde bisher nur in einem einzigen Saisontümpel von 12 m Länge und zwischen 1,5 und 3,2 m Breite gefunden. Daher stellt sich die Frage, ob hier nicht dringend Schutzmaßnahmen geboten sind.

T: 18–25° C, **L**: 8 cm, **BL**: 80 cm, **WR**: u, m, **SG**: 3

Cynolebias boitonei

Cynolebias cheradophilus

Cynolebias heloplites HUBER, 1981 (?)

Syn.: *Cynolebias antenori* (?) s. Bes.

Vork.: Östliches Südamerika, Ost-Brasilien, Staaten Ceará und Rio Grande del Norte.

Ersteinf.: Oktober 1972 durch S. Sellers in die USA, Juni 1973 durch Dr. F. Fröhlich nach Deutschland.

GU.: Die ♂♂ haben eine hellbraune, zum Rücken und Hinterkörper dunkler braune Färbung, über der hellere senkrechte Streifen angedeutet sind. Auf dem Körper finden sich kleinere, auf den Flossen auf dunklerem Grund größere helle irisierende Flecken. Die Afterflosse hat einen schwarzen Rand, dem folgt nach innen ein oranges Band, das langsam körperwärts in die dunkelbraune Grundfarbe übergeht. Die Flossen sind ausgezogen. Die kleineren ♀♀ sind mittelbraun und tragen auf der Körpermitte 1 bis meist 3 schwarze Flekken dicht nebeneinander. Ihre Flossen sind weitgehend transparent und nicht ausgezogen, kleiner, und haben weniger Flossenstrahlen.

Soz. V.: Friedlicher Fisch.

Hält. B.: Wie *Cynolebias viarius*, jedoch etwas wärmer, Nach G. C. Brasil, der den in der Aquaristik befindlichen Stamm fing, fanden sich die Tiere in typischen temporären Tümpeln in der Umgebung von Fortaleza. Wassertiefe 10–55 cm; Wassertemperatur 27–30° C; pH-Wert 7,0–7,1; dGH 3°, an Vegetation waren *Nymphaea* und *Echinodorus* vorhanden, andere Fische fanden sich nicht, die ♀♀ waren in der Überzahl.

ZU: Wie bei *Cynolebias viarius*, jedoch sind höhere Temperaturen zu empfehlen. Lagerzeit des Torfes bei hohen Temperaturen (ca. 30° C) etwa 3 Monate, bei niedrigeren Temperaturen (ca. 23° C) etwa 7 Monate.

Bes.: Der Name dieses Fisches ist umstritten. Tiere dieser Art lagen bereits 1952 MYERS vor, der sie als *Cynolebias antenori* bezeichnete, doch seine Beschreibung genügt den Internationalen Nomenklaturregeln nicht (nomen nudum), aus diesem Grunde beschrieb HUBER 1981 den Fisch neu. Zwischenzeitlich erschienen einige aquaristische Berichte über den Fisch unter Verwendung des Namens *C. antenori*, die teilweise als gültige Beschreibung des Fisches angesehen werden, weil sie den Regeln genügen, auch wenn die entsprechenden Autoren eine Beschreibung nicht beabsichtigten. Zur Debatte steht ein Aufsatz von TULIPANO (Killi Notes of the Amer. Killif. Assn., **6** (11): 23–24, 1973). Die Nomenklaturkommission hätte nun auf Antrag zu entscheiden, ob der Fisch *Cynolebias antenori* TULIPANO, 1973 oder *Cynolebias heloplites* HUBER, 1981 zu heißen hat. Hier kann dazu keine Bewertung erfolgen, mit jedem der beiden Namen muß eventuell in Zukunft gerechnet werden.

T: 25–30° C, **L**: 5 cm, **BL**: 50 cm, **WR**: u, m, **SG**: 3

Cynolebias viarius
VAZ-FERREIRA, SIERRA-DE-SORIANO & SCAGLIA-DE-PAULETE, 1964

Syn.: Keine.

Vork.: Südöstliches Südamerika, Küstenebene Uruguays.

Ersteinf.: 1976.

GU.: ♂♂ bunter als ♀♀ und auf dem Körper sehr variabel gestreift. Die Grundfarbe ist hellbraun bis hellblau, darüber befinden sich dunklere blaue bis braune Streifen. Die Flossen zeigen Punkte. Das kleinere ♀ ist auf bräunlicher Grundfarbe gefleckt, die Flossen sind weitgehend farblos-transparent mit dunklen Punkten.

Soz. V.: Friedlicher Saisonfisch und Bodentaucher, Dauerlaicher. Die ♂♂ sind gegenüber den ♀♀ normalerweise friedlich, können aber nicht laichbereite ♀♀ in zu kleinen Becken ohne Versteckmöglichkeiten töten.

Hält. B.: Die Wasserwerte sollten mittlere Werte zeigen (dGH etwa 6–15°, pH-Wert 6,5–7,5), doch sind die Fische diesbezüglich nicht empfindlich. Der Bodengrund sollte aus Torf bestehen, in den die Fische zum Ablaichen eindringen können. Auch

Fortsetzung Seite 640.

Cynolebias heloplites

Cynolebias viarius

eine Schale mit Torf im Gesellschaftsbekken wird in der Regel akzeptiert und zum Ablaichen aufgesucht. Regelmäßig Wasserwechsel durchführen. Dekoration möglicherweise mit Moorkienwurzeln, auf denen Javamoos oder Javafarn aufgebunden sind. Das Artenbecken ist sehr zu empfehlen.

ZU: Die Zucht im Hälterungsbecken wurde bereits geschildert, produktiver ist jedoch der gesonderte Zuchtansatz. Dazu wird ein etwa 10 l fassendes Becken mit einer Schicht Torf ausgestattet, das Wasser kann die oben angegebenen Werte aufweisen. Die zuvor gut gefütterten Tiere (1♂, 2–3 ♀♀) bleiben bei mäßiger Fütterung 1 Woche im Ansatz, dann werden die Tiere entfernt, das Wasser abgegossen, und der Torf gut ausgedrückt, anschließend auf einer Lage Zeitungspapier angetrocknet und in einer Plastiktüte gelagert. Nach etwa 3 Monaten wird aufgegossen, dazu kommt der eihaltige Torf in ein Aquarium und Frischwasser dazu. Die Jungfische schlüpfen nach wenigen Stunden. Nach einem Tag kann man den Torf wegen eventueller Nachzügler erneut trockenlegen, nachdem man die Jungfische herauspipettiert hat. Der Nachwuchs frißt sofort Nauplien von *Artemia salina* und wächst rasch.

FU: K; Lebendfutter, gerne wird Wurmfutter genommen.

Bes.: *Cynolebias viarius* gehört zu einer Artengruppe, die auch *C. n. nigripinnis, C. n. alexandri* und *C. bellottii* umfaßt.

T: 18–23° C, **L**: 6, **BL**: 60 cm, **WR**: m, u, **SG**: 2–3

Diapteron abacinum (HUBER, 1976)

Syn.: *Aphyosemion abacinum*.

Vork.: Äquatoriales Westafrika: Ostgabun und westliche Volksrepublik Kongo (= Kongo Brazzaville) im Ivindobecken.

Ersteinf.: 1976 durch Huber in einem ♂, später durch Heinemann und Lenz in mehreren Exemplaren.

GU.: Die ♂♂ sind farbiger, sie haben auf rotem Grund senkrechte blaue Schuppenreihen, die intensiver rot gefärbten Flossen weisen diese Reihen, die sich auch zu unregelmäßigen Punkten auflösen können, ebenfalls auf. In der unteren After- und Schwanzflosse, auch gelegentlich in der oberen Schwanzflosse, findet sich ein dunkeloranger Streifen. Der Schwanzflossenrand ist blauweiß. Die ♀♀ sind kleiner, ihr Vorderkörper ist rundlicher, der Schwanzstiel schlanker, die Flossen sind farbloser und abgerundet. Die Körperfarbe ist mehr braun und die blauen Schuppen kaum vorhanden.

Soz. V.: Im Grunde friedliche Fische, bei denen die ♂♂ jedoch besonders in zu kleinen Becken gegeneinander recht aggressiv werden können, auch anderen Prachtkärpflingsmännchen drohen sie, flüchten jedoch, sobald sie die Stärke des Gegners erkennen. Eher einzeln lebende Tiere.

Hält. B.: Am besten im Artenbecken pflegen, das dicht mit Javamoos bewachsen sein sollte. Wasser weich (bis 10° dGH) und leicht sauer (pH 6–7) und nicht zu warm. Die Einrichtung kann mit Moorkienwurzeln optisch ansprechend gestaltet werden.

ZU: Im Artenbecken möglich, dort werden bei guter Fütterung der Elterntiere immer auch einige Jungfische schlüpfen, die abgeschöpft werden können. Da die Fische generell nicht sehr produktiv sind, ist dieses die erprobteste Methode. Der Ansatz im gesonderten Zuchtbecken ist allerdings möglich, bei dem die Eier abgelesen werden, um dann in Brutschalen zur Entwicklung zu gelangen. Gegen Verpilzung kann ein leichter Trypaflavinzusatz wirksam sein. Die Jungfische schlüpfen nach ca. 10–14 Tagen und müssen zunächst mit Pantoffeltierchen ernährt werden. Bei Abschöpfen der entsprechend großen Jungtiere aus dem Artenbecken entfällt dies, da die Tiere am Javamoos stets genügend Aufwuchs (Rädertierchen usw.) finden, doch kann man zur Sicherheit auch zusätzlich mit Pantoffeltierchen füttern.

FU: K; kleineres Lebendfutter, man sollte öfter Nauplien von *Artemia salina* zusätzlich bieten. Trockenfutter wird nicht genommen.

T: 18–22° C, **L**: 4 cm, **BL**: 50 cm, **WR**: u, m, **SG**: 3–4

Überschwemmungs- oder Regenwassertümpel (Zentralbrasilien). Solche Gewässer sind die Heimat von Killifischen, Welsen und Salmlern. Bei 36° C beginnt das Salmlersterben – die Welse überleben noch. Die Killis haben längst abgelaicht.

Diapteron abacinum

Epiplatys barmoiensis SCHEEL, 1968
Barmoi-Hechtling

Syn.: Keine.

Vork.: Westafrika, Sierra Leone, Liberia, es wurden auch schon *E. barmoiensis* aus Nigeria exportiert (siehe Abb.). Diese Tiere entwickelten nicht so lang ausgezogene Brustflossen wie Vergleichstiere aus Liberia.

Ersteinf.: 1965 durch E. Roloff aus Sierra Leone.

GU.: Die ♂♂ sind etwas größer und vergleichsweise schlanker, ihre Flossen sind stärker ausgezogen, besonders die Schwanz- und die Afterflosse. Die Flossen sind bei ihnen insgesamt stärker gezeichnet und farbiger, obgleich der ganze Fisch nicht sehr farbig ist. Die ♀♀ sind im Vorderkörper voller, ihre Flossen sind runder und transparent.

Soz. V.: Bevorzugt einzeln, seltener in Schulen, an der Wasseroberfläche stehender Fisch, der gegenüber Fischen gleicher Größe harmlos ist.

Hält. B.: Größeres Becken wählen, dessen dicht schließende (!) Deckscheibe nicht zu dicht oberhalb der Wasseroberfläche sein sollte. Die Tiere springen gerne, besonders nach Anflugfutter, und verletzen sich sonst. Wasser eher weich bis mittelhart, pH-Wert leicht sauer bis neutral, das Becken kann stark bepflanzt werden, sollte aber offene Stellen aufweisen, auch an der Oberfläche. Der Fisch ist für ein Gesellschaftsaquarium mit nicht zu lebhaften und zu großen Fischen geeignet, ist aber etwas empfindlich.

ZU: Sollte im nicht zu kleinen Zuchtbekken erfolgen, in das gegebenenfalls mehrere Ablaichmops eingehängt werden, zwischen denen die Fische Deckung finden und an denen sie ablaichen. Die Eier können von dort regelmäßig abgelesen und in Aufzuchtschalen zur Entwicklung gebracht werden, wo die Jungfische nach etwa 10–14 Tagen schlüpfen. Nach dem Schlupf fressen sie sofort Nauplien von *Artemia salina*.

FU: K; Lebendfutter, besonders Anflugfutter wie *Drosophila*, Mehlmotten (*Ephestia*) u. ä.

Bes.: Trotz des nach SCHEEL (1968) erheblich abweichenden Chromosomensatzes dürfte die Art in die Verwandtschaft von *Epiplatys bifasciatus* gehören.

T: 24–27° C, **L**: 7 cm, **BL**: 80 cm, **WR**: o, m, **SG**: 3

Epiplatys berkenkampi NEUMANN, 1978
Berkenkamps Hechtling

Syn.: Keine.

Vork.: Westafrika: Zentralgabun.

Ersteinf.: 1976 durch Bochtler.

GU.: Die ♂♂ sind farbiger, besonders zeigen sie ein intensiveres Rot. Jede Schuppe weist einen roten Fleck auf braunem Grund auf. Schwach – bei Angst stärker – werden auf dem Unterkörper 5 Querstreifen deutlich. Die Flossen sind orange-rostrot. Bei den ♀♀, die nicht so intensiv gefärbt sind, sind die Flossen stärker transparent und abgerundet, insbesondere die After- und die Schwanzflosse.

Soz. V.: Wie alle Hechtlinge ein eher einzelgängerisch und lauernd lebender Fisch, der obere Wasserschichten bevorzugt, jedoch auch mittlere Schichten aufsucht. Die Vergesellschaftung ist gut möglich.

Hält. B.: In einem eher dunklen Boden kommen die Farben besser zur Geltung. Oberfläche teilweise mit Schwimmpflanzen bedecken, dunkler Bodengrund und diffuse Beleuchtung fördern diesen Effekt. Wasserwerte eher weich (bis 10° dGH) und leicht sauer. Nicht zu lebhafte Fische vergesellschaften, sonst versuchen die Tiere gegebenenfalls herauszuspringen. Deckscheibe!

ZU: Wie *E. barmoiensis*. Auch hier ist die Zucht nicht sehr einfach.

FU: K; alles Lebendfutter, das bewältigt werden kann, auch schon einmal aufgestreutes Flockenfutter, jedoch nicht gerne.

Bes.: Die Art gehört in die engere Verwandtschaft der *E. sexfasciatus*-Gruppe und vermittelt zur *E. multifasciatus*-Gruppe.

T: 20–24° C, **L**: 6 cm, **BL**: 60 cm, **WR**: o, m, **SG**: 3–4

Epiplatys barmoiensis

Epiplatys berkenkampi

Epiplatys bifasciatus (STEINDACHNER, 1881)
Zweibandhechtling

Syn.: *Haplochilus bifasciatus, Epiplatys ndelensis, Epiplatys steindachneri, Epiplatys taeniatus.*

Vork.: West- und Zentralafrika: von Senegambien bis zum oberen Nil in Savannenbiotopen des Sahelbereiches, südlich bis in die Küstensavannen von Ghana, Togo und Benin.

Ersteinf.: (?) 1959 nach Dänemark.

GU.: Nicht immer leicht festzustellen. ♂♂ im Vergleich meist etwas farbiger mit oft sehr schön lang ausgezogenen Flossen, insbesondere Afterflosse und mittlere Schwanzflosse. Auf der unteren Körperhälfte ziehen sich oberhalb des hellen Bauches zunächst eine dunkle, darüber eine helle Binde von den Kiemendeckeln bis zur Schwanzwurzel. Die obere Körperhälfte ist dunkler. Schmale rote, mehr oder weniger kräftige Schuppenbegrenzungen ziehen sich als Schrägstriche oder Netzmuster über diese Grundzeichnung. In den unpaaren Flossen befinden sich auf graugrünem Grund rote Punkte. Die ♀♀ sind etwas blasser und vor allem im Vorderkörper voller und heller.

Soz. V.: Ausgesprochen scheuer und gerne springender Fisch, der im Artenbekken oder möglicherweise mit *Aplocheilichthys normani* gemeinsam gepflegt werden sollte, mit dem er auch in der Natur häufig gemeinsam vorkommt.

Hält. B.: Größeres und dichtbepflanztes Becken mit offenen Bereichen wie für *E. barmoiensis* angegeben. Besonders auf Erschütterungen reagieren die Tiere schreckhaft, dem ist bei der Aufstellung des Beckens Rechnung zu tragen. Die Tiere verlieren ihre Scheu auch nach Wochen nur wenig und halten sich zwischen den Pflanzen versteckt. Die Wasserwerte sind für die erfolgreiche Haltung von untergeordneter Bedeutung.

ZU: Im größeren und nicht sehr stark besetzten Artenbecken kommen durchaus auch einige Jungfische auf, erfolgreich wird eine Nachzucht jedoch nur, wenn ein Paar in ein separates Ablaichbecken gesetzt wird, in dem sich Javamoos oder Ablaichmops befinden, aus denen die Eier abgelesen und bei etwas Trypaflavinzusatz in einer Brutschale zur Entwicklung gebracht werden. Die Jungfische fressen sofort Nauplien von *Artemia salina*, die Aufzucht ist nicht schwierig.

FU: K; Lebendfutter aller Art, besonders Anflugfutter wie Insekten und dergleichen.

T: 23–27° C, **L**: 5 cm, **BL**: 60 cm, **WR**: o, **SG**: 2–3

Epiplatys chaperi spillmanni ARNOULT, 1960
Spillmanns Hechtling

Syn.: *Epiplatys spillmanni.*

Vork.: Westafrika. Elfenbeinküste.

Ersteinf.: 1960 durch Arnoult nach Frankreich.

GU.: Die ♂♂ zeigen etwas mehr Farbe und werden auch im Durchschnitt etwas größer. Ihre Flossen sind größer, vor allem die Schwanzflosse kann unten ausgezipfelt und die Bauchflossen verlängert sein. Die ♀♀ sind etwas kompakter, die Flossen kaum gezeichnet und vor allem die Afterflosse abgerundet.

Soz. V.: An der Oberfläche eher einzeln oder seltener im lockeren Trupp lebender friedlicher Fisch, nur wesentlich kleinere Mitbewohner werden als Beute betrachtet.

Hält. B.: Wie bei *E. barmoiensis*, doch ist die Unterart nicht so scheu und empfindlich und gut für das Gesellschaftsbecken geeignet. Auch diese Art springt, Deckscheibe! Wasser eher leicht sauer und bis mittelhart, doch sind die Fische diesbezüglich nicht wählerisch und tolerieren auch abweichende Werte.

ZU: Wie bei *E. bifasciatus*, jedoch einfacher. Auch hier ist die Zucht vermittels eines Ablaichmops am günstigsten, aus dem die Eier abgelesen werden. Die Jungfische schlüpfen je nach Temperatur nach etwa 14 Tagen und fressen sogleich Nauplien von *Artemia salina*.

FU: K; Lebendfutter aller Art, besonders gerne Anflugfutter, wie Insekten.

Bes.: *Epiplatys chaperi spillmanni* ist eine der 3 beschriebenen Unterarten zur Nominatform *Epiplatys chaperi chaperi*, der nicht mit *E. dageti* zu verwechseln ist. Die beiden anderen Unterarten sind *E. chaperi sheljuzhkoi*, bei dem die erwachsenen ♂♂ nur 1 deutliche Querbinde hinter der Brustflosse und keine ausgeprägten Binden auf dem Hinterkörper haben, und *E. c. schreiberi* von Kumasi, der mehr blauviolett gefärbt ist und auf dem Hinterkörper in der Regel 4 breitere Querstreifen aufweist. Wie bei der Nominatform fehlt auch ihm der Streifen hinter der Brustflosse.

T: 23–27° C, **L**: 7 cm, **BL**: 60 cm, **WR**: o, m, **SG**: 2–3

Epiplatys bifasciatus

Epiplatys chaperi spillmanni

Epiplatys etzeli BERKENKAMP, 1975
Etzels Hechtling

Syn.: Keine.

Vork.: Westafrika, südliche Elfenbeinküste.

Ersteinf.: 1974 durch H. Brachet und Dr. V. Etzel.

GU.: Die ♂♂ haben eine gelblich-olive Grundfarbe, darüber finden sich hinter der Brustflosse ein und auf dem Hinterkörper 4 schräge dunkle Bänder bis zur halben Körperhöhe. Die Brustflossen sind ausgezipfelt. Die ♀♀ sind schwächer gefärbt, die Flossen sind abgerundet und farblos, der Vorderkörper ist rundlicher.

Soz. V.: Wie bei *E. chaperi spillmanni*, jedoch sind die Tiere gegeneinander etwas aggressiver, gegenüber anderen Fischen und Störungen sehr scheu.

Hält. B.: Wie bei *E. barmoiensis*. In der Natur kommt die Art im Uferkraut vor, ein stark bepflanztes Aquarium ist daher empfehlenswert. Die Tiere sind ebenso scheu wie *E. bifasciatus* und flüchten bei Störungen kopflos durch das Aquarium, das daher gut abgedeckt sein muß. Bei weichem Bodengrund (Torf) tauchen die Fische bei Beunruhigung in diesen ab. Für ein Gesellschaftsbecken ist die Art daher nicht so gut geeignet, ein Artenbecken ist vorzuziehen.

ZU: Wie *E. barmoiensis*. Die Fische sind jedoch etwas stärker bodenorientiert und laichen in niedrigen Becken auch an Torffasern ab, die für 3 Wochen trockengelegt und dann aufgegossen werden können. Aus im Wasser belassenen Eiern schlüpfen die Jungfische nach ca. 14–18 Tagen. Die Anfütterung ist sogleich mit Nauplien von *Artemia salina* möglich.

FU: K; Lebendfutter aller Art.

Bes.: Die Art ist mit der *E. chaperi*-Formengruppe nahe verwandt.

T: 23–27° C, **L**: 5 cm, **BL**: 60 cm, **WR**: o, m, **SG**: 3

Epiplatys grahami (BOULENGER, 1911)
Grahams Hechtling

Syn.: *Haplochilus grahami, Epiplatys nigromarginatus.*

Vork.: Westafrika: Küstenbereich von Südbenin über Nigeria bis Kamerun, geht in das Verbreitungsgebiet von *E. ansorgii* bzw. *E. singa* über.

Ersteinf.: 1905 durch Schroot, Hamburg, und als *Haplochilus spilargyreius* verbreitet.

GU.: Die ♂♂ haben eine metallischgrüne Grundfarbe, darauf befinden sich Reihen rotbrauner Punkte, die auf dem Vorderkörper stärker rot, auf dem Hinterkörper eher schwarz sind. Schräge dunkle Querstreifen sind je nach Stimmung mehr oder weniger deutlich zu erkennen. Die im Vorderkörper fülligeren ♀♀ haben abgerundetere und transparentere Flossen, sie sind kleiner und die Querstreifen zahlreicher und deutlicher.

Soz. V.: Wie *Epiplatys chaperi spillmanni*, ein oberflächenorientierter Fisch, der auch für das Gesellschaftsaquarium geeignet ist.

Hält. B.: Wie *Epiplatys barmoiensis*, doch ist die Art in der Hälterung problemloser, auch die Wasserwerte sind von untergeordneter Bedeutung.

ZU: Wie *Epiplatys bifasciatus*, die Zucht ist unkompliziert, die Eier werden am besten abgelesen und in Zuchtschalen zur Entwicklung gebracht. Auch hier fressen die Jungfische sofort Nauplien von *Artemia salina*.

FU: K; alle Sorten Lebendfutter, auch auf die Wasseroberfläche gestreutes Flockenfutter wird genommen.

Bes.: Bildet mit *E. ansorgii* und *E. singa* eine Artengruppe, die Populationen gehen offensichtlich ineinander über, die Frage stellt sich, ob nicht alle einer Art angehören.

T: 23–28 ° C, **L**: 6 cm, **BL**: 60 cm, **WR**: o, m, **SG**: 2–3

Epiplatys etzeli

Epiplatys grahami

Epiplatys huberi RADDA & PÜRZL, 1981

Hubers Hechtling

Syn.: Keine.

Vork.: Äquatoriales Westafrika: Südgabun und südliche Volksrepublik Kongo (= Kongo Brazzaville), in Gewässern des Regenwaldes des Hügel- und Berglandes des Du-Chaillu-Massivs.

Ersteinf.: Juli 1980 durch O. Hofmann und E. Pürzl.

GU.: Die ♂♂ sind sehr farbenprächtig mit einer auf der Körperunterseite und in den Flossen gelbgrünen Färbung, auf der Körperoberseite wird diese braun. Auf den Seiten befinden sich rote Punkte. 5–6 blauschwarze Streifen sind andeutungsweise vor allem auf dem Unterkörper sichtbar, zwei dieser Streifen greifen auf die Afterflosse über. Die ♀♀ sind kleiner und nicht so irisierend, sondern stumpfer gefärbt, die Körperstreifen sind kräftiger ausgeprägt. Die abgerundeten Flossen sind stärker transparent.

Soz. V.: Die Tiere stehen gerne alleine oder in Trupps in Nähe der Wasseroberfläche. Es sind hübsche und friedliche, außerdem nicht sonderlich empfindliche Fische.

Hält. B.: Wie *Epiplatys barmoiensis*, jedoch sind die Tiere nicht so scheu und durchaus auch für das Gesellschaftsaquarium geeignet. Die Wasserwerte sollten eher leicht sauer und weich sein.

ZU: Wie *Epiplatys bifasciatus*, aber auch folgende Methode hat sich bewährt: Vom Beckenrand läßt man Torffasern ins Bekken hängen (mit der Deckscheibe festklemmen), an denen willig abglaicht wird. Der Torf mit den Eiern wird nach einigen Tagen herausgenommen und in einer verschlossenen Plastiktüte aufbewahrt. Der Aufguß erfolgt nach knapp 3 Wochen. Dann schlüpfen alle Jungfische gleichzeitig. Die Aufzucht ist problemlos, die Jungfische fressen sofort Nauplien von *Artemia salina.*

FU: K; alles Lebendfutter, das bewältigt werden kann.

Bes.: Die Art gehört in die *Epiplatys multifasciatus*-Gruppe und ist mit diesem sehr nahe verwandt.

T: 18–22° C, **L**: 5,5 cm, **BL**: 60 cm, **WR**: o, m, **SG**: 2–3

Epiplatys mesogramma HUBER, 1980

Syn.: Keine.

Vork.: Zentralafrika: Zentralafrikanische Republik, Graben an der Straße Mbaika-Mongoumba, bisher nur von der Typenlokalität bekannt.

Ersteinf.: Mai 1977 durch J. P. Gaudemard nach Frankreich.

GU.: Die ♂♂ sind farbiger, die Flossen ausgezogen bzw. verlängert. Auf blaugrauem Grund zeigt jede Schuppe der Flanken einen roten Punkt, kopfwärts wird eine rote Zeichnung deutlich. Etwa 6 Querbinden befinden sich auf der unteren Körperhälfte, zwei von ihnen greifen auf die Afterflosse über. In der Schwanzflosse finden sich rote Streifen in Richtung der Flossenstrahlen. Die farblich nicht so attraktiven ♀♀ haben zudem abgerundetere Flossen, die überdies transparenter sind.

Soz. V.: Wie *Epiplatys huberi*, jedoch etwas zurückhaltendere und empfindlichere Art.

Hält. B.: Wie bei *Epiplatys barmoiensis* angegeben, Wasser leicht sauer und weich (bis 8° dGH). Die Haltung im Artenbecken ist eher zu empfehlen als im Gesellschaftsaquarium.

ZU: Wie *Epiplatys huberi*, doch ist die Art empfindlicher und schwieriger nachzuzüchten.

FU: K; alle Sorten Lebendfutter.

Bes.: Die Art gehört in den *Epiplatys multifasciatus*-Formenkreis.

T: 20–24° C, **L**: 5,5 cm, **BL**: 60 cm, **WR**: o, m, **SG**: 3–4

Epiplatys huberi

Epiplatys mesogramma

Epiplatys roloffi ROMAND, 1978
Roloffs Hechtling

Syn.: *Epiplatys olbrechtsi* (nicht POLL, 1941)

Vork.: Westafrika: Liberia, Einzug des St. Paul River.

Ersteinf.: 1971 durch E. Roloff.

GU.: Die ♂♂ sind hell-bis rötlichbraun mit dunkleren Schuppenrandungen, die ein Netzmuster entstehen lassen. Auf dem Körper befindet sich ein je nach Stimmung deutlicher hervortretendes dunkles Band vom Maul bis in die Schwanzwurzel, darüber liegen, ebenso stimmungsabhängig, senkrechte kurze Querbinden. Die Flossen sind außen schwarz gerandet, in Rücken- und Schwanzflosse oben und unten befinden sich nochmals weiß abgesetzte schmale Säume. Die ♀♀ zeigen die dunklen Querbinden auf dem Körper über einer nicht so intensiven und mehr bräunlichen Grundtönung kräftiger. Die Flossen sind bei ihnen abgerundet und bis auf schwach angedeutete Flecken transparent.

Soz. V.: Wie alle *Epiplatys*-Arten einzeln oder höchstens in Trupps lebende friedliche Fische, die nur sehr kleine Mitbewohner als Beute betrachten. Die ♂♂ sind gelegentlich gegeneinander streitsüchtig.

Hält. B.: Wie bei *Epiplatys barmoiensis* angegeben. In größeren Becken sind eingewöhnte Fische keineswegs scheu und farblich sehr attraktiv. Die Wasserwerte spielen kaum eine Rolle.

ZU: Wie für *Epiplatys barmoiensis* angegeben, die Tiere sind aber auch in der für *E. huberi* geschilderten Weise nachzuzüchten. Im Wasser zur Entwicklung gebracht, schlüpfen die Jungfische nach etwa 14 Tagen und fressen sofort *Artemia*-Nauplien. Das Wachstum ist zügig.

FU: K; Lebendfutter aller Art entsprechender Größe.

Bes.: *Epiplatys roloffi* gehört in die *Epiplatys fasciolatus*-Artengruppe.

T: 22–25° C, **L**: 7 cm, **BL**: 80 cm, **WR**: o, m, **SG**: 2–3

Epiplatys ruhkopfi BERKENKAMP & ETZEL, 1980
Ruhkopf-Hechtling

Syn.: *Epiplatys coccinatus* (?)

Vork.: Westafrika: Liberia, Kaningali-Town.

Ersteinf.: Dezember 1978 durch Dr. V. Etzel.

GU.: Die Grundfarbe der ♂♂ ist braun, zum Bauch hin in Blau bis Blauviolett übergehend. Die Rückenflosse ist bräunlich-grün, ebenso die Schwanzflosse, die außen bläuliche Ränder zeigt. Die Afterflosse ist von innen nach außen schmal blau, breit rotbraun, es folgt ein schmaler hellgrüner Streifen, der Rand ist dunkelbraun. Die ♀♀ sind dunkel-graubraun, zum Bauch hin heller. Die hintere untere Körperhälfte zeigt schmale dunkle Schrägbinden. Die Flossen sind abgerundet und weitgehend durchsichtig.

Soz. V.: Lebhafte und gegenüber Fischen gleicher Größe friedliche und hübsche Art.

Hält. B.: Wie für *Epiplatys barmoiensis* angegeben, die Art ist nicht sehr empfindlich und auch die Wasserwerte sind nicht ausschlaggebend.

ZU: Wie für *Epiplatys barmoiensis* angegeben, die Eier lassen sich leicht ablesen und in einer Brutschale mit etwas Trypaflavinzusatz zur Entwicklung bringen. Die Jungfische schlüpfen nach etwa 2 Wochen und fressen sogleich Nauplien von *Artemia salina*.

FU: K; Lebendfutter aller Art, auch etwas gröberes Futter. Es wird zusätzlich auch Flockenfutter genommen.

Bes.: Die Art gehört in die *Epiplatys fasciolatus*-Artengruppe.

T: 22–26° C, **L**: 8 cm, **BL**: 80 cm, **WR**: o, m, **SG**: 2–3

Epiplatys roloffi

Epiplatys ruhkopfi

Epiplatys sangmelinensis (AHL, 1928)
Sangmelima-Hechtling

Syn.: *Panchax nyongensis, Panchax zenkeri, Aplocheilus sangmelinensis.*

Vork.: Äquatoriales Westafrika: Inlandplateau von Südkamerun und Nordgabun.

Ersteinf.: 1966 durch Dr. J. Scheel nach Dänemark.

GU.: Die ♂♂ haben ausgezogene Rükken- und Afterflossen. Die Grundfarbe ist grau, zum Rücken hin rötlichbraun. Jede Schuppe ist braun bis rot mit einem großen Fleck markiert. Die Flossen sind von gelblicher, oft auch bläulicher Grundfarbe mit rotbrauner Punktzeichnung. Die Flossen der ♀♀ sind stärker abgerundet und transparenter, die Körperfärbung ist insgesamt farbloser und die Tiere sind auch durchschnittlich kleiner als die ♂♂.

Soz. V.: Im allgemeinen friedlicher Fisch, die ♂♂ können gelegentlich gegeneinander etwas aggressiv sein, vor allem in kleineren Becken oder gegenüber neu eingesetzten Tieren.

Hält. B.: Die Art ist etwas empfindlich. Die Fische brauchen einwandfreies Wasser von geringer bis höchstens mittlerer Härte (unter 10° dGH), das leicht sauer ist (pH 6–6,5). Ein Gesellschaftsbecken herkömmlicher Art ist für diesen Fisch nicht zu empfehlen. Eher ist die Vergesellschaftung mit *Aphyosemion*-Arten oder Leuchtaugenfischen möglich. Eine dichte Hintergrundbepflanzung ist zu empfehlen, zwischen die sich die Fische zurückziehen können.

ZU: Die Zucht ist ausgesprochen schwierig. Die Fische sind Haftlaicher, die ihre Eier an Pflanzen oder ein Ablaichsubstrat – wie einen Mop aus Perlonwatte – absetzen. Die Jungfische schlüpfen nach 10–14 Tagen. Die größten Schwierigkeiten bestehen darin, die Fische zum Ablaichen zu bewegen. Abwechslungsreiches Futter ist hierfür nur eine der notwendigen Bedingungen. Bisher zeigten einige Erfahrungen, daß die Fische erst in einem bestimmten Alter (nach etwa 1 Jahr) zum Ablaichen schritten. Auffallend ist, daß auch das im gleichen Verbreitungsgebiet vorkommende *Aphyosemion cameronense* ähnliche Zuchtschwierigkeiten bereitet. Möglicherweise ist es also ein Umweltfaktor, der auf beide Arten in gleicher Weise wirkt, der uns aber bisher noch unbekannt ist.

FU: K; Lebendfutter. Vorsicht bei Wurmfutter.

Bes.: *Panchax zenkeri* ist, den drei Typen nach zu urteilen, mit *Panchax sangmelinensis* identisch, so daß eigentlich der erstere Name den Vorrang hätte (Seitenpriorität, denn beide wurden in derselben wissenschaftlichen Arbeit beschrieben), doch sind seit der Erstbeschreibung von 1928 mehr als 50 Jahre vergangen, in denen der erstere Name nicht gebraucht wurde, so daß es bei dem Namen *Epiplatys sangmelinensis* bleibt und *Panchax zenkeri,* obgleich nomenklaturisch älter, ein Synonym ist.

T: 20–24° C, **L**: 5 cm, **BL**: 60 cm, **WR**: o, m, **SG**: 4

Epiplatys sexfasciatus sexfasciatus GILL, 1862
Sechsbandhechtling

Syn.: *Haplochilus infrafasciatus.*

Vork.: Westafrika: Im Küstenbereich von Süd-Togo über Benin, Nigeria, Kamerun, Äquatorial-Guinea bis Nordwest-Gabun.

Ersteinf.: 1905 durch H. Schroot, Hamburg, von der Nigermündung.

GU.: Die ♂♂ der verschiedenen Teilpopulationen oder Unterarten sind allgemein farbiger, ihre Flossen sind größer und teilweise ausgezogen. Die häufigste Grundfärbung ist ein bronzefarbenes Braun, häufig befindet sich im unteren Körperbereich auf jeder Schuppe ein roter bis rotbrauner Fleck. Etwa 6 mehr oder weniger deutliche Schrägbinden befinden sich auf der unteren Körperhälfte. Die Flossen sind gelb bis bronzefarben. Die ♀♀ sind blasser gefärbt, die Querstreifen treten deutlicher hervor. Der Vorderkörper ist voller, die Flossen sind kleiner und farbloser.

Soz. V.: Lebhafter Fisch, die ♂♂ sind manchmal etwas streitsüchtig, besonders gegeneinander oder wenn sie alleine in einem Aquarium gepflegt werden. Ansonsten sind es aber für ein Gesellschaftsaquarium mit annähernd gleichgroßen Fischen sehr dankbare Pfleglinge.

Hält. B.: Recht anspruchslose Art. Kann im Aquarium wie *E. barmoiensis* gepflegt werden, nimmt aber auch mit ungünstigeren Verhältnissen vorlieb. Auch die Wasserwerte sind von untergeordneter Bedeutung.

ZU: Die Zucht ist einfach. Nach der für *E. barmoiensis* und auch der für *E. huberi*

Fortsetzung Seite 654.

Epiplatys sangmelinensis, Südkamerun

Epiplatys sexfasciatus, Paar „Südnigeria“

beschriebenen Methode können die Eier aus dem Ablaichmedium abgelesen oder im Torfansatz aufbewahrt werden. Ist kein geeignetes Material vorhanden, laichen die Fische sogar im Gesellschaftsaquarium am Filter und selbst in den Ecken des Aquariums am Boden, doch kommen dort natürlich keine Jungfische auf. Die Nachzucht wächst verhältnismäßig rasch und zügig heran, die frischgeschlüpften Jungtiere fressen sogleich Nauplien von *Artemia salina*.

FU: K; Lebendfutter aller Art, zusätzlich gelegentlich auch Flockenfutter.

Bes.: Es werden zur Zeit neben der Nominatform 3 Unterarten oder Populationsgruppen anerkannt: *Epiplatys sexfasciatus togolensis*. *E. s. rathkei* und *E. s. baroi*.

T: 22–26° C, **L**: 8 cm, **BL**: 80 cm, **WR**: o, m, **SG**: 2–3

Fundulus chrysotus (GÜNTHER, 1866)
Goldohr, Goldauge

Syn.: *Haplochilus chrysotus, Micristius chrysotus, Zygonectes chrysotus, Zygonectes henshalli, Fundulus arlingtonia, Fundulus kompi*.

Vork.: Nordamerika: südöstliche USA, Florida, Georgia, Süd-Carolina, Alabama, Tennessee, Missouri, Arkansas, Mississippi, Louisiana, Texas.

Ersteinf.: 1904 von H. Stüve, Hamburg.

GU.: Die ♂♂ sind lebhafter gefärbt und dabei sehr variabel. Die ♀♀ sind blaßbraun, ihre Flossen transparent, und statt der rotbraunen Punkte finden sich silbrig irisierende Schuppen. Es gibt eine teilmelanotische Form mit schwarzen Flecken bei beiden Geschlechtern.

Soz. V.: Gesellig lebende lebhafte Fische, einzelne ♂♂ werden manchmal etwas aggressiv.

Hält. B.: Gut bepflanztes größeres Aquarium. Eine Heizung ist nicht unbedingt notwendig. Jahreszeitlich bedingte schwankende Temperaturen sind eventuell von Vorteil, doch sollte die Temperatur nicht zu niedrig liegen, die Art ist etwas wärmeliebend. Gut ist es, wenn das Bekken Tageslicht und Sonnenlicht erhalten kann. Ein Artenbecken ist empfehlenswert.

ZU: Die Tiere laichen an feinfiedrigen Pflanzen oder in Algenbüschel ab, Mops aus Kunstwolle werden ebenfalls akzeptiert. Die Fische sind Dauerlaicher, sie laichen über einen längeren Zeitraum hinweg jeweils mehrere Eier ab, die für eine ergiebigere Zucht abgelesen werden sollten. Die Jungfische schlüpfen nach etwa 10–12 Tagen und fressen sogleich Nauplien von *Artemia salina*.

FU: K, O; Lebendfutter aller Art, Gefrier- und Trockenfutter.

Bes.: Das Goldauge war früher ein bekannter und beliebter Aquarienfisch, die tropischen Arten liefen ihm jedoch später den Rang ab. Die Art gehört in die Untergattung *Zygonectes*.

T: 18–25° C, **L**: 7 cm, **BL**: 80 cm, **WR**: m, u, **SG**: 3

Fundulus cingulatus VALENCIENNES, 1846
Gürtelkärpfling

Syn.: *Zygonectes rubrifrons, Zygonectes auroguttatus, Fundulus cingularis*.

Vork.: Nordamerika: Südosten der USA, küstennahe Bereiche von Carolina bis Texas.

Ersteinf.: November 1910 von C. Siggelkow, Hamburg, als *Fundulus rubrifrons*.

GU.: ♂♂ olivgrün, Körperflanken bläulich mit zahlreichen schmalen olivfarbenen Querbinden. Rote Punkte befinden sich in den Kreuzungspunkten der Schuppen. Afterflosse blau oder rotbraun getönt, Rükken- und Schwanzflosse rotbraun mit dunkleren Punkten. ♀♀ olivgrün mit weniger Körperzeichnung. Flossen rötlichtransparent, kleiner und mehr abgerundet.

Soz. V.: Wie *F. chrysotus*.

Hält. B.: Wie *F. chrysotus*, jedoch etwas wärmeliebender. Wasser weich und leicht sauer.

ZU: Wie *F. chrysotus*. Die Tiere werden in der Laichzeit intensiver rot.

FU: K, O; vor allem Lebendfutter, aber auch Gefrierfutter und Trockenfutter.

Bes.: Die Art ist mit *F. chrysotus* nahe verwandt und gehört wie jene in die Untergattung *Zygonectes*.

T: 20–25° C, **L**: 7 cm, **BL**: 80 cm, **WR**: m, **SG**: 3

Fundulus chrysotus, WF, Sarrasota, Florida, USA.

Fundulus cingulatus

Fundulus diaphanus (LE SUEUR, 1817)

Syn.: *Hydrargira diaphanus, Hydrargira multifasciatus, Fundulus extensus.*

Vork.: Nordamerika: Südkanada bis Carolina, westwärts das Mississippigebiet umfassend.

Ersteinf.: 1905.

GU.: Die ♂♂ sind oliv bis blaugrau mit zahlreichen dunkleren senkrechten Streifen auf den Körperseiten. Die Flossen sind weitgehend farblos bis grünlich. Die ♀♀ sind mehr grau, die senkrechten Körperstreifen dunkler, schmaler und nicht so zahlreich.

Soz. V.: Gesellig lebende Fische, soweit bekannt, anderen Fischen gegenüber friedlich.

Hält. B.: Haltung wahrscheinlich in größeren und dichtbepflanzten Becken gut möglich. Für ein Gesellschaftsaquarium nicht geeignet. Die Art kommt hauptsächlich in Süßgewässern, aber auch bis in Meerwasser hinein vor. Dem ist bei der Haltung gegebenenfalls Rechnung zu tragen, dazu ist es jedoch notwendig, die Herkunft des Stammes zu kennen. Die abgebildeten Tiere wurden im Sommer im kleinen Gartenteich mit Salzzusatz erfolgreich gepflegt. Den Winter verbrachten die Fische in einem frostfreien Raum.

ZU: Unter den geschilderten Bedingungen laichten die Fische auch im Gartenteich ab, so daß sich im Herbst einige Jungtiere fanden, die neben den Elternfischen aufgekommen waren.

FU: K, O; jedes Lebendfutter entsprechender Größe, auch Gefrier- und Flokkenfutter.

Bes.: *Fundulus diaphanus* gehört in die Untergattung *Fontinus*. Außer der Nominatform gibt es die Unterart *Fundulus diaphanus menona*.

T: 10–25° C, **L**: 10 cm, **BL**: 100 cm, **WR**: m, u, **SG**: 4

Fundulus grandis BAIRD & GIRARD, 1853

Golf-Killifisch

Syn.: *Fundulus floridensis, Fundulus pallidus.*

Vork.: Nordamerika: USA und Mexico, vom nordöstlichen Florida (Matanzas River) nach Süden um die Halbinsel Florida herum und entlang der Küste des Golfes von Mexico bis zur Laguna de Tamiahua südlich Tampico, weiterhin an der Nordküste Kubas. Meist in Brackwasser, auch im Seewasser, im südlichen Vorkommensbereich auch in reinem Süßwasser, etwa im Rio Conchos-Einzug bei Galeana und Linares.

Ersteinf.: 1908 von den Vereinigten Zierfischzüchtereien in Conradshöhe, Berlin als *Fundulus pallidus*.

GU.: Die ♂♂ sind olivbraun, auf den Seiten und den Flossen befinden sich zahlreiche metallisch irisierende Flecke. Schöne Exemplare weisen einen intensiv gelben bis orangefarbenen Unterleib auf, vor allem während der Laichzeit. Die ♀♀ sind einfarbig blaß-olivgrün, die Flossen sind weitgehend transparent, auf dem Hinterkörper sind dunkle senkrechte Streifen sichtbar.

Soz. V.: Die friedlichen Fische kommen in der Natur in lockeren Trupps und Schwärmen vor und sind sehr lebhaft. In kleinen Aquarien besteht die Gefahr, daß die ♂♂ die ♀♀ zu sehr treiben. Die Fische können in Gefangenschaft recht zutraulich werden.

Hält. B.: Anspruchslose und sehr leicht zu pflegende Art, besonders die Süßwasserformen aus dem südlichen Verbreitungsgebiet. Die Wasserwerte sind von untergeordneter Bedeutung. Wasserchemie eines Fundortes in Nordmexico (Rio Pablillo): Luft: 24° C, Wasser: 24,5° C, 6400 Mikrosiemens, 17,0° dGH, 11,5° KH, 8,95 pH. Vergesellschaftete Fische unter anderen: *Astyanax mexicanus, Cichlasoma carpintis, Poecilia sphenops*.

ZU: Die Tiere laichen an Pflanzen und Torffasern sowie Wollmops ab, sind jedoch starke Laichräuber. Die ♂♂ treiben die ♀♀ sehr stark. Entwicklung der Eier bei 18 bis 20° C etwa 12–14 Tage.

FU: K, O; Lebendfutter aller Art, auch Gefrierfutter und Flockenfutter.

Bes.: Die Art gehört in die Untergattung *Fundulus* im engeren Sinne der gleichnamigen Gattung. Von Nordkuba wurde die Unterart *Fundulus grandis saguanus* beschrieben. Die Unterscheidung zwischen *Fundulus grandis* und *F. heteroclitus* ist nicht einfach, falls die Herkunft der Fische nicht bekannt ist, läßt sie sich nur anhand der Mandibularporen konservierter Tiere treffen. Die Färbung beider Arten ist gleich.

T: 22–26° C, **L**: bis 15 cm (?), **BL**: 80 cm, **WR**: m, u, **SG**: 2

Fundulus diaphanus

Fundulus grandis

Fundulus lineolatus (AGASSIZ, 1854)
Linienkärpfling

Syn.: *Zygonectes lineolatus, Zygonectes craticula, Zygonectes zonifer.*

Vork.: Nordamerika, USA: Florida bis North Carolina in schwach strömenden Gewässern.

Ersteinf.: ? 1972 durch Böhm und Häfelin nach Wien.

GU.: Die ♂♂ haben auf silbrigem Grund waagerechte dünne Linien, über die 11–15 breite senkrechte Querstreifen verlaufen, die bis auf den Bauch reichen und spitz auslaufen. Die ♀♀ besitzen dagegen 7–8 dunkle Längsstreifen, die senkrechten Querstreifen sind nur schwach ausgeprägt.

Soz. V.: Jungtiere finden sich in der Natur in Schulen, ausgewachsene Fische dagegen bevorzugt paarweise. Im Aquarium sind die Fische friedlich und eher scheu und zurückhaltend. Ein Artenbecken ist zu empfehlen.

Hält. B.: Wie andere *Fundulus*-Arten. Das Becken sollte am Rande dicht bepflanzt sein und in der Mitte offene Bereiche aufweisen. In der Natur wurden die Fische stets im offenen Wasser in Pflanzennähe gefangen. Die Wasserwerte sind nicht wesentlich, der pH-Wert sollte um den Neutralwert liegen (6,8–7,5), weicheres Wasser ist zu bevorzugen, die Temperatur sollte 27° C nicht überschreiten. Niedrigere winterliche Temperaturen dürften von Vorteil sein.

ZU: Pflanzenlaicher. laicht willig an Mops aus Kunstwolle ab, auch wenn sie am Boden des Aquariums liegen. Die Eier sind sehr groß und sollten abgelesen werden, die Fische fressen den Laich sonst. Außerdem sind die Eier lichtempfindlich und sollten nicht bei einer Temperatur von über 24° C aufbewahrt werden. Die schon recht großen Jungfische schlüpfen nach 14–16 Tagen und fressen sogleich Nauplien von *Artemia salina*.

FU: K, O; Futter aller Art einschließlich Gefrier- und Flockenfutter, bevorzugt Lebendfutter.

Bes.: *Fundulus lineolatus* gehört in die Untergattung *Zygonectes* und dort mit den nahen Verwandten *F. blairae, F. dispar, F. escambiae* und *F. nottii* den *Fundulus nottii*-Artenkomplex.

T: 18–24° C, **L**: 7 cm, **BL**: 60 cm, **WR**: m, o, u, **SG**: 3–4

Fundulus zebrinus JORDAN & GILBERT, 1882
Zebrafundulus

Syn.: *Plancterus zebra, Plancterus kansae, Fundulus kansae, Hydrargyra zebra, Fontinus zebrinus.*

Vork.: Nordamerika: südöstliche USA, Texas, New Mexico, South Dakota, Einzüge der Flüsse Brazos, Colorado, Pecos, Redriver, Arkansas.

Ersteinf.: ? 1972 durch O. Böhm nach Wien.

GU.: Je nach Herkunft des Stammes bei den ♂♂ olivfarbene bis rotbraune Grundfärbung, darüber eine Anzahl helle und unterschiedlich breite Körperstreifen. Hinter den Kiemendeckeln gelegentlich ein dunkler Fleck. Die Flossen sind olivbraun bis schön intensiv rot, die Schwanzflosse meist nicht so farbig. Die ♀♀ sind einfacher gefärbt, die Flossen sind weitgehend transparent und kleiner.

Soz. V.: Friedlicher Fisch, nach Möglichkeit mehrere Tiere gemeinsam pflegen. Die Fische bleiben immer etwas scheu.

Hält. B.: Anspruchsloser Fisch, der wie die übrigen Arten zu halten ist, doch ist hartes Wasser zu empfehlen, pH-Wert über 7.

ZU: Einfach zu züchten, die Tiere laichen an Javamoos oder Ablaichmops, von dort können die Eier abgelesen und in einer Aufzuchtschale zur Entwicklung gebracht werden. Die Jungfische fressen sofort Nauplien von *Artemia salina*.

FU: K, O; alle Sorten Lebendfutter, Gefrierfutter und Flockenfutter.

Bes.: Früher wurden 2 Arten anerkannt, *zebrinus* und *kansae*, die, je nach Autor, einmal in die Gattung *Fundulus,* dann wieder in eine eigenständige Gattung *Plancterus* gestellt wurden. MILLER (1983) wies jedoch nach, daß alle Fische nur einer Art zuzuordnen sind, die dann *zebrinus* heißen muß und die in eine Untergattung *Plancterus* der Gattung *Fundulus* gestellt werden kann.

T: 20–25° C, **L**: 6 cm, **BL**: 60 cm, **WR**: u, m, **SG**: 2–3

Fundulus lineolatus

Fundulus zebrinus

Garmanella pulchra HUBBS, 1936

Schönflossenkärpfling

Syn.: *Jordanella pulchra.*

Vork.: Süß-, Brack- und Seewasser im Küstenbereich der Yucatan-Halbinsel in Mexiko, bis Corozal, Belize.

Ersteinf.: 1972 durch Dr. F. FRÖHLICH aus den USA nach Deutschland, dorthin gelangten sie durch R. GOLDSTEIN, der sie auf der Insel Cozumel, Mexiko, gefangen hatte.

GU.: Die ♂♂ sind silbrig mit dunkelbraunem Rücken und dünnen Querbändern an den Seiten.
Die ♀♀ sind einfacher gefärbt. Die Flossen sind weitgehend farblos. Der seitliche dunkle Körperfleck ist kräftiger ausgeprägt als bei den ♂♂. Die ♀♀ sind überdies kleiner.

Soz. V.: Ein anderen Tieren gegenüber friedlicher Fisch, die ♂♂ werden jedoch in zu kleinen Becken den ♀♀ oder anderen ♂♂ gegenüber schnell aggressiv. Wie bei den meisten Cyprinodontinae besitzen sie Reviere.

Hält. B.: Das Wasser sollte einen Salzgehalt aufweisen, 6–7 g sind pro Liter zu empfehlen. Die Pflanzen müssen so ausgewählt werden, daß sie den Salzgehalt vertragen. Das Aquarium muß mit Steinen und anderen Dekorationsgegenständen so ausgestattet sein, daß das Zentrum des Laichreviers ein Büschel Fadenalgen oder Perlonwatte als Ablaichgelegenheit aufweist und sich außerhalb Versteckplätze für nicht laichbereite ♀♀ befinden.

ZU: Zur Zucht wird das Aquarium wie beschrieben eingerichtet. Nach dem Ablaichen werden die Eier abgelesen und in Brackwasser aufbewahrt. Sie werden bald weiß und sehen dann wie verpilzt aus. Die Jungfische schlüpfen nach etwa 10–14 Tagen und halten sich zunächst ständig auf dem Boden auf. Sie fressen sogleich Nauplien von *Artemia salina* und brauchen als Zusatznahrung auch vegetabilische Stoffe, z. B. Mikrozell. Nach etwa zwei Monaten beginnt die Ausfärbung, nach 6 Monaten sind die Tiere geschlechtsreif.

FU: O; Lebendfutter aller Art sowie pflanzliche Nahrung wie Fadenalgen, gekochten Salat und ähnliches, auch Flockenfutter.

Bes.: PARENTI stellte 1981 *pulchra* in die Gattung *Jordanella* und hob damit die monotypische (nur 1 Art umfassende) Gattung *Garmanella* auf. Diesem Vorgehen ist jedoch heftig widersprochen worden, deshalb wird hier weiterhin *Garmanella* benutzt.

T: 22–28° C, **L**: 5–6 cm, **BL**: 80 cm, **WR**: u, m, **SG**: 3

Hylopanchax stictopleuron (FOWLER, 1949)

Syn.: *Epiplatys stictopleuron, Hypsopanchax silvestris, Hylopanchax silvestris.*

Vork.: Westafrika: Kongo- und Ivindobekken in Gabun, der Volksrepublik Kongo und Zaire.

Ersteinf.: ?

GU.: Die ♂♂ sind schön metallisch-blau mit grünlich schillerndem Einschlag. Die großen Schuppen des Vorderkörpers zeigen ein Netzmuster. Brustflossenspitzen und Bauchflossen sind kräftig gelb, die übrigen Flossen blau. Die ♀♀ haben einen rundlichen Vorderkörper und einen schlankeren Schwanzstiel, die Körperfärbung ist erheblich blasser, die Flossen sind transparent gefärbt.

Soz. V.: Schwimmt in lockeren Trupps oder Schwärmen.

Hält. B.: Bisher konnten nur Einzeltiere importiert werden, die durch den langen Transport so geschwächt waren, daß sie nicht lange überlebten. Die Fische dürften recht empfindlich sein und weiches (bis 5° dGH) und leicht bis stark saures (pH 5–6) Wasser benötigen. Eine dichte randliche Bepflanzung dürfte von Vorteil sein, ebenso eine gedämpfte Beleuchtung.

ZU: Es liegen keine konkreten Erfahrungen vor, doch wird die Zucht nicht einfach sein und im Prinzip derjenigen der *Procatopus*-Arten entsprechen.

FU: K; kleines Lebendfutter.

Bes.: HUBER (Rev. fr. Aquariol.: 1982) stellte fest, daß *Hylopanchax silvestris* ein Synonym zu *stictopleuron* sei und stellt die Art in die Gattung *Micropanchax*. Ersteres mag zutreffen, *Micropanchax* ist jedoch nur ein Komplex innerhalb der heute als *Aplocheilichthys* bezeichneten Artengruppen, von denen *stictopleuron* abweicht. Es soll deshalb hier bei der von POLL und LAMBERT aufgestellten Gattung *Hylopanchax* bleiben.

T: 20–24° C, **L**: 3,5 cm, **BL**: 40 cm, **WR**: m, o, **SG**: 4

Garmanella pulchra

Hylopanchax stictopleuron

Nothobranchius cyaneus SEEGERS, 1981
Blauer Prachtgrundkärpfling

Syn.: Keine.

Vork.: Ostafrika: südliches Somalia, nordöstliches Kenia.

Ersteinf.: 1962 durch Leaky in die USA, dort jedoch wieder ausgestorben. 1980 durch K. Lung nach Deutschland.

GU.: Die ♀♀ sind einfarbig graubraun, diejenigen mancher Populationen tragen dunkle V-förmige liegende schwache Zeichnungsmuster auf dem Hinterkörper. Die ♂♂ sind blau bis blaugrün, vereinzelt mit rötlichem Farbeinschlag, und tragen ein dunkelgraues Zeichnungsmuster. Die Populationen variieren im Zeichnungs- und Färbungsmuster beträchtlich.

Soz. V.: *N. cyaneus* ist ein Saisonfisch und Bodenlaicher. Dabei können die ♂♂ nicht laichbereiten ♀♀ gegenüber manchmal recht aggressiv werden und diese in zu kleinen Becken auch zu Tode treiben.

Hält. B.: Wie für *N. furzeri* angegeben. Die Tiere sind recht lebhaft. Die Wasserwerte können von weich bis hart variieren und sind von untergeordneter Bedeutung, jedoch werden höhere Temperaturen bevorzugt. Ein Artenbecken ist anzuraten.

ZU: Wie für *N. furzeri* und *N. jubbi* angegeben. Die Art ist nicht so aggressiv wie *N. furzeri* und der Zuchtansatz kann daher auch über eine etwas längere Zeit hinweg erfolgen wie es für *N. jubbi* beschrieben ist.

FU: K; Lebendfutter aller Art, gerne auch Wurmfutter.

Bes.: In jüngster Zeit wurden in Somalia und Kenia neue Aufsammlungen durchgeführt. Dabei wurde festgestellt, daß das Verbreitungsgebiet von *N. cyaneus* sich nördlich an das von *N. jubbi* anschließt. Im Übergangsbereich wurden beide Formen syntop gefunden und auch Mischformen zwischen beiden. Es ist daher zur Zeit noch unklar, ob beide Formen eigenständige Arten oder *N. cyaneus* eine Unterart oder auch nur ein Synonym zu *N. jubbi* ist. Einige Populationen von *N. cyaneus* flohen im Biotop bemerkenswerterweise bei Gefahr nicht zum Bodengrund hin, wie es für *Nothobranchius*-Arten typisch ist, sondern sie sprangen aus dem Wasser und flüchteten auf diese Weise über mehrere Meter, ein für *Nothobranchius*-Arten ungewöhnliches Verhalten, das sowohl bei Populationen in Somalia als auch solchen in Kenia beobachtet wurde.

T: 24–26° C, eher höher, **L**: 5 cm, **BL**: 60 cm, **WR**: u, m, o, **SG**: 2–3

Nothobranchius furzeri JUBB, 1971
Furzers Prachtgrundkärpfling

Syn.: Keine.

Vork.: Ostafrika: Ost-Simbabwe, Gona-re-Zhou Wildreservat an der Grenze zu Mozambique, Limpopo-Einzug.

Ersteinf.: 1969 durch R. E. Furzer nach England und in die USA, 1973 durch Dr. W. Foersch nach Deutschland.

GU.: Die ♂♂ haben eine hellgraue Grundfärbung, jede Schuppe ist am Rande dunkelbraun, so daß auf dem Körper ein Netzmuster entsteht. Die Afterflosse ist rotbraun und hellgrau marmoriert, die Rükkenflosse und der innere Bereich der Schwanzflosse dunkelbraun und hellgrau gezeichnet. In der Schwanzflosse findet sich endständig ein schwarzes Band, körperwärts ein gelber, gelegentlich rötlicher, senkrechter Streifen. Die ♀♀ sind hell bräunlich-grau und zeigen keine besondere Körperzeichnung. Sie sind kleiner als die ♂♂, ihre Flossen sind durchscheinend.

Soz. V.: Nicht immer friedlicher Fisch, besonders die ♂♂ sind gegeneinander, gegenüber ♂♂ anderer Arten und auch gegenüber nicht laichbereiten eigenen ♀♀ gelegentlich aggressiv.

Hält. B.: Die Tiere sollten am besten im Artenbecken gepflegt werden oder gemeinsam mit der Größe von *N. furzeri* entsprechenden anderen Pfleglingen im Gesellschaftsbecken. Dieses sollte vom Gesamteindruck her eher dunkel sein, beispielsweise einen Torfgrund haben, und gut bepflanzt sein. Dekoration mit Moorkienwurzeln. Wasser weich bis mittelhart (4–15° dGH) und leicht sauer (pH

Fortsetzung Seite 632.

Nothobranchius cyaneus

Nothobranchius furzeri

Nothobranchius janpapi WILDEKAMP, 1977

Jan Paps Prachtgrundkärpfling

Syn.: Keine.

Vork.: Ostafrika: Tanzania, in Saisongewässern des Ruvu- und des unteren Rufiji-Einzuges.

Ersteinf.: 1976 durch R. Wildekamp und Mitreisende.

GU.: Die ♂♂ sind erheblich farbiger, der Körper ist blau mit einer roten Netzzeichnung. Die Afterflosse ist orange, die Rükkenflosse grün mit roten Punkten und blauem Saum, die Schwanzflosse grüntransparent mit orangen dünnen Strichen entlang der Flossenstrahlen. Bei den kleineren ♀♀ ist die Körperfarbe eintönig graubraun, die Flossen sind stärker abgerundet und transparent.

Soz. V.: Friedlicher kleiner Fisch, nur die ♂♂ können gegeneinander aggressiv werden und Rangordnungskämpfe austragen.

Hält. B.: Diese kleine Art sollte im Artenbecken oder nur mit kleineren *Nothobranchius*-Arten gemeinsam gepflegt werden. Die Wasserwerte sind von untergeordneter Bedeutung.

ZU: Die Tiere sind Saisonfische und Bodenlaicher. Zur Zucht bietet man deshalb in einem Becken von ca. 15 l eine Torfschicht. In dieses Aquarium kommen 2–3 ♀♀ und 1 ♂, die zuvor gut gefüttert wurden. Nach einer Woche werden die Tiere entfernt. Der feuchte Torf kommt dann für ca. 2–3 Monate in einen Plastikbeutel. Dann wird in einem kleinen Becken aufgegossen. Nach 24 Stunden werden die geschlüpften Jungfische abpipettiert. Die sehr kleinen Jungfische müssen zunächst mit Pantoffeltierchen angefüttert werden, bis sie die Nauplien von *Artemia salina* bewältigen können.

FU: K; der geringen Größe der Tiere angepaßtes Lebendfutter.

Bes.: *N. janpapi* gehört aufgrund seines etwas abweichenden Verhaltens und einiger Körpermerkmale in die Untergattung *Aphyobranchius*. Interessant ist, daß die Art an ihren bisherigen Fundorten stets gemeinsam mit *Nothobranchius melanospilus*, einer sehr großen Art, sowie einer dritten Art mittlerer Größe wie *N. lourensi* oder *N. eggersi*, vorkam.

T: 23–30° C, **L**: 3,5 cm, **BL**: 50 cm, **WR**: u, m, o, **SG**: 3–4

Nothobranchius jubbi WILDEKAMP & BERKENKAMP, 1979

Jubbs Prachtgrundkärpfling

Syn.: *Nothobranchius neumanni* (nicht HILGENDORF, 1905).

Vork.: Ostafrika: Küstenbereich des südlichen Kenia und des unmittelbar nördlich anschließenden Somalia südlich Kisimaio.

Ersteinf.: 1962 durch Leaky in die USA.

GU.: Wie bei allen Prachtgrundkärpflingen sind die ♀♀ einfarbig graubraun, die mancher Populationen von *N. jubbi* tragen ein schwach angedeutetes Muster dunkler V-förmiger liegender Zeichnungen auf dem Hinterkörper. Die ♂♂ sind blaugrau mit leicht rötlichem Farbeinschlag und tragen ein dunkelgraues Farbmuster. Die Schwanzflosse ist rot.

Soz. V.: Friedliche Art, die ♂♂ können jedoch gegeneinander aggressiv sein.

Hält. B.: Wie bei *N. furzeri* angegeben. Es handelt sich bei *N. jubbi* um eine recht robuste und vitale Art.

ZU: Wie für *N. furzeri* angegeben, doch ist die Art nicht so aggressiv und die Zucht kann deshalb auch mit einem längeren Ansatz erfolgen. Am besten eignet sich dazu ein Trio, also 1 ♂ und 2 ♀♀. Die Fische entweder nach 2 Tagen auswechseln, dann braucht nicht gefüttert zu werden, oder aber bei längerem Daueransatz abwechslungsreich, aber sparsam mit Lebendfutter füttern. Nach ein bis zwei Wochen Wasser abgießen und den Torf herausnehmen.

FU: K; Lebendfutter aller Art, besonders auch Wurmfutter.

Bes.: Im Norden des Verbreitungsgebietes von *N. jubbi* konnten diese Art und *N. cyaneus* gemeinsam gefunden und auch Übergangsformen, möglicherweise auch Mischlinge, zwischen beiden entdeckt werden. Es ist daher nicht ausgeschlossen, daß *N. cyaneus* nur eine Unterart oder auch nur ein Synonym zu *N. jubbi* ist.

T: 24–26° C, eher höher, **L**: 5 cm, **BL**: 60 cm, **WR**: u, m, **SG**: 2–3

Nothobranchius janpapi, WF, Tanzania, Rufiji

Nothobranchius jubbi

Nothobranchius microlepis (VINCIGUERRA, 1897)

Syn.: *Fundulus microlepis*

Vork.: Ostafrika: Küstenbereiche Ostkenias und Südost-Somalias.

Ersteinf.: Februar 1979 von Dr. R. Haas in die USA.

GU.: Ausgewachsene ♂♂ sind sehr bullig und hoch gebaut. Die Körpergrundfarbe ist blaugrau, einige Populationen lassen ein Querbindenmuster erkennen. Die Flossen sind intensiver gefärbt, die Schwanzflosse und die Bauchflossen werden durch ein schwarzes Band gesäumt. Durch das Auge verläuft ein senkrechter dunkler Strich wie es bei der Gattung *Cynolebias* in Südamerika häufiger auftritt. Die ♀♀ sind braungrau und kleiner, ihre Flossen transparent. Das dunkle Band durch das Auge ist bei ihnen schwächer ausgeprägt.

Soz. V.: Wie bei *N. furzeri.*

Hält. B.: Das Artenbecken ist anzuraten. Die Tiere werden kräftig und groß, entsprechende Becken sind zu wählen. Die Hälterung erfolgt sonst wie bei *N. furzeri* angegeben.

ZU: Wie bei *N. furzeri.* Die Art scheint nicht sehr produktiv zu sein.

FU: K; kräftiges Lebendfutter aller Art, besonders auch Wurmfutter.

Bes.: Aufgrund der eigentümlichen Gestalt, der kleinen und zahlreichen Schuppen (Name!) und des schwarzen Striches durch das Auge weicht *N. microlepis* von den anderen bisher bekannten *Nothobranchius*-Arten ab und nimmt eine gewisse Sonderstellung ein.

T: 23–30° C, **L:** 6 cm, **BL:** 60 cm, **WR:** m, u, **SG:** 3

Nothobranchius orthonotus (PETERS, 1844)

Syn.: *Cyprinodon orthonotus, Hydrargyra maculata, Fundulus mkuziensis.*

Vork.: Südostafrika: Südafrika, Mozambique, Malawi.

Ersteinf.: ?

GU.: Die ♂♂ sind recht farbig, außerdem gibt es innerhalb der Art eine gewisse Variabilität zwischen den verschiedenen Populationen. Zumeist haben die ♂♂ eine graue Grundfarbe, dabei ist jede Schuppe mehr oder weniger breit rot bis rotbraun gerandet, so daß ein Netzmuster entsteht, das zum Hinterkörper und Rücken hin dichter wird. Die Flossen sind in dieser Farbe gefleckt bis gleichmäßig durchgefärbt. Die Ränder von After- und Rückenflosse sind weiß. Die Population aus dem Krüger Nationalpark hat in Rücken- und Afterflosse einen mehr oder weniger breiten hellgrünen Anteil. Die ♀ sind hellbraun mit dunkelbraunen kleinen Flecken auf dem Hinterkörper.

Soz. V.: Die ♂♂ können den ♀♀ gegenüber recht rabiat werden, vor allem wenn sie nicht laichbereit sind. Deshalb die Tiere einzeln transportieren! Annähernd gleichgroßen anderen Fischen gegenüber sind sie harmlos.

Hält. B.: Eine sehr robuste und lebhafte *Nothobranchius*-Art, die nach Möglichkeit im Artenbecken gepflegt werden sollte. Dazu bietet sich ein Aquarium an, das mit einer Torfschicht versehen ist. Auf Moorkienholz gebundener Javafarn oder Javamoos bilden die Dekoration. ♂ und ♀♀ sollten getrennt gehalten werden, soweit das Becken nicht genügend groß ist. Die Wasserchemie ist von untergeordneter Bedeutung, das Wasser kann leicht sauer oder basisch (6,5–7,5) bei geringer bis mittlerer Härte (bis 15° dGH) sein.

ZU: Wie bei *Nothobranchius furzeri.* Der Kurzansatz ist sehr zu empfehlen, da die ♂♂ recht aggressiv sein können.

FU: K; Lebendfutter aller Art, besonders auch Wurmfutter. Die Fische sind kräftige Fresser und benötigen viel Futter.

Bes.: Im Krüger Nationalpark in Südafrika wurden Eier und Fische dieser Art per Helikopter in Teichen und Elefantentränken zur Mückenbekämpfung ausgesetzt.

T: 23–30° C, **L:** bis 9 cm, **BL:** 70 cm , **WR:** u, m, **SG:** 2–3

Nothobranchius microlepis ♂

Nothobranchius orthonotus

Nothobranchius patrizii (VINCIGUERRA, 1927)

Syn.: *Fundulus patrizii.*

Vork.: Ostafrika: nördlicher Küstenbereich Ostkenias im Einzug des Tana-River und südöstlicher nördlich anschließender Küstenbereich Somalias.

Ersteinf.: Februar 1979 durch Dr. R. Haas in die USA, von dort nach Europa.

GU.: Die ♂♂ haben eine blaue Körperfarbe, auf der durch eine braune Randung der Schuppen ein Netzmuster entsteht, das auf die Rücken- und Afterflosse übergreift. Besonders die Rückenflosse ist kräftig marmoriert. Die Schwanzflosse ist bis in die Schwanzwurzel hinein leuchtend rot. Die ♀♀ sind braun und tragen auf dem Hinterleib ein dünnes Muster dunklerer Schuppenrandungen in Form von liegenden V.

Soz. V.: Im allgemeinen friedliche und lebhafte Fische. *Nothobranchius*-Arten kommen meist in Gewässern vor, die nicht von weiteren Fischen besiedelt sind, daher sollten sie auch in Gefangenschaft im Artenbecken gepflegt werden. Dennoch ist die Vergesellschaftung mit nicht zu lebhaften weiteren Fischen annähernd gleicher Größe möglich.

Hält. B.: Wie *Nothobranchius furzeri.* Im Hälterungsbecken sollten Rückzugsplätze für die ♀♀ vorhanden sein, damit sie nicht dauernd von den ♂♂ getrieben werden. Besser ist es jedoch, die Geschlechter getrennt zu pflegen.

ZU: Wie bei *Nothobranchius furzeri*, doch ist *N. patrizii* gegenüber den ♀♀ nicht so aggressiv, so daß ein längerer Zuchtansatz (ca. 1 Woche) möglich ist. Man kann auch ein größeres Becken nehmen und eine flache Schale von ca. 5 cm Randhöhe dort hineinstellen, in die man ausgekochten Torf gibt. Im Becken, das sonst keine weitere Einrichtung enthält, werden eine größere Zahl ♂♂ und ♀♀ gepflegt, am besten sollten sich die ♀♀ in der Überzahl befinden. Die Tiere werden im Torf der Schale ablaichen und man kann diese wöchentlich auswechseln. Der Torf wird dann, wie es für alle *Nothobranchius*-Arten üblich ist, trockengelegt, der Aufguß kann bei höheren Temperaturen nach 8–12 Wochen erfolgen.

FU: K; Lebendfutter aller Art.

Bes.: Es ist dies die nördlichste bisher bekannte *Nothobranchius*-Art des Küstenbereiches Ostafrikas. Sie fällt besonders durch ihre schönen großen unpaaren Flossen auf.

T: 23–30° C, **L**: 5 cm, **BL**: 60 cm, **WR**: u, m, **SG**: 2–3

Procatopus aberrans AHL, 1927

Syn.: *Procatopus roseipinnis, P. nigromarginatus, P. gracilis, P. plumosus, P. andreaseni.*

Vork.: Westafrika: Nigeria und Westkamerun.

Ersteinf.: 1957 durch Clausen und Scheel nach Dänemark.

GU.: Die ♂♂ weisen – vor allem auf dem Hinterkörper – einen metallisch-blaugrünen bis blauen gleichmäßigen Schimmer auf, der, je nach Population, auch auf die unpaaren Flossen übergreift, die nach außen hin bei schönen Exemplaren intensiv rot sein können. Die Flossen sind mit einem Muster rotbrauner Punkte versehen. Die Schwanzflosse ist senkrecht gerandet und oben und unten gelegentlich zipfelartig ausgezogen, unten zudem meist weiß gerandet. Die ♀♀ sind kleiner und blasser gefärbt und auch die Flossen meist farblos-transparent.

Soz. V.: Friedlicher Fisch, der bevorzugt in Schulen oder Schwärmen lebt und auch so im Aquarium gepflegt werden sollte. Die Tiere brauchen allerdings trotz ihres Schwarmverhaltens einen individuellen Freiraum. Hält man dagegen zwei Tiere über längere Zeit zu eng zusammen, etwa in einer Plastiktüte während des Transportes oder Versandes, so können sie sich gegenseitig beschädigen und sogar töten.

Hält. B.: Die Fische können in schwach besetzten Gesellschaftsbecken gepflegt werden, wenn man ihren Ansprüchen genügt. Gegen schlechtes Wasser sind sie sehr empfindlich, bekommen dann oft Fischtuberkulose, werden hinfällig und gehen ein.

Fortsetzung Seite 632.

Nothobranchius patrizii

Procatopus aberrans

Procatopus similis AHL, 1927

Syn.: *Procatopus abbreviatus, P. glaucicaudis, P. lacustris.*

Vork.: Westafrika: Küstenebene in Südost-Nigeria und Westkamerun.

Ersteinf.: 1966 durch Scheel nach Dänemark.

GU.: Die ♂♂ zeigen ähnlich wie bei *P. gracilis* eine metallisch-grünblaue Farbe, die den Körper gleichmäßig überzieht. Diese Färbung ist bei *P. similis* wärmer als bei *P. aberrans*. Die Flossen sind meist gelblich bis, seltener, rötlich. Körpernah befinden sich darin rote bis rotbraune Flecken, meist in Doppelreihe, gelegentlich fließen diese Bänder zusammen. Die ♀♀ sind auch bei dieser Art kleiner und farbloser mit transparenten Flossen.

Soz. V.: Wie *P. aberrans* ein in Schulen lebender, im allgemeinen friedlicher Fisch. Siehe hierzu auch bei *P. aberrans*. Einzeln gehaltene ♂ werden manchmal gegenüber Aquarienmitbewohnern etwas zänkisch.

Hält. B.: Wie bei *P. aberrans*.

ZU: Wie bei *P. aberrans*. Die Art ist nicht ganz so einfach zu züchten wie *P. aberrans* und ähnelt in dieser Beziehung und auch bezüglich des Aussehens eher noch *P. nototaenia*.

FU: K; Lebendfutter aller Art.

Bes.: Wie *P. aberrans* und *P. nototaenia* ist auch diese Art durch einen gattungstypischen Dornfortsatz am unteren Kiemendeckel gekennzeichnet.

T: 24–26° C, **L**: 7 cm, **BL**: 60 cm, **WR**: o, m, **SG**: 3

Profundulus punctatus (GÜNTHER, 1866)

Syn.: *Fundulus pachycephalus, Fundulus oaxacae, Profundulus balsanus, Profundulus scapularis.*

Vork.: Mittelamerika: Pazifische Abhänge vom Rio Papagayo im Staate Guerrero im südöstlichen Mexiko bis ins südliche Guatemala, sowie atlantische Abdachung vom oberen Rio Coatzacoalcos-Einzug, Oaxaca, Mexiko, über das Becken des Rio de Chiapa bis nach Guatemala.

Ersteinf.: März 1932 durch Dr. R. Oeser von der Westküste Guatemalas.

GU.: Während der Laichzeit wird die Gesamtfarbe der ♂♂ erheblich kräftiger gelb. Die ♀♀ haben demgegenüber eine blassere Körperfarbe, besonders der Bauch ist heller und die Flossen farbloser. Der Bauch ist rundlicher.

Soz. V.: Friedlicher Fisch, die Tiere leben gerne in lockeren Trupps zusammen.

Hält. B.: Anspruchsloser Fisch, der sich auch im Gesellschaftsbecken gut halten läßt. Die Tiere kommen in der Natur in rasch strömenden Hochlandbächen vor und springen daher gerne, deshalb auf Deckscheiben achten! Die Wasserwerte sind von untergeordneter Bedeutung, bevorzugt wird alkalisches Wasser von mittlerer Härte, dies findet sich auch im natürlichen Biotop. Dort lebte diese Art beispielsweise an einem Fundort in Chiapas, Südmexiko, gemeinsam mit *Poeciliopsis gracilis, Poeciliopsis fasciata* und *Poecilia sphenops*.

ZU: Die Zucht ist einfach. Die Tiere laichen die Eier an Pflanzen ab, wie beispielsweise Javamoos. Dort können die Eier abgelesen werden. Im Hälterungsbecken fressen die Eltern gerne ihren Laich, dort kommen aber immer einige Jungfische auf, sofern keine anderen Arten mit vergesellschaftet sind, denn diesen Jungfischen wird nach dem Schlüpfen von den Elterntieren kaum noch nachgestellt. Die Fische haben erfahrungsgemäß Laichzeiten und laichen dann nach Frischwasserzugabe spontan ab.

FU: K, O; Lebendfutter aller Art sowie Gefrier- und Flockenfutter.

Bes.: Die Art ist sehr empfehlenswert, wird aber wegen der geringen farblichen Attraktivität leider nur wenig gepflegt.

T: 22–26° C, **L**: 8 cm, **BL**: 60 cm, **WR**: m, o, u, **SG**: 2

Procatopus similis

Profundulus punctatus

Rachovia brevis (REGAN, 1912)

Syn.: *Rivulus brevis, Rachovia splendens.*

Vork.: Südamerika: Nordkolumbien und Nordwest-Venezuela im Einzug des Rio Magdalena und benachbarter Atlantikzuflüsse bis zum Maracaibo-See.

Ersteinf.: 1906 durch H. Stüve nach Deutschland.

GU.: Die ♂♂ sind in der Regel größer und farbiger als die ♀♀. Sie haben ausgezogene Flossen und die als *R. splendens* beschriebene Form ist recht schön gezeichnet und gefärbt. Allgemein ist die Art bezüglich Färbungs- und Zeichnungsmuster sehr variabel. Die ♀♀ sind gegenüber den ♂♂ farbloser mit vollerem Leib und dünnerem Schanzstiel. Die Grundfärbung ist graubraun mit wenig Zeichnung, die Flossen sind abgerundet und bräunlich-transparent.

Soz. V.: Die Fische sind eher einzelgängerisch und zeigen kein besonderes Sozialgefüge.

Hält. B.: Die Hälterung ähnelt der von *Cynolebias*-Arten. Das Wasser sollte pH-Werte um den Neutralwert oder leicht darunter aufweisen, bei mittlerer bis geringer Härte (bis 15° dGH). Das Hälterungsbecken sollte bevorzugt einen weichen und dunklen Bodengrund aufweisen, zu empfehlen ist Torf. Man kann also ein Becken mit einer dünnen Torfschicht einrichten, in dem man Moorkienholz verteilt, auf das Pflanzen wie Javamoos oder -farn oder auch *Anubias* aufgebunden wurden. Es läßt sich zur Hälterung auch ein „normales" und bepflanztes Becken verwenden. Die Vergesellschaftung sollte allenfalls mit nicht zu lebhaften Fischen bis gleicher Größe erfolgen, besser ist ein Artenbecken.

ZU: Auch die Zucht erfolgt nach der für *Cynolebias*-Arten bewährten Methode. Die Fische, am besten ein Trio, werden in einem Aquarium mit einer höheren Torfschicht von etwa 4–5 cm angesetzt und mäßig, aber regelmäßig mit Lebendfutter versorgt. Die Fische sind Bodenlaicher, tauchen aber nicht immer in den Bodengrund ein. Nach etwa einer Woche wird der Torf herausgenommen und trockengelegt. FOERSCH erzielte die besten Resultate bei einer Lagerzeit von 5 1/2 Monaten bei 22° C, andere Erfahrungen zeigten gute Ergebnisse bei höheren Temperaturen und einer kürzeren Lagerzeit. Es gilt hier gegebenenfalls individuelle Erfahrungswerte selbst zu ermitteln. Nach der Lagerzeit wird der eihaltige Torf mit Frischwasser aufgegossen, die Jungfische fressen sogleich Nauplien von *Artemia salina*. Sie wachsen rasch und sind schon bald fortpflanzungsfähig. Die Lebenserwartung dieser Art beträgt in der Regel etwa 3/4 bis 1,5 Jahre.

FU: K; Lebendfutter aller Art, auch Wurmfutter.

T: 22–26° C, **L**: bis 8 cm, **BL**: 60 cm, **WR**: m, u, **SG**: 3–4

Rachovia maculipinnis (WEIBEZAHN in RADDA, 1964)

Syn.: *Pterolebias maculipinnis.*

Vork.: Südamerika: Savannengebiete des Rio Apure-Einzuges in Venezuela.

Ersteinf.: 1966 durch Häfelin nach Wien.

GU.: Die ♂♂ sind farbiger als die kleineren ♀♀. Sie haben eine grünliche bis gelblich-braune Grundfärbung, die zum Rücken hin in Braun übergeht. Die Schuppen sind braun gerandet. Die Afterflosse ist braun und grün marmoriert. Die Rükkenflosse zeigt in der hinteren Basis schwarze und helle Punkte, die zu einem größeren Fleck zusammentreten können. In der Schwanzflosse, die marmoriert ist, findet sich bei schönen Exemplaren unten ein rotes Band, gelegentlich auch oben. Allgemein sind die Tiere jedoch sehr variabel und können auch ein etwas abweichendes Farb- und Zeichnungsmuster zeigen. Die ♀♀ sind demgegenüber hellbraun bis grau gefärbt.

Soz. V.: Auch diese Art lebt offensichtlich eher einzelgängerisch und ohne ein besonderes erkennbares Sozialverhalten. Die ♂♂ sind in kleineren Becken gegeneinander oft aggressiv.

Hält. B.: Wie *R. brevis*. Die Fische sollten im Artenbecken, möglicherweise mit Fischen mit ähnlichen ökologischen Ansprüchen und ähnlicher Größe gemeinsam gepflegt werden, nicht jedoch in einem herkömmlichen Fischsammelsurium.

ZU: Wie *R. brevis*. Wenn die Fische eine entsprechend hohe Torfschicht zur Verfügung haben, tauchen sie in den Bodengrund ein, sie laichen jedoch auch bei einer geringeren Torfschicht ab. Die Ent-

Fortsetzung Seite 632.

Rachovia brevis

Rachovia maculipinnis

Rachovia stellifer (THOMERSON & TURNER, 1973)

Syn.: *Rivulus stellifer.*

Vork.: Südamerika: Venezuela, Bundesstaat Cojedes, bei Caño Benito, zwischen El Pao und El Baul.

Ersteinf.: 1981 über die USA nach Deutschland.

GU.: Die ♂♂ haben eine braune bis graue Grundfarbe, zum Bauch hin heller werdend. Über den Körper verstreut finden sich weiße bis silbrige Glanzschuppen verteilt. Die Afterflosse weist einen schwarzen Flossensaum auf, dem nach innen ein weißer Streifen folgt. Die Dorsale ist hell und dunkel in der Körperfärbung marmoriert. Die ♀♀ sind kleiner, ihnen fehlen die Streifen in der Afterflosse. Die Schwanzflosse zeigt in der oberen Basis einen oder mehrere schwarze Flecken.

Soz. V.: Ähnlich wie *R. brevis*, doch sind die ♂♂ unverträglicher, sowohl gegeneinander als auch gegenüber den ♀♀.

Hält. B.: Wie *R. brevis*. Die Haltung im Artenbecken ist erforderlich, auch in der Natur kommen die Tiere alleine oder mit *R. maculipinnis* vergesellschaftet vor, sind aber seltener als letztere und stehen immer einzeln am Rand von Saisontümpeln. Die Wasserwerte sollten höchstens eine mittlere Härte und einen pH-Wert um den Neutralwert aufweisen.

ZU: Wie *R. brevis*. Die ♂♂ verhalten sich den ♀♀ gegenüber oft sehr ruppig, diese brauchen daher Versteckplätze im Zuchtbecken. Besser ist möglicherweise ein Kurzansatz von einigen Stunden unter weitgehender Aufsicht. Die Art ist nicht sehr produktiv, bzw. der Verlust an Eiern während der Lagerzeit ist hoch, so daß die Zucht in Gefangenschaft bisher nur von sehr mäßigem Erfolg beschieden war.

FU: K; kräftiges Lebendfutter.

Bes.: *Rachovia stellifer* wurde zunächst als *Rivulus*-Art beschrieben und dabei auf den besonderen Saisoncharakter dieser Fische hingewiesen. Man sah in diesem Fisch die einzige *Rivulus*-Art mit Saisonfischeigenschaften innerhalb der Gattung. Auch nach der Umgruppierung in die Gattung *Rachovia* zeigt er noch einige Besonderheiten. Er ist etwas schlanker als die übrigen *Rachovia*-Arten und der schwarze Fleck in der Schwanzwurzel der ♀♀ weist auf *Rivulus*-Arten hin. Obgleich die Art bezüglich Körperform und Saisonverhalten eindeutig in die Gattung *Rachovia* gehört, ist sie dennoch in gewisser Weise ein Bindeglied zur Gattung *Rivulus*.

T: 22–27° C, **L**: bis 7 cm, **BL**: 60 cm, **WR**: m, u, o, **SG**: 4

Rivulus agilae HOEDEMAN, 1954
Agila-Bachling

Syn.: *Rivulus manaensis.*

Vork.: Südamerika: British Guyana, Surinam und Französisch Guyana.

Ersteinf.: 1952 in die Niederlande.

GU.: Die ♂♂ sind recht bunt. Allgemein sind sie rötlichbraun über blaugrüner Grundfärbung, zum Hinterkörper rot, bei einzelnen Stämmen auch kräftig rot. Die Flossen sind gelblich und rotbraun marmoriert. Die Schwanzflosse trägt oben meist einen gelben Rand und ist dann im Innenbereich kräftig rot bis rotbraun, diese Farbe geht nach unten in Gelb über, den Abschluß bildet ein unterer mehr oder weniger breiter schwarzer Rand. Die Kehle und der Unterbauch sind weiß bis cremefarben. Die ♀♀ zeigen eine ähnliche, jedoch blassere Körperfarbe und auch die mehr abgerundeten Flossen sind transparenter.

Soz. V.: Friedliche Art, die ♂♂ brauchen jedoch einen gewissen Raum, aus dem sie Rivalen vertreiben und dann aggressiv werden. Ob sie ein regelrechtes Revier beanspruchen, ist unklar. Diese Aggressivität ist jedoch nicht immer offen und unmittelbar für den Betrachter sichtbar. Oft kümmert ein Tier und geht schließlich ein, während der überlegene Rivale gut gedeiht. Versteckplätze und genügend große Becken sind erforderlich.

Hält. B.: Die Fische bevorzugen ein eher weiches bis mittelhartes Wasser, das leicht sauer ist. Die Haltung im Gesellschaftsbecken mit kleineren und nicht zu vielen und zu lebhaften Fischen ist möglich. Vorzuziehen sind eher flachere und breitere Aquarien, da die Fische in der Natur

Fortsetzung Seite 678.

Rachovia stellifer

Rivulus agilae

Rivulus amphoreus HUBER, 1979

Syn.: Keine.

Vork.: Südamerika, Surinam, in der Umgebung des Tafelberges, einem Bergland bis 1000 Meter Höhe, etwa 120 km südsüdwestlich von Paramaribo.

Ersteinf.: 1978 in die Niederlande.

GU.: Die ♂♂ haben eine bronzefarbene bis grünliche Grundfarbe, über den Körper sind zahlreiche rotbraune Flecken verteilt, die teilweise zusammenlaufen. Der Rükken ist dunkelbraun, der Bauch heller. Die Afterflosse trägt die Körperfarbe mit kleinen rotbraunen Punkten und ist an der Basis heller, die Rücken- und Schwanzflosse werden nach nach außen hin gleichmäßig braun und dann rötlich-goldbraun, oft mit hellem Saum. Die ♀♀ haben eine hellere Färbung als die ♂♂. Die Rücken- und Schwanzflosse sind hier ebenfalls mit Punkten und Flecken versehen. Der Vorderkörper ist bauchiger und der Schwanzstiel schlanker. In der Schwanzwurzel befindet sich ein *Rivulus*-Fleck.

Soz. V.: In der Regel friedlicher, aber verhältnismäßig großer und kräftiger Fisch, was bei einer eventuellen Vergesellschaftung zu berücksichtigen ist.

Hält. B.: Im Grunde wie *R. agilae*. Die Tiere lieben jedoch mehr noch sauerstoffreiches Wasser, eine Durchlüftung ist deshalb zu empfehlen. Die Wasserwerte spielen eine untergeordnete Rolle, empfehlenswert ist eine mittlere Härte bei leicht saurem bis alkalischem pH-Wert (6,5–8). Die Hälterung dieser Fische im Gesellschaftsbecken ist möglich, wenn es nicht zu stark besetzt ist, eine Deckscheibe ist unbedingt erforderlich. Regelmäßig sollte ein (Teil-) Wasserwechsel durchgeführt werden.

ZU: Auch die Zucht dieser Art ist nicht einfach, im Gegensatz zur Haltung und Pflege, wohl ein Grund dafür, daß sie nicht sehr häufig im Aquarium zu finden ist. Empfehlenswert ist die Zucht in einem Becken, wie es für *R. agilae* geschildert wurde, von etwa 15–20 Litern, auch als Daueransatz. STENGLEIN erzielte gute Erfolge, wenn er als Ablaichsubstrat einen Wollmop benutzte, der über einem Ausströmer angebracht wurde. Die Eier werden abgelesen und in einer Brutschale zur Entwicklung gebracht. Die Jungfische fressen sofort Nauplien von *Artemia salina* und wachsen recht langsam, nach etwa einem Jahr sind die Fische wieder zuchtfähig.

FU: K; kräftiges Lebendfutter aller Art, auch Wurmfutter.

Bes.: Keine.

T: 20–26° C, **L**: 7 cm, **BL**: 60 cm, **WR**: o, m, **SG**: 3–4

Rivulus brasiliensis (HUMBOLDT & VALENCIENNES, 1821)
Brauner Bachling

Syn.: *Fundulus brasiliensis, Haplochilus brasiliensis, Rivulus dorni.*

Vork.: Südamerika: Südost-Brasilien, Umgebung von Rio de Janeiro.

Ersteinf.: 1923 als *Rivulus dorni*.

GU.: Die ♂♂ haben eine leuchtend blaugrüne Grundfärbung. Auf dem Vorderkörper ist jede Schuppe braun gerandet, diese Ränder werden zum Rücken hin breiter, so daß der Fisch nach oben hin dunkler wird, der Rücken ist ganz braun. Über den Hinterkörper ziehen sich 6–8 braune Querbinden. Die Afterflosse ist grün, zum Körper heller, nach hinten braun gemustert. Rücken- und Schwanzflosse sind grünlich mit braunem Fleckenmuster, die spatelförmige Schwanzflosse ist oben weißlichblau, unten schwarz gesäumt. Die ♀♀ sind kleiner, ihr Vorderkörper ist rundlicher, ebenso sind die Flossen mehr abgerundet und auch farbloser. Ein *Rivulus*-Fleck ist nicht vorhanden.

Soz. V.: Die Fische leben solitär und nicht im Schwarm oder in Schulen. Die ♂♂ scheinen ein Revier zu besitzen, zumindest halten sie sich gegenseitig auf Distanz.

Hält. B.: Wie *R. agilae*. Diese Art ist etwas empfindlich und kein Anfängerfisch. Obgleich die Tiere farblich wunderschön sind, sind sie in der Aquaristik deshalb kaum zu finden. Ein Artenbecken ist zu empfehlen, möglich ist die gemeinsame Haltung mit kleineren und ruhigeren Salmlern oder ähnlichen Fischen. Das Wasser sollte

Fortsetzung Seite 678.

Rivulus amphoreus

Rivulus brasiliensis

Fortsetzung von *Rivulus agilae*:

flache Gewässer und Ausstände vorziehen. Wie alle *Rivulus*-Arten bevorzugt auch *R. agilae* die Wasseroberfläche als Lebensraum und springt gerne, eine dichtschließende Deckscheibe ist daher unbedingt notwendig. Das Aquarium sollte Stellen mit dichter Bepflanzung aufweisen, die als Versteckplätze dienen können.

ZU: Die Zucht dieser Art ist nicht ohne Probleme. Dazu müssen die Fische in einem Zuchtbecken gesondert angesetzt werden. Man nimmt als Ablaichmedium einen Wollmop aus Kunstwolle (am besten braun) oder läßt Torffasern vom Beckenrand ins Aquarium herabhängen. Auf den Boden kommen ebenfalls einige Büschel Torffasern, um den Fischen Versteckmöglichkeiten zu bieten. Die recht großen Eier werden regelmäßig abgelesen und in Brutschalen mit etwas Trygaflavinzusatz zur Entwicklung gebracht, oder die Torffassern werden mit den darin enthaltenen Eiern aus dem Becken genommen, kurz ausgedrückt, für 3–4 Wochen in einer Plastiktüte aufbewahrt und dann aufgegossen. Die Jungfische fressen sogleich Nauplien von *Artemia salina* und wachsen recht langsam heran. Die Art ist nicht sehr produktiv.

FU: K; Lebendfutter, das nicht zu groß sein sollte.

Bes.: Es sind mehrere Farbformen bekannt, die teilweise sehr unterschiedlich aussehen und nur mit der richtigen Fundortbezeichnung weitergegeben werden sollten.

T: 22–27° C, **L**: 5 cm, **BL**: 40 cm, **WR**: o, m, **SG**: 3–4

Fortsetzung von *Rivulus brasiliensis*:

weich und neutral sein. In einem Artenbecken, das den Tieren am besten zusagt, sollten Versteckplätze aus Torffasern vorhanden sein, dort verbergen sich die Tiere gerne, so daß nur noch der Kopf herausschaut. Die Fische springen gerne und gut, eine dichtschließende Deckscheibe ist außerordentlich wichtig, diese sollte sofort geschlossen werden, auch wenn man sich nur einmal kurz vom Aquarium abwendet.

ZU: Die Zucht ist außerordentlich schwierig und die Art nicht sehr produktiv. Die Fische werden erst sehr spät geschlechtsreif, nach etwa einem Jahr. Das Zuchtbekken sollte wie für *R. agilae* beschrieben eingerichtet sein und bevorzugt mit Torffasern ausgestattet werden, die vom Bekkenrand (unter Deckscheibe klemmen) herabreichen. Dazwischen verbergen sich die Fische gerne und laichen dort auch in den oberen Bereichen ab. Der Torf wird herausgenommen, man kann ihn auf Eier kontrollieren, und für 3–4 Wochen trockengelegt. Gelegentlich kann man das Entwicklungsstadium kontrollieren. Dann wird mit Frischwasser aufgegossen und die Jungfische fressen sogleich Nauplien von *Artemia salina*. Selbst erfahrene Züchter sind froh, wenn bei einem Aufguß einige wenige Jungfische schlüpfen.

FU: K; Lebendfutter aller Art in entsprechender Größe.

Bes.: *Rivulus brasiliensis* ist die erste bekanntgewordene und beschriebene *Rivulus*-Art, doch konnte man lange Zeit die Beschreibung keinem konkreten Fisch zuordnen, was etwas verwundert, zumal sie von einer guten Zeichnung ergänzt wird.

T: 20–24° C, **L**: 6 cm, **BL**: 50 cm, **WR**: o, m, u, **SG**: 4

Rivulus caudomarginatus SEEGERS, 1984

Syn.: *Rivulus ocellatus* (nicht HENSEL, 1868).

Vork.: Südamerika: Südostbrasilien, Umgebung von Rio de Janeiro.

Ersteinf.: 1906 durch Köhler.

GU: Die ♂♂ sind kontrastreich dunkel- und hellgrau gemustert, die Flossen ausgewachsener ♂♂ haben kräftige gelbgraue und schwarze Säume, vor allem in der Schwanzflosse (Name!). Die ♀♀ zeigen diese Flossensäume nicht. Wenn die Tiere noch jung und nicht ausgefärbt sind (unter ca. 4 cm Länge), lassen sich die Geschlechter kaum unterscheiden.

Soz. V.: Friedliche und verhältnismäßig scheue Art. Nur dominante ♂♂ färben sich optimal aus. Sonst wie *R. brasiliensis*.

Hält. B.: Die Tiere brauchen große Aquarien, am besten werden sie im Artenbekken gepflegt. Versteckmöglichkeiten, z. B. durch Torffasern, sollten vorhanden sein. Die Fische halten sich bevorzugt in Bodennähe auf, nur wenn genügend Dekkung vorhanden ist auch in höheren Bereichen. Eine Deckscheibe ist notwendig, die Fische springen sonst aus dem Becken. Bevorzugt wird ein weiches bis mittelhartes und leicht saures Wasser. Der Bodengrund sollte dunkel sein.

ZU: Die Zucht gleicht der von *R. brasiliensis*, ist jedoch etwas produktiver. Allerdings dauert das Ausfärben der Fische sehr lange. Die frischgeschlüpften Jungtiere stehen zunächst dicht unter der Wasseroberfläche, sie fressen sofort Nauplien von *Artemia salina*.

FU: K; alle Sorten Lebendfutter, möglichst abwechslungsreich. Wurmfutter wird gerne genommen, sollte jedoch nicht zu häufig gereicht werden.

Bes.: Die Art scheint in der Natur nicht sehr häufig zu sein, sie wurde früher für *Rivulus ocellatus* gehalten und unter diesem Namen hin und wieder importiert.

T: 20–24° C, **L:** 6 cm, **BL:** 80 cm, **WR:** o, m, u, **SG:** 4

Rivulus cryptocallus SEEGERS & HUBER, 1981

Martinique-Bachling

Syn.: Keine.

Vork.: Mittelamerika: Kleine Antillen, Martinique und St. Lucia.

Ersteinf.: 1973 nach Frankreich.

GU.: Die ♂♂ können entsprechend ihrem Fundort sehr variabel sein. Die Grundfärbung ist blaugrün bis rötlichbraun. Der Rücken ist rötlichbraun, der Bauch heller. Die Schuppen sind oft mit rötlichen Punkten versehen, so daß vor allem auf dem Hinterkörper eine Längsstreifung entsteht. Die Flossen zeigen oft die Körperfarbe, sind aber auch häufig ganz oder zum Rand hin bronzefarben und von einem schmalen dunklen Saum umgeben. Die ♀♀ sind stärker bräunlich mit hellem Bauch. Die Flossen sind schwach gemustert, oben, selten auch unten, befindet sich in der Schwanzflossenwurzel ein *Rivulus*-Fleck, ab und zu auch bis zu drei.

Soz. V.: Die Fische sind, wie alle *Rivulus*-Arten, keine ausgesprochenen Schwarmfische, *Rivulus cryptocallus* läßt sich jedoch ohne Schwierigkeiten auch in größerer Anzahl gemeinsam pflegen, besonders wenn genügend Versteckplätze vorhanden sind.

Hält. B.: Grundsätzlich wie *R. agilae*, doch ist die Haltung der Art völlig problemlos und auch im Gesellschaftsbecken gut möglich. an die Wasserzusammensetzung werden keine Ansprüche gestellt. Die Fische verstecken sich gerne in Pflanzen, auch Algenbüscheln, oder Büscheln von Torffasern unter der Wasseroberfläche. Auch diese Art springt gut und gezielt durch das kleinste Loch in der Deckscheibe.

ZU: Problemlos. Die Jungfische schlüpfen nach etwa 2–3 Wochen und lassen sich sofort mit Nauplien von *Artemia salina* anfüttern.

FU: K; Lebendfutter aller Art, auch Gefrierfutter und Flockenfutter.

Bes.: *Rivulus cryptocallus* eignet sich besonders, um Einstieg in die Gattung *Rivulus* zu finden und erste Erfahrungen bezüglich Pflege und Zucht zu gewinnen.

T: 22–26° C, **L**: 8 cm, **BL**: 60 cm, **WR**: o, m, u, **SG**: 2

Rivulus geayi VAILLANT, 1899

Guyana-Bachling

Syn.: *Rivulus strigatus*.

Vork.: Südamerika: Küstenbereich von Surinam über Französisch Guyana bis zur Amazonasmündung in Brasilien.

Ersteinf.: 1910?

GU.: Die ♂♂ sind wesentlich bunter als die ♀♀ und dabei je nach Fundort sehr variabel. Meist ist die Grundfärbung blaugrün bis bräunlich, zum Rücken braun. Auf dem Vorderkörper befinden sich Längsreihen kleiner oder größerer Punkte, auf dem Hinterkörper sind es senkrechte Reihen oder auch rote Querbinden. Die Afterflosse ist gelblich bis orange, die Rückenflosse zeigt die Körpergrundfarbe und ist stark rot bis braun gefleckt. Die Schwanzflosse ist auf gelber bis grünlicher Grundfarbe rot bis braun gefleckt. Im unteren Bereich findet sich ein gelber Streifen, der die Schwanzflosse ganz säumen kann. Eine mit der Fundortbezeichnung PK 15 versehene Form aus Französisch Guyana ist sehr schön unregelmäßig rot und blau auf dem Körper gefleckt und weicht erheblich vom Normaltyp ab. Die ♀♀ sind auf hellbrauner Grundfärbung unregelmäßig dunkelbraun gefleckt, die Fleckung reicht auch in die Flossen, die kleiner als bei den ♂♂ sind.

Soz. V.: Wie bei *R. agilae*.

Hält. B.: Wie bei *R. agilae*, doch ist diese Art empfindlicher und wärmeliebender. Nur im Artenbecken pflegen.

ZU: Sehr problematisch und schwierig. Im Prinzip wie bei *R. agilae*, doch sind die Fische noch weniger produktiv und häufig überwiegen in der Nachkommenschaft die ♂♂. Oft ist die Zucht offensichtlich erheblich vom Glück und vom Zufall abhängig.

FU: K; Gutes Lebendfutter aller Art, möglichst Mückenlarven, wenig Wurmfutter.

Bes.: Eine der schönsten *Rivulus*-Arten, die mit *R. agilae* nahe verwandt ist. Die bisher eingeführten Stämme unterscheiden sich je nach Fundort in der Färbung alle recht erheblich voneinander.

T: 24–28° C, **L**: 5 cm, **BL**: 50 cm, **WR**: o, m, u, **SG**: 4

Rivulus cryptocallus

Rivulus geayi

Rivulus ocellatus HENSEL, 1868

Marmorierter Bachling

Syn.: *Rivulus marmoratus.*

Vork.: Von Florida im Norden über die Bahamas, Kuba, Grand Cayman, Jamaika, Yucatan, Guadeloupe, Aruba, Curaçao und Bonaire, Venezuela (Maracaibo) bis nach Brasilien (Rio de Janeiro) im Süden, jeweils nur im engeren Küstenbereich und auch dort relativ selten und vereinzelt.

Ersteinf.: Vermutlich 1973 durch Dr. F. Fröhlich aus den USA nach Deutschland.

GU.: Von dieser Art konnten bisher keine ♀♀ gefunden werden, vielmehr nur Hermaphroditen und ♂♂, die entweder sofort als reine ♂♂ geschlechtsreif werden (primäre ♂♂) oder sich, nachdem sie zunächst Hermaphroditen waren, zu funktionstüchtigen echten ♂♂ entwickeln (sekundäre ♂♂). Die Hermaphroditen sind hell und dunkel graubraun marmoriert, die ♂♂ mit rotbraunen Flecken versehen (sekundäre ♂♂) bis orange (primäre ♂♂). Die Umwandlung zu sekundären ♂♂ ist zu einem bestimmten Grad auch experimentell beeinflußbar.

Soz. V.: Einzeln und versteckt lebende Fische, die zeitweilig in feuchtem Milieu auch außerhalb des Wassers liegen können, auch an der Deckscheibe oder senkrecht an den Aquarienscheiben klebend. Vergesellschaftung nur mit nicht zu lebhaften anderen Fischen, besser ist ein Artenbecken.

Hält. B.: Mit *R. ocellatus* wurden bisher sehr unterschiedliche Erfahrungen gemacht. Die Wasserwerte können danach an und für sich sehr variieren, sowohl in weichem und leicht saurem als auch in mittelhartem (ca. 16° dGH) und alkalischem (pH 7,5) Wasser konnten Nachzuchten erzielt werden. Die Fische sind entsprechend ihrem Vorkommen salztolerant (euryhalin) und sogar in gewissem Maße salzliebend (halophil), und man sollte ihnen einen stärkeren Salzzusatz geben, wenn man in normalem Wasser nicht zu Hälterungserfolgen kommt.

ZU: Man hält einen Hermaphroditen, eventuell auch zusammen mit einem ♂, in einem separaten Becken, füttert gut, auch erfahrungsgemäß mit gröberem Futter wie Wachsmottenlarven, Wasserinsekten usw., und bietet eine Ablaichgelegenheit wie einen Wollmop oder ähnliches. Dieser wird regelmäßig kontrolliert. Die Fische laichen oft sehr sporadisch ab, meist nur wenige Eier über einen gewissen Zeitraum hinweg. Diese werden abgelesen und in einer Brutschale zur Entwicklung gebracht. Dem Wasser kann eine Spur Trypaflavin zugegeben werden. Die geschlüpften Jungfische fressen sofort *Artemia salina*-Nauplien.

FU: K, O; Lebendfutter aller Größe, soweit es bewältigt werden kann.

Bes.: Ob die beschriebenen Formen *R. marmoratus* und *R. marmoratus bonairensis* als *R. ocellatus marmoratus* und *R. ocellatus bonairensis* eigenständige und unterscheidbare Unterarten darstellen oder diese Namen in die Synonymie von *R. ocellatus* fallen, ist noch zu untersuchen.

T: 18–24° C, **L:** 5 cm, **BL:** 40 cm, **WR:** o, m, u, **SG:** 3–4

Rivulus ornatus GARMAN, 1895

Bunter Bachling

Syn.: Keine.

Vork.: Südamerika: zentrales Amazonasbecken in Brasilien und Peru.

Ersteinf.: ? Ende der 60er Jahre.

GU.: Die ♂♂ sind je nach Fundortform recht variabel gefärbt. Grundfarbe ist ein rötlicher bis grüner Ton, zum Rücken braun werdend. Über den Körper finden sich rotbraune bis rote Punkte verteilt. Die unpaaren Flossen sind gelbgrün bis blaugrün, die Schwanzflosse, gelegentlich auch die Afterflosse, zeigen rotbraune bis rote Punkte, vor allem basal. Die Rückenflosse besitzt im unteren Bereich einen roten bis braunen Streifen parallel zum Körper. Die Schwanzflosse ist nahezu kreisrund. Die ♀♀ sind nicht so farbig und mehr bräunlich. Der Vorderkörper ist fülliger, der Schwanzstiel schlanker, die Flossen kleiner.

Soz. V.: Wie bei *R. agilae.* Ausgesprochen friedliche Fische, die auch kleinsten Jung-

Fortsetzung Seite 684.

Rivulus ocellatus, WF, Gouadelupe

Rivulus ornatus

Fortsetzung von *Rivulus ornatus*:

fischen der eigenen Art kaum nachstellen.

Hält. B.: Schon in kleinsten Becken ab etwa 5 Litern Inhalt möglich. Wegen der geringen Größe der Fische ist ein Artenbecken unbedingt zu empfehlen. Die Fische sind recht problemlos und produktiv, jedenfalls trifft dies für einen 1981 von der Padre Isla bei Iquitos, Peru, eingeführten Stamm zu. Das Wasser sollte weich bis mittelhart sein,der pH-Wert um den Neutralwert liegen. Das Becken läßt sich mit Javamoos bepflanzen, an dem die Tiere auch ablaichen.

ZU: Ebenfalls in kleinen Becken möglich. Am günstigsten ist der Daueransatz, bei dem man einige Tiere in einem gut mit Javamoos ausgestatteten Becken pflegt. Da die Elterntiere den Jungfischen **nicht** nachstellen, kann man diese mit einem Teelöffel von der Oberfläche schöpfen und dann getrennt aufziehen. Man kann aber auch die Eier ablesen, aus denen nach etwa 2–3 Wochen die Jungtiere schlüpfen. Am günstigsten ist jedoch die erste Methode, man kann dann die Tiere solange im Ablaichbecken lassen, bis sie *Artemia salina*-Nauplien bewältigen. Dies ist schon bald nach dem Schlüpfen der Fall, weil die Eier und damit auch die geschlüpften Jungfische im Vergleich zu der geringen Größe ausgewachsener Tiere sehr groß sind. Dieses Futter sollte man auch ins Zuchtbecken geben, da es außer von den Jungfischen auch von den Elterntieren gefressen wird.

FU: K; kleines Lebendfutter, der geringen Größe der Tiere entsprechend. Gelegentlich auch zerkrümeltes Flockenfutter.

Bes.: Diese Art dürfte die kleinste bekannte *Rivulus*-Art sein.

T: 24–28° C, **L**: 3 cm, **BL**: 30 cm, **WR**: o, m, u, **SG**: 2–3

Rivulus punctatus — BOULENGER, 1895
Punktierter Bachling

Syn.: Keine.

Vork.: Südamerika: Nördliches Argentinien, Paraguay, Bolivien und Brasilien in den Einzugsgebieten des oberen Rio Paraguay, Rio Guaporé, Rio Paraná, bis Brasilia und Umgebung.

Ersteinf.: ? 1960 in die USA.

GU.: Nicht immer leicht festzustellen. Auch von dieser Art gibt es mehrere unterschiedliche Fundortformen. Meist haben die ♂♂ eine gelblich- bis grünlichbraune Grundfarbe, die zum Bauch heller, oberhalb der Mittellinie, die manchmal durch ein dunkles Band gekennzeichnet ist, dunkler ist. Nach hinten offene liegende V-förmige Querbänder mit der Spitze auf der Seitenlinie sind je nach Population weniger (westliche) oder kräftiger (östliche Populationen, vor allem um Brasilia) deutlich. Der ganze Körper ist von roten und braunen Punkten überzogen, die sich auch auf den Flossen wiederfinden und besonders in der Schwanzflosse kräftig dunkelbraun sind und bei westlichen Populationen ein marmoriertes Muster bilden, bei östlichen zu senkrechten Streifen zusammenlaufen. Die ♀♀ sind ähnlich gefärbt und tragen häufig, aber nicht immer, einen *Rivulus*-Fleck. Der Vorderkörper ist bei ihnen rundlicher.

Soz. V.: Wie *Rivulus agilae*.

Hält. B.: Wie *Rivulus agilae*. Die Haltung und Pflege ist nicht schwierig und auch in sparsam mit kleineren Fischen besetzten Gesellschaftsbecken möglich, dennoch ist ein Artenbecken vorzuziehen. Schwimmpflanzen sind zu empfehlen, auf oder zwischen denen die Fische gerne liegen, auch außerhalb des Wassers. Deckscheibe!

ZU: Wie *R. agilae.* Die Zucht ist nicht bei allen Fundortstämmen gleich schwierig, die westlichen aus Argentinien, Paraguay und Bolivien pflanzen sich augenscheinlich leichter fort als die östlichen Formen aus der Umgebung von Brasilia.

FU: K; kleineres Lebendfutter entsprechend der Größe der Tiere. Es wird auch häufig Flockenfutter zusätzlich genommen.

Bes.: Die östlichen Formen von *R. punctatus* wurden aufgrund ihrer gestreiften Schwanzflosse wiederholt mit *R. zygonectes* verwechselt, der ähnlich gefärbt ist, dessen Streifen jedoch weniger und breiter sind. Bei diesem zieht sich außerdem ein deutliches dunkles Band vom Maul unterhalb der Körpermitte in die untere Schwanzwurzel.

T: 22–26° C, **L**: 4 cm, **BL**: 40 cm, **WR**: o, m, u, **SG**: 3

Rivulus spec. aff. holmiae

Rivulus punctatus

Rivulus roloffi TREWAVAS, 1948
Roloffs Bachling

Syn.: Keine.

Vork.: Mittelamerika: Haiti, Dominikanische Republik zwischen Santo Domingo und Puerto Plata.

Ersteinf.: 1938 durch E. Roloff.

GU.: Die ♂♂ haben eine auf der Körperflanke und -unterseite blaugrüne Körperfärbung, die zum Bauch hin gelblich und zum Rücken braun wird. Dunkle Flecken können zum Schwanz hin kräftiger werdend als Band in Erscheinung treten. Hinter den Brustflossen befindet sich ein blaugrüner metallischer Fleck. Die Flossen sind körperwärts bronzefarben, zum Rand hin durchscheinend, die Afterflosse ist am Rand dunkelbraun bis schwarz. Bei den ♀♀ ist die Grundfarbe braun und das Band der Körperseite kräftiger ausgeprägt, die Flossen sind farblos. Ein *Rivulus*-Fleck ist nicht vorhanden.

Soz. V.: Wie bei *R. agilae.*

Hält. B.: Wie bei *R. agilae*. Die Wasserwerte sind von untergeordneter Bedeutung, solange sie nicht extrem sind. Ein Artenbecken ist zu empfehlen. Schwimmpflanzen bieten den ♀♀ Versteckmöglichkeiten.

ZU: Wie bei *Rivulus agilae*. Die Art ist nicht sehr produktiv. Die Zucht sollte mit Javamoos oder einem Ablaichmop als Ablaichmedium in einem gesonderten Becken erfolgen, am besten ist es, die Eier abzulesen und in einer Brutschale zur Entwicklung zu bringen. Die Jungfische schlüpfen nach 2–3 Wochen und sind recht klein, so daß man sie zunächst mit Pantoffeltierchen anfüttern sollte. Nach etwa einem halben Jahr sind die Fische geschlechtsreif.

FU: K; Lebendfutter aller Art, vor allem auch Anflugfutter wie *Drosophila*, gegebenenfalls auch zusätzlich Flockenfutter.

Bes.: Keine.

T: 20–26° C, **L:** 5 cm, **BL:** 50 cm, **WR:** o, m, u, **SG:** 3–4

Rivulus santensis KÖHLER, 1906
Santos-Bachling

Syn.: Keine.

Vork.: Südamerika: Südost-Brasilien, Küstenbereich von etwa Rio de Janeiro bis nördlich Florianapolis.

Ersteinf.: 1904 durch Hesdörfer als *Rivulus elegans* (nicht STEINDACHNER, 1880).

GU.: Die ♂♂ haben eine zimtfarbene Körperfarbe, die zum Bauch hin heller bis weißlich und zum Rücken mittelbraun wird. Auf dem Hinterkörper geht sie ins Grünliche über. Die unpaaren Flossen sind grün bis bronzefarben, die Afterflosse zum Körper hell-weißlich, am Rand schwarz. Die Schwanzflosse ist innen grün bis bronzefarben und je nach Population unten oder auch oben schwarz gerandet. Die ♀♀ sind hell- und dunkelbraun sowie grün gefleckt, der Bauch ist weißlich. Die Flossen sind bräunlich, die Schwanzflosse dunkelbraun marmoriert. Ein *Rivulus*-Fleck ist in der Regel vorhanden.

Soz. V.: Friedliche Art, Verhalten ähnlich wie bei *R. agilae*.

Hält. B.: Die Art ist in der Hälterung anspruchslos, die Wasserwerte von untergeordneter Bedeutung, mittlere Werte sind zu empfehlen. Das Becken sollte gut bepflanzt sein, vor allem sind Schwimmpflanzen zu empfehlen, zwischen und auf denen die Tiere gerne liegen. Deckscheibe nicht vergessen, auch diese Art springt gut und gezielt.

ZU: Wie bei *R. agilae*. Es wurden bisher sehr unterschiedliche Erfahrungen gemacht, einmal wurden mit einem Ansatz über hundert Jungfische erzielt (Methode wie bei *R. agilae* angegeben), bei anderen erfahrenen *Rivulus*-Pflegern gelang die Zucht nur schwer, gelegentlich überhaupt nicht. Möglicherweise liegt das Problem in einer abwechslungsreichen Fütterung mit Lebendfutter aller Art. Die geschlüpften Jungfische sind leicht aufziehen, sie nehmen sogleich Nauplien von *Artemia salina* und wachsen für *Rivulus*-Arten recht zügig voran.

FU: K; Lebendfutter aller Art, möglichst abwechslungsreich, die Fische nehmen auch Flockenfutter.

Bes.: In einer unveröffentlichten Examensarbeit stellte P. de SOUZA SANTOS FILHO fest, daß es zwei Populationsgruppen von *R. santensis* gibt: Eine nördliche Populationsgruppe zwischen etwa Rio de Janeiro und Santos weist eine Färbung der Schwanzflosse auf, die oben und unten schwarze Ränder zeigt, weiter südlich weicht die Population etwas ab und zeigt nur in der unteren Schwanzflosse einen schwarzen Saum.

T: 20–26° C, **L:** 5 cm, **BL:** 50 cm, **WR:** o, m, u, **SG:** 3–4

Rivulus roloffi

Rivulus santensis, oben ♂ unten ♀

Rivulus tenuis (MEEK, 1904)
Mexiko-Bachling

Syn.: *Cynodonichthys tenuis, Rivulus godmani, Rivulus hendrichsi.*

Vork.: Mittelamerika: vom südlichen Veracruz über das südliche Mexiko hinweg, über Belize und Guatemala bis Honduras, entlang des atlantischen Andenabhanges.

Ersteinf.: Frühjahr 1909 von den Vereinigten Zierfischzüchtereien Conradshöhe, Berlin.

GU.: Die ♂♂ sind entsprechend dem Fundort sehr unterschiedlich gefärbt. Der abgebildete Fisch zeigt eine Aquarienpopulation, die nach dem Zeichnungsmuster aus dem südlichen Verbreitungsgebiet stammen dürfte. Die Population vom Typenfundort El Hule oder heute Papaloapam hat eine rötlich-beige Grundfarbe, auf der sich kräftige rote bis rotbraune Punkte befinden. Der Kiemendeckel trägt einen kräftigen blauen Fleck. Die Afterflosse ist gelb, die Rückenflosse bronzefarben. Die Schwanzflosse ist innen rötlich, nach außen folgt ein dunkles, unten schwarzes, halbkreisförmiges Band, das im oberen Flossenbereich einen gelben, im unteren einen gelben bis roten breiten Flossenrand abgrenzt. Die ♀♀ sind einfacher gefärbt und von bräunlicher Grundfarbe, die Schwanzflosse ist braun marmoriert, in der oberen Schwanzflossenwurzel findet sich ein *Rivulus*-Fleck.

Soz. V.: Wie für *R. agilae* angegeben. An einem Fundort bei Papaloapam, Oaxaca, Mexiko, fanden sich Hunderte von *Rivulus tenuis* in einem unter Wasser stehenden Sumpfgelände um einen Tümpel herum zwischen dem Gras, doch ist die Art kein Schwarmfisch oder gesellig lebender Fisch.

Hält. B.: Anspruchslose hübsche Art, die Wasserwerte sind nicht entscheidend. Am oben angeführten Fundort fanden sich um 10.30 Uhr folgende Werte: Lufttemperatur: 30° C, Wassertemperatur: 31° C, KH und GH nicht meßbar, weil zu gering, pH = 6,75, 850 µS. Auch wenn härteres Wasser ohne Probleme vertragen wird, ist also leicht saures und weiches Wasser in einem dichtbepflanzten Aquarium mit Schwimmpflanzen, zwischen und auf denen die Fische gerne an der Wasseroberfläche liegen, zu empfehlen. Die Tiere können auch im Gesellschaftsbecken mit nicht zu großen Mitbewohnern gepflegt werden. Abdeckscheibe nicht vergessen!

ZU: Wie bei *R. agilae* angegeben, doch ist *R. tenuis* wesentlich problemloser und produktiver. Die Eier können abgesammelt oder zusammen mit dem Torf „trocken" zur Entwicklung gebracht werden. Die Jungfische lassen sich sogleich mit Nauplien von *Artemia salina* anfüttern.

FU: K; Lebendfutter aller Art, vorzugsweise Anflugfutter wie *Drosophila*, gerne auch Wurmfutter.

Bes.: Die unterschiedlichen Fundortformen sollten nur mit der entsprechenden Populationsbezeichnung weitergegeben werden.

T: 22–28° C, L: 6 cm, BL: 50 cm, WR: o, m, SG: 2–3

Rivulus tenuis

Fortsetzung von *Roloffia geryi*:

Bes.: Nach einer Entscheidung der Nomenklaturkommission ist der Name *Roloffia* ungültig und durch *Callopanchax* zu ersetzen, Gattungstypus ist *occidentalis*, der Name trifft also vor allem für die großen Arten zu. Für die kleineren Arten stünde der Name *Archiaphyosemion* RADDA, 1977 zur Verfügung, wenn man sie als eigenständige Gattung auffaßt, sonst wäre für sie die Bezeichnung *Aphyosemion* anzuwenden. Hier soll aus aquaristischen Gründen jedoch noch der Name *Roloffia* beibehalten werden, zudem ist gegen die Entscheidung der Nomenklaturkommission Einspruch erhoben worden, doch wurde dieser bisher noch nicht endgültig behandelt. Da aber die kleineren Arten doch erheblich von der Gattungsgruppe um den als *Aphyosemion occidentale* beschriebenen Fisch abweichen, muß mit der Verwendung des Namens *Archiaphyosemion* gerechnet werden.

T: 22–26° C, **L**: 5 cm, **BL**: 50 cm, **WR**: m, u, **SG**: 2–3

Rivulus uroflammeus uroflammeus BUSSING, 1980

Syn.: Keine.

Vork.: Mittelamerika: Südwestliches Costa Rica, Einzugsgebiete des Rio Grande de Térraba und des Rio Coto zwischen 570 und 1100 m Höhe.

Ersteinf.: 1981 durch T. Schulz.

GU.: Die ♂♂ sind recht bunt, auf dem Vorderkörper rötlichbraun, zum Bauch hin blaugrau. Rote Punkte nehmen nach hinten zu und treten zusammen, so daß der Schwanzstiel ziegelrot ist. Die Schwanzflosse trägt innen ein schwarzes halbkreisförmiges Band, dem außen ein gelber bis blauweißer breiter Saum folgt. Die Afterflosse ist innen körperfarben, außen wird sie gelblich mit rotbraunen Punkten, der Rand ist schwarz. Die Rückenflosse ist innen weißgelb und rotbraun gefleckt, außen weißgelb. Die ♀♀ sind auf hellbraunem Grund graubraun gefleckt. Ihre Flossen sind braun marmoriert, ein *Rivulus*-Fleck ist vorhanden, aber nicht immer deutlich ausgeprägt.

Soz. V.: Wie für *R. agilae* und *R. tenuis* angegeben.

Hält. B.: Wie für *R. tenuis* angegeben.

ZU: Wie für *R. agilae* und *R. tenuis* angegeben.

FU: K; Lebendfutter aller Art, bevorzugt auch Wurmfutter.

Bes.: Neben der Nominatform *R. uroflammeus uroflammeus* wurde auch die Unterart *R. uroflammeus siegfriedi* beschrieben, die nicht so schön rot auf dem Hinterkörper gefärbt ist. Bei dieser ist die Schwanzflosse gelb gesäumt und es fehlt das innere schwarze Band. Die Afterflosse ist hier gelb. Die Art gehört sicherlich in die nahe Verwandtschaft von *R. tenuis*.

T: 22–26° C, **L**: 6 cm, **BL**: 50 cm, **WR**: o, m, u, **SG**: 2–3

Rivulus xiphidius HUBER, 1979
Blaustreifenbachling

Syn.: Keine.

Vork.: Nordöstliches Südamerika, Küstenbereiche von Surinam und Französisch Guyana.

Ersteinf.: 1976 nach Frankreich.

GU.: Die ♀♀ sind kleiner als die ♂♂, ihnen fehlt die blaue und orange Farbe, dafür haben sie in Körperlängsrichtung ein dunkelgraues bis schwarzes Band.

Soz. V.: Einzeln lebende und recht scheue Fische, die besonders in einer ungewohnten Umgebung (neu eingerichtetes Aquarium) sehr versteckt leben. Nur mit zarten und friedlichen Fischen vergesellschaften, etwa kleinen Salmlern, kleinen Panzerwelsen usw., vorzuziehen ist jedoch unbedingt das Artenbecken.

Hält. B.: Dunkle Gesamteinrichtung mit starker Bepflanzung, sehr gegliedertes Becken. Besonders empfehlenswerte Pflanze: Javamoos. Wasser weich und leicht sauer (bis 6° dGH, pH 6–6,5). Häufiger Wasserwechsel. Nicht zu große Aquarien, sonst findet man die Tiere nicht mehr wieder. Schwieriger und etwas empfindlicher Fisch, der einige Erfahrung sowie viel Aufmerksamkeit und Ruhe benötigt.

ZU: Sollte in kleineren Becken von 4–5 Litern erfolgen. Am besten paarweise oder 1 ♂ und 2 ♀♀. Einrichtung ist nicht notwendig, als Ablaichsubstrat empfehlen sich Javamoos oder Torffasern, die vom Beckenrand ins Wasser reichen und dem ♀ zugleich eine Versteckmöglichkeit bieten. Die Tiere sind Dauerlaicher. Entweder nach 14 Tagen die Elternfische entfernen und die dann nach und nach schlüpfenden Jungfische abschöpfen, oder die Fische nur eine Woche bei Verwendung von Torffassern als Ablaichsubstrat zur Zucht ansetzen und den Torf 3 Wochen trockenlegen und dann aufgießen. Die Jungfische zunächst mit Pantoffeltierchen anfüttern, dann auf *Artemia salina*-Nauplien übergehen.

FU: Lebendfutter aller Art, Vorsicht bei Wurmfutter, die Art ist empfindlich. Am besten sind Weiße Mückenlarven.

Bes.: *Rivulus xiphidius* entspricht in Pflege und Zucht weniger der Mehrheit der *Rivulus*-Arten, sondern sie ist empfindlicher und in dieser Hinsicht eher mit den Arten der Gattung *Diapteron* zu vergleichen.

T: 22–25° C, **L**: 4 cm, **BL**: 30–40 cm, **WR**: m, u, o, **SG**: 4

Rivulus uroflammeus uroflammeus

Rivulus xiphidius

Roloffia etzeli BERKENKAMP, 1979
Etzels Prachtkärpfling

Syn.: Keine.

Vork.: Westafrika: Sierra Leone, Distrikt Port Loko.

Ersteinf.: 1975 durch Dr. V. Etzel und W. Kessel.

GU.: Die ♂♂ sind farbiger als die ♀♀, sie tragen eine grünliche Grundfärbung, zum Rücken hin sind sie braun. Darüber befindet sich eine Anzahl roter Punkte, die nach hinten zu Schrägbinden zusammentreten. Die Rücken- und Afterflosse sind auf grünlichem Grund rot gefleckt, die Rückenflosse trägt einen gelben Saum, körperwärts ein rotes Band. Die Schwanzflosse hat oben und unten breite gelbe Säume, nach innen folgt jeweils ein rotes Band, der Innenbereich der Flosse ist grob grünlich und rot marmoriert, wobei am Grund der Flosse meist ein halbkreisförmiges rotes Band verläuft. Die ♀♀ sind mittelbraun, zum Rücken dunkelbraun. Auf dem Hinterkörper finden sich dunkelbraune Schrägbinden. Die Flossen sind bräunlich und abgerundet.

Soz. V.: Es handelt sich um friedfertige Fische, nur die ♂♂ können gegeneinander aggressiv werden. Die Vergesellschaftung mit kleineren und friedlichen Fischen ist möglich.

Hält. B.: Ein Artenbecken ist dem Gesellschaftsaquarium vorzuziehen. Auf jeden Fall sollte es eher dunkel eingerichtet sein (Torfboden), da so auch die Farben der Fische besser zur Geltung kommen. Das Wasser sollte sauer (pH 5,5 bis 6,5) und weich sein, höhere pH-Werte und härteres Wasser sind möglich, für eine Zucht aber ungünstig. Die Bepflanzung sollte dichte Stellen, etwa mit Javamoos, aufweisen, die weitere Dekoration kann auch mit Moorkienwurzeln erfolgen.

ZU: Die Zucht kann im Grunde wie bei kleineren *Aphyosemion*-Arten durchgeführt werden.

FU: K; Lebendfutter aller Art, Flockenfutter wird selten genommen.

Bes.: Die Art ist sehr nahe mit *Roloffia roloffi* verwandt, viele Autoren betrachten sie nur als eine Population hiervon. Zur Gattungsbezeichnung siehe auch bei *Roloffia geryi*.

T: 22–28° C, **L**: 5 cm, **BL**: 50 cm, **WR**: m, u, **SG**: 2–3

Roloffia geryi (LAMBERT, 1958)
Zickzack-Prachtkärpfling

Syn.: *Aphyosemion guineense geryi, Aphyosemion roloffi geryi.*

Vork.: Westafrika: Küstenbereich von Gambia bis Sierra Leone.

Ersteinf.: 1962 durch Roloff in einem ♀ von Sierra Leone, 1965 dann beide Geschlechter.

GU.: Die ♂♂ sind je nach Herkunft sehr unterschiedlich gefärbt, allgemein haben die südlichen Populationen kräftigere Farben. Die ♂♂ sind von brauner bis grünlicher Grundfärbung, darüber befindet sich ein rotbraunes bis lebhaft dunkelrotes Muster von Punkten, die zu einer Zickzacklinie über der Flanke zusammentreten und auf dem Hinterkörper Querbänder oder ein Netzmuster bilden. Die unpaaren Flossen haben meist außen, in der Schwanzflosse oben und unten, einen ausgezogenen gelben Saum, in der Afterflosse ist dieser nicht immer vorhanden. Zum Körper hin folgt ein rotes Band, der Innenbereich der Flossen zeigt rote Flecken bzw. eine rote Flammung auf gelbbraunem bis blauem Grund. Die ♀♀ sind hellbraun mit dunkelbraunem Muster. Die Flossen sind weitgehend zeichnungsfrei und abgerundet.

Soz. V.: Wie bei *R. etzeli.*

Hält. B.: Die Art ist leicht zu pflegen, im Prinzip wie R. *etzeli.*

ZU: Die Zucht kann wie bei *R. etzeli* erfolgen. Die nördlichen Populationen aus Gambia sollten mit Torffasern zur Zucht angesetzt werden, sie haben einen stärker annuellen Charakter.

FU: K; Lebendfutter, Wurmfutter ist möglichst zu meiden.

Fortsetzung Seite 689.

Roloffia etzeli

Roloffia geryi, Paar

Roloffia guineensis (DAGET, 1954)

Guinea-Prachtkärpfling

Syn.: *Aphyosemion guineense.*

Vork.: Westafrika: Guinea, Sierra Leone, Obervolta, Mali und Elfenbeinküste.

Ersteinf.: 1962 durch E. Roloff in 2 ♀♀, 1965 erneut beide Geschlechter aus Sierra Leone.

GU.: Die ♂♂ sind dunkelbraun gefärbt mit violettem Glanz. Die ♀♀ haben eine braune Grundfärbung, zum Bauch heller, zum Rücken dunkler, und keine markante Zeichnung. Die Flossen sind abgerundet und bräunlich-opak, nur die Rückenflosse weist rötlichbraune Punkte auf.

Soz. V.: Die Fische sind sehr scheu und leben recht versteckt, am liebsten in Bodennähe. Sie sind nicht gesellig, sondern halten zueinander einen größeren Abstand ein. Die ♂♂ können gegeneinander recht rauflustig sein. Gegenüber anderen Fischen sind sie sehr scheu.

Hält. B.: Diese Art ist nicht für ein Gesellschaftsbecken geeignet. Sie benötigt ein Aquarium, das durch dichten Pflanzenwuchs (Javamoos) oder Dekorationsmaterial wie Torffasern oder ausgekochte Buchenblätter zahlreiche Deckungsmöglichkeiten bietet. Das Wasser sollte klar und sauerstoffreich sein, eine gute Belüftung und häufiger Wasserwechsel sind förderlich. Wasserwerte: weiches bis mittelhartes Wasser (bis 12° dGH), pH-Wert leicht sauer, etwa um 6,5.

ZU: Entgegen dem äußeren Eindruck sind die Tiere keine ausgesprochenen Bodenlaicher, sondern laichen an Javamoos, einem Mop oder Torffasern in oberen Wasserschichten ab, wenn ihnen das möglich ist. Zur Zucht empfiehlt sich der Ansatz eines Trios im gesonderten Zuchtbecken von 10–15 Litern Inhalt. Für die ♀♀ sind Versteckplätze zu schaffen, da sie von den ♂♂ sehr stark getrieben werden. Während der Balz werden die ♂♂ deutlich dunkler. Die Eier kann man ablesen, die Entwicklung dauert je nach Temperatur 2–3 Wochen. Die geschlüpften Jungfische nehmen sofort Nauplien von *Artemia salina.* Nach etwa 3/4 Jahr sind sie ausgewachsen.

FU: K; Lebendfutter, gerne auch Wurmfutter.

Bes.: Die Art weicht von den anderen Arten der Gattung in vielen Punkten ab, sie stellt eine Reliktform dar und ist der Typus der von RADDA beschriebenen Untergattung *Archiaphyosemion.* Auch ökologisch nimmt die Art eine Sonderstellung ein, sie steigt beispielsweise höher ins Gebirge hinauf als andere Rivulinae.

T: 18–23° C, **L**: 9 cm, **BL**: 60 cm, **WR**: u, m, **SG**: 3

Roloffia jeanpoli BERKENKAMP & ETZEL, 1979

Syn.: *Roloffia melantereon* (nicht FOWLER, 1950).

Vork.: Westafrika: Nord-Liberia.

Ersteinf.: 1976 durch A. Guignard und G. Schmitt nach Frankreich.

GU.: Die ♂♂ sind blaugrün, zum Rücken hin braun. Über den Körper zieht sich ein mehr oder weniger ausgeprägtes Längsband einzelner brauner Flecken bis in die Schwanzwurzel. Die Rückenflosse ist auf grünlichem Grund braun marmoriert, die Afterflosse blaugrün mit scharzem Rand. Die Schwanzflosse ist wie die Rückenflosse marmoriert und hat einen oberen und unteren weißblauen Saum. Die ♀♀ haben eine bräunliche Körperfärbung, das Fleckenband über den Körper ist ebenfalls rotbraun wie bei den ♂♂. Die Flossen sind weitghend farblos und abgerundet.

Soz. V.: Ähnlich wie bei *R. guineensis.* Auch *R. jeanpoli* ist eine recht scheue Art, die im Artenbecken gepflegt werden sollte.

Hält. B.: Wie bei *R. guineensis*, jedoch höhere Temperaturen. Das Aquarium sollte auch hier dicht bepflanzt werden und eher weiche und leicht saure Wasserwerte aufweisen.

ZU: Wie bei *R. guineensis*, auch diese Art ist eher als Pflanzenlaicher zur Nachzucht zu bringen. Die Eier sollten abgelesen und in Brutschalen zur Entwicklung gebracht werden. Die Jungfische schlüpfen nach etwa 2 Wochen und fressen sofort frischgeschlüpfte Nauplien von *Artemia salina.*

FU: K; Lebendfutter, wie *Cyclops*, Daphnien, *Tubifex* und alle Mückenlarven, gelegentlich auch Flockenfutter.

T: 22–28° C, **L**: 5 cm, **BL**: 50 cm, **WR**: u, m, **SG**: 3

Roloffia guineensis ♂

Roloffia jeanpoli ♂

Roloffia maeseni (POLL, 1941)
Maeseni-Prachtkärpfling

Syn.: *Aphyosemion maeseni.*

Vork.: Westafrika, West-Elfenbeinküste, Nordwest-Liberia und Südost-Guinea.

Ersteinf.: November 1971 durch E. Roloff von Salayeo, Nordwest-Liberia.

GU.: Die ♂♂ sind farbiger, mit einer intensiveren Grünfärbung und einer kräftigeren Zeichnung. Die ♀♀ sind braun oder grünlich-braun, ihre Flossen sind stärker abgerundet. Jungtiere kann man oft nur schwer auseinanderhalten.

Soz. V.: Friedlicher und eher scheuer und versteckt lebender Fisch.

Hält. B.: Wie bei allen *Roloffia*-Arten weiches bis mittelhartes (4–12° dGH) Wasser. Zur Pflege von *R. maeseni* ist neutrales bis eher alkalisches Wasser vorzuziehen. Auch leicht saures Wasser ist möglich, jedoch hat der pH-Wert auf die Fortpflanzungsbereitschaft und das Geschlechterverhältnis der Jungfische nachgewiesenermaßen Einfluß. Beckeneinrichtung insgesamt dunkel, erst dann zeigen sich die optimalen Farben. Zu empfehlen ist ein Artenbecken, sonst kommen die Tiere nicht ausreichend zur Geltung. Eventuell auch mit Leuchtaugenfischen wie *Aplocheilichthys normani* oder anderen kleineren *Roloffia*-Arten zu vergesellschaften.

ZU: Wie bei *R. etzeli* entweder als Boden- oder als Pflanzenlaicher, am besten ebenso wie dort mittels Torffasern. Die Art ist nicht sehr produktiv. Die Jungfische fressen sofort Nauplien von *Artemia salina* und wachsen nicht besonders schnell heran.

FU: K; Lebendfutter aller Art, gelegentlich zusätzlich auch einmal Trockenfutter, dies wird jedoch nicht von allen Tieren angenommen.

Bes.: Die Art lebt im gleichen Verbreitungsgebiet wie die ähnlich aussehende Zwillingsart *R. viridis*. Siehe auch dort.

T: 20–24° C, **L**: 5 cm, **BL**: 50 cm, **WR**: m, u, **SG**: 2–3

Roloffia petersii (SAUVAGE, 1882)
Peters' Prachtkärpfling

Syn.: *Haplochilus petersii, Aphyosemion petersii, Epiplatys petersi.*

Vork.: Westafrika: Küstenbereich der südöstlichen Elfenbeinküste und des südwestlichen Ghana.

Ersteinf.: Frühherbst 1952 durch L. Sheljuzhko aus der Elfenbeinküste nach Deutschland.

GU.: Die ♂♂ haben eine bräunliche bis olivfarbene Grundfärbung, darüber finden sich, je nach Fundortform, zahlreiche rote und bronzefarbene, auch blaugrüne Punkte. Auf dem Hinterleib wird eine dunkle Querbänderung deutlich. Die Rükkenflosse trägt außen einen weißblauen oder gelben Saum, die Afterflosse ist ganz weißblau oder gelb oder innen körperfarben mit einem weißlichen oder gelblichen Band. Der Rand ist braun. Die Schwanzflosse ist innen körperfarben, oben trägt sie ein schmaleres, unten ein breiteres gelbes Band. Die ♀♀ sind auf dem Körper blasser, aber im Grunde ebenso wie die ♂♂ gefärbt, die stärker abgerundeten Flossen sind braun bis rötlichbraun, die bei den ♂♂ vorhandenen Flossensäume sind nur angedeutet oder fehlen ganz.

Soz. V.: Wie bei *R. guineensis*, jedoch nicht so scheuer und lebhafter friedlicher Fisch. Die Tiere leben nicht so versteckt.

Hält. B.: Das Aquarium sollte wie bei *R. etzeli* angegeben eingerichtet sein: Dicht bepflanzter Hintergrund, dunkler Boden, eventuell Torfboden, vielleicht einige abgekochte Buchenblätter, eher weiches bis mittelhartes und leicht saures bis neutrales Wasser.

ZU: Wie bei *R. guineensis*, als Küstenform ist die Art jedoch wärmeliebender. Die Fische sollten ebenfalls als Haftlaicher zur Zucht angesetzt werden, im Wollmop fanden sich mehr Eier im oberen Bereich.

FU: K; in erster Linie Lebendfutter aller Art, einschließlich Anflugfutter (*Drosophila*) und Wurmfutter. Selten Flockenfutter.

Bes.: Dies ist die östlichste *Roloffia*-Form und sie ist bezüglich ihrer Verbreitung und auch einiger anderer Merkmale recht isoliert.

T: 23–28° C, **L**: 5 cm, **BL**: 50 cm, **WR**: u, m, o, **SG**: 2–3

Roloffia maeseni

Roloffia petersii

Roloffia schmitti ROMAND, 1979

Schmitt's Prachtkärpfling

Syn.: Keine.

Vork.: Westafrika: Ost-Liberia.

Ersteinf.: 1977 durch Romand und Schmitt nach Frankreich.

GU.: Die ♂♂ sind sehr farbig, Grundfarbe ist ein Blaugrün, zum Rücken hin wird dies rotbraun. Darüber befinden sich zahlreiche rote Punkte. Die Rücken- und Afterflosse haben außen einen schmalen gelben oder blauen bzw. blauen Rand, körperwärts folgt ein roter Streifen. Der Innenbereich der Schwanzflosse ist blau mit vielen kleinen roten Punkten auf der Flossenmembran, oben und unten findet sich ein roter Streifen, dann nach außen ein ganz schmaler weißer, gefolgt von einem breiten gelben Saum. Die Form der Schwanzflosse ist spatenförmig. Die ♀♀ sind braun mit rotbrauner schwacher Punktierung, die Flossen sind abgerundet, vor allem die Schwanzflosse, und rotbraun punktiert.

Soz. V.: Lebhafter, friedlicher und etwas scheuer Fisch. Die Vergesellschaftung mit ähnlichen Fischen ist möglich. Die ♂♂ sind gegeneinander gelegentlich etwas aggressiv.

Hält. B.: Wie bei *R. etzeli*. Wasser weich bis mittelhart und leicht sauer. Werte an den Fundorten: 23–24° C, Härte: 1–2° dGH, pH 6–6,5. Die Art ist jedoch auch gegenüber abweichenden Werten nicht besonders empfindlich. Gegebenenfalls sind ein Torfboden und ein Torffilter zu empfehlen, durch die die Wasserwerte gesenkt werden. Die Art springt gut und gerne. Deckscheibe nicht vergessen!

ZU: Wie bei *R. etzeli*, auch bei dieser Art lassen sich die Eier entweder absammeln oder im Torf aufbewahren. Am Ablaichmop werden die Eier in allen Bereichen abgelaicht, etwas häufiger jedoch am oberen Ende. Die Jungfische fressen sofort Nauplien von *Artemia salina*.

FU: K; Abwechslungsreiches Lebendfutter aller Art, gerne auch Anflug- und Wurmfutter, mit letzterem sollte man jedoch etwas sparsam sein.

Bes.: Die Art ist mit *Roloffia liberiensis* nahe verwandt.

T: 22–24° C, **L**: 6 cm, **BL**: 60 cm, **WR**: u, m, **SG**: 2–3

Roloffia viridis LADIGES & ROLOFF, 1973

Grüner Prachtkärpfling

Syn.: *Aphyosemion viride*.

Vork.: Westafrika, Südost-Guinea, Nordwest-Liberia.

Ersteinf.: November 1971 durch E. Roloff von Salayeo, Nordwest-Liberia.

GU.: Die ♂♂ haben eine gleichmäßige blaugrau-grünliche Grundfärbung mit nur wenig Zeichnung auf dem Körper, die aus kleinen roten Pünktchen besteht. Die ♀♀ sind demgegenüber olivbraun und ihre Flossen nahezu transparent und abgerundet.

Soz. V.: Scheuer und versteckt lebender, etwas empfindlicher Fisch.

Hält. B.: Wie bei *R. maeseni* angegeben, auch hier ist ein Artenbecken zu empfehlen.

ZU: Wie bei *R. maeseni*, jedoch schon eher als Bodenlaicher als jener.

FU: K; alle Sorten Lebendfutter, Trockenfutter wird nicht angenommen.

Bes.: Die Art lebt im gleichen Verbreitungsgebiet (sympatrisch) wie die Zwillingsart *R. maeseni* und kommt sogar mit dieser am selben Ort (syntop) vor. Beide scheinen jedoch etwas unterschiedliche ökologische Ansprüche zu haben, *R. viridis* dürfte eher Saisoncharakter besitzen als *R. maeseni*.

T: 20–24° C, **L**: 6 cm, **BL**: 50 cm, **WR**: u, m, **SG**: 3–4

Roloffia schmitti ♂

Roloffia viridis ♂

Valencia letourneuxi (SAUVAGE, 1880)
Korfu-Kärpfling

Syn.: *Fundulus letourneuxi, Valencia hispanica* (nicht CUVIER & VALENCIENNES, 1846), *Valencia hispanica letourneuxi.*

Vork.: Südost-Europa: Korfu und gegenüberliegender küstennaher Festlandsbereich vom südlichen Albanien bis zum Lauros-System in Griechenland.

Ersteinf.: Ende August 1979 durch Baun von Korfu nach Deutschland, Oktober 1979 durch Labhart vom griechischen Festland in die Schweiz.

GU.: Die ♂♂ sind braun, zum Rücken hin dunkler, zum Bauch heller bis gelblich werdend. Über die Flanken zieht sich ein blaugrüner metallischer Glanz, auf dem Hinterkörper wechseln sich 6–8 braune Streifen mit metallisch-blauen Querbinden ab. Die Flossen sind hell-gelblichbraun mit dunkelbraunen Punkten. Oberhalb der Brustflossen befindet sich ein mehr oder weniger kräftiger dunkelgrauer Fleck. Die ♀♀ sind blaß-hellbraun, der Bauch ist oft silbrig und die Flossen sind weitgehend transparent.

Soz. V.: Die Fische finden sich in der Natur in lockeren Verbänden meist mit den eingeführten und häufigeren *Gambusia affinis* gemeinsam. Auch im Aquarium sind es meist friedliche Fische, die im lockeren Verband leben. Die Vergesellschaftung ist möglich.

Hält. B.: Die Fische sollten in großen Aquarien gepflegt werden, eine Heizung ist nicht notwendig. Besser ist noch die Pflege in einem Aquarium im Freien oder in einem kleinen Gartenbecken. Wasserwerte nach LABHART (DKG-JOURNAL, **12** (10): 145–151, 1980) in der Natur: 34° dGH, KH 8°, pH-Wert 7,7. Die Einrichtung des Aquariums: Sandboden mit dichter Hintergrund- und Randbepflanzung, etwa mit *Sagittaria-* oder *Vallisneria*-Arten und *Myriophyllum* sowie *Elodea.*

ZU: BAUN hielt die Fische (Wildfänge) in einem Freilandbecken aus Eternit und konnte ab Juni von 4 Paaren aus den feinfiedrigen Wasserpflanzen und Wurzeln von Sumpfpflanzen täglich 10–15 Eier ablesen. Die Jungfische schlüpften nach 16–20 Tagen und wuchsen sehr langsam. Vermutlich ist eine Haltung im Freien sehr von Vorteil, wie sich dies auch bei dem verwandten *Valencia hispanica* gezeigt hat, möglicherweise ist der Temperaturgang im Jahreslauf, also kühle Überwinterung und wärmere Sommer, für den Zuchterfolg wesentlich. Die Aufzucht der Jungfische ist leicht, sie fressen sogleich Nauplien von *Artemia salina*.

FU: K, O; Lebendfutter aller Art, möglicherweise auch pflanzliche Nahrung, Fadenalgen sollten angeboten werden. Auch Flockenfutter wird gern gefressen.

Bes.: Der nächste Verwandte ist *Valencia hispanica* von der Ostküste Spaniens. Wie es zu diesem disjunkten Verbreitungsmuster kam, ist bisher noch unklar, sicher ist jedoch aufgrund neuerer Untersuchungen, daß *V. letourneuxi* und *V. hispanica* gute Arten darstellen.

T: 15–24° C, im Winter bis 10° C, **L**: 6 cm, **BL**: 80 cm, **WR**: m, o, u, **SG**: 2

Xiphophorus helleri, Rote Population vom Rio Playa Vicente, Mexiko. S. Seite 764.

Jenynsia lineata (JENYNS, 1842)
Linienkärpfling

Syn.: *Lebias lineata, Lebias multidentata, Poecilia punctata, Cyprinodon lineatus, Cyprinodon multidentatus, Fitzroyia multidentatus, Xiphophorus heckeli.*

Vork.: Küstengewässer des Atlantik Südostbrasiliens und Nordargentiniens, Südamerika.

Ersteinf.: 1905 durch Hans Stüve, Hamburg.

GU.: ♂ mit Gonopodium; schlanker und kleiner. ♀ dickbäuchiger.

Soz. V.: Eine rauflustige, zänkische Art, die für das Gesellschaftsbecken nicht geeignet ist. Kannibalisch.

Hält. B.: Die Art ist sehr anfällig gegenüber Fischkrankheiten, besonders Fischtuberkulose. Peinliche Sauberhaltung der Bekken und des Zuchtstammes sind Bedingung. Eine Kochsalzzugabe von 1–2 gehäuften Teelöffeln (5–10 g) pro 10 Liter Aquarienwasser hat sich als vorteilhaft erwiesen. Sauerstoffbedürftig. Im Sommer kann die Art gut im kleinen Gartenteich gehalten werden, da sie Temperaturen bis 12° C verträgt.

ZU: Alle 6 Wochen bringen die ♀♀ bei guter Pflege 10–40 Jungfische von 10 mm Länge. Nach der Befruchtung sollte das ♀ allein in ein dicht bepflanztes Becken gesetzt werden. Nach dem Ablaichen wird es entfernt, da es den Jungen intensiv nachstellt.

FU: O; Flockenfutter, Algen, gefriergetrocknete und tiefgefrorene Lebendfutter. Viel Lebendfutter.

Bes.: Die Geschlechtsöffnung liegt beim ♀ entweder rechts oder links der Körpermitte. Das Gonopodium des ♂ kann bei der Befruchtung entweder nur nach rechts oder links gebogen werden. Bei der Partnerzusammenstellung ist zu beachten, daß man nur rechtsseitige ♂♂ mit linksseitigen ♀♀ oder umgekehrt zusammenbringt.

T: 18–23° C, **L:** ♂ 4 cm, ♀ 10 cm, **BL:** 100 cm, **WR:** m, **SG:** 3

Ameca splendens MILLER & FITZSIMONS, 1971
Ameca-Hochlandkärpfling, Flitterkärpfling.

Syn.: Keine.

Vork.: Rio Ameca, Rio Teuchitlán, Jalisco, Mexiko, Mittelamerika.

Ersteinf.: Ca. 1975 von H. Entlinger (über die USA).

GU.: Rückenflosse beim ♂ größer als beim ♀. Afterflosse des ♂ zu einem Andropodium ausgebildet. ♀ in der Färbung blasser. Keine glitzernden Schuppen, dafür Flecken- und schwarze Bändermuster. Schwanzflosse beim ♂ schwarz/gelb gerändert.

Soz. V.: Friedlich gegen alle anderen Fische, ♂♂ untereinander gelegentlich stark rivalisierend und sogar zeitweise revierbildend. Im natürlichen Habitat kommen neben dieser Art eine ganze Reihe weiterer Zahnkärpflinge vor: *Chapalichthys, Goodea, Skiffia, Zoogoneticus, Xenotoca.*

Hält. B.: Dunkler Kiesboden mit größeren Steinbrocken sollte mit dichter Bepflanzung abwechseln. Viel Licht (Algenwuchs!), gute Filterung mit kräftiger Wasserumwälzung. pH-Wert 6,5–7,5; dGH bis ca. 18°, besser 5–10°.

ZU: Die Zucht ist nicht besonders schwer. Trächtigkeitsdauer 55–60 Tage. Danach werden 5–30 Jungtiere geboren, die schon fast 2 cm lang sind. Die Fische kommen mit einer „Nabelschnur" von ca. 6 mm Länge zur Welt. Diese fällt innerhalb 24–36 Std. ab. Aufzucht mit MikroMin, *Artemia*, Algen.

FU: H, O; Pflanzenkost, Algen, Pflanzenflocken (Tetraphyll o. ä.). Lebendfutter und tiefgefrorene Pflanzen- und tierische Kost wird gern genommen. Viel Abwechslung in der Fütterung bieten.

Bes.: Wie alle Goodeiden darf man diese Art über längere Zeit nur einzeln verpackt transportieren, sonst kann es auch in dunklen Beuteln oder Gefäßen zu Beschädigungen und sogar Todesfällen kommen.

T: 26–32° C, **L**: ♂ 6–8 cm, ♀ 7–12 cm, **BL**: 80 cm, **WR**: u, m, **SG**: 1

Chapalichthys encaustus (JORDAN & SNYDER, 1900)
Seitentupfen-Hochlandkärpfling

Syn.: *Characodon encaustus.*

Vork.: Chapala-See und Rio Grande de Santiago, Jalisco, Mexiko.

Ersteinf.: 1914 (ein Exemplar); 1981 durch Ivan Dibble, England.

GU.: ♀ mit dunklem Trächtigkeitsfleck, schwächer gefärbt als ♂.

Soz. V.: Ruppige Art; andere bis halb so große Fische können gemeinschaftlich angegriffen und dann gefressen werden. Untereinander friedlich, dem Nachwuchs wird jedoch nachgestellt.

Hält. B.: Bepflanzte Becken mit dichter Schwimmpflanzendecke, schwache Filterung mit leichter Strömung. Mittlere Wasserwerte: pH 7,0–7,8; 10–20° dGH.

ZU: Nicht sehr ergiebig. Nur ca. 10 Jungtiere von ca. 1,5 cm Länge werden von den ♀, denen man die Trächtigkeit kaum ansieht, abgesetzt. Temp. 25–28° C. Zuchtbecken gut bepflanzen! Länge 50–60 cm.

FU: K, O; Flockenfutter, Futtertabletten, Frostfutter, gefriergetrocknete Naturnahrung. Ein- bis zweimal wöchentlich Lebendfutter.

Bes.: Flossen im allgemeinen durchsichtig, manchmal jedoch auch gelb gefärbt.

T: 20–28° C, L: ♂ 6 cm, ♀ 8 cm, BL: 70 cm, WR: m, o, SG: 2

Laguna de Cuitzeo, Michoacan, Mexiko. ▶
Lebensraum von Goodeiden- und *Chirostoma*-Arten.
Der flache See ist milchig trüb gefärbt und in den Uferregionen dicht mit Flechtenpolstern besetzt. In diesen Wasserzonen hält sich vor allem *Chapalichthys encaustus* zu Millionen auf. Goodeiden werden auf den Märkten als Trockenfisch angeboten.

Characodon lateralis GÜNTHER, 1866
Regenbogen-Goodeide

Syn.: Keine.

Vork.: Mittelamerika; Ojo de Agua de San Juan, Durango; Los Berros, Durango, Mexiko. Quellregionen kleinerer Flüsse.

Ersteinf.: Durch Ivan Dibble, England.

GU.: ♂ prächtiger gefärbt, kleiner, Ventralen länger als beim ♀.

Soz. V.: Friedliche Art; für die Vergesellschaftung mit zarten Fischen geeignet.

Hält. B.: Algenbecken mit viel Licht, starker Filterung und häufiger Wasserwechsel. Dunkler Bodengrund, bepflanzte Zonen mit feinfiedrigen Pflanzen (*Ceratophyllum*, Wasserpest, Vallisnerien). Ein Teil des Beckens sollte durch Schwimmpflanzen Schutz bieten. Wasser weich bis mäßig hart: 2–10° dGH, pH-Wert 6,8–7,3. Die Art ist krankheitsanfällig, besonders gegen Fischtuberkulose. Deshalb auf peinliche Sauberkeit achten.

ZU: Die Zucht ist nicht sehr ergiebig. Die ♀♀ tragen ca. 55 Tage und werfen 5–20 ca. 1 cm lange Junge. Im Verhältnis 1:5 werden meist mehr ♂♂ geboren. Die Jungen sind ab etwa dem 5. Monat geschlechtsreif. Aufzucht mit Algen und *Artemia* im dichtbepflanzten Zuchtbecken.

FU: H, O; Algen und Lebendfutter wie Mückenlarven und *Artemia*. Abwechslungsreich füttern! Flockenfutter auf pflanzlicher Basis wird gern genommen.

Bes.: Eine vom Aussterben bedrohte Art, deren Nachzucht im Aquarium lohnenswert ist.

T: 18–27° C, **L**: ♂ 3,5 cm, ♀ 5 cm, **BL**: 60 cm, **WR**: u, m, **SG**: 3

Girardinichthys multiradiatus (MEEK, 1904)
Großflossen-Hochlandkärpfling

Syn.: *Characodon multiradiatus*.

Vork.: Oberlauf des Rio Lerma, Mexiko, Mittelamerika.

Ersteinf.: 1978 durch Dr. Radda, Wien.

GU.: ♀ voller im Bauch, ♂ mit dem nur schwach erkennbaren Andropodium.

Soz. V.: Über die Vergesellschaftung der Art ist zu wenig bekannt. Gemäß anderen Goodeiden ist eine friedliche Lebensweise anzunehmen.

Hält. B.: Bei zu warmer Hälterung sind die Tiere gegen Ektoparasiten sehr anfällig. Gut gefiltertes, klares und kühles Wasser ist Bedingung für die erfolgreiche Pflege der Art. pH-Wert 6,0–7,5, Härte bis 15° dGH. Arteigene Hälterung mit guter Bepflanzung wird empfohlen.

ZU: Die Tragzeit der ♀♀ beträgt etwa 55 Tage. Danach setzt ein ♀ 10–30 Jungfische von ca. 1 cm Länge ab. Die Jungfische werden von den Eltern kaum beachtet.

FU: K; Lebendfutter, insbesondere Mückenlarven. Krebstiere (*Gammarus*), Flokkenfutter, Frostfutter.

Bes.: Fast ein Kaltwasserfisch! Im Sommer läßt sich die Art gut im Gartenteich halten. Die Tiere können sehr variabel im Zeichnungsmuster sein.

T: 12–20° C, **L**: ♂ 3,5 cm, ♀ 5 cm, **BL**: 50 cm, **WR**: m, **SG**: 3

Characodon lateralis ♂

Girardinichthys multiradiatus

Ilyodon lennoni MEYER & FOERSTER, 1983
Lennons Hochlandkärpfling

Syn.: Keine.

Vork.: Arroyo Chacamero bei Altamirano, Mexiko, Mittelamerika.

Ersteinf.: 1981 durch Manfred Meyer, Bad Nauheim.

GU.: ♂ intensiver gefärbt und erkenntlich an der geteilten Afterflosse (Andropodium).

Soz. V.: Friedliche Art, die wegen der Seltenheit im Artbecken zur Sicherstellung der Vermehrung gehalten werden sollte.

Hält. B.: In der Natur kommt die Art in einem Gewässer mit folgenden Wasserwerten vor: pH 8,0; Härte 15° dGH, 10° KH. Flache, kiesige oder geröllige Flußabschnitte, die in der Trockenzeit teilweise fast austrocknen, wechseln ab mit tieferen, ausgespülten Gumpen. In den Restlachen während der Trockenzeit bilden sich große Mengen von Fadenalgen; offenbar in dieser Zeit die einzige Nahrung dieser Fische.

ZU: Die Zucht erfolgt in Becken ab 100 l Inhalt. Die ♀♀ setzen ca. alle 2 Monate zwischen 15 und 40 Jungfische ab, die bereits 1 cm lang sind. Aufzucht mit Algenrasen, Staubfutter, MikroMin oder Liquifry grün. Nach 4–5 Monaten sind die Jungen geschlechtsreif.

FU: O, H; Algen (in der Natur hauptsächlich Fadenalgen), Pflanzenkost (TetraPhyll o. ä.), aber auch tierische Kost: Flockenfutter (TetraMin), Frostfutter.

Bes.: Die Art ist nach dem ermordeten Ex-„Beatle" John Lennon benannt worden. Es ist etwas ungewöhnlich, daß eine Tierart wissenschaftlich so getauft wurde, aber der Erstbeschreiber Herr Meyer wollte hier den friedliebenden und Frieden verkündenden Musiker ehren. Die Art ist vom Aussterben bedroht.

T: 24–30° C, **L:** ♂ 6,5 cm, ♀ 8 cm, **BL:** 80 cm, **WR:** m, u, **SG:** 2–3

Ilyodon whitei (MEEK, 1904)
Balsas Hochlandkärpfling

Syn.: *Goodea whitei, Balsadichthys whitei.*

Vork.: Nebenflüsse des Rio Balsas; Rio Cuautla, (Yautepec), Mexiko, Mittelamerika.

Ersteinf.: 1979 durch die Herren Hinz, Weil und Daul nach Deutschland.

GU.: Die ♂♂ sind wesentlich farbiger als die ♀♀. Außerdem sind sie natürlich erkennbar an dem Begattungsorgan, dem Andropodium.

Soz. V.: Eine friedliche Art mit allen guten Eigenschaften für die Vergesellschaftung im „normalen" Aquarium. Die Seltenheit verpflichtet jedoch, die Art mit besonderer Aufmerksamkeit zu behandeln. Deshalb besser: Artenbecken.

Hält. B.: Wie *I. lennoni.*

ZU: Wie bei *I. lennoni.*

FU: O; ein Allesfresser, der jedoch vorwiegend Algen und Lebendfutter in der Natur aufnimmt. Algen dienen nur als Ersatznahrung. Im Aquarium: Flockenfutter jeder Art und Frostfutter..

Bes.: Schade, daß diese Kärpflinge nicht oder nur sehr selten im Handel auftauchen. Interessenten der Lebendgebärenden Zahnkarpfen wenden sich an die Gesellschaft der Lebendgebärenden Zahnkarpfen oder an die ALA (American Livebearer Association).

T: 20–26° C, **L:** ♂ 6 cm, ♀ 7 cm, **BL:** 70 cm, **WR:** m, **SG:** 2

Ilyodon lennoni ♂

Ilyodon whitei ♂

Xenoophorus captivus (HUBBS, 1924)
Ritterkärpfling

Syn.: *Goodea atripinnis* (nicht JORDAN, 1880), *Goodea captiva, Xenoophorus erro, Xenoophorus exsul.*

Vork.: Mittelamerika; Mexiko, s. Bes.

Ersteinf.: Nach 1970 durch G. Entlinger, Hamburg.

GU.: ♂ hat eine größere Rücken- und Afterflosse, und die Schuppenreihen schimmern intensiver blau als beim ♀.

Soz. V.: Friedliche Art, die auch Jungfische unbehelligt läßt. Wegen der Wichtigkeit der Nachzucht wird ein Artbecken empfohlen, obwohl die Tiere durchaus mit verschiedenen anderen Fischen gehalten werden können.

Hält. B.: Wenig anspruchsvolle Art. Frischwasser alle 8–14 Tage (1/3 des Beckens); Zugabe von z. B. Aquasafe wird angeraten. Wasser: pH-Wert 7,0–7,8; Härte: 10–25° dGH. Dunkler Bodengrund. Gute Bepflanzung. Nicht zu heller Standort des Beckens.

ZU: 10–30 Jungtiere werden alle ca. 55 Tage geboren. Diese sind bereits 18 mm lang. Durch Inzucht wurden die Tiere immer kleiner und weniger fortpflanzungsfreudig. Sorgfältige Zuchtauswahl großer Tiere und Einkreuzen fremder Zuchtstämme sind für die Arterhaltung wichtig. Aufzucht im Algenbecken mit *Artemia*, MikroMin, Liquifry, ab 3. Woche mit fein zermahlenem TetraPhyll.

Bes.: Beim unteren Tier (♂) kann man deutlich das für die Goodeiden so typische Befruchtungsorgan (Andropodium) als geteilte Afterflosse erkennen. Die Art ist in der Natur vom Aussterben bedroht! Es werden drei Typen unterschieden: Typ *captivus*: Oberlauf des Rio Panuco, bei Jesus Maria, San Luis Potosi. Typ *erro*: Rio Santa Maria del Rio, San Luis Potosi. Typ *exsul*: Aqua des Medio, zwischen Venado und Montezuma.

T: 18–26° C, **L**: ♂ 5 cm, ♀ 6 cm, **BL**: 60 cm, **WR**: alle, **SG**: 2

Xenotaenia resolanae TURNER, 1946
Resolana-Hochlandkärpfling

Syn.: Keine.

Vork.: Mittelamerika; Rio Resolana, westl. Autlan, Mexiko. In kleinen, dicht mit Algen bewachsenen Zuflüssen.

Ersteinf.: 1981 durch Ivan Dibble, England.

GU.: ♂ mit Andropodium, ein ausgewachsenes, die Artgenossen „regierendes" ♂ ist leuchender gelb als die ♀♀ und kleineren ♂♂ gefärbt.

Soz. V.: Nach MILLER (1975) kommt die Art zusammen mit *P. chica, Poeciliopsis turneri* und *Ilyodon xantusi* vor. Die Art sollte nicht mit gleichgroßen Fischen vergesellschaftet werden. Dann kommt es zu (ungefährlichen) Rangeleien. Kleine Fische bleiben unbeachtet.

Hält. B.: Wie bei *Ilyodon lennoni* (Seite 708). Gute Bepflanzung mit *Ceratophyllum* (Hornblatt), welches im natürlichen Vorkommensgebiet reichlich wächst.

ZU: Algennahrung ist für Zuchtansatz und Aufzucht sehr wichtig. Alle 2 Monate werden von den bereits im 4. Monat geschlechtsreifen Tieren 10–30 Jungfische mit 12 mm Länge abgesetzt.

FU: H; Algen, Pflanzenkost, feines Lebendfutter (*Cyclops*).

Bes.: Keine.

T: 22–25° C, **L**: ♂ 4 cm, ♀ 5 cm, **BL**: 60 cm, **WR**: m, **SG**: 2

Xenoophorus captivus ⚥

Xenotaenia resolanae

Xenotoca eiseni (RUTTER, 1896)
Eisens-Kärpfling

Syn.: *Characodon eiseni, Xenotoca variata* (nicht BEAN, 1887).

Vork.: Rio San Leonel, Rio Tamazula, Rio Grande de Santiago; Mexiko, Mittelamerika. Sowohl in klaren Gebirgsbächen als auch verschmutzten Straßengräben.

Ersteinf.: Ca. 1967 durch Kurt Jacobs, München.

GU.: ♂ deutlich farbiger. Schwanzstiel orange, Körperhinterende stahlblau. ♀ gedrungener, volle Bauchpartie, schlicht gelb/grau/grün gefärbt.

Soz. V.: Gelegentlich geht die Art an die Flossen anderer Fische. Diese Erfahrung habe ich mit mehreren Generationen nicht gemacht. Vielmehr gehörten diese Tiere bei mir zu den anspruchslosesten und friedlichsten Beckeninsassen. Ich pflege die Tiere mit *Epalzeorhynchus siamensis*, Cichliden, großen nacht- und tagaktiven Welsen, *Corydoras* und einem Kugelfisch in einem 500 l Becken, das nur dicht mit Riesenvallisnerien bewachsen ist. Alle anderen Pflanzen hatten die Welse aus- oder zugewühlt. Wasser: pH-Wert 7,5–8,0; Härte 18–25° dGH. Kräftige Filterung (Eheim großer Filtertopf), den Filterauslauf lasse ich zwecks Sauerstoffanreicherung über die Mittelspange des Beckens laufen. Das Becken ist nicht abgedeckt und mit 3 Dupla-Quecksilberdampflampen 125 W beleuchtet.

ZU: Entweder im Großbecken mit dichter Schwimmpflanzendecke; dann wachsen einige Jungtiere auf. Oder gezielt im Zuchtbecken mit Ablaichkasten. Die ♀♀ bringen etwa alle 60 Tage 10–50 Jungtiere von ca. 15 mm Länge zur Welt.

FU: O; Allesfresser: Algen, Flockenfutter, jedes feine Lebendfutter. Gefrier- und Frostfutter aller Sorten.

Bes.: Eine Art, die im Sommer gut in kleinen Gartenteichen gehalten werden kann. Eine Veralgung des Teiches sollte wenigstens teilweise zugelassen werden. In den Algen halten sich winzige Insektenlarven auf, die den Fischen wertvolle Nahrung sind. Bei passenden Temperaturen (z. B. Sommer 1983) werden von einem Paar einige hundert Jungtiere groß. Die Tiere leben etwa 5 Jahre, sind jedoch nur im zweiten Lebensjahr fortpflanzungsfähig.

T: 15–32° C, **L**: ♂ 6 cm, ♀ 7 cm, **BL**: 100 cm, **WR**: o, m, **SG**: 1–2

Xenotoca variata (BEAN, 1887)
Nymphen-Hochlandkärpfling

Syn.: *Characodon variatus, C. ferrugineus.*

Vork.: Rio Santa Maria, Rio Grande de Santiago, Rio de la Laja-Zuflüsse, Rio-Lerma-Becken; Mexiko, Mittelamerika.

Ersteinf.: Durch G. Entlinger, Hamburg über die amerikanische Gesellschaft für Lebendgebärende (ALA).

GU.: Beim ♀ ist das dunkle Band entlang der Seitenlinie ausgeprägter, beim ♂ nach oben und unten verlaufend. Schwanzflosse beim ♂ dunkel mit gelbem Saum, beim ♀ farblos bis leicht gelb.

Soz. V.: Am besten mit anderen Lebendgebärenden und Welsen, die die pflanzlichen Kotreste noch verwerten können, vergesellschaften. Friedliche Art.

Hält. B.: Die natürlichen Habitate sind alle gut bewachsen oder aber veralgt. Wenn die Nahrung nicht ausreichend Pflanzenkost enthält, werden auch größere Pflanzentriebe abgefressen. Deshalb im Gesellschaftsbecken nur ganz harte Pflanzen wie Javafarn und Javamoos verwenden. Die Wasserqualität ist ohne große Bedeutung: pH-Wert 6,5–7,6; Härte: 5–25° dGH. Kräftige Filterung wegen der starken Nahrungsaufnahme. Starke Beleuchtung. An allen Scheiben, außer Frontscheibe, ist Algenwachstum gewünscht.

ZU: Ca. 15 mm lange Jungtiere werden alle 2 Monate (20–40) geworfen.

FU: H; Algen, Pflanzenflockenfutter, überbrühter Spinat und Salat, gequetschte tiefgefrorene Erbsen, Vogelmiere. TabiMin-Futtertabletten. Aber auch Lebendfutter, z. B. Daphnien.

Bes.: Die Art ist in der Färbung sehr variabel, was auch der lateinische Name besagt.

T: 20–27° C, **L**: ♂ 6 cm, ♀ 7 cm, **BL**: 80 cm, **WR**: m, o, **SG**: 2–3

Xenotoca eiseni ♂

Xenotoca variata, oben ♂, unten ♀

Zoogoneticus quitzeoensis (BEAN, 1898)
Goldsaum-Hochlandkärpfling

Syn.: *Platypoecilus quitzeoensis*.

Vork.: Rio Grande de Santiago, Jalisco; Lago de Cuitzeo, Michoacan, Mexiko, Mittelamerika.

Ersteinf.: 1981 von Ivan Dibble nach England, von da aus 1982 nach Deutschland.

GU. Beim ♂ sind Rücken- und Afterflosse goldfarbig/orange gesäumt.

Soz. V.: Die Art ist sehr friedlich und für kleine Fischgesellschaften durchaus geeignet, wenn man ihren speziellen Bedürfnissen gerecht wird.

Hält. B.: Die Tiere müssen stets warm gehalten werden, sonst stellen sich leicht Krankheiten, besonders Fischtuberkulose, ein. Häufiger Wasserwechsel (alle 14 Tage zur Hälfte) unter Zugabe von Aquasafe. pH-Wert 6,5–7,2; Härte: 5–15° dGH. Dichte Bepflanzung im Hintergrund, vorn langer Schwimmraum. Natürliche Gesellschaftsfische sind *Skiffia bilineata* und *Goodea atripinnis*.

ZU: Nach 55 Tagen werden meist nicht mehr als 15 Jungtiere von 10 mm Länge geboren. Aufzucht peinlich sauber mit feinstem Lebendfutter: Pantoffeltierchen, später *Artemia*, das man über die Nahrung vitaminisiert. Die Jungtiere sind nach dem 4.–5. Monat geschlechtsreif, sofern sie ausgiebig gefüttert wurden.

FU: K, O; vorwiegend feines Lebendfutter, aber auch Flockenfutter wie FD-Menü und zur Abwechslung TetraPhyll.

Bes.: Keine.

Fortsetzung von *Alfaro cultratus*:

FU: K; Lebendfutter aller Art, FD-Mückenlarven, Flockenfutter.

Bes.: Die Bauchseite dieser Art ist zu einem messerähnlichen Kiel ausgebildet (Name!). Dieser Kiel wird durch zwei dicht aufeinanderliegende Schuppenreihen am hinteren Körperende gebildet.

T: 2–28° C, **L:** ♂ 3,5 cm, ♀ 4,5 cm, **BL:** 80 cm, **WR:** m, o, **SG:** 3

Alfaro cultratus (REGAN, 1908)
Messerkärpfling

Syn.: *Petalosoma cultratum, Petalurichthys cultratus, Alfaro acutiventralis, Petalosoma amazonum, Petalurichthys amazonum, Alfaro amazonum.*

Vork.: Mittelamerika; von Nicaragua über Costa Rica bis West-Panama in klaren Bächen und Flüßchen der Atlantikseite.

Ersteinf.: 1910 durch Karl Zeller, Magdeburg.

GU.: ♂ mit Gonopodium und länger ausgezogenen Ventralen (Bauchflossen), die zur Stimulation der Kopfregion beim ♀ während der Paarungsspiele dienen.

Soz. V.: Die Art ist manchmal schreckhaft. Entgegen anderer Autoren wird hier die Meinung vertreten, daß die Art durchaus für einige Gesellschaftsbecken mit *Priapichthys, Phallichthys amates, Rivulus* und anderen nicht zu zarten Weichwasserarten vergesellschaftet werden kann.

Hält. B.: Flach bepflanzte Becken mit viel Schwimmraum im unteren und mittleren Beckenbereich. Gemäß dem natürlichen Vorkommen in schnell fließenden Gewässern soll das Wasser neben guter Filterung auch eine gute Umwälzung (Strömung) haben. pH-Werte von 6,5–7,3 werden am besten vertragen. Das Wasser soll weich (Härte bis max. 8° dGH) sein. Wasserwechsel alle 2–3 Wochen (1/3) ist ratsam, da die Art gegenüber Bakterienbefall anfällig ist. Evtl. Zusatz von Rivanol (s. Bd. 1) oder General Tonic von Tetra.

ZU: Die Tragzeit beträgt etwa 24 Tage. Jungtiere sind besonders anfällig gegen Bakterienbefall. 10–30 der bereits ca. 8 mm großen Jungtiere werden bei jedem Wurf abgesetzt. Diese müssen mit feinem Lebendfutter (*Artemia*) gefüttert werden. Mit ca. 6 Monaten sind die Tiere bereits geschlechtsreif.

Fortsetzung linke Seite.

T: 24–28° C, **L**: ♂ 6 cm, ♀ 8 cm, **BL**: 70 cm, **WR**: m, u, **SG**: 2–3

Alfaro huberi (FOWLER, 1923)
Netzkärpfling

Syn.: *Priapichthys huberi, Furcipenis huberi.*

Vork.: Mittelamerika: Südliches Guatemala, Honduras und Nicaragua auf der Atlantikseite.

Ersteinf.: 1977 durch E. Schlosser, Wien. Früher einige Tiere über die USA (?).

GU.: Gonopodium beim ♂. Färbung beider Geschlechter ist gleich.

Soz. V.: Bisher kaum im Aquarium gepflegt. Dürfte aber wie bei *Alfaro cultratus* sein.

Hält. B.: In der Natur wurden im Vorkommensgebiet (Fluß von 3–6 m Breite), 20–80 cm Wasserstand, kristallklares Wasser, folgende Werte gemessen: pH 8,0, dGH 5°, Leitfähigkeit 180 µS. Eine Bepflanzung mit Vallisnerien, freier Schwimmraum, viel Licht, gute Wasserumwälzung und häufiger teilweise Wasserwechsel wird empfohlen. AquaSafe und General Tonic dabei verwenden. Letzteres in 1/2 Dosierung.

ZU: Jungtiere noch anfälliger als bei *A. cultratus.* Bisher keine gelungene Aufzucht dieser Art. Peinliche Sauberkeit im Aufzuchtbecken wird angeraten.

FU: K; feines Lebendfutter.

Bes.: Der messerartige Schuppenkiel an der hinteren Körperunterseite ist nicht oder nicht bei allen Tieren dieser Art so stark ausgeprägt wie bei der vorigen Art.

T: 26–29° C, **L**: ♂ 5 cm, ♀ 7 cm, **BL**: 70 cm, **WR**: u. o, **SG**: 4

Brachyrhaphis episcopi (STEINDACHNER, 1878)
Bischofskärpfling, Colonkärpfling*

Syn.: *Gambusia episcopi, Priapichthys episcopi, Gambusia latipunctata.*

Vork.: Mittelamerika: Panama-Kanalzone bei Obispo, Zentralpanama auf beiden Seiten der Ozeane in ruhigen Wasserzonen.

Ersteinf.: 1911 durch Arthur Rachow, Hamburg.

GU.: ♂ farbenprächtiger; trägt Gonopodium.

Soz. V.: Friedlicher Fisch, jedoch nicht für Gesellschaftsbecken. Dort wird die zaghafte Art leicht unterdrückt und kommt nicht zu ihrem Recht. 3–5 Paare in einem Artenbecken oder mit sehr zarten anderen Arten vergesellschaften.

Hält. B.: Den Naturbedingungen zufolge: pH-Wert 8,0, Härte 4° dGH, Leitfähigkeit 225 µS, sollte die Haltung nicht schwer sein. Trotzdem gelingt es selten, die Art über längere Zeit am Leben zu erhalten bzw. zur Vermehrung zu bringen. Bodengrund aus Sand, Mulm und guter Pflanzenwuchs trägt zum Wohlbefinden bei. Vorsicht mit Lebendfutter, da man sich damit leicht Krankheiten einschleppt.

ZU: Nicht sehr produktiv. Die Eltern stellen den Jungtieren kaum nach. Es werden gut bepflanzte, ruhig stehende, größere Zuchtbecken von mind. 100 Liter Inhalt empfohlen. Etwa nach 28 Tagen Trächtigkeit werden 10–20 Jungtiere abgesetzt. Die Ernährung mit feinster Aufwuchsnahrung ist nicht leicht. *Artemia* ist nur Ersatzfutter. Versuchen Sie es im Sommer mit algenbewachsenen Steinen aus dem Gartenteich. Jungtiere sind anfällig gegen Darmkrankheiten und Bakterien. Peinlichste Sauberkeit!

FU: K; schwarze Mückenlarven zur Zucht, sonst auch anderes feine Lebend- und Frostfutter, gelegentlich Flockenfutter.

Bes.: Gehört zu den schönsten lebendgebärenden Zahnkarpfen.

* Colon = Komma

T: 25–30° C, **L**: ♂ 3,5 cm, ♀ 5 cm, **BL**: 80 cm, **WR**: m, o, **SG**: 3–4

Alfaro huberi

Brachyrhaphis episcopi, unten ♂ oben ♀

Brachyrhaphis hartwegi ROSEN & BAILEY, 1963
Hartwegs Kärpfling*

Syn.: Keine.

Vork.: Süd-Guatemala (Pazifik-Seite bei Retalhuleu), Pazifik-Zuflüsse in Mexiko (Rio Chiapas), Mittelamerika.

Ersteinf.: 1977 von E. Schlosser, Wien.

GU.: S. Foto.

Soz. V.: Stark kannibalisch. Möglichst nur mit eigenen Artgenossen vergesellschaften.

Hält. B.: Gut bepflanzte Becken mit Steinverstecken, starker Filterung und häufiger Frischwasserzugabe sind Voraussetzung für eine gesunde Pflege. pH-Wert ca. 7,0–7,5, Härte bis 5° dGH, Leitfähigkeit ca. bis 100 µS.

ZU: Schwierig wegen der Futterbeschaffung. Nur Tiere, die mit Jungfischen gefüttert werden, erhalten lebensfähigen Nachwuchs. Nach 28 Tagen Trächtigkeit bringt ein ♀ 10–20 Junge. Ein kleines Zuchtbekken mit 25 Litern Inhalt ist ausreichend. Guten Ablaichkasten verwenden!

FU: K; Lebendfutter, besonders Mückenlarven und lebende Jungfische. Abwechslung mit Frostfutter, Flocken- und FD-Tablettennahrung bieten.

Bes.: Keine.

* Vorschlag eines deutschen Namens. Bisher kein deutscher Name bekannt.

T: 25–28° C, **L**: ♂ 2,5 cm, ♀ 5 cm, **BL**: 60 cm, **WR**: **SG**: 3–4

Brachyrhaphis rhabdophora (REGAN, 1908)
Bullenkärpfling

Syn.: *Gambusia rhabdophora, Priapichthys olomina, Brachyrhaphis olomina, Panamichthys tristani, Plectrophallus tristani.*

Vork.: Atlantische und pazifische Flüsse in Costa Rica, Mittelamerika.

Ersteinf.: 1975 aus England.

GU.: ♂ mit Gonopodium, gestreckt; ♀ gedrungenes, bulliges Aussehen.

Soz. V.: Sollte im Artbecken gepflegt werden, da die Art gegenüber kleineren Fischen aggressiv ist. Von größeren Fischen wird sie dagegen oft unterdrückt. Paarweise Haltung oder Gruppe mit wenig ♀♀ und mehreren ♂♂.

Hält. B.: Die natürlichen Wasserbedingungen sind: Bäche von 3–6 m Breite und ca. 30 cm Wassertiefe. Geröll. pH-Wert um 8,0, Härte bis 8,5° dGH.

ZU: Man setzt junge Weibchen im Alter von 4–5 Monaten mit den kleineren ♂♂ zusammen. Ältere, größere ♀♀ sind gegenüber den ♂♂ sehr aggressiv und gegenüber Jungfischen kannibalisch. Ablaichkästen werden nicht akzeptiert; unentwickelte Eier und Jungtiere werden darin verworfen. Dichte Bepflanzung im Zuchtbecken bietet am ehesten Aussicht auf Erfolg. Bedingung ist Lebendfutter, möglichst Jungfische oder schwarze Mückenlarven, für erfolgreichen Zuchtansatz. Die Trächtigkeit beträgt ca. 28 Tage. Die Art bringt 10–30 etwa 7 mm Junge zur Welt. Aufzucht mit feinstem Lebendfutter (*Artemia*) und Algenaufwuchs.

FU: K; O; Lebend- und Flockenfutter aller Art.

Bes.: Die Art bildet in verschiedenen Regionen gescheckte Varianten aus. Die Populationen im Rio Javilla bei Canas sind ungescheckt.

T: 25–28° C, **L**: ♂ 4 cm, ♀ 6 cm, **BL**: 60 cm, **WR**: u, o, **SG**: 2

Brachyrhaphis hartwegi

Brachyrhaphis rhabdophora ♂

Carlhubbsia kidderi (HUBBS, 1936)
Nadelkärpfling

Syn.: *Allophallus kidderi, Aulophallus kidderi.*

Vork.: Rio Champotén, Mexiko; Rio San Pedro de Mártir, El Petén; Rio de la Pasión und Alta Vera Paz, Guatemala, Mittelamerika.

Ersteinf.: 1977 durch E. Schlosser, Wien.

GU.: ♂ trägt langes Gonopodium. In der Färbung keine.

Soz. V.: Eine friedliche Art, die auch im Gesellschaftsbecken gehalten werden kann. Natürliche Begleitfische sind andere Lebendgebärende, Salmler und Cichliden.

Hält. B.: In der Natur kommt die Art sowohl in wasserpflanzenfreien als auch gut bepflanzten Uferzonen vor. Die Tiere vertragen recht gut härteres Wasser bis 20° dGH; pH-Wert 7,0–7,8. Leitfähigkeit (Naturwasser) ca. 500 μS.
Gute Filterung, gedämpftes Licht und regelmäßiger Wasserwechsel sind wünschenswerte Voraussetzung für die erfolgreiche Pflege.

ZU: Wildimporte waren anfangs sehr vermehrungsfreudig. Nach der 3. Generation ist die Nachzucht jedoch abgestorben. Es werden im Durchschnitt alle 24 Tage 15–60 Jungtiere geboren. Die ♀♀ sind bereits ab dem 4. Monat wieder zur Nachzucht fähig. Große, ruhige, gut bepflanzte Becken und häufige Gaben von Lebendnahrung sind Bedingung für die Nachzucht.

FU: K; feines Lebendfutter, gelegentlich Flockenfutter und Frostfutter.

Bes.: An den Körperseiten trägt die Art 6–12 senkrechte dunklere Streifen. Die Dorsale hat im Hinterende einen dunklen Fleck, der nach SCHLOSSER bei einer in Guatemala gesammelten Population gelb umrandet war.

T: 27–30° C, **L**: ♂ ca. 4 cm, ♀ ca. 5 cm, **BL**: 60 cm, **WR**: m, **SG**: 3

Cnesterodon carnegiei HASEMAN, 1911
Carnegie-Kärpfling

Syn.: *Cnesterodon decemmaculatus* (nicht JENYNS, 1843).

Vork.: Südamerika, Rio Iguassú, Serrinba Paraná, Brasilien; Uruguay, Argentinien in kleinen, ruhigen Bächen, Gräben und Lagunen.

Ersteinf.: 1899 durch Paul Matte, Berlin. (als *C. decemmaculatus*).

GU.: Siehe Foto: ♂ kleiner und mit Gonopodium.

Soz. V.: Sehr friedliche Art, die selbst ihrer Brut nicht nachstellt.

Hält. B.: Die recht anspruchslose Art kann in kleinsten Behältern (ca. 2 l) gehalten werden. Ausreichend Licht für Algenwuchs und mäßige Filterung sollte dennoch vorhanden sein. pH-Wert 6,5–8,0; Härte 5–25° dGH.

ZU: Ein kleines, veralgtes Zuchtbecken mit dichter Bepflanzung sollte zur Verfügung stehen. Die Trächtigkeitsdauer beträgt nur 24 Tage. Es werden dann 5–15 etwa 2,5 mm lange Jungfische abgesetzt. Aufzucht mit Staubfutter.

FU: O; feines Flockenfutter jeder Art, z. B. Tetra FD-Menü, Algen, feines Lebendfutter (*Artemia*).

Bes.: Die Art gehört zu den wenigen Lebendgebärenden, die südlich des Amazonas vorkommen. Sie gehört mit *Heterandria formosa* zu den kleinsten Fischarten. Im Sommer kann man die Art im kleinen Gartenteich halten.

T: 18–26° C, **L**: ♂ 2 cm, ♀ 3,5 cm, **BL**: 40 cm, **WR**: m, o, **SG**: 1–2

Carlhubbsia kidderi

Cnesterodon carnegiei

Flexipenis vittata HUBBS, 1926
Schwarzsaum-Kärpfling

Syn.: *Gambusia vittata, Flexipenis vittatus.*

Vork.: Mittelamerika, Mexiko: Rio Panuco-Becken von Ciudad bis Veracruz.

Ersteinf.: 1979 durch Dr. A. Radda, Wien.

GU.: ♂ farbiger, leicht am Gonopodium erkennbar. ♀ größer und mit dunklem Laichfleck.

Soz. V.: Friedlicher, geselliger Fisch, der sich gut mit anderen Lebendgebärenden oder auch Salmlern, kleinen Cichliden usw. vergesellschaften läßt. In der Natur lebt die Art hauptsächlich mit *Gambusia atrora, Poecilia mexicana, Xiphophorus variatus, X. montezumae* und *X. pygmaeus* zusammen.

Hält. B.: Die Art bevorzugt fließendes, reines Wasser. Eine gute Filterung mit regelmäßigem Wechsel der Filtermasse ist daher angeraten. An die Bepflanzung stellt die Art keine Ansprüche. In der Natur werden Ludwigien als Gewässerbewuchs angetroffen. Wasser: pH-Wert 6,5–7,8; Härte bis 20° dGH.

ZU: Die Trächtigkeitsdauer der ♀♀ beträgt etwa 28 Tage. Danach werden ca. 15–30 Jungfische geboren, die bereits eine Länge von 10 mm haben. Die Alttiere stellen der Jungbrut nur dann nach, wenn sie selbst nicht ausreichend gefüttert werden. Aufzucht mit *Artemia* und 6–8 mal täglich feinstgesiebtes Flockenfutter.

FU: K, O; feines Flockenfutter (TetraMenü und FD-Menü) *Artemia*, zur Abwechslung Pflanzenkost (TetraPhyll etc.).

Bes.: Die Art ist *Gambusia atrora* sehr ähnlich.

T: 24–28° C, **L**: ♂ 4,5 cm, ♀ 6 cm (meist kleiner), **BL**: 50 cm, **WR**: alle, **SG**: 2

Gambusia affinis affinis (BAIRD & GIRARD, 1853)
Silberkärpfling, Texaskärpfling

Syn.: *Heterandria affinis, Heterandria patruelis, Gambusia speciosa, Gambusia patruelis, Gambusia humilis, Gambusia gracilis, Zygonectes inurus, Zygonectes patruelis, Zygonectes speciosa, Zygonectes brachypterus, Zygonectes gracilis.*

Vork.: Rio Medina und San Antonio River, Texas, USA.

Ersteinf.: Ca. 1900; nicht genau nachweisbar, da die Unterart häufig mit *G. a. holbrooki* verwechselt wurde.

GU.: ♂ kleiner und mit Gonopodium, ♀ mit Trächtigkeitsfleck.

Soz. V.: Geselliger Fisch, der mit Artgenossen oder aber auch im Gesellschaftsbecken gehalten werden kann. Kannibalisch gegenüber Jungfischen.

Hält. B.: Anspruchsloser Fisch; an fast alle Wasserbedingungen anzupassen. pH-Wert 6,0–8,5; dGH bis 35°. Dichte Bepflanzung. Gute Filterung.

ZU: Mehrere ♂♂ und weniger (ausgewachsene!) ♀♀ zusammenhalten. Die Tragzeit der ♀♀ beträgt ca. 24 Tage. Es werden 10–60 Junge geboren, die vom ♀ verfolgt und gefressen werden. Deshalb Ablaichkasten verwenden oder dichte Bepflanzung im Zuchtbecken. T. ca. 24° C. Mulmigen Bodengrund vermeiden, da Jungfische darin ersticken könnten. Aufzucht mit *Artemia, Cyclops,* MikroMin.

FU: Mückenlarven, anderes feines Lebendfutter, *Artemia*, jedoch auch Flockenfutter jeder Art mit gefriergetrockneten Bestandteilen, Algen.

Bes.: Siehe Bd. 1 Seite 590. Dort ist die Unterart *G. affinis holbrooki* beschrieben. Leider wurde auch hier, wie in vielen Publikationen, das Bild verwechselt. Erst in der 4. Auflage (Herbst 1983) ist das richtige Bild von *G. a. holbrooki* gezeigt.
Beide Unterarten sind und waren sehr wichtige Bekämpfer der Malaria.

T: 18–24° C, **L**: ♂ 4 cm, ♀ 6,5 cm, **BL**: 60 cm, **WR**: m, o, **SG**: 1

Flexipenis vittata

Gambusia affinis affinis

Gambusia marshi MINCKLEY & CRADDOCK, 1962
Salado-Kärpfling

Syn.: Keine.

Vork.: Mittelamerika: Nordöstl. Mexiko: Rio Sabinas de Coahuila, Rio Salado de los Nadadores, Rio Salado, Coahuila.

Ersteinf.: 1980 durch Meyer, Müller und Vogel.

GU.: ♂ langgestreckt mit Gonopodium, ♀ hochrückiger (vor allem während der Tragzeit).

Soz. V.: Friedliche Art, die auch in Gesellschaftsbecken mit nicht zänkischen Arten gepflegt werden kann. Zur Zucht ein eigenes Becken einrichten.

Hält. B.: Das Vorkommen der Art in schmalen Gräben und im breiteren Flußbett läßt auf eine Hälterungsmöglichkeit großer Variationsbreite schließen. Genaue aquaristische Angaben fehlen. Vorschlag: gut bepflanzte, evtl. auch veralgte Becken mit schwacher Filterung. Viel Licht. Wasser von pH 6,5–8,0; Härte 5,0 bis 25° dGH.

ZU: Die ersten Nachzuchten bringen häufig viel mehr ♀♀ als ♂♂, später gleicht sich das wieder aus. Man sollte nur gut entwickelte und ausgewachsene ♀♀ zur Zucht verwenden. Diese werfen nach einer Tragzeit von etwa 28 Tagen zwischen 5 und 60 Jungfische von 6–7 mm Länge. Aufzucht mit *Artemia*, Liquifry grün, MikroMin, Staubfutter und Algenaufwuchs.

FU: O; Allesfresser von Algen bis jedes Lebendfutter. Flocken- und Tablettenfutter werden gern genommen. Abwechslung mit Tetraphyll und FD-Menü bieten.

Bes.: Einige Tiere können stärker schwarz pigmentiert sein als andere.

T: 22–26° C, **L**: ♂ 3,5 cm, ♀ 6 cm, **BL**: 60 cm, **WR**: m, o, **SG**: 2

Gambusia puncticulata yucatana (REGAN, 1914)
Yucatan-Kärpfling

Syn.: *Gambusia yucatana*.

Vork.: Südl. Mexiko (Yucatan), Mittelamerika bis Panama.

Ersteinf.: 1912 durch Hopp, Hamburg.

GU.: ♂ kleiner, und leicht am Gonopodium erkennbar.

Soz. V.: Leider ein recht unverträglicher Fisch, der sowohl Artgenossen, Jungbrut und vielen kleineren Beckeninsassen nachstellt. An ruhigen, größeren Arten werden oftmals die Flossen beschädigt. Arteigene Haltung.

Hält. B.: Dichtbepflanzte Becken mit allerlei Unterschlupfmöglichkeiten wie Wurzeln und größere Steine sind erforderlich, um die ♀♀ vor den ruppigen und drängenden ♂♂ zu schützen. Ein Salzzusatz von 1 Teelöffel auf 10 l Aquarienwasser ist für Zucht und Wohlbefinden förderlich. pH-Wert 7,5–8,3, dGH 15–30°. Bepflanzung mit Vallisnerien, evtl. Javafarn. *Philodendron*-Wurzeln.

ZU: Zur Zucht setzt man mehrere ♂♂ zu 1–2 ♀♀. Dichtbepflanzte Zuchtbecken erleichtern die Zucht. Salzzugabe ist erforderlich (s. Hält. B.), sonst kommt es leicht zu Bakterienbefall der Jungbrut. Die Trächtigkeitsdauer beträgt ca. 24 Tage. Es werden zwischen 10 und 30 Jungfische von ca. 10 mm Länge abgesetzt. Aufzucht mit *Artemia* und feinstem Flockenfutter. (MikroMin).

FU: K, O; vorwiegend alle Arten von Lebendfutter, Flockenfutter wird jedoch immer gern genommen.

Bes.: Die Nominatform *G. p. puncticulata* kommt nur auf den Inseln Cuba, Bahamas, Jamaika und Cayman vor.

T: 22–28° C, **L**: ♂ 5,5, ♀ 8 cm, **BL**: 80 cm, **WR**: m, **SG**: 3

Gambusia marshi ♂

Gambusia puncticulata ♂

Gambusia puncticulata yucatana ♀

Gambusia regani HUBBS, 1926
Regans Kärpfling

Syn.: Keine.

Vork.: Rio Forlón, Rio Tamesi, Mexiko, Mittelamerika.

Ersteinf.: Durch Dr. A. Radda, Wien.

GU.: Von der Färbung her besteht kein Unterschied. Das ♂ ist jedoch, wie bei allen Lebendgebärenden, gut am Gonopodium zu erkennen.

Soz. V.: Friedliche Art, die gut im passenden Gesellschaftsbecken gehalten werden kann. In der Natur lebt sie meist für sich allein und wird selten mit anderen Arten angetroffen.

Hält. B.: Über diese schlichte Art der Lebendgebärenden ist wenig bekannt geworden. Die Haltung entspricht den anderen, weniger anspruchsvollen Arten. Die Jungtiere sind bei der Geburt bereits 1 cm lang. Die Art kommt hauptsächlich in Teichen, Tümpeln und flachen Randzonen verschiedener Gewässertypen vor. Im fließenden Wasser wird sie selten angetroffen. pH-Wert 6,5–7,8; Härte bis 25° dGH. Schwache Filterung.

ZU: Die ♀♀ werden bereits ab dem 3. Monat geschlechtsreif. Es werden 10–20 Jungtiere nach einer Trächtigkeitsdauer von etwa 24 Tagen abgesetzt. Die Aufzucht mit feinstem Staubfutter, später *Artemia*, bereitet im separaten Zuchtbekken wenig Schwierigkeiten.

FU: L, O; hauptsächlich feines Lebendfutter oder 5–6 mal täglich auch feine Flokkenfuttersorten.

Bes.: Die Art wurde bereits 1903 durch Herrn Forlón entdeckt, aber erst 1926 beschrieben.

T: 21–28° C, **L**: ♂ bis 3,5 cm, ♀ 4 cm, **BL**: 50 cm, **WR**: m, o, **SG**: 2

Gambusia sexradiata HUBBS, 1936

Syn.: *Gambusia nicaraguensis sexradiatus*, *G. n. nicaraguensis*.

Vork.: Nördl. Belize (früher Brit. Honduras), Nordguatemala, Rio Nautla, Mexiko, Mittelamerika.

Ersteinf.: Nicht bestimmbar.

GU.: Farblich bestehen kaum Unterschiede. ♂ schlanker und langgestreckter. ♀♀ sind hochrückiger (etwa doppelt so hoch wie ♂♂).

Soz. V.: Friedliche Art, für Vergesellschaftung mit anderen Arten geeignet. In der Natur lebt die Art mit Salmlern, Cichliden und anderen Lebendgebärenden zusammen (*Xiphophorus maculatus*, *C. kidderi*, *P. fairweatheri*, *B. belizanus*).

Hält. B.: Gutbepflanzte Becken mit Schwimmpflanzendecke, dunklem Bodengrund und schwacher Filterung. Regelmäßiger Filtermassenwechsel. pH-Wert 6,5–7,8, Härte bis 18° dGH.

ZU: Die Zucht ist einfach. Alle 28 Tage werden zwischen 10 und 35 Jungtiere abgesetzt. Diese sind nur etwa 5 mm lang. Die Tiere sind ab ca. dem 4. Monat bereits wieder geschlechtsreif.

FU: O; Flockenfutter jeder Art, Pflanzenkost. FD-Futter, tiefgefrorene Lebendfuttersorten.

Bes.: Diese Art kommt nur im reinen Süßwasser vor; im Gegensatz zu anderen Gambusen, die auch in Brackwasserzonen vordringen. Die Art ist „hart im Nehmen“. Sie konnte sogar lebend in ölwasserverseuchten Gewässern gefangen werden.

T: 22–26° C, **L**: ♂ 3 cm, ♀ 6,5 cm, **BL**: 50 cm, **WR**: m, o, **SG**: 2

Gambusia regani ♂

Gambusia sexradiata ♀

Girardinus falcatus (EIGENMANN, 1903)
Sichelkärpfling

Syn.: *Glaridichthys falcatus, G. atherinoides.*

Vork.: Flüsse, Seen und Sumpfgebiete von Zentral- und Westkuba.

Ersteinf.: 1935 durch Fritz Mayer, „Roßmäßler", Hamburg über New York.

GU.: ♂ kleiner als ♀ und mit Gonopodium.

Soz. V.: Friedliche Art, die in gut bepflanzten Becken mit allen friedlichen Arten zusammengehalten werden kann.

Hält. B.: Die Fische nehmen mit jedem Beckentyp vorlieb. In der Natur kommen sie sowohl in flachen, schnellfließenden Bächen mit steinigem Boden als auch in Sumpfgebieten vor. Die Art liebt freien Schwimmraum in einem Teil des Beckens und gute Bepflanzung im anderen Teil.

ZU: Im Artbecken gelingt die Zucht und Aufzucht leicht. Die Trächtigkeitsdauer beträgt durchschnittlich 25 Tage. Es werden 10–40 Jungfische geboren mit einer Länge von etwa 8 mm. Fütterung der Jungfische mit *Artemia* und Liquifry grün.

FU: O; Flockenfutter, Algen, Frostfutter, Lebendfutter jeder Art.

Bes.: Bei richtig einfallendem Licht leuchten die Augen der Fische hellblau. Der deutsche Name beruht auf der sichelförmigen Krümmung des Gonopodiums beim ♂.
Die Art wird seit über 10 Jahren im Ost-Berliner Aquarium gehalten.

T: 24–30° C, **L**: ♂ 4,5 cm, ♀ 7 cm, **BL**: 60 cm, **WR**: m, **SG**: 2

Heterandria bimaculata (HECKEL, 1848)
Zweifleck-Kärpfling

Syn.: *Xiphophorus bimaculatus, Poecilioides bimaculatus, Pseudoxiphophorus bimaculatus, Pseudoxiphophorus pauciradiatus, Gambusia bimaculata, Gambusia (Pseudoxiphophorus) bimaculata, Pseudoxiphophorus bimaculatus bimaculatus, Pseudoxiphophorus bimaculatus taeniatus, Pseudoxiphophorus bimaculatus peninsulae, Pseudoxiphophorus reticulatus.*

Vork.: Über Nordamerika (Rio Nautla) entlang der Küste des Golf von Mexiko bis nach Honduras, Südamerika.

Ersteinf.: 1909 durch Carl Siggelkow, Hamburg.

GU.: ♂ leicht am bis zu 30 mm langen Gonopodium zu erkennen. Färbung der Geschlechter fast gleich.

Soz. V.: Meist ruhiger Fisch, der mit größeren, robusten Arten gehalten werden kann. Es wird jedoch auch von rauflustigen Tieren, insbesondere ♀♀, berichtet. Jungfischen bis 2 cm Länge wird gern nachgestellt.

Hält. B.: Wegen der unterschiedlichsten Vorkommensgebiete (2500 m hoch gelegene Gebirgsbäche bis hinunter zu Brackwasserzonen auf Meereshöhe!) ist die Herkunft der Tiere für die Pflege wichtig. Eine generelle Pflegeanweisung kann eigentlich nicht gegeben werden. Ein von allen Stämmen tolerierter Mittelwert dürfte Wasser mit pH-Wert 7 und eine Härte zwischen 10 und 15° dGH sein. Gute Bepflanzung und trotzdem freier Schwimmraum ist für die Tiere wichtig.

ZU: Die Zucht kann sehr ergiebig sein. Alle 6–8 Wochen werden 20–110 Jungfische von ca. 15 mm Länge geworfen. Die Eltern sind sofort aus dem Zuchtbecken zu entfernen. Die Jungtiere sind in den ersten 4 Wochen leicht empfindlich gegen Bakterienbefall. Alle 8–10 Tage die Normaldosis General Tonic hilft dagegen. Die Jungtiere wachsen unterschiedlich schnell und können kannibalisch sein. Deshalb reichlich Verstecke bieten. Javamoos ist gut geeignet.

FU: K; größeres Lebendfutter aller Art, Großflocken, Futtertabletten, Fischstäbchen.

Bes.: Je nach Herkunft können ganz unterschiedliche Färbungen auftreten. Die Gebirgsbachformen sind meist bräunlich und blasser gefärbt als die Niederungsformen.

T: 20–28° C, **L**: ♂ 7 cm, ♀ bis 15 cm, **BL**: 100 cm, **WR**: m, o, **SG**: 3–4

Girardinus falcatus ♂

Heterandria bimaculata, unten ♂ oben ♀

Limia dominicensis (VALENCIENNES, 1846)
Santa Domingo-Kärpfling

Syn.: *Poecilia dominicensis.*

Vork.: Santa Domingo, Haiti bei Port au Prince und Jeremie.

Ersteinf.: Zuletzt 1976 nach Österreich durch Arnold Bimüller. 1914 unter dem Synonym von *Limia melanogaster* als *Limia caudofasciatus.*

GU.: Die ♂♂ tragen eine deutlich ausgeprägte Querstreifung. Die Brust-, Rücken- und Schwanzflosse sind beim ♂ intensiv orange gefärbt. Die ♂♂ haben längere Ventralen als die ♀♀ und sind langgestreckter.

Soz. V.: Friedlicher, ansprechender Kärpfling, der für entsprechend zarte Arten als Gesellschafter geeignet ist.

Hält. B.: Gut bepflanztes Becken mit guter Wasserumwälzung und Sauerstoffanreicherung. Regelmäßiger Wasserwechsel unter Verwendung von AquaSafe. pH-Wert 6,0–7,2; Härte bis 20° dGH. In dem natürlichen Biotop wird durch üppigen Bewuchs sowohl im Wasser als auch an den Uferzonen eine Beschattung des Lebensraumes angetroffen.

ZU: Die Geschlechtsreife tritt etwa ab dem 4. Monat ein. Die ♀♀ tragen ca. 24 Tage und bringen zwischen 15 und 50, 6 mm lange Jungtiere. Es kommt nur zu etwa 3–4 Zuchten, danach sind die ♀♀ nahezu unfruchtbar. Aufzucht mit Staubfutter, MikroMin bei guten Wasserbedingungen.

Bes.: RIVAS (1978) stellt die unter *Poecilia* zusammengefaßte Gattung wieder als eigenständig auf.

T: 22–26° C, **L**: ♂ 3 cm, ♀ 4,5 cm, **BL**: 60 cm, **WR**: m, **SG**: 1–2

Limia perugiae (EVERMANN & CLARK, 1906)
Perugiakärpfling

Syn.: *Platypoecilus perugiae, Poecilia perugiae.*

Vork.: Dominikanische Republik; Haiti.

Ersteinf.: 1948 durch E. Roloff, Karlsruhe.

GU.: Bei ausgewachsenen ♂♂ ist die Brust orangegefärbt, bei ♀♀ und jungen ♂♂ weiß. Das Gonopodium ist schwarz. Die ♀♀ tragen den gattungstypischen Limiafleck in der Rückenflosse.

Soz. V.: Die Vergesellschaftung mit anderen Lebendgebärenden, z. B. Guppies, kleineren Cichliden, entspricht den natürlichen Gegebenheiten.

Hält. B.: Die Art ist an sich hart und ausdauernd. Jungtiere wachsen jedoch nur bei ausgezeichneten Wasserbedingungen zu voller Größe und Schönheit heran. Regelmäßiger, großzügiger Wasserwechsel alle 14 Tage (1/2 Beckeninhalt) und leichte Salzzugabe fördern das Wachstum sehr. Wasser: pH-Wert 6,8–7,5; Härte bis 30° dGH.

ZU: Ergiebig nur im dichtbepflanzten Großbecken ab 200 Liter Wasserinhalt. Alle 24 Tage werden 10–100 Jungfische von ca. 7 mm Länge geboren. Zum Zuchtansatz sollten nur die größten ♀♀ verwendet werden.

FU: O; Pflanzenkost und Lebendfutter. Die Tiere sollen sich nachhaltig sättigen können. Flockenfutter muß wenigstens 5–6 mal täglich gegeben werden, da es nicht „auf Vorrat" gegeben werden kann. Ein Futterautomat hilft hier sehr, sofern die Futtermenge klein genug eingestellt werden kann.

Bes.: Es gibt zwei Formen mit unterschiedlicher Größe: Die hier beschriebene und eine kleinere, bei der die ♂♂ nur 4 cm und die ♀♀ bis 5 cm lang werden. Möglicherweise handelt es sich bei dieser um eine eigenständige Art. RIVAS (1980) bezeichnet sie *Limia tridens.*

T: 24–28° C, **L**: 7 cm, **BL**: 120 cm, **WR**: m, o, **SG**: 1–2

Limia dominicensis, unten ♂ oben ♀

Limia perugiae ♂

Limia zonata (NICHOLS, 1915)
Zonatakärpfling

Syn.: *Heterandria zonata, Poecilia zonata.*

Vork.: Samaná-Halbinsel, Dominikanische Republik.

Ersteinf.: Nicht genau bekannt.

GU.: Das ♂ ist leicht am Gonopodium zu erkennen.

Soz. V.: Friedliche Art, die für eine kleine Fischgesellschaft zarter Beckeninsassen gut geeignet ist.

Hält. B.: Gut bepflanztes Aquarium mit viel Licht. Dunkler Bodengrund mit Kies oder Sand. Wasser: pH-Wert 6,8–7,5; Härte: 5–18° dGH. Gute Filterung und regelmäßiger $^1/_3$ Wasserwechsel je nach Beckengröße und Fischbesatz alle 3–6 Wochen. Zugabe von einem guten Wasseraufbereitungsmittel.

ZU: Alle 30–40 Tage setzen die geschlechtsreifen ♀♀ 12–30 Jungfische von ca. 7 mm Länge ab. Aufzucht mit Staubfutter, *Artemia* und MikroMin, Liquifry oder Eigelb.

FU: O; Flockenfutter, FD-Menü, Algen, feines Lebendfutter.

Bes.: Die Art ist mit *Poecilia (Limia) heterandria* nahe verwandt.

T: 22–25° C, **L**: ♂ 3,5 cm, ♀ 4,5 cm, **BL**: 60 cm, **WR**: m, o, **SG**: 2

Phallichthys amates pittieri (MEEK, 1912)
Pittier-Kärpfling

Syn.: *Poecilia pittieri, Poeciliopsis pittieri, Phallichthys pittieri, Poeciliopsis isthmensis, Phallichthys isthmensis.*

Vork.: Bergbäche bis in Höhen von 1200 m in Costa Rica und Nordpanama, Mittelamerika.

Ersteinf.: 1906 durch W. Schroot, Hamburg.

GU.: ♂ schlanker und am Gonopodium deutlich erkennbar.

Soz. V.: Im gut bepflanzten Gesellschaftsbecken mit friedlichen Arten ausdauernd. Ausgewachsene ♀♀ stellen eigenen und anderen Jungfischen nach.

Hält. B.: Gut gefiltertes Wasser mit Strömung. Reichliche Bepflanzung. Kiesiger Bodengrund. pH-Wert 6,2–7,5: Härte bis 20° dGH.

ZU: Alle 28 Tage werden 10–50 Jungfische geboren. Dabei kommen auf 10 ♀♀ nur ein ♂. Zum Ablaichen wird ein großer Ablaichkasten, zur Aufzucht ein gut bepflanztes, geräumiges Becken von wenigstens 50 Liter Inhalt empfohlen.

FU: O, H; Allesfresser, der jedoch Algennahrung und andere Pflanzenkost bevorzugt.

Bes.: In Bd. 1 des Aquarienatlas wird auf S. 594 die Nominatform *P. a. amates* beschrieben.

T: 20–24° C, **L**: ♂ 6 cm, ♀ 8 cm, **BL**: 80 cm, **WR**: m, **SG**: 2

Limia zonata ♂

Phallichthys amates pittieri, unten ♂ oben ♀

Phallichthys fairweatheri ROSEN & BAILEY, 1959
Fairweather-Kärpfling

Syn.: Keine.

Vork.: Rio Hondo, New River; British Honduras. Rio de la Pasion, Rio San Pedro de Mártir. Tabasco, Mexiko, Mittelamerika.

Ersteinf.: 1977 durch E. Schlosser, Wien.

GU.: Die ♂♂ tragen ein sehr langes Gonopodium. Der After der ♀♀ wird durch ein scharzes Fleckenmuster gezeichnet.

Soz. V.: Die ♂♂ sind untereinander sehr streitsüchtig. Deshalb hält man im Gesellschaftsbecken am besten nur ein erwachsenes ♂ mit mehreren ♀♀. In der Natur trifft man die Art mit *Poecilia gilli, Gambusia sexradiata, Carlhubbsia kidderi, Phallichthys fairweatheri*, Salmlern, Welsen, Hornhechten und Cichliden.

Hält. B.: Die Art ist tolerant im Hinblick auf die Wasserqualität. Trotzdem sollte gute Filterung und Wasserströmung geboten werden. Bepflanzte Becken mit leicht mulmigem Bodengrund. Daraus wird gern die Nahrung aufgenommen. Wasser: pH-Wert 6,5–8,0; Härte 15–25 °dGH.

ZU: Die sehr kleinen Jungfische (15–30) von 5 mm Länge werden unter guten Bedingungen alle 24 Tage abgesetzt. Die Jungtiere sind leicht krankheitsanfällig. 5 g Kochsalz auf 10 l Wasser und eine Zugabe von General Tonic in halber Dosierung versprechen eine bessere Aufzucht.

FU: O; Flockenfutter, Futtertabletten, Algen, jedes feine Lebendfutter.

Bes.: Dominante ♂♂ zeigen bei Wohlbefinden einen orangefarbenen Caudalfleck und wirken dadurch sehr attraktiv.

T: 22–29° C, **L:** ♂ ca. 3 cm, ♀ ca. 4 cm, **BL:** 60 cm, **WR:** m, u, **SG:** 2

Phallichthys quadripunctatus BUSSING, 1979
Vierpunktkärpfling

Syn.: Keine.

Vork.: Mittelamerika: Östliches Costa Rica (2 Zuflüsse des Rio Sixaola, $^1/_2$ km nordöstlich Chase).

Ersteinf.: 1980 durch Dr. A. Radda, Wien.

GU.: ♂ deutlich kleiner und mit Gonopodium.

Soz. V.: In der Natur lebt die Art zusammen mit Eierlegenden Zahnkarpfen *(Rivulus), Phallichthys tico, P. amates pittieri, Alfaro cultratus.* Eine friedliche, anspruchslose Art, die sich gerne in dichten Pflanzenbeständen versteckt.

Hält. B.: Die natürlichen Heimatgewässer sind nur 10–50 cm tief und weisen sandigen bis felsigen Bodengrund auf. Die Temperaturen können zwischen 20 und 40° C schwanken! Über die natürlichen Wasserwerte ist sonst wenig bekannt. Neutrales Wasser um pH-Wert 7,0 bei einer Härte bis 12° dGH sagt den Fischen im Aquarium zu.

ZU: Sehr leicht. Selbst in kleinen Becken vermehrt sich diese Art sehr gut. Die Alttiere stellen den Jungen nicht nach. Diese sind leicht mit kleinem Futter aufzuziehen.

FU: O; feines Lebendfutter wie *Artemia, Cyclops* und fein zerriebenes Flockenfutter z. B. FD-Menü.

Bes.: Die im Handel nicht verbreitete Art ist nur über Spezialzüchter, z. B. über die Deutsche Gesellschaft für Lebendgebärende Zahnkarpfen, erhältlich.

T: 20–30° C, **L:** ♂ 2,5 cm, ♀ 3,5 cm, **BL:** 40 cm, **WR:** m, u, **SG:** 1

Phallichthys fairweatheri ♂

Phallichthys quadripunctatus ♂

Phalloptychus januarius (HENSEL, 1868)
Januarkärpfling

Syn.: *Girardinus januarius, Poecilia januarius, Girardinus iheringii, G. zonatus.*

Vork.: Rio de Janeiro, Brasilien; Rio Chicu, Argentinien; östliches Paraguay und Uruguay in Lagunen, Südamerika.

Ersteinf.: 1907 durch Curt Siggelkow, Hamburg, nach Deutschland.

GU.: ♂ deutlich schlanker und mit langem Gonopodium.

Soz. V.: Geselliger Fisch, der manchmal zu Tausenden vorkommt. (Englischer Name „Barred Millionsfish"). Vergesellschaftung mit Guppies, *Poecilia vivipara, Jenynsia lineata*, Cichliden und Salmlern entspricht dem natürlichen Vorkommensgebiet.

Hält. B.: Der Januarkärpfling bevorzugt Lagunen anstelle von Fließgewässern. Dr. BODART wies die Art in der Lago de Freitas an einer Sandbank nach. An die Wasserqualität wird kein hoher Anspruch gestellt. Selbst verschmutzte Gewässer werden von der Art noch bewohnt. pH-Wert 6,8–8,0. Härte bis 25° dGH. Veralgte Becken und im Sommer der Gartenteich bieten der Art den richtigen Lebensraum.

ZU: Teilweise sehr ergiebig. In der Natur kann es zu Massenvorkommen durch die hohe Vermehrungsrate kommen. Meist werden alle 24 Tage etwa 10–30 Jungfische geboren. Leider wird die Art besonders häufig von einer hartnäckigen Ichthyoart befallen. Diese kann man mit den bewährten Präparaten (Wirkstoff Malachitgrün) in einer leichten Überdosierung (+ 20%) bekämpfen. Aufzucht mit jedem feinen Flocken- oder Lebendfutter.

FU: O; Allesfresser. FD-Menü, TetraPhyll etc.

Bes.: In der Natur treten selten auch schwarz gescheckte Tiere auf.

T: 20–25° C, **L**: 3 cm, ♀ 4,5 cm, **BL**: 60 cm, **WR**: m, o, **SG**: 1

Poecilia chica MILLER, 1975
Zwergmolly

Syn.: Keine.

Vork.: Rio Maravasco (Staat Jalisco), Rio Purificación, Rio Cuetzmala, Mexiko, Mittelamerika.

Ersteinf.: 1979 von Herrn Hinz und Manfred Meyer nach Deutschland.

GU.: ♂ prächtiger gefärbt und mit Gonopodium. Dominante ♂ sind fast vollständig schwarz gefärbt.

Soz. V.: Friedliche Art, die für kleinere Becken mit zarten Arten gut geeignet ist.

Hält. B.: Nicht zu helle Becken mit Schwimmpflanzendecke und freiem Schwimmraum. Dunkler Bodengrund aus Sand, Kieseln und Gesteinsbrocken. Wasser: pH-Wert 6,5–7,5; Härte bis 10–20° dGH. Geringe Wasserumwälzung. $^1/_3$ Wasserwechsel mit Zugabe eines guten Wasseraufbereitungsmittels alle 4–6 Wochen. Nitrit und Nitrat sind durch gute biologische Filterung (großer Filtertopf) niedrig zu halten.

ZU: Gute Zuchterfolge kann man in Becken mit Wasserblüte erzielen. Die Jungfische nehmen die einzelligen Algen als Nahrung auf. Den gleichen Effekt für das Nahrungsangebot kann man mit feinstem Flockenfutter (MikroMin) oder Liquifry grün erzielen. Durch kräftige Belüftung im Aufzuchtbecken wird das Futter in der Schwebe gehalten – die Jungfische „stehen" im Futter. Nach jeder Fütterung erfolgt eine Stunde später dann ein Wasserwechsel.
Bei guter Fütterung werden alle 30 Tage zwischen 30–50 Jungfische von 6 mm Länge abgesetzt. Diese sind bereits nach 4 Monaten geschlechtsreif.

FU: H, O; Pflanzenfresser: Algen, Pflanzen-Flockenfutter, TabiMin. Feines Lebendfutter (*Artemia*).

Bes.: Keine.

T: 23–26° C, **L**: ♂ 3 cm, ♀ 5 cm, **BL**: 60 cm, **WR**: u, m, **SG**: 1–2

Phalloptychus januarius, oben ♂ unten ♀

Poecilia chica, oben ♂ unten ♀

Poecilia latipinna (LESUEUR, 1821)
Breitflossenkärpfling

Syn.: Mollienisia latipinna, *Gambusia lineolata, G. matamorensis, G. poecilioides, Limia lineolata, L. matamorensis, L. poecilioides, Poecilia lineolata, P. multilineata.*

Vork.: Südvirginia, Karolina, Florida, Texas. In brackigen Küstengewässern; sogar im Meer.

Ersteinf.: 1902 durch Hans Stüve, Hamburg.

GU.: ♂ mit Gonopodium und deutlich größerer Rückenflosse. ♀ mit Trächtigkeitsfleck.

Soz. V.: Friedliche Art, gut für Gesellschaftsbecken mit größeren Fischen und hartem Wasser geeignet. Eigener und fremder Jungbrut wird nachgestellt.

Hält. B.: 2–3 ‰ Kochsalzzusatz. Harte Pflanzen wie Javafarn und *Sagittaria*, Vallisnerien und *Anubias*. Zarte Pflanzenknospen werden bei nicht ausreichender Ernährung mit Algen und Pflanzen-Flockenfuttermitteln abgegrast. Einige Schwimmpflanzen in einer Oberflächenecke fördern auch mal die zufällige Aufzucht außerhalb des Zuchtbeckens. Die Tiere sind starke Fresser und benötigen deshalb eine gute Filterung.

ZU: Ablaichkasten im größeren (60 cm) Zuchtbecken. Möglichst dicht bepflanzt und/oder veralgt. Alle 60–70 Tage werden zwischen 10 und 60 Jungfische geboren, die bereits 12 mm lang sind.

FU: H, O; Allesfresser, besonders auch Algen. Jedes feinere Lebendfutter. Pflanzenkost-Flockenfutter.

Bes.: Die Art wird häufig verwechselt mit *P. velifera* (Bd. 1, Seite 604). Die Art ist nach Gewöhnung gut im Seewassserbekken zu pflegen. Sehr variabel in der Färbung. Es gibt naturschwarze Tiere und Albinos. Besonders widerstandsfähig sind die Kreuzungen beider Arten.

T: 20–28° C, **L**: ♂ 10 cm, ♀ bis 12 cm, **BL**: 120 cm, **WR**: m, o, **SG**: 2

Poecilia mexicana mexicana STEINDACHNER, 1863
Mexikomolly

Syn.: „*Poecilia sphenops*".

Vork.: Nordmexiko bis Kolumbien, einzelne Karibikinseln in schnellfließenden Süßgewässern, selten in stehendem Wasser oder Meerwasser.

Ersteinf.: 1907 durch J. Thumm, Dresden.

GU.: ♂ farbig blau bis braun, manchmal schwarz. ♀ unscheinbar. ♂ mit Gonopodium.

Soz. V.: Friedlicher Fisch, gut zur Vergesellschaftung mit nicht räuberischen Arten im „Hartwasserbecken" geeignet. *P. latipinna, Gambusia affinis. P. vittata* sind sympatrisch mit der Art anzutreffen.

Hält. B.: Die Art benötigt hartes Wasser mit 20–30° dGH. Eine Kochsalzzugabe von 2–5 g/l. Wasserumwälzung des Beckeninhaltes 1–2 mal pro Stunde sollte angestrebt werden.

ZU: 28 Tage nach der Befruchtung setzt das ♀ 30–80 Jungtiere von ca. 8 mm Länge ab. Nach 7–12 Monaten werden die Tiere erst geschlechtsreif. Aufzucht mit Tümpelstaubfutter und später *Artemia*.

FU: H; Algen und Pflanzenkostfutter (TetraPhyll o. a.), TabiMin-Futtertabletten.

Bes.: Es gibt noch die Unterart *P. mexikana limantouri.*
1963 wurde die Art als Synonym zu *P. sphenops* gestellt. 1973 wiesen MENZER & DARNELL in Copeia 2, 1973 nach, daß es sich doch um eine eigenständige Art handelt.

T: 23–28° C, **L**: ♂ 7 cm, ♀ 8,5 cm, **BL**: 100 cm, **WR**: m, o, **SG**: 1–2

Poecilia latipinna ♂

Poecilia mexicana mexicana ♂

Poecilia picta REGAN, 1913
Pfauenaugenkärpfling

Syn.: *Micropoecilia picta, M. melanozonus, Acanthophacelus melanzonus.*

Vork.: Südamerika, Rio Demarara in British Guyana, Trinidad, Brasilien in Küstengewässern.

Ersteinf.: 1939 durch Herrn Griem vom „Aquarium Hamburg", als *Micropoecilia melanzonus.*

GU.: Deutlich unterscheidbar: ♂ farbiger, ♀ mit einem typischen schwarzen Fleck im oberen Körperdrittel.

Soz. V.: Sehr friedliche Art, die jedoch wegen der besonderen Wasserbeschaffenheit am besten im Artbecken gehalten wird.

Hält. B.: Die Art liebt **Seesalz**zusatz von ca. 0,5%! Ein ausgesprochener Brackwasserfisch, der jedoch in reinem Süßwasser ausdauert. Der Beleuchtung ist besondere Bedeutung beizumessen. Das Licht soll sanft von vorn einfallen, damit die buntschillernden Farben deutlich zur Geltung kommen. Dunkler Bodengrund. Harte Wasserpflanzen. Wasser: pH-Wert 7,5–8,2; Härte: 20–40° dGH.

ZU: Sehr unterschiedliche Erfahrungen. Bei einigen Züchtern sehr gute Erfahrungen, zeitweise jedoch sehr schwierig. Gründe für diese unterschiedlichen Erfahrungen sind unbekannt. Eventuell helfen Vitamingaben über das Futter. Zuchtansatz der Elterntiere mit kleinen schwarzen Mückenlarven und Essigfliegen.

FU: K; vorwiegend feines Lebendfutter, FD-Menü, FD-Tabletten.

Bes.: Einer der hübschesten Lebendgebärenden, dem mehr Beachtung geschenkt werden sollte. Auf den ersten Blick sieht die Art wie ein Guppy aus. Es gibt eine ganze Reihe von verschiedenfarbigen Populationen. Die Grundfarben Gelb, Gold und Schwarz sind jedoch stets bei den ♂♂ vorhanden.

T: 26–28° C, **L:** ♂ 3 cm, ♀ 5 cm, **BL:** 50 cm, **WR:** m, o, **SG:** 2–3

Poecilia latipinna × P. sphenops, Zuchtform Lyratail

Poecilia picta ♂, Aquariumstamm

Poecilia picta, wildfarben, oben ♂ unten ♀

*Poecilia reticulata** PETERS, 1859
a) Wildguppy Population Mexico,
b) dto. Pop. Peru
c) Wilder Riesenguppy, Mexiko.

Syn.: S. Bd. 1, Seite 598.

Vork.: a) Bild oben: Mexiko,
b) Bild Mitte: Peru
c) Bild unten: Mexiko.

Ersteinf.: c) 1982 durch M. K. Meyer, Bad Nauheim und L. Wischnath, Berlin.

GU.: ♂ mit Gonopodium und wesentlich intensiver gefärbt als ♀♀.

Soz. V.: Friedlicher Schwarmfisch, der jedoch den eigenen frisch geborenen Jungtieren nachstellt.

Hält. B.: Der Guppy in der Wildform ist gar nicht so anspruchslos wie mancher glauben mag. Klares, fließendes Wasser, meist weich, je nach Fundort auch härter (Peru), ebenso ist der pH-Wert dem Herkunftsgebiet anzupassen. Da man im Handel jedoch fast nur Singapur, Hongkong oder andere asiatische, manchmal auch deutsche Nachzuchten erhält, sind diese Tiere schon anpassungsfähiger. Wer Wildimporte zu Nachzuchten oder Einkreuzungen kaufen möchte, wende sich an die Gesellschaft für Lebendgebärende Zahnkarpfen oder an die Deutsche Guppy-Gesellschaft.

ZU: s. Bd. 1, Seite 598.

FU: K, O; Allesfresser, jedoch bevorzugt Mückenlarven und *Artemia*. Viel Abwechslung in der Fütterung.

* **Bes.**: Neuerdings soll durch eine neue Revision die Gattung *Lebistes* wieder für den Guppy gültig werden. Die Arbeit ist im Druck und möglicherweise schon veröffentlicht, wenn dieses Buch erscheint. Dann würde der Guppy wieder seinen alten Namen bekommen: *Lebistes reticulatus*.

T: 22–28° C, **L**: a) ♂ 3–4 cm, ♀ 6 cm, b) ♂ 3,5 cm, ♀ 5–6 cm, c) ♂ 6–8 cm, ♀ 5–6 cm, **BL**: 60 cm, **WR**: o, m, **SG**: 2

Wildguppy, Pop. Mexiko

Wildguppy, Pop. Peru

Riesenguppy, Wildfang; Mexiko

Poecilia vivipara (BLOCH & SCHNEIDER, 1801)
Augenfleckkärpfling

Syn.: *Poecilia surinamensis, Molinesia surinamensis, Mollienisia surinamensis, Poecilia unimaculata, Poecilia unimacula, Neopoecilia holacanthus, Poecilia holacanthus.*

Vork.: Stillwasserzonen, Brackwasserlagunen um Rio de Janeiro, Curacao, Bonaire, Venezuela-Inseln, Trinidad, Martinique, Westvenezuela bis Argentinien bis Rio de la Plata.

Ersteinf.: 1904 durch Christian Brüning, Hamburg. 1870 durch Kapitän Perry für den Zoologischen Garten Hamburg.

Soz. V.: Friedliche Art, die teilweise massenhaft auftritt. Für Gesellschaftsbecken gut geeignet.

Hält. B.: Flache Becken mit Sandboden. Heller Standort. Bepflanzung ist nicht von Bedeutung. Wasser: pH-Wert 7,0–8,2; Härte: 10–40° dGH. Leichter Kochsalzzusatz von 1 Teelöffel pro 10 l Wasser.

ZU: Alle 28 Tage werden teilweise über 100 ca. 6 mm lange Jungfische geboren. Nach 3–4 Monaten tritt bereits die Geschlechtsreife ein. Aufzucht mit MikroMin, *Artemia* und Algen (Wasserblüte).

FU: K, O; Flockenfutter jeder Art, Algen, feines Lebendfutter.

Bes.: Keine.

T: 26–28° C, **L**: ♂ 5 cm, ♀ 7 cm, **BL**: 50 cm, **WR**: u, m, **SG**: 1

Poeciliopsis baenschi MEYER, RADDA, RIEHL & FEICHTINGER, 1985
Baenschs Zahnkärpfling

Syn.: Keine.

Vork.: Bach bei El Tuito, Jalisco, Mexiko, Mittelamerika.

Ersteinf.: 1984 durch Dr. A. Radda, Wien.

GU: ♂ kleiner als ♀ und mit Gonopodium.

Soz. V.: Die Fische leben in der Natur scheinbar isoliert, d. h. es kommen dort keine anderen Fischarten vor. Die Eltern stellen den eigenen Jungen nach.

Hält. B.: Die Fische kommen in schnellfließenden Bächen vor. Es wird daher eine starke Filterung und gute Sauerstoffanreicherung empfohlen. Die Wasserwerte in der Natur betrugen: pH-Wert 6,5; Härte 2° dGH, Leitfähigkeit 90 μS.

ZU: Nicht ergiebig, s. *P. latidens*.

FU: K, O; vorwiegend Lebendfutter, jedoch auch Flockenfutter.

Bes.: Eine recht kleine Zahnkarpfenart, die kaum Bedeutung im Handel finden wird. Sie gehört dem *P. latidens-fasciata*-Komplex an, unterscheidet sich jedoch durch die andere Kieferbezahnung (Nachweis durch RIEHL [1984] mit Hilfe des Elektronenmikroskops und durch ein anderes Gonopodium).

T: 18–24° C, **L**: ♂ 2,5 cm, ♀ 3,0 cm, **BL**: 40 cm, **WR**: alle, **SG**: 3

Poecilia vivipara ⚥

Poeciliopsis baenschi, weiteres Foto siehe S. 748

Poeciliopsis gracilis (HECKEL, 1848)
Seitenfleckkärpfling

Syn.: *Gambusia heckeli, Xiphophorus gracilis, Girardinus pleurospilus, Heterandria pleurospilus, Poeciliopsis pleurospilus, Poecilistes pleurospilus, Poecilistes pleurospilus pleurospilus, Heterandria lutzi, Girardinus lutzi, Poeciliopsis lutzi, Priapichthys letonai.*

Vork.: Atlantik-Zuflüsse und Pazifikzuflüsse im südl. Mexiko, Guatemala und Honduras, Mittelamerika.

GU.: ♂ kleiner als das ♀ und mit Gonopodium.

Ersteinf.: 1913 durch Arthur Rachow und Fritz Mayer, Hamburg.

Soz. V.: Sehr friedliche Art. Für Gesellschaftsbecken mit nicht zu ruppigen Fischen geeignet.

Hält. B.: Abgedunkeltes Becken mit Schwimmpflanzendecke oder breitblättrigen *Echinodorus.* Die Tiere stellen sich gern unter die Blätter. An die Wasserqualität werden keine hohen Ansprüche gestellt: pH-Wert 6,5–7,8; Härte: bis 25° dGH. Dunkler kiesiger Bodengrund, teilweise mit Mulm und/oder Algen bedeckt. Gute Wasserumwälzung und regelmäßige Filterpflege.

ZU: Bereits nach 3 Monaten sind die ersten Tiere nach der Geburt geschlechtsreif und bringen innerhalb eines Monats 10–50 Jungfische zur Welt. Zucht in großen, veralgten Artbecken am erfolgreichsten.

FU: O; Allesfresser, der große Abwechslung auf dem Speiseplan schätzt: Flockenfutter aller Sorten, FD-Menü, Algen, *Artemia.*

Bes.: Die Art besitzt eine große Variationsbreite. Die Fische haben 4–11 augengroße Flecken entlang der Seitenlinie. Manche Tiere im Rio Orcones nahe Arriaga weisen ähnlich den dort vorkommenden *P. fasciata* eine durchgehende Bänderzeichnung auf, die jedoch beim Nachwuchs verschwindet.

T: 24–28° C, **L**: ♂ 3,5, ♀ 6 cm, **BL**: 80 cm, **WR**: alle, **SG**: 1–2

Poeciliopsis hnilickai MEYER & VOGEL, 1981
Chiapas Kärpfling

Syn.: Keine.

Vork.: Gebirgsbach von 3–5 m Breite, flach mit 1,20–1,80 m tiefen Kolken bei Ixtapas, Chiapax, Mexiko, Mittelamerika.

Ersteinf.: 1980 durch Vogel, Müller und Meyer nach Deutschland.

GU.: Um die Afteröffnung haben die ♀♀ kleine schwarze Flecken, die bei den ♂♂ nicht so intensiv gefärbt sind. ♂ kleiner und mit Gonopodium.

Soz. V.: Friedlicher Schwarmfisch, der am besten zu 6–8 Tieren gehalten wird. Ein schlanker schneller Schwimmer, der durchaus in großen Gesellschaftsbecken gepflegt werden kann. Die Art lebt in der Natur zusammen mit *Profundulus.*

Hält. B.: Klares, mäßig umgewälztes Wasser mit schwach saurer bis neutraler Reaktion. pH-Wert 6,8–7,2; Härte: 6–18° dGH. Dunkler Bodengrund, starke Beleuchtung. Bepflanzung ist (naturgemäß) nicht erforderlich, aber natürlich nicht schädlich, sofern genügend Schwimmraum zur Verfügung steht.

ZU: Einzelne Paare schreiten manchmal nicht zur Fortpflanzung. Schwarmhaltung daher für die Zucht erforderlich. Die Jungtiere können bereits 10 Wochen nach der Geburt wieder Nachwuchs haben. Nach 28–35 Tagen erfolgt bereits der nächste Wurf.

FU: O; Flockenfutter aller Sorten, gefriergetrocknete und tiefgefrorene Lebendfuttersorten. *Artemia.*

Bes.: Keine.

T: 24–28° C, **L**: ♂ 3,5 ♀ 5 cm, **BL**: 80 cm, **WR**: u, m, **SG**: 2

Poeciliopsis gracilis

Poeciliopsis hnilickai

Rio de Salina, Chiapas, Mexiko. Vorkommen von *Poeciliopsis hnilickai*

Poeciliopsis baenschi, links ♀ rechts ♂

♂

♀

Poeciliopsis latidens (GARMAN, 1895)
Breitstreifenkärpfling

Syn.: *Glaridodon latidens, Glaridichthys latidens.*

Vork.: Pazifisches Küstengebiet vom Rio del Fuerte bis San Blas, Nayarit, Mexiko, Mittelamerika.

Ersteinf.: 1977 durch Hans Kröger, Hamburg.

GU: ♂ kleiner und mit Gonopodium.

Soz. V.: Rauflustige Tiere gegenüber Artgenossen; gegenüber der Jungbrut ausgesprochen kanibalisch.

Hält. B.: Die Art bevorzugt leicht salzhaltiges Wasser. Zwei Teelöffel jodfreies Kochsalz oder besser Seesalz auf 10 l Wasser. Viel Licht für guten Algenwuchs. Bepflanzung evtl. mit Vallisnerien. Wasser: pH-Wert in der Natur 8,0; Härte: KH 2,3; dGH ebenfalls 2,3.

ZU: Die Zucht erscheint schwierig. Alle 28 Tage konnten zwischen 8 und 25 Jungtieren geboren werden. Nur selten bringen die ♀♀ im Aquarium Nachwuchs. Da die Elterntiere stark den Jungen nachstellen, ist ein Herausfangen der Alttiere sofort nach dem Absetzen der Jungen wichtig. Aufzucht mit Algen, MikroMin und *Artemia.* Dichte Bepflanzung des Beckens mit Javamoos und Abdecken der Wasseroberfläche mit Wasserfarn helfen einigen Jungtieren zu überleben.

FU: H, O; Algen, Flockenfutter (mindestens 4 × täglich) kleinste Portionen, dazu 1–2 mal täglich *Artemia* oder *Cyclops.*

Bes.: Keine.

T: 23–26° C, **L**: ♂ 4 cm, ♀ 5 cm, **BL**: 50 cm, **WR**: alle, **SG**: 3

Poeciliopsis viriosa MILLER, 1960
Viriosakärpfling

Syn.: Keine.

Vork.: Mittelamerika: Rio Coluedor, Rio Ameca-Becken, Rio Mocorito, Mexico. In ruhigen Gewässern bis 1000 m Höhe.

Ersteinf.: 1976 durch Herrn Schreiber, Lüdenscheid.

GU.: ♂ mit langem Gonopodium.

Soz. V.: Meist friedliche Art, die jedoch kleinere Fische gern als Nahrung ansieht. Wird in der Natur mit Cichliden und *Astyanax fasciatus* angetroffen.

Hält. B.: Mäßig bewegtes Wasser, jedoch klar. Gute Filterpflege, d. h. Reinigung alle 3–6 Wochen. pH-Wert 6,5–7,2; Härte: 3–10° dGH. Dunkler Bodengrund aus grobem Kies und Steinbrocken. Leichte Randbepflanzung. Schwimmpflanzendecke für Jungfische. Regelmäßiger Wasserwechsel mit einem guten Wasseraufbereitungsmittel.

ZU: Nicht sehr leicht, da die Tiere gegen Parasitenbefall anfällig sind. Rivanol oder General Tonic schaffen meist Besserung. In Abständen von etwa 10 Tagen werden 6–15 Jungfische von 7 mm Länge geboren. Aufzucht im dicht bepflanzten Becken mit feinstem Lebendfutter *(Artemia)*.

FU: K, O; Allesfresser, bevorzugt wird jedoch feines Lebendfutter. Flockenfutter, FD-Menü.

Bes.: Beherrschende, ausgewachsene ♂♂ zeigen eine Schwarzfärbung der Afterregion, die oft bis zum Ansatz der Schwanzflosse reicht.

T: 24–26° C, **L**: ♂ 3 cm, ♀ 6 cm, **BL**: 60 cm, **WR**: o, m, **SG**: 2–3

Priapella compressa ALVAREZ, 1948
Gedrungener Blauaugen-Kärpfling

Syn.: Keine.

Vork.: Mittelamerika: Rio Grijalva, Chiapas, Rio Usomadinta-System, Tabasco, Mexiko. In schnell fließenden Bächen und Zuflüssen zum Atlantik.

Ersteinf.: Unbekannt.

GU.: Das ♂ ist schlanker und deutlich am Gonopodium erkennbar.

Soz. V.: Friedliche Art, die selbst der eigenen Brut (bei guter Ernährung) nicht nachstellt. Die Tiere sind sehr scheu, weshalb man sich dem Becken nur vorsichtig nähert.

Hält. B.: Ein langes, flaches Becken mit sehr guter Filterströmung. Schwache Randbepflanzung und viel freien Schwimmraum bieten. Bodengrund aus Sand oder runden Kieseln, da sonst Verletzungsgefahr. Die Fische schießen manchmal wild im Becken umher. Wasser weich und neutral: Härte 5–15° dGH; pH-Wert 6,8–7,2. Bei Wasserwechsel Zugabe von Aquasafe.

ZU: Diese ist nur dann erfolgreich, wenn ausreichend häufig mit kräftigem Lebendfutter, besonders Schwarze Mückenlarven, gefüttert wurde. Bei gutem Laichansatz wird das Zuchtpaar ins Zuchtbecken (dicht bepflanzt) umgesetzt.

FU: K; Insekten wie Stummelfliegen, Essigfliegen, Mückenlarven. Jedoch auch Flockenfutter auf pflanzlicher Basis und FD-Menü.

Bes.: Becken gut abdecken, da die Art gut springt. In der Natur springt sie bis zu 30 cm aus dem Waser, um Fluginsekten zu erbeuten.

T: 24–28° C, **L**: ♂ 3,5 cm, ♀ 5 cm, **BL**: 100 cm, **WR**: alle, **SG**: 3

Poeciliopsis viriosa ♂

Priapella compressa, oben ♂ unten ♀♀

Priapichthys festae (BOULENGER, 1898)
Festakärpfling

Syn.: *Poecila festae, Pseudopoecilia festae, Poecilia fria, Pseudopoecilia fria, Priapichthys fria.*

Vork.: Ecuador bei San Vicente und Santa Elena (Rio Chico Chaune) im Küstenbereich, Südamerika.

Ersteinf.: 1977 durch Dr. A. Radda, Wien nach Europa.

GU.: Die Rücken- und Schwanzflosse ist bei ausgewachsenen ♂♂ gelborange gefärbt. Die Flossen der ♀♀ sind farblos. ♂ mit langem Gonopodium.

Soz. V.: Sehr friedliche Art, die auch die eigene Nachzucht verschont.

Hält. B.: Ein ausgesprochener Hartwasserfisch, der eine Leitfähigkeit zwischen 400 und 3000 μS^{20} (in der Natur gemessen) verträgt. Die geringe Bepflanzung muß dementsprechend ausgewählt werden. Wasser: pH-Wert 7,5–8,2; Härte: 15–35° dGH und höher. Altwasser wird am besten vertragen. Deshalb wenig Wasserwechsel.

ZU: 28 Tage nach der jeweiligen Befruchtung werden durchschnittlich 3–7 nur 5 mm lange Jungtiere abgesetzt. Das Zuchtbecken sollte nur 20–30 l Inhalt haben. Aufzucht nur mit Lebendfutter.

FU: K; feines Lebendfutter wie *Artemia, Cyclops*; FD-Menü.

Bes.: Keine.

T: 21–30° C, **L**: ♂ 3,5 cm, ♀ 4,5 cm, **BL**: 50 cm, **WR**: m, o, **SG**: 1–2

Quintana atrizona HUBBS, 1934
Glaskärpfling

Syn.: *Eptomaculata lara, Limia eptomaculata lara.*

Vork.: Mittelamerika; Kuba, in einem begrenzten Gebiet in der Nähe von Havanna. Die Tiere bewohnen kleinere stehende Gewässer und strömungsarme Uferregionen von Flüssen. Die Art ist auf Kuba endemisch.

Ersteinf.: 1935 von Fritz Mayer, Hamburg über F. H. Stoye, New York.

GU.: ♂ kleiner, mit Gonopodium; ♀ größer, mit Trächtigkeitsfleck.

Soz. V.: Friedlicher Fisch, der etwas schreckhaft und neugierig zugleich ist.

Hält. B.: Die Pflege dieses Fischchens ist schon in sehr kleinen Becken (45 x 25 x 20 cm) ohne Durchlüftung und Filterung möglich. In zu großen Aquarien neigen die Tiere zu Zwergwuchs (vergl. DOKOUPIL (1982): Aquaria **29**: 178–181). Wasser mittelhart (12–15° dGH), pH-Wert leicht sauer (6,8). Alle zehn bis vierzehn Tage ein Drittel des Wassers wechseln. Bepflanzung der Becken mit feinfiedrigen Arten. Haltung am besten im Artbecken.

ZU: 26–28° C. Nur in den ersten beiden Generationen einfach, dann immer schwieriger werdend. Die älteren Fische stellen den jüngeren nicht nach. DOKOUPIL (1982) nimmt kleine Aquarien, in denen sich nur ein Büschel einer *Vesicularia*-Art und etwas *Riccia* an der Oberfläche befinden. Die Trächtigkeitsdauer beträgt bei 26–28° C 28–45 Tage, die maximale Anzahl der Jungfische liegt bei 35. Die Geburt aller Jungfische ist nach höchstens vier Stunden beendet. Hält man die drei Hauptfaktoren, kleiner Raum, genug Futter und Temperaturen über 24° C, ein, so sind die Tiere in drei bis vier Monaten herangewachsen und fortpflanzungsfähig. Es kann vorkommen, daß sich unter 50 Nachkommen nur ein Geschlecht findet. Diese einseitige Geschlechterbildung ist evtl. temperaturabhängig; nicht zu warm halten!

FU: Die Fische fressen relativ wenig. Sie müssen, besonders in größeren Becken, sechs bis achtmal täglich gefüttert werden. Fütterung mit Mikro-Älchen, Grindalwürmern und zerhackten *Tubifex*, sowie pflanzlichem Flockenfutter. Die Tiere fressen nicht gerne *Artemia*.

Bes.: Der englische Züchter Jack Hems soll vor dem Zweiten Weltkrieg *Quintana atrizona* mit *Xiphophorus maculatus* gekreuzt und dadurch lachsrosa Nachkommen erhalten haben. Erstaunlicherweise waren die Kreuzungen fruchtbar, obwohl es sich um Gattungsbastarde handelte. *Q. atrizona* kann einige Wochen in künstlichem Seewasser gehalten werden, ohne Schaden zu nehmen.

T: 24–28° C, **L**: ♂ 2 cm, ♀ 4 cm, **BL**: 50 cm, **WR**: alle, **SG**: 4

Priapichthys festae ♂

Quintana atrizona, unten ♂ oben ♀

Scolichthys greenwayi ROSEN, 1967
Greenways Kärpfling

Syn.: Keine.

Vork.: Rio Chixon im Oberlauf, Rio Salinas, Rio Salba, Alta Verapaz, Guatemala, Mittelamerika.

Ersteinf.: 1977 durch E. Schlosser, Wien.

GU.: ♂ mit schlankerer Bauchlinie, Gonopodium, intensiver gefärbt als ♀. Besonders das hintere untere Körperdrittel ist beim ♂ zart violett gefärbt.

Soz. V.: Die Art kann gut mit anderen Fischen, insbesondere Lebendgebärenden, z. B. *X. helleri* und Zwergcichliden gehalten werden. Aber auch kleinere Salmler und Jungfische bleiben unbehelligt. Im Habitat wurde *Heterandria obliqua* als Begleiter angetroffen.

Hält. B.: Die Fische leben im schattigen Regenwald. Das Becken sollte keinen zu hellen Standort haben. Eine Schwimmpflanzendecke in einem Teil des Aquariums gibt guten Unterstand. Das Wasser kann mäßig hart bis 10° dGH sein. Der pH-Wert darf zwischen 7,0 und 8,0 schwanken.

ZU: Jeden Monat bringt das ♀ 10 bis 30 Jungfische zur Welt, die leicht mit handelsüblichen Aufzuchtfuttermitteln, *Artemia* usw., aufgezogen werden können.

FU: O; Flockenfutter, Pflanzenkost, Futtertabletten, *Artemia*.

Bes.: Die Zeichnung auf dem Foto weist beim ♂ einen Fleck, beim ♀ zwei auf. Es können bis zu 5 Flecken entlang der Körperseite sein.

T: 22–26° C, L: ♂ 3,5 cm, ♀ 5 cm, **BL:** 50 cm, **WR:** m, o, **SG:** 2

Xenophallus umbratilis (MEEK, 1912)
Regenschirmkärpfling, Schattenkärpfling

Syn.: *Gambusia umbratilis, Brachyrhaphis umbratilis, Poeciliopsis maculifer, Neoheterandria umbratilis*

Vork.: Südöstliches Costa Rica in einigen atlantischen Zuflüssen, z. B. Guapilis, Lemón; Mittelamerika.

Ersteinf.: 1980 durch Dr. A. Radda, Wien.

GU.: Die Rückenflosse ist beim ♂ etwas größer als beim ♀ und bei ausgewachsenen ♂♂ gelborange gefärbt sowie schwarz gesäumt.

Soz. V.: Sehr friedlicher Fisch, der gut mit Artgenossen und anderen zarten Arten gehalten werden kann. Jungfische werden nicht gefressen.

Hält. B.: Die Tiere kommen zusammen mit *Brachyrhaphis holdridgei* in beschatteten, 1–3 m breiten und flachen Gewässern vor. Dr. Radda (1980) berichtet von einer Fangstelle: (23. 2. 1980, 9.30 Uhr): 22,2° C, Leitfähigkeit 120 μS^{20}, pH-Wert 7,2; dGH 3°. Den Fischen sollte man also weiches, neutrales Wasser bieten. Eine schwache Beleuchtung oder Schwimmpflanzendecke tragen zum Wohlbefinden bei. Dunkler, kiesiger Bodengrund. Wenig Randbepflanzung.

ZU: Bereits nach dem 3. oder 4. Monat sind die Tiere geschlechtsreif. Danach werden jeden Monat 15–50 Jungfische geboren, die etwa 8 mm lang sind. Aufzucht mit Staubfutter, Eigelb, *Artemia* und möglichst Algenrasen.

FU: O; feines Flockenfutter wie FD-Menü; Grindelwürmchen, die man mit Vitaminbrei oder TetraPhyll füttert; *Artemia*, TabiMin.

Bes.: Das Gonopodium ist beim ♂ an der Spitze deutlich sichtbar gespalten.

T: 22–26° C, L: ♂ 4 cm, ♀ 6 cm, **BL:** 60 cm, **WR:** m, o, **SG:** 2–3

Scolichthys greenwayi, oben ♂ unten ♀

Xenophallus umbratilis ♂

Xiphophorus alvarezi ROSEN, 1960
Blauer Schwertträger

Syn.: *Xiphophorus helleri alvarezi.*

Vork.: Rio Usumacinta-Becken, Chiapas, Südmexiko, Mittelamerika.

Ersteinf.: 1980 durch Lothar Wischnath, Berlin.

GU.: Das ♂ hat eine schwertförmige Verlängerung des unteren Schwanzflossenstrahles und das bekannte Gonopodium zur Begattung. Das ♀ ist fülliger und man kann den bekannten Trächtigkeitsfleck schon im Alter von ca. 4 Wochen erkennen. Dieser Trächtigkeitsfleck ist für das Aussuchen unbefruchteter ♀ für die artenreine Nachzucht wichtig.

Soz. V.: Am besten hält man diese Art im dicht bepflanzten Becken mit etwa $^1/_3$ Freischwimmraum im Vordergrund. Es sollten im kleineren Becken immer nur ein ♂ und mehrere ♀♀ zusammengehalten werden. Die ♂♂ sind untereinander bissig. Der Blaue Schwertträger ist zur Vergesellschaftung mit anderen Fischen geeignet, sollte jedoch zur Arterhaltung der Wildform nicht mit anderen *Xiphophorus* vergesellschaftet werden.

Hält. B.: Dem natürlichen Vorkommen entsprechend benötigen die Fische einen großvolumigen Filter und gute Wasserumwälzung, besonders auf der Wasseroberfläche. Das Wasser soll frei von Nitrit oder sehr nitritarm unter 20 mg/l sein, sonst kümmern die ♂♂ im Wachstum leicht und die ♀♀ bleiben vielfach unfruchtbar. An die Wasserwerte ist die Art recht tolerant, der pH-Wert kann zwischen 7,2 und 8,1 sein und die Härte zwischen 10–20° dGH. Sobald sich die Fische erst einmal an eine bestimmte Wasserbedingung gewöhnt haben, so sollten diese Werte relativ konstant bleiben. Bei Wasserwechsel insbesondere beim Neueinsetzen der Fische ist ein gutes Wasseraufbereitungsmittel z. B. Aquasafe zu verwenden.

ZU: Diese ist nicht schwierig, bringt jedoch in den meisten Fällen nur wenige Jungtiere (20–30), selten einmal 50, bei sehr großen ♀♀. Das Zuchtbecken soll dichte Versteckmöglichkeiten und möglichst eine Schwimmpflanzendecke aufweisen. Die Aufzucht der Jungen erfolgt mit feinstem Lebendfutter, am besten in veralgten Bekken.

FU: O; Allesfresser, erfolgreich kann man diese Schwertträger nur durch abwechslungsreiche Ernährung zu voller Größe bringen, dazu gehört viel Lebendfutter und pflanzenhaltiges Flockenfutter (TetraPhyll). Die beste und konstanteste Ernährung bietet TetraTips, die morgens und abends der Fischmenge entsprechend an die Scheibe geheftet werden. Damit können sich die Fische nachhaltig sättigen.

Bes.: Die Art kann 3–4 Jahre alt werden und ist nach einem Jahr geschlechtsreif. *X. alvarezi* unterscheidet sich durch 2–3 rote Mittellinien von *X. helleri.*

T: 25–28° C, **L**: ♂ 6 cm, plus Schwert, ♀ 6–8 cm, **BL**: 50 cm, **WR**: o, m, **SG**: 2

Xiphophorus andersi MEYER & SCHARTL, 1979
Atoyac-Schwertplaty

Syn.: Keine.

Vork.: Endemisch im Rio Atoyac bei Finca Santa Anita, Veracruz, Mexiko, Mittelamerika.

Ersteinf.: 1979 durch Manfred Meyer, Bad Nauheim.

GU.: ♂♂ mit Gonopodium und kurzer sichelförmiger Verlängerung der unteren Schwanzflossenstrahlen.

Soz. V.: Die Art kann im Gesellschaftsbekken gepflegt werden, besser ist jedoch ein Artbecken wegen der Schwierigkeit in der Hälterung. Es soll möglichst immer nur ein dominierendes ausgewachsenes ♂ mit mehreren ♀♀ und Jungtieren gehalten werden. Frisch geborenen Jungfischen der eigenen und fremder Arten wird heftig nachgestellt.

Hält. B.: Es müssen für die schwächeren Tiere ausreichende Versteckmöglichkeiten durch Pflanzendickichte und evtl. Wurzelholz geschaffen werden. Eine gute Filterung mit Oberflächenströmung ist erforderlich. Wasser: pH-Wert 7,5; Härte: 10–25° dGH.

Fortsetzung: Seite 760.

Xiphophorus alvarezi

Xiphophorus andersi

Xiphophorus clemenciae ALVAREZ, 1959
Gelber Schwertträger

Syn.: Keine.

Vork.: Rio Sarabia, Rio dos Semillas, Rio Coatzacoalcos-Becken, Oaxaca, Mexiko, Mittelamerika.

Ersteinf.: 1978 durch H. J. Schröder, München.

GU.: Beim ♂ sind die unteren Schwanzflossenstrahlen zu einem Schwert ausgebildet, ab 2–3 Monaten bildet sich das Gonopodium aus. Junge ♀♀ sind schon nach ca. 4 Wochen am winzigen Trächtigkeitsfleck zu erkennen.

Soz. V.: Die ♂♂ sind untereinander oft bissig. Im Gegensatz zu anderen Schwertträgerarten wird den Jungtieren bei abwechslungsreicher Fütterung kaum nachgestellt. Zur reinen Arterhaltung sollten die Tiere möglichst nur im Artbecken, auf keinen Fall jedoch mit anderen *Xiphophorus*-Arten zusammengehalten werden.

Hält. B.: Die Fische sind empfindlich gegen Wasserverschlechterung, besonders durch Überfütterung und schlechte Filterpflege, das heißt meist Ansteigen des Nitratgehaltes. Der Filter sollte biologisch arbeiten, das heißt mit großem Filtervolumen und guter Wasserumwälzung. Vor allen Dingen darf die Art nicht in ein frisch eingerichtetes Becken eingesetzt werden, sondern nur in ein wenigstens 3–6 Monate „eingefahrenes“. Wasser: pH-Wert 7,2–8,0; Härte: 3–10° dGH. Dichte Randbepflanzung mit vorn viel freiem Schwimmraum, dunkler Bodengrund aus Kiesel, dazwischen Sand.

ZU: Diese gestaltet sich äußerst schwierig. Bei sehr gutem Wasser bekommen ausgewachsene ♀♀ alle 24–28 Tage 10–15, manchmal 25 Junge. Die Elterntiere sind herauszufangen oder aber die Jungfische in ein gut eingefahrens Algenbecken überzusiedeln. Die Aufzucht muß mit feinem Lebendfutter, am leichtesten mit *Artemia*, erfolgen. Futterreste sind eine halbe Stunde nach der Fütterung unbedingt abzusaugen. Die Fütterung muß 6–8mal täglich erfolgen oder aber mit Lebendfutter zweimal täglich.

FU: K, O; alle Arten feineren Lebendfutters (bes. Mückenlarven), FD-Nahrung, Flockenfutter.

Bes.: Diese sehr seltene und empfindliche Schwertträgerart ist nur bei Spezialisten bekannt und bisher gepflegt worden. Die erfolgreiche Pflege und Zucht setzt gute Kenntnisse in der Wasserchemie und für die Futterbeschaffung voraus.

T: 22–26° C, **L:** ♂ 3,5–4 cm + Schwert 1,5–3 cm, ♀ 4–5 cm, **BL:** 50 cm, **WR:** o, m, **SG:** 4

Xiphophorus cortezi ROSEN, 1960
Cortez-Schwertträger

Syn.: *Xiphophorus montezumae cortezi.*

Vork.: Rio Axtla und andere südliche Zuflüsse des Rio Panuco-Systems in Hidalgo und San Luis Potosi, Mexiko, Mittelamerika.

Ersteinf.: 1964 durch das Zoologische Staatsinstitut in Hamburg.

GU.: Die ♂♂ tragen ein kurzes sichelförmiges Schwert und ein Gonopodium. Die ♀♀ sind fülliger und mit Trächtigkeitsfleck.

Soz. V.: Eine durchaus friedliche Art, die im Gesellschaftsbecken gehalten werden kann, jedoch nicht mit anderen Platys oder Schwertträgern. Das gäbe unweigerlich eine Artenverfälschung und letztlich wiederum ein Aussterben der echten Wildform.

Hält. B.: Ein gut bepflanztes Aquarium mit einem kräftigen Filter und viel Wasserströmung sind zum Wohlbefinden dieser Fische erforderlich. Das Aquariumwasser sollte den Filter wenigstens 2–3mal pro Stunde passieren. Ein 60 l Becken soll somit mit einem Filter von 200 l Stundenleistung ausgestattet sein. Man beachte auch, daß die Wasserdurchlaufgeschwindigkeit nach 2–3 Wochen diametral zum Verschmutzungsgrad des Filters abnimmt. Wasser: pH-Wert 7,5–8,2; Härte: 5–20° dGH.

ZU: Alle 4–5 Wochen werden zwischen 10 und 30 Jungfische geboren, die am leichtesten mit *Artemia* und feinst gesiebtem Flockenfutter (TetraPhyll oder MikroMin) aufzuziehen sind.

FU: O; Allesfresser. Abwechslungsreiche Futtergaben mit Flockenfutter auf Pflanzenbasis und *Artemia* sowie Mückenlarven, *Cyclops* und Daphnien sowie gefriergetrocknetem und gefrorenem Futter.

Fortsetzung: Seite 760.

Xiphophorus clemenciae ♂

Xiphophorus cortezi, Rasse mit kurzem Schwert

Xiphophorus cortezi, Rasse mit langem Schwert

Fortsetzung von *Xiphophorus andersi*:

ZU: Diese ist recht schwierig und setzt sorgfältige Wasserpflege voraus, das heißt biologische Filterung über Kies oder Schaumstoffpatronen. Am besten eignen sich gut veralgte Aufzuchtbecken. Die Zahl der Jungen schwankt zwischen 10 und 40. Die Aufzucht erfolgt am besten mit *Artemia* und feinem Algenrasen, den man sich auf Glasplatten unter starker Beleuchtung heranwachsen läßt.

FU: H, O; Flockenfutter auf pflanzlicher Basis, FD-Futter, gefriergetrocknetes und gefrorenes Lebendfutter, Mückenlarven und *Cyclops*.

Bes.: In der Natur ist die Art anscheinend ohne menschliches Einwirken vom Aussterben bedroht. Sie kommt nur noch in einem 2–3 km langen Flußabschnitt des Rio Atoyac vor. Der Entdecker E. Hnilicka, Puebla, Mexiko entdeckte die Art 1979 und meint, daß es sich um Restbestände einer aussterbenden Tierart handeln könnte.

T: 24–28° C, **L**: ♂ und ♀ 4–4,5 cm, Schwert 1–2 cm, **BL**: 50 cm, **WR**: u, m, **SG**: 3

Fortsetzung von *Xiphophorus cortezi*:

Bes.: *X. cortezi* ist die einzige Schwertträgerart, bei denen die ♂♂ eine nach oben gebogene Schwertspitze haben. Das ist sonst nur bei Schwertplatys der Fall. Die Variationsbreite der Art ist sehr groß. Es gibt Tiere, bei denen die obere Körperpartie und die Rückenflosse gefleckt sind und solche Tiere mit an der Seitenlinie senkrechter Streifung. Weiterhin gibt es Unterschiede in der Stärke des schwarzen Bandes entlang der Seitenlinie wie auf den gegenüberstehenden Fotos ersichtlich. Ebenso kann man darauf die unterschiedliche Länge des Schwertes erkennen.

T: 24–28° C, **L**: ♂ 4–5 cm + Schwert 1–2 cm, ♀ 5–6 cm, **BL**: 50 cm, **WR**: m, u, **SG**: 2

Xiphophorus couchianus (GIRARD, 1859)
Monterrey-Platy

Syn.: *Limia couchiana, Ainia couchiana, Gambusia couchiana, Mollienisia couchiana, Platypoecilus couchianus, P. variatus, Poecilia couchiana, P. couchii.*

Vork.: In Quellbächen, kleinen Flüssen und Weihern des Rio San Juan-Systems (Rio Grande-Becken) im Huasteca Canyon bei Santa Catarina und bei Monterrey, Nuevo Leon, Mexiko, Mittelamerika.

Ersteinf.: 1979 durch H. J. Schröder, München.

GU.: Farblich bestehen keine Unterschiede. Das ♂ ist schlanker und trägt ein Gonopodium.

Soz. V.: Eine äußerst friedliche Art, die jedoch wegen der Seltenheit und der schwierigen Haltung nur im Artbecken gepflegt werden sollte.

Hält. B.: Die Fische stellen hohe Ansprüche an die Wasserqualität. Das Wasser muß absolut nitratfrei sein und kristallklar. Die Tiere neigen zu Verpilzungen. In der Natur haben sie offenbar sehr konstante Wasserbedingungen. Das Wasser muß chemisch mindestens einmal wöchentlich überprüft werden. Ein gut „eingefahrenes" Becken mit biologischem Filter ist Voraussetzung für die Pflege dieser problematischen Art. Wasser: pH-Wert 7,5–8,1; Härte: 15–20° dGH. Ich würde leichten Kochsalzzusatz von einem halben Teelöffel pro 10 l Wasser, eine General-Tonic-Zugabe mit halber Dosierung alle 4 Wochen und $^1/_4$ Wasserwechsel alle 8 Tage mit Zugabe von Aquasafe versuchen.

ZU: Diese ist sehr schwierig. Die Jungfische müssen mit feinstem Lebendfutter besonders mit Artemien, welche vorher Algen gefressen haben, aufgezogen werden. Später mit feingesiebten anderen Lebendfutterarten.

FU: K, O; abwechslungsreiche Ernährung mit krankheitsfreiem Lebendfutter oder Gefrierfutter, sowie abwechselnd mit Flokkenfuttermitteln auf pflanzlicher Basis. Eventuell TabiMin-Tabletten.

Bes.: Die Art wurde zuletzt im April 1962 von amerikanischen Wissenschaftlern gefangen und wegen der Seltenheit am Fundort in die Washingtoner Artenschutzliste, Anhang 2 als bedrohte Tierart aufgenommen. Die Fische wurden seit dieser Sammelreise im natürlichen Lebensraum nicht mehr gesehen und gelten in der

Fortsetzung: Seite 762.

Xiphophorus couchianus

Xiphophorus couchianus „Apodoca"

Fortsetzung von *Xiphophorus couchianus*:

Natur als ausgestorben. Es gibt nur noch kleine Bestände in den Aquarien weniger Spezialisten. Obwohl die Art recht unscheinbar ist, ist es doch ein lobenswertes Ziel, sie weiter zu vermehren und eventuell mit Hilfe der entsprechenden Fachleute am ehemaligen Fundort wieder auszusetzen, sofern ein solcher überhaupt noch existiert (Austrocknung durch Flußumleitung und Absenken des Grundwasserspiegels).

T: 27–30° C, **L**: ♂ 3–4 cm, ♀ 4–6 cm, **BL**: 50 cm, **WR**: m, o, **SG**: 4

Xiphophorus evelynae ROSEN, 1960
Puebla- oder Hochland-Platy

Syn.: *Xiphophorus variatus evelynae.*

Vork.: Rio Teculutla-System, Puebla, Mexiko, Mittelamerika.

Ersteinf.: 1980 durch M. Meyer, Bad Nauheim.

GU.: Das ♂ trägt wie bei allen Poeciliiden ein Gonopodium und ist bei dieser Art farbenprächtiger.

Soz. V.: Eine sehr friedliche Art, die für das Gesellschaftsbecken ohne andere Schwertträger oder Platys geeignet ist. Man beachte, daß auch diese Art sehr selten ist und in der Art rein erhalten bleiben muß.

Hält. B.: Die ausgewachsenen Tiere benötigen viel freien Schwimmraum in einem möglichst lang gestrecktem Becken. Dieses soll gut bepflanzt sein. Biologische Filterung mit Wasserumwälzung, 1–2mal pro Stunde. Außer der Frontscheibe sollte man die Algen an den Scheiben belassen. Durch entsprechend gute Beleuchtung ist für ausreichend Algenwachstum zu sorgen.

ZU: Die Zucht ist nicht schwierig. Am leichtesten zieht man die Jungtiere im stark veralgten Zuchtbecken unter Zufütterung von feinstgemahlenem Pflanzenflokkenfutter, zerquetschten feinen gefrorenen Erbsen ohne Schale, oder Liquifry dazu 2–3 mal wöchentlich *Artemia*, auf.

FU: O; Flockenfutter, FD-Nahrung, Frostfutter und Pflanzenfutterflocken.

Die ♂♂ dieser farbenprächtigen Art sind meist erst im Alter von 12–15 Monaten ausgefärbt. Beide Geschlechter werden 2–3 Jahre alt.

T: 22–27° C, **L**: ♂ 4 cm, ♀ 6 cm, **BL**: 70 cm, **WR**: o, m, u, **SG**: 2

Xiphophorus gordoni MILLER & MINCKLEY, 1963
Nord-Platy*

Syn.: *Xiphophorus couchianus gordoni.*

Vork.: Bei Santa Tecla, Cuatro Cienegas-Becken, Coahuila, Mexiko, Mittelamerika.

Ersteinf.: 1980 durch Lothar Wischnath, Berlin.

GU.: Wie bei den vorgenannten Arten.

Soz. V.: Diese schreckhafte, jedoch friedliche Art sollte wegen der schwierigen Haltung stets nur im Artbecken gepflegt werden.

Hält. B.: Die Art ist äußerst wärmebedürftig und lebt am liebsten in Temperaturen über 30° C, sogar bis 35° C. Bei Temperaturen unter 28° C ist die Art recht krankheitsanfällig. Das Becken soll gut bepflanzt sein. Eine gute Filterung bei schwach bewegter Wasseroberfläche und teilweisen Wasserwechsel nur unter Zugabe von einem guten Wasseraufbereitungsmittel sind ebenso Bedingung wie die richtigen Wasserwerte: pH 7,5–8,1; Härte: 10–25° dGH.

ZU: Die ♀♀ bringen meist nur 5–15, manchmal 25 Jungfische von 6 mm Länge, hervor. Die Aufzucht soll im Algenbecken mit *Artemia*, Tümpelstaubfutter und feinst gemahlenem pflanzlichen Flokkenfutter erfolgen.

FU: Hauptsächlich mit kleinem Lebendfutter und pflanzlichem Flockenfutter.

***Bes.**: In dem sehr kleinen Verbreitungsgebiet ist der Bestand dieser Art bereits gefährdet. Wahrscheinlich wird sie durch ihre Begleitfische wie Gambusen und Cichliden stark dezimiert. Die Tiere leben in Quelltümpeln und Rinnsalen in oft nur 10–20 cm Wassertiefe. Darin steigt die Temperatur gelegentlich auf über 32° C an. Wer die Art pflegt, sollte sie an andere interessierte und versierte Aquarianer zur Vermehrung weitergeben, sonst ist sie eines Tages wieder von der Bildfläche verschwunden, wie schon so viele andere Zierfische vor ihr.

T: 28–32° C, **L**: ♂ 2,5–3,5 cm, ♀ 3–4 cm, **BL**: 50 cm, **WR**: u, m, **SG**: 4

Xiphophorus evelynae ♂

Xiphophorus gordoni ♂

Xiphophorus helleri HECKEL, 1848
Belize-Schwertträger

Syn.: *X. helleri guentheri.*

Vork.: Rio Belize, nahe der Stadt Belize, Belize, Mittelamerika.

Ersteinf.: Unbekannt.

GU.: Wie die nachfolgenden *Xiphophorus*-Arten.

Soz. V.: Die ♂♂ bekämpfen sich weniger heftig als bei anderen Populationen.

Hält. B.: In dicht bepflanzten Becken bei pH-Wert 7,5–7,8; Härte: 4,0–15° dGH. Gute Wasserbewegung.

ZU: Die Zucht ist meist schwierig und hängt sehr von der Wasserbeschaffenheit ab. Nitratfreies Wasser ist Bedingung. Die Population bringt nur 10–25 Jungtiere pro Wurf.

FU: Wie nachstehende Populationen.

Bes.: Dies ist die kleinste *Xiphophorus helleri* Population. Seit 1949 liegen keine Fangdaten und Biotop-Notizen vor. Die Flecken dieser Population sind größer und das Schwert kürzer als bei der nachstehenden Population vom Rio Atoyac. Dort sind die Flecken kleiner und dichter, und das Schwert ist im Verhältnis zur Körperlänge wesentlich länger, was auch deutlich auf dem Foto ersichtlich ist.

T: 24–28° C, **L**: ♂ + ♀ 4–5 cm, Schwert 2–3 cm, **BL**: ab 50 cm, **WR**: o, m, u, **SG**: 3

Xiphophorus helleri HECKEL, 1848
Atoyac-Schwertträger

Syn.: Sehr schwer feststellbar, da die Tiere, wenn überhaupt, wild unter den verschiedensten Handelsnamen eingeführt wurden. So hieß zum Beispiel die gefleckte grüne Form früher – Montezuma-Schwertträger, heute ist das wie wir wissen, eine ganz andere Art.

Vork.: Rio Atoyac, Veracruz, Mexiko; Mittelamerika. In diesem Gewässer leben Grüne Schwertträger mit besonders langem Schwert (endemische Population) zusammen mit Grünen Schwarzgefleckten, ebenfalls mit langem Schwert. Rote Ungefleckte und Rote Gefleckte. Die beiden letztgenannten sind Farbspielarten.

Ersteinf.: Grüne Population: durch G. Daul, Berlin 1979. Grüne Gefleckte, Rote Gefleckte und Rote Ungefleckte Variation: 1980 durch Lothar Wischnath, Berlin.

Soz. V.: Wie die anderen *X. helleri.*

Hält. B.: Je nach Größe der Tiere in Becken von 50–80 cm Länge oder größer. Dichtes Pflanzenwachstum und viel freien Schwimmraum, gute Filterung und Wasserbewegung. pH-Wert 7,5; Härte: 4–15° dGH.

ZU: Diese ist problemlos, so wie bei den Zuchtformen. Atlas Band I, Seite 606.

FU: O; Flockenfutter, Tetra-FD-menü und besonders TetraTips, Frostfutter.

Bes.: Nach den gegenwärtigen Kenntnissen leben in keinem *Xiphophorus*-Biotop so unterschiedlich gefärbte Tiere zusammen, ohne sich untereinander zu vermischen, wobei natürlich neue Naturbastarde nicht auszuschließen sind.

T: 24–28° C, **L**: Recht unterschiedlich. ♂ incl. Schwert 5–10 cm, ♀ 8–12 cm, **BL**: ab 50 cm, **WR**: m, u, **SG**: 1–2

Xiphophorus helleri HECKEL, 1848
Fünfstreifen-Schwertträger

Syn.: Keine.

Vork.: Endemisch im Rio Sontecomapan, Veracruz, Mexiko, Mittelamerika.

Ersteinf.: 1979 durch Lothar Wischnath, Berlin.

GU.: Wie andere Helleris.

Soz. V.: Die ♂♂ sind weniger zänkisch, als das bei den meisten anderen *helleri* Populationen der Fall ist.

Hält. B.: Wie vor.

ZU: Diese ist ebenfalls wie bei den anderen Helleris nicht schwierig.

FU: Wie vor.

Bes.: Der Rio Sontecomapan ist der ca. 35 km lange Ausfluß des Catemaco-Sees. Es besteht am Ausgang des Sees eine Biotopgrenze, so daß sich die Populationen im See und im Fluß nicht mischen können.

T: 24–28° C, **L**: ♂ + ♀ 8–12 cm, Schwert 6–10 cm, **BL**: ab 70 cm, **WR**: m, u, **SG**: 2

Xiphophorus helleri HECKEL, 1848
Yucatan-Schwertträger

Syn.: Keine.

Vork.: In den östlichen Küstenzuflüssen, Bächen und Weihern im Nordwesten von Yucatan, Mexiko, und Nordosten von Campeche, Mexiko, Mittelamerika.

Ersteinf.: 1978 durch G. Daul, Berlin.

GU.: Wie vorgenannt.

Soz. V.: Wie vorgenannt.

Hält. B.: Wie vor, jedoch Härte 4–20° dGH. Die Population ist sehr nitratempfindlich, deshalb ist auch die Zucht mitunter schwierig.

ZU: Mitunter schwierig.

FU: Allesfresser, Lebendfutter aller Art, Flockenfutter, Frostfutter, FD-Futter.

Bes.: Eine prächtige schlanke *helleri*-Population. Nur die dominierenden ♂♂ zeigen eine herrliche Rotfärbung unterhalb der Seitenlinie. Bei den schwächeren ♂♂ erfolgt die Rotfärbung erst dann, wenn sie an die beherrschende Stelle durch Alter oder Ausfall des zuvor regierenden ♂ nachrücken. Das Alter beträgt 3–4 Jahre.

T: 24–28° C, **L**: 9 cm, **BL**: ab 70 cm, **WR**: m, u, **SG**: 4

Xiphophorus helleri HECKEL, 1848
Messingschwertträger, Catemaco-Schwertträger.

Syn.: Keine.

Vork.: Endemisch im Catemaco-See, Veracruz, Mexiko, Mittelamerika.

Ersteinf.: 1978 durch F. Anders, Gießen.

GU.: Wie andere Helleris.

Soz. V.: Die ♂♂ sind äußerst unverträglich. Es kommt zwischen gleichaltrigen ♂♂ zu heftigen Beißereien. Den eigenen Jungtieren wird arg nachgestellt.

Hält. B.: In einem großen Becken mit viel Versteckmöglichkeiten durch dichte Bepflanzung mit Stein- und Wurzelaufbauten kann man auch mehrere Tiere halten. In kleinen Becken nur ein ♂ mit etwa zwei ♀♀. Wasserbedingungen wie vor.

ZU: Diese ist schwierig und gelingt nur bei nitratfreier Beschaffenheit und sehr guter Ernährung mit Lebendfutter, z. B. Mückenlarven und TetraTips für die Elterntiere. Die Jungtiere benötigen *Artemia* und feines Teichstaubfutter. Die Elterntiere sind zu entfernen. Das Wasser im Aufzuchtbecken soll gut gefiltert werden und eine Wasserströmung aufweisen. Während der Fütterung mit Staubfutter ist natürlich die Filterung auszustellen.

FU: Wie vorgenannte Helleris.

Bes.: Eine der prächtigsten *helleri*-Populationen. Die Tiere sind selten vor 15 Monaten geschlechtsreif und werden 3–4 Jahre alt.

T: 24–28° C, **L**: ♂ 8–12 cm, ♀ 8–12 cm, Schwert 5–7 cm, **BL**: ab 70 cm, **WR**: m, u, o. **SG**: 3

Xiphophorus helleri HECKEL, 1848
Streifenschwertträger, Oaxaca-Schwertträger

Syn.: Keine.

Vork.: Rio del Reyon, Oaxaca, Mexiko, Mittelamerika.

Ersteinf.: 1980 durch Lothar Wischnath, Berlin.

FU: Wie bei den Helleris vom Rio Atoyac.

Bes.: Diese ebenfalls schlanke *helleri* Population weist bei manchen Tieren eine senkrechte, die Seitenlinie kreuzende Bänderung auf.

T: 24–28° C, **L**: ♂ + ♀ 5–7 cm, Schwert 3–4 cm, **BL**: ab 70 cm, **WR**: o, m, u. **SG** 1–2

Xiphophorus helleri, gefleckt. Wildform Rio Belize, Belize

Xiphophorus helleri, rot, ungefleckt; Rio Atoyac

Xiphophorus helleri, Atoyac-Schwertträger

Xiphophorus helleri, Fünfstreifen-Schwertträger

Xiphophorus helleri, gefleckt; Rio Atoyac

Xiphophorus helleri, Population Yucatan

Xiphophorus helleri, Pop. Rio del Reyon

Xiphophorus helleri, Messingschwertträger

Xiphophorus helleri HECKEL, 1848
Grüner Schwertträger

Syn.: Keine.

Vork.: Vom Rio Nautla in Veracruz, Mexiko, südostwärts bis Belize und Honduras, Mittelamerika.

Ersteinf.: Diese Population wurde 1909 durch W. Schroot, Hamburg erstmals eingeführt.

GU.: Wie bei anderen Helleris.

Soz. V.: Dieses ist je nach Fangorten unterschiedlich. Oftmals bekämpfen sich die ♂♂ erbittert. Den eigenen Jungtieren, besonders Neugeborenen, wird meistens nachgestellt.

Hält. B.: Die Ansprüche der einzelnen Populationen weichen zum Teil stark voneinander ab. Das hängt von den Wasserbedingungen der einzelnen Fundorte ab. Will man zwei oder mehr ♂♂ halten, so muß das Becken ausreichend Versteckmöglichkeiten bieten. Man rechnet auf je 40 cm Beckenlänge ein ♂. Härte: je nach Fundort 3–30° dGH. Der pH-Wert von 7,5–8,2; In jedem Falle gute Bepflanzung und Wasserumwälzung.

ZU: Bei den Populationen unterschiedlich von leicht bis schwierig. Die Zahl der Jungtiere schwankt dementsprechend zwischen 20 und 100.

FU: O; viel Lebendfutter, Flockenfutter, TetraPhyll als Abwechslung. Als Standardfutter TetraTips und gefrorene Mückenlarven.

Bes.: In einer großen Revision, ROSEN (1979), erfuhr die Systematik der *Xiphophorus* einige wichtige Änderungen.
Die bisher anerkannten Unterarten *X. helleri helleri*, *X. helleri strigatus* und *X. helleri guentheri* wurden von ROSEN 1979 eingezogen.

T: 22–28° C, **L**: ♂ 4–14 cm, je nach Population Schwert 3–12 cm, ♀ 5–14 cm, **BL**: ab 70 cm, **WR**: m, u, o, **SG**: 1–4, je nach Population

Biotop von *Xiphophorus helleri* „Atoyac". Bach zum Rio Atoyac, Arroyo Caiba.

Xiphophorus helleri

Biotop von *Xiphophorus helleri*, Rio Sontecomapan

Xiphophorus maculatus (GÜNTHER, 1866)
Grauer Platy

Syn.: *Platypoecilus maculatus*.

Vork.: Rio San Juan, Veracruz, Mexiko, Mittelamerika.

Ersteinf.: Unbekannt.

GU.: Wie vorgenannte.

Soz. V.: Wie vorgenannte.

Hält. B.: Wie zuvor. Der pH-Wert 7,5–7,9, Härte: 5–15° dGH.

ZU: Wie vorgenannte.

FU: Wie vor.

Bes.: Bei den ♂♂ Tieren ist die schwarze Fleckung besonders ausgeprägt.

T: 24–28° C, **L**: ♂ 3–4 cm, ♀ 4–6 cm, **BL**: ab 50 cm, **WR**: o, m, **SG**: 1

Xiphophorus maculatus (GÜNTHER, 1866)
Jamapa-Platy, Bunter Platy

Syn.: *Platypoecilus maculatus*.

Vork.: Rio Jamapa und dessen kleine Zuflüsse, Veracruz, Mexiko, Mittelamerika.

Ersteinf.: Unbekannt.
Alle anderen Pflegeangaben für diese Population kann man den vorangegangenen entnehmen.

Bes.: Im Gegensatz zu dem Vorgesagten, ist bei dieser Population die Fleckung und Punktierung von sehr unterschiedlicher Anordnung und Größe.

T: 24–28° C, **L**: ♂ 3–4 cm, ♀ 4–6 cm, **BL**: ab 50 cm, **WR**: o, m. **SG**: 2

Biotop von *Xiphophorus maculatus*. Weiher bei Veracruz, Mexiko.

Xiphophorus maculatus, Grauer Platy, Rio San Juan

Xiphophorus maculatus, Bunter Platy, Rio Jamapa

Xiphophorus maculatus (GÜNTHER, 1866)
a) Schwarzer Platy
b) Belize-Platy
c) Rotaugenplaty

Syn.: *Platypoecilus maculatus.*

Vork.: a) Randsümpfe des Rio Papaloapan, Veracruz, Mexiko.
b) Randsümpfe des Rio Belize im Mündungsgebiet, Belize.
c) Mündungsgebiet des Rio Belize.

Ersteinf.: 1980 durch L. Wischnath, Berlin.

GU.: Alle wie Nominatform.

Soz. V.: Alle friedlich. Für Gesellschaftsbecken mit friedlichen Arten geeignet. **Nicht** zusammen mit anderen Populationen von *Xiphophorus* oder deren Zuchtformen halten!

Hält. B.: a) pH-Wert 7,0–7,8; Härte: 10–20° dGH.
b) pH-Wert um 7,5; Härte: 4–15° dGH.
c) pH-Wert 7,0; Härte: 4–6° dGH. Pilzanfällig. Alle: Bepflanztes Becken mit geringer Wasserbewegung. Möglichst nitratarmes Wasser.

ZU: a) Anfällig gegen Pilzerkrankungen. Fungistop oder General-Tonic 1/2 Dosis zur Eingewöhnung anwenden.
b) Leicht.
c) Nur in nitratfreiem Altwasser mit biologisch eingefahrenem Filter möglich. *Artemia* ist Bedingung zur Aufzucht. Warmes und weiches Wasser, Torffilterung.

FU: a) O; b) O; c) H, O.

Bes.: a) ♂ stets schwarz, ♀ grau.
b) Diese Population ist von stets unterschiedlicher Färbung. c) Beide Geschlechter haben rote Augen (Iris); sind also keine Albinos.

T: alle 24–30° C, **L**: a) ♂ 4 cm, ♀ 5 cm, b) ♂ 4 cm, ♀ 6 cm, c) ♂ 3 cm, ♀ 4 cm, **BL**: alle ab 50 cm, **WR**: alle, **SG**: a) 3, b) 1, c) 4

Xiphophorus maculatus, Schwarzer Platy, Rio Papaloapan

Xiphophorus maculatus, Belize-Platy, Rio Belize

Xiphophorus maculatus, Rotaugenplaty, Rio Belize

Xiphophorus milleri ROSEN, 1960
Catemaco-Platy

Syn.: Keine.

Vork.: Endemisch im Catemaco-See, Veracruz, Mexiko, Mittelamerika.

Ersteinf.: 1963 durch das Zoologische Institut in Hamburg.

GU.: Das ♂ ist deutlich kleiner und trägt ein Gonopodium. Das hintere Körperende ist auf der Unterseite schwarz getüpfelt. Das ♀ mit deutlich erkennbarem vollerem Bauch und Trächtigkeitsfleck. An der Unterseite des Schwanzstiels ist beiderseits nur ein schwarzer Strich, die Tüpfel fehlen meist.

Soz. V.: Eine friedliche Art. Für das Gesellschaftsbecken geeignet. Empfehlenswert ist die Vergesellschaftung mit der *Xiphophorus helleri*-Population vom Catemaco-See. Es besteht keine Kreuzungsgefahr. Überhaupt kreuzen sich ja *helleri* und Platys nur sehr selten.

Hält. B.: Die Art ist sehr sauerstoffbedürftig und benötigt deshalb starke Wasserumwälzung von 2–3 mal den Beckeninhalt einer Stunde. Das Aquarium soll dicht bepflanzt sein und einen glatten Bodengrund haben, damit man sauerstoffzährende Mulmschichten leicht entfernen kann. Wasser: pH-Wert ca. 7,5; Härte: zwischen 4–15° dGH. Das Wasser muß biologisch einwandfrei, das heißt möglichst nitratfrei sein. Wöchentliche Kontrolle mit den handelsüblichen Nitrattests sind erforderlich. Achten Sie auch darauf, daß Ihr Leitungswasser keinen Nitratgehalt aufweist, andernfalls müßten Sie über die handelsüblichen Kunstharz-Ionenaustauscher das Nitrat entfernen.

ZU: Diese ist meist sehr schwierig und gelingt nur bei besten Wasserbedingungen. Die Aufzucht der Jungtiere erfolgt mit *Artemia*. Die Zahl der Jungen beträgt nur zwischen 3 bis 8, maximal bis 10.

FU: O; Feines Flockenfutter, besonders FD-menü. Zur Abwechslung TetraPhyll oder andere auf pflanzlicher Basis. TetraTips versuchen. Einmal wöchentlich *Artemia* oder ein anderes feines Lebendfutter.

Bes.: Diese Tiere leben im Catemaco-See in den flachen Brandungszonen des Ufers, sofern dort starker Algen- und Pflanzenwuchs vorherrscht. Zwischen diesen Pflanzen finden die Tiere auf dem Substrat ihre Nahrung. Die Tiere werden 2 bis 3 Jahre alt.

T: 24–28° C, **L**: ♂ 2,5–3–3,5 cm, ♀ 3–4,5 cm, **BL**: ab 50 cm, **WR**: u, m, **SG**: 4

Xiphophorus montezumae JORDAN & SNYDER, 1900
Blauer Montezuma-Schwertträger

Syn.: Keine.

Vork.: Rio Moctezuma, Rio Tamesi-Bekken, sowie nördliche Zuflüsse des Rio Panuco-Systems in San Luis Potosi, Mexiko, Mittelamerika.

Ersteinf.: 1913 durch die Zierfischzüchterei Härtel in Dresden.

GU.: ♂♂ mit Schwert und Gonopodium. ♀ mit leicht angedeutem Trächtigkeitsfleck und etwas größer als das ♂.

Soz. V.: Friedliche Art. Die ♂♂ bekämpfen sich nur in kleinen und zuwenig bepflanzten Becken. Die Art läßt sich gut vergesellschaften, auch mit Platys, jedoch nicht mit anderen *Xiphophorus*, dann gibt es unerwünschte Kreuzungen.

Hält. B.: Gemäß den Vorkommensgebieten ist starke Wasserumwälzung von 3–4 mal stündlich den Beckeninhalt erforderlich. Dichte Bepflanzung. Wasser: pH-Wert 7,5–8,2; Härte: 5–20° dGH. Heller Standort, dunkler Bodengrund.

ZU: Diese ist nicht schwierig. Alle 4–5 Wochen werden 15–30 Jungfische geboren, die etwa 8 mm lang sind. Zur Aufzucht sind Staubfutter und *Artemia* notwendig. Das Zuchtbecken muß unbedingt Versteckmöglichkeiten haben und eine dichte Bepflanzung. Am besten sind die Elterntiere nach dem Ablaichen zu entfernen. Das ♂ eventuell schon nach der Befruchtung.

FU: O; Schwarze Mückenlarven sind für Wachstum und Zuchtansatz der Elterntiere besonders wichtig. Außerhalb der Zuchtzeit-Fütterung mit allen Flockenfuttersorten und TetraTips.

Bes.: Eine sehr prächtige Art, bei denen das ♂ häufig ein rosa Schwert hat. Die Art wurde bereits in Band I, Seite 612 vorgestellt. Hier im Bild wird jedoch die Blaue Wildform vom Rio Salto gezeigt.

T: 24–28° C, **L**: ♂ 5,5–6 cm, ♀ 6,5–7 cm, **BL**: ab 50 cm, **WR**: m, u. **SG**: 3

Xiphophorus milleri

Xiphophorus montezumae

Xiphophorus nigrensis ROSEN, 1960
Kleinschwertträger

Syn.: *Xiphophorus pygmaeus nigrensis.*

Vork.: Rio Choy und Rio Coy im Rio Panuco-System, San Luis Potosi, Mexiko, Mittelamerika.

Ersteinf.: 1964 durch das Zoologische Institut in Hamburg.

GU.: Bei den ♂♂ sind die unteren Schwanzflossenstrahlen mehr oder weniger lang zu einem Schwert ausgebildet. Die Form vom Rio Choy hat ein langes Schwert, die Form vom Rio Coy ein kurzes Schwert. Im gleichen Fluß gibt es noch die schwertlose Variante. Bei den ♂♂ ist der untere Schwanzflossenlappen nur leicht spitz ausgezogen. Diese ♂♂ sind gelb gefärbt, die ♀♀ dagegen schwarz/grau.

Soz. V.: Eine recht friedliche *Xiphophorus* Art. Im gut bepflanzten Becken vertragen sich auch mehrere ♂♂ untereinander. Die schwächeren ♂♂ müssen sich verstekken können. Beißereien führen jedoch nicht zu irgendwelchen Verletzungen. Die Art ist am besten für sich allein zu halten, da sie möglicherweise von anderen Fischen unterdrückt wird. Mit zarten Salmlern oder Zwergcichliden kann man sie durchaus vergesellschaften, sofern die Wasserbedingungen allen zuträglich sind.

Hält. B.: Die Fische lieben kräftige Wasserumwälzung, gute Bepflanzung im Aquarium und sie haben einen hohen Sauerstoffbedarf, deshalb muß die Wasseroberfläche stets bewegt sein und zwischen Wasseroberfläche und Abdeckscheibe bzw. Abdeckleuchte muß ausreichend Raum für einen Eintritt von Frischluft geschaffen werden. Das Wasser soll einen pH-Wert von ca. 7,5 (plus/minus 0,3) und eine Härte bis 25° dGH haben.

ZU: Etwa alle 4 Wochen werden ca. 15 Junge geworfen, die man mit *Artemia* und Tümpelstaubfutter aufziehen kann. Ein gut veralgtes Becken (Grünalgen) mit eingefahrenem Filter ist sehr von Vorteil.

FU: K, O; überwiegend sollte die Fütterung mit feinem Lebendfutter, tiefgefrore-

Fortsetzung: Seite 778.

Xiphophorus nigrensis, langes Schwert

Xiphophorus nigrensis, kurzes Schwert

Xiphophorus nigrensis, gelbe Form

Fortsetzung von *Xiphophorus nigrensis*:

nem Lebendfutter, wie Mückenlarven, Daphnien oder Bosmiden erfolgen. Dazu reicht man täglich oder jeden zweiten Tag je nach Größe der Tiere zerkleinertes pflanzliches Flockenfutter, um die erforderlichen Ballaststoffe für die Darmtätigkeit zuzuführen.

Bes.: Die Kleinschwertträger sind an sich recht ausdauernd, jedoch sehr empfindlich gegen höhere Wassertemperaturen. Dagegen vertragen sie kurzzeitig niedrigere Wassertemperaturen bis zu 22° C. Die Einstellung der gewünschten Pflegetemperatur von 24–25° C ist mit den heutigen Regelgeräten keine Schwierigkeit mehr. Man beachte die Variationsbreite dieser Art. Unsere drei Abbildungen zeigen alle 3 Formen des Kleinschwertträgers.

T: 24–25° C, **L**: ♂ ca. 4 cm, ♀ 4,5–5,5 cm, **BL**: ab 50 cm, **WR**: o, m, **SG**: 3

Xiphophorus pygmaeus HUBBS & GORDON, 1943
Zwergschwertträger.

Syn.: Keine.

Vork.: Rio Axtla, Rio Moctezuma-System im Rio Panuco Einzugsgebiet bei San Luis Potosi, Mexiko, Mittelamerika.

Ersteinf.: 1963 durch das Zoologische Institut Hamburg.

GU.: Die ♂♂ haben ein deutlich sichtbares Gonopodium, dagegen ist das bei den Schwertträgern normalerweise ausgeprägte Schwert nur andeutungsweise vorhanden.

Soz. V.: Eine sehr friedliche Art, die selbst mit anderen *Xiphophorus*-Arten zusammen gehalten werden kann, da anscheinend keine Kreuzungen damit vorkommen.

Hält. B.: Die Art liebt ein strömungs- und sauerstoffreiches Wasser. Ein großvolumiger Filter für Nitratabbau ist von Vorteil. Auf schlechte Wasserbedingungen reagieren die Fische sofort mit Flossenklemmen, spätestens dann ist das Auswaschen der Filtermasse und ein teilweiser Wasserwechsel von 1/3 bis zur Hälfte unter Zugabe eines guten Wasseraufbereitungsmittels notwendig. Das Becken kann mehr oder weniger dicht bepflanzt sein, wobei 1/3 im Vordergrund als Schwimmraum freibleiben sollte. Der Bodengrund kann aus Sand oder Kies bestehen, Mulmecken sind zu vermeiden und Futterreste stets abzusaugen. Wasser: pH-Wert 7,2–7,8; Härte: 5–18° dGH.

ZU: Diese ist nur bei hervorragender Wasserqualität erfolgreich. Das Zuchtbecken ist besonders dicht zu bepflanzen. Eine Schwimmpflanzendecke aus Wasserfarn ermöglicht es den Jungtieren, sich den Nachstellungen anderer Fische oder der Eltern, was selten vorkommt, zu entziehen. Die Aufzucht erfolgt mit feinstem Lebendfutter, zum Beispiel *Artemia*.

FU: K; Feines Lebendfutter, FD-menü, teilweise auch TetraTips, gefriergetrocknete und feine gefrostete Lebendfutterarten sind für die gute Ernährung bedeutsam. Einmal täglich kann man mit zerkleinertem Pflanzenkost-Flockenfutter den Speisezettel ballastreich gestalten.

Bes.: Durch Herrn Lothar Wischnath wurde 1980 die gelbe männliche Variante nach Deutschland eingeführt. Die Nachkommen dieser ♂♂ sind ebenfalls stets gelb, in der Natur hat diese Farbform wenige Überlebenschancen. Auch sehr alte ♂ der normalen Form sollen gelb werden.

T: 24–26° C, **L**: ♂ bis 3,5 cm, ♀ bis 4 cm, **BL**: ab 50 cm, **WR**: m, u, **SG**: 3–4

Xiphophorus pygmaeus, gelbe Variante (nur ♂)

Xiphophorus pygmaeus, Normalfärbung

Xiphophorus variatus x couchianus
Gelber Platy

Syn.: *Xiphophorus roseni.*

Vork.: Arroyo Chapultepec, Nuevo Leon, Mexiko, Mittelamerika.

Ersteinf.: 1980 durch Lothar Wischnath, Berlin.

GU.: Die ♂♂ sind leicht am Gonopodium zu erkennen.

Soz. V.: Eine friedliche Art, die durchaus im Gesellschaftsbecken gehalten werden kann, möglichst jedoch nicht mit anderen Platys oder Schwertträgern.

Hält. B.: Die Fische bevorzugen schattige Stellen und eine geringe Wasserströmung. Groß- und breitblättrige *Echinodorus* oder eine teilweise Abdeckung der Wasseroberfläche mit Schwimmpflanzen ist daher für das Wohlbefinden von Vorteil. Das Wasser kann einen pH-Wert zwischen 7,5 bis 8,1 aufweisen und die Härte sollte zwischen 10 und 25° dGH sein.

ZU: Diese ist nicht schwierig. Das Auffüttern der Jungfische gelingt mit MikroMin oder Liquifry, zwei bis dreimal wöchentlich *Artemia.* Einige Jungtiere werden auch ohne besonderes Zutun stets in der Schwimmpflanzendecke groß. Die Zahl der Jungtiere beträgt 20–40.

FU: K, O; Allesfresser, Flockenfutter aller Art, gefrorene und gefriergetrockente Futtermittel, sämtliche Flockenfutter. Ab und zu Lebendfutter, falls dieses zur Verfügung steht. Fütterung mit Lebendfutter ist jedoch nicht Bedingung.

Bes.: Dieser Fisch wurde von Erich Hnilicka, Puebla, Mexiko auf der Suche nach *Xiphophorus couchianus* erst 1980 entdeckt.
MEYER (1983) stellte fest, daß es sich bei dieser ursprünglich als *X. roseni* beschriebenen Art um einen Naturhybriden zwischen *X. variatus* und *X. couchianus* handelt.

T: 24–30° C, **L**: ♂ + ♀ 3,5–5 cm, **BL**: ab 50 cm, **WR**: m, **SG**: 1

Xiphophorus signum ROSEN & KALLMAN, 1969
Komma-Schwertträger

Syn.: *Xiphophorus helleri signum.*

Vork.: Rio Chajmaic, Rio de la Pasion-Becken, Alta Verapaz, Guatemala, Mittelamerika.

Ersteinf.: 1980 durch M. Schartl, Gießen.

GU.: ♂ mit Gonopodium und einem kurzen sehr charakteristischem Schwert, welches in der oberen Hälfte stärker, in der unteren Hälfte schwächer gesäumt ist. Das gegenüberliegende Foto zeigt die Unterschiede der Geschlechter und die Zeichnung sehr deutlich. Die Entwicklung der ♂ setzt oft erst sehr spät ein.

Soz. V.: Leider sind die ♂♂ sehr zänkisch. Man muß ihnen im kleineren Bekken viel Versteckmöglichkeiten bieten, sofern mehr als ein größeres gehalten wird.

Hält. B.: Das Becken soll gut bepflanzt sein und mit einem großvolumigen leistungsstarken Filter ausgestattet sein. Eine sorgfältige Kontrolle der biologischen Wasserbeschaffenheit ist jede Woche erforderlich. Dieser Fisch verträgt keinen Nitrit- oder Nitratanteil im Wasser, deshalb ist besonders auf die Leitungswasserqualität zu achten. Der Nitratanteil im Leitungswasser muß unter 5 mg/l liegen. Der pH-Wert darf zwischen 7,2 bis 8,0 und die Härte zwischen 10 bis 20° dGH schwanken, wobei konstante Werte innerhalb dieser Bereiche anzustreben sind.

ZU: Diese ist schwierig. Trächtige ♀♀ werfen alle 4–5 Wochen 20–40 Junge.

FU: K, O; bevorzugt nimmt die Art jegliches Lebendfutter von geringer Größe. Zur Abwechslung sollten TetraTips und TetraPhyll zerrieben geboten werden.

Bes.: Diese sehr empfindliche Schwertträger-Art verdient besondere Beachtung. Bisher sind nur einige kleine Bestände bei Spezialisten vorhanden. Die Nachzucht bereitet insbesondere deshalb Schwierigkeiten, weil sich die ♂ erst sehr spät entwickeln. Bei den inzwischen immer noch sehr spärlichen Beständen tritt deshalb nach einiger Zeit ein Mangel an ♂♂ zutage. Die Tiere werden nach etwa einem Jahr geschlechtsreif und können 3–4 Jahre alt werden.

T: 24–28° C, **L**: ♂ + ♀ 5–8 cm, Schwert 5–7 cm, **BL**: ab 60 cm, **WR**: o, m, **SG**: 4

Xiphophorus variatus x couchianus

Xiphophorus signum

Xiphophorus variatus (MEEK, 1904)
Veränderlicher Spiegelkärpfling, als Zuchtform-Papageienplaty, s. Band I Aquarienatlas, Seite 614.

Syn.: *Platypoecilus variatus, X. variegata* (Phantasiename).

Vork.: Atlantische Zuflüsse südlich des Rio Soto la Marina, Tamaulipas, Mexiko, nach Süden bis zum Rio Nautla in Veracruz, Mexiko, Mittelamerika.

Ersteinf.: 1931 durch den Seemann Conrad in Hamburg.

GU.: Das ♂ ist deutlich am Gonopodium und durch die meist kräftigeren Farben zu erkennen, das ♀ am Trächtigkeitsfleck, der dunkler als die Leibeshülle ist.

Soz. V.: Eine sehr friedliche Art, die besonders gut für das Gesellschaftsaquarium geeignet ist, wenn sich darin keine Nahrungskonkurrenten im Hinblick auf Algen befinden. Die Vergesellschaftung der Wildformen, siehe unsere Fotos auf der rechten Seite, mit anderen *Xiphophorus* ist nicht ratsam, da es dann zu unerwünschten Kreuzungen kommt.

Hält. B.: Die Fische bevorzugen ein dicht bepflanztes Becken mit mäßiger Wasserumwälzung (1/4 bis einmal pro Stunde). An die Wasserqualität werden geringe Ansprüche gestellt. Der pH-Wert darf zwischen 7,3 und 8,1 liegen und die Härte zwischen 4 bis 25° dGH schwanken. Beim Umsetzen der Tiere von einem Extrem ins andere, also vorher geringe Härte im Hälterungsbecken, dann wieder höhere Härte, ist dem neuen Wasser ein gutes Wasseraufbereitungsmittel zuzusetzen, damit die Fische keinen Schock erleiden. Diese Art der Kärpflinge überdauert selbst bei niedrigen Temperaturen, teilweise bis unter 10° C, wobei dann natürlich nicht gefüttert werden darf. Dicht bepflanzte, leicht veralgte Becken und geringer Fischbesatz sind für die Art am zuträglichsten.

ZU: Diese ist nicht schwierig. Am besten, man setzt das ♀ kurz vor dem Ablaichen in einen Ablaichkasten und entfernt es dann. Den Jungen braucht man außer guter Fütterung kaum Beachtung schenken. Natürlich darf das Wasser durch übermäßige Fütterung nicht verschmutzen. Algennahrung ist für die Aufzucht besonders wichtig.

FU: O; die Fische sind Allesfresser, wobei 1/3 der Nahrung aus tierischen Stoffen und 2/3 aus pflanzlicher Kost bestehen sollte.

Bes.: Wie der Name der Art bereits ausdrückt, gibt es viele Farbvariationen, selbst bei Tieren in den natürlichen Biotopen. Wildfangnachzuchten sind fast niemals farbkonstant und spalten stark auf in mehrere Farbspielarten. Die Art ist unter günstigen Bedingungen mit dem Schwertträger kreuzbar, wobei die Nachkommen unfruchtbar sind.

T: 22–28° C, **L**: ♂ 4–6 cm, ♀ 5–7 cm, **BL**: ab 50 cm, **WR**: o, m, u, **SG**: 1–2

Xiphophorus variatus, Rio Axtla

Xiphophorus variatus, Rio Nautla

Xiphophorus variatus, Rio Axtla

Biotop von *X. xiphidium*; Rio Purification, Mexiko.

Xiphophorus xiphidium x *X. variatus*, ein Naturhybride vom Rio Soto la Marina. Dieser wurde als *X. kosszanderi* beschrieben.

X. xiphidium, Rio Purification

Xiphophorus xiphidium **(HUBBS & GORDON, 1932)**
Schwert-Platy

Syn.: *Platypoecilus xiphidium.*

Vork.: Zuflüsse des Rio Soto La Marina-Systems, Rio Purificacion, Rio Santa Engracia, Tamaulipas, Mexiko, Mittelamerika. (Jedes der drei oben genannten Flußsysteme enthält eine andere Population).

Ersteinf.: Population vom Rio Purificacion durch F. Mayer, Hamburg 1933.

GU.: Das ♂ zeigt sich mit einem Gonopodium und kurzem Schwert und ist intensiver gefärbt als das ♀.

Soz. V.: Eine friedliche Art, für fast jedes Gesellschaftsbecken ohne andere *Xiphophorus* Arten geeignet. Vergesellschaftet man diese Art mit anderen, auch Zuchtformen von Schwertträgern oder Platys, kann es leicht zu unerwünschten Kreuzungen kommen. Eine Reinerhaltung dieser Art ist unbedingt anzustreben.

Hält. B.: Die Fische lieben strömungsreiches Wasser mit gutem Pflanzenbewuchs. Sie sollten erst dann in ein neues Becken eingesetzt werden, wenn dieses durch den Filter und/oder Bodengrund biologisch einwandfrei „eingefahren" ist. Das Wasser soll einen pH-Wert von 7,5 plus/minus 0,3 besitzen und die Härte soll zwischen 5 und 20° dGH liegen. Trotz reichem Pflanzenwuchs sollte noch genügend Schwimmraum für diese bewegungsfreudige Art übrig bleiben.

ZU: Die Zucht gelingt am besten in weichem Wasser unter 10° Härte. Die Fütterung der Jungtiere sollte zweimal täglich mit *Artemia* erfolgen. Zwei bis vier weitere Fütterungen können mit gesiebtem Flokkenfutter, zum Beispiel MikroMin oder feinstem TetraPhyll erfolgen.

FU: K; Flocken- und Lebendfutter mit hohem Eiweißanteil, gefrorene und gefriergetrocknete Lebendfutter. Zwei- bis dreimal wöchentlich werden auch pflanzliche Flockenfuttermittel gern angenommen.

Bes.: Im Aquarienatlas, Band I wurde die Art bereits auf Seite 615 vorgestellt. Das Bild in der 3. und 4. Auflage zeigt die Färbung der Population Rio Santa Engracia. Auf der Seite oben, sieht man die als *X. xiphidium* bisher bekannte Population vom Rio Purificacion und links unten die Population vom Rio Soto la Marina

T: 22–26° C, **L:** ♂ + ♀ 3–5 cm, **BL:** ab 50 cm, **WR:** m, **SG:** 3

Biotop von *Xiphophorus andersi, X. helleri*; Rio Atoyac.

Biotop von *X. milleri*; Catemaco-See.

Parosphromenus filamentosus, Text s. Seite 807.

Ctenopoma congicum BOULENGER, 1887
Kongobuschfisch

Syn.: *Anabas congicus.*

Vork.: Unterer Zaire (Stanley Pool), Küstengewässer Westafrikas. Ogoweﬂuß bei Lambarene, Ubangifluß (größter nördlicher Nebenfluß des Zaire).

Ersteinf.: 1912 durch Kuntschmann, Hamburg.

GU.: ♂ mit spitz ausgezogenen Flossen; beim ♀ sind diese mehr abgerundet.

Soz. V.: Meist friedliche Art, die im Gegensatz zu anderen Buschfischen ganz gut im Gesellschaftsbecken gehalten werden kann.

Hält. B.: Man trifft die Art zusammen mit *C. ansorgii* (Bd. 1, Seite 620) im gleichen Vorkommensgebiet (Chiloango bei Landana). *C. congicum* ist jedoch nicht so anspruchsvoll wie jene Art. Wasser: pH-Wert 6,8–7,8; Härte bis 25° dGH. Ein gut bepflanztes, nicht zu helles Becken ist passend.

ZU: Ein Schaumnest wird vom ♂ unter Wurzelüberhängen oder unter breiten Pflanzenblättern gebaut. Je nach Temperatur schlüpfen die Larven nach 24–30 Stunden. Aufzucht mit Staubfutter.

FU: K, O; Flockenfutter abwechselnd mit Frostfutter und ab und zu etwas Lebendfutter.

Bes.: Wurde in der Aquariumliteratur oft mit anderen Buschfischen, z. B. *C. fasciolatum*, *C. nanum* und *C. oxyrhynchum*, verwechselt.

T: 23–27° C, **L**: 8,5 cm, **BL**: 100 cm, **WR**: m, o **SG**: 2

Ctenopoma damasi (POLL, 1939)
Perlbuschfisch

Syn.: *Anabas damasi.*

Vork.: Östliches Uganda, Eduardsee, Afrika.

Ersteinf.: 1968 durch Berns und Peters, Tübingen.

GU.: Die Bauchflossen beim ♂ sind deutlich verlängert und reichen über den After hinaus. Beim ♀ sind die Flossen höchstens bis zum After ausgestreckt. ♂ farbiger und dunkler.

Soz. V.: Friedliche, brutpflegende Art. Wegen der Besonderheit nur im Artbecken oder mit ganz zarten Arten halten.

Hält. B.: Dicht bepflanztes Artbecken mit viel Unterschlupf. Schwimmpflanzendecke. Die Tiere führen ein verstecktes Dasein, besonders wenn sie sich gestört fühlen. Meist stehen die Tiere zwischen den Pflanzen. Nur zum Luftholen wird der Versteckplatz verlassen. Zur Laichzeit sind die Tiere zwischen den Pflanzen. Zur Laichzeit sind die Tiere dann wesentlich aktiver. Wasser: pH-Wert 6,5–7,5; Härte bis 15° dGH. Torffilterung. Regelmäßiger Wasserwechsel alle 14 Tage $^1/_3$ (Aquasafe!).
Die Tiere sind bereits mit 8 Monaten geschlechtsreif und werden mit Lebendfutter, Wasserwechsel und Temperaturerhöhung in Laichbereitschaft gebracht.

ZU: Es wird ein Schaumnest, meist dicht zwischen Pflanzenblättern gebaut. Nach heftigem Umschlingen der Partner steigen die Eier nach oben ins Nest. Daneben treibende Eier werden eingesammelt und ins Nest gespuckt. Dieses wird ein paar Stunden vom ♂ bewacht. Danach beobachtet das ♂ das Nest aus einiger Entfernung. Nach 36 Stunden (28° C) schlüpfen die ersten Larven, die weitere 48 Stunden später freischwimmen. Teichstaubfutter und feinst pulverisiertes Flockenfutter (FD-menü o. ä.) sollen sehr sparsam gereicht werden, dafür 5–8 mal täglich. Nach etwa 4 Tagen kann man problemlos mit *Artemia* weiter füttern.

FU: K, O; Flockenfutter, FD-menü, Frostfutter. Feines Lebendfutter.

Bes.: Diese seltene und schöne Art verdient besondere Aufmerksamkeit. Während VIERKE (1978) schreibt, die Larven nehmen bereits nach dem 10. Tag atmosphärische Luft auf, erwähnt RICHTER (1979), daß die 7,7 mm großen Larven dies zwischen dem 37. und 45. Tag tun.

T: 26–30° C, **L**: ♂ 7 cm, ♀ 6 cm, **BL**: 80 cm, **WR**: m, o, **SG**: 3

Ctenopoma congicum

Ctenopoma damasi

Ctenopoma multispinis PETERS, 1844
Vielstacheliger Buschfisch

Syn.: *Anabas multispinis, Spirobranchus smithii, Anabas rhodesianus, Anabas vermayi, Ctenopoma multispine.*

Vork.: Südöstliches Kongogebiet, Sambia, Mocambique, Zimbabwe (Rhodesien), Okotangofluß und Ngamisee (Botswana), Namibia (Südwestafrika) und Angola; Afrika.

Ersteinf.: 1935 ein Exemplar; April 1972 durch D. Schaller, München.

GU.: ♂ mit Dornenfeld.

Soz. V.: Eine schwimmfreudige Art, die viel Platz braucht. Vergesellschaftung nur mit sehr robusten Arten, da *C. multispinis* bissig und angriffslustig ist. Gleichgroße Artgenossen oder *Anabas testudineus, C. nigropannosum* sind geeignete Mitbewohner.

Hält. B.: Großbecken mit dunklem Bodengrund. Nicht zu heller Standort. Wurzelholz und Steinaufbauten. Wasser: pH-Wert 6,0–7,5; Härte: 5–20° dGH.

ZU: Die Art wurde 1975 von Dr. Foersch erstmals nachgezogen. Nach heftiger Balz wird das ♀ vom ♂ umschlungen. Dabei spielen die Dornenfelder hinter den Augen und am Schwanzstiel für das Festklammern eine große Rolle. Einige tausend Eier steigen wegen ihrer öligen Oberfläche nach oben. Brutpflege wird nicht betrieben. Die Elterntiere sind nach dem Laichen herauszunehmen oder die Eier vorsichtig in ein Aufzuchtbecken mit gleichem Wasser zu überführen (Eier abschöpfen). Aufzucht mit *Artemia*.

FU: K, O; Allesfresser.

Bes.: Wie *Anabas testudineus* ist auch diese Art in der Lage, sich über Land fortzubewegen. Meist aber gräbt sie sich in den Schlamm austrocknender Gewässer ein, um dort die Trockenheit zu überdauern.

T: 24–27° C, **L**: 16 cm, **BL**: 150 cm, **WR**: m, o, **SG**: 2–3

Ctenopoma nigropannosum REICHENOW, 1875
Zweifleck-Buschfisch

Syn.: *Anabas nigropannosus, Ctenopoma ashbysmithii, C. gabonense.*

Vork.: Nigerdelta und Mündungsgebiet des Zaire (Kongo), auch Zentralafrika.

Ersteinf.: 1933.

GU.: Das ♂ hat ein Dornenfeld hinter den Augen; am Schwanzstiel fehlt dieses Dornenfeld bei dieser Art.

Soz. V.: Eine ruppige, unverträgliche Art, die nicht für Gesellschaftsbecken geeignet ist. Evtl. mit Großcichliden und Großwelsen halten oder anderen großen Buschfischen.

Hält. B.: Artbecken mit Wurzeln und Steinen. Javafarn. Bodengrund aus Kies. An die Wasserbedingungen werden keine Ansprüche gestellt.

ZU: Im Aquarium bisher nicht erfolgt. Die Eltern betreiben keine Brutpflege.

FU: K, O; Allesfresser; sogar Wasserpflanzen.

Bes.: Es besteht eine große Ähnlichkeit mit *Anabas testudineus*. Für die Aquaristik ist die Art ohne Bedeutung.

T: 24–27° C, **L**: 17 cm, **BL**: 180 cm, **WR**: m, o, **SG**: 4

Ctenopoma multispinis

Ctenopoma nigropannosum

Sandelia bainsii CASTELNAU, 1861
Westlicher Kaplabyrinthfisch

Syn.: *Anabas bainsii, Spirobranchus bainsii, Ctenopoma microlepidotum.*

Vork.: Südafrika bei den Städten East London, King Williams Town, Grahamstown.

Ersteinf.: 1973 durch D. Schaller, München; sehr selten, da offenbar kein Interesse besteht.

GU.: Nicht beschrieben.

Soz. V.: Nur mit gleichgroßen robusten Fischen als Einzeltier oder Paar halten. Außerordentlich aggressiv.

Hält. B.: Großbecken mit starker Filterströmung. Die Fische vertragen so ziemlich alles an Wasserbedingungen: pH-Wert 6,8–8,0; Härte: 10–30° dGH. Grober Kies als Bodengrund. Die Pflanzenwurzeln sollten kräftig verankert sein, z. B. in Töpfen. Im Sommer ist die Art sicher leicht im Gartenteich zu halten, wenn genügend Futter zur Verfügung steht.

ZU: Im Aquarium bisher nicht erfolgt. Die Zucht dürfte ähnlich sein wie bei *Sandelia capensis.*

FU: K; Räuber; jedes handfeste Lebendfutter. Nach Gewöhnung auch Tablettenfutter und Forellenpellets.

Bes.: Die Gattung ist geografisch von anderen Kletterfischen stark getrennt. Sie lebt im südlichsten Teil des Verbreitungsgebietes der Kletterfische. Die nächsten Buschfisch-Verwandten leben über 1000 km weiter nördlich.

T: 18–22° C, **L**: 21 cm, **BL**: 150 cm, **WR**: m, **SG**: 2–3

Sandelia capensis (CUVIER & VALENCIENNES, 1831)
Östlicher Kaplabyrinthfisch, Kap-Buschfisch.

Syn.: *Spirobranchus capensis, Anabas capensis.*

Vork.: Vom Langerleifluß, Elands-, Camtoos-, Couritz- bis zum Colgafluß nordöstlich von Kapstadt, Südafrika.

Ersteinf.: 1973 durch D. Schaller.

GU.: Nicht bekannt, jedoch zur Laichzeit ist das ♀ voller in der Bauchpartie.

Soz. V.: Artenbecken mit mehreren Tieren oder als Gesellschafter robuste Cichliden und Welse; dann nur ein Paar oder Einzeltier halten.

Hält. B.: Wie vorgenannte Art.

ZU: Die Tiere können im Alter von einem Jahr schon ab 5 cm Länge geschlechtsreif sein. Die Fische sind Freilaicher. Das ♀ wird vom ♂ beim Laichakt umschlungen. Die Eier bleiben an Pflanzen und Steinen haften. Das ♂ bewacht die kleinen Eier, die etwa 1 mm im Durchmesser sind. Nach 35 Stunden (bei 24° C) schlüpfen die Larven und schwimmen am 3. Tag frei. Aufzucht mit feinstem Tümpelstaubfutter, nach 8 Tagen *Artemia.*

FU: K, O; Tablettenfutter, Großflocken, Pellets. Jedes Lebendfutter passender Größe. Frostfutter.

Bes.: Keine.

T: 18–22° C, **L**: ca. 15 cm, max, 21,6 cm., **BL**: 150 cm, **WR**: m, o, **SG**: 2–3

Sandelia bainsii

Sandelia capensis

Betta anabatoides BLEEKER, 1850
Großer Borneo-Kampffisch

Syn.: Keine.

Vork.: In Südostborneo, nicht selten. Alle anderen Fundortangaben beziehen sich wahrscheinlich auf andere *Betta*-Arten.

Ersteinf.: März 1978 durch das Ehepaar Foersch, Frau Korthaus, Herrn Hanrieder.

GU.: ♂ mit etwas längeren Flossen und intensiver gezeichnet.

Soz. V.: Maulbrütende Art, die durchaus mit nicht zu kleinen anderen Fischen vergesellschaftet werden kann. ♂♂ stecken ihre Reviere untereinander ohne bissige Raufereien ab. Zur Zucht nur ein Paar im Becken halten.

Hält. B.: LINKE (1980) gibt einige klare Angaben aus den Heimatgewässern dieser Art: leicht bräunliches Wasser (Eisen und Huminsäuren). Härte bis 1° dGH. Die Art dürfte aber ohne weiteres auch bis 5° vertragen. pH-Wert 4,5–4,8. Nach Gewöhnung dürften Werte zwischen 4,8 und 6,0 noch erträglich sein. Die Leitfähigkeit beträgt 5–30 Mikro Siemens. Der Torffilter braucht nur wenig Strömung erzeugen. Die Fische halten sich vorzugsweise in dicht verkrauteten Uferzonen auf.

ZU: Ablaichverhalten ganz ähnlich wie *Betta picta*. Die Larven schlüpfen nach ca. 80 Stunden (bei 26° C). 8 Tage später spuckt das ♂ diese dicht unter der Wasseroberfläche aus. Die Jungfische gehen sofort auf Nahrungssuche und werden vom ♂ nicht weiter beachtet.

FU: K, O; Flockenfutter, FD-menü, Frostfutter, alle 2–3 Tage kräftiges Lebendfutter.

Bes.: Keine.

T: 27–30° C, **L**: 10–12 cm, **BL**: 80 cm, **WR**: m, o, **SG**: 3

Betta edithae VIERKE, 1984
Ediths Kampffisch

Syn.: *Betta anabantoides, B. taeniata.*

Vork.: In ganz Südborneo ein häufiger Kampffisch.

Ersteinf.: März 1978 durch Frau Edith Korthaus, Dr. W. Foersch und A. Hanrieder.

GU.: ♂♂ besitzen schon als Jungtiere, ab 4 cm, einen blau-schwarzen Saum an der After- und an der unteren Hälfte der Schwanzflosse. ♀♀ bleiben etwas kleiner und zeigen keine Glanzpunkte, sie haben zur Laichzeit einen deutlich fülligeren Bauch.

Soz. V.: Recht friedlich und in großen Becken ab 80 cm Länge können auch mehrere Paare gehalten werden. Zur Zucht ist jedoch paarweise Haltung empfehlenswert.

Hält. B.: Gut bepflanztes Becken mit Wurzelverstecken. Becken etwas abdunkeln durch Schwimmpflanzen. Dunkler Bodengrund. Mäßige Filterung. pH-Wert 6,5–7,5; Härte bis 20° dGH. Die Tiere springen gut! Becken abdecken.

ZU: Maulbrüter (♂). Zur Zucht muß der pH unter 7 und die Härte unter 10° dGH gesenkt werden, sonst trägt das ♂ seine Brut nicht aus. Paarung meist am Boden. Das ♂ umschlingt das ♀, welches die Eier in die U-förmige Höhlung auf Körper und Afterflosse ablegt. Danach sammelt das ♀ die Eier auf und spuckt sie dem ♂ vor. Nach 10 Tagen entschlüpfen die Jungfische dem Maul des Vaters. Eine Trennung von Jung- und Alttieren spätestens zu diesem Zeitpunkt erscheint angeraten. Aufzucht mit feinstem Staubfutter.

FU: K, O; Flockenfutter, Mückenlarven, kleine Regenwürmer, FD-Futterstoffe.

Bes.: Interessanterweise werden bisher unbekannte Kampffische häufig zuerst als *B. taeniata* fehlbestimmt. Dies trifft auch auf *B. edithae* zu. Die meisten Berichte in der Aquarienliteratur zu *B. taeniata* betreffen tatsächlich *B. edithae*..

T: 24–28° C, **L**: 7,5 cm, **BL**: 50 cm, **WR**: alle, **SG**: 3

Betta anabatoides

Betta edithae

Betta foerschi VIERKE, 1979
Foerschs Kampffisch, Chameleon-Kampffisch

Syn.: Keine.

Vork.: Mentaya-Flußsystem in Südborneo (250 km nordwestlich von Benjarmasin) im Randgebiet eines Urwaldbaches mit kolafarbenem Wasser.

Ersteinf.: Dr. Walter Foersch, Frau Edith Korthaus und A. Hanrieder brachten diese neue Art im März 1978 von einer Sammelreise mit.

GU.: Die bisher vertretene Meinung, daß ♂♂ auf den Kiemendeckeln zwei goldene und ♀♀ zwei rote Bänder zeigen, ist nicht aufrecht zu erhalten. Die Geschlechter sind nur während der Balz- und Laichzeit auseinander zu halten, wobei das ♀ einen fülligeren Bauch hat. Dorsale und Anale beim ♂ breiter und spitzer ausgezogen.

Soz. V.: Maulbrüter. Friedliche, scheue Fische, nur für Artbecken oder mit ruhigen Welsen halten. In den gleichen Gewässern kommt *Parosphromenus parvulus* (und *Sphaerichthys acrostoma*) vor.

Hält. B.: Gut bepflanztes Becken, ohne Störungen durch größere Fische oder Umwelt. Wasser: pH-Wert 4,6–6,0; Härte unter 4° dGH. Torffilterung. Große Sorgfalt beim Wasserwechsel und der sonstigen Aquarienhygiene sind aufzuwenden. Die Fische sind wechselnden Wasserbedingungen gegenüber anfällig. Daraus entwickeln sich dann leicht Krankheiten.

ZU: Schaumnestbauend, wahrscheinlich ähnlich *B. splendens*. Verstecke für ♀ notwendig, da die Tiere innerartlich ausgesprochen aggressiv ist. Torffilterung zur Wasseraufbereitung verwenden. Elterntiere mit Lebendfutter wie *Cyclops* und Daphnien füttern; kurz vor dem Zuchtansatz mit Enchytraen. Nach der Eiablage nimmt das ♂ die Eier für etwa 10 Tage ins Maul. Die dann freigelassenen Jungtiere von etwa 7 bis 8 mm Länge nehmen gleich *Artemia* Nauplien.

FU: K; feines Lebendfutter, FD-Menü, *Artemia*, feines Frostfutter.

Bes.: Die Art konnte nach dem Erstimport leider nicht weiter verbreitet werden.

T: 24–26° C, **L**: 6,5 cm, **BL**: 50 cm, **WR**: m, o, **SG**: 3–4 (C)

Betta macrostoma REGAN, 1910
Augenfleck-Kampffisch, Großmaul-Kampffisch

Syn.: Keine.

Vork.: Nordwesten von Borneo (Sarawak, Brunei) in Quellbächen.

Ersteinf.: 1980 nach USA durch Dr. Axelrodt, 1984 nach Deutschland durch Schulz.

GU.: ♀ unscheinbar. ♂ prächtig rot mit schwarzer Kehle und tomatenrotem Wangenfleck.

Soz. V.: Allesfresser, der wegen der Seltenheit nur im Artbecken gehalten werden sollte. Lauert Wasserinsekten und kleinen Fischen auf. ♂ einzeln halten.

Hält. B.: Gut bepflanztes Becken mit Verstecken aus Wurzelholz. Filterung über Torf. Großer Wasserdurchsatz, da Strömung geschätzt wird. Wasser: pH-Wert 6,5–7,5; Härte bis 10° dGH. Becken gut abdecken. Häufiger Wasserwechsel: alle 14 Tage $^1/_3$ des Beckeninhaltes unter Zugabe eines guten Wasseraufbereitungsmittels. Bei der Fütterung mit Lebendfutter ist darauf zu achten, daß dieses nicht aus Fischteichen stammt. Eine eingeschleppte Krankheit wirkt sich verheerend aus. Nitrathaltiges Wasser ist zu verhindern.

ZU: Bisher nicht in Europa nachgezüchtet. Maulbrüter.. Fortpflanzungsverhalten wie bei *B. picta* und *B. pugnax*, jedoch spuckt das ♀ die Eier dem ♂ nicht zu, sondern überreicht sie dem ♂ nach einer Synchronisation der Maulbewegungen beider Partner direkt ins Maul. Aufzucht der Jungen wie bei *B. unimaculata*. Die Exporteure schicken nur ♂♂, ♀♀ werden zurückgehalten, um die Nachzucht zu verhindern. Diese Praxis üben einige Züchter in Deutschland bei Regenbogenfischen aus.

FU: K, O; grobes Lebendfutter aller Art. Regenwürmer. Im Aquarium jedoch auch Flockenfutter (Großflocken) und ganze oder besser halbierte Futtertabletten.

Bes.: Einer der prächtigsten Kampffische, der bei uns jedoch erst kürzlich eingeführt wurde.

T: 24–26° C, **L**: 11 cm, **BL**: 60 cm, **WR**: m, o, **SG**: 3–4 (C)

Betta foerschi ♂

Betta macrostoma ♂

Betta picta (VALENCIENNES, 1846)
Javakampffisch

Syn.: *Panchax pictum, Betta trifasciata, Pseudobetta picta, Betta rubra.*

Vork.: Indonesien; Inseln Java, Sumatra, Bangka, Biliton. In Tümpeln und Gebirgsbächen bis 1600 m Höhe.

Ersteinf.: 1932 durch Steyn, Amsterdam.

GU.: Der Afterflossensaum beim ♂ ist breiter als beim ♀. Dieses trägt auf der Afterflosse ein Punktmuster (nur bei aus Sumatra stammenden Tieren!), welches beim ♂ nicht zu finden ist. ♂ etwas größer.

Soz. V.: Maulbrütende Art; ♂ trägt die Eier im Maul (s. ZU).
Friedliche Art, die auch im gut bepflanzten Gesellschaftsbecken haltbar ist. Die Fische leben recht versteckt.

Hält. B.: Ein größeres Artbecken ab 80 Liter Inhalt, besetzt mit 2–3 Paaren, ist dem Beisetzen zu mehreren anderen Fischarten vorzuziehen, will man die Art und seine Zucht beobachten. Wasser: nicht kritisch, pH-Wert: 6,5–7,5; Härte bis 22° dGH.

ZU: VIERKE gibt in Aqu. Mag. 7/81 den ersten umfassenden Bericht. Er kann hier nur auszugsweise wiedergegeben werden: Paarungen meist nachmittags. Anfangs wird das Revier von beiden Partnern gegen Eindringlinge heftig verteidigt, später nur noch durch das Weibchen. Paarungen erfolgen meist direkt am Boden an pflanzenfreiem Ort. Nach etwa einstündigen Scheinpaarungen folgen Laichakte mit Eiausstoß. Dabei hält das u-förmig auf dem Boden liegende ♂ sein ♀ umschlungen, welches seine Eier in der von Körper und Afterflosse des ♂ gebildeten Schale ablegt. Das ♀ nimmt die Eier auf und spuckt sie dem ♂ so lange vor, bis dieses sie in seinem Kehlsack verstaut hat. Darauf erfolgen die weiteren Paarungen, die sich über mehrere Stunden hinziehen. Das ♂ verzehrt die Eier, die es nicht mehr unterbringen kann. So kann es die Fastenzeit von 10 bis 14 Maulbrütertagen überstehen. Vater vorsichtig in Extrabecken überführen (unter Wasser in ein Glas treiben und damit umsetzen). Der Vater stellt den Jungtieren meist nicht nach, dennoch ist Trennung angebracht. Gerade freigelassene Jungfische sind 7 mm lang und fressen sofort *Artemia*-Nauplien. Junge schnellwüchsig. Zucht verhältnismäßig leicht.

FU: K, O; FD-Nahrung, Frostfutter, *Artemia*. Jedes feine Lebendfutter, besonders zum Zuchtansatz.

Bes.: Diese friedliche und einfach zu haltende Art ist Anfängern besonders zu empfehlen. Es existieren 3 Formen: Die 2 Varianten von Java und Sumatra sowie eine *B. picta* sehr ähnliche eigene Art (*B. rubra*?). RICHTER (1981) teilte die *Betta*-Arten in zwei Gattungen. Die maulbrütenden Arten sollten fortan in die Gattung *Pseudobetta* fallen und die Schaumnestbauer in der alten Gattung *Betta* bleiben. Seine Ausführungen haben einiges für sich, reichten offenbar anderen Fachleuten nicht aus, um RICHTERS Vorschlag zu akzeptieren. Deshalb wurde in diesem Buch zunächst einmal alles beim alten gelassen und die Gattung *Betta* nicht gesplittet.

T: 22–24° C, teilweise bis 16° C, **L**: 5,5 cm, **BL**: 40 cm, **WR**: alle, **SG**: 1

Betta taeniata REGAN, 1910
Gebändeter Kampffisch

Syn.: *Betta trifasciata, Betta macrophthalma.*

Vork.: Nordwestborneo (Sarawak).

Ersteinf.: 1982 durch H. Linke, Berlin.

GU.: Flossenstrahlen der ♂♂ verlängert.

Soz. V.: Eine relativ friedliche Art, von der in größeren Becken auch mehrere ♂♂ und ♀♀ gehalten werden können. Wegen der Seltenheit der Fische ist die Vergesellschaftung mit anderen Arten nicht anzuraten, jedoch möglich.

Hält. B.: Die Tiere sind anspruchslos an die Wasserqualität. pH-Wert 6,5–7,8; Härte: 5–18° dGH. Mittel bis gut bepflanztes Becken mit Wurzeln und Steinaufbauten als Versteckmöglichkeit. Springlustig, Becken gut abdecken!

ZU: gleicht in fast allen Einzelheiten *B. pugnax;* Bd. 1, S. 630.

FU: K, O; Flockenfutter, FD-Nahrung, Tiefkühl-Lebendfutter. Vorzugsnahrung: Regenwürmer!

Betta picta

Betta taeniata

Fortsetzung von *Betta taeniata*:

Bes.: Wie bei *B. edithae* u. *B. pugnax* bereitet die Nachzucht Schwierigkeiten, da die Väter die Brut meist nach 1–3 Tagen Maulbrutpflege fressen.

T: 23–26° C, **L**: 8 cm, **BL**: 60 cm für ein Paar. **WR**: u, o, **SG**: 3–4

Betta unimaculata (POPTA, 1906)
Großer Kampffisch

Syn.: *Parophiocephalus unimaculatus, Betta ocellata.*

Vork.: Südostasien; Bongon-, Howong-, Kajanfluß in Nordborneo (Kalimantan). In Quellbächen und kleinen Tümpeln; besonders in strömungsreichen Zonen, jedoch auch in Abwassergräben.

Ersteinf.: April 1980 durch Horst Linke, Berlin.

GU.: ♂ farbiger, es besitzt auf jeder Seite eine einzelne, isolierte Glanzschuppe im ansonsten matten oberen Kopfbereich (s. Foto). ♀ hat zur Laichzeit einen kräftigeren Bauch.

Soz. V.: Im Freiland gegenüber Artgenossen sind ausgewachsene ♂♂ aggressiv. In den kleinen Naturteichen schwimmen stets nur ein Alttier und einige Jungfische. Sie verbergen sich gern unter schwimmenden Blättern. Im Aquarium nur harmlose Kommentkämpfe, die aber bei etwa gleichstarken Tieren in einen Beschädigungskampf übergehen können.

Hält. B.: Recht anspruchslose Art, die jedoch im Artbecken oder nur mit wenigen ruhigen, aber robusten Fischen gehalten werden kann. Versteckmöglichkeiten, insbesondere eine durch Schwimmpflanzendecke abgedunkelte Ecke einräumen. Dunkler Bodengrund, keine besonderen Ansprüche an Wasserqualität. Wasser: pH-Wert 6,5–7,5, Härte: 10–20° dGH, Temperatur etwa 24° C. Trotz der niedrigen Werte am Fundort erwiesen sich die Fische im Aquarium im weichen Wasser als sehr hinfällig, vielleicht wurden die Tiere zum Fundort nur verdriftet.

ZU: Neben *B. picta* die am leichtesten zu züchtende maulbrütende Kampffischart. Weibchen hilft nicht bei der Laichübergabe. Die Jungen werden nach 9 Tagen freigelassen (bei 25° C) und sind dann ca. 6 mm lang (n. VIERKE). Fressen sofort *Artemia*-Nauplien.

FU: K, O; Flockenfutter (Großflocken), FD-Nahrung, *Artemia*. Lebendfutter jeder Art, vorzugsweise Regenwürmer!

Bes.: Becken gut abdecken, da die Art gern und gut springt. Sie soll sogar 5 m hohe Wasserfälle überwinden, indem sie seitlich in der Spritzwasserzone (auf dem Land!) emporspringt. Eine große *Betta*-Art, die jedoch in kleinsten Tümpeln von nur 60 cm Ø leben kann (Wassertiefe 15 cm).

T: 21–25° C, **L**: 12 cm. **BL**: 70 cm, **WR**: m, o, **SG**: 2–3

Colisa lalia
Roter Zwergfadenfisch

Vork.: Zuchtform.

GU: Das Foto zeigt zwei ♂♂, die ♀♀ sind blasser gefärbt.

Soz. V.: Friedliche Art, die paarweise im Artbecken oder auch zusammen mit anderen zarten Fischen gehalten werden kann. Im größeren Gesellschaftsbecken kümmern die Tiere oder leben scheu und versteckt im Pflanzendickicht (sofern vorhanden).

Hält. B.: Weiches Wasser, torfgefiltert. Eine Ecke der Oberfläche mit Schwimmfarn abdecken. Dunkler Bodengrund. Regelmäßiger Wasserwechsel alle 2–3 Wochen ($^1/_3$–$^1/_2$). Zugabe eines guten Wasseraufbereitungsmittels.

ZU: Wie bei *Colisa sota,* Bd. 1, Seite 634.

FU: K, O; Flockenfutter, FD-Futtermittel, Jedes feine Lebendfutter.

Bes.: Nicht sehr langlebige Fische (2–3 Jahre); dennoch eine Kostbarkeit an Farbenpracht. Etwas für Kenner.

T: 25–28° C, **L**: 5 cm, **BL**: 60 cm, **WR**: m, o, **SG**: 2

Betta unimaculata

Colisa lalia

Ein bildhübsches ♂ von *Macropodus ocellatus*

vorn ♀ (hell), hinten ♂

Macropodus ocellatus CANTOR, 1842
Rundschwanzmakropode

Syn.: *Chaetodon chinensis, Polyacanthus chinensis, P. paludosus, P. opercularis, Macropodus ctenopsoides, M. chinensis.*

Vork.: Korea und östliches China, Vietnam.

Ersteinf.: Durch MATTE 1893, dann 1913 durch Carl Siggelkow, Hamburg. Danach erst wieder 1983!

GU: ♂ mit kräftig schwärzlichen senkrechten Streifen im Kopf und Vorderkörperbereich. ♂ mit großer orangefarbener Schwanzflosse. ♀ schwächer gezeichnet und etwas kleiner. ♂ mit spitz ausgezogenen Rücken- und Afterflossen. Beim ♀ reichen die Spitzen nur bis zur Mitte der Schwanzflosse.

Soz.V.: Weniger aggressiv als viele *M. opercularis*. Einzeltiere können mit Welsen, größeren Cichliden und großen Salmlern gehalten werden. Zu empfehlen ist jedoch eine paarweise Haltung.

Hält.B.: Gut bepflanztes Becken. Im Sommer und zur Zucht bis 30°C, im Winter kühl überwintern (nicht kälter als 5°C!). Im Sommer recht gut im kleinen Gartenteich zu halten. Wegen der Seltenheit wird das jedoch vorerst kaum jemand tun. Wasser: pH-Wert 6,0-7,5; Härte 5-25° dGH. Ein Teil des Beckens sollte mit Schwimmpflanzen abgedeckt sein.

ZU: Die Zucht entspricht der von *M. opercularis* ist aber weniger ergiebig. Siehe Bd. 1, Seite 638.

FU: K, O; Flockenfutter, Leberfutter aller Art, FD-Nahrung, Frostfutter.

Bes.: Nachdem jahrzehntelang aus China keine Fische herauskamen, gelang es jetzt endlich wieder, diesen interessanten Kletterfisch zu importieren. 1939 hatte man die Art mit *Macropodus opercularis* gekreuzt. Bei den Nachkommen waren die ♂♂ unfruchtbar, die ♀♀ dagegen fruchtbar.

T: 15-22°C, **L:** 8 cm, **BL:** 60 cm, **WR:** m, o, **SG:** 2-3

Sphaerichthys acrostoma ♂, melanistische Färbung

Sphaerichthys acrostoma VIERKE, 1979
Spitzmäuliger Schokoladengurami

Syn.: Keine.

Vork.: Südliches, zentrales Borneo (Mentayafluß) 250 km nordwestlich Banjarmasin im Randgebiet der überschwemmten Urwaldflüsse im niedrigen Schilf.

Ersteinf.: 1978 durch Dr. W. Foersch, E. Korthaus und A. Hanrieder.

GU.: ♂ heller im Grauton des Körpers. Die schrägen Binden hinter dem Auge und an der Kehle sind heller als beim ♀. ♂ mit schmalem, hellen Längsband vom Ansatz der Afterflosse und meist auch durch die Körperlängsachse bis zur Schwanzwurzel. Kehle beim ♂ etwas vorgewölbt, beim ♀ konkav. Beim ♀ sind die Bänder hinter dem Auge und an der Kehle dunkler und breiter; schwarz bis dunkelrot. Laichbereite ♀: Basis der Afterflosse und hinteres Längsband intensiv schwarz und hinteres Körperviertel hell.

Soz. V.: Ähnlich wie *Sphaerichthys osphromenoides*, jedoch nicht ganz so scheu. Ruhig und friedlich, etwas lebhafter. Nur mit sehr ruhigen Fischen oder besser im Artbecken halten.

Hält. B.: Becken teils gut bepflanzt, teils etwas Schwimmraum. Dunkler Bodengrund. Torffilterung ist wünschenswert. Wasser: pH-Wert 5,0–7,5; Härte 4–8° dGH. Wie bei allen Kletterfischen ist der Wasserspiegel unterhalb der Deckscheibe aureichend abzusenken.

ZU: Unbekannt. Wahrscheinlich maulbrütende Art, wie *S. o. osphromenoides.* Bei dieser Unterart laichen die Tiere nach der bekannten Weise der Labyrinther, aber über dem Boden ab. Das ♀ nimmt die weißen, zu Boden sinkenden Eier ins Maul und brütet sie dort aus.

FU: K; Lebendfutter aller Art; auch *Drosophila*-Fliegen, Grindalwürmchen werden gern genommen.

Sphaerichthys acrostoma ♂

Bes.: Die Art wurde seit ihrer Entdeckung nicht wieder eingeführt. Eine zweite Fangreise von A. Hanrieder (1979) war erfolglos. Dr. Foersch berichtete (briefliche Mitteilung), daß 1978 das Wasser am Fundort leicht alkalisch war und 1979 stark sauer. Entweder sind die Tiere abgewandert oder aber am Fundort ausgestorben. Text nach Dr. Foersch (1983).

T: 24–26° C, **L**: 9 cm, **BL**: 70 cm, **WR**: m, o, **SG**: 3–4 (Ɔ)

Sphaerichthys osphromenoides selatanensis VIERKE, 1979
Kreuzstreifen-Schokoladengurami

Syn.: Keine.

Vork.: Südöstliches Borneo (Benjarmasin).

Ersteinf.: Ca. 1970.

GU.: ♂♂ besitzen eine weißen Saum an der Afterflosse; sie sind größer. Die Bauchpartie der ♀♀ ist zur Laichzeit wesentlich voller.

Soz. V.: Friedliche Art, die gut mit zarten Salmlern und kleinen Welsen zusammen gehalten werden kann. Die ♂♂ können aber untereinander sehr aggressiv werden und sich verwunden, deshalb sind große Haltungsbecken nötig.

Hält. B.: Ein möglichst großflächiges Aquarium mit geringem Wasserstand. Dichte Bepflanzung. Ein Teil des Beckens mit Pflanzendecke an der Wasseroberfläche. Wasser: pH-Wert 5–6,5; Härte: 2–4° dGH. Nitratfreies Wasser. Torffilterung. Das Wasser kann ruhig leicht braun sein. Regelmäßiger Wasserwechsel alle 3 Wochen zu 1/3. Torfextrakte und/oder, ein gutes Wasseraufbereitungsmittel verwenden.

ZU: Ein Paar kann im Zuchtbecken von ca. 40 cm Länge angesetzt werden. Das Brutgeschäft dürfte ähnlich sein wie bei *S. o. osphromenoides*. Nach dem Laichakt am Boden nimmt das ♂ die Eier für etwa 14 Tage ins Maul.

FU: K; feines Lebendfutter (*Cyclops, Artemia*). Frostfutter. Flockenfutter.

Bes.: Eine Unterart vom bekannten Schokoladengurami (Bd. 1, Seite 644). Die Nominatform muß jetzt *S. o. osphromenoides* heißen! Die Unterart ist an sich schon lange in der Aquaristik bekannt, aber nie als solche erkannt worden. Im Gegensatz zur Nominatform tragen hier die ♂♂ die Eier im Maul aus.

T: 25–30° C, **L**: 5 cm, **BL**: 100 cm, **WR**: m, u, **SG**: 3–4 (C)

Parosphromenus filamentosus VIERKE, 1981
Faden-Prachtgurami

Syn.: Keine.

Vork.: Südost-Borneo, Gegend um Banjarmasin in langsam fließenden Gewässern. Nicht selten.

Ersteinf.: 1979 durch die Herren Hanrieder und Hudoro.

GU.: Nur sicher während der Balz- und Paarungszeit zu unterscheiden. Dann ist das ♂ wesentlich farbiger. Sonst ist das ♂ etwas größer und hat einen etwas länger ausgezogenen Schwanzflossenfaden und eine längere Rückenflosse als das ♀.

Soz. V.: Sehr friedliche, ruhige Art, die ein meist verstecktes Dasein führt. Das ♂ hält sich viel in seiner Bruthöhle auf. Nur mit sehr zarten Salmlern und wenigen *Corydoras* oder Zwergbarben vergesellschaften. Besser ist ein Artbecken.

Hält. B.: Die Fische benötigen Versteckmöglichkeiten. Diese schafft man am besten mit flachen Steinen. Eine Taschenlampe erleuchtet dem Betrachter im Bedarfsfall das Innere der Höhle. Bepflanzung mit *Cryptocorynen.* Die Wasseroberfläche wird mit Schwimmpflanzen teilweise abgedeckt. Wasser: pH-Wert 6,5–7,2; Härte bis 15° dGH. Leitfähigkeit bis 200 µS. Leichte Filterung. Regelmäßiger Wasserwechse 1/3 alle zwei Wochen.

ZU: Höhlenbrüter. Das ♂ baut ein Schaumnest unter einem Pflanzenblatt (selten) oder unter einem Steinhöhlendach. Die Höhle soll gut gegen einfallendes Licht abgeschirmt sein. Nach einer imposanten Balz erfolgen alle 10 Minuten mehrere Paarungen. Es werden pro Laichakt nur einige milchigtrübe Eier ausgestoßen. Insgesamt ca. 50. Die Eier werden vom ♂ unter das Schaumnest gespuckt und kleben dort fest. Zur Erbrütung sollte man sie in ein belüftetes Aufzuchtbecken (Vollglasaquarium o. ä.) überführen, in dem die gleichen Wasserbedingungen wie im Zuchtbecken herrschen. Eier und Larven sollten täglich auf Pilzbefall überprüft werden. Nach dem Freischwimmen der Jungen gibt man einige Wasserfarne (*Ceratopteris*) ins Aufzuchtbecken. Gefüttert wird mit Infusorien und nach drei Tagen mit *Artemia*. Abwechselnd damit muß feinstes Tümpelstaubfutter (Bosmiden, *Cyclops*) gereicht werden.

FU: K, O; feines Lebendfutter zur Zucht. Es werden aber auch feine Futterflocken mit FD-Anteilen, seltener Frostfutter, genommen.

Bes.: Die Art ist von anderen Zwergguramis gut zu unterscheiden: Die mittleren Schwanzflossenstrahlen ragen bei beiden Geschlechtern stets bis zu 4 mm über das Flossenende hinaus. Siehe auch das Titelfoto dieses Kapitels Seite 787. Ein ausführlicher Bericht findet sich im Aqu. Mag. Heft 5/82.

T: 21–28° C (24°), **L**: 4 cm, **BL**: 40 cm, **WR**: m, o, **SG**: 3

Parosphromenus paludicola — TWEEDIE, 1952
Tweedies Prachtgurami

Syn.: Keine.

Vork.: Im Osten der Malaiischen Halbinsel nördl. bis nach Südthailand vorkommend in kleinen Fließgewässern des Sumpfwaldes.

Ersteinf.: Mai 1977 durch P. und T. Nagy, Salzburg.

GU.: ♂ mit etwas länger ausgezogenen Bauchflossen.

Soz. V.: Ruhige, scheue und zarte Art. Friedlich. Am besten paarweise in einem (Zucht-) Becken halten.

Hält. B.: Weiches, torfgefiltertes Wasser. LINKE (1980) beschrieb ein Gewässer bei Kuala Brang: pH-Wert 5,5; Härte: KH und GH jeweils unter 1. Leitfähigkeit 6 μS^{20}. T: 26° C. Beschattete Uferzonen. Die Fische kommen an dicht bewachsenen, manchmal nur 5 cm tiefen Stellen vor. Es werden kleine Becken ohne Bodengrund (wegen der leichten Reinhaltung) vorgeschlagen. Dazu ein Schaumstoffpatronen-Filter. Bepflanzung mit Javamoos und Javafarn.

ZU: Paarweiser Ansatz. Ablaichverhalten u. Aufzucht wie bei *P. filamentosus*.

FU: K, O; feinstes Lebendfutter, besonders *Artemia*.

Bes.: Wie alle Prachtguramis ist die Art sehr empfindlich.

T: 25–27° C, **L**: 3,7 cm, **BL**: 40 cm, **WR**: m, u, **SG**: 4 (c)

Parosphromenus parvulus — VIERKE, 1979
Kleiner Pracht-Zwerggurami

Syn.: Keine.

Vork.: Südliches Borneo vom Kapuas-System bis zum Einzugsgebiet des Mentaya-Flußsystems (250 km nordwestlich von Benjarmasin). Randgebiete von Urwaldbächen zwischen Gras und abgestorbenen Pflanzenteilen.

Ersteinf.: Durch Dr. Foersch, E. Korthaus und A. Hanrieder, 1978.

GU.: Flossen des ♀ farblos, beim ♂ leicht dunkel getönt mit hellem Rand.

Soz. V.: Friedliche, sehr scheue Art, die am besten im Artbecken gepflegt wird.

Hält. B.: pH-Wert 4,8–5,5; Härte bis 5° dGH (2–3°). Torffilterung oder Zugabe von Torfextrakten. Peinliche Sauberhaltung des Beckens ist Bedingung. Sonst infizieren sich die anfälligen Tiere schnell. Es wird ein kleines Becken ohne Bodengrund (Bodenscheibe von außen schwarz streichen oder mit dunklem Karton bekleben) empfohlen. Javafarn, der an ein Wurzelholz gebunden wird, genügt als Bepflanzung.

ZU: Bisher nicht möglich gewesen mangels Import genügend lebender Tiere, aber wahrscheinlich wie bei *P. filamentosus*..

FU: K, O; feinstes Lebendfutter, FD-menü, *Artemia*.

Bes.: Kleinste bisher bekanntgewordene Labyrinthfischart.

T: 23–26° C, **L**: 2,7 cm, **BL**: 40 cm, **WR**: m, o, **SG**: 4 (c)

Parosphromenus paludicola

Parosphromenus parvulus ♂

Sumpfgebiet eines in der Regenzeit überfluteten Baches Amazoniens. Die Bäume sind zwecks Rodung abgebrannt. Trotzdem reichlicher Fischbestand: Zwergcichliden, Salmler, *Mesonauta festiva*.

Hemichromis cristatus, Paar mit Jungbrut, s. S. 914.

Acarichthys heckelii (MÜLLER & TROSCHEL, 1848)
Heckels Buntbarsch

Syn.: *Acara heckelii, A. subocularis, Aequidens subocularis, Geophagus thayeri.*

Vork.: Südamerika: Guyana, Surinam, Brasilien (Amazonas und Nebenflüsse), Peru.

Ersteinf.: Unbekannt.

GU.: Die ♀♀ sind während der Laichzeit in der Bauchregion etwas fülliger.

Soz. V.: Revierbildend; die Tiere sind relativ ruhig und friedlich. Es besteht eine enge Bindung an den Fortpflanzungspartner. Höhlenbrüter; Vater-Mutter-Familie.

Hält. B.: Den Tieren große Becken bieten. Aus Steinen einige Höhlen bilden, ansonsten viele Unterstände und Verstecke aus Wurzeln usw. Die Dekoration mit Wurzeln kann sich bis zur Wasseroberfläche erstrecken; Schwimmraum freilassen. Die Wasserbeschaffenheit scheint nicht so wichtig zu sein. In der Natur kommen die Tiere in saurem, weichem Wasser vor, doch sie haben auch schon in 18° dGH hartem Wasser abgelaicht. Wichtig ist ein regelmäßiger Teilwasserwechsel.

ZU: 26–28° C; über eine gelungene Zucht im Aquarium berichtet BARAN (1981): DCG-Informationen **12**, 185–190. Nach teilweise heftiger Balz wird in einer Höhle abgelaicht; meistens wird das Gelege an der Höhlendecke abgesetzt. Die weißen Eier werden immer in Gruppen von fünf bis sechs Stück abgesetzt, zwischen den Gruppen befinden sich Freiräume; Eizahl einige hundert Stück. Nach etwa drei Tagen schlüpfen die Larven, nach weiteren drei Tagen schwimmen die Jungfische frei. Sie sind dann etwa vier Millimeter lang. Das ♀ hält sich in der Höhle auf, das ♂ verteidigt die Höhlenöffnung und das Revier. Fütterung der Jungfische mit *Artemia*-Nauplien, zerriebenem Flockenfutter und Eigelb.

FU: O; Lebendfutter aller Art (Wasserinsekten und deren Larven, *Gammarus*, Wasserasseln, große Wasserflöhe, *Tubifex*, Regenwürmer usw.); die Tiere gehen nach einer Eingewöhnungszeit auch an Rinderherz, Shrimps und Futtertabletten.

Bes.: Die Gattung *Acarichthys* galt bis vor kurzer Zeit als monotypisch. Inzwischen wird ihr noch eine zweite Art, *Acarichthys geayi* (PELLEGRIN, 1902), zugerechnet.

T: 23–26° C, **L**: 20 cm, **BL**: 120 cm, **WR**: u, m, **SG**: 2–3

Acaronia nassa (HECKEL, 1840)
Reusenmaulbuntbarsch

Syn.: *Acara nassa, A. cognatus, A. rostratus, A. unicolor, Acaropsis nassa, A. rostratus, (Centrarchus cyanopterus).*

Vork.: Südamerika; Guyana, Brasilien, Bolivien; an ruhigen Stellen zwischen Pflanzen.

Ersteinf.: 1909 von Carl Siggelkow, Hamburg.

GU.: Rücken- und Afterflosse des ♂ sind spitz ausgezogen, die Färbung ist intensiver und brillanter; Rücken- und Afterflosse des ♀ sind abgerundet oder spitz, aber niemals ausgezogen, die ♀♀ bleiben kleiner.

Soz. V.: Revierbildend; *A. nassa* ist ein großer Räuber. Die Art ist manchmal ruppig; untereinander sind die Tiere nur dann verträglich, wenn jedes Tier eine Höhle als festen Standort einnehmen kann. Nach den Aussagen anderer Pfleger sollen sich die Tiere prächtig vertragen. Die Art wühlt nicht und läßt die Pflanzen in Ruhe. Offenbrüter; Elternfamilie mit intensiver Betreuung von Gelege und Brut.

Hält. B.: Weiträumige Becken bieten; dichte Bepflanzung mit großblättrigen und dichtwachsenden Arten; Höhlen aus Steinen, einige Wurzeln; kiesiger oder sandiger Bodengrund; die Art ist wärmebedürftig. Wasser bis mittelhart (12–15° dGH) und neutral (pH 7,0).Vergesellschaftung nur mit etwa gleichgroßen Fischen (Räuber!).

ZU: Bisher gibt es keine detaillierten Berichte über Zuchterfolge. 1939 gelang es Dr. Lore FOTH, diesen Fisch erstmals zu züchten. Ihr Bericht befaßt sich aber nicht mit der Nachzucht, sondern mit den ausgeführten Intelligenztests.

FU: K; fast nur Lebendfutter (Fische, Krebse, Wasserinsekten). Die Art geht nach einer mehr oder weniger langen Eingewöhnungszeit auch an Futtertabletten und Flockenfutter.

Bes.: Das Maul von *Acaronia nassa* ist sehr weit vorstülpbar.

T: 25–28° C, **L**: 25 cm, **BL**: 120 cm, **WR**: u, (m), **SG**: 3

Acarichthys heckelii

Acaronia nassa

Aequidens coeruleopunctatus (KNER & STEINDACHNER, 1863)

Syn.: *Acara coeruleopunctata.*

Vork.: Süd- und Mittelamerika; von Nordwest-Ecuador nordwärts über Panama bis ins südliche Costa Rica.

Ersteinf.: Wahrscheinlich erst 1981, konnte aber nicht durch Nachzucht erhalten werden.

GU.: ♂ größer, mit stärker entwickelter Beflossung; ♀ voller und rundlicher.

Soz. V.: Revierbildend, paarweise; robuste, aber nicht sonderlich aggressive Art. Die Tiere wühlen nur während der Laichzeit. Offenbrüter mit Elternfamilie.

Hält. B.: Hältung der revierbildenden Fische am besten paarweise; versteckreiche Einrichtung der Becken, die auch bepflanzt werden können. Wasser bis mittelhart (15° dGH) und um den Neutralpunkt (pH 7,0).

ZU: Offenbrüter, der auf festen Substraten laicht; die Gelege sind sehr umfangreich.

FU: O; anspruchsloser Allesfresser.

Bes.: *Aequidens coeruleopunctatus* sieht *Aequidens pulcher* ähnlich, besitzt aber kleinere Schuppen, einen schmaleren Kopf und kürzere Flossen; außerdem hat die Art immer XV Dorsalstacheln anstelle von XIV–XV. Im Vergleich zu *Aequidens sapayensis* hat *Ae. coeruleopunctatus* ein kleineres Auge und eine kürzere Schwanzwurzel.

T: 22–27° C, **L**: 15 cm, **BL**: 80 cm, **WR**: u, m, **SG**: 2

Aequidens diadema (HECKEL, 1840)
Diadem-Buntbarsch

Syn.: *Acara diadema.*

Vork.: Südamerika; oberer Rio Negro (gegen die Grenze von Venezuela) in Urwaldflüssen mit vielen Holzeinlagerungen.

Ersteinf.: ?

GU.: Die Geschlechter sind schwer zu unterscheiden, sicher wohl nur an der Form der Genitalpapille. Diese ist bei den etwas größeren ♂♂ spitz, bei den ♀♀ stumpf.

Soz. V.: Revierbildend, paarweise. Ruhige und friedliche Art, gelegentlich sogar etwas schreckhaft. Sie sollte nicht mit zu robusten Buntbarschen vergesellschaftet werden. Larvophiler Maulbrüter; Elternfamilie.

Hält. B.: Es werden keine besonderen Ansprüche gestellt; Wasser nicht zu hart (bis 15° dGH) und pH-Wert um 7,0. Es empfiehlt sich eine versteckreiche Einrichtung, u. a. mit Wurzeln, und eine kräftige Bepflanzung.

ZU: 26–28° C; Larvophiler Maulbrüter, der zunächst nach Art der Offenbrüter auf einem festen Substrat ein umfangreiches Gelege absetzt. Die nach etwa zwei Tagen schlüpfenden Larven werden nun in das Maul aufgenommen und dort weiter erbrütet. Beide Partner beteiligen sich an der Maulbrutpflege. Die Jungen schwimmen etwa nach acht Tagen frei, werden aber bei Gefahr noch eine zeitlang ins Maul aufgenommen.

FU: O; Allesfresser ohne besondere Ansprüche; kräftige Nahrung sollte aber nicht fehlen.

Bes.: Die Art scheint *Aequidens pallidus* und *Ae. metai* sehr nahe zu stehen. Die letztgenannte Art besitzt jedoch einen kräftigen, unterbrochenen Kiemendeckelstrich und soll zu den Offenbrütern gehören.

T: 23–28° C, **L**: bis 25 cm(?), **BL**: 120 cm, **WR**: u, m, **SG**: 2–3

Aequidens coeruleopunctatus

Aequidens diadema

Aequidens pallidus (HECKEL, 1840)

Syn.: *Acara pallidus, A. pallida.* Die Art wurde bisher als „*Aequidens duopunctatus*“ gehandelt und gepflegt.

Vork.: Südamerika; Rio Negro.

Ersteinf.: ?

GU.: Die Geschlechter sind schwer zu unterscheiden, sicher wohl nur an der Form der Genitalpapille. Diese ist beim ♂ spitz und beim ♀ stumpf. Die ♂♂ werden außerdem größer und besitzen längere Flossen.

Soz. V.: Revierbildend, paarweise; für ihre Größe ausgesprochen ruhige und friedliche, ja ängstliche und oft scheue Fische, die auf jede Störung durch Farbwechsel reagieren, und beim Erschrecken infolge hektischer Bewegungen des Pflegers können die Tiere panikartig durch das Becken schießen oder sogar aus dem Wasser springen.

Hält. B.: Es werden keine besonderen Ansprüche gestellt. Wasser nicht zu hart (bis 15° dGH) und neutral (pH-Wert um 7,0). Beckenbepflanzung ist möglich; eine versteckreiche Einrichtung mit geräumigen Unterständen ist angeraten.

ZU: Wahrscheinlich in Gefangenschaft noch nicht gelungen. Möglicherweise sind die Tiere larvophile Maulbrüter wie *Aequidens diadema.* Je nach Stimmung zeigen die Tiere unterschiedliche Farbkleider und erstrahlen bei der Balz in herrlichen Farben.

FU: O; Allesfresser, denen kräftiges Futter gereicht werden sollte (Rinderherz, Futtertabletten, Frostfutter).

Bes.: Bei dieser Art kommen Fehlzeichnungen vor, d. h. auf einer Körperseite können sich ausnahmsweise auch zwei Flecken befinden (Bild); zu den mehr ockerfarbenen *Aequidens diadema* besteht eine große Ähnlichkeit, jedoch sitzen die Anale und der Seitenfleck bei den grünlichen *Ae. pallidus* etwas weiter hinten, die Linien auf den Kiemendeckeln sind viel feiner und das Auge ist rot.

T: 23–28° C, **L**: ♂ bis 30 cm, **BL**: 120–150 cm, **WR**: u, m, **SG**: 2–3

Aequidens sapayensis (REGAN, 1903)
Sapayo-Buntbarsch

Syn.: *Acara sapayensis.*

Vork.: Südamerika: Ecuador; die Tiere kommen im Rio Sapayo vor.

Ersteinf.: 1978.

GU.: Schwer unterscheidbar; ausgezogene Flossen sind kein sicheres Kriterium; ♂♂ werden größer; ♀♀ wirken plumper.

Soz. V.: Revierbildend; in der Jugend schwimmfreudige, nicht zu aggressive Fische; im Alter werden die Tiere behäbiger und etwas aggressiver. Sie vergreifen sich nicht an den Pflanzen, höchstens wenn sie in ihrem Laichrevier stehen. Offenbrüter; Elternfamilie mit echter Paarbildung.

Hält. B.: Bodengrund aus Sand oder feinkörnigem Kies. Einige flache Steine, Unterstände aus Wurzeln. Ränder und Hintergrund des Beckens können dicht bepflanzt werden. Die Tiere stellen keine besonderen Ansprüche an das Wasser, am besten bis 12° dGH und pH-Wert um 7,0. Vergesellschaftung mit anderen süd- und mittelamerikanischen Cichliden.

ZU: 26–28° C; Wasser wie oben angegeben. Die Zucht ist leicht möglich. Nachdem sich ein harmonisierendes Paar aus einer Gruppe von Jungfischen gefunden hat. Die Revieransprüche von *Ae. sapayensis* halten sich auch während der Laichzeit in Grenzen. Die Tiere suchen sich ein geeignetes Laichsubstrat (flachen Stein) und putzen dieses sorgfältig. Rings um den Stein werden einige Gruben ausgehoben. An diesen Vorbereitungen beteiligt sich das ♀ stärker als das ♂. Ohne große Balz wird auf dem Stein abgelaicht. Die Eier sind klein; Eizahl bis 400 Stück. Die Larven schlüpfen bei 26° C nach etwa vier Tagen, nach weiteren drei bis vier Tagen schwimmen die Jungfische frei. Die Larven werden vom ♀ in einer der Gruben untergebracht und mehrmals täglich umgebettet. Das ♂ sichert das Brutrevier. Die Jungfische werden von beiden Eltern betreut. Fütterung der Jungen mit *Artemia*-Nauplien und zerriebenem Flockenfutter.

FU: O; kräftiges Lebendfutter aller Art, Fleisch, Rinderherz, Shrimps, Futtertabletten, Flockenfutter.

Bes.: *Aequidens sapayensis* ist ein Vertreter der *Aequidens rivulatus*-Gruppe. Verwandtschaftlich steht er *Aequidens coeruleopunctatus* am nahesten.

T: 24–26° C, **L**: ♂ bis 20 cm, ♀ kleiner, **BL**: 100 cm, **WR**: u, m, **SG**: 2–3

Aequidens pallidus

Aequidens sapayensis ♂

Aequidens syspilus REGAN, 1905

Syn.: *Aequidens paraguayensis.*

Vork.: Südamerika; oberer Amazonas, Rio Ucayali und Nebenflüsse (Peru).

Ersteinf.: ?

GU.: Weitgehend geschlechtsmonomorphe Art; ♂ mit länger ausgezogenen Flossen; ♀ kleiner und rundlicher.

Soz. V.: Territorial, paarweise; relativ friedlicher, mittelgroßer Buntbarsch, der auch für das bepflanzte Aquarium empfohlen werden kann; die Tiere sind machmal recht scheu und zurückhaltend, ohne starkes Durchsetzungsvermögen gegenüber anderen Cichliden.

Hält. B.: Becken versteckreich gestalten, Dekoration dem natürlichen Lebensraum entsprechend mit vielen Wurzeln. Wasser bis mittelhart (15° dGH), pH um 7,0.

ZU: Die Tiere laichen zunächst nach Art der Offenbrüter auf festen Substraten, wobei verschiedentlich beobachtet wurde, daß die Tiere transportable „Unterlagen", wie leichte Holzstückchen oder Blätter bevorzugen. So können sie notfalls das Gelege aus einer Gefahrenzone zerren (ähnliches wurde bei *Aequidens vittatus* und anderen Buntbarschen beobachtet). Nach dem Schlupf der Larven werden diese im Maul der Eltern weiter erbrütet. *Ae. syspilus* gehört also zu den sogenannten larvophilen Maulbrütern. Nach dem Auslassen der Jungfische zeigen die Eltern bald kaum mehr die Tendenz, die Jungfische bei Gefahr aufzunehmen. Sie werden vielmehr wie die Jungfische von Offenbrütern geführt und verteidigt.

FU: O; genügsame Allesfresser, die jegliches Lebend- und Ersatzfutter akzeptieren.

Bes.: Die Art gehört in den Formenkreis um *Aequidens mariae* und *Ae. vittatus.*

T: 23–27° C, **L**: 15 cm, **BL**: 80 cm, **WR**: u, m, **SG**: 2–3

Aequidens vittatus (HECKEL, 1840)
Gebänderter Buntbarsch

Syn.: *Acara vittata, Aequidens paraguayensis, Astronotus vittatus.*

Vork.: Südamerika: Brasilien und nördliches Argentinien (bei Catamarca).

Ersteinf.: Um 1970.

GU.: Die ♂♂ werden etwas größer.

Soz. V.: Revierbildend; recht friedlicher Cichlide. Die Tiere vergreifen sich nicht an den Pflanzen. Larvophiler Maulbrüter mit Elternfamilie.

Hält. B.: Wie bei *Aequidens sapayensis* angegeben.

ZU: Über eine gelungene Zucht von *Aequidens vittatus* berichtet STAWIKOWSKI (1982): DATZ **35**, 284–287. Der von STAWIKOWSKI benutzte Name *Aequidens paraguayensis* stellte sich inzwischen als Synonym zu *A. vittatus* heraus. Die Tiere sind larvophile Maulbrüter. Dem Ablaichen geht keine sehr intensive Balz voraus. Abgelaicht wurde auf mehr oder waagerecht stehenden Blättern eines *Echinodorus.* Das Ablaichen erfolgt in typischer Offenbrütermanier. Ein Gelege besteht aus etwa 200 weißlich bis bräunlich gefärbten (tarnfarbigen) Eiern. Die Betreuung des Laiches bis zu dessen Aufnahme ins elterliche Maul verläuft wie bei einem Offenbrüter. Abwechselnd stehen ♂ und ♀ über dem Gelege und fächeln mit den Brustflossen den Eiern Sauerstoff zu. Nach rund 36 Stunden werden die Eier vom ♀ ins Maul aufgenommen, und die sich entwickelnden Larven werden aus den Eihüllen herausgekaut. Anschließend beteiligen sich beide Elterntiere an der Larvenbetreuung. In unregelmäßigen Abständen werden die Larven von Partner zu Partner übergeben. Die „Trageperioden" der Elterntiere werden um so kürzer, je näher der Zeitpunkt des ersten Freischwimmens herankommt. Zwei Tage, nachdem die Jungen aktiv schwimmen können, läßt die Aufmerksamkeit und Pflegeintensität der Eltern merklich nach.

FU: O; Lebendfutter aller Art, Shrimps, Rinderherz, Flockenfutter.

Bes.: *Aequidens vittatus* ähnelt stark *Aequidens mariae,* zeigt das Körperband aber nur bis zu einem Seitenfleck intensiv und hat ein weniger gerundetes Kopfprofil.

T: 23–26° C, **L**: 15 cm, **BL**: 100 cm, **WR**: u, m, **SG**: 2–3

Aequidens syspilus

Aequidens vittatus

Apistogramma bitaeniata **PELLEGRIN, 1936**
Zweistreifen-Zwergbuntbarsch

Syn.: *Apistogramma klausewitzi, A. kleei,* eventuell *A. sweglesi.*

Vork.: Südamerika; mittlerer Amazonas in der Umgebung der Stadt Leticia.

Ersteinf.: 1961.

GU.: Die ♂♂ sind wesentlich größer als die ♀♀. Die ♂♂ sind außerdem viel heller in ihrer Grundfarbe.

Soz. V.: Revierbildend; relativ friedlicher Cichlide. Die ♂♂ sind polygam (harembildend), deshalb immer ein ♂ mit mehreren (3–4) ♀♀ halten. Das ♂ beansprucht das Oberrevier, das die Unterreviere der ♀♀ einschließt. Höhlenbrüter mit Mann-Mutter-Familie.

Hält. B.: Siehe Band 1, Seite 674.

ZU: Nicht unproblematisch, schwerer als bei vielen anderen *Apistogramma*-Arten. 27–29° C; Wasser weich (bis 8° dGH) und schwach sauer bis neutral (pH 6,5–7,0). Die Tiere sind Höhlenbrüter. Die Eier werden entweder an der Höhlenwand oder dem Höhlendach abgelegt. Eizahl bis 100, meist weniger. Das ♀ bewacht und pflegt Gelege und Brut. Die Eientwicklung dauert ca. drei Tage, nach weiteren fünf Tagen schwimmen die Jungfische frei. Diese fressen sofort *Artemia*-Nauplien.

FU: K; Lebendfutter jeglicher Art. Die Tiere sind kaum oder überhaupt nicht an unbewegliches Futter zu gewöhnen.

Bes.: *Apistogramma bitaeniata* ist empfindlich gegen Wasserverunreinigungen. Er gehört zur *Apistogramma agassizii*-Gruppe. In den letzten Jahren ist in der Aquaristik eine wissenschaftlich noch nicht beschriebene Art aufgetaucht, die *A. bitaeniata* sehr ähnlich sieht, jedoch unter anderem keine verlängerten Rückenflossenmembranen besitzt. Diese Art wird als Glanzbinden-Apistogramma bezeichnet. Die hier abgebildete Farbvariante wurde meist als *A. kleei* bezeichnet.

T: 26–28° C, **L**: ♂ 6 cm, ♀ 4,5 cm, **BL**: 80 cm, **WR**: u, **SG**: 3–4

Apistogramma caetei **KULLANDER, 1980**
Caete-Zwergbuntbarsch

Syn.: Keine.

Vork.: Südamerika; Brasilien, Rio Caete- und Rio Apeu-Gebiet.

Ersteinf.: 1982 in größerer Stückzahl, in einzelnen Exemplaren bereits früher.

GU.: Geschlechtsdimorphismus; ♂ größer, mit Blauglanz auf dem Körper, vereinzelt Rotmarkierungen auf den Kiemendeckeln; ♀ kleiner, graue oder gelbe (Brutpflegekleid) Körperfärbung.

Soz. V.: Revierbildender, friedlicher Zwergbuntbarsch, der kaum wühlt. Die ♂♂ tendieren zur Haremsbildung, paarweise Haltung ist jedoch auch möglich. Höhlenbrüter; Mann-Mutter-Familie.

Hält. B.: Bepflanzte Becken mit Versteckmöglichkeiten aus Tonscherben, Moorkienwurzeln usw. Unterschlüpfe werden als Bruthöhlen vom ♀ besetzt. Feinkörniger, dunkler Bodengrund. Neutrales (pH 7,0), mittelhartes (um 10° dGH) Wasser.

ZU: 23–30° C; leicht saures bis neutrales (pH 6,5–7,0) und mittelhartes (um 10° dGH) Wasser. Die Gelege von bis zu 200 Eiern werden an der Höhlendecke untergebracht. Das ♀ bewacht das Gelege und die Larven, das ♂ verteidigt das Großrevier, in dem mehrere ♀♀ ihr Brutrevier haben können. Das ♂ kann nach dem Freischwimmen der Jungen gelegentlich kurzzeitig an der Führung der Jungfische teilnehmen.

FU: K; feines Lebendfutter wie z. B. *Cyclops,* Daphnien und Mückenlarven.

Bes.: *Apistogramma caetei* besitzt einen dunklen Fleck unterhalb des Körperbandes unmittelbar vor dem ovalen Schwanzwurzelfleck, der ihn ebenso wie die vollkommen von vertikalen Punktreihen durchzogene Schwanzflosse von den nahe verwandten Arten *Apistogramma geisleri* und *Apistogramma spec.* (Wangenflecken-*Apistogramma*) unterscheidet. *A. caetei* wurde 1911 von HASEMAN falsch als *Apistogramma taeniata* identifiziert.

T: 23–30° C, **L**: ♂ 6 cm, ♀ 4 cm, **BL**: 50 cm, **WR**: u, **SG**: 3

Apistogramma bitaeniata

Apistogramma caetei

Apistogramma commbrae (REGAN, 1906)
Corumba-Zwergbuntbarsch

Syn.: *Heterogramma commbrae, H. corumbae.*

Vork.: Südamerika; Brasilien und Paraguay, Rio Paraguay von Asuncion bis Corumba.

Ersteinf.: Bereits zu Anfang des Jahrhunderts.

GU.: Geringfügiger Geschlechtsdimorphismus. Das ♂ ist etwas größer als das ♀, es hat rötliche Kiemendeckelflecken und eine stärkere Schwanzflossenzeichnung.

Soz. V.: Friedlicher, revierbildender, pflanzenfreundlicher Zwergbuntbarsch. Auch wenn mehrere ♀♀ vorhanden sind, laicht ein ♂ meist nur mit einem ♀ ab. Höhlenbrüter; Mann-Mutter-Familie mit Tendenz zur Elternfamilie.

Hält. B.: Ausreichend bepflanzte Becken mit einer Vielzahl von kleinen Höhlen, die die ♀♀ als Brutrevierzentren besetzen. Feinkörniger Bodengrund; Neutrales (pH 7,0), mittelhartes (um 10° dGH) Wasser.

ZU: 23–28° C; Wasser wie angegeben. Die Gelege sind relativ klein und umfassen bis zu 80 Eier. Das ♀ legt die Eier an einer Höhlendecke ab und bewacht Eier und Larven zunächst bis zum Freischwimmen allein, während das ♂ das Außenrevier verteidigt. Nach dem Freischwimmen beteiligt sich das ♂ häufig an der Führung der Jungfische. Gelegentlich streiten die Elternteile regelrecht um die Jungfische; jeder bewacht einen Teil des Schwarmes.

FU: K; feines Lebendfutter in Form von *Cyclops*, Wasserflöhen usw.

Bes.: *Apistogramma commbrae* fällt durch den großen Schwanzwurzelfleck auf, in den das Längsband hineinverläuft. Dieses Merkmal unterscheidet ihn von allen anderen bisher in der Aquaristik bekannten Arten. Jungfische von *Apistogramma commbrae* können mitunter heikel in Bezug auf die Nahrungsaufnahme sein.

T: 23–28° C, **L**: ♂ 5 cm, ♀ 3,5 cm, **BL**: 40 cm, **WR**: u, **SG**: 3

Apistogramma eunotus KULLANDER, 1981
Hochrücken-Zwergbuntbarsch

Syn.: Keine.

Vork.: Südamerika; Peru, Rio Ucayali-Gebiet.

Ersteinf.: 1981 durch mehrere Mitglieder der Deutschen Cichliden Gesellschaft.

GU.: Ausgeprägter Geschlechtsdimorphismus; die ♂♂ sind wesentlich größer, sie haben eine orangefarbene Schwanzflosse, stärker entwickelte Flossen und blaugrünen Schuppenglanz; die ♀♀ sind kleiner, grau oder gelb (in der Brutpflege) mit schwarzem Kontrastkleid.

Soz. V.: Revierbildender, friedlicher Zwergbuntbarsch, der nicht stark wühlt. Die ♂♂ tendieren zur Haremsbildung und kontrollieren ein Großrevier mit mehreren kleinen Weibchenrevieren. Höhlenbrüter; Mann-Mutter-Familie.

Hält. B.: Versteckreich eingerichtete Aquarien mit feinkörnigem, dunklem Bodengrund. Dichte Pflanzengruppen und freier Schwimmraum sollten miteinander abwechseln. Neutrales bis leicht alkalisches (pH 7,0–7,5), mittelhartes (um 10° dGH) Wasser.

ZU: 23–30° C; mittelhartes Wasser mit einem pH-Wert bis zu 7,5 reicht zur Zucht vollkommen aus. Höhlenbrüter, bei dem die ♀♀ nach der Eiablage Gelege (bis zu 100 Eier) und Larven allein bewachen, während das ♂ das Großrevier, in dem die Brutreviere mehrerer ♀♀ liegen können, kontrolliert. Auch nach dem Freischwimmen nimmt das ♂ nur selten an der Führung der Jungfische teil.

FU: K; Lebendfutter; Mückenlarven, Wasserflöhe, *Cyclops*.

Bes.: *Apistogramma eunotus* gehört zusammen mit *Apistogramma moae* in eine Formengruppe von mehreren, im peruanischen Amazonasgebiet heimischen *Apistogramma*-Arten, die sich nur in wenigen Merkmalen voneinander unterscheiden. Die Arten dieses Formenkreises werden in der Aquaristik meist falsch als *Apistogramma amoena* bezeichnet.

T: 23–30° C, **L**: ♂ 8,5 cm, ♀ 5 cm, **BL**: 50 cm, **WR**: u, **SG**: 3

Apistogramma commbrae

Apistogramma eunotus ♀

Apistogramma eunotus ♂

Apistogramma gephyra KULLANDER, 1980
Rotsaum-Zwergbuntbarsch

Syn.: Keine.

Vork.: Südamerika; Brasilien, vom Rio Negro bei Manaus bis Santarem am Amazonas.

Ersteinf.: 1982 in zahlreichen Exemplaren, Einzeltiere bereits vorher.

GU.: Ausgeprägter Geschlechtsdimorphismus; ♂ größer und farbenprächtiger, mit stärker ausgezogener Rücken- und Afterflosse und leicht lanzettförmiger Schwanzflosse; ♀ kleiner, grau, in der Brutpflege gelb mit schwarzer Kontrastzeichnung.

Soz. V.: Revierbildender, pflanzenfreundlicher Zwergbuntbarsch, der sich anderen Fischen gegenüber friedlich verhält. Die Art kann paarweise gehalten und gezogen werden, doch tendieren die ♂♂ in größeren Becken zur Polygamie. Höhlenbrüter; Mann-Mutter-Familie.

Hält. B.: Gut bepflanzte Aquarien mit feinkörnigem, dunklem Bodengrund. Versteckmöglichkeiten in Form von Höhlen bieten, die von den ♀♀ als Laichsubstrate angenommen werden. Saures, weiches Wasser (pH 5,5–6,0, Härte unter 5° dGH).

ZU: 23–30° C; Wasser wie bei Hält. B. angegeben; Höhlenbrüter. Die ♀♀ betreuen Eier (bis zu 1200 Stück) und Larven, während das ♂ das Außenrevier verteidigt. Nach dem Freischwimmen der Jungtiere kann das ♂ sich an deren Führung beteiligen und den Schwarm schließlich ganz übernehmen, so daß das ♀ erneut ablaichen und das neue Gelege betreuen kann.

FU: K; feines Lebendfutter: Wasserflöhe, Mückenlarven und *Cyclops*.

Bes.: *Apistogramma gephyra* steht *Apistogramma agassizii* sehr nahe. Deutliche Unterschiede finden sich in den weniger stark ausgebildeten Flossen, dem schmalen roten Rückenflossensaum, dem etwas schmaleren Körperband und einem anderen Aggressionskleid. *A. gephyra* gehört zu den *Apistogramma*-Arten, die Maulzerren betreiben. Es existieren verschiedene Farbformen, die sich in der Schwanzflossenfärbung unterscheiden (weiß, orangeweiß, orange).

T: 23–30° C, **L**: ♂ 6 cm, ♀ 4 cm, **BL**: 50 cm, **WR**: u, **SG**: 3–4

Apistogramma gibbiceps MEINKEN, 1969
Schwarzbinden-Zwergbuntbarsch

Syn.: Keine

Vork.: Südamerika; Brasilien, im Rio Negro-Gebiet.

Ersteinf.: ?

GU.: Deutlicher Geschlechtsdimorphismus; ♂ größer und mit zweizipfeliger Schwanzflosse; ♀ kleiner und mit runder bis gestutzter Schwanzflosse.

Soz. V.: Revierbildend; friedlicher Cichlide, der kaum wühlt. Die ♂♂ sind eher monogam, meist wird nur ein ♀ angenommen. Höhlenbrüter; Mann-Mutter-Familie.

Hält. B.: Feiner, dunkler Sand oder Lavatit als Bodengrund; dichte Bepflanzung der Becken; Verstecke aus Steinen und Wurzeln, die sich in der Nähe des Bodens befinden; Schwimmraum freilassen. *A. gibbiceps* stellt an die Wasserbeschaffenheit gehobene Ansprüche. Das Wasser sollte sehr weich (bis 3° dGH), huminsauer (pH 5,0–6,0) und warm (ca. 28° C) sein. Bei schlechteren Wasserwerten verblassen die Farben, und die Tiere leben nicht lange. Haltung am besten im Artbecken.

ZU: Nicht einfach, da die Larven nach dem Schlüpfen sehr empfindlich sind. Die ♂♂ sind überwiegend monogam und nehmen meist nur ein ♀ an. Gut konditionierte ♀♀ produzieren bis knapp 200 Eier. Das ♀ betreut und pflegt die Eier, während sich das ♂ nach dem Ablaichen zwar vorwiegend in der Nähe der Bruthöhle aufhält, sich aber nicht unmittelbar an der Brutpflege beteiligt. Die Larven schlüpfen nach 2–3 Tagen und schwimmen nach weiteren 4–6 Tagen frei. Aufzucht der Jungfische mit Staubfutter, Mikroorganismen und *Artemia*-Nauplien.

FU: Lebendfutter aller Art: Mückenlarven, kleine Wasserinsekten, Wasserflöhe, Hüpferlinge, *Artemia, Tubifex* und mäßig Enchyträen.

Bes.: Der Artname *gibbiceps* leitet sich von gibbus = Buckel, Beule und ceps

Fortsetzung: Seite 826.

Apistogramma gephyra

Apistogramma gibbiceps

Fortsetzung von *Apistogramma gibbiceps*:

(= cephalus) = Kopf ab und nimmt darauf Bezug, daß das Bestimmungsexemplar eine Stirnwulst aufweist. Diese ist aber bei lebenden Tieren nicht vorhanden und auf eine schlechte Präparation zurückzuführen. Der Artname ist aus diesem Grund etwas irreführend.

T: 27–29° C, **L**: ♂ 8 cm, ♀ 6 cm, **BL**: 60 cm, **WR**: u, **SG**: 4

Apistogramma hongsloi KULLANDER, 1979
Rotstrich-Zwergbuntbarsch

Syn.: Keine.

Vork.: Südamerika; Kolumbien, Rio Vichada- und Rio Meta-Gebiet (Orinoco-Becken).

Ersteinf.: 1975 durch Dr. Fröhlich, Lübeck.

GU.: Ausgeprägter Geschlechtsdimorphismus; ♂ größer und farbiger, mit rotem Schwanzwurzelfleck und ausgezogenen Rückenflossenmembranen; ♀ kleiner, gräulich, in der Brutpflege gelb mit schwarzem Kontrastmuster.

Soz.V.: Friedlicher, revierbildender Zwergbuntbarsch, der kaum wühlt. Die ♂♂ laichen in größeren Becken mit mehreren ♀♀ ab. Paarweise Haltung ist bei gleichzeitiger Vergesellschaftung mit anderen Fischen auch in kleineren Becken möglich. Höhlenbrüter; Mann-Mutter-Familie.

Hält. B.: Bepflanzte, versteckreiche Aquarien mit feinkörnigem, dunklem Bodengrund. Saures, weiches Wasser (pH-Wert 5,5–6,0; Härte unter 5° dGH). Bei Vergesellschaftung mit kleineren Oberflächenfischen verliert *A. hongsloi*, wie alle *Apistogramma*-Arten, leichter seine Scheu.

ZU: 23–30° C; Wasser wie nebenstehend angegeben. Höhlenbrüter, bei dem das ♀ die Pflege der Eier (60–90 Stück) übernimmt, während das ♂ sein Großrevier, in dem mehrere ♀♀ ihre Brutreviere haben können, gegen andere Beckeninsassen absichert.

FU: K; feines Lebendfutter aller Art. Die Tiere sind kaum an Flockenfutter zu gewöhnen.

Bes.: Männchen von *Apistogramma hongsloi* unterscheiden sich von allen anderen *Apistogramma*-Männchen durch die Rotfärbung des Schwanzwurzelflecks, die sich bei einzelnen Tieren noch auf einen feinen roten Strich über der Afterflosse ausdehnen kann. Aufgrund der unterschiedlichen Körperfärbung kann man eine orange und eine blaue Farbform unterscheiden. Weibchen lassen sich nur schwer von *Apistogramma macmasteri*-Weibchen abgrenzen, wodurch es schon zu ungewollten Kreuzungen gekommen ist.

T: 23–30° C, **L**: ♂ 7,5 cm, ♀ 4,5 cm, **BL**: 50 cm, **WR**: u, **SG**: 3–4

Apistogramma hippolytae KULLANDER, 1982
Zweipunkt-Zwergbuntbarsch

Syn.: Keine.

Vork.: Südamerika; Brasilien, Lago Manacapuru am Amazonas und mittleres Rio Negro-Gebiet.

Ersteinf.: 1980.

GU.: Geschlechtsdimorphismus; die ♂♂ werden größer, sie weisen einen bläulichen Schuppenglanz auf, der den kleineren ♀♀ fehlt. Die Spitzen der Bauchflossen sind beim ♂ stärker ausgezogen. Die Schwanzflosse ist in beiden Geschlechtern rund oder leicht gestutzt.

Soz. V.: Friedlicher, pflanzenfreundlicher Zwergbuntbarsch, der sein Revier um eine Bruthöhle herum besetzt. Die Art kann paarweise gehalten werden. Die ♂♂ laichen mitunter auch mit mehreren ♀♀ ab (Haremsbildung). Höhlenbrüter; Mann-Mutter-Familie.

Hält. B.: Dicht bepflanzte Becken mit feinem Bodengrund und Versteckmöglichkeiten in Form von Höhlen. Neutrales (pH 7,0) und mittelhartes (um 10° dGH) Wasser reicht zur Haltung aus.

ZU: 23–30° C; leicht saures, mittelhartes Wasser (pH 6,5; Härte um 10° dGH); Höhlenbrüter mit Gelegen bis zu 200 Eiern. Gelege und Larven werden bis zum Freischwimmen vom ♀ bewacht, während das ♂ das Außenrevier verteidigt. Nach dem Freischwimmen der Jungen beteiligt sich das ♂ häufig an der Führung der Jungfische.

FU: K; Lebendfutter in Form von Mückenlarven, *Cyclops* und Wasserflöhen.

Bes.: *Apistogramma hippolytae* zeichnet sich durch einen Körperfleck aus, der vom Körperband bis zur Rückenflosse reicht.

T: 23–30° C, **L**: ♂ 6,5 cm, ♀ 4,5 cm, **BL**: 50 cm, **WR**: u, **SG**: 3

Apistogramma hongsloi

Apistogramma hippolytae

Apistogramma hippolytae

Apistogramma iniridae KULLANDER, 1979

Fadenflossen-Zwergbuntbarsch

Syn.: Keine.

Vork.: Südamerika; Kolumbien, Rio Inirida-Gebiet (Orinoco-Becken).

Ersteinf.: Mitte der 70er Jahre.

GU.: Ausgeprägter Geschlechtsdimorphismus; das ♂ wird größer und ist farbenkräftiger, mit langer, runder bis leicht lanzettförmiger Schwanzflosse, hoher Rükkenflosse, deren verlängerte Membranen über den Strahlen miteinander verwachsen sind, und fadenartig ausgezogenen Bauchflossen. Das ♀ ist kleiner mit runder Schwanzflosse, Rückenflosse ohne verlängerte Membranen und kürzere Bauchflossen.

Soz. V.: Friedfertiger, pflanzenfreundlicher Zwergbuntbarsch, der um eine Bruthöhle herum sein Revier bezieht. Die ♂♂ laichen meist nur mit einem ♀ ab. Höhlenbrüter; Mann-Mutter-Familie.

Hält. B.: Stark bepflanzte Becken, die mit Moorkienholz und Kokosnußschalen dekoriert werden. Nicht zu grobkörniger, dunkler Bodengrund. Vergesellschaftung mit kleineren Oberflächenfischen. Saures, weiches Wasser (pH 5,5–6,0, Härte unter 5° dGH).

ZU: 23–30° C; Wasserwerte wie oben angegeben. Höhlenbrüter, dessen ♀♀ zwischen 80 und 120 Eier an einer Höhlendecke anbringen. Das ♀ betreut Eier und Larven, während das ♂ das Außenrevier sichert. Nach dem Freischwimmen werden die Jungfische mitunter gemeinsam geführt. Die Tendenz zur Polygamie ist bei *A. iniridae*-Männchen kaum ausgeprägt.

FU: K; Lebendfutter (*Cyclops*, Wasserflöhe, Mückenlarven).

Bes.: *Apistogramma iniridae* gehört zur *Apistogramma pertensis*-Gruppe. Die Art zeichnet sich durch ein Fleckenmuster unterhalb des Körperbandes aus, das bei aggressiven und balzenden Tieren besonders deutlich sichtbar ist. *A. iniridae* reagiert sehr empfindlich auf starke Schwankungen im Wasserchemismus.

T: 23–30° C, **L**: ♂ 7,5 cm, ♀ 4,5 cm, **BL**: 50 cm, **WR**: u, **SG**: 4

Apistogramma nijsseni KULLANDER, 1979

Panda-Zwergbuntbarsch

Syn.: Keine.

Vork.: Südamerika; Peru, unteres Rio Ucayali-Gebiet bei Jenaro Herrera.

Ersteinf.: 1981 durch Patrick de Rham, Lausanne.

GU.: Ausgeprägter Geschlechtsdimorphismus. ♂ mit herrlichem Blauglanz, leicht lanzettförmiger Schwanzflosse mit rötlichem Saum, größer als das ♀; das ♀ trägt ein ungewöhnliches, schwarzgelbes Kontrastkleid. Der Körpergrund ist gelb gefärbt, durch die Körpermitte und die Schwanzwurzel zieht ein breiter schwarzer Balken, der gesamte Kiemendeckelbereich und der vordere Teil der Rückenflosse und der vordere Teil der Rückenflosse und der Bauchflossen ist ebenfalls pechschwarz.

Soz. V.: Friedlicher, revierbildender Zwergbuntbarsch, der sich in gut bepflanzten Becken erst richtig wohl fühlt. Das Sozialverhalten wird wahrscheinlich dem anderer *Apistogramma*-Arten ähneln. Doch darüber können keine näheren Angaben gemacht werden.

Hält. B.: Ausreichend bepflanzte Becken mit dunklem, feinkörnigem Bodengrund. Versteckmöglichkeiten in Form von Moorkienwurzeln, Kokosnußschalen und ähnlichem. Saures, weiches Wasser scheint zur Haltung erforderlich zu sein (pH um 5,5; Härte unter 5° dGH).

ZU: *Apistogramma nijsseni* ist in der Bundesrepublik Deutschland bisher noch nicht erfolgreich nachgezogen worden.

FU: K; Lebendfutter; *Cyclops*, Wasserflöhe und Mückenlarven.

Bes.: *Apistogramma nijsseni* ist eine Ausnahmeerscheinung innerhalb der Gattung *Apistogramma*, insbesondere in Bezug auf die Färbung weiblicher Tiere. Seine Verbreitung scheint auf ein relativ kleines Gebiet in der Umgebung von Jenaro Herrera beschränkt zu sein, in dem interessanterweise mehrere, anscheinend endemische, Fischarten vorkommen.

T: 23–30° C, **L**: ♂ 6,5 cm, ♀ 4 cm, **BL**: 50 cm, **WR**: u, **SG**: 3–4

Apistogramma iniridae

Apistogramma nijsseni ♂

Apistogramma pertensis (HASEMAN, 1911)
Genetzter Zwergbuntbarsch

Syn.: *Heterogramma taeniatum pertense.*

Vork.: Südamerika; Brasilien, Rio Negro bei Manaus, Amazonas von Manacapuru bis Santarem.

Ersteinf.: In einzelnen Exemplaren bereits seit Anfang dieses Jahrhunderts, seit 1980 in größeren Stückzahlen.

GU.: Geschlechtsdimorphismus; ♂ größer, mit hoher, segelartiger Rückenflosse, in der, bis auf die ersten drei, alle Membranen über den Strahlen miteinander verwachsen sind; lang ausgezogene Bauchflossen. Die ♀♀ sind kleiner, mit kürzeren Bauchflossen und niedrigerer Rückenflosse.

Soz. V.: Revierbildender, pflanzenfreundlicher Zwergbuntbarsch, der ausgezeichnet mit kleineren Fischen zu vergesellschaften ist. Die ♂♂ laichen oft nur mit einem ♀ ab. Höhlenbrüter; Mann-Mutter-Familie.

Hält. B.: Aquarien mit Versteckmöglichkeiten, Pflanzengruppen und freiem Schwimmraum. Dunkler, feinkörniger Bodengrund. Saures, weiches Wasser (pH um 5,5; Härte unter 5° dGH).

ZU: 23–30° C; Wasserwerte wie nebenstehend angegeben. Ein ♀ legt bis zu 120 Eier an einer Höhlendecke ab und bewacht das Gelege und die Larven, während das ♂ die äußere Reviergrenze verteidigt. Nach dem Freischwimmen hilft das ♂ manchmal bei der Führung der Jungfische. Andere ♀♀ werden vom ♂ nach dem ersten Ablaichen meist nicht mehr beachtet.

FU: K; Lebendfutter (Mückenlarven, Wasserflöhe und *Cyclops*).

Bes.: *Apistogramma pertensis* wird oft mit der in der Aquaristik als *Apistogramma meinkeni* bekannten Art, die in den letzten Jahren auch häufiger, oft sogar zusammen mit *A. pertensis*, eingeführt wird, verwechselt. *A. meinkeni* hat jedoch eine asymmetrische Schwanzflosse, deren oberer Lappen etwas länger ist als der untere (rund bei *A. pertensis*). Der Schwanzwurzelfleck ist oval und vertikal ausgedehnt (klein und rund bei *A. pertensis*) und es sind mehr als drei Rückenflossenmembranen eingesägt.

T: 23–30° C, **L**: ♂ 6,5 cm, ♀ 4,5 cm, **BL**: 50 cm, **WR**: u, **SG**: 3–4

Apistogramma regani KULLANDER, 1980
Zebra-Zwergbuntbarsch

Syn.: Keine; *Apistogramma regani* wurde allerdings von HASEMAN (1911) falsch als *Apistogramma ortmanni*, und von MEINKEN (1971) als *Apistogramma borellii* identifiziert.

Vork.: Südamerika; Brasilien, Rio Negro- und Amazonas-Gebiet nahe bei Manaus.

Ersteinf.: Unbekannt.

GU.: Wenig ausgeprägter Geschlechtsdimorphismus; die ♂♂ werden größer und haben eine stärkere Beflossung.

Soz.V.: Friedlicher, revierbildender Zwergbuntbarsch, der Pflanzen unbehelligt läßt. Über das Sozialverhalten und die Zucht können keine näheren Angaben gemacht werden, da *A. regani* bisher nur in einzelnen Exemplaren importiert wurde und noch nie Männchen und Weibchen gleichzeitig gepflegt wurden. Er dürfte sich allerdings in dieser Hinsicht kaum von anderen Arten der *regani*-Gruppe unterscheiden (s. *Apistogramma caetei*; S. 820).

Hält. B.: Bepflanzte Aquarien mit Versteckmöglichkeiten in Bodennähe. Feinkörniger, dunkler Bodengrund. Leicht saures, weiches Wasser (pH um 6,5; Härte um 5° dGH).

ZU: In Gefangenschaft noch nicht geglückt; siehe auch unter Sozialverhalten.

FU: K; Lebendfutter wie Mückenlarven, Wasserflöhe und *Cyclops*.

Bes.: *Apistogramma regani* zeichnet sich dadurch aus, daß die Querbinden, die bei anderen Arten der Gattung oft nur angedeutet werden, sehr oft intensiv ausgefärbt sind, so daß der Fisch quergestreift erscheint. In bestimmten Erregungszuständen können jedoch auch nur ein schmales Längsband und ein ovaler, vertikal ausgezogener Schwanzwurzelfleck auftreten.

T: 23–30° C, **L**: ♂ 7 cm, ♀ 4,5 cm, **BL**: 50 cm, **WR**: u, **SG**: 3–4

Apistogramma pertensis

Apistogramma regani

Apistogramma viejita KULLANDER, 1979
Schwarzkehl-Zwergbuntbarsch

Syn.: Keine.

Vork.: Südamerika; Kolumbien, Rio Meta-Gebiet bei Puerto Gaitan (Orinoco-Bekken).

Ersteinf.: Unbekannt.

GU.: Es ist ein ausgeprägter Geschlechtsdimorphismus vorhanden; die ♂♂ sind größer, mit ausgezogenen Rückenflossenmembranen; die ♀♀ sind kleiner, sie haben eine graue, in der Brutpflege gelbe Färbung mit kontrastierenden Schwarzzeichnungen. Die Kehlregion von den Bauchflossen bis zur Unterlippe ist tiefschwarz.

Soz. V.: Revierbildender, pflanzenfreundlicher Zwergbuntbarsch, der sich anderen Fischen gegenüber friedlich verhält. Die Art kann paarweise gehalten werden. In größeren Becken tendieren die ♂♂ zur Polygamie und laichen mit mehreren ♀♀ ab. Höhlenbrüter; Mann-Mutter-Familie.

Hält. B.: Gut bepflanzte Aquarien mit dunklem, feinkörnigem Bodengrund. Höhlen als Laichplätze für die ♀♀ schaffen. Weiches (unter 5° dGH) und saures (pH um 5,5) Wasser verwenden.

ZU: 23–30° C; weiches, stark saures (pH um 5,0) Wasser zur Zucht nehmen. Höhlenbrüter, bei dem die ♀♀ allein die Gelege (bis zu 100 Eier) und die Larven pflegen. Auch nach dem Freischwimmen konnte noch keine Beteiligung des ♂ an der Führung der Jungfische beobachtet werden. Das ♂ verteidigt in großräumigen Aquarien ein Großrevier, in dem mehrere ♀♀ ihre Brutreviere haben.

FU: K; feines Lebendfutter aller Art. Die Tiere nehmen kaum Flockenfutter an.

Bes.: Von *Apistogramma viejita* sind verschiedene Farbformen im männlichen Geschlecht bekannt. Beide Formen zeigen eine oliv-gelbliche Rückenregion und eine gelbliche Schwanzflosse sowie einen schmalen, rötlichen Saum im Weichstrahlbereich der Rückenflosse. Zusätzlich weist eine Farbform eine orangegelbe Bauchregion und eine rot eingefaßte Schwanzflosse auf. Bei dieser Farbform können auch noch rote Flecken auf den Kiemendeckeln auftreten. Diese rote Farbform wurde erst 1982 von Horst Linke (Berlin) eingeführt und kann leicht mit *Apistogramma macmasteri* verwechselt werden. *A. viejita* wird nach Umsetzen oder Wasserwechsel oft von Hauttrübern befallen.

T: 23–30° C, **L**: ♂ 7,5 cm, ♀ 4 cm, **BL**: 50 cm, **WR**: u, **SG**: 4

Apistogrammoides pucallpaensis MEINKEN, 1965
Pucallpa-Zwergbuntbarsch

Syn.: Keine.

Vork.: Südamerika; peruanisches Amazonasgebiet. Die Typserie wurde in der Nähe der Stadt Pucallpa am Rio Ucayali gefangen.

Ersteinf.: 1976.

GU.: Geschlechtsdimorphismus; die ♂♂ werden größer, mit herrlich blauem Schuppenglanz, stärker ausgezogenen Flossen und intensiverer Schwanzflossenzeichnung; die ♀♀ sind kleiner mit schwarzgelbem Kontrastkleid.

Soz. V.: Friedlicher, pflanzenfreundlicher Zwergbuntbarsch, der nur ein relativ kleines Revier für sich beansprucht. Die ♂♂ laichen fast ausschließlich nur mit einem ♀ ab. Höhlenbrüter; Mann-Mutter-Familie mit Tendenz zur Elternfamilie.

Hält. B.: *A. pucallpaensis* ist auch in kleinen, gut bepflanzten Aquarien mit ausreichenden Versteckmöglichkeiten zu halten. Feinkörniger, dunkler Bodengrund; saures, weiches Wasser (pH um 5,5; Härte unter 5° dGH). Wildfänge sind sehr empfindlich gegenüber Schwankungen in den Wasserwerten, doch es sind fast nur Nachzuchttiere im Handel.

ZU: 23–30° C; leicht saures, weiches Wasser (pH um 6,0; Härte unter 5° dGH). Die Gelege bestehen aus etwa 80 Eiern und werden meist an einer Höhlendecke abgelegt. Es werden jedoch auch senkrechte Flächen als Laichplätze ausgewählt. Die ♀♀ betreuen Gelege und Larven. Das ♂ verteidigt das äußere Revier, wird jedoch auch in unmittelbarer Nähe des Ge-

Fortsetzung: Seite 834.

Apistogramma viejita

Apistogrammoides pucallpaensis ♂

leges geduldet, ohne an der Pflege von Eiern und Larven direkt teilzunehmen. Nach dem Freischwimmen der Jungfische nimmt das ♂ häufig an der Führung der Jungfische teil.

FU: K; feines Lebendfutter wie *Cyclops,* Wasserflöhe und kleine Mückenlarven.

Bes.: *Apistogrammoides pucallpaensis* ist sehr nahe mit der Vertretern der Gattung *Apistogramma* verwandt. Zur Unterscheidung können besonders die höhere Anzahl von Afterflossenstrahlen (7–9; 3, in Ausnahmefällen 4 oder 6 bei *Apistogramma*) und die andere Ausfärbung des Längsbandes herangezogen werden. Das Längsband hat bei *Apistogrammoides* die Form eines liegenden T. Jungfische von *Apistogrammoides* sind zu Beginn der Futteraufnahme sehr klein und müssen mit feinsten *Artemia*-Nauplien oder Infusorienfutter angefüttert werden.

T: 23–30° C, **L:** ♂ 4,5 cm, ♀ 3 cm, **BL:** 40 cm, **WR:** u, **SG:** 3–4

Aristochromis christyi TREWAVAS, 1935

Syn.: Keine.

Vork.: Afrika; Malawisee (endemisch). Die Art kommt hauptsächlich im nördlichen Teil des Sees vor.

Ersteinf.: ?

GU.: Die ♂♂ haben ein schönes, blaues Balzkleid.

Soz. V.: Die Tiere sind fischfressende (ichthyophage) Räuber. Maulbrüter mit Mutterfamilie(?).

Hält. B.: Wie bei *Cyrtocara*-Arten aus dem Malawisee.

ZU: Im Aquarium ist die Art wahrscheinlich noch nicht nachgezüchtet worden.

FU: K; Lebendfutter aller Art, ab einer bestimmten Größe fast ausschließlich Fische.

Bes.: Die Gattung *Aristochromis* ist bislang monotypisch, d. h. sie besteht nur aus einer einzigen Art.

T: 24–26° C, **L:** 25 cm, **BL:** 120 cm, **WR:** u, m, **SG:** 3 (K)

Astatotilapia martini (BOULENGER, 1906)

Syn.: *Tilapia martini, Haplochromis martini.*

Vork.: Afrika; Viktoriasee (endemisch). Die Holotype wurde in Uganda bei Bunjako gefangen. Die Art ist im ganzen See verbreitet, aber nirgendwo häufig. Die Tiere wurden über Sand- und Schlammboden gefangen.

Ersteinf.: 1978 durch die Fa. Struck.

GU.: Bei balzenden ♂♂ sind Rücken- und Schwanzflosse schwärzlich, Afterflosse und Bauchflosse sind heller; bei den ♀♀ und juvenilen ♂♂ sind alle Flossen gelb.

Soz. V.: Revierbildend; die Tiere sind bei der Verteidigung ihrer Reviere ziemlich aggressiv. Pflanzen werden meist in Ruhe gelassen. Agame, ovophile Maulbrüter; Mutterfamilie.

Hält. B.: Wie bei *Haplochromis obliquidens* angegeben. *Astatotilapia martini* ist bisher nur vereinzelt eingeführt worden.

ZU: Die Art ist im Aquarium bisher noch nicht nachgezüchtet worden.

FU: O; Lebendfutter, Frostfutter, gefriergetrocknetes Futter, Shrimps, Fleisch und Flockenfutter.

Bes.: *Astatotilapia martini* ist ein Endemit des Viktoriasees. Exemplare aus dem Eduardsee, die als *Tilapia martini* (s. Synonyme) identifiziert worden waren, stellten sich bei genauer Untersuchung als *Psammochromis schubotzi* (BOULENGER, 1914) (Syn.: *„Haplochromis" schubotzi*) heraus.

T: 24–26° C, **L:** 13 cm, **BL:** 100 cm, **WR:** u, m, **SG:** 2

Aristochromis christyi

Astatotilapia martini

Aulonocara baenschi MEYER & RIEHL, 1985

Baenschs Malawibuntbarsch, „Yellow Regal"-Buntbarsch

Syn.: Keine.

Vork.: Endemisch im Malawisee, Afrika.

Ersteinf.: 1984 durch Horst Dieckhoff, Herten.

GU.: ♂ farbiger blau/gelb; ♀ eintöniger schwarz-braun gefärbt. Siehe Fotos Seite 836, 837, 841, 847.

Soz. V.: Recht friedliche Art, die für die meisten Gesellschaftsbecken geeignet ist.

Hält. B.: Bepflanzung mit harten Pflanzen, die härteres Wasser vertragen (von 10–30° dGH). pH-Wert 7,2–8,2 (7,8). Pflanzen, wie *Anubias, Cryptocoryne balansae, Sagittarien, Valisnerien* usw. sind gut geeignet. Bodengrund: grober Kies und Kiesel. Wurzelholz als Territorialabgrenzung; Wasserwechsel ca. $^1/_3$ –$^1/_2$ alle 3 Wochen.

ZU: Die Zuchtpaare müssen gut angefüttert werden (Mückenlarven usw.). Maulbrüter. Die ♀♀ nehmen die Eier und das Sperma nach dem Ablaichen sofort ins Maul (Eifleckmethode).

FU: K, O; im Aquarium ist die Art ein Allesfresser, rührt jedoch Pflanzen nicht an. In der Natur werden alle Arten kleinerer Lebendfutter aufgenommen. Flockenfutter, gefrorene rote Mückenlarven. Die Schlundknochenstruktur weist darauf hin, daß die Tiere in der Natur Molluskenfresser (Schnecken) sind.

Bes.: Es kommen mindestens drei Farbvarianten vor, von denen die blau-gelbe am häufigsten nachgezüchtet wird (Foto unten rechts).

T: 22–26° C, **L**: 10 cm, **BL**: 80 cm, **WR**: alle, **SG**: 1–2

Aulonocara baenschi, Marleri-Variante

Aulonocara baenschi, (Nominatform), „New Yellow Regal", von Nkomo/Benga

Aulonocara baenschi, Blau-gelbe Variante, Chipoka

Aulonocara maylandi TREWAVAS, 1984
Goldkopf-Kaiserbuntbarsch, Schwefelkopf-Kaiserbuntbarsch

Syn.: Keine.

Vork.: Afrika; Malawisee, bei Mankanjila-Point (endemisch).

Ersteinf.: Wahrscheinlich 1982.

GU.: Deutlicher Geschlechtsdichromatismus; die ♂♂ sind viel farbenprächtiger als die unscheinbareren ♀♀; Afterflosse der ♂♂ mit Eiflecken.

Soz. V.: Revierbildend, aber trotzdem recht friedlich. Die Art ist für die meisten Gesellschaftsbecken geeignet. Maulbrüter mit Mutterfamilie.

Hält. B.: Becken mit Steinaufbauten, die viele Spalten und Höhlen als Verstecke aufweisen. Bepflanzung mit harten Arten, die auch härteres Wasser vertragen (*Anubias, Vallisneria, Sagittaria* usw.). Bodengrund aus grobem Kies oder aus Kieseln. Einige Kienholzwurzeln oder Steine zur Revierabgrenzung. Wasser mittelhart bis hart (10–30° dGH) und alkalisch (pH 7,5–8,5). Regelmäßiger Wasserwechsel (alle zwei Wochen ein Drittel).

ZU: 14–28° C; Wasserwerte wie oben angegeben. Die Tiere sind Maulbrüter. Das ♀ nimmt die Eier (bis 50 Stück) ins Maul auf, wo sie nach der „Eifleck"-Methode befruchtet werden. Die Aufzucht der Jungfische ist nicht schwierig. Fütterung mit *Artemia, Cyclops,* kleinen Daphnien und zerriebenem Flockenfutter.

FU: K, O; Allesfresser: Lebendfutter jeglicher Art, tiefgefrorenes und gefriergetrocknetes Futter, Flockenfutter und Futtertabletten.

Bes.: Es sind zwei Farbmorphen bekannt: Sulphurhead (Schwefelkopf) und Blue Orchid. Die letztgenannte Farbform ist die seltenere. Junge, dominante ♂♂ haben bereits eine leuchtend blaue Stirn, die mit zunehmendem Alter immer heller wird, bis diese fast weiß erscheint. Diese Farbform ist bisher in Deutschland selten nachgezogen worden, während die gelbe Schwefelkopf-Farbform schon häufig im Handel anzutreffen ist.

T: 22–26° C, **L**: 12 cm, **BL**: 100 cm, **WR**: alle, **SG**: 1–2

Aulonocara maylandi, Gelbstirn-Variante (Sulphurhead), Eccels Reef

Aulonocara maylandi ♂, Blaustirn-Variante (Blue Orchid), Kande – Island

Aulonocara maylandi ♀

UW-Aufnahme, Malawisee

Mbenji-Island, Malawisee. Hier kommt *Aulonocara stuartgranti* vor.

Der Malawisee erscheint dem Taucher als ein riesiges Aquarium.

Aulonocara baenschi ♀

Aulonocara stuartgranti MEYER & RIEHL, 1985
Grants Malawibuntbarsch

Syn.: Keine.

Vork.: Endemisch im Malawi-See, Afrika.

Ersteinf.: 1984.

GU.: Diese sind deutlich auf den Fotos Seite 841 erkennbar.

Soz. V.: Friedliche Art, die für Gesellschaftsbecken geeignet ist.

Hält. B.: Wie bei *A. baenschi*.

ZU: Maulbrüter. Die Befruchtung erfolgt nach der Eifleckmethode. Aufzucht der Jungen mit feinem Flockenfutter und *Artemia*.

FU: K, O; Allesfresser: Flockenfutter, jegliches Lebendfutter.

Bes.: Die Art ist zu Ehren von Stuart GRANT benannt worden. Er sammelt und exportiert Malawisee-Fische und hat sich besonders bei der Erforschung neuer Arten und Fanggebiete verdient gemacht.

T: 22–26° C, **L:** 10 cm, **BL:** 120 cm, **WR:** alle, **SG:** 1–2

Malawisee, Afrika; Mbenji-Island aus der Luft

Aulonocara stuartgranti ♂, Foto der typischen Färbung

Aulonocara stuartgranti ♀

Aulonocara stuartgranti ♂, Blue Regal, Mbenji-Island, Malawisee

Ein Fänger vom Malawisee begutachtet eine neue Cichlidenart, die in Deutschland ihrer Bestimmung entgegensieht.

Aulonocara sp., Blue-Gold

Aulonocara sp., White Top

Cyrtocara sp., Jaro, Malawisee

Cyrtocara sp., Jaro, Kopfstudie

Aulonocara baenschi ♂, Usisya-Variante. Die farbliche Ähnlichkeit mit dem gegenüberstehenden *Cyrtocara* ist verblüffend. *Cyrtocara* hat jedoch ein wesentlich größeres Maul als *Aulonocara*.

Aulonocara baenschi ♀, Usisya-Variante

Batrachops semifasciatus HECKEL, 1840
Gefleckter Kammbuntbarsch

Syn.: Keine.

Vork.: Südamerika; Paraguay, Uruguay, Argentinien; Rio Paraguay, Rio de la Plata.

Ersteinf.: 1983 in größerer Stückzahl, früher nur als Beifang.

GU.: ♀ mit meist zwei Reihen dunkler Flecke im hartstrahligen Teil der Rückenflosse, manchmal mit kleinen Flecken an den Schuppenbasen.

Soz. V.: Jungfische sind untereinander unverträglich und futterneidisch; es empfiehlt sich, die Art paarweise zu pflegen. *B. semifasciatus* verhält sich gegenüber anders geformten Fischen weitgehend indifferent. Die Art ist insgesamt zurückhaltender als die meistens größeren *Crenicichla*-Arten.

Hält. B.: Die Art liebt eine versteckreiche Einrichtung mit geräumigen Höhlen; Bekken nicht zu hell. Wasser nicht zu hart (bis 12° dGH), pH um 7,0.

ZU: Die Unterscheidung der Geschlechter ist ab 10–12 cm Totallänge möglich; die Art ist wahrscheinlich im Aquarium noch nicht gezüchtet worden, doch dürfte es sich, wie bei den *Crenicichla*-Arten, um Höhlenbrüter handeln, bei denen die direkte Brutpflege dem ♀ obliegt.

FU: O; anspruchslose Allesfresser, die wahrscheinlich weniger spezialisiert sind als Hechtcichliden mit tiefgespaltenem Maul; die Art schätzt kräftiges Lebend- und Ersatzfutter (Rinderherz, Frostfutter).

Bes.: *Batrachops semifasciatus* kann als einer der stumpfschnäuzigsten Hechtcichliden gelten.

T: 23–27° C, **L:** 27 cm, **BL:** 120 cm, **WR:** u, m, **SG:** 3–4 (K)

Chaetobranchopsis orbicularis, juv.

Batrachops semifasciatus ♂

Batrachops semifasciatus ♀

Caquetaia kraussii (STEINDACHNER, 1879)
Krausse's Buntbarsch

Syn.: *Petenia kraussii, Astronotus kraussii, Cichlasoma kraussii.*

Vork.: Südamerika; Kolumbien und Venezuela (Amazonas- und Orinoco-Gebiet, Lake Valencia, wo die Art 1960 eingeführt worden ist).

Ersteinf.: Nicht bekannt. 1983 gelangten seit langem wieder einige Exemplare über die Niederlande aus den USA in die BRD.

GU.: Die ♂♂ werden größer und besitzen spitzer ausgezogene Rücken- und Afterflossen; die Genitalpapille der ♂♂ ist spitz. Die Genitalpapille der ♀♀ ist stumpf.

Soz. V.: Revierbildend; die Art ist während der Brutpflege aggressiv und streitlustig, dann aber sowohl Artgenossen, als auch artfremden Fischen gegenüber. Offenbrüter mit Elternfamilie, gute Betreuung der Jungfische.

Hält. B.: Becken mit vielen Wurzeln und Steinen möglichst versteckreich dekorieren; Seiten- und Hintergrundbepflanzung mit gut verwurzelten, robusten Pflanzen (*Sagittaria, Vallisneria,* große *Echinodorus* und Cryptocorynen) ist möglich. Vergesellschaftung mit anderen robusten amerikanischen Cichliden und größeren Welsen kann vorgenommen werden. Immer daran denken, daß die Art ein Raubfisch (Fischfresser) ist.

ZU: 24–28° C; die chemische Beschaffenheit des Wassers spielt kaum eine Rolle. Das Wasser kann weich und leicht sauer bis mittelhart und leicht alkalisch sein. Offenbrüter, laicht auf festen Substraten, die vorher geputzt werden. Ein Gelege umfaßt einige hundert Eier; die Larven werden in vorher ausgehobenen Gruben untergebracht.

FU: K, O; Lebendfutter aller Art, besonders gern werden kleine Fische gefressen; aber auch gefriergetrocknetes Futter, Futtertabletten und Flockenfutter.

Bes.: KULLANDER (1983) stellt in die Gattung *Caquetaia* neben *C. kraussii* die Arten *C. spectabilis, C. myersi* und mit einem Fragezeichen *C. umbrifera.*

T: 22–27° C, **L**: 25 cm, **BL**: 120 cm, **WR**: m, u, **SG**: 2–3

Chaetobranchopsis orbicularis STEINDACHNER, 1875

Syn.: *Chaetobranchus bitaeniatus.*

Vork.: Südamerika; Amazonas; näheres ist nicht bekannt.

Ersteinf.: 1934 wurde vom Aquarium Hamburg unter dem Namen *Chaetobranchopsis bitaeniatus* eine *Chaetobranchopsis*-Art eingeführt. Da die Unterscheidung der Arten *C. bitaeniatus, C. australis* und *C. orbicularis* einige Schwierigkeiten zu bereiten scheint, kann nicht mit Sicherheit gesagt werden, ob es sich bei dem damals importierten Cichliden tatsächlich um *C. bitaeniatus* handelte.

GU.: Keine bekannt.

Soz. V.: Friedlich, sowohl Artgenossen als auch artfremden Fischen gegenüber; Pflanzen werden nicht behelligt; revierbildend; sehr ruhiger Fisch.

Hält. B.: Becken mit Wurzeln und Pflanzen versteckreich dekorieren, da die Tiere dunkle Unterstände lieben.

ZU: Nichts bekannt.

FU: K; Nahrungsspezialist: filtrierender Planktonfresser! Die Art läßt sich nur mit lebendem Kleinfutter (*Artemia*, Daphnien u. ä.) am Leben erhalten, und das auch nur über einen recht kurzen Zeitraum.

Bes.: Die Gattungen *Chaetobranchopsis* und *Chaetobranchus* sind in der aquaristischen Literatur oft miteinander verwechselt worden. Die *Chaetobranchus*-Arten sind ebenfalls Filtrierer, die mit ihrem weit vorstülpbaren Maul feines Lebendfutter „inhalieren".
Foto eines juvenilen Tieres Seite 848.

T: 23–27° C, **L**: 12 cm, **BL**: 80 cm, **WR**: m, u, **SG**: 4, da Nahrungsspezialist

Caquetaia kraussii, adultes ♂ mit Jungen

Chaetobranchopsis orbicularis, adultes ♂

Chaetobranchus flavescens HECKEL, 1840
Vierbandcichlide, Glänzender Spitzkopfbuntbarsch

Syn.: *Chaetobranchus bruneus, Ch. robustus, Chromys ucayalensis, Geophagus badiipinnis.*

Vork.: Südamerika: Guayana, Brasilien, Peru und Bolivien.

Ersteinf.: Wahrscheinlich schon 1934.

GU.: Ausgewachsene ♂♂ haben verlängerte Rücken- und Afterflossen, sie werden meist auch größer als die ♀♀.

Soz. V.: Revierbildend; über das sonstige Sozialverhalten dieser Art ist so gut wie nichts bekannt.

Hält. B.: Wie bei *Chaetobranchopsis orbicularis* angegeben.

ZU: Über eine geglückte Zucht im Aquarium liegen bisher keine Berichte vor. LOWE-McCONNELL (1969): J. Linn. Soc. **48**, 271–272, vermutet, daß *Ch. flavescens* ein Maulbrüter ist. Diese Vermutung bedarf aber noch einer genauen Überprüfung. In der Natur scheint die Laichperiode auf die Regenzeit beschränkt zu sein.

FU: O; Lebendfutter aller Art, Frostfutter, Rinderherz, Shrimps, Flockenfutter.

Bes.: Die langen, dünnen Kiemenrechen deuten darauf hin, daß *Chaetobranchus flavescens* im Freiland ein Planktonfresser ist.

T: 24–26° C, **L**: 28 cm, **BL**: 100 cm, **WR**: u, m, **SG**: 3

Chalinochromis brichardi POLL, 1974
Maskenbuntbarsch

Syn.: Keine.

Vork.: Afrika; im Nordosten des Tanganjikasees (Burundi, nördliches Tansania) und im Süden (Sambia), endemisch. Die Tiere fehlen im Bereich der zentralen Ostküste. Die Art bewohnt das Felsenlitoral und bevorzugt Tiefen zwischen zwei und zehn Metern.

Ersteinf.: 1973.

GU.: ♂ im Alter mit einem mehr oder weniger stark ausgeprägten Stirnbuckel, meist größer, der schwarze Fleck in der Rückenflosse ist beim ♂ tiefschwarz und scharf begrenzt, beim ♀ dagegen immer verschwommen.

Soz. V.: Revierbildende Cichliden, die in der Regel ruhig und pflanzenfreundlich sind. Manchmal können die Tiere sehr aggressiv sein. Es besteht eine enge Bindung zwischen ♂ und ♀. Höhlenbrüter; Elternfamilie.

Hält. B.: Felsenaufbauten mit vielen Spalten und Höhlen als Versteckmöglichkeiten; Bepflanzung mit hartblättrigen Arten. *Ch. brichardi* kann auch in einem großen Gesellschaftsaquarium gepflegt werden. Vergesellschaftung mit anderen Buntbarschen aus der Geröll- und Felszone (*Julidochromis, Lamprologus, Petrochromis, Telmatochromis, Tropheus*).

ZU: 26–28° C, Wasser 6–15° dGH, pH 7,2–9. Zucht bisher selten gelungen. Zuchterfolge dann meist nur mit Nachzuchttieren, die sich an die Bedingungen der Gefangenschaft gewöhnt hatten. Die Art ist Höhlenbrüter. Die Eier werden meist an der Höhlendecke oder der Seitenwand einer Felsspalte angeheftet. Eizahl bis 120, Zeitigungsdauer der Eier 2–4 Tage, Freischwimmen der Jungfische nach 8–10 Tagen. Die geschlüpften Jungfische sind sehr klein (3 mm) und werden mit *Artemia*-Nauplien gefüttert. Sie sind Einzelgänger und bilden keinen Schwarm, der von den Elterntieren geführt wird. Die Jungfische halten sich meist in dem Revier der Eltern auf, die es intensiv gegen Eindringlinge verteidigen.

FU: Bei Neuimporten schwierig, da meist nur Lebendfutter (Daphnien, *Cyclops, Mysis*) genommen wird. Gewöhnung an Flockenfutter ist aber möglich.

Bes.: Die Gattung *Chalinochromis* galt bis vor kurzem als monotypisch. Inzwischen sind von M. FAINZILBER in Tansania an der zentralen Ostküste zwei weitere, bisher wissenschaftlich noch nicht beschriebene *Chalinochromis*-Arten gefunden worden. Im Unterschied zu *Ch. brichardi* tragen sie schwarze Längsstreifen auf den Flanken.

T: 24–27° C, **L**: 15 cm, meist kleiner, **BL**: 60 cm, **WR**: m, u, **SG**: 2–3

Chaetobranchus flavescens

Chalinochromis brichardi

Chilotilapia rhoadesii BOULENGER, 1908

Syn.: Keine

Vork.: Afrika; Malawisee (endemisch). Die Art kommt hauptsächlich über Sandgrund vor.

Ersteinf.: Ein genaues Datum ist nicht mehr zu ermitteln.

GU.: Deutlicher Geschlechtsdichromatismus, ♂ farbenprächtiger und farbintensiver, ♀ blasser gefärbt.

Soz. V.: Revierbildend; ♂♂ sind gegenüber Artgenossen gelegentlich sehr aggressiv. Ovophiler Maulbrüter; Mutterfamilie.

Hält. B.: Strukturierung des Aquariums mit einzelnen größeren Steinen und kräftigen Pflanzen; einige Versteckmöglichkeiten bieten. Man sollte jedoch kein Felslitoral nachbilden, sondern den Fischen möglichst weitläufigen Sandboden bieten. Vergesellschaftung mit *„Haplochromis"*-Arten, die ähnliche Ansprüche stellen.

ZU: 26–28° C; Wasser zwischen 7–20° dGH und pH 7,2–8,6. Möglichst zwei ♂♂ mit einer größeren Gruppe ♀♀ pflegen. Balz und Ablaichverhalten wie bei

Fortsetzung siehe nächste Seite.

Chromidotilapia batesii (BOULENGER, 1901)
Bates Prachtbuntbarsch

Syn.: *Pelmatochromis batesii*

Vork.: Westafrika; in Äquatorial-Guinea und Südwest-Kamerun (Farbform Kienke). Die Tiere bewohnen Regenwaldflüsse unterschiedlicher Größe und mit meist leicht bräunlichem Wasser. Die Farbform Eseka kommt ebenfalls in Südwest-Kamerun vor. Sie bewohnt kleine Fließgewässer im nördlichen Einzugsgebiet des Nyong-Rivers.

Ersteinf.: 1913.

GU.: Die Unterscheidung der Geschlechter ist bei der Farbform Kienke nicht ganz einfach. Geschlechtsreife ♀♀ haben einen dickeren Bauch, und während der Balz ist die Bauchregion weinrot gefärbt. Bei der Farbform Eseka tritt dagegen ein deutlicher Geschlechtsdimorphismus (-dichromatismus) auf. Die ♂♂ sind größer und haben zahlreiche kleine dunkle Punkte auf Rükken-, Schwanz- und Afterflosse; den ♀♀ fehlen diese Punkte, außerdem zeigen sie ein metallisch glänzendes, chromgelbes Band in der Rückenflosse.

Soz. V.: Revierbildend; die Art ist friedlich und beschädigt keine Pflanzen; sie kann aber gegenüber Artgenossen aggressiv werden, während sie Cichliden aus anderen Gattungen kaum beachtet. Larvophiler Maulbrüter, der in Höhlen ablaicht und die nach etwa drei Tagen geschlüpften Larven ins Maul aufnimmt; Vater-Mutter-Familie.

Hält. B.: In geräumigen Aquarien halten (ab 130 x 50 x 50 cm). Feinkörniger Kies als Bodengrund; Höhlen aus Steinen bauen, wobei das Höhlendach als waagrechte Fläche errichtet sein sollte. Dekoration mit Moorkienholzwurzeln. Bepflanzung mit westafrikanischen Arten (*Anubias, Nymphea lotus, Bolbitis heudelotii*). LINKE empfiehlt als Heizung eine Wärmequelle, die von unten wirkt (z. B. ein Bodengrundheizer). Das Wasser sollte weich und kalkarm (1–5° dGH) sowie schwach sauer sein (pH 6,5). Die Pflege ist allerdings auch in härterem Wasser möglich. Alle ein bis zwei Wochen ein Viertel des Wassers wechseln. Zwölf Stunden Beleuchtung (Tropentag!). Vergesellschaftung in größeren Becken mit anderen westafrikanischen Cichliden und/oder größeren Labyrinthfischen und Salmlern.

ZU: Wasserwerte wie oben angegeben. Fortpflanzung und Brutpflege von *C. batesii* unterscheiden sich von denen anderer *Chromidotilapia*-Arten, da *C. batesii* ein larvophiler Maulbrüter ist. Es wird in einer Höhle meist an der Decke abgelaicht, wo die Eier sofort vom ♂ befruchtet werden. Gelegegröße bis 100 Stück. Nach der Eiablage übernimmt das ♀ die Pflege des Geleges, während dem ♂ die Revierverteidigung obliegt. Bei einer Temperatur von 25° C schlüpfen die Larven nach knapp drei Tagen und werden vom ♀ ins Maul aufgenommen. Dort bleiben sie bis zum Freischwimmen. Nach dem Freischwimmen widmen sich beide Elterntiere der Pflege und Bewachung der Jungfische für etwa sechs Wochen. Fütterung der Jungen mit *Artemia*-Nauplien, Staubfutter und MikroMin.

FU: Kräftiges Lebendfutter wie Kleinkrebse (*Gammarus, Asselus, Artemia, Daphnia magna*), Mückenlarven, *Tubifex*, Enchyträen und kleine Regenwürmer; Flockenfutter und Futtertabletten.

Bes.: *Chromidotilapia batesii* kommt in zwei Farbformen vor: 1. Farbform Kienke, die nach dem Kienke-Fluß-System in Süd-Kamerun benannt ist, und 2. die Farbform Eseka, die nach dem gleichnamigen Ort in Südwest-Kamerun benannt ist.

T: 24–26° C, **L**: 12 cm, **BL**: 130 cm, **WR**: u, m, **SG**: 2–3

Chilotilapia rhoadesii

Chromidotilapia batesii

„*Haplochromis*“-Arten aus dem Malawisee. Die ♀♀ sind ovophile Maulbrüter. Die Jungfische werden nach etwa drei Wochen zum ersten Mal aus dem Maul der Mutter entlassen. Fütterung der Jungen mit Kleinkrebsen und zerriebenem Flockenfutter.

FU: Spezialisierte Molluskenfresser, die Schneckengehäuse mit ihren stumpfen Zähnen zermalmen. Die Art kann an jedes gängige Ersatzfutter gewöhnt werden. Kräftige Kost füttern (Insektenlarven, Regenwürmer, zerschnittene Shrimps, geschnittenes Fleisch, Futtertabletten).

Bes.: Die Gattung *Chilotilapia* ist nahe mit der Gattung „*Haplochromis*“ verwandt, unterscheidet sich aber von dieser durch eine abweichende Bezahnung, die aus je fünf Reihen stumpfer, breiter Mahlzähne besteht.

T: 23–28° C, **L**: 23 cm, **BL**: ab 120 cm, **WR**: u, m, **SG**: 3

Chromidotilapia linkei STAECK, 1980
Linkes Prachtbuntbarsch

Syn.: Keine

Vork.: Westafrika; West-Kamerun, im Mungo-River und dessen Einzugsgebiet. Die Tiere bewohnen bevorzugt die Flachwasserzonen.

Ersteinf.: 1977 durch Horst Linke, Berlin.

GU.: Deutlicher Geschlechtsdichromatismus. Das ♀ zeigt ein metallfarbenes, chromgelbes Längsband im hartstrahligen Teil der Rückenflosse, der Kiemendeckelfleck ist mit einer lichtblauen Zone umgeben; ♂ ohne dieses Längsband und ohne die lichtblaue Zone um den Kiemendeckelfleck.

Soz. V.: Revierbildend, auch außerhalb der Laichzeit. Friedlicher Cichlide, der sich gut mit anderen Fischen vergesellschaften läßt. Die Tiere vergreifen sich nicht an den Wasserpflanzen. Ovophiler Maulbrüter; Elternfamilie bzw. Vater-Mutter-Familie mit enger Bindung der Partner; intensive Brutpflege durch beide Elterntiere.

Hält. B.: Große Aquarien mit feinkörnigem, nicht zu hellem Kies als Bodengrund. Verstecke und Höhlen aus Steinen, Unterstände aus Moorkienholzwurzeln. Reichliche Seiten- und Hintergrundbepflanzung mit *Anubias*-Arten, *Nymphea lotus* und *Bolbitis heudelotii*. Die Pflanzen werden am besten in Gruppen gesetzt; Beleuchtung zwölf Stunden (Tropentag!). Wasser weich (um 3° dGH) und neutral bis schwach alkalisch (pH 7–7,5). Es wird eine schwache Wasserbewegung benötigt. Regelmäßig Wasserwechsel vornehmen, alle ein bis zwei Wochen ein Drittel des Beckeninhaltes durch Frischwasser ersetzen. Vergesellschaftung mit anderen Cichliden (*Pelvicachromis*- und *Pelmatochromis*-Arten), größeren Labyrinthfischen und Salmlern.

ZU: 26–28° C; Wasserwerte wie nebenstehend angegeben, es wurde auch schon in härterem Wasser abgelaicht (15° dGH). Die Zucht ist bei einem gut harmonisierendem Paar nicht schwierig. Die Tiere laichen auf einer festen Unterlage ab; anschließend werden die Eier sofort vom ♀ ins Maul genommen. Beide Elterntiere beteiligen sich an der Erbrütung der Eier und verteidigen auch gemeinsam das Laichrevier. Bei Gefahr nimmt das ♂ schon während des Laichaktes die Eier ins Maul; besteht keine Gefahr, so nimmt das ♀ am Ende des Laichaktes alle Eier ins Maul. Im ersteren Fall legt das ♂ gegen Ende des Ablaichens alle Eier wieder auf den Laichplatz oder dessen unmittelbare Nähe, wo sie das ♀ sofort ins Maul aufnimmt. Die Eier sind oval und haben eine gelbe Farbe; Eizahl bis 150 Stück. Das ♀ zieht sich nun zurück und wird von dem ♂ beschützt. Nach sieben Tagen werden die Eier oder Larven dem ♂ übergeben, das sie seinerseits etwa ebenso lange im Maul trägt. Nach knapp zwei Wochen werden die schwimmfähigen Jungfische aus dem Maul des ♂ entlassen. Die Elterntiere betreuen die Jungen etwa drei bis vier Wochen. Fütterung am besten mit *Artemia*-Nauplien. Nach LINKE & STAECK (1981) beschränkt sich die durchschnittliche Jungfischzahl einer Zucht auf nur 20–25 Tiere.

FU: Kräftiges Lebendfutter aller Art (*Gammarus, Daphnia magna*, Mückenlarven, Enchyträen, *Tubifex*, kleine Regenwürmer), Flockenfutter und Futtertabletten werden ebenfalls gern genommen.

Bes.: *Chromidotilapia linkei* ist durch eine lichtblaue Iris und durch einen großen dunklen Fleck auf den Kiemendeckeln gekennzeichnet, der bei dem ♀ von einer lichtblauen Zone umgeben ist.

T: 24–27° C, **L**: 10 cm, **BL**: 120 cm, **WR**: u, m, **SG**: 2–3

Cichla ocellaris BLOCH & SCHNEIDER, 1801
Grüner Augenfleck-Kammbarsch

Syn.: *Acharnes speciosus, Cichla argus, C. atabapensis, C. monoculus, C. orinocensis, Crenicichla orinocensis, Cychla argus, C. flavo-maculata, C. trifasciata.*

Vork.: Nördliches Südamerika: Venezuela, Guayana, Brasilien, Peru, Bolivien; die Art bewohnt dort fast alle größeren Gewässer. Die Tiere werden als Speisefische auch in Teichen gezüchtet.

Ersteinf.: 1912 von Wilhelm Eimeke, Hamburg.

GU.: Bei älteren ♂♂ entwickelt sich im Nacken ein Fettbuckel, ansonsten sind die Geschlechter nur während des Laichaktes zu unterscheiden. *Cichla ocellaris* ist monomorph.

Soz. V.: Revierbildend; in der Natur sind die Tiere rasante Schwimmer, im Aquarium sind sie meist ruhig und lauern bewegungslos auf Beute. Die Art wühlt nicht und vergreift sich auch nicht an den Pflanzen. Offenbrüter; Elternfamilie.

Fortsetzung: Seite 858.

Chromidotilapia linkei ♀

Cichla ocellaris

Fortsetzung von *Cichla ocellaris*:

Hält. B.: Große Becken mit Sand- oder Kiesboden. Einige Unterstände aus Steinen und Wurzeln sowie ein paar flache Steine als Laichsubstrate. Ränder und Hintergrund des Beckens können bepflanzt werden. Die Art ist recht anpassungsfähig; sie stellt an den Chemismus des Wassers keine besonderen Ansprüche. Als Raubfisch Haltung im Artbecken.

ZU: 26–28° C; über eine gelungene Zucht im Aquarium liegen bisher keine Berichte vor. Wasserwerte spielen eine untergeordnete Rolle. Die Fische werden ab 20 cm Länge geschlechtsreif. Im Freiland werden die Eier im flachen Wasser in einer Mulde auf einer festen Unterlage angeheftet. Bei größeren ♀♀ enthält ein Gelege über 10000 Eier. Die Eltern betreuen die Brut über einen Monat lang. Die Jungfische können dann schon fünf Zentimeter Länge erreicht haben.

FU: K; Lebendfutter aller Art. Die Tiere sind ausgesprochene Raubfische, die sich von einer gewissen Größe an fast ausschließlich von Fischen ernähren.

Bes.: Wegen seiner Größe ist *Cichla ocellaris* für die meisten Aquarianer nur als Jungfisch ein geeigneter Pflegling. Das wichtigste Kennzeichen der Gattung *Cichla* bildet die tiefe Einkerbung, die den hartstrahligen vom weichstrahligen Teil der Rückenflosse trennt. Die Gattung enthält noch zwei weitere Arten: *Cichla intermedia* MACHADO-ALLISON, 1971 und *C. temensis* HUMBOLDT, 1833.

T: 24–27° C, **L**: 60 cm, **BL**: 120 cm, **WR**: u, m, **SG**: 3–4 (K)

Caquetaia kraussi, juv.

Cichlasoma altifrons (KNER & STEINDACHNER, 1863)
Steilstirnbuntbarsch

Syn.: *Heros altifrons, Astatheros altifrons, Astronotus altifrons.*

Vork.: Mittel- und nördliches Südamerika; Costa Rica, Panama, Kolumbien.

Ersteinf.: 1981.

GU.: ♂ größer, mit intensiveren Blauanteilen in der Farbgebung und steiler ansteigender Stirnpartie.

Soz. V.: Revierbildend, paarweise; gegen weitere Artgenossen sehr unverträglich, diese werden ständig herumgejagt, aber seltener gebissen. Offenbrüter; Elternfamilie.

Hält. B.: Bodengrund nicht zu grob und niemals scharfkantig; lichte Verstecke bei ausreichendem Schwimmraum. Pflanzen werden nicht angegangen; das Wasser sollte sauerstoffreich, klar und mittelhart (um 10° dGH) sein, pH-Wert um 7,0.

ZU: 25–27° C; Offenbrüter, der auf festen Substraten laicht.

FU: Die in der Sektion *Amphilophus* (= Detritusfresser) der Gattung *Cichlasoma* stehende Art lebt bodenständig und wühlt nach Art der Erdfresser nach Freßbarem. Dieses Verhalten ist auch im Aquarium zu beobachten, obwohl die Tiere jedes gängige Futter akzeptieren. Die aufgeworfenen, fleischigen Lippen lassen eine Nahrungsspezialisierung vermuten.

Bes.: Erregte Tiere zeigen wie Jungfische auf hellem Grund fünf breite, dunkle Querbinden und einen Schwanzwurzelfleck.

T: 23–27° C, **L**: 22 cm, **BL**: 120 cm, **WR**: u, m, **SG**: 2

Cichlasoma alfari MEEK, 1907
Pastellbuntbarsch

Syn.: *Astatheros lethrinus, Cichlasoma alfaroi, C. bouchellei, C. lethrinus, Copora alfari, Parapetenia alfari.*

Vork.: Mittelamerika; Nicaragua (atlantische Entwässerungen des Rio San Juan), Costa Rica (atlantische und pazifische Seite; im Süden besonders häufig), Panama (Rio Guarumo, Bocas del Toro Province); in klarem, oft schnellfließendem Wasser.

Ersteinf.: 1980.

GU.: ♀ mit dunklem Fleck von unterschiedlicher Intensität auf den 7.–12. Rükkenflossenstrahlen und Tendenz zu starker Kontrastfärbung; Die ♂♂ werden größer und haben eine kantige Stirn.

Soz. V.: Obwohl die Art wegen ihrer Pastellfarben eher grazil wirkt, zeigt sie ein starkes Durchsetzungsvermögen. Elegante, schwimmfreudige Art, die paarweise gehalten werden sollte. Die Tiere wühlen stark. Offenbrüter; Elternfamilie.

Hält. B.: Grober Bodengrund, reichhaltige Verstecke. Wasser leicht sauer bis neutral (pH 6,5–7,0), Härte 2–10° dGH.

ZU: Typischer Offenbrüter, der allerdings vertikale Substrate zu bevorzugen scheint. Das ♀ dominiert bei der Brutpflege. Schlupf der Larven bei 23° C und pH 7,0 nach 70–76 Stunden; die Jungen schwimmen nach 240 Stunden frei. Durch Aufwirbeln des Bodengrundes werden sie anfangs von den Alttieren „gefüttert".

FU: O; anspruchsloser Allesfresser.

Bes.: *Cichlasoma alfari* ist eine äußerst variable Art, bei der trotz des engen Verbreitungsgebietes Abweichungen in der Körperhöhe, der Länge des Schwanzstiels und der Rückenflosse sowie Farbabweichungen festgestellt wurden. Sogar innerhalb desselben Flußsystems treten Unterschiede auf!

T: 23–27° C, **L**: 22 cm, **BL**: 120 cm, **WR**: u, m, **SG**: 2–3

Cichlasoma atromaculatum REGAN, 1912
Schwarzflecken-Buntbarsch

Syn.: Keine.

Vork.: Mittel- und Südamerika: Pazifischer Bereich Panamas (San Blas-Provinz), westliches Kolumbien (Atrato- und San Juan-Becken).

Ersteinf.: Wahrscheinlich 1977.

GU.: Die ♂♂ werden in der Regel größer, ♀ mit dunklem Rückenflossenfleck(?).

Soz. V.: Revierbildend; die Fische sind unverträglich gegenüber artfremden Tieren und Artgenossen. Offenbrüter; Elternfamilie.

Hält. B.: Sand- oder Kiesboden; Verstecke aus Steinen und Wurzeln; einige Laichsteine; Rand- und Hintergrundbepflanzung der Becken. Die Art ist gegen plötzliche Änderungen der Wasserhärte und des pH-Wertes äußerst empfindlich; selbst große Tiere können einige Minuten nach dem Umsetzen verenden. Wasser sehr sauber, bis mittelhart (12° dGH) und leicht alkalisch (pH um 7,5).

ZU: 25–27° C; Wasserwerte wie oben angegeben. Die Zucht verläuft wie bei anderen offenbrütenden Cichliden aus Mittel- und Südamerika. Es wird auf einem vorher geputzten Hartsubstrat abgelaicht. Die Gelege sind groß (oft über 1000 Eier). Gelege und Jungfische werden von beiden Elterntieren gepflegt. Fütterung der Jungfische mit *Artemia*-Nauplien und ausgesiebten Kleinkrebsen.

FU: O; Lebendfutter aller Art (Mückenlarven, Wasserflöhe, Regenwürmer, Enchyträen, *Tubifex*), gefriergetrocknetes Futter, Shrimps, Rinderherz, Flockenfutter.

Bes.: Typische Merkmale von *Cichlasoma atromaculatum* sind drei dunkle Flecken im hinteren Körperbereich: Jeweils einer auf der Basis des weichstrahligen Teils von Rücken- und Afterflosse sowie ein dritter auf der oberen Mitte der Schwanzflossenbasis. Systematisch nimmt *C. atromaculatum* eine Zwischenstellung zwischen den *Cichlasoma*-Sektionen Amphilophus und Parapetenia ein.

Cichlasoma atromaculatum ♀

T: 23–25° C, **L**: 25 cm, **BL**: 100 cm, **WR**: u, m, **SG**: 3

Cichlasoma alfari, hochrückige Morphe

Cichlasoma atromaculatum ♂

Cichlasoma bifasciatum (STEINDACHNER, 1864)

Syn.: *Cichlaurus bifasciatus, Astronotus bifasciatus, Cichlosoma bifasciatum.*

Vork.: Mittelamerika; Mexiko und Guatemala, Rio Usumacinta-Becken.

Ersteinf.: Vermutlich 1978 durch Thomas Schulz.

GU.: Außerhalb der Laichzeit kaum ausgeprägt; während der Brutpflege zeigt das ♀ eine etwas intensivere Dunkelfärbung der unteren Kopf- und Körperpartie; außerdem wird das ♂ einige Zentimeter größer als das ♀.

Soz. V.: Revierbildend; die Art kann sowohl Artgenossen als auch artfremden Fischen gegenüber recht aggressiv und unverträglich sein (besonders während der Brutpflege). Offenbrüter mit Elternfamilie; gute Betreuung der zahlreichen Jungfische.

Hält. B.: Becken mit vielen Wurzeln und Steinen möglichst versteckreich dekorieren; Bepflanzung nicht möglich, da die Tiere ausgesprochene Pflanzenfresser sind. Flache, glatte Steine als Laichsubstrate. Vergesellschaftung mit anderen robusten mittelamerikanischen Großcichliden und größeren Welsen möglich.

ZU: 24–27° C; die chemische Wasserbeschaffenheit ist kaum von Bedeutung. Das Wasser kann weich und leicht sauer bis mittelhart und leicht alkalisch sein. Offenbrüter, laicht auf glatten Steinen, die vorher geputzt werden; ein Gelege umfaßt bis etwa 500 Eier; die Larven werden in vorher ausgehobenen Gruben untergebracht.

FU: H, O; pflanzliche Kost (Salat, Spinat, Flockenfutter auf Pflanzenbasis), Lebendfutter aller Art, gefriergetrocknetes Futter, Tabletten und Flocken.

Bes.: Die Art wird gelegentlich mit *Cichlasoma melanurum* (GÜNTHER, 1862) verwechselt.

T: 22–27° C, **L**: 25 cm, **BL**: 120 cm, **WR**: m, u, **SG**: 2

Cichlasoma bimaculatum (LINNAEUS, 1758)
Zweifleckbuntbarsch

Syn.: *Labrus bimaculatus, Acara bimaculata, A. gronovii, A. marginata, A. margarita, A. punctata, Astronotus bimaculatus, Centrarchus cyanopterus, Chromis taenia, Cichla bimaculata, Cichlasoma taenia, Cichlaurus bimaculatus, Heros bimaculatus, Perca bimaculata, Sciaena bimaculata.*

Vork.: Nördliches Südamerika; von Ost-Peru bis in die Guayana-Länder (aber nicht im Magdalena-Becken).

Ersteinf.: ?

GU.: Geschlechtsmonomorph; die ♂♂ werden geringfügig größer.

Soz. V.: Ruhige, relativ friedfertige Art, die zwar revierbildend ist und paarweise gehalten werden sollte, in der Gesellschaft ähnlich großer Buntbarsche aber eher zurückhaltend ist.

Hält. B.: Robuste, anspruchslose Art, die eine Bepflanzung toleriert. Den Tieren eine versteckreiche Dekoration mit Steinen und Wurzeln bieten. Wasser nicht zu hart (bis 15° dGH) und um den Neutralpunkt (pH 7,0).

ZU: 25–27° C; Offenbrüter mit fester Paarbindung, vermehrungsfreudig und ein intensiver Brutpfleger; dem fehlenden Geschlechtsdimorphismus entsprechend werden Eier, Larven und Jungfische von beiden Elterntieren relativ gleichberechtigt versorgt; die Jungfische sind robust und schnellwüchsig.

FU: O; anspruchsloser Allesfresser.

Bes.: Obwohl die Art Typenart (Genotype) der Gattung *Cichlasoma* ist, sehen die Fische *Aequidens tetramerus* (HECKEL, 1840) sehr ähnlich. Diese Art ist wiederum Typenart der Gattung *Aequidens*! Wichtiges Unterscheidungsmerkmal ist die bei *Ae. tetramerus* unbeschuppte Basis von Dorsale und Anale. Die als „*Aequidens portalegrensis*“ bekannten und ursprünglich von HECKEL (1840) als *Acara dimerus* beschriebenen Fische stehen *C. bimaculatum* am nächsten. *C. bimaculatum* hat 4–6 Analstacheln. „*Ae. portalegrensis*“ nur 3, so daß sie inzwischen zu *Cichlasoma dimerus* umkombiniert worden sind.

T: 22–27° C; **L**: 20 cm, **BL**: 120 cm, **WR**: u, m, **SG**: 1–2

Cichlasoma bifasciatum

Cichlasoma bimaculatum

Cichlasoma citrinellum (GÜNTHER, 1864)
Zitronenbuntbarsch

Syn.: *Heros citrinellus, H. basilaris, Cichlasoma basilare, C. granadense, Erythrichthys citrinellum.*

Vork.: Mittelamerika: Südmexiko, Nicaragua (Nicaragua-, Managua- und Xiloa-See), Costa Rica (in den Atlantikzuflüssen Costa Rica-River und Cuba-River), Honduras.

Ersteinf.: Wahrscheinlich erst nach 1970.

GU.: Große ♂♂ mit deutlichem Fettbukkel auf der Stirn und längeren Flossen. Genitalpapille der ♂♂ ist konisch, die der ♀♀ breiter und halbgelappt.

Soz. V.: Revierbildend; paarweise. Die Tiere sind relativ unverträglich, in der Laichzeit ausgesprochen ruppig. Sie wühlen dann stark. Offenbrüter; Elternfamilie mit ausgeprägtem Brutpflegeverhalten.

Hält. B.: Geräumige Becken mit freiem Schwimmraum; Versteckmöglichkeiten aus Steinen und Wurzeln. Die Steinaufbauten müssen auf den Aquarienboden gelegt werden, da sonst durch das Wühlen der Tiere Einsturzgefahr besteht. Auf eine Bepflanzung der Becken kann verzichtet werden. Die chemischen Wasserwerte spielen keine bedeutende Rolle bei der Pflege dieses Buntbarsches.

ZU: 24–28° C; *Cichlasoma citrinellum* läßt sich sowohl in weichem, saurem als auch in hartem, alkalischem Aquarienwasser züchten. Hinsichtlich der Lage des Laichsubstrates sind die Tiere nicht wählerisch. Es wird auf waagrechten, schrägen oder auch senkrechten Hartsubstraten abgelaicht. Typischer Offenbrüter mit Gelegegrößen von einigen hundert bis über 1000 Eiern. Nach drei Tagen schlüpfen die Larven. Sie werden in Gruben untergebracht und schwimmen nach weiteren fünf Tagen frei.

FU: O; kräftiges Lebendfutter (Mückenlarven, Regenwürmer, Schnecken, Fische), Rinderherz, Shrimps, Futtertabletten und Großflockenfutter.

Bes.: *Cichlasoma citrinellum* tritt in einer gelben und einer grauen Form auf. Die Jungfische von *C. citrinellum* fressen Schleimsubstanzen, die in der Haut der Elterntiere gebildet werden.

T: 22–25° C, **L**: 30 cm, **BL**: 120 cm, **WR**: u, m, **SG**: 1–2

Hypselecara coryphaenoides (HECKEL, 1840)
Großkopfbuntbarsch

Syn.: *Acara coryphaenoides, Cichlasoma coryphaenoides, C. arnoldi, Chuco axelrodi, Heros coryphaenoides, H. niger.*

Vork.: Südamerika; im Stromgebiet des Amazonas und Rio Negros mit Nebenflüssen.

Ersteinf.: 1911.

GU.: Ältere ♂♂ mit deutlichem Fettwulst auf dem Kopf. Rücken- und Afterflosse des ♂ sind meist spitzer ausgezogen.

Soz. V.: Revierbildend; die Tiere sind ruppig und unverträglich. Sie vergreifen sich nicht an den Pflanzen. Die Art wühlt stark. Offenbrüter mit Elternfamilie.

Hält. B.: Wie bei anderen *Cichlasoma*-Arten aus Südamerika.

ZU: Über eine gelungene Zucht im Aquarium wurde bisher nicht berichtet. Zuchtberichte über diese Art beziehen sich meistens auf *Hypselecara temporalis*.

FU: K; kräftiges Lebendfutter aller Art, geschnittenes Fleisch und Herz, Großflokken und Futtertabletten.

Bes.: Die Art besitzt ein ausgeprägtes Farb- und Zeichnungsmusterwechselvermögen: Junge und halbwüchsige Tiere können auf rötlichbrauner Grundfärbung einen „kommaförmigen" schwarzen Seitenfleck tragen; sie können dunkelbraun/ockergelb vertikal gestreift sein und bei dunkelbrauner bis dunkelgrauer Grundfärbung eine zitronengelbe „Stirnblesse" tragen (je nach Stimmung der Tiere).

T: 22–25° C, **L**: 25 cm, **BL**: 120 cm, **WR**: u, m, **SG**: 2

Cichlasoma citrinellum

Hypselecara coryphaenoides

Cichlasoma dovii (GÜNTHER, 1864)
Leopardenbuntbarsch, „Lagunero“

Syn.: *Heros dovii, Astronotus dovii, Cichlasoma dowi, Parapetenia dovii.*

Vork.: Mittelamerika; östliches Honduras, Nicaragua, Costa Rica.

Ersteinf.: ?

GU.: ♀ kleiner, mit stumpfer Schnauze und ohne Buckel. Körper auf gelblichgrauem Grund mit schwarzbraunem Binden- und Streifenmuster, Kiemendeckelstrich; ♂ mit feiner dunkler Punktierung auf Körper und Flossen, Grundfarbe mit violettem Schimmer. Schnauze und Flossen grünlich-blau.

Soz. V.: Revierbildend, paarweise; äußerst robuste, ruppige Art, die sich kompromißlos durchsetzt. Offenbrüter; Elternfamilie.

Hält. B.: Grober Bodengrund, sicher fundierte Steinaufbauten mit vielen Versteckmöglichkeiten für das ♀. Dekoration mit harten Pflanzen ist möglich. Wasser neutral (pH 7,0), Härte bis 20° dGH. Kühles Wasser reduziert das Temperament der Tiere.

ZU: 25–28° C; Offenbrüter, der auf ausreichend dimensionierten Substraten laicht. Laichreif werden die Tiere nach ungefähr 15 Monaten und bei einer Körperlänge von 20 cm. Selbst junge ♀♀ bringen über 1000 Eier. Die Aufzucht der Jungfische ist einfach.

FU: K; die spezialisierten Räuber sollten zumindest ab und zu kräftiges Lebendfutter (Fische, Regenwürmer) erhalten. Sie nehmen aber auch Ersatzfutter (Rinderherz, Garnelen, Krill, Futtertabletten).

Bes.: *Cichlasoma dovii* kommt in verschiedenen Lokalformen vor. Aus dem Nicaragua-See und dem Rio Puerto Viejo sind sogar orangerote Individuen bekannt.

T: 22–28° C, **L**: ♂ 70 cm, ♀ 50 cm, **BL**: ab 150 cm, **WR**: u, m, **SG**: 3–4 (K)

Cichlasoma festae (BOULENGER, 1899)
Roter Ecuadorbuntbarsch, Orangeroter Tigerbuntbarsch

Syn.: *Heros festae.*

Vork.: Südamerika; westliches Ecuador; die Art bewohnt das Guayas-River-System. Die Tiere halten sich überwiegend im Uferbereich der Flüsse auf.

Ersteinf.: Um 1980.

GU.: Ab 10 cm Länge tritt Geschlechtsdichromatismus auf. ♂ mit einer Anzahl himmelblauer Tüpfel in den unpaaren Flossen, Rückenflosse und Bauchflossen sind nicht tiefschwarz gefärbt; ♀ ohne Tüpfel in den unpaaren Flossen und mit pechschwarzer Rückenflosse im hartstrahligen Teil bzw. tiefschwarzen Bauchflossen.

Soz. V.: Revierbildend; die Art ist sehr aggressiv und streitlustig. Die Tiere leben räuberisch und wühlen während der Laichzeit. Offenbrüter; Elternfamilie.

Hält. B.: Pflege nur in geräumigen Becken, da ansonsten die Tiere recht früh ihr Größenwachstum einstellen. Verstecke, Höhlen und Unterstände aus Steinen und Wurzeln. Die Steinaufbauten sollten stabil sein und sich immer auf der Bodenscheibe des Beckens befinden, da *C. festae* wühlt. Bodengrund aus einer dicken Schicht feinkörnigen Kieses. Wasser neutral (pH um 7) und mittelhart (bis 15° dGH). Regelmäßiger Wasserwechsel (alle zwei Wochen ein Drittel des Beckeninhaltes). Haltung am besten in Artbecken.

ZU: *C. festae* laicht mit Vorliebe auf Substraten, die ein wenig vesteckt liegen. Man bietet den Tieren flache Steinplatten, die sich unter einem Dach aus Steinaufbauten und/oder Wurzeln befinden. Zu den Laichvorbereitungen gehört eine Wühlphase, während einige recht tiefe Gruben ausgehoben werden, in die später die geschlüpften Larven kommen. Abgelaicht wird nach Laichvorbereitungen und einer ausgiebigen Balz auf einem Hartsubstrat, wobei die festgehefteten Eier sofort vom ♂ befruchtet werden. Eizahl bis 3000 Stück, Eier vom I-Typ; die Eier von *C. festae* sind größer als die meisten *Cichlasoma*-Eier. Das ♀ übernimmt die Gelegebetreuung, während das ♂ das Revier verteidigt. Bei 26° C beginnen die Larven nach gut drei Tagen zu schlüpfen. Sie werden von dem ♀ mit dem Maul aus den Eihüllen herausgelöst und in einer der vorbereiteten Gru-

Fortsetzung Seite 868.

Cichlasoma dovii

Cichlasoma festae

Cichlasoma festae

Fortsetzung von *Cichlasoma festae*:

ben deponiert, wo sie weiter vom ♀ betreut werden. Nach fünf bis sechs Tagen schwimmen die Jungfische frei und werden von beiden Elterntieren betreut. Fütterung der Jungen mit *Artemia*-Nauplien, *Cyclops*, gesiebten Wasserflöhen und zerriebenem Flockenfutter.

FU: K; Lebendfutter aller Art: Kleine Fische, Insekten, Insektenlarven, Schnecken, Würmer, *Gammarus*; gehacktes Fleisch, Krill, Flockenfutter, Futtertabletten.

Bes.: *Cichlasoma festae* gehört zur *Cichlasoma*-Sektion Parapetenia, deren Mitglieder alle Fleisch- und Fischfresser sind. Vertreter dieser Sektion sind beispielsweise *Cichlasoma managuense, C. octofasciatum, C. salvini* oder *C. trimaculatum*.

T: 26–28° C, **L**: 50 cm, **BL**: 150 cm, **WR**: u, **SG**: 3 (K)

Fortsetzung von *Cichlasoma friedrichsthalii*:

Art, gefriergetrocknetes Futter, Futtertabletten und Flockenfutter.

Bes.: Die Art wurde unter dem Namen *Cichlasoma managuense* bei uns eingeführt und lange unter dieser Bezeichnung gepflegt.

T: 22–28° C, **L**: bis 25 cm, **BL**: ab 100 cm, **WR**: m, u, **SG**: 1–2

Cichlasoma friedrichsthalii (HECKEL 1840)
Friedrichsthal's Buntbarsch

Syn.: *Astronotus friedrichsthalii, Cichlosoma friedrichsthalii, Parapetenia friedrichsthalii, P. multifasciata.*

Vork.: Mittelamerika; Mexiko, Guatemala, Honduras, Belize, Costa Rica, Nicaragua. Es gibt unterschiedlich gefärbte Standortvarianten.

Ersteinf.: Ob die 1914 von A. Mayer aus Progresso eingeführten Tiere tatsächlich der Art *C. friedrichsthalii* angehörten, scheint fraglich zu sein.

GU.: ♂♂ größer und dunkler gefärbt; bei der bei uns vorhandenen (Aquarien-)Population ist das ♀ intensiv gelb gefärbt, das ♂ variiert in seiner Grundfärbung zwischen hellen Grau-, Violett- und Blautönen, kann aber auch fast schwarz werden.

Soz. V.: Ruhiger und friedlicher Offenbrüter, der eine feste Paarbindung eingeht; revierbildend; gute Betreuung der vielhundertköpfigen Nachkommenschaft.

Hält. B.: Dekoration aus Wurzeln und Steinen, die gleichzeitig Versteckmöglichkeiten für unterlegene Tiere (wichtig während der Brutpflegezeit) und glatte Steine als Laichsubstrate enthält. Das Aquarium kann durchaus im Hintergrund und an den Seiten bepflanzt werden, da sich *C. friedrichsthalii* als Fleischfresser nicht an der Bepflanzung vergreift. Wasserwerte wie bei anderen *Cichlasoma*-Arten aus Mittelamerika.

ZU: 24–28° C; Offenbrüter mit Elternfamilie; ein Gelege kann etliche hundert Eier umfassen; das ♀ betreut die Eier, Larven und später die Jungfische, das ♂ sichert die Reviergrenzen. Die Jungen werden in vorher ausgehobenen Gruben untergebracht. Temperatur und Wasserwerte spielen eine untergeordnete Rolle für das Gelingen der Zucht (solange sie in den üblichen Grenzen liegen).

FU: Als Vertreter der *Cichlasoma*-Sektion Parapetenia sind die Tiere eigentlich Fleisch- und Fischfresser. Im Aquarium sind sie Allesfresser: Lebendfutter aller

Fortsetzung linke Seite.

Cichlasoma labiatum (GÜNTHER, 1864)

Syn.: *Heros labiatus, Cichlasoma erythraeum, C. lobochilus.*

Vork.: Mittelamerika: Nicaragua, im Nicaragua-, Managua- und Xiloa-See.

Ersteinf.: 1976(?).

GU.: ♂♂ werden größer als die ♀♀; ♂ mit spitzer, ♀ mit stumpfer Genitalpapille.

Soz. V.: Revierbildend; robuste und aggressive Cichliden, die sich gegenüber Artgenossen und artfremden Fischen gelegentlich sehr rüpelhaft benehmen. Die Tiere sind ausgesprochene Wühler. Offenbrüter; Vater-Mutter-Familie.

Hält. B.: Wie bei *Cichlasoma citrinellum* oder *C. nicaraguense* angegeben. An das Wasser werden keine besonderen Ansprüche gestellt.

ZU: 25–27° C; die Tiere sind typische Offenbrüter, doch laichen sie vorzugsweise an schrägstehenden Substraten ab. Die Gelege bestehen aus transparenten, bernsteingelben Eiern und sind sehr umfangreich (600–700 Stück). Die unmittelbare Brutpflege ist Sache des ♀. Bei 25° C schlüpfen die Larven nach etwa drei Tagen. Sie können noch nicht schwimmen und werden öfters umquartiert. Nach weiteren fünf bis sieben Tagen schwimmen die Jungfische frei. Sie werden mit *Artemia*-Nauplien ernährt. Nach ungefähr zwei bis drei Wochen nutzen die Jungen auch die Körperoberfläche der Eltern als zusätzliche Nahrungsquelle und „weiden" regelrecht auf den Alttieren.

FU: O; gierige Allesfresser: Lebendfutter jeglicher Art, Frostfutter, Rinderherz, Fischfleisch, Flockenfutter und Futtertabletten.

Bes.: *Cichlasoma labiatum* und *Cichlasoma citrinellum* unterscheiden sich in morphometrischen Werten fast nicht, was zu Diskussionen über deren Status geführt hat. Dagegen sind die Verbreitungsgebiete unterschiedlich. *Cichlasoma labiatum* kommt nur in den oben genannten Seen in Nicaragua vor, während *C. citrinellum* von Costa Rica bis Nicaragua anzutreffen ist. Bei *C. labiatum* ist ein starker Polychromatismus vorhanden.

T: 24–26° C, **L**: 25 cm, **BL**: 120 cm, **WR**: u, **SG**: 3

Cichlasoma synspilum ♀, Text Seite 880

Fortsetzung von *Cichlasoma trimaculatum* (Seite 882):

geputzten Hartsubstrat offen abgelaicht. Die „lockeren" Gelege können über 1000 Eier umfassen. Das ♀ übernimmt die Bewachung des Geleges, das ♂ sichert das Revier. Schlupf der Larven bei 28° C nach 72 Stunden; sie werden in Gruben untergebracht und schwimmen weitere 92 Stunden später frei. Beide Eltern pflegen und führen die Jungen intensiv. Fütterung der Jungfische mit *Artemia*-Nauplien,

FU: O; Lebendfutter, pflanzliche Nahrung, Frostfutter, Shrimps, Rinderherz, Flockenfutter, Futtertabletten.

Bes.: Jungfische von *Cichlasoma trimaculatum* ähneln juvenilen *Cichlasoma salvini* in Demutsfärbung.

T: 21–30° C, **L**: ♂ 36 cm, ♀ 25 cm, **BL**: 150 cm, **WR**: u, m, **SG**: 2–3 (K)

Cichlasoma longimanus (GÜNTHER, 1869)

Alle Angaben beziehen sich auf die pazifische Population aus Costa Rica!

Syn.: *Astronotus longimanus, Astatheros longimanus, Cichlasoma popenoei.*

Vork.: Mittelamerika; die Art kommt in verschiedenen geographischen Rassen vor: 1. In atlantischen Zuflüssen vom Rio Aguan in Honduras bis zum Rio Priuzapolka in Nord-Nicaragua; 2. in pazifischen Zuflüssen vom Arroyo Agua Caliente in Guatemala bis ins System des Rio Bebedero in Costa Rica; 3. im Becken der großen Seen Nicaraguas.

Ersteinf.: 1981, Privatfänge von H. G. Breidohr, B. Weber und U. Werner.

GU.: ♂ größer, meist heller gefärbt, mit schönem Messingglanz, die ♀♀ tendieren zur Dunkelfärbung.

Soz. V.: Revierbildend, paarweise; die Tiere sind gegenüber anderen Buntbarschen relativ friedlich; sie sind ohne großes Durchsetzungsvermögen und ohne große Platzansprüche. Offenbrüter; Elternfamilie.

Hält. B.: Weicher, schlammiger Bodengrund charakterisiert den bevorzugten Lebensraum dieser bodenständigen Fische, die zwar keine Pflanzen fressen, sie aber im Zuge der Laichvorbereitungen häufig ausgraben. Das Aquarium sollte einige Verstecke und eine freie Sandfläche nicht zu grober Körnung aufweisen. Besondere Ansprüche an das Wasser werden nicht gestellt; im natürlichen Lebensraum ist es warm (26–28° C) und weich (um 5° dGH), pH-Wert um 7,0.

ZU: Offenbrüter mit besonders intensivem Brutpflegetrieb und großer Buddelleidenschaft. Die Gelege sind umfangreich, der Schlupf der Larven erfolgt bei 28° C nach 50 Stunden; die Jungfische schwimmen nach 146 Stunden frei.

FU: O; die in der Sektion Amphilophus (= Detritusfresser) stehende Art kann im Aquarium als Allesfresser gelten, Würmer scheinen aber besondere Leckerbissen zu sein.

Bes.: Die verschiedenen Populationen werden unterschiedlich groß: Pazifische Populationen sollen bis 18 cm Standardlänge erreichen, Honduras-Populationen bis ca. 11 cm. Die Art bildet keine Stirnhöcker aus. Ihren Artnamen verdanken die Tiere den langen Brustflossen (*longimanus* = mit langen Händen).

T: 24–28° C, **L**: 22 cm, **BL**: 120 cm, **WR**: u, m, **SG**: 2

Cichlasoma maculicauda (REGAN, 1905)
Schwarzgürtelbuntbarsch, Getupfter Buntbarsch

Syn.: *Astatheros maculicauda, Astronotus parma, Chuco globosum, Ch. manana, Cichlasoma fenestratum* var. *parma, C. globosum, C. manana, C. nigritum, C. parma, Heros parma.*

Vork.: Mittelamerika; Süd-Mexiko, Guatemala, Belize, Costa Rica (Atlantik-Küste), Panama(Kanalzone).

Ersteinf.: 1912 von C. Siggelkow, Hamburg. Die Art ist gegen Ende des Ersten Weltkrieges in den Aquarien wieder ausgestorben. Eine erneute Einfuhr erfolgte vom Aquarium Hamburg 1934; dann erst wieder gegen Ende der 70er Jahre durch Aquarianer.

GU.: ♂ größer, prächtiger gefärbt, leichter Stirnbuckelansatz, spitze Genitalpapille; beim ♀ ist die Genitalpapille stumpf.

Soz. V.: Revierbildend; die Tiere können sowohl Artgenossen als auch artfremden Fischen gegenüber recht aggressiv und unverträglich sein (besonders während der Brutpflege). Offenbrüter mit Elternfamilie; gute Betreuung der zahlreichen Jungfische.

Hält. B.: Becken mit vielen Wurzeln und Steinen möglichst versteckreich dekorieren; Bepflanzung ist nicht möglich, da die Tiere ausgesprochene Pflanzenfresser sind. Flache, glatte Steine als Laichsubstrate. Vergesellschaftung mit anderen robusten mittelamerikanischen Großcichliden und größeren Welsen ist möglich.

ZU: 23–27° C; die chemische Wasserbeschaffenheit ist von untergeordneter Bedeutung. Das Wasser kann weich und leicht sauer bis mittelhart und leicht alkalisch sein. Offenbrüter; laicht auf glatten Steinen, die vorher geputzt werden. Ein Gelege umfaßt bis zu 600 Eier; die Larven werden in vorher ausgehobenen Gruben untergebracht.

FU: H, O; pflanzliche Kost (Salat, Spinat, Flockenfutter auf pflanzlicher Basis), Lebendfutter aller Art, gefriergetrocknetes Futter, Futtertabletten und Flockenfutter.

Bes.: Aufgrund des großen Verbreitungsgebietes existieren mehrere unterschiedlich gefärbte Standortvarianten.

T: 22–27° C, **L**: 30 cm, **BL**: ab 120 cm, **WR**: m, u, **SG**: 3

Cichlasoma longimanus

Cichlasoma maculicauda

Cichlasoma nicaraguense (GÜNTHER, 1864)
Nicaragua-Buntbarsch

Syn.: *Heros nicaraguensis, Cichlasoma balteatum, C. spilotum.*

Vork.: Mittelamerika; Nicaragua (Nicaragua- und Managua-See) und Costa Rica (Stromgebiet des Rio San Juan).

Ersteinf.: 1976(?).

GU.: ♂♂ mit im hinteren Körperbereich dunkel gerandeten Schuppen und dunkler Musterung in den vertikalen Flossen; ♀♀ mit schön metallisch-goldener, hartstrahliger Dorsale, insgesamt kräftiger gefärbt; ♂♂ werden größer und haben einen leichten Stirnbuckel.

Soz. V.: Revierbildend; *C. nicaraguense* ist ein relativ friedlicher und zurückhaltender Buntbarsch. Die Tiere wühlen während der Fortpflanzungszeit und fressen weichblättrige Pflanzen. Offenbrüter; Vater-Mutter-Familie.

Hält. B.: Höhlen und Verstecke aus Steinen oder schräggestellten Steinplatten; Dekoration mit einigen Wurzeln; Bodengrund aus Sand oder feinkörnigem Kies. Auf Bepflanzung der Becken muß man nicht verzichten, da sie nur gelegentlich die Pflanzen anfressen. An das Wasser werden keine besonderen Ansprüche gestellt; Wasser mittelhart (10–15° dGH) und neutral bis schwach alkalisch (pH 7,0–8,0).

ZU: 26–28° C; die Fortpflanzung von *C. nicaraguense* weicht von der anderer *Cichlasoma*-Arten ab. So ist *C. nicaraguense* der bisher einzige bekannte Grubenlaicher, der Eier produziert, die nicht haften. Das Gelege besteht aus rundlichen, ca. zwei Millimeter großen, transparenten Eiern, die nicht an einer Höhlenwand oder an der Höhlendecke angeheftet, sondern meist im hintersten Winkel der Höhle als lose Ansammlung auf dem Boden liegen. Die Eientwicklung dauert ungefähr drei Tage bei 26° C, nach weiteren vier bis fünf Tagen schwimmen die Jungen frei. Zwischen ♀ und ♂ läßt sich eine deutliche Aufgabenteilung beobachten. Das ♀ betreut Eier und Larven, während das ♂ das Außenrevier verteidigt. Fütterung der Jungfische mit *Artemia*-Nauplien.

FU: O; in der Natur ist die Art ein Molluskenfresser, im Aquarium wird jedes gängige Cichlidenfutter akzeptiert: Lebendfutter, Rinderherz, Frischfleisch, pflanzliche Nahrung, Flockenfutter, Futtertabletten.

Bes.: *Cichlasoma nicaraguense* bastardiert mit *C. nigrofasciatum*. Es gibt sowohl Hybriden, deren Eier kleben als auch solche, deren Eier nicht haften. Die Bastarde sind zumindest bis in die vierte Generation fertil. Von *C. nicaraguense* gibt es mehrere geographische Farbrassen.

T: 23–27° C, **L**: ♂ bis 25 cm, **BL**: 120 cm, **WR**: u, **SG**: 2

Cichlasoma septemfasciatus ♀, siehe Seite 878.

Cichlasoma nicaraguense

Cichlasoma nicaraguense

Hoplarchus psittacus (HECKEL, 1840)
Papageibuntbarsch

Syn.: *Acara psittacum, Astronotus psittacus, Cichlaurus psittacus, Heros psittacus, Hoplarchus pentacanthus, Pomotis fasciatus, Cichlasoma psittacus.*

Vork.: Südamerika; Brasilien, Rio Negro, Rio Orinoco, Rio Padauri.

Ersteinf.: Vermutlich etwa um 1975–1977(?).

GU.: Die Geschlechter sind sehr schwer zu unterscheiden; Unterschiede im Farbkleid sind keine brauchbaren Anhaltspunkte zur Geschlechtsbestimmung, sondern fast immer auf die jeweilige „Stimmung" der einzelnen Tiere, ihre Stellung in der „sozialen Rangordnung" usw. zurückzuführen; auch die Beflossung erlaubt keine sichere Geschlechtsdeterminierung. Die Genitalpapille ist beim ♂ spitz, beim ♀ dagegen stumpf.

Soz. V.: Revierbildend, mit „Individualabstand"; in zu kleinen Becken mit zu wenig Versteckmöglichkeiten sind die Tiere aggressiv und unverträglich. Offenbrüter mit Elternfamilie; gute Betreuung der zahlreichen Jungfische.

Hält. B.: Becken mit vielen Wurzeln und Steinen möglichst versteckreich und unübersichtlich dekorieren. Rand- und Hintergrundbepflanzung mit harten, gut verwurzelten Pflanzen (*Sagittaria, Vallisneria*, großen *Echinodorus* und Cryptocorynen) möglich. Vergesellschaftung mit anderen robusten südamerikanischen Großcichliden kann vorgenommen werden, ebenso mit größeren Welsen.

ZU: 26–28° C; Wasser weich und sauer (um 5° dGH und pH 5,5–6,0). Offenbrüter, der gern unter einem schützenden „Dach" laicht. Die Gelege sind groß und umfassen mehrere hundert Eier. Die Larven werden in vorher ausgehobenen Gruben untergebracht(?).

FU: O; Lebendfutter aller Art, gefriergetrocknetes Futter, Futtertabletten und Flokkenfutter.

Bes.: Die von HECKEL beschriebene intensiv rote Brust- und Bauchfärbung konnte an lebenden Aquarienexemplaren noch nie beobachtet werden. Bei großen Wildfang-♂♂ (Rio Negro) tritt sie dagegen regelmäßig auf. Die Nachzucht dieses Buntbarsches ist in Deutschland bisher erst einmal gelungen.

T: 24–28° C, **L**: 35 cm, **BL**: ab 150 cm, **WR**: m, u, **SG**: 2–3

Fortsetzung von *Cichlasoma sajica*:

bleme auftreten. Wasserwerte wie oben angegeben. *C. sajica* befindet sich auf einer Entwicklungsstufe vom nicht oder nur wenig spezialisierten Offenbrüter zum spezialisierten Höhlenbrüter. Die Tiere laichen fast immer (wenn vorhanden) in Höhlen ab. Die Eier sind ziemlich klein und weißlich bis bräunlich transparent (Tarnfärbung!); Eizahl 300 Stück. Die Larven schlüpfen bei 26° C nach rund drei Tagen und nach weiteren fünf bis sieben Tagen schwimmen die Jungfische frei. Hauptsächlich das ♀ ist für die Brutpflege zuständig; das ♂ kümmert sich um die Revierverteidigung. Manchmal werden auch die Rollen getauscht. Die Aufzucht der Jungfische bringt Probleme mit sich, da meist nur ein Teil normal wächst, während der größere Teil der Jungen im Wachstum stagniert. Fütterung mit *Artemia*-Nauplien.

FU: O; anspruchsloser Allesfresser.

Bes.: *C. sajica* sollte man nicht mit *C. nigrofasciatum* oder diesem verwandten Arten vergesellschaften, da es dann zu Kreuzungen kommt. Der Artname *sajica* ist eine Zusammensetzung aus den Anfangsbuchstaben von **Sa**lvador **Ji**menez **Ca**nossa, dem Direktor der Library of Congress of Costa Rica.

T: 23–26° C, **L**: ♂ 22 cm, ♀ 17 cm, **BL**: 80 cm **WR**: u. m. **SG**: 2

Hoplarchus psittacus, juv.

Hoplarchus psittacus, WF ♂, Rio Negro, Brasilien

Cichlasoma sajica BUSSING, 1974
Sajica-Buntbarsch

Syn.: Keine.

Vork.: Mittelamerika; Costa Rica, die Art kommt dort in Flüssen vor.

Ersteinf.: 1976 von Daniel Fromm in die USA, 1979 nach Deutschland.

GU.: ♂♂ werden erheblich größer, sie bekommen im Alter eine steil ansteigende Stirn. Die Zipfel der Rücken- und Afterflosse sind bogenförmig nach innen verlängert, so daß die Schwanzflosse von ihnen konturhaft eingerahmt wird. Die Genitalpapille ist spitz. Die ♀♀ sind wesentlich kleiner, ihre Genitalpapille ist stumpf.

Soz. V.: Revierbildend; paarweise; relativ friedlicher, manchmal recht scheuer Cichlide, der sich nicht an den Pflanzen vergreift. Die Art wühlt während der Laichzeit, Höhlenbrüter; Elternfamilie bzw. Übergang zu Vater-Mutter-Familie.

Hält. B.: Becken mit Sandboden; Verstecke aus Steinen und Wurzeln; eventuell Rand- und Hintergrundbepflanzung mit harten Arten. An die Wasserbeschaffenheit stellt *C. sajica* keine großen Ansprüche. Wasser bis mittelhart (15° dGH) und neutral (pH-Wert um 7,0). Vergesellschaftung am besten mit anderen mittelamerikanischen *Cichlasoma*-Arten (nicht mit *Cichlasoma nigrofasciatum*-Verwandten; siehe unter Besonderheiten).

ZU: Um 26° C; Zucht nicht sehr schwierig, doch es können trotzdem manchmal Pro-

Fortsetzung auf voriger Textseite.

Cichlasoma septemfasciatum REGAN, 1908

Syn.: *Cichlasoma cutteri*.

Vork.: Mittelamerika; Costa Rica. Die Art kommt dort in unterschiedlich gefärbten Rassen vor. Sie bewohnt sowohl schnellfließende, klare Flüsse und Bäche als auch ruhige Seitenarme und Restwassertümpel. Ihr Lebensraum ist durch Geröllzonen und große Laubansammlungen im Wasser geprägt.

Ersteinf.: 1963 in die USA durch William Bussing, 1976 erneut durch Daniel Fromm. Wildfänge kamen 1981 durch U. Werner, H. G. Breidohr und B. Weber nach Deutschland.

GU.: Deutlicher Geschlechtsdimorphismus vorhanden. Die ♂♂ werden größer und sind höher und flächiger, die Flossen sind länger. Beide Geschlechter unterscheiden sich auch in der Färbung. Foto ♀ S. 874.

Soz. V.: Revierbildend; relativ friedfertiger Cichlide, der sich nicht an den Pflanzen vergreift. Offenbrüter mit Tendenz zum Versteckbrüten; Elternfamilie mit intensiver Brutpflege, nach STAECK (1980): Das Aquarium **14**, 18–21, Vater-Mutter-Familie.

Hält. B.: Becken mit sandigem Bodengrund; Verstecke aus Steinen und Wurzeln; eventuell Rand- und Hintergrundbepflanzung mit harten Arten. Wasser nicht zu hart (bis 15° dGH) und um pH 7,0. Vergesellschaftung mit anderen Cichliden und/oder Salmlern und Grundeln.

ZU: 26–28° C; Wasserwerte wie angegeben. *C. septemfasciatum* ist Offenbrüter mit der Tendenz zum Versteckbrüten; vorgefundene Höhlen werden meist genutzt. Intensive Brutpflege des Geleges durch das ♀. Nach WERNER schlüpfen die Larven bei 27° C nach 72–80 Stunden und schwimmen nach 180–220 Stunden frei. Die Jungfische werden von beiden Elterntieren intensiv betreut. Fütterung mit *Artemia*-Nauplien und ausgesiebten Kleinkrebsen.

FU: O; anspruchsloser Allesfresser, der Lebendfutter aller Art, Frostfutter, Shrimps, Rinderherz und auch Flockenfutter nimmt.

Bes.: *C. septemfasciatum* kommt in verschiedenen geographischen Rassen/Farbmorphen vor. Es gibt außerdem eine oligomelanotische rosa Farbmutante. Oligomelanotische Fische haben normal pigmentierte Augen, doch ist ihre Fähigkeit, Melanin an anderen Körperstellen zu bilden, stark eingeschränkt oder ganz verlorengegangen. Einige Ichthyologen, beispielsweise ASTORQUI, sehen *C. septemfasciatum* als ein Synonym von *Cichlasoma spilurum* an.

T: 24–26° C, **L**: ♂ 12 cm, ♀ 8 cm, **BL**: 100 cm, **WR**: u, **SG**: 2

Cichlasoma sajica ♂

Cichlasoma septemfasciatum ♂

Cichlasoma sieboldii (KNER & STEINDACHNER, 1864)
Siebolds Buntbarsch, Maskenbuntbarsch

Syn.: *Heros sieboldii, Cichlasoma punctatum* (nicht LINNAEUS), *C. terrabae, Herichthys underwoodi, Paraneetroplus sieboldii.*

Vork.: Mittelamerika; vor allem an den pazifischen Abhängen des südlichen Costa Rica bis nach Panama (auch in Zentralpanama), genauer in den Systemen des Rio Esquinas, des Rio Grande de Terraba und des Rio Chiriqui del Tire.

Ersteinf.: 1981, Privatfänge von H. G. Breidohr, B. Weber und U. Werner.

GU.: ♀ kleiner und kontrastreicher gefärbt, hartstrahlige Dorsale schwarz oder mit schwarzem Fleck.

Soz. V.: Gewandte, schwimmfreudige Art aus schnellfließendem Wasser, die sich auch gegenüber größeren Buntbarschen durchsetzt.

Hält. B.: Eine biotopgerechte Aquarieneinrichtung wäre eine einzige Geröllzone aus glatten Steinen, so daß vielfältige Versteckmöglichkeiten entstehen. Ein starker Filter sollte den Fließwassercharakter nachahmen. Wasser weich bis mittelhart (5–15° dGH), pH um 7,0, nicht zu warm.

ZU: Die Art laicht vorzugsweise versteckt. Die Eier sind groß, rundlich, nicht so zahlreich, aber noch transparent. Die Bruthöhle wird von beiden Partnern erweitert; das ♀ dominiert bei allen Laichvorbereitungen und der direkten Brutpflege, die sehr intensiv durchgeführt wird. Schlupf der Larven bei 28° C nach 48 Stunden, bei 25° C nach 60 Stunden. Entsprechend schwimmen die Jungen nach 168 bzw. 276 Stunden frei. Die Brutpflegefärbung ist weißgrau mit intensiv schwarzen Kontrasten. Aus der Gesichtsmaske funkeln die weißgrünen Augen.

FU: H, O; die Art gehört zu den herbivoren/algivoren Theraps der Gattung, nimmt aber jedes gängige Futter.

Bes.: Der schwedische Ichthyologe Sven O. Kullander hält *Cichlasoma sieboldii* für eine *Paraneetroplus*-Art. Der Fisch scheint gegen *Hexamita*-Befall besonders empfindlich zu sein.

T: 23–25° C, **L**: 25 cm, **BL**: 120 cm, **WR**: u, m, **SG**: 2–3

Cichlasoma synspilum HUBBS, 1935
Quetzalbuntbarsch, Feuerkopfbuntbarsch

Syn.: *Cichlasoma hicklingi, Cichlaurus hicklingi.*

Vork.: Mittelamerika: Atlantikküste Guatemalas vom Rio Usumacinta-Becken bis Belize (Belize River und Rio San Petro de Martir).

Ersteinf.: 1975(?).

GU.: Kein Sexualdimorphismus; farblich können die Geschlechter nicht unterschieden werden. Alte ♂♂ bekommen einen Fettwulst auf der Stirn. Foto ♀ Seite 871.

Soz. V.: Revierbildend; die Tiere sind trotz ihrer Größe ruhig und recht friedlich gegenüber artfremden Fischen. Untereinander sind die Tiere aggressiv und unverträglich. Die Art wühlt während der Laichperiode, zerbeißt und frißt Pflanzen. Offenbrüter; Elternfamilie.

Hält. B.: Sand und feinkörniger Kies als Bodengrund. Hintergrunddekoration mit Verstecken aus Steinen und Steinplatten (Schiefer), einige Moorkienholzwurzeln. Auf Bepflanzung sollte verzichtet werden. Regelmäßiger Teilwasserwechsel ist wichtig. An das Wasser werden keine besonderen Ansprüche gestellt; am besten wie bei allen mittelamerikanischen Buntbarschen mittelhart (bis 15° dGH) und neutral bis schwach alkalisch (pH 7,0–7,5).

ZU: 26–28° C; die Zucht kann einige Probleme bereiten. Geschlechtsreife Tiere können nicht ohne weiteres miteinander vergesellschaftet werden. Für schwächere Individuen enden die Begegnungen dann oft tödlich. Die beste Möglichkeit, zu einem gut harmonisierenden Zuchtpaar zu gelangen, ist der Erwerb einer kleinen Gruppe (sechs bis acht) gleichaltriger Jungfische. Ab 10 cm Länge werden die Tiere geschlechtsreif. Vor dem Ablaichen balzen die Tiere und putzen das Laichsubstrat. Eizahl bis über 1000 Stück. Die Larven schlüpfen nach 3–4 Tagen, nach weiteren 45 Tagen schwimmen sie frei. Beide Elternteile führen den Jungfischschwarm. Fütterung der Jungtiere mit Krebs-Nauplien, ausgesiebten Kleinkrebsen und feinem Flockenfutter (MikroMin).

FU: O; starke Fresser, die jegliches Lebendfutter, Shrimps, Fleisch, Rinderherz, Frostfutter, pflanzliche Kost, Flockenfutter und Futtertabletten fressen.

Bes.: Eine intensive Ausfärbung der Tiere hängt von abwechslungsreicher Ernährung ab. Bei eintöniger Fütterung bleiben die Tiere farblich blaß. Einige englische Ichthyologen halten *C. synspilum* für ein Synonym von *Cichlasoma melanurum*.

T: 24–28° C, **L**: 35 cm, **BL**: 150 cm, **WR**: u, m, **SG**: 3

Cichlasoma sieboldii

Cichlasoma synspilum ♂, ♀ S. 871

Cichlasoma tetracanthus (CUVIER & VALENCIENNES, 1831)
Kubabuntbarsch

Syn.: *Acara tetracanthus, A. fusco-maculata, Chromis fusco-maculatus, Heros nigricans, H. tetracanthus, Parapetenia nigricans, P. tetracantha.*

Vork.: Mittelamerika; Kuba, Lagunas Castellanos, in Sümpfen, Seen und Teichen; auch in Brackwasser.

Ersteinf.: 1931 von der Fa. W. Eimeke, Hamburg.

GU.: Die ♂♂ werden größer; farblich sind die Geschlechter außerhalb der Balz- und Brutpflegezeit kaum auseinanderzuhalten; während der Brutpflege fallen die ♀♀ durch die tiefschwarze Bauchpartie und die schwarzen Vertikalbinden auf silbrig, weißem Untergrund auf; bei den ♂♂ sind diese Zeichnungsmuster weniger kontrastreich ausgeprägt.

Soz. V.: Revierbildend, aber nicht sonderlich aggressiv (weder Artgenossen noch artfremden Fischen gegenüber). Die Art beschädigt außerhalb der Laichzeit keine Pflanzen. Offenbrüter mit Elternfamilie; guter Paarzusammenhalt und gute Betreuung der zahlreichen Jungfische.

Hält. B.: Einige Versteckplätze aus Steinaufbauten und Wurzeln (besonders während der Laichzeit für schwächere, nicht verpaarte und revierlose Artgenossen wichtig); flache, glatte Steine als Laichsubstrate. Vergesellschaftung mit gleichgroßen Buntbarschen und größeren Welsen möglich.

ZU: 23–27° C; die chemische Wasserbeschaffenheit ist kaum von Bedeutung (weich und leicht sauer bis mittelhart und leicht alkalisch). Offenbrüter; laicht bevorzugt auf Steinen, die vorher geputzt werden. Ein Gelege umfaßt bis etwa 600 Eier. Die Larven werden in vorher ausgehobenen Gruben untergebracht.

FU: K, O; Lebendfutter aller Art, gefriergetrocknetes Futter, Tabletten und Flocken.

Bes.: Von *C. tetracanthus* wurden fünf Unterarten beschrieben, die sich morphologisch, farblich und in ihren Fundorten sowohl voneinander als auch von *C. tetracanthus tetracanthus* unterscheiden: *C. t. torralbasi* (EIGENMANN, 1902), *C. t. griseus* (EIGENMANN, 1902), *C. t. latus* (EIGENMANN, 1902) und *C. t. cinctus* (EIGENMANN, 1902). Außerdem wird die von EIGENMANN (1902) ebenfalls von Kuba beschriebene Art *C. nigricans* heute von vielen Autoren entweder als weitere Unterart oder aber als Synonym von *C. tetracanthus* gewertet. Gleiches gilt auch für die 1938 von FOWLER von Jamaica und Kuba beschriebene Art *C. ramsdeni*.

T: 20–27° C, **L**: 25 cm, **BL**: ab 80 cm, **WR**: m, u, **SG**: 1

Cichlasoma trimaculatum (GÜNTHER, 1866)
Schulterfleckbuntbarsch

Syn.: *Heros trimaculatus, Cichlasoma cajali, C. centrale, C. gordonsmithi, C. mojarra.*

Vork.: Mittelamerika; von Laguna Coyuca (Mexiko) bis zum Rio Lempa (El Salvador). Die Tiere kommen hauptsächlich in Seen, seltener in Flüssen vor.

Ersteinf.: 1972(?).

GU.: Die ♂♂ werden erheblich größer als die ♀♀, ansonsten ist die Art monomorph. Die ♀♀ sind fülliger und tragen in der hartstrahligen Rückenflosse einen dunklen Fleck, der schon bei Jungtieren ab ca. 6 cm Länge erkennbar ist. Meist sind sie dunkler oder kontrastreicher gefärbt, zumindest reagieren sie auf die Balzhandlungen der ♂♂ mit einer Streifenzeichnung, die aus fünf bis sieben senkrechten Binden besteht.

Soz. V.: Revierbildend; die Tiere sind sehr aggressiv gegenüber Artgenossen und neigen dazu, auch andere Beckeninsassen zu tyrannisieren; einer der aggressivsten Cichliden! Die Tiere wühlen stark während der Laichzeit. Offenbrüter mit echter Paarbindung; Elternfamilie.

Hält. B.: Große und größte Aquarien anbieten; Bodengrund aus Sand und/oder Kies. Versteckmöglichkeiten aus großen Steinbrocken und Wurzeln. Auf Bepflanzung sollte verzichtet werden, da Pflanzen abgebissen werden. Die Tiere wühlen stark. Eine gute Filterung ist unbedingt erforderlich. An die Wasserbeschaffenheit werden keine besonderen Ansprüche gestellt. Haltung im Artbecken oder Vergesellschaftung mit Cichliden des gleichen Kalibers.

ZU: 26–30° C; Zucht am leichtesten mit jungen Paaren möglich; die ♀♀ werden ab 8–10 cm, die ♂♂ ab 12–14 cm geschlechtsreif. Während der Laichzeit wühlen die Tiere stark. Nach ausgiebigen Balzhandlungen und heftigen Begegnungskonflikten wird auf einem vorher

Fortsetzung Seite 871.

Cichlasoma tetracanthus

Cichlasoma trimaculatum

Cichlasoma umbriferum MEEK & HILDEBRAND, 1913

Syn.: *Cichlaurus umbrifer.*

Vork.: Mittelamerika und nördliches Südamerika; von Panama im System des zum Pazifik entwässernden Rio Tuyra, Rio Atrato, bis nach Kolumbien im Magdalena-Becken.

Ersteinf.: 1975 in die USA, von dort wahrscheinlich nach Holland und in die Bundesrepublik.

GU.: ♀♀ von oliver Grundfarbe, mit einer Fleckenreihe auf den Körperseiten bis in den Schwanzstiel sowie schwarzen und bläulichen Tönen auf dem Körper und in den Flossen. ♂♂ leuchtend himmelblau bis blaugrün, mit weinroter unterer Kopfhälfte und leuchtend blauen Tüpfeln auf den Kopfseiten; unpaare Flossen filamentiert.

Soz. V.: Gegenüber Artgenossen schon früh aggressiv, noch nicht geschlechtsreif gegenüber anderen Buntbarschen aber weitgehend indifferent. Geschlechtsaktive Exemplare sind ruppig; Geschlechtspartner lassen deutliche Begegnungsrituale erkennen, bei denen das ♀ durch eine schräge bis senkrechte Kopf-nach-oben Haltung Unterwürfigkeit bekundet.

Hält. B.: Grober Bodengrund, fest auf dem Bodengrund befindliche Steinaufbauten und Wurzeln. Da die Tiere intensiv graben, empfiehlt sich ein Verzicht auf Pflanzen. Wasser mittelhart (bis 15° dGH), pH-Wert um 7,0.

ZU: ♀♀ ab ca. 10 cm, ♂♂ ab ca. 15 cm geschlechtsreif. Offenbrüter mit dem Dimorphismus entsprechend starker Aufgabenteilung. Die direkte Brutpflege obliegt dem ♀. Die Eizahlen sind hoch, der Schlupf der Larven erfolgt bei 28° C (pH und dGH um 7) nach ungefähr 72 Stunden. Die Jungfische schwimmen weitere sechs bis sieben Tage später frei und sind sehr schnellwüchsig.

FU: *C. umbriferum* ist ein hochspezialisierter Vertreter der Sektion Parapetenia und damit aktiver Räuber. Die gierigen Fresser nehmen im Aquarium aber so gut wie jedes Ersatzfutter (Pellets, Fleisch, Garnelen, Würmer).

Bes.: *C. umbriferum* ist wohl einer der größten Cichliden überhaupt. Die eigentliche Schönheit der schwimmfreudigen, eleganten Fische wird erst ab 20 bis 30 cm Länge deutlich.

T: 23–27° C, **L**: bis 80 cm?, **BL**: ab 150 cm, **WR**: u, m, **SG**: 3–4 (K)

Cichlasoma urophthalmus (GÜNTHER, 1862)
Schwanzfleckbuntbarsch

Syn.: *Heros urophthalmus, Astronotus troscheli, A. urophthalmus, Heros troscheli, Parapetenia urophthalma.*

Vork.: Mittelamerika; Mexiko, Belize, Honduras, Guatemala, Nicaragua (lt. A. Ufermann).

Ersteinf.: 1913 von den Herren Siggelkow und Kropac, Hamburg.

GU.: ♀ mit schwarzem Fleck in der Rükkenflosse; ♂ farbiger und größer; Genitalpapille beim ♂ spitz, beim ♀ stumpf.

Soz. V.: Revierbildend, aber nicht sonderlich aggressiv (weder Artgenossen noch artfremden Fischen gegenüber); beschädigt keine Pflanzen. Offenbrüter mit Elternfamilie; gute Betreuung der zahlreichen Jungfische.

Hält. B.: Einige Versteckplätze aus Steinaufbauten, Wurzeln und Pflanzen; flache, glatte Steine als Laichsubstrate. An die Wasserbeschaffenheit werden keine großen Ansprüche gestellt. Vergesellschaftung auch mit kleineren und ruhigeren Fischen möglich.

ZU: 23–27° C; die chemische Wasserbeschaffenheit ist kaum von Bedeutung (weich und leicht sauer bis mittelhart und leicht alkalisch). Offenbrüter, laicht auf Steinen oder Wurzeln, die vorher geputzt werden. Ein Gelege umfaßt bis zu 600 Eier; die Larven werden in vorher ausgehobenen Gruben untergebracht.

FU: K, O; Lebendfutter aller Art, gefriergetrocknetes Futter, Futtertabletten und Flokkenfutter.

Bes.: Von *Cichlasoma urophthalmus* wurden elf Unterarten beschrieben, die sich morphologisch, farblich und in ihren Herkunftsgebieten voneinander unterscheiden (eine Unterart hat sich an das lichtlose Leben in unterirdischen Höhlengewässern angepaßt): *C. u. urophthalmus, C. u. aguadae* HUBBS, 1936, *C. u. alborum* HUBBS, 1936, *C. u. amarum* HUBBS, 1936, *C. u. cienagae* HUBBS, 1936, *C. u. conchitae* HUBBS, 1936, *C. u. ericymbae* HUBBS, 1938, *C. u. mayorum* HUBBS, 1936, *C. u. trispilum* HUBBS, 1935, *C. u. troscheli* (STEINDACHNER, 1867) und *C. u. zebra* HUBBS, 1936.

T: 20–27° C, **L**: 20 cm, **BL**: 80 cm, **WR**: m, u, **SG**: 1–2

Cichlasoma umbriferum

Cichlasoma urophthalmus

Crenicichla johanna HECKEL, 1840

Grauer Kammbuntbarsch, Grauer Hechtcichlide

Syn.: *Crenicichla johanna* var. *carsevennensis, C. obtusirostris, Cychla brasiliensis* var. *johanna, C. fasciata.*

Vork.: Südamerika; Brasilien, Guyana, Paraguay, Peru und Venezuela.

Ersteinf.: ?

GU.: Rückenflossensaum der ♀♀ dunkel, nach unten hin hell abgesetzt; laichreif vielleicht auch mit rötlicher oder cremefarbener Bauchregion.

Soz. V.: Territorial, beansprucht geräumigen Unterstand (Wurzel- oder Steinabdekkung einer größeren Grube), verhält sich aber gegenüber Fischen, die als Futterfische nicht in Betracht kommen und ihrerseits nicht streiten, weitgehend indifferent. Höhlenbrüter mit Elternfamilie(?).

Hält. B.: Pflege in möglichst großen Bekken mit Höhlen, Wurzeln und derber Bepflanzung. Eine Vergesellschaftung mit anders geformten, robusten Großcichliden ist angeraten. Grelle Beleuchtung schätzen die *Crenicichla* nicht. Wasser bis 20° dGH und pH-Wert um 7,0.

ZU: Die Art wurde wahrscheinlich noch nicht nachgezüchtet, ist aber sicher Höhlenbrüter mit polhängenden Eiern. Wegen des geringen Geschlechtsdimorphismus kann erwartet werden, daß beide Partner die Brut mehr oder weniger gleichberechtigt umsorgen.

FU: Da die Art unter natürlichen Bedingungen räuberisch lebt, sollte zumindest hin und wieder kräftiges Lebendfutter (Fische, Würmer) gereicht werden. Tiefkühlfutter (Rinderherz, Garnelen, Krill) und Preßfutter (Futtertabletten, Pellets) werden aber ebenfalls akzeptiert.

Bes.: *Crenicichla johanna* ist möglicherweise ein Synonym von *Crenicichla strigata.*

T: 23–26° C, **L**: über 35 cm, **BL**: ab 150 cm, **WR**: u, m, **SG**: 3–4 (K)

Crenicichla lepidota HECKEL, 1840

Kammbuntbarsch

Syn.: Keine; die Art wurde aber häufig mit *Crenicichla saxatilis* verwechselt.

Vork.: Südamerika; Brasilien und Bolivien.

Ersteinf.: Nicht bekannt; gelangt meist in Beifängen nach Europa.

GU.: ♂ größer, mehr oliv-grau, Körperflecken mit Glanzschuppenfeldern umlagert; Flossen größer und lang ausgezogen; Dorsale ohne Weißzeichnung. ♀ kleiner, rundlicher und mit stärkerem Metallglanz; Bauch schwach rötlich oder orangefarben; Rückenflosse mit schwarz-weißen Zeichnungselementen.

Soz. V.: Territorial; innerartlich aggressiv, kümmert sich um in der Form abweichende andere Buntbarsche aber kaum.

Hält. B.: Die Art stellt wie die anderen *Crenicichla* keine besonderen Ansprüche an das Wasser, das aber nicht zu hart sein sollte (bis 12° dGH, pH um 7,0). Pflege der Tiere in versteckreichen Becken mit geräumigen Unterständen. Die Becken sollten nicht zu hell sein.

ZU: Weibchen werden mit ca. 14 cm, Männchen mit etwa 18 cm geschlechtsreif. Die Art laicht in geräumigen Höhlen meist unter dem Dach ab. Die Eier sind weißlich und polhängend. Der Schlupf der Larven erfolgt, je nach Temperatur (24–28° C), am 4. oder 5. Tag. Die Jungen schwimmen ab dem 11. bis 13. Tag frei. Dem deutlichen Geschlechtsdimorphismus entsprechend übt das ♀ die direkte Brutpflege mehr oder weniger allein aus, während das ♂ das Revier sichert und sich erst beim Freischwimmen der Jungen an der direkten Brutpflege beteiligt.

FU: *Crenicichla lepidota* ist ein ausgesprochener Räuber, der maulgerechte Futterfische sehr schätzt. Aber auch Würmer, Rinderherz, Bachflohkrebse und Krill werden genommen. Es ist eine Gewöhnung an Futtertabletten möglich.

Bes.: Offenbar gibt es unterschiedliche Lokalrassen (Farbformen), aber auch innerhalb einer Morphe gibt es Färbungsunterschiede.

T: 23–28° C, **L**: ♂ bis 45 cm, ♀ kleiner, **BL**: 120 cm, **WR**: u, m, **SG**: 3–4 (K)

Fortsetzung von *Cyathopharynx furcifer* (übernächste Seite):

Bes.: Die Tiere sind äußerst transportempfindlich. Es gibt mehrere unterschiedliche Morphen, die sich farblich stark unterscheiden. Betroffen sind nur die ♂♂.

T: 24–26° C, **L**: 20 cm, **BL**: 120 cm, **WR**: u, m, **SG**: 3

Crenicichla johanna ♂?

Crenicichla lepitoda, oben ♂ unten ♀

Crenicichla wallacii REGAN, 1905
Wallace's Hechtcichlide

Syn.: Keine.

Vork.: Südamerika: Guyana, Brasilien.

Ersteinf.: Wahrscheinlich erst 1980.

GU.: ♀ während der Laichzeit dicker.

Soz. V.: Territoriale Cichliden, die in der Gesellschaft anderer mittelgroßer Buntbarsche harmlos sind. Die Tiere vergreifen sich nicht an den Pflanzen. Höhlenbrüter; wahrscheinlich Mann-Mutter-Familie.

Hält. B.: Kiesiger oder sandiger Bodengrund. Versteckmöglichkeiten aus Steinen, Steinplatten und Wurzeln. Die Tiere lieben eine dichte Rand- und Hintergrundbepflanzung. Wasser bis 20° dGH und um den Neutralpunkt (pH 7,0). Vergesellschaftung mit anderen mittelgroßen Cichliden oder Haltung im Artbecken.

ZU: Den ersten Bericht über eine gelungene Zucht gibt J. FREYHOF (1986) in der DCG-Information **17** (1): 11–15. FREYHOF sieht extreme Wasserwerte als Schlüssel zur Zucht an: Vollentsalztes Wasser mit einem Leitwert von 10–15 Mikrosiemens und Torffilterung bis zu einem pH-Wert von 4,5. Abgelaicht wurde in einer Kokosschale, nach elf tagen zeigte sich das Paar zum ersten mal mit etwa 150 Jungfischen. Diese waren 7 mm lang und milchig-weiß. Die Eltern führen die Jungen nicht, sondern sie bewachen sie nur. Die Jungfische sind sehr gefräßig und schnellwüchsig. Sie werden erst mit *Artemia,* später mit *Cyclops* gefüttert.

FU: K; Lebendfutter aller Art: Mückenlarven, Regenwürmer, kleine Fische; Fischfleisch und Rinderherz.

Bes.: *Crenicichla wallacii* unterscheidet sich von den nahe verwandten *Crenicichla nana* durch längere Dorsalstacheln und von *C. notophthalmus* durch eine größere Anzahl Zähne, ein größeres Auge, längere Dorsalstacheln und das Fehlen eines Augenfleckes in der Rückenflosse zwischen dem 16. und 20. Hartstrahl.

T: 24–27° C, **L**: 15 cm, **BL**: 90 cm, **WR**: u, m, **SG**: 3–4 (K)

Cyathopharynx furcifer (BOULENGER, 1898)
Großer Fadenmaulbrüter

Syn.: *Paratilapia furcifer, Cyathopharynx grandoculis, Ectodus foae, Ophthalmotilapia foae, Tilapia grandoculis.*

Vork.: Afrika; Tanganjikasee (endemisch). Die Art zeigt eine weite Verbreitung im See. Sie bewohnt das Sandlitoral oder die Übergangszone vom Sand- zum Geröll- bzw. Felsenlitoral.

Ersteinf.: Wahrscheinlich schon 1958 zusammen mit *Ophthalmochromis ventralis.*

GU.: Gutausgebildeter Sexualdimorphismus; ♂ mit strahlend blauem Körper und langausgezogenen Bauchflossen; ♀ unscheinbar graugrün gefärbt, ohne langausgezogene Bauchflossen.

Soz. V.: Revierbildend; die Laichgruben werden energisch gegen Artgenossen verteidigt, ansonsten sind die Tiere nicht sonderlich aggressiv. Die Art gräbt im Sand nach Nahrung. Spezialisierter ovophiler Maulbrüter; Mutterfamilie.

Hält. B.: *C. furcifer* in möglichst geräumigen Becken pflegen. Bodengrund aus einer dicken Sandschicht; im Hintergrund des Beckens Steinaufbauten mit Nischen und Höhlen; einige flache Steine; auf Bepflanzung kann verzichtet werden. Gute Filterung der Becken. Wasser mittelhart bis hart (12–20° dGH) und mäßig alkalisch (pH-Wert 7,5–9,0).

ZU: 26–28° C; über eine gelungene Zucht berichtet erstmals KOZIOL (1982) im Buntbarsche Bulletin no. 90: 2–7. Die ♂♂ legen während der Laichzeit kraterförmige Gruben (∅ 25–30 cm) im Sand an. Falls keine genügend großen Sandflächen zur Verfügung stehen, wird so lange Sand auf einen waagerechten Stein transportiert, bis dort ein schüsselförmiges Nest entstanden ist. Nach heftiger Balz setzt das ♀ ein oder zwei Eier in der Grube ab und nimmt sie nun ins Maul auf. Jetzt schnappt das ♀ nach den spatelförmigen Enden der männlichen Bauchflossen. Auf diese Weise gelangt Sperma ins Maul und befruchtet die Eier. Diese Prozedur wiederholt sich solange, bis das ♀ alle Eier abgelegt hat; ein ♀ legt bis zu 25 Stück. Die Zeitigungsdauer beträgt bei 26° C etwa drei Wochen, dann werden die Jungfische zum ersten Mal aus dem Maul der Mutter entlassen. Fütterung der Jungen mit *Artemia*-Nauplien.

FU: In der Natur werden Mikroorganismen und Zooplankton gefressen. Sind die Tiere im Aquarium eingewöhnt, werden alle Futtersorten vom Lebend- bis zum Flockenfutter genommen.

Fortsetzung Seite 886.

Crenicichla wallacii

Cyathopharynx furcifer

Cynotilapia afra (GÜNTHER, 1893)

Syn.: *Chromis afra.*

Vork.: Afrika; Malawisee (endemisch). Bevorzugter Aufenthaltsort ist die Felsküste. Die Tiere werden aber nicht direkt über dem Untergrund gefunden, sondern im freien Wasser, wo sie sich überwiegend von planktonischen Kleinkrebsen ernähren.

Ersteinf.: 1973.

GU.: Deutlicher Geschlechtsdichromatismus. ♂ strahlend hell- bis türkisblau gefärbt mit sieben seitlichen schwarzen Querstreifen, Afterflosse mit drei oder vier Eiflecken; ♀ unscheinbar taubenblau bis schiefergrau.

Soz. V.: Revierbildend; die Tiere sind untereinander recht unverträglich und angriffslustig. Die Aggressionen sind aber meist nur auf die Laichzeit beschränkt. Die Anwesenheit artfremder Fische dämpft die innerartlichen Aggressionen. Die Art vergreift sich nicht an harten Pflanzen. Maulbrüter; Mutterfamilie.

Hält. B.: Steinaufbauten mit vielen Höhlen und Spalten als Versteckmöglichkeiten; Bepflanzung mit robusten Arten. Am besten ein ♂ mit mehreren ♀♀ zusammen halten. Vergesellschaftung mit *Pseudotropheus-* und/oder *Melanochromis*-Arten.

ZU: 25–27° C, Wasser bis 15° dGH und leicht alkalisch (pH 8–8,5). Ein ♂ mit 2–3 ♀♀ pflegen. *C. afra* ist ein agamer Maulbrüter, bei dem es keine Bindung zwischen den Partnern gibt. Mutterfamilie, das ♀ übernimmt Pflege und Aufzucht der Nachkommen allein. Die Jungfische werden nach etwa 20 Tagen aus dem Maul entlassen. Bei guter Fütterung erreichen die Tiere nach sechs bis acht Monaten die Geschlechtsreife.

FU: Lebendfutter aller Art, vor allem Kleinkrebse (*Cyclops, Daphnia, Artemia*). Es wird auch Flockenfutter genommen.

Bes.: *Cynotilapia afra* kann leicht mit *Pseudotropheus zebra* verwechselt werden. Unterscheiden kann man beide Arten an der Färbung der Rückenflosse und der Bezahnung. *Cynotilapia afra:* Die dunklen Querstreifen erstrecken sich bis in die Rückenflosse, und die Zähne der äußeren Reihe sind einspitzig (= unicuspid). *Pseudotropheus zebra:* Die Dorsale ist einfarbig und hat keine schwarzen Zeichnungen. Die äußeren Zähne sind zweispitzig (= bicuspid). Es gibt noch eine zweite Art: *Cynotilapia axelrodi* BURGESS, 1976.

T: 23–27° C, **L**: 12 cm, **BL**: ab 100 cm, **WR**: m, u, **SG**: 2

Cyprichromis microlepidotus (POLL, 1956)
Kleinschuppiger Kärpflingsbuntbarsch

Syn.: *Limnochromis microlepidotus.*

Vork.: Afrika: Tanganjikasee (endemisch). Die Art bevorzugt offenbar einen ganz bestimmten Typ der Felsenzone. Sie wurde an Stellen angetroffen, an denen große Felsbrocken vorkamen, die zahlreiche vertikale Spalten aufwiesen.

Ersteinf.: 1975.

GU.: Deutlicher Geschlechtsdichromatismus; ♂ während der Laichzeit mit schwarzer Kehle und auch sonst dunkler als die ♀♀ gefärbt.

Soz. V.: Gegenüber artfremden Fischen friedlich; innerartlich mit starkem Rivalisierungsgehabe, ohne daß es zu Verletzungen kommt. Die Tiere leben im Schwarm. Während der Fortpflanzungsperiode sind die ♂♂ sehr aggressiv. Die Tiere vergreifen sich nicht an Pflanzen und wühlen nicht. Freilaichender, ovophiler Maulbrüter; Mutterfamilie.

Hält. B.: Für die erfolgreiche Haltung sind große Aquarien eine Voraussetzung. Es muß den lebhaften Schwimmern genügend Schwimmraum geboten werden. Die Tiere bevorzugen das obere Wasserdrittel; aus diesem Grund kann man sie mit vielen anderen Buntbarschen vergesellschaften. Die Tiere immer im Schwarm von mindestens sechs Exemplaren halten. Becken gut abdecken, da die Tiere bei der Balz aus dem Wasser springen. Wasserhärte 10–18° dGH, pH-Wert 7,5–8,5.

ZU: 24–26° C; die Art ist im Aquarium schon nachgezüchtet worden. Das Ablaichverhalten ähnelt stark dem von *Cyprichromis leptosoma* (s. Band 1). Das ♂ bekommt einige Tage bis Stunden vor dem Ablaichen eine tiefschwarze Kehle, ist sehr farbenprächtig und wird sehr aggressiv. Balz und Laichvorgang spielen sich dicht unter der Wasseroberfläche ab. Das laichbereite ♀ steht mit dem Kopf schräg nach unten und wird von dem ♂ von oben angeschwommen. Das ♀ legt nun ein Ei. Dieses fällt an dem fast senkrecht stehenden ♀ nach unten und wird von ihm aufgeschnappt. Dieser Vorgang geht blitz-

Fortsetzung Seite 892.

Cynotilapia afra

Cyprichromis microlepidotus

Fortsetzung von *Cyprichromis microlepidotus*:

schnell vor sich. Die Befruchtung der Eier erfolgt dadurch, daß das ♀ nach den Bauchflossen des ♂ schnappt. Die Eizahl beträgt bis 25 Stück, die Zeitigungsdauer im Maul des ♀ schwankt bei 27° C zwischen 26 und 29 Tagen. Danach werden die Jungen aus dem Maul der Mutter entlassen. Eine anschließende Betreuung findet nicht statt. Die Jungen bilden einen Schwarm im freien Wasser und fressen *Artemia*-Nauplien (vergl. EYSEL, 1982: DCG-Informationen **13** (8): 153–158).

FU: K; am liebsten Schwebefutter (Plankton): Wasserflöhe, Hüpferlinge, weiße Mükkenlarven; schwebendes Flockenfutter.

Bes.: Die ♂♂ von *Cyprichromis microlepidotus* sind polychromatisch. Ein Teil von ihnen besitzt eine schwarzblaue, ein anderer Teil eine schmutziggelbe Schwanzflosse. *Cyprichromis microlepidotus* unterscheidet sich von den beiden anderen *Cyprichromis*-Arten durch die ungewöhnlich große Zahl auffallend kleiner Schuppen (Artname!).

T: 23–25° C, **L**: 14 cm, **BL**: 120 cm, **WR**: o, **SG**: 3

Cyprichromis nigripinnis (BOULENGER, 1901)
Schwarzflossiger Kärpflingsbuntbarsch

Syn.: *Paratilapia nigripinnis, Limnochromis nigripinnis.*

Vork.: Afrika: Tanganjikasee (endemisch). Die Tiere kommen vereinzelt in den Schwärmen von *Cyprichromis microlepidotus* vor.

Ersteinf.: 1975.

GU.: Deutlicher, farblicher Geschlechtsdimorphismus. ♂ auf den Seiten mit mehreren horizontalen, hellblauen Nadelstreifen; Rückenflosse hellblau gesäumt, ebenso die Schwanzflosse oben und unten, Afterflosse schwarz. ♀ ohne Nadelstreifen, Rückenflosse dunkelblau gesäumt, Schwanzflosse ohne blauen Saum, erster Bauchflossenstrahl stark gelblich, Afterflosse gelb.

Soz. V.: *C. nigripinnis* ist gegenüber anderen Arten friedlich, untereinander rivalisieren die Tiere ständig, ohne daß es zu ernsthaften Zwischenfällen kommt. Die Art lebt fast ausschließlich als Schwarmfisch im freien Schwimmraum (pelagial), nur während des direkten Ablaichvorganges wird der Boden aufgesucht. Ovophiler Maulbrüter; Mutterfamilie.

Hält. B.: Wie bei *Cyprichromis microlepidotus* angegeben. Es sollten außerdem noch einige flache Steine als Laichsubstrate ins Becken gelegt werden.

ZU: Bisher selten erfolgt. SCHRAML (1981): DCG-Informationen **12** (7): Cichliden von A–Z, gibt an, daß *C. nigripinnis* auf fester Unterlage (Steinen) ablaicht. Von dort werden die Eier vom ♀ ins Maul aufgenommen.

FU: K; am liebsten Schwebefutter (Wasserflöhe, *Cyclops*, weiße Mückenlarven). Die Tiere kann man auch an Flockenfutter gewöhnen.

Bes.: *Cyprichromis nigripinnis* unterscheidet sich durch sein Ablaichverhalten von den beiden anderen *Cyprichromis*-Arten, die Freilaicher sind.

T: 23–25° C, **L**: 10 cm, **BL**: 100 cm, **WR**: o, (m), **SG**: 3

Cyrtocara annectens = Protomelas annectens * REGAN, 1922

Syn.: *Haplochromis annectens.*

Vork.: Afrika; Malawisee (endemisch). Die Tiere halten sich in mittleren Tiefen nahe am Ufer, mit Vorliebe etwa einen Zentimeter über dem Boden auf. Die Art ist relativ selten.

Ersteinf.: 1978 (?).

GU.: Deutlicher Geschlechtsdimorphismus; die ♂♂ sind prächtiger gefärbt (Blaufärbung), Rücken-, After- und Bauchflossen sind bei erwachsenen ♂♂ stark ausgezogen, außerdem werden die ♂♂ größer.

Soz. V.: Sehr friedfertiger Cichlide, der kaum Aggressionen anderen Fischen und Pflanzen gegenüber zeigt. Die Tiere sind nur während der Laichzeit territorial. *C. annectens* wühlt den Bodengrund nicht durch, wohl aber wird Sand mit dem Maul aufgenommen und durchgekaut. Agamer, ovophiler Maulbrüter; Mutterfamilie.

Hält. B.: Wie bei *Cyrtocara electra* angegeben. Vergesellschaftung mit *Cyrtocara moorii, Cyrtocara boadzulu, C. borleyi, C. electra* oder mit *Aulonocara*- und *Trematocranus*-Arten.

ZU: 26–28° C; über eine gelungene Zucht liegen noch keine Berichte vor. Wahrscheinlich ähnelt sie der von *Cyrtocara moorii.*

Cyprichromis nigripinnis ♂

Cyrtocara annectens ♂

FU: L, O; Lebendfutter, insbesondere Mückenlarven, werden bevorzugt. Die Tiere fressen auch Frostfutter, geschabtes Fleisch, Flockenfutter und Futtertabletten.

T: 24–26° C, **L:** 20 cm, **BL:** 100 cm, **WR:** u, **SG:** 2

* Nach der Revision von ECCLES & TREWAVAS (1989) heißt dieser Fisch *Protomelas annectens* (REGAN, 1922).

Cyrtocara boadzulu * (ILES, 1960)

Syn.: „*Haplochromis hinderi*" (Handelsname!), *H. boadzulu*.

Vork.: Afrika; südlicher Malawisee (endemisch). Die Art wurde bei White Rock, Boadzulu Island, und Namalenji Island gefunden. Die Tiere sind Bewohner des Felsenlitorals und bevorzugen 10–20 Meter Wassertiefe.

Ersteinf.: 1977.

GU.: Gut ausgebildeter Sexualdimorphismus; die ♂♂ sind prächtig gefärbt und haben langausgezogene After- und Rükkenflossen; die ♀♀ sind silbriggrau, After- und Rückenflossen sind nicht so spitz ausgezogen.

Soz. V.: Relativ friedlicher Cichlide, der nur während der Laichzeit territorial ist. Die Tiere sind lebhafte Schwimmer. Sie wühlen nicht und vergreifen sich auch nicht an den Pflanzen. Agamer, ovophiler Maulbrüter; Mutterfamilie.

Hält. B.: Wie bei *Cyrtocara borleyi* angegeben.

ZU: Wie bei *C. borleyi* angeführt.

FU: O; Lebendfutter aller Art, Frostfutter, gefriergetrocknetes Futter, Flockenfutter.

Bes.: *Cyrtocara boadzulu* ist ein Zooplanktonfresser aus der Utaka-Gruppe.
* Neuer Name: *Copadichromis boadzulu*.

T: 24–26° C, **L**: 15 cm, **BL**: 100 cm, **WR**: m, u, **SG**: 2–3

Cyrtocara borleyi * (ILES, 1960)

Syn.: „*Haplochromis granderus*" (Händlername!), *H. borleyi*.

Vork.: Afrika; Malawisee (endemisch). Die Tiere kommen im Felslitoral vor.

Ersteinf.: Um 1975(?).

GU.: Deutlicher Geschlechtsdichromatismus. ♂ viel farbenprächtiger, mit extrem verlängerten, an der Vorderkante weiß bis bläulich gefärbten Bauchflossen. Diese können bei alten ♂♂ den hinteren Rand der Afterflosse erreichen, Eiflecken; ♀ unscheinbar grau gefärbt, mit drei schwarzen Flecken auf den Flanken.

Soz. V.: Relativ friedlicher Cichlide, der nur während der Laichzeit territorial ist. Die Tiere beanspruchen in der Felsenzone ein Revier, in dessen Mitte sich der Laichplatz befindet. Dieser besteht in der Regel aus der waagrechten Oberseite eines Steines oder Felsens.

Hält. B.: Steinaufbauten mit vielen Versteckmöglichkeiten. Es können auch Pflanzen zur Einrichtung verwendet werden, da *C. borleyi* diese nicht beschädigt. Man sollte darauf achten, daß genügend freier Schwimmraum vorhanden ist. Maulbrüter; Mutterfamilie.

ZU: 26–28° C; Wasser um 15° dGH und leicht alkalisch (pH 8–8,5). Zucht im Gesellschaftsbecken möglich. Agamer Maulbrüter; 1 ♂ mit mehreren ♀♀. Als Laichsubstrat wird eine flache, waagrechte Steinplatte bevorzugt. Die Balz erfolgt wie bei anderen *Cyrtocara*-Arten; Befruchtung der Eier nach der „Eifleck"-Methode. Eizahl um 60; die Entwicklung von Eiern und Larven dauert bei 26° C etwa 20 Tage. Die Jungfische sind schon relativ groß, wenn sie das Maul der Mutter verlassen. Die Aufzucht der Jungfische erfolgt in einer Mutterfamilie. Gefüttert wird mit ausgesiebten Kleinkrebsen oder zerriebenem Flockenfutter.

FU: Lebendfutter aller Art (Daphnien, *Artemia, Cyclops Tubifex, Drosophila*-Larven usw.). Flockenfutter und tiefgefrorenes Futter werden auch gefressen.

Bes.: *Cyrtocara borleyi* gehört zu den Utaka-Cichliden. Diese bewohnen zeitweilig die ufernahen Bereiche der Freiwasserzone und sind spezialisierte Zooplanktonfresser mit einem weit vorstülpbaren Maul. Die Utaka-Gruppe umfaßt ungefähr 16 Arten. * Neuer Name: *Copadichromis borleyi*.

T: 24–26° C, **L**: 15 cm, **BL**: ab 100 cm, **WR**: m, u, **SG**: 2–3

Cyrtocara boadzulu ♂

Cyrtocara borleyi ♂

Cyrtocara borleyi ♀

Cyrtocara electra * (BURGESS, 1979)

Syn.: „*Haplochromis jahni*" (Handelsname!), *H. electra*.

Vork.: Afrika; Malawisee (endemisch). Die Art kommt über Sandboden um die Likoma Insel vor.

Ersteinf.: 1978.

GU.: Deutlicher Geschlechtsdimorphismus; ♂ viel farbenprächtiger (Blaufärbung), die ♂♂ werden auch größer.

Soz. V.: *Cyrtocara electra* ist ein äußerst ruhiger und friedlicher Pflegling, der sich mit Artgenossen und artfremden Cichliden ohne Schwierigkeiten vergesellschaften läßt. Die Fische vergreifen sich nicht an den Pflanzen. Sie sind nur während der Laichzeit territorial. Agamer, ovophiler Maulbrüter; Mutterfamilie.

Hält. B.: Steinaufbauten mit vielen Verstecken und Unterständen für den Hintergrund; einige Pflanzengruppen als Seitenbepflanzung; feiner Sand als Bodengrund, den die Tiere nach Nahrung suchend durchkauen können; freien Schwimmraum lassen. Wasser mittelhart bis hart (12–20° dGH) und mäßig alkalisch (pH 7,5–9,0). Vergesellschaftung mit anderen *Cyrtocara*-Arten, die ähnliche Ansprüche stellen.

ZU: Wie bei anderen *Cyrtocara*-Arten aus dem Malawisee. Eizahl etwa 50 Stück, die Eier sind relativ klein (∅ 2,5–3 mm). Bei 28° C behält das ♀ die Eier ungefähr 18 Tage im Maul.

FU: O; Lebendfutter jeglicher Art, gefriergetrocknetes Futter, Frostfutter, Futtertabletten und Flockenfutter.

Bes.: *Cyrtocara electra* ähnelt im Verhalten und Aussehen *Cyrtocara moorii*.

* Neuer Name: *Placidochromis electra*.

T: 24–26° C, **L**: ♂ bis 16 cm, ♀ kleiner, **BL**: 100 cm, **WR**: u, m, **SG**: 2

Placidochromis milomo juv. (Seite 900)

Cyrtocara electra ♂

Cyrtocara electra ♀

Cyrtocara fenestratus * (TREWAVAS, 1935)

Syn.: *Haplochromis fenestratus.*

Vork.: Afrika; Malawisee (endemisch). Der einzige bisher bekannte Fundort liegt im südwestlichen Teil des Sees bei der Maleri Inselgruppe. Die Tiere bewohnen das ufernahe Felslitoral und bevorzugen Tiefen zwischen drei und sechs Metern.

Ersteinf.: Wahrscheinlich erst nach 1978.

GU.: Deutlicher Geschlechtsdichromatismus, sehr prächtig gefärbt; ♀ unscheinbar kieselgrau bis silbrig gefärbt. Auf diesem Untergrund haben die ♀♀ ein Muster von neun bis zwölf dunklen Querstreifen und zwei dunklen Längsstreifen.

Soz. V.: Revierbildend; sehr friedlicher, aber lebhafter Cichlide. Die Art vergreift sich nicht an Pflanzen. Maulbrüter; Mutterfamilie.

Hält. B.: Steinaufbauten aus größeren Steinen und Felsbrocken mit vielen Höhlen und Spalten, Sandboden; Bepflanzung mit niedrig bleibenden Arten, die nicht den Schwimmraum einschränken. Vergesellschaftung mit friedlichen Arten, wie kleine *Cyrtocara* oder *Aulonocara*- und *Trematocranus*-Arten.

ZU: 24–26° C; Wasser wie bei anderen Malawi-Cichliden. Zucht im Gesellschaftsaquarium möglich. Ein ♂ und 2–3 ♀♀ halten. Balz und Ablaichen gleichen denen anderer *Cyrtocara*-Arten aus dem Malawisee. Die Tiere sind agame Maulbrüter; die Brutpflege wird von dem ♀ übernommen. Die Jungfische werden bei 26° C etwa nach 20 Tagen zum ersten Mal aus dem Maul entlassen. Fütterung der Jungen mit *Artemia*-Nauplien und zerriebenem Flokkenfutter. Die Jungfische sind schnellwüchsig.

FU: Nicht zu großes Lebendfutter aller Art (Krebse, Mückenlarven, *Tubifex*); Tiefgefrier- und Flockenfutter werden ebenfalls gern genommen.

Bes.: Es gibt mindestens fünf Cichliden, die im weiblichen Geschlecht das unter **GU** aufgeführte Farbkleid zeigen, aber im männlichen Geschlecht ganz verschieden gefärbt sind. Das Farbkleid von *Cyrtocara taeniolatus* TREWAVAS, 1935 ähnelt in beiden Geschlechtern stark dem von *C. fenestratus.* * Der Fisch heißt heute *Protomelas fenestratus.*

T: 22–26° C, **L:** 14 cm, **BL:** ab 100 cm, **WR:** u, m, **SG:** 2

Cyrtocara fuscotaeniatus * (REGAN, 1922)
Blauer Leopardmaulbrüter

Syn.: *Haplochromis fuscotaeniatus.*

Vork.: Afrika; südlicher Malawisee (endemisch). Die Art lebt im Geröll- und Felslitoral, tritt aber auch über sandigem Untergrund auf.

Ersteinf.: Unbekannt.

GU.: Deutlicher farblicher Geschlechtsdimorphismus: Die ♂♂ sind wesentlich farbenprächtiger, außerdem haben sie etwas stärker ausgezogene Bauch-, After- und Rückenflossen.

Soz. V.: Die Art ist nur während der Laichzeit territorial. Die Tiere sind aggressiv und räuberisch. Sie vergreifen sich selten an den Pflanzen. Agamer, ovophiler Maulbrüter; Mutterfamilie.

Hält. B.: Wie bei *Cyrtocara fenestratus* angegeben. Vergesellschaftung mit ähnlich großen Fischen, insbesondere mit anderen *Cyrtocara*-Arten.

ZU: Über eine gelungene Zucht im Aquarium liegen bisher noch keine Berichte vor. Wahrscheinlich läuft die Fortpflanzung wie bei ähnlichen *Cyrtocara*-Arten (*C. linni, C. polystigma*) ab.

FU: K; kräftiges Lebendfutter aller Art (Insekten, Krebse, Regenwürmer, Fische).

Bes.: *Cyrtocara fuscotaeniatus* ähnelt *C. polystigma,* ist aber nicht so hochrückig wie dieser. * Nach ECCLES & TREWAVAS heißt dieser Fisch nun *Nimbochromis fuscotaeniatus.*

T: 24–26° C, **L:** 25 cm, **BL:** 120 cm, **WR:** u, m, **SG:** 3 (K)

Cyrtocara fenestratus ♂ oben, ♀ unten

Cyrtocara fuscotaeniatus

Cyrtocara johnstonii * (GÜNTHER, 1893)
Sechsstreifenmaulbrüter

Syn.: *Chromis johnstonii, Tilapia johnstonii, Haplochromis sexfasciatus, H. johnstonii.*

Vork.: Afrika; Malawisee (endemisch). Die Tiere bewohnen das Sandlitoral, in dem ausgedehnte Vallisnerienwiesen vorkommen.

Ersteinf.: 1958 (?).

GU.: Ausgeprägter Geschlechtsdichromatismus; fortpflanzungsbereite ♂♂ sind außerordentlich farbenprächtig, Afterflosse mit Eiflecken; ♀ unscheinbar gelbgrau bis grünbeige gefärbt.

Soz. V.: Revierbildend; friedlich, vergreift sich nicht an Jungfischen. Die Art frißt manchmal an jungen, zarten Pflanzenteilen. Maulbrüter; Mutterfamilie.

Hält. B.: Steinaufbauten mit Höhlen und Spalten als Verstecke; die Aufbauten sollten außerdem das Aquarium gliedern. Bodengrund aus grobem Sand oder feinkörnigem Kies. Bepflanzung nur mit harten Arten, z. B. dichte Gruppen von Riesenvallisnerien. Vergesellschaftung mit anderen *Cyrtocara*-Arten, aber auch mit *Pseudotropheus*- und *Labeotropheus*-Arten.

ZU: 26–28° C; Wasserwerte wie bei anderen *Cyrtocara*-Arten aus dem Malawisee. Zucht ist im Gesellschaftsbecken möglich, wegen der geringen Überlebenschancen der Jungfische sollte man aber ein separates Zuchtbecken verwenden. Im Zentrum ihres Territoriums legen die ♂♂ eine Grube an, in der abgelaicht wird. Balz und Ablaichverhalten wie bei anderen spezialisierten ostafrikanischen Maulbrütern. Eizahl relativ groß (bis 120 Stück). Bei 26° C werden die Jungfische nach 18 Tagen erstmalig aus dem Maul der Mutter entlassen. Auch nach dem Freischwimmen werden die Jungfische von dem ♀ gepflegt und verteidigt. Sie suchen während der Nacht das schützende Maul der Mutter auf. Fütterung der Jungen mit *Artemia*-Nauplien und Staubfutter.

FU: O; Lebendfutter aller Art: Wasserflöhe, *Cyclops, Artemia,* Insektenlarven; Krebs- und Frischfleisch; auch Flockenfutter und Futtertabletten.

Bes.: Zur Erhaltung des Bruttriebes braucht das ♀ während der Zeitigungsdauer der Eier anscheinend eine gewisse Beunruhigung durch die Gesellschaft anderer Fische.

* Neuer Name: *Placidochromis johnstonii.*

T: 24–26° C, **L**: 17 cm, meist kleiner, **BL**: ab 100 cm, **WR**: u, m, **SG**: 2–3

Placidochromis milomo OLIVER, 1989
Milomobuntbarsch, Super VC 10

Syn.: *Melanochromis labrosus, Haplochromis labrosus, Cyrtocara labrosus, C. milomo.*

Vork.: Afrika; Malawisee (endemisch). Der einzige bisher bekannte Fundort ist die felsige Uferzone der im südwestlichen Teil des Sees gelegenen Mbenji-Inseln.

Ersteinf.: 1973(?)

GU.: Deutlich ausgeprägter farblicher Sexualdimorphismus bei erwachsenen Tieren. Bei den ♂♂ zeigt die obere Hälfte des Kopfes ein metallisches Himmelblau, die untere Hälfte ist türkisblau gefärbt. Bei den ♀♀ fehlt diese Färbung.

Soz. V.: Recht robuste Fische, die sich auch gegenüber aggressiven Mitbewohnern zu behaupten wissen. Ovophiler Maulbrüter; Mutterfamilie.

Hält. B.: Die Einrichtung des Beckens besteht aus Gesteinsbrocken, zwischen denen sich Höhlen und Nischen bilden und so eine Abgrenzung verschiedener Reviere ermöglichen. Bepflanzung ist nicht unbedingt erforderlich; harte und widerstandsfähige Pflanzen werden in der Regel nicht beschädigt. Am besten verwendet man Pflanzen, die auf den Steinaufbauten wachsen (*Anubias*-Arten, Javafarn, *Microsorium pteropus*), damit der freie Schwimmraum nicht noch weiter verringert wird. Wasser mittelhart bis hart (10–20° dGH) und ein pH-Wert zwischen 8,0–8,5. Vergesellschaftung mit anderen *Cyrtocara*-Arten und mit kräftigen Mbuna-Cichliden.

ZU: 26–28° C; die Zucht erfolgt am besten im Gesellschaftsaquarium. Der Zuchtansatz besteht aus einem ♂ und zwei bis drei ♀♀. Eiablage und Befruchtung der Eier wie bei anderen *Cyrtocara* des Malawisees. Die Tiere sind spezialisierte Maulbrüter, die ihre Brut in einer Mutterfamilie aufziehen. Die Entwicklung von Eiern und Larven dauert bei 26° C bis zum ersten Entlassen aus dem Maul ungefähr 20 Tage. Die relativ großen Jungfische können mit ausgesiebten Kleinkrebsen und zerriebenem Flockenfutter ernährt werden. Abb. juv. Tiere Seite 896. Die Abb. auf Seite 715 in Bd. 1 zeigt eine andere Art und Gattung, nämlich *Melanochromis labrosus.*

Fortsetzung Seite 902.

Cyrtocara johnstonii

Placidochromis milomo ♂

Fortsetzung von *Placidochromis milomo*:

FU: O; Lebendfutter aller Art (kleine Fische, *Tubifex*, kleine Regenwürmer, Mükkenlarven), Flockenfutter und Futtertabletten.

Bes.: *Placidochromis milomo* gehört zu den sogenannten Lippen-Buntbarschen, die stark vergrößerte, oft mit einem hakenförmigen Fortsatz ausgestattete Lippen haben. Die verdickten Lippen sind dicht mit Sinneszellen besetzt und dienen vermutlich als Tastorgane zum Aufspüren von Nahrung.

T: 23–26° C, **L**: 15 cm, **BL**: 120 cm, **WR**: m, u, **SG**: 2

Cyrtocara ovatus * (TREWAVAS, 1935)

Syn.: *Haplochromis ovatus.*

Vork.: Afrika; südlicher Malawisee (endemisch). Die Tiere bewohnen mittlere Wassertiefen in Küstennähe.

Ersteinf.: 1981 (?).

GU.: ♂♂ sind wesentlich farbenprächtiger, mit schöner Blaufärbung.

Soz. V.: Über das Sozialverhalten ist bislang nichts bekannt. Wahrscheinlich ovophiler Maulbrüter mit Mutterfamilie.

Hält. B.: Wie bei *Cytrocara electra* oder *C. fenestratus* angegeben. Wasser neutral bis mäßig alkalisch (pH 7,0–8,5) und mittelhart bis hart (12–20° dGH). Die Tiere nicht in zu weichem und saurem Wasser halten. Vergesellschaftung mit anderen *Cyrtocara*-Arten.

ZU: Im Aquarium noch nicht nachgezüchtet.

FU: Wie bei anderen *Cyrtocara*-Arten aus dem Malawisee.

Bes.: Die Art ist nahe mit *Cyrtocara venustus* verwandt.

* Neuer Name: *Otopharynx ovatus.*

T: 24–26° C, **L**: 20 cm, **BL**: 100 cm, **WR**: u, m, **SG**: 2–3

Cyrtocara pictus * (TREWAVAS, 1935)

Syn.: *Haplochromis pictus.*

Vork.: Afrika; Malawisee (endemisch). Die Art kommt über Felsboden vor, in dessen Nähe sich sedimentreiche Areale befinden. Die Tiere bewohnen Tiefen von 2–30 m.

Ersteinf.: Wahrscheinlich erst nach 1980.

GU.: Deutlicher Geschlechtsdimorphismus; ♂ farbenprächtiger.

Soz. V.: Nach bisherigen Beobachtungen sind die Tiere nicht territorial. Agamer, ovophiler Maulbrüter; Mutterfamilie.

Hält. B.: Wie bei anderen *Cyrtocara*-Arten aus dem Malawisee angegeben.

ZU: Über eine geglückte Zucht liegen bisher noch keine Berichte vor, doch wird sie sich nicht wesentlich von der anderer *Cyrtocara*-Arten aus dem Malawisee unterscheiden.

FU: K, O; Lebendfutter aller Art (Wasserflöhe, Hüpferlinge, *Artemia*), auch Krebs- und Fischfleisch sowie Futtertabletten und Flockenfutter.

Bes.: * Nach der Revision von ECCLES & TREWAVAS heißt dieser Fisch nun *Ctenopharynx pictus.*

T: 24–26° C, **L**: 13 cm, **BL**: 100 cm, **WR**: u, m, **SG**: 2–3

Cyrtocara ovatus ♂

Cyrtocara pictus

Cyrtocara placodon * (REGAN, 1922)

Syn.: *Haplochromis placodon.*

Vork.: Afrika; Malawisee (endemisch). Die Art kommt überall im See über Sandboden und mit Vallisnerien bestandenen Flächen häufig vor.

Ersteinf.: 1981 (?).

GU.: Farblicher Sexualdimorphismus; die ♂♂ werden etwas größer und sind farbenprächtiger.

Soz. V.: Revierbildend; die Tiere sind mehr oder weniger aggressiv, vor allem Artgenossen gegenüber. Die ♂♂ legen im Sandboden große, oft auch tiefe Mulden an, die peinlichst saubergehalten werden. Die Art ist pflanzenfreundlich. Agamer, ovophiler Maulbrüter; Mutterfamilie.

Hält. B.: Großflächige Becken; dichte Seiten- und Hintergrundbepflanzung mit *Vallisneria*-Arten; einige Verstecke aus Steinen und Wurzeln; Bodengrund aus dicker Sandschicht. Wie für alle Malawisee-Cichliden ist härteres, leicht alkalisches Wasser vorzuziehen (Härte bis 25° dGH, pH-Wert 7,0–8,5). Vergesellschaftung mit ähnlich großen Buntbarschen aus dem Malawisee.

ZU: 26–28° C; Wasserwerte wie oben angegeben; ansonsten wie bei anderen *Cyrtocara*-Arten aus dem Malawisee. Die ♀♀ erbrüten bis über 100 Junge im Kehlsack.

FU: O; hauptsächlich Lebendfutter (Mükkenlarven, Schnecken, Regenwürmer usw.). Die Tiere lassen sich aber auch problemlos mit Fleisch, Frostfutter und Flockenfutter ernähren.

Bes.: *Cyrtocara placodon* ist im Freiland ein ausgesprochener Nahrungsspezialist. Die Tiere sind Molluskenfresser, die mit ihren kräftigen Kiefern und den mühlsteinartigen Pharyngeal-Zähnen mühelos Schnecken und kleine Muscheln zermalmen können.

* Neuer Name: *Trematocranus placodon.*

T: 24–26° C, **L**: 25 cm, **BL**: 120 cm, **WR**: u, **SG**: 2

Cyrtocara („Haplochromis") spilorhynchus * (REGAN, 1922)
Gestreckter Raubmaulbrüter

Syn.: *Haplochromis longipes.*

Vork.: Afrika; Malawisee (endemisch).

Ersteinf.: Um 1972.

GU.: Während der Fortpflanzung ist ein deutlicher, farblicher Sexualdimorphismus vorhanden. Bei brutpflegenden ♀♀ sind die gesamte untere Körperhälfte, die Afterflosse und große Teile der Schwanzflosse tiefschwarz gefärbt.

Soz. V.: Die Tiere sind nur während der Laichzeit territorial. Es handelt sich um ausgesprochene piscivore Raubfische, die sich von kleinen Fischen ernähren. Pflanzen werden nicht gefressen. Agamer, ovophiler Maulbrüter; Mutterfamilie.

Hält. B.: Ähnlich denen von *Cyrtocara fenestratus.* Einrichtung des Beckens wie dort angegeben. Wegen des räuberischen Charakters von *C. spilorhynchus* diesen nur mit ähnlich großen und robusten Cichliden vergesellschaften.

ZU: Über eine gelungene Zucht liegen in der Aquarienliteratur keine Berichte vor. Im Freiwasser wurde beobachtet, daß die ♀♀ bei Gefahr ihre Jungen wieder ins Maul aufnehmen. Die Zahl der Jungfische betrug über 100 Stück bei einer Länge von knapp zwei Zentimetern (siehe STAECK, 1976: Das Aquarium **10**, 439).

FU: K; Lebendfutter aller Art; ab einer gewissen Größe ernähren sich die Tiere fast ausschließlich von Fischen.

Bes.: Der Fisch ist durch seinen langgestreckten, fast torpedoartigen Körper gut an die räuberische Lebensweise angepaßt. Das Maul ist tiefgespalten und mit Zähnen besetzt, die schon mit bloßem Auge sichtbar sind.

* Die Art wird heute der Gattung *Champsochromis* zugeordnet.

T: 24–26° C, **L**: 30 cm, **BL**: 120 cm, **WR**: u, **SG**: 4 (K)

Cyrtocara placodon

Cyrtocara („Haplochromis") = Champsochromis caeruleus

Cyrtocara („Haplochromis") spilorhynchus ♀, ♂ Seite 912

Etroplus suratensis (BLOCH, 1790)
Indischer Streifenbuntbarsch

Syn.: *Chaetodon suratensis, Ch. caris, Etroplus meleagris.*

Vork.: Asien; Küsten und Mündungsgebiete von Flüssen in Vorderindien (Malabar, Coromandel, Orissa) und Sri Lanka (Ceylon). Die Tiere sind Brackwasserbewohner, die aber auch in Süßwasser und reines Seewasser gehen.

Ersteinf.: 1905.

GU.: Die Art ist geschlechtsmonomorph; die Tiere sind in Färbung, Gestalt und Beflossung identisch. Alte ♂♂ sollen größer werden.

Soz. V.: Revierbildend; die Tiere sind untereinander, besonders während der Laichzeit, recht aggressiv und unverträglich. *E. suratensis* frißt Pflanzen. Offenbrüter; Elternfamilie.

Hält. B.: In größeren Becken mit sandigem Bodengrund; einige Verstecke und Höhlen aus Steinen; zur Dekoration einige brackwasserbeständige Wurzeln; Bepflanzung ist möglich, soweit die Pflanzen brackiges Wasser vertragen. Brackwasser (zwei bis drei Eßlöffel Seesalz auf 10 l Wasser geben). Man kann *E. suratensis* nach einer Eingewöhnungszeit auch in Süßwasser pflegen; dann sollte das Wasser aber hart und alkalisch sein. Vergesellschaftung am besten mit *E. maculatus*, der die gleichen Lebensräume bewohnt bzw. ähnliche Ansprüche stellt.

ZU: 26–28° C; auch in Süßwasser möglich. Die Tiere sind ab etwa 15 cm Länge geschlechtsreif; gelaicht wird offen oder versteckt. Die Eier sind zahlreich und haften mit einem Pol; Schlupf nach ca. 36 Stunden, die Jungen schwimmen nach etwa sieben weiteren Tagen frei. Die Jungfische zeigen während der ersten Woche ein dunkles Band, das die Körpermitte umläuft. Später sind sie einfarbig silbern, bis die Streifung erscheint. Pflegende Elterntiere bekommen eine schwarze Kehle und Brust.

FU: O, H; Lebendfutter jeglicher Art, auch pflanzliche Nahrung (überbrühter Salat oder Spinat); Großflockenfutter und Futtertabletten.

Bes.: Von WYMAN & WARD (1972): Copeia no. 4: 834–838, ist eine Putzsymbiose zwischen *Etroplus maculatus* und *E. suratensis* beschrieben worden. *E. maculatus* war der Putzer, *E. suratensis* der Geputzte. Einzelheiten findet man bei SCHOENEN (1980): DCG-Informationen **9** (10): 197–200.

T: 23–26° C, **L**: bis 46 cm, **BL**: 130 cm, **WR**: m, u, **SG**: 3

Geophagus acuticeps HECKEL, 1840
Vierfleckerdfresser, Spitzkopf-Perlmuttercichlide

Syn.: *Satanoperca acuticeps, Geophagus cauticeps* (Schreibfehler!).

Vork.: Südamerika; im gesamten Amazonasbecken. Die Art kommt an Stellen mit ruhigem Wasser und sandigem Bodengrund vor.

Ersteinf.: 1913 von Wilhelm Eimeke, Hamburg.

GU.: ♂ mit ausgezogener Rücken- und Afterflosse.

Soz. V.: Revierbildend; in der Regel ein friedlicher und harmloser Cichlide, der auch kleinere Beckeninsassen unbehelligt läßt. Die Art wühlt gern. Offenbrüter(?); Elternfamilie.

Hält. B.: Sandiger oder kiesiger Bodengrund; geräumige Höhlen, Verstecke und Unterschlüpfe aus Steinen und Wurzeln. Wenn das Becken bepflanzt werden soll, nur harte Arten, die gut verwurzelt sind, verwenden. Einige flache Steine als Laichsubstrate. Gute Filterung ist wegen des Wühlens nötig. Wasser bis mittelhart (12–15° dGH) und leicht sauer (pH um 6,5). Die Art ist wärmebedürftig.

ZU: 26–28° C; Zuchtberichte neueren Datums gibt es von diesem Fisch keine. Berichten aus der Zeit um 1900 zufolge ist *G. acuticeps* ein Offenbrüter, bei dem beide Eltern Gelege und Jungfische pflegen.

ZU: O; Lebendfutter aller Art (Insektenlarven, *Tubifex*, Enchyträen, Kleinkrebse), Rinderherz, Shrimps, Flockenfutter und Futtertabletten.

Bes.: *Geophagus acuticeps* ist nach der Revision von GOSSE (1975) eine gute Art und kein Synonym von *G. daemon*.

T: 24–26° C, **L**: 25 cm, **BL**: 120 cm, **WR**: u, **SG**: 2–3

Etroplus suratensis

Geophagus acuticeps

Geophagus daemon HECKEL, 1840
Dreifleckerdfresser

Syn.: *Satanoperca daemon, Geophagus satanoperca daemon.*

Vork.: Südamerika: Orinoco- und Amazonas-Gebiet, Rio Negro.

Ersteinf.: 1975.

GU.: Bei jüngeren Tieren sind die Geschlechter schwer zu unterscheiden. Bei älteren ♂♂ dagegen sind die ersten vier oder fünf Weichstrahlen der Rückenflosse extrem verlängert und ragen über die Schwanzflosse hinaus.

Soz. V.: Revierbildend; außerhalb der Laichzeit auch gegenüber Artgenossen verträglich. Die Tiere sind meist ruhig und friedlich. Die Art wühlt stark. Es bedarf noch der Hilfe von Aquarianern, um die Frage zu klären, ob die Art Offenbrüter oder Maulbrüter ist.

Hält. B.: Bodengrund aus feinem Sand; gut verwurzelte, harte Pflanzen für die Seiten und den Hintergrund verwenden; einige flache Steine und Steinbrocken zu Verstecken verarbeiten. Wasser weich (5–10° dGH) und mäßig sauer (pH-Wert um 6,0). Die Art ist wärmebedürftig. Bei Temperaturen unter 27° C sind die Fische anfällig gegen Krankheiten. Nicht mit aggressiven und gierig fressenden Arten vergesellschaften.

ZU: Berichte über eine gelungene Fortpflanzung im Aquarium liegen bisher keine vor.

FU: O; Lebendfutter jeglicher Art, Shrimps, Frostfutter, auch Flockenfutter und Futtertabletten.

Bes.: *Geophagus daemon* ähnelt, besonders als Jungfisch, stark *G. acuticeps. G. daemon* trägt auf den Seiten zwei dunkle Flecken, während *G. acuticeps* deren drei hat (ohne Schwanzwurzelfleck).

T: 27–30° C, **L**: 30 cm, **BL**: 120 cm, **WR**: u, **SG**: 2–3

Gephyrochromis moorii BOULENGER, 1901

Syn.: *Christyella nyassana.*

Vork.: Afrika: Nördlicher Malawisee (endemisch). Die Tiere leben vorwiegend überm Sandboden, den sie „durchpflügen" und nach Nahrung absuchen.

Ersteinf.: 1976(?).

GU.: Ob ein farblicher Sexualdimorphismus wie bei vielen anderen Mbuna-Cichliden vorkommt, ist noch ungeklärt.

Soz. V.: Genaue Angaben zum Sozialverhalten dieser Art liegen noch nicht vor. Wahrscheinlich Maulbrüter mit Mutterfamilie.

Hält. B.: Im Hintergrund des Beckens einige Steinaufbauten mit Höhlen und Spalten arrangieren. Die Seiten können bepflanzt werden. Bodengrund aus feinem Sand; Schwimmraum freilassen. Wasser mittelhart bis hart (10–20° dGH) und im alkalischen Bereich (pH 7,1–8,5). Vergesellschaftung mit anderen Mbuna-Cichliden, die ähnliche Lebensansprüche stellen.

ZU: Über eine geglückte Zucht im Aquarium ist bisher noch nichts bekannt.

FU: K, O; überwiegend Lebendfutter aller Art (Wasserinsekten und deren Larven, Kleinkrebse, *Tubifex*, Enchyträen), Krebsfleisch (Shrimps), Frostfutter, auch Flokkenfutter und Futtertabletten.

Bes.: Die Gattung *Gephyrochromis* ist nahe mit der Gattung *Pseudotropheus* verwandt; ihre Vertreter sind aber nicht so felsengebunden.

T: 24–26° C, **L**: 12 cm, **BL**: 100 cm, **WR**: u, m, **SG**: 2

Geophagus daemon

Gephyrochromis moorii ♂

Gephyrochromis moorii ♀

Gymnogeophagus gymnogenys (HENSEL, 1870)
Dunkler Perlmutterbuntbarsch

Syn.: *Geophagus gymnogenys, G. bucephalus, G. labiatus, G. pygmaeus, G. scymnophilus.*

Vork.: Südamerika; südliches Brasilien, Uruguay und Argentinien.

Ersteinf.: 1900 durch J. Reichelt, der die Tiere von dem französischen Züchter Jennet erwarb.

GU.: ♂♂ im Alter mit Stirnbuckel und größer als die ♀♀.

Soz. V.: Nicht viel bekannt, vermutlich ähnlich dem von *Geophagus brasiliensis.*

Hält. B.: Becken mit vielen Wurzeln möglichst unübersichtlich dekorieren. Rand- und Hintergrundbepflanzung mit harten, gut verwurzelten Pflanzen (die Fische sind „Erdfresser"!!) wie *Sagittaria, Vallisneria,* großen *Echinodorus* und Cryptocorynen möglich. Bodengrund aus feinkörnigem Sand, den die Tiere nach etwas Freßbarem durchkauen.

ZU: Wahrscheinlich Offenbrüter mit Elternfamilie, vergleichbar mit der Zucht solcher Arten wie *Geophagus brasiliensis* und *Gymnogeophagus rhabdotus.*

FU: O; kräftiges Lebendfutter aller Art, Rinderherz, Shrimps, Flockenfutter und Futtertabletten.

Bes.: Die Art war seit Jahrzehnten aus unseren Aquarien verschwunden. Erst in letzter Zeit sind wieder vereinzelt Tiere im Handel aufgetaucht.

T: 21–24° C, **L**: 25 cm, **BL**: 120 cm, **WR**: u, **SG**: 2–3

Gymnogeophagus rhabdotus (HENSEL, 1870)
Gestreifter Erdfresser

Syn.: *Geophagus rhabdotus.*

Vork.: Südamerika; Südbrasilien (Rio Grande do Sul), Uruguay und Nordwest-Argentinien (Rio Uruguay, Parana).

Ersteinf.: 1977 in die DDR.

GU.: Die Art ist geschlechtsdichromatisch. Die ♂♂ sind viel farbiger als die ♀♀. Sie ist auch geschlechtsdimorph: Die ♂♂ werden deutlich größer.

Soz. V.: Revierbildend; die Art ist friedlich und ruhig, wühlt aber stark (Name!). Die Tiere vergreifen sich nicht an Pflanzen. Offenbrüter; Elternfamilie.

Hält. B.: Bodengrund aus feinem Sand; einige Verstecke und Höhlen aus Steinen und Wurzeln; Bepflanzung mit festverwurzelten, harten Pflanzen; einige Steine als Laichsubstrate. An die Wasserbeschaffenheit werden keine großen Ansprüche gestellt; die Tiere vertragen Härten bis 30° dGH; pH 7,0–7,5. Vergesellschaftung mit ebenso ruhigen und friedlichen Arten.

ZU: 23–25° C; Wasserwerte sind von untergeordneter Bedeutung. Einen detaillierten Bericht über die Zucht dieser Art gab STAWIKOWSKI (1982) in den DCG-Informationen **13** (4): 74–80. Abgelaicht wird nach einer langdauernden Balz auf einem vorher geputzten Laichsubstrat; durchschnittliche Eizahl 300, die Eier sind hellbraun- bis weißlich-transparent, oval und maximal 1,2 mm lang (I-Typ). Beide Eltern beteiligen sich an der Betreuung des Geleges, wobei allerdings das ♀ der intensivere Pfleger ist. Das ♀ bleibt immer in unmittelbarer Nähe des Geleges, während sich das ♂ neben der Revierverteidigung auch oft vom Gelege entfernt. Bei 23° C schlüpfen die Larven nach ca. 48 Stunden und werden in einer eigens dafür angelegten Grube deponiert und bis zum Freischwimmen mehrmals umgebettet. Das Freischwimmen erfolgt nach 4–5 Tagen. Die Jungfische werden von beiden Eltern geführt. Die Fütterung der Jungen ist in den ersten Tagen wegen ihrer Winzigkeit problematisch. Es werden Mikroorganismen gefressen, die sich im Bodengrund befinden. Nach einer Woche werden *Artemia*-Nauplien genommen. Die Jungen sind sehr langsamwüchsig.

FU: O; problemloser Allesfresser: Kräftiges Lebendfutter aller Art, Rinderherz, Flocken- und Tablettenfutter.

Bes.: Die Art ist an folgenden Merkmalen leicht zu identifizieren: 1. Es kommen weniger als 11 geteilte Strahlen in der Rückenflosse vor (9–10). 2. Es fehlen geteilte Querbinden auf den Körperseiten. 3. Der schwarze Fleck auf den Körperseiten befindet sich unterhalb der oberen Seitenlinie. 4. Der Schwanzstiel ist höher als lang.

T: 20–25° C, **L**: 15 cm, **BL**: 120 cm, **WR**: u, **SG**: 2

Gymnogeophagus gymnogenys ♂

Gymnogeophagus rhabdotus ♂

Champsochromis spilorhynchus ♂, Seite 904

Hemitilapia oxyrhynchus ♂, Seite 918

Haplochromis obliquidens HILGENDORF, 1888

Syn.: *Chromis obliquidens, Ctenochromis obliquidens, Tilapia obliquidens, Clinodon bayoni, Hemitilapia bayoni.*

Vork.: Afrika; Viktoriasee (endemisch). Die Tiere besiedeln bevorzugt das Felslitoral, kommen aber auch über sandigem Untergrund und in der Röhrichtzone vor.

Ersteinf.: Unsicher, wahrscheinlich schon vor 1914.

GU.: Ausgeprägter Geschlechtsdichromatismus. ♂ viel farbenprächtiger und auch größer, Afterflosse mit Eiflecken; ♀♀ sind sehr unscheinbar gefärbt. Auf gelbgrauem Untergrund weisen sie acht oder neun dunkle Querstreifen auf.

Soz. V.: Revierbildend; die ♂♂ beanspruchen große Reviere und sind bei der Verteidigung ihrer Territorien oft sehr aggressiv. Die Art vergreift sich nicht an Pflanzen. Agame Maulbrüter; Mutterfamilie.

Hält. B.: Steinaufbauten mit vielen Verstecken und Zufluchtstätten, dichte Pflanzengruppen mit harten Arten zur Aufteilung und Markierung von Revieren, feiner Sand als Bodengrund; freien Schwimmraum freilassen. Ein ♂ immer mit mehreren ♀♀ zusammen pflegen. Vergesellschaftung mit anderen Vertretern der ehemaligen Großgattung *Haplochromis.*

ZU: 26–29° C; ein ♂ mit 2–3 ♀♀. Die Zucht kann im Gesellschaftsbecken erfolgen. Balz und Ablaichverhalten wie bei anderen „*Haplochromis*"-Arten aus dem Viktoriasee. Befruchtung nach der „Eifleck"-Methode. Die Brutpflege des ♀ dauert etwa drei Wochen. Die aus dem Maul entlassenen Jungfische sind relativ groß und werden mit kleinen Daphnien und zerriebenem Flockenfutter gefüttert.

FU: Allesfresser, die alle gängigen Futtermittel ohne Schwierigkeiten annehmen.

Bes.: Besonders prächtiger Cichlide. Eine der wenigen Arten, die in der Gattung *Haplochromis* verbleiben.

T: 24–26° C, **L**: 12 cm, **BL**: ab 100 cm, **WR**: u, m, **SG**: 2

Hemichromis cristatus LOISELLE, 1979

Wald-Juwelenbarsch

Syn.: Keine.

Vork.: Afrika: Guinea, Ghana und Nigeria. Die Art bewohnt kleine Bäche mit weichem, saurem Wasser.

Ersteinf.: 1981(?).

GU.: Die Unterscheidung der Geschlechter ist sehr schwierig und nur an dem etwas stärkeren Bauchumfang des ♀ zu erkennen. Eine sichere Trennung ist nur während des Laichvorganges möglich. Die ♀♀ bleiben meist etwas kleiner.

Soz. V.: Ähnelt dem von *Hemichromis letourneauxi. H. cristatus* ist eine friedliche Art. Offenbrüter; Elternfamilie.

Hält. B.: Wie bei *H. letourneauxi* angegeben.

ZU: Ähnelt der von *Hemichromis bimaculatus* (vgl. Bd. 1, S. 722).

FU: K, O; Lebendfutter aller Art, Frostfutter, gefriergetrocknetes Futter, Shrimps, aber auch Flockenfutter und Futtertabletten.

Bes.: *Hemichromis cristatus* ist ein Vertreter der *Hemichromis bimaculatus*-Gruppe.

T: 23–26° C, **L**: 9 cm, **BL**: 100 cm, **WR**: u, **SG**: 3

Hemichromis elongatus (GUICHENOT, 1859)

Syn.: *Chromichthys elongatus, Hemichromis auritus.*

Vork.: Westafrika; von Guinea über das gesamte westafrikanische Küstengebiet bis nach Zaire, Angola und sogar Sambia.

Ersteinf.: ?

GU.: In der Normalfärbung sind die Geschlechter nicht zu unterscheiden.

Soz. V.: Revierbildend, paarweise; *Hemichromis elongatus* gehört, wie auch *H. fasciatus,* zu den rauhbeinigsten Cichliden. Die Tiere sind große Räuber; sie wühlen stark und vergreifen sich an den Pflanzen. Offenbrüter; Elternfamilie.

Hält. B.: Becken mit vielen Verstecken, Nischen und Höhlen auf Steinen und Wurzeln; Bodengrund aus feinem Sand; auf Bepflanzung kann verzichtet werden, eventuell Schwimmpflanzen. An die Wasserqualität werden keine hohen Ansprüche gestellt (Härte bis 15° dGH, pH um 7). Da die Tiere auch in Brackwasser gehen, kann dem Wasser Seesalz zugegeben werden (1–2 Teelöffel Salz auf 10 l Wasser). Vergesellschaftung nur mit gleichgroßen Fischen, die ähnliche Ansprüche stellen, oder Haltung im Artbecken.

ZU: 25–28° C; Wasser wie nebenstehend angegeben. Die Tiere sind Offenbrüter, die meist auf Steinen ablaichen. Die Laichplätze werden vorher geputzt; Gelege bis 800 Eier; die Gelege werden von beiden Elterntieren vorbildlich bewacht und gepflegt. Die Eientwicklung dauert bei 28° C 50 Stunden, die Jungfische schwimmen nach weiteren 132–144 Stunden frei. Die Jungen werden bis zu einer Größe von 3 cm von den Eltern geführt. Fütterung der Jungfische mit Staubfutter und *Artemia*-Nauplien, später mit kräftigem, ausgesiebtem Lebendfutter.

FU: O; Allesfresser, vor allem Fleisch und kräftiges Lebendfutter (Kleinkrebse, Insekten und Insektenlarven, *Tubifex,* Enchyträen, Regenwürmer, kleine Fische); Frostfutter; Futtertabletten.

Bes.: *Hemichromis elongatus* unterscheidet sich von *H. fasciatus* durch eine längere Schwanzwurzel, eine höhere Anzahl von Zähnen im Unterkiefer und eine etwas abweichende Färbung.

T: 23–25° C, **L**: 15 cm, **BL**: 100 cm, **WR**: u, **SG**: 4 (Räuber)

Hemichromis cristatus

Hemichromis elongatus

Hemichromis letourneauxi SAUVAGE, 1880
Letourneaux' Roter Cichlide

Syn.: *Hemichromis exsul, H. rolandi, H. saharae.*

Vork.: Afrika; Ägypten, Algerien, Sudan, Guinea, Senegal, Tschad, Elfenbeinküste, Ghana, Togo, Zentralafrikanische Republik.

Ersteinf.: 1981(?).

GU.: Die Unterscheidung der Geschlechter ist sehr schwierig. Große ♂♂ sollen einen schwachen Stirnbuckel haben.

Soz. V.: Revierbildend; paarweise. Die Art ist außerhalb der Laichzeit nicht ungewöhnlich aggressiv. Die Vergesellschaftung mit gleichgroßen Tieren ist problemlos, wenn das Aquarium ausreichend geräumig ist. Die Art wühlt stark, besonders während der Laichzeit. Offenbrüter; Elternfamilie mit ausgeprägter Brutpflege.

Hält. B.: Becken mit vielen Verstecken aus Steinen und Wurzeln; Bodengrund aus feinem Sand oder Kies. Steine und Wurzel direkt auf den Boden legen (ansonsten Einsturzgefahr durch das Wühlen). Bei reichlicher Bepflanzung fühlen sich die Fische am wohlsten. Wasser weich (um 5° dGH), sauer (pH um 6,0), sauber und sauerstoffreich. Eine leichte Wasserbewegung durch einen Motorfilter erzeugen. Regelmäßiger Wasserwechsel (alle ein bis zwei Wochen ein Drittel des Beckeninhaltes wechseln).

ZU: Über eine gelungene Zucht im Aquarium ist bisher nichts bekannt. Die Zucht ähnelt wahrscheinlich der anderer Roter Cichliden (z. B. *Hemichromis bimaculatus* oder *H. lifalili*).

FU: K, O; Lebendfutter aller Art, Frostfutter, gefriergetrocknetes Futter; auch Flokkenfutter und Futtertabletten.

Bes.: *Hemichromis letourneauxi* ist nahe mit *Hemichromis lifalili* verwandt. Beide Arten bilden die *Hemichromis letourneauxi*-Gruppe.

T: 22–25° C, **L**: 15 cm, **BL**: 100 cm, **WR**: u, **SG**: 3

Hemichromis paynei LOISELLE, 1979
Payne's Roter Cichlide

Syn.: Keine.

Vork.: Afrika: Guinea, Sierra Leone und Liberia. Die Tiere sind in Überschwemmungs- und Reisanbaugebieten sowie in kleinen Fließgewässern der Savanne und des Waldes beheimatet.

Ersteinf.: 1981(?).

GU.: Außerhalb der Laichzeit sind die Geschlechter schwer unterscheidbar. Während der Laichzeit werden bei den ♂♂ Kinn, Kehle und teilweise der Bauch feuerrot, und auf dem Kopf und den Körperseiten zeigen sich leuchtende, lichtblaue Punkte.

Soz. V.: Ähnelt dem von *Hemichromis letourneauxi.*

Hält. B.: Wie bei *H. letourneauxi* angegeben.

ZU: Über eine gelungene Zucht im Aquarium gibt es bisher keine Berichte.

FU: K, O; Lebendfutter aller Art, Frostfutter, Shrimps, Rinderherz, Flockenfutter, Futtertabletten.

Bes.: *Hemichromis paynei* gehört zusammen mit *H. bimaculatus* GILL, 1862 und *H. cristatus* LOISELLE, 1979 in die *Hemichromis bimaculatus*-Artengruppe.

T: 23–25° C, **L**: 10 cm, **BL**: 100 cm, **WR**: u, **SG**: 3

Hemichromis letourneauxi

Hemichromis paynei

Hemitilapia oxyrhynchus BOULENGER, 1902

Syn.: Keine.

Vork.: Afrika; Malawisee (endemisch). Die Art bewohnt bevorzugt Stellen des Sandlitorals, die mit Vallisnerien bewachsen sind.

Ersteinf.: Zu Beginn der 70er Jahre.

GU.: Deutlicher Geschlechtsdichromatismus, ♂ sehr farbenprächtig, Körper in metallisch türkisblauer Farbe; ♀ mit silbriger bis gelbgrauer Färbung, in der Rükkenregion befinden sich drei große, schwarze Flecken, die je nach Stimmung der Tiere stärker oder schwächer hervortreten können.

Soz. V.: Revierbildend; die ♂♂ sind oft ruppig gegenüber den ♀♀ und treiben sie stark; ansonsten sind die Tiere trotz ihrer Größe recht verträglich. Die Art vergreift sich kaum an Pflanzen. Maulbrüter; Mutterfamilie.

Hält. B.: Am besten im Gesellschaftsaquarium. Einrichtung des Aquariums mit Steinplatten und Felsbrocken, damit Versteckmöglichkeiten geschaffen werden. Die Bodenfläche sollte in mehrere Bereiche gegliedert werden. Bodengrund aus Sand; Bepflanzung mit großen, widerstandsfähigen Arten. Biotopgerechte Bepflanzung mit Vallisnerien oder Riesenvallisnerien. Nach Möglichkeit Tiere nicht paarweise pflegen, sondern immer ein ♂ mit mehreren ♀♀. Die ♂♂ treiben die ♀♀ häufig sehr stark. Vergesellschaftung mit *Cyrtocara*-Arten oder großen Mbuna-Cichliden, z. B. *Petrotilapia tridentiger*.

ZU: 24–28° C; Wasser wie bei den *Cyrtocara*-Arten des Malawisees angegeben. *H. oxyrhynchus* ist ebenfalls ein agamer Maulbrüter, bei dem Aufzucht und Pflege der Brut ausschließlich dem ♀ obliegt. Die Entwicklung der Eier im Maul der Mutter ist nach 18 bis 21 Tagen abgeschlossen, so daß die Jungfische nach diesem Zeitraum das mütterliche Maul zum ersten Mal verlassen können. Fütterung der Jungen mit feinem Lebendfutter und zerriebenem Flockenfutter.

FU: Kräftiges Lebendfutter aller Art (Mükkenlarven, Krebse, *Tubifex*, kleine Regenwürmer usw.); zerkleinerte Shrimps, Flokkenfutter, Futtertabletten.

Bes.: *H. oxyrhynchus* zeigt im natürlichen Lebensraum eine bemerkenswerte Art des Nahrungserwerbs. Die Tiere sind Aufwuchsfresser, die auf Vallisnerienblättern angesiedelte Algen und andere Mikroorganismen abweiden. Dazu legen sich die Fische auf die Seite, nehmen eines der bandförmigen Vallisnerienblätter ins Maul und schaben die darauf befindliche Nahrung ab („Vallisnerienlutscher").

T: 24–26° C, **L**: 20 cm, **BL**: ab 150 cm, **WR**: u, m, **SG**: 3

Iodotropheus sprengerae OLIVER & LOISELLE, 1972

Syn.: Handelsname „*Melanochromis brevis*".

Vork.: Afrika; Malawisee (endemisch). Die Tiere sind Bewohner des oberen Geröll- und Felsenlitorals und gehören zu den Mbuna-Cichliden. Sie wurden bisher nur im Bereich der Inseln Boadzulu und Mumbo gefangen.

Ersteinf.: 1958.

GU.: Gutausgebildeter farblicher Sexualdimorphismus. ♂ mit kräftigem violetten oder bläulichen Glanz auf den Körperseiten und Flossen und mit deutlichen Eiflekken in der Afterflosse.

Soz. V.: Revierbildend; die Art ist relativ friedlich; sie wühlt nicht und läßt die Pflanzen in Ruhe. Agamer, ovophiler Maulbrüter; Mutterfamilie.

Hält. B.: Im Hintergrund des Beckens Steinaufbauten mit vielen Höhlen, Spalten und Nischen. Die Steinaufbauten sollten bis zur Wasseroberfläche reichen. Dekoration mit einigen Wurzeln; Bodengrund aus Sand oder Kies; eventuell Bepflanzung mit harten Arten. Wasser mittelhart bis hart (12–20° dGH) und im alkalischen Bereich (pH 7,5–8,5). Vergesellschaftung mit anderen Mbuna-Buntbarschen (*Pseudotropheus-*, *Melanochromis-* oder *Labidochromis*-Arten).

ZU: 25–28° C; Wasser nicht zu weich wählen, Werte wie oben angegeben. Ein ♂ und drei bis vier ♀♀ zusammensetzen. *I. sprengerae* ist ein hochspezialisierter Maulbrüter, der ein ähnliches Fortpflanzungsverhalten wie *Pseudotropheus-* oder *Cyrtocara*-Arten zeigt. Das ♀ erbrütet die Eier im Kehlsack. Die Befruchtung der Eier erfolgt nach der „Eifleck"-Methode. Die Aufzucht der Jungfische ist problemlos.

FU: O; Lebendfutter aller Art (besonders Kleinkrebse, Mückenlarven, *Tubifex*, Enchyträen), Frostfutter, Flockenfutter.

Bes.: Wichtig ist die Verfütterung von Hüpferlingen (*Cyclops*), da ohne sie die schöne rotbraune Färbung von *I. sprengerae* zu einem unscheinbaren Grau verblaßt. Die Gattung *Iodotropheus* ist monotypisch; sie umfaßt nur eine einzige Art.

T: 24–26° C, **L**: 10 cm, **BL**: 100 cm, **WR**: m, u, **SG**: 2

Hemitilapia oxyrhynchus ♀, ♂ Seite 912

Iodotropheus sprengerae

Labidochromis caeruleus FRYER, 1956

Syn.: Keine.

Vork.: Afrika; Malawisee (endemisch). Die Art kommt sowohl über Felsboden als auch in Wiesen von *Vallisneria aethiopica* vor. Sie bewohnt Tiefen von 2–40 m. Ihre Verbreitung ist auf die Nkata Bay beschränkt.

Ersteinf.: 1958(?).

GU.: Die ♂♂ sind während der Laichzeit wesentlich farbenprächtiger. Sie entwikkeln eine bläuliche Färbung. Die ♂♂ werden auch etwas größer.

Soz. V.: *L. caeruleus* ist nicht territorial. Die Fische leben entweder einzeln oder bilden Paare. Sie gehören zu den friedlichsten Mbuna-Cichliden. Ovophiler Maulbrüter; Mutterfamilie.

Hält. B.: Wie bei *Labidochromis vellicans* angegeben.

ZU: Wie bei *L. vellicans* aufgeführt. Einen genauen Zuchtbericht gibt SCHEUERMANN (1974): Das Aquarium **8**, 439–441. Nach seinen Angaben verlassen die Jungfische bei einer Temperatur von 23–24° C nach 40 Tagen, bei 27–28° C schon nach 25 Tagen zum ersten Mal das Maul der Mutter. Die Jungfische werden etwa eine Woche lang von der Mutter betreut.

FU: O; Lebendfutter aller Art, gefriergetrocknetes Futter, Frostfutter, Flockenfutter und Futtertabletten.

Bes.: Es gibt zwei Gruppen von *L. caeruleus*, die sich anhand ihres Habitats unterscheiden: Eine Gruppe kommt über Felsboden vor, hat weniger stark entwikkelte Pharynxknochen und frißt lithophile (steinliebende) Wirbellose. Die andere Gruppe hat viel massivere Pharynxknochen und frißt vorwiegend Schnecken der Gattung *Gabiella* in *Vallisneria*-Wiesen.

T: 23–26° C, **L**: 8 cm, **BL**: 80 cm, **WR**: alle, **SG**: 2–3

Labidochromis ianthinus LEWIS, 1982

Syn.: Keine.

Vork.: Afrika; Malawisee (endemisch). Die Art wurde bisher nur bei den Mbenji Inseln gefunden. Sie ist Felsbewohner des flachen Wassers.

Ersteinf.: Wahrscheinlich erst nach 1980.

GU.: ♂ dunkler gefärbt und mit intensiverem hellvioletten Schiller auf den Seiten; ♀ blasser gefärbt, der hellviolette Schiller ist weniger intensiv.

Soz. V.: Wie bei *Labidochromis vellicans* angegeben.

Hält. B.: Siehe bei *L. vellicans.*

ZU: Über eine gelungene Zucht im Aquarium liegen bisher noch keine Berichte vor. Sie wird aber kaum von der anderer *Labidochromis*-Arten abweichen.

FU: O; Lebendfutter jeglicher Art, Frostfutter, auch Flockenfutter und Futtertabletten.

Bes.: *Labidochromis ianthinus* ähnelt *L. vellicans,* unterscheidet sich aber hauptsächlich von dieser Art durch die gerundetere Schnauze und den kräftigeren Pharynxknochen.

T: 23–26° C, **L**: 9 cm, **BL**: 80 cm, **WR**: alle, **SG**: 2–3

Labidochromis caeruleus

Labidochromis ianthinus ♂

Labidochromis vellicans TREWAVAS, 1935
Spitzkopfmaulbrüter

Syn.: Keine.

Vork.: Afrika; Malawisee (endemisch). Die Art bewohnt das Felslitoral.

Ersteinf.: 1958(?).

GU.: ♂ mit metallisch-blauen und orangegelben Farbtönen, die dem ♀ weitgehend fehlen. Das ♂ wird etwas größer. Die Eiflecken in der Afterflosse sind bei ♂♂ und ♀♀ gleich intensiv gefärbt.

Soz. V.: Revierbildend; *L. vellicans* ist einer der friedlichsten Mbuna-Cichliden. Die Art vergreift sich weder an anderen Fischen noch an den Pflanzen. Agamer, ovophiler Maulbrüter; Mutterfamilie.

Hält. B.: Im Hintergrund Steinaufbauten mit vielen Verstecken bis zur Wasseroberfläche; Bodengrund aus Sand oder feinkörnigem Kies. Da sich die Fische nicht an den Wasserpflanzen vergreifen, kann man mit Hilfe dichter Pflanzenbestände dekorative Versteckplätze für brütende ♀♀ und Jungfische schaffen. Nachzuchttiere stellen an die Wasserbeschaffenheit keine großen Ansprüche, da sie sehr anpassungsfähig sind. Man sollte aber trotzdem mittelhartes (um 12° dGH) und leicht alkalisches (pH 7,5–8,5) Wasser bieten. Vergesellschaftung mit anderen Mbuna-Cichliden.

ZU: 25–28° C; Wasserwerte wie unter **Hält. B.** angegeben. Ein ♂ und mehrere ♀♀ zur Zucht nehmen. Die Tiere sind typische Maulbrüter der *Cyrtocara*-Verwandtschaft. Die Eier werden vom ♀ in den Kehlsack aufgenommen und nach der „Eifleck"-Methode befruchtet. Eizahl bis 30 Stück; die Erbrütung der Eier dauert ungefähr 18–21 Tage. Das ♀ betreibt etwa noch eine Woche nach dem ersten Entlassen aus dem Maul Brutpflege. Die Aufzucht der Jungfische bereitet keine Schwierigkeiten.

FU: O; Lebendfutter aller Art, Frostfutter, gefriergetrocknetes Futter, Flockenfutter und Futtertabletten.

Bes.: *Labidochromis vellicans* hat eine ganz spezialisierte Form des Nahrungserwerbs entwickelt. Die Tiere weiden nicht den Algenaufwuchs mit den darin lebenden Kleintieren ab, sondern sie picken sich ganz gezielt diese Kleinlebewesen aus dem Algenpolster heraus. Dazu dienen im endständigen Maul die spitzen Zähne der ersten Zahnreihe von Ober- und Unterkiefer.

T: 23–26° C, **L**: 10 cm, **BL**: 80 cm, **WR**: alle, **SG**: 2–3

Neolamprologus brevis (BOULENGER, 1899)
Schneckenbuntbarsch

Syn.: *Lamprologus taeniurus, L. brevis.*

Vork.: Afrika; Tanganjikasee (endemisch). Die Art bewohnt schlammige und sandige Stellen des Sees, an denen Schnecken der Gattung *Neothauma* in großer Anzahl vorkommen. Die Häuser dieser Schnekken dienen *L. brevis* als Verstecke und Laichhöhlen. Die Art bevorzugt größere Wassertiefen (6–55 m).

Ersteinf.: Ende 1979.

GU.: Die sichere Unterscheidung der Geschlechter ist aufgrund äußerer Merkmale nur schwer möglich. Die ♂♂ werden wesentlich größer und haben im oberen Rand der Rückenflosse einen deutlich ausgeprägten, orangefarbenen Saum, der den ♀♀ fehlt.

Soz. V.: Revierbildend, beansprucht nur kleine Reviere (10–20 cm im Durchmesser). Die Tiere sind innerhalb der Reviere recht aggressiv. Die Art beschädigt keine Pflanzen. Höhlenbrüter, Mann-Mutter-Familie oder Mutterfamilie.

Hält. B.: Bodengrund aus einer etwa 5–6 cm hohen Sandschicht (freie Sandflächen sind unbedingt erforderlich!), auf die man einige leere Schneckenhäuser legt. Die Tiere nehmen nicht nur Gehäuse der Tanganjikaschnecke (*Neothauma*), sondern auch die gleichgroßen Häuser unserer Weinbergschnecke (*Helix pomatia*). Leere Gehäuse dieser Schnecke kann man entweder selbst im Freien sammeln oder in Feinkostläden die tiefgefrorenen Schnecken kaufen. Die Tiere buddeln ihr

Fortsetzung Seite 924.

Labidochromis vellicans

Neolamprologus brevis ♂ und ♀

Neolamprologus brevis ♂

Schneckenhaus bis zur Öffnung in einem bestimmten Winkel in den Sand ein. Nur wenn dieser Winkel stimmt, können sie sich bei Gefahr blitzschnell in dem Schneckenhaus verbergen. Dekoration des Beckens mit einigen Pflanzen. Vergesellschaftung mit kleinen *Julidochromis*-Arten *(J. ornatus, J. transcriptus)* und *Tropheus duboisi*.

ZU: 24–27° C. Wasser mittelhart (um 15° dGH) und leicht bis mäßig alkalisch (pH 7,5–8,5). Einige Schneckenhäuser als Bruthöhlen. Die Schneckenhäuser werden eingegraben, es bleibt nur die Öffnung frei. Vor dieser bezieht das ♀ Posten und bewacht sein Revier. Nähert sich ein ♂ dem laichbereiten ♀, so stößt dieses dem ♂ blitzschnell in die Seite und verschwindet zur Hälfte im Schneckenhaus. Nur die Schwanzflosse schaut noch heraus. Das ♂ folgt dem ♀ bis zum Schneckenhaus, stellt sich über dessen Öffnung und stößt unter leichtem Zittern seinen Samen aus, der die im Innern des Gehäuses abgelegten Eier befruchtet. Nach dem Laichakt wird das ♂ nicht mehr in der Nähe des Schneckenhauses geduldet. Die Eizahlen scheinen gering zu sein (15–30 Stück). Die Entwicklung dauert bei 26° C etwa 24 Stunden, die Jungen schwimmen nach ca. sechs Tagen frei. Die Jungfische werden mit *Artemia*-Nauplien und zerriebenem Flockenfutter ernährt. Das ♀ pflegt die Jungfische etwa zwei Wochen.

FU: Lebendfutter (*Artemia*, Daphnien, *Cyclops, Tubifex*). Die Tiere gehen auch an Flockenfutter.

Bes.: Interessant ist die Art und Weise, mit der *N. brevis* sein Schneckenhaus in die richtige Lage bringt. STAECK & LINKE (1982) beschreiben drei verschiedene Techniken, mit denen die Fische diese Arbeit durchführen: 1. Sie schieben das Haus direkt, indem sie es am Rand mit den Kiefern greifen und dagegenschwimmen. 2. Sie bewegen es indirekt, indem sie den Sand unter ihm weggraben. 3. Sie vergraben es, indem sie sich mit dem Bauch auf den Boden legen und dann heftige Schwanzschläge ausführen. Dadurch werden größere Sandmengen nach hinten befördert, und das Haus versinkt.

T: 23–25° C, L: ♂ 6 cm, ♀ 3,5 cm, BL: 50 cm, WR: u, SG: 3–4 (K)

Neolamprologus spec. *„daffodil"*

Syn.: *Lamprologus* spec. *„daffodil"*.

Vork.: Endemisch im Tanganjikasee, Afrika.

Ersteinf.: 1982/83.

GU.: Die ♂♂ sind etwas farbiger als die ♀♀ und haben spitzer ausgezogene Flossen

Soz. V.: Sehr friedliche Art, die sich gut im Gesellschaftsbecken auch mit größeren Fischen behauptet.

Hält. B.: Dicht bepflanztes Becken mit nicht zu heller Beleuchtung. Die Tiere halten sich wenig im freien Wasser auf, sondern fast immer im Pflanzendickicht. Pflanzen werden nicht geschädigt. Wasser problemlos von pH 7,0–8,8; Härte 10–30° dGH.

ZU: Am besten im Artbecken mit gröberen Kieseln als Bodengrund (2–4 cm ∅) und Schwimmpflanzendecke. Dann werden immer ein paar Jungtiere groß. Höhlenlaicher, s. S. 732, Bd. 1.

FU: K, O; Flockenfutter, gefrorene Rote Mückenlarven.

Bes.: Einer der liebenswertesten und hübschesten Kleincichliden, die in den letzten Jahren importiert wurden. Es handelt sich entweder um eine Farbvariante zum bekannteren *N. brichardi* (früher *N. savoryi elongatus*) oder um eine Unterart, die noch beschrieben werden wird.

T: 22–27° C, **L**: 7 cm, **BL**: 60 cm, **WR**: u, m,**SG**: 1

Altolamprologus calvus (POLL, 1978)

Syn.: *Lamprologus calvus.*

Vork.: Afrika; Tanganjikasee (endemisch). Bisher wurde die Art in der Umgebung des Sumbu-Nationalparks (Sambia) gefunden. Die Tiere sind Bewohner des Geröll- und Felslitorals.

Ersteinf.: Wahrscheinlich schon 1958 zusammen mit *Altolamprologus compressiceps.*

GU.: Kaum ausgebildet; die ♂♂ werden größer, haben längere Bauchflossen und spitzer ausgezogene After- und Rückenflossen.

Soz. V.: Revierbildend; die Tiere sind sehr ruhig, manchmal sogar scheu. Sie wühlen nicht und sind pflanzenfreundlich. Höhlenbrüter; Vater-Mutter-Familie.

Hält. B.: Geräumige Becken mit Stein- und Felsenaufbauten, die viele Spalten, Nischen und Höhlen aufweisen. Dichte Bepflanzung der Ränder mit *Hygrophila corymbosa* und *Microsorium pteropus*; Bodengrund aus Sand. Ausgewachsene *A. calvus* sind frischwasserempfindlich. Becken gut abdecken, da die Tiere zielsichere Springer sind. Wasser wie bei anderen Bewohnern des Tanganjikasees.

ZU: 25–27° C; über eine gelungene Zucht von *A. calvus* berichtet SOMMER (1982): Aquarienmagazin **16** (9): 552–554. Die Nachzucht gelang mit einer Gruppe von zwei ♂♂ und drei ♀♀ in der Gesellschaft von *Cyprichromis leptosoma* und *C. microlepidotus*. Wasser neutral bis leicht alkalisch (pH 7,0–7,5) und mittelhart (um 15° dGH). Abgelaicht wurde vorzugsweise in Spalten und Höhlen. Der Durchmesser der Eier beträgt 2 mm, die Farbe ist schmutziggelb bis grünlich; Eizahl bis über 200 Stück. Die Gelege werden vom ♀ bewacht. Die Larven schlüpfen bei 25° C nach ungefähr 50 Stunden, nach weiteren acht bis neun Tagen schwimmen die Jungfische frei. Fütterung mit *Artemia*-Nauplien, auch *Cyclops*-Nauplien werden gerne genommen.

FU: K; Lebendfutter aller Art. Die Tiere sind schwer an Flockenfutter zu gewöhnen.

Bes.: *Altolamprologus calvus* ähnelt im Aussehen stark *A. compressiceps* BOULENGER, 1898, zu dem eine enge Verwandtschaft besteht. *A. calvus* hat einen längeren, niedrigeren Körper und ist auf der Oberseite des Kopfes zwischen den Augen nicht beschuppt. Foto vom juv. Tier Seite 931.

T: 23–25° C, **L:** 14 cm, **BL:** 90 cm, **WR:** m, u, **SG:** 3

Lamprologus congoensis SCHILTHUIS, 1891
Kongo-Grundcichlide

Syn.: Keine.

Vork.: Afrika; Zaire, die Tiere kommen in den Stromschnellen des Kongo Rivers vor.

Ersteinf.: 1957.

GU.: Deutlicher Geschlechtsdimorphismus; die ♂♂ werden wesentlich größer, tragen zahlreiche, golden glänzende Schuppen auf den Körperseiten und bekommen im Alter einen Stirnbuckel.

Soz. V.: Revierbildend; ♂♂ sind polygam und bilden einen „Harem". Ein ♂ mit mehreren ♀♀ pflegen. Die Tiere sind untereinander recht aggressiv, doch bei genügend Versteckmöglichkeiten kommt es zu keinen Verlusten. Höhlenbrüter; Mann-Mutter-Familie.

Hält. B.: Becken mit großer Grundfläche, der Wasserstand muß nicht hoch sein (30 cm); Kies- oder Sandboden; viele Verstecke und Höhlen aus Steinen; Wurzeln und harte Pflanzen zur Reviergliederung. Mit einer Pumpe sollte man eine mäßige Strömung erzeugen. Ihren natürlichen Gewohnheiten gemäß pflegt man *L. congoensis* am besten gruppenweise. Die Wasserbeschaffenheit ist von untergeordneter Bedeutung; Wasser mittelhart (bis 15° dGH) und schwach sauer (pH-Wert um 6,5). Vergesellschaftung mit anderen, nicht höhlenbrütenden Cichliden.

ZU: 25–27° C; Wasserwerte wie oben angegeben. Das polygame ♂ laicht reihum mit den ♀♀ ab, die alle verschiedene Höhlen besetzen und so untereinander ihre Reviere abgrenzen. In der Phase der Paarung wechseln Werbung und Aggression ständig miteinander ab. Die ♀♀ versuchen, das ♂ in ihre Höhlen zu locken. Die Eier sind fast 2 mm lang und werden meist an der Höhlendecke oder auch an einer Seitenwand abgesetzt. Die Eier kleben mit ihrer Längssseite (I-Typ); Gelegegröße bis etwa 80 Stück. Bei 26° C schlüpfen die Larven nach 54 Stunden und werden vom brutpflegenden ♀ am Höhlenboden auf einen Haufen gespuckt. Nach weiteren acht Tagen schwimmen die Jungfische frei. Das ♀ bewacht die Bruthöhle mit den Jungfischen, während das ♂ seinen gesamten Haremsbereich kontrolliert.

Fortsetzung Seite 928.

Altolamprologus calvus

Lamprologus congoensis ♂

Fortsetzung von *Lamprologus congoensis*:

FU: O; Lebendfutter aller Art, gefriergetrocknetes Futter, Frostfutter, Shrimps, Flockenfutter und Futtertabletten.

Bes.: *Lamprologus congoensis* ist an das Leben in den Stromschnellen durch seinen stromlinienförmigen Körper, kräftige Brustflossen, eine große Schwanzflosse und eine reduzierte Schwimmblase gut angepaßt.

T: 23–25° C, **L**: 15 cm, **BL**: 100 cm, **WR**: u, **SG**: 2

Lepidiolamprologus cunningtoni (BOULENGER, 1906)

Syn.: *Lamprologus cunningtoni.*

Vork.: Afrika; Tanganjikasee (endemisch). Die Art gehört zu den häufigsten Cichliden in den ufernahen Bereichen des Sees. Die Tiere bevorzugen steinigen Untergrund, kommen aber auch über sandigem Boden vor.

Ersteinf.: 1971.

GU.: Anhand äußerer Merkmale nicht möglich. Eventuell haben die ♂♂ etwas längere Bauchflossen.

Soz. V.: Revierbildend; die Tiere sollen während der Laichperiode recht aggressiv sein. Höhlenbrüter; Vater-Mutter-Familie(?).

Hält. B.: Wie bei *Lamprologus lemairii* angegeben.

ZU: Berichte über eine gelungene Zucht dieses Cichliden im Aquarium liegen bisher nicht vor.

FU: K, O; überwiegend Lebendfutter aller Art; die Tiere lassen sich nach einer Eingewöhnungszeit auch mit anderem Futter (Shrimps, Frostfutter, Flockenfutter) ernähren.

Bes.: *Lepidiolamprologus cunningtoni* wurde bis vor kurzem in der aquaristischen Literatur als *Lepidiolamprologus attenuatus* geführt. In einem in der Zeitschrift Cichlidae (BCV) erschienenen Artikel stellt Pierre BRICHARD diesen Irrtum klar (Cichlidae/BCV **8**, 63–66, 1982).

T: 23–26° C, **L**: 15 cm, **BL**: 100 cm, **WR**: u, m, **SG**: 3

Lepidiolamprologus elongatus (BOULENGER, 1898)

Syn.: *Lamprologus pleurostigma* DAVID, 1936, *L. elongatus.*

Vork.: Afrika; Tanganjikasee (endemisch). Die Art bewohnt den felsigen Küstenbereich. Sie ist im See weit verbreitet.

Ersteinf.: Wahrscheinlich schon 1958.

GU.: Monomorph, sehr schwer unterscheidbare Geschlechter; die ♂♂ werden etwas größer.

Soz. V.: Revierbildend; die Fische zeigen oft sehr starke Aggressionen, die sich besonders gegen Artgenossen richten. *L. elongatus* ist ein Raubfisch, der seine Beute ähnlich wie unser Hecht packt. Die Art ist pflanzenfreundlich. Höhlenbrüter; Elternfamilie mit fester Paarbindung.

Hält. B.: Becken mit zahlreichen Verstekken aus Steinen und Wurzeln. Bodengrund aus feinem Kies. Pflanzen sind im natürlichen Biotop nicht vorhanden; Schwimmraum freilassen. Wasser mittelhart (um 12° dGH) und alkalisch (pH 8,0–9,0). Die Art läßt sich aber auch an andere Wasserwerte gewöhnen. Wegen seiner räuberischen Lebensweise Haltung im Artbecken oder Vergesellschaftung mit anderen größeren *Lamprologus*-Verwandten.

ZU: 25–27° C; nur in geräumigen Becken möglich, die viele Versteckplätze aufweisen. Zuchtansatz eine Gruppe von vier bis acht Jungfischen, aus denen sich bei Eintritt der Geschlechtsreife dann Paare finden, die in den meisten Fällen gut harmonieren. *L. elongatus* ist Höhlenbrüter, wobei geräumige Höhlen bevorzugt werden. Die Gelege sind sehr groß; sie bestehen oft aus mehr als 500 Eiern, die an den senkrechten Höhlenwänden und/oder an der Höhlendecke angeheftet werden. Die Larven schlüpfen nach zwei bis drei Tagen, nach weiteren vier Tagen schwimmen die Jungfische frei. Beide Partner betreuen Gelege und Jungfische, wobei allerdings dem ♀ die Priorität zukommt. Erste Fütterung der Jungen mit *Artemia*-Nauplien.

FU: K; nicht ganz problemloser Fresser. Im Freiland ernähren sich die Tiere fast ausschließlich von kleinen Fischen. Die Art läßt sich mit einigen Schwierigkeiten an Ersatzfutter (Rinderherz, Mückenlarven oder *Gammarus*) gewöhnen. Flockenfutter fressen die Tiere ungern.

Bes.: *L. elongatus* ist eine sehr große Art. Sie gehört zum Typus des Stoßräubers. Merkmale für Stoßräuber sind der torpedoförmige Körper und eine kräftig ausgebildete, dreieckige Schwanzflosse, die dem Fisch eine schnelle Beschleunigung ermöglicht.

T: 23–25° C, **L**: 20 cm, **BL**: 100 cm, **WR**: u, m, **SG**: 3–4 (K)

Lepidiolamprologus cunningtoni

Lepidiolamprologus elongatus

Neolamprologus fasciatus (BOULENGER, 1898)

Syn.: *Lamprologus fasciatus.*

Vork.: Afrika; Tanganjikasee (endemisch). Der natürliche Lebensraum dieses Cichliden ist das Geröll- und Felslitoral, wo die Tiere in Tiefen zwischen zwei und fünf Metern vorkommen.

Ersteinf.: 1976.

GU.: Die Unterscheidung von ♂ und ♀ ist aufgrund äußerer Merkmale nicht möglich. Während der Laichzeit dürften die ♀♀ durch Laichansatz dicker sein.

Soz. V.: Revierbildender, recht ruhiger Cichlide. Die Art vergreift sich nicht an Pflanzen. Höhlenbrüter, wahrscheinlich Elternfamilie oder Mann-Mutter-Familie.

Hält. B.: Steinaufbauten mit vielen Spalten und Höhlen als Hintergrunddekoration und zur Aufteilung des Raumes in Reviere. Mäßige Bepflanzung mit harten Arten (Pflanzen fehlen im natürlichen Biotop). Eine Haltung der Art im Gesellschaftsbekken ist möglich. Nicht mit zu lebhaften Fischen vergesellschaften; am besten Vergesellschaftung mit anderen kleinen bis mittelgroßen *Neolamprologus*-Arten sowie Cichliden aus den Gattungen *Chalinochromis, Eretmodus, Julidochromis, Spathodus* und *Telmatochromis*, eventuell mit *Tropheus.*

ZU: Es liegen bisher noch keine Berichte über eine gelungene Zucht vor.

FU: Kräftiges Lebendfutter (Mückenlarven, Kleinkrebse, *Tubifex*, Enchyträen), kleingeschnittenes Fleisch von Shrimps, Flockenfutter und Futtertabletten.

Bes.: Ein charakteristisches Merkmal von *Neolamprologus fasciatus* ist die türkisblau gefärbte Iris.

T: 23–25° C, **L**: 14 cm, **BL**: 100 cm, **WR**: u, m, **SG**: 2–3

Neolamprologus fasciatus

Neolamprologus fasciatus

Altolamprologus calvus, juv.

Neolamprologus furcifer (BOULENGER, 1898)

Syn.: *Lamprologus furcifer.*

Vork.: Afrika; Tanganjikasee (endemisch). Die Verbreitung der Art erstreckt sich über den ganzen See. Die Tiere leben im oberen Geröll- und Felslitoral und sind sehr stark an Höhlen und Spalten gebunden.

Ersteinf.: Wahrscheinlich schon 1958.

GU.: Die Geschlechter weisen kaum äußerliche Unterschiede auf. Die ♂♂ bekommen im Alter auf dem Hinterkopf einen Fetthöcker.

Soz. V.: Revierbildend; die Tiere sind untereinander sehr aggressiv. Nur der Fortpflanzungspartner darf sich in dem Revier aufhalten, das ein Fisch bewohnt. *N. furcifer* beschädigt keine Pflanzen. Höhlenbrüter; Elternfamilie.

Hält. B.: Steinaufbauten mit sehr vielen Spalten und Höhlen, die *N. furcifer* zu seinem Wohlbefinden benötigt. Die Tiere schwimmen gern mit dem Bauch nach oben am Höhlendach. Im natürlichen Biotop fehlen Pflanzen völlig, trotzdem kann das Aquarium ein wenig bepflanzt werden. Die Haltung erfolgt am besten in einem Gesellschaftsbecken, da die innerartlichen Aggressionen durch die Anwesenheit anderer Fische stark gedämpft werden. Vergesellschaftung am besten mit kleinen *Julidochromis*- und *Lamprologus*-Verwandten.

ZU: 24–26° C; Wasserwerte wie bei anderen *Lamprologus*-Arten. *N. furcifer* wurde bisher nur selten nachgezüchtet. Zucht am besten paarweise in einem biotopgerechten Aquarium. Die Tiere sind spezialisierte Höhlenbrüter, die bevorzugt am Höhlendach ablaichen. Eizahl ca. 50 Stück. Die Eier haben eine grünliche Färbung. Zeitigungsdauer der Eier knapp eine Woche. Die Pflege von Eiern, Larven und Jungfischen übernehmen beide Elterntiere. Die Jungfische sind klein und werden mit *Artemia*-Nauplien und zerriebenem Flokkenfutter ernährt.

FU: Lebendfutter aller Art (Wasserflöhe, Mückenlarven, andere Insektenlarven, *Tubifex*). Nach einer Eingewöhnungszeit fressen die Tiere auch Flockenfutter und zerkleinertes Fisch- und Krebsfleisch.

Bes.: Auffallende Merkmale von *N. furcifer* sind zum einen seine goldgelb und himmelblau glänzende Iris, zum anderen die tiefgegabelte Schwanzflosse (Name!), die bei älteren Fischen in zwei langen Spitzen ausläuft. *N. furcifer* ist von allen *Neolamprologus*-Arten am stärksten an das Vorhandensein von Höhlen und Gesteinsspalten gebunden.

T: 23–25° C, **L**: 15 cm, **BL**: ab 100 cm, **WR**: u, m, **SG**: 3

Neolamprologus longior (STAECK, 1980)
Langgestreckter Tanganjika-Goldcichlide

Syn.: *Lamprologus leleupi longior.*

Vork.: Afrika; Tanganjikasee (endemisch). Die Tiere wurden am Ostufer des Sees zwischen Kabogo Point und Kibwe Bay gefangen. Die Unterart lebt im mittleren bis unteren Felslitoral.

Ersteinf.: 1975 von Dr. Wolfgang Staeck, Berlin.

GU.: Kaum vorhanden, monomorph. Die ♂♂ werden größer, außerdem sind die Bauchflossen, Rücken- und Afterflosse verlängert.

Soz. V.: Revierbildend; die Unterart ist relativ friedlich, manchmal sind die ♂♂ gegenüber Geschlechtsgenossen und überzähligen ♀♀ recht ruppig; pflanzenfreundliche Fische. Monogame Höhlenbrüter; Vater-Mutter-Familie.

Hält. B.: Becken mit Steinaufbauten im Hintergrund, die viele Höhlen, Unterstände und Nischen bilden; Dekoration mit einigen Wurzeln. Eventuell Bepflanzung der Beckenränder; feiner, sandiger Bodengrund. Wasser mittelhart bis hart (10–20° dGH) und schwach alkalisch (pH 7,5–8,5). Vergesellschaftung mit anderen friedlichen Cichliden aus dem Tanganjikasee.

ZU: 25–30° C; Wasserwerte wie oben angegeben. Die Tiere laichen in Höhlen, bevorzugt an der Decke, ab. Eizahl bis maximal 200 Stück. Das ♀ bewacht Gelege und Brut, während das ♂ das Revier sichert und verteidigt. Die Larven werden nach etwa drei Tagen vom ♀ aus den Eihüllen befreit und in einer vor dem Ablaichen neben oder in der Höhle angelegten Mulde deponiert. Nach weiteren sechs Tagen schwimmen die Jungfische frei. Jetzt erfolgt die Fütterung mit *Cyclops*- und *Artemia*-Nauplien.

FU: K; die Art frißt am liebsten Lebendfutter, läßt sich aber auch an Frostfutter, Shrimps und Flockenfutter gewöhnen.

Bes.: *Neolamprologus longior* unterscheidet sich von den anderen beiden ehemaligen Unterarten durch seinen deutlich niedrigeren, langgestreckten Körper, außerdem ist sein Schwanzstiel länger als hoch.

T: 24–26° C, **L**: 10 cm, **BL**: 80 cm, **WR**: m, u, **SG**: 3

Neolamprologus furcifer

Neolamprologus longior

Fortsetzung von *Neolamprologus* spec. *„magarae"*:

Bes.: *N. „magarae"* gräbt, im Gegensatz zu den bisher in der Aquaristik gepflegten „Schneckenbarschen" sein Gehäuse nicht ein. Es liegt frei auf dem Bodengrund und wird lediglich in seiner Lage verändert. Bei den Jungfischen besteht keine enge Bindung zu leeren Gehäusen.

T: 24–26° C, **L**: ♂ 7 cm, ♀ 5 cm, **BL**: 60 cm, **WR**: u, **SG**: 3

Lamprologus lemairii BOULENGER, 1899

Syn.: Keine.

Vork.: Afrika; Tanganjikasee (endemisch). Die Art bewohnt die Uferzonen des Sees; in seiner Verbreitung ist er aber auf keine bestimmte Biotope festgelegt. Man findet ihn über Geröll- und Felsboden ebenso wie über sandigem und schlammigem Grund.

Ersteinf.: Zu Beginn der 70er Jahre.

GU.: Die Geschlechter können anhand äußerer Kennzeichen nicht unterschieden werden.

Soz. V.: Revierbildend; ein recht ruhiger, träger Cichlide. Die Art ist ein Räuber, der seiner Beute auflauert. Höhlenbrüter; wahrscheinlich Mann-Mutter-Familie.

Hält. B.: Dekoration mit einigen Steinen und Pflanzengruppen; es sollten einige Verstecke vorhanden sein. Sandboden oder feiner Kies. Es werden keine großen Ansprüche an die Einrichtung des Bekkens gestellt. Wasser leicht bis mäßig alkalisch (pH 7,3–8,5) und mittelhart (10–18° dGH). Vergesellschaftung nur mit anderen Großcichliden (Räuber!) wie beispielsweise *Neolamprologus tetracanthus* oder *Lepidiolamprologus elongatus.*

ZU: Bisher im Aquarium noch nicht gelungen.

FU: Überwiegend Lebendfutter aller Art; ab einer bestimmten Größe fressen die Tiere in der Natur ausschließlich Fische (andere Cichliden), deshalb die Tiere regelmäßig mit Fischfleisch füttern.

Bes.: Für seine Größe hat *Lamprologus lemairii* einen relativ geringen Raumbedarf. Die Tiere können im Tanganjikasee bis zu 150 g Gewicht erreichen.

T: 23–26° C, **L**: 24 cm, **BL**: 100 cm, **WR**: u, **SG**: 3

Neolamprologus meeli (POLL, 1948)

Syn.: *Lamprologus meeli.*

Vork.: Afrika; Tanganjikasee (endemisch).

Ersteinf.: 1980 (?).

GU.: Eine sichere Unterscheidung der Geschlechter ist anhand äußerer Merkmale nicht möglich. Die ♂♂ werden aber wesentlich größer.

Soz. V.: Ähnlich dem von *Neolamprologus brevis* und *Lamprologus ocellatus.*

Hält. B.: Wie bei *L. brevis* angegeben.

ZU: *Neolamprologus meeli* ist im Aquarium schon nachgezüchtet worden, genaue Zuchtberichte fehlen aber noch. Die Zucht ähnelt der von *N. brevis* oder *L. ocellatus.*

FU: K; Lebendfutter jeglicher Art (Mückenlarven, *Tubifex,* Garnelen, andere Kleinkrebse, Schnecken).

Bes.: *Neolamprologus meeli* gehört zu den schneckenbewohnenden *Neolamprologus*-Arten.

T: 23–25° C, **L**: ♂ 7 cm, ♀ 4,5 cm, **BL**: 50 cm, **WR**: u, **SG**: 3

Lamprologus lemairii ♂

Neolamprologus meeli ♂

Neolamprologus spec. *„magarae"*

Syn.: Keine; der Name *„magarae"* ist lediglich eine Handelsbezeichnung.

Vork.: Afrika; Tanganjikasee (endemisch); Magara, Burundi. Die Art ist ein Bewohner des Sandlitorals mit dem Vorkommen von leeren *Neothauma*-Schneckenhäusern.

Ersteinf.: 1983.

GU.: Keine sicheren äußeren bekannt. Die ♂♂ werden etwas größer.

Soz. V.: Revierbildend; das Revier wird ziemlich energisch verteidigt. Höhlenbrüter, Mann-Mutter-Familie.

Hält. B.: Die Haltung ist schon in kleinen Aquarien möglich. Bodengrund aus feinem Sand, eventuell lichte Randbepflanzung; leere Schneckenhäuser als Verstecke und Bruthöhlen. Die Art ist auf hartes Aquariumwasser angewiesen (ab 15° dGH). Wie alle Cichliden-Arten aus den afrikanischen Grabenseen ist auch *N. „magarae"* gegen schnellen Temperaturwechsel (z. B. beim Wasserwechsel) sehr empfindlich. Haltung im Artbecken oder Vergesellschaftung mit anderen kleinen *Neolamprologus*-Arten.

ZU: 24–26° C; Bodengrund aus Sand, einige Schneckenhäuser als Bruthöhlen. Ein dominierendes ♂ kann mit mehreren ♀♀ ablaichen. Das laichfähige ♀ wird von dem ♂ in ein freies Schneckenhaus gedrängt. Die Eier werden konzentriert in die 2. Schneckenkammer abgelegt und anschließend vom ♂, das gewöhnlich nach dem ♀ bis in die erste Kammer vordringt, unter schnellen Flossenbewegungen befruchtet. Das ♀ hat in den ersten drei oder vier Entwicklungstagen ständigen Kontakt mit dem Gelege und führt durch kräftige Atem- und Fächelbewegungen Frischwasser zu. Sobald die Larven eine Eigenbewegung zeigen rückt das ♀ in den bisher beobachteten Fällen in die 1. Kammer zurück. Nach einer durchschnittlichen Entwicklungszeit von 14 Tagen sind die 8–10 mm langen Jungfische fähig, ihre Schneckenbruthöhle zu verlassen, um *Artemia* oder ähnliches Kleinfutter aufzunehmen.

FU: O; Lebendfutter aller Art, Flockenfutter, Futtertabletten.

Fortsetzung Seite 934.

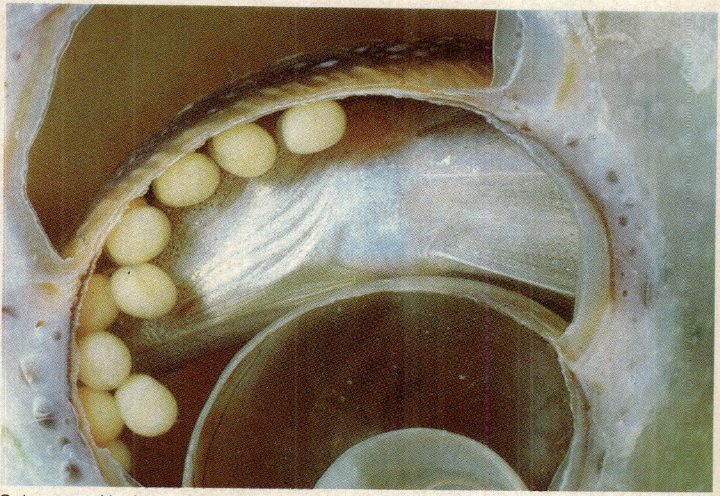

Gelege von *Neolamprologus* spec. *„magarae"* im Schneckenhaus. Vom ♀ sieht man die Kopfunterseite und Kehle.

links Weinbergschnecke, rechts Schneckenhaus (Gattung *Neothauma*) aus dem Biotop von *Neolamprologus*.

Neolamprologus modestus (BOULENGER, 1898)

Syn.: Lange Zeit wurde *Neolamprologus mondabu* BOULENGER, 1906 als Synonym von *N. modestus* angesehen, erst 1978 stellte POLL fest, daß *N. mondabu* doch eine gute Art ist.

Vork.: Afrika; Tanganjikasee (endemisch). Die Tiere bewohnen die obere Geröll- und Felsenzone. Die abgebildete Farbvariante stammt aus dem südlichen Teil des Sees (Nkamba Bay in Sambia).

Ersteinf.: Genaue Jahreszahl nicht zu ermitteln, wahrscheinlich erst nach 1958.

GU.: Die Geschlechterbestimmung ist schwierig, da sich ♂ und ♀ äußerlich gleichen. Die ♂♂ sind größer und haben etwas spitzer ausgezogene Rücken- und Afterflossen.

Soz. V.: Revierbildend; die Art ist gelegentlich recht aggressiv. *L. modestus* vergreift sich nicht an Pflanzen und wühlt etwas, wenn keine zusagenden Verstecke geboten werden. Höhlenbrüter; Elternfamilie.

Hält. B.: Steinaufbauten mit vielen Höhlen, Spalten und Nischen. Lockere Bepflanzung des Aquariums ist möglich. Bodengrund aus Sand. Vergesellschaftung mit *Julidochromis-*, anderen *Lamprologus-* und *Telmatochromis*-Arten, auch *Cyprichromis*-Arten sind geeignet.

ZU: 25–27° C; Wasserwerte wie bei anderen *Lamprologus*-Arten. Die Zucht erfolgt am besten in einem Zuchtaquarium, in dem ein Paar einzeln gehalten wird. Die Tiere sind Höhlenbrüter; Eizahl etwa 50–100 Stück; Zeitigungsdauer der Eier etwa 8–10 Tage. Die Jungfische sind relativ klein. Sie führen nicht die versteckte Lebensweise junger *Julidochromis*. Sie bilden einen Schwarm, der sich vom Bodengrund löst, sich aber immer im Mittelpunkt des elterlichen Reviers aufhält. Betreuung und Pflege der Jungfische durch beide Elterntiere. Fütterung der Jungen mit *Artemia*-Nauplien und zerriebenem Flockenfutter.

Fortsetzung Seite 948.

Variabilichromis moorii (BOULENGER, 1898)

Syn.: *Lamprologus moorii, Neochromis moorii.*

Vork.: Afrika; in der südlichen Hälfte des Tanganjikasees (endemisch). Die Art bewohnt ufernahe Bereiche der Geröll- und Felsenzone bis ungefähr drei Meter Tiefe.

Ersteinf.: Wahrscheinlich um 1975.

GU.: Die Bestimmung der Geschlechter ist sehr schwer, da *V. moorii* keine Unterschiede in ihrem Aussehen zeigt. Bei adulten ♂♂ sind in der Regel die Bauchflossen deutlich länger, außerdem sind Rücken- und Afterflosse meist spitzer ausgezogen als bei den ♀♀.

Soz. V.: Revierbildend; die Tiere sind relativ friedlich, sogar während der Laichzeit halten sich ihre Aggressionen in Grenzen. Höhlenbrüter; Elternfamilie mit relativ enger Bindung der Partner.

Hält. B.: Hintergrunddekoration aus Steinaufbauten, die eine Anzahl von Höhlen und Spalten aufweisen. Bepflanzung mit Arten, die auf Steinen festwachsen (*Anubias*-Arten, *Microsorium pteropus*). Schwimmraum freilassen. Haltung im Gesellschaftsbecken ist möglich, doch sollte ein solches biotopgerecht eingerichtet sein. Vergesellschaftung mit folgenden Cichliden ist möglich: *Chalinochromis brichardi, Eretmodus cyanostictus, Julidochromis regani, Neolamprologus modestus, N. mustax, Spathodus*-Arten, *Tanganicodus irsacae* und *Tropheus moorii.*

ZU: 25–28° C; Wasserwerte wie bei anderen *Neolamprologus*-Arten. Die Zucht ist im Gesellschaftsaquarium möglich, doch zur Aufzucht einer größeren Anzahl von Jungfischen ist ein Zuchtbecken besser. Tiere paarweise halten. Zwischen beiden Partnern entwickelt sich eine recht dauerhafte Bindung. Die Tiere laichen in Höhlen ab. Eizahl bis 100 Stück. Die Jungtiere verlassen bei 26° C nach etwa sieben Tagen zum ersten Mal die Bruthöhle und stehen als dichter Schwarm einige Zentimeter über dem Boden. STAECK machte die gleiche Beobachtung im natürlichen Biotop. Die Jungfische ziehen nicht unter der Führung der Eltern umher. Sie halten sich immer in unmittelbarer Nähe der Bruthöhle auf, die von den Eltern verteidigt wird.

Fortsetzung Seite 940.

Neolamprologus modestus vgl. auch Foto Seite 949

Variabilichromis moorii juv.

Fortsetzung von *Variabilichromis moorii*:

Fütterung der Jungen mit *Artemia*-Nauplien und zerriebenem Flockenfutter.

FU: Lebendfutter aller Art, nach kurzer Eingewöhnungszeit werden alle gängigen Futtermittel gefressen (Flockenfutter, Tiefkühlfutter usw.).

Bes.: *V. moorii* gehört zu den kleineren Vertretern der Gattung. Die Art stellt eine Ausnahme innerhalb der Gattung dar, da bei ihr ein auffallender, altersabhängiger Farbwechsel auftritt (s. Fotos).

T: 24–26° C, **L**: 10 cm, **BL**: 100 cm, **WR**: u, m, **SG**: 2–3

Variabilichromis moorii subadult

Variabilichromis moorii adult.

Neolamprologus mustax (POLL, 1978)

Syn.: *Lamprologus mustax.*

Vork.: Afrika; im südwestlichen Teils des Tanganjikasees (endemisch). Die Art ist im See weitverbreitet.

Ersteinf.: Um 1975.

GU.: Die ♂♂ werden größer und zeigen im Alter einen schwachen Kopfbuckel; die ♀♀ haben einen größeren Leibesumfang.

Soz. V.: Revierbildend; *N. mustax* ist ein sehr geselliger Cichlide. Die ♂♂ tolerieren jeden anderen Fisch, vorausgesetzt, das Becken ist weiträumig genug bzw. es sind ausreichend ♀♀ vorhanden (mindestens zwei ♀♀ pro ♂). Nach STAWIKOWSKI ist *N. mustax* sehr aggressiv gegenüber Artgenossen. Höhlenbrüter; Vater-Mutter-Familie.

Hält. B.: Wie bei *Neolamprologus longior* angegeben.

ZU: 25–28° C; ein oder zwei ♂♂ und mehrere ♀♀ zusammensetzen. Die Tiere laichen in Höhlen ab, bevorzugt an der Höhlendecke. Gelege bis 80 Eier; die Eier sind weiß gefärbt. Beide Elterntiere halten sich in der Höhle auf, bis die Larven geschlüpft sind (etwa drei Tage). Erst dann wird das ♂ vertrieben, und das ♀ pflegt die Brut allein bis zum Freischwimmen und Verlassen der Höhle, was nach einer weiteren Woche geschieht. Fütterung der Jungen mit Infusorien, Rädertierchen, *Artemia*- und *Cyclops*-Nauplien.

FU: K, O; Lebendfutter jeglicher Art, Frostfutter, gefriergetrocknetes Futter, Flockenfutter, FD-Menü.

Bes.: *Neolamprologus mustax* ist nahe mit *Neolamprologus modestus* und *N. petricola* verwandt.

T: 24–26° C, **L**: ♂ 10 cm, ♀ 7 cm, **BL**: 70 cm, **WR**: m, u. **SG**: 2

Lepidiolamprologus nkambae (STAECK, 1978)

Syn.: *Lamprologus nkambae.*

Vork.: Afrika; Tanganjikasee (endemisch). Die Tiere sind Bewohner des Felslitorals der Nkamba Bay im Süden des Sees.

Ersteinf.: 1975 durch Dr. Wolfgang Staeck, Berlin.

GU.: Keine äußeren feststellbar.

Soz. V.: Ähnlich dem von *Lepidiolamprologus elongatus.*

Hält. B.: Wie bei *L. elongatus* angegeben.

ZU: Über eine geglückte Zucht gibt es bisher noch keine Angaben. Sie ähnelt wahrscheinlich der von *L. elongatus.*

FU: K; Lebendfutter aller Art. Die Tiere lassen sich mit Schwierigkeiten an Ersatzfutter (Rinderherz, Fleisch) gewöhnen.

Bes.: *Lepidiolamprologus nkambae* ist *Lepidiolamprologus elongatus* sehr ähnlich, unterscheidet sich aber von diesem durch sein auffallendes Farbkleid. STAECK (1978) schließt in seiner Erstbeschreibung die Möglichkeit aus, daß es sich bei *L. elongatus* und *L. nkambae* um zwei Morphen derselben Art handelt. Abweichende Farbkleider sind bei dem gut untersuchten *L. elongatus* nirgends beobachtet worden.

T: 23–25° C, **L**: 14 cm, **BL**: 100 cm, **WR**: u, m, **SG**: 3–4 (K)

Lamprologus ocellatus (STEINDACHNER, 1909)

Syn.: *Julidochromis ocellatus.*

Vork.: Afrika; Tanganjikasee (endemisch). Die Art ist im See weit verbreitet. Die Fische leben über weichem, sandigem Grund zwischen fünf und dreißig Metern Tiefe. Sie bewohnen dort leere Schneckenhäuser von *Neothauma*-Arten.

Ersteinf.: 1979.

GU.: Eine sichere Unterscheidung der Geschlechter ist anhand äußerer Merkmale nicht möglich. Die ♂♂ werden wesentlich größer.

Soz. V.: Revierbildend; die kleinen Reviere werden heftig verteidigt, auch gegenüber viel größeren Fischen. Die Art beschädigt keine Pflanzen, wühlt aber etwas. Höhlenbrüter; Vater-Mutter-Familie.

Hält. B.: Wie bei *Neolamprologus brevis* angegeben.

ZU: Ähnelt der von *N. brevis.* Einzelheiten sind dort zu finden.

FU: K; Lebendfutter aller Art (Schnecken, Garnelen, andere Kleinkrebse, Mückenlarven, *Tubifex*).

Bes.: *Lamprologus ocellatus* und *Neolamprologus brevis* sehen sich sehr ähnlich, unterscheiden sich aber doch signifikant anhand folgender Merkmale: Der Grundton von *L. ocellatus* ist braun, die Flanken sind violett, der Bauch ist weißlich. Die Färbung von *N. brevis* ist ähnlich, doch zusätzlich treten hier neun blau irisierende, senkrechte Streifen an den Körperseiten auf (vergl. Foto von *N. brevis*).

T: 23–25° C, **L**: ♂ 6 cm, ♀ 3,5 cm, **BL**: 50 cm, **WR**: u, **SG**: 3–4 (K)

Lepidiolamprologus nkambae

Lamprologus ocellatus ♂

Lamprologus ornatipinnis POLL, 1949

Syn.: Keine.

Vork.: Afrika; Tanganjikasee (endemisch); Tansania und Zaire (Kungwe, Tembwe, Moba, Kap Bwana Denge, Katibili). Die Art bewohnt das Sandlitoral, wo ausreichend leere Schneckenhäuser vorhanden sind. *L. ornatipinnis* ist entlang des Uferbereichs, wie auch in Tiefenzonen bis zu 100 m nachweisbar.

Ersteinf.: 1981.

GU.: Die Geschlechter sind anhand äußerer Merkmale nicht unterscheidbar. Die ♂♂ werden größer als die ♀♀.

Soz. V.: Revierbildend; die Tiere verteidigen ihr Schneckenhaus energisch gegenüber Fremden. Höhlenbrüter, Mann-Mutter-Familie(?).

Hält. B.: Wie bei *Neolamprologus brevis* angegeben, nur sollten die Becken mindestens 100 Liter Fassungsvermögen haben.

ZU: 24–26° C; ausreichend große Becken sind für eine erfolgreiche Zucht Voraussetzung. Die Zucht ist schwieriger als bei den anderen „Schneckenbarschen". Man muß für ausreichend viele Versteckmöglichkeiten sorgen, da die ♂♂ einander und auch den ♀♀ sehr stark nachstellen. Als Bodengrund wird feiner Sand empfohlen. Die angebotenen Schneckenhäuser sollten den Tieren gut angepaßt sein. Ausgewachsene ♂♂ benötigen einen Gehäusedurchmesser von 5 cm und ♀♀ einen von 3 cm. Geeignet sind Gehäuse der Weinbergschnecke. Die Behausung wird von den Tieren völlig in schräger Lage in den Sandboden vergraben, so daß lediglich die Gehäuseöffnung zu sehen ist. Entwicklung und Aufzucht der Jungfische wie bei *Neolamprologus „magarae"*.

FU: O; Lebendfutter aller Art, Flockenfutter, Futtertabletten, gefriergetrocknetes Futter.

Bes.: Keine.

T: 24–26° C, **L:** ♂ 8 cm, ♀ 5 cm, **BL:** 80 cm, **WR:** u, **SG:** 4

Neolamprologus savoryi savoryi (POLL, 1949)

Syn.: *Lamprologus savoryi savoryi.*

Vork.: Afrika, Tanganjikasee (endemisch). Die Art bewohnt den ufernahen Bereich der Geröllzone. Die Tiere führen dort eine versteckte Lebensweise.

Ersteinf.: Wahrscheinlich schon 1958 mit *Neolamprologus brichardi.*

GU.: Nach äußeren Merkmalen ist eine Bestimmung der Geschlechter unmöglich. Nach SOMERMEYER (1980): Buntbarsche Bulletin no. 79, 9–10, dagegen sollen beim ♂ Rücken- und Afterflosse stärker ausgezogen sein.

Soz. V.: Revierbildend; gegenüber Artgenossen und anderen Cichliden aus dem Geröll-Litoral zumeist verträglich, nur während der Laichzeit recht aggressiv. Die Art ist pflanzenfreundlich; sie vergreift sich nicht an ihnen. Höhlenbrüter; Elternfamilie.

Hält. B.: Steinaufbauten mit vielen Spalten und Höhlen. Bei paarweiser Haltung Becken ab 50 cm Seitenlänge verwendbar. Dezente Bepflanzung, da die Tiere freien Schwimmraum benötigen. Im natürlichen Biotop kommen außer Algen keine Pflanzen vor. Die Pflege dieses Cichliden ist auch im Gesellschaftsbecken möglich, doch müssen dann die Aquarien wegen der Beanspruchung eines relativ großen Reviers mindestens 120 cm Seitenlänge aufweisen. Vergesellschaftung mit *Julidochromis-*, *Lamprologus-* und *Telmatochromis-*Arten.

ZU: 24–26° C, Wasser bis 18° dGH und pH 7,3 bis 8,5. Die Zucht ist bisher nur vereinzelt gelungen, was damit zusammenhängt, daß *L. savoryi* nicht oft eingeführt wird. Aus diesem Grund ist die Zusammenstellung von geeigneten Zuchtpaaren schwierig. Über eine geglückte Zucht berichtet ausführlich JACH (1979): Das Aquarium **13**, 153–154. Details sind diesem Bericht zu entnehmen.

FU: Allesfresser, der sowohl Lebendfutter aller Art als auch Flockenfutter, Fisch- und Krebsfleisch frißt. Die Ernährung dieser Art ist problemlos.

Bes.: Die Art hat, wie auch *Neolamprologus brichardi,* Kiemendeckel mit tiefschwarzen Rändern.

T: 23–26° C, **L:** 9 cm, **BL:** 50 cm, **WR:** u, m, **SG:** 2

Lamprologus ornatipinnis

Neolamprologus savoryi savoryi

Neolamprologus sexfasciatus (TREWAVAS & POLL, 1952)

Syn.: *Lamprologus sexfasciatus.*

Vork.: Afrika; im südlichen Teil des Tanganjikasees (endemisch). Die Art kommt im ufernahen Bereich des Geröll- und Felslitorals zwischen zwei und drei, maximal fünf Metern vor.

Ersteinf.: 1975 durch eine Gruppe deutscher Aquarianer.

GU.: Die Geschlechter sind anhand äußerer Merkmale kaum zu unterscheiden. Im natürlichen Lebensraum sind adulte ♂♂ immer größer als die ♀♀.

Soz. V.: Revierbildend; während der Laichzeit ziemlich aggressiv, sonst friedlicher. Die Art beschädigt und frißt keine Pflanzen. Höhlenbrüter; Elternfamilie.

Hält. B.: Hintergrund des Beckens mit Steinaufbauten, die Höhlen, Spalten und Nischen unterschiedlicher Größe aufweisen. Im natürlichen Biotop gibt es außer Algen keine Pflanzen, trotzdem ist eine mäßige Bepflanzung mit auf Steinen wachsenden Arten möglich (*Anubias, Microsorium pteropus*). Freien Schwimmraum lassen; Bodengrund aus Sand oder feinem Kies. Vergesellschaftung mit *Julidochromis-*, anderen *Neolamprologus-*, *Spathodus-* und *Telmatochromis*-Arten.

ZU: Bisher nur vereinzelt gelungen. Nach Meinung von STAECK und LINKE ist daran eine unzulängliche Ernährung schuld, die auf die Vergesellschaftung mit ungeeigneten Arten (= schnellen Fressern, z. B. *Tropheus*) zurückzuführen ist. Geschlechtsreife Tiere verpaaren sich und beziehen gemeinsam ein Revier, in dessen Mittelpunkt die Bruthöhle liegt. Die Jungfische werden von beiden Partnern betreut und aufgezogen. Die Elterntiere ziehen nicht mit dem Schwarm umher, sondern verbleiben mit den Jungen in dem einmal ausgewählten Territorium.

FU: Kräftiger Fresser, der jegliches Lebendfutter nimmt. Besonders gern werden kleine Schnecken gefressen. Nach einer gewissen Eingewöhnungszeit gehen die Tiere auch an Flockenfutter. Fütterung weiterhin mit zerkleinertem Fisch- und Krebsfleisch (Shrimps), Rinderherz usw.

Bes.: *N. sexfasciatus* ist nahe mit *Neolamprologus tretocephalus* verwandt. Beide Arten haben ein recht ähnliches Farbkleid. Der Hauptunterschied zwischen ihnen besteht darin, daß *N. sexfasciatus* auf den Seiten sechs Querstreifen aufweist, *N. tretocephalus* dagegen nur fünf. STAECK fing in der Umgebung von Kipili (Südostküste/Tansania) Exemplare von *N. sexfasciatus,* die anstelle der grünweißen eine zitronengelbe Grundfärbung aufwiesen.

T: 23–26° C, **L**: 15 cm, **BL**: 100 cm, **WR**: u, m, **SG**: 2–3

Neolamprologus wauthioni (POLL, 1949)

Syn.: *Lamprologus wauthioni.*

Vork.: Afrika; Tanganjikasee (endemisch). Die Tiere sind Bewohner des Sandlitorals, wo sie auf leere *Neothauma*-Gehäuse angewiesen sind. Die Fundorte der Art liegen einen bis acht Kilometer von der Uferzone entfernt. *N. wauthioni* wird in einer durchschnittlichen Wassertiefe von 35 m angetroffen.

Ersteinf.: 1984.

GU.: Äußere Geschlechtsmerkmale sind keine bekannt. Die Geschlechter unterscheiden sich allein in ihrer Größe.

Soz. V.: Revierbildend; die Reviere werden gegenüber Eindringlingen verteidigt. Höhlenbrüter.

Hält. B.: Wie bei anderen schneckenbewohnenden Arten (*„magarae", brevis, ornatipinnis* usw.). Die Dekoration des Aquariums hat eine untergeordnete Rolle, doch ist eine vier bis acht Zentimeter dicke Sandschicht als Bodengrund für den Fortpflanzungserfolg von *N. wauthioni* wichtig. Die Art kann in größeren Aquarien erfolgreich mit Friedfischen vergesellschaftet werden.

ZU: 24–26° C; sie ähnelt der anderer „Schneckenbarsche". *Neolamprologus wauthioni* errichtet seine Schneckenbehausung auf einem Sandberg.

FU: O; Lebendfutter aller Art (Kleinkrebse, *Tubifex,* Mückenlarven), Flockenfutter, Futtertabletten, gefriergetrocknetes Futter und Frostfutter.

Bes.: Siehe unter Zucht (Gehäuse auf Sandberg).

T: 24–26° C, **L**: ♂ 7 cm, ♀ 4,5 cm, **BL**: 60 cm, **WR**: u, **SG**: 3

Neolamprologus sexfasciatus

Neolamprologus wauthioni

Limnochromis auritus (BOULENGER, 1901)

Syn.: *Paratilapia aurita, Pelmatochromis auritus.*

Vork.: Afrika; Tanganjikasee (endemisch). Die Tiere sind Bewohner des sublitoralen Benthals. Sie kommen über sandigem oder schlammigem Grund vor. Bevorzugt werden Tiefen zwischen 30 und 50 Metern, die maximal nachgewiesene Tiefe lag bei über 100 Metern.

Ersteinf.: Wahrscheinlich schon 1958.

GU.: Die Art ist monomorph. ♂ und ♀ sind äußerlich kaum zu unterscheiden. Bei den männlichen Fischen sollen die Bauchflossen länger sein.

Soz. V.: Revierbildend; die Fische sind ruhig und friedlich; während der Laichzeit allerdings treten innerartliche Aggressionen auf. Spezialisierter, ovophiler Maulbrüter; Elternfamilie.

Hält. B.: Im Hintergrund des Beckens einige Steinaufbauten mit Höhlen und anderen Verstecken arrangieren; Wurzeln zur Dekoration; die Seiten des Beckens können bepflanzt werden; Bodengrund aus feinem Sand, von dem eine größere, freie Fläche vorhanden sein sollte. Regelmäßig einen Teilwasserwechsel vornehmen. Wasser mittelhart bis hart (10–20° dGH) und alkalisch (pH über 7,0). Vergesellschaftung mit nicht zu aggressiven Arten.

ZU: 25–27° C; die Zucht ist im Aquarium noch nicht sehr oft gelungen, dementsprechend spärlich sind zuverlässige Berichte. Die Tiere sind spezialisierte Maulbrüter. Beide Geschlechter erbrüten die Eier im Maul. Eier und Larven werden mehrmals zwischen ♀ und ♂ ausgetauscht. Manchmal pflegen beide Elterntiere gleichzeitig einen Teil der Brut. Eizahl bis 300 Stück. Einen sehr detaillierten Zuchtbericht gibt VRIESMAN (1980) in der Zeitschrift „Cichlidae" **6**: 38–48). Der Artikel ist allerdings in flämischer Sprache geschrieben.

FU: K, O; Lebendfutter aller Art, Frostfutter, gefriergetrocknetes Futter, Shrimps, Rinderherz, Flockenfutter.

Bes.: *Limnochromis auritus* gehört zu den großen Ausnahmen, wo Maulbrüter eine Elternfamilie bilden.

T: 24–26° C, **L**: 14 cm, **BL**: 100 cm, **WR**: u, m, **SG**: 2

Fortsetzung von Seite 938:
Neolamprologus modestus

FU: Lebendfutter (Insektenlarven, Wasserflöhe, *Artemia,* Hüpferlinge), zerkleinertes Fisch- und Krebsfleisch (Shrimps), Flokkenfutter und Futtertabletten.

Bes.: Tiere, die aus dem Südteil des Tanganjikasees stammen, zeigen auffällig gelb gefärbte Brustflossen. Exemplaren aus dem nördlichen Teil des Sees fehlt die Gelbfärbung. Dort haben die Tiere farblose Brustflossen.

T: 23–25° C, **L**: 12 cm, **BL**: 100 cm, **WR**: u, m, **SG**: 2–3

Limnochromis auritus

Neolamprologus modestus

Labidochromis cf. *pallidus*

„Haplochromis" cf. *lobochilus* ♂

Melanochromis chipokae JOHNSON, 1975

Syn.: „*Melanochromis chipoka*" (Handelsname!).

Vork.: Afrika; Malawisee (endemisch). Die Art wurde bisher nur bei den Chindunga Rocks, einem Unterwasserriff in der Nähe des Ortes Chipoka (Artname!), gefunden. Die Tiere sind Bewohner des Felslitorals.

Ersteinf.: Zu Beginn der 70er Jahre.

GU.: Deutlicher Geschlechtsdichromatismus, ♂♂ sind überwiegend blauschwarz gefärbt und tragen in der oberen Körperhälfte zwei lichtblaue Längsstreifen, Afterflosse mit deutlichen Eiflecken; ♀♀ sind sand- bis goldgelb gefärbt und zeigen zwei schwarze Längsstreifen.

Soz. V.: Revierbildend; ♂ agam, deshalb immer ein ♂ mit mehreren ♀♀ pflegen. *M. chipokae* ist besonders in kleinen Aquarien sehr aggressiv. Diese Aggressionen richten sich sowohl gegen arteigene als auch gegen artfremde Tiere. Die Art frißt keine Pflanzen und wühlt nicht. Ovophiler Maulbrüter; Mutterfamilie.

Hält. B.: Steinaufbauten mit vielen Höhlen, Spalten und Nischen bis zur Wasseroberfläche, im Vordergrund viel freien Schwimmraum lassen. Eine Bepflanzung des Beckens ist möglich, aber nicht unbedingt erforderlich, da im natürlichen Biotop kein dichter Pflanzenwuchs vorkommt. Bodengrund aus Sand oder feinkörnigem Kies. Vergesellschaftung nur mit robusten Malawi-Arten aus dem Felslitoral (große *Melanochromis* und *Pseudotropheus*, *Petrotilapia tridentiger* oder *Cyrtocara*-Arten).

ZU: 25–28° C; Wasser 7–18° dGH und pH 7,3–8,5. Immer ein ♂ und mehrere ♀♀ pflegen. Die Zucht ist einfach. Sie kann auch im Gesellschaftsbecken erfolgen, doch sollte man kurz vor Abschluß der Larvalentwicklung das ♀ herausfangen und ihm die Möglichkeit geben, die Pflege der Jungfische in einem separaten Becken ohne große Verluste abzuschließen. Balz und Eiabgabe wie bei anderen Mbuna-Cichliden aus dem Malawisee. Befruchtung der Eier nach der „Eifleck"-Methode. Eizahl 20 bis 40 Stück. Entwicklung der Eier im Maul des ♀ etwa 20 Tage bei 26° C. Pflege der Jungfische nur durch die Mutter. Die Brutpflege des ♀ erlischt bald, nachdem die Jungen das Maul verlassen haben. Fütterung mit ausgesiebten Kleinkrebsen und zerriebenem Flockenfutter.

FU: Lebendfutter aller Art (Krebse, Insektenlarven, *Tubifex* usw.), Fisch- und Krebsfleisch in kleinen Stücken, Flockenfutter.

Bes.: Keine.

T: 24–26° C, **L**: 15 cm, **BL**: 120 cm, **WR**: alle, **SG**: 2–3

Melanochromis chipokae ♂

Melanochromis melanopterus TREWAVAS, 1935

Syn.: Keine.

Vork.: Afrika; bisher nur im südwestlichen Teil des Malawisees gefunden worden (endemisch). Die Art bewohnt dort den ufernahen Bereich der Geröll- und Felszone.

Ersteinf.: Wahrscheinlich als Beifang schon 1958.

GU.: Deutlicher Geschlechtsdichromatismus, ♂ mit überwiegend schwarzer Färbung und lichtblauem Längsband, Afterflosse mit deutlichen Eiflecken; ♀ mit hellem Untergrund und zwei schwarzen Längsstreifen.

Soz. V.: Revierbildend; die Tiere zeigen starke innerartliche Aggressionen und sind gegen artfremde Fische recht ruppig. Die Art vergreift sich nicht an Pflanzen und wühlt auch nicht. Agamer, ovophiler Maulbrüter; Mutterfamilie.

Hält. B.: Wie bei *Melanochromis chipokae* angegeben. Am besten ist eine Hälterung im Gesellschaftsbecken mit anderen robusten Mbuna-Cichliden und größeren *„Haplochromis"*-Arten.

ZU: 25–28° C; Wasserwerte wie bei anderen *Melanochromis*-Arten. Agame Maulbrüter, immer ein ♂ mit mehreren ♀♀ halten. Balz und Ablaichverhalten wie bei anderen Maulbrütern aus dem Malawisee. Eizahl bis 60 Stück. Befruchtung der Eier nach der „Eifleck"-Methode. Entwicklungszeit der Eier im mütterlichen Maul ungefähr drei Wochen bei 26° C. Die entlassenen Jungfische sind schon relativ groß und können mit kleinen Wasserflöhen, Hüpferlingen und zerriebenem Flockenfutter ernährt werden. Die Pflege des ♀ erlischt bald, nachdem die Jungen das Maul verlassen haben.

FU: Lebendfutter (Wasserflöhe, *Artemia, Gammarus,* Mückenlarven, mäßig *Tubifex* und Enchyträen, kleine Regenwürmer), zerkleinertes Fisch- und Krebsfleisch (Shrimps), Flockenfutter.

Bes.: Bei den ♂♂ von *Melanochromis melanopterus* treten zwei verschiedene Farbvarianten auf, die sich durch die Färbung der Rückenflosse unterscheiden. Eine Variante hat eine einfarbig blaue, die andere eine organgebraune Rückenflosse.

T: 24–26° C, **L**: 13 cm, **BL**: 120 cm, **WR**: alle, **SG**: 2–3

Melanochromis parallelus BURGESS & AXELROD, 1976

Syn.: Keine.

Vork.: Afrika; Malawisee (endemisch). Die Art wurde in der Umgebung von Nkhata Bay gefunden und bewohnt die obere Uferzone mit felsigem oder steinigem Untergrund.

Ersteinf.: Unklar.

GU.: Deutlicher farblicher Geschlechtsdimorphismus; die ♂♂ sind blau und schwarz gestreift; die ♀♀ weißlichgelb und schwarz gestreift. Die ♂♂ haben deutliche Eiflecken in der Afterflosse.

Soz. V.: Revierbildend; die Tiere sind ziemlich robust und aggressiv. Sie wühlen nicht und vergreifen sich nicht an den Pflanzen. Agamer, ovophiler Maulbrüter; Mutterfamilie.

Hält. B.: Wie bei *Melanochromis chipokae* angegeben.

ZU: Gleicht der von *M. chipokae* oder *M. melanopterus.*

FU: O; Lebendfutter aller Art, Fisch- und Krebsfleisch in kleinen Stücken, Frostfutter, Flockenfutter.

Bes.: *Melanochromis parallelus* wurde im amerikanischen Schrifttum bis zu seiner Erstbeschreibung Schwarz-Weißer-Auratus genannt (wegen der Ähnlichkeit mit *Melanochromis auratus*).

T: 24–26° C, **L**: 12 cm, **BL**: 100 cm, **WR**: alle, **SG**: 2–3

Melanochromis melanopterus ♂

Melanochromis parallelus ♂

Nanochromis caudifasciatus (BOULENGER, 1913)

Syn.: *Pelmatochromis caudifasciatus.*

Vork.: Afrika; Süd-Kamerun, in den Zuläufen des Nyong River.

Ersteinf.: 1975 von Otto Gartner, Wien.

GU.: Deutlicher Geschlechtsdimorphismus; die ♂♂ sind größer und anders gefärbt; die ♂♂ zeigen im Hartstrahlenteil der Rückenflosse ein metallfarbenes, glänzendes Band.

Soz. V.: Revierbildend; die Art ist verhältnismäßig scheu und friedlich, nur die ♂♂ sind untereinander oft sehr aggressiv. Die Art vergreift sich nicht an den Pflanzen. Höhlenbrüter, Mutter-Vater-Familie.

Hält. B.: Bodengrund aus feinem Kies; höhlenartige Steinaufbauten und Kokosnußschalen mit einem drei Zentimeter Durchmesser messenden Loch sind wichtige Dekorationsstücke. Reichliche Rand- und Hintergrundbepflanzung. Das Wasser sollte sauber, sauerstoffreich und leicht bewegt sein; pH-Wert um 6,0, Härte unter 2° dGH; regelmäßig Wasserwechsel vornehmen. Es sollte nicht verschwiegen werden, daß die Haltung von *N. caudifasciatus* problematisch ist.

ZU: 24–26° C; für eine erfolgreiche Fortpflanzung ist weiches, saures Wasser erforderlich. Ein harmonisierendes Paar bezieht eine Steinhöhle oder eine Kokosnußschale, in der nach heftiger Balz abgelaicht wird. Eizahl über 100 Stück; die Eier werden meist an der Höhlendecke abgelegt. Das ♀ pflegt das Gelege und bleibt allein in der Höhle, während das ♂ das Revier kontrolliert und den Laichplatz verteidigt. Bei 25° C verlassen die Jungfische mit der Mutter nach neun bis zehn Tage zum ersten Mal die Höhle. Nun beteiligt sich auch das ♂ aktiv an der Pflege der Jungfische. Fütterung der Jungen mit *Artemia*-Nauplien und Staubflockenfutter. Bei guter Fütterung wachsen die Jungfische schnell heran.

FU: O; kräftiges Lebendfutter (Mückenlarven, kleine Regenwürmer, *Tubifex,* Eintagsfliegenlarven, Wasserflöhe), Shrimps; Flockenfutter wird ebenfalls gern gefressen.

Bes.: Nach LINKE (1975); Das Aquarium **11**, 114, ist *Nanochromis caudifasciatus* nahe verwandt oder sogar identisch mit *Nanochromis squamiceps* (BOULENGER, 1902).

T: 23–25° C, **L**: ♂ 11 cm, ♀ 8 cm, **BL**: 80 cm, **WR**: u, **SG**: 3–4 (C)

Melanochromis parallelus ♀

Nanochromis caudifasciatus

Nanochromis transvestitus ♂

Nanochromis robertsi THYS & LOISELLE, 1971

Syn.: Keine.

Vork.: Westafrika; nach LINKE & STAECK (1981) wahrscheinlich ausschließlich im südwestlichen Kumasi-Gebiet in West-Zentral Ghana. Ein Biotop ist der Birim-River, der hier im Quellgebiet durch Sekundär-Urwald und Plantagen fließt und eine Anzahl flacher Wasseransammlungen ohne Wasserpflanzen füllt.

Ersteinf.: 1975 ein ♀ von Horst Linke, Berlin. ♂♂ sind noch nicht nach Europa eingeführt worden.

GU.: ♂♂ größer und mit galbelförmiger Schwanzflosse, ♂♂ sind schöner gefärbt und haben mehr Gelb in den Flossen, Genitalpapille spitz und konisch; ♀♀ kleiner, die Schwanzflosse ist leicht eingebuchtet, weniger Gelb in den Flossen, Genitalpapille länger und röhrenförmig.

Soz. V.: Revierbildend; ein ♂ duldet zwei bis drei ♀♀ in seinem Revier. Höhlenbrüter; wahrscheinlich Mann-Mutter-Familie.

Hält. B.: Bodengrund aus hellem Sand oder feinkörnigem Kies bis 2 mm Körnung; einige große Steine, die direkt auf den Aquarienboden gelegt werden; Dekoration mit Moorkienholzwurzeln. Auf Bepflanzung kann verzichtet werden, da sie im natürlichen Lebensraum fehlt. Dort ist der Wasserlauf mit emersen Uferpflanzen überwachsen. Wasser sehr sauber und klar, pH-Wert um 6 und Härte um 5° dGH. In der Natur ist *N. robertsi* mit *Barbus walkeri, Epiplatys chaperi* und *Amphilius atesuensis* vergesellschaftet.

ZU: Über eine erfolgreiche Zucht im Aquarium liegen noch keine Berichte vor. In der Natur beanspruchen die ♂♂ große Territorien, in denen zwei bis drei große ♀♀ und mehrere mittelgroße Jungtiere geduldet werden. Die ♀♀ unterhalten in dem großen Revier des ♂ mehrere Laichreviere mit Bruthöhlen. Jüngere ♂♂ geben sich als ♀♀ und werden deshalb vom dominierenden ♂ im Revier geduldet.

FU: Lebendfutter aller Art: Mückenlarven, Wasserflöhe, Hüpferlinge, *Artemia, Tubifex,* Enchyträen.

Bes.: Die Schwanzflosse der ♂♂ ist, wie bei einigen *Apistogramma*-Arten, in zwei Zipfel ausgezogen.

T: 22–25° C, **L**: ♂ 11 cm, ♀ 8 cm, **BL**: 120 cm, **WR**: u, **SG**: 2–3

Nanochromis transvestitus STEWART & ROBERTS, 1984

Syn.: Keine.

Vork.: Afrika; Zaire, nur aus dem Lake Mai-ndombe (früher Lake Inonongo oder Lake Leopold II) bekannt.

Ersteinf.: Wahrscheinlich 1985.

GU.: Es ist ein ausgesprochener Geschlechtsdimorphismus vorhanden. Die ♂♂ werden größer und sind unscheinbarer gefärbt, die ♀♀ sind kleiner und prächtiger gefärbt (Foto).

Soz. V.: Revierbildend; die Art ist verhältnismäßig friedlich. Unter den ♂♂ kommt es manchmal zu Streitereien. Die Tiere sind Höhlenbrüter; wahrscheinlich Mann-Mutter-Familie.

Hält. B.: Bodengrund aus feinem Sand; höhlenartige Steinaufbauten oder andere höhlenförmige Verstecke, reichlich Rand- und Hintergrundbepflanzung. Das Wasser sollte sauber sein, pH-Wert 6,5–7, Härte bis 10° dGH. Wegen seiner Kleinheit Haltung im Artbecken oder Vergesellschaftung mit anderen nicht zu aggressiven Fischen.

ZU: Über eine gelungene Zucht im Aquarium liegen bisher noch keine Berichte vor.

FU: O; nicht zu großes Lebendfutter aller Art, Frostfutter, gefriergetrocknetes Futter, auch Flockenfutter.

Bes.: *Nanochromis transvestitus* gehört mit zu den kleinsten bekannten Cichliden. Auffallend sind die „vertauschten" Farbkleider. Bei dieser Art sind, im Gegensatz zu allen anderen Vertretern der Gattung, die ♀♀ bunter und auffälliger gefärbt. Der Artname *transvestitus* spielt auf den umgekehrten Sexualdichromatismus an.

T: 24–26° C, **L**: ♂ 4 cm, ♀ 3,5 cm, **BL**: 50 cm, **WR**: u, **SG**: 2–3

Nanochromis robertsi

Nanochromis transvestitus ♀; ♂ vorige Bildseite

Neetroplus nematopus GÜNTHER, 1866

Syn.: *Neetroplus fluviatilis, N. nicaraguensis.*

Vork.: Mittelamerika; in Flüssen und Seen des mittelamerikanischen Grabensystems, vor allem in Nicaragua und Costa Rica.

Ersteinf.: 1976.

GU.: Die ♂♂ werden größer, außerdem sind bei ihnen Rücken- und Afterflosse stark ausgezogen.

Soz. V.: Revierbildend; außerhalb der Laichzeit sind die Tiere relativ verträglich, während der Fortpflanzungsperiode sind sie sehr aggressiv gegenüber anderen Beckeninsassen. Höhlenbrüter; Elternfamilie, beide Elterntiere pflegen zunächst gemeinsam, dann übernimmt ein Elterntier die Pflege allein.

Hält. B.: Aquarien mit geräumigen Höhlen in Steinaufbauten. Stellenweise dichte Bepflanzung mit harten Arten; Dekoration mit einigen Wurzeln und rundgeschliffenen Kieseln; Bodengrund aus grobem Sand. Gute Filterung der Becken. Die Tiere stellen an die Wasserzusammensetzung keine besonderen Ansprüche; Härte 10–20° dGH, pH-Wert 7,0–7,5. Wöchentlich ein Viertel des Beckeninhaltes gegen Frischwasser ersetzen.

ZU: 26–28° C; Wasserwerte wie oben angegeben; möglichst große Becken verwenden. Während der drei bis vier Tage dauernden Balz färben sich die Tiere total um. Aus dem Positivbild der Normalfärbung (heller Körper mit schwarzer Binde) wird praktisch ein Negativbild (dunkler Körper mit heller Binde), das während der gesamten Brutpflege beibehalten wird. Abgelaicht wird an einer senkrechten oder auch leicht überhängenden Fläche der Bruthöhle. Die Eier sind ziemlich groß, aber weder polhängend noch undurchsichtig, ein Gelege umfaßt etwa 50–60 Stück. Die Larven schlüpfen nach fünf oder sechs Tagen (!) und schwimmen nach einer weiteren Woche frei. Die Bindung der Jungen an ihre Eltern ist gering. Die Jungfische besitzen vielmehr eine Bindung zu der unmittelbaren Umgebung der Bruthöhle. Nach SCHMETTKAMP (1978): DCG-Information 9 (2): Cichliden von A–Z, gibt es vier verschiedene Formen der Brutpflege. Fütterung der Jungen mit Kleinkrebs-Nauplien und zerriebenem Flockenfutter.

FU: O; Lebendfutter jeglicher Art, geschabtes Rinderherz. Flockenfutter.

Bes.: Seit der Revision von ROGERS (1981): Copeia no.2, 286–296, ist die Gattung *Neetroplus* monotypisch. Die bis dahin noch validen Arten *N. fluviatilis* MEEK, 1912 und *N. panamensis* MEEK & HILDEBRAND, 1913 wurden eingezogen. *N. fluviatilis* ist ein Synonym von *N. nematopus, N. panamensis* eines von *Cichlasoma panamensis.*

T: 24–26° C, **L**: ♂ 11 cm, ♀ 8 cm, **BL**: 90 cm, **WR**: u, **SG**: 2

Neetroplus nematopus, Normalfärbung

Neetroplus nematopus, Brutpflegefärbung

Neochromis nigricans (BOULENGER, 1906)

Syn.: *Tilapia nigricans, Haplochromis nigricans, Tilapia simotes.*

Vork.: Afrika; Viktoriasee und Viktoria-Nil (endemisch). Die Tiere sind bevorzugt Bewohner des Felsenlitorals.

Ersteinf.: Um 1972.

GU.: Deutlicher, farblicher Sexualdimorphismus; balzaktive ♂♂ sind dunkler gefärbt und haben einen metallisch blaugrünen Glanz auf den Seiten. Die Afterflosse ist dunkelrot und trägt gelbe Eiflecken; die ♀♀ sind olivgrün gefärbt, Afterflosse gelblich und ohne Eiflecken.

Soz. V.: Über das Sozialverhalten von *N. nigricans* ist nichts bekannt. Es ähnelt wahrscheinlich dem anderer Haplochrominen aus dem Viktoriasee. Die Tiere sind mit ziemlicher Sicherheit Maulbrüter mit Mutterfamilie.

Hält. B.: Wie bei *Haplochromis obliquidens* angegeben.

ZU: Die Art ist im Aquarium noch nicht nachgezüchtet worden. Die Zucht ist aber bei entsprechend eingerichteten Becken wahrscheinlich nicht schwer.

FU: O; im Freiland sind die Tiere Aufwuchsfresser, in der Gefangenschaft lassen sie sich an das gängige Cichlidenfutter gewöhnen; pflanzliche Beikost bieten.

Bes.: Als Aufwuchsfresser besitzt *N. nigricans* einen langen und gewundenen Darm. *Neochromis nigricans* ist nahe verwandt mit *Neochromis serridens* (REGAN, 1925) aus dem Eduardsee.

T: 24–26° C, **L**: 12 cm, **BL**: 100 cm, **WR**: u, m, **SG**: 2–3

Ophthalmotilapia nasuta (POLL & MATTHES, 1962)
Nasenbuntbarsch

Syn.: *Ophthalmochromis nasutus.*

Vork.: Afrika; fast überall im Tanganjikasee (endemisch). Die Art bewohnt den ufernahen Bereich des Felslitorals, wobei Tiefen zwischen zwei und fünf Metern bevorzugt werden.

Ersteinf.: Wahrscheinlich 1972 oder 1973.

GU.: Deutlich ausgeprägter Sexualdimorphismus; ♂ mit extrem verlängerten Bauchflossen, deren Ende gelbe Läppchen tragen, Rücken-, After- und Spitzen der Schwanzflosse sind deutlich ausgezogen, die ♂♂ sind dunkler gefärbt; die ♀♀ sind deutlich heller gefärbt, haben keine ausgezogenen Bauchflossen und die Strahlen der unpaaren Flossen sind weniger zu Spitzen ausgewachsen.

Soz. V.: Revierbildend nur zur Laichzeit, sonst leben die Tiere in einem lockeren Verband zusammen. Die ♂♂ sind agam, deshalb immer ein ♂ mit mehreren ♀♀ pflegen. Während der Laichzeit sind die Tiere gegenüber Artgenossen und artfremden Fischen unverträglich. Die Art wühlt während der Laichzeit. Ovophiler Maulbrüter; Mutterfamilie.

Hält. B.: Die Tiere nur in sehr großen Aquarien mit viel freiem Schwimmraum pflegen. Felsaufbauten mit vielen Höhlen und Spalten als Hintergrunddekoration, Bodengrund aus Sand oder feinkörnigem Kies. Eine Bepflanzung ist nicht unbedingt erforderlich, sollte aber sonst nur mit niedrigbleibenden Arten erfolgen. Am besten sind Pflanzen, die an den Steinen festwachsen (*Anubias*-Arten, *Microsorium pteropus*). Vergesellschaftung mit *Chalinochromis-*, *Julidochromis-* und mittelgroßen *Lamprologus*-Arten.

ZU: Über eine erfolgreiche Zucht berichtet EYSEL (1982) in den DCG-Informationen **13** (5): 81–87. Einzelheiten sind diesem informativen Artikel zu entnehmen. Das Fortpflanzungsverhalten von *O. nasuta* ähnelt sehr dem von *Ophthalmotilapia ventralis.*

FU: O; Allesfresser, der sich hauptsächlich von Insekten, Mollusken und auch Pflanzen ernährt. In der Natur ist die Art Detritusfresser. Wichtig ist, daß *O. nasutus* ausreichend gefüttert wird. Die Tiere fressen auch Fisch- und Krebsfleisch, gefriergetrocknetes Futter und Flockenfutter.

Bes.: *Ophthalmotilapia nasuta* kann von *O. ventralis* leicht durch einen fleischigen Fortsatz, der das Maul überragt, unterschieden werden. Bei den ♂♂ ist dieser Fortsatz stärker ausgebildet als bei den ♀♀. Bei *O. ventralis* fehlt ein solcher Fortsatz.

T: 24–26° C, **L**: 18 cm, **BL**: 150 cm, **WR**: u, m, **SG**: 3–4

Neochromis nigricans ♂

Ophthalmotilapia nasuta

Orthochromis machadoi (POLL, 1967)

Syn.: *Haplochromis machadoi.*

Vork.: Afrika; Angola und Namibia, im Becken des Cunene-Flusses. Die Tiere sind Bewohner von Stromschnellen.

Ersteinf.: Wahrscheinlich 1982. Erstes Foto in der DATZ 10/1982.

GU.: Keine sicheren bekannt.

Soz. V.: Die Tiere sind revierbildend und vertreiben Artgenossen und andere Fische von ihren Ruheplätzen. Die ♂♂ sind agam, die ♀♀ erbrüten die Eier in ihrem Maul (Maulbrüter mit Mutterfamilie).

Hält. B.: Kies- oder Sandboden mit Steinen, wobei die Steine unter anderem Höhlen und andere Verstecke bilden sollten. Flache Becken mit großer Grundfläche verwenden; eventuell mit einer Pumpe eine Strömung erzeugen (rheophiler Fisch). Wasser mittelhart (bis 15° dGH) und schwach sauer (pH 6,5). Vergesellschaftung mit anderen Fischen möglich.

ZU: Über eine geglückte Zucht im Aquarium berichtet Bernd Rödling aus Friedberg (briefliche Mitteilung). In dem 250-l-Becken befanden sich Steinaufbauten mit Schieferplatten, der Bodengrund bestand aus grobem Sand; Bepflanzung mit Vallisnerien. Die Wassertemperatur lag bei 26–28° C. Das Wasser war mittelhart (12° dGH) und leicht alkalisch (pH 7,5). Alle drei Wochen wurden $^{2}/_{3}$ des Wassers gewechselt. Nach dem Entdecken der Eier im Maul des Weibchens wurde dieses herausgefangen und in ein sperates, kleineres Becken gesetzt. Nach etwa 10 Tagen wurden die Jungfische aus dem Maul entlassen. Von den Jungen überlebten 21 Stück, die etwa sechs Wochen nach dem Freischwimmen eine Länge von 1,5 cm hatten. Aufzucht der Jungen mit dem gängigen Futter.

FU: O; Lebendfutter aller Art, gefriergetrocknetes Futter, Frostfutter, Flockenfutter und Futtertabletten.

Bes.: Die Gattung *Orthochromis* GREENWOOD, 1954, ist die einzige Gattung von Strömungscichliden, deren Vertreter keine Höhlen-, sondern Maulbrüter sind.

T: 22–25° C, **L:** 6,5 cm, **BL:** 70 cm, **WR:** u, **SG:** 2–3

Papiliochromis ramirezi ♂. Dieser hübsche Südamerikaner wird auch *Microgeophagus ramirezi* genannt. Welcher Name wird wissenschaftlich endlich anerkannt?

Pelvicachromis humilis (BOULENGER, 1916)

Syn.: *Pelmatochromis humilis.*

Vork.: Westafrika; Liberia, Südost-Guinea und Sierra Leone. Die Tiere bewohnen schwach fließende, sauerstoffreiche Wasserläufe, die durch Wald- und Buschlandschaften sowie Plantagengebiete ziehen.

Ersteinf.: 1962 von Erhard Roloff, Karlsruhe.

GU.: ♂ mit spitz ausgewachsener Rükken- und Afterflosse und spitzen Bauchflossen; ♀ mit leicht abgerundeter Rükken- und Afterflosse und abgerundeten Bauchflossen.

Soz. V.: Revierbildend, paarweise; die Tiere sind verträglich, nur während der Laichzeit werden sie aggressiv; sie wühlen dann auch etwas. Sie vergreifen sich aber nicht an den Pflanzen. Höhlenbrüter; Vater-Mutter-Familie.

Hält. B.: Die Tiere in geräumigen Becken pflegen, wobei der Wasserstand von nicht so großer Bedeutung ist (ab 40 cm). Bodengrund aus dunklem, feinkörnigem Kies. Höhlen, Nischen und Unterstände aus abgerundeten Steinen. Kies und Steine müssen auf jeden Fall kalkfrei sein. Prüfung mit Säure: Schäumt das Material nach dem Auftropfen der Säure = kalkhaltig, schäumt es aber nicht = kalkfrei. Dekoration mit Moorkienholzwurzeln. Dichte Seitenbepflanzung und teilweise Bepflanzung zwischen den Steinaufbauten, eventuell einige Schwimmpflanzen zur Lichtdämpfung. Gute Filterung und eine starke Wasserbewegung erzeugen; Bodenheizung. Wasser weich (um 5° dGH) und leicht sauer (pH 6,5–6,9). Regelmäßiger Wasserwechsel, alle ein bis zwei Wochen ein Drittel des Beckeninhaltes. Vergesellschaftung mit anderen *Pelvicachromis*- und *Chromidotilapia*-Arten.

ZU: 26–28° C; dunkler Bodengrund (Kies bis 3 mm Körnung), ein bis zwei Steinhöhlen, die mit Kies gefüllt werden. Bodenheizung, die eine starke Vermehrung von Bakterien im Bodengrund verhindert. Außer den Laichhöhlen noch andere Versteckmöglichkeiten aus Steinen oder Wurzeln und dichte Bepflanzung bieten, damit sich das ♀ vor dem aggressiven ♂ verstecken kann. Zuchtwasser sehr weich (1–2° dGH) und leicht sauer (pH 6,0–6,5). Zuchtansatz mit einem Paar. Als Feindbild und zur Verhinderung des Scheuwerdens einige Lebendgebärende oder Labyrinthfische ins Becken geben. Die Zucht ist nicht ganz leicht. Vor dem Ablaichen wird der Kies aus einer Höhle „herausgebuddelt". Das ♀ zeigt durch heftiges Zittern des dabei stark gebogenen Körpers seine Laichbereitschaft an. Das ♂ „antwortet" durch Rüttelbewegungen und eine schräge Schwimmlage; anschließend wird in der Höhle abgelaicht. Das ♀ bewacht Eier und Larven; nach etwa acht Tagen verläßt es erstmals mit den Jungen die Höhle. Die Jungfische werden auch vom ♂ geführt und bewacht. Die Führung durch die Eltern dauert einige Wochen. Fütterung der Jungen mit *Artemia*-Nauplien und MikroMin.

FU: K, O; Lebendfutter jeglicher Art: Mükkenlarven, adulte Insekten, Enchyträen, *Tubifex,* Wasserflöhe, Hüpferlinge; Flokkenfutter und Futtertabletten.

Bes.: Von *Pelvicachromis humilis* sind derzeit drei Farbformen bekannt: 1. Farbform Kenema, die in Liberia, im südöstlichen Guinea und vor allem in Sierra Leone vorkommt. 2. Farbform Kasewe, deren natürlicher Lebensraum sich im Kasewe-Waldgebiet und im Gebiet der Kasabere Berghänge in Zentral-Sierra Leone befindet. 3. Eine weitere, bisher noch nicht benannte Farbform, die Anfang 1981 durch die Fa. Tagis-Aquarium eingeführt worden ist.

T: 24–26° C, **L:** ♂ 12,5 cm, ♀ 10 cm, **BL:** 120 cm, **WR:** u, **SG:** 2–3

Pelvicachromis humilis, Farbform Kasewe

Pelvicachromis humilis, Farbform Kenema

Pelvicachromis roloffi (THYS, 1968)

Roloffs Prachtbarsch

Syn.: *Pelmatochromis roloffi.*

Vork.: Westafrika; östliches Guinea, Sierra Leone und westliches Liberia. Die Tiere kommen in kleinen Wasseransammlungen und in fließenden Gewässern der Plantagengebiete und Busch- und Waldlandschaften vor. Sie halten sich in Ufernähe zwischen Pflanzen und Wurzeln auf.

Ersteinf.: 1968 durch Erhard Roloff, Karlsruhe.

GU.: ♂♂ größer, mit spitz ausgezogenen Rücken–, After- und Bauchflossen und einem dunklem Längsband vom Kopf bis zum Schwanzstiel; adulte ♀♀ mit rundem, violett gefärbten Bauch und fast schwarzen, abgerundeten Bauchflossen, Rücken- und Afterflosse nicht spitz ausgezogen.

Soz. V.: Revierbildend, paarweise; relativ friedliche Art, die nur während der Laichzeit unverträglich ist. Die Tiere wühlen etwas, lassen aber die Pflanzen in Ruhe. Höhlenbrüter; Vater-Mutter-Familie.

Hält. B.: Feinkörniger, kalkfreier Kies als Bodengrund. LINKE & STAECK (1981) empfehlen eine Bodenheizung, damit *P. roloffi* als Bodenbewohner möglichst einen sauerstoffreichen und bakterienarmen Bodengrund hat. Verstecke aus Steinen und Wurzeln. Gute Bepflanzung der Becken ist für das Wohlbefinden der Tiere wichtig; eventuell einige Schwimmpflanzen (*Pistia*-Arten) für die Wasseroberfläche. Wasser sehr weich (1–2° dGH), mäßig sauer bis neutral (pH 5,9–7,0), klar und sauerstoffreich. Die Pflege ist aber auch in mittelhartem Wasser (bis 15° dGH) möglich. Vergesellschaftung mit Barben und Labyrinthfischen.

ZU: 25–26° C; Wasserwerte wie oben angegeben, Härte aber nicht über 5° dGH, damit eine gute Entwicklung der Eier und Larven gewährleistet ist. Dem Ablaichen geht eine längere Balz voraus, wobei das ♀ der aktivere Partner ist. Der Laichplatz wird geputzt; es wird in einer Höhle abgelaicht. Das ♀ bewacht die Eier und Larven, während das ♂ die Höhle und das Gebiet um diese verteidigt. Die Nachzuchten sind nie sehr groß. Nach etwa einer Woche verläßt das ♀ zum ersten Mal mit den Jungfischen die Höhle. Die Jungfische werden von beiden Elterntieren geführt und verteidigt. Fütterung der Jungen mit Staubfutter, *Artemia*-Nauplien und Mikro-Min.

FU: Lebendfutter: Mückenlarven, Eintagsfliegen, Dipteren, Wasserflöhe, Hüpferlinge, *Artemia, Tubifex,* Enchyträen; Flokkenfutter und Futtertabletten.

Bes.: *P. roloffi* kann man von anderen *Pelvicachromis*-Arten anhand der zahlreichen schwarzen Punkte in der Rücken- und Schwanzflossenbasis unterscheiden. Eine weiße Begrenzung der Rückenflosse ist für diese Art, zumindest beim ♀, kennzeichnend.

T: 24–26° C, **L**: ♂ 8,5 cm, ♀ 6 cm, **BL**: 100 cm, **SG**: 3

Petenia splendida GÜNTHER, 1862

Gefleckter Raubbuntbarsch

Syn.: *Astronotus splendida.*

Vork.: Mittelamerika; südöstliches Mexiko, Guatemala, Belize (Britisch Honduras) und Nicaragua.

Ersteinf.: 1975 in die USA.

GU.: Monomorph; die Geschlechter lassen sich äußerlich nicht unterscheiden.

Soz. V.: Revierbildend; fischfressender Raubfisch, trotzdem ein ruhiger Fisch. Offenbrüter; Elternfamilie.

Hält. B.: An der Rückwand des Beckens werden schwere Steinaufbauten mit Verstecken und Unterständen arrangiert; Bodengrund aus feinkörnigem Kies; Wurzeln zur Dekoration. Wasser bis 15° dGH und neutral bis schwach alkalisch (pH 7,0–7,5). Wegen seiner räuberischen Lebensweise wird die Haltung im Artbecken empfohlen; ansonsten Vergesellschaftung mit gleichgroßen Cichliden.

ZU: Die Art wurde im Aquarium wohl noch nicht nachgezüchtet.

FU: K; Lebendfutter aller Art, ab einer gewissen Größe fressen die Tiere besonders gern Fische.

Bes.: Von *Petenia splendida* gibt es neben der silbriggrauen Normalmorphe noch eine orange Morphe. Die Tiere können drei Kilogramm schwer werden und sind in ihrer Heimat Speisefische.

T: 24–26° C, **L**: bis 50 cm, **BL**: 150 cm, **WR**: u, m, **SG**: 4 (K)

Pelvicachromis roloffi, vorn ♂, hinten ♀

Petenia splendida

Petrochromis famula MATTHES & TREWAVAS, 1960

Syn.: Keine.

Vork.: Afrika, Tanganjikasee (endemisch). Die Art wurde bisher in der Nähe von Kigoma (Tansania) und an der Nordwestküste in Zaire gefunden. Die Tiere sind Bewohner des ufernahen Geröll-Litorals und bevorzugen das flache Wasser.

Ersteinf.: Das genaue Datum konnte nicht ermittelt werden.

GU.: Relativ deutlich ausgebildeter Geschlechtsdimorphismus(-dichromatismus). Die ♂♂ sind intensiver gefärbt, Rücken- und Afterflosse bzw. die Bauchflossen sind spitzer ausgezogen, die Afterflosse trägt drei bis vier Eiflecken; ♀♀ deutlich blasser, Rücken- und Afterflosse und die Bauchflossen sind weniger spitz ausgezogen.

Soz. V.: Revierbildend; bei der Art treten untereinander sehr große Aggressionen auf, die bei der Vergesellschaftung mit anderen Fischen etwas gedämpft werden. Die Art frißt an zarten Pflanzen und Pflanzentrieben. Die Tiere sind agam. Ovophiler Maulbrüter; Mutterfamilie.

Hält. B.: Es bietet sich wegen der innerartlichen Aggressionen eine Haltung im Gesellschaftsaquarium an. Aufbauten aus Felsstücken und Steinplatten mit vielen Höhlen und Spalten als Versteckmöglichkeiten, Bodengrund aus Sand oder feinem Kies; falls Bepflanzung vorgenommen werden soll, nur robuste, hartblättrige Arten verwenden; viel Schwimmraum freilassen. Vergesellschaftung am besten mit lebhaften und robusten Arten aus dem Tanganjikasee (*Tropheus*) oder dem Malawisee (*Melanochromis, Pseudotropheus*).

ZU: 25–27° C; Wasser bis mittelhart (7–18° dGH) und leicht bis mäßig alkalisch (pH 7,5–8,5). Zucht ist im Gesellschaftsbecken möglich. Ein ♂ und zwei bis drei ♀♀ pflegen. Balz und Ablaichverhalten wie bei anderen Maulbrütern aus dem Tanganjikasee. Eizahl bis 60 Stück; die Eier werden von dem ♀ ins Maul genommen, ihre Entwicklung dauert bei 26° C ungefähr vier Wochen. Beim ersten Entlassen aus dem Maul sind die Jungfische schon über 10 mm lang. Fütterung der Jungen mit ausgesiebten Kleinkrebsen und zerriebenem Flockenfutter.

FU: In der Natur ein spezialisierter Aufwuchsfresser, aus diesem Grund im Aquarium ballastreiche Kost füttern (Wasserflöhe, Hüpferlinge, *Artemia,* Mückenlarven), Flockenfutter wird ebenfalls gern genommen. Die Fütterung mit *Tubifex* und Enchyträen nur in Ausnahmefällen (zu ballastarm).

Bes.: Es sind bisher fünf *Petrochromis*-Arten beschrieben worden, wobei in naher Zukunft noch weitere Arten hinzukommen werden. Die Gattung *Petrochromis* ist von allen Cichliden am stärksten auf das Fressen von Aufwuchs spezialisiert.

T: 23–26° C, **L**: 15 cm, **BL**: 100 cm, **WR**: u, m, **SG**: 3

Petrochromis polyodon BOULENGER, 1898

Syn.: *Petrochromis fasciolatus.*

Vork.: Afrika; Tanganjikasee (endemisch). Die Tiere sind im See sehr weit verbreitet. Sie sind Bewohner des Geröll-Litorals und bevorzugen flaches Wasser.

Ersteinf.: Wahrscheinlich um 1970.

GU.: ♂ mit Eiflecken in der Afterflosse.

Soz. V.: Revierbildend; die Fische sind gegenüber Artgenossen und artfremden Fischen sehr aggressiv und ruppig; in zu kleinen Becken führen ihre Aggressionen bis zur Vernichtung. *P. polyodon* frißt an Pflanzen. Agamer, ovophiler Maulbrüter; Mutterfamilie.

Hält. B.: Große Becken mit Steinaufbauten, die viele Höhlen, Nischen und Verstecke bieten. Es wird eine Haltung im Gesellschaftsbecken empfohlen, da dort die Tiere ihre Aggressionen besser verteilen können. Bodengrund aus Sand oder feinkörnigem Kies; eventuelle Bepflanzung nur mit harten Arten; freien Schwimmraum lassen. Wasser mittelhart bis hart (10–20° dGH) und im alkalischen Bereich (pH 7,2–8,5). Vergesellschaftung nur mit robusten Arten.

ZU: Wie bei *Petrochromis trewavasae* angegeben.

FU: O; in der Natur ein extremer Aufwuchsfresser, deshalb im Aquarium ballastreiches Futter bieten (alle Arten von Kleinkrebsen, Mückenlarven, Algen). Flokkenfutter, *Tubifex* und Enchyträen wegen ihrer Ballastarmut nur in Ausnahmefällen verfüttern.

Bes.: Keine.

T: 23–26° C, **L**: 21 cm, **BL**: 150 cm, **WR**: alle, **SG**: 3

Petrochromis famula

Petrochromis polyodon

Petrochromis trewavasae POLL, 1948

Syn.: Keine.

Vork.: Afrika; Tanganjikasee (endemisch). Die Tiere sind bisher nur am südwestlichen Ufer im Grenzgebiet von Sambia und Zaire gefangen worden. Die Tiere bewohnen das obere Geröll- und Felsenlitoral.

Ersteinf.: Unbekannt.

GU.: Die Geschlechtsunterschiede sind nicht sehr deutlich ausgebildet. Bei alten ♂♂ sind After- und Rückenflosse viel länger ausgezogen, die Afterflosse trägt Eiflecken.

Soz. V.: Revierbildend; die Fische sind anderen Arten gegenüber duldsam, zeigen aber ein sehr stark ausgebildetes innerartliches Aggressionsverhalten. Agamer, ovophiler Maulbrüter; Mutterfamilie.

Hält. B.: Im Hintergrund des Beckens Steinaufbauten bis an die Wasseroberfläche. Durch sie sollten viele Höhlen und Nischen gebildet werden. Revierabgrenzungen mit Wurzeln; sandiger Bodengrund; auf eine Bepflanzung kann verzichtet werden; Schwimmraum freilassen. Wasser nicht zu weich (ab 10° dGH) und nicht sauer (pH 7,5–8,5). Vergesellschaftung mit anderen Cichliden aus dem Tanganjikasee.

ZU: 25–27° C; Wasserwerte wie oben angegeben. Ein ♂ mit mehreren ♀♀ einsetzen. Die Tiere sind spezialisierte Maulbrüter. Nach dem Ablaichen nehmen die ♀♀ die Eier ins Maul auf. Die Eizahl beträgt nur 10–15 Stück; die Eier sind relativ groß. Bei 27° C dauert die Entwicklung etwa vier Wochen. Während dieser Zeit nimmt das ♀ Nahrung auf. Die Jungfische sind rund zwei Zentimeter lang, wenn sie das erste Mal aus dem Maul der Mutter entlassen werden. Ernährung der Jungfische mit ausgesiebten Kleinkrebsen.

FU: O; Lebendfutter aller Art, auch Frostfutter, gefriergetrocknetes Futter und Flokkenfutter.

Bes.: *Petrochromis trewavasae* ist der einzige Vertreter der Gattung mit gegabelter Schwanzflosse. Eine Verwechslung mit anderen Arten der Gattung ist nicht möglich. Gattungsmerkmale sind die dreispitzigen (tricuspiden) Zähne und die hohe Anzahl von Hartstrahlen in der Rückenflosse.

T: 23–25° C, **L:** 18 cm, **BL:** 100 cm, **WR:** alle, **SG:** 2–3

Pseudosimochromis curvifrons (POLL, 1942)

Syn.: *Simochromis curvifrons.*

Vork.: Afrika; Tanganjikasee (endemisch). Die Tiere bewohnen die Geröllzone. Sie sind Aufwuchsfresser.

Ersteinf.: Unbekannt.

GU.: Es gibt einen markanten Unterschied zwischen ♂♂ und ♀♀. Bei den ♀♀ ist eine stark ausgeprägte Bänderung vorhanden, die bei den ♂♂ fehlt; außerdem sind die ♂♂ größer, haben längere Bauchflossen und eine zugespitzte Rücken- und Afterflosse.

Soz. V.: Revierbildend; innerartliche Aggressionen sind stark ausgebildet. Als pflanzenfressende Fische vergreifen sich die Tiere oft an Pflanzen. Die Art wühlt nicht. Ovophiler Maulbrüter; Mutterfamilie.

Hält. B.: Steinaufbauten, die viele Höhlen und Spalten als Verstecke bieten; kräftige Beleuchtung von oben zur Anregung des Algenwachstums; freien Schwimmraum lassen, Bodengrund aus Kies oder Sand; auf Bepflanzung der Becken sollte verzichtet werden. Wasser mittelhart (um 15° dGH) und leicht alkalisch (pH 7,5–9,0). Vergesellschaftung mit *Simochromis*- und/oder *Tropheus*-Arten.

ZU: Die Art ist schon nachgezüchtet worden; ein Zuchtbericht wurde von BRÜHLMEYER (1978): Aquarien Terrarien **25** (8): 268–269, veröffentlicht.

FU: O, H; Lebendfutter aller Art, Algen, vegetarische Zusatzkost (überbrühter Salat, Spinat; Haferflocken), Tetraphyll oder ähnliches Flockenfutter.

Bes.: *P. curvifrons* ist empfindlich gegen starke Frischwasserzugabe.

T: 24–26° C, **L:** 14 cm, **BL:** 100 cm, **WR:** u, m, **SG:** 3

Petrochromis trewavasae

Pseudosimochromis curvifrons ♂

Pseudotropheus heteropictus STAECK, 1980

Syn.: Keine.

Vork.: Afrika; Malawisee (endemisch). Die Tiere sind bisher nur im oberen Litoral von Tumbi Island gefangen worden.

Ersteinf.: 1975.

GU.: Deutlich ausgeprägter Sexualdimorphismus. ♂♂ anders gefärbt als die ♀♀. Diese sind gelb.

Soz. V.: Revierbildend; die Fische zeigen ziemlich starke innerartliche Aggressionen. Sie vergreifen sich nicht an den Pflanzen. Ovophiler Maulbrüter; Mutterfamilie.

Hält. B.: Wie bei *Pseudotropheus lombardoi* angegeben.

ZU: Wie bei *Ps. lombardoi* aufgeführt. Die Tiere sind spezialisierte Maulbrüter, bei denen die ♀♀ die Eier im Maul tragen. Eizahl 25–30 Stück; bei 27° C behält das ♀ die Eier etwa zwei Wochen im Maul und betreibt nach dem Entlassen aus dem Maul noch zwei bis drei Tage Brutpflege.

FU: O; Lebendfutter aller Art, gefriergetrocknetes Futter, Frostfutter und Flockenfutter.

Bes.: Eine gewisse Ähnlichkeit zum Farbkleid der ♂♂ von *P. heteropictus* weist *Pseudotropheus socolofi* auf. Dieser Art fehlen jedoch die dunklen Querstreifen und der farbliche Sexualdimorphismus.

T: 24–26° C, **L**: 10 cm, **BL**: 100 cm, **WR**: m, u, **SG**: 2–3

Pseudotropheus livingstonii (BOULENGER, 1899)
Schneckenbuntbarsch

Syn.: *Tilapia livingstonii.*

Vork.: Afrika; Malawisee (endemisch). Die Art scheint sandige Regionen der Küste zu bewohnen.

Ersteinf.: 1964 (?).

GU.: Der deutliche Geschlechtsdimorphismus anderer *Pseudotropheus*-Arten fehlt. Die ♂♂ haben Eiflecken in der Afterflosse, außerdem sind sie etwas größer und intensiver gefärbt.

Soz. V.: Revierbildend; die Art ist weniger unverträglich und ruppig als andere *Pseudotropheus*-Arten. Die Tiere vergreifen sich nicht an Pflanzen und wühlen nicht. Agamer, ovophiler Maulbrüter; Mutterfamilie.

Hält. B.: Am besten in einem Gesellschaftsaquarium, das geräumig und mit Steinaufbauten versehen sein sollte. Die Aufbauten können bis unter die Wasseroberfläche reichen. Wichtig ist das Vorhandensein von zahlreichen Höhlen und Spalten. Bepflanzung nur mit harten Arten; sie ist aber nicht unbedingt erforderlich. Sandiger Bodengrund mit einigen Schneckenhäusern als zusätzlicher Unterschlupf. Wasser mittelhart bis hart (12–20° dGH) und mäßig alkalisch bis alkalisch (pH 8,0–9,0). Vergesellschaftung mit Mbuna-Cichliden.

ZU: 25–28° C; Wasserwerte wie unter **Hält. B.** angegeben. Der Zuchtansatz besteht aus einem ♂ und mehreren ♀♀. Maulbrüter, das ♀ nimmt die Eier ins Maul; Eizahl bis 60 Stück; Befruchtung der Eier nach der „Eifleck"-Methode. Die Entwicklung der Eier dauert bei 26° C etwa drei Wochen. Nach dieser Zeit werden die Jungfische zum ersten Mal aus dem Maul der Mutter entlassen. Die Jungfische werden nur kurze Zeit von der Mutter gepflegt (etwa acht Tage). Fütterung der Jungen mit kleinen Krebsen und zerriebenem Flockenfutter.

FU: O; Lebendfutter aller Art, pflanzliche Kost, gefriergetrocknetes Futter, Frostfutter, Flockenfutter.

Bes.: Kleinere Tiere von *Pseudotropheus livingstonii* suchen bei Gefahr in den leeren Gehäusen der Schnecken *Lanistes* Zuflucht, die im Sandlitoral des Sees leben.

T: 22–26° C, **L**: 15 cm, **BL**: 100 cm, **WR**: alle, **SG**: 2

Pseudotropheus heteropictus ♂

Pseudotropheus livingstonii

Pseudotropheus lombardoi BURGESS, 1977

Syn.: *„Pseudotropheus lil(i)ancinius"*, *„Ps. ken(n)yi"* (Handelsnamen!).

Vork.: Afrika, Malawisee (endemisch). Die Art kommt nur im Geröll- und Felslitoral der Mbenji-Inseln vor. Die Tiere sind Aufwuchsfresser.

Ersteinf.: 1974.

GU.: Sehr deutlicher Geschlechtsdichromatismus, ♂ strahlend gelb, Afterflosse mit Eiflecken; ♀ mit himmelblauer Grundfärbung, über die sechs schwarze Querstreifen verlaufen.

Soz. V.: Revierbildend; die Tiere zeigen sehr starke innerartliche Aggressionen, wobei Beißereien zu großen Schäden führen können. Nicht nur die ♂♂, sondern auch die ♀♀ sind aggressiv. In zu kleinen Aquarien ist *Ps. lombardoi* auch gegen andere Arten unverträglich. Die Tiere vergreifen sich manchmal an den Trieben zarter Pflanzen. Agame, ovophile Maulbrüter; Mutterfamilie.

Hält. B.: Am besten in einem großen Gesellschaftsaquarium, da das Vorhandensein anderer Arten *Ps. lombardoi* etwas von den innerartlichen Aggressionen ablenkt. Steinaufbauten mit zahlreichen Höhlen und Spalten an der Rückwand des Aquariums. Diese Aufbauten können sich bis dicht unter die Wasseroberfläche erstrecken. Bepflanzung nur mit harten Arten; sie ist aber nicht erforderlich. Vergesellschaftung nur mit robusten Cichliden (*Labeotropheus fuelleborni, Melanochromis chipokae, M. melanopterus, Pseudotropheus elongatus, Ps. zebra*).

ZU: 25–28° C; Wasser wie bei anderen *Pseudotropheus*-Arten (mittelhart bis hart: 10–20° dGH) und mäßig alkalisch (pH um 8). Die Tiere haben keine Bindung an den Fortpflanzungspartner, deshalb immer ein ♂ und mehrere ♀♀ halten. Es wird auf einem flachen Stein abgelaicht. Eizahl bis 50 Stück; die Eier werden von dem ♀ ins Maul genommen und in bekannter Manier („Eifleck"-Methode) befruchtet. Die Entwicklung dauert bei 26° C etwa 20–24 Tage. Nach dieser Zeit werden die strahlend blaugefärbten Jungfische zum ersten Mal aus dem Maul entlassen. Die Jungfische sind dann ca. einen Zentimeter lang und werden mit kleinen Krebsen und zerriebenem Flockenfutter gefüttert.

FU: Problemloser Fresser, der, neben Lebendfutter aller Art, auch Fisch- und Krebsfleisch sowie Flockenfutter gerne frißt. Regelmäßige Fütterung mit karotinhaltigen Futtermitteln bewahrt das strahlende Gelb des ♂ vor dem Verblassen.

Bes.: Bei *Ps. lombardoi* steht der Geschlechtsdichromatismus in deutlichem Gegensatz zu den übrigen Mbuna-Cichliden. Bei vielen *Melanochromis*- und *Pseudotropheus*-Arten sowie den beiden *Labeotropheus*-Arten sind die ♂♂ blau, die ♀♀ dagegen gelb oder orange gefärbt. Bei *Ps. lombardoi* dagegen sind die ♂♂ leuchtend gelb, während die ♀♀ eine blaue Färbung aufweisen. Im Alter zeigt ein Teil der ♀♀ eine Färbung, die der der ♂♂ ähnelt.

T: 24–26° C, **L**: 15 cm, **BL**: 150 cm, **WR**: alle, **SG**: 2–3

Pseudotropheus microstoma TREWAVAS, 1935

Syn.: Keine.

Vork.: Afrika; Malawisee (endemisch). Die Tiere sind Bewohner des Geröll- und Felslitorals.

Ersteinf.: 1964.

GU.: Deutlicher Geschlechtsdimorphismus; ♂ viel leuchtender und intensiver gefärbt, Afterflosse mit Eiflecken; ♀♀ sind unscheinbar gelblich oder bräunlich gefärbt.

Soz. V.: Revierbildend; die Tiere sind untereinander aggressiv und kampflustig. Agamer, ovophiler Maulbrüter; Mutterfamilie.

Hält. B.: Wie bei *Pseudotropheus lombardoi* angegeben.

ZU: 26–28° C; leicht möglich. Sie ähnelt der anderer *Pseudotropheus*-Arten; Einzelheiten siehe *Ps. lombardoi*. Befruchtung der Eier nach der „Eifleck"-Methode; Zeitigungsdauer der Eier 17–20 Tage im Maul der Mutter. Die Pflege der Jungfische erlischt einige Tage nach dem ersten Entlassen aus dem Maul.

FU: O; Lebendfutter aller Art, Fisch- und Krebsfleisch, Frostfutter, auch Flockenfutter.

Bes.: Von *Pseudotropheus microstoma* gibt es zwei Morphen, bei denen sich die ♂♂ farblich unterscheiden. Die ♂♂ der einen Morphe sind strahlend zitronengelb gefärbt, während die ♂♂ der anderen Variante zwischen dem Auge und dem Ansatz der Bauchflossen eine orangegelbe Zone zeigen. Der Kopf und die hintere Körperhälfte sind blau gefärbt. FRYER vertritt die Ansicht, daß *Ps. microstoma* nur eine Variante von *Pseudotropheus tropheops* ist.

T: 24–26° C, **L**: 13 cm, **BL**: 100 cm, **WR**: m, u, **SG**: 2

Pseudotropheus lombardoi ♂

Pseudotropheus lombardoi ♀

Pseudotropheus microstoma

Pseudotropheus socolofi JOHNSON, 1974

Syn.: *„Pseudotropheus pindani"* (Händlername!).

Vork.: Afrika; an der zu Mosambique gehörenden Ostküste des Malawisees (endemisch). Die meisten Fundorte liegen in der Nähe der Likoma-Inseln. Die Tiere bewohnen den oberen Bereich des Geröll- und Felslitorals. Sie sind Aufwuchsfresser.

Ersteinf.: Zu Beginn der 70er Jahre.

GU.: Es ist kein stark ausgeprägter Geschlechtsdimorphismus (-dichromatismus) vorhanden. Die ♂♂ sind am besten an den drei bis vier gelben Eiflecken in der Afterflosse und den deutlich längeren Bauchflossen von den ♀♀ zu unterscheiden.

Soz. V.: Revierbildend; *Ps. socolofi* ist, im Vergleich zu anderen *Pseudotropheus*-Arten relativ friedlich und verträgt sich meist mit Artgenossen und artfremden Tieren. Die Art vergreift sich nicht an Pflanzen. Ovophiler Maulbrüter; Mutterfamilie.

Hält. B.: Wie bei *Pseudotropheus lombardoi* angegeben. Wichtig ist, daß man dem Fisch freien Schwimmraum bietet. Vergesellschaftung mit nicht zu aggressiven *Pseudotropheus*- und *Melanochromis*-Arten.

ZU: 25–28° C; Wasserwerte wie bei anderen *Pseudotropheus*-Arten. Die Zucht ist auch in einem biotopgerechten Gesellschaftsaquarium durchzuführen. Ein ♂ und mehrere ♀♀ pflegen. Balz und Ablaichverhalten wie bei anderen *Pseudotropheus*. Eizahl 20 bis 50 Stück. Die Eier werden vom ♀ ins Maul genommen; Befruchtung der Eier nach dem üblichen Muster. Nur das ♀ kümmert sich um die Brut; die Jungfische werden bei 26° C nach etwa drei Wochen aus dem Maul entlassen. Die Brutpflege erlischt nun sehr schnell, da die Jungen in Spalten und Nischen verschwinden. Aufzucht mit ausgesiebten Kleinkrebsen und zerriebenem Flockenfutter. Zur Vermeidung von Verlusten an Jungfischen ♀ nach ca. zwei Wochen Brutpflege herausfangen und in ein Aufzuchtbecken setzen.

FU: Lebendfutter aller Art, gefriergetrocknetes Futter, Frostfutter und jegliche Art von Flockenfutter.

Bes.: *Pseudotropheus socolofi* unterscheidet sich von den meisten Mbuna-Cichliden durch das Fehlen eines ausgeprägten Geschlechtsdimorphismus (-dichromatismus).

T: 24–26° C, **L**: 12 cm, **BL**: 100 cm, **WR**: u, m, o, **SG**: 2–3

Pterophyllum dumerilii (CASTELNAU, 1855)

Dumerils Segelflosser, Spitzkopfsegelflosser

Syn.: *Plataxoides dumerilii, P. leopoldi.*

Vork.: Südamerika: Die Art kommt im Amazonasgebiet von der Atlantikküste (Belèm, Cacaul) bis zum Rio Solomòes vor. Die Art wurde auch in Guyana gefunden.

Ersteinf.: Nicht bekannt.

GU.: Außerhalb der Laichzeit keine äußerlich erkennbaren Geschlechtsunterschiede feststellbar. Während der Laichzeit sind die ♀♀ etwas fülliger und haben eine abgerundete Genitalpapille. Die Genitalpapille der ♂♂ ist spitz.

Soz. V.: Revierbildend; Jungtiere leben im Schwarm, die adulten Tiere paarweise. Die Art ist friedlich und wühlt nicht. Offenbrüter; Elternfamilie mit ausgeprägter Gattentreue.

Hält. B.: In gutbepflanzten, relativ hohen Becken halten; am besten Rand- und Hintergrundbepflanzung mit harten Arten (*Sagittaria, Vallisneria* usw.); freien Schwimmraum lassen. Dekoration mit einigen Moorkienholzwurzeln. Wasser am besten weich (um 5° dGH) und schwach sauer (pH 6,0). Vergesellschaftung mit anderen *Pterophyllum*-Arten oder Haltung im Artbecken.

ZU: 28–31° C; Wasserwerte wie oben angegeben. Der schwedische Aquarianer Jörgen ERLANDSSON hat die Art erfolgreich nachgezüchtet und in schwedischen Zeitschriften darüber publiziert. Die Zucht unterscheidet sich nicht wesentlich von *P. scalare.*

FU: K, O; Lebendfutter aller Art, gefriergetrocknetes Futter, Flockenfutter, pflanzliche Beikost (Salat, Spinat).

Bes.: Bei *Pterophyllum dumerilii* bilden die von der Schnauze flach kontinuierlich aufsteigende Stirn-Rücken-Linie und die abwärtsgerichtete Brustlinie nur einen Winkel von 66 bis maximal 80 Grad. Die Tiere wirken deshalb langgestreckter als *Pterophyllum altum* oder *P. scalare.* Charakteristisch ist auch der dunkle Fleck an der Rückenflossenbasis.

T: 28–30° C, **L**: 10 cm, **BL**: 80 cm, **BH**: 50 cm, **WR**: m, **SG**: 2–3

Pseudotropheus socolofi ♂

Pterophyllum dumerilii

Oreochromis alcalicus grahami (BOULENGER, 1912)
Magadi-Maulbrüter, Grahams Soda-Maulbrüter

Syn.: *Tilapia grahami, Sarotherodon alcalicus grahami.*

Vork.: Afrika; Kenia, im Lake Magadi (endemisch). Die Art kommt in dem stark sodahaltigem und alkalischem (pH 10,5!) Wasser dieses Sees vor.

Ersteinf.: Wahrscheinlich in wenigen Exemplaren schon 1958.

GU.: Die ♂♂ sind meist größer als die ♀♀. Sie sind auch intensiver gefärbt; die ♀♀ sind kleiner, blasser und im fortgeschrittenen Alter an ihrer durchhängenden Kehlpartie (Maulbrüter) zu erkennen.

Soz. V.: Revierbildend; sehr ruhige und friedliche Fische, die manchmal regelrecht scheu sind. Die Tiere wühlen etwas während der Laichzeit. Ovophiler Maulbrüter; Mutterfamilie.

Hält. B.: Möglichst großflächige Becken mit niedrigem Wasserstand (ca. 30 cm) und Sandboden; eventuell einige Verstecke bieten. Diese Einrichtung kommt den Verhältnissen in der Natur sehr nahe. Durch vorsichtiges Umgewöhnen lassen sich auch Wildfänge an Wasserwerte anpassen, wie man sie aus anderen afrikanischen Seen kennt: 10–20° dGH und pH-Wert 7,5–8,5. Die Haltung erfolgt am besten im Artbecken.

ZU: 26–30° C; die Zucht gelingt bei eingewöhnten Tieren relativ leicht; Wasserwerte wie nebenstehend angegeben. Die Tiere legen im Sand kleine Laichgruben an, in denen die Eier abgegeben werden. Die Eier sind sehr klein (1–1,5 mm im Durchmesser), gelb und nach der Aussage von SCHOLTZE (1981): Aquarien Terrarien **28**, 377, nicht zahlreich. Er zählte nur 20 Stück. Wahrscheinlich liegt die durchschnittliche Eizahl höher, zumal die Eier für einen Maulbrüter winzig sind. Die Eier werden vom ♀ ins Maul genommen; die Zeitigungsdauer beträgt bei 28° C 23 Tage. Nach dem Entlassen aus dem Maul endet die Brutpflege. Fütterung der Jungen mit *Artemia*-Nauplien.

FU: O; Lebendfutter aller Art, Frostfutter, Rinderherz, Flockenfutter.

Bes.: Von *Oreochromis alcalicus* gibt es zwei Unterarten: *O. alcalicus alcalicus* (HILGENDORF, 1905), der im Lake Natron (Tanzania) beheimatet ist, und *O. alcalicus grahami* (BOULENGER, 1912). Beide Unterarten sind physiologische „Wunder". Ihnen schadet weder ein Aufenthalt in Wasser von pH 10,5 noch Temperaturen von über 40° C. Ein solch hoher pH-Wert würde den meisten Fischen die zarten Kiemen verätzen.

T: 24–32° C, **L**: 12 cm, **BL**: 90 cm, **WR**: u, **SG**: 2–3

Oreochromis aureus (STEINDACHNER, 1864)
„Goldtilapia"

Syn.: *Chromis aureus, Sarotherodon aureum, Tilapia aurea, T. aurea exsul, T. kacherba, T. kashabi, T. lemassoni, T. monodi.*

Vork.: Nordwestliches Afrika und vorderer Orient; Senegal, mittlerer Niger, Tschad, Benue, unterer Nil und Jordan-System.

Ersteinf.: Nicht bekannt.

GU.: Die ♂♂ sind farbiger.

Soz. V.: Revierbildend; lebhafter und mäßig aggressiver (Schwarm-?)Fisch. Ovophiler Maulbrüter; Mutterfamilie(?).

Hält. B.: Wie bei *Oreochromis karomo* angegeben.

ZU: Es gibt bisher keine Berichte, ob die Art im Aquarium schon einmal nachgezüchtet worden ist. Wahrscheinlich ist die Zucht nicht sehr schwer.

FU: O; Lebendfutter jeglicher Art, gefriergetrocknetes Futter, Frostfutter, pflanzliche Beikost, auch Flockenfutter und Futtertabletten.

Bes.: Im Nildelta geht *Oreochromis aureus* in Brackwasser. In manchen Teichen verträgt die Art Chloridwerte von 6–10 g Cl^- pro Liter Wasser!

T: 17–24° C, **L**: 40 cm, **BL**: 120 cm, **WR**: u, m, **SG**: 2

Oreochromis alcalicus grahami

Oreochromis aureum

Oreochromis urolepis hornorum (TREWAVAS, 1966)

Syn.: *Tilapia hornorum, T. hornorum zanzibarica, T. adolfi* STEINDACHNER, 1916, nicht *T. adolfi* STEINDACHNER, 1909! *Sarotherodon hornorum.*

Vork.: Afrika; Tansania, im Wami-Fluß bzw. Seen und Flüssen seines Einzugsgebietes. Die Art wurde 1918 auf Zanzibar künstlich eingeführt, ebenso in zahlreichen Fischteichen der Tropen der gesamten Erde, besonders in Asien.

Ersteinf.: 1979(?) von G. Eggers und L. Seegers.

GU.: Die ♂♂ sind dunkler und intensiver gefärbt.

Soz. V.: Revierbildend; mäßig aggressive Art. Ovophiler Maulbrüter; Mutterfamilie(?).

Hält. B.: Wie bei *Oreochromis karomo* angegeben.

ZU: Über eine gelungene Zucht im Aquarium liegen bisher keine Berichte vor.

FU: O; Lebendfutter aller Art, Frostfutter, pflanzliche Beikost, Flockenfutter.

Bes.: *O. u. hornorum* wurde 1918 von dem Mediziner Dr. W. M. ADERS auf Zanzibar zur Mückenbekämpfung ausgesetzt. Vor 1918 war die Art auf Zanzibar nicht heimisch.

T: 22–26° C., L: 17 cm, **BL:** 100 cm, **WR:** u, m, **SG:** 2

Oreochromis karomo (POLL, 1948)

Syn.: *Tilapia karomo, Sarotherodon karomo.*

Vork.: Afrika; Tansania, die Art lebt in den Sümpfen des Malagarasi, einem Zufluß des Tanganjikasees.

Ersteinf.: Nicht bekannt.

GU.: Die ♂♂ sind wesentlich schöner und dunkler gefärbt, mit stark verlängerter (10–15 mm), zweiteiliger Genitalpapille; die ♀♀ bleiben heller gefärbt und sind besonders während der Laichzeit an der fülligeren Bauchpartie zu erkennen.

Soz. V.: Revierbildend; die Tiere sind manchmal recht ruppig und streitsüchtig. Fehlen genügend Versteckmöglichkeiten, so können die Streitereien mit dem Tod des unterlegenen Tieres enden. Ovophiler Maulbrüter; Mutterfamilie.

Hält. B.: Bodengrund aus Sand oder Kies; einige größere, flache Steine als Laichsubstrate; viele Verstecke und Höhlen aus Steinen und Wurzeln. Eine Bepflanzung des Beckens ist nicht anzuraten, da die Fische das Aquarium immer wieder umgestalten. Die Tiere stellen an die chemische Wasserbeschaffenheit keine besonderen Ansprüche; nur sollte das Wasser nicht sauer sein. Am besten paarweise Haltung der Tiere im Artbecken.

ZU: Über eine geglückte Zucht berichtet ausführlich RICHTER (1982): Das Aquarium **16**, 19–21. Als Laichsubstrat wird ein flacher Stein ins Aquarium gelegt. Zur Zucht setzt RICHTER einen Löffel Seesalz auf 10 l Wasser zu. Abgelaicht wird nach heftiger Balz auf dem Stein; pro Vorgang werden bis zu zehn Eier abgesetzt. Die Eier sind gelblich und etwa 2 mm groß, Gesamtzahl bis zu 250 Stück. Das ♂ bringt seine Genitalpapille über oder in die Nähe der Eier und befruchtet sie wahrscheinlich dabei. Erst danach nimmt das ♀ die Eier ins Maul auf. Nach Beendigung des Laichvorganges das ♂ herausfangen, um Störungen seinerseits zu verhindern. Nach etwa 20 Tagen werden die Jungfische aus dem Maul der Mutter entlassen.

FU: O; Lebendfutter aller Art, Frostfutter, gefriergetrocknetes Futter, pflanzliche Beikost, Flockenfutter.

Bes.: *Oreochromis karomo* gehört zur den „Geißel-Tilapien“. Bei den ♂♂ vergrößert sich die Genitalpapille zu einem auffallenden, zweiteiligen Genitalanhang. Dieser wird 10–15 mm lang, ist halbtransparent und ist mit orangefarbenen Knötchen besetzt.

T: 22–28° C, L: 30 cm, **BL:** 120 cm, **WR:** u, m, **SG:** 2–3

Oreochromis urolepis hornorum

Oreochromis karomo

Oreochromis leucostictus ♂

Oreochromis leucostictus ♀

Oreochromis leucostictus (TREWAVAS, 1933)
Weißfleckmaulbrüter

Syn.: *Tilapia leucosticta, Sarotherodon leucostictus.*

Vork.: Afrika; Uganda: Albert-, Eduard- und Georgsee (endemisch).

Ersteinf.: 1967 (?).

GU.: Geschlechtsaktive ♂♂ werden schwarz, ansonsten sind sie grauoliv bis grünoliv; die ♀♀ sind heller.

Soz. V.: Revierbildend; die ♂♂ sind ständig balzaktiv, aber dennoch nicht übermäßig aggressiv. Die Tiere sind schwimmfreudig und fressen gerne Pflanzen. Ovophiler Maulbrüter; Mutterfamilie.

Hält. B.: Geräumige Becken mit Sandboden. Einige Verstecke aus Gestein und Wurzeln, einige flache Steine als Laichsubstrat. Die Art paßt sich gut an verschiedene Wasserzusammensetzungen an, sollte aber nicht zu kalt gehalten werden. Wasser mittelhart (um 10° dGH) und pH-Wert 7,0–7,5. Haltung im Artbecken oder Vergesellschaftung mit nicht zu aggressiven Buntbarschen.

ZU: Um 28° C; Wasser wie unter **Hält. B.** angegeben. Die Art ist Maulbrüter mit alleiniger Pflege durch die ♀♀. Es kommt keine echte Partnerbindung vor. Das ♂ legt Gruben an, die aber nicht ausschließlich als Laichplätze dienen. Es kann auch auf Hartsubstrat abgelaicht werden. Dem Ablaichen geht eine intensive Balz voraus. Das ♀ nimmt die Eier ins Maul (etwa 100 Stück), wo sie bei knapp 24° C etwa 23 Tage zur Entwicklung brauchen. Nach dieser Zeit werden die Jungfische zum ersten Mal aus dem Maul der Mutter entlassen. Mehrere Tage lang werden die Jungfische bei vermeintlicher Gefahr und über Nacht wieder in das Maul aufgenommen.

FU: O, H; die Tiere sind gierige Allesfresser: Lebendfutter, pflanzliche Nahrung, Frostfutter, Fleisch, Shrimps, Rinderherz und Flockenfutter.

Bes.: *O. leucostictus* kommt unter anderem im Mongedo vor, einem Wasserlauf der Ruwenzorifalls in Westuganda, wo durch heiße Quellen in dem ansonsten

Oreochromis leucostictus ♂

28° C warmen Wasser Temperaturbereiche von 73–92° C entstehen; die Fische durchschwimmen Wasserzonen mit 70° C in hohem Tempo und können sich in Temperaturbereichen von 40–50° C minutenlang aufhalten (s. WERNER, 1980: DCG-Informationen **11** (8): Cichliden von A–Z).

T: 26–28° C, **L**: 28 cm, **BL**: 100 cm, **WR**: u, m, **SG**: 2

Fortsetzung von *Sarotherodon melanotheron*:

FU: O; Lebendfutter aller Art, Frostfutter, gefriergetrocknetes Futter, pflanzliche Kost (Algen, Salat), Flockenfutter.

Bes.: Auffälligerweise ist die unterschiedliche Rollenverteilung zwischen ♂ und ♀ nicht absolut festgelegt. Normalerweise erbrütet nur das ♂ die Eier in seinem Maul. Sammelt das ♂ aber aus irgendwelchen Gründen keine oder nur einen Teil der Eier auf, so kann es vorkommen, daß das ♀ die Eier ins Maul aufnimmt. Die ♀♀ sind allerdings in der Erbrütung der Gelege wesentlich unzuverlässiger als die ♂♂.

T: 23–25° C, **L**: 20 cm, **BL**: 100 cm, **WR**: u, m, **SG**: 2–3

Sarotherodon melanotheron RÜPPELL, 1852
Schwarzkinnmaulbrüter

Syn.: *Tilapia melanotheron, T. macrocephala, T. microcephala, T. heudelotii macrocephala, Chromis microcephalus, Melanogenes microcephalus.*

Vork.: Westafrika; von der Elfenbeinküste bis Kamerun. Die Tiere besiedeln dort vor allem die Mündungsgebiete der Flüsse und die Küstenlagunen.

Ersteinf.: 1907 von den Vereinigten Zierfischzüchtereien in Conradshöhe bei Berlin.

GU.: Die ♂♂ werden größer als die ♀♀.

Soz. V.: Revierbildend; die Tiere sind während der Laichperiode aggressiv gegenüber Artgenossen und artfremden Fischen; außerhalb der Laichzeit sind sie friedlicher. Die Art wühlt kaum und vergreift sich selten an Pflanzen, vorausgesetzt es wird pflanzliche Beikost gefüttert. Ovophiler Maulbrüter; Vaterfamilie.

Hält. B.: Bodengrund aus Sand oder feinkörnigem Kies; dichte Rand- und Hintergrundbepflanzung mit harten Arten; einige Verstecke aus Steinen und Wurzeln. Gute Filterung der Becken. An die Wasserzusammensetzung werden keine großen Ansprüche gestellt. Als Art, die auch ins Brackwasser geht, wird Seesalzzusatz empfohlen (ein Eßlöffel auf 10 l). Haltung im Artbecken oder Vergesellschaftung mit anderen westafrikanischen Tilapinen.

ZU: 25–27°C; die Paarbildung erfolgt während einer längeren Balzperiode, in der die paarungsbereiten ♀♀ deutlich aktiver als die ♂♂ sind. Mit fortschreitender Paarbildung wird auch das ♂ etwas balzaktiver. Seine Aggressivität gegenüber anderen Fischen wächst, und es unterstützt das ♀ bei der Verteidigung des Brutreviers. Von ♀ und ♂ wird eine einfache Grube ausgehoben, in die das ♀ die Eier legt. Diese werden sofort von dem ♂ befruchtet. Die Eier haben einen Durchmesser von 2–3 mm und sind gelblich bis grünlich gefärbt. Bei großen ♀ beträgt ihre Zahl bis 150 Stück. Nach dem Laichvorgang nimmt das ♂ das Gelege ins Maul auf. Die Larven schlüpfen im Maul des Vaters etwa am sechsten Tag nach der Befruchtung und werden bei 26° C ca. zwei Wochen nach der Laichabgabe zum ersten Mal aus dem Maul entlassen. Sie werden dann nicht mehr ins Maul aufgenommen. Die Jungfische zeigen kein Kontaktverhalten zum Vater. Fütterung der Jungen mit ausgesiebten Kleinkrebsen.

Fortsetzung Seite 983.

Simochromis babaulti PELLEGRIN, 1927
Babaults Maulbrüter

Syn.: Keine.

Vork.: Afrika; Tanganjikasee (endemisch). Die Tiere sind Bewohner des Felslitorals.

Ersteinf.: Nicht ermittelbar.

GU.: Ausgeprägter Sexualdimorphismus vorhanden. ♂♂ mit schwarzem Längsband in der Rückenflosse und mit Eiflekken in der Afterflosse.

Soz. V.: Revierbildend; die Tiere zeigen sehr starke Aggressionen, die bei zu kleinen Becken bis zum Tod des unterlegenen Mitinsassen führen können. Maulbrüter; Mutterfamilie.

Hält. B.: Im Hintergrund des Beckens Steinaufbauten mit vielen Spalten, Nischen und Höhlen; viel Schwimmraum freilassen. Bepflanzung der Becken nur mit harten und härtesten Arten, da *S. babaulti* Pflanzen frißt. Wasser mittelhart bis hart (10–20° dGH) und mäßig alkalisch (pH 7,5–8,5). Haltung am besten im Artbecken.

ZU: 26–28°C; Wasserwerte wie oben angegeben. Ein ♂ mit mindestens drei ♀♀ halten. Die Fortpflanzung ähnelt der von *Tropheus*-Arten. Die Tiere sind Maulbrüter. Abgelaicht wird auf einem vorher geputztem Hartsubstrat (z. B. Stein). Die Eier werden vom ♀ ins Maul aufgenommen und vom ♂ befruchtet („Eifleck-Methode). Ein Gelege umfaßt bis zu 50 Eier, die eine Zeitigungsdauer von ungefähr drei Wochen haben. Während des Maulbrütens nimmt das ♀ keine Nahrung auf.

FU: O; Lebendfutter aller Art, pflanzliche Kost (überbrühter Salat oder Spinat), auch Flockenfutter.

Bes.: *Simochromis babaulti* ist die einzige Art aus der *Simochromis-Tropheus*-Gruppe, die einen deutlichen Sexualdimorphismus aufweist.

T: 24–26°C, **L**: 11 cm, **BL**: 120 cm, **WR**: m, u, **SG**: 2–3

Sarotherodon melanotheron ♂

Simochromis babaulti

Simochromis dardennii (BOULENGER, 1899)
Stirnstreifenbuntbarsch

Syn.: *Tilapia dardennii, Limnotilapia dardennii.*

Vork.: Afrika; Tanganjikasee (endemisch). Die Art ist im See weit verbreitet. Sie ist ein Litoralbewohner, der gelegentlich ins freie Wasser schwimmen soll.

Ersteinf.: 1968 oder später.

GU.: ♂ mit Eiflecken in der Afterflosse.

Soz. V.: Revierbildend; robuste Fische mit mittelstarken Aggressionen. Die Art frißt Pflanzen. Ovophiler Maulbrüter; Mutterfamilie.

Hält. B.: Steinaufbauten mit vielen Höhlen und Nischen im Hintergrund; einige Wurzeln zur Dekoration; Bodengrund aus Sand oder feinem Kies; Schwimmraum freilassen. Auf Bepflanzung der Becken sollte verzichtet werden (Pflanzenfresser!). Wasser mittelhart bis hart (10–20° dGH) und neutral bis mäßig alkalisch (pH 7,0–8,5). Eine Haltung im Gesellschaftsbecken ist möglich.

ZU: *Simochromis dardennii* ist im Aquarium noch nicht nachgezüchtet worden.

FU: H, O; pflanzliche Nahrung, Lebendfutter aller Art, ebenso Frostfutter und Flokkenfutter (Tetra-Phyll).

Bes.: Die Gattung *Limnotilapia* wurde 1979 von GREENWOOD aufgelöst und ihre Arten der Gattung *Simochromis* zugerechnet. Einzig die taxonomische Stellung von *"Limnotilapia" trematocephala* (BOULENGER, 1901) bereitete Schwierigkeiten. Eine endgültige Zuordnung dieser Art kann nur nach weiteren Untersuchungen an ausreichendem Vergleichsmaterial erfolgen.

T: 23–26° C, **L:** 26 cm, **BL:** 120 cm, **WR:** u, m, **SG:** 3

Spathodus erythrodon BOULENGER, 1901
Blaupunkt-Grundelbuntbarsch

Syn.: Keine.

Vork.: Afrika; Tanganjikasee (endemisch). Die Art bewohnt die Flachwasserzone des Geröll-Litorals. Die bevorzugte Wassertiefe liegt zwischen 30 und 50 Zentimetern. Die Tiere wurden unter einem Meter Tiefe nicht mehr gefunden. Sie sind Aufwuchsfresser.

Ersteinf.: Wahrscheinlich schon 1958 zusammen mit *Eretmodus cyanostictus.*

GU.: Das Geschlecht der Tiere läßt sich anhand äußerer Merkmale nicht mit Sicherheit bestimmen (monomorphes Aussehen). Die ♂♂ werden wahrscheinlich etwas größer, und die Bauchflossen sind im allgemeinen länger als bei den ♀♀.

Soz. V.: Revierbildend; gegenüber Geschlechtsgenossen unverträglich. Die Art vergreift sich nicht an Pflanzen. Ovophiler, monogamer Maulbrüter; Elternfamilie mit enger Partnerbindung.

Hält. B.: Die Haltung der Art ist leicht, da sich ihr natürliches Biotop ohne Schwierigkeiten im Aquarium nachbilden läßt. Der Bodengrund sollte aus feinem, hellem Sand bestehen, auf den viele Steine wie in einem Geröllfeld angeordnet werden. Wichtig ist, daß sehr viele Spalten, Nischen und Höhlen entstehen (Zufluchtsorte für die Jungfische). Auf eine Bepflanzung kann verzichtet werden, da Pflanzen im natürlichen Biotop auch fehlen. Für steinfreie Stellen am Boden sorgen, ebenso für freien Schwimmraum. Vergesellschaftung am besten mit Vertretern der Gattungen *Julidochromis, Lamprologus* und *Telmatochromis.*

ZU: 26–29° C; Wasser 10–20° dGH, pH 7,2–8,5. Die Zucht ist nicht schwierig, gelingt aber nur, wenn den Tieren die richtigen Lebensbedingungen geboten werden. *S. erythrodon* sollte paarweise gehalten werden. Die Art ist Maulbrüter, zeigt aber ein für diese Gruppe ungewöhnliches Brutpflegeverhalten. Die Bindung der Partner beginnt schon einige Tage vor dem Ablaichen; als Substrat dient eine waagrechte oder auch senkrechte glatte Steinoberfläche; Eizahl bis 25 Stück. Die Eier werden sofort vom ♀ ins Maul genommen und dann durch das Aufsaugen von Spermien erst im Maul befruchtet. Bei *S. erythrodon* bleibt auch nach dem Ablaichen eine Bindung zwischen ♂ und ♀ erhalten. Nach knapp zwei Wochen entläßt das ♀ die Jungfische aus dem Maul und übergibt sie unter bestimmten Ritualen dem ♂, das nun die Brutpflege noch etwa acht Tage weiterführt. Die Jungfische sind im Verhältnis zu ihrer Länge (10 mm) sehr schlank (2 mm). Ernährung der Jungen mit frischgeschlüpften *Artemia*-Nauplien.

Fortsetzung Seite 988.

Simochromis dardennii

Spathodus erythrodon

Fortsetzung von *Spathodus erythrodon*:

FU: Lebendfutter (Wasserflöhe, Hüpferlinge, *Artemia*, weiße und rote Mückenlarven), feingeschnittenes Krebsfleisch und Flockenfutter.

Bes.: Wie andere Grundelbuntbarsche hat auch *Spathodus erythrodon* seine Schwimmfähigkeit weitestgehend verloren. Die Schwimmfähigkeit würde den Tieren im stark bewegten Wasser der Brandungszone eines so großen Sees wie dem Tanganjikasee nur Nachteile einbringen. Sie würden dann einen noch höheren Energieaufwand darauf verwenden müssen, an einem bestimmten Standort verweilen zu können, ohne fortgespült zu werden. Deshalb ist ihre Schwimmblase stark reduziert.

T: 25–27°C, **L**: 8 cm, **BL**: 100 cm, **WR**: u, **SG**: 2–3

Geröllzone im Tanganjika-See, Afrika.

Spathodus marlieri POLL, 1950
Marliers Grundelbuntbarsch

Syn.: Keine.

Vork.: Afrika; Tanganjikasee (endemisch). Die Art wurde bisher nur im Norden des Sees gefangen.

Ersteinf.: Um 1975.

GU.: Deutlicher Geschlechtsdimorphismus; die ♂♂ sind deutlich größer, mit verlängerten Bauchflossen und spitz ausgezogener After- und Rückenflosse. Alte ♂♂ bekommen einen Buckel auf dem Kopf.

Soz. V.: Gleicht dem von *Spathodus erythrodon*. Die Tiere sind revierbildend, unverträglich gegenüber Artgenossen und pflanzenschonend. Ovophiler Maulbrüter; Mutterfamilie.

Hält. B.: Wie bei *Sp. erythrodon* angegeben. Die Art nicht in weichem und/oder saurem Wasser pflegen.

ZU: Die Zucht ähnelt der von *Sp. erythrodon*. Die Tiere zeigen aber nur Reste einer Bindung an den Geschlechtspartner. Ovophiler Maulbrüter, bei dem das ♀ die Brut allein pflegt (Mutterfamilie). Ernährung der Jungfische mit frischgeschlüpften *Artemia*-Nauplien.

FU: O; Lebendfutter (Kleinkrebse, Mükkenlarven, *Tubifex*), Shrimps, Flockenfutter.

Bes.: *Spathodus marlieri* unterscheidet sich von *Sp. erythrodon* durch die geringere Anzahl von Hartstrahlen in der Rükkenflosse (21–22 statt 23–25) und die abweichende Brutpflege (Mutterfamilie anstatt Elternfamilie).

T: 25–27° C, **L**: ♂ bis 9 cm, **BL**: 100 cm, **WR**: u, **SG**: 3

Steatocranus glaber ROBERTS & STEWART, 1976

Syn.: Keine. Die Art wurde anfangs als *Steatocranus mpzoensis* angesehen.

Vork.: Afrika; Zaire, in den Stromschnellen des Zaire-Rivers.

Ersteinf.: Ende 1981 oder Anfang 1982.

GU.: Die ♂♂ werden größer als die ♀♀.

Soz. V.: Revierbildend; *St. glaber* ist ein recht friedlicher Cichlide. Die Art vergreift sich nicht an Pflanzen. Wahrscheinlich ist sie ein höhlenbrütender Substratlaicher.

Hält. B.: Becken mit möglichst großer Grundfläche. Ein Wasserstand von 30 cm reicht aus. Wichtig ist eine Dekoration, die in Form von Steinaufbauten, Moorkienholzwurzeln usw. etliche Höhlen bietet, die sich nach Möglichkeit vorrangig in Bodennähe befinden sollten. Die Höhlen werden von den Tieren als Revierzentrum, Versteckplatz und Brutplatz benutzt. Die Höhlen sollten in verschieden großen Abständen voneinander liegen. Auf eine starke Wasserströmung, der die Tiere in der Natur ausgesetzt sind, kann verzichtet werden. Die Tiere stellen keine besonderen Anforderungen an die chemische Beschaffenheit des Aquarienwassers (Härte bis 20° dGH, pH 6,0–7,5). Wichtig ist nur sauberes und sauerstoffreiches Wasser (gute Durchlüftung und Filterung). Vergesellschaftung mit anderen rheophilen (= strömungsliebenden) Cichliden.

ZU: Die Zucht ist bisher im Aquarium noch nicht gelungen. Sie wird aber nicht schwieriger sein als bei *St. casuarius*. Aus diesem Grund werden bald die ersten Zuchtberichte in den Aquarienzeitschriften erscheinen.

FU: O; Lebendfutter aller Art, Algen, Flokkenfutter und Futtertabletten. Im Freiland ist die Art wahrscheinlich ein hochspezialisierter Aufwuchsfresser.

Bes.: *Steatocranus glaber* unterscheidet sich von allen anderen Vertretern der Gattung durch den Besitz von großen, meißelförmigen Zähnen. *St. glaber* ähnelt am meisten *St. gibbiceps* und *St. mpozoensis*. Er unterscheidet sich von *gibbiceps* durch die Bezahnung und einen langen, aufgeknäulten Darm, von *mpozoensis* durch sein endständiges Maul, die längeren Flossen und weniger Kiemenrechen.

T: 23–27° C, L: 6 cm, BL: 60 cm, WR: u, SG: 2

Steatocranus tinanti (POLL, 1939)

Syn.: *Gobiochromis tinanti, Leptotilapia tinanti*.

Vork.: Afrika; Gebiet um Kinshasa im Zaire Fluß am Ausgang des Pool Malebo (früher Stanley Pool). Die Tiere sind Bewohner der Stromschnellen, wo sie am Grund von Löchern im flachen Wasser der Uferregion leben.

Ersteinf.: Wahrscheinlich schon 1958, Datum aber unsicher.

GU.: ♂ mit größerem Kopf und langausgezogener Rücken- und Afterflosse. Die ♂♂ werden größer.

Soz. V.: Revierbildend; bei geeigneter Einrichtung der Becken nicht übermäßig aggressiv, obwohl andere Aussagen aus der aquaristischen Literatur bekannt sind. Höhlenbrüter; Vater-Mutter-Familie.

Hält. B.: Aquarien mit großer Grundfläche bieten (ab 120 x 50 cm), der Wasserstand muß nicht sehr hoch sein (ab 30 cm). Viele Versteckmöglichkeiten in Form von Steinaufbauten herstellen. Bodengrund aus feinkörnigem Kies. Dichte Seiten- und Hintergrundbepflanzung schafft weitere Verstecke. Wasser weich (5–8° dGH) und um den Neutralpunkt (pH 7). Es sollte immer klar und sauber sein. Es ist empfehlenswert, mit einer Pumpe eine kräftige Strömung zu erzeugen. Haltung im Artbecken oder Vergesellschaftung mit Fischen, die ähnliche Ansprüche stellen.

ZU: Laut aquaristischer Literatur kann die Zucht problematisch sein. Wichtigster Punkt für eine erfolgreiche Zucht ist die Harmonie zwischen den Partnern. Haben sich zwei Tiere gefunden, so begibt sich das ♀ meist in die Höhle des ♂, wo auch abgelaicht wird. Das Gelege kann bis zu 100 Eier umfassen. Die Eier sind relativ groß und werden von dem ♀ gepflegt und bewacht. Es sorgt durch Flossenbewegungen für Wasseraustausch in der Höhle. Die Eientwicklung dauert bei 26° C etwa fünf Tage, nach einer weiteren Woche erfolgt das Freischwimmen. Nach ungefähr 14 Tagen verlassen die Jungfische zum ersten Mal die Höhle und werden dann von beiden Elterntieren geführt und bewacht. Fütterung der Jungen mit *Artemia*-Nauplien und Staubfutter.

FU: Kräftiges Lebendfutter (Mückenlarven, Wasserasseln, *Gammarus*, Enchyträen,

Steatocranus glaber

Steatocranus tinanti

Tubifex, kleine Regenwürmer), Futtertabletten werden ebenfalls gerne gefressen.

Bes.: Durch das Leben in den Stromschnellen hat sich die Schwimmblase zurückgebildet. *Steatocranus tinanti* hat dadurch, wie andere Bewohner dieses Biotops, die Fähigkeit verloren, im Wasser zu schweben.

T: 25–27° C, **L**: 15 cm, **BL**: 120 cm, **WR**: u, **SG**: 2–3

Kreuzung mit *Symphysodon discus* HECKEL
Die Elterntiere: Diese Fische stammen nach Angaben vom Importeur Heiko Bleher, Kelsterbach/Ffm., aus dem Mündungsgebiet des Rio Branco in Brasilien (Naturheckelkreuzung?). Dr. Schmidt-Focke erhielt einige von diesen Wildfängen. Der Mittelstreifen war bei den Wildfängen nicht so stark ausgeprägt, wie bei diesen Kreuzungen, mit türkisgestreiften Diskusfischen.

Türkisgestreifter Diskus mit roter Körpergrundfarbe.
Dr. Schmidt-Focke erzielte diese Färbung durch Kreuzung eines Roten Diskus-Weibchen (s. Mayland-Buch, Seite 213) mit einem royal-blue Männchen, nach fünf Generationen Inzucht und Auslese.

Der Diskus gilt als König der Aquarienfische. Dieses Prädikat wurde bereits früher vergeben; zur Zeit als der Segelflosser *Pterophyllum scalare* noch einer der beliebtesten Aquarienfische war.
Der Diskus müßte also in den Stand des Kaisers erhoben werden, denn zweifellos ist er die Majestät unter den Zierfischen. Doch ob König oder Kaiser, wir nennen ihn weiterhin schlicht Diskus. In Band I, Seite 770 bis 773 wurden die vier natürlichen Arten und Unterarten bereits dargestellt. Viele Aquarianer wollen aber mehr über den Diskus wissen. Da gibt es einschlägige Fachbücher, die sich ausschließlich mit Zucht und Haltung befassen, z. B. „Das neue Diskusbuch – Erfolgreiche Diskuszucht“, Bede Verlag, oder „Diskusfische“ von H. J. Mayland, (s. Literaturverzeichnis).
Die nachstehend vorgestellten Diskus-Zuchtformen wurden mir im Bild von Herrn Dr. Schmidt-Focke, dem erfolgreichen und in Deutschland wohl bekanntesten Diskuszüchter zur Verfügung gestellt. Herr Dr. Schmidt-Focke gibt folgende Kommentare zu den einzelnen Zuchtformen:

①
Zuchtform eines flächenhaft grünen Diskus. Diese intensiv grün gefärbten Tiere spalten bei Nachzucht von grüngestreiften Wildfängen aus dem Rio Jourus heraus. In der Jugend zeigt diese Farbvariante häufig noch braune Streifen und Tüpfel, die mit der Geschlechtsreife verschwinden.

②
Nachzuchtmännchen von ganz durchstreiften „royal-blue“ (*Symphysodon aequifasciatus haraldi*) aus dem Seengebiet des Rio Manacapuru, Brasilien.

③
Ein seltenes, besonders schön gestreiftes Nachzuchtmännchen von *Symphysodon aequifasciatus aequifasciatus* (Grüner Diskus). Wenn man dem Zuchtwasser Eisen zufügte, kämen die roten Tupfen in der Mittellinie noch besser zur Geltung.

①

②

③

Riesendiskus, 10 Monate altes Jungtier. Die Vorfahren fing Jack Wattley im Rio Jurna, Brasilien. Die ♂♂ waren blaßblau gestreift, die ♀♀ sahen wie braune Diskus aus. Durch Kreuzung mit türkisgestreiften Diskus konnten Farbe und Form erheblich verbessert werden.

Tanganicodus irsacae POLL, 1950

Syn.: Keine.

Vork.: Afrika; in der nördlichen Hälfte des Tanganjikasees (endemisch). Die Art bewohnt die ufernahen, extrem flachen Bereiche des Geröll-Litorals (bis 1 m Tiefe). Die Fische sind Aufwuchsfresser.

Ersteinf.: 1975.

GU.: Die Bestimmung der Geschlechter ist anhand äußerer Merkmale kaum möglich. Bei älteren ♂♂ sollen die Bauchflossen etwas verlängert sein.

Soz. V.: Revierbildend; untereinander sehr aggressiv und unverträglich. Monogamer (?) Maulbrüter; wahrscheinlich Elternfamilie.

Hält. B.: Wie bei *Spathodus erythrodon* angegeben.

ZU: Bisher lagen über eine gelungene Zucht keine detaillierten Berichte vor. *T. irsacae* ist Maulbrüter. Es besteht die Annahme, daß das ♂ an dem Maulbrüten beteiligt ist (ähnlich wei bei *Eretmodus cyanostictus*).

FU: Lebendfutter aller Art (Kleinkrebse, Mückenlarven, *Tubifex*). Nach einer gewissen Eingewöhnungszeit lassen sich die Tiere wenigstens teilweise an Flockenfutter gewöhnen.

Bes.: *Tanganicodus irsacae* kann von den anderen Grundelbuntbarschen der Gattungen *Eretmodus* und *Spathodus* leicht an seinem deutlich unterständigen, viel kleineren und engeren Maul unterschieden werden.

T: 24–28° C, **L**: 7 cm, **BL**: 100 cm, **WR**: u, **SG**: 3

Telmatochromis temporalis BOULENGER, 1898

Syn.: Keine.

Vork.: Afrika; Tanganjikasee (endemisch). Die Art kommt im Geröll- und Felslitoral vor.

Ersteinf.: 1958(?).

GU.: Die ♂♂ bekommen mit zunehmendem Alter einen Stirnbuckel, die ♀♀ sind meist kleiner und zeigen deutlich Laichansatz.

Soz. V.: Revierbildend; gegenüber Artgenossen und anderen Fischen normalerweise friedlich, nur bei der Revierverteidigung sehr aggressiv. Höhlenbrüter mit Elternfamilie.

Hält. B.: Aufbauten aus Steinen und Felsen mit vielen Höhlen und anderen Verstecken; Pflanzen sind nicht erforderlich. Wasser mittelhart bis hart (10–20° dGH) und alkalisch (pH 8,0–9,0).

ZU: 26–28° C; Wasserwerte wie oben angegeben. Die Tiere sind Höhlenbrüter, die ihr Gelege meist an dem Höhlendach ablegen. Ein Gelege umfaßt etwa 60 Eier, die vom ♀ mit Frischwasser versorgt werden. Die Larven schlüfen nach 4–5 Tagen und schwimmen nach weiteren 7 Tagen frei. Die Jungfische werden von beiden Elterntieren gepflegt.

FU: O; Lebendfutter aller Art, aber auch Frostfutter, gefriergetrocknetes Futter und Flockenfutter.

Bes.: Die Zähne von *Telmatochromis temporalis* sind kräftig und einspitzig (unicuspid). Sie dienen zum Aufbeißen der Chitinpanzer wasserlebender Insekten.

T: 25–27° C, **L**: 10 cm, **BL**: 80 cm, **WR**: u, **SG**: 2–3

Thoracochromis wingatii (BOULENGER, 1902)

Syn.: *Paratilapia wingatii, Haplochromis wingatii.*

Vork.: Ost- und Zentralafrika, unter anderem im Albert- und Eduardsee, in Flüssen und stehenden Gewässern. Wildfänge; die Art wird nur selten im Handel angeboten.

Ersteinf.: Nicht genau bekannt.

GU.: Deutlicher Geschlechtsdichromatismus, ♂ bunter und intensiver gefärbt, ♀♀ unscheinbarer; Afterflosse der ♂♂ mit Eiflecken, diese fehlen den ♀♀.

Soz. V.: Revierbildend nur in der Laichzeit, ansonsten Schwarmfisch. Zur Laichzeit schließen sich die ♂♂ kolonienweise zusammen. Eine Kolonie besteht aus etwa 10 ♂♂. Jedes Männchenrevier besteht aus einer zentralen Grube, die einen Durchmesser von mindestens 1 Meter hat; die Art ist relativ friedlich, wühlt aber stark; Mutterfamilie.

Hält. B.: Großbecken, ab 100 cm Seitenlänge; die Becken brauchen nicht sehr hoch zu sein. Bodengrund aus tiefer Schicht feinkörnigen Sandes, lichte Pflanzenbestände, einige Höhlen aus Steinen, flache Steine und Wurzeln, freier Schwimmraum; Temperatur 24–26° C; die Tiere halten sich meist in der unteren Wasserregion auf.

ZU: Wie bei *Astatotilapia desfontainesii* angegeben.

FU: K, O; Lebendfutter, tiefgefrorenes Futter, Flockenfutter.

Bes.: *Thoracochromis wingatii* kann sehr leicht mit *Astatotilapia burtoni* verwechselt werden. Folgende Unterschiede bestehen zwischen den beiden Arten: Der vorderste Eifleck auf der Afterflosse von *T. wingatii* beginnt in der Höhe des 8. Flossenstrahles, bei *A. burtoni* am 5. Flossenstrahl. Die Eiflecken liegen bei *T. wingatii* immer auf der Membran zwischen zwei Flossenstrahlen.

T: 24–26° C, **L**: 12 cm, **BL**: 100 cm, **WR**: u, **SG**: 2

Telmatochromis temporalis

Thoracochromis wingatii ♂

Thysochromis ansorgii (BOULENGER, 1901)

Fünffleckbuntbarsch

Syn.: *Pelmatochromis ansorgii, P. arnoldi, Thysia ansorgii.*

Vork.: Afrika; bewaldete Küstengebiete von Nigeria, Elfenbeinküste, Ghana und Kamerun.

Ersteinf.: 1913 von Christian Brüning und J. F. Arnold, Hamburg.

GU.: Deutlicher Geschlechtsdichromatismus und -dimorphismus, ♂ größer und mit länger ausgezogenen Bauchflossen, hinterer Teil der Rückenflosse beim ♂ spitz, beim ♀ leicht abgerundet, ♂ mit braunroter Tüpfelung in den unpaaren Flossen, ♀ ohne diese Tüpfelung; ♀ bei Geschlechtsreife mit unterschiedlich kräftig rotgefärbtem Bauch und leuchtend weißem Fleck zu beiden Seiten des Afters.

Soz. V.: Revierbildend; sehr ruhig und friedlich; die Art wühlt etwas während der Laichzeit, vergreift sich aber nicht an den Pflanzen; erst Mann-Mutter-Familie, später Elternfamilie.

Hält. B.: Kiesboden, Verstecke aus Steinen und Wurzeln, stellenweise dichte Bepflanzung, aber freien Schwimmraum lassen. Vergesellschaftung mit Arten der Gattungen *Pelvicachromis, Nanochromis* oder *Chromidotilapia.* Regelmäßiger Wasserwechsel alle 8 bis 14 Tage bis zu einem Drittel des Beckeninhalts.

ZU: Um 25° C, Wasser weich (um 5° dGH) und leicht sauer (pH um 6,5). Die Tiere sind Offenbrüter mit der Tendenz zu Höhlenbrütern; Gelege bis zu 500 Eier. Die Gelege werden oft aufgefressen. ♀ bewacht das Gelege, während das ♂ Gruben aushebt. Die Embryonen brechen die Eihülle nach ca. drei Tagen auf. Die Larven werden von dem ♀ in die Grube gebracht und im Laufe der folgenden Tage mehrmals umgebettet. Betreuung des Geleges meist vom ♀ allein, Kontrolle des Laichreviers durch das ♂, dagegen werden die Jungfische von beiden Elterntieren gemeinsam gepflegt.

FU: Lebendfutter aller Art; die Tiere gehen aber auch an Flockenfutter und gefriergetrocknete Kost. Man sollte auch pflanzliche Nahrung bieten.

Bes.: Es gibt noch eine weitere *Thysochromis*-Art: *T. annectens* (BOULENGER, 1913) mit den Synonymen *Pelmatochromis annectens* und *P. maculifer.* Momentan werden beide Arten meist als „eine" behandelt.

T: 24–26° C, **L**: 13 cm, **BL**: ab 120 cm, **WR**: m, u, **SG**: : 2

Tilapia busumana (GÜNTHER, 1902)

Syn.: *Chromis busumanus, Sarotherodon busumanum.*

Vork.: Westafrika; im Kumasi-Areal in Süd-Ghana. Die Art kommt in Wasserläufen des Regenwaldes und der Plantagen vor und bewohnt weiterhin die Flüsse Bia, Tano, Ofin, Birim und Pra sowie den Voltastausee, den Botsumtwe-See und andere größere seeartige Wasseransammlungen.

Ersteinf.: 1968 durch Erhard Roloff, Karlsruhe.

GU.: Erwachsene ♂♂ ohne den *Tilapia*-Fleck in der Rückenflosse, ihre Körpergrundfärbung ist etwas heller; ♀ mit dem *Tilapia*-Fleck und während der Balz mit einer kräftig blaugrünen Grundfärbung.

Soz. V.: Revierbildend; die Art ist relativ friedlich und vergreift sich kaum an den Pflanzen, ab und zu werden junge Triebe gefressen. Offenbrüter (Substratlaicher); Elternfamilie (nach WHYTE 1975).

Hält. B.: Bodengrund aus feinkörnigem Kies; Versteckmöglichkeiten aus Steinen und Wurzeln; Seiten- und Hintergrundbepflanzung mit harten Arten. Wasserwerte wie bei *T. buttikoferi* angegeben. Haltung im Artbecken oder Vergesellschaftung mit Fischen, die ähnliche Ansprüche stellen (z. B. andere *Tilapia*-Arten, große Salmler).

ZU: Über eine gelungene Zucht im Aquarium liegen keine Angaben vor. Etwas über die Fortpflanzungsbiologie im Freiland berichtet WHYTE (1975): J. Zool. (Lond.) **177**: 25–56 auf Seite 43. Eizahl etwa 400 Stück bei 10 cm langen Fischen der Flußpopulation.

FU: O; Allesfresser.

Bes.: Es ist noch nicht eindeutig geklärt, ob die aus dem Botsumtwe-See stammenden Exemplare nicht Maulbrüter sind. Die Tiere aus den Regenwald- und Plantagengewässern werden nur maximal 10 cm lang, während die Exemplare aus den großen Flüssen und Seen bis zu 20 cm Länge erreichen können.

T: 23–25° C, **L**: 20 cm, **BL**: 120 cm, **WR**: u, m, **SG**: 2

Thysochromis ansorgii ♀

Tilapia busumana

Tilapia buttikoferi (HUBRECHT, 1881)
Zebratilapie

Syn.: *Chromis buttikoferi.*

Vork.: Westafrika; von Guinea Bissau bis West-Liberia; die Tiere kommen dort in Flüssen vor.

Ersteinf.: 1969 durch Erhard Roloff, Karlsruhe.

GU.: ♂♂ werden größer.

Soz. V.: Revierbildend; die Tiere sind in der Jugend friedlich, werden aber im Alter oft unverträglich und verhalten sich gegenüber kleineren Fischen als Räuber. Besonders zur Laichzeit wühlt *T. buttikoferi*, dann werden auch störende Pflanzen ausgegraben oder abgebissen. Offenbrüter (Substratlaicher); Elternfamilie mit intensiver Brutpflege.

Hält. B.: Nur in geräumigen Becken pflegen. Unterstände aus Steinen und Moorkienholzwurzeln; Bodengrund aus Kies einer mittleren Körnung. Bepflanzung der Becken mit harten Arten (*Anubias*- und *Bolbitis*-Arten), da zarte Pflanzen gefressen werden. Wasser weich bis mittelhart (bis 15° dGH) und schwach sauer bis neutral (pH 6,5–7,0). Vergesellschaftung mit gleichgroßen Fischen oder Haltung im Artbecken.

ZU: Über eine gelungene Zucht im Aquarium ist bisher nichts bekannt geworden.

FU: O; kräftiges Futter aller Art: Mückenlarven, adulte Insekten, Regenwürmer, Krebsfleisch (Shrimps), geschnittenes Fleisch; pflanzliche Kost (wichtig!), Flokkenfutter und Futtertabletten.

Bes.: *Tilapia buttikoferi* ist in ihrer Heimat ein seltener Fisch, von dem immer nur wenige Exemplare erbeutet werden.

T: 23–25° C, **L**: 25 cm, **BL**: 120 cm, **WR**: u, m, **SG**: 2

Tilapia joka THYS, 1969

Syn.: Keine.

Vork.: Westafrika; Sierra Leone. Die Tiere bewohnen Wasserläufe im Süden des Landes.

Ersteinf.: 1968 von Erhard Roloff, Karlsruhe.

GU.: Sichere äußere Geschlechtsunterschiede sind keine bekannt, obwohl die Afterflosse der ♀♀ laut THYS (1969) stärker verlängert sein soll.

Soz. V.: Revierbildend; die Art ist friedlich und pflanzenfreundlich; Höhlenbrüter; Vater-Mutter-Familie.

Hält. B.: Geräumige Becken mit feinkörnigem Kies oder Sand als Bodengrund. Versteckmöglichkeiten aus Steinen und einigen Wurzeln; dichte Rand- und Hintergrundbepflanzung mit *Anubias*- und *Bolbitis*-Arten. Wasser sauber und sauerstoffreich, pH 6,5–7,0 und bis 12° dGH. Vergesellschaftung mit anderen westafrikanischen Cichliden.

ZU: Über eine geglückte Zucht im Aquarium berichtet erstmalig LINKE (1983): Tetra-Information **18** (62): 13–14. Für die Zucht ist weiches, saures Wasser notwendig. *Tilapia joka* ist ein Höhlenbrüter. Das ♀ legt nach längerer Balzzeit an der zuvor gut gesäuberten Höhlendecke die gelbbraunen Eier ab. Das Gelege umfaßt ungefähr 200 Stück. Das ♀ ist bei der Brutpflege der eindeutig aktivere Partner. Es reinigt die Bruthöhle, pflegt die Eier und verteidigt energisch den Brutplatz. Das ♂ bewacht das Brutrevier. Ungefähr vier Tage nach der Befruchtung beginnt der Schlupfvorgang, nach weiteren vier bis sechs Tagen (bei 26° C) schwimmen die Jungfische frei. Fütterung mit frisch geschlüpften *Artemia*-Nauplien und Mikro-Min.

FU: O; wobei pflanzliche Kost wichtig ist. Lebendfutter aller Art, Krebsfleisch und anderes feingeschnittenes Fleisch, Flokkenfutter, Futtertabletten.

Bes.: Nach THYS (1969): Rev. Zool. Bot. afr. **80**: 157–165, ist *Tilapia joka* am nahesten mit *Tilapia mariae* verwandt. Im Gegensatz zu dieser Art hat *T. joka* keine Mikrokiemenrechen und ein kleineres Maul. *T. joka* fehlt der *Tilapia*-Fleck.

T: 23–25° C, **L**: 13 cm, **BL**: 100 cm, **WR**: u, m, **SG**: 2

Tilapia buttikoferi

Tilapia joka

Tropheus brichardi NELISSEN & THYS, 1975
Schoko-Moorii, Sattelfleck-Moorii

Syn.: *Tropheus moorii* (Braune Variante).

Vork.: Afrika; am Nordostufer des Tanganjikasees (endemisch). Das Vorkommen dieser Art ist auf das südliche Burundi (Nyanza Lac) beschränkt. Die Tiere bewohnen den oberen ufernahen Bereich des Geröll- und Felslitorals zwischen zwei und fünf Metern.

Ersteinf.: 1968(?).

GU.: Die Geschlechter sind an äußeren Merkmalen nicht unterscheidbar.

Soz. V.: Revierbildend; *T. brichardi* lebt vermutlich in keinen in sich festgeschlossenen Sozialgruppen. Die Tiere sind untereinander oft aggressiv, gegenüber anderen Fischen aber friedlich. Die Art bewahrt sich auch in der Gefangenschaft eine natürliche Scheu.

Hält. B.: Große Aquarien mit Steinaufbauten bis zur Wasseroberfläche, wobei viele Höhlen, Nischen und Durchlässe vorhanden sein sollten. Genügend Schwimmraum freilassen. Starke Beleuchtung der Aquarien von oben, um das Algenwachstum anzuregen (Aufwuchsfresser!). Vergesellschaftung mit Grundelbuntbarschen der Gattungen *Eretmodus, Spathodus* und *Tanganicodus* sowie mit *Julidochromis*-Arten.

ZU: 26–27° C; Wasser mittelhart (10–15° dGH) und neutral bis mäßig alkalisch (pH 7–9). Die Tiere sind freilaichende, hochspezialisierte Maulbrüter. Die Eier sind gelb und haben einen Durchmesser von bis zu 7 mm. Die Jungfische schwimmen je nach Temperatur nach 28 bis 32 Tagen frei. Die Zuchten erbringen durchschnittlich zehn Jungtiere.

FU: Lebendfutter aller Art; die Tiere sind spezialisierte Aufzuchtfresser, deshalb sollte man ihnen auch pflanzliche Kost bieten (Algen, Salat, Spinat usw.). Ballastarme Nahrung (z. B. *Tubifex* oder Enchyträen) sollte man vorsichtig verfüttern.

Bes.: *Tropheus brichardi* wurde von MATTHES (1962) als geographische Farbrasse von *Tropheus moorii* angesehen. Den Aquarianern war dieser Buntbarsch schon vor seiner Erhebung zu einer guten Art als Schoko-Moorii bekannt.

T: 24–26° C, **L**: 12 cm, **BL**: 150 cm, **WR**: m, u, **SG**: 3–4

Tropheus moorii

Tropheus moorii Regenbogenvariante

Tropheus moorii Gestreifte Variante

Tropheus moorii Orange Variante

Tropheus moorii Grüne Variante

Tropheus moorii Kaiser-Moorii

Tropheus moorii Doppelfleck-Variante

Tropheus moorii Schwarzstreifenvariante

Tropheus polli, Gelbe Regenbogen-Variante

Tropheus polli, Stirnstreifenvariante

Tropheus polli, Wimpelvariante

Tropheus polli, Grünrote Variante

Xenotilapia boulengeri (POLL, 1942)

Syn.: *Enantiopus boulengeri*

Vork.: Afrika; Tanganjikasee (endemisch). Die Tiere kommen in Tiefen zwischen einem und 60 Metern vor. Sie leben hauptsächlich über Sandboden.

Ersteinf.: Unbekannt.

GU.: Afterflosse beim ♂ mit stark ausgeprägter Zeichnung und kräftiger Färbung.

Soz. V.: Revierbildend; außerordentlich friedlicher Cichlide. Die Tiere sind tagsüber muntere Schwimmer. Maulbrüter mit Elternfamilie.

Hält. B.: Bodengrund aus einer dicken Schicht von Sand. Im Hintergrund des Beckens einige Steine und Wurzeln als Verstecke und Dekoration. Eventuell Bepflanzung der Beckenseiten. Wasser bis 20° dGH und mäßig alkalisch (pH-Wert 7,5–8,5). Haltung im Artbecken oder zusammen mit anderen *Xenotilapia*-Arten.

ZU: Einen ersten, detaillierten Zuchtbericht einer *Xenotilapia*-Art im Aquarium, wahrscheinlich *X. boulengeri,* gibt V. PUTTBERG (1985) im Aquarium **19**, 623–628. Die ♂♂ bilden während der Laichzeit Reviere, die vor allem gegen Artgenossen verteidigt werden. Das ♀ wird im Revier geduldet, und die Revierverteidigung wird nun gemeinsam vorgenommen Das ♂ legt eine Laichgrube an, in der das ♀ seine Eier abgibt. Diese sind hellbeige gefärbt und ca. 2 mm groß. Die in der Laichgrube liegenden Eier werden nun vom ♂ befruchtet und dann erst vom ♀ ins Maul aufgenommen. Die Eizahl liegt zwischen 20 und 30 Stück. Nach etwa 12 Tagen werden die Larven vom ♀ an das ♂ übergeben, das sie weiter im Maul pflegt. Nach 18–20 Tagen sieht man erstmals Jungfische, die vom ♂ aus dem Maul entlassen worden sind. Die Jungfische sind dann etwa 5 mm lang und werden bei Gefahr vom ♂ wieder ins Maul aufgenommen. Die Aufzucht der Jungfische bereitet keine Schwierigkeiten. Sie werden mit zerriebenem Trockenfutter, *Artemia*-Nauplien und feinem Frostfutter ernährt.

FU: O; Lebendfutter jeglicher Art (Wasserinsekten und deren Larven, Wasserflöhe, Hüpferlinge, *Artemia, Tubifex*), Frostfutter, Flockenfutter und Futtertabletten.

Bes.: *Xenotilapia boulengeri* ähnelt in ihrem Aussehen *Xenotilapia sima*, unterscheidet sich aber von dieser durch die flacher wirkende Stirn und das längere Maul.

T: 23–26° C, **L:** 15 cm, **BL:** 100 cm, **WR:** u, m, **SG:** 3

Ambassidae siehe unter Chandidae

Fam. Apogonidae (Kardinalfische)

Die Familie ist nicht sehr groß und umfaßt meist kleine Vertreter. Die größten Arten erreichen etwa 20 cm Länge. Die meisten Vertreter bewohnen die Flachwasserregionen von tropischen und subtropischen Meeren. Nur wenige Arten leben im Süßwasser. Am häufigsten trifft man Kardinalfische im Indopazifik an, wo sie in Riffgebieten in Schwärmen auftreten und dort wichtige Nahrungsobjekte für größere Raubfische darstellen. Apogoniden besitzen zwei Rückenflossen, von denen die erste nur aus Hartstrahlen besteht. Die meisten Vertreter haben nur zwei Stachelstrahlen in der Afterflosse. Es sind relativ große Kammschuppen vorhanden. Viele Arten sind brutpflegend. Eier und kleine Jungfische werden zumeist von dem Männchen, manchmal auch von dem Weibchen, ins Maul aufgenommen.

Centropomidae (Riesenbarsche)

Früher gehörten in diese Familie hauptsächlich die Glasbarsche. Heute stehen in dieser Familie lediglich vier Gattungen mit etwa 20 Arten, die von Afrika über Südostasien bis Australien verbreitet sind. 7 von den 20 Arten sind Süßwasserfische; die anderen sind Meeresbewohner. Fossile Funde in Australien weisen ein Alter von ca. 55 Millionen Jahren nach. Ähnliche Funde in Afrika sind etwa 22 Mio. Jahre alt.

In Australien haben die Riesenbarsche eine wirtschaftliche Bedeutung. 1978/1979 wurden 3200 Tonnen kommerziell gefangen. 1980/81 waren es nur noch 1800 Tonnen. Überfischung und Umweltverschmutzung werden auch für Australien – wie fast überall auf der Welt – als Gründe genannt.

Chandidae (Glasbarsche)

Die Familienbeschreibung befindet sich in Band 1, Seite 788 (unter Centropomidae). GREENWOOD stellte diese neue Familie auf und trennte sie von der alten Familie. Einige Autoren verwenden noch die alte Familienbezeichnung Ambassidae.

Fam. Kuhliidae

Die Kuhliiden stellen mit knapp einem Dutzend Arten eine kleine Fischfamilie dar. Ihre Heimat ist der indopazifische Raum. Die meisten Kuhliiden sind Meeresbewohner, doch es kommen auch Arten im Brack- und sogar in reinem Süßwasser vor. In ihrem Körperbau ähneln die Kuhliiden etwas den Sonnenbarschen (Centrarchiden). Die Kuhliiden sind meist schlank gebaut, Körper und Kopf sind von mittelgroßen Kammschuppen bedeckt. Die Rückenflosse ist zweiteilig, wobei der vordere hartstrahlige Teil nicht mit dem hinteren weichstrahligen verbunden ist. Bekannteste Gattungen sind *Kuhlia* und *Nannoperca*.

Fam.: Serranidae (Sägebarsche)

Die mehr als 400 Serraniden-Arten sind hauptsächlich Fische der Tropen; einige Arten findet man auch in gemäßigten Meeren. Die meisten Arten sind Meeresbewohner; einige Arten sind dagegen reine Süßwasserbewohner. Fast alle marinen Vertreter halten sich in Küstengebieten auf. Unter den Serraniden gibt es wahre Riesen mit über 300 kg Gewicht, während die kleinsten Vertreter nur zwei Zentimeter messen und fast nichts wiegen. Im allgemeinen sind die Sägebarsche kräftig gebaut, haben große Köpfe mit weiten Mäulern. Sie haben zwei Rückenflossen, von denen die erste aus kräftigen Stacheln besteht. Viele Serraniden sind Zwitter. Bei einigen Arten entwickeln sich Eier und Spermien nebeneinander im gleichen Fisch, doch häufiger ist es, daß die Fische in der Jugend erst Weibchen sind und sich später zu Männchen umwandeln (protogyne Zwitter).

Fam.: Theraponidae (Tigerfische)

Die Theraponiden stellen eine kleine, im Indopazifik weit verbreitete Fischfamilie dar. Sie kommen von der ostafrikanischen Küste und dem Roten Meer bis nach Australien und einigen westpazifischen Inseln vor. Die überwiegende Anzahl der Arten ist mittelgroß und lebt im Meer. Einige Arten werden aber so groß, daß sie lokal wichtige Speisefische darstellen. Viele Arten dringen gelegentlich in das Süßwasser vor, einige wenige leben permanent in ihm. Die Theraponiden unterscheiden sich von den Serraniden (Sägebarschen) durch die Anzahl ihrer Rückenflossenstacheln (11–14), das viel kleinere Maul und die zahlreichen Zähne, die dreispitzig (= tricuspid) oder gesägt sind.

Fam.: Percichthyidae (Dorschbarsche)

Einige Gattungen der Familie Serranidae (Sägebarsche) weichen in ihrem Aussehen und in ihrer Lebensweise von den übrigen Serraniden ab. Aus diesem Grund werden diese Gattungen von vielen Ichthyologen in der gesonderten Familie Percichthyidae zusammengefaßt. Unserer Meinung nach ist es ein wenig Glaubenssache, für welche Familie man sich entscheidet.

Fam.: Lutjanidae (Schnapper)

Zu den Schnappern werden etwa 300 Arten gerechnet. Sie sind mit Ausnahme des östlichen Pazifiks in allen warmen Meeren vertreten. Typische Vertreter dieser Familie sind leicht an ihrem im Profil fast dreieckigen Kopf zu erkennen. Die Rückenflosse ist einteilig; hartstrahliger und weichstrahliger Teil sind miteinander verbunden. Von den Serraniden (Sägebarschen) unterscheiden sich die Lutjaniden durch die zehn Stachelstrahlen in der ersten Rückenflosse, die spitz auslaufenden Brustflossen und die meist viel stärker gegabelte Schwanzflosse. Zu der Familie gehören verschiedene wichtige Speisefische. Einige Arten fungieren in bestimmten Gebieten als Verursacher der Ciguatera, einer Fischvergiftung. Diese hat ihre Ursache darin, daß einige Fischarten sich von giftigen Algen ernähren. Innerhalb der Nahrungskette werden die Giftstoffe immer mehr angereichert und erreichen ihre Endkonzentration in den Schnappern.

Badis badis burmanicus, s. Seite 1013

Glossamia aprion aprion (RICHARDSON, 1842)

Syn.: *Apogon aprion.*

Vork.: Australien; in den nördlichen Zuflüssen. Die Art lebt nur im Süßwasser.

Ersteinf.: Nicht ermittelbar.

GU.: Bisher keine bekannt.

Soz. V.: Relativ friedliche Fische, die in Schwärmen leben. Maulbrüter; Vaterfamilie.

Hält. B.: Möglichst geräumige Becken bieten. Bodengrund aus feinem Sand; zur Dekoration einige Wurzeln und Steine; dichte Rand- und Hintergrundbepflanzung mit australischen Arten; genügend Raum zum Ausschwimmen lassen. Wasser mittelhart bis hart (12–20° dGH) und neutral bis schwach alkalisch (pH 7,0–7,5). Vergesellschaftung mit Regenbogenfischen ist möglich.

ZU: Im Aquarium noch nicht nachgezüchtet. Aus Freilandbeobachtungen weiß man, daß die ♂♂ die Eier in die Mundhöhle aufnehmen und dort erbrüten. Während dieser Zeit nehmen die Tiere keine Nahrung zu sich.

FU: K; Lebendfutter aller Art: Kleinkrebse, Mückenlarven, *Tubifex*; geschabtes Fleisch und auch Flockenfutter.

Bes.: Neben *Glossamia aprion aprion* gibt es noch eine weitere Unterart, *G. aprion gilli*, den Queensland Maulbrüter. Sein Verbreitungsgebiet befindet sich weiter südlich. Beide Unterarten lassen sich leicht an der Zahl der Seitenlinienschuppen unterscheiden: *G. a. aprion* hat 37–41, *G. a. gilli* dagegen nur 25–31.

T: 23–25° C, **L**: 12 cm, **BL**: 100 cm, **WR**: m, **SG**: 2

Badis badis burmanicus AHL, 1936
Roter Badis, Chamäleonfisch

Syn.: Keine.

Vork.: Südostasien: Burma, im Inlé-See.

Ersteinf.: Um 1960.

GU.: ♂ mit konkaver Bauchlinie, intensiver gefärbt; ♀ mit konvexer Bauchlinie, weniger intensiv gefärbt, etwas kleiner.

Soz. V.: Friedlicher Fisch, der noch schwächer revierbildend ist als *Badis badis badis*. Höhlenbrüter; Vaterfamilie.

Hält. B.: Bodengrund aus feinem Sand; dichte Bepflanzung der Becken; viele Verstecke aus Wurzeln und Steinen, Höhlen (z. B. halbierte Kokosnüsse, umgedrehte Blumentöpfe). An die Wasserbeschaffenheit werden keine besonderen Ansprüche gestellt; Wasser bis 15° dGH und leicht sauer (pH-Wert um 6,5). Man sollte die Aquarien nicht zu hell beleuchten, da die Tiere zuviel Licht nicht lieben; die Oberfläche mit Schwimmpflanzen. Wichtig ist ein regelmäßiger Wasserwechsel.

ZU: 26–28° C; leicht möglich und selbst in sehr kleinen Becken durchführbar. Wasserwerte wie angegeben, eventuell Torffilterung, die für bernsteingelbes und leicht saures Wasser sorgt. Abgelaicht wird in einer Höhle, das ♂ übernimmt die Pflege des Geleges; Gelegegröße bis 150 Eier. Die Jungfische schlüpfen nach etwa drei Tagen und werden vom ♂ betreut, bis ihr Dottersack aufgezehrt ist. Fütterung der Jungfische mit Krebs-Nauplien.

FU: K; Lebendfutter aller Art, Shrimps, geschabtes Fleisch, Leber. Flockenfutter wird nur in Ausnahmefällen gefressen.

Bes.: *Badis badis burmanicus* unterscheidet sich von der Nominatform *Badis badis badis* (HAMILTON, 1822) durch die Färbung und das andere Verbreitungsgebiet. *B. b. badis* ist blau gefärbt (deutscher Familienname!) und kommt in Indien vor.

T: 24–26° C, **L**: 8 cm, **BL**: 70 cm, **WR**: m, u, **SG**: 4 (K)

Ambloplites rupestris (RAFINESQUE, 1817)
Steinbarsch

Syn.: *Bodianus rupestris, Ambloplites aeneus, A. ictheloides, Centrarchus aenaeus, C. pentacanthus, Cichla aenea, Icthelis erythrops, Lepomis ictheloides.*

Vork.: Nordamerika; südliches Kanada (Große Seen) bis nach Louisiana (USA).

Ersteinf.: 1887 von Max von dem Borne, Berneuchen.

GU.: ♂ mit schwarzem, goldumrandetem Kiemendeckelfleck, schwärzliche Brustflossen; ♀ mit schwarzem Kiemendeckelfleck ohne Goldumrandung, Brustflossen bräunlich.

Soz. V.: Räuberische, unverträgliche und im Alter einzelgängerisch lebende Fische. Die ♂♂ bilden während der Laichzeit Reviere. Die Art betreibt Brutpflege (Vaterfamilie).

Hält. B.: Große Becken mit Sand- oder Kiesgrund; einige Verstecke und Höhlen aus Steinen und Wurzeln; Dichichte aus Kaltwasserpflanzen. Klares, kaltes Wasser, Wasser nicht zu weich (ab 10° dGH) und neutral (pH 7,0). Die Tiere sind in großen Becken ausdauernd und widerstandsfähig, in kleinen Becken dagegen hinfällig.

ZU: 16–20° C; die ♂♂ heben im Sand eine etwa handtellergroße flache Grube aus, die gegen andere ♂♂ energisch verteidigt wird; vor dem Ablaichen Balzspiele. Es wird in oder über der Grube abgelaicht, anschließend sollte man das ♀ herausfangen. Das ♂ übernimmt allein die Brutpflege. Wenn das ♂ die Jungfische nicht mehr zusammenhalten kann, auch das ♂ herausfangen, da es sonst die Jungen frißt. Die Jungfische halten sich gern in einem lockeren Schwarm auf.

FU: Hauptsächlich Lebendfutter aller Art, auch Fische. Der Steinbarsch kann auch an Fleisch und Flockenfutter gewöhnt werden.

Bes.: *Ambloplites rupestris* wird in seiner Heimat gegessen und gilt als guter Speisefisch.

T: 10–20° C (Kaltwasserfisch), **L**: 25 cm, **BL**: 100 cm, **WR**: u, m, **SG**: 1–2

Elassoma okefenokee BÖHLKE, 1956
Okefenokee-Zwergsonnenbarsch

Syn.: Keine.

Vork.: Nordamerika; USA, in den Okefenokee-Sümpfen im Südwesten von Georgia. Die Art ist dort wahrscheinlich endemisch.

Ersteinf.: 1980 von Manfred Rogner, Aachen.

GU.: ♂ während der Laichzeit dunkler gefärbt und mit Balzkleid; ♀ heller gefärbt und mit deutlichem Laichansatz (dicker Bauch).

Soz. V.: Revierbildend, trotzdem eine recht friedliche Art.

Hält. B.: Dichte Bepflanzung der Becken mit feinfiedrigen Kaltwasserarten (*Myriophyllum brasiliense, Riccia fluitans*); feinsandiger Bodengrund, einige Steine zur Revierabgrenzung; etwas freien Schwimmraum lassen. Wasser weich (5° dGH) und sauer (pH um 6). Die Tiere sind am besten im Artbecken zu halten; ansonsten Vergesellschaftung mit anderen ebenso kleinen Kaltwasserfischen.

ZU: Im Artbecken schon erfolgt. Über eine gelungene Zucht berichtet ROGNER (1982): Das Aquarium **16** (158): 423–424. Die ♀♀ lassen sich von den ♂♂ ins Pflanzendickicht locken, wo auch abgelaicht wird. Die Eier hängen an feinen Fäden an den Pflanzen. Nach ROGNER legen die Fische die Eier in Gruppen zwischen zehn und dreißig Stück ab. Die Elterntiere vergreifen sich weder an dem Laich noch an den Jungfischen. Die Aufzucht der Jungfische erfolgt mit feinstem Staubfutter, ab dem 10. Tag kann mit *Artemia*-Nauplien gefüttert werden.

FU: Lebendfutter aller Art (Kleinkrebse wie Daphnien, Hüpferlinge, *Artemia*; weiße und rote Mückenlarven, *Tubifex*, Enchyträen).

Bes.: *Elassoma okefenokee* unterscheidet sich von *E. evergladei* durch den schuppenlosen oberen Kopfteil, außerdem ist die Rückenflosse der ♂♂ deutlich dunkler als die der ♂♂ von *E. evergladei*.

T: 4–30° C (Kaltwasserfisch), **L**: 4 cm, **BL**: 50 cm, **WR**: u, **SG**: 2–3

Ambloplites rupestris

Elassoma okefenokee ♀

Lepomis auritus (LINNAEUS, 1758)

Syn.: *Labrus auritus, Apomotis albulus, Bryttus albulus, B. unicolor, Eupomotis euyorus, Ichthelis auritus, I. rubricauda, Lepidopomus miniatus, Lepomis appendix, L. miniatus, Pomotis elongatus, P. solis, Xenotis ophthalmicus, Xystroplites gilli.*

Vork.: Nordamerika; USA, von Maine bis Virginia; in Bächen, Flüssen und Seen mit Sandboden und klarem Wasser.

Ersteinf.: 1895 von Paul Matte, Lankwitz bei Berlin.

GU: ♂♂ sind schöner und intensiver gefärbt.

Soz.V.: Die Tiere sind untereinander oft unverträglich und bissig. Die Art betreibt Brutpflege (Vater-Familie).

Hält.B.: Bodengrund aus feinem Kies; Bepflanzung mit feinblättrigen Kaltwasserarten, die man in Töpfe pflanzen sollte (die Tiere wühlen!). Viel Schwimmraum freilassen. Gute Durchlüftung der Becken, wobei sich gleichzeitig eine schwache Strömung aufbaut. Auf Heizung kann verzichtet werden. Wasser mittelhart (bis 15° dGH) und neutral bis schwach alkalisch (pH 7,0-7,5).

ZU: 18-20°C; Wasser nicht untert 10° dGH. Das ♂ wedelt mit dem Schwanz eine flache Grube aus, die ungefähr 30 cm Durchmesser hat. Die Grube (Nest) wird gegenüber arteigenen ♂♂ und artfremden Fischen energisch verteidigt. Vor dem Ablaichen erfolgt ein ausgeprägtes Balzspiel mit einigen Scheinpaarungen. Danach legt das ♀ in mehreren Schüben seine Eier ab; große ♀ können über 1000 Stück absetzen. Das ♀ muß nun herausgefangen werden, da es sonst zu sehr vom ♂ belästigt wird. Intensive Pflege und Verteidigung von Gelege und Jungfischen durch das ♂. Eine Führung der Jungfische wie bei Cichliden findet nicht statt.

FU: Kräftiges Lebendfutter aller Art; die Tiere lassen sich nach einiger Zeit auch an Flockenfutter gewöhnen.

Bes.: *Lepomis auritus* spaltet sich in zwei Unterarten auf: *L. auritus auritus* (LINNAEUS, 1758) und *L. auritus solis* (CUVIER & VALENCIENNES, 1831), wobei letztere Unterart ein südlicheres Verbreitungsgebiet hat.

T: 4-22°C (Kaltwasserfisch), **L:** 20 cm, **BL:** 100 cm, **WR:** m, u, **SG:** 2

Micropterus dolomieui LACEPÈDE, 1802

Großer Schwarzbarsch

Syn.: *Bodianus achigan, Calliurus punctulatus, C. fasciatus, Centrarchus obscurus, Cichla fasciata, C. minima, C. ohioensis, Dioplites variabilis, Etheostoma notata, Grystes nigricans, Lepomis flexuolaris, L. salmonea, L. trifasciata.*

Vork.: Nordamerika; vom südlichen Kanada bis Südkarolina und Arkansas. Die Art wurde um die Jahrhundertwende auch in Deutschland ausgesetzt, scheint aber wieder verschwunden zu sein.

Ersteinf.: 1883.

GU: ♂ etwas schlanker und dunkler gefärbt; ♀ etwas kräftiger und heller gefärbt; ansonsten sind keine äußeren Unterschiede bekannt.

Soz.V.: Die Tiere sind während der Laichzeit revierbildend; in der Mitte des Reviers wird eine Laichgrube ausgehoben. Die Art ist ein gefräßiger Raubfisch. Offenbrüter; Elternfamilie.

Hält.B.: Wie bei *Micropterus salmoides* angegeben. Es sind nur Jungfische für eine Haltung im Aquarium geeignet.

ZU: Im Aquarium noch nicht geglückt (Größe der Tiere!). Im Freiland ähnelt die Fortpflanzung der von *M. salmoides*. Die Laichgrube wird aber nicht mit Blättern austapeziert. Die Fischbrut ist schwarz, während sie bei *M. salmoides* grau gefärbt ist.

FU: K; Lebendfutter, überwiegend Fische. Die Tiere sind sehr gefräßig.

Bes.: *Micropterus dolomieui* unterscheidet sich von *M. salmoides* durch eine Anzahl von Merkmalen. Die erste Angabe bezieht sich auf *M. dolomieui*: Schwanzflosse 16 Weichstrahlen/18 Weichstrahlen; Afterflosse 10 Weichstrahlen/11-12 Weichstrahlen; Brustflossen 16-17/13-14 Weichstrahlen; die Schuppen auf dem Interoperculum (Zwischenkiemendeckel) bedecken nur den halben Knochen/ganzen Knochen.

T: 10-18°C (Kaltwasserfisch), **L:** 50 cm, **BL:** 150 cm, **WR:** u, m, **SG:** 2-3

Lepomis auritus

Micropterus dolomieui

Micropterus salmoides (LACÉPÈDE, 1802)
Forellenbarsch

Syn.: *Labrus salmoides, Aplites salmoides, Grystes salmoides, Huro nigricans.*

Vork.: Nordamerika; südliches Kanada bis Mexiko. In Europa verschiedentlich mit mehr oder weniger gutem Erfolg ausgesetzt. Im Wörthersee und einigen russischen Gewässern (z. B. Abransee) inzwischen eingebürgert.

Ersteinf.: 1883.

GU.: ♂ etwas schlanker und dunkler gefärbt; sonst sind keine Geschlechtsunterschiede bekannt.

Soz. V.: Gefräßiger Raubfisch, der zur Laichzeit Reviere bildet. Die Tiere betreiben Brutpflege (Elternfamilie).

Hält. B.: Becken mit großer Grundfläche; Bodengrund aus einer dicken Schicht feinen Sandes; dichte Randbepflanzung mit Kaltwasserarten und einige große Steine; sauberes, klares Wasser mit guter Durchlüftung. Wurzel als Verstecke und Unterstände. Wasser mittelhart (ab 10° dGH) und neutral bis schwach alkalisch (pH 7,0–7,5). Für ein normales Aquarium eignen sich nur Jungfische.

ZU: Im Aquarium noch nicht gelungen (Größe!). Im Freiland bauen die Tiere flache Gruben mit einem Durchmesser bis zu einem Meter. Diese Gruben werden peinlichst gesäubert und mit Blättern austapeziert. Dann wird in ihnen abgelaicht. Die Eier werden vom ♂ und ♀ abwechselnd betreut. Die Jungfische schlüpfen nach sieben bis zehn Tagen. Die Brutpflege erlischt beim Schlüpfen der Jungen.

FU: Lebendfutter, hauptsächlich Fische. Forellenbarsche sind große Räuber und sehr gefräßig.

Bes.: Die Vertreter der Gattung *Micropterus* unterscheiden sich von allen anderen Centrarchiden durch ihren langgestreckten, relativ niedrigen Körper und die flache Rückenflosse, die durch einen mittleren Einschnitt fast zweigeteilt erscheint.

T: 10–18° C (Kaltwasserfisch), **L**: 60 cm, **BL**: 100 cm, **WR**: u, m, **SG**: 4 (K)

Lates calcarifer (BLOCH, 1790)
Barramundi, Riesenbarsch

Syn.: *Holocentrus calcarifer, Pseudolates cavifrons.*

Vork.: Asien und Australien; die Verbreitung reicht vom Persischen Golf ostwärts über China bis zu dem Indo-Australischen Archipel. Die Tiere kommen sowohl im Süß- als auch in Brack- und Seewasser vor.

Ersteinf.: Wahrscheinlich wurde die Art nach Deutschland noch nicht eingeführt.

GU.: Keine äußeren bekannt. Die Fische sollen eine Geschlechtsumwandlung durchmachen. Tiere bis 50 cm Länge sind fast immer ♂♂, größere Tiere in der Regel ♀♀.

Soz. V.: Die Tiere sind untereinander unverträglich. Kleinere Fische werden als Beute angesehen. Die Art ist ein ausgesprochener Räuber.

Hält. B.: Für die Aquarienhaltung sind nur Jungfische geeignet. Größere Exemplare bleiben Schauaquarien vorbehalten.

ZU: Im Aquarium noch nicht gelungen.

FU: K; kräftiges Lebendfutter aller Art, besonders Fische. Es wird aber auch Ersatzfutter in Form von Frostfutter oder Rinderherz und Fleisch genommen.

Bes.: Die Tiere sind in ihrer Heimat äußerst geschätzte Speisefische. Man sollte *Lates calcarifer* nicht mit *Scleropages leichhardti* verwechseln, der ebenfalls Barramundi genannt wird.

T: 15–28° C, **L:** 180 cm, **BL:** ab 150 cm, **WR:** m, u, **SG:** 3–4 (K)

Chanda agramma (GÜNTHER, 1867)

Syn.: *Ambassis agrammus.*

Vork.: Australien; Nordterritorium und Queensland, in Flüssen, die in den Golf von Carpentaria fließen. Die Art kommt auch im Fitzroy River-System vor (westliches Australien).

Ersteinf.: 1936 von W. Riemenschneider, Bremen.

GU.: ♂ etwas intensiver gefärbt, Schwimmblase hinten zugespitzt, Bauchlinie gerade oder leicht eingebuchtet; ♀ blasser, Schwimmblase hinten gerundet, Bauchlinie konvex.

Soz. V.: Die Tiere leben in einem lockeren Schwarm. Gegenüber artfremden Fischen sind sie friedlich, untereinander kann es zu leichten Beißereien kommen. Die Art ist schwimmfreudig.

Hält. B.: Wie bei *Chanda commersonii* angegeben. Der Zusatz von Seesalz wird angeraten, ist aber bei *Chanda agramma* nicht unbedingt erforderlich.

ZU: Über eine gelungene Zucht in Gefangenschaft liegen keine Berichte vor. Wahrscheinlich ähnelt die Fortpflanzung der von *Chanda commersonii* oder *Ch. ranga* (vgl. Band 1).

FU: K; fast nur Lebendfutter jeglicher Art. Die Nahrung muß sehr fein sein.

Bes.: Die Schuppen von *Chanda agramma* sind relativ groß. Es befinden sich 26–28 Schuppen in einer lateralen Seitenreihe.

T: 20–28° C, **L**: 7 cm, **BL**: 60 cm, **WR**: m, o, **SG**: 3

Chanda commersonii (CUVIER & VALENCIENNES, 1828)
Commerson's Glasbarsch

Syn.: *Ambassis commersonii, A. safgha.*

Vork.: Afrika, Asien und Nordaustralien: Das Verbreitungsgebiet erstreckt sich vom Roten Meer und der Ostküste Afrikas bis Nordaustralien und Neuguinea. Die Art geht stellenweise auch in Süßwasser.

Ersteinf.: 1912.

GU.: Beim ♂ sind die Spitze der Rückenflosse und die Spitzen der Schwanzflosse schwarz; ♀ ohne die schwarzen Schwanzflossenspitzen.

Soz. V.: Friedlicher und ruhiger Schwarmfisch. Ob *Chanda commersonii* auch Reviere beansprucht, ist unbekannt.

Hält. B.: Dunkler Bodengrund aus Lavatit oder Basaltsplit; dichte Bepflanzung der Becken mit brackwasser- und/oder seewasserverträglichen Arten. Versteckmöglichkeiten aus Steinen und Wurzeln. Bei *Ch. commersonii* ist Seesalzzusatz (0,5–1%) zum Wohlbefinden unbedingt erforderlich. Vergesellschaftung mit anderen *Chanda*-Arten oder Haltung im Artbecken.

ZU: 26–28° C; die Zucht ist im Aquarium schon gelungen. Nach STERBA ist es zur Anregung der Fortpflanzung unerläßlich, die Tiere von Zeit zu Zeit in reines Meerwasser zu bringen und dieses dann langsam, im Verlauf von Tagen, auszusüßen. Dichte Bepflanzung der Becken mit feinfiedrigen Arten, in deren Dickicht abgelaicht wird. Die Eier sind klein und werden in großer Zahl abgegeben. Aufzucht der Jungfische mit Kleinkrebs-Nauplien.

FU: K; überwiegend Lebendfutter aller Art. Flockenfutter wird nur ausnahmsweise genommen.

Bes.: *Chanda commersonii* unterscheidet sich von *Chanda ranga* durch seine gestreckte Gestalt, die niedrigere Anzahl von Weichstrahlen in der zweiten Rückenflosse (9–10 zu 12–15) und in der Afterflosse (9–10 zu 13–15).

T: 22–26° C, **L**: 10 cm, **BL**: 80 cm, **WR**: m, **SG**: 3–4

Chanda agramma

Chanda commersonii

Chanda elongata (CASTELNAU, 1878)
Gestreckter Glasbarsch

Syn.: *Ambassis elongatus.*

Vork.: Australien; die Art bewohnt Süßgewässer Nordaustraliens.

Ersteinf.: In Deutschland wahrscheinlich noch nicht eingeführt.

GU.: Sichere sind nicht bekannt; die ♀♀ sollen etwas voller sein.

Soz. V.: Friedlicher, ruhiger Schwarmfisch.

Hält. B.: Wie bei *Chanda macleayi* angegeben.

ZU: In Gefangenschaft noch nicht gelungen.

FU: K; kleines Lebendfutter aller Art; Flokkenfutter wird nur widerwillig genommen.

Bes.: *Chanda elongatus* hat einen mehr gestreckten Körper als *Chanda macleayi.*

T: 20–32° C, **L:** 7,5 cm, **BL:** 60 cm, **WR:** m, **SG:** 2

Chanda macleayi (CASTELNAU, 1878)
Macleays Glasbarsch

Syn.: *Pseudoambassis macleayi, Ambassis macleayi, Austrochanda macleayi.*

Vork.: Australien und Neuguinea; Nordterritorium, Queensland (Drainagegebiet des Golfs von Carpentaria), Westaustralien (nur im Ord und Carson River) und südliches Neuguinea. Die Art kommt im Süßwasser vor.

Ersteinf.: Wahrscheinlich noch nicht in Deutschland eingeführt worden.

GU.: Sichere Geschlechtsunterschiede sind von *Chanda macleayi* nicht bekannt. Die ♀♀ sollen etwas voller sein.

Soz. V.: Friedlicher, ruhiger Schwarmfisch.

Hält. B.: Dunkler Bodengrund aus Lavatit oder Basaltsplit; dichte Rand- und Hintergrundbepflanzung; einige Versteckmöglichkeiten aus Steinen und/oder Wurzeln; Schwimmraum freilassen. Die Tiere sind Süßwasserbewohner, deshalb keinen Salzzusatz wie bei anderen Centropomiden; ansonsten werden keine Ansprüche an das Wasser gestellt. Die Tiere nach Möglichkeit im Schwarm pflegen (ab sechs Exemplaren). Haltung im Artbecken oder Vergesellschaftung mit anderen Süßwasser-Chandiden.

ZU: Im Aquarium bisher noch nicht geglückt.

FU: K; kleines Lebendfutter jeglicher Art wird sehr gern gefressen; die Tiere lassen sich aber auch an Flockenfutter gewöhnen.

Bes.: *Chanda macleayi* ist leicht von anderen *Chanda*-Arten anhand seines Netzmusters, das von schwarz umrandeten Schuppen herrührt, zu unterscheiden.

T: 20–32° C, **L:** 10 cm, **BL:** 80 cm, **WR:** m, **SG:** 2

Chanda elongata

Chanda macleayi

Denariusa bandata WHITLEY, 1948

Pennyfisch

Syn.: Keine.

Vork.: Australien; Nordterritorium und Queensland. Die Tiere bewohnen verkrautete Gewässer.

Ersteinf.: Wahrscheinlich noch nicht nach Deutschland eingeführt worden.

GU.: ♂ schlanker und etwas größer; ♀ voller, besonders während der Laichzeit.

Soz. V.: Friedlicher, kleiner Schwarmfisch.

Hält. B.: Bodengrund aus feinem, dunklen Sand oder Lavatit; dichte Rand- und Hintergrundbepflanzung; einige Unterstände aus Steinen und Wurzeln; freien Schwimmraum lassen. An die Wasserzusammensetzung werden keine besonderen Ansprüche gestellt. Haltung immer im Schwarm (ab sechs Tieren). Vergesellschaftung mit anderen zarten Fischen ähnlicher Größe.

ZU: Im Aquarium noch nicht gelungen.

FU: K; kleines Lebendfutter jeglicher Art. Die Tiere sind sehr schwer an Ersatzfutter zu gewöhnen. Ohne Lebendfutter kümmern sie.

Bes.: Die Seitenlinie von *Denariusa bandata* ist stark rückgebildet.

T: 22–32° C, **L:** 5 cm, **BL:** 40 cm, **WR:** m, **SG:** 3

Cattle Creek. Küstennahes, zentrales Queensland, Australien. Hier kommen Regenbogenfische, Glasbarsche und Grundeln vor.

Gymnochanda filamentosa FRASER-BRUNNER, 1954

Fadenglasbarsch

Syn.: Keine (?).

Vork.: Südostasien, Malaysia (Provinz Johore) und Singapur.

Ersteinf.: 1955.

GU.: Zweite Rückenflosse und Afterflosse des ♂ haben stark verlängerte Flossenstrahlen.

Soz. V.: Ähnelt dem von *Chanda*-Arten.

Hält. B.: Wie bei *Chanda commersonii* angegeben. Man sollte *G. filamentosa* in brackigem Wasser halten.

ZU: Die Zucht dieser Art ist vereinzelt schon gelungen. Ausführliche Zuchtberichte liegen aber nicht vor.

FU: K; überwiegend Lebendfutter jeglicher Art. Flockenfutter und anderes Futter werden nicht gern genommen.

Bes.: Die Männchen von *Gymnochanda filamentosa* sind leicht an den stark verlängerten Flossenstrahlen der zweiten Dorsale und der Anale von den Männchen der *Chanda*-Arten zu unterscheiden. Nach STERBA sind bei Nachzuchttieren die verlängerten Flossenstrahlen viel kürzer.

T: 23–26° C, **L:** 5 cm, **BL:** 50 cm, **WR:** m, **SG:** 3–4

Edelia obscura (KLUNZINGER, 1872)
Yarra Zwergbarsch

Syn.: *Nannoperca obscura*.

Vork.: Australien; Victoria, in Bächen in der Nähe von Melbourne.

Ersteinf.: Wahrscheinlich in Deutschland noch nicht eingeführt.

GU.: Das ♂ ist schlanker.

Soz. V.: Friedliche Art, die gut mit Artgenossen und artfremden Fischen auskommt.

Hält. B.: Becken mit sandigem oder feinkiesigem Bodengrund; dichte Rand- und Hintergrundbepflanzung; einige Versteckmöglichkeiten bieten; gute Filterung des Beckens. An das Wasser werden keine besonderen Ansprüche gestellt. Haltung im Artbecken oder Vergesellschaftung mit anderen australischen Zwergbarschen bzw. gleich großen Buntbarschen.

ZU: Es sind bisher keine Angaben gemacht worden. Die Zucht ähnelt aber wahrscheinlich der von *Edelia vittata*.

FU: K, O; kleines Lebendfutter jeglicher Art, auch Flockenfutter.

Bes.: *Edelia obscura* unterscheidet sich von *Edelia vittata* CASTELNAU, 1873, dadurch, daß bei ihr der dritte Analstachel länger als der zweite ist.

T: 10–30° C, **L**: 7,5 cm, **BL**: 60 cm, **WR**: m, u, **SG**: 2

Edelia vittata CASTELNAU, 1873
Westaustralischer Zwergbarsch

Syn.: Keine(?).

Vork.: Australien; in Küstenflüssen, Seen und Tümpeln zwischen Hopetown (Phillips River) und Moora (Moore River).

Ersteinf.: In Deutschland wahrscheinlich noch nicht eingeführt.

GU.: ♂ während der Laichzeit mit Hochzeitskleid, schlanker; ♀ voller. Außerhalb der Laichzeit kann man nach SHIPWAY die ♂♂ anhand ihrer dunkleren Flossen erkennen.

Soz. V.: Die Tiere sind untereinander und gegenüber artfremden Fischen friedlich.

Hält. B.: Gut bepflanzte Becken mit feinsandigem Bodengrund; einige Verstecke aus Steinen und/oder Wurzeln einrichten; etwas freien Schwimmraum lassen. Ansonsten stellen die Fische keine Ansprüche. Haltung im Artbecken oder Vergesellschaftung mit anderen australischen Zwergbarschen bzw. Cichliden oder Centrarchiden entsprechender Größe.

ZU: Die Tiere pflanzen sich im Artbecken ohne Zutun des Pflegers fort. Das Laichen kann aber auch durch teilweisen Wasserwechsel angeregt werden. Die Art betreibt keine Brutpflege. Im Freiland laichen die Tiere zwischen Juli und Januar. Die Eier werden in Schüben von 20–60 Stück abgelegt. Sie haben einen Durchmesser von nur 1,2 mm, sinken zu Boden und sind klebrig. Bei 16–22° C schlüpfen die Larven nach 60–72 Stunden, wonach das Larvenstadium zwei bis drei Wochen andauert. Nach etwa einem Jahr sind die Tiere geschlechtsreif.

FU: K, O; kleines Lebendfutter jeglicher Art, auch Flockenfutter.

Bes.: *Edelia vittata* ist die schönste und ausdauerndste Art unter den australischen Zwergbarschen. In Australien ist *E. vittata* ein populärer Aquarienfisch.

T: 10–30° C, **L**: 7 cm, **BL**: 60 cm, **WR**: m, u, **SG**: 2

Kuhlia rupestris (LACÉPÈDE, 1802)
Felsen-Flaggenbarsch

Syn.: *Centropomus rupestris, Dules guamensis, Moronopsis rupestris.*

Vork.: Indopazifische Küstengebiete. Die Art kommt in Meer- und Brackwasser vor, dringt aber auch in reines Süßwasser ein.

Ersteinf.: Unbekannt.

GU.: Keine äußeren bekannt.

Soz. V.: Munterer, schneller Schwimmer mit räuberischer Lebensweise. Die Tiere sind untereinander etwas zänkisch.

Hält. B.: Becken mit sandigem oder kiesigem Bodengrund; auf Bepflanzung kann verzichtet werden; einige Unterstände aus Steinen und/oder Wurzeln. Man kann die Art in reinem Süßwasser pflegen. Da die Tiere im Freiland auch in schnell fließende Bäche gehen, sollte man mit einer starken Pumpe eine Strömung erzeugen; außerdem sollten die Becken gut gefiltert werden. Einzelhaltung oder Pflege in einem kleinen Schwarm; es ist auch Vergesellschaftung mit gleich großen Cichliden möglich.

ZU: Im Aquarium wurde *Kuhlia rupestris* noch nicht nachgezüchtet.

FU: K; nur kräftiges Lebendfutter jeglicher Art (Fische, Regenwürmer, Insekten). Die Art geht kaum an Ersatzfutter.

Bes.: Die Seitenlinie von *Kuhlia rupestris* umfaßt 41–44 Schuppen. Große Exemplare können drei Kilogramm schwer werden.

T: 20–26° C, **L**: 45 cm, **BL**: ab 150 cm, **WR**: m, o, **SG**: 4

Edelia vittata

Kuhlia rupestris

Nannatherina balstoni REGAN, 1906

Balstons Zwergbarsch

Syn.: Keine(?)

Vork.: Australien; die Art bewohnt weiche, leicht saure Gewässer an der Südküste von Südwestaustralien zwischen Two People Bay und dem Blackwood River.

Ersteinf.: Die Art ist wahrscheinlich noch nicht nach Deutschland importiert worden.

GU.: ♂ schlanker und während der Laichzeit farbiger.

Soz. V.: Friedlicher Zwergbarsch, der gut mit Artgenossen und artfremden Fischen auskommt.

Hält. B.: Bodengrund aus Sand oder feinkörnigem Kies; Randbepflanzung und einige Versteckmöglichkeiten aus Steinen und Wurzeln; einigen freien Schwimmraum lassen. Wasser weich (5–10° dGH) und schwach sauer (pH 6,0–6,5). Haltung im Artbecken oder Vergesellschaftung mit gleich großen Cichliden.

ZU: Über eine gelungene Zucht im Aquarium ist bisher nichts bekannt.

FU: K; kleines Lebendfutter aller Art, aber auch Frostfutter und gefriergetrocknetes Futter.

Bes.: *Nannatherina balstoni* unterscheidet sich von dem westlichen Zwergbarsch, *Edelia vittata* CASTELNAU, 1873, durch den viel größeren Augendurchmesser und das größere Maul. Außerdem ist die erste Rückenflosse viel kürzer als die zweite, während bei *E. vittata* die erste Rückenflosse etwas länger als die zweite ist.

T: 15–30° C, **L**: 8 cm, **BL**: 60 cm, **WR**: m, u, **SG**: 2

Nannoperca australis GÜNTHER, 1861

Südaustralischer Zwergbarsch

Syn.: Keine(?).

Vork.: Australien; Murray River-System, Neusüdwales, Südaustralien und nördliches Tasmanien. Die Tiere kommen in Gewässern aller Art vor.

Ersteinf.: In Deutschland wahrscheinlich noch nicht eingeführt.

GU.: Das ♂ ist schlanker und zur Brutzeit farbiger als das ♀.

Soz. V.: Die Tiere sind untereinander und gegenüber artfremden Fischen friedlich und verträglich.

Hält. B.: Haltung in gut bepflanzten Becken mit feinem Bodengrund; einige Verstecke und Unterstände aus Steinen und Wurzeln anbieten; etwas Schwimmraum lassen. *N. australis* fühlt sich auch in kleinen Becken wohl, solange genügend Verstecke vorhanden sind. Ansonsten werden keine Ansprüche gestellt. Hälterung im Artbecken oder Vergesellschaftung mit anderen australischen Zwergbarschen.

ZU: Die Tiere laichen im Artbecken ohne großes Zutun des Pflegers ab. Man kann allerdings den Ablaichvorgang durch teilweisen Wasserwechsel auslösen. *Nannoperca australis* betreibt keine Brutpflege.

FU: K, O; kleines Lebendfutter (Wasserflöhe, Hüpferlinge, *Tubifex*, Mückenlarven usw.), aber auch Flockenfutter und gefriergetrocknetes Futter.

Bes.: *Nannoperca australis* unterscheidet sich von *N. oxleyana* durch folgende Merkmale: 1. Der zweite und dritte Analstrahl sind gleich lang (der dritte Analstrahl ist länger), 2. Die laterale Schuppenreihe weist 28–31 Schuppen auf (25 Schuppen), 3. Die Körperhöhe ist 3,5mal in der Körperlänge (3mal) enthalten.

T: 10–30° C, **L**: 8 cm, **BL**: 60 cm, **WR**: m, u, **SG**: 2

Nannatherina balstoni

Nannoperca australis

Nannoperca oxleyana WHITLEY, 1940
Nördlicher Zwergbarsch

Syn.: Keine.

Vork.: Australien; südliches Queensland und nördliches Neusüdwales. Die Tiere bewohnen Küstenflüsse mit weichem, saurem Wasser.

Ersteinf.: In Deutschland wahrscheinlich noch nicht eingeführt.

GU.: Das ♂ ist schlanker und bleibt kleiner, es weist während der Laichzeit eine tiefschwarze Färbung auf; das ♀ ist voller und wird größer.

Soz. V.: Wie bei *Nannoperca australis* angegeben.

Hält. B.: Siehe *N. australis. Nannoperca oxleyana* liebt allerdings weiches (5–10° dGH) und leicht saures Wasser (pH 6,0–6,5).

ZU: Wie bei *N. australis* angegeben.

FU: K, O; kleines Lebendfutter aller Art, auch gefriergetrocknetes Futter und Flokkenfutter.

Bes.: Die beiden *Nannoperca*-Arten sind in Australien beliebte Aquarienfische.

T: 16–30° C, **L**: 7,5 cm, **BL**: 60 cm, **WR**: m, u, **SG**: 2

Lutjanus argentimaculatus (FORSKÅL, 1775)
Mangrovenbarsch

Syn.: *Sciaena argentimaculata, Mesoprion gembra, M. maus.*

Vork.: Tropischer Indopazifik; vom Roten Meer und der ostafrikanischen Küste bis zum nördlichen Australien und zu den Inseln des westlichen Pazifik. Die Tiere gehen auch in das Süßwasser.

Ersteinf.: Wahrscheinlich erst nach 1980.

GU.: Keine äußeren bekannt.

Soz. V.: Die Tiere sind große Räuber. Selbst kleinere Jungfische haben eine ausgesprochen räuberische Lebensweise und sind unverträglich.

Hält. B.: Für die Haltung im Aquarium sind nur Jungfische geeignet. Größere Exemplare sind Prachtstücke für Schauaquarien. Die Tiere sollte man am besten einzeln pflegen. Einrichtung der Becken wie für Großcichliden. Gegebenenfalls die Tiere in Brack- oder Seewasser pflegen.

ZU: Unbekannt.

FU: K; kräftiges Lebendfutter aller Art, Frostfutter (Garnelen), Rinderherz und anderes Fleisch.

Bes.: Nach einer gewissen Eingewöhnungszeit werden die Tiere recht zutraulich. *L. argentimaculatus* ist einer der wenigen Schnapper, die im Süßwasser leben.

T: 16–30° C, **L**: 100 cm, **BL**: ab 150 cm, **WR**: m, **SG**: 3

Psettus sebae (CUVIER & VALENCIENNES, 1831)
Seba-Flossenblatt

Syn.: *Monodactylus sebae, Chaetodon rhombeus.*

Vork.: Westafrika; an der Küste von Senegal bis Zaire. Die Tiere sind reine Seewasserbewohner, die aber manchmal auch ins Brackwasser der Flußmündungen, ganz selten auch ins reine Süßwasser gehen.

Ersteinf.: 1914.

GU: Keine feststellbar.

Soz.V.: Friedlicher, lebhafter Schwarmfisch. Die Tiere sind im Aquarium oft ausgesprochen scheu und schreckhaft. Die Art verhält sich räuberisch gegenüber kleineren Fischen.

Hält.B.: Bodengrund aus Muschelgrus oder anderem kalkhaltigen Material wie Dolomitbruch etc.. Bepflanzung mit Seewasserarten; seewasserfeste Stein- und Wurzeldekoration; viel freien Schwimmraum lassen. Haltung nur in See- oder Brackwasser, da reines Süßwasser den Tieren auf Dauer nicht zusagt; gute Durchlüftung der Becken, Eiweißabschäumung. Vergesellschaftung mit Arten, die ähnliche Lebensansprüche stellen (andere Flossenblätter oder Argusfische).

ZU: Die Art wurde im Aquarium noch nicht zur Fortpflanzung gebracht.

T: 24-28°C, **L:** 20 cm, **BL:** 100 cm, **WR:** m, o, **SG:** 3-4

Nandus nebulosus (GRAY 1830)
Nebelbarsch

Syn.: *Bedula nebulosus.*

Vork.: Südostasien; Thailand, Malaiische Halbinsel, Indonesien (Große Sundainseln).

Ersteinf.: 1934.

GU.: Keine bekannt.

Soz. V.: Räuberische und dämmerungsaktive Fische, die überwiegend einzelgängerisch leben.

Hält. B.: Bodengrund aus Kies oder Sand; dichte Rand- und Hintergrundbepflanzung der Becken; Lichtdämpfung durch Schwimmpflanzen, keine zu helle Beleuchtung; Versteckmöglichkeiten aus Wurzeln und/oder Steinen. Wasser klar und mindestens mittelhart (ab 10° dGH), pH-Wert um 7,0. Seesalzzusatz ist nicht unbedingt erforderlich; gute Filterung. Vergesellschaftung nicht mit kleineren Fischen (Räuber!).

ZU: Möglich; gleicht *N. nandus*. Bd. 1, S. 806.

FU: K; die Art frißt fast nur Lebendfutter (Mückenlarven, Larven von anderen Wasserinsekten, *Tubifex*, Regenwürmer, kleine Fische).

Bes.: *Nandus nebulosus* hat nur 34 Schuppen in der Seitenlinie, während *Nandus nandus* (s. Band 1) 46 bis 57 Schuppen in der Seitenlinie aufweist.

T: 22–26° C, **L**: 12 cm, **BL**: 80 cm, **WR**: m, u, **SG**: 2–3

FU: O; Allesfresser: Lebendfutter aller Art, geschabtes Fleisch, Frostfutter, Flockenfutter, pflanzliche Kost (Salat, Spinat, Algen).

Bes.: *Monodactylus sebae* ist wesentlich hochrückiger als *M. argenteus;* außerdem ist die Zeichnung abweichend. Bei *M. sebae* verläuft eine dunkle Binde von der Spitze der Rückenflosse über den Körper bis zur Spitze der Afterflosse (s. Foto).

Macquaria australasica CUVIER & VALENCIENNES, 1830
Macquaries Barsch, Silberauge

Syn.: Keine.

Vork.: Australien; in kühlen Gewässern von Südostaustralien.

Ersteinf.: Wahrscheinlich noch nicht in Deutschland eingeführt.

GU.: Keine äußeren bekannt.

Soz. V.: Eine friedliche und ruhige Art, die gut mit Artgenossen und nicht zu kleinen, anderen Mitbewohnern auskommt.

Hält. B.: Nicht zu kleine Becken mit guter Rand- und Hintergrundbepflanzung; sandiger oder kiesiger Bodengrund. Einige Verstecke aus Steinen und Wurzeln, wohin sich dieser Barsch zurückziehen kann, wenn ihm die Umgebung zu unruhig wird. Ansonsten werden keine besonderen Ansprüche gestellt. Nicht mit zu hektischen und aggressiven Fischen vergesellschaften.

ZU: Über eine gelungene Zucht im Aquarium liegen bisher noch keine Berichte vor. Im Freiland erstreckt sich die Laichzeit von September bis November. Ein zwei Pfund schweres ♀ kann bis zu 200 000 Eier produzieren.

FU: K; Lebendfutter aller Art, Frostfutter (z. B. Garnelen), auch Rinderherz und anderes Fleisch.

Bes.: In seiner Heimat wird die Art als guter Angelfisch geschätzt.

T: 4–25° C, **L:** 35 cm, **BL:** 120 cm, **WR:** m, u, **SG:** 3

Plectoplites ambiguus (RICHARDSON, 1845)
Australischer Goldbarsch

Syn.: *Datnia ambigua, Macquaria ambigua.*

Vork.: Australien; im Murray River-System; Queensland, Neusüdwales, von Victoria bis Süd- und Zentralaustralien. Die Art wurde in Westaustralien eingeführt und wird in Queensland in Talsperren kultiviert.

Ersteinf.: Wahrscheinlich in Deutschland noch nicht eingeführt.

GU.: Die ♂♂ sind schlanker als die ♀♀.

Soz. V.: Die Art ist sehr ruhig. Da sie eine räuberische Lebensweise hat, sollte man sie nicht mit kleineren Fischen vergesellschaften. Untereinander sind die Tiere ziemlich unverträglich.

Hält. B.: Für eine Aquariumhaltung sind nur Jungfische geeignet. Ältere Exemplare bleiben Pflegeobjekte für große Schaubekken. Die Art wird allerdings im normalen Aquarium kaum größer als 30 cm. Die Haltung erfolgt entweder im Artbecken, oder die Tiere werden mit gleich großen, robusten Cichliden vergesellschaftet.

ZU: Im Aquarium noch nicht erfolgt. In teichwirtschaftlichen Anlagen sind die Tiere schon nachgezüchtet worden. Im Freiland laicht *P. ambiguus* mit den jahreszeitlichen Überschwemmungen, wobei die planktonischen Eier durch die Überflutungen weit verbreitet werden.

FU: K; kräftiges Lebendfutter jeglicher Art.

Bes.: Die Art ist im Freiland ein guter Angelfisch. Große Exemplare können Gewichte von knapp einem halben Zentner erreichen!

T: 10–30° C, **L:** 75 cm, **BL:** 150 cm, **WR:** m, u, **SG:** 4

Macquaria australasica

Plectoplites ambiguus

Maccullochella macquariensis (CUVIER & VALENCIENNES, 1829)
Trout Cod, Murray Cod

Syn.: *Grystes macquariensis.*

Vork.: Australien; im Murray-Darling-River-System von Südqueensland bis Südaustralien und Neusüdwales. Die Art wurde auch in anderen Gegenden Australiens eingeführt.

Ersteinf.: Wahrscheinlich in Deutschland noch nicht eingeführt.

GU.: Keine sicheren bekannt.

Soz. V.: Relativ ruhige Barschart mit stark räuberischer Lebensweise.

Hält. B.: Für eine Haltung im Aquarium sind nur Jungfische geeignet. Ausgewachsene Exemplare sind herrliche Objekte für große Schauaquarien. Bodengrund aus feinem Kies, Hintergrundbepflanzung mit robusten Arten; einige Unterstände und Verstecke aus Steinen und Wurzeln; freien Schwimmraum lassen. Es werden keine besonderen Ansprüche an das Wasser gestellt. Vergesellschaftung nur mit mindestens gleich großen, robusten Fischen. Am besten Haltung im Artbecken.

ZU: Im Aquarium aus Platzgründen nicht möglich und unseres Wissens auch noch nicht erfolgt. Im Freiland laichen die Tiere, wenn die Wassertemperatur 20° C erreicht hat und eine Süßwasserflut dazwischen liegt. Die Tiere sind Substratlaicher, die ihre klebrigen, 2–3 mm großen Eier am häufigsten in den hohlen Stämmen und an den Blättern von Gummibäumen ablegen, die in das Wasser gefallen sind. Die durchschnittliche Eizahl beträgt 20000 Stück. Je nach Temperatur schlüpfen die Jungfische nach acht bis 13 Tagen.

FU: K; kräftiges Lebendfutter aller Art; die Tiere lassen sich auch an Rinderherz und anderes Fleisch gewöhnen.

Bes.: In seiner Heimat ist *M. macquariensis* einer der größten und wichtigsten Süßwasserspeisefische. Nach WHITLEY existieren zwei Formen, die sich durch ihre Färbung und ihr Zeichnungsmuster unterscheiden: *Maccullochella macquariensis* var. *macquariensis* (CUVIER & VALENCIENNES, 1829) (= Trout Cod) und *Maccullochella macquariensis* var. *peelii* MITCHELL, 1838 (= Murray Cod, s. unteres Foto).

T: 18–28° C, **L**: 80 cm, **BL**: ab 150 cm, **WR**: m, **SG**: 3–4

Maccullochella macquariensis

Maccullochella macquariensis var. *peelii*

Amniataba percoides (GÜNTHER, 1864)
Gestreifter Grunzbarsch

Syn.: *Therapon percoides.*

Vork.: Australien; in Süßgewässern von ganz Nordaustralien verbreitet.

Ersteinf.: Nach Deutschland wahrscheinlich noch nicht importiert.

GU.: Keine äußeren bekannt.

Soz. V.: Die Tiere sind sehr streitsüchtig, deshalb am besten einzeln oder in einem kleinen Schwarm halten. Die Art lebt räuberisch.

Hält. B.: Bodengrund aus Sand oder feinem Kies. Randbepflanzung mit harten Arten. Für Verstecke und Unterstände aus Steinen und Wurzeln sorgen. An die Wasserzusammensetzung werden keine Ansprüche gestellt. Vergesellschaftung mit robusten Fischen (z. B. Cichliden) oder Haltung im Artbecken.

ZU: Über eine gelungene Zucht im Aquarium ist bisher nichts bekannt geworden.

FU: K; Lebendfutter aller Art, gefriergetrocknetes Futter, auch Rinderherz und anderes Fleisch.

Bes.: Von *Amniataba percoides* sind drei Unterarten beschrieben worden.

T: 22–28° C, **L**: 20 cm, **BL**: 100 cm, **WR**: m, **SG**: 3

Bidyanus bidyanus (MITCHELL, 1838)
Australischer Silberbarsch, Silberner Tigerfisch

Syn.: *Therapon bidyana, Terapon bidyana.*

Vork.: Australien; Queensland, Neusüdwales, Victoria, Süd- und Westaustralien.

Ersteinf.: Unbekannt, mit einiger Sicherheit noch nicht in Deutschland eingeführt.

GU.: Keine äußeren bekannt.

Soz. V.: Die Tiere sind sehr aggressiv und rauflustig. Größere Exemplare haben eine räuberische Lebensweise.

Hält. B.: Hälterung ist nur in größten Becken möglich. Die Tiere sind aber sonst anspruchslos. Jungtiere können im Schwarm gepflegt werden, während bei älteren Exemplaren Einzelhaltung empfohlen wird.

ZU: Im Aquarium noch nicht geglückt. In der Teichwirtschaft ist die Zucht bereits gelungen. Im Freiland ist die Laichzeit im September und Oktober, manchmal auch im März und April. Größere ♀♀ können 500000 Eier produzieren. Der Eidurchmesser liegt bei ungefähr einem Millimeter, die Eier sind pelagisch.

FU: K, O; kräftiges Lebendfutter aller Art, besonders Fische, aber auch Rinderherz und anderes Fleisch.

Bes.: Die Tiere können Töne erzeugen. Im Freiland sind sie geschätzte Sportfische.

T: 10–30° C, **L**: 50 cm, **BL**: 150 cm, **WR**: m, u, **SG**: 4

Amniataba percoides

Bidyanus bidyanus

Hephaestus carbo (OGILBY & McCULLOCH, 1916)
Schwarzer Grunzbarsch

Syn.: *Therapon carbo.*

Vork.: Australien; Arnhem Land und Cap York Halbinsel.

Ersteinf.: In Deutschland wahrscheinlich noch nicht eingeführt.

GU.: Keine äußeren bekannt.

Soz. V.: Obwohl die Tiere im Freiland in kleinen Trupps gefunden werden, sind sie in kleinen Aquarien untereinander sehr rauflustig. Größere Exemplare leben räuberisch.

Hält. B.: Geräumige Becken mit dichter Rand- und Hintergrundbepflanzung; einige Verstecke (Wurzeln) bieten; Bodengrund aus feinem Kies. An das Wasser werden keine besonderen Ansprüche gestellt. Bis zu einer Größe von 10 cm kann man *H. carbo* mit Regenbogenfischen vergesellschaften; größere Tiere können gut mit robusten Cichliden gehalten werden.

ZU: In Gefangenschaft noch nicht gelungen.

FU: K; Lebendfutter aller Art, aber auch Frostfutter und gefriergetrocknetes Futter.

Bes.: *Hephaestus carbo* ist einer der schönsten Barsche Australiens. Die Tiere können im Aquarium sehr zahm werden.

T: 25–30° C, **L**: 33 cm, im Aquarium kleiner, **BL**: 100 cm, **WR**: m, **SG**: 3

Hephaestus fuliginosus (MACLEAY, 1883)
Rußiger Grunzbarsch

Syn.: *Therapon fuliginosus.*

Vork.: Australien; östliches Nordterritorium und Nord-Queensland.

Ersteinf.: In Deutschland wahrscheinlich noch nicht eingeführt.

GU.: Keine äußeren bekannt.

Soz. V.: Wie bei *Hephaestus carbo* angegeben.

Hält. B.: Siehe *H. carbo.*

ZU: In Gefangenschaft noch nicht geglückt.

FU: K; Lebendfutter aller Art, Frost- und gefriergetrocknetes Futter.

Bes.: Die Art ist in ihrer Heimat ein geschätzter Speisefisch.

T: 25–30° C, **L**: 50 cm, **BL**: 150 cm, **WR**: m, **SG**: 4

Hephaestus carbo

Hephaestus fuliginosus

Leiopotherapon unicolor (GÜNTHER, 1859)
Australischer Tüpfelbarsch

Syn.: *Therapon unicolor, Madigania unicolor.*

Vork.: Australien; die Art ist weit verbreitet über ganz Nordaustralien.

Ersteinf.: In Deutschland wahrscheinlich noch nicht eingeführt.

GU.: Keine äußeren bekannt.

Soz. V.: Lebhafte Fische, die sehr rauflustig sind. Trotzdem sollte man die Tiere am besten im Schwarm halten.

Hält. B.: Becken mit Sand- oder feinem Kiesboden, dichte Rand- und Hintergrundbepflanzung. Man sollte den Tieren reichlich Verstecke und Unterstände bieten. An die Wasserbeschaffenheit werden keine besonderen Ansprüche gestellt. Haltung im Artbecken oder Vergesellschaftung mit Cichliden.

ZU: Die Zucht ist im Aquarium noch nicht gelungen. Im Freiland sind die Tiere fruchtbare Freilaicher.

FU: K; Lebendfutter aller Art, aber auch Rinderherz und anderes Fleisch, Frostfutter.

Bes.: *L. unicolor* ist ein ausgezeichneter Springer, deshalb müssen die Becken gut abgedeckt werden.

T: 15–30° C, **L**: 15 cm, **BL**: 80 cm, **WR**: m, **SG**: 2

Scortum barcoo (McCULLOCH & WAITE, 1917)
Barcoo Barsch

Syn.: *Therapon barcoo.*

Vork.: Australien; in Süßgewässern von Inneraustralien.

Ersteinf.: Unbekannt, wahrscheinlich in Deutschland noch nicht eingeführt.

GU.: Keine äußeren bekannt.

Soz. V.: Die Tiere sind untereinander sehr streitsüchtig. Sie sind Räuber, deshalb sollte man sie nur mit gleich großen Fischen vergesellschaften.

Hält. B.: Sandiger oder kiesiger Bodengrund; Bepflanzung mit robusten Arten; Verstecke aus Steinen und Wurzeln, Schwimmraum freilassen. An die Wasserbeschaffenheit werden keine Ansprüche gestellt.

ZU: In Gefangenschaft noch nicht gelungen. Im Freiland sind die Tiere Freilaicher, ansonsten gibt es bisher keine Angaben.

FU: K, O; Lebendfutter jeglicher Art, gefriergetrocknetes Futter, Frostfutter, auch Flockenfutter und Futtertabletten.

Bes.: Die Tiere können im Aquarium sehr zutraulich werden.

T: 10–30° C, **L**: 30 cm, **BL**: 100 cm, **WR**: m, **SG**: 2

Leiopotherapon unicolor

Scortum barcoo

Toxotes lorentzi (WEBER, 1911)
Lorentz' Schützenfisch

Syn.: *Protoxotes lorentzi.*

Vork.: Australien und Neuguinea. Die Art kommt in Süßgewässern vor.

Ersteinf.: Wahrscheinlich nach Deutschland noch nicht eingeführt.

GU.: Keine äußeren bekannt.

Soz. V.: Die Tiere sind untereinander etwas zänkisch, gegenüber anderen Fischen sind sie friedlich. Die Haltung in einem kleinen Schwarm hilft Aggressionen abzubauen; die Tiere kommen dann recht gut miteinander aus.

Hält. B.: Großflächige Aquarien mit guter Bepflanzung, viel freier Schwimmraum; der Wasserstand muß nicht hoch sein (30 cm). Nach den bisherigen Beobachtungen lebt diese Art nur im Süßwasser. An die Wasserbeschaffenheit werden keine besonderen Ansprüche gestellt. Die Art ist sehr wärmebedürftig. Haltung am besten im Artbecken.

ZU: In Gefangenschaft bisher noch nicht gelungen. Über die Fortpflanzungsbiologie dieser Art liegen auch keine Freilandbeobachtungen vor.

FU: K; Lebendfutter jeglicher Art. Besonders gern wird Anflugfutter, hauptsächlich Insekten (Fliegen, kleine Heuschrecken usw.) gefressen. Die Nahrung wird nur von der Wasseroberfläche genommen.

Bes.: *Toxotes lorentzi* ist am nahesten mit *Toxotes microlepis* verwandt, unterscheidet sich aber von diesem durch die kleineren Schuppen.

T: 24–32° C, **L**: 23 cm, meist viel kleiner, **BL**: 80 cm, **WR**: o, m, **SG**: 3–4

Toxotes oligolepis BLEEKER, 1876
Großschuppiger Schützenfisch

Syn.: Keine(?).

Vork.: Südostasien, Neuguinea und Australien.

Ersteinf.: Wahrscheinlich in Deutschland noch nicht eingeführt.

GU.: Unbekannt.

Soz. V.: Wie bei *Toxotes lorentzi* angegeben.

Hält. B.: Siehe *T. lorentzi.*

ZU: Im Aquarium noch nicht gelungen. Auch über die Zucht im Freiland ist nichts bekannt.

FU: K; Lebendfutter aller Art (hauptsächlich Insekten). Die Nahrung wird fast ausschließlich von der Wasseroberfläche genommen.

Bes.: *Toxotes oligolepsis* ist eine seltene Fischart, über deren gesamte Biologie kaum etwas bekannt ist.

T: 24–30° C, **L**: 15 cm, **BL**: 80 cm, **WR**: o, m, **SG**: 3–4

Toxotes lorentzi

Toxotes oligolepis

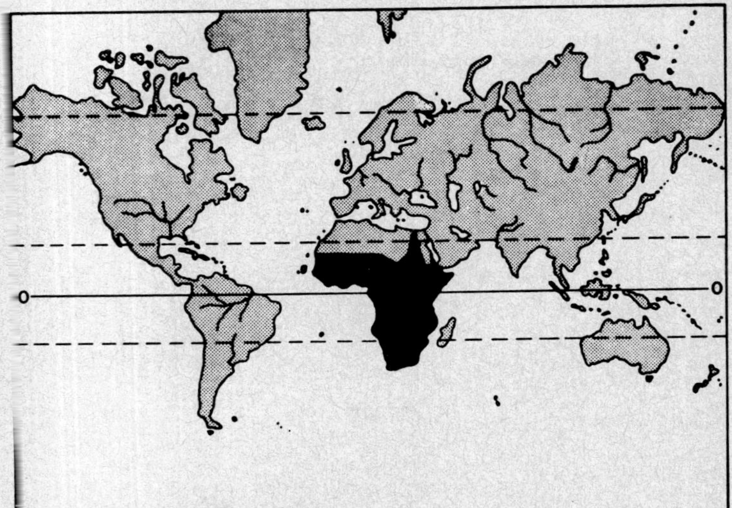

Verbreitungsgebiet der Mormyridae

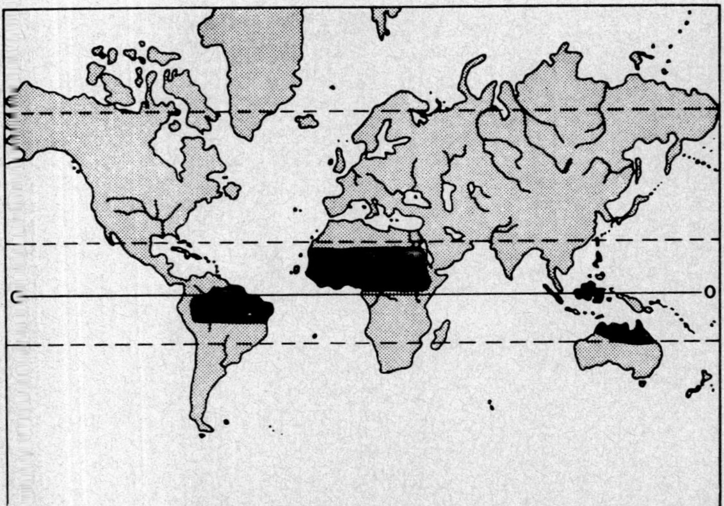

Verbreitungsgebiet der Osteoglossidae

Hypseleotris compressa, eine der schönsten australischen Grundelarten. Siehe Seite 1066.

Fam.: Aplochitonidae
Alle Vertreter der Familie kommen auf der südlichen Halbkugel in gemäßigten Gewässern vor. Sie bewohnen Flüsse, manchmal Seen, aber auch Küstengewässer an der Südspitze von Südamerika, des südlichen Australiens, Tasmaniens und Neuseelands. Viele sind anadrome Wanderfische, d. h. sie leben im Meer und laichen im Süßwasser ab. Die meisten Vertreter sind klein (30 cm und weniger) und ähneln äußerlich den Salmoniden (Lachsfischen) der nördlichen Hemisphäre. Alle Aplochitoniden haben eine Fettflosse. Manche Arten sind schuppenlos, andere sind dagegen voll beschuppt.

Fam.: Bovichthyidae
Alle Bovichthyiden sind Bewohner der südlichen Halbkugel; meist findet man sie gerade an der Grenze zum antarktischen Gebiet. Ihr Verbreitungsraum erstreckt sich über die Südspitze von Südamerika (Feuerland) und Australien bis nach Neuseeland und einigen pazifischen Inseln. Im eigentlichen antarktischen Gebiet fehlen sie. Die Kiemendeckelmembranen stehen frei von der Kehle, und die Tiere haben im Gaumen Zähne.

Fam.: Clupeidae (Heringe)
Die Mehrzahl der Heringe lebt in tropischen Meeren (etwa 130 Arten). 30 weitere Arten sind auf die gemäßigten Zonen beschränkt. Ihre größte Mannigfaltigkeit erreicht die Heringsfauna im indo-westpazifischen Raum. Manche Arten sind Brackwasserbewohner, einige leben permanent in reinem Süßwasser. Heringen fehlt ein Conus arteriosus (Teil des Herzens), die Schleimkanäle am Kopf sind gut entwickelt, und am Körper fehlt die Seitenlinie. Einige Arten sind Wanderfische, die meisten sind Schwarmfische. Die Tiere sind dorsal dunkel, ventral hell gefärbt. Der Körper ist mit zarten Schuppen bedeckt, die leicht ausfallen. Fast alle Heringe sind Planktonfresser, die kaum 50 cm Länge überschreiten (Maximalgröße ungefähr 1 m). Die Heringe sind noch immer die wichtigsten Fischereiobjekte der Erde.

Fam.: Gadopsidae
Gadopsiden sind Süßwasserfische, deren Verbreitung auf das südliche Australien und besonders Tasmanien beschränkt ist. Die Familie umfaßt nur eine einzige Gattung mit einer einzigen Art (*Gadopsis marmoratus*). Die Tiere sind recht schlank gebaut, haben eine lange Rückenflosse, und ihr Körper ist beschuppt. Die Bauchflossen sind kehlständig (= befinden sich vor den Brustflossen) und bestehen nur aus einem einzigen langen Strahl.

Fam.: Galaxiidae
Vertreter dieser Familie findet man überwiegend in Süßgewässern der südlichen Halbkugel. So kommen sie im südlichen Südamerika, Australien, Neuseeland, Neukaledonien und in Südafrika vor. Es handelt sich um schuppen-

lose, meist kleine Fische, die im Süßwasser laichen. Manche Arten wandern und verbringen einen Teil ihres Lebens im Meer. Alle Galaxiiden haben runde Rücken- und Afterflossen, die einander gegenüberstehen und weit schwanzwärts verlagert sind. Von ihren nächsten Verwandten, den Retropinniden, unterscheiden sie sich durch das Fehlen einer Fettflosse (= Adipose).

Fam.: Lepidogalaxiidae (Salamanderfische)
Die Familie Lepidogalaxiidae ist sehr klein. Sie besteht nur aus einer Gattung mit einer einzigen Art (*Lepidogalaxias salamandroides* MEES, 1961). Das Vorkommen der Familie ist auf die südliche Halbkugel beschränkt. Die Tiere kommen in Flüssen und Tümpeln des südlichen Australiens zwischen Lake Powell und dem Scott River vor. Bei dem Salamanderfisch scheint es sich um den letzten Vertreter einer sehr alten Familie zu handeln.

Fam. Megalopidae (Tarpune)
Die kleine Familie bringt die größten Vertreter der Heringsartigen (Clupeiformes) hervor. Der Atlantische Tarpun, *Megalops atlanticus,* wird fast zwei Meter lang und einen Zentner schwer. Die Fische dieser Familie besitzen einen Conus arteriosus mit zwei Klappreihen, eine lange Afterflosse und einen stark verlängerten letzten Rückenflossenstrahl. Pseudobranchien fehlen. Die Entwicklung der Megalopiden schließt eine Metamorphose ein. Von der Gattung *Megalops* gibt es zwei rezente Arten, die in den tropischen Gewässern des Indopazifiks (*M. cyprinoides*) vorkommen. Manchmal steigen diese Fische in die Flüsse auf.

Fam.: Retropinnidae
In ihrem äußeren Erscheinungsbild nach ähneln die Retropinniden den Osmeriden (Stinten). Im Gegensatz zu diesen sind die Retropinniden Bewohner der südlichen Hemisphäre. Ihre Verbreitung beschränkt sich auf die Gewässer rund um das südliche und östliche Australien, auf Tasmanien und Neuseeland. Einige Arten sind Meeresbewohner, doch wandern sie zum Laichen in Süßwasser. Die Retropinniden unterscheiden sich von den Galaxiiden durch den Besitz einer Fettflosse und kleiner Schuppen.

Fam.: Scorpaenidae (Drachenköpfe, Skorpionfische)
Skorpionfische sind durch ihre barschartige Körpergestalt charakterisiert. Der Körper ist mit Schuppen bedeckt; am Kopf befinden sich mehr oder weniger kräftig entwickelte Stacheln. In den Flossen sind die Stachelstrahlen stark entwickelt. Die Scorpaeniden sind weltweit verbreitet, wobei die antarktische Region eine Ausnahme bildet. Alle sind Meeresbewohner; viele kommen in gemäßigten und kühlen Gebieten vor. Eine Großzahl der Vertreter sind Bodenbewohner. Es sind etwa 300 Arten bekannt. Unter den Scorpaeniden befinden sich einige der giftigsten Fischarten. Rot ist die typische Farbe vieler Drachenköpfe.

Fam.: Soleidae (Seezungen)
Die Seezungen sind durch einen langgestreckten Körper und Augen, die auf der rechten Seite des Körpers gelegen sind, charakterisiert. Das Praeoperculum hat keinen freien Rand; es ist vollständig mit Haut und Schuppen bedeckt. Die Seezungen sind bodenbewohnende Plattfische mit weltweiter Verbreitung in tropischen und gemäßigten Meeren. Einige Arten dringen auch in das Süßwasser ein oder leben permanent dort. Die Soleiden haben ein planktonisches, vollkommen symmetrisch gebautes Larvenstadium. Während der Entwicklung wandert ein Auge auf die andere Seite (rechte Seite). Viele Seezungen sind geschätzte Speisefische.

Fam. Synbranchidae (Kiemenschlitzaale)
Die Tiere haben eine aalförmige Gestalt. Die unpaaren Flossen sind meist zu einem Flossensaum verschmolzen. Der Körper ist von kleinen Schuppen bedeckt oder nackt. Rechte und linke Kiemenspalte sind zu einer schlitzförmigen Kiemenöffnung in der Mitte der Kehle verschmolzen. Die kleinen Augen sind von Haut überzogen. Die Tiere können über gefäßreiche Ausbuchtungen der Kiemenhöhle oder Teile des Enddarms atmosphärische Luft veratmen. Einige Arten leben amphibisch an den Gewässerrändern. Die Tiere kommen in tropischen Teilen von Amerika, Afrika, Asien und Australien vor.

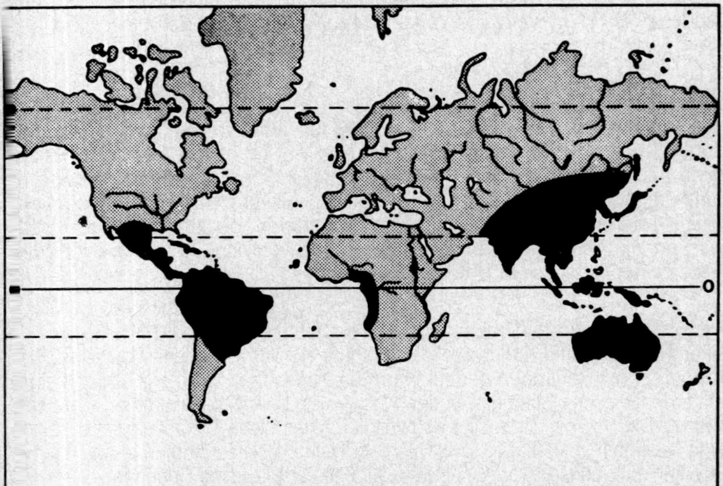

Verbreitungsgebiet der Synbranchidae

Prototroctes maraena GÜNTHER, 1864
Grayling, Cucumber Hering

Syn.: Keine(?).

Vork.: Australien; in Küstenflüssen von Neusüdwales, Victoria und Tasmanien.

Ersteinf.: Wahrscheinlich noch nicht in Deutschland eingeführt.

GU.: Keine sicheren äußeren bekannt; das ♂ ist vermutlich schlanker.

Soz. V.: Sehr schwimmfreudiger, friedlicher Schwarmfisch.

Hält. B.: Haltung wegen der Schwimmfreudigkeit der Fische nur in sehr geräumigen Becken möglich. Hintergrundbepflanzung, die viel Schwimmraum freiläßt; ansonsten stellt die Art keine Ansprüche. Haltung immer im Schwarm (ab sechs Tieren) und am besten im Artbecken.

ZU: Über eine geglückte Zucht im Aquarium ist bisher nichts bekannt. Über die Fortpflanzungsbiologie von *P. maraena* weiß man sehr wenig. Man nimmt an, daß die Art wandert und im Süßwasser ablaicht.

FU: K. O; Lebendfutter aller Art, gefriergetrocknetes Futter, Frostfutter, auch Flokkenfutter.

Bes.: Im Freiland schwebt *Prototroctes maraena* in der Gefahr, durch vielerlei unterschiedliche Faktoren (Begradigung von Flußläufen, Einführung von exotischen Arten, Überfischung usw.), ausgerottet zu werden.

T: 10–25° C, **L:** 30 cm, **BL:** ab 150 cm, **WR:** m, u, **SG:** 3

Craterocephalus eyresii (STEINDACHNER, 1884)

Syn.: *Atherinichthys eyresii.*

Vork.: Australien; Südaustralien und Nordterritorium.

Ersteinf.: Die Art ist wahrscheinlich noch nicht in deutschen Aquarien gehalten worden.

GU.: Keine bekannt.

Soz.V.: Lebhafte, sehr friedliche Schwarmfische.

Hält. B.: Wie bei *Quirichthys stramineus* angegeben.

ZU: Siehe bei *Craterocephalus stercusmuscarum.*

FU: K, O; Lebendfutter aller Art, Frost- und Flockenfutter.

Bes.: Die Art ist auf Flüsse und Seen von Zentralaustralien beschränkt.

T: 24–30° C, **L:** 10 cm, **BL:** 70 cm, **WR:** o, m, **SG:** 2–3

Craterocephalus marjoriae WHITLEY, 1948
Marjorie-Süßwasserährenfisch

Syn.: Keine.

Vork.: Australien; in den Küstenflüssen des südlichen Queensland.

Ersteinf.: Die Art wurde bisher wahrscheinlich noch nicht in Deutschland eingeführt.

GU.: Keine sicheren bekannt.

Soz. V.: Äußerst friedlicher, lebhafter und schwimmfreudiger Schwarmfisch.

Hält. B.: Wie bei *Quirichthys stramineus* angegeben.

ZU: Siehe bei *Craterocephalus stercusmuscarum.*

FU: K, O; kleines Lebendfutter jeglicher Art, gefriergetrocknetes Futter, Frost- und Flockenfutter.

Bes.: Während der Laichzeit bekommen die Tiere ein kanariengelbes Brutkleid, auf das auch ihr australischer Name „Strawman" (= Strohmann) hinweist. *Craterocephalus marjoriae* hat relativ große Schuppen.

T: 24–30° C, **L:** 8 cm, **BL:** 60 cm, **WR:** o, m, **SG:** 2

Craterocephalus eyresii

Craterocephalus marjoriae

Craterocephalus stercusmuscarum GÜNTHER, 1867
Gesprenkelter Süßwasserährenfisch

Syn.: *Craterocephalus fluviatilis.*

Vork.: Australien; östliche Küstenzuflüsse in Queensland von Mackay bis Brisbane.

Ersteinf.: 1982(?).

GU.: Keine sicheren bekannt.

Soz. V.: Friedlicher, schwimmfreudiger Schwarmfisch, der etwas schreckhaft ist.

Hält. B.: Langgestreckte Aquarien mit lichter Bepflanzung und viel Platz zum Ausschwimmen. Wasser weich (5–10° dGH) und schwach sauer (pH 6,0–6,5). Haltung immer im Schwarm (ab sechs Exemplaren). Vergesellschaftung mit Regenbogenfischen und/oder anderen Süßwasserährenfischen oder Pflege im Artbecken.

ZU: *Craterocephalus*-Arten sind bestimmt schon von australischen Aquarianern nachgezüchtet worden. In der europäischen und amerikanischen Aquarienliteratur liegen bislang noch keine Zuchtberichte vor.

FU: O; die Tiere fressen fast alles, was ihnen geboten wird (Lebendfutter aller Art, gefriergetrocknetes Futter, Frost- und Flockenfutter).

Bes.: *Craterocephalus stercusmuscarum* ist in Australien ein beliebter Aquarienfisch. Da die Tiere ausgezeichnete Springer sind, müssen die Becken gut abgedeckt werden. Alle *Craterocephalus*-Arten sind gute Mückenvertilger und werden deshalb zur Mückenbekämpfung eingesetzt.

T: 24–30° C, **L:** 10 cm, **BL:** 90 cm, **WR:** o, m, **SG:** 2

Quirichthys stramineus (WHITLEY, 1950)

Syn.: *Quiris stramineus.*

Vork.: Australien; in Westaustralien nur im Ord-River-System. Die Art ist häufig im Lake Kanunurra und dem Spillway Creek, die nördlich des Lake Argyle liegen. Die Fische kommen auch im Katherine River (Nordterritorium) und einigen Flüssen, die in den Golf von Carpentaria (Queensland) münden, vor.

Ersteinf.: Unbekannt; wahrscheinlich ist die Art noch nicht nach Deutschland eingeführt worden.

GU.: Keine sicheren bekannt.

Soz. V.: Sehr friedlicher, munterer Schwarmfisch.

Hält. B.: Ähnlich denen von *Pseudomugil*-Arten. Becken mit dichter Rand- und Hintergrundbepflanzung, feinem Bodengrund und genügend Platz zum Ausschwimmen. Wasser nicht zu hart (bis 12° dGH) und um den Neutralpunkt (pH 7,0). Haltung am besten im Artbecken (immer im Schwarm) oder Vergesellschaftung mit kleinen Regenbogenfischen und anderen Ährenfischen (z. B. *Craterocephalus*-Arten).

ZU: Die Zucht von *Quirichthys stramineus* ist australischen Aquarianern bestimmt schon gelungen, doch konnte ein ausführlicher Zuchtbericht bisher nicht ausfindig gemacht werden.

FU: K, O; Lebendfutter aller Art (Insekten und ihre im Wasser lebenden Larven, Kleinkrebse, Schnecken), wahrscheinlich auch Wasserpflanzen.

Bes.: *Quirichthys stramineus* hat keine bekannten Verwandten in Neuguinea, aber auf Sulawesi (Celebes).

T: 25–30° C, **L:** 7 cm, **BL:** 70 cm, **WR:** m, o, **SG:** 2–3

Craterocephalus stercusmuscarum

Quirichthys stramineus

Pseudaphritis bursinus (CUVIER & VALENCIENNES, 1830)
Congolli, Tupong

Syn.: *Eleginus bursinus.*

Vork.: Australien; Südostaustralien und Tasmanien, die Tiere kommen sowohl in See- und Brackwasser als auch in reinem Süßwasser vor.

Ersteinf.: In Deutschland wahrscheinlich noch nicht eingeführt.

GU.: Keine äußeren bekannt.

Soz. V.: Bodenfisch mit räuberischer Lebensweise. Die Art erinnert im Aussehen und Verhalten an Schläfergrundeln.

Hält. B.: Becken mit feinem Bodengrund, in den sich die Tiere gern eingraben; einige Unterstände aus Steinen. Das Becken muß nicht bepflanzt werden. Pflege der Tiere in Süß- oder Brackwasser (1 Eßlöffel Seesalz auf 10 l Wasser). Nicht zu hohe Temperaturen, mehr als 25° C sagen den Tieren nicht zu. Haltung im Artbecken oder Vergesellschaftung mit Schläfergrundeln.

ZU: Im Aquarium noch nicht geglückt.

FU: K; Lebendfutter aller Art, auch Frostfutter und gefriergetrocknetes Futter.

Bes.: Im Freiland scheinen die Tiere Wanderungen zwischen See- und Süßwasser vorzunehmen.
Es ist möglich, daß es sich bei der hier vorgestellten Art um *Pseudaphritis urvillii* (C & V, 1931) handelt. Welcher der beiden Namen für die hier abgebildete Art Gültigkeit hat, konnte leider nicht geklärt werden. Wir haben uns entschieden, den älteren Namen zu verwenden. Die Familie Bovichthyidae kommt vornehmlich in antarktischen Gewässern vor (deshalb Eisfische). Nur eine Art wandert bis Australien und dringt dort auch ins Süßwasser vor.

T: 5–20° C (Kaltwasserfisch), **L**: 20 cm, **BL**: 100 cm, **WR**: u, **SG**: 3

Channa africana (STEINDACHNER, 1879)
Afrikanischer Schlangenkopffisch

Syn.: *Ophicephalus africanus, Ophiocephalus africanus.*

Vork.: Westafrika; Nigeria und Kamerun.

Ersteinf.: 1908.

GU.: Keine sicheren bekannt; die ♂♂ sollen während der Laichzeit die satteren Farben aufweisen; die ♀♀ haben dann einen größeren Bauchumfang.

Soz. V.: Wie bei *Channa marulia* angegeben; Vaterfamilie.

Hält. B.: Siehe bei *Channa marulia.*

ZU: In Einzelfällen schon gelungen (ARMBRUST, 1967: DATZ **20**, 367–368). 27–30° C; große Becken mit mindestens 150 l Inhalt; dichte Schwimmpflanzendecke. Die Paarung erfolgt dicht unter der Oberfläche und endet damit, daß das ♂ das ♀ mit dem Bauch nach oben dreht. Die Eier sind leichter als das Wasser und schwimmen an der Oberfläche. Die Eier sind lichtempfindlich (deshalb die Schwimmpflanzen!). Das ♂ bewacht Eier und Larven. Nach dem Freischwimmen der Jungfische sollte man die Elterntiere entfernen.

FU: Lebendfutter aller Art (Fische, Regenwürmer, Schnecken, große Wasserinsekten).

Bes.: *Channa africana* hat, wie alle Schlangenkopffische, ein akzessorisches Atmungsorgan, das den Tieren zusätzliche Luftatmung gestattet. Auf diese Weise wird ihnen der Aufenthalt in stark verschmutzten Gewässern möglich.

T: 25–28° C, **L**: 32 cm, **BL**: ab 100 cm, **WR**: alle, **SG**: 1–2

Channa argus (CANTOR, 1842)
Amur-Schlangenkopf

Syn.: *Ophicephalus argus, O. nigricans, O. pekinensis, Ophiocephalus argus.*

Vork.: China: Amur, Yunnan, Anhwei, Hokon, Kiangsi und Grenzgebiet zur UdSSR (nördlich des Amur).

Ersteinf.: 1956 in die CSSR (aus Moskau).

GU.: Nicht bekannt; geschlechtsreife ♀♀ sind wesentlich dicker!

Soz. V.: Ruhiger Raubfisch. Brutpflege; Vaterfamilie.

Hält. B.: Im Normalaquarium nur ein erwachsenes Exemplar. In großen Schaubecken Vergesellschaftung mit entsprechend großen Fischen möglich.

ZU: Im Zimmeraquarium wohl kaum möglich und auch noch nicht erfolgt (Größe!).

FU: K; Jungtiere: Regenwürmer; Alttiere: Fische können aber an Fleischstreifen gewöhnt werden.

Bes.: Von der Unterart *Channa argus warpachowskii* (BERG, 1909) wird von SOIN (1960): Voprosy ichtiologii, S. 127–137, berichtet, daß sie im Freiland ein Nest baut. Im Juni/Juli errichten die Fische im dichtbewachsenen, seichten Wasser (50–100 cm) Nester aus den verschiedensten an der Oberfläche treibenden Pflanzenteilen. Bei der Paarung wird das ♀ vom ♂ umschlungen und auf den Rücken gedreht. Ein ♀ produziert bis zu 50 000 Eier, die von dem ♂ scharf bewacht werden. Die Eier haben einen großen Öltropfen, der ihnen ermöglicht, an der Wasseroberfläche zu schweben. Bei einer Temperatur zwischen 23–25° C schlüpfen die Larven nach etwa 36 Stunden und schwimmen nach weiteren drei bis vier Tagen frei. Mit diesem Zeitpunkt ist die Brutpflege des ♂ beendet.

T: 14–22° C, **L**: bis 85 cm, **BL**: 100 cm, **WR**: alle, **SG**: 4, aber nur wegen des Futterbedarfs.

Channa marulia (HAMILTON, 1822)

Syn.: *Ophiocephalus marulius, Ophicephalus marulius.*

Vork.: Asien; von Indien bis Südchina.

Ersteinf.: 1906.

GU.: Äußere Geschlechtsunterschiede sind keine bekannt. Zur Laichzeit sollen die ♂♂ intensiver gefärbt sein, während der Bauchumfang der ♀♀ dann größer ist.

Soz. V.: Die Tiere sind meist Einzelgänger. Die Art ist räuberisch. Gegenüber gleichgroßen Artgenossen sind die Tiere recht friedlich.

Hält. B.: Feiner Bodengrund; dichte Bepflanzung der Becken; Dekoration mit Moorkienholzwurzeln. Die Tiere stellen an die Wasserbeschaffenheit keine Ansprüche. Becken gut abdecken, da die Fische gute Springer sind. Nur mit gleichgroßen oder größeren Fischen vergesellschaften.

ZU: Bei *Channa marulia* ist unseres Wissens die Zucht im Aquarium noch nicht gelungen.

FU: Lebendfutter, hauptsächlich Fische. Man kann die Tiere auch an Fleischstückchen gewöhnen.

Bes.: *Channa marulia* wird in manchen Gegenden als Speisefisch geschätzt. Die Tiere können atmosphärische Luft atmen. Dazu ist bei ihnen ein akzessorisches Atmungsorgan in Form einer einfachen, von der Kiemenhöhle ausgehenden Bucht vorhanden. Alle Schlangenkopffische sind sehr empfindlich gegen Seesalz- und Kochsalzzusätze des Wassers.

T: 24–28° C, **L**: 120 cm, **BL**: ab 100 cm, **WR**: m, u, **SG**: 1–2

Channa argus

Channa marulia

Nematolosa erebi (GÜNTHER, 1868)
Australischer Süßwasserhering

Syn.: *Chatoessus erebi, Fluvialosa bulleri, F. paracome.*

Vork.: Australien und Neuguinea; die Art ist weit verbreitet in Australien und kommt auch im südlichen Neuguinea vor.

Ersteinf.: Wahrscheinlich in Deutschland noch nicht eingeführt.

GU.: Außerhalb der Laichzeit sind die Geschlechter nicht zu unterscheiden. Während der Laichzeit sehen die ♂♂ wie riesige Rotmaulsalmler aus: Die Schnauze ist blutrot, der Rücken golden, und die Seiten sind silbern mit rosa Schein.

Soz. V.: Friedlicher, lebhafter Schwarmfisch.

Hält. B.: Nur in Großbecken möglich. Bodengrund aus möglichst feinem Sand, da er von den Tieren gern nach Futter durchsucht wird. Viel freien Schwimmraum lassen, sonst stellen die Tiere keine besonderen Ansprüche. Schwarmhaltung im großen Artbecken.

ZU: Bisher ist nichts bekannt.

FU: O; Lebendfutter aller Art, Flockenfutter, auch pflanzliche Kost (Bodenalgen).

Bes.: *Nematolosa erebi* ist äußerst schockempfindlich, so daß sie meist schon beim Fang verendet. Sie sind auch empfindlich gegen Verletzungen. *N. erebi* ist der häufigste Fisch in Australien. Er tritt oft massenhaft auf.

T: 15–25° C, **L**: 47 cm, **BL**: 150 cm, **WR**: m, u, **SG**: 4

Butis butis (HAMILTON, 1822)
Spitzkopfgrundel

Syn.: *Cheilodipterus butis, Butis prismaticus, Eleotris butis, E. humeralis, E. melanopterus, E. prismatica.*

Vork.: Indopazifische Art; von Ostafrika über Südostasien bis Neuguinea und Australien. Die Tiere kommen in Salz-, Brack- und Süßwasser vor.

Ersteinf.: 1932 oder 1933 vom „Aquarium Hamburg".

GU.: Sichere äußere sind unbekannt.

Soz. V.: Revierbildend; dämmerungs- und nachtaktive Fische; räuberische Art.

Hält. B.: Bodengrund aus Sand, Kies oder Korallensand. Verstecke aus Steinen und seewasserbeständigen Wurzeln. Auf eine Bepflanzung der Becken kann verzichtet werden; oder es werden Pflanzen genommen, die Brackwasser vertragen. Die Tiere lassen sich an Süßwasser gewöhnen, trotzdem wird Seesalzzusatz angeraten (1–1,5%). Bei Haltung in reinem Süßwasser Wasser bis 18° dGH und neutral bis schwach alkalisch (pH 7,0–7,8); gute Durchlüftung der Becken. Haltung am besten im Artbecken.

ZU: Im Aquarium noch nicht gelungen.

FU: K; Lebendfutter jeglicher Art, besonders gerne werden kleine Fische gefressen; Fisch-, Krebs- und Rindfleisch. Die Tiere sind sehr gefräßig.

Bes.: Charakteristisch für *Butis butis* ist es, daß sich die Tiere wie tot, mit dem Bauch nach oben, durch das Wasser treiben lassen. Der Grund für dieses Verhalten ist unklar.

T: 22–28° C, **L**: 15 cm, **BL**: 90 cm, **WR**: u, (m), **SG**: 3

Gobiomorphus australis (KREFFT, 1863)
Streifengrundel

Syn.: *Eleotris australis, Mogurnda australis.*

Vork.: Australien; östliches Queensland und Neusüdwales. Die Art kommt in Süß- und Brackwasser vor.

Ersteinf.: Unbekannt.

GU.: Keine bekannt.

Soz. V.: Sehr ruhiger Fisch, der allerdings ein großer Räuber ist. Vergesellschaftung nur mit gleich großen Fischen.

Hält. B.: Ein Fisch, der keine besonderen Ansprüche stellt. Die Art kann wie *Hypseleotris compressus* gehalten werden.

ZU: Die Zucht ist im Aquarium bisher noch nicht geglückt.

FU: K; fast ausschließlich Lebendfutter in jeglicher Form.

Bes.: *Gobiomorphus australis* hat neun Strahlen in der zweiten Rückenflosse.

T: 18–25° C, **L:** 22 cm, **BL:** 90 cm, **WR:** u, m, **SG:** 2

Hemieleotris latifasciatus (MEEK & HILDEBRAND, 1912)
Breitstreifengrundel

Syn.: *Eleotris latifasciatus.*

Vork.: Amerika; Ekuador bis Costa Rica; Pazifische Abdachung.

Ersteinf.: 1977(?).

GU.: ♂ mit hellem Glanzfleck in der ersten Rückenflosse; Leuchtstreifen auf Flanken breiter; zweite Rückenflosse und Afterflosse im hinteren Bereich länger; ♂♂ sind schlanker.

Soz. V.: Sehr friedliche Fische, ruhige Schwimmer.

Hält. B.: Haltung am besten in Aquarien mit dichter Rand- und Hintergrundbepflanzung. Die Tiere halten sich hauptsächlich in Bodennähe auf. Sie stehen manchmal längere Zeit an einer Stelle und halten sich oft im Pflanzendickicht auf, das sie nur am Abend verlassen. Schwimmraum freilassen. An die Wasserbeschaffenheit stellen die Tiere keine besonderen Ansprüche. Die Haltung im Gesellschaftsbecken ist möglich.

ZU: Über die Zucht dieser Grundel berichten HORSTHEMKE & EBERHARDT (1985) in Das Aquarium **19**, 566–567. Als Laichplätze werden niedrige oder enge Höhlen gewählt. Die Eier sind klein und entwickeln sich schnell. Die Larven sind noch unvollkommen entwickelt.

FU: K; am liebsten Lebendfutter (Wasserflöhe, Hüpferlinge, Mückenlarven, *Tubifex*, Enchyträen), aber auch Flockenfutter wird gefressen.

Bes.: Keine.

T: 22–26° C, **L:** 12 cm, **BL:** 80 cm, **WR:** u, m, **SG:** 2

Hemieleotris latifasciatus, juv. ♀

Gobiomorphus australis

Hemieleotris latifasciatus ♂

Hypseleotris compressa (KREFFT, 1864)

Australische Kärpflingsgrundel

Syn.: *Eleotris compressus, Carassiops compressus.*

Vork.: Australien und Neuguinea; westliches Australien (Pilbara und Kimberley River), vom nördlichen Australien bis zur Ostküste von Queensland, südliches Neuguinea.

Ersteinf.: Erstmalig in den 70er Jahren, dann erst wieder 1987 in größeren Stückzahlen.

GU.: ♂ während der Laichzeit leuchtend rot, auch sonst immer farbiger als das ♀.

Soz. V.: Friedliche Grundelart, die gut für das Gesellschaftsaquarium geeignet ist. Das ♂ betreibt Brutpflege. Balzende und brutpflegende ♂♂ bilden kleine Reviere, die gegen andere Fische verteidigt werden.

Hält. B.: Bodengrund aus Sand oder feinkörnigem Kies; einige Verstecke aus Steinen bieten. Bei Verwendung von Süßwasser können die Becken bepflanzt werden; werden die Tiere aber in Brack- oder reinem Seewasser gehalten, wird eine Bepflanzung problematisch. Die Art ist problemlos und stellt keine besonderen Ansprüche. Haltung im Artbecken oder Vergesellschaftung mit anderen Grundeln.

ZU: Die Zucht von *Hypseleotris compressa* ist problematisch. Zwar gelingt es gelegentlich, ein laichendes Paar zu erhalten. Abgelaicht wird auf Steinen, Holz oder auch Muschelschalen. Das ♂ bewacht das riesige Gelege bis zum Schlüpfen der Larven. Die Larven sind winzig und schlüpfen nach etwa 24 Stunden. Sie benötigen sofort nach dem Schlüpfen erstes Futter. Wegen der geringen Größe erweist sich die Ernährung jedoch als schwierig. Normales Erstfutter wie Rotarien, Infusorien etc. werden nicht genommen. In Frage kommt eventuell vorsichtig dosierte Fütterung mit Algenwasser („Algenblüte"); über eine vollständig gelungene Aufzucht wurde noch nicht berichtet.

FU: K, O; Lebendfutter jeglicher Art, auch Flockenfutter, Frostfutter und gefriergetrocknetes Futter.

Bes.: Die zweite Rückenflosse von *H. compressa* weist neun oder zehn Strahlen auf; die Wirbelzahl beträgt 24 bis 25. Die Normalfärbung wird auf Seite 1049 vorgestellt.

T: 10–30° C, **L:** 11 cm, **BL:** 70 cm, **WR:** m, **SG:** 2

Hypseleotris galii (OGILBY, 1898)

Feuerschwanzschläfergrundel

Syn.: *Carassiops galii.*

Vork.: Australien; südöstliches Queensland und östliches Neusüdwales. Die Art kommt im Süßwasser vor.

Ersteinf.: Wahrscheinlich in Deutschland noch nicht eingeführt.

GU.: ♂ farbiger, mit größeren Flossen; ♀ besonders während der Laichzeit fülliger, Eiansatz ist sichtbar.

Soz. V.: Außerhalb der Laichzeit friedliche und ruhige Grundelart. Die ♂♂ betreiben Brutpflege und sind dann aggressiv.

Hält. B.: Wie bei *Hypseleotris compressa* angegeben.

ZU: Ähnlich der von *H. compressa.* Die ♀♀ werden mit knapp drei Zentimetern Länge geschlechtsreif; ihre Körper sind so durchscheinend, daß die großen Eier deutlich erkennbar sind. Es werden meist ungefähr 100 Eier auf einem Hartsubstrat (z. B. Stein) abgelegt. Die Jungfische schlüpfen nach zwölf Tagen und werden mit feinem Lebendfutter ernährt.

FU: K, O; Lebendfutter aller Art, Frostfutter und gefriergetrocknetes Futter, weniger gern werden Flockenfutter und Futtertabletten gefressen.

Bes.: Die zweite Rückenflosse von *Hypseleotris galii* weist, wie auch die von *H. klunzingeri*, 11–14 Strahlen auf.

T: 10–30° C, **L:** 8 cm, **BL:** 80 cm, **WR:** u, m, **SG:** 2

Hypseleotris compressa ♂, in Brutfärbung

Hypseleotris galii

Hypseleotris klunzingeri (OGILBY, 1898)
Klunzingers Schläfergrundel, Westliche Kärpflingsgrundel

Syn.: *Carassiops klunzingeri, Eleotris klunzingeri.*

Vork.: Australien; die Art kommt im Murray-Darling-System von Queensland bis Südaustralien vor.

Ersteinf.: Unbekannt.

GU.: ♂ größer, mit ausgezogenen Flossen; ♀ während der Laichzeit sehr füllig, der Laichansatz ist deutlich erkennbar.

Soz. V.: Ruhiger, friedlicher Fisch. Das ♂ betreibt Brutpflege.

Hält. B.: Wie bei *Hypseleotris compressa* angegeben. *Hypseleotris klunzingeri* ist ein anspruchsloser Fisch.

ZU: Sehr ähnlich der von *H. compressa.* Im Freiland laicht *H. klunzingeri* an seichten Stellen der Flüsse ab, wenn die Wassertemperatur 22° C überschritten hat. Die Eier sind sehr klein (unter einem Millimeter Durchmesser) und werden an Wasserpflanzen in 5 bis 25 cm Tiefe abgelegt. Nach 48 Stunden schlüpfen die Larven. Während der Brutpflege ist das ♂ sehr aggressiv. Fütterung der Jungfische mit feinstem Staubfutter.

FU: K, O; Lebendfutter aller Art, auch Flocken- und Frostfutter.

Bes.: Es scheinen sich unter dem Namen *Hypseleotris klunzingeri* mehrere eigenständige Arten zu verbergen. An diesem Problem wird gegenwärtig gearbeitet. *H. klunzingeri* weist 11–14 Strahlen in der zweiten Rückenflosse auf.

T: 10–30° C, **L:** 6,5 cm, **BL:** 50 cm, **WR:** m, u, **SG:** 1–2

Hypseleotris güntheri (BLEEKER, 1875)
Kärpflingsgrundel

Syn.: *Eleotris güntheri.*

Vork.: Südostasien: Sulawesi (Celebes).

Ersteinf.: 1936.

GU.: ♂♂ werden größer als die ♀♀, die Flossen der ♂♂ sind wesentlich farbenprächtiger; die Flossen der ♀♀ sind transparent.

Soz. V.: Freischwimmende Grundel mit einer gewissen Standorttreue; beim Balzen kommt es zwischen einzelnen Tieren zu kleinen Beißereien, die aber nie zu Verletzungen führen; ansonsten sind die Fische friedlich.

Hält. B.: Leicht zu haltende Grundel. Bodengrund aus feinem Sand; zur Dekoration einige Steine und Moorkienholzwurzeln. Dichte Bepflanzung der Becken; freien Schwimmraum lassen. Wasser mittelhart (10–15° dGH) und neutral (pH 7,0).

ZU: In Gefangenschaft wahrscheinlich schon mehrfach zum Ablaichen gebracht, eine erfolgreiche Aufzucht der sicher sehr kleinen Jungen wurde aber noch nicht beschrieben.

FU: K, O; Lebendfutter aller Art, gefriergetrocknetes Futter, Frostfutter, Flockenfutter.

Bes.: *Hypseleotris güntheri* ähnelt stark *Hypseleotris cyprinoides,* unterscheidet sich aber von dieser Art durch das Vorkommen des dunklen Längsbandes auf dem Körper (vgl. ALLEN & BOESEMAN, 1982: Records Western Australian Museum **10**, 67–103, auf S. 88).

T: 25–27° C, **L:** 7 cm, **BL:** 70 cm, **WR:** m, **SG:** 1–2

Hypseleotris klunzingeri ♂

Hypseleotris güntheri ♂

Mogurnda mogurnda (RICHARDSON, 1844)
Tüpfelgrundel

Syn.: *Eleotris mogurnda.*

Vork.: Australien und Neuguinea; in Flußläufen des Landesinneren und auch in Küstengebieten.

Ersteinf.: 1932.

GU.: Adulte ♂♂ sind immer kleiner als die ♀♀. Anhand anderer äußerer Merkmale sind die Geschlechter kaum zu unterscheiden. Bei den ♀♀ sind die Bauchseiten etwas heller.

Soz. V.: Revierbildend; die Tiere sind untereinander recht streitsüchtig, immer mehrere Exemplare halten, damit sich die Streitereien besser verteilen. Höhlenbrüter; Vaterfamilie.

Hält. B.: Wasser mittelhart bis hart (10–20° dGH), pH-Wert um 7. Auf Salzzusatz kann verzichtet werden. Dekoration mit Moorkienholz, Verstecke aus Steinen, einige Steine sollten Höhlen bilden. Seiten- und Hintergrundbepflanzung. Bodengrund aus Sand oder feinem Kies. Haltung am günstigsten im Artbecken.

ZU: Die Zucht ist möglich, sollte aber am besten im Artbecken durchgeführt werden. Das Verhalten beim Ablaichen ist mit dem von Cichliden vergleichbar. Über eine gelungene Zucht berichtet ZIEHM (1982) in der DATZ **35** (6): 201–203. Im Normalfall bezieht das ♂ eine Höhle und animiert das ♀ zur Laichabgabe. Die Gelege werden fast immer an der Höhlendecke angeheftet. Eizahl bis 200 Stück. Die Eier haben eine ovale Form. Nach der Eiablage wird das ♀ vom ♂ vertrieben. Die Brutpflege übernimmt das ♂ allein. Die Entwicklung der Eier dauert bei 25° C zwei bis drei Tage. Schwimmen die Jungfische frei, so erlischt die Brutpflege des ♂, und man sollte es entfernen. Aufzucht der Jungen mit *Artemia*-Nauplien und später mit Wasserflöhen und zerhacktem Rindfleisch.

FU: K, O; kräftiges Lebendfutter aller Art, kleingehacktes Fleisch, Shrimps, Flockenfutter. Lebendfutter wird allerdings bevorzugt.

Bes.: Vertreter der Familien Eleotridae (Schläfergrundeln) und Gobiiden (Echte Grundeln) lassen sich am besten anhand der Bauchflossen unterscheiden. Bei den Eleotriden sind die Bauchflossen immer getrennt, während sie bei den Gobiiden mehr oder weniger stark zusammengewachsen sind.

T: 24–26° C, **L**: 17 cm, meist kleiner, **BL**: 80 cm, **WR**: u, **SG**: 3

Batanga lebretonis (STEINDACHER, 1870)
Lehmgrundel

Syn.: *Eleotris lebretonis, Eleotris omosema, Batanga lebretonis microphthalmus.*

Vork.: Westafrika: von Senegal bis Südangola, in brackigen Ästuarien und Lagunen und im Süßwasser von Flußunterläufen.

Ersteinf.: 1905.

GU.: ♂♂ mit längeren hinteren Strahlen in D_2 und A, Genitalpapille sehr groß, flach und spitz zulaufend; manche ♂♂ entwikkeln in der Laichzeit eine Vorwölbung auf dem vorderen Kopfbereich.

Soz. V.: Allgemein friedliche Art; die ♂♂ sind in der Laichzeit territorial. In karg eingerichteten Becken halten sich die Fische meist auf dem Boden auf; in gut bepflanzten Aquarien schwimmen sie ausgiebig in allen Wasserschichten.

Hält. B.: Wie obige Art.

ZU: Die Grundeln laichen im Aquarium in geräumigen Höhlen oder auf Pflanzen ab. Manchmal paaren sich gleichzeitig 2 oder 3 ♀♀ mit einem ♂. Die aus den winzigen Eiern schlüfenden Larven sind noch sehr unvollständig entwickelt.

FU: O; Allesfresser: kleines Lebend- und Frostfutter, Flockenfutter, gekochtes Gemüse.

T: 25° C, **L**: 12 cm, **BL**: 100 cm, **WR**: alle, **SG**: 2–3

Mogurnda mogurnda

Batanga lebretonis

Ophieleotris aporos **(BLEEKER, 1854)**
Manilaschläfergrundel

Syn.: *Ophiocara aporos, Eleotris aporus, E. macrocephalus.*

Vork.: Indopazifischer Raum; von Madagaskar über Südostasien bis zu den Philippinen und nach Australien und Neuguinea.

Ersteinf.: 1935.

GU.: Das ♂ ist farbiger und oft mit grünen Tupfen auf den Körperseiten versehen; das ♀ ist insgesamt mehr braun.

Soz. V.: Räuberisch lebende Schläfergrundel, deren ♂♂ Brutpflege betreiben.

Hält. B.: Geräumige Becken mit feinsandigem Bodengrund, einige flache Steine, Versteckmöglichkeiten aus Steinen und Wurzeln. Auf eine Bepflanzung der Becken kann verzichtet werden. Den Tieren am besten Brackwasser (1 Eßlöffel Seesalz auf 10 l Wasser) oder reines Seewasser bieten. Die Art ist anspruchslos. Dichte Abdeckung der Becken ist notwendig, da die Tiere gute Springer sind. Haltung im Artbecken oder Vergesellschaftung mit anderen Grundelarten.

ZU: Die Zucht ist im Aquarium bereits gelungen, doch es liegen keine genauen Berichte vor.

FU: K; ausschließlich kräftiges Lebendfutter aller Art.

Bes.: Von *Ophieleotris aporos* gibt es drei Farbvarianten: *O. aporos* var. *aporos* (BLEEKER, 1854), *O. aporos* var. *hoedti* (BLEEKER, 1854) und *O. aporos* var. *guentheri* (KOUMANS, 1937).

T: 20–30° C, **L**: 40 cm, **BL**: 150 cm, **WR**: u, m, **SG**: 2

Ophiocara porocephala **(VALENCIENNES, 1937)**
Schlangenkopfschläfergrundel

Syn.: *Eleotris porocephala, E. ophicephalus, E. viridis, Ophiocara ophiocephala.*

Vork.: Indopazifischer Raum; von Madagaskar und den Seychellen über Burma, China und den Malayischen Archipel bis nach Australien, Neuguinea und auf einigen Südseeinseln.

Ersteinf.: 1913 von Berta Kuhnt, Berlin.

GU.: Keine sicheren bekannt.

Soz. V.: Die Tiere haben eine räuberische Lebensweise. Die ♂♂ betreiben Brutpflege.

Hält. B.: Wie bei *Ophieleotris aporos* angegeben. *Ophiocara porocephala* fühlt sich am wohlsten in Brackwasser.

ZU: Über eine gelungene Zucht im Aquarium liegen bislang keine Berichte vor.

FU: K; fast ausschließlich kräftiges Lebendfutter aller Art. Die Tiere lassen sich meist nur unter Verlusten an Ersatzfutter gewöhnen.

Bes.: *Ophiocara porocephala* scheint nach 1980 mehrmals als Beifang in Deutschland wieder eingeführt worden zu sein.

T: 20–30° C, **L**: 30 cm, **BL**: 100 cm, **WR**: u, m, **SG**: 2

Ophieleotris aporos

Ophiocara porocephala

Tateurndina ocellicauda NICHOLS, 1955
Schwanzfleck-Schläfergrundel

Syn.: Keine.

Vork.: Neuguinea; in Flüssen und Teichen des Tieflandes von Ostpapua. Die Tiere sind reine Süßwasserbewohner.

Ersteinf.: Wahrscheinlich 1982.

GU.: ♂ mit gerader Bauchlinie, hellerer Anale und Dorsale; laichreife ♀♀ mit kugelig gerundeter, leuchtend gelber Bauchzone und schmaleren gelben Säumen in der Anale und Dorsale.

Soz. V.: Friedliche Art, die außerhalb der Laichzeit keine festen Bindungen an Partner oder ein Revier zeigt.

Hält. B.: Wie bei *Mogurnda mogurnda* angegeben. Die Art liebt offenbar reines, weiches Süßwasser. Sie ist ideal für gut bepflanzte, kleine Aquarien.

ZU: Leicht möglich; das ♂ wirbt „flatternd" um ein laichreifes ♀. Einer der Partner oder beide säubern anschließend ein festes Substrat; gern wird in engen Verstecken gelaicht. Die Eier sind vergleichsweise groß, oval und glasig-transparent mit weißlichem Schimmer. Nach dem Laichakt vertreibt das ♂ das ♀ und bewacht und befächelt das Gelege allein, wobei es sich häufig geradezu in das Gelege drückt. Gelegentlich versuchen die ♀♀ Eier zu stehlen. Der Schlupf der Larven ist nicht einheitlich, bei 26° C (dGH 7, pH 7,0) schwimmen die Kleinen am 4. bis 6. Tag frei und können sofort mit frischgeschlüpften *Artemia*-Nauplien gefüttert werden. Die Aufzucht bietet keine Probleme.

FU: O; feines Lebendfutter (Teichfutter) und Würmer (Grindal), es wird aber auch jedes Ersatzfutter angenommen.

Bes.: *Tateurndina ocellicauda* ist eine der kleinsten Schläfergrundeln und eine der hübschesten dazu.

T: 22–26° C, **L**: 7,5 cm, **BL**: 50 cm, **WR**: u, **SG**: 2

Gadopsis marmoratus RICHARDSON, 1848
Süßwasserdorsch

Syn.: Keine.

Vork.: Australien; in Süßgewässern von Südostaustralien (südliches Queensland, Neusüdwales, Victoria, Südaustralien) und dem nördlichen Tasmanien.

Ersteinf.: Wahrscheinlich in Deutschland noch nicht eingeführt.

GU.: Das ♀ wird größer und ist voller.

Soz. V.: Die Tiere sind überwiegend nachtaktiv. Nach einer Eingewöhnungszeit werden sie auch tagsüber recht munter. Die Tiere leben räuberisch. Untereinander sind sie verträglich, solange sie genügend Versteckmöglichkeiten zur Verfügung haben.

Hält. B.: Für eine Aquarienhaltung sind nur Jungfische geeignet. Bodengrund aus nicht zu grobem Kies; Versteckmöglichkeiten und Unterstände aus Steinen und Moorkienholzwurzeln herrichten. Eine Bepflanzung mit robusten Kaltwasserarten ist möglich. An das Wasser werden keine besonderen Ansprüche gestellt, doch verträgt die Art keine hohen Temperaturen. Haltung im Artbecken oder Vergesellschaftung mit gleich großen Fischen (z. B. Buntbarschen oder Sonnenbarschen).

ZU: Im Aquarium ist die Zucht noch nicht gelungen. *Gadopsis marmoratus* soll Höhlenlaicher sein. Die Eier sind groß, werden in geringer Anzahl abgelegt, sind demersal (am Boden befindlich) und haften an Substraten.

FU: K; kräftiges Lebendfutter aller Art (Fische, Garnelen, Regenwürmer), auch Rinderherz und anderes Fleisch.

Bes.: Die Jungfische von *G. marmoratus* sind hübsch rot-schwarz markiert. Die Durchschnittsgröße der Fische liegt bei ungefähr 30 cm und einem Gewicht von 250–500 Gramm. In Ausnahmefällen können Exemplare bis zu sechs Kilogramm schwer werden.

T: 5–20° C (Kaltwasserfisch), **L:** bis 60 cm, **BL:** ab 100 cm, **WR:** u, m, **SG:** 3

Brachygalaxias bullocki (REGAN, 1908)

Syn.: *Galaxias bullocki*

Vork.: Südamerika: Südchile, südlich der Stadt Temuco im Valdivianischen Regenwald.

Ersteinf.: 1981 durch Dr. K. Busse, Bonn.

GU.: Die ♂♂ sind braun und tragen hinter der Brustflosse einen weißlich-perlmutterfarbenen Fleck. Die ♀♀ sind etwas fülliger, bei ihnen ist der Schulterfleck nur angedeutet.

Soz. V.: Die Tiere leben in lockeren Verbänden, das genauere Sozialverhalten ist noch nicht untersucht worden.

Hält. B.: Aquarium mit Sandboden, sehr weiches Wasser. Wichtig ist, daß die Temperaturen nicht über 20° C ansteigen. Kühlung ist entweder mit einem Kühlaggregat möglich oder mit einem dünnen Kühlschlauch, der durch das Aquarium geleitet und an einem Ende an die Wasserleitung angeschlossen wird, das andere Ende wird mit dem Ausguß verbunden. Die Bepflanzung muß sich den niedrigen Temperaturen anpassen, zu verwenden sind *Elodea*, Tausendblatt, *Hottonia* und andere Kaltwasserpflanzen.

ZU: Noch nicht gelungen.

FU: K; Lebendfutter aller Art, auch größere Nahrungsbrocken bis hin zu Regenwürmern. Flockenfutter wird kaum angenommen.

Bes.: Bei Gefahr graben sie sich gelegentlich in den Bodengrund ein.

T: 15–20° C, auch tiefer, **L**: 5–6 cm, **BL**: 50 cm, **WR**: m, o, **SG**: 4

Brachygalaxias gothei BUSSE, 1982

Syn.: Keine.

Vork.: Südamerika: Südchile, Fundo Porvenir bei der Stadt Talca.

Ersteinf.: 1981 durch Dr. K. Busse, Bonn.

GU.: Die ♂♂ sind braun, der Bauch silbrig. Von den Brustflossen bis in den Schwanzstiel zieht sich ein rotes Band. Darüber irisieren regenbogenartige Farben in Grünlich und Blau bis etwa zur Seitenlinie. Die ♀♀ sind blasser gefärbt, insbesondere ist der rote Farbstreifen nicht so intensiv.

Soz. V.: Wie bei *Brachygalaxias bullocki*.

Hält. B.: Wie bei *B. bullocki*, jedoch nicht so empfindlich, besonders nicht gegen härteres Wasser und höhere Temperaturen. Aquarieneinrichtung ebenfalls wie bei *B. bullocki*. Hälterung im nicht zu warmem Zimmer ohne Heizung möglich.

ZU: Die Fische brauchen einen Jahresgang der Temperatur mit kühlem Winter (um 5° C), eine Hälterung im Freiland ist daher bis zum Spätherbst zu empfehlen. Im Frühjahr erfolgt das Ablaichen nach heftigem Treiben, wobei mehrere ♂♂ einem ♀ folgen. Die erste Zucht war eher eine Zufallszucht, die Jungtiere wurden, nachdem sie entdeckt wurden, mit *Cyclops*-Nauplien angefüttert, möglich wären auch Nauplien von *Artemia salina*, auch fein zerriebenes Flockenfutter als Zusatznahrung. Später folgte gröberes Futter. Die Tiere wachsen verhältnismäßig langsam heran.

FU: K; alles Lebendfutter, das die Fische bewältigen können, im Schnitt kleiner als bei *B. bullocki*, da die Tiere ein kleineres Maul haben.

Bes.: Keine.

T: 15–22° C, **L**: 5 cm, **BL**: 50 cm, **WR**: m, u, **SG**: 3–4

Brachygalaxias bullocki

Brachygalaxias gothei

Galaxias auratus JOHNSTON, 1883
Goldene Galaxie

Syn.: Keine(?).

Vork.: Australien; Tasmanien, in den Seen Sorell und Crescent und den zufließenden Gewässern.

Ersteinf.: In Deutschland wahrscheinlich noch nicht eingeführt.

GU.: Keine bekannt.

Soz. V.: Schwimmfreudiger, friedlicher Schwarmfisch.

Hält. B.: Siehe die Anmerkung bei *Galaxias olidus.*

ZU: *Galaxias auratus* ist unseres Wissens noch nicht im Aquarium nachgezüchtet worden.

FU: K, O; vorwiegend Lebendfutter jeglicher Art; doch fressen die Tiere auch anderes Futter (Frost- und Flockenfutter usw.).

Bes.: Im Freiland ist *Galaxias auratus* eine wichtige Nahrung für Forellen.

T: 10–28° C, **L:** 24 cm, **BL:** 100 cm, **WR:** m, **SG:** 2–3

Galaxias cleaveri SCOTT, 1934
Tasmanischer Schlammfisch

Syn.: *Galaxias anguilliformis, G. upcheri, Lixagasa cleaveri, Saxilaga anguilliformis, S. cleaveri.*

Vork.: Australien; in küstennahen Gewässern Tasmaniens, selten in Victoria.

Ersteinf.: Wahrscheinlich nach Deutschland noch nicht eingeführt.

GU.: Keine äußeren bekannt.

Soz. V.: Im Gegensatz zu den meisten Galaxien, die trotz aller Streitereien am liebsten im Schwarm leben, ist *Galaxias cleaveri* ein Einzelgänger mit überwiegend nächtlicher Lebensweise.

Hält. B.: Bodengrund aus feinem Material; dichte Rand- und Hintergrundbepflanzung; einige Versteckmöglichkeiten bieten; sonst stellt *G. cleaveri* keine Ansprüche. Haltung am besten im Artbecken.

ZU: Die Zucht dieser Art ist unbekannt.

FU: K, O; Lebendfutter aller Art. Die Tiere sind kaum an Ersatzfutter zu gewöhnen.

Bes.: *Galaxias cleaveri* gräbt sich gern in den Untergrund ein.

T: 10–20° C (Kaltwasserfisch), **L:** 14 cm, **BL:** 90 cm, **WR:** u, **SG:** 4

Galaxias auratus

Galaxias cleaveri

Galaxias maculatus (JENYNS, 1842)
Gefleckte Galaxie

Syn.: *Mesistes maculatus, M. alpinus, M. attenuatus, M. gracillimus, Galaxias alpinus, G. attenuatus, G. coppingeri, G. gracillimus, G. minutus, G. punctulatus, G. titcombi, G. variegatus.*

Vork.: *Galaxias maculatus* weist eine weite Verbreitung in der südlichen Hemisphäre auf: Südliches und westliches Australien, Neuseeland, Chatan Insel, Chile, Argentinien, Feuerland und Falkland Inseln.

Ersteinf.: Wahrscheinlich in Deutschland noch nicht eingeführt.

GU.: Keine sicheren bekannt.

Soz. V.: Friedlicher Schwarmfisch.

Hält. B.: Bodengrund aus Sand; reichlich Versteckmöglichkeiten bieten; freien Schwimmraum lassen. Man sollte die Tiere in Süß- oder Brackwasser als Schwarm halten (ab sechs Exemplaren), Pflege am besten im Artbecken.

ZU: Über eine gelungene Zucht im Aquarium liegen keine Angaben vor. In Neuseeland laicht *G. maculatus* im Brackwasser. Die Eier werden über seegrasreichen Untiefen abgesetzt. Sie stranden oft, wenn die Ebbe kommt. Die Larvalperiode spielt sich im Meerwasser ab, doch die Jungfische wandern in Süßwasser ein und werden dort auch geschlechtsreif.

FU: K; Lebendfutter aller Art; die Tiere lassen sich kaum an Ersatzfutter gewöhnen.

Bes.: Bei einigen westaustralischen Populationen, z. B. bei der in dem Pallinup River, scheint das marine Larvalstadium wenigstens zeitweise zu fehlen.

T: 10–22° C (Kaltwasserfisch), **L**: 19 cm, **BL**: 100 cm, **WR**: m, u, **SG**: 3

Galaxias olidus GÜNTHER, 1866
Gebirgsgalaxie

Syn.: *Galaxias bongbong, G. coxii, G. findlayi, G. fuscus, G. kayi, G. oconnori, G. ornatus, G. schomburgkii, Lyragalaxias oconneri.*

Vork.: Australien; Victoria. *G. olidus* ist eine häufige Inlandart, die hauptsächlich in Gebirgsflüssen vorkommt.

Ersteinf.: Nach Deutschland wahrscheinlich noch nicht eingeführt.

GU.: Keine bekannt.

Soz. V.: Friedlicher, lebhafter Schwarmfisch.

Hält. B.: KUITER (1982): DATZ **35** (11): 401–405 schreibt, daß die meisten australischen Aquarianer im allgemeinen nicht an einheimischen Fischen interessiert sind. Deshalb ist sehr wenig über deren Haltung bekannt. KUITER schreibt weiter, daß seine eigenen Pflegeerfolge bisher mittelmäßig blieben. Besonders mit der Gebirgsart *Galaxias olidus* habe er immer noch Probleme. Er meint, das Geheimnis der erfolgreichen Haltung scheint in ihrem eigenen Lebensraum zu liegen (kleine Felsenflüsse in dichtem Wald). In vielen Fällen sieht das Wasser dort dunkelbraun durch verfaulte und verfaulende Vegetation (Blätter, Zweige) aus. Exemplare aus diesen Flüssen machen die meisten Schwierigkeiten bei der Aquarienhaltung.

FU: K, O; überwiegend Lebendfutter aller Art. Sie nehmen aber auch andere Futtersorten an (Frostfutter, gefriergetrocknetes Futter, Flockenfutter).

Bes.: Im Freiland hält *Galaxias olidus* extreme Temperaturen aus, die von der Kälte in der Schneeregion bis zu der Wärme im Tiefland, wo die Temperaturen 30° C übersteigen können, reichen.
Das Foto rechts unten zeigt die Gebirgsgalaxie, die bisher unter dem Synonym *G. fuscus* dargestellt wurde.

T: 4–30° C, **L**: 13,5 cm, **BL**: 80 cm, **WR**: m, u, **SG**: 3–4

Galaxias maculatus

Galaxias olidus

Galaxias „fuscus“ olidus

Galaxias rostratus KLUNZINGER, 1872

Flachköpfige Galaxie

Syn.: *Galaxias planiceps, G. p. waitii, G. waitii.*

Vork.: Australien; im Murray River.

Ersteinf.: Die Art ist wahrscheinlich noch nicht nach Deutschland importiert worden.

GU.: Keine äußeren bekannt.

Soz.V.: Friedlicher, beweglicher Schwarmfisch.

Hält. B.: Über die Hälterungsbedingungen dieser Art ist kaum etwas bekannt. Siehe auch die Anmerkung bei *Galaxias olidus.*

ZU: Die Zucht ist im Aquarium noch nicht erfolgt.

FU: K, O; die Tiere fressen vorzugsweise Lebendfutter, andere Futtersorten werden aber auch angenommen.

Bes.: *Galaxias rostratus* ist eine sehr seltene Fischart, die bisher kaum ein Mensch zu Gesicht bekommen hat.

T: 10–26° C, **L**: 13 cm, **BL**: 80 cm, **WR**: m, **SG**: 3–4

Galaxias tanycephalus FULTON, 1978

Syn.: Keine.

Vork.: Australien; Tasmanien, in den Seen Arthur und Woods.

Ersteinf.: Die Art ist höchstwahrscheinlich noch nicht nach Deutschland eingeführt worden.

GU.: Keine äußeren bekannt.

Soz. V.: Friedlicher, munterer Schwarmfisch.

Hält. B.: Über die Pflege dieser Art im Aquarium ist so gut wie nichts bekannt. Dem Aquarianer, der diese Art als Pflegling erhält, bleibt also ein weites Versuchsfeld.

ZU: Die Zucht im Aquarium ist bisher unbekannt.

FU: K; fast ausschließlich Lebendfutter aller Art. Die Tiere lassen sich kaum an Ersatzfutter gewöhnen.

Bes.: Keine.

T: 10–26° C, **L**: 15 cm, **BL**: 90 cm, **WR**: m, u, **SG**: 3

Galaxias rostratus

Galaxias tanycephalus

Galaxias truttaceus (CUVIER, 1817)

Forellen-Galaxie

Syn.: *Esox truttaceus, Galaxias forsteri, G. hesperius, G. ocellatus, G. scorpus, G. truttaceous, G. truttaceus hesperius, G. truttaceus scorpus.*

Vork.: Australien; in küstennahen Gewässern Victorias und Südwestaustraliens, auf den Inseln der Bass-Straße und in Tasmanien.

Ersteinf.: In Deutschland wahrscheinlich noch nicht eingeführt.

GU.: Keine äußeren bekannt.

Soz. V.: Friedlicher Schwarmfisch.

Hält. B.: Bodengrund aus feinem Sand; dichte Rand- und Hintergrundbepflanzung, eventuell einige Verstecke, freien Schwimmraum lassen. An die Wasserbeschaffenheit werden keine besonderen Ansprüche gestellt. Haltung im Artbecken oder Vergesellschaftung mit anderen Vertretern der Familie. Man sollte die Tiere nach Möglichkeit im Schwarm halten.

ZU: Über eine gelungene Zucht im Aquarium liegen bislang keine Berichte vor.

FU: K; Lebendfutter aller Art.

Bes.: *Galaxias truttaceus* ist die am häufigsten vorkommende Fischart in Südwestaustralien. Ihre Färbung kann extrem variieren.

T: 6–20° C (Kaltwasserfisch), **L**: 13 cm, **BL**: 90 cm, **WR**: m, u, **SG**: 3

Galaxiella munda McDOWALL, 1978

Schlamm-Zwerggalaxie

Syn.: Keine.

Vork.: Australien; in Küstenflüssen, Sümpfen und Tümpeln Westaustraliens zwischen Albany und Ellen Brook.

Ersteinf.: Wahrscheinlich noch nicht nach Deutschland importiert.

GU.: Das ♂ ist intensiver gefärbt; das ♀ wird größer.

Soz. V.: Friedlicher Schwarmfisch.

Hält. B.: Wie bei *Galaxiella pusilla* angegeben.

ZU: Im Aquarium noch nicht gelungen. Auch über die Fortpflanzungsbiologie im Freiland ist so gut wie nichts bekannt.

FU: K, O; kleines Lebendfutter aller Art, auch feines Trockenfutter.

Bes.: Obwohl die Art den lokalen Naturforschern schon jahrelang bekannt war, wurde sie erst 1978 von McDOWALL wissenschaftlich beschrieben. *Galaxiella munda* soll sich während der Trockenzeit in den Schlamm eingraben.

T: 8–24° C, **L**: 5 cm, **BL**: 50 cm, **WR**: u, m, **SG**: 2

Galaxias truttaceus

Galaxiella munda

Galaxiella nigrostriata — (SHIPWAY, 1953)
Schwarzstreifen-Zwerggalaxie

Syn.: *Galaxias pusillus nigrostriatus, Brachygalaxias nigrostriatus, Galaxias nigrostriatus.*

Vork.: Australien; in Küstenflüssen, Sümpfen und Tümpeln Westaustraliens zwischen Albany und Northcliffe.

Ersteinf.: Wahrscheinlich noch nicht in Deutschland eingeführt.

GU.: ♂ schlanker und intensiver gefärbt.

Soz. V.: Sehr friedlicher Schwarmfisch.

Hält. B.: Wie bei *Galaxiella pusilla* angegeben. *Galaxiella nigrostriata* sollte man wegen ihrer Zartheit unbedingt im Artbecken pflegen.

ZU: Im Aquarium wurde diese Art noch nicht nachgezüchtet.

FU: K, O; feinstes Lebendfutter aller Art, auch Flockenfutter.

Bes.: *Galaxiella nigrostriata* ist einer der kleinsten Vertreter der Familie. Über die Biologie dieses Winzlings ist sehr wenig bekannt. Bisher sind nur sehr wenige Exemplare gesammelt worden.

T: 10–25° C, **L:** 3,5 cm, **BL:** 40 cm, **WR:** m, **SG:** 3

Galaxiella pusilla — (MACK, 1936)
Zwerggalaxie

Syn.: *Galaxias pusillus, Brachygalaxias pusillus, B. pusillus flindersiensis, B. pusillus tasmanensis.*

Vork.: Australien; in Bächen und Gräben Süd-Victorias.

Ersteinf.: Wahrscheinlich in Deutschland noch nicht eingeführt.

GU.: Das ♂ ist kleiner und farbiger.

Soz. V.: Friedlicher, lebhafter Schwarmfisch.

Hält. B.: Die Haltung von *G. pusilla* erfolgt am besten im Artbecken. Bodengrund aus feinem Sand, über dem sich eine etwa einen Zentimeter dicke Mulmschicht befinden sollte. Dichte Rand- und Hintergrundbepflanzung mit feinblättrigen Arten. An das Wasser werden keine besonderen Ansprüche gestellt.

ZU: Die Art hat sich im Aquarium schon fortgepflanzt. Im Artbecken macht sie das ohne besonderes Zutun. Die Eier werden einzeln an Pflanzen geklebt oder aber auch auf ein anderes Substrat abgelegt; ansonsten ist bisher nichts bekannt.

FU: K, O; kleines Lebendfutter aller Art (Hüpferlinge, Wasserflöhe, Grindal), aber auch feines Flockenfutter.

Bes.: Keine.

T: 10–30° C, **L:** ♂ 3 cm, ♀ 4,5 cm, **BL:** 50 cm, **WR:** m, **SG:** 2

Paragalaxias mesotes — McDOWALL & FULTON, 1978
Tasmanische Paragalaxie

Syn.: Keine(?).

Vork.: Australien; die Art kommt nur in wenigen Gewässern Tasmaniens vor.

Ersteinf.: *P. mesotes* wurde wahrscheinlich noch nicht in Deutschland eingeführt.

GU.: Keine äußeren bekannt.

Soz. V.: Bodenfisch, der gegenüber anderen Fischarten friedlich ist; untereinander sind die Tiere etwas zänkisch.

Hält. B.: Bodengrund aus feinem Sand; Bepflanzung mit Kaltwasserarten, einige Verstecke aus Steinen und Wurzeln. Als Kaltwasserfisch braucht *P. mesotes* gute Filterung und Belüftung des Beckens. Pflege am besten im Artbecken vornehmen.

ZU: Über eine gelungene Zucht im Aquarium liegen bisher noch keine Berichte vor. Auch über die Fortpflanzung im Freiland ist nichts bekannt.

FU: K; kleines Lebendfutter aller Art (Hüpferlinge, Wasserflöhe, Grindal, kleine Insektenlarven). Die Tiere fressen nur Lebendfutter.

Bes.: *Paragalaxias mesotes* erinnert mehr an eine Schläfergrundel als an eine Galaxie.

T: 5–20° C (Kaltwasserfisch), **L:** 8 cm, **BL:** 60 cm, **WR:** u, **SG:** 3

Galaxiella nigrostriata

Galaxiella pusilla

Paragalaxias mesotes

Redigobius balteatus (HERRE, 1935)
Vaimosagrundel

Syn.: *Vaimosa balteata*, *„Gobio vaimosa“*, *Acentrogobius balteatus*.

Vork.: Südostasien; Molukkeninsel Waigeu, Kalimantan (Borneo), Maliische Halbinsel, Philippinen, Vietnam, Sri Lanka (Ceylon). Die Tiere sind Brackwasserbewohner.

Ersteinf.: Unbekannt.

GU.: ♂ mit stärker entwickelter zweiter Rückenflosse und Afterflosse, außerdem ist das Maul tiefer gespalten und der Kopf bulliger.

Soz. V.: Noch nicht geschlechtsreife und nicht fortpflanzungsbereite, adulte Tiere zeigen kein Revierverhalten. In großen Aquarien bilden sie oft kleine, lockere Verbände. Dagegen sind fortpflanzungswillige ♂♂ revierbildend. Versteckbrüter mit Vaterfamilie.

Hält. B.: Becken mit einer Schicht feinen Sandes, genügend Höhlen und Unterstände aus Steinen bieten, Dekoration mit widerstandsfähigen Pflanzen wie Javafarn und Hornkraut. Wasser am besten brackig (1 Eßlöffel Seesalz auf 10 l Wasser). Haltung im Artbecken, da die Tiere bedächtige Fresser sind, oder Vergesellschaftung mit anderen langsameren Fischen.

ZU: Im Aquarium schon erfolgt. Einen genauen Zuchtbericht gibt HORSTHEMKE im Aquarium **17** (167): 247–252, 1983. Das ♂ bezieht eine Höhle oder eine auch nach oben offene, geschützte Stelle, die gegenüber anderen ♂♂ verteidigt wird. ♀♀ werden angebalzt und vertrieben, wenn sie nicht paarungsbereit sind. Ansonsten führt das ♂ das ♀ zum Laichplatz und nach weiteren Balzhandlungen wird abgelaicht. Bevorzugt werden senkrechte Wände. Die Eizahl beträgt einige Hundert. Die Pflege des Geleges obliegt allein dem ♂. Die Larven schlüpfen nach etwa vier Tagen, wobei der Schlupf stets in der Dunkelheit stattfindet. Die Larven sind etwa zwei Millimeter lang und werden mit feinstem Staubfutter (Pantoffeltierchen, Rädertierchen) gefüttert. Die Aufzucht ist sehr schwierig, da die Larven oft aus unerklärlichen Gründen absterben. Evtl. Meerwasserplankton versuchen!

FU: K; die Art nimmt nur kleine, tierische Nahrung auf (Lebend- und Frostfutter). Flockenfutter wird verschmäht.

Bes.: HORSTHEMKE (1983): Das Aquarium **17**, 247–252, beobachtete, daß in sehr weichem Leitungswasser (8° dGH) gehaltene Vaimosagrundeln nach mehreren Wochen häufig an einer kropfartigen Vorwölbung der Kehlregion erkrankten, an der einige Exemplare sogar starben. Dagegen verschwanden diese Symptome nach Seesalzzugabe.

T: 25–28° C, **L**: 5 cm, **BL**: 60 cm, **WR**: u, m, **SG**: 3–4

Boleophthalmus pectinirostris (LINNAEUS, 1758)

Syn.: *Gobius pectinirostris, Apocryptes pectinirostris, Boleophthalmus chinensis, B. inornatus.*

Vork.: Südostasien; von Japan und China über Malaysia bis Thailand und Burma. Die Tiere sind Küstenbewohner. Sie kommen meist in See- und Brackwasser, selten im Süßwasser vor.

Ersteinf.: 1909 von den Vereinigten Zierfischzüchtereien Conradshöhe bei Berlin.

GU.: Es sind keine sicheren bekannt.

Soz. V.: Revierbildend, teilweise amphibisch lebender Fisch.

Hält. B.: Pflege in möglichst großflächigen Aquarien. In diesen wird mit feinem Sand eine Uferzone geschaffen. Den Sand kann man durch Astwerk und flache Steine verfestigen. Auf diese Art kann ein Mangrovensumpf nachgeahmt werden. Der aquatische Teil des Beckens wird mit Brackwasser gefüllt (Seesalzzusatz etwa 1–2%, pH 8–8,5). Die Becken werden gut abgedeckt, damit sich eine hohe Luftfeuchtigkeit entwickeln kann. *B. pectinirostris* ist ein amphibisch lebender Fisch. Die Temperatur der Luft sollte ebenso hoch sein wie die des Wasser. Die Tiere lassen sich allmählich auch an Süßwasser gewöhnen. Haltung im Artbecken oder zusammen mit anderen Schlammspringern.

ZU: Über eine gelungene Zucht in Gefangenschaft ist nichts bekannt.

FU: K; In Freiheit werden ausschließlich Kieselalgen und Kleintiere bzw. Detritus gefressen. Im Aquarium überwiegend Lebendfutter, besonders Würmer (kleine Regenwürmer, *Tubifex*, Enchyträen), aber auch Flockenfutter.

Bes.: Keine.

T: 26–30° C, **L**: 20 cm, **BL**: 100 cm, **WR**: o und Land, **SG**: 4

Redigobius balteatus

Boleophthalmus pectinirostris

Chlamydogobius eremius (ZIETZ, 1896)
Wüstengrundel

Syn.: *Gobius eremius.*

Vork.: Australien; die Art bewohnt permanente Gewässer Zentralaustraliens und kommt in den Quellen des Lake Eyre Bassins (Südaustralien) vor.

Ersteinf.: Ca. 1984/85 durch nicht genannte Quellen. Es sind jedoch bereits Nachzuchttiere im Handel (s. auch DATZ 8/86).

GU.: Das ♂ ist größer und viel farbiger; das ♀ ist schlicht gefärbt.

Soz. V.: Die ♂♂ sind revierbildend und untereinander sehr unverträglich; gegenüber anderen Fischen ist die Art friedlich. Höhlenbrüter mit Vaterfamilie.

Hält. B.: Haltung am besten in flachen Becken mit großer Grundfläche, worin mehrere ♂♂ ihre kleinen Reviere bilden können. Bodengrund aus feinem Sand; den Tieren möglichst viele Verstecke aus Steinen, Wurzeln usw. bieten. Das Wasser sollte hart (ab 12° dGH) und alkalisch sein (pH 7,5–8,0).

ZU: Die Zucht ist einfach. Die Art ist Höhlenlaicher; die großen, ovalen Eier werden oft an der Höhlendecke abgelegt. Die ♂♂ betreiben Brutpflege. Die Larven schlüpfen bei 25° C nach fünf bis sieben Tagen und fressen sofort *Artemia*-Nauplien. Bei guter Fütterung sind sie nach sechs bis acht Monaten geschlechtsreif.

FU: K, O; kleines Lebendfutter aller Art, Frostfutter und gefriergetrocknetes Futter.

Bes.: *Chlamydogobius eremius* ist empfindlich gegenüber Temperaturstürzen.

T: 10–35° C, **L**: 6 cm, **BL**: 60 cm, **WR**: u, **SG**: 2

Gobioides broussonnetii LACÊPÈDE, 1798
Lila Aalgrundel Unterfam.: Gobionellinae

Syn.: *Amblyopus brasiliensis, A. mexicanus, Gobioides barreto, Gobious oblongus, Ognichodes broussonnetii, Plecopodus broussonnetii.*

Vork.: Amerika: nordwärts bis Georgia, USA; südwärts bis Santa Catarina, Brasilien.

Ersteinf.: Unbekannt.

GU.: Keine sicheren bekannt.

Soz. V.: Solitärer Bewohner von Bodenhöhlen oder -gängen; territorial; starke innerartliche Aggressivität in zu kleinen Aquarien.

Hält. B.: Bodengrund aus einer dicken Schicht Sand, da sich die Tiere eingraben; einige Verstecke aus Steinen und Wurzeln. Wasser brackig, Seesalzzusatz (0,5–1%). Haltung am besten im Artbekken. *G. broussonnetii* ist ein Fisch für den Spezialisten.

ZU: In Gefangenschaft noch nicht gelungen.

FU: Kleines Bodenfutter (*Tubifex*, Mückenlarven).

Bes.: Vertreter der Gattung *Gobioides* unterscheiden sich von den anderen Grundelgattungen durch ihren langgestreckten Körper.

T: 23–25° C, **L**: 63 cm, **BL**: 120 cm, **WR**: u, **SG**: 4 (C)

Chlamydogobius eremius

Gobioides broussonnetii

Gobiopterus chuno (HAMILTON, 1822)
Glasgrundel

Syn.: *Gobius chuno, Gobiella pellucida, G. birtwistlei.*

Vork.: Südostasien: Indien, Bangladesh, Thailand, Singapur. Die Art ist ein reiner Süßwasserbewohner.

Ersteinf.: 1954.

GU.: Es sind keine äußeren bekannt.

Soz. V.: Sehr friedlicher Grundfisch.

Hält. B.: Bodengrund aus feinem Sand; einige Versteckmöglichkeiten; eventuell lockere Randbepflanzung. Die Art ist bisher so selten gepflegt worden, daß keine Angaben über die Wasserbeschaffenheit gemacht werden können.

ZU: Im Aquarium ist die Art noch nicht nachgezüchtet worden.

FU: Kleinstes Lebendfutter aller Art: Hüpferlinge, Wasserflöhe, Grindal-Würmer.

Bes.: *Gobiopterus chuno* hat sich bisher als sehr heikel erwiesen. Die Tiere gingen trotz ausreichender Fütterung und Futterannahme immer wieder ein.

T: 23–26° C, **L**: 2,5 cm, **BL**: 40 cm, **WR**: u, **SG**: 4

Oligolepis acutipennis (VALENCIENNES, 1837)

Syn.: *Gobius acutipennis, Aparrius acutipinnis, Ctenogobius acutipinnis, Acentrogobius acutipinnis, Gobius acutipinnis, G. melanostigma, G. pasuruensis, G. oligolepis, G. setosus, G. spilurus, G. temminckii, Rhinogobius melanostigma, Stenogobius acutipinnis, St. melanostigma.*

Vork.: Süd- und Südostasien; Singapur, Sumatra, Java, Nias, Madura, Bali, Küstengebiete von Natal, Indien, Sri Lanka (Ceylon), Penang, Riu Kiu-Inseln, Philippinen, Neue Hebriden. Die Art kommt in See- und Brackwasser vor, steigt aber auch in reines Süßwasser auf.

Ersteinf.: Nicht bekannt.

GU.: ♂ größer, gestreckter und mit längeren Flossen.

Soz. V.: Trotz des großen Maules eine friedliche Art, wenngleich sich die ♂♂ gegenseitig verjagen. Die Tiere sind sonst zurückhaltend und nicht gerade robust.

Hält. B.: Hälterung in versteckreich eingerichteten, mit feinem Bodengrund versehenen Becken; Bepflanzung ist möglich; Seewasserzusatz ist möglich; die Tiere sind reine Bodenbewohner, die sich gern auf ihren Bauchflossenfuß aufstützen und nur hüpfend schwimmen. Das Futter wird vom Boden aufgenommen.

ZU: Höhlenlaicher; die aus winzigen Eiern schlüpfenden Larven schwimmen/treiben pelagisch in Freiwasser. Die Aufzucht ist noch nicht geglückt.

FU: O; genügsame Allesfresser, die gerne Würmer, Mückenlarven und anderes kleines Lebendfutter nehmen.

Bes.: Die Tiere bewohnen im natürlichen Lebensraum enge Tunnel im weichen Bodengrund, die zwei (versteckte) Ausgänge haben. Droht von einer Seite Gefahr, fliehen die Fische durch den anderen Ausgang und erzeugen gleichzeitig eine Schlammwolke, die sowohl den Fisch, als auch seinen Unterschlupf vor dem Entdekken schützt.

T: 22–26° C, **L**: 12 cm, **BL**: 60 cm, **WR**: u, **SG**: 3

Gobiopterus chuno, stark vergrößert

Oligolepis acutipennis ♂

Padogobius martensii (GÜNTHER, 1861)
Panizza-Grundel, Gardasee-Grundel

Syn.: *Gobius martensii.*

Vork.: Europa: Norditalien; Po, Etsch und anderen Zuflüssen des Golfes von Venedig, Lago Maggiore und Gardasee. Die Tiere sind Bewohner klaren Wassers der Uferregionen.

Ersteinf.: Unbekannt.

GU.: ♂ schlanker und mit einem schwarzen Flecken in der ersten Rückenflosse; ♀ mit stärker ausgebuchteter Bauchlinie, ohne schwarzen Flecken in der ersten Dorsale.

Soz. V.: Stationärer Bodenfisch, der kleine Reviere beansprucht.

Hält. B.: Sandiger oder feinkiesiger Bodengrund; Steinaufbauten als Versteckmöglichkeiten; auf Bepflanzung kann verzichtet werden. Klares, kühles Wasser, das schwach alkalisch bis neutral (pH 7–7,5) und mittelhart (um 10° dGH) ist. Gute Durchlüftung, da die Tiere sehr sauerstoffbedürftig sind; eventuell mit einer Turbelle Strömung erzeugen.

ZU: Im Freiland laichen die Tiere im späten Frühling. Im Aquarium werden die Eier immer in den ersten Morgenstunden abgelegt. Dieser Vorgang dauert etwa zwei Stunden. Die Eier werden unter Steinen abgelegt oder bei deren Abwesenheit, an einer Aquarienscheibe. Bei 20° C Wassertemperatur schlüpfen die Jungen. Ab diesem Augenblick erlischt die Brutpflege des Männchens. Die Aufzucht der Jungen mit *Artemia* ist einfach.

FU: K; überwiegend Lebendfutter aller Art. Die Tiere fressen Flockenfutter nur ungern.

Bes.: Im Freiland ist *Padogobius martensii* ein Futterfisch der Forellen.

T: 10–18° C (Kaltwasserfisch), **L**: 6 cm, **BL**: 60 cm, **WR**: u, **SG**: 2–3

Pandaka pygmaea HERRE, 1927
Zwerggrundel

Syn.: Keine.

Vork.: Südostasien; Philippinen.

Ersteinf.: 1958?

GU.: Die ♂♂ bleiben kleiner; sie sind besonders während der Laichzeit viel schlanker.

Soz. V.: Sehr ruhige und friedliche Fische, die kleinste Territorien beanspruchen.

Hält. B.: Bodengrund aus feinem Sand. Viele Versteckmöglichkeiten aus Steinen, Wurzeln usw. Im Freiland leben die Tiere in brackigem Wasser, deshalb wird im Aquarium Seesalzzusatz angeraten (1–2 Eßlöffel auf 10 l Wasser); Härte bis 30° dGH, pH-Wert neutral bis alkalisch (7,0–8,4). Haltung im Artbecken oder Vergesellschaftung mit *Brachygobius*-Arten, die ähnliche Ansprüche stellen.

ZU: Die Zucht ist unseres Wissens im Aquarium noch nicht gelungen.

FU: K, O; kleinstes Lebendfutter aller Art, Reiskleie(!), auch Flockenfutter.

Bes.: *Pandaka pygmaea* ist nicht nur der kleinste Fisch, sondern das kleinste Wirbeltier überhaupt.* Exemplare dieser Art wurden lange als Jungfische von anderen Grundeln angesehen.

T: 24–30° C, **L**: ♂ 9 mm, ♀ 15 mm, **BL**: 40 cm, **WR**: u, **SG**: 3

* Dieser Rekord wurde inzwischen von *Trimmatom nanus,* einer Meeresgrundel mit 8,6 mm Länge bei den ♂♂ und 8,9 mm bei den ♀♀ eingestellt! Siehe TI 75 (Juni 1986) S. 33.

Padogobius martensii

Pandaka pygmaea

Periophthalmus papilio BLOCH & SCHNEIDER, 1801
Schmetterlings-Schlammspringer

Syn.: Keine(?).

Vork.: Küsten von Westafrika. Die Tiere kommen in Estuarien und deren Mangrovensümpfen vor.

Ersteinf.: Nicht ermittelbar.

GU.: Keine sicheren bisher bekannt.

Soz. V.: Ähnlich dem von *Boleophtalmus pectinirostris*.

Hält. B.: Wie bei *B. pectinirostris* angegeben.

ZU: Im Aquarium noch nicht geglückt.

FU: K; überwiegend Lebendfutter (Würmer aller Art, Insekten und deren Larven).

Bes.: Nach MUNRO (1955): Fishes of Ceylon, ist *Periophthalmus papilio* keine eigenständige Art, sondern eine Unterart von *Periophthalmus koelreuteri*. Für JAYARAM (1981): The Freshwater Fishes of India, ist *P. papilio* dagegen eine valide Art, die sogar den Genotypus der Gattung *Periophthalmus* darstellt.

T: 26–30° C, **L**: 25 cm, **BL**: 100 cm, **WR**: o und Land, **SG**: 4

Proterorhinus marmoratus (PALLAS, 1811)
Marmorierte Grundel

Syn.: *Gobius marmoratus, G. blennioides, G. macropterus, G. nasalis, G. quadricapillus, G. rubromaculatus, G. semilunaris.*

Vork.: Europa und westliches Asien; im Schwarzen und Kaspischen Meer. Die Art ist im Brackwasser und im Süßwasser der Zuflüsse weit verbreitet. Es gibt eine Population im Neusiedlersee (Österreich).

Ersteinf.: Nicht bekannt.

GU.: Die ♂♂ sollen während der Laichzeit ganz schwarz werden und auf der ersten Rückenflosse einen roten Fleck bekommen. Dieser ist außerhalb der Laichzeit blaß gelblich und manchmal kaum erkennbar.

Soz. V.: Über das Sozialverhalten dieser Grundel ist bisher nichts bekannt.

Hält. B.: Sandiger oder feinkiesiger Bodengrund; einige Steine als Versteckmöglichkeiten; auf eine Bepflanzung kann verzichtet werden. Wasser mittelhart (um 10° dGH) und neutral bis schwach alkalisch (pH 7,0–7,5). Eventuell schwacher Seesalzzusatz (1–2 Eßlöffel auf 10 l Wasser). Haltung im Artbecken oder mit anderen Bodenfischen, die ähnliche Ansprüche stellen.

ZU: Im Aquarium wahrscheinlich noch nicht gelungen. Die Tiere sind Bodenlaicher.

FU: K; Lebendfutter aller Art (*Tubifex*, Enchyträen, *Gammarus*, Mückenlarven).

Bes.: Die vorderen Nasenöffnungen sind in Form von zwei ein Millimeter langen Röhren ausgebildet.

T: 10–18° C (Kaltwasserfisch), **L**: 11 cm im Meer, 8,5 cm im Süßwasser, **BL**: 80 cm, **WR**: u, **SG**: 2–3

Periophthalmus papilio

Proterorhinus marmoratus ♂

Rhinogobius brunneus lindbergi (TEMMINCK & SCHLEGEL, 1845)

Syn.: Keine.

Vork.: Asien; Sowjetunion: Amur-Becken, Bidzhan-Fluß und Khanka-See.

Ersteinf.: In Deutschland noch nicht erfolgt.

GU.: Unbekannt.

Soz. V.: Bisher unbekannt; wahrscheinlich wie andere Grundeln revierbildend.

Hält. B.: Bodengrund aus Sand; einige Versteckmöglichkeiten aus Steinen. Wasser bis 20° dGH und um den Neutralpunkt (pH 7,0).

ZU: Über eine gelungene Zucht im Aquarium gibt es keine Angaben. Auch die Brutbiologie im Freiland ist unbekannt.

FU: K; Lebendfutter aller Art.

Bes.: Diese Unterart ist systematisch nicht unumstritten. Für manchen Autoren gibt es nur die Nominatform *Rhinogobius brunneus* (TEMMINCK & SCHLEGEL, 1845).

T: 16–20° C, **L**: 4,5 cm, **BL**: 50 cm, **WR**: u, **SG**: 3

Stiphodon elegans (STEINDACHNER, 1879)
Leuchtgobius

Syn.: *Sicydium elegans, Stiphodon semoni, Stipodon elegans.*

Vork.: Südostasien; Indonesien (Java, Sumatra, Flores, Nias, Celebes), Philippinen, Pelew-Inseln, Fidschi-Inseln, Neukaledonien und westliches Neuguinea, Riukin-Inseln und Japan.

Ersteinf.: 1974 von Edith Korthaus, Hagen (Dahl).

GU.: ♂ und ♀ unterscheiden sich zweifelsohne stark durch ihr Farbkleid, doch kann man bisher nicht mit Sicherheit sagen, welches Farbkleid dem ♂ oder dem ♀ zugeordnet werden muß.

Soz. V.: Trotz ihrer eingeschränkten Schwimmfähigkeit (rheophiler Fisch) handelt es sich um flinke, rastlose Tiere, die kleine Reviere beanspruchen, aus denen Artgenossen vertrieben werden.

Hält. B.: Bodengrund aus Sand mit einigen Steinen, die als Verstecke und als Ausguck genutzt werden. Die Becken können bepflanzt werden. Auch Pflanzenblätter werden gerne besetzt, um einen besseren Überblick zu haben. Die Tiere können in Süßwasser gepflegt werden; sie lieben allerdings klares, sauerstoffreiches und strömendes Wasser, ganz wie in ihrem natürlichen Lebensraum. Man sollte deshalb eine starke Pumpe anschließen. Vergesellschaftung mit Fischen, die ähnliche Ansprüche stellen, ist möglich.

ZU: Über erste Teilerfolge bei der Zucht von *Stiphodon elegans* berichtet P. BEYER (1985) in der DATZ **38**, 445–448 und 491–494. Dieser sehr interessante Aufsatz enthält eine Fülle von Details, die man schlecht gekürzt wiedergeben kann. Deshalb wird die Lektüre dieses Artikels jedem Liebhaber vor dem Beginn der Zucht empfohlen.

FU: O; Allesfresser; im Aquarium nehmen die Tiere fast jedes gängige Futter. Im Freiland scheint die Art Algenrasen abzuweiden.

Bes.: Bei *Stiphodon elegans* sind, wie auch bei anderen Grundeln, die Bauchflossen zu einem Haftorgan verwachsen, das wie ein Saugnapf wirkt. Es befähigt die Tiere, sich an glatten, auch senkrechten Flächen, anzuheften, ohne daß sie vom Eigengewicht herabfallen oder von der Strömung fortgespült werden können. Als strömungsliebender (rheophiler) Fisch ist *Stiphodon elegans* gut an seinen Lebensraum angepaßt: Die Schwimmblase ist nicht entwickelt, der Körper ist strömungsgünstig gebaut und die der Stabilisierung dienenden Brustflossen sind besonders lang und breit.

T: 24–28° C, **L**: 4,5 cm, **BL**: 50 cm, **WR**: u, **SG**: 3

Rhinogobius brunneus lindbergi

Stiphodon elegans

Pseudogobius javanicus (BLEEKER, 1856)

Syn.: *Vaimosa piapensis.*

Vork.: Indien bis zu den Riukiu-Inseln und tropischer Westpazifik.

Ersteinf.: Nicht bekannt.

GU.: Keine sicheren bekannt. Die Tiere sind nur anhand ihrer Genitalpapille zu unterscheiden, die bei den ♂♂ zugespitzt und bei den ♀♀ dick und mehr rund ist.

Soz. V.: Nichts bekannt.

Hält. B.: Bodengrund aus Sand oder feinkörnigem Kies; Seiten- und Hintergrundbepflanzung der Becken. Einige Verstecke und Höhlen aus Steinen; Dekoration mit Wurzeln. Wasser etwa mittelhart (10–15° dGH) und pH-Wert neutral (7,0). Haltung am besten im Artbecken oder Vergesellschaftung mit anderen philippinischen Fischen, die mittlere und obere Wasserregionen bevorzugen.

ZU: Die Eier werden auf der Oberfläche eines Steines oder einer Muschelschale abgelegt und vom ♂ bis zum Schlupf betreut. Die Eier sind elliptisch, Durchmesser ca. 0,5 mm. Die Larve schlüpft nach 78 Stunden (Temperatur ?), Länge 2 mm; schwimmt im freien Wasser.

FU: O; in Freiland Diatomeen, Fadenalgen, Copepoden und andere Krebstiere; Algen dominieren.

Bes.: Bei den *Pseudogobius*-Arten überragt die gebogene Schnauzenpartie das Maul.

T: 23–25° C, **L**: 3 cm, **BL**: 40 cm, **WR**: u, **SG**: 3

Rhinogobius wui (LIU, 1940)
Weißwangen-Grundel **Unterfam.: Gobiinae**

Syn.: *Ctenogobius wui, Tukugobius wui.*

Vork.: Asien: Südchinesisches Bergland, häufig in den New Territories von Hong Kong, in Bächen.

Ersteinf.: Unbekannt, ca. 1960.

GU.: Die ♂♂ besitzen auf den Branchiostegalmembranen kräftig rote Flecken und Linien. Außerdem längere hintere Strahlen in D_2 und A und einen breiteren Kopf als die ♀♀.

Soz. V.: Bodengebundene, strömungsliebende Art, die ♂♂ sind in der Laichzeit territorial: Sie graben eine flache Höhle (z.B. unter Steinplatten) oder besetzen vorhandene Hohlräume (Blumentopfscherben) und verteidigen das umliegende Revier. Die ♂♂ imponieren und drohen, indem sie den Kopf anheben und ihre aufgeblähten Kiemenhäute zeigen, auf denen die roten Markierungen kräftig hervortreten.

Hält. B.: Süßwasseraquarium, eventuell mit kräftiger Wasserströmung. Steinplatten auf dem Bodengrund als Versteckplatz-Angebote, Bodengrund aus feinem Kies. Haltung am besten im Artbecken.

ZU: Ca. 10 bis 50 große Eier werden an der Höhlendecke abgesetzt und vom ♂ intensiv betreut. Die Art besitzt eine direkte Entwicklung, aus den Eiern schlüpfen nach 14 bis 15 Tagen, bei 24° C, ca. 8 mm lange Jungtiere mit fertig entwickelten Flossen. Nach dem Aufzehren des Dottersacks fressen sie sofort, 1 bis 2 Tage nach dem Schlupf, *Artemia*-Nauplien, kurz darauf auch schon zerhackte *Tubifex*. Die Aufzucht ist einfach.

FU: K; kleines Lebend- und Frostfutter, Mückenlarven und andere aquatische Insektenlarven, *Tubifex* usw.

Bes.: *Rhinogobius wui* verträgt Temperaturen bis knapp unter 10° C. Eine kühle Überwinterung, bei Zimmertemperatur, regt möglicherweise die Fortpflanzungsbereitschaft im Frühjahr an. Hohe Temperaturen sind über längere Zeiträume zu vermeiden.

T: 15–25° C, **L**: 4,5 cm, **BL**: 50 cm, **WR**: u, **SG**: 2

Pseudogobius javanicus

Rhinogobius wui

Dermogenys pusillus sumatranus (BLEEKER, 1853)
Sumatra-Halbschnäbler

Syn.: *Hemirhamphus sumatranus.*

Vork.: Südostasien; Indonesien (Sumatra, Kalimantan = Borneo), Singapur. Die Art lebt vorzugsweise im Süßwasser, geht aber manchmal auch in Brackwasser.

Ersteinf.: 1933 von der Fa. H. Stolz, Potsdam.

GU.: Die ♂♂ sind meist kleiner; ihre Afterflosse ist zu einem Begattungsorgan (Andropodium) modifiziert.

Soz. V.: Lebhafter Oberflächenfisch, der gegenüber Artgenossen oft recht streitsüchtig ist. Die ♂♂ führen erbitterte Kämpfe aus, die manchmal sogar zu Verletzungen führen können. Die Art ist besonders während der Eingewöhnungszeit sehr scheu und schreckhaft.

Hält. B.: Becken mit möglichst großer Grundfläche und niedrigem Wasserstand (20 cm) verwenden. Bodengrund aus feinkörnigem Kies; lockere Randbepflanzung, einige Schwimmpflanzen zur Dämpfung des Lichtes; viel freien Schwimmraum lassen. Die Tiere sind wärmeliebend. Im Gegensatz zu *Dermogenys pusillus* kann auf Seesalzzusatz verzichtet werden. Wasser nicht zu hart (bis 15° dGH) und um den Neutralpunkt (pH 7,0).

ZU: Die Art ist lebendgebärend. Die Zucht bereitet gelegentlich große Schwierigkeiten, da die ♀♀ oft tote Jungfische gebären. Der Kopulation geht eine intensive Balz voraus. Das ♂ steht unter dem ♀ und betupft mit seinem Schnabel dessen Unterseite. Bei der Begattung preßt sich das ♂ seitlich dicht an das ♀; die Begattung erfolgt mit dem Andropodium des ♂. Die Trächtigkeitsdauer beträgt meist sechs bis acht Wochen; die Anzahl der geworfenen Jungfische überschreitet selten 30 Stück.

FU: K; fast ausschließlich Lebendfutter aller Art (*Drosophila* und andere Fliegen, Mückenlarven, Kleinkrebse, *Tubifex*). Flokkenfutter wird meist nicht sehr gern gefressen.

Bes.: Becken gut abdecken, da *Dermogenys pusillus sumatranus* ein guter und zielsicherer Springer ist.

T: 26–30° C, **L:** ♂ 5 cm, ♀ 6 cm, **BL:** 70 cm, **WR:** o, **SG:** 3

Hemirhamphodon pogonognathus BLEEKER, 1853
Zahnleistenhalbschnäbler

Syn.: *Dermogenys pogonognathus, Hemirhamphus pogonognathus.*

Vork.: Südostasien: Thailand, Malaiische Halbinsel, Sumatra, Kalimantan (Borneo), Bangka, Belitung. Die Art kommt im Süß- und Brackwasser vor.

Ersteinf.: 1936 durch Wilhelm Schreitmüller, Frankfurt/M.

GU.: ♂ wesentlich größer, die Afterflosse ist als Andropodium ausgebildet. Im Gegensatz zu *Dermogenys* und *Nomorhamphus* ist aber der hintere Teil der Afterflosse umgebildet.

Soz. V.: Lebhafter, an der Oberfläche lebender Schwarmfisch, der gegenüber Artgenossen sehr unverträglich ist. Besonders die ♂♂ attackieren sich heftig und unerbittlich. Deshalb immer nur ein ♂ mit mehreren ♀♀ halten. *H. pogonognathus* ist nicht so schreckhaft wie *Dermogenys pusillus*.

Hält. B.: Becken mit großer Grundfläche und niedrigem Wasserstand (20 cm genügen) verwenden. Bodengrund aus Sand oder feinkörnigem Kies. Rand- und Hintergrundbepflanzung, Schwimmpflanzen zur Lichtdämpfung. Viel freien Schwimmraum lassen. Gute Filterung, mit Pumpe eine Strömung erzeugen. Die Tiere richten sich gegen diese aus. Die Becken müssen gut abgedeckt werden, da die Art ein ausgezeichneter Springer ist. Wasser nicht zu weich (um 10° dGH) und neutral bis schwach alkalisch (pH 7,0–7,5). Seesalzzusatz ist nicht erforderlich.

ZU: 26–28° C; *H. pogonognathus* ist eine lebendgebärende Art. Die Befruchtung wird mit dem Andropodium vorgenommen. Die Tiere werfen über einen Zeitraum von zwei bis drei Wochen täglich ein bis fünf Junge. Die Jungfischzahl beträgt pro ♀ etwa 30–40 Stück. Die Jungen sind bei der Geburt etwa zwölf Millimeter lang und haben auffällig große Augen. Die Fütterung erfolgt mit *Artemia*-Nauplien. Das Wachstum der Jungfische ist bei guter Fütterung sehr schnell. Die Eltern stellen den Jungen

Fortsetzung Seite 1104.

Dermogenys pusillus sumatranus

Hemirhamphodon pogonognathus

Fortsetzung von *Hemirhamphodon pogonognathus*:

nicht nach, trotzdem ist es besser, die Jungfische in kleinen Zuchtbecken (ab 12 cm Länge) aufzuziehen.

FU: K, O; Lebendfutter aller Art (Fliegen aller Art, Mückenlarven, Kleinkrebse); auch Flockenfutter wird gern gefressen. Im Freiland ernährt sich die Art hauptsächlich von Anflugfutter.

Bes.: Die Gattung *Hemirhamphodon* unterscheidet sich von der verwandten Gattung *Dermogenys* dadurch, daß ihr Unterkiefer bis zur Spitze mit feinen Zähnchen besetzt ist und sich der Ansatz der Rükkenflosse deutlich vor dem Ansatz der Afterflosse befindet. Bei *Dermogenys* ist der Unterkiefer unbezahnt und der Ansatz der Dorsale ist über bzw. ein wenig hinter dem Ansatz der Anale.

T: 22–28° C, **L:** ♂ 9 cm, ♀ 6 cm, **BL:** 80 cm, **WR:** o, **SG:** 3

Lepidogalaxias salamandroides MEES, 1961

Salamanderfisch

Syn.: Keine.

Vork.: Australien; in Flüssen und Tümpeln der Südküste zwischen Lake Powell (Albany District) und dem Scott River.

Ersteinf.: Nach Deutschland wahrscheinlich noch nicht eingeführt.

GU.: Beim ♂ ist die Afterflosse von einem häutigen Lappen umgeben.

Soz. V.: Friedlicher Fisch, über dessen Sozialverhalten fast nichts bekannt ist. In ihrer Art erinnert *L. salamandroides* an Dornaugen.

Hält. B.: Weicher, feiner Bodengrund, einige Verstecke, Rand- und/oder Hintergrundbepflanzung. Wasser weich (um 5° dGH) und sauer bis neutral (pH 4,5–7,0). Haltung am besten im Artbecken.

ZU: Im Aquarium noch nicht nachgezüchtet. Auch über die Fortpflanzungsbiologie im Freiland ist so gut wie nichts bekannt.

FU: K; die Art braucht kleines Lebendfutter. An anderes Futter läßt sie sich kaum gewöhnen.

Bes.: *Lepidogalaxias salamandroides* scheint der letzte rezente Vertreter einer sehr alten Familie zu sein.

T: 8–25° C, **L:** 6,5 cm, **BL:** 50 cm, **WR:** u, **SG:** 3

Lepidogalaxias salamandroides

Afromastacembelus moorii (BOULENGER, 1898)
Moore's Stachelaal

Syn.: *Mastacembelus christyi, M. moorii, M. moorii nigrofasciatus.*

Vork.: Afrika; Tanganjikasee.

Ersteinf.: Unbekannt.

GU.: Bislang sind keine sicheren Geschlechtsunterschiede bekannt. Die ♀♀ sind wahrscheinlich im geschlechtsreifen Zustand kräftiger.

Soz. V.: Ähnlich dem anderer *Mastacembelus*-Arten (vgl. auch Band 1); großer Räuber.

Hält. B.: *M. moorii* stellt ähnliche Ansprüche wie seine südostasiatischen Verwandten. Große Becken mit weichem Bodengrund und zahlreichen Versteckmöglichkeiten tragen sehr zum Wohlbefinden der Fische bei. An das Wasser werden keine besonderen Anforderungen gestellt. Wegen der räuberischen Lebensweise Einzelhaltung oder Vergesellschaftung mit mindestens gleichgroßen Tieren.

ZU: Im Aquarium noch nicht nachgezüchtet.

FU: K; kräftiges Lebendfutter aller Art, besonders gern werden Fische gefressen.

Bes.: Bislang wenig importierte Art.

T: 25–28° C, **L**: 44 cm, **BL**: 100 cm, **WR**: u, m, **SG**: 3–4 (K)

Afromastacembelus plagiostomus (MATTHES, 1962)

Syn.: *Mastacembelus plagiostomus.*

Vork.: Afrika; Tanganjikasee.

Ersteinf.: Unbekannt.

GU.: Keine bekannt.

Soz. V.: Über das Sozialverhalten dieser Art gibt es bisher keine Angaben. Wahrscheinlich ähnelt es dem von anderen *Mastacembelus*-Arten.

Hält. B.: Wie bei *Mastacembelus moorii* angegeben.

ZU: Bisher in Gefangenschaft noch nicht gelungen.

FU: K; kräftiges Lebendfutter aller Art.

Bes.: Ein Merkmal ist das auffällige Farbkleid. Aus dem Tanganjika-See sind noch zwei weitere, ähnlich gezeichnete Stachelaale bekannt, die aber nicht eingeführt werden.

T: 25–28° C, **L:** 35 cm, **BL:** 100 cm, **WR:** u, m, **SG:** 3–4 (K)

Megalops cyprinoides (BROUSSONET, 1782)
Indopazifischer Tarpun

Syn.: *Clupea cyprinoides, Brisbania staigeri, Clupea setipinna, Cyprinodon cundinga, Elops cundinga, E. cyprinoides, Megalops curtifilis, M. filamentosus, M. indicus, M. kundinga, M. macrophthalmus, M. macropterus, M. oligolepis, M. setipinnis.*

Vork.: Indopazifischer Raum von der Ostküste Afrikas bis Australien, Melanesien, Mikronesien und Polynesien. Die Jungfische halten sich in Küstennähe auf, ausgewachsene Exemplare entfernen sich von der Küste. Manchmal steigen die Fische über 100 km in die Flüsse auf.

Ersteinf.: Nicht feststellbar.

GU.: Es sind keine sicheren äußeren bekannt. Die ♀♀ sind während der Laichzeit wahrscheinlich fülliger.

Soz. V.: Pelagisch lebender Fisch, der kleine Schwärme bildet. Die Tiere sind lebhafte Schwimmer.

Hält. B.: Für eine Aquarienhaltung sind nur Jungfische geeignet. Große, geräumige Becken mit Sand- oder Kiesgrund bieten. Dem natürlichen Biotop der Jungfische entsprechend kann man einen Mangrovensumpf nachbilden. Genügend Schwimmraum freilassen. Das Wasser sollte zumindest brackig sein (1–1,5% Seesalzzusatz). In reinem Süßwasser kümmern die Tiere. Haltung in Artbecken oder Vergesellschaftung mit Fischen, die ähnliche Ansprüche stellen (z. B. *Monodactylus*-Arten).

ZU: Wegen seiner Größe ist eine Zucht im Aquarium nicht möglich. Über die Fortpflanzungsbiologie dieser Art im Freiland ist fast nichts bekannt. Abgelaicht wird im Frühjahr oder zu Beginn des Sommers offenbar in Grundnähe.

FU: K; Lebendfutter, hauptsächlich kleine Fische.

Bes.: Die Larven von *Megalops cyprinoides* sind dünn und durchsichtig. Sie ähneln stark Aallarven, unterscheiden sich aber von diesen durch ihre gegabelte Schwanzflosse.

T: 22–24° C, **L**: bis 150 cm, **BL**: 150 cm, **WR**: m, o, **SG**: 3–4

Cairnsichthys rhombosomoides (NICHOLS & RAVEN, 1928)
Cairns-Regenbogenfisch

Syn.: *Rhadinocentrus rhombosomoides.*

Vork.: Australien; nördliches Queensland bei Cairns. Die Art ist auf kleine Flüsse beschränkt, die den Bellenden Ker Range (ein kleines Gebirge) entwässern. Kürzlich wurde *Cairnsichthys* auch in einem kleinen Fluß bei Innisfails, 75 Kilometer südlich von Cairns gefunden.

Ersteinf.: Die Tiere sind in Deutschland noch nicht eingeführt worden.

GU.: Die Geschlechtsunterschiede sind gering. Die ♂♂ sind etwas hochrückiger und weisen die Tendenz auf, auf Rücken- und Afterflosse gelbe Ränder zu zeigen.

Soz. V.: Friedlicher, schwimmfreudiger Fisch.

Hält. B.: Bodengrund aus Sand oder feinem Kies; lichte Bepflanzung der Becken; genügend Schwimmraum freilassen. *Cairnsichthys* ist ein heikler Aquarienpflegling. Wasser nicht zu weich (ab 10° dGH) und schwach alkalisch (pH 7,2–7,6). Haltung am besten im Artbecken oder Vergesellschaftung mit *Melanotaenia maccullochi* und/oder *M. splendida.*

ZU: In Europa ist diese Art aquaristisch unbekannt. Die Zucht wurde schon von australischen Aquarianern durchgeführt. Sie ähnelt der von *Melanotaenia*-Arten.

FU: K, O; überwiegend Lebendfutter aller Art, aber nach einer Eingewöhnungszeit auch Flockenfutter.

Bes.: Die Gattung *Cairnsichthys* ist monotypisch, d. h. sie besteht nur aus einer einzigen Art. Die Tiere sind nicht sehr langlebig, ungefähr drei Jahre beträgt die maximale Lebensdauer.

T: 21–25° C, **L**: ♂ 8 cm, ♀ 7 cm, **BL**: 80 cm, **WR**: m, o, **SG**: 3–4

Chilatherina bleheri ALLEN, 1985
Blehers Regenbogenfisch

Syn.: Keine.

Vork.: Danau Biru (Lake Holmes) Irian Jaya; Neuguinea.

Ersteinf.: 1983 durch Heiko Bleher, Frankfurt.

GU.: Das Foto zeigt ein ♂. Die ♀♀ sind fülliger und blasser.

Soz. V.: Gut für Gesellschaftsbecken geeignet. Man sollte einen kleinen Schwarm von ca. 5 Tieren halten, die dann flink und munter die mittleren freien Wasserzonen durchziehen.

Hält. B.: Flaches Becken mit sonnigem Standort. Viel freien Schwimmraum lassen. Wasserwerte sind nicht problematisch: pH-Werte zwischen 7,0 und 9,2 (wurden in der Natur gemessen). Kräftige Filterung mit Wasserströmung ist wünschenswert. Eine schwache Randbepflanzung sollte etwas Unterstand gewähren.

ZU: Leicht zu züchten bei pH-Wert um 7; Härte 8–15° dGH. Zuchttiere gut mit Lebendfutter anfüttern.

FU: K, O; Insektenlarven (Rote Mückenlarven), Flockenfutter.

Bes.: Die Fische wachsen sehr langsam und zeigen ihre volle Farbenpracht erst nach 12–18 Monaten.

T: 23–27° C, **L**: 10 cm, **BL**: 80 cm, **WR**: m, u, **SG**: 2

Cairnsichthys rhombosomoides

Chilatherina bleheri

Chilatherina campsi (WHITLEY, 1956)
Hochland-Regenbogenfisch

Syn.: *Anisocentrus campsi, Centratherina tenuis.*

Vork.: Neuguinea; zentrale Hochländer von Papua-Neuguinea in dem Waligi Valley und Pima River, sowie in dem Jimmi und Omsis River.

Ersteinf.: Unbekannt, wahrscheinlich noch nicht in Deutschland eingeführt.

GU.: Die ♂♂ sind etwas hochrückiger; farblich unterscheiden sich die Geschlechter kaum, die ♂♂ sind vielleicht etwas intensiver gefärbt.

Soz. V.: Friedlicher, schwimmfreudiger Schwarmfisch.

Hält. B.: Becken mit dichter Rand- und Hintergrundbepflanzung; genügend Platz zum Ausschwimmen lassen; Bodengrund aus Sand oder feinem Kies; gute Filterung. Die Tiere lieben es, wenn das Becken von der Sonne beschienen wird. Das Wasser sollte nicht zu weich sein (ab 10° dGH) und einen schwach alkalischen pH-Wert (7,5–7,8) haben. Haltung im Artbecken oder Vergesellschaftung mit *Melanotaenia*- und/oder *Glossolepis*-Arten.

ZU: Die Zucht von *Chilatherina campsi* ist unseres Wissens im Aquarium noch nicht erfolgt. Im Freiland sind die Tiere Dauerlaicher, die mehrere Eier pro Tag ablegen. Diese haften an Wasserpflanzen mit einem fadenähnlichen Filament. Bei 22–24° C schlüpfen die Larven nach ungefähr 15 Tagen. Sie wachsen sehr schnell und erreichen noch vor Ablauf ihres ersten Lebensjahres die Geschlechtsreife.

FU: K, O; Lebendfutter aller Art, Frostfutter, gefriergetrocknetes Futter, Flockenfutter, fadenförmige Grünalgen.

Bes.: Im Freiland kann es vorkommen, daß sich *Chilatherina campsi* und *Melanotaenia affinis* kreuzen. ALLEN konnte zwei solcher Bastarde (beides ♀♀) in dem Omsis River sammeln.

T: 21–26° C, **L**: ♂ 10 cm, ♀ 8 cm, **BL**: 100 cm, **WR**: m, **SG**: 2–3

Chilatherina crassispinosa (WEBER, 1913)
Silberregenbogenfisch

Syn.: *Rhombatractus crassispinosus, Centratherina bulolo, C. crassispinosa.*

Vork.: Neuguinea; die Art weist eine weite Verbreitung im nördlichen Neuguinea auf, die von dem Markham-River-System bis zum Mamberamo River in Irian Jaya reicht.

Ersteinf.: Unbekannt, wahrscheinlich noch nicht nach Deutschland eingeführt.

GU.: Das ♂ ist hochrückiger.

Soz. V.: Munterer, friedfertiger Schwarmfisch.

Hält. B.: Wie bei *Chilatherina campsi* angegeben. *Chilatherina crassispinosa* ist aber wärmebedürftiger und kommt in etwas alkalischerem Wasser vor (pH 7,7–8,5). Vergesellschaftung mit anderen Arten der Gattung oder Haltung im Artbecken.

ZU: Die Art wurde bisher im Aquarium noch nicht nachgezüchtet.

FU: K, O; Lebendfutter jeglicher Art, Frost- und Flockenfutter, auch Grünalgen (fädige) werden gefressen.

Bes.: Im Gegensatz zu den anderen Vertretern der Gattung wird *Chilatherina crassispinosa* gelegentlich in schnellfließenden Flüßchen mit starkem Gefälle angetroffen.

T: 25–30° C, **L**: 10 cm, **BL**: 90 cm, **WR**: m, **SG**: 2–3

Chilatherina campsi

Chilatherina crassispinosa

Chilatherina fasciata (WEBER, 1913)
Gestreifter Regenbogenfisch

Syn.: *Rhombatractus fasciatus, Chilatherina lorentzi* (nicht WEBER).

Vork.: See Wanam, Papua-Neuguinea, Regenwaldgewässer in offenen Stellen, die reichlich Sonnenlicht erhalten.

Ersteinf.: 1984.

GU.: Das Foto zeigt ein ♂. Die ♀♀ sind blasser und kleiner und können dunkelgrau bis fast schwarz sein.

Soz. V.: Flinker, friedlicher Schwarmfisch. In der Natur sind die Begleitfische *Chilatherina crassispinosa* und *Melanotaenia affinis.*

Hält. B.: Hell stehendes, flaches Becken mit leichter Strömung durch einen kräftigen Filter. Lichte Randbepflanzung, die bis an die Wasseroberfläche heranreichen sollte. Die Art verträgt gut hartes Wasser (bis 30° dGH), läßt sich jedoch auch in weicherem Wasser ab 8° dGH halten. Der pH-Wert sollte zwischen 7,0 und 8,0 liegen, jedoch nicht schwanken. Regelmäßiger Wasserwechsel ist angezeigt.

ZU: Sehr leicht, wie bei den meisten anderen großen Regenbogenfischen. Aufzucht der Jungfische auch mit feinstem Trockenfutter möglich.

FU: K, O; Lebendfutter aller Art, Frost- und Flockenfutter.

Bes.: Wahrscheinlich handelt es sich bei den unter dem Namen *C. sentaniensis* eingeführten Regenbogenfischen um Vertreter dieser Art.

T: 28–32° C, **L**: ♂ 11 cm, ♀ 10 cm, **BL**: 120 cm, **WR**: m, o, **SG**: 2

Chilatherina sentaniensis (WEBER, 1908)
Sentani-Regenbogenfisch

Syn.: *Rhombatractus sentaniensis.*

Vork.: Neu-Guinea; die Art soll aus dem Sentani-See stammen, der sich etwa zwölf Kilometer von dem Ort Jayapura in Irian Jaya entfernt befindet, konnte dort aber trotz intensiver Nachsuche in den letzten Jahren nicht gefangen werden.

Ersteinf.: Die Art wurde wahrscheinlich noch nicht nach Deutschland eingeführt.

GU.: Keine sicheren bekannt; die ♂♂ werden etwas größer.

Soz. V.: Friedlicher, munterer Fisch; ob die Tiere Schwarmfische sind, ist nicht bekannt.

Hält. B.: Wie bei *Chilatherina campsi* beschrieben. *Ch. sentaniensis* liebt dichte Bepflanzung der Becken. Haltung im Artbecken oder Vergesellschaftung mit *Glossolepis incisus.*

ZU: Über eine geglückte Zucht im Aquarium ist nichts bekannt.

FU: K, O; Lebendfutter aller Art, Frostfutter, gefriergetrocknetes Futter, auch Grünalgen und Flockenfutter.

Bes.: *Chilatherina sentaniensis* ist der einzige Vertreter der Gattung, die ausschließlich Seebewohner ist. Von *Chilatherina fasciata* sind noch einige seebewohnende Populationen bekannt. Aufgrund der Unsicherheiten um diese Art ist die Zuordnung des Fotos nicht eindeutig möglich.

T: 24–28° C, **L**: ♂ 11,5 cm, ♀ 10 cm, **BL**: 100 cm, **WR**: m, **SG**: 2–3

Chilatherina fasciata ♂

Chilatherina sentaniensis

Glossolepis maculosus ALLEN, 1981
Gefleckter Regenbogenfisch

Syn.: Keine.

Vork.: Neuguinea; nur bekannt aus dem Omsis River und einem kleinen Nebenfluß des Omsis, 24 km westlich von Lae, Papua-Neuguinea.

Ersteinf.: Wahrscheinlich durch J. Clasen 1985 erstmalig nach Deutschland eingeführt.

GU.: Das ♂ ist intensiver gefärbt und etwas hochrückiger; außerdem sind die mittleren Strahlen der ersten Rückenflosse und der Afterflosse verlängert.

Soz. V.: Sehr friedlicher, schwimmfreudiger Schwarmfisch. Die Tiere sind etwas schreckhaft.

Hält. B.: Mäßige Bepflanzung der Becken mit feinfiedrigen Arten, am besten nur die Ränder und den Hintergrund bepflanzen; viel freien Raum zum Ausschwimmen lassen; feinen Bodengrund verwenden. Die Tiere lieben es, wenn ihr Aquarium von der Morgensonne beschienen wird. Wasser hart (ab 12° dGH) und schwach alkalisch (pH 7,5–7,8). Haltung im Artbecken oder Vergesellschaftung mit anderen Regenbogenfischen (*Glossolepis-*, *Chilatherina-* oder *Melanotaenia*-Arten).

ZU: Die Zucht von *Glossolepis*-Arten ähnelt der von *Chilatherina-* und *Melanotaenia*-Arten. Die Zuchtbecken benötigen keinen Bodengrund. Als Laichsubstrat gibt man einen Klumpen Javamoos ins Becken. Die Tiere laichen meistens morgens ab, wobei jeden Tag nur wenige Eier abgegeben werden (Dauerlaicher). Die Eier haften stark; ihre Entwicklung dauert bei 23–25° C etwa sieben bis zehn Tage. Die Brut wird mit feinem Lebendfutter ernährt. Sie wächst schnell, und die Tiere sind am Ende des ersten Lebensjahres geschlechtsreif.

FU: K, O; Lebendfutter aller Art (*Tubifex*, Daphnien, Hüpferlinge, *Artemia*, Mückenlarven usw.), gefriergetrocknetes Futter und Flockenfutter.

Bes.: Die charakteristischen Flecken entlang der Seiten erscheinen bei jungen Exemplaren bei einer Standardlänge von 18–25 mm oder einem Alter von ungefähr zwei bis drei Monaten.

T: 23–27° C, **L**: 6 cm, **BL**: 60 cm, **WR**: m, o, **SG**: 2

Glossolepis multisquamatus (WEBER & DE BEAUFORT, 1922)
Sepik-Regenbogenfisch

Syn.: *Melanotaenia multisquamata, Lomanetia multisquamata, Melanotaenia kabia, M. rosacea, Nematocentris multisquamata.*

Vork.: Neuguinea; im unteren Sepik River (Papua-Neuguinea), im Taritatu River (früher Idenburg River) und im Doorman River, einem Nebenfluß des Taritatu (beide Irian Jaya).

Ersteinf.: In Deutschland wahrscheinlich noch nicht eingeführt.

GU.: Die ♂♂ werden größer und sind etwas hochrückiger. Die mittleren Strahlen der ersten Rückenflosse und der Afterflosse sind verlängert.

Soz. V.: Wie bei *Glossolepis maculosus* angegeben.

Hält. B.: Siehe *G. maculosus.* Im Gegensatz zu diesem liebt *Glossolepis multisquamatus* leicht saures (pH 6,2–6,8) und weicheres Wasser (um 8° dGH).

ZU: Ähnlich der von *G. maculosus.*

FU: K, O; Lebendfutter aller Art, Frostfutter, Flockenfutter.

Bes.: *Glossolepis multisquamatus* ist zusammen mit *Glossolepis incisus* (s. Band 1) der größte Vertreter der Gattung, unterscheidet sich aber von diesem durch die geringere Kiemenrechenanzahl am ersten Kiemenbogen (19–23 zu 26–32 bei *G. incisus*) und das abweichende Farbkleid der ♂♂ (nicht leuchtend rot wie bei *G. incisus*).

T: 26–30° C, **L**: ♂ 13 cm, ♀ 11 cm, **BL**: 100 cm, **WR**: m, o, **SG**: 2

Glossolepis maculosus

Glossolepis multisquamatus ♂

Glossolepis wanamensis ALLEN & KAILOLA, 1979
Lake Wanam-Regenbogenfisch

Syn.: Keine.

Vork.: Neuguinea; die Art kommt nur im Lake Wanam, Papua-Neuguinea, vor.

Ersteinf.: 1985 erstmalig nach Belgien eingeführt.

GU.: Die ♂♂ werden etwas größer und sind hochrückiger, außerdem sind die mittleren Strahlen der ersten Rückenflosse und der Afterflosse verlängert.

Soz. V.: Wie bei *Glossolepis maculosus* aufgeführt.

Hält. B.: Wie bei *G. maculosus* angegeben. Wasser nicht zu weich (ab 10° dGH) und leicht alkalisch (um pH 7,8). Haltung im Artbecken oder Vergesellschaftung mit *Chilatherina fasciata.*

ZU: Die Zucht ähnelt der von *G. maculosus.*

FU: K, O; Lebendfutter aller Art, gefriergetrocknetes Futter, Frost- und Flockenfutter.

Bes.: *Glossolepis wanamensis* ähnelt *Glossolepis multisquamatus,* bleibt aber kleiner. Außerdem sind die Schuppen über den Brustflossen unregelmäßig angeordnet und nicht, wie bei *G. multisquamatus*, in regelmäßigen, parallelen Reihen.

T: 26–30° C, **L**: ♂ 10 cm, ♀ 9 cm, **BL**: 100 cm, **WR**: m, o, **SG**: 2

Iriatherina werneri MEINKEN, 1974
Filigran-Regenbogenfisch

Syn.: Keine.

Vork.: Neuguinea und Australien; südliches Neuguinea zwischen dem Merauke und dem Fly River; in Australien im Jardine River an der Spitze der Cap York Halbinsel.

Ersteinf.: 1973 von Herrn Werner, München.

GU.: Die ♂♂ haben lang ausgezogene Flossenstrahlen der beiden Rückenflossen, besonders der zweiten, der Afterflosse und auch der Schwanzflosse.

Soz. V.: Friedlicher, lebhafter Schwarmfisch.

Hält. B.: Feinsandiger Bodengrund; mäßige Rand- und Hintergrundbepflanzung; freien Schwimmraum lassen. Das Wasser sollte nicht zu weich (ab 10° dGH) und um den Neutralpunkt (pH 7,0) sein. Wöchentlicher Wasserwechsel ist empfehlenswert (etwa ein Viertel des Beckeninhaltes). Vergesellschaftung mit *Melanotaenia maccullochi* und/oder *Pseudomugil gertrudae* oder Haltung im Artbecken.

ZU: Bei der Zucht dieses Fisches muß man sich etwas Mühe geben. Die Zuchtbecken werden mit Javamoos bestückt. Nach heftiger Balz der ♂♂, bei der die volle Flossenpracht zur Geltung kommt, wird im Javamoos abgelaicht. Gut ernährte Tiere laichen fast ständig, haben jedoch gewisse Laichphasen mit vermehrter Eiproduktion. Haben sich genug Eier in dem Moos angesammelt, nimmt man dasselbe aus dem Aquarium und überführt es in ein kleines Aufzuchtbecken ohne Bodengrund. Die Jungfische schlüpfen je nach Temperatur, nach 8 bis 12 Tagen. Sie sind sehr klein und halten sich in den oberen Wasserschichten auf. Eine erste Fütterung erfolgt mit Rädertierchen, feinstgemahlenem Trockenfutter, Brennesselstaub oder pulverisiertem getrocknetem Eigelb. Pantoffeltierchen (*Paramecien*) eignen sich nicht als Aufzuchtfutter. Sie nesseln offenbar und schädigen die Jungfische.

FU: K, O; feines Lebendfutter aller Art, auch Flockenfutter.

Bes.: Durch die auffällige Beflossung kann *Iriatherina werneri* mit keinem anderen Regenbogenfisch verwechselt werden. *Telmatherina ladigesi* ähnelt dieser Art in der Beflossung am meisten.

T: 24–28° C, **L**: ♂ 5 cm, ♀ 3,5 cm, **BL**: 60 cm, **WR**: m, o, **SG**: 2–3

Glossolepis wanamensis ♂, „gähnend"

Iriatherina werneri ♂ und ♀

Melanotaenia affinis (WEBER, 1908)

Syn.: *Rhombatractus affinis, Rhombosoma sepikensis.*

Vork.: Neuguinea; in Süßgewässern des nördlichen Teils.

Ersteinf.: Ca. 1983.

GU.: Beim ♂ laufen Rücken- und Afterflosse spitz aus, außerdem werden die ♂♂ größer und sind farbenprächtiger.

Soz. V.: Friedlicher, reger Schwarmfisch.

Hält. B.: Wie bei *Melanotaenia goldiei* angegeben.

ZU: Siehe *M. goldiei.*

FU: K, O; überwiegend Lebendfutter jeglicher Art, aber auch gefriergetrocknetes Futter und Flockenfutter.

Bes.: *Melanotaenia affinis* ist eng mit *Melanotaenia goldiei* verwandt, unterscheidet sich aber durch einen weniger betonten Seitenstreifen und durch eine orange oder rosa gefärbte zweite Rücken- und Afterflosse bei adulten ♂♂.

T: 20–30° C, **L:** 12 cm, **BL:** 90 cm, **WR:** m, o, **SG:** 2

Melanotaenia boesemani ALLEN & CROSS, 1980
Boeseman's Regenbogenfisch

Syn.: Keine.

Vork.: Neuguinea; in den Ajamaru Seen von Irian Jaya.

Ersteinf.: 1982 durch H. Bleher, Frankfurt.

GU.: Die ♂♂ werden etwas größer und sind hochrückiger. ♂♂ haben dominante starke Farben; ♀♀ weniger Farben, auf jeden Fall ohne den Orangeanteil.

Soz. V.: Friedlicher, schwimmfreudiger Schwarmfisch.

Hält. B.: Wie bei *Melanotaenia goldiei* angegeben, doch ist *M. boesemani* etwas wärmebedürftiger. Guter Springer, daher Becken gut abdecken.

ZU: Dauerlaicher, sehr leicht zu züchten bei normalen Wasserverhältnissen (pH 7, Härte 8–15° dGH). Die Werte in der Natur liegen bei pH 9,2–9,5 und Härte 7–8° dGH. Fortsetzung Seite 1120.

FU: K, O; überwiegend Lebendfutter aller Art, gefriergetrocknetes Futter und auch Flockenfutter.

Bes.: *Melanotaenia boesemani* zählt in seiner Heimat zu den seltenen Regenbogenfischen. Die Tiere sind Seebewohner. Das Tier auf dem rechten Foto sperrt das Maul weit auf, was eine Art „Gähnen" oder eine Abwehrreaktion bedeuten kann. Die Tiere entwickeln ihre volle Farbenpracht erst im Alter von 12 Monaten und mehr.

T: 27–30° C, **L:** ♂ 10 cm, ♀ 8 cm, **BL:** 90 cm, **WR:** m, o, **SG:** 2

Melanotaenia boesemani, ausgefärbtes ♂

Melanotaenia affinis

Melanotaenia boesemani

Fortsetzung *Melanotaenia boesemani*:

ZU: Zu DATZ 8/1986 gibt EISELE einige interessante Einzelheiten über die Zucht preis: Die Aufzucht, wie sonst üblich, gelingt bei dieser Fischart selten mit Infusorien, da die Larven sehr langsam wachsen. EISELE füttert die ersten 4–5 Tage Infusorien und dann mit feinster, durch ein Arteniasieb zerriebener Hühnerleber. Zur Reinigung werden einige Apfelschnecken im 60-l-Zuchtbecken gehalten.

Melanotaenia eachamensis ALLEN, 1982
Lake Eacham Regenbogenfisch

Syn.: Keine.

Vork.: Australien; die Art kommt nur im Lake Eacham, einem kleinen Kratersee vor, der im Atherton Tableland 40 km südwestlich von Cairns in Queensland gelegen ist.

Ersteinf.: Wahrscheinlich in Deutschland noch nicht eingeführt.

GU.: Das ♂ ist etwas hochrückiger und etwas intensiver gefärbt.

Soz. V.: Friedlicher Schwarmfisch.

Hält. B.: Wie bei *Melanotaenia trifasciata* angegeben.

ZU: Über eine gelungene Zucht im Aquarium liegen noch keine Berichte vor. Sie wird aber wahrscheinlich nicht von der anderer australischer *Melanotaenia*-Arten abweichen.

FU: K, O; Lebendfutter aller Art, Frostfutter, aber auch Flockenfutter.

Bes.: *Melanotaenia eachamensis* ist nahe mit *Melanotaenia splendida splendida* verwandt.

T: 24–30° C, **L**: 8 cm, **BL**: 90 cm, **WR**: m, **SG**: 2

Melanotaenia exquisita ALLEN, 1978

Syn.: Keine.

Vork.: Australien; Nordterritorium, die Art ist nur aus dem Edith River und dem in der Nähe gelegenen Lake Malkyllumbo im Edith Falls Nationalpark bekannt.

Ersteinf.: Nicht bekannt.

GU.: Die ♂♂ sind etwas größer, hochrükkiger und schöner gefärbt.

Soz. V.: Friedlicher, schwimmfreudiger Schwarmfisch.

Hält. B.: Wie bei *Melanotaenia trifasciata* angegeben. Im Freiland bevorzugen die Tiere Stellen, die voll dem Sonnenlicht ausgesetzt sind. Dies sollte man bei der Aufstellung des Beckens berücksichtigen. Haltung im Artbecken oder Vergesellschaftung mit anderen Regenbogenfischen (z. B. *Melanotaenia splendida australis*).

ZU: Genaue Zuchtberichte liegen bislang noch nicht vor. Die Zucht dürfte der anderer australischer *Melanotaenia*-Arten ähneln.

FU: K, O; überwiegend Lebendfutter aller Art, auch Frost- und Flockenfutter.

Bes.: Charakteristisch für diese Art scheint der orange bis rote Kiemendeckelfleck zu sein.

T: 24–30° C, **L**: ♂ 7 cm, ♀ 6 cm, **BL**: 70 cm, **WR**: m, **SG**: 2

Melanotaenia eachamensis ♂

Melanotaenia exquisita

Melanotaenia goldiei (MACLEAY, 1883)
Goldie Regenbogenfisch

Syn.: *Aristeus goldiei, Melanotaenia dumasi, Nematocentris novaeguineae, Rhombatractus kochii, R. senckenbergianus, R. weberi, Rhombosoma goldiei, R. novaeguineae.*

Vork.: Neuguinea und Aru Inseln. *M. goldiei* ist einer der am weitesten verbreiteten Regenbogenfische Neuguineas.

Ersteinf.: Ca. 1985.

GU.: Die ♂♂ sind farbenprächtiger und werden etwas größer. Sie sind meist hochrückiger.

Soz. V.: Lebhafter, friedlicher Schwarmfisch.

Hält. B.: Becken mit dichter Rand- und Hintergrundbepflanzung, sandiger Bodengrund; genügend freien Schwimmraum lassen. Wasser neutral bis leicht alkalisch (pH 7,0–7,8) und nicht zu weich (ab 10° dGH). Pflege im Artbecken oder Vergesellschaftung mit Regenbogenfischen, die ähnliche Ansprüche stellen.

ZU: Die Zucht ist nicht problematisch; Wasserwerte wie oben angegeben. *Melanotaenia goldiei* ist, wie viele Vertreter der Gattung, Freilaicher. Die Eier haben kurze Haftfäden. Bei 25° C beträgt die Entwicklungszeit der Eier ungefähr eine Woche. Fütterung der Jungfische mit *Artemia*- und *Cyclops*-Nauplien. Man muß die Elterntiere gut füttern, da sie sonst Eier und Jungfische fressen.

FU: K, O; überwiegend Lebendfutter aller Art, nach einer Eingewöhnungszeit auch Ersatzfutter.

Bes.: Der schwarze Seitenstreifen ist gewöhnlich sehr breit (ungefähr 2–2 1/2 Schuppenreihen) und intensiv schwarz.

T: 25–28° C, L: 12 cm, **BL**: 90 cm, **WR**: m, o, **SG**: 2

Melanotaenia gracilis ALLEN, 1978
Schlanker Regenbogenfisch

Syn.: *Nematocentris species 2.*

Vork.: Australien; nördlicher Teil Westaustraliens.

Ersteinf.: Unbekannt, wahrscheinlich ist die Art in Deutschland noch nicht eingeführt.

GU.: Die ♂♂ werden etwas größer und sind hochrückiger.

Soz. V.: Friedlicher, lebhafter Schwarmfisch.

Hält. B.: Wie bei *Melanotaenia trifasciata* angegeben.

ZU: Die Zucht ist wahrscheinlich nicht sehr schwer, doch liegen bisher keine genauen Angaben vor. Die Zucht wird kaum stark von der anderer australischer *Melanotaenia*-Arten abweichen.

Bes.: K, O; nicht zu großes Lebendfutter jeglicher Art, auch Frost- und Flockenfutter.

Bes.: *Melanotaenia gracilis* wird manchmal zusammen mit *Melanotaenia splendida australis* gefunden, kann aber leicht von diesem Fisch anhand seiner Färbung und der schlankeren Gestalt unterschieden werden.

T: 22–28° C, L: ♂ 7,5 cm, ♀ 6 cm, **BL**: 90 cm, **WR**: m, o, **SG**: 2

Melanotaenia goldiei, unten ♂ oben ♀

Melanotaenia gracilis

Melanotaenia herbertaxelrodi ALLEN, 1981
Lake Tebera-Regenbogenfisch

Syn.: Keine.

Vork.: Neuguinea; die Art ist nur aus dem Lake-Tebera-Bassin im südlichen Hochland von Papua-Neuguinea bekannt.

Ersteinf.: 1979 oder 1980 in die USA; 1984 oder 1985 nach Deutschland.

GU.: Die ♂♂ sind hochrückiger und schöner gefärbt als die ♀♀.

Soz. V.: Munterer, friedlicher Schwarmfisch.

Hält. B.: Dichte Rand- und Hintergrundbepflanzung, die genügend Raum zum Ausschwimmen frei läßt; Bodengrund aus feinem Sand. Wasser nicht zu weich (ab 10° dGH) und leicht alkalisch (pH 7,5–7,8). Haltung im Artbecken oder Vergesellschaftung mit anderen Regenbogenfischen.

ZU: Ähnlich der anderer *Melanotaenia*-Arten. Das ♀ legt pro Tag etwa 30 Eier an Wasserpflanzen ab. Sie haften dort mit feinen Haftfäden. Die Eier werden nicht von den Eltern betreut. Bei 22–24° C schlüpfen die Larven nach etwa einer Woche. Die Elterntiere sollte man nun herausfangen, da sie der Brut nachstellen. Die Larven sind klein und werden mit feinstem Lebendfutter (Rotatorien, *Artemia*-Nauplien) ernährt.

FU: : K, O; Lebendfutter aller Art, auch Frost- und Flockenfutter.

Bes.: *Melanotaenia herbertaxelrodi* ist eine der farbenprächtigsten *Melanotaenia*-Arten aus Neuguinea.

T: 20–26° C, **L**: 9 cm, **BL**: 90 cm, **WR**: m, o, **SG**: 2

Melanotaenia nigrans (RICHARDSON, 1843)
Großer Regenbogenfisch

Syn.: *Atherina nigrans, Atherinichthys nigrans, Nematocentris nigra, Rhombatractus archboldi, Zantecla pusilla.*

Vork.: Ostaustralien und Küstenflüsse von Südwest-Papua (Neugiunea). Die Art lebt im Süßwasser, geht aber auch ins Brackwasser.

Ersteinf.: Wahrscheinlich handelte es sich bei den im Jahre 1927 unter diesem Namen eingeführten Fischen um *Melanotaenia splendida fluviatilis*. Der echte „*nigrans*" wurde wohl erst Ende der 70er Jahre nach Deutschland eingeführt.

GU.: ♂ intensiver gefärbt, mit größerer Rücken- und Afterflosse, beide Flossen mit schwarzem Rand; ♀ unscheinbarer gefärbt, Rücken- und Afterflosse kleiner und ohne schwarzen Rand.

Soz. V.: Schwimmfreudiger, sehr friedlicher Schwarmfisch.

Hält. B.: Mäßige Rand- und Hintergrundbepflanzung, viel freien Schwimmraum lassen; feiner Bodengrund. Das Aquarium sollte ein wenig Morgensonne abbekommen. Wasser mittelhart bis hart (ab 10° dGH). pH-Wert 5,2–5,6, Temperatur 24–30° C. Seesalzzusatz ist nicht unbedingt erforderlich, kann aber vorgenommen werden (1–2 Teelöffel auf 10 l Wasser).

ZU: 24–26° C; die Zucht ist völlig problemlos. Wichtig ist, daß den Tieren geräumige Zuchtaquarien geboten werden. Bepflanzung mit feinfiedrigen Arten. Die Paarung wird durch heftiges Treiben eingeleitet. Bei der Balz spreizen die ♂♂ ihre Flossen, die ♀♀ drängen ins Pflanzendickicht und laichen dort ab. Die Tiere laichen täglich über einen Zeitraum von ein bis zwei Wochen. Die Eier kleben mit winzigen Fäden an den Pflanzen. Ihre Entwicklungsdauer beträgt acht bis elf Tage. Die Larven schwimmen nach einigen weiteren Tagen frei. Fütterung mit Staubfutter und zerriebenem Flockenfutter.

FU: Lebendfutter aller Art, Flockenfutter wird sehr gern gefressen.

Bes.: *Melanotaenia nigrans* ist empfindlich gegen plötzliche Temperaturstürze. Werden laichreife ♀♀ allein gehalten, so stoßen sie von Zeit zu Zeit reife Eier ab.

T: 18–24° C, **L**: ♂ 7 cm, ♀ 6 cm, **BL**: 100 cm, **WR**: m, o, **SG**: 1

Melanotaenia herbertaxelrodi

Melanotaenia nigrans ♂

Melanotaenia papuae ALLEN, 1981
Papua Regenbogenfisch

Syn.: Keine.

Vork.: Neuguinea; in Süßgewässern der Umgebung von Port Moresby.

Ersteinf.: Nicht bekannt.

GU.: Die ♂♂ werden größer und sind intensiver gefärbt.

Soz. V.: Schwimmfreudiger, friedlicher Schwarmfisch.

Hält. B.: Wie bei *Melanotaenia goldiei* aufgeführt. Auch *M. papuae* liebt leicht alkalisches Wasser (pH 7,2–7,8), das nicht zu weich ist (ab 10° dGH). Haltung im Artbecken oder Vergesellschaftung mit anderen Regenbogenfischen.

ZU: Wie bei anderen Vertretern der Gattung. Ausführliche Zuchtberichte liegen nicht vor.

FU: K, O; überwiegend Lebendfutter, aber auch Flockenfutter.

Bes.: *Melanotaenia papuae* hat gewöhnlich neun oder zehn, gelegentlich elf oder selten zwölf Weichstrahlen in der zweiten Rückenflosse.

T: 22–32° C, **L**: ♂ 6,5 cm, ♀ 6 cm, **BL**: 70 cm, **WR**: m, **SG**: 2

Melanotaenia parkinsoni ALLEN, 1980
Parkinsons Regenbogenfisch

Syn.: Keine.

Vork.: Neuguinea; die Art wurde bislang nur in zwei kleinen Nebenflüssen des Kamp Welsh Rivers etwa 75 km südöstlich von Port Moresby gefunden.

Ersteinf.: 1985.

GU.: Die ♂♂ werden größer, sind etwas hochrückiger und weisen in Rücken-, Schwanz- und Afterflosse eine intensive gelbe bis orange Färbung auf.

Soz. V.: Friedlicher, schwimmfreudiger Schwarmfisch.

Hält. B.: Becken mit feinem Bodengrund und dichter Bepflanzung, die aber genügend Schwimmraum freilassen sollte. Wasser nicht zu weich (ab 8° dGH) und leicht alkalisch (pH 7,5–7,8). Vergesellschaftung mit anderen Regenbogenfischen oder Haltung im Artbecken.

ZU: Problemlos wie bei den meisten anderern großen Melanotaeniden.

FU: K, O; Lebendfutter aller Art, Frostfutter, gefriergetrocknetes Futter und auch Flockenfutter.

Bes.: *Melanotaenia parkinsoni* weist neben *M. splendida rubrostriata* die meisten Afterflossenweichstrahlen (18–23, gewöhnlich 20–21) aller *Melanotaenia*-Arten aus dem südlichen Neuguinea auf.

T: 26–30° C, **L**: ♂ 12 cm, ♀ 10 cm, **BL**: 100 cm, **WR**: m, o, **SG**: 2–3

Melanotaenia papuae ♂

Melanotaenia parkinsoni ♂

Melanotaenia splendida australis (CASTELNEAU, 1875)
Westlicher Regenbogenfisch

Syn.: *Nevatherina australis, Melanotaenia solata.*

Vork.: Swan-Fluß in Westaustralien, Groote Eylandt in den Nord-Territorien, Australien.

Ersteinf.: 1983 durch Heiko Bleher, Kelsterbach.

GU: Nicht bekannt.

Soz. V.: Friedlicher Schwarmfisch; für fast jedes Gesellschaftsbecken geeignet. Man sollte wenigstens 5–7 Tiere der gleichen Art zusammen halten.

Hält. B.: Eine erfreulich einfach zu pflegende Art, die mit jedem Wasser vorlieb nimmt, sofern es klar und nitratarm ist (bis 20 mg NO_3/l). Beckenüberbesetzung ist daher zu vermeiden. Bepflanzung im Hintergrund. Viel freien Schwimmraum lassen. Das Becken kann einen sonnigen Stand haben. Regelmäßiger Wasserwechsel alle 2–3 Wochen ($^1/_2$) ist angeraten.

ZU: Zur Zucht mit Mückenlarven in Kondition bringen. Freilaicher an Pflanzenbüscheln. Jeden Tag werden über die Dauer von 14 Tagen nur einige, relativ große Eier abgelegt. Diese sind mit Haftfäden versehen und kleben an den Pflanzen. Nach 5–10 Tagen schlüpfen die Larven und die Elterntiere sollten entfernt werden. Die frisch geschlüpften Jungfische sind bereits recht gut entwickelt und nehmen handelsübliche Aufzuchtfutter wie Liquifry, Mikro-Min etc. und natürlich jedes feine Staubfutter wie Infusorien, Protozoen. Nach ein paar Tagen werden frisch geschlüpfte Artemien genommen.

FU: K, O; Flockenfutter aller Art, FD-Futtermittel, Lebendfutter.

Bes.: Einer der schönsten Regenbogenfische, der seine volle Farbenpracht jedoch erst im Alter von wenigstens 12 Monaten entfaltet. Jung erworbene Tiere sind zunächst recht unscheinbar. Die Lebensdauer beträgt 4–8 Jahre.

T: 22–28° C, **L**: ♂ bis 10 cm, ♀ 8 cm, **BL**: 80 cm, **WR**: m, o, **SG**: 2

Melanotaenia splendida rubrostriata (RAMSAY & OGILBY, 1886)
Rotgestreifter Regenbogenfisch

Syn.: *Nematocentris rubrostriatus, Aristeus loriae, Melanotaenia maculata, Rhombatractus patoti.*

Vork.: Neuguinea; zwischen dem Aramia River Etua Bay (Zentral-Irian-Jaya).

Ersteinf.: Ende der 70er Jahre durch J. Clasen.

GU.: Die ♂♂ werden größer, sind farbiger und in der Regel hochrückiger.

Soz. V.: Friedlicher, lebhafter Schwarmfisch.

Hält. B.: Wie bei anderen *Melanotaenia*-Arten aus Neuguinea. Der pH-Wert des Wassers, in dem *M. splendida rubrostriata* im Freiland vorkommt, schwankt zwischen mäßig sauer und schwach alkalisch (pH 5,6–7,4).

ZU: Ähnlich der anderer *Melanotaenia*-Arten aus Neuguinea (vergl. beispielsweise *M. goldiei*).

FU: K, O; Lebendfutter aller Art, Frostfutter, Flockenfutter.

Bes.: Von *Melanotaenia splendida* sind bisher sechs Unterarten beschrieben worden. *Melanotaenia splendida rubrostriata* ist nahe mit *M. splendida inornata* (CASTELNAU, 1875) aus dem nördlichen Australien verwandt, von der sie sich nur farblich unterscheidet.

T: 24–28° C, **L**: ♂ 13 cm, ♀ 10 cm, **BL**: 100 cm, **WR**: m, o, **SG**: 2–3

Melanotaenia splendida australis

Melanotaenia splendida rubrostriata ♂

Harrey Creek, Australien. Fundort von *Cairnsichthys, Melanotaenia maccullochi, Melanotaenia splendida splendida.*

Melanotaenia splendida australis ♂

Melanotaenia splendida australis ♂ + ♀

Melanotaenia splendida inornata

Melanotaenia splendida inornata, u. ♂ o. ♀

Melanotaenia s. splendida, vorn ♂ hinten ♀

Melanotaenia splendida rubrostriata ♂♂

Melanotaenia trifasciata ♂

Melanotaenia s. splendida, Harvey Creek

Melanotaenia trifasciata (RENDAHL, 1922)
Juwelen Regenbogenfisch

Syn.: *Rhombosoma trifasciata.*

Vork.: Australien; Nordterritorium und Cap York Halbinsel. Es sind mehrere Farbformen bekannt.

Ersteinf.: 1976 von J. Clasen.

GU.: Das ♂ ist farbiger, Rücken- und Afterflosse enden spitz, bei manchen Formen ist das ♂ höher gebaut.

Soz. V.: Friedlicher, lebhafter Schwarmfisch.

Hält. B.: Diese sind je nach Herkunft der Fische verschieden. Tiere aus dem Goyder River fühlen sich in hartem, alkalischen Wasser am wohlsten, andere Formen ziehen weiches Wasser vor. Die Fische zeigen ihre Farbenpracht am besten in gut bepflanzten Becken mit dunklem Bodengrund (Lavalit). Regelmäßig einen teilweisen Wasserwechsel vornehmen. Haltung im Artbecken oder Vergesellschaftung mit anderen Regenbogenfischen.

ZU: Die Zucht ist einfach. Die Laichbereitschaft kann durch teilweisen Wasserwechsel angeregt werden. Die Tiere sind Dauerlaicher. Wie eine Anzahl anderer Arten zeigt das ♂ während der Balz ein je nach Herkunft leuchtend goldenes bis hellblaues „Neon"-Band, das von der Oberlippe bis zur ersten Rückenflosse zieht. Die Larven schlüpfen bei 25° C nach sechs bis acht Tagen und werden mit feinem Lebendfutter ernährt.

FU: K, O; Lebendfutter aller Art, Frostfutter und auch Flockenfutter.

Bes.: Die Formen von *Melanotaenia trifasciata* sind farblich und gestaltlich sehr verschieden. Aus diesem Grund kann es möglich sein, daß es sich bei diesem Fisch um mehrere Arten handelt. *Melanotaenia trifasciata* ist nahe mit *Melanotaenia goldiei* aus dem südlichen Neuguinea verwandt.

T: 25–30° C, **L:** 12 cm, **BL:** 90 cm, **WR:** m, **SG:** 2

Melanotaenia trifasciata, Coen, Cape York Halbinsel, NO-Australien

Melanotaenia trifasciata ♂, Goyder River, Nord-Territorium, Australien

Melanotaenia trifasciata ♂, Giddy-River, Arnhemland, Australien

Pseudomugil connieae ALLEN, 1981

Popondetta-Regenbogenfisch, Connies Regenbogenfisch

Syn.: Popondetta connieae, Popondichthys connieae.

Vork.: Neuguinea; in der Nähe von Popondetta, Papua-Neuguinea.

Ersteinf.: 1983 durch Heiko Bleher, Frankfurt.

GU: Die ♂♂ sind schöner befloßt und gefärbt. Die erste Rückenflosse der ♂♂ ist ausgezogen, außerdem sind die ♂♂ etwas größer.

Soz.V.: Friedlicher, schwimmfreudiger Schwarmfisch. Die ♂♂ können während der Laichzeit recht aggressiv sein.

Hält.B.: Becken mit feiner Sandschicht als Bodengrund. Gute Bepflanzung mit Javamoos, auch Schwimmpflanzen verwenden (z.B. *Riccia*). Wasser leicht alkalisch (pH 7,7-7,9) und nicht zu weich (ab 10° dGH). Vergesellschaftung mit anderen friedlichen Fischen, wie beispielsweise *Pseudomugil gertrudae* oder *Iriatherina werneri*. Aber am besten Haltung im Artbecken.

ZU: ALLEN & CROSS (1982): Rainbowfishes of Australia and Papua New Guinea, T.F.H.-Verlag, beschreiben ein Zuchtbekken für die *Pseudomugil*-Arten folgendermaßen: Ein Becken mit den Maßen 40 x 25 x 25 cm reicht aus. Der Boden sollte mit einer dünnen Sandschicht bedeckt sein, einen Klumpen Javamoos und zwei oder drei schwimmende *Riccia*-Polster sowie einen schwach arbeitenden Ausströmerstein enthalten. Man kann die Tiere sowohl paarweise als auch in Gruppen zur Zucht ansetzen. Ist das ♂ zu aggressiv, so gibt man ein bis zwei weitere ♀♀ hinzu. Ein Ansatz im Schwarm bringt erheblich bessere Ergebnisse als paarweise Zucht. Die Tiere laichen gewöhnlich am Morgen ab. Die Eier haben Haftfäden und kleben an den Wasserpflanzen. Die Entwicklungszeit beträgt bei 25°C 15-20 Tage. Die Elterntiere werden herausgefangen (Laichräuber). Fütterung der Jungen mit Infusorien und Staubfutter.

FU: K,O; überwiegend Lebendfutter aller Art, aber auch Flockenfutter.

T: 25-28°C, **L:** ♂ 5,5 cm, ♀ 4,5 cm, **BL:** 60 cm, **WR:** m, o, **SG:** 2

Pseudomugil furcatus (NICHOLS, 1955)

Gabelschwanz-Regenbogenfisch

Syn.: *Popondetta furcata, Popondichthys furcatus.*

Vork.: Neuguinea; Küstenebene und anschließendes inneres Tiefland zwischen Dyke Ackland Bay und Collingwood Bay an dem östlichen Ende von Neuguinea.

Ersteinf.: 1985 erstmals in Deutschland im Handel gewesen, zeitweise waren jedoch nur ♂ zu kaufen. Immer noch selten angeboten.

GU: Die ♂♂ haben eine ausgezogene, erste Rückenflosse, sie sind außerdem etwas größer und intensiver gefärbt.

Soz.V.: Munterer, friedfertiger Schwarmfisch.

Hält.B.: Wie bei *P. connieae* angegeben. *P. furcatus* liebt dichte Bepflanzung der Becken.

ZU: Ähnelt stark der von *P. connieae*. Einzelheiten sind dort zu finden.

FU: K, O; überwiegend kleines Lebendfutter, gefriergetrocknetes Futter und auch Flockenfutter.

Bes.: *P. furcatus* unterscheidet sich von *P. connieae* durch das Vorhandensein von gewöhnlich acht bis neun (selten sieben) segmentierten Strahlen in der zweiten Rückenflosse (zehn bis elf, gelegentlich neun, selten zwölf bei *P. connieae*) und durch je einen dorsalen und ventralen Rand in der Schwanzflosse. ♂ von *P. furcatus* haben eine kräftig orangefarbene Brust, während sie bei *P. connieae* gelb ist.

T: 24-26°C, **L:** ♂ 5,5 cm, ♀ 4,5 cm, **BL:** 60 cm, **WR:** m, o, **SG:** 2

Pseudomugil connieae ♂

Pseudomugil furcatus ♂ + ♀

Pseudomugil gertrudae WEBER, 1911

Gertruds Regenbogenfisch, Gepunkteter Regenbogenfisch, Geflecktes Blauauge

Syn.: Keine.

Vork.: Australien, Neuguinea und Aru Inseln; nördliches Australien (Finniss River, Jardine River-System, Cape York Halbinsel, Murray Sümpfe in Queensland), südliches Neuguinea (oberes und mittleres Fly River-System und Pahoturi River-System).

Ersteinf.: 1985 durch West-Aquarium nach Deutschland eingeführt.

GU.: ♂ farbiger und mit länger ausgezogenen Flossen.

Soz. V.: Schwimmfreudiger, sehr friedlicher Schwarmfisch.

Hält. B.: Becken mit feinem Bodengrund und dichter Rand- bzw. Hintergrundbepflanzung; genügend Schwimmraum freilassen. Das Wasser sollte weich (4–8° dGH) und leicht sauer sein (pH um 6,5). Wegen der Zartheit der Fische erfolgt die Pflege am besten im Artbecken.

ZU: Die Zucht von *Pseudomugil gertrudae* ist nicht einfach. Im Artbecken pflanzen sich die Tiere von allein fort. Sie sind Dauerlaicher. Die Eier sind groß und können nach „Killi-Art" in feuchtem Moos oder Torf längere Zeit (vier Wochen) gelagert werden. Die Nachzuchten zeichnen sich manchmal durch sehr einseitige Geschlechterbildung aus.

FU: K, O; kleines Lebendfutter, auch Flokkenfutter.

Bes.: Aus Nordaustralien sind drei Formen bekannt, die sich an der Färbung der oberen Brustflossenstrahlen unterscheiden: 1. „Yellow-wing" (gelblich; Jardine River), 2. „White-wing" (weißlich; Cairns/Innisfall), 3. „Red-wing" (rot; Arnhem Land und Umgebung von Darwin, Nordterritorium).

T: 25–30° C, **L**: 3 cm, **BL**: 50 cm, **WR**: m, o, **SG**: 2

Pseudomugil mellis ALLEN, 1983

Honig-Regenbogenfisch, Honig-Blauauge

Syn.: Keine.

Vork.: Australien; Umgebung von Tin Can Bay (gegenüber der Fraser Insel) südlich von Beerwah in Queensland.

Ersteinf.: 1976 von J. Clasen.

GU.: ♂ farbiger und mit längeren Flossen.

Soz. V.: Friedlicher, schwimmfreudiger Schwarmfisch.

Hält. B.: Haltung am besten im Artbecken. Trotz der geringen Größe ist *Pseudomugil mellis* ein recht robuster Fisch, der weiches (4–8° dGH) und leicht saures Wasser (pH 6,0–6,5) liebt. Die Tiere kann man aber auch unter anderen Bedingungen leicht halten. Dichte Bepflanzung der Bekken; genügend Schwimmraum freilassen; feinkörnigen Bodengrund verwenden.

ZU: Wie bei *Pseudomugil gertrudae* angegeben. Es ist aber nicht bekannt, ob die Eier gelagert werden können.

FU: K, O; kleines Lebendfutter aller Art, auch Flockenfutter und gefriergetrocknetes Futter.

Bes.: Der Fundort der Art ist nur eine Autostunde von der Großstadt Brisbane entfernt. Der Fisch ist australischen Aquarianern schon seit mindestens 25 Jahren als „honey-blue-eye" bekannt. Bis zur Beschreibung durch ALLEN galt diese Art als Variante von *Pseudomugil signifer*.

T: 24–28° C, **L**: 3 cm, **BL**: 60 cm, **WR**: m, o, **SG**: 2

Pseudomugil gertrudae ♂

Pseudomugil mellis ♂♂

Pseudomugil signifer („Cairns Form") KNER, 1864
Schmetterlingsregenbogenfisch, Pazifik-Blauauge

Syn.: *Atherina signata, Pseudomugil signatus.*

Vork.: Australien; nordöstliches Queensland, die abgebildeten Tiere sind bisher nur aus Zuflüssen des Mulgarve und des Russel Rivers bekannt, die sich zwischen den Orten Cairns und Innisfail befinden.

Ersteinf.: 1983 durch Heiko Bleher(?), Frankfurt.

GU.: Das ♂ ist farbiger und hat längere Flossen.

Soz. V.: Die Tiere sind schwimmfreudige Schwarmfische. Sie sind friedlich gegenüber artfremden Fischen. Die ♂♂ sind territorial und daher am besten allein mit mehreren ♀♀ zu pflegen.

Hält. B.: Bodengrund aus feinem Kies; lichte Bepflanzung der Becken; die Tiere bewohnen im Freiland Fließgewässer, deshalb eventuell mit einer Pumpe eine schwache Strömung erzeugen; viel freien Schwimmraum lassen. Wasser weich (4–8° dGH) und leicht sauer (pH um 6,5). Vergesellschaftung mit nicht zu robusten anderen Fischen ist möglich.

ZU: Die Zucht ist einfach. Das Aufziehen der Jungfische kann jedoch Schwierigkeiten bereiten. Da das ♂ stark treibt, immer ein ♂ mit mehreren ♀♀ ansetzen. Die Tiere sind Dauerlaicher. Die Eier sind recht groß. Bei 25° C schlüpfen die Jungen nach sieben bis zehn Tagen. Bei dichter Bepflanzung können die Zuchttiere im Bekken bleiben, ansonsten müssen sie herausgefangen werden (Laichräuber!).

FU: K, O; feines Lebendfutter jeglicher Art, Frostfutter, gefriergetrocknetes Futter und Flockenfutter.

Bes.: Bei der „Cairns Form" von *Pseudomugil signifer* handelt es sich wahrscheinlich um eine neue Art. Die Fische unterscheiden sich deutlich anhand ihrer Beflossung und ihres Verhaltens von dem „echten" *Pseudomugil signifer.*

T: 23–28° C, **L**: 4 cm, **BL**: 60 cm, **WR**: m, o, **SG**: 2

Pseudomugil tenellus TAYLOR, 1964
Schönes Blauauge

Syn.: Keine.

Vork.: Australien; nur aus dem Ost-Alligator-River-System im Nordterritorium bekannt.

Ersteinf.: Noch nicht nach Deutschland eingeführt.

GU.: Die ♂♂ sind etwas intensiver gefärbt.

Soz.V.: Sehr friedlicher, munterer Schwarmfisch.

Hält. B.: Wie bei *Pseudomugil gertrudae* angegeben. Im Freiland kommen *Pseudomugil tenellus*, *Melanotaenia nigrans* und *M. splendida inornata* in den gleichen Gewässern vor.

ZU: Ähnelt der von *P. gertrudae.* Genaue Angaben über die Zucht liegen bisher nicht vor.

FU: K, O; feines Lebendfutter, die Tiere fressen auch Flockenfutter.

Bes.: *Pseudomugil tenellus* bewohnt überwiegend sumpfige Tümpel (Billabongs) und kommt auch in ruhigen Stauwassern der Flüsse über Schlamm- und Kiesböden vor.

T: 28–35° C, **L**: 3 cm, **BL**: 50 cm, **WR**: m, o, **SG**: 2

Pseudomugil signifer („Cairns Form")

Pseudomugil tenellus

Rhadinocentrus ornatus REGAN, 1914
„Regenbogenbarsch", Weichstrahl-Sonnenfisch

Syn.: Keine.

Vork.: Australien; zwischen Coffs Harbour (nördliches Neusüdwales) und Maryborough (südliches Queensland), auf den Sandinseln Stradbroke, Moreton und Fraser in weichem, saurem Wasser.

Ersteinf.: 1987 wurde die blaue Form zum ersten Mal eingeführt.

GU.: Das ♂ ist größer, farbiger und hat eine spitz auslaufende zweite Rücken- sowie Afterflosse. Die des ♀ sind abgerundet.

Soz. V.: Friedlicher, munterer Schwarmfisch.

Hält. B.: Eingewöhnte Tiere sind anspruchslos. Allerdings kann es in der ersten Phase zu Verlusten kommen, die nicht erklärt werden können. Bodengrund aus feinem Sand; Rand- und Hintergrundbepflanzung mit feinfiedrigen Arten, genügend freien Schwimmraum lassen. Wasser weich (4–8° dGH) und sauer (pH 6,0–6,5). Haltung im Artbecken oder Vergesellschaftung mit anderen kleinen Regenbogenfischen, die ähnliche Ansprüche stellen.

ZU: Die Zucht ist einfach. Im Artbecken pflanzen sich die Tiere von allein fort. Sie sind Dauerlaicher. Die Entwicklungszeit der Eier beträgt bei 25° C sieben bis zehn Tage. Fütterung der Jungfische mit feinem Lebendfutter.

FU: K, O; kleines Lebendfutter aller Art, auch Flockenfutter.

Bes.: *Rhadinocentrus ornatus* hat sich als äußerst empfindlich beim Transport erwiesen. Bisher sind vier Farbformen dieser Art bekannt, darunter eine, deren hintere Körperhälfte ziegelrot gefärbt ist. Die Gattung *Rhadinocentrus* ist monotypisch, d. h. sie besteht nur aus einer einzigen Art.

T: 20–30° C, **L**: ♂ bis 7 cm, ♀ 4 cm, **BL**: 70 cm, **WR**: m, o, **SG**: 2

Biotop von Rhadinocentrus ornatus

Rhadinocentrus ornatus ♂, rote Form

Rhadinocentrus ornatus, blaue Form

Gnathonemus schilthuisiae BOULENGER, 1899
Schilthuis' Nilhecht

Syn.: Keine(?).

Vork.: Afrika; mittlerer Kongo River.

Ersteinf.: 1952.

GU.: Es sind keine bekannt.

Soz. V.: Dämmerungs- und nachtaktive Art, bei der gleichstarke Tiere oft recht gesellig leben. Schwächere Tiere der eigenen Art werden oft unterdrückt. Die Tiere sind revierbildend und in den meisten Fällen gegenüber artfremden Fischen friedlich.

Hält. B.: Weicher Bodengrund aus feinstem Sand, da die Tiere gern im Boden wühlen und dort ihre Nahrung suchen. Dichte Bepflanzung mit dunklen Stellen, eventuell einige Schwimmpflanzen zur Lichtdämpfung. Höhlen und andere Verstecke aus Wurzeln und Steinen. Wasser bis mittelhart (5–15° dGH), pH-Wert um 7,0; gelegentlich Frischwasserzusatz, dazu ein gutes Wasseraufbereitungsmittel verwenden.

ZU: Im Aquarium bisher noch nicht geglückt.

FU: K, O; Lebendfutter aller Art, gefriergetrocknetes Futter, Frostfutter, auch Flokkenfutter.

Bes.: Besonders bei *G. schilthuisiae* läßt sich ein ausgeprägter Spieltrieb beobachten.

T: 24–28° C, **L**: 10 cm, **BL**: 80 cm, **WR**: u, **SG**: 3

Marcusenius brachyistius GILL, 1862

Syn.: *Mormyrus brachyistius.*

Vork.: Westafrika: Sierra Leone, Liberia, Elfenbeinküste.

Ersteinf.: Wahrscheinlich schon 1935 vom „Aquarium Hamburg".

GU.: Keine äußeren bekannt.

Soz. V.: Dämmerungs- und nachtaktive Fische, die ein schwaches elektrisches Organ besitzen.

Hält. B.: Wie bei *Marcusenius macrolepidotus* angegeben. Haltung am besten im Artbecken oder einzeln, da sich die Tiere bei zu kleinen Becken mit ihren elektrischen Organen untereinander stören.

ZU: *M. brachyistius* ist im Aquarium noch nicht nachgezüchtet worden.

FU: K; Lebendfutter aller Art in entsprechender Größe.

Bes.: Keine.

T: 25–28° C, **L**: 18 cm, **BL**: 100 cm, **WR**: u, m, **SG**: 3

Gnathonemus schilthuisiae

Marcusenius brachyistius

Marcusenius longianalis BOULENGER, 1901
Schmaler Nilhecht

Syn.: Keine.

Vork.: Afrika: Nigeria und Kamerun. Die Tiere bewohnen den unteren Niger River und den Kribi-River. Die Art ist ein reiner Süßwasserbewohner.

Ersteinf.: 1906 von Herrn Schroot, Hamburg.

GU.: Es sind keine äußeren Geschlechtsunterschiede bisher bekannt.

Soz. V.: Sehr friedliche Art, die dämmerungs- und nachtaktiv ist. Die Art ist gegenüber artfremden Fischen sehr friedlich, stören sie aber durch die schwachen elektrischen Stromstöße, die ausgesandt werden. Gegenüber Artgenossen kann *M. longianalis* unverträglich sein.

Hält. B.: Wie bei *Marcusenius macrolepidotus* angegeben. Am besten Haltung im Artbecken.

ZU: Die Zucht von *M. longianalis* ist bisher im Aquarium noch nicht geglückt.

FU: K; O; Lebendfutter (Kleinkrebse, Mükkenlarven, Würmer aller Art); Algen und Detritus.

Bes.: *Marcusenius longianalis* ist auffallend schlank für einen Mormyriden.

T: 25–30° C, **L:** 15 cm, **BL:** 90 cm, **WR:** u, m, **SG:** 3

Marcusenius macrolepidotus (PETERS, 1852)
Großschuppiger Nilhecht

Syn.: *Mormyrus macrolepidotus, Gnathonemus macrolepidotus.*

Vork.: Afrika; die Art bewohnt das südliche Ostafrika. Die Tiere sind ausgesprochene Süßwasserbewohner.

Ersteinf.: 1937 von der Fa. Scholze & Pötzschke.

GU.: Bisher unbekannt.

Soz. V.: Dämmerungs- und nachtaktiver Fisch.

Hält. B.: Bodengrund aus feinstem Sand; Stellen aus Steinen und Wurzeln schaffen, die Schatten erzeugen. Die dämmerungs- und nachtaktiven Tiere brauchen solche Stellen und Verstecke, um sich tagsüber verbergen zu können. Dichte Bepflanzung der Becken, auch Schwimmpflanzen zur Dämpfung des Lichts. Wasser bis mittelhart (10° dGH) und um den Neutralpunkt (pH 7,0). Haltung vorzugsweise im Artbekken.

ZU: Die Art ist in Gefangenschaft noch nicht zur Fortpflanzung gebracht worden.

FU: K; Lebendfutter jeglicher Art wird angenommen, sofern es klein genug ist.

Bes.: *Marcusenius macrolepidotus* hat ein ausgesprochen kleines Maul und kann daher nur kleinstes Futter aufnehmen.

T: 22–26° C, **L:** 25 cm, **BL:** 100 cm, **WR:** u, m, **SG:** 3

Marcusenius longianalis

Marcusenius macrolepidotus

Petrocephalus bovei (VALENCIENNES, 1846)

Syn.: *Mormyrus bovei.*

Vork.: Afrika; die Art bewohnt den unteren Nil, den Senegal- und Gambia-River.

Ersteinf.: 1937.

GU.: Keine bekannt.

Soz. V.: Artfremden Fischen gegenüber friedlich, sonst ziemlich aggressiv; dämmerungs- und nachtaktiv.

Hält. B.: Bodengrund aus feinem Sand. Verstecke aus Gestein und Wurzeln. Dichte Bepflanzung der Becken. Freien Schwimmraum zum Ausschwimmen lassen; zeitweilig Frischwasserzugabe. In einem Aquarium nur ein oder zwei Exemplare halten, da sich die Tiere ständig durch Stromstöße aus ihren elektrischen Organen stören. Die Stromstöße dienen der Revierabgrenzung. Haltung deshalb am besten im Artbecken.

ZU: Im Aquarium bisher ganz selten gelungen. BIRKHOLZ glückte 1969 die Zucht. Er spürte in einer dunklen Ecke des Aquariums ein ganzes Nest mit Eiern und Jungfischen auf. Das Nest war ein kugelförmiger Busch aus Algen und anderen Pflanzenteilen. Zwischen den Algen befanden sich 28 Eier und Jungfische verschiedener Entwicklungsstufen. Die Jungfische waren ausgesprochen lichtscheu. Brutpflege seitens der Eltern wurde nicht beobachtet. Der Dottersack der Larven war nach zehn bis zwölf Tagen aufgezehrt. *Artemia*-Nauplien erwiesen sich als erstes Futter als zu groß, deshalb wurden als erstes Futter Infusorien und Rädertierchen gereicht.

FU: K; Lebendfutter aller Art: Mückenlarven, Kleinkrebse, *Tubifex,* Enchyträen.

Bes.: *Petrocephalus bovei* ist ziemlich anfällig und neigt zu Verletzungen. Die Tiere haben keinen Rüssel.

T: 23–26° C, **L:** 12 cm, **BL:** 80 cm, **WR:** u, m, **SG:** 4

Petrocephalus catostomus (GÜNTHER, 1866)

Syn.: *Mormyrus catostomus.*

Vork.: Diese Art ist in den Flüssen und Seen des östlichen und südlichen Afrika weit verbreitet. Sie kommt vom oberen Viktoria-Nil bis nach Natal (Südafrika) vor.

Ersteinf.: Unbekannt.

GU.: Bei den ♂♂ sind die Flossenstrahlen länger als bei den ♀♀, außerdem zeigt die Afterflosse bei den ♂♂ eine Wellenform.

Soz. V.: Die Tiere sind muntere und lebhafte Schwarmfische.

Hält. B.: Bodengrund aus feinem Sand; einige Verstecke aus Steinen und Wurzeln; dichte Rand- und Seitenbepflanzung. Mit einer Pumpe eine leichte Strömung erzeugen. Gelegentliche Frischwasserzugabe mit einem guten Wasseraufbereitungsmittel ist angebracht. Haltung im Artbecken.

ZU: Im Aquarium bisher noch nicht gelungen. Auch Freilandbeobachtungen über das Fortpflanzungsverhalten liegen nicht vor.

FU: K; Lebendfutter: *Tubifex*, andere kleine Würmer, Wasserflöhe, Hüpferlinge, Mückenlarven.

Bes.: Die Art wird im Aquarium selten über 9 cm lang.

T: 23–26° C, **L:** 13 cm, **BL:** 80 cm, **WR:** u, m, **SG:** 3

Petrocephalus bovei

Petrocephalus catostomus

Oryzias latipes (TEMMINCK & SCHLEGEL, 1850)
Japankärpfling, Medaka

Syn.: *Poecilia latipes, Aplocheilus latipes, Haplochilus latipes, Aplocheilus latipes* var. *auratus.*

Vork.: Ostasien: Japan, China, Südkorea. Das genaue Verbreitungsgebiet ist nicht bekannt.

Ersteinf.: 1895 von verschiedenen Hamburger Liebhabern.

GU.: Nicht immer einfach festzustellen. In der Regel sind die ♂♂ schlanker und ihre Afterflosse ist größer sowie spitzer ausgezogen. Die Körperfarben sind intensiver. Bei den Formen „white" und „orange" besitzen die ♂♂ zahlreiche silbrig schillernde Schuppen, vor allem auf dem Hinterkörper, die bei den ♀♀ nicht zu zahlreich sind.

Soz. V.: Friedliche Fische, die gerne in Schulen schwimmen. Die Art verhält sich Mitbewohnern des Aquariums gegenüber außerordentlich verträglich.

Hält. B.: *Oryzias latipes* eignet sich für ein gut bepflanztes Gesellschaftsbecken, in dem sich allerdings nicht zu große Mitbewohner befinden dürfen. Die Wasserwerte sind von untergeordneter Bedeutung, am günstigsten sind mittelharte (10–15° dGH) und neutrale Wässer. Die Fische lieben eine Belüftung, die das Wasser partiell bewegt, und sauberes Wasser, ein Filter ist also angebracht.

ZU: Setzt man ein Paar oder einen kleinen Schwarm in ein Zuchtbecken, so lassen sich die Jungfische nach 2–3 Wochen von der Oberfläche abschöpfen. Man kann aber auch die Eier regelmäßig ablesen und in einer Brutschale zur Entwicklung bringen. Sie schlüpfen dort nach etwa 10–12 Tagen. Bemerkenswert ist, daß die ♀♀ nach dem Ablaichen, das vorwiegend in den Morgenstunden erfolgt, die Eier noch einige Zeit als Traube, die vor der Afterflosse hängt, mit sich herumtragen, bevor sie diese an Pflanzen usw. abstreifen. Möglicherweise ist dies ein erster Schritt hin zur Brutpflege.

FU: O, K; Lebendfutter aller Art, auch Flocken- und Gefrierfutter.

Bes.: Die Gattung *Oryzias* ist kürzlich neu eingeordnet worden (Amer. Mus. Nov., 2719), nachdem sie schon seit längerer Zeit nicht mehr zu den Killifischen gehörte. Sie zählt nun zu den Adrianichthyoidei oder Schaufelkärpflingen und ist näher mit den Halbschnäblern verwandt. *O. latipes* wird in Japan als Versuchstier für genetische und physiologische Forschungsversuche herangezogen, es gibt von ihm eine ganze Anzahl unterschiedlicher Farbmutationen. Über Verhalten, Biologie und Verbreitung dieses Fisches ist hingegen nur wenig bekannt.

T: 18–24° C, **L**: 3,5 cm, **BL**: 50 cm, **WR**: m, o, **SG**: 2

Oryzias latipes ♂

Oryzias latipes ♀ mit Eitraube

Notopterus chitala (HAMILTON, 1822)
Tausenddollarfisch

Syn.: *Mystus chitala, Notopterus ocellifer.*

Vork.: Südostasien: Thailand, Burma, Große Sundainseln.

Ersteinf.: 1934.

GU.: Keine sicheren bekannt.

Soz. V.: Dämmerungs- und nachtaktiver Fisch. Die Tiere sind untereinander unverträglich und bissig. Mit zunehmendem Alter werden sie zu Einzelgängern. Die Art betreibt Brutpflege; Vaterfamilie.

Hält. B.: Becken mit dichter Rand- und Hintergrundbepflanzung, trotzdem genügend Schwimmraum freilassen. Einige Verstecke aus Wurzeln und Steinen. Die Fische nicht zu hell halten, Wasseroberfläche deshalb mit Schwimmpflanzen bedekken. Wasser weich (um 5° dGH) und schwach sauer (pH 6,0–6,5). Haltung im Artbecken oder bei sehr aggressiven Exemplaren Einzelhaltung.

ZU: In der Gefangenschaft schon gelungen. Die Fortpflanzung von *N. chitala* ähnelt der von *N. notopterus*. Die Tiere laichen auf einem festen Substrat (Stein, Holz) ab; das Gelege wird vom ♂ bewacht und befächelt. In der Natur ist die Brutpflege aus zwei Gründen wichtig: 1. Die Eier werden mit Sauerstoff versorgt. 2. In dem langsam fließenden Wasser fallen Schwebstoffe auf die Eier. Durch die Flossenbewegungen werden die Schwebstoffe weggefächelt. Die Jungfische schlüpfen nach kanpp einer Woche und werden noch einige Tage vom ♂ betreut.

FU: Die Tiere sind gefräßige Räuber. Sie fressen Lebendfutter aller Art (Würmer, Insekten und deren Larven, Mollusken, Fische). Es werden auch kleingeschnittenes Fleisch und Krebsfleisch gefressen.

Bes.: *Notopterus chitala* ist der größte Vertreter aus der Familie. In Ausnahmefällen können Einzelexemplare einen Meter lang werden. Die Tiere sind in ihrer Heimat beliebte Speisefische.

T: 24–28° C, **L:** bis 100 cm, **BL:** 120 cm, **WR:** m, u, **SG:** 3

Arapaima gigas (CUVIER, 1829)
Paiche, Piracurú, Arapaima

Syn.: *Sudis gigas, S. piracuru, Vastres agassizii, V. cuvieri, V. mapae.*

Vork.: Südamerika: Amazonas und Amazonaseinzugsgebiet.

Ersteinf.: 1960 von K.-H. Lüling, Bonn.

GU.: Die Geschlechter sind schwer unterscheidbar. Die ♂♂ sind während der Laichzeit intensiver gefärbt und haben einen besonders dunklen Kopf.

Soz. V.: Räuberische Art, die gegenüber Artgenossen sehr aggressiv ist. Große Arapaimas sind meist Einzelgänger. Während der Laichzeit beanspruchen sie ein Revier. *A. gigas* betreibt Brutpflege; Vaterfamilie bzw. später Elternfamilie.

Hält. B.: Die Haltung dieses Fisches ist nur in größten Becken möglich. Für die Haltung im normalen Aquarium eignen sich nur Jungfische, die äußerst selten eingeführt werden. Großflächige Aquarien mit Sandboden; dichte Rand- und Hintergrundbepflanzung mit *Panicum polystachium* und *Eichhornia azurea*; ein Teil der Wasseroberfläche sollte mit Schwimmpflanzen bedeckt sein (*Pistia stratioides* und/oder *Neptunea oleracea*). Darauf achten, daß genügend freier Schwimmraum bleibt. Die Art stellt an den Chemismus des Wassers keine besonderen Ansprüche, trotzdem sollte das Wasser nicht zu hart (bis 10° dGH) sein und im sauren Bereich liegen (pH 6,0–6,5). Einzelhaltung oder Pflege in großen Artbecken.

ZU: Im Aquarium wegen der Größe nicht möglich. Im Freiland liegt die Hauptlaichzeit im November am Ende der Niedrigwasserzeit. Ab Dezember beginnt das Wasser wieder zu steigen. Die Tiere laichen in flachen Gruben ab. Das ♂ bleibt in unmittelbarer Nähe des Geleges, während das ♀ wahrscheinlich die Aufgabe hat, in einiger Distanz (10–15 m) größere Fische vom Laichplatz fernzuhalten. Die geschlüpften Larven und Jungfische werden vom ♂, mit Abstrichen auch vom ♀, betreut. Die Brutpflege dauert zehn bis vierzehn Wochen.

FU: K; kräftiges Lebendfutter jeglicher Art.

Fortsetzung Seite 1156.

Heterotis niloticus (EHRENBERG, 1829)

Westafrikanischer Knochenzüngler

Syn.: *Sudis niloticus, Clupisudis niloticus.*

Vork.: West- und Zentralafrika.

Ersteinf.: Unbekannt.

GU: Äußere sind nicht erkennbar.

Soz.V.: Die Art ist äußerst unverträglich gegenüber Artgenossen. Die Tiere sind untereinander extrem bissig. Gegenüber artfremden Fischen ist *H. niloticus* friedlich. Es ist eine Vergesellschaftung mit vielen Fischen möglich; man muß nur berücksichtigen, daß seine ungeheure Schwimmfreudigkeit und Neugier viele Beckenbewohner stören kann (briefliche Mitteilung von Jürgen Inge, Langenselbold). Die Tiere sind während der Laichzeit revierbildend und bauen Nester. Brutpflegende Arte; Mutterfamilie.

Hält.B.: Wie bei *Scleropages formosus* angegeben. Es kann aber auf Torffilterung verzichtet werden. *H. niloticus* ist eine wärmeliebende Art. Eine sachgerechte Haltung dieses Fisches ist nur in großen Schaubecken möglich.

ZU: Die Zucht ist wegen der Größe der Tiere im Aquarium noch nicht erfolgt. Im Freiland wird zu Beginn der Regenzeit in flachem, pflanzenreichem Stillwasser aus Pflanzenteilen von ♂ und ♀ ein annähernd rundes, 1-1,5 m großes Nest angelegt. Die Bauzeit beträgt fünf bis sieben Tage. Der Boden des Nestes wird geglättet und ein wenig ausgehöhlt. Der Wall des Nestes liegt 20 cm über dem Wasserspiegel. Nach der Fertigstellung wird das Wasser im Nest klar und sauber. Das ♀ geht zum Laichen allein in das Nest; es legt die Eier nahe am Nestwall ab. Nun verläßt das ♀ das Nest, das ♂ springt in das Nest hinein und befruchtet die Eier. Nach der Befruchtung werden Gelege und Nest vom ♀ bewacht. Die Eier haben einen Durchmesser von 2,5 mm und sind orangefarben. Die Larven schlüpfen nach rund 24 Stunden. Die Jungfische werden drei bis vier Wochen vom ♀ betreut.

FU: K, O; die Tiere ernähren sich im Freiland von Plankton und grobem Detritus.

Bes.: *Heterotis niloticus* hat zum Abfangen des eingesaugten Detritus' und des Planktons neben einem dichten Kiemenfilter ein schneckenförmig gewundenes Organ unter dem Dach der Mund-Rachenhöhle, das Suprabranchialorgan. Dort werden die feinen Nahrungspartikel konzentriert und in Schleim eingehüllt.

T: 25-30°C, **L:** 90 cm, **BL:** 150 cm, **WR:** o, m, **SG:** 4 (Nahrungsspezialist)

Scleropages formosus (MÜLLER & SCHLEGEL, 1844)

Syn.: *Osteoglossum formosum.*

Vork.: Australien und Südostasien (Borneo, Sumatra, Bangka, Thailand, Westmalaysia). Die Art bewohnt dort ruhige, verkrautete Bäche und Flüsse.

Ersteinf.: 1932 von O. Winkelmann, Altona.

GU: Keine sicheren bekannt. Die ♀♀ sind wahrscheinlich zur Laichzeit dicker.

Soz.V.: Räuberisch lebende Fische. Die Tiere sind gegen Artgenossen sehr unverträglich. Nur mit gleichgroßen oder größeren Tieren vergesellschaften. Die Art betreibt Brutpflege; Maulbrüter, Mutterfamilie.

Hält.B.: Weiches, leicht torfhaltiges Wasser; aufgelockerte Bepflanzung mit mittelharten bis harten Pflanzen; freier Schwimmraum in den oberen und mittleren Wasserschichten; feinsandiger oder feinkiesiger Bodengrund. Für das Liebhaberbecken sind nur Jungfische von *Scleropages formosus* geeignet. Die Art ist sehr wärmebedürftig.

ZU: Im Aquarium noch nicht geglückt. *Scleropages formosus* ist Maulbrüter. Die wenigen großen Eier werden vom ♀ ausgebrütet.

FU: Größtenteils Lebendfutter aller Art: Fische, Insektenlarven und Krebse.

Bes.: Die Schuppen dieses Fisches sind sehr groß. Die Unterkieferbartfäden sind bei der Gattung *Scleropages*, im Gegensatz zur Gattung *Osteoglossum*, wesentlich kürzer. Die Art ist durch das Washingtoner Artenschutzabkommen (WA) geschützt und darf nicht gehandelt werden.

T: 24-30°C, **L:** 90 cm, **BL:** ab 100 cm, **WR:** o, m, **SG:** 2-3

Heterotis niloticus

Scleropages formosus

Scleropages leichardtii GÜNTHER, 1864
Gepunkteter Barramundi

Syn.: Keine.

Vork.: Südliches Neuguinea und im nördlichen, tropischen Australien die Flüsse des Golfes von Carpentaria und Gewässer im östlichen Queensland südlich des Dawson-Rivers.

Ersteinf.: Unbekannt.

GU.: Keine sicheren bekannt. Die ♀♀ sind während der Laichzeit wahrscheinlich fülliger.

Soz. V.: Räuberisch lebender Fisch, der gegenüber Artgenossen unverträglich ist. Maulbrüter; Vaterfamilie?

Hält. B.: Wie bei *Scleropages formosus* angegeben. Auch *S. leichardtii* ist wärmebedürftig.

ZU: Im Aquarium wegen der Größe der Fische noch nicht geglückt. Über die Fortpflanzungs- und Brutbiologie von *S. leichardtii* ist sehr wenig bekannt. Von mit einem Gewehr geschossenen Tieren weiß man, daß die Art Maulbrüter ist. Im Freiland liegt die Laichzeit im Oktober. Nach WHITLEY (1960): Native fresh water fishes of Australia, S. 18–19, soll das ♂ die Eier im Maul tragen, bis die Larven schlüpfen. Während dieser Zeit wird keine Nahrung aufgenommen.

FU: K; Lebendfutter aller Art: Fische, Krebse, Insekten und deren Larven.

Bes.: Einige Ichthyologen unterscheiden zwischen zwei australischen *Scleropages*-Arten: *S. leichardtii*, der nur im Flußgebiet des Fitzroy vorkommt, und *S. jardini*, der einige Flüsse zum Golf von Carpenteria bewohnt und im südlichen Neuguinea verbreitet ist. Bis zu einer endgültigen Klärung bleiben die Verbreitungsformen beider Arten(?) unter *S. leichardtii* zusammengefaßt. *S. leichardtii* gehört, wie *S. formosus*, zu den bedrohten Tierarten, die nach dem Washingtoner – sowie dem Bundesartenschutzabkommen nicht importiert werden dürfen.

T: 24–30° C, **L**: 80 cm, **BL**: 150 cm, **WR**: o, m, **SG**: 3

Scleropages leichardtii

Scleropages jardini

Notesthes robusta (GÜNTHER, 1860)
Bullrout, Kroki

Syn.: *Centropogon robustus.*

Vork.: Australien; Queensland und Neusüdwales; die Art kommt in Brack- und Süßwasser vor.

Ersteinf.: 1984 in kleiner Stückzahl im Raum Aachen.

GU.: Keine bekannt.

Soz. V.: Gefräßiger Raubfisch, der seine Beute als Lauerjäger überwältigt.

Hält. B.: Bodengrund aus Sand oder feinkörnigem Kies; dichte Rand- und Hintergrundbepflanzung; einige Verstecke aus Wurzeln und Steinen bieten; freien Schwimmraum lassen; ansonsten werden keine Ansprüche gestellt. Dem Wasser kann gegebenenfalls Seesalz zugegeben werden (ein Eßlöffel auf zehn Liter). Vergesellschaftung nur mit gleich großen oder größeren Fischen oder Haltung im Artbekken.

ZU: Bisher in Gefangenschaft noch nicht erfolgt.

FU: K; kräftiges Lebendfutter (Fische, Garnelen, Regenwürmer usw.), auch Frostfutter, Rinderherz und anderes Fleisch.

Bes.: Bei der Handhabung von *Notesthes robusta* muß man aufpassen, da die Art als Skorpionfisch Giftstacheln hat.

T: 10–30° C, **L**: 35 cm, **BL**: ab 100 cm, **WR**: u, m, **SG**: 3

Fortsetzung *Arapaima gigas* von Seite 1151
Bes.: *Arapaima gigas* ist mit seinen gut drei Metern Länge der größte **echte** Süßwasserfisch unserer Erde; das heißt ein Fisch, der nur im Süßwasser lebt und nicht, wie etwa die größeren Störarten, zwischen Brackwasser in Meeresnähe und Süßwasser wandert. In der Heimat wird der Fisch mit großen Fleischbrocken gefangen, die man an schwimmende große aufgeblasene Autoreifen-Schläuche als „Pose" hängt. Flußabwärts werden die Schläuche wieder eingesammelt. Bedrohte Tierart, darf nicht importiert werden.

T: 25–29° C, **L**: bis 3 m, **BL**: ab 150 cm, **WR**: o, **SG**: 4 (K)

Brachirus salinarum OGILBY, 1911
Australische Süßwasserseezunge

Syn.: *Trichobrachirus salinarum.*

Vork.: Australien; in Süß- und Brackwasser der Flüsse, die in den Golf von Carpentaria münden.

Ersteinf.: Nach Deutschland wahrscheinlich noch nicht importiert.

GU.: Keine äußeren bekannt.

Soz. V.: *B. salinarum* ist ein tagsüber versteckt lebender, aber nachts sehr aktiver Bodenfisch. Die Tiere sind friedlich gegenüber anderen Fischen.

Hält. B.: Großflächige Aquarien verwenden, in denen der Wasserstand nicht sehr hoch sein muß (20–30 cm). Bodengrund aus feinem Sand, in den sich die Tiere eingraben können. Einige flache Steine in das Becken legen. An das Wasser werden keine besonderen Ansprüche gestellt; eventuell Seesalzzusatz (1 Eßlöffel auf 10 l Wasser). Haltung am besten im Artbecken oder Vergesellschaftung mit Grundeln (Gobiiden, Eleotriden). Dann allerdings Fütterung nach dem Abschalten der Beleuchtung, damit die nachtaktiven Tiere nicht verhungern.

ZU: Über eine gelungene Zucht im Aquarium ist bisher nichts bekannt.

FU: K, O; hauptsächlich Lebendfutter, das vom Boden aufgenommen werden kann (Mückenlarven, *Tubifex*, kleine Gammariden usw.). Es werden aber auch Flockenfutter und Futtertabletten gefressen.

Bes.: Es gibt noch eine weitere australische *Brachirus*-Art, die im Süßwasser vorkommt: *Brachirus selheimi* (MACLEAY, 1882). *B. salinarum* unterscheidet sich von *B. selheimi* durch die Anzahl der Seitenlinienschuppen (85 zu 80) und die Zahl der Schwanzflossenstrahlen (12 zu 15).

T: 22–30° C, **L:** 15 cm, **BL:** 80 cm, **WR:** u, **SG:** 3–4

Monopterus albus (ZIEUW, 1793)
Ostasiatischer Kiemenschlitzaal

Syn.: *Muraena alba, Fluta alba, Monopterus javanensis, M. javanicus.*

Vork.: Asien; von Japan und Nordchina über den Malaiischen Archipel bis Thailand und Burma. Die Tiere kommen sowohl in Flüssen und Teichen als auch in Sümpfen, Bewässerungskanälen und Reisfeldern vor.

Ersteinf.: 1905.

GU.: Keine sicheren bekannt.

Soz. V.: Dämmerungs- und nachtaktive Räuber. Die Art ist brutpflegend und baut Schaumnester; Vaterfamilie(?).

Hält. B.: Wie bei *Synbranchus marmoratus* angegeben. Die räuberischen Tiere werden am besten einzeln gehalten.

ZU: Die Art ist in Gefangenschaft noch nicht nachgezüchtet worden. Ein thailändischer Ichthyologe hat Freilandbeobachtungen zum Fortpflanzungsverhalten dieser Art gemacht. Nach dessen Bericht laichen die Tiere im seichten Wasser ab. Die Eier werden in freischwimmenden Schaumnestern gesammelt. Dort entwickeln sich die Eier; die Eizahl beträgt einige hundert Stück.

FU: K; Lebendfutter jeglicher Art, besonders kleine Fische.

Bes.: In seiner Heimat ist *Monopterus albus* vielerorts ein geschätzter und gutschmeckender Speisefisch.

T: 25–28° C, **L**: 90 cm, **BL**: 100 cm, **WR**: u, **SG**: 3–4(K)

Synbranchus marmoratus BLOCH, 1795
Amerikanischer Kiemenschlitzaal

Syn.: *Unibranchapertura marmorata, Muraena lumbricus, Synbranchus fuliginosus, S. transversalis, Unibranchapertura grisea, U. immaculata, U. lineata.*

Vork.: Mittel- und Südamerika; von Südmexiko bis nach Südbrasilien. Die Art kommt im Süß- und Brackwasser vor.

Ersteinf.: 1905.

GU.: Unbekannt.

Soz. V.: Räuberische, unverträgliche und bissige Fische.

Hält. B.: Am besten eignen sich langgestreckte Becken mit niedrigem Wasserstand (20 cm). Es wird empfohlen, außerdem noch eine Uferzone anzulegen. Weicher Bodengrund, der leicht schlammig sein sollte; einige Versteckmöglichkeiten aus Steinen und Wurzeln. Die Art stellt keine Ansprüche an die Wasserbeschaffenheit. Da die Tiere große Räuber sind, empfiehlt sich Einzelhaltung; sonst Vergesellschaftung nur mit großen Arten.

ZU: In Gefangenschaft noch nicht gelungen. Über die Fortpflanzungsbiologie und Entwicklung dieser Art ist bisher so gut wie nichts bekannt.

FU: K; Fleisch- und Aasfresser. Die Tiere sind ausgesprochen gefräßig.

Bes.: Bei *Synbranchus marmoratus* dient die gesamte Kiemenhöhle als zusätzliches Atmungsorgan. Die Tiere leben in Freiheit vorwiegend amphibisch am Gewässerrand. Sie können sich weite Strecken schlängelnd über Land fortbewegen.

T: 20–22° C, **L**: 150 cm, **BL**: ab 100 cm, **WR**: u, **SG**: 3–4 (K)

Monopterus albus

Synbranchus marmoratus

Chelonodon patoca (HAMILTON, 1822)

Syn.: *Tetrodon patoca, Chelonodon dumerilii.*

Vork.: Küstengewässer von Südostafrika bis Südostasien, einschließlich des Malayischen Archipels, Australiens und Neuguineas.

Ersteinf.: 1952.

GU.: Keine bekannt.

Soz. V.: Die Tiere sind gegenüber Artgenossen meist recht friedlich. Es kann manchmal zu kleinen Streitereien kommen. Gegenüber artfremden Fischen ist die Art sehr verträglich.

Hält. B.: Bodengrund aus Sand und feinem Muschelkies. Versteckmöglichkeiten aus Steinen und brackwasserbeständigen Wurzeln. Brack- oder Seewasser (pH-Wert leicht alkalisch).

ZU: Bisher noch nicht geglückt.

FU: K; die Art frißt nur Lebendfutter; dabei werden am liebsten Schnecken genommen, daneben auch *Tubifex*, Enchyträen, Regenwürmer, Mückenlarven und Mehlwürmer.

Bes.: *Ch. patoca* bläst sich manchmal ohne ersichtlichen Grund mit Wasser auf und verdreifacht so seinen Körperumfang. Die Art ist anfangs sehr schreckhaft, lernt aber mit der Zeit ihren Pfleger kennen und wird dann zutraulich. Das Fleisch dieses Fisches ist stark giftig.

T: 23–28° C, **L**: 25 cm, **BL**: 100 cm, **WR**: u, m, **SG**: 3 (K)

Colomesus psittacus (SCHNEIDER, 1801)
Papageienkugelfisch

Syn.: *Tetrodon psittacus, Tetraodon psittacus.*

Vork.: Südamerika: Peru, Venezuela, Guayana, Brasilien (Amazonas und einige Nebenflüsse). Die Tiere kommen überwiegend im Süßwasser, selten im Brackwasser vor.

Ersteinf.: 1924.

GU.: Keine sicheren bekannt.

Soz. V.: Friedliche, lebhafte Kugelfischart.

Hält. B.: Bodengrund aus feinem Sand, in dem sich diese Art zeitweise eingraben soll! Dichte Rand- und Hintergrundbepflanzung der Becken; Verstecke aus Steinen und Wurzeln; freien Schwimmraum lassen. Am besten in Süßwasser halten; Wasser mittelhart (um 10° dGH) und um dem Neutralpunkt (pH 7,0). Die Art kann mit anderen Fischen vergesellschaftet werden.

ZU: Im Aquarium noch nicht gelungen.

FU: K; Lebendfutter aller Art (Schnecken, Mückenlarven, Regenwürmer); Muschel- und Krebsfleisch.

Bes.: Die Unterschiede der Gattung *Colomesus* gegenüber der Gattung *Tretraodon* liegen im Bau des Schädels, besonders in dem bei *Colomesus* bedeutend schmäleren Stirnbein.

T: 23–26° C, **L**: 25 cm, **BL**: 100 cm, **WR**: m, u, **SG**: 3

Chelonodon patoca

Colomesus psittacus

Tetraodon fahaka LINNAEUS, 1757
Nilkugelfisch

Syn.: *Crayracion fahaka, Tetraodon lineatus, Tetrodon fahaka, T. lineatus, T. physa, T. strigosus.*

Vork.: Afrika; Senegal, Gambia, Niger, Tschadbecken, Nil, Rudolfsee. Die Art lebt im Süßwasser.

Ersteinf.: 1902.

GU.: Bisher sind keine äußeren bekannt.

Soz. V.: Die Tiere sind unverträglich und sehr bissig.

Hält. B.: *T. fahaka* immer in geräumigen Becken halten. Bodengrund aus Sand oder Kies; dichte Rand- und Hintergrundbepflanzung; Schwimmraum freilassen. Einige Verstecke aus Steinen und/oder Wurzeln. Wasser nicht zu weich (ab 10° dGH) und um den Neutralpunkt (pH 7,0). Wegen der Bissigkeit der Tiere ist eine Haltung im Gesellschaftsbecken nicht zu empfehlen.

ZU: Unseres Wissens ist die Art im Aquarium noch nicht nachgezüchtet worden. Die Zucht ist nur in sehr großen Becken möglich. Im Freiland laichen die Tiere in größeren Tiefen.

FU: K; Lebendfutter aller Art (Mollusken, Würmer), Shrimps, Muschelfleisch.

Bes.: Von *Tetraodon fahaka* sind mehrere Unterarten beschrieben worden. Von diesen eignet sich *T. fahaka rudolfianus* DERANIYAGALA, 1956, besonders gut für die Aquarienhaltung, da diese Unterart nur sechs Zentimeter lang wird.

T: 24–26° C, **L**: 45 cm, **BL**: 120 cm, **WR**: u, m, **SG**: 3

Tetraodon leiurus brevirostris BENL, 1957

Syn.: Keine.

Vork.: Südostasien: Vermutlich Thailand.

Ersteinf.: 1955.

GU.: Schwer feststellbar. Während des Putzens und der Eiablage sind beim ♀ die sonst dunklen Punkte ganz hell und die normalerweise helle Netzzeichnung ganz dunkel gefärbt. Beim ♂ tritt diese Veränderung nicht auf.

Soz. V.: Die Tiere sind gegenüber anderen Fischarten äußerst bissig und unverträglich. *T. leiurus brevirostris* ist weniger lebhaft als beispielsweise *T. fluviatilis* oder *T. schoutedeni*. Die Art betreibt Brutpflege; Vaterfamilie.

Hält. B.: Bodengrund aus grobem Quarzsand und einigen Lavastücken. Bepflanzung des Beckens mit Cryptocorynen und *Limnophila*; Dämpfung des Lichtes mit *Riccia*-Polstern. Einige Verstecke aus Wurzeln. Wasser mittelhart (bis 12° dGH) und um den Neutralpunkt (pH 7,0). Die Art sollte stets allein gehalten werden.

ZU: 26–30° C; schon gelungen. Einen genauen Bericht gibt GEISER (1958): DATZ **11**, 100–101. Vor dem Ablaichen beginnt ein Tier einen Stein zu reinigen. Dieser Vorgang dauert ungefähr einen Tag. Die Eiablage erfolgt spontan, das ♂ besamt sofort die Eier. Die Eltern streichen gemeinsam mit dem Bauch über die Eier. Sie glätten auf diese Weise das Gelege noch etwas. Die Eier sind klar, die Eizahl schwankt zwischen 300 und 500 Stück. Anschließend wird das ♀ verjagt, und das ♂ übernimmt allein die Brutpflege. Es fächelt dem Gelege Frischwasser zu. Die Brutpflege erlischt nach dem Schlüpfen der Jungfische. Die Jungen schlüpfen bei 30° C nach vier bis fünf Tagen und schwimmen sofort an die Wasseroberfläche. Fütterung mit *Artemia*- und *Cyclops*-Nauplien.

FU: K; Lebendfutter aller Art, vorwiegend Schnecken, aber auch *Tubifex*, kleine Regenwürmer, Shrimps, Muschelfleisch und Leber.

Bes.: Die Nominatform *Tetraodon leiurus leiurus* BLEEKER, 1850 wurde noch nicht importiert. Die Schnauze dieser Unterart ist länger und spitzer als die von *T. leiurus brevirostris* (Name!).

T: 24–28° C, **L**: 12 cm, **BL**: 70 cm, **WR**: u, m, **SG**: 3

Tetraodon fahaka

Tetraodon leiurus brevirostris

Tetraodon mbu BOULENGER, 1899
Goldringelkugelfisch

Syn.: Keine.

Vork.: Afrika; im mittleren und unteren Kongo River. Die Art lebt nur im Süßwasser.

Ersteinf.: 1954 von der Fa. A. Werner, München.

GU.: Bisher sind keine bekannt.

Soz. V.: Die Tiere sind äußerst unverträglich und bissig.

Hält. B.: Wie bei *Tetraodon fahaka* angegeben. Die Tiere am besten einzeln halten.

ZU: Die Art ist in Gefangenschaft noch nicht zur Fortpflanzung gebracht worden. Die Zucht ist wahrscheinlich nur in sehr großen Becken möglich.

FU: K; kräftiges Lebendfutter aller Art, besonders gern werden Schnecken und Muschelfleisch gefressen.

Bes.: *Tetraodon mbu* ist eine sehr groß werdende Kugelfischart. Die Tiere sollen bis zu 6,5 kg Gewicht erreichen.

T: 24–26° C, **L**: 75 cm, **BL**: 120 cm, **WR**: u, m, **SG**: 4

Tetraodon miurus BOULENGER, 1902
Brauner Kugelfisch

Syn.: Keine.

Vork.: Afrika; Zaire, im mittleren und unteren Kongo River. Die Art ist ein reiner Süßwasserbewohner.

Ersteinf.: 1954 von der Fa. A. Werner, München.

GU.: Keine bekannt.

Soz. V.: Die Tiere sind sehr unverträglich und bissig. Die Art lebt räuberisch und frißt kleinere Fische.

Hält. B.: Wie bei *Tetraodon fahaka* angegeben. Bodengrund aus einer dicken Sandschicht. Wegen der Bissigkeit der Tiere empfiehlt sich Einzelhaltung.

ZU: Die Zucht von *Tetraodon miurus* ist im Aquarium noch nicht gelungen.

FU: K; Lebendfutter aller Art, hauptsächlich Fische. Es werden aber auch Mückenlarven, Regenwürmer und *Tubifex* gefressen. Die Tiere mögen keine Schnecken.

Bes.: Die Tiere graben sich in den Bodengrund (feinen Sand) ein, um so getarnt auf Beute zu lauern. Es schauen nur die hochgestellten Augen und das oberständige Maul aus dem Sand heraus. Die aufwärts gerichteten Augen sind ein Charakteristikum dieser Art.

T: 24–28° C, **L**: 15 cm, **BL**: 90 cm, **WR**: u, **SG**: 3

Tetraodon mbu

Tetraodon miurus

Verzeichnis der deutschen Fisch- und Pflanzennamen

Verzeichnis der deutschen Fisch- und Pflanzennamen

Verzeichnis der deutschen Fisch- und Pflanzennamen

Verzeichnis der deutschen Fisch- und Pflanzennamen

Verzeichnis der deutschen Fisch- und Pflanzennamen

Verzeichnis der deutschen Fisch- und Pflanzennamen

Verzeichnis der deutschen Fisch- und Pflanzennamen

Verzeichnis der deutschen Fisch- und Pflanzennamen

Verzeichnis der Synonyma

Verzeichnis der Synonyma

Verzeichnis der wissenschaftlichen Fisch- und Pflanzennamen

Verzeichnis der wissenschaftlichen Fisch- und Pflanzennamen

Verzeichnis der wissenschaftlichen Fisch- und Pflanzennamen

Verzeichnis der wissenschaftlichen Fisch- und Pflanzennamen

Verzeichnis der wissenschaftlichen Fisch- und Pflanzennamen

Verzeichnis der wissenschaftlichen Fisch- und Pflanzennamen

Verzeichnis der wissenschaftlichen Fisch- und Pflanzennamen

Verzeichnis der wissenschaftlichen Fisch- und Pflanzennamen

Verzeichnis der wissenschaftlichen Fisch- und Pflanzennamen

Verzeichnis der wissenschaftlichen Fisch- und Pflanzennamen

Verzeichnis der wissenschaftlichen Fisch- und Pflanzennamen

Literaturverzeichnis

Dieses Literaturverzeichnis ist als Ergänzung der in Band 1 aufgeführten Literaturzitate gedacht.

Allen, G. R. (1982): A field guide to inland fishes of Western Australia, Western Australia Museum, Perth, Australien.

Allen, G. R. & Cross, N. J. (1982): Rainbowfishes of Australia and Papua New Guinea. T.F.H. Publications, Neptune City, N. J., USA.

Arnold, Andreas (1990): Eingebürgerte Fischarten. Zur Biologie und Verbreitung allochtoner Wildfische in Europa. Wittenberg Lutherstadt.

Bannister, K. E. (1973): A revision of the large *Barbus* (Pisces, Cyprinidae) of East and Central Afrika. Studies on african Cyprinidae, part II. Bull. Br. Mus. (Nat.Hist.) Zool. **26**, 1-148. British Museum, London.

Bassleer, G. (1982): Bildatlas der Fischkrankheiten. Verlag J. Neumann, Melsungen.

Bless, R. (1978): Bestandsänderungen der Fischfauna in der Bundesrepublik Deutschland. Ursachen, Zustand und Schutzmaßnahmen. Kilda Verlag, Greven.

Boulenger, G. A. (1907): The fishes of the Nile. Hugh Rees, London.

Boulenger, G. A. (1909-1916): Catalogue of the fresh-water fishes of Africa, Vols. I-IV. British Museum, London.

Bruton, M. N., Jackson, P. B. N. & Skelton, P. H. (1982): Pocket guide to the freshwater fishes of Southern Africa. Centaur Publishers, Kapstadt, Südafrika.

Cross, F. B. (1967): Handbook of fishes of Kansas. Museum of Natural History, Lawrence, Kansas, USA.

Day, F. (1889): The fauna of British India including Ceylon and Burma. Fishes, vols. I + II. Taylor and Francis, London.

Degen, B. (1984): Das neue Diskusbuch - Erfolgreiche Diskuszucht - . Verlag Bernd Degen, Kollnburg.

Gosse, J.P. (1982): Das Aquarium - Tropische Süßwasserfische -. Benziger Verlag, Zürich und Köln.

Grant, E. M. (1972): Guide to fishes of Queensland. Department of Primary Industries, Brisbane, Queensland, Australien.

Greenwood, P. H. (1976): A review of the family Centropomidae (Pisces, Perciformes). Bull. Br. Mus. (Nat.Hist.) Zool. **29**, 1-81. British Museum, London.

Greenwood, P. H. (1981): The Haplochromine fishes of the East African Lakes. Kraus International Publications, München.

Hegemann, M. (1964): Der Hecht. Neue Brehm Bücherei Band 336. A. Ziemsen Verlag, Wittenberg.

Hoedeman, J. J. (1980): Zwergcichliden: Zuidgroep BV Uitgevers-Best, Holland.

Howes, G. J. (1980): The anatomy, phylogeny and classification of bariliine cyprinid fishes. Bull. Br. Mus. (Nat. Hist.) Zool.**37**, 129-198, British Museum, London.

Hunnam, P. (1983): Lebensraum Aquarium. Verlag Eugen Ulmer, Stuttgart.

Jayaram, K. C. (1981): The freshwater fishes of India, Pakistan, Bangladesh, Burma and Sri Lanka - A handbook. Zoological Survey of India, Kalkutta, Indien.

Jordan, D. S. (1917-1923): The genera of fishes and a classification of fishes. Stanford University Press, Stanford, USA.

Jordan, D. S. & Seale, A. (1907): Fishes of the islands of Luzon and Panay. Bull. Bureau of Fisheries **26**, 1-48. Government Printing Office, Washington, USA.

Kottelat, M. (1990): IndochineseNemacheilines. A revision of nemacheiline loaches (Pisces: Cypriniformes) of Thailand, Burma, Laos, Cambodia ans southern Viet Nam. München.

Kullander, S. O. (1983): A revision of the South American cichlid genus Cichlasoma (Teleostei: Cichlidae). The Swedish Museum of Natural History, Stockholm, Schweden.

Lampert, K. (1925): Das Leben der Binnengewässer, Verlag Tauchnitz, Leipzig.

Lüling, K.-H. (1979): Die Lungenfische und der Südamerikanische Kurzschwanzaal (Dipnoidea; Synbranchidae). A. Ziemsen Verlag, Wittenberg.

Maitland, P. S. (1977): Der Kosmos Fischführer - Die Süßwasserfische Europas in Farbe. Franckh'-sche Verlagshandlung, Stuttgart.

Maitland, P. S. (1978): Biology of fresh waters. Blackie & Son, Glasgow and London.

Mayland, H. J. (1980): Labyrinthfische - Artenbeschreibung, Pflege, Zuchtverhalten. Philler Verlag, Minden.

Mayland, H. J. (1982): Der Malawisee und seine Fische. Landbuch Verlag, Hannover.

Mayland, H. J. (1981): Diskusfische - Könige Amazoniens. Landbuch Verlag, Hannover.

Meyer, M. W., Wischnath, L. & Förster, W. (1978): Lebendgebärende Zierfische - Arten der Welt, Mergus Verlag für Natur- und Heimtierkunde, Melle.

Migdalski, E. C. & Fichter, G. S. (1978): Fische - Das große Buch der Süßwasser- und Meeresfische. Büchergilde Gutenberg, Frankfurt/Main.

Mihalik, J. (1982): Der Wels - Siluris glanis. A. Ziemsen Verlag, Wittenberg.

Misra, K. S. (1976): The fauna of India and the adjacent countries. Pisces, vol. III: Teleostomi; Cypriniformes; Siluri. Zoological Survey of India, Faridabad, Indien.

Mühlberg, H. (1980): Das große Buch der Wasserpflanzen. Verlag Werner Dausien, Hanau.

Müller, H. (1956): Die Forellen. Neue Brehm Bücherei Band 164. A. Ziemsen Verlag, Wittenberg.

Müller, H. (1975): Die Aale. Neue Brehm Bücherei Band 471. A. Ziemsen Verlag, Wittenberg.

Müller, H. (1983): Fische Europas. Ferdinand Enke Verlag, Stuttgart.

Neergaard, S. (1981): Mbuna-Cichliden, Alfred Kernen Verlag, Stuttgart.

Neergaard, S. (1982): Tanganjika-Cichliden, Alfred Kernen Verlag, Stuttgart.

Neumann, W. (1983): Die Hechtlinge. A. Ziemsen Verlag, Wittenberg.

Paepke, H.-J. (1983): Die Stichlinge - Gasteorsteidae. A. Ziemsen Verlag, Wittenberg.

Pullin, R. S. V. & Lowe-McConnell, R. H. (1982): The biology and culture of Tilapias. International Center for Living Aquatic Resources Management, Manila, Philippinen.

Ribbink, A. J. et. al. (1983): A preliminary survey of the cichlid fishes of rocky habitats in Lake Malawi. S. Afr. J. Zool. **18**, 149-310. Grahamstown, Südafrika.

Riehl, R. & Baensch, H. A. (1983/84): Mergus Aquarien Atlas, Band 1. 4. Aufl., Mergus Verlag für Natur- und Heimtierkunde, Melle.

Roberts, T. R. (1989): The freshwater fishes of Western Borneo (Kalimantan Barat, Indonesia). Mem. Calif. Acad. Sci. **14**, 1-210. 1989

Robins, C. R. et. al. (1980): A list of common and scientific names of fishes from the United States and Canada. American Fisheries Society, Special Publication No. 12, 4. Auflage; Bethesda, Maryland, USA.

Schmettkamp, W. (1982): Die Zwergcichliden Südamerikas. Landbuch Verlag, Hannover

Schmitz, S. (1977): BLV-Naturführer Aquarienfische. Die wichtigsten Arten für das Süßwasseraquarium, ihre Haltung und Pflege. BLV-Verlagsgesellschaft, München.

Staeck, W. (1982): Handbuch der Cichlidenkunde. Franckh'sche Verlagshandlung, Stuttgart.

Staeck, W. (1983): Cichliden - Entdeckungen und Neuimporte, Band 3. Engelbert Pfriem Verlag, Wuppertal.

Steffens, W. (1980): Der Karpfen - Cyprinus carpio. A. Ziemsen Verlag, Wittenberg.

Steiniger, F. (1972): Lebendes Wasser. Kilda Verlag, Greven.

Sterba, G. (1977): Süßwasserfische aus aller Welt, Verlag J. Neumann, Melsungen.

Stockell, G. (1955): Freshwater fishes of New Zealand. Simpson & Williams, Christchurch, Neuseeland.

Tesch, F. W. (1983): Der Aal - Biologie und Fischerei; 2. Auflage. Verlag Paul Parey, Hamburg und Berlin.

Trewavas, E. (1983): Tilapiine fishes of the genera *Sarotherodon*, *Oreochromis* and *Danakilia*. British Museum, London.

van Ramshorst, J. D., ed. (1977): Handbuch der Aquaristik. Nova Buch Verlags GmbH, München.

Vierke, J. (1982): Vierkes Aquarienkunde - Grundlagen der Süßwasseraquaristik. Franckh'sche Verlagshandlung, Stuttgart.

Wendt, A. (1952ff): Die Aquarienpflanzen in Wort und Bild. Alfred Kernen Verlag, Stuttgart und Essen.

Wesenberg-Lund, C. (1939): Biologie der Süßwassertiere, Reprint Otto Koeltz, Königstein.

Wesenberg-Lund, C. (1943): Biologie der Süßwasserinsekten. Reprint Otto Koeltz, Königstein.

Wheeler, A. (1977): Das große Buch der Fische. Verlag Eugen Ulmer, Stuttgart.

Wundsch, H. H. (1963): Barsch und Zander. Neue Brehm Bücherei Band 305. A. Ziemsen Verlag, Wittenberg.

Dr. Gerald R. Allen: 1012, 1021 o, 1111 o, 1115 o+u, 1121 u, 1125 o, 1127 u, 1129 u, 1132.
David Allison: 369 o, 375 u, 407 o, 437 o, 451 o, 489, 493 u, 497 o, 509 o, 523, 567 o, 579u, 989, 1005 o.l., 1143 o.
Dr. Herbert R. Axelrod: 351 u.
Hans A. Baensch: 222, 236, 249 o, 259 o+u, 265 o, 276, 279, 287, 291 o, 296 u, 297, 298, 314, 315, 317, 323, 333 u, 440, 444, 476, 517 o, 520, 521, 522, 641 o, 782, 810, 877 u.
Heiko Bleher: 515 u, 1118.
Otto Böhm: 263 o, 268 u, 305 u, 341 o, 353 u, 437 u, 702, 713 o, m, u, 717 o, 719 u, 721 o, 729u, 733 o, 740, 745 u, 748 u, 751 o, 753 o, 755 o+u, 975 o, 1013, 1069 u, 1097 u.
Sven Brun: 784 u.
Horst Dieckhoff: 839 u, 841, 903 o.
Nobert Dokoupil: 723 o, 731 o.
Jaroslav Eliás: 373 o, 377 o.
Dr. Walter Foersch: 397 o+u, 439 u, 457 u, 475 o, 573 u, 667 o, 789 o, 793 o+u, 795 u, 796, 805, 806, 809 o+u.
Dr. Stanislav Frank: 245 u, 278, 281 u, 322, 327 u, 367 o, 375 o, 407 u, 635 o, 1103 o.
Dr. Hanns Joachim Franke: 231 o.
Karl Albert Frickhinger: 214.
M. Göbel: 996.
Hilmar Hansen: 204, 211 u, 213 o, 217 o+u, 219, 221, 301 o, 353 o, 357 u, 365 u, 395 o, 399 u, 419 o 421 o, 487 o, 499 o, 505 u, 565 o, 813 u, 955 u, 957 o, 1107, 1145 o, 1147 o, 1150, 1151 (Aufnahmen aus dem Aquarium Berlin).
Andreas Hartl: 232.
Hans Horsthemke: 1063 o.
Kurt Huwald: 273 u.
Heinrich Jung: 459 u, 463 u.
Burkhard Kahl: 233, 241 u, 249 u, 275 o+u, 283 u, 289 u, 305 o, 307 o, 313 u, 321 o, 361 o, 367 u, 387 u, 389 o, 403 u, 417 u, 423 u, 429 u, 431 o, 441 u, 445 o, 453 u, 471 o, 517 u, 519 u, 527, 551 o, 561 o, 723 u, 819 u, 863 u, 887 o, 921 o, 953 o, 975 u, 979 u, 983, 985 o, 987 o, 999 u, 1007, 1064, 1065 u, 1099 u.
Dr. Sergei M. Kochetov: 345 u, 347 u, 351 o, 355 o+u, 359 o+u, 361 u, 405 u, 409 o, 891 o, 1099 o.
Dr. A. Konings: 930, 949 u.
Ingo Koslowski: 823 o+u, 825 o, 827 o+u, 831 u.
Dr. Maurice Kottelat: 341 u, 351 m.
Horst Linke: 727 u, 789 u, 791 o, 799 o, 801 o, 804, 807, 811, 821 u, 825 u, 829 o, 855 u, 857 o, 913, 915 o+u, 917 o+u, 939 u, 955 o, 957 u, 961 o, 965 u, 1001 o+u, 1003 o+u.
Anton Lamboj: 965 o, 967 o.
Hans J. Mayland: 837(2), 839 o, 843 o.
Manfred K. Meyer: 705, 709 o, 739 u, 749 o+m, 759 o, 836, 840 (2), 843 u, 925, 931 u, 936, 937 o+u, 945 o, 947 u, 949 u, (843, 844) 4 Zeichnungen.
Manfred K. Meyer / Lothar Wischnath: 707 u, 711 u, 714, 717 u, 719 o, 721 u, 733 u, 735 o+u, 737 o, 741 u, 743 o, m, u, 745 o, 747 u, 751 u, 757 o+u, 759 m+u, 761 o+u, 763 o+u, 766 (4), 767 (4), 769 o, 771 o+u, 772, 773 o+u, 775 o+u, 776, 777 o+u, 779 o+u, 781 o+u, 783 o+u, 785.
Arend van den Nieuwenhuizen: 218, 294, 371 u, 379 o+u, 415, 513 u, 565 u, 801 u, 1143u.
Aaron Norman: 205, 211 o, 235 o, 237 o, 241 o, 243, 247 o+u, 251, 253 o, 255 u, 257 o, 262, 271 o, 277 u, 286, 291 u, 293 o+u, 309 o, 311 o, 329 u, 331 o, 333 o, 337, 357 o, 385 o, 387 o+m, 393 u, 395 u, 399 o, 401 o+u, 403 o, 411 o, 421 u, 425 o, 427 o, 431 u, 439 o, 447 o+u, 455, 469u, 477, 493 o, 505 o, 507 o, 514, 531 u, 553 o, 555 o, 557 u, 563 u, 577 o, 739 o, 797 u, 853 o, 857u, 858, 861 u, 867 o, 877 o, 879 u, 883 u, 887 u, 893 u, 897 o+u, 929 u, 935 o, 947 o, 961 u, 975 m, 977 u, 985 u, 991 u, 1015 o, 1017 o+u, 1018, 1021 u, 1033, 1034, 1059, 1089 u, 1091 u, 1093 o, 1095 u, 1097 o, 1101 o+u, 1105, 1106, 1145 u, 1153 o+u, 1159 u, 1161 o.
Gerhard Ott: 339 o, 349 u, 381 u.
Klaus Paysan: 225 o, 311 u, 312, 343 o+u, 429 o, 441 o, 545 u, 559 u, 575 o, 581 u, 1026, 1163 o.
A. Pieter: 994.
Eduard Pürzl: 704, 707 o, 709 u, 727 o, 729 o, 753 u.

Fotonachweis

Hans Reinhard: 201, 203, 207, 208 u, 225 u, 227 o+u, 229 o+u, 242, 260, 271 u, 299, 335 o+u, 336, 339 u, 345 o, 349 o, 363 o, 365 o, 381 o, 391 o+u, 432, 433, 435 o, 443 o+u, 445u, 449 u, 453 o, 454, 465 u, 479 o, 485 o, 487 u, 488, 491 u, 495 u, 497 u, 503 o, 515 o, 533 o, 537 u, 539o, 541 u, 547 o, 549 o, 553 u, 557 o, 563 o, 581 o, 848, 853 u, 873 u, 896, 903 u, 981 o, 1071 u, 1095 o, 1159 o, 1161 u, 1163 u, 1165 o+u.
Günter Reitz: 198, 892, 988.
Dr. Patrick de Rham: 829 u.
Hans-Joachim Richter: 215, 220, 223, 235 u, 237 u, 245 o, 253 u, 257 u, 258, 261, 263u 265u, 267 u, 268 o, 273 o, 277 o, 281 o, 283 o, 285 o+u, 289 o, 295, 296 o, 301 u, 303, 307u, 319 o+u, 321 u, 325 o+u, 327 o, 329 o, 347 o, 385 u, 405 o, 409 u, 411 u, 417 o, 423 o, 425 u, 461 u, 465o, 467 u, 469 o, 471 u, 475 u, 479 u, 481 u, 483 u, 495 o, 501 u, 503 u, 511 u, 513 o, 519 o, 525o, 526, 531 o, 533 u, 547 u, 551 u, 555 u, 561 u, 573 o, 579 o, 582, 661 o, 715, 787, 791 u, 802, 803, 827 m, 831 o, 833 u, 849 u, 851 u, 860, 901 u, 907 o, 923 u, 931 o, 940 u, 943 o+u, 959 u, 962, 967 u, 981 u, 999 o, 1004, 1006 o, 1011, 1109 u, 1113 o, 1117 u, 1119 u, 1129 o, 1131 u.l., 1135 u, 1139 o, 1149 u.
Hans J. Rösler: 673 o, 1074.
Manfred Rogner: 1015 u.
Mike Sandford: 213 u, 239 o+u, 309 u, 331 u, 383 u, 393 o, 413 o+u, 419 u, 427 u, 459 o, 491o, 499 u, 509 u, 525 u, 535 o, 537 o, 543 o, 575 u, 577 u, 867 u, 875 u, 1113 u, 1155 o.
David D. Sands: 457 o, 463 o, 467 o, 473 o+u, 481 o, 483 o, 529 o+u, 535 u, 539 u, 541 o, 545o, 549 u, 567 u.
Werner Schmettkamp: 823 m, 833 o.
Gunther E. Schmida: 206, 208 o, 435 u, 569 o+u, 571 o+u, 963, 1019, 1023 o+u, 1024, 1025, 1027, 1029 o+u, 1031 o+u, 1032, 1037 o+u, 1039 o+u, 1041 o+u, 1043 o+u, 1045 o+u, 1047o+u, 1049, 1053, 1055 o+u, 1057 o+u, 1058, 1062, 1065 o, 1067 o+u, 1069 o, 1071 o, 1073 o+u, 1075, 1079 o+u, 1081 o, m, u, 1083 o+u, 1085 o+u, 1087 o, m, u, 1091 o, 1104, 1109 o, 1111 u, 1117 o, 1119 o, 1121 o, 1123 o+u, 1125 u, 1127 o, 1130, 1131 (7), 1133 o+u, 1135 o, 1137 o+u, 1139 u, 1141 o+u, 1154, 1155 u, 1156, 1157.
Jürgen Schmidt: 795 o, 797 o, 799 u, 1061.
Dr. Eduard Schmidt-Focke: 992, 993, 995 o+u.
Erwin Schraml: 835 u, 885 o.
Thomas Schulz: 911 o.
Lothar Seegers: 255 o, 267 o, 356, 369 u, 371 o, 373 u, 377 u, 451 u, 461 o, 511 o, 543 u, 584, 585, 587 o+u, 589 o+u, 591 o+u, 593 o+u, 595 o+u, 597 o+u, 599 o+u, 601 o, m, u, 603 o+u, 605 o+u, 607 o+u, 609 o+u, 611 o, m, u, 613 o+u, 614, 615 o+u, 617 o+u, 619 o+u, 621 o+u, 623 o+u, 625 o+u, 627 o+u, 629 o+u, 631 o+u, 633, 635 u, 637 o+u, 639 o+u, 641 u, 643 o+u, 645 o+u, 647 o+u, 649 o+u, 651 o+u, 653 o+u, 655 o+u, 657 o+u, 659 o+u, 661 u, 663 o+u, 665 o+ u, 667 u, 669 o+u, 671 o+u, 673 u, 675 o+u, 677 o+u, 679, 681 o+u, 683 o+u, 685 o+u, 687 o+u, 689, 691 o+u, 693 o+u, 695 o+u, 697 o+u. 699 o+u. 700, 703, 711 o, 731 u, 737 m +u, 741 o, 747 o, 1077 o+u, 1089 o, 1103 u, 1147 u, 1149 o.
Wolfgang Sommer: 302.
Andreas Spreinat: 838, 865 o, 899 u, 912 o+u, 921 u, 923 o, 939 o, 941, 950 o+u.
Dr.Wolfgang Staeck: 853 m, 895 o, 899 o, 919 u, 924, 927 o, 933 o+u, 940 o, 945 u, 951, 953u, 954, 969 o, 971 o+u, 973 o+u, 977 o, 987 u, 997, 1005 (7), 1006 (3).
Rainer Stawikowski: 813 o, 851 o, 863 o, 865 u, 868, 873 o, 875 o, 881 u, 883 o, 885 u, 889 u, 891 u, 893 o, 895 m+u, 899 o, 901 o, 905 m+u, 907 u, 909 o, m, u, 911 u, 919 o, 929 o, 949 o, 969 u, 982 o+u.
Dr. Jörg Vierke: 559 o, 821 o, 1035, 1061 o.
Uwe Werner: 507 u, 815 o+u, 817 o+u, 819 o, 835 o, 849 o, 855 o, 859, 861 o, 869, 870, 871, 874, 879 o, 881 o, 889 o, 905 o, 927 u, 935 u, 959 o. 979 o, 991 o, 1093 u.
Ruud Wildekamp: 250, 383 o.
Lothar Wischnath: 11, 149 u. r., 701, 748 o, 768, 769 u, 770, 784 o, 786 o+u.
Dr. Axel Zarske: 231 u, 269, 363 u, 501 o.
Rudolf Zukal: 313 o, 389 u, 485 u.

Zeichnungen über Fischkunde und Verbreitungskarten: **Alois Bleichner**

Helmut Ahrens
Die Tiere zuhause
Pracht-Bildband und Heimtierkunde
Helmut Ahrens Die Tiere zuhause

Ideale Geschenke für jeden Fischfreund

R 1050

R 1052

R 1051

R 1053

Kupferstich-Reproduktionen aus BLOCH, 1790

Format 32 × 49,5 cm; Motive wie oben

R 1050 Der Seereiher / Der Klippfisch
R 1051 Der Wundarzt
R 1052 Der gefleckte Klippfisch
R 1053 Der Goldbrassen

Set mit 4 Stück DM 24,–

Format 15 × 21 cm; quer

R 1060 Karpfen
R 1061 Schleie
R 1062 Rotauge
R 1063 Äsche
R 1064 Forelle
R 1065 Barsch
R 1066 Hecht
R 1067 Zander

Europäische Flußfische,
Set mit 8 originalgetreuen Reproduktionen DM 18,–